D1731768

Rybicki
Bauausführung und Bauüberwachung

Bauausführung und Bauüberwachung

Recht – Technik – Praxis
Handbuch für die Baustelle

Dipl.-Ing. Rudolf Rybicki
Stadtbaudirektor a. D.
vorm. Leiter der Prüfstelle für Baustatik, Düsseldorf
langjähriger Lehrbeauftragter der RWTH, Aachen

2., neubearbeitete und erweiterte Auflage 1995

Werner-Verlag

1. Auflage 1992
2. Auflage 1995

Die Deutsche Bibliothek – CIP-Einheitsaufnahme

Rybicki, Rudolf:
Bauausführung und Bauüberwachung : Recht – Technik – Praxis ;
Handbuch für die Baustelle / von Rudolf Rybicki. – 2., neubearb. u. erw. Aufl. –
Düsseldorf : Werner, 1995
ISBN 3-8041-3086-0

ISB N 3-8041-3086-0

© Werner-Verlag GmbH · Düsseldorf · 1995
Printed in Germany
Alle Rechte, auch die der Übersetzung, vorbehalten.
Ohne ausdrückliche Genehmigung des Verlages ist es auch nicht gestattet,
das Buch oder Teile daraus auf fotomechanischem Wege
(Fotokopie, Mikrokopie) zu vervielfältigen.

Zahlenangaben ohne Gewähr

Gesamtherstellung: ICS Communikations-Service, Bergisch Gladbach
Schrift: Times von Linotype
Archiv-Nr.: 910/2-12.94
Bestell-Nr.: 3-8041-3086-0

Für Elisabeth, Arnulf und Raimund,
ihre Anregungen, Unterstützung und Geduld

Inhaltsverzeichnis

Teil I: Bauüberwachung bei der Bauausführung – warum, wann und wie

Teil II: Praxis der Bauausführung und Bauüberwachung

Teil III: Bauordnungsrechtliche Maßnahmen und Rechtsgrundlagen

Vorwort zur 2. Auflage

In überraschend kurzer Zeit war die 1. Auflage des Baustellen-Handbuches vergriffen; die vermutete Lücke im Schrifttum war größer als erwartet.

In der vorliegenden 2. Auflage wurden zahlreiche Hinweise und Wünsche aus dem Benutzerkreis eingearbeitet. Ergänzt wurden u. a. die Ausführungen über Außenwände, Estrich, Heizestrich, Schraubenverbindungen, verzinkte Stahlkonstruktionen, Betonverdichtung, hochfesten Beton, Dämmputz, Wärmedämmverbundsysteme, Leitungsgräben, Fundamenterder, Feuerschutzabschlüsse, Überwachung bei Behördenbauten, Qualitätssicherungssysteme, Psychologie der Überwachung, nonverbale Kommunikation, Lärmschutz auf Baustellen sowie die Rechtsprechung zur Objektüberwachung und zu bauaufsichtlichen Standardmaßnahmen.

Überarbeitet und ergänzt wurden die Kapitel über die VOB und den Werkvertrag, die anerkannten Regeln der Bautechnik, den Umfang der Überwachung durch den Firmenbauleiter, über Wärmeschutz, Tauwasserschutz, Umgang mit Asbest- und Mineralfasern, Unfallverhütungsvorschriften usw. An vielen anderen Stellen wurde ergänzt und aktualisiert. – Neu aufgenommen wurden die Bestimmungen über Maßtoleranzen im Hochbau.

Aktualisiert wurden die Ausführungen über Verpreßanker, Brandwände, Werksbescheinigungen und Abnahmeprüfungen und über die Brauchbarkeits- und Übereinstimmungsnachweise nach der Musterbauordnung, die in neuer Fassung (12/1993) veröffentlicht wurde und etwa gleichlautend in alle neuen Landesbauordnungen Eingang findet, soweit es den dritten Abschnitt: Bauprodukte und Bauarten angeht.

Soweit inhaltliche Änderungen in der kommenden BauO NW (Gesetzentwurf 5/94) geplant sind, wird der künftige Text als Auszug zum weiterhin gültigen Text beigefügt. Er wird mit BauO NW neu bezeichnet und mit einem seitlichen Strich gekennzeichnet.

Herdecke, im Herbst 1994

Einführung

Die Ursachen von Bauschäden liegen zu etwa 40 % bei der Ausführung auf der Baustelle; Herstellungsfehler im Roh- und Ausbau machen im Mittel 8 % der Baukosten aus. Obschon ein Bauwerk jeweils als Einzelstück im ambulanten Gewerbe erstellt wird und hier also ständige Schulung, Einweisung und Überwachung der zudem häufig wechselnden Belegschaft besonders notwendig wären, werden diese meist nur nachlässig gehandhabt. Und zwar sowohl vom Bauleiter, den die Termine arg bedrängen, als auch vom objektüberwachenden Architekten, der die Rohbauarbeiten – insbesondere den Stahlbeton – nicht besonders schätzt, und schließlich von der Bauaufsichtsbehörde, der in aller Regel das erforderliche Personal fehlt.

Bauleiter und objektüberwachender Architekt einerseits und Bauaufsichtsbehörde andererseits gehen die Aufgaben „Bauausführung und Bauüberwachung" von verschiedenen Seiten aus an: Während Architekt und Bauleiter vertragsrechtlich das bestellte Werk abliefern müssen und dies auch mit Hilfe der Qualitätssicherung anzielen, obliegt der Bauaufsichtsbehörde die staatliche Aufgabe der Abwehr von Gefahren für die öffentliche Sicherheit und Ordnung. Doch auch wer lediglich überwachen will, muß notgedrungen die Ausführung beherrschen, die er ja schließlich auf ihre Richtigkeit kontrollieren will. Insofern kann man diese beiden Bereiche, die voneinander abhängig sind, nicht isoliert betrachten.

Nun gibt es zwar ganze Kataloge von Büchern über Statik, Bemessung und Konstruktion, alle konzipiert für das technische Büro; es gibt aber kaum eines über die Bauausführung und die Bauüberwachung. Die erforderlichen Kenntnisse eines Bauleiters und Überwachers, die dieser trotz Ausführungsplänen und Ausschreibung bei den vielerlei Baustoffen und Baumethoden unmittelbar braucht, sind so umfangreich, daß er sie nicht jederzeit sämtlich parat haben kann. Mit diesem Handbuch für die Baustelle werden erstmals übersichtlich und in knapper, doch ausreichender Form DIN-Normen, Richtlinien, Zulassungen, Unfallverhütungsvorschriften, Handwerksregeln, Baustellenerfahrungen und gesetzliche Regelungen zusammengestellt, so daß in Zweifelsfällen vor Ort zuverlässig Antwort zu erhalten ist. Und zwar sowohl für den gesamten Rohbau – Baustelle, Gründung, Mauerwerk, Stahlbau, Holzbau und Stahlbeton – als auch für viele Gewerke des Ausbaues: Fassaden, Putz, Estrich, Glas, Brandschutz und Bauphysik. Schließlich sind am Ende des Hauptteiles die leidigen Bereiche „Abbruch und bauliche Gefahrenstellen" rezeptartig aufbereitet.

Daneben werden im ersten farblich abgesetzten Teil spezielle Fragen der Bauüberwachung, wie Zweck, Fehlerquellen, Umfang, Zeitpunkt, Haftung usw., diskutiert, und es wird wohl erstmals auf die Psychologie bei Kontrollen (Knigge auf der Baustelle) eingegangen. Im ebenfalls farblich abgesetzten dritten Teil werden Auszüge aus einschlägigen Gesetzen (z. B. der Landesbauordnung) sowie auch die bauordnungsrechtlichen Maßnahmen der Bauaufsichtsbehörde, wie Ordnungsverfügungen, Stillegungen, Versiegelungen oder Bußgeldverfahren, dargestellt. Der Bauleiter sollte nachschlagen können, was die Behörde darf und was nicht.

Bei dieser Querschnittsdarstellung mußte hinsichtlich des Umfangs eine gewisse Beschränkung im Detail eingehalten werden; einige Randgebiete blieben unberücksichtigt. Die vorliegende Ausarbeitung befaßt sich auch nicht mit „baubetriebswirtschaftlichem Controlling", also nicht mit Termin- und Ablaufplanung, Netzplantechnik, Arbeitsvorbereitung, Projektmanagement und Baukostenkontrolle. Hierzu gibt es zahlreiche einschlägige Veröffentlichungen.

Für Anregungen und Hinweise bin ich aufgeschlossen und dankbar. Dem Werner-Verlag, insbesondere Herrn Nacke, danke ich für hilfreiche, geduldige Betreuung und praxisgerechte Ausstattung.

Herdecke, im Sommer 1994

Zur Entwicklung internationaler Regelwerke

Seit Jahrzehnten sind Bemühungen im Gange, parallel zu den nationalen Normungen einheitliche internationale Regelwerke zu erstellen, d. h. die nationalen Normen schrittweise aneinander anzupassen, also für die Funktionsfähigkeit des Gemeinsamen Marktes eine harmonisierte Grundlage der allgemeinen Reglementierungen für Bauprodukte zu schaffen. Die Bauprodukten-Richtlinie, die technische Voraussetzung für die Verwirklichung des europäischen Binnenmarktes (Baumarktes) ist, verlangt die Einführung europäischer Normen. Daran wird intensiv gearbeitet. Weit fortgeschritten sind z. B.

EC 1 – Teil 1 (Grundlagen)
EC 2 – Teil 1 (Betonbau)
EC 3 – Teil 1 (Stahlbau)
EC 4 – Teil 1 (Verbundtragwerke)
EC 5 (Holzbauten)

die als europäische Vornormen ab 1992 (Holzbauten ab 1993) mit bauaufsichtlicher Einführung in der Bundesrepublik Deutschland zur direkten Anwendung alternativ zu den bestehenden nationalen Normen verfügbar sind. Den EG-Mitgliedstaaten wird empfohlen, sie während einer nicht festgelegten Übergangsfrist probeweise und parallel zu den bestehenden nationalen Normen anzuwenden. Eine verschränkte Benutzung von Eurocodes und DIN-Normen ist nicht zulässig (Mischungsverbot).

Die Eurocodes für den konstruktiven Ingenieurbau werden zunächst als Europäische Vornorm (ENV, so z. B. EC 2 Betonbau als Vornorm DIN V ENV 1992-1-1) veröffentlicht, dann – nach einer mehrjährigen Erprobungsphase – in die endgültige EN-Norm übergeführt. Eine Verpflichtung zur Übernahme der ISO-Normen als nationale Normen besteht dagegen nicht, während alle Mitgliedstaaten zur Übernahme verpflichtet sind, wenn eine CEN-Norm (Eurocode) mit den Stimmen aus EG- und EFTA-Ländern angenommen ist.

Bei Anwendung von Eurocode 2 werden bautechnische Lösungen erzielt, die denen nach DIN 1045 und DIN 4227 gleichwertig sind; die nach der neuen Norm bemessenen Bauteile können sich in bezug auf Bewehrung und Konstruktion allerdings von denen nach DIN unterscheiden. (Literatur: Breitschaft in Beton-Kalender 1994, II/Bauen in Europa – Beton, Stahlbeton, Spannbeton, Beuth Verlag/bauen mit holz, Heft 10/1993.)

Aus den Erfahrungen mit den Fristen der Einführung von Normen-Neubearbeitungen oder auch mit der Umstellung der Maßeinheiten für statische Berechnungen darf geschlossen werden, daß sich der Wissensstand deutscher Ingenieure über mehrere Jahre noch an DIN-Normen orientiert. J. Falke (Stahlbau 7/1990, S. 199) faßt wie folgt zusammen: „Den uns geläufigen Begriffen des Bauordnungsrechts stehen im wesentlichen inhaltlich entsprechende Begriffe der Bauprodukten-Richtlinie gegenüber. Eine gravierende Umstrukturierung des nationalen Bauordnungsrechts aufgrund der Umsetzung der Bauprodukten-Richtlinie ist demnach nicht zu erwarten."

Das wird bestätigt durch die Aussage von Goffin, Vorsitzender des Deutschen Ausschusses für Stahlbeton, zur Übergangsphase mit dem damit verbundenen Umstellungsprozeß (Beton-Kalender 1991, Teil II, S. 86): „Ein abrupter Übergang verbietet sich schon deshalb, weil das über Jahrzehnte gewachsene, in sich und mit Recht und Wettbewerb vernetzte nationale Regelwerk nicht schlagartig durch das noch recht grobe, unvollständige Raster europäischer Regelung ersetzt werden kann. Auf der Stoffseite wird der Markt allerdings regelnd eingreifen, weil weder Handel noch Hersteller es sich leisten können, eine Produktpalette vorzuhalten, die sowohl nationalen wie auch internationalen Normen genügt.

Für Bemessung und Konstruktion besteht jedoch kein zwingender Grund, die Regeln der DIN mit Einführung des entsprechenden Eurocodes zu ‚liquidieren'. Nach wie vor kann durch sie als Beweisregeln die Erfüllung der Grundforderungen nachgewiesen werden. Diese sind nach wie vor baurechtlich, also im Sinne der Landesbauordnungen als allgemein anerkannte Regeln der Technik anzusprechen."

Im allgemeinen Sog der Euro-Normen – Deutsche greifen bekanntlich stets als erste nach Neuem und anderem – darf nicht vergessen werden, daß die Anwendung nur dort zwingend ist (jedoch haben VergabeVO und NachprüfVO seit 11/1993 Gesetzesrang!), wo

– ein öffentlicher Bauherr
– ein Bauvorhaben mit einer Summe von 5 Millionen Ecu (ca. 10 Mill. DM) ausschreibt.

In allen anderen Fällen ist die Wahl der technischen Regelwerke (nationale oder Euro-Norm) freigestellt.

Andererseits sollte man die (sensationelle) Entscheidung des Europäischen Gerichtshofes in Luxemburg (Urt. v. 19. 11. 1991 – Rs C–6/90 und 9/90) im Auge behalten: Wenn ein Mitglied der Europäischen Gemeinschaft eine EG-Richtlinie nicht rechtzeitig oder nicht vollständig in das nationale Recht umsetzt und dem einzelnen Bürger dadurch ein Schaden entsteht, so muß in Zukunft der Staat dafür Schadenersatz leisten.

Professor Kirtschik (Mauerwerks-Kalender 1994) hält das Tempo der Harmonisierung der nationalen Normen ohnehin für zu groß und meint, daß direkt nach den kommenden Veröffentlichungen der Euro-Normen eine Überarbeitung einsetzen müsse (was z. T. tatsächlich bereits geschieht) wegen der zahlreichen Verbesserungsnotwendigkeiten.

Es lohnt sich also in jedem Falle, Kenntnisse im Bereich der bekannten nationalen Normen aufzufrischen, zu erweitern und bereitzuhalten. Dazu soll dieses Handbuch ein nützlicher Helfer sein.

Abkürzungsverzeichnis

A	Architekt; als Einheit: Fläche
aaRdT	allgemein anerkannte Regel der Technik (bis 1974: . . . Regel der Baukunst)
ABZ	Allgemeine bauaufsichtliche Zulassung
AGB-Gesetz	Gesetz zur Regelung des Rechts der Allgemeinen Geschäftsbedingungen
ATV	Allgemeine Technische Vertragsbedingungen für Bauleistungen
AVB	Allgemeine Vertragsbedingungen für die Ausführung von Bauleistungen
BAB	Bauaufsichtsbehörde, auch: Bauordnungsbehörde oder Baurechtsamt
BAK	Bundesarchitektenkammer
BauBG	Bauberufsgenossenschaft
BauGB	Baugesetzbuch
BauO NW	Bauordnung des Landes Nordrhein-Westfalen
BauPG	Bauproduktengesetz
BauP-RL	Bauproduktenrichtlinie
BauprüfVO	Bauprüfverordnung
BG	Berufsgenossenschaft
BGB	Bürgerliches Gesetzbuch
BGH	Bundesgerichtshof
BH	Bauherr
BL	Bauleiter
BU	Bauunternehmer
BV	Bauvorhaben
B 25	Beton der Festigkeitsklasse 25, entsprechend 35, 45
CC	Zementbeton
CE-Kennzeichnung	Konformitätskennzeichnung der Europäischen Gemeinschaft
CEN	Europäisches Komitee für Normung (EG- und EFTA-Länder)
DAB	Deutsches Architektenblatt
DBV	Deutscher Beton-Verein
DIBt	Deutsches Institut für Bautechnik (bisher IfBt)
DIN	Deutsches Institut für Normung
EC	Eurocode
EN	Europäische Norm
ENV	Europäische Vornorm
ESG	Einscheiben-Sicherheitsglas
ETB	(bauaufsichtlich) eingeführte technische Baubestimmung
ETZ	Europäische Technische Zulassung (künftig)
F	als Einheit: Kraft
f., ff.	folgender, folgende (Paragraphen)
GAA	(staatliches) Gewerbeaufsichtsamt
GFB	Glasfaserbeton
GK	Güteklasse bei Nadelholz
HOAI	Honorarordnung für Architekten und Ingenieure
i. d. R.	in der Regel
IfBt	Institut für Bautechnik, Berlin (neuerdings: DIBt)

IHK	Industrie- und Handelskammer
ISO	Internationale Organisation für Normung
KS	Kalksandstein
KS, KP, KR, KF	Konsistenzbereich von Frischbeton (steif, plastisch, weich, fließfähig)
LBO	Landesbauordnung
LV	Leistungsverzeichnis
MBO	Musterbauordnung
MBW	Ministerium für Bauen und Wohnen (Land NW)
MPA	(amtliche) Materialprüfanstalt
Mwk	Mauerwerk
Mz	Mauerziegel
NH	Nadelholz
NW	Nordrhein-Westfalen (auch: NRW)
o. ä.	oder ähnliche
OBG	Ordnungsbehördengesetz
öbuv	öffentlich bestellter und vereidigter (Sachverständiger)
OLG	Oberlandesgericht
OS	Oberflächenschutzsystem
OVG	Oberverwaltungsgericht
OWiG	Gesetz über Ordnungswidrigkeiten
PC	Reaktionsharzbeton (Epoxidharzmörtel)
PCC	Zementbeton mit Kunststoffzusatz
PfB	Prüfingenieur für Baustatik
PolG	Polizeigesetz
PrüfzVO	Prüfzeichenverordnung
QS	Qualitätssicherung
QSS	Qualitätssicherungssystem
QuF	Qualifizierte Führungskraft
RdErl.	Runderlaß (z. B. der obersten BAB)
RVO	Reichsversicherungsordnung
S.	Seite
SIB	Schutz und Instandsetzung von Betonbauteilen
SIVV	Schützen, Instandsetzen, Verbinden und Verstärken von Betonbauteilen
SK	Sortierklasse bei Nadelholz
SLV	Schweißtechnische Lehr- und Versuchsanstalt
SOG	Sicherheits- und Ordnungsgesetz (in NW: OBG)
SPCC	Zementspritzbeton mit Kunststoffzusatz
SPI	Sachkundiger Planungsingenieur
StGB	Strafgesetzbuch
TGL	Technische Güte- und Lieferbedingungen (die „Normen“ der ehemaligen DDR)
TRGS	Technische Regeln für Gefahrstoffe
Urt.	Urteil
UVV	Unfallverhütungsvorschrift (der Berufsgenossenschaft)
Ü-Zeichen	neu: Übereinstimmungserklärung bei Bauprodukten bisher: Überwachungszeichen (Fremdüberwachung) künftig: Übereinstimmungszeichen
VBG	(mit Nummer) UVV-Nr. im Verzeichnis Berufsgenossenschaftlicher Gesamtvorschriften
VG	Verwaltungsgericht
VGH	Verwaltungsgerichtshof

VOB	Verdingungsordnung für Bauleistungen
VSG	Verbund-Sicherheitsglas
VV	Verwaltungsvorschrift (zu einem Gesetz)
VwVfG	Verwaltungsverfahrensgesetz
VwVG	Verwaltungsvollstreckungsgesetz
ZVB	Zusätzliche Vertragsbedingungen

Benutzungshinweise

- Der gesamte technische Bereich der Bauausführung und Bauüberwachung – DIN-Normen, Regeln der Technik, Zulassungen, Nachweise und Bescheinigungen – ist im Hauptteil (Teil II) abgehandelt, getrennt nach den Hauptbaustoffen und nach Ausbaugewerken, soweit an diese Forderungen aus Normen oder der Bauordnung gestellt werden.
- Die teilweise umfangreichen Auszüge aus DIN-Normen oder den UVV sind auf den Bereich der Ausführung und Überwachung beschränkt. Der vollständige Text der jeweiligen DIN ist zu beziehen vom Beuth Verlag GmbH, Burggrafenstraße 6, D-10787 Berlin. Berücksichtigt wurden die Weißdrucke der Normen bzw. die bauaufsichtlich eingeführten, nicht jedoch die Euro-Normen, soweit sie überhaupt schon vorliegen. – Maßgebend für die konkrete Anwendung ist die jeweils neueste Fassung.
- Die Numerierung der Normen konnte bei den Gliederungsnummern der inhaltlichen Einteilung dieses Handbuches in der Regel nicht eingehalten werden.
- Längere wörtliche Passagen aus UVV oder ABZ sind mit seitlichem senkrechtem Strich gekennzeichnet; das gilt nicht für DIN-Normen.
- Bei den betreffenden Textabschnitten sind die gebräuchlichen Formulare, Bescheinigungen und Prüfzeugnisse als Muster eingefügt. Sie sind häufig nur dem Inhalt nach – nicht auch der Form nach – vorgeschrieben und können formal, auch länderweise, abweichen.
- Im Teil I werden u. a. der erforderliche Umfang und der richtige Zeitpunkt von Bauüberwachungen kritisch untersucht. Der objektüberwachende Architekt und der Bauleiter sollten sich Zeit nehmen für die Ausführungen zum Vertragsbereich der HOAI und zur außervertraglichen Baumängelhaftung, alle Überwacher auch für den strafrechtlichen Bereich.
- Der Teil III listet die Standardmaßnahmen des bauordnungsrechtlichen Einschreitens der Behörde auf und gibt Rezepthilfe anhand von OVG-Urteilen. Architekt und Bauleiter können hier ebenfalls leicht ablesen, was die BAB darf, muß oder nicht darf. Die einschlägigen Gesetzesauszüge mit erläuternden Verwaltungsvorschriften und weiteren Hinweisen sind angefügt; für die Orientierung vor Ort reicht der Umfang allemal aus.

  Bei den ländermäßig leicht unterschiedlichen Landesbauordnungen ist die BauO NW zugrunde gelegt; Abweichungen von der kommenden Fassung (Gesetzentwurf 5/94 liegt vor) werden im Anschluß an den jeweiligen Paragraphen mit aufgeführt und mit seitlichem Strich gekennzeichnet.
- Quellen (Normen, Literatur) sind nicht am Schluß des Buches, sondern beim Zitat im Text genannt.
- Falls also Zweifel an der Richtigkeit von Konstruktionen oder der Ordnungsmäßigkeit von Baustoffen und Bauteilen bei der Ausführung oder einem Überwachungstermin auftauchen, sollte in Teil II die „richtige“ Ausführung nachgeschlagen, in Teil III, 2 die Rechtsgrundlage für das Einschreiten der Behörde studiert und nach Teil III, 1 das Vorgehen ausgewählt bzw. erwartet werden.

Teil I: Bauüberwachung bei der Bauausführung – warum, wann und wie

- Anforderungen an Bauwerke
- Fehlerquellen; Verteilung, Ursachen, Sicherheiten
- Umfang und Zeitpunkt von Überwachungen
- Der strafrechtliche Bereich
- Psychologie der Kontrollen
- Die fachliche Qualifikation des Überwachers
- Bautagebuch und Bauüberwachungsbericht
- Toleranzen im Hochbau

1 Anforderungen an Bauwerke

1.1 Freiheit von Fehlern und Schäden

Bauwerke sollen standsicher, funktionstüchtig, feuerbeständig, schall- und wärmegedämmt, dauerhaft, schadensfrei, wirtschaftlich und natürlich architektonisch gelungen sein. Je nach Aufgabe, Bauherrn, Finanzkraft und Mode-(Stil-)Richtung werden die Gewichte zwischen diesen Anforderungen verschieden verteilt; das Bauwerk stellt immer einen Kompromiß dar, da nicht alle Forderungen gleichzeitig optimal erfüllbar sind.

Den Bauherrn interessiert insbesondere das mangelfreie Werk, das er vertraglich bestellt hat, den Staat dagegen mehr die Sicherheit gegen Versagen, das zu einer Gefahr für die öffentliche Sicherheit und Ordnung werden kann. Beide Ziele – hier die Qualitätssicherung, dort die Gefahrenabwehr – überschneiden sich natürlich.

Schäden und Mängel an Bauwerken haben zwei Aspekte:

- technisch: Ursachenanalyse, Sicherung, Sanierung
- rechtlich: Haftung, Ansprüche, Kosten, Verjährung

Techniker und Juristen verwenden leider nicht die gleichen Begriffe; der Jurist erkennt einen (Bauwerks-)Mangel oder Fehler, der zu einem (Bau-)Schaden führt. Ein Fehler ist z. B. die falsch geplante Drainage an einem Haus (= Planungsfehler des Architekten) oder die falsch ausgeführte Dichtung gegen Sickerwasser (= Ausführungsfehler des Bauunternehmers); beide können einzeln oder zusammen zum Schaden des nassen Kellers führen.

Ein Fehler liegt also vor, wenn die Beschaffenheit der Bauleistung von dem vertraglich zugesicherten Zustand abweicht und hierdurch deren Gebrauchsfähigkeit ausgeschlossen oder abgemindert wird.

Bauschäden sind Veränderungen des technischen Zustandes einer baulichen Anlage in der Weise, daß hierdurch deren Funktion gestört oder vermindert wird; sie treten erst im Laufe der Gebäudenutzung auf.

Zunächst zur privatrechtlichen Seite der Bauüberwachung, die vom Bauleiter/Architekten wahrgenommen werden muß: Eine Bauleistung ist nach BGB § 633 oder nach VOB/B § 13 dann mangelhaft, wenn das Bauwerk

- mit Fehlern behaftet ist, die den Wert oder die Tauglichkeit zu dem gewöhnlichen Gebrauch aufheben oder mindern,
- mit Fehlern behaftet ist, die einen Verstoß gegen die „allgemein anerkannten Regeln der Technik“ (aaRdT) darstellen, oder
- wenn vertraglich ausdrücklich (evtl. auch stillschweigend) zugesicherte Eigenschaften fehlen, und zwar auch dann, wenn der Wert oder die Tauglichkeit der Bauleistung ansonsten nicht gemindert sind (z. B. Farbtönung der Fassade, die ansonsten der Ausschreibung entspricht und ihre Funktion erfüllt).

Dazu einige Ergänzungen:

- Der „gewöhnliche Gebrauch“, zu dem das Bauwerk geeignet sein muß, bzw., im negativen Fall, der gemindert oder gar aufgehoben sein muß, falls Gewährleistungsansprüche gestellt werden, ist unabhängig von den subjektiven Vorstellungen der Beteiligten und bestimmt sich weitgehend nach den Ansprüchen des Durchschnittsbauherrn. Die Tauglichkeit zum gewöhnlichen Gebrauch entspricht häufig nicht der vom Bauherrn erwarteten Qualität oder gar der optimalen Beschaffenheit.

- Die Annahme einer „stillschweigenden Zusicherung" setzt stets voraus, daß der Anbieter (z. B. Verkäufer von Baustoffen) hinreichend deutlich seine Bereitschaft erkennen läßt, für das Vorhandensein bestimmter Eigenschaften die Gewähr zu übernehmen; später hierfür beweiskräftig ist wohl nur eine entsprechende schriftliche Erklärung. Allein den Umstand, daß ein Anbieter (Verkäufer, Hersteller, Lieferant) eine Sache liefert oder verkauft, für die eine DIN-Norm existiert, hält der Bundesgerichtshof nicht für ausreichend, um eine stillschweigende Zusicherung dahin gehend anzunehmen, er wolle für die in der DIN-Norm festgelegten Eigenschaften einstehen (Grundsatzurteil des BGH vom 25. 9. 1968 – VIII ZR 108/66, auch Urt. des BGH v. 2. 6. 1980 – VIII ZR 78/79, NJW 1980, 1950).

Der Anspruch des Bauherrn auf Mängelbeseitigung (Nachbesserung) ist verschuldensunabhängig; nur bei zusätzlicher Schadensersatzforderung muß Verschulden des Bauunternehmers vorliegen und nachgewiesen werden.

Beeinträchtigung von Bauwerken			
Art	1. Bauschäden/Baufehler	2. Beschädigungen	3. Abnutzung und Alterung
Ursachen	**1.1 Fehlerhaftes Verhalten** bei Erstellung und Nutzung des Bauwerks: 1.1.1 Planungsfehler Entwurf Bauherren-Programm Konstruktion Berechnung 1.1.2 Ausführungsfehler Baustoffe Bauteile Herstellung 1.1.3 Nutzungsfehler Überlastung: statisch bauphysikalisch Schwingungen fehlende Unterhaltung **1.2 Nicht fehlerhaftes Verhalten:** 1.2.1 Allgemein nicht ausreichender Erkenntnisstand 1.2.2 In Kauf genommene Vorgänge und Qualitäten (Kostenvergleich)	2.1 Feuer, Löschwasser, Chlorwasserstoffionen 2.2 Kriegseinwirkungen, Bomben 2.3 Erschütterungen, Explosionen 2.4 Sturm, Hochwasser, Erdbeben 2.5 Unfall, Anprall, Absturz 2.6 Schädlinge (Hausbock, Pilze) 2.7 Bergbaueinflüsse	(bei sachgemäßer Nutzung und ordnungsgemäßer Unterhaltung) 3.1 Abrieb, Verschleiß 3.2 Ermüdung durch Schwingung und Wechsellast 3.3 Korrosion, Faulen, Versprödung 3.4 chemische und physikalische Umwandlungen 3.5 technologische Überalterung 3.6 modische Veralterung
Maßnahmen und Folgen	Bei 1.1 : Schulung, Aufsicht, Kontrollen, Schadensauswertung, Sicherheitsbeiwerte Bei 1.2.1: Unvermeidbares Risiko Bei 1.2.2: Optimierung der Kosten von Herstellung, Unterhaltung und Sanierung	Maßnahmen nur sehr beschränkt möglich (Einrechnen von Sonderlasten und Katastrophenzuständen)	● Festlegung der Nutzung und Lebensdauer ● Laufende Bauinstandhaltung ● Auswechseln von verschlissenen und beschädigten Teilen

Von den vielerlei möglichen Beeinträchtigungen von Bauwerken lösen nicht alle Mängelrügen aus. Man muß abgrenzen in

- Bauschäden: Ursachen liegen im Baugeschehen, also im unmittelbaren Zusammenhang mit Planung, Entwurf, Konstruktion und Ausführung sowie ebenfalls der (evtl. auch falschen) Nutzung eines Bauwerkes.
- Beschädigungen: Ursachen liegen in äußeren Einwirkungen (z. B. Zerstörung eines Brückenpfeilers durch Anprall) oder in höherer Gewalt (Feuer, Sturm, Erdbeben).
- Abnutzung: Ursachen liegen im natürlichen Verschleiß und in der Alterung (Versprödung unter UV-Strahlung von organischem Material).

Siehe hierzu die Übersicht auf Seite 4 mit möglichen Folgen und Abwehrmaßnahmen. Dazu kommen weitere Ursachen:

- Unechte Bauschäden: Abweichen von der (zu hoch angesetzten) erwarteten Beschaffenheit.
  Nicht völlig fertiggestellte Arbeiten. Fehlender Unterhalt (beläuft sich immerhin auf etwa 1 bis 1,5% des Zeitwertes).
- Mangelnder Erkenntnisstand: Verwendung noch nicht bewährter Baustoffe und Bauverfahren (das ist z. B. der Fall bei Baustoffen mit allgemeiner bauaufsichtlicher Zulassung).
- In Kauf genommene Vorgänge: Risse beim Stahlbeton in bestimmter begrenzter Breite oder beim Kriterium der minimalen Gesamtkosten (Bergschäden).
- Maßtoleranzen: Maßabweichungen innerhalb der zulässigen Toleranzen sind keine Fehler (s. I 8).

1.2 Die allgemein anerkannten Regeln der Technik

1.2.1 Privatrechtliche Bedeutung

Im Strafgesetzbuch (z. B. § 323 StGB), in den Landesbauordnungen (z. B. § 2 BauO NW bzw. § 3 des neuen Entwurfs) und auch in der VOB (§ 13) taucht der Begriff der allgemein anerkannten Regeln der Technik (aaRdT) auf; bis 1974 hießen sie allgemein anerkannte Regeln der Baukunst. Der Begriff ist gesetzlich nicht definiert; die Auslegung geht auf einen Entscheid des Reichsgerichts von 1910 zurück, ist also sog. Richterrecht.

Nach herrschender Meinung zählen solche technischen Regeln zu den aaRdT,

- deren theoretische Richtigkeit wissenschaftlich erwiesen ist
  und
- die sich in der Praxis verfestigt haben, d. h., in den Kreisen der betreffenden, mit der entsprechenden Vorbildung ausgestatteten Techniker bekannt und als richtig anerkannt sind.

Daneben werden mitunter noch folgende Begriffe verwendet: Stand der Technik und Stand der Wissenschaft, die beide nicht alle Kriterien erfüllen (s. Grafik auf Seite 6). So zählen z. B. die zahlreichen allgemeinen bauaufsichtlichen Zulassungen (ABZ) nicht zu den aaRdT; sie sind allenfalls eine Vorstufe dorthin.

Man muß hier, wenn man nicht eine Mängelrüge riskieren will, die Zustimmung zur Anwendung vom Bauherrn vorher einholen.

	Begriffe	Merkmal			
		wissenschaftliche Erkenntnis	praktische Erfahrung	allgemeines Bekanntsein	Bewährung in der Praxis
↑	Allgemein anerkannte Regel der Technik	ja	ja	ja	ja
	Stand der Technik	ja	nur bedingt	nur bedingt	nein
	Stand der Wissenschaft	ja	nein	nein	nein

Die folgenden Ausführungen basieren auf dem Buch R. Fischer, Die Regeln der Technik im Bauvertragsrecht, Werner-Verlag 1985: Die allgemein anerkannten Regeln der Technik (aaRdT) sind nicht Gesetz und auch kein Gewohnheitsrecht; wegen der ständig erforderlichen Anpassung an veränderte technische Verhältnisse fehlt es an der hierfür erforderlichen lang andauernden Übung. Eine normkonkretisierende Verweisung in Rechtsnormen (z. B. der LBO) ist jedoch üblich und wirksam.

Zweck der Normen ist einmal „die technisch ökonomische Leistungssteigerung im betriebswirtschaftlichen Bereich in qantitativer und qualitativer Hinsicht durch Vereinheitlichung und Vereinfachung der Fertigungsvorgänge." Zum anderen haben sie einen Sicherheitsaspekt, weil anstelle der individuellen Kenntnisse und Fähigkeiten einzelner Techniker der qualifizierte Sachverstand der Normenausschüsse tritt.

Das zivilrechtliche Begriffsverständnis (der aaRdT) unterscheidet sich von demjenigen des Bauordnungsrechts in zweifacher Hinsicht: Als erstes entfällt für das private Baurecht die Beschränkung auf Regeln mit sicherheitstechnischem Aspekt; es sind vielmehr auch hier alle anderen technischen Vollzugsweisen, die die Durchführung einer Baumaßnahme betreffen, zum Standard zu rechnen. Darüber hinaus ist der Standardinhalt im Zivilrecht abhängig von der vertraglich vereinbarten Qualität der Bauleistung.

Da technische Regeln keinen Rechtsnormcharakter haben, sind sie nicht aus sich heraus für den Bauvertrag (einen gesetzlichen Typ des Bauvertrags gibt es im BGB nicht!) verbindlich. Aus dem Charakter der Bauleistung folgt jedoch notwendig, daß sie nach technischen Regeln ausgeführt sein muß. Welche technischen Regeln der Bauunternehmer bei der Ausführung anzuwenden hat, bestimmt sich nach den hierzu ausdrücklich getroffenen vertraglichen Vereinbarungen.

In überwiegender Mehrzahl der Verträge (die bei kleinem Leistungsumfang natürlich auch mündlich geschlossen werden können) wird die vom BU geschuldete Leistung durch eine Leistungsbeschreibung (Leistungsverzeichnis = LV) festgelegt. Diese zugesicherten Eigenschaften muß das Bauwerk also haben, und zwar sowohl nach dem BGB-Vertrag als auch nach der VOB.

In den ATV der VOB Teil C sind die technischen Anforderungen für (durchschnittliche) Bauvorhaben fixiert; sie entsprechen den aaRdT. Insofern sind sie beim VOB-Vertrag automatisch Bestandteil des Vertrages.

Im gesetzlichen Werkvertragsrecht sind dagegen die aaRdT nicht erwähnt; § 633 Abs. 1 BGB bestimmt lediglich, daß der BU das Bauwerk so herzustellen hat, daß es zum gewöhnlichen

Gebrauch tauglich ist. Überwiegend wird hierzu die Ansicht vertreten, daß der BU auch im BGB-Vertrag die Werkleitung nach den aaRdT zu erbringen habe. Begründet wird dies weitgehend mit dem Grundsatz von Treu und Glauben. Die Einhaltung des Standards sei grundlegend für die Erbringung der ordnungsgemäßen Leistung. Der Standard bilde den Kodex der Bauschaffenden. Die besonderen Gegebenheiten des Bauvertrages erforderten, daß der BU im BGB-Vertrag die aaRdT in gleicher Weise beachte wie im VOB-Vertrag; diese unternehmerische Pflicht sei in das gesetzliche Bauvertragsrecht hinein zu interpretieren. Nur weil das gesetzliche Werkvertragsrecht nicht speziell auf das Bauvertragsrecht ausgerichtet sei, seien die allgemein anerkannten Regeln der Technik nicht in § 633 BGB erwähnt.

Um für den Verwendungszweck geeignet zu sein, muß das Bauwerk in allen Fällen auch dem materiellen Bauordnungsrecht entsprechen; dies gilt auch für genehmigungsfreie bauliche Maßnahmen oder solche im vereinfachten Genehmigungsverfahren. Nach der LBO muß der BU grundsätzlich die aaRdT einhalten; das braucht also nicht ausdrücklich im Vertrag zu stehen.

Baumängel trotz Beachtung der Regeln der Technik?

Trotz sorgfältiger Beachtung der aaRdT kann eine Bauleistung mangelhaft sein; für die Fehlerfreiheit haftet der BU ja verschuldensunabhängig. Folgende Fälle wurden z. B. von Gerichten mit z. T. erheblichem Widerspruch der Fachöffentlichkeit entschieden:

- „Veraltung" der Bauleistung innerhalb der Gewährleistung, weil inzwischen (nach der Abnahme!) technisch bessere Ausführungsarbeiten üblich werden. Hier wurde trotz (später) nicht mehr üblicher durchschnittlicher Beschaffenheit kein Mangel der Bauleistung erkannt (OLG Stuttgart).
- Anwendung neuer Baustoffe/Bauweisen mit ABZ, deren Bewährung in der Praxis noch aussteht, erweist sich nachträglich als nicht geeignet bzw. mangelhaft. Hier liegt ein Fehler der Bauleistung vor, für den der BU gewährleistungspflichtig ist. – Ausnahme: Der BU hat mit dem Bauherrn eine entsprechende Haftungsfreistellung vereinbart. Das empfiehlt sich immer bei Anwendung von Baustoffen/Bauarten mit ABZ.
- Daß eine Bauausführung im Zeitpunkt der Abnahme dem technischen Wissensstand entspricht, schließt die Gewährleistung nicht aus, wenn sich dieser Wissensstand nachträglich als nicht ausreichend erweist. Der BU haftet auch für solche Mängel, deren Ursache im Abnahmezeitpunkt vorhanden war, die aber erst später transparent werden: Die Schadensträchtigkeit der Bauausführung ist für den BU auch nicht abstrakt vorhersehbar, trotzdem fehlt die erforderliche Bewährung in der Praxis. (Siehe hierzu das „berüchtigte" Blasbachtalbrücken-Urteil, OLG Frankfurt, BauR 1983, 156; weiter BGH-Urteil v. 17. 5. 1984, Az: VII ZR 169/82.)

  Bemühungen, diese ausschließliche Erfolgshaftung in den Fällen zu beseitigen, in denen z. B. die aaRdT eingehalten wurden (die also zur Zeit der Ausführung und Abnahme galten), sind bisher gescheitert, zuletzt auf dem 55. Juristentag 1992.

Auf Haftungsfreistellung und Risikoverlagerung kann im Rahmen dieses Handbuches nicht näher eingegangen werden; es muß auf die Literatur verwiesen werden.

1.2.2 Die Regeln der Bautechnik in den Landesbauordnungen

Nun zur öffentlich-rechtlichen Seite der Bauüberwachung: In der Bundesrepublik Deutschland wird die Einhaltung der aaRdT den am Bau Beteiligten durch die Bauordnung (Landesbauordnung auf Grund der Musterbauordnung) zur Pflicht gemacht. Die Bauordnung stellt eine Beachtensvorschrift der aaRdT dar; sie spricht primär nicht von DIN-Normen, da dies nicht identisch ist. Eine (noch) gültige Norm muß nicht (oder nicht mehr) in jedem Fall und in allen

Punkten eine aaRdT sein. Es besteht jedoch die faktische Vermutung, daß eine Norm im Weißdruck im Zeitpunkt ihres Erscheinens eine solche aaRdT ist. Diese Vermutung ist widerlegbar, da Normen veralten und dann nicht mehr den aaRdT entsprechen müssen.

Die Normen stellen also nur einen Teil der aaRdT dar, und das nur zum Zeitpunkt ihrer Veröffentlichung. Aber auch selbst dann brauchen sie nicht allgemein anerkannt und bewährt zu sein. Jansen (Regeln der Baukunst – Erfahrungen eines Gerichtssachverständigen, BauR, Heft 5/1990) hat u. a. folgendes Beispiel dargestellt: In Abschnitt 5.2.2 der DIN 1053 – Mauerwerk – (gültig von 1974 bis 2/1990) war das sogenannte Zweischalige Mauerwerk ohne Luftschicht geregelt, also das Mauerwerk mit Schalenfuge. „Seit Jahren ist bekannt, daß dieses Mauerwerk sich nicht bewährt hat – obwohl genormt. Es hat zu erheblichen Schäden mit großen Konsequenzen geführt."

Die bauaufsichtliche Einführung einer Norm im Ministerialblatt macht dann aus der faktischen eine gesetzliche Vermutung, daß bei Anwendung die aaRdT eingehalten werden; sie ist zugleich eine Beachtensanweisung an die Bauaufsichtsbehörden. Hierzu der RdErl. d. Min. f. Landes- und Stadtentwicklung NW v. 22. 3. 1985:

„Bauaufsichtlich eingeführt werden Normen und Richtlinien, die bauordnungsrechtlich relevant sind und deren Regelungsgegenstand von der Bauaufsicht bei der Prüfung der Bauvorlagen nach §§ 58 und 63 BauO NW, bei der Bauüberwachung nach § 76 und der Bauzustandsbesichtigung nach § 77 geprüft werden soll und kann.

Solche bauaufsichtliche Einführung ist zugleich eine allgemeine Weisung, die Regelungsgegenstände der „eingeführten technischen Baubestimmung" im bauaufsichtlichen Verfahren (Baugenehmigungsverfahren, Bauüberwachung und Bauzustandsbesichtigung) zu prüfen."

Der Minister als oberste BAB hat dieses Prinzip selbst durchbrochen, indem er im Bekanntgabeerlaß (MinBl. NW 1987, S. 1637 ff.) der DIN 4150 Teil 3 (5/1986) – Erschütterungen im Bauwesen – erklärt hat: Der Minister wird die Norm 4150 T 3 nicht bauaufsichtlich einführen. Gleichwohl ist die Norm als aaRdT gemäß § 3 der Landesbauordnung NW im bauaufsichtlichen Verfahren zu beachten.

ETB. Einige Verlage geben Loseblattsammlungen der ETB – eingeführten technischen Baubestimmungen – heraus; gemeint sind die bauaufsichtlich eingeführten, bei denen ein Einführungserlaß als Anweisung für die unteren Bauaufsichtsbehörden vorangestellt ist. Diese mehr für die BAB konzipierten Sammlungen umfassen nicht alle einschlägigen DIN-Normen, auch nicht die Summe der aaRdT.

Von diesen aaRdT *kann* abgewichen werden, wenn eine andere Lösung in gleicher Weise die allgemeinen Anforderungen erfüllt. Das mag in manchen Fällen aus der Erfahrung mit Bewährtem und Erprobtem beurteilbar sein. Wenn dieser Bereich jedoch verlassen wird, wenn es sich also um „neue" Baustoffe, Bauteile oder Bauarten handelt, die noch nicht allgemein gebräuchlich und bewährt sind, ist ein anderer Brauchbarkeitsnachweis erforderlich. Das kann sein:

- die Zustimmung im Einzelfall durch die oberste Bauaufsichtsbehörde (gilt also nur für diesen einen konkreten Fall und ist nicht weiter übertragbar); der Nachweis der Brauchbarkeit wird dabei in der Regel mittels Gutachten einer amtlichen Materialprüfungsanstalt zu führen sein.
- die allgemeine bauaufsichtliche Zulassung (ABZ) durch das Deutsche Institut für Bautechnik in Berlin (DIBt); die Zulassung (das heißt der Zulassungsbescheid von meist mehreren Seiten) muß den Verwendern auf der Baustelle bekannt gemacht werden und in Kopie dort vorliegen.
- das Prüfzeichen bei bestimmten Bauteilen und Baustoffen durch das DIBt, Berlin (s. hierzu die Prüfzeichenverordnung unter III 2.1, § 23); in Zukunft: das allgemeine bauaufsichtliche Prüfzeugnis.

- ein Prüfzeugnis einer amtlichen Materialprüfungsanstalt (MPA).
- in gewissen Fällen eine Herstellerbescheinigung.

(Zu diesem Abschnitt wird auch auf die entsprechenden Ausführungen der Landesbauordnung im Teil III. 2 verwiesen.)

Abweichungen von der aaRdT können *ohne* Brauchbarkeitsnachweis zugelassen werden, wenn solche Abweichungen bauaufsichtlich unbedenklich sind, wenn also nur geringfügige Risiken auftreten können.

Von den Bestimmungen einer DIN-Norm *muß* abgewichen werden, wenn solche Abweichung im Einführungserlaß der obersten BAB festgelegt wird. Davon wird öfters Gebrauch gemacht; daher sind eingeführte DIN-Normen bauaufsichtlich stets im Zusammenhang mit dem Einführungserlaß zu lesen. – Eine solche Abweichung vom Normentext ist bei den Europäischen Normen (EN) nicht mehr zulässig, da hierdurch ein neues „Handelshemmnis" entstehen könnte.

Die Europäischen Normen (EN) werden national nicht bauaufsichtlich eingeführt, sondern in der BRD als DIN EN; damit haben sie rechtlich dieselbe Verbindlichkeit wie DIN-Normen.

Zur Frage, ob und wie weit die Verfasser von DIN-Normen für die Richtigkeit haften, ist nach Henschel*) auf folgendes hinzuweisen: Der Geber der Regeln der Bautechnik, also der Deutsche Normenausschuß, übernimmt mit der Herausgabe keine Garantie oder Haftung für die Richtigkeit. Die Haftung ist allein auf die Richtigkeit und Sorgfalt der Methode zu beschränken, wobei vorrangig die Fragen zu beantworten wären: Ist das Gremium unter dem Gesichtspunkt der Sachkunde richtig zusammengesetzt, ist man richtig vorgegangen, hat man die Erfahrungen ausgewertet und dgl. mehr?

Ähnliches gilt auch bei der Güteüberwachung von überwachungspflichtigen Baustoffen und Bauteilen: Bestimmte Baustoffe und Bauteile dürfen bekanntlich nur verwendet werden (s. III 2.1, § 24), wenn sie aus Werken stammen, die einer Überwachung unterliegen, da die Güteeigenschaften dieser Stoffe und Teile örtlich nicht mehr zerstörungsfrei geprüft werden können. Diese Überwachung dient ebenfalls der Gefahrenabwehr; das Gütezeichen auf der Verpackung oder dem Lieferschein drückt nur aus, daß diese Baustoffe und Bauteile nach den Angaben der zutreffenden Norm überwacht werden, nicht aber, daß sie hinsichtlich der Güte auch der Norm entsprechen.

Interessehalber wird auf die etwas andere Stellung von Normen im Bereich der ehemaligen DDR hingewiesen: Die Standards (TGL als DDR- bzw. Fachbereichsstandards) waren staatliche Normen und hatten damit den Rang von Gesetzen mit daraus ableitbarer strafrechtlicher Verantwortlichkeit. Diese Standards waren auch durch vertragliche Regelungen nicht ausschließbar. Ihre Wirkung war immer gegeben, auch wenn kein besonderer Hinweis auf ihre Anwendung bzw. Verbindlichkeit vorlag. In diesen Standards existieren klare Anwendungs- und/oder Ausschlußbedingungen sowohl für Materialeinsatz als auch für spezielle Nutzungsbedingungen . . . (Gert Beilicke, TU Magdeburg, in: „das bauzentrum" Heft 7/91, S. 17 ff.).

Die jetzige Stellung der TGL (Technische Güte- und Lieferbedingungen) ist etwas anders. Von den etwa 33 000 TGL werden rund 75% von entsprechenden DIN-Normen abgedeckt und können entfallen; weitere 10% sind in der Bundesrepublik Deutschland Gegenstand von Rechtsvorschriften. Einige TGL werden in das Deutsche Normenwerk übernommen werden.

Das DIN empfiehlt, TGL nicht mehr anzuwenden, statt dessen generell DIN-Normen. (Vgl. Beton-Kalender 1992, Teil II, S. 246 ff.)

Die bisher mögliche parallele Anwendung von DIN-Normen und TGL-Standards der ehemaligen DDR ist weitgehend entfallen. Ausnahmen sind noch in Einzelfällen möglich, so z. B. für die Baustellenarbeiten von Projekten, die bis 31. 12. 1992 bauaufsichtlich genehmigt wurden (Mitteilungen des IfBt, Heft 1/1993 oder BK 1994 Teil II, S. 386).

---

*) Henschel, Technische Regelwerke, 1972.

2 Fehlerquellen; Verteilung, Ursachen, Sicherheiten

2.1 Verteilung der Bauschäden

Nach einer Statistik von Grunau (1981) liegen die Ursachen der Bauschäden zu 40% im Büro, zu 40% auf der Baustelle und zu 15% bei den Baustoffherstellern. Der in der Bundesrepublik Deutschland gegenüber anderen Ländern relativ niedrige Anteil der Baustoffe an den Schäden mag an dem hier praktizierten Güteschutz der Baustoffe mit Eigen- und Fremdüberwachung liegen.

Schäden im Hochbau (Bundesrepublik Deutschland)

Planungsfehler		40%
Ausführungsfehler	30	39%
Anwendungsfehler	9	
Materialfehler		15%
Verfall u. a.		6%

Eine detaillierte Schweizer Studie (Kunz, Zürich 1981) zeigt, daß Planungsfehler vergleichsweise größere finanzielle Auswirkungen haben als Ausführungsfehler, letztere jedoch relativ häufiger Personenschäden (Verletzte und Tote) zur Folge haben. In der Bundesrepublik Deutschland wurden z. B. 1983 etwa 45000 Unfälle auf Baustellen registriert, davon endeten knapp 3000 tödlich.

Die Studie zeigt auch, daß Maßnahmen in erster Linie beim Tragwerk = Rohbau erforderlich sind. 44% der Schadensfälle mit 72% der Schadenssumme werden durch das Tragwerk ausgelöst.

Verteilung der Schäden (nach Kunz)

	Anzahl %	Summe %
Kräne und Installationen	7	1
Baugrube	5	3
Lehrgerüst und andere Hilfskonstruktionen	9	11
Tragwerk	44	72
Ausbau	19	3
Technische Einrichtungen	11	6

Eine Zuordnung der Schäden zu den einzelnen Bauteilen innerhalb des Bauwerkes kann der Untersuchung von Schild (Aachen 1975 an Wohngebäuden) entnommen werden. Es sind danach ausgesprochene Schwerpunkte zu erkennen, weit voraus z. B. die Wände mit einem Anteil von 42% an Zahl und 44% an Schadenssumme. Oder: An den untersuchten Gebäuden war jedes 13. Flachdach schadhaft, aber nur jedes 35. geneigte Dach.

Auch der zweite Bau-Schadensbericht des Bundesbauministers (1988) kommt zu ähnlichen Verteilungen. Interessant ist der geringe Anteil der Bauteilgruppe Technische Gebäudeausrüstung (TGA) von nur 4%. „Unter Berücksichtigung, daß bereits bei hochtechnisierten Bauten (z. B. im Krankenhaus- und Hallenbäderbau) TGA-Anteile von 65% erreicht werden, beim Mehrfamilien-Wohnungsbau immerhin 35 bis 40% (Kosten), ist dies ein Indiz dafür, daß der TGA-Bereich besser geplant und sorgfältiger ausgeführt wird als andere Bauaufgaben."

2.2 Ursachen der Fehler

Die Zuverlässigkeit eines Bauwerkes wird an Hand der beiden Grenzzustände beurteilt, dem der Gebrauchsfähigkeit (Verformungen, Schwingungen, Erschütterungen, Abnutzungsneigung usw.) und dem der Tragfähigkeit (Verlust des Gleichgewichts, Bruch in einem kritischen Querschnitt, Instabilität, Ermüdung usw.). Beide Grenzzustände werden durch folgende Fehlergruppen bzw. Fehlhandlungen erreicht:

a) Fehler

2.2.1 Zufällige Fehler

Das sind Streuungen der Baustoffgüten, der Lastschwankungen, der Maßtoleranzen, der Werkstoffdicken, Schwankungen der Mischungsverhältnisse, Abweichung von der rechnerischen Höhenlage der Bewehrung usw.

Sie entziehen sich weitgehend der willentlichen menschlichen Beeinflussung; sie müssen bei der Bemessung so berücksichtigt werden, daß das Zusammentreffen mehrerer zufälliger Fehler zu einem (äußerst) seltenen Ereignis wird und die definierten Fraktilen von Tragkraft einerseits und Beanspruchung andererseits einen Mindestabstand voneinander behalten. Dies wird durch die Sicherheitsbeiwerte bewirkt; sie sind bei den neuen Sicherheitskonzepten abhängig vom Schadensverlauf (Sprödbruch oder Bruch mit Vorankündigung), von den Schadensfolgen (Gefährdung von Menschen oder wirtschaftlicher Schaden), vom zu untersuchenden Grenzzustand und der Wahrscheinlichkeit des Schadenseintritts. Die Beiwerte werden nicht vom Statiker festgelegt, sondern gehen in die Normen ein.

Man darf die zufälligen Fehler und die Sicherheitsbeiwerte (bei den zulässigen Spannungen und Beanspruchungen) als Abwehrmaßnahmen nicht überbewerten: Der Anteil der zufälligen Fehler – und nur diese sind mit Sicherheitsbeiwerten zu eliminieren! – ist im Bauwesen gering. Nach einer Schadensauswertung an etwa 200 Fällen war die tatsächliche Versagensquote vier- bis sechsmal so groß, als sie sich aus den zufälligen Fehlern hätte ergeben dürfen. Besonders groß war tatsächlich der Anteil infolge Fahrlässigkeit.

2.2.2 Systematische Fehler

Diese beruhen auf Annahmen und Vereinfachungen, die beim Abstrahieren des Rechenmodells aus dem tatsächlichen räumlichen Bauwerk entstehen: Einspannungen, Auflagerbedingungen, Systemachsen, Steifigkeiten, E-Moduli, ebenes Spannungs-Dehnungs-Diagramm, Superpositionsgesetz usw. Man berücksichtigt diese systematischen Fehler durch Korrekturfaktoren und Konstruktionsvorschriften oder -regeln bei der Bemessung, Konstruktion und Ausführung (in den DIN-Normen).

2.2.3 Unvermeidliche Fehler

Sie ergeben sich z. B. aus unzureichendem Wissensstand, wenn der Ingenieur sich außerhalb seines gesicherten Erfahrungsbereiches bewegt und ein nicht abgedecktes Risiko offenbleibt. Jedoch nur mit Wagnis und Gewinn können sich Technik und Fortschritt als Voraussetzung für das Überleben fortentwickeln. Der Mensch kann außerhalb seines Erfahrungsbereiches Modellvorstellungen von der Wirklichkeit nicht entwickeln; doch wird der Ingenieur häufig gefordert, Tragwerke an der Grenze des Erfahrungsbereiches zu entwerfen. Ein statistisch quantifizierbares Restrisiko bleibt dann. Nüchtern bedeutet das, daß bestimmte neue Verfahren, Systeme, Baustoffe und Bauteile wieder vom Markt verschwinden, wenn sich herausstellt, daß das Fehlerrisiko zu groß war. Eine Abwehrmaßnahme gegen solche Fehler gibt es nicht.

b) Fehlhandlungen, die zu Schäden und Mängeln führen

2.2.4 Dummheit und Unwissenheit

Die Dummheit ist kein Gefühl, kein Teil des seelischen Lebens und mit den Mitteln der Psychologie nicht zu beeinflussen. Der Dumme hat zwar gesunde Sinne, er kann aber deren Eindrücke nicht richtig verarbeiten und sieht daher Zusammenhänge falsch. Außerdem denkt er nicht folgerichtig und zieht daher falsche Schlüsse.

Hier ist eine konstruktive Zusammenarbeit auf dem erforderlichen Niveau bei der Bauausführung und der Überwachung in der Regel ausgeschlossen. Wegen der erforderlichen fachlichen Eignung wird auf die Vorbemerkungen in fast allen Hauptbaunormen verwiesen; leider bleiben sie praktisch ohne große Bedeutung. Solche Leute sind allenfalls als Bauhelfer im Tiefbau einsetzbar; leider tummeln sie sich häufig bei den Eisenflechterkolonnen herum.

Unwissenheit: Anders der Unwissende, der bei intaktem Intellekt und der vollen Möglichkeit der logischen Verknüpfung und Verarbeitung von Informationen lediglich an – meist partiellem – Informationsmangel leidet. Stichwort: Wer kennt schon alle Bestimmungen aller Normen?

In gewissem Umfang wird der gewissenhafte Überwacher, insbesondere bei kleinen und mittleren Baustellen, nebenberuflicher Dozent für den zweiten Bildungsweg des Unternehmerpersonals sein und Aufklärung und Schulung betreiben. Beispiele für solchen Informationsmangel sind z. B. Unkenntnis der Auflagen im Bauschein, der nicht auf der Baustelle bekannt ist, oder bestimmter Ausführungsangaben in den einschlägigen DIN-Normen oder der Montagehinweis in den ABZ usw.

Da der Überwacher laufend wieder auf dieselben Bauhandwerker trifft, macht sich hier eine Investition mit der Zeit bezahlt. Natürlich kann die sporadische Unterweisung auf der Baustelle nicht die Fachausbildung und -fortbildung ersetzen.

2.2.5 Bequemlichkeit und Nachlässigkeit

Wird allgemein deutlicher als „Pfusch am Bau“ bezeichnet. Beispiele hierfür: kleinere Baugruben werden nicht abgesteift; aufgeweichter bindiger Boden im Fundamentplanum wird nicht ausgekoffert; Arbeitsfugen beim Betonieren werden nicht abgeschalt, sondern der Beton verläuft in Zungen; die obere Bewehrung bei Decken wird nicht über Laufbohlen betreten sondern heruntergetreten; für Trägerauflager wird nicht auf die häufig erforderliche Mörtelgruppe III gewechselt; es werden nicht alle erforderlichen Steingüteklassen vorrätig gehalten; Auflager und Stützenfüße werden mangelhaft untergossen usw.

Hierher gehören also Fehlleistungen, die bei voller Kenntnis der richtigen Ausführung und ohne zwingenden Grund als Schludrigkeit in Kauf genommen werden. Eine Charakterschwäche also, die man mitunter jedoch mit der sog. weichen Welle (Carnegie: Wie man Freunde gewinnt und Menschen beeinflußt – und seine 10 Regeln) kompensieren kann. Regel 7 lautet z. B.: Lassen Sie den anderen fühlen, daß Sie ihn für anständig halten – und er wird sich anständig benehmen.

Es ist natürlich abwegig zu glauben, die Mittel der weichen Welle dürften zu größeren Zugeständnissen führen und es müßten im Ergebnis die Normen und Ausführungspläne nicht ebenso exakt beachtet werden wie bei der kommentarlosen direkten Anordnung (s. auch I 5.3 Diskussionen).

2.2.6 Fahrlässigkeit und Vorsatz

Beispiele: Bauen ohne geprüfte Konstruktions- und Ausführungspläne; Einsparen des Spritzbewurfs von Mischmauerwerk; Aussteifungen werden in Stahl- und Holzkonstruktionen nicht eingebaut; Öffnungen in Decken werden nicht ausgewechselt; vergessene Unterzugauflager in Betonwänden werden nicht voll nachgeholt; beschädigte Fertigteile werden eingebaut; die Unterfangung der Nachbarwand wird nicht in voller Wanddicke oder nicht in kleinen Abschnitten ausgeführt usw.

Diese Fehlleistungen sollten nur in kleinen Grenzen mit psychologischen Mitteln reguliert werden. Grundsätzlich tangieren sie bereits das Strafrecht, da eine erhebliche Gefahr nicht ausgeschlossen werden kann. Hier sollte, nach ernsthafter Verwarnung, bei Wiederholung von der Möglichkeit Gebrauch gemacht werden, ordnungsrechtlichen Zwang anzuwenden (s. hierzu unter III 1.2). Der Grund für dieses Fehlverhalten ist durchweg in dem Versuch zu suchen, bei der Ausführung rigoros Kosten und evtl. Zeit bei Termindruck einzusparen (Betonfahrzeug wartet bereits vor der Baustelle), wobei das eigene Gewissen mit Standardausreden beruhigt wird: die übergroße Sicherheit in den Normen, die für den gerade vorliegenden Fall nicht gedacht sei; die eigene unfallfreie Erfahrung; die Übersollgüte der Baustoffe; die Kompensation einer evtl. Qualitätsunterschreitung durch ein Mehr an anderer Stelle; die Schläue des Materials usw.

2.2.7 Irrtum

Beispiele: Die Ausführungspläne sind so unklar oder mehrdeutig, daß z. B. ein Vertauschen rechts-links bei der Bewehrung durchlaufender Unterzüge oder von Geschoßstützen untereinander möglich ist; mitunter befinden sich Bewehrungsteile (Anschlußeisen) auf einem anderen Plan; bei quadratischen Stützen mit schiefer Biegung können die Achsen vertauscht werden; Bewehrungsmatten werden um 90° verschwenkt; Wechsel der Baustoffe ist nur in der Statik, nicht im Plan eingetragen usw.

Hierbei ist der Bauleiter oder Polier regelmäßig an der Aufdeckung des Irrtums interessiert und dafür dankbar. Natürlich kann der Überwacher schließlich dem gleichen Irrtum verfallen wie der Handwerker, die Gefahr ist jedoch gering.

Diese groben Fehler haben als Ursache das menschliche Versagen. Man kann – anders als bei den zufälligen Fehlern (Streuungen) – für sie keine Verteilungsfunktion ermitteln; sie können große Ausmaße annehmen und daher mit Sicherheitsfaktoren auf wirtschaftliche Weise nicht kompensiert werden. Man kann diese Gruppe ausschließlich durch Kontrollen und Überwachung im Sinne des Vier-Augen-Prinzips regulieren. Leider geht heute die Tendenz bei einigen obersten Bauaufsichtsbehörden zum Abbau der unabhängigen (d. h. staatlichen) Kontrollen mit allerdings steigendem Risiko für den Bauherrn.

2.3 Sicherheit und Strategien

2.3.1 Zulässige Versagensraten

Das Abwägen von Nutzen, Kosten und Risiko hat in verschiedenen Bereichen der Technik zu einem Einpendeln der Risikobereitschaft geführt, je nachdem man freiwillig oder unfreiwillig an technischen Aktivitäten teilnimmt.

Die Frage nach dem noch hinnehmbaren Risiko, nach der zulässigen Größe der Versagenswahrscheinlichkeit, die ja auch eine Frage der gesellschaftspolitischen Einstellung zum

Leben bzw. zum Wert eines einzelnen Menschen ist und damit auch nationale Unterschiede hat, ist schwierig zu beantworten. Der Vorschlag von Rüsch ist in der folgenden Grafik dargestellt.

Auf die komplexe Sicherheits- und Bemessungsphilosophie entsprechend den „Grundlagen zur Festlegung von Sicherheitsanforderungen an bauliche Anlagen“ (Gru Si Bau) des NA Bau im DIN (1981) wird hier nicht näher eingegangen, da sie insbesondere die Bemessung betrifft, also den Mann im Büro.

1. **Unbefriedigendes Verhalten** unter Gebrauchslast
   (z. B. große Deckendurchbiegung, Schwingungsempfindlichkeit, starker Verschleiß)
   Folgen und Reaktion: Abfinden und Tolerieren, d. h.
   Verstärken oder Reparatur
   zulässige Versagensrate: 10^{-2} bis $\underline{10^{-3}}$
2. **Erreichen der Gebrauchs- oder Bruchgrenzlast mit Vorankündigung**
   (z. B. große plastische Verformung, zu große Setzungen, erhebliche Schiefstellung)
   Folgen und Reaktion: Verringerung der Last, Nutzungseinschränkung
   Umbau
   zulässige Versagensrate: 10^{-4} bis $\underline{10^{-5}}$
3. **Versagen ohne Vorankündigung**
   (Sprödbruch, Knickversagen, Ermüdungsbruch)
   Folgen und Reaktion: großer wirtschaftlicher oder/und menschlicher Schaden (Katastrophe)
   Neubau
   zulässige Versagensrate: 10^{-6} bis $\underline{10^{-7}}$

2.3.2 Gefahrenabwehr

Nach Bachmann (ETH Zürich) gruppieren sich die Merkmale des Sicherheitsproblems bei Bauwerken nicht in erster Linie um Zuverlässigkeit, Versagenswahrscheinlichkeit und Sicherheitsbeiwerte. Die Sicherheit von Bauwerken bzw. Bauarbeiten wird *vorwiegend durch Fehler der am Bau Beteiligten* beeinträchtigt, nur in ganz seltenen Fällen durch zufälliges Zusammentreffen ungünstiger Umstände. Durch Verfeinerung bekannter und Entwicklung neuer Strategien zur Aufdeckung dieser Fehler ließe sich die Sicherheit von Bauwerken und Bauarbeiten wesentlich erhöhen. Zufällige Abweichungen der Tragwerkswiderstände (Baustoffseite) oder der Tragwerksbeanspruchung (Belastungsseite) von den jeweils erwarteten Werten sind in der statischen Berechnung durch geeignete Sicherheitsfaktoren gut abgesichert. Bedingt durch den hohen Stand der Tragwerksbemessung, sind hier, vom Standpunkt der Sicherheit aus betrachtet, wesentliche Fortschritte weder zu erwarten noch nötig.

Die durch die Bemessung nicht abgedeckten Restgefahren werden entweder als Risiko bewußt gebilligt oder sind auf Fehlhandlungen der am Bau Beteiligten zurückzuführen, die durch verschiedene „Strategien“ verhindert werden müssen. Für die Zukunft werden in Forschungsarbeiten sogenannte Vor-, Während- und Nachstrategien definiert:

- Die *Vor*strategien sorgen für Leistungsfähigkeit und -bereitschaft vor der eigentlichen Aktivität,
- die *Während*strategien für eine Verringerung schädigender Einflüsse während der Aktivität,
- die *Nach*strategien für das Entdecken trotzdem entstandener Fehler.

Vier Faktoren sind einzubeziehen: Material, Maschine, Mensch und Methode (4 M), wobei z. B. beim Faktor Mensch ausreichendes Niveau erreicht werden muß hinsichtlich von *Kenntnissen, Fähigkeiten, Information, Kommunikation* und *Motivation.*

Ein Qualitätssicherungssystem muß davon ausgehen, daß zwar Baustoffe und Bauteile, nicht aber das Bauwerk selbst als fehlerhafte Produktion aussortiert werden können. Insofern müssen Prüfung, Kontrolle und Überwachung im Vorfeld der Bauwerkserstellung stattfinden, also während der Herstellung im Werk oder auf der Baustelle. Im Idealfall sollte die Endabnahme nach VOB bzw. die Schlußabnahme nach der Bauordnung lediglich feststellen, daß das Bauwerk in allen Punkten der Ausschreibung und den Regeln der Bautechnik entspricht; die Fehlerauflistung kommt hier eigentlich zu spät.

Die in der Bundesrepublik Deutschland bereits vorhandenen Elemente eines „Qualitätsversprechens" – z. B. Eigen- und Fremdüberwachung, Bauaufsichtsbehörde und Prüfingenieure, Güteschutzverbände – werden in Zukunft in europaweite Qualitätssicherungssysteme (QSS-Bau) eingehen; vgl. hierzu auch: DIN ISO 9000 = EN 29000 – Qualitätsmanagement, Qualitätssicherungssystem, Nachweisstufen (s. auch I 2.3.3).

Derzeit werden Sicherheitsstrategien (zur Gefahrenabwehr) in den verschiedenen Ländern noch unterschiedlich gehandhabt: sie liegen teilweise bei den Behörden, bei lizenzierten oder privaten Sachverständigen oder bei Versicherungen (wie in Frankreich). Das umfangreichste Konzept wird in der BRD gehandhabt: Prüfung der statischen Berechnung – Prüfung der Ausführungspläne – Güteüberwachung der Baustoffe und Bauteile – Kontrolle der Bauausführung – baurechtliche Abnahmen als Roh- und Fertigbau (s. Grafik S. 17).

Durch mehr oder weniger umfassende bautechnische Vorschriften und den Umfang des Prüf- und Kontrollsystems wird das Sicherheitsniveau stark beeinflußt. Es ist dann als zu niedrig anzusehen, wenn sich die Öffentlichkeit durch eine zu hohe Schadensquote verunsichert fühlt oder wenn bei Erhöhung dieses Niveaus die Gesamtkosten aus Baukosten zuzüglich Schadenskosten und Schadensfolgekosten sinken. Man darf aber nicht vergessen, daß ein überhöhtes Sicherheitsniveau den Wettbewerb mit anderen Bauarten (mit normalem Niveau) oder mit Bietern anderer Länder (bei Bindung an nationale Normen) negativ beeinflußt.

Eine schematische Darstellung der Baugenehmigungsverfahren in europäischen Ländern ist in der folgenden Tabelle skizziert (S. 18). Unstimmigkeiten ergeben sich aus regionalen Bausatzungen, aus Unterschieden bei privaten und öffentlichen Bauvorhaben, z. B. Brücken (hier nicht genau beachtet), und aus weiteren Vereinfachungen.

Alle Systeme der Bauaufsicht haben ihre Vor- und Nachteile: Weniger Risiko bedeutet in der Regel mehr Aufwand, größere Kosten und mehr Staat. Die Systeme können nicht einfach ausgetauscht oder verändert werden ohne Änderung der menschlichen Einstellung. Es ist leider noch nicht untersucht, welche Unterschiede der Häufigkeit von Schäden und Mängeln bei Baukonstruktionen auf die unterschiedlich umfassende Überwachung, Prüfung und Kontrolle zurückzuführen sind.

Je nach gesellschaftpolitischer Zeitmeinung schwankt die Forderung nach mehr oder weniger staatlicher Kontrolle im weiten Bereich. Falls mal wieder beim Umweltschutz oder bei Lebensmitteln oder auch nur bei Gaststättenküchen Pannen und Unzulänglichkeiten aufgedeckt werden, wird lauthals gefragt, wo denn der Staat bleibt, der den Bürger doch schützen soll? Und man erinnert an das Wort von Lenin: Vertrauen ist gut, Kontrolle besser*). Hierzu noch zwei Zitate:

---

*) Ungenau übersetztes russisches Sprichwort, das Lenin im Gespräch oft gebrauchte: Vertraue, aber prüfe nach!

„Die gegenwärtig so populäre Forderung nach Abbau von Vorschriften*) und Kontrolle für privates Handeln steht damit im Widerspruch zur drängenden Notwendigkeit, die Risiken der Technik (auch) mit Mitteln des Rechts zu steuern – jedenfalls so lange, als nicht ein genereller Wandel des gesellschaftlichen Bewußtseins und insbesondere Handelns Eingriffe des Staates überflüssig macht" (H. Brinckmann, Beratende Ingenieure, 4/1986, S. 31 ff.). Das jedoch setzt das Aufkommen des Neuen Menschen voraus, auf den Lenin und andere bisher vergebens gewartet haben. Erworbene Eigenschaften vererben sich nun mal nicht.

„Für die eigentlichen Hoheitsaufgaben des Staates, und zwar sowohl für die Eingriffsverwaltungen (Verteidigung, Polizei, Rechtswesen, Ordnungsbehörden, Bauaufsicht, Wasser- und Abfallwirtschaft, Gewerbeaufsicht usw.) als auch für Leistungsverwaltungen (Sozialleistungen, Planungsbehörden, Bildungswesen usw.), verbietet sich eine allgemeine Privatisierung nach den Bestimmungen des Grundgesetzes ohnehin. – Aus dem Demokratie- und Rechtsstaatsprinzip läßt sich herleiten, daß Aufgaben, die unmittelbar für den Erhalt und das Funktionieren des Gemeinwesens erforderlich sind, in staatliche Hand gehören."

Jedoch resigniert Willecke (VDI-Nachrichten Nr. 28/1992): . . . Diese Körperschaften stellen sich heute deshalb so schwerfällig dar, weil sie in den 70er Jahren endgültig den Anschluß an den Zug der Zeit verpaßt haben. Während in den Unternehmen moderne, computergestützte Fertigungs- und Managementtechniken Einzug gehalten haben, haben die Administrationen vor der neuen Komplexibilität kapituliert und sich bis heute an das hierarchiche „Fachidiotentum" vergangener Tage geklammert.

Eine zutreffende Darstellung der Einstellung der Beteiligten zur Bauüberwachung, die ja ein unverzichtbares Mittel der Strategie bei Qualitätssicherung und Gefahrenabwehr ist, hat Lindner (Stahlbau 10/1990) gegeben, indem er den Bereich der extremen Standpunkte abschreitet:

- Der Bauherr erwartet, insbesondere wenn er Laie ist, vom Überwacher Unterstützung beim Erreichen von Qualität und Dauerhaftigkeit seines Bauwerks *oder*
  fürchtet Ärger, Auseinandersetzungen, Zusatzkosten und Zeitverzug, was ihm zudem die betroffenen Bauleute suggerieren.
- Der Bauunternehmer verläßt sich auf die Fachkenntnisse des Überwachers, erspart sich eigene Kontrolltätigkeit und verweist bei Unstimmigkeiten mit dem BH oder Architekten auf die „Abnahme" des Überwachers *oder*
  empfindet die Überwachung als Störung des Arbeitsablaufes bei ohnehin knappen Terminen; fürchtet evtl. auch Streit bei – für ihn noch vertretbaren – Abweichungen von den Regeln der Technik.
- Der Überwacher betrachtet sich als Überinstanz, deren Meinung widerspruchslos zu folgen ist *oder*
  fühlt sich als weiterer am Gelingen des Baues Beteiligter mit Verpflichtung zu Beratung und Hilfestellung.
  In den meisten Fällen wird es sich konkret um einen Mittelweg zwischen diesen Extremen handeln.

Lindner hat auch anhand von 890 Überwachungsberichten ausgewertet, daß bei 68% der kontrollierten Bauarbeiten Mängel auftraten, und hält es für eindeutig ersichtlich, „daß

*) Eine Expertenkommission hat für das Bundesbauministerium in 8/1994 einen Bericht „Mehr Wohnungen für weniger Geld" vorgelegt. Übereinstimmend kamen die Fachleute zu dem Ergebnis, daß es in Deutschland geradezu eine Tradition des teuren Bauens gebe. Dies resultiere aus staatlichen Regulierungen, eingefahrenen Interessen sowie aus gewohntem und rechtlich verfestigtem Verhalten. Weitere Ursachen lägen in den vielen Arbeitsteilungen auf den Baustellen und den überhöhten Normen (beispielhaft die VDI-Richtlinien 4100 – Schallschutz). Entsprechend fordert die Bauministerin ein Maßnahmebündel, wobei auch an eine Verringerung der Baunormen gedacht werde (VDI-Nachrichten Nr. 33/94).

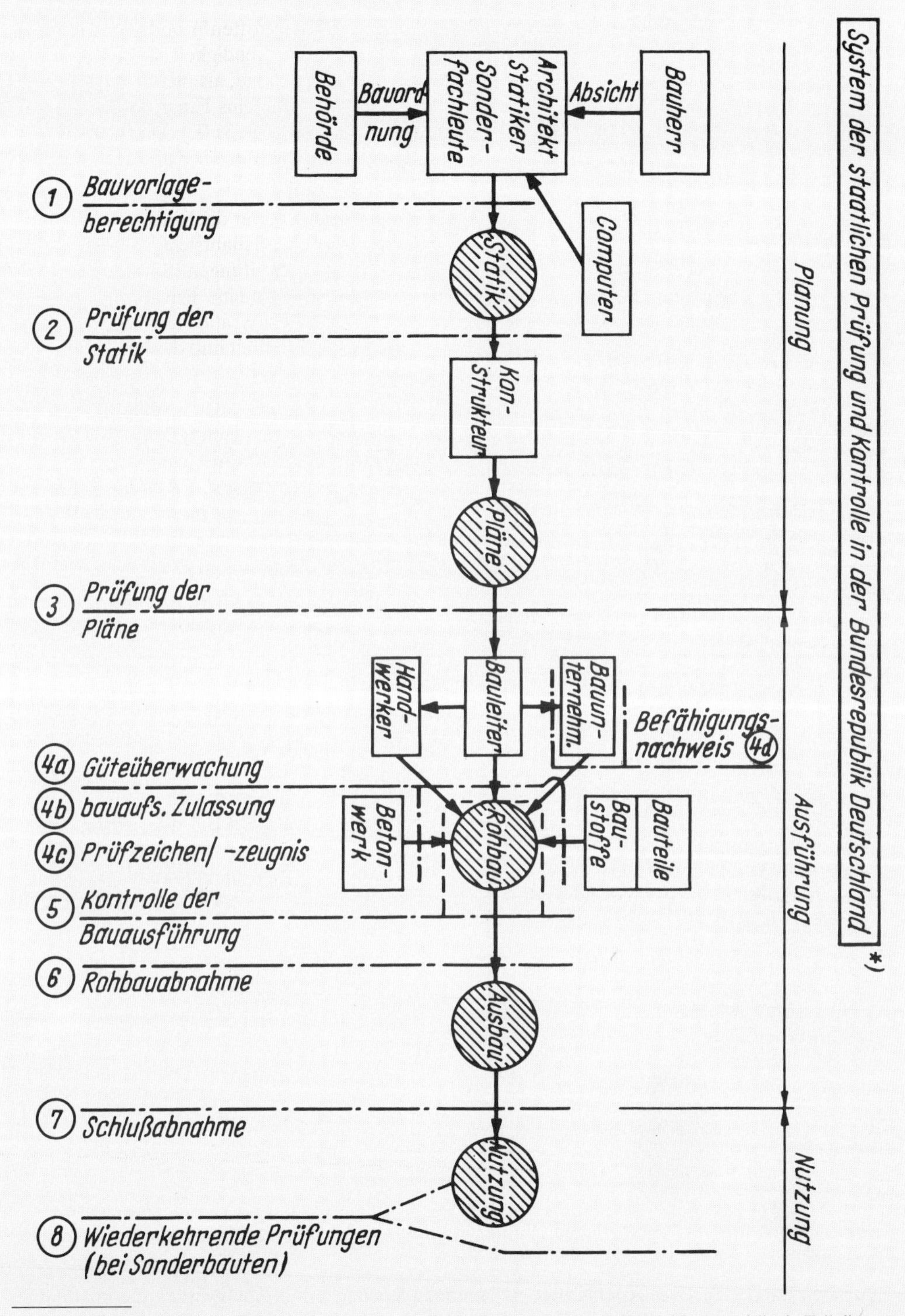

*) Bei genehmigungsfreien Bauvorhaben oder solchen im vereinfachten Genehmigungsverfahren entfällt ein Teil dieser Sicherheits-Bausteine.

Baugenehmigungs-verfahren in europäischen Ländern*) (schematisch)		öffentliche / private } Bauvorhaben	Prüfung des Bauantrags[2)]	Statische Berechnung		Prüfung der Statik und Pläne			Kontrolle der Bauausführung			behördliche Rohbau-Kontrolle	Zusammenfassung
				Lizenzierter Ingenieur	beliebig	Behörde	Sachverständige oder Versicherung	entfällt	Behörde	Sachverständige oder Versicherung	entfällt		
1	BRD (alte Länder)	ö/p	X		X	X			X			X	Prüfung Statik und Kontrolle der Ausführung weitgehend durch Behörde
2	Schweden	ö/p	X		X	X	(X)		$X^{z.T.}$			X	
3	Dänemark	ö/p	X	X	X	X		X[1)]	X				
4	Niederlande	ö/p	X		X	X	(X)		X	(X)			
5	Großbritannien	ö/p	X		$X^{z.T.}$	X	(X)		$X^{z.T.}$				
6	Norwegen	ö/p	X		X	$X^{z.T.}$			X				
7	Frankreich	–/p	X		X		X			X			Prüfung und Kontrolle durch Versicherung oder Sachverständige
8	Belgien	ö/p	X		X		X			X			
9	Schweiz	–/p	X		$X^{z.T.}$		$X^{z.T.}$			X			
10	Italien	ö/p	X	X			(X)	X		(X)	X		
11	Österreich	–/p	X	X				X	$X^{z.T.}$				Keine Prüfung (fast) keine Kontrolle
12	Tschechoslowakei	ö/p	X		X			X		X			

X[1)] = entfällt, wenn vom lizenzierten Ingenieur aufgestellt
$X^{z.T.}$ = nicht zwingend
(X) = evtl. durch lizenzierten Ingenieur
[2)] = teilweise nur planungsrechtlich
*) = gilt nicht für das sogen. vereinfachte Verfahren

offensichtlich durch Überwachungen Fehler in größerer Zahl festzustellen und dann zu beseitigen sind".

Zur Zeit kann man zwei gegenläufige Strömungen ausmachen: einmal werden die unabhängigen (staatlichen) Kontrollen abgebaut, wie z. B. beim genehmigungsfreien Bauen, andererseits nehmen dafür die Risiken (meist des Bauherrn) zu:

- Die Ausführung von Rohbaumaßnahmen (Tragwerk) steht unter dem Druck des Baufristenplans.
- Das Bauhauptgewerbe verfügt kaum noch über qualifiziertes Personal; fast alle Rohbauarbeiten werden von ungelernten Kräften erstellt.
- Eigenleistungen des Bauherrn nehmen zu.

(Büssemaker, Von Entstaatlichung, Freiberuflern und Fristabläufen. In: Die Bauverwaltung 4/1994.)

Auch können „selbsterfüllende Prophezeiungen“ eine sonst gute Maßnahme konterkarieren: Je höher z. B. die Steuersätze eines Landes hinaufgeschraubt werden, um die Hinterziehung der natürlich für unehrlich gehaltenen Steuerzahler zu kompensieren, desto mehr werden auch ehrliche Steuerzahler zum Schwindeln veranlaßt. – Die Prophezeiung des Ereignisses führt zum Ereignis der Prophezeiung (Wazlawick, Anleitung zum Unglücklichsein).

2.3.3 Qualitätssicherungssysteme

Ab Anfang 1995 ist ISO 9000 (International Organisation for Standardisation) Voraussetzung dafür, daß einem Unternehmen öffentliche Aufträge erteilt werden dürfen. Um das Zertifikat ISO 9000 zu erhalten, müssen die Unternehmen zahlreiche Voraussetzungen – von der Auftragsannahme bis zur Lieferung und den Dienstleistungen – meßbar nachweisen. Alle Arbeitsschritte der Qualitätssicherung sind in einem Qualitätssicherungshandbuch zu dokumentieren.

Die Bundesfachabteilung Schlüsselfertiges Bauen hat in ihrem Buch „Qualitätssicherung im Schlüsselfertigen Bauen“ (Wiesbaden, 1992) versucht, auf die vielfältigen gewerkebezogenen Ausführungs- und Schnittstellenprobleme aufmerksam zu machen als Hilfsmittel für die Erarbeitung firmeninterner „Qualitätssicherungs-Handbücher“. Hierzu werden zahlreiche Stichworte (ohne weiteren Text) aufgelistet im „Kampf gegen die Vergeßlichkeit“. Dem gleichen Zweck dient eine vom Deutschen Beton-Verein erarbeitete „Anleitung zur Aufstellung von Qualitätssicherungs-Handbüchern für die Anwendung in der Bauwirtschaft“.

Zu den Institutionen, die zur Prüfung und Zertifizierung solcher Unternehmen eingesetzt werden und künftig alle zwei Jahre die Zertifizierung wiederholen sollen, zählt die DQS Deutsche Gesellschaft zur Zertifizierung von Qualitätsmanagementsystemen in Frankfurt.

Eigentlich ist die ISO 9000-Normenreihe nicht für Einzelbauwerke konzipiert, sondern für die industrielle Entwicklung und Fertigung von Fließbandprodukten. Und: Der Nachweis der Erfüllung einer Qualitätsforderung an das Produkt/Bauleistung ist nicht Gegenstand dieser Normen. – Für geistige Produkte, d. h. für die Tätigkeit von Planungsbüros (Architekten und Ingenieure), ist die ISO-Norm 9001 zuständig. Allerdings haben die neuen Regelungen für Architekten und Bausachverständige, die in der BRD tätig sind, also keine Aufträge in der EU wahrnehmen, vorerst keine große Bedeutung. Die Normenreihe 9000 bis 9004 wird etwa 1995/96 in einer neuen Fassung erwartet.

Das (fast) Neue am Sicherheitskonzept ist die starke Einbeziehung der Beschäftigten. Jedoch bleiben stets Irrationalität, Irrtümer und Fehler wesentliche Bestandteile menschlichen Handelns. Für Zimolag (Ruhr-Uni Bochum 1993) könne es deshalb nicht darum gehen, sie einfach beseitigen zu wollen, was ohnehin utopisch wäre, sondern Arbeitsbedingungen zu schaffen, die Fehler zulassen, ohne daß sie gleich katastrophale Folgen haben. Die Stichworte hierfür heißen „fehlertolerante Technik“ und „Menschenrecht auf Irrtum“. Ein zentrales Element sieht er in Qualifikation und gezieltem Training für sicheres Verhalten. Nach amerikanischen Studien hatte solches gezielte Training Erfolg, aber nur so lange, wie es gleichzeitig kontrolliert wurde.

Kleine und mittlere Unternehmen klagen auch darüber, daß Qualität nicht nur produziert (selbstverständlich), sondern auch aufwendig institutionalisiert werden muß.

Schließlich der Bauherr: Er will ein solides Bauwerk, keinen Rechtsstreit, und selbst bei Erfolg am Gericht keine Ausbesserungen. Für das nicht völlig ausschließbare Restrisiko ist natürlich die Versicherung ein guter Schutz. Sie ist aber keinesfalls eine Qualitätssicherungsmaßnahme, sondern Garantie für die eingegangene Verpflichtung (Kilian, bauzentrum 8/1993).

Die Qualität eines Bauwerks wird heute noch am fertigen Objekt geprüft; das QS-Management will dagegen bereits während der Herstellung auf das Baugeschehen einwirken.

3 Umfang und Zeitpunkt der Überwachung

3.1 Der gesetzliche Rahmen für die BAB

Die öffentlich-rechtliche Bauüberwachung durch die BAB ist in den Landesbauordnungen geregelt; hier wird beispielhaft die BauO NW (1984) zitiert. Wegen Abweichungen vom Text der Musterbauordnung (12/1993) bzw. dem Gesetz über die Bauordnung (in den neuen Bundesländern) wird auf III 2.1 verwiesen, wo auch der gesamte einschlägige Text aufgeführt ist.

Eine neue Fassung der BauO NW ist als Gesetzentwurf von 5/1994 in Vorbereitung. Erwartungsgemäß soll sich am bewährten Text des § 76 – Bauüberwachung –, der neu die Nummer § 82 erhalten soll, nichts ändern bis auf Abschnitt (2) 2 über den Nachweis der Brauchbarkeit der Baustoffe und Bauteile. Wegen der geplanten Kennzeichnung der Bauprodukte mit dem CE-Kennzeichen bzw. dem Übereinstimmungszeichen wird auf den Text in III 2.1 verwiesen. – Die Musterbauordnung geht auf die Kennzeichnung nicht näher ein.

§ 76 (neue Fassung: § 82)
Bauüberwachung

(1) Die Bauaufsichtsbehörde hat die ordnungsgemäße Ausführung baulicher Anlagen sowie anderer Anlagen und Einrichtungen (§ 60 Abs. 1), soweit erforderlich, zu überwachen. Die Überwachung kann sich auf Stichproben beschränken.

(2) Die Bauüberwachung erstreckt sich insbesondere

1. auf die Prüfung, ob den genehmigten Bauvorlagen entsprechend gebaut wird,
2. auf den Nachweis der Brauchbarkeit der Baustoffe, Bauteile und Einrichtungen sowie auf die Einhaltung der für ihre Verwendung oder Anwendung getroffenen Nebenbestimmungen,*)
3. auf die ordnungsgemäße Erledigung der Pflichten der am Bau Beteiligten.

(3) Die Bauaufsichtsbehörde kann verlangen, daß Beginn und Ende bestimmter Bauarbeiten angezeigt werden. Sie kann, wenn es die besonderen Grundstücksverhältnisse erfordern, verlangen, daß die Einhaltung der Grundrißflächen und Höhenlagen der baulichen Anlagen durch einen amtlichen Nachweis geführt wird. Die Bauaufsichtsbehörde und die von ihr Beauftragten können, soweit erforderlich, Proben von Baustoffen und Bauteilen auch aus fertigen Bauteilen entnehmen und prüfen lassen.

(4) Den mit der Überwachung beauftragten Personen ist Einblick in die Genehmigungen, Zulassungen, Prüfbescheide, Überwachungsnachweise, Befähigungsnachweise, Zeugnisse und Aufzeichnungen über die Prüfungen von Baustoffen und Bauteilen, in die Bautagebücher und andere vorgeschriebene Aufzeichnungen zu gewähren.

VV BauO NW

76 **Bauüberwachung**

76.1 Zu Absatz 1
Notwendigkeit, Umfang und Häufigkeit der Bauüberwachung richten sich nach der Schwierigkeit der Bauausführung unter Berücksichtigung möglicher Folgen, die sich aus der Nichtbeachtung von Bauvorschriften für die bauliche Anlage ergeben

*) Wegen des Textes der geplanten Neufassung wird auf III 2.1 verwiesen.

könnten. Die Bauüberwachung soll sich auf die Ausbauphase in Gebäuden erstrekken.

76.21 Zu Absatz 2
Die Prüfung, ob den genehmigten Bauvorlagen entsprechend gebaut wird, sollte in der Regel mindestens die Einhaltung der Grundrißflächen und der festgelegten Höhenlagen umfassen (s. auch § 70 Abs. 6). Ein amtlicher Nachweis darf nur in begründeten Einzelfällen verlangt werden, z. B. bei Grundstücken in Hanglage oder bei sehr ungewöhnlichen oder beengten Grundstücksverhältnissen (s. § 76 Abs. 3).

76.22 Als Nachweis der Brauchbarkeit der verwendeten Baustoffe, Bauteile und Einrichtungen gelten

a) eine bauaufsichtliche Zulassung (s. Nr. 21 VV BauO NW),
b) das Prüfzeichen (s. Nr. 23.1 VV BauO NW),
c) die DIN-Bezeichnung oder das DVGW-Prüfzeichen mit Registernummer und Namen des Herstellers oder seines Firmenzeichens (§ 23 BauPrüfVO),
d) das Überwachungszeichen (Nr. 24.3 VV BauO NW),
e) das Ergebnis von Güteprüfungen (Unternehmerprüfungen), wenn diese in bauaufsichtlich eingeführten technischen Baubestimmungen vorgesehen sind (z. B. Güteprüfungen von Beton anhand von Würfelproben nach DIN 1045),
f) Eignungsnachweise für Schweißarbeiten, für die Herstellung geleimter tragender Holzbauteile und für die Herstellung oder Verarbeitung von Beton B II (s. Nr. 20.2 VV BauO NW).

Werden auf der Baustelle Baustoffe, Bauteile, Bauarten oder Einrichtungen angetroffen, ohne daß der erforderliche Nachweis vorliegt, ist wie folgt zu verfahren:

Liegt ein nach § 21 für neue Baustoffe, Bauteile oder Bauarten erforderlicher Nachweis nicht vor, so ist ihre weitere Verwendung zu untersagen, bis ggf. eine Zustimmung durch die oberste Bauaufsichtsbehörde nachträglich erteilt wird.

Werden prüfzeichenpflichtige Baustoffe, Bauteile und Einrichtungen ohne Prüfzeichen angetroffen und ist eine Ausnahme durch die oberste Bauaufsichtsbehörde nicht erteilt (§ 23 Abs. 1 Satz 2), so ist die Verwendung zu untersagen. Das gleiche gilt, wenn die unter c) genannten Bezeichnungen fehlen.

Überwachungspflichtige Baustoffe, Bauteile, Bauarten und Einrichtungen ohne Überwachungszeichen sind auf Kosten des Bauherrn von geeigneten Prüfstellen oder Sachverständigen auf ihre ordnungsgemäße Beschaffenheit zu überprüfen; Nr. 24.1, 4. Absatz VV BauO NW gilt entsprechend.

Kann bei einem ausgeführten Bauvorhaben der unter f) genannte Eignungsnachweis nicht vorgelegt werden, hat die Bauaufsichtsbehörde durch ein Gutachten einer für die Erteilung der Eignungsnachweise anerkannten Stelle (s. Nr. 20.2 VV BauO NW) die Ordnungsmäßigkeit der Bauausführung feststellen zu lassen.

76.3 Zu Absatz 3
Der amtliche Nachweis darüber, daß die Grundrißflächen und Höhenlagen der baulichen Anlagen eingehalten sind, kann nur durch öffentlich bestellte Vermessungsingenieure oder Behörden geführt werden, die befugt sind, Vermessungen zur Einrichtung und Fortführung des Liegenschaftskatasters auszuführen.

Der Landtag NW hat die Fassung 1984 (der Gesetzentwurf 1994 ist identisch) u. a. so begründet: „Die vorgesehene Regelung, die auch im Interesse des Bauherrn liegt, beruht auf der Erfahrung, daß nur eine gezielte Überwachung Mängel in der Bauausführung aufdecken kann." Das trifft mit Sicherheit auf die große Gruppe der Fehler aus Nachlässigkeit, Fahrlässigkeit, Vorsatz und Irrtum zu. Man trifft allerdings auch gegenläufige Ansichten an: Wer nicht kontrolliert wird und dies auch weiß, der arbeitet besonders sorgfältig und konzentriert, macht also keine Fehler. Denn er weiß ja, daß niemand seine evtl. Fehler wieder korrigiert. Die Qualität der Ausführung steige also mit den entfallenden Kontrollen. – Diese Ansicht erscheint lebensfremd und widerspricht der Erfahrung; im eigenen Interessenbereich mag das evtl. noch zutreffen. Aber ohne polizeiliche Kontrollen bliebe z. B. die Straßenverkehrsordnung von Autofahrern weitgehend unbeachtet. Die Ausreden wären hier jedoch anders als beim Bauen. Warum ferner in manchen Landesbauordnungen (auch Musterbauordnung) die Standsicherheitsberechnung und die Ausführungspläne genau und durchgreifend geprüft werden müssen, die gesamte Bauausführung jedoch bloß überwacht werden k a n n, bleibt rätselhaft angesichts der Statistik, daß doch 40% der Fehler, die zu Schäden führen, auf der Baustelle ihre Ursache haben. Die Qualität der Mitarbeiter auf Baustellen ist doch nicht so, daß gerade hier jegliche Kontrolle entbehrlich ist; eher doch umgekehrt.

Es sei auch daran erinnert, daß z. B. der in Vorbereitung befindliche Eurocode Mauerwerk (EC 6) ein Bemessungskonzept auf der Grundlage von unterschiedlichen Teilsicherheitsbeiwerten enthält, wobei auch der Umfang der Überwachung bei der Bauausführung in die Sicherheitsbetrachtung eingeht.

3.2 Die betroffenen Personen

Die Landesbauordnungen weisen den am Bau Beteiligten hinsichtlich ihrer Verantwortung bei der Ausführung konkrete Aufgabenteile zu; mehrere solcher Teile (Funktionen) können von ein und derselben Person wahrgenommen werden.

3.2.1 Der Bauherr

Dieser hat zur Vorbereitung, Überwachung und Ausführung eines genehmigungsbedürftigen Bauvorhabens einen Entwurfsverfasser (Architekt, vorlageberechtigt), Unternehmer (für Rohbau- und Ausbaugewerke) und den Bauleiter zu beauftragen; den Bauleiter muß er vor Baubeginn der BAB melden. Bei technisch einfachen baulichen Anlagen kann die BAB darauf verzichten, daß ein Entwurfsverfasser und ein Bauleiter beauftragt werden. Bei Bauarbeiten in Selbst- oder Nachbarschaftshilfe ist die Beauftragung eines Unternehmers dann nicht erforderlich, wenn genügend Fachkräfte mit einschlägiger Erfahrung mitwirken (s. auch unter III 2.1). Verfügungen der BAB können an den Bauherrn oder an die anderen am Bau Beteiligten gerichtet werden.

Nach OLG Stuttgart (Urt. v. 27. 2. 1970) ist der Bauherr, der einen Bauunternehmer (BU) mit der Ausführung des Bauwerkes beauftragt hat, nicht verpflichtet, die Arbeiten des BU zu überwachen, da er dazu i. d. R. fachlich nicht in der Lage ist. Er braucht auch nicht eine sachkundige Person, etwa den Architekten, für die Bauüberwachung bereitzustellen (was er jedoch häufig tut).

Ganz freigestellt ist der BH dennoch nicht. Eine Baustelle ist auch bei sorgfältiger Führung stets eine Gefahrenquelle, und der BH ist es, der diese Gefahrenquelle eröffnet. Auf ihn kommt daher als ersten im Falle eines Unfalles oder eines Sachschadens ein Schadensersatzanspruch aus „allgemeiner Verkehrssicherungspflicht" zu. Sie stellt einen Sonderfall der Haftung aus unerlaubter Handlung dar. Nach BGB (1976) erübrigt sich für den BH zwar oft die Aufsichtspflicht, wenn er einen zuverlässigen Architekten und einen ebensolchen BU beauftragt hat. Er bleibt zu eigenem Eingreifen jedoch dann verpflichtet, wenn er Gefahren erkennt oder hätte erkennen müssen. Strafrechtlich deckt sich das in etwa mit einer Kontrollpflicht aus seiner „Garantenstellung".

Ein Delikttatbestand im Strafrecht kann nämlich nicht nur durch aktives Tun, sondern auch durch Unterlassen einer bestimmten Handlung erfüllt werden. Hier wird derjenige für ein Nichthandeln (Unterlassen) bestraft, der aufgrund einer besonderen Garantenstellung, wie z. B. der BH, zum Handeln verpflichtet gewesen wäre; dies regelt StGB § 13.

3.2.2 Der Unternehmer

Er ist für die ordnungsgemäße, den allgemein anerkannten Regeln der Technik und den genehmigten Bauvorlagen entsprechende Ausführung der von ihm übernommenen Arbeiten und soweit auch für die ordnungsgemäße Einrichtung und den sicheren bautechnischen Betrieb der Baustelle sowie für die Einhaltung der Arbeitsschutzbestimmungen verantwortlich. Er hat die erforderlichen Nachweise über die Brauchbarkeit der verwendeten Baustoffe, Bauteile, Bauarten und Einrichtungen zu erbringen und auf der Baustelle bereitzuhalten. Er darf Arbeiten nicht ausführen, bevor nicht die dafür notwendigen Unterlagen (Zeichnungen, Berechnungen) und Anweisungen (Montageanweisung, Ausführungsbestimmungen in ABZ) an der Baustelle vorliegen. Vor Zugang der Bau- oder Teilbaugenehmigung darf er mit der Ausführung nicht beginnen; die Abweichung hiervon ist Bußgeldtatbestand.

Nach BauO NW § 70 Abs. 6 [Entwurf 1994: § 76 (6)] müssen Baugenehmigung und Bauvorlagen (diese sind in der Bauprüfverordnung konkretisiert) an der Baustelle von Baubeginn an vorliegen. „Es genügt allerdings, wenn – auch nicht beglaubigte – Kopien an der Baustelle vorhanden sind, um die Originale vor Beschädigungen und Verschmutzungen sowie Verlust zu schützen" (Böckenförde, Komm. BauO NW).

Der Unternehmer ist zwar nicht verpflichtet, gegen alle nur denkbaren Gefahren Vorkehrungen zu treffen; jedoch muß er während der Dauer der Bauzeit die Baustelle mit zumutbaren Mitteln so sichern, daß objektiv erkennbare Gefahren von Dritten ferngehalten werden. Dabei ist offenkundig, daß eine Verkehrssicherungspflicht, die jeden Schaden ausschließt, nicht möglich ist. Mindestanforderungen sind in jedem Falle die Unfallverhütungsvorschriften der zuständigen Berufsgenossenschaft.

Wenn allerdings der Bauherr Besucher oder Freunde durch den halbfertigen Bau führt, ist der BH allein für deren Sicherheit verantwortlich; er muß sie von ungesicherten Gefahrenstellen fernhalten. Die Verkehrssicherungspflicht des Bauunternehmers tritt hier nicht ein (Urt. BGH v. 11. 12. 1984 – VI ZR 292/82).

Der Unternehmer wird in der Regel durch den Unternehmerbauführer oder den Polier vertreten. Insofern tritt der Bauführer/Polier, wenn es um die strafrechtliche Verantwortung geht, an die Stelle des BU.

Man darf über diesem allen nicht vergessen, daß der BU in erster Linie dem BH entsprechend Ausschreibung und Angebot ein mängelfreies Werk schuldet.

3.2.3 Der Bauleiter

In verschiedenen Landesbauordnungen auch als „verantwortlicher Bauleiter" bezeichnet, hat er darüber zu wachen, daß die Baumaßnahme dem öffentlichen Baurecht, insbesondere den aaRdT und den genehmigten Bauvorlagen entsprechend durchgeführt wird, und die dafür erforderlichen Weisungen zu erteilen. Er hat im Rahmen dieser Aufgabe auf den sicheren bautechnischen Betrieb der Baustelle, insbesondere auf das gefahrlose Ineinandergreifen der

Arbeiten der Unternehmer und auf die Einhaltung der Arbeitsschutzbestimmungen zu achten. Die Verantwortlichkeit der Unternehmer bleibt unberührt.

Der Bauleiter muß über die für seine Aufgabe erforderliche Sachkunde und Erfahrung verfügen; gegebenenfalls muß er dafür sorgen, daß für besondere Teilgebiete Fachbauleiter herangezogen werden. Das träfe z. B. zu für den Spezialtiefbau oder den Spannbeton.

Soweit zu den öffentlich-rechtlichen Aufgaben des Bauleiters; es stellt sich die Frage, ob neben dem evtl. bereits beauftragten objektüberwachenden Architekten ein solcher Bauleiter beauftragt werden soll oder darf? Das ist wegen sonst nicht abgrenzbarer Kompetenzen nicht möglich. In der Regel ist also der Firmenbauführer oder der objektüberwachende Architekt gleichzeitig der Bauleiter im Sinne der Landesbauordnung.

Ist der Firmenbauführer tatsächlich auch der Bauleiter, hat er zwei Aufgabenbereiche, die sich teilweise, aber nicht vollständig decken: Während er als Vertreter des BU zur unmittelbaren Einhaltung der aaRdT verpflichtet ist, besteht für ihn als Bauleiter die Pflicht, die Erfüllung der Aufgaben des BU zu überwachen.

Es gehört zur Eigenverantwortlichkeit des Bauleiters, je nach Schwierigkeit der Ausführung, nach Qualifikation und Erfahrung der Handwerker sowie der Zuverlässigkeit des BU (also meist des Poliers) selbständig zu entscheiden, welche Bauvorgänge er an Ort und Stelle persönlich überwachen muß. Es trifft ihn keine ständige Anwesenheitspflicht auf der Baustelle. Diese Freizügigkeit ist mit Sicherheit überzogen, wenn der Bauleiter sich niemals bei Beton- und Bewehrungsarbeiten auf der Baustelle blicken läßt, da er die Ausführung beim Polier (BU) und die Überwachung bei der BAB in den richtigen Händen vermutet.

Am 2. 1. 1980 ist die Verordnung über die Prüfung zum anerkannten Abschluß „Geprüfter Polier“ in Kraft getreten. Die Prüfung ist vor einer Handwerkskammer abzulegen. Daneben gibt es im Bauhauptgewerbe den „Werkpolier“ (früher: Hilfspolier) als Vorstufe zum Polier im Sinne des Bundesrahmentarifvertrages. – In den neuen Bundesländern wird der Polier mitunter noch Brigadeführer genannt.

Die Bedeutung des *Firmenbauführers* wird allgemein etwas unterschätzt; er – mit seinen Leuten – macht aus dem zweidimensionalen Plan ein körperliches Bauwerk; und zwar unter Kosten-, Zeit- und Behördendruck. Dabei ist – in Abwandlung eines Zitats von Vianello – eine Brücke nicht dazu da, um berechnet oder kontrolliert zu werden, sondern sie dient dem Verkehr.

G. Kühn hat in dem Beitrag „Die Bauausführung“ im Beton-Kalender 1986, II, treffend angemerkt: „Wichtigster Mann im Bereich der Bauausführung ist der Bauleiter. Je nach Art und Schwierigkeit einer Baustelle muß der Bauleiter Organisator, Manager, Ingenieur und oft auch Erfinder sein. Hinzu kommt die Übernahme eines Risikos, das über Vorschriften niemals abgesichert werden kann. Sehr oft muß etwas außerhalb der Vorschriften gearbeitet werden, wenn eine Baustelle mit den spezifischen Schwierigkeiten ihres internen Mechanismus fertig werden will. Um das Risiko in seinem ganzen Umfang zu kalkulieren, braucht es den perfekten Ingenieur mit einem gut entwickelten Gespür dafür, was noch zu verantworten ist, und mit der Witterung des Tieres für heraufziehende Gefahren.“

3.2.4 Die Bauaufsichtsbehörde

Die (BAB) gehört nicht zu den am Bau Beteiligten; ihre Aufgaben und Befugnisse sind allgemein in den Landesbauordnungen geregelt (s. III 2.1). Ihre Tätigkeit als Pflichtaufgabe nach Weisung der Landesregierung ist Staatsaufgabe.

3.3 Der erforderliche Umfang der amtlichen Bauüberwachung

3.3.1 Ausgrenzung bestimmter Bauvorhaben und Baustoffe

Die Überwachungspflicht der BAB erstreckt sich nur auf genehmigungsbedürftige Vorhaben; bei allen nach BauO NW § 62 genehmigungsfreien Vorhaben (Gesetzentwurf 1994: § 66 und 68) entfällt natürlich auch die Überwachung. Allerdings ergeben sich nach Böckenförde (BauO NW Kommentar) für die BAB Überprüfungs r e c h t e zur Abwehr einer konkreten Gefahr. Falls sie Kenntnis von einer Gefahrenlage erhält, muß sie besichtigen und die notwendigen Maßnahmen veranlassen. Das OVG Bremen (Beschluß v. 25. 8. 1992) geht noch weiter: Auch bei genehmigungsfreien Bauvorhaben, zu denen auch Instandsetzungsarbeiten zählen können, haben die BAB darüber zu wachen, daß die öffentlich-rechtlichen Vorschriften eingehalten werden; denn auch genehmigungsfreie Vorhaben müssen die einschlägigen materiell-rechtlichen Vorschriften einhalten. – Das erscheint angesichts nicht vorhandener genehmigter Bauvorlagen äußerst schwierig und steht im Gegensatz zu den neueren LBOs, wonach die Verantwortlichkeit der am Bau Beteiligten (Architekt, BU, BH) verstärkt werden soll. Bei Bauvorhaben im Rahmen des vereinfachten Genehmigungsverfahrens (§ 64, Entwurf 1994: § 69) beschränkt sich die Überwachung auf den bei der Baugenehmigung geprüften Umfang (Planungsrecht). Da hierbei der Standsicherheitsnachweis und die Ausführungspläne nicht geprüft werden, kann eine zuverlässige Kontrolle ebenfalls nicht durchgeführt werden.

Vereinfacht genehmigt nach § 64 BauO NW werden u. a. Wohngebäude geringer und mittlerer Höhe, das sind auch alle Ein- und Zweifamilienhäuser und Wohnhäuser bis zur Hochhausgrenze, freistehende landwirtschaftliche Betriebsgebäude, Gewächshäuser ohne Verkaufsstätten und mit $H \leqq 4$ m, oberirdische Garagen bis 100 m^2 Nutzfläche. Obschon diese Vorhaben keine Prüfung der technischen Bauvorlagen durchlaufen, müssen Statik und Pläne doch eingereicht werden, und es müssen alle materiellen Bedingungen voll eingehalten werden.

Weiter findet bei Bauvorhaben öffentlicher Bauherren als dritter ausgegrenzter Gruppe weder Baugenehmigung noch Bauüberwachung statt, wenn erstens Planung und Überwachung von einer öffentlichen Baudienststelle wahrgenommen werden und zweitens diese Dienststelle mindestens mit einem Bediensteten des höheren bautechnischen Verwaltungsdienstes besetzt ist. Öffentliche Bauherren sind u. a. die Bundespost, die Bundesbahn, das Land (bei Universitätsbauten), die Bundesrepublik.

Schließlich fällt aus dem Kontrollbereich des Überwachers der BAB die Überprüfung der *werkmäßig* hergestellten Baustoffe und Bauteile heraus, die vom Hersteller selbst als Eigenüberwachung und von Überwachungsgemeinschaften bzw. Prüfanstalten als Fremdüberwachung durchgeführt wird. Diese Güteüberwachung ist in den Landesbauordnungen festgeschrieben.

3.3.2 Sachlicher Umfang der Überwachung

Die Bauüberwachung erstreckt sich:

- auf die ordnungsgemäße Ausführung baulicher Anlagen. Generell sind Ordnungsbehörden für die öffentliche Sicherheit und Ordnung zuständig – die BAB für das Gebiet des Bauwesens – und haben bei Personen das ordnungsgemäße Verhalten, bei Sachen den ordnungsgemäßen Zustand zu beachten. Ordnungsgemäß ist die Ausführung, wenn die bauaufsichtliche Generalklausel (BauO NW § 3) eingehalten wird, daß also bei Errichtung, Änderung und Unterhaltung die öffentliche Sicherheit oder Ordnung, insbesondere Leben oder Gesundheit nicht gefährdet werden.

Hierunter fällt die Beachtung der aaRdT; welche Teile der einschlägigen DIN-Normen zu beachten sind, wird im zweiten Teil ausführlich dargestellt.

- auf die Prüfung, ob den genehmigten Bauvorlagen entsprechend gebaut wird. Sie umfaßt den richtig eingemessenen Standort des Bauvorhabens auf dem Grundstück, die Grundrißfläche, die Höhenlage, die Zahl der Voll-, Keller- und Staffelgeschosse, die Treppenhäuser, Aufzüge, Schornsteine und Feuerstätten, Türen, Fenster, Ver- und Entsorgungseinrichtungen und natürlich alle Elemente des Tragwerks sowie des Brandschutzes und der Bauphysik. Die geprüften Ausführungs- und Konstruktionspläne sind auf Übereinstimmung mit der Realität hinsichtlich der Maße, der Baustoffe und der Konstruktion zu vergleichen (wegen evtl. Abweichungen s. III 1.3.2). Die Bauvorlagen müssen von Baubeginn an auf der Baustelle vorliegen.
- auf den Nachweis der Brauchbarkeit der Baustoffe, Bauteile und Einrichtungen. Detaillierte Angaben – getrennt nach den Hauptbaustoffen – folgen im zweiten Teil und auch in I 3.1.
- auf die ordnungsgemäße Erledigung der Pflichten der am Bau Beteiligten. Die zeitweilige Tendenz „Weniger Staat – mehr privat" zielte auf begrenzte Rücknahme der staatlichen Überwachung. Eine gewisse Risikoscheu ist es, wenn man festlegt, daß die BAB zwar nicht durchgehend die Ausführung selbst überwacht, aber dafür die Überwachungspflicht der am Bau Beteiligten überwacht.

Die früher in den Landesbauordnungen aufgeführten Kontrollbereiche

- Tauglichkeit der Gerüste und die
- Beachtung der für die Sicherheit von Menschen, namentlich der Bauarbeiter, geltenden Bestimmungen

sind nicht mehr expressis verbis der BAB zugewiesen, gelten jedoch stillschweigend eingeschränkt weiter. Vorrangig sind für diese Bereiche die Berufsgenossenschaften und die Staatlichen Gewerbeaufsichtsämter zuständig. Da sich die Kompetenzen überschneiden, achten tatsächlich manchmal nicht zwei Institutionen auf mögliche Mängel, sondern eine verläßt sich auf die andere.

Zeitlich knüpft die Überwachung der Ausführung an die Einmessung des Grundrisses an, übernimmt die Baustelleneinrichtung, die Baugrube sowie die Nachbarsicherungen und den ganzen Bereich aller Rohbaugewerke und endet zunächst mit der Bauzustandsbesichtigung I (Rohbauabnahme). Gemäß Verwaltungsvorschrift zur LBO *soll* sie sich dann weiter auf die Ausbauphase erstrecken, die wiederum mit der Bauzustandsbesichtigung II (Schlußabnahme) endet. In der Praxis klafft hier ein fast vollständiges Loch, obwohl wichtige Baumaßnahmen, wie z. B. die Brandschutzverkleidungen, Wärmeschutzmaßnahmen, der schwimmende Estrich u. a., in diese Phase fallen und später nicht mehr kontrollierbar sind.

Die zeitliche Abstimmung mit den einzelnen Ausbaugewerken, die zum Teil parallel ablaufen, ist außerordentlich schwierig, der zeitliche Aufwand groß. In der Regel werden zur Zeit lediglich sichtbar bleibende Teile dieser Phase bei der Schlußabnahme kontrolliert. Alles in allem ein unbefriedigender Zustand.

Genau entgegengesetzt sind diese Vorgänge beim objektüberwachenden Architekten: Während er den Rohbau etwas stiefmütterlich behandelt, erfreuen sich Ausbaugewerke seiner besonderen Überwachungsaufgabe, zumal der Bauherr zunehmend auch Interesse an Besichtigungen bekommt.

Allgemein richten sich Umfang und Häufigkeit der BAB-Überwachungstermine nach der Bauordnung und zugehöriger Verwaltungsvorschrift (VV), und zwar:

- nach der Schwierigkeit der Bauausführung unter Berücksichtigung möglicher Folgen bei Nichtbeachtung der Ausführungspläne und der aaRdT; natürlich zieht nicht immer eine schwierige Tragwerksplanung (z. B. mit Finiten Elementen oder mit Fließgelenken) auch eine schwierige Ausführung nach sich – und umgekehrt.

- nach Zuverlässigkeit, Sachkenntnis und Erfahrung der an dem anstehenden Bau eingesetzten Unternehmer (Polier oder Unternehmerbauführer), dem Bauleiter oder objektüberwachenden Architekten (soweit er den Rohbau intensiv überwacht) und natürlich den Bauhandwerkern und Subkolonnen (die als Eisenflechter mitunter aus angeworbenen fachfremden Ausländern bestehen mit einem „Schieber" als Kolonnenführer).
- nach dem Bauverfahren, den besonderen Aussteifungen, Bauzuständen, Montagearten, neuen Bauarten mit Zustimmung der obersten Bauaufsichtsbehörde, besonderen Überwachungs- und Ausführungsbestimmungen in ABZ usw.
- nach der unmittelbaren, evtl. auf Veränderungen sehr sensibel reagierenden Umgebung mit ausgenutzter Nachbarbebauung, starkem Verkehr, eingeschränktem Platzbedarf, großem Termindruck.

Einige Tips: Abgesehen davon, daß jedes Bauvorhaben außer den Fertigteilen ein Einzelstück ohne Probeexemplar im ambulanten Gewerbe ist, lassen sich generell zur Häufigkeit doch folgende allgemeinverbindliche Schlüsse ziehen: Die stichprobenartige Überwachung durch die BAB sollte sich jedenfalls auf alle schwierigen Abschnitte erstrecken, wobei der Baubeginn, also die erste wirklich nennenswerte konstruktive Maßnahme, stets als schwierig gelten sollte; auch, um Unternehmer, Bauleiter und Handwerker kennenzulernen. Daneben auf solche Arbeitsteile, die später nicht mehr eingesehen werden können. Das heißt also die Bewehrung von Stahlbetonbauteilen, Träger und ihre Anschlüsse, Auflager, Stöße vor dem Verkleiden oder Einmauern.

Persönlich für den Überwacher risikoloser sind wenige sorgfältige Kontrollen. Ein Vorwurf, daß z. B. nicht jeder angezeigte Betoniertermin überwacht wurde, kann nicht hergeleitet werden; wohl aber der einer pflichtwidrigen Unterlassung, wenn bei einer weniger gründlichen Kontrolle der Verstoß gegen eine Regel der Technik übersehen wurde, der dann zu einem Schaden oder einer Körperverletzung führt. Der Strafrichter wird nachzuweisen versuchen, daß bei normaler Sorgfalt der schadenverursachende Fehler hätte entdeckt und ausgeräumt werden können (ausführlich hierzu unter I 4 – Der strafrechtliche Bereich).

3.3.3 Haftung bei Prüfung und Überwachung durch die BAB

Ob im Baugenehmigungsverfahren die Prüfung des Standsicherheitsnachweises durchgeführt und während des Bauens die Ausführung überwacht wird – oder eben nicht wie beim vereinfachten Genehmigungsverfahren –, spielt für die zivilrechtliche Haftung der am Bau Beteiligten (Statiker, Bauunternehmer) keine Rolle. Die zivilrechtliche Haftung für den Standsicherheitsnachweis trifft stets denjenigen, der diesen Nachweis erstellt hat, d. h. den Statiker, nicht die BAB und auch nicht den evtl. beauftragten Prüfingenieur. „Ist der Nachweis falsch, ergibt sich die zivilrechtliche Haftung gegenüber dem Bauherrn als Auftraggeber aus dem Vertrag, gegenüber Dritten aus den Vorschriften über die Verletzung der Verkehrssicherungspflicht im Recht der unerlaubten Handlungen" (§§ 823 ff. BGB). (W. Jagenburg, Prüfung und Haftung. DAB 10/1984 – NW 287 ff.)

Man kann auch nicht die BAB aus Amtspflichtverletzung in Anspruch nehmen, da sie in diesem Teil des Baugenehmigungsverfahrens hoheitlich zum Schutz der Allgemeinheit, d. h. im öffentlichen Interesse an der Gefahrenabwehr tätig wird, nicht aber in Erfüllung einer ihr dem Bauherrn gegenüber obliegenden Amtspflicht. Außerdem würde die Amtshaftung stets nur subsidiär eintreten, also erst dann, wenn alle anderen Mittel voll ausgeschöpft wären (z. B. die Haftung des Statikers, Architekten usw.).

Der Prüfingenieur, der im Auftrag der BAB tätig wird, haftet zivilrechtlich grundsätzlich gar nicht; an seiner Stelle könnte u. U. nur die BAB in Anspruch genommen werden. Diese hat ein Rückgriffsrecht nur bei grober Fahrlässigkeit (und Vorsatz).

Völlig anders ist die Haftung allerdings bei Delikten im Strafrecht (siehe hierzu I 4 – Der strafrechtliche Bereich).

3.4 Der richtige Zeitpunkt und die Stichprobenauswahl

3.4.1 Auswahlmethoden

Über den Zeitpunkt der Kontrollen durch die BAB ist in den Bauordnungen nichts gesagt. Wenigstens teilweise ergibt er sich aus den einschlägigen technischen Baubestimmungen, die ja baurechtlich zu den aaRdT zählen und beachtet werden müssen. Ansonsten ist der Zeitpunkt – wie auch die Häufigkeit und der Umfang – in das pflichtgemäße Ermessen des Überwachers gestellt. Ob er sein Ermessen richtig ausgeübt hat, wäre theoretisch verwaltungsgerichtlich nachprüfbar.

Grundsätzlich kann man bei Stichproben zwei Modelle unterscheiden, hier ohne mathematische Definitionen:

- die **Monte-Carlo-Methode,** bei der absichtlich der Zufall gesucht wird wie im Zufallsgenerator, um allen Baustellen, Abschnitten und Teilen das gleiche Maß an Aufmerksamkeit und Überwachung zu geben, unbeeinflußt von persönlichen oder sachfremden Neigungen.
- die **Laokoon-Methode.** In weiterem Sinne hat der Überwacher das gleiche Problem wie der bildende Künstler, da auch er in die Lage versetzt ist, aus einem fortlaufenden Geschehensablauf einen repräsentativen Moment herauszufinden. Die Futuristen versuchten dies auf die Darstellungsart des räumlichen Nebeneinanders. Lessing stellte in seinen Betrachtungen über die Figurengruppe des Laokoon (1. Jh. v. Chr., Vatikanische Museen), das wohl berühmteste Stück antiker Skulptur, Untersuchungen über die bildende Kunst an, die nicht das Nacheinander darstellen kann. Er suchte den „Fruchtbaren Moment“, die Situation, die der betrachtenden Phantasie weder als Ausschau noch als Rückschau den Weg versperrt*); denn das für das Auge bestimmte plastische Kunstwerk vermag eben nur dann überzeugend zu wirken, wenn es eine in steter Veränderung vorbeigleitende Bewegung in einen prägnanten Zeitpunkt zusammenzufassen versteht. – Ein solcher Zeitpunkt ist bei der Bauausführung etwa derjenige nach fast erfolgter Bewehrung, so daß auch untere Lagen von Unterzugsbewehrung oder Plattenfundamente noch erkennbar und die fertige Bewehrung bereits vorstellbar ist.

3.4.2 Vorgegebene Termine

Einige Termine sind in den einschlägigen DIN-Normen vorgegeben, bei anderen kann eine Anzeige über Beginn oder Ende bestimmter Arbeiten von der BAB verlangt werden. Allgemein ist stets die Erlaubnis zum Betreten der Baustelle gegeben; gegebenenfalls hat sich der Überwacher durch seinen Dienstausweis auszuweisen.

Solche nach DIN anzeigepflichtigen Termine über Beginn oder Ausführung von speziellen Bauarbeiten sind:

- Stahlbeton und Stahlbetonfertigteile
  DIN 1045, Abschn. 4.2 (Ausgabe 7/1988):

*) Goethe nannte die Gruppe einen „fixierten Blitz“.

„Anzeigen über den Beginn der Bauarbeiten

Der bauüberwachenden Behörde oder dem von ihr mit der Bauüberwachung Beauftragten sind bei Bauten, die nach den bauaufsichtlichen Vorschriften genehmigungspflichtig sind, möglichst 48 Stunden vor Beginn der betreffenden Arbeiten vom Unternehmen oder vom Bauleiter anzuzeigen:

a) bei Verwendung von Baustellenbeton das Vorliegen einer schriftlichen Anweisung auf der Baustelle für die Herstellung mit allen nach Abschnitt 6.5 erforderlichen Angaben;

b) der beabsichtigte Beginn des erstmaligen Betonierens, bei mehrgeschossigen Bauten auf Verlangen der Beginn des Betonierens für jedes einzelne Geschoß; bei längerer Unterbrechung – besonders nach längeren Frostzeiten – der Wiederbeginn der Betonarbeiten;

c) bei Verwendung von Beton B II die fremdüberwachende Stelle;

d) bei Bauten aus Fertigteilen der Beginn des Einbaues und auf Verlangen der Beginn der Herstellung der für die Gesamttragwirkung wesentlichen Verbindungen;

e) der Beginn von wesentlichen Schweißarbeiten auf der Baustelle."

- Verankerungen mit Dübeln
  Gemäß ABZ der Beginn der Dübelmontage möglichst 48 Stunden vorher bei der BAB.

- Allgemeiner Baubeginn
  Gemäß BauO NW (1984) § 70 Abs. 7 [Entwurf 1994: § 76 (7)]: Der BH hat den Ausführungsbeginn genehmigungspflichtiger Vorhaben mindestens eine Woche vorher der BAB schriftlich mitzuteilen. Baubeginn = Ausheben der Baugrube, nicht Abtragen der Humusschicht!

  Das betrifft auch genehmigungspflichtige Abbrucharbeiten.

- Eine „Zustandskontrolle" ist nach DIN 18900 – Holzmastenbauart; Berechnung und Ausführung – vorgeschrieben, und zwar:
  – für teerölimprägnierte Masten der Gruppe Kiefer und im Fußbereich zusätzlich mit Teeröl imprägnierte Masten der Gruppe Fichte nach 35 Jahren
  – für salzimprägnierte Masten nach 20 Jahren
  – danach jeweils im Abstand von fünf Jahren.

3.4.3 Anzeigen gemäß Auflagen im Bauschein

Solche von der BAB gewünschten Terminüberwachungen müssen bereits als Anzeigenauflage im Bauschein gestellt werden; sie haben den Zweck, der BAB solche Termine zu ersparen, die wenig aussagefähig sind, um sich auf Laokoon-Termine konzentrieren zu können. Die Kontrolle der Armierung von Stahlbetonbauteilen, die nach dem Betonieren nicht mehr ohne erheblichen Aufwand erkennbar ist, bedarf einer genauen zeitlichen Abstimmung zwischen Unternehmer und BAB, um beiden Stellen Zeitverlust zu ersparen. Man muß dem Unternehmer zubilligen, daß er in den Ablauf einer Baustelle, die evtl. mit ganz engen Verzahnungen verschiedener Gewerke im Netzplan festgelegt ist, keine Verzögerungen einbringen kann. Mitunter kann er dann keinen Beton bekommen, wenn er den geplanten Liefertermin verschiebt.

Über die Bestimmung der DIN 1045 der schriftlichen Anzeige 48 Stunden vor dem Betonieren hat es mitunter Differenzen gegeben; in aller Regel wird diese Frist von den Unternehmern nicht eingehalten, und zwar was die Frist angeht als auch die Schriftform. Es hat sich eingeführt, daß diese Anzeige vom Polier/Bauleiter des Unternehmers (nicht vom Bauherrn, wie nach Bauordnung vorgesehen) telefonisch vorgenommen wird, und zwar meist im Laufe des Vortages – üblicherweise spätnachmittags – des Betonierens. Etwa in der Form, daß zwischen 10 und 11 Uhr mit dem Betonieren begonnen wird; die Kontrolle der Bewehrung wird auf 9.30 Uhr angesetzt. Das bedeutet, daß zum Zeitpunkt der Anzeige noch fleißig an der Bewehrung gearbeitet wird, aber der Beton bestellt ist. Mehr Vorhersage ist nicht möglich: Verzögerungen können auftreten bei fehlenden Eisenpositionen, verspäteter Anlieferung von Zubehör, Personalausfall (fremde Flechterkolonne), Frost, Regen, Zusatzarbeiten (Einbau von Rohren, Leitungen, Aussparungen), ganz zu schweigen vom Verschätzen der Verlegekolonne über den Zeitaufwand bei komplizierten Bauteilen.

Andererseits ist bei einer vorzeitigen Fertigstellung der Bewehrung meist nicht soviel Ausweicharbeit rationell einzufügen, so daß die nachträgliche Vorverlegung der Kontrolle gerechtfertigt erscheint. Leider ist der frühmorgens verplante Außendienst der BAB telefonisch nicht zu erreichen, um ihn kurzfristig umzudisponieren. Geht das nicht mehr, bleibt im Ausnahmefall die Möglichkeit, einen versierten Fachmann, z. B. den Aufsteller der statischen Berechnung dieses Bauvorhabens, zu bitten, die Übereinstimmung der verlegten Bewehrung mit den Bewehrungsplänen zu überprüfen und schriftlich zu bestätigen (formlos).

Auf einen Trick schlitzohriger Poliere sei hingewiesen: Diese melden den Kontrolltermin überaus kurzfristig an, und sie wissen, daß wegen der kurzen Zeitspanne zum Kontrollieren – der Betonwagen steht bereits vor der Baustelle und dreht die Trommel – die Kontrolle nur oberflächlich vorgenommen werden kann; denn wer unterbricht schon gern den Ablauf einer größeren Baustelle?

Üblicherweise wird bei Stahlbetonkonstruktionen die ganz fertige Bewehrung kontrolliert; zwingend ist dies keineswegs. Der Begriff „Stichprobe“ in der Bauordnung erlaubt eine Kontrolle in jedem Stadium der Bauausführung, selbstverständlich auch der nur teilweise verlegten Bewehrung. Natürlich ist eine solche Kontrolle nicht so durchgreifend. Vielfach wird die irrige Meinung vertreten, daß man (der Kontrolleur der BAB) noch einmal wiederkommen müsse, wenn die Bewehrungsarbeiten noch nicht abgeschlossen waren oder wenn Änderungen oder Bewehrungszulagen angeordnet wurden. Es ist aber in letzterem Falle für einen evtl. späteren Streit wichtig, diese Änderungen/Zulagen auf dem Kontrollzettel zu vermerken und sich vom Polier/Bauleiter quittieren zu lassen.

Nach den Bestimmungen der Bauordnung [BauO NW § 76 Abs. 3, Satz 1, Entwurf 1994: § 82 (3) 1] ist die BAB nach einer Anzeige des beabsichtigten Betonierens nicht verpflichtet, auch tatsächlich Überwachungsmaßnahmen zu ergreifen, allerdings der Unternehmer ebenfalls nicht, eine Baukontrolle durch die BAB abzuwarten. Im Klartext heißt das, der Unternehmer kann mit dem Betonieren nach dem Zeitpunkt des angekündigten Termins beginnen, auch wenn der Kontrolleur der BAB noch nicht erschienen ist.

Alle diese Hinweise gelten für den Überwacher des Prüfingenieurs für Baustatik in gleicher Weise wie für den Überwacher der BAB; vorausgesetzt, der PfB ist mit der Überwachung des Bauvorhabens von der BAB beauftragt worden.

Boeddinghaus/Hahn (Kommentar BauO NW) meinen, daß gegebenenfalls zu prüfen ist, ob die BAB wegen der (evtl. mehrfachen) Verletzung der Anzeigepflicht Veranlassung zur Einstellung der Bauarbeiten wegen Gefährdung der öffentlichen Sicherheit und Ordnung hat. Wobei eine solche Maßnahme auch dann nicht rechtswidrig ist, wenn sich nach Überprüfung herausstellt, daß in Wirklichkeit eine Gefährdung nicht vorgelegen hat (also nur eine sog. Putativgefahr bestand).

Weitere Anzeigen, die entsprechend einer Auflage im Bauschein vom Unternehmer beachtet werden müssen:

- der Beginn der Spannarbeiten bei vorgespanntem Beton

- der Beginn des Einpressens von Zementmörtel in Spannkanäle (diese Auflage mit der Frist „möglichst 48 Stunden vor Beginn“ ist nach dem RdErl. d. Inn.Min. NW v. 27. 2. 1980 im Hinblick auf die besondere Bedeutung der Einpreßarbeiten für die Dauerhaftigkeit von Spannbetonbauteilen in der Baugenehmigung zwingend vorgeschrieben)
- der Beginn des Einpressens von Zement, Silikatgel oder Kunstharz in den Untergrund zum Zweck der Abdichtung oder Verfestigung (chemische Baugrundverbesserung)
- der Beginn der Montagearbeiten von größeren Holz- oder Stahlkonstruktionen; das heißt Konstruktionen von erheblicher Größe oder Gewicht, mit ungewöhnlichem Montageablauf oder Hilfsmitteln, bei gefahrgeneigten Montagezuständen
- der Beginn von Schweißarbeiten auf der Baustelle
- der Beginn des Einbaues der Brandschutzverkleidung von Stahlträgern und -stützen
- der Beginn der Ausführung von schwimmendem Estrich.

3.5 Der Umfang der Überwachung durch den Architekten

Für den auch bauleitenden (objektüberwachenden) Architekten und evtl. Bauingenieur sind die Aufgaben hierzu im privaten (= vertragsrechtlichen) Bereich in der HOAI – Honorarordnung für Architekten und Ingenieure –, hier Stand 1. Januar 1991, unter den spezifischen Leistungsphasen wenigstens grob umrissen. Es werden Grundleistungen und Besondere Leistungen unterschieden:

Grundleistungen umfassen die Leistungen, die zur ordnungsgemäßen Erfüllung eines Auftrages im allgemeinen erforderlich sind. Besondere Leistungen können zu den Grundleistungen hinzutreten oder an deren Stelle treten, wenn besondere Anforderungen an die Ausführung des Auftrags gestellt werden, die über die allgemeinen Leistungen hinausgehen oder diese ändern; sie sind besonders zu vergüten.

3.5.1 Text der HOAI (nur jeweils Teilleistungsbild „Überwachung“)

- **Leistungen bei Gebäuden [§ 15 (2)]**

Grundleistungen	Besondere Leistungen
8. Objektüberwachung (Bauüberwachung)	
Überwachen der Ausführung des Objekts auf Übereinstimmung mit der Baugenehmigung oder Zustimmung, den Ausführungsplänen und den Leistungsbeschreibungen sowie mit den allgemein anerkannten Regeln der Technik und den einschlägigen Vorschriften Überwachen der Ausführung von Tragwerken nach § 63 Abs. 1 Nr. 1 und 2 auf Übereinstimmung mit dem Standsicherheitsnachweis Koordinieren der an der Objektüberwachung fachlich Beteiligten Überwachung und Detailkorrektur von Fertigteilen	Aufstellen, Überwachen und Fortschreiben eines Zahlungsplanes Aufstellen, Überwachen und Fortschreiben von differenzierten Zeit-, Kosten- oder Kapazitätsplänen Tätigkeit als verantwortlicher Bauleiter, soweit diese Tätigkeit nach jeweiligem Landesrecht über die Grundleistungen der Leistungsphase 8 hinausgeht

Aufstellen und Überwachen eines Zeitplanes (Balkendiagramm)
Führen eines Bautagebuches
Gemeinsames Aufmaß mit den bauausführenden Unternehmen
Abnahme der Bauleistungen unter Mitwirkung anderer an der Planung und Objektüberwachung fachlich Beteiligter unter Feststellung von Mängeln
Rechnungsprüfung
Kostenfeststellung nach DIN 276 oder nach dem wohnungsrechtlichen Berechnungsrecht
Antrag auf behördliche Abnahmen und Teilnahme daran
Übergabe des Objekts einschließlich Zusammenstellung und Übergabe der erforderlichen Unterlagen, zum Beispiel Bedienungsanleitungen, Prüfprotokolle
Auflisten der Gewährleistungsfristen
Überwachen der Beseitigung der bei der Abnahme der Bauleistungen festgestellten Mängel
Kostenkontrolle

9. Objektbetreuung und Dokumentation

Objektbegehung zur Mängelfeststellung vor Ablauf der Verjährungsfristen der Gewährleistungsansprüche gegenüber den bauausführenden Unternehmen
Überwachen der Beseitigung von Mängeln, die innerhalb der Verjährungsfristen der Gewährleistungsansprüche, längstens jedoch bis zum Ablauf von fünf Jahren seit Abnahme der Bauleistungen auftreten
Mitwirken bei der Freigabe von Sicherheitsleistungen
Systematische Zusammenstellung der zeichnerischen Darstellungen und rechnerischen Ergebnisse des Objekts

Erstellen von Bestandsplänen
Aufstellen von Ausrüstungs- und Inventarverzeichnissen
Erstellen von Wartungs- und Pflegeanweisungen
Objektbeobachtung, Objektverwaltung
Baubegehungen nach Übergabe
Überwachen der Wartungs- und Pflegeleistungen
Aufbereiten des Zahlenmaterials für eine Objektdatei
Ermittlung und Kostenfeststellung zu Kostenrichtwerten
Überprüfung der Bauwerks- und Betriebs-Kosten-Nutzen-Analyse

Hinweise aus der Literatur: (vgl. Löffelmann/Fleischmann, Architektenrecht, Werner-Verlag, 2. Aufl. 1993)

– Zu Leistungsphase 8, Abs. 1: Der bauüberwachende Architekt muß sicherstellen, daß nur nach **genehmigten Plänen** gebaut wird, damit Baueinstellungen und nachträgliche Änderungen infolge behördlicher Maßnahmen vermieden werden. Selbstverständlich muß er auf **Einhaltung der aaRdT** (vgl. I 1.2) sowie sonstiger einschlägiger Vorschriften achten (z. B. gesetzliche **außervertragliche Schuldverhältnisse)** wie § 909 BGB das **Verbot der Grundstücksvertiefung.** Der Konkretisierung der Verkehrssicherungspflicht dient das Verbot von Grundstücksvertiefungen ohne erforderliche Abstützung des Nachbargrundstücks. Zu den sachlichen und persönlichen Voraussetzungen dieser Vorschrift hat der BGH im Urteil v. 10. 7. 1987 ausgeführt:

> Das Verbot der unzulässigen Vertiefung richtet sich nicht nur an den Eigentümer oder Benutzer des vertieften Grundstücks. § 909 BGB gilt vielmehr für jeden, der ein Grundstück vertieft oder daran mitwirkt, somit auch für den vom Bauherrn mit der Bauplanung und Bauleitung beauftragten Architekten. Aufgrund seiner Fachkenntnisse trägt dieser in besonderem Maße Verantwortung dafür, daß die nachbarrechtlichen Verpflichtungen aus § 909 BGB eingehalten werden. (Vgl. hierzu auch die technischen Erläuterungen unter II 3.5.7.)

- Zu Lph. 8, Abs. 3: Nach LG Aachen, Urt. v. 16. 1. 1985 „trifft hierbei den Architekten eine **Koordinierungspflicht** hinsichtlich sämtlicher an dem Bauvorhaben beteiligten Bauunternehmer und an der Objektüberwachung sonst beteiligten Sonderfachleute . . .“ Das geht also über den Inhalt der HOAI hinaus.
- Zu Lph. 8, Abs. 4: Wegen der **Fertigteile** s. die ausführlichen Erläuterungen unter I 3.5.2.
- Zu Lph. 8, Abs. 14 und 9, Abs. 2: Diese Grundleistung – Überwachung der Beseitigung der bei der Abnahme und natürlich auch bei der Ausführung festgestellten **Mängel** – geht über in die Grundleistung 2 der Lph. 9, die dem Architekten die Überwachung der **Beseitigung von Mängeln nach der Abnahme** innerhalb der Gewährleistungsfrist zur Pflicht macht.

Entgegen Bindhardt/Jagenburg handelt es sich bei der Leistungsphase 9 keinesfalls nur „um eine allein aus gebührenrechtlichen Gründen angekoppelte Zusatzleistung“, sie gleicht vielmehr in ihrer Rechtsnatur den anderen Leistungsphasen, vgl. OLG Köln, Urt. v. 19. 12. 1991:

> „Die in § 15 HOAI enthaltenen Pflichten des Architekten – soweit sie von ihm übernommen sind – haben eine eigenständige und selbständige Bedeutung und können nicht in Haupt- und Nebenleistungen aufgeteilt werden. Für den Bauherrn stellt sich die vom Architekten übernommene Objektbetreuung und die hiermit verbundene Überwachung der Beseitigung der innerhalb der Verjährungsfrist der Gewährleistungsansprüche auftretenden Mängel als eine der wesentlichen vom Architekten zu erbringenden Leistungen dar. Er ist hierbei auf die Fachkunde des Architekten bei der Feststellung von Baumängeln und deren Beseitigung durch die Bauhandwerker angewiesen. Mit Recht hat daher die herrschende Meinung hieraus die Konsequenz gezogen, daß die Abnahme der Architektenleistungen erst nach vollständiger Erbringung der Leistung aus der Leistungsphase 9 erfolgen kann.“

• Leistungen bei Ingenieurbauwerken

§ 57 Örtliche Bauüberwachung

(1) Die örtliche Bauüberwachung bei Ingenieurbauwerken und Verkehrsanlagen umfaßt folgende Leistungen:

1. Überwachen der Ausführung des Objekts auf Übereinstimmung mit den zur Ausführung genehmigten Unterlagen, dem Bauvertrag sowie den allgemein anerkannten Regeln der Technik und den einschlägigen Vorschriften.
2. Hauptachsen für das Objekt von objektnahen Festpunkten abstecken sowie Höhenfestpunkte im Objektbereich herstellen, soweit die Leistungen nicht mit besonderen instrumentellen und vermessungstechnischen Verfahrensanforderungen erbracht werden müssen; Baugelände örtlich kennzeichnen.
3. Führen eines Bautagebuchs.

4. Gemeinsames Aufmaß mit den ausführenden Unternehmen.
5. Mitwirken bei der Abnahme von Leistungen und Lieferungen.
6. Rechnungsprüfung.
7. Mitwirken bei behördlichen Abnahmen.
8. Mitwirken beim Überwachen der Prüfung der Funktionsfähigkeit der Anlagenteile und der Gesamtanlage.
9. Überwachen der Beseitigung der bei der Abnahme der Leistungen festgestellten Mängel.
10. Bei Objekten nach § 51 Abs. 1: Überwachen der Ausführung von Tragwerken nach § 63 Abs. 1 Nr. 1 und 2 auf Übereinstimmung mit dem Standsicherheitsnachweis.

(2) Das Honorar für die örtliche Bauüberwachung kann mit 2,0 bis 3,0 v. H. der anrechenbaren Kosten nach § 52 Abs. 2, 3, 6 und 7 vereinbart werden. Die Vertragsparteien können abweichend von Satz 1 ein Honorar als Festbetrag unter Zugrundelegung der geschätzten Bauzeit vereinbaren. Wird ein Honorar nach Satz 1 oder Satz 2 nicht bei Auftragserteilung schriftlich vereinbart, so gilt ein Honorar in Höhe von 2,0 v. H. der anrechenbaren Kosten nach § 52 Abs. 2, 3, 6 und 7 als vereinbart. § 5 Abs. 2 und 3 gilt sinngemäß.

• Leistungen bei der Tragwerksplanung [§ 64 (3)]

Grundleistungen	Besondere Leistungen
8. Objektüberwachung (Bauüberwachung)	Ingenieurtechnische Kontrolle der Ausführung des Tragwerks auf Übereinstimmung mit den geprüften statischen Unterlagen Ingenieurtechnische Kontrolle der Baubehelfe, zum Beispiel Arbeits- und Lehrgerüste, Kranbahnen, Baugrubensicherungen Kontrolle der Betonherstellung und -verarbeitung auf der Baustelle in besonderen Fällen sowie statistische Auswertung der Güteprüfung Betontechnologische Beratung
9. Objektbetreuung und Dokumentation	Baubegehung zur Feststellung und Überwachung von die Standsicherheit betreffenden Einflüssen

• Leistungen bei der Technischen Ausrüstung [§ 73 (3)]

Grundleistungen	Besondere Leistungen
8. Objektüberwachung (Bauüberwachung)	
Überwachen der Ausführung des Objekts auf Übereinstimmung mit der Baugenehmigung oder Zustimmung, den Ausführungsplänen, den Leistungsbeschreibungen oder Leistungsverzeichnissen sowie mit den allge-	Durchführen von Leistungs- und Funktionsmessungen Ausbilden und Einweisen von Bedienungspersonal Überwachen und Detailkorrektur beim

mein anerkannten Regeln der Technik und den einschlägigen Vorschriften Mitwirken beim Aufstellen und Überwachen eines Zeitplanes (Balkendiagramm) Mitwirken beim Führen eines Bautagebuches Mitwirken beim Aufmaß mit den ausführenden Unternehmen Fachtechnische Abnahme der Leistungen und Feststellen der Mängel Rechnungsprüfung Mitwirken bei der Kostenfeststellung, bei Anlagen in Gebäuden; nach DIN 276 Antrag auf behördliche Abnahmen und Teilnahme daran Zusammenstellen und Übergeben der Revisionsunterlagen, Bedienungsanleitungen und Prüfprotokolle Mitwirken beim Auflisten der Verjährungsfristen der Gewährleistungsansprüche Überwachen der Beseitigung der bei der Abnahme der Leistungen festgestellten Mängel Mitwirken bei der Kostenkontrolle	Hersteller Aufstellen, Fortschreiben und Überwachen von Ablaufplänen (Netzplantechnik für EDV)
9. Objektbetreuung und Dokumentation	
Objektbetreuung zur Mängelfeststellung vor Ablauf der Verjährungsfristen der Gewährleistungsansprüche gegenüber den ausführenden Unternehmen Überwachen der Beseitigung von Mängeln, die innerhalb der Verjährungsfristen der Gewährleistungsansprüche, längstens jedoch bis zum Ablauf von 5 Jahren seit Abnahme der Leistungen auftreten Mitwirken bei der Freigabe von Sicherheitsleistungen Mitwirken bei der systematischen Zusammenstellung der zeichnerischen Darstellungen und rechnerischen Ergebnisse des Objekts	Erarbeiten der Wartungsplanung und -organisation

3.5.2 Auslegungen in der Rechtsprechung zur Bauüberwachung

- **Grundsätzlicher Umfang der Überwachung**

– nach OLG Düsseldorf (R. Kniffka, in: Die Bauverwaltung 4/1994)

Zur Haftung des Architekten für Bauaufsichtsfehler hat das OLG Düsseldorf (OLG-Report 1994, 13) folgende grundsätzliche Feststellungen getroffen:

Sinn der Beauftragung eines Architekten mit der Überwachung einer Baumaßnahme ist es, dem Bauherrn Gewähr dafür zu bieten, daß die Ausführung der Arbeiten und die Koordination der verschiedenen Arbeiten durch eine fachkundige Person beobachtet und organisiert werden. Der Bauherr soll die Gewißheit haben, daß durch die fachkundige Kontrolle der Handwerkerleistungen und das organisierte Ineinandergreifen der verschiedenen Handwerkerleistungen Ausführungsmängel vermieden werden. Nimmt der mit der Bauüberwachung beauftragte Architekt diese Aufgabe nicht oder unzureichend wahr, so besteht die Gefahr, daß Handwerker durch mangelnde Kontrolle mangelhafte Handwerksleistungen kaschieren und dadurch auf Dauer Schäden an dem Bauwerk hervorrufen können. Zwar braucht der aufsichtführende Architekt in aller Regel einfache Handgriffe eines Handwerkers nicht zu überprüfen, er muß jedoch zunächst einmal durch Kontrollen gewährleisten, ob die beauftragte Fachfirma überhaupt in der Lage ist, die ihr übertragenen Arbeiten fachgerecht auszuführen. Darüber hinaus muß der Architekt auch dann, wenn er sich zuvor bereits von den Qualitäten des Handwerkers überzeugt hat, Handwerksleistungen, die regelmäßig mit einer hohen Fehlerquote verbunden sind, entweder bei der Ausführung überwachen oder unmittelbar nach der Ausführung kontrollieren, ob die Arbeiten fachgerecht ausgeführt worden sind. Der Architekt darf sich nicht darauf verlassen, daß eine Firma seit längerem als zuverlässige Fachfirma bekannt ist, und deshalb den Umfang der erforderlichen Überwachung reduzieren, da auch als zuverlässig bekannten, qualifizierten Handwerkern Fehler unterlaufen können. Diese Pflichten des Architekten erfordern nicht die ununterbrochene Anwesenheit des Architekten auf der Baustelle. Er muß seine Anwesenheitszeiten jedoch so organisieren, daß er die Arbeiten, die unbedingt einer Beaufsichtigung oder nachträglichen Kontrolle durch den Architekten bedürfen, in Augenschein nehmen kann. Erfüllt der Architekt diese Anforderungen nicht und werden durch die mangelnde Beaufsichtigung der Arbeiten Mängel der Werkleistung des Handwerkers nicht verhindert, so haftet der Architekt dem Bauherrn als Gesamtschuldner mit dem Handwerker.

Die gerichtliche Praxis zeigt, daß vielen Architekten dieser umfassende Aufgabenkatalog und die sich aus der Verletzung ihrer Verpflichtung ergebende volle eigene Haftung nicht bewußt ist.

Der Architekt kann sich allerdings bei dem Handwerker, der den Baumangel verursacht hat, in aller Regel in vollem Umfang schadlos halten. Er trägt aber das bisweilen recht hohe Risiko, daß der Handwerker nicht zahlungsfähig ist.

- Nach OLG München (NJW-RR 1988, 336, 337)

  Das OLG München faßt die Grundsätze zur Objektüberwachung zutreffend wie folgt zusammen:

  „Der Umfang der Bauaufsichtspflicht läßt sich weder sachlich noch zeitlich generell bestimmen, sondern richtet sich nach den Umständen des Einzelfalls. Dabei sind Bedeutung und Schwierigkeitsgrad der jeweiligen Arbeiten zu berücksichtigen (vgl. BGH, NJW 1978, 322; BGHZ 68, 169 = NJW 1977, 898). Übereinstimmung besteht darüber, daß den örtlichen Bauführer in bezug auf handwerkliche Selbstverständlichkeiten bei allgemein üblichen, gängigen, einfachen Arbeiten keine Überwachungspflicht trifft (vgl. BGH, NJW 1971, 1130). In solchen Fällen braucht der Architekt nicht jeden Arbeitsvorgang zu kontrollieren, da er sich bis zu einem gewissen Grade auf die Zuverlässigkeit und ordnungsgemäße unternehmerische Bauausführung verlassen kann (vgl. BGH, VersR 1969, 473; Neuenfeld, BauR 1981, 441). Etwas anderes gilt dann, wenn es sich um unzuverlässige, wenig sachkundige oder erkennbar unsichere Bauunternehmer handelt. Vom Architekten kann nicht verlangt werden, daß er sich ständig auf der Baustelle aufhält und jede Arbeitsleistung überwacht.

Soweit eine Aufsichtspflicht besteht, darf er sich allerdings nicht nur auf Stichproben beschränken, sondern muß die Arbeiten in angemessener Weise überwachen und sich durch häufige Kontrollen vergewissern, ob seine Anordnungen sachgerecht erledigt werden (vgl. BGHZ 68, 169 = NJW 1977, 898). Einer der entscheidenden Grundsätze für die Überwachungspflicht des Architekten ist, daß er die wichtigsten Bauabschnitte, von denen das Gelingen des ganzen Werks abhängt, persönlich oder durch einen erprobten sachkundigen Erfüllungsgehilfen unmittelbar zu überwachen oder sich sofort nach der Durchführung der Arbeiten von deren Ordnungsmäßigkeit zu überzeugen hat (vgl. BGH, BauR 1986, 112, zur Überwachung von Balkonabdichtungsmaßnahmen; BGH, NJW 1977, 898; BB 1973, 1191; BGHZ 68, 169 = NJW 1977, 898). Eine erhöhte Aufsichtspflicht besteht in den Fällen mit „Signalwirkung", wenn typische Gefahrenquellen bestehen, oder bei Bauarbeiten, bei denen erfahrungsgemäß häufig Mängel auftreten (vgl. Jagenburg, § 4 Rdnrn. 112 bis 114). Grundsätzlich werden erhebliche Anforderungen an den Architekten gestellt, wenn es um die Ausführung wichtiger Bauvorgänge geht, welche für die Erreichung der Bauaufgabe in technischer Hinsicht von besonderer Bedeutung sind (vgl. Hesse/Korbion/Mantscheff, § 15 Rdnr. 15).

Zu den wichtigen und kritischen Arbeiten, die der Architekt genau kontrollieren muß, weil von ihnen in besonderem Maße das Gelingen des ganzen Werkes abhängt, gehören die Betonarbeiten. Das hat die Rechtsprechung in einer Vielzahl von Entscheidungen immer wieder betont (vgl. BGHZ 68, 169 = NJW 1977, 898; BGH, WM 1971, 1056). Je höher die Qualitätsanforderungen an das Baumaterial und die Bauausführung sind, desto größer ist auch das Maß der Überwachung, das der bauaufsichtführende Architekt aufbringen muß (vgl. BGHZ 39, 261 [262] = NJW 1963, 1401; Jagenburg, § 6 Rdnr. 16 m. w. Nachw.; Hesse, § 15 Rdnr. 33; Werner/Pastor, Der Bauprozeß, 5. Aufl., Rdnrn. 1048, 1050)."

- Nach BGH

  Der die örtliche Bauaufsicht führende Architekt hat dafür zu sorgen, daß der Bau plangerecht und frei von Mängeln errichtet wird (BGH, NJW 82, 438).

- **Gleichzeitig „verantwortlicher" Bauleiter**

Die gleichzeitige Tätigkeit als (verantwortlicher) *Bauleiter im Sinne der Landesbauordnungen,* soweit sie über die Grundleistung des § 8 hinausgeht, ist nach HOAI eine *Besondere Leistung* und entsprechend zu honorieren. Jedoch hat der BGH (Urt. v. 10. 3. 1977) entschieden, daß die Tätigkeiten identisch sind. Kommentare zu den Bauordnungen und die Rechtsprechung haben gewisse Regeln über den zeitlichen und sachlichen Umfang der Überwachungspflicht des Bauleiters aufgestellt (s. hierzu auch Schulz-Gebeltzig in DAB, Heft 5/1990):

- **Anwesenheit auf der Baustelle**

Der örtliche Bauleiter muß *nicht ständig auf der Baustelle* anwesend sein; auch die BAB darf dies nicht fordern. Er darf sich andererseits aber auch nicht nur auf Stichproben beschränken, sondern hat sich durch häufige Kontrollen zu vergewissern, daß seinen Anordnungen Folge geleistet wird.

Handwerkliche Selbstverständlichkeiten bei allgemein üblichen, gängigen und einfachen Bauarbeiten, deren Beherrschung durch den Bauunternehmer vorausgesetzt werden kann, werden im Zweifel nicht von dem Architekten zu überwachen sein (OLG München, NJW-RR 1988, 336). In jedem Falle hat der A aber die wichtigen Bauabschnitte, von denen das Gelingen des ganzen Werkes abhängt, persönlich oder durch einen erprobten Erfüllungsgehilfen unmittelbar zu überwachen oder sich sofort nach der Ausführung der Arbeiten von deren Ordnungsmäßigkeit zu überzeugen; je höher die Qualitätsanforderungen an das

Baumaterial und an die Bauausführung sind, desto größer ist auch das Maß an Überwachung, das der A aufbringen muß (BGHZ 68, 169 – NJW 1977, 898 und BGH, BauR 1974, 66).

- **Materialprüfungspflicht**

– **Eine generelle** *Materialprüfungspflicht* trifft den bauleitenden Architekten nicht. Er darf sich im allgemeinen auf zugelassene und anerkannte Baustoffe und die Zusicherungen renommierter Hersteller verlassen. Lediglich wenn Anlaß zu Bedenken bestehen, muß er Materialprüfzeugnisse anfordern oder dem Bauherrn die Vornahme von Materialprüfungen empfehlen.

– Der Architekt hat grundsätzlich das am Bau verwendete *Material* zu überprüfen und bei Bedenken den Bauherrn darauf hinzuweisen. Bei neuen Baustoffen – also auch solchen mit ABZ – hat er eine Belehrungspflicht.

Die Prüfung des Architekten findet dort jedoch ihre Grenze, wo von ihm eigene Sachkenntnis nicht mehr erwartet werden kann. Er darf sich dann mit den Aussagen solcher Personen und Institutionen begnügen, die er nach ihrer Qualifikation als sachverständig ansehen kann, insbesondere, wenn sie mit den Angaben im Prospekt des Produzenten übereinstimmen (BGH, Urt. v. 2. 4. 1964/23. 3. 1970/30. 10. 1975).

- **Verwendung „neuer" Baumaterialien**

Das OLG Köln hat dem objektüberwachenden Architekten eine sehr weitgehende Prüfungs- und Beratungspflicht bei der Verwendung neuer Baumaterialien auch für den Fall auferlegt, daß der BH dieses bestimmte Material ausdrücklich wünscht. Es handelt sich hier um einen Spezialkleber für Platten im Unterwasserbereich. Der ausdrückliche Hinweis des A an den BH, daß wegen fehlender Vergleichsobjekte keine Auskunft über die Dauerhaftigkeit möglich sei, reiche zu seiner Entlastung nicht aus (OLG Köln, Urt. v. 24. 5. 1989 – 13 U 331/88).

- **„Einfache" Handwerkerarbeiten**

– In bezug auf *handwerkliche Selbstverständlichkeiten* (also bei allen einfachen und gängigen Arbeiten) trifft den örtlichen Bauleiter keine Überwachungspflicht. Er muß jedoch die wichtigsten Bauabschnitte, von denen das Gelingen des ganzen Werkes abhängt, sowie schwierige und kritische Bauarbeiten, bei denen erfahrungsgemäß häufig Mängel auftreten, besonders überwachen; das heißt: Verankerung des Dachstuhls ja, Aufbringen der Dachpappe nein.

So verurteilte das OLG Hamm (26 U 83/91) den Architekten zu Schadenersatz von 50 000 DM für die Sanierung eines Parkettbodens im Gegensatz zur 1. Instanz. Beim Einbau einer Fluchttür schlugen die Handwerker die wassersichernde Betonaufkantung weg, wodurch bei einem Dauerregen Wasser in den Parkettboden eindringen konnte. Nach Ansicht des OLG gehörten diese Arbeiten zu einem „kritischen Bauabschnitt".

– Der Architekt darf grundsätzlich davon ausgehen, daß der Handwerker leicht verständliche *Anweisungen des Baustofflieferanten* befolgt. Die fehlende Überwachung derartiger Vorschriften kann ihm daher nicht als schuldhafte Verletzung der örtlichen Bauaufsicht angelastet werden (BGH, Urt. v. 2. 4. 1966).

- **„Schwarzarbeiter"**

Vergibt der Bauherr Arbeiten an einen Handwerker, den der Architekt für ungeeignet hält, so muß der A im Rahmen der örtlichen Bauaufsicht Leistungen dieses Handwerkers besonders genau und sorgsam überwachen (BGH 1978/60). Dies trifft auch dann zu, wenn er gegen den Einsatz unzuverlässiger Firmen und Personen, auch Schwarzarbeitern, Bedenken geäußert hat (Jagenburg, Umfang und Grenzen der Haftung des Architekten und Ingenieurs bei der Bauleitung. Aachener Bausachverständigentage 1985).

- **Stahlbeton-Fertigteile**

– Zur Prüfungspflicht des Architekten bei *Stahlbeton-Fertigteilen* hat das OLG Stuttgart (Urt. v. 1. 8. 1989) u. a. gesagt: Da diesen Stahlbeton-Fassadenplatten, die in einem Werk mit Güteüberwachung hergestellt waren, äußerlich keine Mängel anzusehen und auch sonst keine Anhaltspunkte für eine fehlerhafte Herstellung erkennbar waren, brauchte sie der Architekt ebensowenig mit einem erst von ihm anzuschaffenden Bewehrungssuchgerät auf die richtige Lage der Armierung im Innern der Platte zu untersuchen, wie er auch keinen Anlaß hatte, sonstige äußerlich nicht erkennbare Beschaffenheitsmerkmale wie das genaue Betonmischverhältnis, das Armierungsmaterial und dergleichen auf Eignung und Qualität zu überprüfen. – Er braucht den Bauherrn auch nicht darauf hinzuweisen, daß er z. B. die ausreichende Überdeckung der Armierung nicht untersuche.

– In der Regel genügt es, wenn der Architekt fertige Teile vor und beim Einbau begutachtet und ggf. Detailkorrekturen vornimmt, vgl. OLG Stuttgart, Urt. v. 1. 8. 1989*):

> „Tatsächlich kann dem bauleitenden Architekten bei der Vielfalt der beim Bau verwendeten Fertigteile jedenfalls in aller Regel, wenn keine Anhaltspunkte für eine fehlerhafte Herstellung ersichtlich sind, nicht zugemutet werden, sämtliche zum Einbau vorgesehenen Fertigteile schon bei ihrer Herstellung auch nur stichprobenartig auf alle erdenkbaren Fehler hin zu überwachen . . . Der Architekt muß sich grundsätzlich auf die fehlerhafte Herstellung der zum Einbau vorgesehenen Fertigteile durch die vom Bauherrn beauftragten Lieferanten verlassen können. Er hat zwar die gelieferten Fertigteile für den Einbau auf der Baustelle auf sichtbare Mängel, Maßabweichungen und sonstige ohne weiteres erkennbare Abweichungen von der durch Plan oder Beschrieb vorgegebenen Beschaffenheit durch Stichproben zu prüfen, er braucht aber – solange hierzu kein besonderer Anlaß besteht – die angelieferten Fertigteile auch auf der Baustelle nicht gezielt auf alle erdenklichen versteckten oder nur unter Einsatz von Spezialgeräten erkennbaren Mängel zu untersuchen . . . Da diesen Platten äußerlich keine Mängel anzusehen und auch sonst keine Anhaltspunkte für eine fehlerhafte Herstellung erkennbar waren, brauchte sie der Architekt ebensowenig mit einem erst von ihm anzuschaffenden Bewehrungssuchgerät auf den richtigen Sitz der im Innern der Platten angebrachten Armierung zu untersuchen, wie er auch keinen Anlaß hatte, sonstige äußerlich nicht erkennbare Beschaffenheitsmerkmale wie das genaue Betonmischverhältnis, das Armierungsmaterial und dergleichen auf Eignung und Qualität zu überprüfen."

- **Konstruktionen des Tragwerks**

Zur Überwachung der vom Statiker entworfenen Konstruktion (OLG Hamm, Urt. v. 2. 2. 1990): Im Rahmen seiner Bauüberwachung mußten sich dem Architekten, der auch mit der Bauüberwachung, soweit der eingesetzte Unternehmer die Planung des Statikers umzusetzen und auszuführen hatte, beauftragt war, Ausführungsfehler des Unternehmers aufdrängen: Die Verletzung von *elementaren Grundsätzen der Konstruktionslehre* mußte auch dem Architekten auffallen.

*) BauR 90, 384f., zugleich klarstellend zur Entscheidung OLG Stuttgart, BB 63, 59. – A. M. Hesse/Korbion/Mantscheff/Vygen, Kommentar zur HOAI, 4. Aufl. 1992, § 15 Rdnr. 173, die sich für eine weitergehende Überwachungspflicht immer noch auf die Entscheidung OLG Stuttgart, BB 63, 59, stützen, ohne die Klarstellung des OLG Stuttgart, BauR 90, 384, zu beachten.

- **Betonieren ohne statische Berechnung**

Der Architekt hat als Bauleiter zu verhindern, daß eine Stahlbeton-Geschoßdecke ohne Vorlage der statischen Berechnung beim Bauordnungsamt und ohne deren Prüfung erstellt wird (BGH in Vers R 65, 875). – Einen Sonderfall stellen jedoch die Bauvorhaben nach dem vereinfachten Genehmigungsverfahren bzw. die vollständig freigestellten Vorhaben dar. Hierbei muß zwar bei Beginn der Bauausführung die statische Berechnung samt Konstruktionsplänen der BAB vorliegen, sie wird allerdings nicht von ihr geprüft.

- **Kontrolle der Bewehrung**

Zur Pflicht des bauleitenden Architekten, die *Bewehrung bei Stahlbetonbauteilen zu überwachen,* gibt es widersprechende Urteile und Literatur. Einerseits wird dargelegt, daß für eine statisch und konstruktiv verantwortliche Beurteilung der Ausführung von Bewehrungsarbeiten äußerst umfangreiche Spezialkenntnisse erforderlich seien, die der Architekt von seiner Ausbildung her normalerweise nicht haben könne (z. B. Bubert/Osenbrück, Bewehrungsarbeiten sind keine Grundleistung des Architekten. Beratende Ingenieure, 10/1989). Andererseits wird argumentiert, daß die Überwachung und Abnahme der Bewehrung nicht generell aus der Objektüberwachung des Architekten nach § 15, Abs. 2 Nr. 8 HOAI herausgenommen werden kann. Soweit nämlich Überwachung und Abnahme mit der allgemeinen Erfahrung und dem allgemeinen Kenntnisstand, der auch Grundkenntnisse der Stahlbetonnorm DIN 1045 einschließt, des Architekten zu bewältigen sind, hat er diese allgemeintechnische Überwachung zu übernehmen. Die Heranziehung eines Fachbauleiters – etwa den Statiker = Tragwerksplaner – bei Tragwerken mit mehr als durchschnittlichem Schwierigkeitsgrad oder bei Zweifeln an der ausreichenden Sachkenntnis des Unternehmers sollte Regel sein.

Aus der Fassung der HOAI (1. 1. 1991) schließt G. Moser (Der Architekt, 11/1990): Als neue Grundleistung der Objektüberwachung (Kontrolle der Abnahme der Bewehrung, § 15 Abs. 2 Nr. 8) wird aufgenommen das „Überwachen der Ausführung von Tragwerken nach § 63 Abs. 1 Nr. 1 und 2 auf Übereinstimmung mit dem Standsicherheitsnachweis". Damit ist klargestellt, daß die sogenannte Abnahme der Bewehrung nur bei einfachen Tragwerken – maximal die den Honorarzonen 1 und 2 des § 63 dazugehörigen Tragwerke (s. anschließend) – zu den Grundleistungen des Architekten zählt. Bei Tragwerken einer höheren Honorarzone ist die Kontrolle der Bewehrung eine ingenieurtechnische Leistung, die als Besondere Leistung nach § 64 vergütet wird.

Einschub: Der Text der HOAI lautet:

§ 63 Honorarzonen für Leistungen bei der Tragwerksplanung

(1) Die Honorarzone wird bei der Tragwerksplanung nach dem statisch-konstruktiven Schwierigkeitsgrad auf Grund folgender Bewertungsmerkmale ermittelt:

1. Honorarzone I:

   Tragwerke mit sehr geringem Schwierigkeitsgrad, insbesondere

   – einfache statisch bestimmte ebene Tragwerke aus Holz, Stahl, Stein oder unbewehrtem Beton mit ruhenden Lasten, ohne Nachweis horizontaler Aussteifung;

2. Honorarzone II:

   Tragwerke mit geringem Schwierigkeitsgrad, insbesondere

   – statisch bestimmte ebene Tragwerke in gebräuchlichen Bauarten ohne Vorspann- und Verbundkonstruktionen, mit vorwiegend ruhenden Lasten,

- Deckenkonstruktionen mit vorwiegend ruhenden Flächenlasten, die sich mit gebräuchlichen Tabellen berechnen lassen,
- Mauerwerksbauten mit bis zur Gründung durchgehenden tragenden Wänden ohne Nachweis horizontaler Aussteifung,
- Flachgründungen und Stützwände einfacher Art.

Zur evtl. Minderung des Honorars meinen Glück/Matheis/Witsch (in BauR 5/1988: Nochmals zum Thema Überwachung und Abnahme der Bewehrungsarbeiten): Fordert der Objektüberwacher (im Regelfall zugleich Objektplaner) den Bauherrn auf, einen Fachbauleiter einzuschalten, so ist zu prüfen, ob es sich um eine konstruktiv besonders schwierige Baumaßnahme (oder Teile davon) handelt, bei der die Beteiligung eines Fachbauleiters für die Überwachung der Bewehrungsarbeiten unabdingbar ist. In diesem Falle ist eine Minderung des Honorars für die Objektüberwachung (Bauüberwachung) nicht gerechtfertigt. Dies verstößt auch nicht gegen § 5 HOAI, weil beim Objektüberwacher anstelle des entfallenden Teils seiner Grundleistung ein zusätzlicher Koordinierungsaufwand für einen weiteren fachlich Beteiligten entsteht.

Es ist zwar weitverbreitete, aber dennoch falsche Meinung, daß sich der Architekt insofern nicht um *die Bewehrung und das Betonieren* zu kümmern brauche, da diese Arbeiten von der BAB überwacht würden. Jedoch sind die hoheitlichen und vertragsrechtlichen Tätigkeiten streng zu trennen; zudem kann sich die Überwachung der BAB, wie ausführlich ausgeführt, auf Stichproben beschränken, bzw. bei einigen Landesbauordnungen nach Ermessen der BAB völlig entfallen (s. hierzu Motzke in BauR, Heft 5/1988, S. 534 bis 550).

Die Vergütung für den zur Überwachung herangezogenen Tragwerksplaner richtet sich als Besondere Leistung „Bauüberwachung“ nach HOAI § 64, Abs. 3 Nr. 8.

● **Nachbehandlung von Beton**

Die sachgerechte (und stets notwendige) Nachbehandlung von Beton ist immer Sache des ausführenden Bauunternehmers, jedoch gehört die Überprüfung, ob und wie nachbehandelt wird, zur Objektüberwachung des Planers/Architekten nach § 15 oder 57 HOAI. – Nach OLG München muß der A in der Regel die Nachbehandlung ausreichend überwachen. Er haftet bei fehlender oder unzureichender Überwachung für Schäden, wenn der Betonboden infolge mangelhafter Nachbehandlung absandet und nicht die erforderliche Oberflächenbeschaffenheit besitzt. – Dem BH gegenüber haften Planer und BU beide voll zu 100 %; Quotelung im Innenverhältnis (OLG München in NJW-RR 1988, 336).

● **Baufehler während der Ausführung**

- Entdeckt ein die technische Oberleitung führender Architekt einen erheblichen Fehler des Bauwerks, so hat er für die Beseitigung des Fehlers zu sorgen. Dabei genügen seine wiederholt an den BU gerichteten Aufforderungen, den Fehler zu beseitigen, allein noch nicht. Er muß die Beseitigung überwachen, notfalls den Mangel dem BH anzeigen.
- Wenn bei der Bauausführung bereits nachzubessernde Fehler gemacht worden sind, muß der Architekt Mißtrauen auch gegen die Arbeitsweise einer bekannten Baufirma haben und die Nachbesserungsarbeiten zumindest genau prüfen (BGH in Vers R 62, 762 und BauR 71, 205).

● **Baufehler bei der Abnahme**

Bei der Abnahme (§ 15 Nr. 8 HOAI) festgestellte Abweichungen und Mängel muß der Architekt dem BU unverzüglich mitteilen; die Beseitigung der Mängel muß er überwachen. Er kann dabei in einen Interessenkonflikt geraten, wenn es um Mängel geht, für die er selbst einzustehen hat. Jedoch hat der BGH verlangt: „Das entgegenstehende Interesse des A, sich eigener Haftung möglichst zu entziehen, vermag das Unterlassen zutreffender Unterrichtung des BH nicht zu rechtfertigen. Die dem A vom BH eingeräumte Vertrauensstellung gebietet es vielmehr, diesem auch Mängel des eigenen Architektenwerks zu offenbaren, so daß der BH seine Auftraggeberrechte auch gegen den A rechtzeitig vor Eintritt der Verjährung wahrnehmen kann“ (BGH, BGHZ 71, 144 in NJW 1978, 1311).

● **Abweichende Bauausführung**

– Der BU ist wegen des Einbaues anderer als vom BH gewünschten (ausgeschriebenen) Innentüren, Fliesen und Sanitärgegenständen mangelbeseitigungspflichtig. Nach OLG Köln entfällt der Mangel nicht deswegen, weil der Wert der eingebauten Materialien den der vom BH ausgewählten Artikel erreicht oder sogar übersteigt. Der Schaden liegt in der Abweichung der Ausführung von derjenigen, die der Kläger bestellt und auf die er einen Anspruch hat. Er braucht sich keine seinen Vorstellungen nicht entsprechende Ausführung nur deswegen aufdrängen zu lassen, weil sie preislich gleichwertig ist. – Die Frage, ob die Auswechslung wirtschaftlich sinnvoll ist, ist in diesem Zusammenhang nicht zu stellen (OLG Köln, Urt. v. 23. 6. 1993 – 11 U 288/92).

– Der BH beauftragt trotz ausdrücklich geäußerter Bedenken des Architekten einen BU mit Isolierarbeiten. Der BU führt die Arbeiten abweichend von der Ausführungsplanung des A aus. Der A als Objektüberwacher unterläßt es, den BH von der abweichenden und seiner Auffassung nach falschen Ausführung zu informieren. – Der A wurde zum Schadensersatz wegen Nichterfüllung seiner Bauaufsichtspflichten verurteilt. In jedem Falle sei er verpflichtet, seinem BH schriftlich Mitteilung über jede von der Planung abweichende Bauausführung zu machen (OLG Düsseldorf, Entscheidung vom 4. 8. 1992).

● **Zur Subsidiaritätsklausel in Architektenverträgen**

Bedeutsam ist seit Inkrafttreten (4/1979) des ABG-Gesetzes, daß die bis dahin übliche Subsidiaritätsklausel in den Architektenverträgen unzulässig wurde, wonach eine Inanspruchnahme des Architekten oder Ingenieurs für Bauaufsichtsfehler*) (Objektüberwachung) erst möglich war, wenn zuvor die baubeteiligten Firmen und Personen wegen der zugrunde liegenden Ausführungsfehler rechtlich in Anspruch genommen worden waren.

Gleichzeitig verbot das ABG-Gesetz dem Architekten/Ingenieur eine formularmäßige Verkürzung seiner gesetzlichen Gewährleistungsverjährung (nach BGB 5 Jahre), während es die 2jährige Verjährung bei der Bauunternehmung nach § 13 VOB/B unangetastet ließ. Das hat zur Folge, daß den Architekten/Ingenieur nach Ablauf der VOB-Verjährung des Bauunternehmens von 2 Jahren bis zum Ablauf seiner eigenen 5jährigen Verjährung, das heißt für die Dauer von 3 Jahren, sogar die alleinige Haftung trifft. – Die Gewährleistung (i. d. R. Mängelbeseitigung durch Nachbesserung) ist verschuldens*un*abhängig. Nur bei Schadenersatzforderungen muß Verschulden nachgewiesen werden.

● **30jährige Gewährleistungspflicht**

Die Gewährleistungsdauer hat nach einem Urteil des BGH eine neue Dimension bekommen: Ein Scheunendach war 20 Jahre nach Errichtung wegen völlig fehlender Verankerung eingestürzt. Das Gericht hat eine 30jährige Haftung des BU für Baumängel ausgesprochen (arglistiges Handeln). Die Mangelhaftigkeit sah das Gericht so eklatant, daß das Übersehen dieses Mangels schlichtweg nicht nachvollziehbar war. Der BHG wirft dem BU vor, daß die Unterhaltung einer Unternehmensorganisation, die derartig eklatante Mängel übersieht, einem arglistigen Verhalten gleichzusetzen ist. Arglistig deshalb, weil derjenige, der sich

*) Gemeint sind nicht Fehler der Bauaufsichtsbehörde.

fahrlässig „unwissend hält“, dadurch gerade die Situationen heraufbeschwört, in denen er infolge fehlender Kenntnis des Mangels seinen Vertragspartner hierüber gar nicht informieren kann.

Das erstreckt sich auf evtl. Subunternehmer bzw. Vorfertigung bei Dritten, deren Produkte ebenso fachgerecht überprüft/überwacht werden müssen. Notwendig ist zur Beweissicherung, die erfolgte Aufsicht und Prüfung im Bautagebuch festzuhalten.

Das Urteil birgt die Gefahr in sich, daß von nun ab erst- und zweitinstanzliche Gerichte zu Lasten des BU regelmäßig von einer 30jährigen Gewährleistungshaftung des Unternehmers ausgehen (BGH Urt. v. 12. 3. 1992, BGHZ 117, 318; s. auch A. Wirth, 30jährige Gewährleistungshaftung des Unternehmers, in: baurecht Heft 1/1994).

3.6 Der Umfang der Überwachung durch den Firmenbauleiter

Der Firmenbauleiter ist zunächst als Vertreter des Auftragnehmers (Bauunternehmer = BU) zuständig für die Bauausführung. Nach § 4 Nr. 2 VOB/B hat er die Bauleitung in eigener Verantwortung nach dem Bauvertrag auszuführen (s. II 1.1.1). Dabei fallen ihm automatisch auch Überwachungsaufgaben zu, hauptsächlich hinsichtlich der Beachtung der aaRdT, also der einschlägigen DIN-Normen, weiter über die Tätigkeiten der Arbeitnehmer, den Einsatz der Maschinen, die Einhaltung der UVV und anderer Sicherheitsmaßnahmen.

Es ist also ein Gemisch aus zivilrechtlicher und strafrechtlicher Verantwortung abzudecken. Der Firmenbauleiter erteilt schwerpunktmäßig Anweisungen, er leitet die Baustelle; sich selbst kann er schwerlich überwachen, jedoch seine Arbeitskräfte. Er ist in der Regel auch nicht der „verantwortliche Bauleiter“ im Sinne der Landesbauordnung, der tatsächlich keine ausführende, sondern lediglich überwachende Funktionen hat. Wegen des Umfangs wird zudem auf die Literatur verwiesen, z. B. W. Kromik u. a., Das Recht der Bauunternehmung.

Eine mitunter übersehene Überwachungspflicht stellt sich bei Erdarbeiten ein: Der BU (also örtlich sein Firmenbauleiter) ist stets verpflichtet, sich vor Beginn der Arbeiten bei der zuständigen Stelle (das ist nicht der BH oder das kommunale Bauamt, sondern das zuständige Versorgungsunternehmen) danach zu erkundigen, ob und wo an der Baustelle Kabel oder sonstige Leitungen verlegt sind. Diese Erkundungspflicht besteht dann, wenn Anhaltspunkte für das Vorhandensein solcher Leitungen bestehen, also stets bei innerstädtischen Straßen.

Auf die „Anweisung zum Schutz unterirdischer Fernmeldeanlagen der Deutschen Bundespost TELEKOM bei Arbeiten anderer“ (Fassung 1986) wird in diesem Zusammenhang hingewiesen. Wichtig hierin die Nr. 10: „Die Anwesenheit eines Beauftragten der Deutschen Bundespost an der Aufgrabungsstelle hat keinen Einfluß auf die Verantwortlichkeit des Aufgrabenden in bezug auf die von diesem verursachten Schäden an Kabeln der Deutschen Bundespost. Der Beauftragte der DBP hat keine Anweisungsbefugnis gegenüber den Arbeitskräften der die Aufgrabung durchführenden Firma.“

Natürlich sind auch Leitungen anderer Versorgungsunternehmen (Strom, Gas, Wasser, Straßenbeleuchtung, Ampelanlagen usw.) zu erfragen und zu schützen.*)

Das OLG Düsseldorf hat an die Erkundungs- und Sorgfaltspflicht des Tiefbauunternehmers hohe Anforderungen gestellt (22 U 134/91): Der Unternehmer müsse sich die Kenntnis verschaffen, die eine sichere Bewältigung der auszuführenden Arbeiten voraussetze. Soweit nicht die Geschäftsführer oder Gesellschafter des Unternehmens die Erfüllung dieser Pflichten selbst übernehmen, bedürfe es einer klaren, eindringlichen Anweisung an die eingesetzten Mitarbeiter.

---

*) z. B. Kabelmerkblatt der Deutschen Bundesbahn; Merkblatt des DVGW – Deutscher Verein des Gas- und Wasserfaches e.V.; und weitere

Es schließt sich automatisch die Frage an, ob diese eingesetzten Mitarbeiter für die von ihnen evtl. verursachten Schäden haftbar gemacht werden können. Dazu hat der Gemeinsame Senat der obersten Bundesgerichte einen Beschluß gefaßt:

Arbeitnehmer können künftig nur noch für einen Teil der von ihnen im Betrieb verursachten Schäden haftbar gemacht werden. In vollem Umfang haften sie nur noch bei Vorsatz und grober Fahrlässigkeit. Dies ergibt sich aus einem Beschluß des Gemeinsamen Senates der obersten Bundesgerichte. Damit schloß sich der Gemeinsame Senat einem Urteil des Großen Senats des Bundesarbeitsgerichts vom Juni 1992 an. Die Arbeitsrichter hatten die Haftungsbeschränkung unter anderem damit begründet, daß der Arbeitgeber einerseits die Erfolge des „betrieblichen Geschehens" für sich in Anspruch nehme und deshalb andererseits auch für die damit verbundenen Risiken haften müsse. Damit hatten die Kasseler Richter ihre seit 1957 geltende Rechtsprechung aufgegeben. Danach war die Haftung der Arbeitnehmer nur beschränkt, wenn die Schäden bei sogenannter gefahrengeneigter Arbeit entstanden waren. Nunmehr wurde die Beschränkung auf alle Arbeitnehmer bzw. sämtliche Tätigkeiten im Betrieb erweitert. Für grobe Fahrlässigkeit muß der Arbeitnehmer danach den gesamten Schaden allein tragen, bei leichtester Fahrlässigkeit haftet er nicht. Bei „normaler Fahrlässigkeit" ist der Schaden grundsätzlich zwischen Arbeitgeber und Arbeitnehmer „quotal zu verteilen".
Az: GmS – OGB 1/93 und AG – GS 1/89

Der BU ist angesichts der erhöhten Gefahr eines Schadenseintritts, der bei Erdarbeiten häufiger gegeben ist, verpflichtet, **selbst bis zu einem gewissen Grade** die Aufsicht über die Arbeiten zu führen. Er darf nicht alles seinen Leuten überlassen. Die Anforderungen an die eigene Aufsichtsführung und Leitung richten sich nach dem Einzelfall und werden je nach Gefahr eines Schadenseintritts verschieden sein (OLB Saarbrücken, 1959).

Zur Verteilung der Verkehrssicherungspflicht zwischen BU (Bauleiter) und BH vgl. das BGH-Urteil vom 11. 12. 1984 (unter I 3.2.2). Ansonsten bedeutet das Recht des Auftraggebers (BH), dem Auftragnehmer (BU, BL) Anweisungen zu erteilen und die Ausführung zu überwachen [VOB/B § 4 Nr. 1 (2)], keine Überwachungspflicht. Ausnahmsweise kommt nach BGB § 254 eine Schadensminderungspflicht des BH bei erkannter Gefahr eines Schadens in Betracht.

3.7 Die außervertragliche Baumängelhaftung

(= Haftung gegenüber Dritten)

Neben der vertraglichen Gewährleistungshaftung von Architekt, Ingenieur und Bauunternehmer bestehen gesetzliche außervertragliche Schuldverhältnisse. Während sich die vertragliche Haftung aus dem Vertrag selbst ergibt und von den Vertragspartnern auch weitgehend nach ihren persönlichen Vorstellungen gestaltet werden kann, ergeben sich aus gesetzlichen Schuldverhältnissen Ansprüche aufgrund bestimmter tatsächlicher Gegebenheiten. So können Schadensersatzansprüche entstehen, ohne daß zwischen dem Anspruchberechtigten (Nachbar, Passant, Besucher) und dem Schuldner (BH, BU, A) überhaupt irgendwelche vertraglichen Beziehungen bestehen; sie können jedoch auch neben vertraglichen Beziehungen gegeben sein.

Die gesetzlichen Schuldverhältnisse sind im BGB geregelt. Im Rahmen des Baugeschehens haben insbesondere Bedeutung:

- die unerlaubten Handlungen (§§ 823 ff.); hierzu zählen auch die Amtshaftung (§ 839) und die Verkehrssicherungspflicht, die von der Rechtsprechung entwickelt wurde.
- die ungerechtfertigte Bereicherung (§§ 812 ff.).

- die Geschäftsführung ohne Auftrag (§§ 677 ff.).

> § 823 BGB: (1) Wer vorsätzlich oder fahrlässig das Leben, den Körper, die Gesundheit, die Freiheit, das Eigentum oder ein sonstiges Recht eines anderen widerrechtlich verletzt, ist dem anderen zum Ersatz des daraus entstehenden Schadens verpflichtet.
>
> (2) Die gleiche Verpflichtung trifft denjenigen, welcher gegen ein den Schutz eines anderen bezweckendes Gesetz verstößt. Ist nach dem Inhalt des Gesetzes ein Verstoß gegen dieses auch ohne Verschulden möglich, so tritt die Ersatzpflicht nur im Falle des Verschuldens ein.

Schutzgesetze sind sehr zahlreich; sie müssen nicht Gesetze im eigentlichen Sinn, sondern können auch Verordnungen, überhaupt jede Rechtsnorm sein, wenn sie dazu dient, den einzelnen gegen die Verletzung eines Rechtsguts zu schützen. Als Schutzgesetz gelten z. B.: Bebauungsvorschriften nachbarschützenden Inhalts, die GaragenVO zugunsten der Nachbarn gegen Immissionen, das Wasserhaushaltsgesetz für Stützverlust des Nachbargrundstücks durch Grundwasserabsenkung, die Landesbauordnungen allgemein u. a. Im Rahmen des Baugeschehens ist vor allem die fahrlässige Eigentumsverletzung von Bedeutung. Zum Beispiel: Durch die Vertiefung eines Grundstücks (Unterfangen eines Giebels) entstehen am Nachbargebäude Risse. Oder: Bei Tiefbauarbeiten werden durch einen Bagger Versorgungsleitungen der Post oder der Stadtwerke beschädigt, ohne daß diese Auftraggeber der Tiefbauarbeiten waren. Nach OLG München, 1964, ist der Unternehmer stets verpflichtet, sich vor Beginn der Arbeiten bei der zuständigen Stelle (Versorgungsunternehmen) danach zu erkundigen, ob und wo an der Baustelle Kabel oder sonstige Leitungen verlegt sind.

Bauarbeiten eröffnen ein weites Feld von Gefahrenquellen. Aus dieser Tatsache hat die Rechtsprechung den Grundsatz abgeleitet, daß alle Baubeteiligten, die eine erhöhte Gefahrenlage schaffen oder andauern lassen, die erforderlichen Sicherheitsmaßnahmen treffen müssen, um eine Schädigung anderer zu verhindern. Wenn sie diese ihnen zumutbaren Sicherungsvorkehrungen zum Schutze anderer Personen oder Sachen nicht treffen, müssen die verantwortlichen Baubeteiligten für die daraus entstehenden Schäden einstehen. Diese in der Rechtsprechung entwickelte sog. Verkehrssicherungspflicht ist für den BH, den BU und evtl. für den Architekten von großer Bedeutung. Schwierigkeiten bereitet es, den tatsächlich Verantwortlichen festzustellen. Im Grundsatz trifft die Verkehrssicherungspflicht denjenigen, der die Verfügungsmacht über das Baugeschehen innehat, also die Baustelle beherrscht und dadurch unmittelbar in der Lage ist, die Gefahren zu erkennen und abzuwenden.

In der Rechtsprechung ist umstritten, ob und gegebenenfalls in welchem Umfang den mit der Bauführung (örtliche Bauaufsicht) Beauftragten Verkehrssicherungspflichten treffen, deren Verletzung zu einer Haftung gegenüber Dritten führen kann. Der BGH hat 1953 entschieden, daß ein Architekt mit der Übernahme der allgemeinen Bauleitung auf keinen Fall die Verpflichtung übernimmt, die von einem selbständigen Unternehmen ausgeführten Arbeiten daraufhin zu überwachen, daß den Arbeitern dieses Unternehmers keine Schäden entstehen.

Nach einem Urteil des BGH vom 6. 10. 1970 treffen den Architekten als Bauaufsichtsführenden hinsichtlich der Verkehrssicherungspflicht nur Überwachungs- und Prüfungspflichten, also nur sog. sekundäre Verkehrssicherungspflichten. Diese hat er zu erfüllen, wenn er Gefahrenquellen erkennt. In diesen Fällen muß er einschreiten, andernfalls haftet er für Schäden der Benutzer. Die Haftung tritt selbst dann ein, wenn er in erkannter Gefahrensituation nicht energisch genug einschreitet. (Zu diesem Komplex wird verwiesen auf: Jebe/Vygen, Der Bauingenieur in seiner rechtlichen Verantwortung, Werner-Verlag.)

Obschon die Verkehrssicherungspflicht, die ein Pendant in der Garantenstellung beim Strafrecht hat, hauptsächlich den Bauherrn und den Bauunternehmer trifft, kann in bestimmten Fällen auch der Architekt belangt werden.

So hat ein Gericht (BGH, Urt. vom 11. 10. 1990) einen Architekten zu Schadensersatz verurteilt, da er im Rahmen der ihm übertragenen Bauaufsicht die Ausführung gefahrträchtiger

Isolierarbeiten pflichtwidrig nicht hinreichend überwacht hatte. Er haftet dem Mieter des Lagerkellers deliktisch auf Schadensersatz, wenn eingebrachte Sachen des Mieters infolge der Mängel (nasser Keller) des Bauwerks zu Schaden kommen. Hier handelte es sich um Rostschäden an gelagerten Maschinen, wobei die Lagerung planungsrechtlich unzulässig und deshalb rechtswidrig war. Der Mieter hat dabei sowohl einen vertraglichen Anspruch gegen den Vermieter als einen deliktischen gegen den Architekten und Bauunternehmer.

Oder nach einem Urteil des BGH vom 4. 4. 1989 zur Verkehrssicherungspflicht des Architekten für ein Gerüst: Erteilt ein bauleitender Architekt (anstelle des Bauherrn) den Auftrag zur Aufstellung eines Gerüstes und gewährt er Dritten das Betreten zum Zwecke der Baubesichtigung, so ist er verpflichtet, sich selbst von der Sicherheit und Belastbarkeit des Gerüsts zu überzeugen. Er muß feststellen, ob das Gerüst nach der Gerüstordnung DIN 4420 erstellt wurde und ob es sich um eine Regelausführung handelt, für die weder ein statischer Nachweis noch eine Baugenehmigung erforderlich sind. Im konkreten Fall war beides erforderlich. Er hätte es also nicht durch Dritte besteigen lassen dürfen.

Die Gewißheit der Standsicherheit und Belastbarkeit hätte der Architekt selbst dann nicht ohne weiteres haben können, wenn dafür eine Baugenehmigung vorgelegen hätte. Er hätte sich auch in diesem Falle darüber vergewissern müssen, ob eine Bauabnahme erfolgt oder sonst sichergestellt war, daß die Ausführung der genehmigten Bauzeichnung bzw. Statik entsprach.

Der BGH (BGHZ 1968, 169/176) hat den objektüberwachenden Architekten auch dann verkehrssicherungspflichtig gesehen, wenn sich der BU als unzuverlässig erweist. Dann muß der A gleichsam einspringen: Selbst verkehrssicherungspflichtig wird der mit der örtlichen Bauaufsicht beauftragte A nämlich, wenn Anhaltspunkte dafür vorliegen, daß der BU in dieser Hinsicht nicht genügend sachkundig oder zuverlässig ist, wenn er (der Architekt) Gefahrenquellen erkannt hat oder wenn er diese bei gewissenhafter Beobachtung der ihm obliegenden Sorgfaltspflicht hätte erkennen können.

Eine Verkehrssicherungspflicht des mit der örtlichen Bauaufsicht betrauten A ergibt sich auch dann, wenn er selbst Maßnahmen an der Baustelle veranlaßt hat, die zu einer Gefahrenquelle werden können.

Die Verjährung der außervertraglichen Folgeschadenhaftung beginnt, weil sie sich nach dem Recht der unerlaubten Handlungen des § 823 BGB richtet, nach § 852 BGB erst mit der Kenntnis des Geschädigten vom Schaden und der Person des Schädigers und läuft dann 3 Jahre. Das kann also auch noch 10 oder 15 Jahre nach Fertigstellung des Bauwerks und lange nach Ablauf der vertraglichen Gewährleistung der Fall sein. Sie endet absolut nach 30 Jahren. Bekanntlich endet die Gewährleistung nach Vertrag laut BGB nach 5, bei VOB-Verträgen nach 2 Jahren.

Der Trost bei dieser nahezu endlosen Haftung besteht in der Möglichkeit für Architekten, Ingenieure und Bauunternehmer, sich in bezug auf derartige Folgeschäden haftpflichtversichern zu können.

● Ein neues Schutzgesetz?

„Gesetz über die Haftung für fehlerhafte Produkte" (Produkthaftungsgesetz), seit 1. 1. 1990 in Kraft. Wird nach § 1 dieses neuen Gesetzes durch den Fehler eines Produkts jemand getötet, verletzt oder eine Sache beschädigt, so ist der Hersteller des Produkts verpflichtet, dem Geschädigten den daraus entstehenden Schaden zu ersetzen. Im Falle der Sachbeschädigung gilt dies nur, wenn eine andere Sache (also nicht das Produkt selbst – hier besteht ja Gewährleistung – sondern Folgeschäden) als das fehlerhafte Produkt beschädigt wird.

Das ist also eine weitere Rechtsquelle für Haftung bei Verwendung fehlerhafter Baustoffe und Bauteile neben BGB § 823 Abs. 1 (unerlaubte Handlung = Deliktsrecht) und § 823 Abs. 2 (Verletzung eines Schutzrechts). Beide setzen Verschulden voraus (widerrechtlich und schuld haft, d. h. fahrlässig oder vorsätzlich). Dagegen setzt das Produkthaftungsgesetz kein Verschulden voraus.

Übrigens trägt der Geschädigte – anders als bei der vertraglichen Gewährleistung – für den Fehler, den Schaden und den ursächlichen Zusammenhang zwischen Fehler und Schaden die Beweislast. Jedoch ist nach BGH-Urteil vom 26. 11. 1988 in bestimmten Fällen Beweislastumkehr möglich.

Nach § 2 ist Produkt im Sinne dieses Gesetzes jede bewegliche Sache: also Baustoffe und Bauteile, auch wenn sie einen Teil einer anderen beweglichen oder unbeweglichen Sache bilden, z. B. eines Gebäudes. Gebäude selbst sind also in diesem Sinne keine Produkte, hingegen doch vorgefertigte Bauwerke wie Fertighäuser, Fertiggaragen, Silos, Behelfsunterkünfte, Container usw. (auch gebrauchte).

Falls der Architekt, Bauleiter, Statiker oder Bauunternehmer nicht die einzelnen Baumaterialien selbst hergestellt hat, was ja die Regel ist, haftet er insoweit auch nicht nach dem Prod-HaftG bei Fehlern am Gebäude. Unberührt bleibt natürlich die Haftung aus Gewährleistung (Vertragsrecht nach § 633 ff. BGB) und unerlaubter Handlung (§ 823 ff. BGB).

Ein „Produkt“ nach der EG-Rahmenrichtlinie (6/1988) ist in erster Linie ein Bauprodukt, und zwar ein sicherheitsrelevantes.

Da auch 1994 die technisch-administrativen Voraussetzungen noch nicht erfüllt sind, ist das Produkthaftungsgesetz in der BRD noch ohne praktische Bedeutung.

4 Der strafrechtliche Bereich

Das Provisorium einer Baustelle als sogenanntes ambulantes Gewerbe birgt stets Gefahren in sich, die leider mitunter zu Bauunfällen mit fahrlässiger Körperverletzung oder sogar fahrlässiger Tötung führen. Neben diesen Delikten des Strafgesetzbuches kommen bei der Bauausführung noch einige weitere in Frage: die Baugefährdung, Siegelbruch, die unterlassene Hilfeleistung und im Nebenstrafrecht die Ordnungswidrigkeiten.

4.1 Fahrlässige Körperverletzung (§ 230 StGB) und fahrlässige Tötung (§ 222 StGB)

Ein Deliktstatbestand kann nicht nur durch aktives Tun (das kommt bei der Körperverletzung während der Bauausführung kaum vor), sondern auch durch Unterlassen einer bestimmten Handlung erfüllt werden. § 13 StGB – Begehen durch Unterlassen – sagt hierzu: Wer es unterläßt, einen Erfolg abzuwenden, der zum Tatbestand eines Strafgesetzes gehört, ist nach diesem Gesetz nur dann strafbar, wenn er rechtlich dafür einzustehen hat, daß der Erfolg nicht eintritt, und wenn das Unterlassen der Verwirklichung des gesetzlichen Tatbestandes durch ein Tun entspricht.

Hier wird also derjenige für ein Nichthandeln bestraft, der aufgrund einer besonderen Garantenstellung zum Handeln verpflichtet gewesen wäre. Die rechtliche Handlungspflicht umfaßt nicht auch die sittlich-moralische Handlungspflicht. So obliegt es grundsätzlich der Verantwortung des Bauherrn als Initiator eines Bauvorhabens und damit als Verursacher einer potentiellen Gefährdung, Dritte vor Schäden zu schützen, die durch das Bauvorhaben eintreten können: Garantenstellung des Bauherrn. Er eröffnet zwar erlaubtermaßen die Gefahrenquelle mit der Errichtung des Bauobjektes, muß aber alle erforderlichen Sicherheitsvorkehrungen treffen, die sich aus der LBO, den anerkannten Regeln der Technik und den Unfallverhütungsvorschriften der Bau-Berufsgenossenschaft ergeben. Ähnlich ist es bei der zivilrechtlichen Verkehrssicherungspflicht; hierzu wird auf I 3.6 – Die außervertragliche Baumängelhaftung – verwiesen.

Gleiches gilt auch für den Bauunternehmer oder seinen Vertreter auf der Baustelle, also den Unternehmerbauleiter oder den Polier.

Ähnliches gilt für den objektüberwachenden Architekten; er hat ebenfalls eine umfassende Garantenstellung. Aufgrund seiner umfassenden Kontrollpflichten im Rahmen der Objektüberwachung nach dem Leistungsbild der HOAI ist der Architekt nicht nur für Fehler verantwortlich, die er wahrgenommen hat, sondern auch für diejenigen, die er hätte wahrnehmen können und müssen. Er wäre wegen einer fahrlässigen Körperverletzung oder Tötung strafbar, wenn er die Gefahr erkannt hat oder aufgrund seiner Fähigkeiten hätte erkennen können und müssen und nicht eingegriffen hat (nach Kromik/Schwager, Straftaten und Ordnungswidrigkeiten bei der Durchführung von Bauvorhaben, Werner-Verlag 1982).

Schließlich erwächst dem Bediensteten der BAB aus der Zuweisung der Aufgaben gemäß Landesbauordnung eine umfassende Garantenstellung, nämlich die gefahrlose Errichtung des Bauwerks zu überwachen, um Schäden von Dritten abzuwenden. Sie überschneidet sich mit denen des Bauunternehmers und Architekten und wird sich natürlich bei besonders schwieriger Bauausführung umfassender einstellen.

Wird bei der Überwachung und Bauzustandsbesichtigung fahrlässigerweise ein Mangel oder eine Gefahrensituation übersehen und kommt es dadurch zu einer Verletzung des Bewohners

o. ä., so wird hier eine fahrlässige Körperverletzung anzunehmen sein. Der kontrollierende und zustandbesichtigende Bedienstete der BAB hat eine Pflicht zum Einschreiten nicht nur gegenüber den Mängeln und Gefahrensituationen, die er wahrgenommen hat, sondern die er als Bediensteter der Bauaufsichtsbehörde hätte wahrnehmen können und müssen. Ein Kontrolleur der BAB müßte z. B. erkennen und auch einschreiten, wenn ein Kran zu nahe an der zu steilen Baugrubenböschung steht. Ob er eine pflichtwidrige Unterlassung begangen hat, wenn er bei einer bekannt schlampigen Bauunternehmung die Baustelle nur selten kontrolliert (verpflichtet ist die BAB lediglich zu Stichproben) und daher den Verstoß gegen die aaRdT nicht erkennt, der dann zu einem Unfall – Kran kippt in die Baugrube und verletzt Bauarbeiter – führt, hat die Rechtsprechung, soweit ersichtlich, noch nicht behandelt.

Fahrlässige Körperverletzung nach § 230 StGB wird mit Freiheitsstrafe bis zu drei Jahren oder mit Geldstrafe bestraft. Sie wird nur auf Antrag verfolgt, es sei denn, daß die Strafverfolgungsbehörde wegen des besonderen öffentlichen Interesses an der Strafverfolgung ein Einschreiten von Amts wegen für geboten hält.

Fahrlässige Tötung wird mit Freiheitsstrafe bis zu fünf Jahren oder mit Geldstrafe bestraft.

Man kann sich selbstverständlich nicht gegen Strafe versichern, allenfalls gegen die Kosten eines Rechtsstreites. Im Einzelfall wäre auch zu untersuchen, ob eine Nachlässigkeit bei der Bauausführung fahrlässig ist oder noch erlaubtes Risiko, desgleichen ob Schuldausschließungsgründe (z. B. Notwehr oder Notstand), Entschuldigungsgründe (Konfliktlage des Täters) oder unvermeidbarer Verbotsirrtum vorliegen. Fehlt dem Täter bei Begehung der Tat die Einsicht, Unrecht zu tun, so handelt er ohne Schuld, wenn dieser Irrtum unvermeidbar war (z. B. ein ausländischer Bauarbeiter beachtet nicht das Versiegelungsschild). Der vermeidbare Irrtum zieht hier nicht, kann aber immerhin noch zu einer Milderung der Strafe führen.

4.2 Siegelbruch

Nach § 136 II StGB wird bestraft, wer ein dienstliches Siegel beschädigt, ablöst oder unkenntlich macht, das angelegt ist, um Sachen in Beschlag zu nehmen, dienstlich zu verschließen oder zu bezeichnen, oder wer den durch ein solches Siegel bewirkten Verschluß ganz oder zum Teil unwirksam macht.

Die Tat ist nicht strafbar, wenn die Anlegung des Siegels nicht durch eine rechtmäßige Diensthandlung vorgenommen wurde. In diesem Falle bleibt sie auch dann straflos, wenn der Täter irrigerweise annimmt, die Diensthandlung sei rechtmäßig.

Das Siegel muß von einer Behörde oder einem Amtsträger in dienstlichem Auftrag angelegt sein. Die Siegelung kann mittels Siegelmarke, Plombe, Dienststempel, aufgeklebtem Zettel (mit Dienstsiegel) geschehen. Zur Tathandlung zählen Ablösen, Beschädigen, Unkenntlichmachen, Überdecken, Unwirksammachen oder Mißachten. Unwirksammachen kann auch gegeben sein, wenn ein Gegenstand aus einer versiegelten Umschnürung entfernt wird oder jemand durch das Fenster in einen Raum einsteigt, dessen Tür versiegelt ist (Dreher/Tröndle, Strafgesetzbuch und Nebengesetze, Becksche Kurzkommentare, 1991).

Das OLG Köln stellte im Urteil vom 1. 9. 1970 fest, daß der Straftatbestand des § 136 StGB schon erfüllt sei, wenn ein Raum durch Anbringung eines Amtssiegels gesperrt sei und trotzdem weitergebaut werde. Es genüge schon die Mißachtung der durch die Siegelanlage gebildeten amtlichen Sperre. Diese Mißachtung der durch die Siegelanlage gebildeten Sperre sei das entscheidende Moment für die Strafbarkeit aus § 136 StGB. Der Tatbestand sei dann als erfüllt anzusehen, wenn weiter gebaut werde, ohne daß das Siegel selbst verletzt oder beseitigt worden sei. Das könne z. B. dadurch geschehen, wenn an der Stelle, bis zu der der Bau fortgeschritten sei, lediglich amtlich versiegelte Schnüre befestigt wären. Der Tatbestand des Siegelbruchs entfällt auch nicht schon deshalb, weil die „Versiegelung“ nicht an dem Bauwerk, sondern lediglich in der Form eines gesicherten Anschlags an der Baubude vorgenommen werde; jedenfalls soweit eine solche in unmittelbarer Nähe des Bauwerks und auf dem Baugrundstück selbst angebracht sei, werde auch durch Anbringen an der Baubudentür für jedermann hinreichend klar, worauf sich das Verbot beziehe und was durch das Siegel amtlich gesperrt werden solle. Die Urteilsbegründung hebt allerdings hervor, es sei vorauszusetzen, daß sich ein Amtssiegel auf dem Anschlag befinde. Geschütztes Rechtsgut sei nämlich das im Siegel ausgedrückte äußere Zeichen der amtlichen Herrschaft, und eine Mißachtung des äußeren Herrschaftszeichens könne nur dort stattfinden, wo es überhaupt vorhanden sei (mitgeteilt von Dr. Koenig).

Zum praktischen Vorgehen der Versiegelung wird auf die Ausführung unter III 1.6 verwiesen.

4.3 Baugefährdung

§ 323 StGB – Baugefährdung: „I. Wer bei der Planung, Leitung oder Ausführung eines Baues oder des Abbruchs eines Bauwerks gegen die allgemein anerkannten Regeln der Technik verstößt und dadurch Leib und Leben eines anderen gefährdet, wird mit Freiheitsstrafe bis zu fünf Jahren oder mit Geldstrafe bestraft.“ Gleiches gilt beim Einbau von technischen Einrichtungen (Anlagen für Wasserversorgung und -entsorgung, Installationen, Aufzüge usw.) in ein Bauwerk.

Fahrlässigkeit (strafmildernd) liegt vor, wenn eine Bauaufgabe trotz z. T. fehlender Kenntnis der einschlägigen aaRdT übernommen wird, sowohl bei der Ausführung als auch bei der Bauleitung.

Zum Begriff der allgemein anerkannten Regeln der Technik wird auf die ausführlichen Ausführungen unter I 1.2 verwiesen.

Einen *Bau leitet* im Sinne dieser Vorschrift (nicht der LBO), wer technisch die Errichtung des Baues als gesamtes Werk mit seinen Weisungen und Anordnungen bestimmt, insbesondere also der Bauunternehmer bzw. sein (Unternehmer-)Bauleiter. Es kann auch der Bauherr sein, besonders wenn er in Selbsthilfe baut. Überwachung reicht für den Begriff „Bauleitung“ hierbei nicht aus, so daß auch der objektüberwachende Architekt damit noch nicht Bauleiter wird; er kann nämlich in der Regel dem Personal auf der Baustelle nicht direkt Anweisungen geben. Dem widerspricht allerdings nicht die mögliche Garantenstellung bei pflichtwidrig unterlassenem Tun.

Ausführende eines Baues sind Polier, Bauhandwerker, Kranführer, Bauarbeiter, Bauherr in Selbsthilfe, Hersteller des Baugerüstes und natürlich der Bauunternehmer selbst. Der objektüberwachende Architekt ist nicht Bauausführender.

Für den Bereich der Bauüberwachung spielt die Vorschrift der Baugefährdung kaum eine Rolle.

4.4 Unterlassene Hilfeleistung

§ 323 c StGB: „Wer bei Unglücksfällen oder gemeiner Gefahr oder Not nicht Hilfe leistet, obwohl dies erforderlich ist und ihm den Umständen nach zuzumuten, insbesondere ohne erhebliche eigene Gefahr und ohne Verletzung anderer wichtiger Pflichten möglich ist, wird mit Freiheitsstrafe bis zu einem Jahr oder mit Geldstrafe bestraft.“

Dies ist ein echtes Unterlassungsdelikt, im Rahmen des Baugeschehens jedoch auf die Fälle beschränkt, in denen die am Bau Beteiligten nicht schon als Garanten zum Einschreiten verpflichtet sind.

Unglücksfall ist dabei ein plötzlich auftretendes Ereignis, das erhebliche Gefahr für Menschen oder Sachen mit sich bringt (für ein beliebiges Rechtsgut).

Gemeingefahr ist eine konkrete Gefahr für eine unbestimmte Anzahl von Menschen oder Sachen von hohem Wert, z. B. Überschwemmung, Wohnhausbrand usw.

Gemeine Not ist eine die Allgemeinheit betreffende Notlage, z. B. Ausfall der gesamten Wasserversorgung.

Ausgehend von diesen Begriffen, ist die Anwendbarkeit des § 323 c bei Bauvorhaben begrenzt. Dazu kommen die beiden Voraussetzungen: Die Hilfeleistung muß objektiv erforderlich sein; sie muß für den „Täter" nach den Umständen zumutbar sein.

4.5 Ordnungswidrigkeiten

Hierzu wird auf die Ausführungen in folgenden Abschnitten verwiesen: III 1.10 – Bußgeldverfahren; III 1.1 – Landesbauordnung, Abschnitt Bußgeldvorschriften und schließlich III 2.5 – Ordnungswidrigkeitengesetz.

Neben den hier hauptsächlich interessierenden, ausdrücklich in den Landesbauordnungen sowie im Ordnungswidrigkeitengesetz genannten Ordnungswidrigkeitstatbeständen findet man noch solche im Baugesetzbuch, in der Garagenverordnung, VersammlungsstättenVO, GaststättenbauVO, GeschäftshausVO, KrankenhausbauVO, FeuerungsVO und in der Camping- und WochenendplatzVO.

Gemäß § 117 OWiG (s. unter III 2.5) handelt ordnungswidrig, wer ohne berechtigten Anlaß oder in einem unzulässigen oder nach den Umständen vermeidbaren Anlaß Lärm erregt, der geeignet ist, die Allgemeinheit oder die Nachbarschaft erheblich zu belästigen und die Gesundheit eines anderen zu schädigen. Das gilt für alle Arten der Lärmerregung, auch für Baulärm ausführlich beschrieben unter II 2.1.5.

5 Psychologie der Kontrollen oder: Der Knigge für die Baustelle

Baufachleute – wie viele Architekten und Bauingenieure – sind meist hervorragend fachlich ausgebildet und bilden sich weiter; was ihnen fehlt, ist häufig Einweisung und Einübung von sozialer Kompetenz und zwischenmenschlichen Regeln. Sie belegen während des Studiums keine Vorlesungen und Seminare der Psychologen. Wenn sie in Firmen und Büros schließlich ihre Lehrgänge in Mitarbeitergespräch, -führung und -beurteilung, in Konferenztechnik und Rhetorik hinter sich gebracht haben, sind sie in solche Positionen aufgerückt, bei denen sie nicht mehr auf die Baustelle gehen, um Kontrollen zu machen.

Die folgenden Ausführungen geben dem Einsteiger eine komprimierte Anleitung; der Erfahrene mag dieses Kapitel getrost überschlagen.

5.1 Kontrolle und Aggression

Die praktische Bauleitungs- und Überwachungstätigkeit hat neben dem technischen, also dem rein sachlichen, auch einen menschlichen Aspekt, dort nämlich, wo der Überwacher nicht nur Mängel oder Abweichungen von den genehmigten Ausführungsplänen, den Vorschriften oder ganz allgemein den aaRdT feststellt und ihre Regulierung mit angemessenen Mitteln überlegt, sondern wo er dem Polier oder Handwerker seine abweichende Meinung beibringen muß. „Eine Forderung schließt immer eine Aggression ein, die wiederum nur mit einer Aggression beantwortet wird“ (A. Richter). Zu leicht nämlich wird das Selbstwerterlebnis eines Menschen durch Kritik an seiner Arbeit beeinflußt. Einfach ist es noch, wenn sich der Kontrollierte der Kritik anschließen kann, weil sie sich auf Baustoffe und Bauteile oder auf Vorleistungen anderer bezieht, die er direkt nicht zu vertreten hat.

Bei „Eigentaten“ reagiert er in „unbewußter Absicht“ (Freud) mit Verärgerung und Widerstand, die aus Tiefenschichten der Seele aufsteigen, die zwar teilweise als Mechanismus manipulierbar, der Logik jedoch weitgehend unzugänglich sind. Am empfindlichsten ist eben jeder Mensch, wenn sein elementares Geltungsbewußtsein verletzt wird. Das ist bei Kritik – auch berechtigter – fast immer der Fall.

Diese zunächst gezügelte Doppelreaktion Verärgerung und Widerstand kann durch vorangegangenen Streß ihre Bremse verlieren. Es gibt kaum Baustellen, auf denen Handwerker und Poliere nicht solchen Belastungen und Reizen ausgesetzt sind, die Streß im Körper auslösen, seien es

- physische, wie Schwerarbeit, einseitige Körperhaltung und -belastung, Nachtarbeit, Verschiebung des biologischen Rhythmus, ungünstige Lichtverhältnisse, Lärm, Hitze, Kälte, Nässe, Staub, Vibrationen oder
- psychische, wie Arbeit unter Zeitdruck, widersprüchliche Instruktionen, räumliche Enge, schlechtes kollegiales Klima, Angst vor Kontrollen, Monotonie u. a.

Dieser übliche Baustellenstreß verändert die vegetative und hormonelle Steuerung (Adrenalin, Noradrelanin, Cortison, Eiweißsynthese, Kalium-, Natrium-, Blutzuckerhaushalt).

Das bei Streß ausgeschüttete Hormon ACTH stimuliert die Produktion des Streßhormons Cortisol, das einen negativen Einfluß auf die Immunzellen bewirkt, jedoch nur bei chronischem, langandauerndem Streß und wenn die psychische und physische Belastung auch als negativ empfunden wird. Ist die feinabgestimmte Regulation der Streßhormonkaskade gestört, produziert die Nebenniere auch nach dem Wegfall des Streßfaktors weiterhin zuviel Cortisol.

Anhaltender und nicht durch befreiende körperliche Betätigung abgebauter Streß kann leicht zu psychischen und physischen Störungen, später zu Erkrankungen führen. Er ist für die Reaktion Verärgerung und Widerstand immer ein erheblicher Verstärkerfaktor. Der Überwacher sollte die Verhältnisse der Baustelle und des Personals zu erkennen versuchen und bei seiner Bewertung der Reaktionen mit berücksichtigen.

Kontrollen werden von den „Kontrollierten“ stets als ein einschneidender Eingriff in ihre berufspersönliche Freiheit empfunden; es ist ein Angriff auf ihre Kompetenz, ihren Berufsstolz und ihr „Revier“. Schließlich macht kein Facharbeiter bewußt Fehler; bei einer Nachlässigkeit oder Unkorrektheit gegenüber Forderungen von DIN-Normen – so ist er überzeugt – hat er das Risiko abgeschätzt und für vernachlässigbar gefunden. Die Sicherheit ist seiner Meinung nach in den Normen ohnehin zu hoch angesetzt. Die Kontrollen geben ihm das Gefühl der Abwertung seines Könnens und Wollens. Er hält sie also grundsätzlich – zumindest bei sich selbst – für überflüssig und diffamierend.

Um diese Aversion, die evtl. nur im Unterbewußtsein existiert, aufzulösen, bedarf es einigen Einfühlungsvermögens des Überwachers. Kontrollen und Kritikgespräche gehören nun mal zum unangenehmen und schwierigen Repertoire in allen Führungsbereichen. Leider wird Führung – außer in meist theoretischen Seminaren mit „Trockenübungen“ – nicht eigentlich gelehrt und eingeübt, sondern mehr durch Ausprobieren langsam erworben mit entsprechendem Lehrgeld und zerschlagenem Porzellan. Letzteres nennt man neudeutsch „learning by doing“ oder auch realistischer „management by error“.

Vorteilhaft ist es, wenn man Konfliktsituationen institutionalisieren und darauf hinweisen kann, daß schließlich eine fremde Gewalt (VOB, Werkvertrag, Landesbauordnung, DIN-Norm usw.) diese Kontrolle vorschreibt und kein persönliches Dominanzinteresse vorliegt (einige Rezepte hierfür s. unter 5.4 und 5.5). Die erforderliche Kritik muß ausschließlich gegen die Sache, nie gegen die Person gerichtet sein. Kritik der Person erzeugt automatisch Abwehrhaltung; ein sachliches Gespräch ist dann außerordentlich erschwert.

5.2 Das Instrument der Macht

Zunächst muß man davon ausgehen, daß Überwacher und Polier/Bauleiter trotz des gemeinsamen Zieles, ein mängelfreies und vertragsgerechtes Bauwerk ohne Pannen und Unfälle zu errichten, dennoch den Vorgang der Herstellung aus völlig verschiedenen Richtungen betrachten. Schließlich gehört der Polier/Bauleiter/Unternehmer einem Wirtschaftsbetrieb an, dessen Streben natürlich auf Gewinn gerichtet sein muß; alles bloß Wünschenswerte hat sich dem unterzuordnen. Der bauleitende Architekt wiederum denkt an Gewährleistung, Nachbesserung, Minderung, seine Verpflichtung dem Auftraggeber gegenüber, für den er auch weiterhin tätig werden will. Schließlich der Kontrolleur der BAB, für den die Versuchung gegeben sein kann, aus einem Elfenbeinturm heraus die Technischen Vorschriften überzubewerten und gewissermaßen als Selbstzweck zu betrachten. Aus diesen Divergenzen ergibt sich im Extremfall die Maxime: „Es ist alles erlaubt, was nicht ausdrücklich verboten ist“; bzw. auf der anderen Seite: „Es ist alles verboten, was nicht ausdrücklich erlaubt ist.“

Im günstigen Falle besteht ein Gegensatz bei sonstiger Akzeptanz der Korrekturforderungen nur im Unterbewußtsein, das sich (Freud) jedoch eine Aussage im bewußten Bereich zu verschaffen sucht. Und bei dessen Unterdrückung oder Sublimierung Mengen an seelischer Energie verbraucht werden, die dann an anderer Stelle fehlen.

Hinderlich für den Kontrolleur der BAB ist zudem der allgemeine Pegel der negativen Meinung über Behörden und ganz allgemein über Kontrollorgane (z. B. Verkehrspolizei, Parkhostessen). Der Soziologe A. Mitscherlich überspitzt: „Diese unsere Baugesetzgebung ist das Äußerste an selbstgenügsamer und ideenabweisender Pedanterie, zu der sich in der Durchführung das unbewußt wirksame Quälbedürfnis gesellt, das alle Bürokraten als eigentlich substanzlose Vermittlungsagenturen aus Neid auf die Freiheit der Nichtweisungsgebundenen – aber Machtlosen – an diesen ausleben . . . Der so erzeugte Aggressionsüberschuß setzt sich dann in der berüchtigten Unfreundlichkeit der Beamten, in peinigender Umständlichkeit, in Verschleppung des Verfahrens und ähnlichen Verhaltenszwängen durch . . ." Da das Überwachungspersonal der BAB meist aus der freien Wirtschaft zur Behörde wechselt, treffen die Aussagen von Mitscherlich hier nicht so zu.

Nicht ganz so bissig, aber doch nicht abwegig ist Tucholskys bekannte Formulierung: Es ist der Traum eines jeden Deutschen, hinter einem Schalter zu sitzen; aber sein Schicksal, davor zu stehen. – Formeln für die arrogante Trägheit, für Einfallslosigkeit und Rechtbehaltenwollen einer monopolartigen Ordnungsbehörde lauten etwa boshaft: Das haben wir immer so gemacht. – Das haben wir noch nie so gemacht. – Da könnte ja jeder kommen. – Bereits mit diesen drei Regeln kann man alles, aber auch alles, abschmettern. – Soweit die selbsttröstende Meinung der vor dem Schalter Stehenden.

5.3 Diskussionen kosten Zeit

Der Weg, statt kommentarloser Anordnung von Korrekturen und Änderungen vielmehr zu überzeugen, führt stets zu zeitaufwendigen Diskussionen. Häufig wird eine eingerissene Baustellenschlamperei mit der Frage nach dem „wirklichen Sinn" der nicht beachteten Vorschriften begründet. Man kann sicherlich eine Frage im Hinblick auf einen speziellen Fall so formulieren, daß im ersten Augenschein die Vorschrift viel an Sinn und Notwendigkeit verliert. Die Schlußformel lautet dann gewöhnlich: Glauben Sie, daß deswegen etwas passiert?

Dazu ist zu sagen, daß es nicht so entscheidend darauf ankommt, was der Überwacher g l a u b t. Vorschriften und Richtlinien werden in Fachnormenausschüssen erarbeitet und von den Landesministern bauaufsichtlich eingeführt; damit sind sie amtliche Anweisungen an die BAB. Bei der Erarbeitung der Vorschriften haben die Unternehmerverbände entscheidend mitgearbeitet und sich also selbst diese Regeln verordnet. Der Kontrolleur der BAB hat dann lediglich darauf hinzuwirken, daß die Regeln auf der Baustelle beachtet werden, wobei die wenigen möglichen Ausnahmen bereits in den Bestimmungen fixiert sind. Eine Diskussion über die grundsätzliche Richtigkeit ist daher an die falsche Adresse gerichtet und kommt zu spät. Einwendungen – durchaus nicht immer unbegründet – haben jedoch nur solange einen Sinn, als die Bestimmung vor ihrem Weißdruck zur öffentlichen Diskussion gestellt wird und Einsprüche geradezu erbeten werden.

Die bei alten Baupraktikern scheinbar zum Gewohnheitsrecht gewachsenen Abweichungen von den Baubestimmungen oder der Landesbauordnung basieren auf der sog. Salamitaktik:

Wie eine Wurst wird in dünnen Scheiben nach und nach eine Vorschrift abgenagt; und zwar in kleinen Schritten, die jeder für sich allein ein hartes Einschreiten nicht rechtfertigen.

Mitunter ist es angebracht, sich auf solche Diskussionen einzulassen; unabdingbare Voraussetzungen dafür sind allerdings ausreichende Argumente und die Beherrschung der „Kunst des Streitens" (W. Rother, Taschenbuch bei W. Goldmann). Sachlich ist für den Erfolg der Absicht, jemanden mit Verstandesgründen von der Richtigkeit seiner Ansicht zu überzeugen, stillschweigende Voraussetzung, daß ein für beide Seiten verbindlicher Maßstab der Wertung besteht. Ohne ein solches gemeinsames Wertgesetz ist jeder Streit sinnlos. Angenommen einmal der Fall, es fiele jemand unter einen weltfernen Stamm von Kanibalen, so könnte er sich niemals von dem Argument Erfolg versprechen, es sei unchristlich, seine Mitmenschen zu verspeisen.

Und vergessen Sie nie: Ideen sind widerlegbar, Schlagworte nicht!

Da mitunter zwischen Überwacher und Polier/Bauleiter/Handwerker Ausbildungsunterschiede bestehen, muß man sich auf den Gesprächspartner einstellen: das jeweils niedrigere Niveau ist maßgebend. Nur im Rahmen dieses Ausbildungsstandes können aber Informationen und Begründungen gegeben und verstanden werden. Sie sollen ja auch bei später wieder auftretender Abweichung in ähnlicher Form noch zu sinnvollen Analogien führen. Unverdaute Anordnungen nutzen allenfalls momentan, akademische Betrachtungen gar nicht.

In Diskussionen mit gewitzten Polieren/Kolonnenführern begegnen Sie öfter sogenannten Scheinargumenten, die zum Bereich der „Verwirr- oder Überfahrtaktiken" gehören. Da sie unehrlich sind, darf man sie auch abschmettern. Beispiele dafür (nach F. Gossen, Konferenz- und Verhandlungstechniken):

- Praxis kontra Theorie

  Dabei sind Sie der (natürlich blutleere) Theoretiker, der Kontrollierte der überlegene Praktiker, der weiß, wie man das seit Jahren eben macht.

  Meist genügt hier die Feststellung: Manche nennen das, was sie jahrelang falsch gemacht haben, ihre Erfahrung.

- Hinweis auf „Autoritäten"

  Der Kontrollierte kann sich plötzlich exakt erinnern, daß Professor X, der Sachverständige Y oder der Prüfer Z diese seine (soeben beanstandete) Ausführung für richtig und einwandfrei erklärt hat.

  Falls Sie auf der Stelle keine „richtige" Autorität im Gedächtnis haben, behaupten Sie einfach: Das war mal richtig, ist inzwischen aber völlig überholt. Dr. V. vom zuständigen Ausschuß hat diese Ansicht widerlegt.

- Unzulässige Verallgemeinerung und scheinlogische Schlüsse

  Der Kontrollierte schließt messerscharf: Bei meiner letzten Baugrube war der Boden genauso dunkel. Und der war schließlich bestens. Dieser hier sieht genauso aus.

  Sie argumentieren: Bei Ihnen ist doch 2 mal 2 gleich 4; auch die Homosexuellen rechnen so. Also sind Sie ein Homosexueller!?

Eine Diskussion ist ebenfalls verfehlt mit ausländischen Eisenflechtern einer streunenden Subkolonne, die bei der ersten Beanstandung plötzlich kein Wort Deutsch versteht. Notfalls ist die Kontrolle abzubrechen und die Gegenwart des Bauleiters zu verlangen; schließlich ist nach dem Verwaltungsverfahrensgesetz die Amtssprache Deutsch (§ 23, s. unter III 2.3).

Was schließlich das Persönliche betrifft, so ist es jedem Menschen zugute zu halten, daß er hin und wieder recht behalten will. Das Bewußtsein, recht zu haben, ist vor dem Walten des Schicksals oft genug der einzige Trost und gewährt dem menschlichen Selbstgefühl auch noch im Unglück eine Stütze. Darum gesteht es niemand gern ein, daß er auf dem Holzweg war. Vor allem verbieten das gesellschaftliche Prestige und die Zugehörigkeit zu einer Gruppe oder Mannschaft strikt ein solches Nachgeben. Es ist weitgehend Sache der Selbstachtung, daß man den Standpunkt, den man einmal bezogen hat, unter allen Umständen beibehält. Lassen Sie ihm also die Möglichkeit, sein Gesicht zu wahren! – Auch auf Baustellen gibt es eine Hackordnung.

5.4 Ein paar Rezepte

Belastende Verfügungen – Anordnungen zur Änderung, Ergänzung, Mehraufwand – brauchen Durchsetzungsvermögen des Anordnenden: die Autorität.

Bei manchen Kontrollierten ist der Begriff Autorität negativ besetzt. Der Grund ist die Verwechslung der Adjektive autoritär (= diktatorisch) und autoritativ (= maßgebend, das eigentlich abgeleitete Adjektiv von Autorität).

Der Bauleiter kann sich dabei auf seine persönliche Ausstrahlung stützen, die auf innerer Überlegenheit, auf Fachwissen, Auftreten, Ansehen und Erfahrung basiert. Damit sichert er sich Vertrauen und Anerkennung der Baubeschäftigten. Zum Teil wirkt dazu noch Scheu (= Miniangst) vor seiner evtl. unsympathischen Person und seiner wirtschaftlichen Macht mit; schließlich kann er Prämien geben oder kürzen, loben/tadeln oder gar entlassen.

Der Kontrolleur der BAB kann sich zudem auf die Vollmachten der Dienstgewalt stützen, auf die Anordnungsbefugnis der Behörde, die er vertritt. Schließlich kann er Bauarbeiten verzögern, stillegen, die Baustelle versiegeln. Es wäre absolut falsch, diese zweite Quelle der Autorität stark zu strapazieren, da sie wie Befehlsgewalt bei Soldaten mit Rangabzeichen wirkt. Solche unechte „Steinzeit-Autorität", die sich auf Dünkel und Anmaßung stützt, findet man noch häufig bei Richtern und manchmal bei Ärzten. Doch gibt es Baustellen, da hilft nur diese Methode. Gegen allzu wilde „Baupolizisten" andererseits gibt es die einfache Beschwerde bei seinem Vorgesetzten oder die förmliche Dienstaufsichtsbeschwerde, die – auch wenn sie keinen sichtbaren Erfolg hat – immer in seine Personalakte gerät. Auch gegen Kontrolleure eines Prüfingenieurs, der mit der Überwachung eines Bauvorhabens von der BAB beauftragt wurde, kann man sich bei dieser BAB beschweren.

Bongard (Führungsautorität und Durchsetzungsvermögen, Eigenverlag 1969) zählt neben vielen anderen folgende zwei Merkmale zu der erforderlichen persönlichen Autorität:

- Zurückhaltung und reserviertes Verhalten: Vertraulichkeiten schaffen leicht eine Atmosphäre der Kumpanei, die ja oft mit Kameradschaft verwechselt wird. Das auf Baustellen geläufige Duzen gehört auch hierher. Auch wenn junge Unternehmen mit flachen Hierarchien intern das Betriebs-Du pflegen, hat bei solchen nicht konfliktlosen Aufgaben wie der Kontrolle das coole Sie eine gewisse Schutzschildfunktion; es wahrt die „gehörige Distanz". Firmenintern wird häufig eine Zwischenlösung, das sogen. Hamburger Sie (mit nachfolgendem Vornamen) verwendet, was ja in England, Holland, Dänemark und Italien weit verbreitet ist.

  Oder, um ein Zitat von Heinrich Heine abzuwandeln: Mit der allzu großen Vertrautheit beim Umgang mit Menschen ist es so, als ob man einen Kupferstich mit bloßen Händen anfaßt; am Ende hat man beschmutztes Papier.

  Gespräche mit den Baubeschäftigten über Privates oder Intimes, Flachsereien und auch die Bewirtung reduzieren schnell die Autorität. Selbstverständlich ist die Tasse Kaffee unschädlich. Jedoch: Eine Kontrolle, die schließlich zur schriftlichen Bestätigung der Mängelfreiheit führen soll – mit allen rechtlichen Konsequenzen –, ist nun mal keine Talkshow oder Quizveranstaltung mit einem Maximum an Gaudi.

- Sprechweise und Blickkontakt: Zu den autoritätsverstärkenden Faktoren gehören langsames, eindringliches Sprechen in kurzen, einfachen Sätzen; erforderlichenfalls wird wiederholt. Zum hochgestochenen Diskutieren ist die Baustelle nicht das geeignete Forum. Forderungen werden möglichst in Stichworten auf dem Kontrollzettel vermerkt (ein Exemplar wird ausgehändigt). Es dürfen nicht so viele Details sein, daß sie dann wegen der Quantität im einzelnen nicht wichtig erscheinen und teilweise vergessen oder einfach „geschlabbert" werden.

Die Einprägsamkeit wird stark unterstützt durch den festen Blickkontakt bei der Anweisung. Es ist abwegig, einen Beschäftigten anzuweisen, wenn er dabei herumläuft, arbeitet und den Kontrolleur nicht ansieht. Bei dem üblichen Baustellenlärm sind solche Mitteilungen buchstäblich in den Wind gesprochen. – Übrigens: Blickkontakt sollte man üben; er ist manchmal peinlich.

Rupert Lay (Führen durch das Wort) rät zu Folgendem:
- Sprechen Sie einfach; nicht nur auf der Baustelle. Verwenden Sie kurze Sätze (allerdings nicht einen Telegrammstil), bekannte Worte (also kein Normen-, Juristen- oder Verwaltungsdeutsch), anschauliche Formulierungen und passende Beispiele.
- Sprechen Sie geordnet. Die Sätze müssen gegliedert sein.
- Nach rhetorischen Fragen ist eine Pause von einigen Sekunden einzulegen, ehe sie „beantwortet“ werden.
- Signalisiert der Hörer Sprechbereitschaft(-bedürfnis) durch Unruhe, Nichtmehrzuhören, Abbruch des Blickkontaktes, sollten Sie Ihre Worte möglichst bald beenden, jedoch niemals ohne rechten Abschluß.
- Sprechen Sie m i t den Menschen, nicht bloß z u i h n e n.

„Killer-Phrasen“. Wenn Sie eine sachliche Diskussion über durchaus nicht eindeutige Meinungen zu Ausführungsfragen für sinnvoll halten, auch im Hinblick auf Wiederholungswahrscheinlichkeit, sollten Sie das Gespräch nicht durch gedankenlose Sprüche im Keime ersticken. Solche K.-o.-Formulierungen sind z. B.:
- Das macht man schon seit 10 Jahren nicht mehr (Sie haben die Entwicklung verschlafen und nichts dazugelernt).
- Sie müssen doch endlich einsehen, daß . . . (Ich erkläre Ihnen Ihre Fehler nun zum wiederholten Male).
- Sie haben mich schon wieder falsch verstanden (Ihre bornierten Gedanken bewegen sich im Kreise).
- Ich weiß schon, was Sie sagen wollen (Das habe ich zum xten Male gehört, und es hängt mir zum Halse heraus).
- Ich muß Sie hier unterbrechen (Den Quatsch, der jetzt folgen soll, können Sie sich schenken).
- Passen Sie mal auf/Hören Sie gut zu/Jetzt spitzen Sie mal die Ohren/Ich sage Ihnen was usw. (Vielleicht reicht Ihre beschränkte Konzentration für einen Augenblick).

Die Technik „Schallplatte mit Sprung“: Einer der wichtigsten Aspekte der verbalen Selbstsicherheit ist, daß Sie Ihre Wünsche/Forderungen beharrlich wiederholen, ohne dabei zornig, gereizt oder laut zu werden. Sie müssen lernen, keine Gründe, Rechtfertigungen oder gar Entschuldigungen für diese Wünsche anzubieten. Diese Technik besteht darin, beharrlich zu sein und am Thema festzuhalten, immer wieder das zu sagen, was Sie sagen wollen, und alle Abweichungen vom Thema, die von der anderen Seite vorgebracht werden, zu ignorieren. Man muß mit der (Zwangs-)Gewohnheit brechen, auf jede Frage, die einem gestellt wird, zu antworten oder auf jede Aussage zu reagieren. Diese Gewohnheit beruht auf dem Glauben, daß wir stets – als höfliche Menschen mit Manieren – eine Antwort bereit haben und auf alles, was jemand sagt, gezielt eingehen sollten.

Sie sagen also bei dieser Technik: „Ich verstehe Ihr Problem/Verhalten, aber Sie müssen sich an den genehmigten Plan/DIN-Norm/Regel der Technik halten; das heißt hier, Sie müssen die Böschung flacher machen/die Steine annässen/alle Dübel gegen solche mit Zulassung auswechseln . . .“ usw.

Der Bauleiter/Polier wird natürlich plausible Gründe für sein Fehlverhalten anführen oder vom Thema abweichen, und er weiß auch, daß er damit häufig Erfolg hat oder mindestens einen Kompromiß erzielt. Wenn Sie auf seine Aussagen eingehen, hat er schon halb gewonnen.

Versuchen Sie also wie eine Platte mit Sprung zu reden, und beginnen Sie von neuem wie gehabt (s. oben). (Nach M. J. Smith, Sage nein ohne Skrupel)

Wiederholung: Schallplatte mit Sprung ist der Extremfall der Technik der permanenten Wiederholung, die R. Lay (Manipulation durch die Sprache) für ein durchaus brauchbares Manipulationsinstrument hält. Was kein Mensch nach dem ersten Anhören für vernünftig hält, halten die meisten in dem Augenblick für vernünftig, wenn es den Charakter eines „man sagt" angenommen hat. Vieles wirkt nur durch Wiederholung, wobei eine bestimmte Bekanntheitsqualität aufgebaut wird.

Dreimal gesagt versteht sich leichter: Erst sage ich den Leuten, was ich ihnen sagen werde. – Dann sage ich es ihnen. – Dann sage ich ihnen, was ich gerade gesagt habe (zitiert bei Schneider, Deutsch für Profis).

Der Klügere gibt nach. Diese Regel ist im allgemeinen falsch. Sie sollte ersetzt werden durch die Regel: „Der Klügere fragt." Wer fragt, vergibt sich nicht nur nichts, er kann den anderen durch die fragende Prüfung seiner Gründe in seiner Meinung sehr viel leichter verunsichern, als wenn er mit seiner Gegenbehauptung herausplatzen würde. Übrigens sagt ein Gag: „Der Klügere gibt so lange nach, bis er der Dumme ist."

Allenfalls erleichtert der Kluge andern die Ausrede.

Deutsche Sprache: Schwierig wird es, wenn ausländische Baubeschäftigte bei Ihren Anweisungen plötzlich auch den letzten Rest ihrer Deutschkenntnisse vergessen. Bei einem bequemen Kontrolleur haben sie damit mitunter Erfolg und kommen mit geringfügigem Änderungsaufwand aus. Jedoch ist nach VwVfG in Deutschland die Amtssprache Deutsch. Sie sollten darauf bestehen, einen deutschsprechenden Partner zu bekommen; es ist nicht unbillig, die Kontrolle abzubrechen und die Weiterarbeit an dieser Stelle zu untersagen. Wahrscheinlich macht sich diese Maßnahme in Zukunft bezahlt.

Nach den Zusätzlichen Vertragsbedingungen (ZVB) der Bundesarchitektenkammer hat der Auftragnehmer dafür zu sorgen, daß während der Arbeit auf der Baustelle ständig eine Person anwesend ist, die es ermöglicht, in deutscher Sprache zu verhandeln.

Kritik: Man kommt um deutliche Kritik nicht immer herum. Besser ist es erfahrungsgemäß, eine nachlässig geführte Baustelle gleich beim ersten Termin konsequent auf die Einhaltung von Mindestregeln einzuüben. Das Übersehen von den vielerlei kleineren Fehlern und Einsparungen kann schnell zur „Salami-Taktik" führen: dabei führt das Abweichen von den Plänen und den Technik- und Handwerksregeln in stetigen kleinen Scheiben bis zum eigenmächtig zugestandenen groben Fehler. Wobei dieser nicht bewußt als Fehler gesehen wird, sondern lediglich als Inanspruchnahme der vermeintlich übergroßen Sicherheitsreserve. Typisch z. B. die immer steilere nicht abgesteifte Baugrubenböschung.

Das Kritikgespräch soll nicht nebenher ablaufen, sondern gezielt und für den Polier/Bauleiter bewußt: im Gegenüberstehen mit Blickkontakt und ohne gleichzeitiges anderweitiges Beschäftigen. Solche Gespräche werden ohne Beteiligung von Dritten und möglichst ohne Mithören und Einsichtnahme der Belegschaft geführt.

Der Tatbestand wird geschildert, sachlich, ohne Unterstellungen und schulmeisterliches Belehren. Der Kontrollierte soll Stellung nehmen und Ursachen angeben. Dann werden im Vergleich Ist- und Solltatbestand verglichen und die erforderlichen Änderungen und Zusatzmaßnahmen gemeinsam festgelegt. Ein Stichwortprotokoll ist nützlich.

Bei vielen Polieren/Bauleitern ist es angebracht, hin und wieder das grundsätzliche Vertrauen zu äußern.

Recht auf Fehler: Jeder hat das Recht, Fehler zu begehen (und die Verantwortung dafür zu übernehmen). Fehler (nicht vorsätzliche!) sind nichts Unrechtes, keine Missetat, wofür man

Buße tun muß oder sich schuldig fühlen muß. Solche Einstellung würde dazu führen, den Fehler erst einmal abzustreiten. Sehr selbstsichere Poliere sagen bei aufgedeckten Fehlern z. B.: „Sie haben recht, da fehlt etwas“, ohne sich dafür zu entschuldigen (M. J. Smith, Sage nein ohne Skrupel).

Euphemismen: Da kein Mensch gerne Unangenehmes (z. B. Kritik mit der Aufgabe einer Fehlerberichtigung) hört, hat man für das Alltagsleben die Euphemismen erfunden, beschönigende Umschreibungen: Ich sage zwar, wie schlimm es ist, bloß etwas schöner. Sie werden sowohl aus höflicher Rücksichtnahme als auch zur Täuschung verwendet. Beispiele (nicht aus dem Baubereich): Alte, dicke, häßliche Insassen eines Altersheimes können so zu vollschlanken Senioren mit Figurproblemen in der Seniorenresidenz werden (höflich). – Müll als Restwertstoff, Entlassung als Freisetzen, Waffeneinsatz gegen Menschen als weiche Ziele (unehrlich, Täuschung).

Lob: Das Ergebnis von technischen Kontrollen ist in der Regel die sachliche Feststellung, also weder Kritik noch Lob. Eine gut geführte Baustelle darf jedoch schon mal positiv hervorgehoben werden. So kann gelobt werden die außergewöhnliche Leistung (zeitnah) oder die gute konstante Leistung (gelegentlich). Typische Fehler dabei sind: zu dick aufgetragen – also unglaubwürdig, zu pauschal oder zu stark einschränkend.

Das Belobigen ist wie das Belohnen, Bestechen, Bedrohen und Bestrafen eine der üblichen Motivationstechniken; manche nennen sie auch Tricks.

Das völlige Fehlen der Anerkennung guter Leistungen kann dagegen zum Verlust von Engagement und Motivation, zum Arbeiten nach Vorschrift und zur gefürchteten „inneren Kündigung“ führen.

5.5 Die Vertretermentalität des Dale Carnegie

Unzählige Menschen kennen sein millionenfach verkauftes Buch „Wie man Freunde gewinnt“ und Menschen beeinflußt, das ja von der Anlage her zugeschnitten ist auf das amerikanische Verkäufer-Kunde-Gespräch mit entsprechenden Streicheleinheitrezepten. Es gibt Situationen, wo man sie ausprobieren könnte. Zum Beispiel:

– Die beste Art der Beweisführung ist, den Streit, der sie erst notwendig macht, von vornherein zu vermeiden. „Sie mögen so recht haben, wie Sie wollen – vom Standpunkt des anderen werden Sie immer im Unrecht sein.“ Das würde bedeuten, man würde die Suche nach Fehlern beginnen, ehe die Ausführung erfolgt, also Ratschläge und Hinweise auf mögliche und vermutliche Pannen bereits bei der Kontrolle vor der nächsten Überprüfung geben.

– „Beginnen Sie bei unvermeidbarer Kritik mit Anerkennung.“ Lassen Sie also durchblicken, daß in der Hetze des Termindrucks, den miesen Umständen (Wetter, Licht, Enge, schwierige Lesbarkeit der Pläne, zu spätes Anliefern von Material und Baustoffen) solche Fehler jedem unterlaufen können, im ganzen die Arbeit ordentlich und sauber ist. Es schadet nicht zu erwähnen, daß unter den vorliegenden Umständen auch Ihnen Pannen und Ausfälle passieren würden.

  Das allzu große Harmoniebestreben kann jedoch leicht zur Aufgabe notwendiger Berichtigungen und damit Qualitätsverlust führen.

– Bringen Sie, wenn Korrekturen unumgänglich sind, den anderen dazu, seine (berichtigende) Entscheidung quasi selbst zu treffen; so wahrt er sein Gesicht und sein Selbstwertgefühl. Sie könnten also sagen: „Ich lese die Zeichnung hier folgendermaßen . . . Sind Sie nicht auch dieser Ansicht?" Oder: „Sie kennen die DIN-Norm über dieses Detail mindestens ebensogut wie ich. Vielleicht ist sie überzogen, aber wir müssen uns an diese Regel der Technik halten. Finden Sie nicht, daß Sie zu großzügig davon abweichen?"

Wenn Sie dann bei der nächsten Kontrolle entdecken, daß Ihre Änderungsforderungen diesmal bereits selbsttätig berücksichtigt wurden, sparen Sie nicht einen anerkennenden Hinweis.

– Lassen Sie Fehler gering erscheinen und dramatisieren Sie nicht gleich Ausmaß und Folgen. Sie sollten mit der Kritik ja niemand entmutigen, sondern ihm weitere Mißerfolge ersparen und ihn dazu erst einmal aufbauen.

  Dem Kontrollierten den Rückzug erleichtern: Wenn er auf die Vorschläge/Änderungen/Anordnungen eingeht, soll sein Abrücken von seiner Position nicht psychologisch erschwert werden. Ungeschickt wäre es, besonders intensiv auf den nun bereinigten Fehler hinzuweisen oder besondere Genugtuung zu zeigen.

– Geben Sie dem Polier/Vorarbeiter einen imaginären Titel, der seine persönliche Wichtigkeit hervorhebt. Sagen Sie z. B.: „An wen kann ich mich sonst wenden, nicht an Theoretiker aus dem Büro weit in der Türkei, sondern an den ‚Macher', an den ‚Baustellen-King', also an Sie?"

  Wie gesagt, falls Sie mit dieser Methode Erfolg haben, sollten Sie sie beibehalten.

– Unabhängig davon, was Sie von Carnegies Ratschlägen samt seiner Verkäufermoral halten, kann ein Mindestmaß an Höflichkeit auch auf der rauhen und lauten Baustelle nicht schaden:

  Es beginnt damit, daß man allen Baubeschäftigten deutlich einen Guten Morgen wünscht, daß man sich beim Aufsichtführenden anmeldet, daß man sich entschuldigt, wenn man den Termin nicht einhalten konnte; es geht weiter damit, daß man einer Aufforderung „bitte" voranschickt, daß man bei Meinungsverschiedenheit nicht in zu lauten oder belehrenden Ton verfällt, keine persönlich diffamierenden Äußerungen tut, Kritik nicht vor der Belegschaft ausspricht und seinerseits begründete Entschuldigungen des Poliers/Bauleiters für Terminversäumnisse ohne Hohn akzeptiert.

  Große Industrieunternehmen schulen ihre Führungskräfte zunehmend in menschlich gefärbtem Managementstil. So hält R. Wrede-Grischat, Manieren und Karriere, FAZ-Verlag 1990, (ehrliche) Höflichkeit durchaus für einen Führungsstil; allerdings mit der Grenze, wo sie auf persönliche Herabsetzung oder Mißachtung trifft. Zu solcher Elementarhöflichkeit gehört für sie,

  – den Gesprächspartner mit Namen anzureden; bei zahlreichen Besuchen auf Großbaustellen wäre der namenlose Partner eine Unhöflichkeit.
  – jeglichen Gesichtsverlust zu vermeiden; d. h., auch bei einer Kritik sich möglichst unpersönlich auszudrücken. Anstelle „Sie haben dies oder jenes falsch gemacht" besser sagen: „Hier ist dieser oder jener Fehler passiert."

  Im übrigen sollten Anweisungen stets durchführbar, verständlich und kontrollierbar sein, dabei begründet und höflich formuliert werden.

– Bei Anordnungen stets für Rückkopplung sorgen, also ob die Forderung auch angekommen ist. Dabei ist die Frage „Ist alles richtig verstanden?" überflüssig, da sie konsequenterweise nur „ja" sein kann. Das heißt, es sind keine geschlossenen Fragen zu stellen, sondern offene, z. B.: „Wie werden Sie das zukünftig ändern?"

5.6 Alltägliche Manipulation

Der amerikanische Sozialpsychologe R. B. Cialdini erläutert die Tricks der alltäglichen professionellen Manipulation (nach: M. Kneissler, Vorsicht! Hier wird manipuliert, P. M. Kommunikation, 12/1989). Sie gelten analog auch für Bauleiter und Überwacher.

- Die Reziprozitäts-Fallc
  Jemand tut uns einen Gefallen, um den wir ihn nie gebeten haben, und verlangt dann das Mehrfache seiner Leistung zurück.

  Beispiele: die Tasse Kaffee, der Kalender, der Drehstift vor Beginn der Besprechung/Kontrolle/Prüfung. Die Aufmerksamkeiten haben mit dem Geschäft zu tun, nicht mit Sympathie.

- Der Unzumutbarkeits-Trick
  Der Manipulator fordert uns zunächst auf, etwas zu tun, was unzumutbar ist. Wir lehnen ab, haben aber ein schlechtes Gewissen, weil wir den anderen enttäuschen müssen. Dieser reduziert daraufhin seine Ansprüche und bietet einen Kompromiß an. Diesen glauben wir nun akzeptieren zu müssen.

  Beispiel: Kontrolleur fordert das Herausnehmen der gesamten Unterzugbewehrung wegen zweifelhafter Bügel. Polier lehnt zunächst ab, stimmt dann aber zu, Steckbügel zuzulegen.

- Die Konsistenz-Falle
  Die meisten Menschen revidieren Entscheidungen nicht gern, die sie einmal getroffen haben. Das gilt ihnen als Wankelmütigkeit und Schwäche.

  Beispiel: Polier erinnert immer wieder mit Erfolg an die irgendwann einmal gewährte Abweichung, obwohl die Umstände nicht mehr übereinstimmen.

- Die Fuß-in-der-Tür-Technik
  Wenn der Manipulator es schafft, sein „Opfer" zu einem ersten kleinen Schritt in die von ihm gewünschte Richtung zu bringen, hat er fast schon gewonnen.

  Beispiel: Polier bringt den Überwacher erst einmal von strikter Anordnung ab und überredet ihn zur Diskussion.

- Der Herdentrieb
  Nur 5% aller Menschen gelten als Initiatoren. Die anderen 95% sind Imitatoren; sie lassen sich durch die Handlungen anderer überzeugen. – Wenn alle 5 Mark Trinkgeld geben, dann tun wir das auch.

  Beispiel: Bei größerer Besichtigung oder Demonstration auf der Baustelle sollte der erste deutlich sichtbar den Schutzhelm aufsetzen; die anderen machen es nach.

- Das Gesetz der Verknappung
  Was besonders schwer oder gar nicht zu bekommen ist, erscheint uns besonders attraktiv (Romeo-und-Julia-Effekt).

  Beispiel: Der Hinweis auf nicht mehr genehmigte Überstunden macht das Angebot einer jetzt noch möglichen Sonderschicht evtl. für viele reizvoll.

- Die Ich-bin-Dein-Freund-Falle
  Gute Verkäufer (Bauleiter/Überwacher verkaufen schließlich auch etwas: Motivation) achten darauf, Gemeinsamkeiten zwischen sich und dem Kunden herzustellen.

Beispiele: Bauleiter sagt: „Mir wäre derselbe Fehler unterlaufen." Oder der Kontrolleur: „Auch ich habe schon diese Bestimmung verflucht." Oder der Polier sagt: „Ist doch klar. Wir müssen sehen, wie wir das retten können."

- Die 36 Strategeme der Chinesen
  Die List ist in unserem Alltag allgegenwärtig und dennoch ein Tabu: Wir überlisten einander unverschämt, doch schweigen darüber verschämt. Nicht so die Chinesen: Eine tratitionsreiche „Liste der Listen", die 36 Strategeme, gibt Auskunft, wie man Ziele auf unkonventionellen Wegen weise, schlau (und tückisch) erreichen kann (v. Senger, Klug wie die Schlangen, Psychologie heute, 7/1993). List ist nicht gleichbedeutend mit Täuschung, es ist die weiche Waffe der Schwachen und stellt den eher harmlosen Teil dar, was S. Bok, Rowohlt 1980 in ihrem Buch „Lügen. Vom täglichen Zwang zur Unaufrichtigkeit" beschreibt.
  - Strategem Nr. 13: Warnschuß-Strategem. Auf das Gras schlagen, um die Schlange aufzuscheuchen. Das heißt warnen, abschrecken, einschüchtern, provozieren.
    Baustellenreal: Auf Verzögerung, Kosten, Terminstrafen hinweisen, falls der Kontrolleur auf voller Berichtigung besteht.
  - Strategem Nr. 24: Salami-Strategem. Vorgeben, daß man durch den Staat Guo nur hindurchmarschieren wolle, um ihn dann aber doch zu besetzen. Das heißt, den kleinen Finger abschmeicheln, um nach der ganzen Hand zu schnappen.
    Baustellenreal: Dauerndes Abmagern von Vorschriften, Abmessungen, Vorgaben (ist auch bei uns als Salami-Taktik bekannt).
  - Strategem Nr. 27: Ahnungslosen-Strategem. Sich verrückt oder ahnungslos stellen, ohne es zu sein. Das heißt vorgespielte Unzurechnungsfähigkeit/Ahnungslosigkeit.
    Baustellenreal: Wird z. T. von ausländischen Sub-Kolonnen gekonnt eingesetzt (Nix versteh', Chef!).

5.7 Nonverbale Kommunikation

5.7.1 Die Sprache des Körpers

Baustellenpersonal (Handwerker, untere Führungsebene) besitzt einen schwachen Verbalisierungsgrad. Um sich verständlich zu machen, hat es einen geringen Wortschatz (und Worthülsen) zur Verfügung. Es drückt sich statt dessen mehr durch Mimik, Gestik und die emotionale Färbung der Worte aus.

In jeder Kommunikation ist sowohl die logisch, rational und abstrakt denkende linke Hemisphäre des Gehirns als auch das paralogische, emotional ausgerichtete Mittelhirn, bzw. limbische System, repräsentiert. Der jeweilige Anteil dieser Systeme am aktuell Mitgeteilten ist von Situation zu Situation und von Mensch zu Mensch verschieden groß. So ist es möglich, fast ausschließlich objektive Informationen oder aber weitgehend Gefühle auszutauschen.

Gesten sind flüchtig und gehören in Zusammenhänge; das einzelne, isoliert betrachtete Signal kann täuschen. Ein Tic z. B. ist kein Körpersignal, sondern lediglich das krampfartige Zusammenziehen eines Muskels ohne Situationsanlaß. S. Molcho (Körpersprache, Mosaik Verlag) warnt: Glauben Sie nie an die Körpersprache, denn die Natur des Menschen ist voller Arglist und Selbsttäuschung.

Überwacher mit Menschenkenntnis beziehen deshalb in ihre Überwachungspraxis (Kritikgespräch, Berichtigungsanweisung) die Körpersprache (Kinesik) ein als nonverbale Kommunikation, allerdings cum grano salis. Eine Darstellung würde hier zu weit führen, es gibt ausreichend Literatur, auch lesenswerte. Experten meinen, daß man mit Worten leichter lügen kann als mit dem Körper.

5.7.2 Die einzelnen Signale

Im folgenden werden einige häufig vorkommende Signale der Persönlichkeit dargestellt. Es wird davon ausgegangen, daß die Kontrollen im Freien und im Stehen stattfinden; das engt die Gesten und Gebärden ein.

- Hände schütteln: Relikt aus früher Zeit als Vorzeigen waffenloser Hände
  - positiv: mit ganzer Hand, fest, aber nicht gewalttätig: nur leicht rücksichtslos
  - negativ: nur drei Finger: überheblich, eingebildet
    gespreizte Finger: Machtanspruch, keine Kooperation
    nur Fingerspitzen: kontaktschwach, mißtrauisch
    langes Festhalten: Schmeichler, aufdringlich
    Danebengreifen bzw. Fassen nur einiger Finger: Freudsche Fehlleistung aus unbewußter Abneigung oder Voreingenommenheit
    mit weit ausgestrecktem Arm: Distanzhalten, Ablehnung

- Begrüßung mit beiden ausgestreckten Händen, Handflächen nach oben:
  wünscht/fordert Belohnung oder Vorteile
  Handkanten dabei unten: Gleichwertung

- Hände auf dem Rücken verschränken
  als Gewohnheitshaltung häufig bei passiven, besinnlichen Naturen, die die Absicht des Nichtstuns betonen oder verbergen wollen; auch beim genauen Betrachten oder Nachdenken in Konzentration; jedoch wenn ein Handgelenk oder Arm umklammert wird, deutet das auf unterdruckte Aggression, Streß, Druck, also (noch) Selbstbeherrschung oder Selbstfesselung vor dem Angriff

- Hände in den Hosentaschen
  lässige Selbstsicherheit bis Gleichgültigkeit unter Gleichberechtigten; demonstrierte Inaktivität; wenn jedoch die Lage oder gegenüber Vorgesetzten Aufmerksamkeit verlangt, wird Ungezogenheit, Taktlosigkeit, Respektlosigkeit, Provokation demonstriert

- Eine Hand – außer dem Daumen – in der Jackentasche
  Geste der Autorität und des Selbstvertrauens meist von Vorgesetzten, die (zu nahe) in das Revier des Mitarbeiters eindringen (s. auch 5.7.4 Raumgrenzen)

- Hände an den Hüften
  Geste der konzentrierten ehrgeizigen Bereitschaft; Raumanspruch der Ellenbogen zeugt von (naivem) Selbstdarstellungsdrang; Imponiergehabe (geht im Tierreich dem Angriff voraus), auch Kompensation und Drohgebärde

- Hände am Jackettrevers
  Halt suchen, Unsicherheit, Verlegenheit

- Handfläche in den Nacken legen
  (nicht zu verwechseln mit beidhändiger Nackenhaltung bei ausgestellten Ellenbogen, die Entspannung signalisiert) sog. defensive Züchtigungshaltung: In betont defensiven Situationen führt man die Hand unwillkürlich nach hinten, wie wenn man sie zu einem Schlag erheben wolle; man kaschiert die Bedeutung der Geste aber, indem man die Handflächen an den Nacken legt. – Im Grunde ein nicht ausgeführter Angriff.

- Faust bilden
  sich zum Kampf bereitmachen; beherrschte Form: Hände zusammenballen. Wenn dabei der Daumen von der Hand umschlossen wird, traut er sich nicht, obschon er gern möchte.

- Hand zum Mund
  Verlegenheitsgesten mit den Händen gehen fast immer zum Mund; mitunter nur in die Richtung und stoppen unterwegs

- Gestik mit nach unten gerichteten Händen allgemein
  Ablehnung

- Umherfuchteln mit Händen oder Manuskript/Plan/Schriftstück/Zollstock
  Überforderung und Konfusion; daher: Kritik vereinfachen, in „Portionen" erklären, kompetenten Partner verlangen oder Kontrolle abbrechen!

- Daumen in den Hosentaschen oder hinter dem Hosenbund bei ausgestellten Ellenbogen
  Macho-Geste sexuellen Inhalts; Daumen zeigen auf das Männlichkeitssymbol; allgemein Aufplustern, Größer-/Breitermachen

- Daumen in der Achselhöhle
  Signal der Überlegenheit

- Fingerspitzen beider Hände zusammenlegen, aber Handwurzeln auseinander
  Partner hört nicht zu, wartet auf Pause, um abzulehnen mit im voraus festgelegten Argumenten

- Saugen/Lutschen an Fingerspitzen, -knöcheln, an Kugelschreiber oder Zigarette
  Beruhigungsversuch bei Angst, Hemmung, Unlust

- Am Ohr zupfen
  man möchte zu Wort kommen

- Zeigefinger erhoben
  Belehrung, Besserwissen, Rechthaberei

- Zeigefinger zielt auf Gegenstand
  imaginäres Berühren, Hinweisen, Belehren, Anweisen

- Zeigefinger zielt auf Gesprächspartner
  Angriff, Schuldzuweisung; verstärkt wird dies durch ein „Gerät" (Waffe) wie Bleistift, Zollstock

- Deuten mit Hand, Kopf
  Wenn Sie eine Person meinen, nennen Sie möglichst den Namen (oder Funktion); deuten Sie nicht nur mit dem Kopf in die entsprechende Richtung; nehmen Sie die Hand zur Hilfe,

Innenfläche nach oben geöffnet. Der „Fingerzeig“ wäre in diesem Falle von anklagender Bedeutung.

- Finger beider Hände verschränkt, doch gestreckt („Spanischer Reiter“), meist im Sitzen
  starke Abwehrhaltung

- Beide Zeigefinger zielen nach vorn, beide Daumen aufwärts bei verschränkten Händen („Pistole“)
  sowohl Verteidigung als auch Warnung und Angriff

- Arme vor der Brust verschränken („Armfestung“)
  defensive Abwehrhaltung durch hemmende Schranken, Blockade; totales Verweigern der Kommunikation. Frauen verschränken die Arme wegen anderen Körperbaues wesentlich tiefer.

- Achselzucken
  Gleichgültigkeit oder „In-Frage-Stellen“

- Schultern hochgezogen
  Unwohlsein; Angstzustand

- Armbewegungen allgemein
  Alle Armbewegungen oberhalb der Hüfte haben eine positive, auffordernde Wirkung; die nach unten gerichteten Gesten sind negativ besetzt.

- Art des Stehens
  offen und nicht voreingenommen: gerade aufgerichtet auf beiden leicht/weit gespreizten Beinen bedeutet Standfestigkeit bis Größenwahn; eng nebeneinander mehr „brav“; jeweils mit locker herabhängenden Armen (falls nicht Gerät haltend); Standbein-Spielbein bedeutet dagegen Flexibilität, Nachgiebigkeit; dabei unterscheiden:
  Standbein bevorzugt links: Person handelt eher intuitiv, sucht emotionellen Kontakt
  Standbein bevorzugt rechts: Person denkt mehr nüchtern-analytisch

- Verändern der Haltung im Gespräch
  Unterbrechung der festgefahrenen Standpunkte; Bewegung verändert die Stituation, neuer Argumentationsausgang

- Auf Fußspitzen stehen
  Arroganz; Wunsch, größer zu erscheinen

- Auf Fußspitzen wippen (nicht in den Knien einknickend)
  Imponiergehabe des psychisch oder physisch Kleingeratenen; Gernegroß

- Füße beim Sitzen um Stuhlbeine
  Unsicherheit

- Fußknöchel beim Sitzen gekreuzt
  Unbehagen; Angst

- Blickrichtung, -kontakt
  positiv: unaufdringlich; auf Punkt zwischen Oberlippe und Nase gerichtet

negativ: krampfhaftes Starren auf imaginären Punkt; ängstliches Vermeiden von Blickkontakt; bedeutet Desinteresse, Ende der Kommunikation

- In die Augen starren
  aggressiv und feindlich
  besser: nie zu lange in die Augen blicken, Punkt zwischen Oberlippe und Nase oder zwischen Nasenwurzel und Augenbrauen anzielen

- Trommeln mit den Fingern / Pfeifen
  Beginnt der Partner während Ihrer Ausführungen leise zu pfeifen oder / und mit den Fingern zu trommeln, will er sich von Ihnen befreien. Ohne Änderung des Themas ist das Gespräch ab hier erfolglos.

5.7.3 Übersprungsgesten

Wenn in einer Konfliktsituation gleichzeitig zwei gegensätzliche Antriebe, z. B. Kämpfen und Flüchten, aktiviert werden und sich so gegenseitig hemmen, wird ein an sich außenliegender dritter Trieb entsperrt: die sogenannte Übersprungshandlung, die an sich schwerlich plausibel verständlich ist.

Angst vor einer Prüfung, Überprüfung oder Kontrolle tendiert zum Flüchten, das jedoch wegen unserer gesellschaftlichen Disziplin (Konvention, Dressur) verhindert wird. Es kommt dann zur Übersprungshandlung, meist aus dem Bereich (vital automatisiert) der Körperpflege und der Nahrungsaufnahme. Die Konfliktperson wischt sich z. B. über den Mund, reibt sich den Bart (selbst wenn sie keinen hat), fährt sich mit den Fingern durchs Haar, kratzt sich am Kopf, kaut und saugt am Bleistift, leckt sich mit der Zunge die Lippen (auch wenn sie nicht trocken sind), knippert mit dem Druckstift usw.

Alle diese Gesten deuten an, daß sich der Gesprächspartner so unwohl fühlt, daß er viel lieber flüchten würde. Eine sinnvolle Auseinandersetzung mit akzeptierbarem Ergebnis kommt nicht mehr zustande: Konfliktgespräch / Fehlerdiskussion abbrechen!

5.7.4 Raumzonen

Menschen vermitteln mit körperlichen Distanzen (Raumzonen) Signale und Fakten. Eisner-Mertz (Selbstsicherheit durch Körpersprache, 1992) hat vier solcher Raumzonen ausgemacht:

– Intime Distanz oder Ich-Abstand
  etwa Unterarmlänge, 50 cm; in diese Distanz dringt nur ein, wer Streit sucht oder die Obrigkeit demonstriert (ausgenommen Liebespaare); auch bei der Belehrung / Unterweisung darf das Gesicht nie diese Zone unterschreiten.

  In Zwangslagen wie im Bus oder Fahrstuhl kann das nicht eingehalten werden: hier verhält sich der Europäer als „Unperson".

– Persönliche Distanz oder Du-Abstand
  etwa Armlänge + Körper = 1 m; richtiger Abstand zum Händeschütteln, Diskutieren, Übergeben; er schließt private Vertraulichkeit aus, schafft jedoch nach außen abgegrenzten Raum für persönlich-sachliches Gespräch.

– Gesellschaftliche Distanz oder Sozial-Abstand
  etwa 2 bis 4 Meter; geeignet für Arzt–Patient, Chef–Sekretärin, natürlich auch für das

Gruppengespräch des abstandhaltenden Vorgesetzten oder Überwachers. Im Büro ist der Schreibtisch dazwischen. Man kann in dieser Distanz evtl. sogar „halb" weiterarbeiten, ohne unhöflich zu sein. Jedoch sollte der Blick in das Gesicht (auch in die Augen) nicht zu lang unterbrochen werden, da man den Kontaktpartner sonst von der Kommunikation ausschließt.

– Raumzone
  etwa 3 bis 10 Meter; ist für unser Thema nicht relevant.

5.7.5 Statussymbole

Statussymbole sind Rangzeichen, die Machtverhältnisse klären sollen; sie sollen die tatsächliche oder häufiger die gewünschte Position in Beruf, Gesellschaft, Verein dokumentieren. Das Statusverhalten wird von fast allen angestrebt und akzeptiert; im Grunde ist es eine Kompensationstechnik gegenüber eigenen Minderwertigkeitsgefühlen. Man kann an solchen äußerlichen Symbolen das Selbstwertgefühl des Partners und auch seine Einstufung in seiner Firma gut einschätzen; völliges Ignorieren kann taktisch falsch sein.

Statussymbole bei *Handwerkern* und beim *unteren Führungspersonal* sind z. B. Titel, die sie von ihrer Firma „verliehen" bekommen oder die sie sich selbst geben: Oberpolier, Verbindungsmann, Kontaktstelle, Boss, Koordinator, . . .-Beauftragter. Auch der andersfarbige Schutzhelm, die Kleidung, das eigene Baustellenbüro, eine Schreib- und Kaffeehilfe, der Schlüssel zum Vorratsraum, der eigene (markierte) Parkplatz usw. gehören ebenfalls dazu.

Anders beim *objektüberwachenden Architekten* oder Ingenieur, der seinen Vorsprung im Allgemein- und Fachwissen ausspielt und seine Diskussion mit Fremd- und Fachwörtern (oder nur neuen Modewörtern, wenn sie z. B. der „Spiegel" aufbringt) spickt. Lauster (Statussymbole, Deutsche Verlagsanstalt, 1975) meint, die meisten Intellektuellen hätten einen Intelligenzkomplex. Der elitäre Unterschied wird auch in Kleidung, Pkw, Auftreten und Aktenkoffer demonstriert.

Der *Kontrolleur des Bauaufsichtsamtes* hebt das Prestige der Zugehörigkeit zu einer (mächtigen) Behörde hervor, die Autoritätskraft seiner Anweisungs(Straf-?)befugnis, gewährt schließlich Freigabe durch den Berichtszettel mit „eigener" Unterschrift. – Wie weit Autoritätshörigkeit führen kann, hat erschreckend das berüchtigte Milgram-Experiment gezeigt (S. Milgram, Das Milgram-Experiment, Zur Gehorsamsbereitschaft gegenüber Autorität, 1974).

Es fällt vielen Überwachern schwer, einem Partner mit echter Wertschätzung und emotional ehrlicher (nicht geheuchelter) Verständnisbereitschaft gegenüberzutreten.

6 Die fachliche Qualifikation des Überwachers

6.1 Die „geeignete Fachkraft"

Eine erforderliche technische Berufsausbildung und die Berufserfahrung, die einen Überwacher (Kontrolleur, Außendienstassistenten, Bauprüfer o. ä.) zu der Überwachungstätigkeit befähigen, ist – soweit ersichtlich – nicht definiert. Die BauO NW verlangt in § 57 Absatz 3: (Entwurf 1994: § 61.3): „Die Bauaufsichtsbehörden sind zur Durchführung ihrer Aufgaben ausreichend mit geeigneten Fachkräften zu besetzen." Sie müssen dementsprechend für ihre Aufgaben geeignet sein; das ist der Fall, wenn sie „den ihnen zugedachten Aufgaben körperlich, charakterlich und geistig gewachsen sind, insbesondere die nötige fachliche Vorbildung aufweisen" (Koch u. a., BayBO, Art. 77, Anmerkung 3.1).

Zweifellos ist im konstruktiven Bereich beim Anforderungsniveau ein Unterschied zu machen zwischen den Prüfern der evtl. außerordentlich schwierigen Standsicherheitsnachweise, den Prüfern der Konstruktions- und Bewehrungspläne und den Überwachern der Bauausführung. In der Praxis der Ingenieurbüros und Bauunternehmungen hat sich eingebürgert und bewährt, daß die Statik von Diplomingenieuren (TH oder FH) erstellt und die Pläne von technischen Zeichnern (Bauzeichnern) gefertigt werden, erforderlichenfalls mit Unterstützung des Statikers. Insofern ist es auch durchaus üblich, daß bei Prüfung der Bauvorlagen bei der BAB oder beim Prüfingenieur in gleicher Weise verfahren wird.

Der Prüfingenieur, der bei Beauftragung durch die BAB für die gesamte Prüfung eines Bauvorhabens in konstruktivem Bereich verantwortlich ist, ist als Sachverständiger nach § 58 (2) BauO NW (Entwurf 1994: § 62.3) in seiner Qualifikation amtlich anerkannt. Er darf gemäß Bauprüfverordnung als Mitarbeiter bei der Prüfung nur Personen beschäftigen, die mindestens den Titel Ingenieur einer FH haben und 2 Jahre einschlägige Berufserfahrung besitzen. Von den Prüfingenieuren wird das so interpretiert, daß diese Bedingung für die Prüfung der Statik gilt. Sie beschäftigen – wie ebenfalls die BAB – daneben Bauzeichner und Techniker, die sie beim Prüfen der Pläne bzw. bei der Überwachung der Bauausführung, insbesondere bei Bewehrungskontrollen, einsetzen. Möglicherweise wird sich das in Zukunft ändern, die Prüfung dadurch effektiver werden, sicherlich aber weniger ökonomisch. Manchmal wird vergessen, daß Prüfbüros auch ein Wirtschaftsunternehmen sind. – Zukünftig sollen die Qualifikationsnachweise von den Architekten- bzw. Ingenieurkammern Bau ausgesprochen werden.

Die Bedingungen bei der Vorbildung erfahren eine Aufweichung z. B. bei § 62 (2) Nr. 1 BauO NW (inhaltlich gleich mit § 66.2 des Entwurfes 1994), wo es heißt: Keiner Genehmigung bedürfen ferner auch die nicht geringfügigen Änderungen tragender oder aussteifender Bauteile innerhalb von Gebäuden, wenn ein Sachkundiger dem Bauherrn die Ungefährlichkeit der Maßnahme bescheinigt. – Und als Sachkundige sind in der Verwaltungsvorschrift zur BauO NW 58.22 neben den Ingenieuren genannt: „Personen mit abgeschlossener handwerklicher Ausbildung oder mit gleichwertiger Ausbildung und mindestens fünfjähriger Berufserfahrung in der Fachrichtung, in der sie tätig werden."

Solange sich ein Überwacher mit der Ausbildung als Maurermeister oder Bauzeichner (also Sachkundiger) bei der Überwachung der Bauausführung nicht überschätzt, ist gegen seinen Einsatz nichts einzuwenden. Zumal die meisten Bauvorhaben – auch wenn sie mitunter statisch schwierig getüftelt sind, weil die gekauften EDV-Programme das hergeben – in der Ausführung von einfacher bis mittlerer Schwierigkeit bleiben. Es ist auch üblich, daß bei schwieriger Bauausführung der Prüfstatiker selbst die Überwachung durchführt. Wir haben die Erfahrung gemacht, daß bei Baustellen im normalen Hochbau als Überwacher eingesetzte Maurer- und Zimmerermeister sowie Bauzeichner besonders qualifiziert waren, die Umsetzung in körperliches Bauwerk aus den Zeichnungen erkennen zu können. Außerdem kommen sie in der Regel mit Polieren und Bauleitern besonders gut zurecht.

Böckenförde (Kommentar BauO NW) meint, daß mit der Gebrauchsabnahme *Fliegender Bauten* nur erfahrene, technisch entsprechend vorgebildete Dienstkräfte betraut werden dürfen. Denn bei solchen Bauten führen oft auf den ersten Blick geringfügig erscheinende Mängel zu erheblichen Unglücksfällen. Zum Beispiel haben das Fehlen eines einzigen aussteifenden Konstruktionsteiles, lockere oder geschwächte Bolzenverbindungen oder fehlende Verschraubungen schon schwere Folgen gezeitigt. Andererseits kann das Verbot der Benutzung eines Fliegenden Baues zu einer erheblichen wirtschaftlichen Belastung des Betreibers führen. – Diese Kontrollen sind natürlich ausschließlich Sache eines Statikers.

Hinweis: Baustelleneinrichtungen und Baugerüste werden, obschon ebenfalls wiederholt aufgestellt, gem. Landesbauordnungen nicht zu den erschwerten Fliegenden Bauten gezählt.

Ebenfalls bleiben den Architekten und Ingenieuren der BAB die Bauzustandsbesichtigungen vorbehalten, die ja zum großen Teil baurechtliche und gestalterische Belange zum Inhalt haben. Hier ist der Techniker/Meister ebenfalls überfordert. Sie haben zudem mit den Abnahmen nach der VOB nichts zu tun.

Im privatrechtlichen Bereich treten diese Überlegungen zurück: Weder vom Bauleiter noch vom Überwacher wird ein Qualifikationsnachweis verlangt. Lediglich der Architekt oder Ingenieur, der Entwürfe für Bauvorhaben bei der BAB einreichen will, muß „bauvorlageberechtigt" sein, d. h., er muß i. d. R. den Titel Architekt führen, in der Architektenkammer und berufshaftpflichtversichert sein.

Bei Behördenbauten ist die Überwachung der Bauausführung vorgeschrieben; dieser Behördenbeauftragte ist nicht Firmenbauleiter. Gemäß dem RBBau-Vertragsmuster (RB-Bau = Richtlinien für die Durchführung der Bauaufgaben des Bundes) für Gebäude gilt folgende Qualifizierung: „Die mit dem Überwachen der Bauausführung Beauftragten müssen grundsätzlich über eine abgeschlossene Fachausbildung (Dipl.-Ing., Ing. grad.) und eine angemessene Baustellenpraxis – in der Regel mindestens drei Jahre – verfügen. Der örtliche Vertreter des Auftragnehmers auf der Baustelle ist dem Auftraggeber vor Beginn der Arbeiten schriftlich zu benennen."

6.2 Die Sachverständigen

Im folgenden wird eine kurze schematische Zusammenstellung angefügt über die im Baugenehmigungsverfahren heranzuziehenden Sachverständigen hinsichtlich ihrer Anerkennung und den verschiedenen Einsatzbereichen. (Die neuen LBO werden evtl. einige Änderungen beinhalten.)

● Standsicherheit
Anerkennung durch die oberste Bauaufsichtsbehörde gemäß Bauprüfverordnung als „Prüfingenieur für Baustatik".
Es gibt außerhalb der BRD weder den amtlich „verliehenen" Prüfingenieur noch den durch die IHK öffentlich bestellten und vereidigten Sachverständigen. – Gemäß Gesetzentwurf zur Neufassung der BauO NW sollen künftig in verstärkten Maße Sachverständige bei der Baugenehmigung und der Überwachung der Bauausführung mitwirken. Eignung und Status müssen noch festgelegt werden.
Sonderfall im Bereich von Umbauten: der Ingenieur mit der Fachrichtung Bauingenieurwesen mit mindestens fünfjähriger Berufserfahrung gemäß VVBauO NW 58.22.

● Grundbau
Anerkennung durch Aufnahme in das „Verzeichnis der Institute für Erd- und Grundbau" für die Mitwirkung bei der Prüfung von Bauvorlagen; das Verzeichnis wird vom Institut für Bautechnik (DIBt), Berlin, geführt.

● Schallschutz
Anerkennung durch Aufnahme in das Verzeichnis sachverständiger Prüfstellen im bauaufsichtlichen Verfahren für die Durchführung von Eignungs- und Güteprüfungen nach DIN 4109; unterschieden wird in Prüfstellen der Gruppe I und II; das Verzeichnis wird vom Institut für Bautechnik (DIBt), Berlin, geführt.

● Wärmeschutz
Künftig nach Einführung der neuen Wärmeschutzverordnung geplanter „qualifizierter Sachverständiger für den Nachweis des Wärmeschutzes"; Ausbildung und Prüfung bei der Architekten- bzw. Ingenieurkammer Bau mit staatlicher Anerkennung.

● Vermessung
Öffentlich bestellter Vermessungsingenieur wird tätig bei der Anfertigung (oder Beglaubigung) des amtlichen Lageplans als Bauvorlage beim Bauantrag. – Für die sonstige Tätigkeit des Vermessers (Einmessungen nach Lage, Höhe; Flächennivellements; Aufmaße und Überprüfungen [Maßtoleranzen]) ist kein Qualifizierungsnachweis erforderlich. Aufmaße für die Bauabrechnung werden i. d. R. vom Bauleiter oder Polier erbracht.

● Aufzüge
TÜV gemäß Anerkennung durch die Verordnung über die Organisation der technischen Überwachung.

● Garagen
TÜV gemäß Anerkennung durch die VO wie vor und die Garagenverordnung § 26 (7).

● Kraftbetriebene Hebebühnen (in Garagen) und kraftbetätigte Tore
TÜV-Überwachung bzw. anerkannte Sachverständige oder Fachfirma (Prüfung vor der ersten Inbetriebnahme und Wiederholungsprüfungen).

● Verschiedene Bereiche
- Von der Industrie- und Handelskammer bzw. Handwerkskammer „öffentlich bestellte und vereidigte Sachverständige" in ihrem Bereich
- Der Leiter einer Betonprüfstelle nach DIN 1045 mit Zeugnis (E-Schein)
- Für den Bereich Altlasten-Sanierung gibt es keine Qualifikationsanforderungen an die bisher selbsternannten Sachverständigen.
- Asbestsanierung: Gemäß TRGS 519 – Asbest; Abbruch-, Sanierungs- oder Instandhaltungsarbeiten (9/1991), Absatz 5.5 muß der Aufsichtführende ab 1. 10. 1992 sachkundig sein. Der Nachweis der Sachkunde kann durch die erfolgreiche Teilnahme einschließlich Prüfung an einem behördlich oder berufsgenossenschaftlich anerkannten Lehrgang über den Umgang mit asbesthaltigen Gefahrstoffen erbracht werden; Dauer des Lehrgangs mindestens 35 Lehrstunden bei schwachgebundenem Asbest, sonst 15 Stunden; der Lehrplan ist nach Anlage 3 der TRGS 519 auszurichten (TRGS heißt: Technische Regeln für Gefahrstoffe).
- Beton-B-II-Baustellen
  Betoningenieur als Leiter der ständigen Betonprüfstelle; Nachweis der erweiterten betontechnischen Kenntnisse durch den „E-Schein".
- Beton-Instandsetzung
  Techniker/Ingenieure mit „SIVV-Schein" nach Ausbildung und Prüfung im Bereich Schutz, Instandsetzen, Verbinden und Verstärken von Betonbauteilen
- Spritzbeton
  Düsenführerschein; Befähigungsnachweis zum Verarbeiten von Spritzbeton; bei Spritzbeton mit Kunststoff: SPCC-Düsenführerschein

- Betonprüfstelle E
  Durchführung der Prüfungen nur durch geschulte Betonprüfer; Leistung der Prüfstelle durch Prüfer mit erweiterten betontechnologischen Kenntnissen, dem sog. E-Schein; beide werden nach der Prüfungsordnung des Ausbildungsbeirates Beton beim Deutschen Beton-Verein ausgestellt.
- Sprengberechtigte Personen
  dürfen Sprengarbeiten ausführen, und zwar
  a) auf Grund einer Erlaubnis nach § 7 des Sprengstoffgesetzes
  b) auf Grund eines Befähigungsscheines nach § 20 des Sprengstoffgesetzes.
- Holzschutz
  Etwa zum Jahreswechsel 1995/96 wird erwartet, daß jeder, der gewerblich mit Holzschutzmitteln umgeht, einen Sachkundekurs mit anschließender Prüfung nachweisen muß. Beim Umweltbundesamt hat sich ein Ausbildungsbeirat konstituiert, der eine bundeseinheitliche Ausbildungs- und Prüfungsverordnung erarbeitet.
  Nahziel ist der Sachkunde-Nachweis beim bekämpfenden (chemischen) Holzschutz; diese Forderung ist bereits in DIN 68 800 Teil 4 enthalten, allerdings nicht in der MBO bzw. den LBOs. Für den Bereich der Bauerstellung, also beim vorbeugenden Holzschutz, gibt es keine entspechenden Ziele.
- Qualitätskontrolle
  Im zivilen Bereich hat sich bei größeren Bauvorhaben bewährt, von Beginn an einen öbuv Sachverständigen mit der laufenden Qualitätskontrolle zu beauftragen. Die Kontrollintervalle werden entsprechend dem Bautempo gewählt (etwa 2 Wochen beim Rohbau/1 Woche beim Ausbau).
- Überwachungsbedürftige Anlagen
  Ingenieure mit Anerkennung durch den zuständigen Landesminister; Überwachungsbereich: elektrische Starkstromanlagen; mechanische Lüftungsanlagen und CO_2-Warnanlagen in Krankenhäusern, Großgaragen, Versammlungsstätten usw.

● Hinweis:
Der BGH hat in seiner Entscheidung vom 29. 3. 1990 zur Amtshaftung im Baugenehmigungsverfahren u. a. folgendes ausgeführt: Die Bediensteten der Bauaufsichtsbehörde müssen über genügend Sachkunde verfügen, um die inhaltliche Richtigkeit von Gutachten und Stellungnahmen, die im Genehmigungsverfahren eingeholt werden, zutreffend beurteilen zu können. Erkennen die Bediensteten deren Fehler nicht, so handeln sie schuldhaft.

7 Bautagebuch und Bauüberwachungsbericht

7.1 Bautagebuch

Eine technische Aktivität wie das ambulante Herstellen eines Bauwerks als Einzelstück ohne Musteranfertigung und Probeläufe erfordert in erhöhtem Maße die Dokumentation aller Schritte, Zustände und Ereignisse. Die täglich wechselnden Gegebenheiten auf einer Baustelle können später nur anhand sorgfältiger Aufzeichnungen rekonstruiert und evtl. als Beweismittel herangezogen werden.

Zum Teil sind solche Aufzeichnungen (Bautagebuch) vorgeschrieben, evtl. sogar in der Form: z. B. mit einheitlichen Formblättern. Häufig werden die von Verlagen angebotenen Muster verwendet. Umfang und Genauigkeit eines Bautagebuches richtet sich nach der Art und Größe des Bauvorhabens, auch ob es ein BV der öffentlichen Hand oder eines privaten Bauherrn ist oder ob z. B. die Ausführung durch eine Arbeitsgemeinschaft oder mit verschiedenen Subunternehmen erfolgt.

Auch ist bei einem Tagebuch zu unterscheiden nach einem:
- kaufmännisch-buchhalterischen Teil mit Aufzeichnungen über den Einsatz von Personal und Hilfskräften, über Stunden, Löhne und Zuschläge, Geräteeinsatz, Einkauf, Kostenüberwachung usw.
- technischen Teil mit Aufzeichnungen über Vorbereitung und Abwicklung von Positionen des Leistungsverzeichnisses, Prüfung und Gütenachweis von Baustoffen und Bauteilen, Protokolle und Formblätter nach DIN-Normen geforderten Bestimmungen
- Ereignisteil mit Notizen, Fotos und Zeugenbestätigungen über entdeckte Fehler und Mängel, auch solchen von Vorleistungen, Unfälle, Extremwetter, bauaufsichtliche Stillegung usw.

Während DIN 1052 – Holzbauwerke und DIN 1053 Teile 1 und 2 – Mauerwerk keine Bestimmungen über erforderliche Aufzeichnungen enthalten, verlangt DIN 1045 – Stahlbeton in Abschnitt 4.3 ausführliche Aufzeichnungen während der Bauausführung. Das wäre der technische Teil des Bautagebuches, schränkt diesen jedoch auf genehmigungspflichtige Arbeiten ein (Text ist in II 7.3.3 abgedruckt). Im Grundbau sind häufig vorgeschriebene Formulare und Prüfprotokolle auszufüllen, z. B. bei DIN 4125 – Verpreßanker, DIN 4014 – Bohrpfähle, DIN 4026 – Rammpfähle, DIN 4128 – Wurzelpfähle u. a. Sie sind in den Kapiteln der einschlägigen Gewerke einzeln aufgeführt.

Bei der Vergabe und Ausführung öffentlicher Bauaufträge sind neben der VOB, Teile A, B und C und den speziellen Vertragsunterlagen auch die von den Behörden erlassenen Richtlinien und Anweisungen zu beachten, z. B. das „Vergabehandbuch . . ." des Bundesbauministers u. ä., worin auch die vorgeschriebenen Einheitlichen Formblätter (EFB) enthalten sind. Über den Ablauf der Ausführung gemäß § 4 VOB/B ist ein Bautagebuch nach den „Richtlinien zur VOB – Formblatt EFB-Bautagebuch" zu führen.

(Muster s. ab Seite 74)

Das Bauvertragsmuster der BAK „Zusätzliche Vertragsvereinbarungen" führt unter dem Absatz Bautagesberichte aus: „Der AN ist verpflichtet, Bautagesberichte zu führen und davon dem AG eine Durchschrift zu übergeben. Sie müssen die Angaben enthalten, die für die Ausführung und Abrechnung des Vertrags von Bedeutung sein können, z. B. über Wetter, Temperatur, Zahl und Art der auf der Baustelle beschäftigten Arbeitskräfte, Zahl und Art der eingesetzten Großgeräte, den wesentlichen Baufortschritt, Beginn und Ende von Leistungen größeren Umfangs (Betonierungszeiten oder dgl.), bestimmte Arten der Ausführung oder Abrechnung, besondere Abnahmen nach § 12 Nr. 2 (Teilleistungen), Unterbrechung der

Muster des bei Bauten des Bundes und der Länder vorgeschriebenen Bautagebuches

EFB – Bautgb

____

(Bauamt)

BAUTAGEBUCH NR. ....

für das Bauvorhaben: ....

....

....

Gesamtkosten lt. .... vom .... DM ....

Gesamtkosten lt. Bauausgabebuch (Abrechnungssumme) DM ....

Baubeginn am ....

Baufertigstellung am ....

Unterbrechung von längerer Dauer:

vom .... bis ....

vom .... bis ....

vom .... bis ....

vom .... bis ....

vom .... bis ....

Bauführer (Bauwart):

Name: .... vom .... bis ....

Name: .... vom .... bis ....

Name: .... vom .... bis ....

Name: .... vom .... bis ....

Das Bautagebuch enthält .... (in Worten: ....) Seiten.

Für Aufmessungen wird ein / kein besonderes Heft (Aufmaßheft) geführt.

Richtlinien für die Führung des Bautagebuches auf der letzten Seite

Tag	a) Wetter b) Temperatur c) Niederste und höchste Temperatur	Schicht- a) beginn b) ende	Auftragnehmer	Arbeitskräfte Insgesamt				Wasserstände und dgl.	Stoffe, Bauteile	Großgeräteeinsatz
1	2	3	4	5				6	7	8

Seite ....

Ausgeführte Arbeiten, Bauablauf	Sonstiges
9	10

RICHTLINIEN FÜR DIE FÜHRUNG DES BAUTAGEBUCHES

Das Bautagebuch soll Stand und Fortschritt der Bauarbeit sowie alle bemerkenswerten Ereignisse des Bauablaufs lückenlos festhalten. Es dient als Grundlage für alle Meldungen und Berichte, die über die Bauausführung zu erstatten sind, und bildet nach Abschluß der Bauarbeiten einen wichtigen Bestandteil der Bauakten.

Im besonderen sind im Bautagebuch einzutragen:

a) arbeitstäglich mindestens bei Beginn und Schluß jeder Schicht das Wetter und die Temperaturen, dazu die höchsten und die niedrigsten Tagestemperaturen;

b) bei Bauten, die durch den Wasserstand offener Gewässer beeinflußt werden, die Wasserstände täglich einmal oder – wenn notwendig – mehrmals täglich;

c) falls angeordnet, die täglichen Grundwasserstände;

d) täglich die Uhrzeiten von Beginn und Ende der Arbeitsschichten;

e) täglich die Leistung der Auftragnehmer und die Zahl der von ihnen beschäftigten Poliere, Schachtmeister, Facharbeiter und Hilfsarbeiter, ggf. nach den von den Auftragnehmern abgelieferten Tagesberichten;

f) geleistete Stundenlohnarbeiten;

g) vertragliche oder außervertragliche Leistungen durch Bedienstete des Auftraggebers;

h) zu Großgerät: Zugang, Einsatz und Abgang, Dauer und Ursache eines etwaigen Ausfalls;

i) Eingang von Stoffen und Bauteilen, und zwar
   i[1]) aller vom Auftraggeber beigestellten und
   i[2]) der wichtigeren vom Auftragnehmer gelieferten;

k) Erledigung vorgeschriebener Baustoff-, Boden- und Wasserprüfungen und die dazugehörigen Prüfungsergebnisse;

l) Angaben über die Beschaffenheit des Baugrundes;

m) Beginn und Beendigung der einzelnen Bauarbeiten und der Bauabschnitte (Gründung, Abnahme der Baugrube, aufgehendes Mauerwerk, Lehrgerüst, Schalungsfristen, Erdarbeiten, Oberbauarbeiten usw.) auch für Leistungen, deren örtliche Überwachung nicht dem Bauführer (Bauwart) sondern Bediensteten anderer Fachgebiete obliegt;

n) Unterbrechung und Verzögerung der Arbeiten und ihre Ursachen;

o) soweit angeordnet oder nach Ermessen des Bauführers (Bauwarts) zweckmäßig, Aufschreibungen für die kalkulatorische Beurteilung wichtiger Einheitspreise;

p) außergewöhnliche Ereignisse (Unfälle, Rutschungen u. dgl.);

q) Notwendigkeit etwaiger Abweichungen von den genehmigten Bauzeichnungen einschl. ihrer Begründung, Beantragung und Genehmigung solcher Änderungen;

r) Vermerk über Aufmessungen;

s) Eingang von Ausführungszeichnungen, Änderungs- und Berichtigungsblättern und Aushändigung an den Auftragnehmer;

t) Hinweise auf Anordnungen der Bauüberwachung nach § 4 Nr. 1 VOB/B und auf wichtigere Vereinbarungen mit einem Auftragnehmer oder seinem Vertreter;

u) mündliche Weisungen von Vorgesetzten an den Bauführer (Bauwart);

v) Übergabe und Übernahme des Dienstes bei Schichtwechsel, Vertretung und Nachfolge (auf eine Zeile über alle Spalten hinweg);

w) Name des Bauleiters des Auftragnehmers und etwaiger Wechsel.

Im übrigen sind zu beachten:

- Nr. 1 der VHB-Richtlinie zu § 3 VOB/B
  (Aushändigung der Ausführungsunterlagen)
- Nr. 2.1 der VHB-Richtlinie zu § 4 VOB/B
  (Bedenken des Auftragnehmers)
- Nr. 4 der VHB-Richtlinie zu § 5 VOB/B
  (Schadenersatzansprüche und Kündigung)
- Nr. 1 der VHB-Richtlinie zu § 6 VOB/B
  (Behinderung)

Die Seiten des Bautagebuches sind laufend zu nummern. Das Bautagebuch ist dem Beauftragten des .... (Bauamt) .... vorzulegen.

Ausführung einschl. kurzer Unterbrechung der Arbeitszeit mit Angabe der Gründe, Unfälle, Behinderungen und sonstige Vorkommnisse."

Die HOAI schließlich weist in Teil II – Leistungen bei Gebäuden . . . beim Leistungsbild § 15 unter Leistungsphase Nr. 8 – Objektüberwachung (Bautagebuch) dem Architekten das „Führen eines Bautagebuches" als Grundleistung zu. Eine bestimmte Form wird nicht vorgeschrieben. Dieses Bautagebuch des objektüberwachenden Architekten wird sicherlich von dem des Firmenbauleiters abweichen.

In das Bautagebuch sind also vor allem aus Beweiszwecken alle wesentlichen Vorgänge bei der Bauwerkserrichtung aufzunehmen, die im Hinblick auf spätere Gewährleistungsprozesse von Bedeutung sein können, z. B. Arbeitsbedingungen auf der Baustelle, Beanstandungen, Beurteilung von Lieferungen, personeller und maschineller Einsatz des BU (auch ausländische Subkolonnen) usw.

Der Architekt muß seine Aufzeichnungen nicht vom ausführenden BU gegenzeichnen lassen; der BU ist ohne besondere Absprache auch nicht dazu verpflichtet. Bei kritischen Umständen sollte sich der A jedoch darum bemühen. – Der A muß dem BH auf Verlangen Einsicht in das Bautagebuch gewähren, ggf. ihm eine Kopie zur Verfügung stellen (vgl. auch Löffelmann/Fleischmann, Architektenrecht, 2. Aufl. 1993).

Verschiedene Baufachbuchverlage oder Formularvertriebe haben Bautagebücher in verschiedener Form herausgebracht; sie reichen als Formblätter oder Handbücher vom Baustellenbericht, Tagesarbeitsbericht über das Kontrollbuch für den Bauherrn bis zum Projektbuch Bauausführung*), das Dokumentationsfunktion und Projektsteuerung beinhaltet.

---

*) R. Engel, Projektbuch Bauausführung, Werner-Verlag, 1991 oder Engel/Korte, Bautagebuch, Werner-Verlag 2. Aufl. 1994.

7.2 Bauüberwachungsbericht

Die Bauaufsichtsämter und die Prüfingenieure für Baustatik haben jeweils individuelle Formblätter für die Dokumentation der Bauüberwachungstermine entwickelt. Das reicht von einzelnen Kontrollzetteln im DIN-A5-Format (als Block mit Durchschrift für die Baustelle) über mehrseitige Formblätter im DIN-A4-Format bis zu formlosen umfangreichen Berichten.

In der Regel wird in Stichworten nur vermerkt, welche Beanstandungen vorhanden sind und ausgeräumt werden müssen: Bewehrungszulagen, Änderung der Bewehrungsführung, Auflagerdetails, Zusatzbolzen oder -nägel, Änderung der Verbände, zusätzliche Montageabstützung usw.

Im günstigen Fall steht der Vermerk „Keine Beanstandung" auf dem Kontrollzettel.

Vermerkt werden sollte auf jeden Fall, ob eine „Nachkontrolle" nach Ausräumen der Beanstandung erforderlich ist.

Im ungünstigsten Fall heißt der Vermerk etwa: „Die Arbeiten an . . . sind einzustellen, bis ein neuer Nachweis vorgelegt und geprüft wurde."

Da Umfang, Schwierigkeit und Ausführungsqualität der einzelnen Überwachungsabschnitte stark streuen, ist ein Formblatt, das allen Überwachungsterminen und Baustellen gerecht wäre, praktisch nicht zu entwerfen. Neuerdings hat der Minister für Bauen und Wohnen in NW als Anlage zur Verwaltungsvorschrift der Bauprüfverordnung ein Formblatt entwickelt als

- Bericht über die Bauüberwachung und ein weiteres als
- Bericht über die Bauzustandsbesichtigung.

Sie werden nachfolgend sowie ein üblicher Kontrollzettel für den Normalfall abgedruckt.

Kontrollzettel eines Bauaufsichtsamtes:

Kartei-Nr.	
Bauteil	
Bauunternehmer	
Polier	Bauführer

Kontrollbemerkungen:

____

____

____

____

____

____

____

Ohne Betonprüfzeugnisse keine Rohbaukontrolle!

☐ **Nachkontrolle** ist erforderlich.

☐ **Nachkontrolle** ist **nicht** erforderlich.

Landeshauptstadt
Düsseldorf
Der Oberstadtdirektor
Bauaufsichtsamt
Abt. Baustatik
Brinckmannstraße 5
Telefon 8 99–43 51

Datum

____

Polier/Bauführer

Bauüberwachungsbericht – Muster der obersten BAB

Anlage 11 zur VV BauPrüfVO

Bericht über die Bauüberwachung
(§ 76 BauO NW i. v. m. § 18 Abs. 2 BauPrüfVO)

I. Prüfauftrag

1. Beauftragter Prüfingenieur:

Name, Vorname

Anschrift

2. Prüfauftrag erteilt von:

Bauaufsichtsbehörde	Datum des Auftrages	AZ des Bauantrages

3. Umfang des Prüfauftrages gem. § 18 BauPrüfVO:

Bauüberwachung im Bereich

☐ Standsicherheit

☐ Feuerwiderstandsdauer der tragenden Bauteile

☐ Schallschutz

II. Angaben zum Bauvorhaben

1. Genaue Bezeichnung:

2. Lage:

Ort/Straße/Haus-Nr.

oder:

Gemarkung	Flur	Flurstück Nr.

3. Bauherr

Name, Vorname

Anschrift

4. Bauleiter

Name, Vorname

Anschrift

und Fachbauleiter

Name, Vorname

Anschrift

5. Ausführende Unternehmen für die Rohbauarbeiten:

Bauüberwachungsbericht – Muster der obersten BAB (Forts.)

Sonstige Unternehmen:

III. Ergebnis der Überprüfung

1. Die Bauüberwachung wurde entsprechend dem erteilten Prüfauftrag durchgeführt. Dabei wurden

☐ keine Mängel festgestellt. ☐ folgende Mängel festgestellt:

2. Der Bauherr wurde zur Beseitigung der Mängel ☐ aufgefordert. ☐ nicht aufgefordert.

Die Mängel wurden ☐ beseitigt. ☐ nicht beseitigt.

Vorschlag zur Mängelbeseitigung:

3. Die in Nr. 18 Abs. 2 Ziffer 2 VV BauPrüfVO genannten Brauchbarkeitsnachweise haben

☐ vorgelegen. ☐ nicht vorgelegen.

Bemerkungen:

4. Die in den Brauchbarkeitsnachweisen getroffenen Nebenbestimmungen werden

☐ eingehalten. ☐ nicht eingehalten.

Bemerkungen:

IV. Unterschriften

1. Ort, Datum	Unterschrift des Prüfingenieurs

2. Namen der bei der Prüfung beteiligten Mitarbeiter des Prüfingenieurs:	Paraphe der Mitarbeiter

Bauüberwachungsbericht eines Prüfingenieurs

Dipl.-Ing. H. Fedler

Beratender Ingenieur VBI
Prüfingenieur für Baustatik
Metallbau, Massivbau, Holzbau

Dipl.-Ing. H. Fedler · Postfach 320565 · 4000 Düsseldorf 30

Stadt Düsseldorf
Bauaufsichtsamt
Brinckmannstr. 5

4000 Düsseldorf 1

EINGEGANGEN
11. Juni 1991

4000 DÜSSELDORF 30
Duisburger Straße 113
Telefon (0211) 494084
Telefax (0211) 4982196

Ihr Schreiben	Ihr Zeichen	Mein Schreiben	Mein Zeichen	den
2.3.89	3288/89		P484/89 Sp/rö	10.06.1991

Betr.: **4000 Düsseldorf, Kevelaerer Str. 1**
Erweiterung Hauptwerkstatt, 2. Bauabschnitt -Zentralgebäude-
Kartei Nr. 3288/89

Bauherr: Rheinische Bahngesellschaft AG
Hansaallee 1, 4000 Düsseldorf 11

Ausführung: Bauunternehmung Peter Holthausen GmbH & Co KG
Burgunder Str. 47a, 4000 Düsseldorf 11

ÜBERWACHUNGSBERICHT

Die Rohbauarbeiten für den Neubau des Zentralgebäudes im Zuge des 2. Bauabschnittes der Erweiterung der Hauptwerkstatt sind abgeschlossen! Die örtlichen Baukontrollen erfolgten an Hand der geprüften Konstruktionspläne und ergaben keine nennenswerten Beanstandungen. Festgestellte kleinere Mängel wurden sofort an Ort und Stelle behoben. Die Beton B II-Baustelle wurde fremdüberwacht durch die Güteüberwachung B II-Baustellen e.V. 6200 Wiesbaden, Bahnhofstr. 2.
Gegen die Durchführung der Bauzustandsbesichtigung für den Rohbau bestehen in statischer Hinsicht keine Bedenken.

Dipl.-Ing. H. Fedler
Prüfingenieur für Baustatik

Anlagen:
1.) 153 Konstruktionszeichnungen (siehe beigefügtes Planverzeichnis)
2.) Betonprüfungszeugnisse für Druckfestigkeits- u. Wasserdurchlässigkeitsprüfungen

Kontrollzettel eines Prüfingenieurs

Dipl.-Ing. Jochen Uhlenberg, Prüfingenieur für Baustatik
Haus-Vorster-Str. 31, 5090 Leverkusen 3, Telefon 02171/2406

Kontrollbesuch

Prüf.-Nr. ..../............................ Datum: ....

Bauvorhaben: ....

Bauteil: ....

....

Bauherr: ....

Ausführende Firmen: ....

....

Bemerkungen: ....

....

....

....

....

....

....

....

....

Unterschriften: ....

ABNAHMEPROTOKOLL

Bauleistung			
Gebäude/Bauwerk			
Auftragnehmer			
Auftraggeber			
Architekt			
Fachingenieur			
Auftrag vom			
Beginn der Leistung		Fertigstellung der Leistung	
Abnahmetermin		vertraglich vereinbarter Fertigstellungstermin	
Terminüberschreitung			

Erschienen waren	☐ der Auftraggeber
	☐ der Architekt
	☐ für den Auftragnehmer

☐ Die Abnahme der Leistungen wird wegen der umseitig genannten Mängel verweigert.

☐ Folgende Leistungen werden abgenommen unter Vorbehalt der umseitig genannten Mängel.

☐ Die Leistungen wurden insgesamt abgenommen unter Vorbehalt der Nachbesserung der umseitig genannten Mängel.

☐ Der Auftraggeber behält sich die Geltendmachung der vereinbarten Vertragsstrafe vor.

☐ Das Ende der Gewährleistungsfrist ist: ____________________

☐ Die umseitig aufgeführten Mängel sind unverzüglich, spätestens bis ____________ zu beseitigen. Falls die Mängel bis zu diesem Termin nicht beseitigt sind, behält sich der Auftraggeber vor, auf Kosten des Auftragnehmers die Mängelbeseitigung durch einen Dritten vornehmen zu lassen. Alle Ansprüche auf Gewährleistung und weitergehenden Schadenersatz bleiben unberührt.

____

____

____________, den ____________

____________________ ____________________

(Für den Auftragnehmer) (Für den Auftraggeber)

Muster aus: R. Engel, Projektbuch Bauausführung, Werner-Verlag, 2. Aufl. 1991.

Schematische Ablaufplanung der Bauausführung eines Wohnhauses (Balkendiagramm)

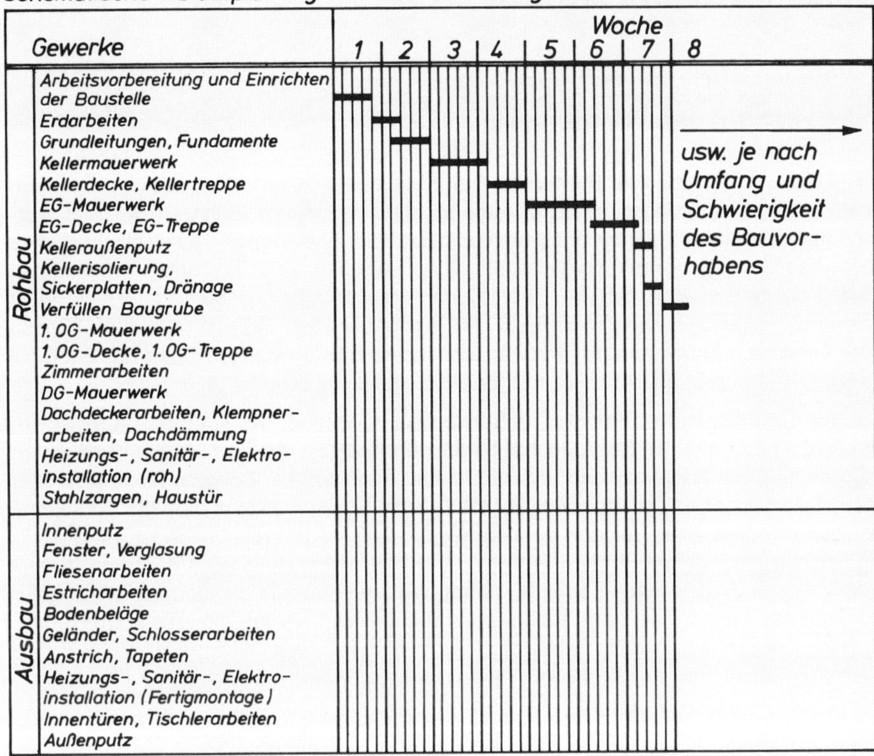

Für die Ablaufplanung der Bauausführung (Bauzeitplan) haben sich drei Systeme eingeführt:

- Balkendiagramm für kleine und mittlere Bauvorhaben, wobei Überschneidungen und Reservezeiten darstellbar sind (s. Beispiel oben)
- Weg-Zeit-Diagramm (auch: Geschwindigkeitsdiagramm), häufig bei Tiefbauarbeiten
- Netzplan für große Bauvorhaben mit den Möglichkeiten der Alternativwege bei Störungen und Verzögerungen in einzelnen Gewerken.

8 Maßtoleranzen im Hochbau

8.1 „Toleranz" bei den Toleranzen

Nach DIN 18201 – Toleranzen im Bauwesen, Grundsätze – sollen die Normen über Toleranzen im Bauwesen das funktionsgerechte Zusammenfügen von Bauteilen des Roh- und Ausbaues trotz unvermeidbarer Herstellungsungenauigkeiten ohne Anpaß- oder Nacharbeiten ermöglichen. Die Toleranznormen sind ebenfalls Inhalt der meisten ATV, also Vertragsinhalt der VOB und insofern vom Architekten und Bauunternehmer zu beachten, sofern sie nicht durch vertragliche Sonderregelungen außer Kraft gesetzt werden. Selbstverständlich können auch höhere Genauigkeiten vereinbart werden; das erfordert sehr rasch größeren Aufwand bei der Herstellung und den Maßkontrollen und insofern steigende Kosten.

Braun/Haderer (Maßgerechtes Bauen. Toleranzen im Hochbau, R. Müller 3. Aufl. 1990) meinen dazu: „Es gibt Fälle, wo Bauteile und Stellen am Bauwerk größere Maßabweichungen, als sie in diesen Normen festgelegt sind, haben können, ohne daß Funktionen, Passungen oder Gestaltungserfordernisse gefährdet werden. In DIN 18201 heißt es deshalb, daß die Einhaltung von Toleranzen nur dann bzw. nur dort geprüft werden soll, wo es erforderlich ist. Keinesfalls sollen die Normen aus irgendwelchen Gründen, z. B. zur Minderung der Vergütung, ausgenutzt werden. Beispielsweise wird es ganz bestimmt uninteressant sein, wenn ein Unternehmer Streifenfundamente breiter als vorgesehen und mit Überschreitung der Toleranzen herstellt . . . (Bei der Grenzbebauung kann das schon anders sein). Wesentlich ist, wo eine Maßabweichung auftritt und welche Folgen dadurch ausgelöst werden können."

Bei Maßkontrollen muß bedacht werden, daß Baukörper sich ständig – wenn auch nur geringfügig – verformen: Kriechen, Schwinden, Quellen, Zusammendrückung, Durchbiegung, tages- und jahreszeitliche Temperaturdehnung, Setzung, Senkung u. a. Weiter auch, daß Meßgeräte Toleranzen beinhalten. „Mit der konventionellen Art des Gebäudeanlegens durch den Polier oder Bauleiter mit Schnurgerüst, Bandmaß, Wasserwaage oder Schlauchwaage, evtl. Winkelprisma, Lot und Theodolit sind Maßabweichungen der Gebäudeecken bis zu mehreren Zentimetern im Grundriß und im Niveau keine Seltenheit."

An dieser Stelle sei auf den „Leitfaden über die Beurteilung von Unzulänglichkeiten bei Neubauten" von R. Oswald (AI Bau, Aachen) hingewiesen, der sich in Vorbereitung befindet (etwa 1995). Es gibt nämlich viele Grenzbereiche, bei denen sich Beanstandungen, Auseinandersetzungen und Nachbesserungsversuche nicht lohnen. Gewisse Toleranzüberschreitungen gehören auch dazu.

Mit diesen üblichen Meßhilfen wird allgemein die Ausführungsgenauigkeit mit 0,5 cm eingeschätzt (Längen, Höhen von gemauerten Wänden), die lichten Raumhöhen zu ± 16 mm. Wenn höhere Genauigkeit gefordert wird (ausbaubedingt oder bei Vorfertigung), sollten beim Mauern Lehren verwendet werden.

8.2 Maßtoleranzen bei Längen, Winkeln, Flächen, Ebenheit

In folgenden Gewerken wird auf höchstzulässige Maßabweichungen bei der Bauausführung hingewiesen:

DIN 18330 – Mauerarbeiten
DIN 18331 – Beton- und Stahlbetonarbeiten

DIN 18332 – Naturwerksteinarbeiten
DIN 18333 – Betonwerksteinarbeiten
DIN 18334 – Zimmer- und Holzbauarbeiten
DIN 18350 – Putz- und Stuckarbeiten
DIN 18352 – Fliesen- und Plattenarbeiten
DIN 18353 – Estricharbeiten.

In der Regel gilt folgende Beschränkung: Abweichungen von vorgeschriebenen Maßen (der Ausführungspläne) sind nur in den in folgenden Normen bestimmten Grenzen zulässig.

DIN 18201 – Toleranzen im Bauwesen; Begriffe, Grundsätze, Anwendung, Prüfung
DIN 18202 – Toleranzen im Hochbau; Bauwerke
DIN 18203 – Toleranzen im Hochbau; vorgefertigte Teile (diese Norm ist nur bei DIN 18331 und 18334 aufgeführt).

Werden erhöhte Anforderungen an die Ebenheit von Flächen nach DIN 18202 gestellt, so sind das „Besondere Leistungen" nach VOB. Sie sind in den Einheitspreisen nicht enthalten und müssen besonders vergütet werden.

DIN 18202 – Toleranzen im Hochbau, Bauwerke – legt zahlenmäßig Abweichungen im Bauwerk fest. Diese Toleranzen sind baustoffunabhängig und lastunabhängig; sie gelten nicht als Fehler. (Die Tabellennumerierung entspricht nicht der DIN.)

8.2.1 Grenzabmaße für Längen, Breiten, Höhen, Achs- und Rastermaße, Öffnungen (Fenster, Türen, Einbauelemente) bei konventionellen Bauwerken

Tabelle 8.1 Grenzabmaße nach DIN 18202

Zeile	Bezug	Grenzabmaße in mm bei Nennmaßen in m				
		bis 3	über 3 bis 6	über 6 bis 15	über 15 bis 30	über 30
1	Maße im Grundriß, z. B. Längen, Breiten, Achs- und Rastermaße	± 12	± 16	± 20	± 24	± 30
2	Maße im Aufriß, z. B. Geschoßhöhen, Podesthöhen, Abstände von Aufstandsflächen und Konsolen	± 16	± 16	± 20	± 30	± 30
3	Lichte Maße im Grundriß, z. B. Maße zwischen Stützen, Pfeilern usw.	± 16	± 20	± 24	± 30	–
4	Lichte Maße im Aufriß, z. B. unter Decken und Unterzügen	± 20	± 20	± 30	–	–
5	Öffnungen, z. B. für Fenster, Türen, Einbauelemente	± 12	± 16	–	–	–
6	Öffnungen wie vor, jedoch mit oberflächenfertigen Leibungen	± 10	± 12	–	–	–

Zur Überprüfung der Maßabweichungen von Längen, Breiten und Höhen sollen die Meßpunkte jeweils 10 cm von den Ecken und Kanten entfernt sein, damit gewisse Unregelmäßigkeiten durch Abrundungen, Grate u. a. die Meßergebnisse nicht verfälschen. Bei freier

Deckenfläche werden Längen, Breiten, Achs- und Rastermaße im Grundriß gemessen gem. Abb. 8.1

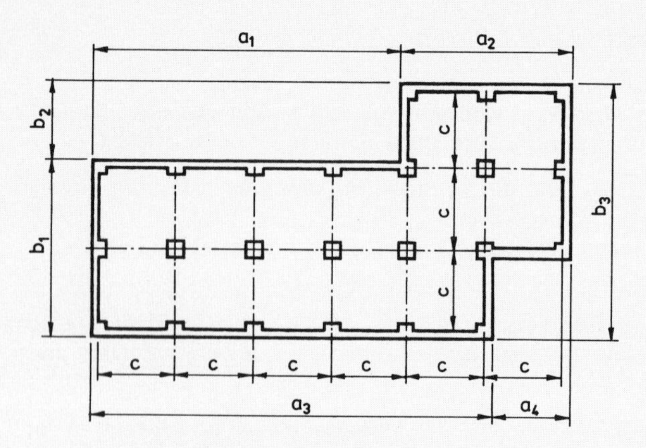

Abb. 8.1 Bauwerksmaße und Achsmaße
a, b = Maße des Bauwerks
c = Achsmaße der Stützen und Pfeiler

8.2.2 **Winkeltoleranzen** für vertikale, horizontale und geneigte Flächen

Tabelle 8.2 Winkeltoleranzen

	Bezug	Stichmaße als Grenzwerte in mm bei Nennmaßen in m					
		bis 1	von 1 bis 3	über 3 bis 6	über 6 bis 15	über 15 bis 30	über 30
1	Vertikale, horizontale und geneigte Flächen	6	8	12	16	20	30

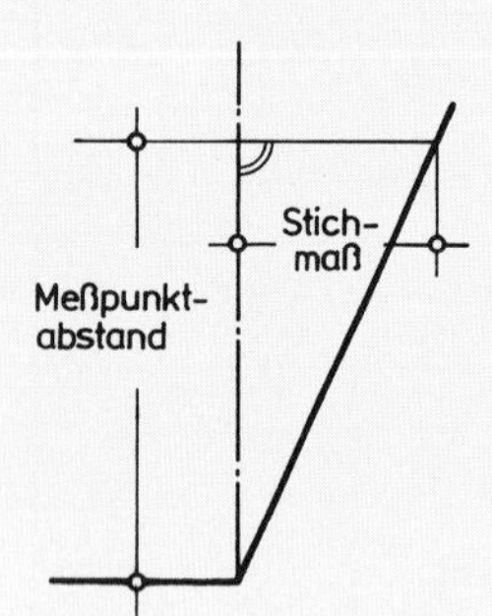

Abb. 8.2 Stichmaß zur Ermittlung von Winkelabweichungen

Durch Ausnutzen der Grenzwerte für Stichmaße nach Tabelle 8.2 dürfen die Grenzabmaße der Tabelle 8.1 nicht überschritten werden. Die Meßpunkte für Winkeltoleranzen sind 10 cm von den Rändern bzw. Ecken der Bauteile zu legen. Bezugslinie im Grundriß ist die Verbindungslinie von Meßpunkten oder einer Parallele dazu. Stichmaß ist die Abweichung zwischen Meßlinie und Bezugslinie.

Grenzabmaße und Winkeltoleranzen begrenzen die zulässigen Maßabweichungen des Bauwerks, und zwar beim Rohbau und beim Ausbau. Der Ausbauunternehmer (z. B. Estrich) kann natürlich nur beschränkt Maßabweichungen des Rohbaues ausgleichen; er sollte bei erheblichen Mängeln rechtzeitig nach VOB beanstanden. Übrigens braucht der Estrichleger nicht bei seiner Überprüfung auf die Einhaltung lichter Raummaße zu achten.

8.2.3 Ebenheitstoleranzen für Flächen von Decken (Ober- und Unterseite), Estrichen, Unterböden, Bodenbelägen, Wänden, Fassaden, Öffnungen (nicht für Spritzbetonoberflächen).

Es ist zu beachten, daß für die Toleranzen der Lage von Flächen Tabelle 8.3 gilt und für die Neigung von Flächen die Tabelle 8.2. Ungenauigkeiten von der Lage und von der Neigung sind daher nicht mit den Abweichungen von der Ebenheit zu verwechseln. Bei Mauerwerk, dessen Dicke gleich einem Steinmaß ist, gelten die Ebenheitstoleranzen nur für die bündige Seite.

Tabelle 8.3 Ebenheitstoleranzen

Zeile	Bezug	Stichmaße als Grenzwerte in mm bei Meßpunktabständen in m bis				
		0,1	1	4	10	15
1	Nichtflächenfertige Oberseiten von Decken, Unterbeton und Unterböden	10	15	20	25	30
2	Nichtflächenfertige Oberseiten von Decken, Unterbeton und Unterböden mit erhöhten Anforderungen, z. B. zur Aufnahme von schwimmenden Estrichen, Industrieböden, Fliesen- und Plattenbelägen, Verbundestrichen Fertige Oberflächen für untergeordnete Zwecke, z. B. in Lagerräumen, Kellern	5	8	12	15	20
3	Flächenfertige Böden, z. B. Estriche als Nutzestriche, Estriche zur Aufnahme von Bodenbelägen Bodenbeläge, Fliesenbeläge, gespachtelte und geklebte Beläge	2	4	10	12	15
4	Flächenfertige Böden mit erhöhten Anforderungen, z. B. mit selbstverlaufenden Spachtelmassen	1	3	9	12	15
5	Nichtflächenfertige Wände und Unterseiten von Rohdecken	5	10	15	25	30
6	Flächenfertige Wände und Unterseiten von Decken, z. B. geputzte Wände, Wandbekleidungen, untergehängte Decken	3	5	10	20	25
7	Wie Zeile 6, jedoch mit erhöhten Anforderungen	2	3	8	15	20

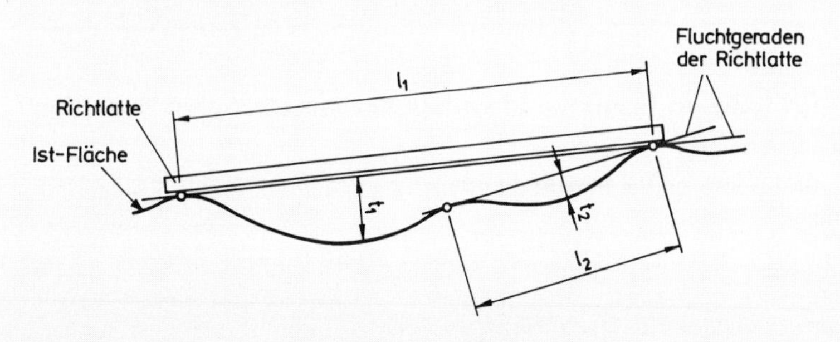

Abb. 8.3 Zuordnung der Stichmaße zum Meßpunktabstand (Überprüfung durch Meßlatte und Meßkeil)

Erhöhte Anforderungen an die Ebenheitstoleranzen (Zeilen 2, 4 und 7 der Tabelle 8.3) müssen stets gesondert vereinbart werden. Sie gelten nicht bereits, wenn in der Leistungsbeschreibung oder nach VOB Teil C Maßtoleranzen nach DIN 18202 vereinbart sind.

Inzwischen hat sich wegen zunehmender Streitfälle hierzu eine eigene Literatur etabliert (z. B. Tiltmann/Helm/Schlapka, Maßtoleranzen im Hochbau, WEKA Verlag, Loseblattsammlung 1993, ca. 4000 Seiten).

8.2.4 Maßabweichungen für Längen und Breiten bei vorgefertigten Bauteilen aus Beton, Stahlbeton, Spannbeton

Es handelt sich um zulässige Abweichungen von Bauteilen vor ihrem Einbau bzw. vor der Montage. Im eingebauten Zustand gelten die Werte der DIN 18202 (s. Tabelle 8.1).

Tabelle 8.4 Zulässige Maßabweichungen für Längen- und Breitenmaße (DIN 18203 Teil 1, Tabelle 1)

Zeile	Bauteile	Grenzabmaße in mm bei Nennmaßen in m							
		bis 1,5	über 1,5 bis 3	über 3 bis 6	über 6 bis 10	über 10 bis 15	über 15 bis 22	über 22 bis 30	über 30
1	Längen stabförmiger Bauteile (z. B. Stützen, Binder, Unterzüge)	± 6	± 8	± 10	± 12	± 14	± 16	± 18	± 20
2	Längen und Breiten von Deckenplatten und Wandtafeln	± 8	± 8	± 10	± 12	± 16	± 20	± 20	± 20
3	Längen vorgespannter Bauteile	–	–	–	± 16	± 16	± 20	± 25	± 30
4	Längen und Breiten von Fassadentafeln	± 5	± 6	± 8	± 10	–	–	–	–

Tabelle 8.5 Zulässige Maßabweichungen für Querschnittsmaße (DIN 18203 Teil 1, Tabelle 2)

Zeile	Bauteile	Grenzabmaße in mm bei Nennmaßen in m					
		bis 0,15	über 0,15 bis 0,3	über 0,3 bis 0,6	über 0,6 bis 1,0	über 1,0 bis 1,5	über 1,5
1	Dicken von Deckenplatten	± 6	± 8	± 10	–	–	–
2	Dicken von Wand- und Fassadentafeln	± 5	± 6	± 8	–	–	–
3	Querschnittsmaße stabförmiger Bauteile (z. B. Stützen, Unterzüge, Binder, Rippen)	± 6	± 6	± 8	± 12	± 16	± 20

8.2.5 Grenzabmaße für Längen, Breiten und Höhen bei vorgefertigten Bauteilen aus Stahl

Die Werte gelten nicht für Toleranzen bei Formstahl (Walzträger) und Stabstahl; diese sind in den Materialnormen angegeben.

Tabelle 8.6 Grenzabmaße für Längen, Breiten, Höhen, Diagonalen und Querschnitte (DIN 18 203 Teil 2)

Grenzabmaße in mm bei Nennmaßen in mm					
bis 2 000	über 2 000 bis 4 000	über 4 000 bis 8 000	über 8 000 bis 12 000	über 12 000 bis 16 000	über 16 000
± 1	± 2	± 3	± 4	± 5	± 6

8.2.6 Maßabweichungen für Träger, Binder, Stützen und Tafeln aus Holz und Holzwerkstoffen

Beim Holz spielt die Volumenveränderlichkeit infolge Quellens und Schwindens eine große Rolle. Daher muß bei der Überprüfung die vorhandene Holzfeuchtigkeit festgestellt und mit der Bezugsholzfeuchtigkeit verglichen werden.

Tabelle 8.7 Zulässige Maßabweichungen für Träger, Binder, Stützen (DIN 18 203 Teil 3, Tabelle 1)

Träger, Binder, Stützen		Bezugs-holz-feuchtig-keit	Grenzabmaße in mm bei Nennmaßen in m						
			bis 0,2	über 0,2 bis 0,5	über 0,5 bis 1,5	über 1,5 bis 3	über 3 bis 6	über 6 bis 15	über 15
Breite und Höhe	aus Vollholz und zusammengesetzten Querschnitten	30 %	± 4	± 6	± 8	± 10	± 12	–	–
	aus einteiligen Holzleimbauteilen	15 %	± 3	± 4	± 5	± 6	± 8	–	–
Längen und Abstände (z. B. zwischen Bohrungen)			± 3	± 4	± 6	± 8	± 10	± 16	± 20

Tabelle 8.8 Zulässige Maßabweichungen für Tafeln (DIN 18 203 Teil 3, Tabelle 2)

Tafeln	Bezugs-holz-feuch-tigkeit	Grenzabmaße in mm bei Nennmaßen in m					
		bis 0,1	über 0,1	bis 1,5	über 1,5 bis 3	über 3 bis 6	über 6
Breite, Höhe (Kantenlänge) und Öffnungen	15 %	–	–	± 6	± 8	± 10	± 12
Dicke		± 4	± 6				

8.3 Maßabweichungen beim Schneiden, Biegen und Verlegen von Bewehrungsstäben

Für die Abweichungen beim Ablängen, Biegen und Verlegen von Betonstahl (Stäbe und Matten) gibt es weder in DIN 10 45 noch bei den Maßtoleranzen festgelegte, zulässige Werte. D. Russwurm (Betonstähle für den Stahlbetonbau, 1993) hat praktische Vorschläge für solche Toleranzen in verschiedenen europäischen Ländern und den USA vorgestellt. Im Merkblatt

„Betondeckung", Fassung 3/1991, des Deutschen Beton-Vereins sind, ausgehend von der sehr wichtigen Dicke der Betondeckung im fertigen Bauwerk, Grenzabmaße der Schnittlängen und der gebogenen Bewehrungsstäbe vorgeschlagen worden. Sie werden als Tabelle 8.9 und 8.10 nachfolgend abgedruckt.

Tabelle 8.9 Grenzabmaße Δl der gebogenen Bewehrungsstäbe

			1)			
Stabdurchmesser in mm	≤ 14	> 14	≤ 14	> 14	≤ 10	> 10
Grenzabmaß Δl in cm – allgemein – bei Paßlängen	 0 – 1,5 0 – 1,0	 0 – 2,5 0 – 1,5	 0 – 1,0 0 – 1,0	 0 – 2,0 0 – 2,0	 0 – 1,0 0 – 0,5	 0 – 1,5 0 – 1,0

[1]) Bei diesem Maß ist das Grenzabmaß der zugehörigen Bügel zu beachten.

Tabelle 8.10 Grenzabmaße Δl der Schnittlängen beim Ablängen der Bewehrungsstäbe

Stablänge l	m	≤ 5,0	> 5,0
Grenzabmaß Δl – allgemein – bei Paßlängen	 cm cm	 ± 1,5 0 – 0,5	 ± 2,0 0 – 1,0

Selbstverständlich darf es bei Stahlsorten, Mattentypen, Stabdurchmessern, Bewehrungspositionen, Lage der oberen und unteren Bewehrung usw. keinerlei Abweichungen geben.

Teil II: Praxis der Bauausführung und Bauüberwachung

- Allgemeine Hinweise und Brauchbarkeitsnachweise
- Baustelle, Gerüste, Unfallverhütungsvorschriften
- Baugrube, Sicherung von Nachbargebäuden, Baugrund, Flachgründungen, Pfähle, Anker
- Mauerwerksbauten: Wände, Mörtel, Schornsteine, Putz, Estrich, Fassaden, Dübel
- Holzkonstruktionen, Verbindungsmittel, Holzschutz
- Stahlkonstruktionen, Schweißen, Korrosionsschutz
- Stahlbetonbauteile, Spannbeton, Fertigteile, Dauerhaftigkeit
- Glas, Kunststoff, Textil
- Brandschutz
- Bauphysik: Wärmeschutz, Schallschutz
- Abbruch von Bauwerken; bauliche Gefahrenstellen

1 Allgemeine Hinweise und Brauchbarkeitsnachweise

1.1 Bestimmungen des BGB und der VOB zur Bauausführung

1.1.1 Der Werkvertrag nach §§ 631 bis 651 BGB

Private Rechtsgeschäfte sind im Bürgerlichen Gesetzbuch geregelt; es kennt nicht den Bauvertrag, sondern den Werkvertrag, daneben noch den Werklieferungsvertrag und den Dienstleistungsvertrag, und sieht jeweils Abschluß-, Gestaltungs- und Formfreiheit vor. Es erlaubt also auch, als Vertragsinhalt vorformulierte Regelungen zu verwenden, z. B. die HOAI, den Einheits-Architektenvertrag oder die VOB. Grenzen der Gestaltungsfreiheit sind gesetzliche Verbote oder das AGB-Gesetz. Wird die VOB nicht ausdrücklich in den Werkvertrag einbezogen, so gilt sie vertraglich nicht.

BGB Zweites Buch – Recht der Schuldverhältnisse, 7. Abschnitt, 7. Titel: Werkvertrag

§ 631 (1) Durch den Werkvertrag wird der Unternehmer zur Herstellung des versprochenen Werkes, der Besteller zur Entrichtung der vereinbarten Vergütung verpflichtet.

Das versprochene Werk ergibt sich beim Bauvertrag aus dem Leistungsverzeichnis, der Baubeschreibung und den Ausführungsplänen.

§ 633 (1) Der Unternehmer ist verpflichtet, das Werk so herzustellen, daß es die zugesicherten Eigenschaften hat und nicht mit Fehlern behaftet ist, die den Wert oder die Tauglichkeit zu dem gewöhnlichen oder nach dem Vertrage vorausgesetzten Gebrauch aufheben oder mindern.

Obschon – anders als in der VOB Teil B, § 13 Nr. 1 – nicht ausdrücklich im Gesetz geregelt, geht allgemein die Meinung dahin, daß das Werk nicht mit Fehlern behaftet sein darf, die einen Verstoß gegen die aaRdT darstellen. Es genügt – anders als beim Kaufvertrag – auch eine nur unerhebliche Beeinträchtigung des Gebrauchswertes; ausgenommen sind allenfalls reine Schönheitsfehler.

Der „gewöhnliche Gebrauch" ist nach objektiven Maßstäben zu prüfen und zu beurteilen, also nach Normen und Richtlinien, die nicht einer optimalen Beschaffenheit oder der höchsten Qualität entsprechen. Der „nach dem Vertrage vorausgesetzte Gebrauch" wird allerdings durch die subjektiven Vorstellungen des BH mitbestimmt, soweit sie im Vertrag ihren Niederschlag gefunden haben. – Zu den aaRdT wird auf I 1.2.1 verwiesen.

§ 633 (2) Ist das Werk nicht von dieser Beschaffenheit, so kann der Besteller die Beseitigung des Mangels verlangen. § 476a gilt entsprechend. Der Unternehmer ist berechtigt, die Beseitigung zu verweigern, wenn sie einen unverhältnismäßigen Aufwand erfordert.

§ 634 (4) Auf die Wandelung und die Minderung finden die für den Kauf geltenden Vorschriften der §§ 465 bis 467, 469 bis 475 entsprechende Anwendung.

Die vorgenannten Paragraphen regeln Wandelung und Minderung bei der Werkleistung; Wandelung – also Rückgabe von Bauleistung und Vergütung – spielt im Bauwesen keine Rolle.

Zwei wichtige Regeln:

a) Der Anspruch des Auftraggebers auf Mängelbeseitigung bzw. Nachbesserung und die Pflicht des Auftragnehmers hierzu sind verschuldensunabhängig. Nur beim (zusätzlichen) Schadensersatz muß Verschulden des AN vorliegen.

b) Vor der Abnahme der Bauleistung muß der AN die Ordnungsmäßigkeit und die vertragsgemäße Ausführung beweisen. – Nach der Abnahme muß der AG die Mangelhaftigkeit der Bauleistung beweisen; die Beweislast kehrt sich um.

Lange umstritten war die Einordnung des Architektenauftrags: Der Dienstvertrag unterscheidet sich vom Werkvertrag vor allem dadurch, daß er zur Leistung von Diensten, also einer bloßen Tätigkeit verpflichtet, während der Werkvertrag zur Herbeiführung eines bestimmten Erfolges verpflichtet. Der Schuldner eines Dienstvertrages schuldet das Bemühen um das Erreichen eines Zieles, nicht das Erreichen dieses Zieles (wichtig für Gewährleistung und Verjährung). Inzwischen hat sich die Rechtsprechung eindeutig dahin entschieden, den Architektenvertrag mit „Vollarchitektur“ (Vorentwurf, Ausführungsplanung, Vergabe, Objektüberwachung) als Werkvertrag anzusehen (BGH, NJW 1960, 431 und BGH, NJW 1974, 898).

Bei der Übertragung eines Teilbereiches (Planung, Vergabe) liegt nach BGH (NJW 1960, 431) ebenfalls ein Werkvertrag vor.

Dagegen wird man bei der bloßen Übertragung der örtlichen Bauaufsicht und wohl auch bei gleichzeitiger Übertragung der technischen und geschäftlichen Oberleitung einen Dienstvertrag annehmen müssen (BGH, Schäfer/Finnern Z 3.01 Bl. 121).

1.1.2 Die VOB Teil B

VOB Teil B – Allgemeine Vertragsbedingungen für die Ausführung von Bauleistungen – ist ein Vertragsmuster, das die für die Abwicklung der Bauvorhaben maßgeblichen Fragen (Ausführung, Vergütung, Kündigung, Abnahme, Gewährleistung, Zahlung) regelt. Der BGH hält die Interessen der Vertragspartner hierin für ausgewogen berücksichtigt. Die VOB ist weder Gesetz noch Verordnung, sondern rein ziviles Vertragsrecht, natürlich auch bei Behördenaufträgen. Ihr Inhalt – falls sie gelten soll – muß für jeden Bauvertrag ausdrücklich vereinbart werden. Das ist in der Regel der Fall.

Für öffentlich-rechtliche Bauherren (Bund, Länder, Kommunen) ist die VOB Teile A, B und C zwingend vorgeschrieben. Im privaten Bereich findet die VOB auf freiwilliger Basis ebenfalls weitgehend Anwendung. Die Risikoverteilung nach der VOB wird in vielen Fällen durch Zusätzliche oder Besondere Vertragsbedingungen durch die Auftraggeberseite einseitig zu Lasten der Auftragnehmer verändert.

Dem BH wird i. allg. empfohlen, die Gewährleistung, abweichend von der VOB, nach BGB-Vertragsrecht zu vereinbaren, z. B. Verjährung 5 Jahre statt 2 Jahre nach VOB. Der BGH hat mit Urteil v. 23. 2. 1989 (VII ZR 89/87) entschieden, daß die Klausel „für die Gewährleistung gilt VOB/B § 13, jedoch beträgt die Verjährungsfrist generell fünf Jahre“ wirksam ist und nicht gegen das AGB-Gesetz verstößt.

VOB Teil B:

Allgemeine Vertragsbedingungen für die Ausführung von Bauleistungen

DIN 1961 – Ausgabe 12/1992

§ 1 Art und Umfang der Leistung

1. Die auszuführende Leistung wird nach Art und Umfang durch den Vertrag bestimmt. Als Bestandteil des Vertrages gelten auch die Allgemeinen Technischen Vertragsbedingungen für Bauleistungen.
2. Bei Widersprüchen im Vertrag gelten nacheinander:

a) die Leistungsbeschreibung,
b) die Besonderen Vertragsbedingungen,
c) etwaige Zusätzliche Vertragsbedingungen,
d) etwaige Zusätzliche Technische Vertragsbedingungen,
e) die Allgemeinen Technischen Vertragsbedingungen für Bauleistungen,
f) die Allgemeinen Vertragsbedingungen für die Ausführung von Bauleistungen.

3. Änderungen des Bauentwurfs anzuordnen, bleibt dem Auftraggeber vorbehalten.

4. Nicht vereinbarte Leistungen, die zur Ausführung der vertraglichen Leistung erforderlich werden, hat der Auftragnehmer auf Verlangen des Auftraggebers mit auszuführen, außer wenn sein Betrieb auf derartige Leistungen nicht eingerichtet ist. Andere Leistungen können dem Auftragnehmer nur mit seiner Zustimmung übertragen werden.

Hinweise (nach Ingenstau/Korbion, VOB Teile A und B – Kommentar, Werner-Verlag, 12. Aufl. 1993):

Zu § 1 Nr. 2: Der Katalog gilt bei Auftreten von Unklarheiten über die vertraglich festgelegte Leistungspflicht des AN als ganz bestimmte Reihenfolge der Vertragsunterlagen als zwischen den Parteien vereinbart; natürlich nur, soweit solche im Bauvertrag Verwendung gefunden haben. Das ist bei größeren BV stets der Fall. Die Vertragspartner können auch eine andere Reihenfolge festlegen. Der Katalog ist lediglich eine Reihenfolge, keine Rangfolge im Hinblick auf die Wichtigkeit. – Man sieht, daß die individuell getroffenen Absprachen Vorrang vor den generell vereinbarten haben, also das Spezielle dem mehr Generellen vorgeht, z. B. die Besonderen oder die Zusätzlichen Vertragsbedingungen vor den Allg. Technischen Vertragsbedingungen für Bauleistungen (ATV oder VOB Teil C) und den Allg. Vertragsbedingungen für die Ausführung von Bauleistungen (VOB Teil B). Letztere sind also nicht nur für den konkreten Vertragsfall aufgestellt, sondern gelten für eine größere Anzahl von Bauverträgen.

Widersprüche in amtlichen Regelungen:

Während beim Auftreten von Unklarheiten über die vertraglich festgelegte Leistungspflicht des AN eine ganz bestimmte Reihenfolge der Vertragsunterlagen nach VOB Teil B § 1 Nr. 2 als zwischen den Parteien vertraglich vereinbart gilt, gelten bei Widersprüchlichkeiten in amtlichen Regelungen folgende Prioritäten:

– Höherrangiges Recht geht vor, oder Bundesrecht bricht Landesrecht. Das Baugesetzbuch, die Baunutzungsverordnung, das Bundes-Immissionsschutzgesetz, Energieeinsparungsgesetz u. a. haben Priorität gegenüber Landesgesetzen wie z. B. die Landesbauordnung, Garagenverordnung, Geschäftshausverordnung, Wärmeschutz-Überwachungsverordnung.

  Entsprechend bricht auch Landesrecht die Stadtsatzung (z. B. Erhaltungssatzung, Vorgartensatzung).

– Die spezielle Regelung geht der allgemeinen vor. Bei Widersprüchen im Inhalt hätte die DIN 18 160 – Hausschornsteine – Vorrang vor der allgemeinen Mauerwerksnorm DIN 1053 oder eine Allg. bauaufsichtliche Zulassung vor einer ähnlichen DIN-Norm.

– Die zeitlich neuere Regelung geht der älteren vor. Das Ausgabedatum ist hier maßgebend. Das kann bei DIN-Normen vorkommen, da ja nicht alle irgendwie zu einem Thema gehörigen gleichzeitig neu herausgebracht werden. Im übrigen zählt eine überholte Norm nicht mehr zu den aaRdT.

§ 3 Ausführungsunterlagen

1. Die für die Ausführung nötigen Unterlagen sind dem Auftragnehmer unentgeltlich und rechtzeitig zu übergeben.

2. Das Abstecken der Hauptachsen der baulichen Anlagen, ebenso der Grenzen des

Geländes, das dem Auftragnehmer zur Verfügung gestellt wird, und das Schaffen der notwendigen Höhenfestpunkte in unmittelbarer Nähe der baulichen Anlagen sind Sache des Auftraggebers.

3. Die vom Auftraggeber zur Verfügung gestellten Geländeaufnahmen und Absteckungen und die übrigen für die Ausführung übergebenen Unterlagen sind für den Auftragnehmer maßgebend. Jedoch hat er sie, soweit es zur ordnungsgemäßen Vertragserfüllung gehört, auf etwaige Unstimmigkeiten zu überprüfen und den Auftraggeber auf entdeckte oder vermutete Mängel hinzuweisen.

4. Vor Beginn der Arbeiten ist, soweit notwendig, der Zustand der Straßen und Geländeoberfläche, der Vorfluter und Vorflutleitungen, ferner der baulichen Anlagen im Baubereich in einer Niederschrift festzuhalten, die vom Auftraggeber und Auftragnehmer anzuerkennen ist.

5. Zeichnungen, Berechnungen, Nachprüfungen von Berechnungen oder andere Unterlagen, die der Auftragnehmer nach dem Vertrag, besonders den Technischen Vertragsbedingungen, oder der gewerblichen Verkehrssitte oder auf besonderes Verlangen des Auftraggebers (§ 2 Nr. 9) zu beschaffen hat, sind dem Auftraggeber nach Aufforderung rechtzeitig vorzulegen.

6. (1) Die in Nummer 5 genannten Unterlagen dürfen ohne Genehmigung ihres Urhebers nicht veröffentlicht, vervielfältigt, geändert oder für einen anderen als den vereinbarten Zweck benutzt werden.

   (2) An DV-Programmen hat der Auftraggeber das Recht zur Nutzung mit den vereinbarten Leistungsmerkmalen in unveränderter Form auf den festgelegten Geräten. Der Auftraggeber darf zum Zwecke der Datensicherung zwei Kopien herstellen. Diese müssen alle Identifikationsmerkmale enthalten. Der Verbleib der Kopien ist auf Verlangen nachzuweisen.

   (3) Der Auftragnehmer bleibt unbeschadet des Nutzungsrechts des Auftraggebers zur Nutzung der Unterlagen und der DV-Programme berechtigt.

§ 4 Ausführung

1. (1) Der Auftraggeber hat für die Aufrechterhaltung der allgemeinen Ordnung auf der Baustelle zu sorgen und das Zusammenwirken der verschiedenen Unternehmer zu regeln. Er hat die erforderlichen öffentlich-rechtlichen Genehmigungen und Erlaubnisse – z. B. nach dem Baurecht, dem Straßenverkehrsrecht, dem Wasserrecht, dem Gewerberecht – herbeizuführen.

   (2) Der Auftraggeber hat das Recht, die vertragsgemäße Ausführung der Leistung zu überwachen. Hierzu hat er Zutritt zu den Arbeitsplätzen, Werkstätten und Lagerräumen, wo die vertragliche Leistung oder Teile von ihr hergestellt oder die hierfür bestimmten Stoffe und Bauteile gelagert werden. Auf Verlangen sind ihm die Werkzeichnungen oder andere Ausführungsunterlagen sowie die Ergebnisse von Güteprüfungen zur Einsicht vorzulegen und die erforderlichen Auskünfte zu erteilen, wenn hierdurch keine Geschäftsgeheimnisse preisgegeben werden. Als Geschäftsgeheimnis bezeichnete Auskünfte und Unterlagen hat er vertraulich zu behandeln.

   (3) Der Auftraggeber ist befugt, unter Wahrung der dem Auftragnehmer zustehenden Leistung (Nummer 2) Anordnungen zu treffen, die zur vertragsgemäßen Ausführung der Leistung notwendig sind. Die Anordnungen sind grundsätzlich nur dem Auftragnehmer oder seinem für die Leitung der Ausführung bestellten Vertreter zu erteilen, außer wenn Gefahr im Verzug ist. Dem Auftraggeber ist mitzuteilen, wer jeweils als Vertreter des Auftragnehmers für die Leitung der Ausführung bestellt ist.

(4) Hält der Auftragnehmer die Anordnungen des Auftraggebers für unberechtigt oder unzweckmäßig, so hat er seine Bedenken geltend zu machen, die Anordnungen jedoch auf Verlangen auszuführen, wenn nicht gesetzliche oder behördliche Bestimmungen entgegenstehen. Wenn dadurch eine ungerechtfertigte Erschwerung verursacht wird, hat der Auftraggeber die Mehrkosten zu tragen.

2. (1) Der Auftragnehmer hat die Leistung unter eigener Verantwortung nach dem Vertrag auszuführen. Dabei hat er die anerkannten Regeln der Technik und die gesetzlichen und behördlichen Bestimmungen zu beachten. Es ist seine Sache, die Ausführung seiner vertraglichen Leistung zu leiten und für Ordnung auf seiner Arbeitsstelle zu sorgen.

   (2) Er ist für die Erfüllung der gesetzlichen, behördlichen und berufsgenossenschaftlichen Verpflichtungen gegenüber seinen Arbeitnehmern allein verantwortlich. Es ist ausschließlich seine Aufgabe, die Vereinbarungen und Maßnahmen zu treffen, die sein Verhältnis zu den Arbeitnehmern regeln.

3. Hat der Auftragnehmer Bedenken gegen die vorgesehene Art der Ausführung (auch wegen der Sicherung gegen Unfallgefahren), gegen die Güte der vom Auftraggeber gelieferten Stoffe oder Bauteile oder gegen die Leistungen anderer Unternehmer, so hat er sie dem Auftraggeber unverzüglich – möglichst schon vor Beginn der Arbeiten – schriftlich mitzuteilen; der Auftraggeber bleibt jedoch für seine Angaben, Anordnungen oder Lieferungen verantwortlich.

4. Der Auftraggeber hat, wenn nichts anderes vereinbart ist, dem Auftragnehmer unentgeltlich zur Benutzung oder Mitbenutzung zu überlassen:

   a) die notwendigen Lager- und Arbeitsplätze auf der Baustelle,
   b) vorhandene Zufahrtswege und Anschlußgleise,
   c) vorhandene Anschlüsse für Wasser und Energie. Die Kosten für den Verbrauch und den Messer oder Zähler trägt der Auftragnehmer, mehrere Auftragnehmer tragen sie anteilig.

5. Der Auftragnehmer hat die von ihm ausgeführten Leistungen und die ihm für die Ausführung übergebenen Gegenstände bis zur Abnahme vor Beschädigung und Diebstahl zu schützen. Auf Verlangen des Auftraggebers hat er sie vor Winterschäden und Grundwasser zu schützen, ferner Schnee und Eis zu beseitigen. Obliegt ihm die Verpflichtung nach Satz 2 nicht schon nach dem Vertrag, so regelt sich die Vergütung nach § 2 Nr. 6.

6. Stoffe oder Bauteile, die dem Vertrag oder den Proben nicht entsprechen, sind auf Anordnung des Auftraggebers innerhalb einer von ihm bestimmten Frist von der Baustelle zu entfernen. Geschieht es nicht, so können sie auf Kosten des Auftragnehmers entfernt oder für seine Rechnung veräußert werden.

7. Leistungen, die schon während der Ausführung als mangelhaft oder vertragswidrig erkannt werden, hat der Auftragnehmer auf eigene Kosten durch mangelfreie zu ersetzen. Hat der Auftragnehmer den Mangel oder die Vertragswidrigkeit zu vertreten, so hat er auch den daraus entstehenden Schaden zu ersetzen. Kommt der Auftragnehmer der Pflicht zur Beseitigung des Mangels nicht nach, so kann ihm der Auftraggeber eine angemessene Frist zur Beseitigung des Mangels setzen und erklären, daß er ihm nach fruchtlosem Ablauf der Frist den Auftrag entziehe (§ 8 Nr. 3).

8. (1) Der Auftragnehmer hat die Leistung im eigenen Betrieb auszuführen. Mit schriftlicher Zustimmung des Auftraggebers darf er sie an Nachunternehmer übertragen. Die Zustimmung ist nicht notwendig bei Leistungen, auf die der Betrieb des Auftragnehmers nicht eingerichtet ist.

(2) Der Auftragnehmer hat bei der Weitervergabe von Bauleistungen an Nachunternehmer die Verdingungsordnung für Bauleistungen zugrunde zu legen.

(3) Der Auftragnehmer hat die Nachunternehmer dem Auftraggeber auf Verlangen bekanntzugeben.

9. Werden bei Ausführung der Leistung auf einem Grundstück Gegenstände von Altertums-, Kunst- oder wissenschaftlichem Wert entdeckt, so hat der Auftragnehmer vor jedem weiteren Aufdecken oder Ändern dem Auftraggeber den Fund anzuzeigen und ihm die Gegenstände nach näherer Weisung abzuliefern. Die Vergütung etwaiger Mehrkosten regelt sich nach § 2 Nr. 6. Die Rechte des Entdeckers (§ 984 BGB) hat der Auftraggeber.

Hinweise (nach Ingenstau/Korbion):

Zu § 4 Nr. 1 Abs. (2): Das Überwachungsrecht des AG ist in der VOB verankert, nicht auch im Werkvertragsrecht des BGB. Es beinhaltet eine beobachtende, überprüfende und vergleichende Tätigkeit; falls gem. Vertragsbedingung der AN Bautagebücher führen muß, hat der AG ein Einsichtsrecht. – Der AG ist zur Überwachung allerdings nicht verpflichtet.

Zu Nr. 1 Abs. (3): Das Anordnungsrecht des AG ist ebenfalls eine Sonderregelung nur im VOB-Vertrag und erstreckt sich auf die vertragsmäßige Ausführung der Leistung, geht also über die Überwachung oder Äußerung von Wünschen hinaus. – Nur bei Gefahr im Verzuge (s. hierzu III 1.1.1) dürfen Anordnungen auch an andere als den AN oder seinen Vertreter gegeben werden, u. U. auch, falls diese nicht zu erreichen sind.

Zu Nr. 1 Abs. (4): Bedenken gegen die Anordnung des AG können (stets vor der Ausführung!) mündlich geltend gemacht werden, führen hierbei jedoch evtl. zu Beweisschwierigkeiten.

Zu Nr. 3: Die Prüfungs- und Anzeigepflicht (auch: Bedenken-Hinweispflicht) gilt sowohl bei Verträgen nach der VOB als auch nach Werkvertragsrecht des BGB, wo allerdings das Schriftformerfordernis fehlt.

Man kann dem BU nur dringend empfehlen, seine Prüfungs- und Mitteilungspflicht ernst zu nehmen. Ist nach § 13 Nr. 3 VOB/Teil B ein Mangel an der Bauleistung zurückzuführen auf

- die Leistungsbeschreibung (LV, Ausführungspläne)
- die Anordnung des AG oder seines Architekten
- die Beschaffenheit der vom AG gelieferten oder vorgeschriebenen Baustoffe oder Bauteile oder
- die Beschaffenheit der Vorleistung anderer Unternehmer, soweit diese ihrerseits die sachlich-technische Voraussetzung sind für die mangelhafte Ausführung der eigenen Vertragsleistung,

so ist der AN von der Gewährleistung für diese Mängel nur frei, wenn er seiner Bedenken-Hinweispflicht nach § 4 Nr. 3 nachgekommen ist. Er muß also in jedem Falle vorher prüfen (Prüfungspflicht des AN). Seine Bedenken muß der AN unverzüglich und vor Beginn der eigenen Leistung dem AG, nicht nur dem Architekten, und zwar schriftlich mitteilen.

Abweichend hiervon ist die Hinweispflicht im gesetzlichen Vertragsrecht nicht ausdrücklich geregelt; sie gilt jedoch auch bei BGB-Verträgen aus dem Rechtsgrundsatz von Treu und Glauben der Vertragspartner. Einzige Ausnahme: Die Schriftform ist nicht vorgeschrieben, es genügt (auch fern-)mündlicher Hinweis. Doch ist aus Gründen der Beweissicherung die Schriftform dringend zu empfehlen.

§ 13 Gewährleistung

1. Der Auftragnehmer übernimmt die Gewähr, daß seine Leistung zur Zeit der Abnahme die vertraglich zugesicherten Eigenschaften hat, den anerkannten Regeln der Technik entspricht und nicht mit Fehlern behaftet ist, die den Wert oder die Tauglichkeit zu dem gewöhnlichen oder dem nach dem Vertrag vorausgesetzten Gebrauch aufheben oder mindern.

2. Bei Leistungen nach Probe gelten die Eigenschaften der Probe als zugesichert, soweit nicht Abweichungen nach der Verkehrssitte als bedeutungslos anzusehen sind. Dies gilt auch für Proben, die erst nach Vertragsabschluß als solche anerkannt sind.

3. Ist ein Mangel zurückzuführen auf die Leistungsbeschreibung oder auf Anordnungen des Auftraggebers, auf die von diesem gelieferten oder vorgeschriebenen Stoffe oder Bauteile oder die Beschaffenheit der Vorleistung eines anderen Unternehmers, so ist der Auftragnehmer von der Gewährleistung für diese Mängel frei, außer wenn er die ihm nach § 4 Nr. 3 obliegende Mitteilung über die zu befürchtenden Mängel unterlassen hat.

4. Ist für die Gewährleistung keine Verjährungsfrist im Vertrag vereinbart, so beträgt sie für Bauwerke und für Holzerkrankungen 2 Jahre, für Arbeiten an einem Grundstück und für die vom Feuer berührten Teile von Feuerungsanlagen ein Jahr. Die Frist beginnt mit der Abnahme der gesamten Leistung; nur für in sich abgeschlossene Teile der Leistung beginnt sie mit der Teilabnahme (§ 12 Nr. 2a).

5. (1) Der Auftragnehmer ist verpflichtet, alle während der Verjährungsfrist hervortretenden Mängel, die auf vertragswidrige Leistung zurückzuführen sind, auf seine Kosten zu beseitigen, wenn es der Auftraggeber vor Ablauf der Frist schriftlich verlangt. Der Anspruch auf Beseitigung der gerügten Mängel verjährt mit Ablauf der Regelfristen der Nr. 4, gerechnet vom Zugang des schriftlichen Verlangens an, jedoch nicht vor Ablauf der vereinbarten Frist. Nach Abnahme der Mängelbeseitigungsleistung beginnen für diese Leistung die Regelfristen der Nr. 4, wenn nichts anderes vereinbart ist.

   (2) Kommt der Auftragnehmer der Aufforderung zur Mängelbeseitigung in einer vom Auftraggeber gesetzten angemessenen Frist nicht nach, so kann der Auftraggeber die Mängel auf Kosten des Auftragnehmers beseitigen lassen.

6. Ist die Beseitigung des Mangels unmöglich oder würde sie einen unverhältnismäßig hohen Aufwand erfordern und wird sie deshalb vom Auftragnehmer verweigert, so kann der Auftraggeber Minderung der Vergütung verlangen (§ 634 Absatz 4, § 472 BGB). Der Auftraggeber kann ausnahmsweise auch dann Minderung der Vergütung verlangen, wenn die Beseitigung des Mangels für ihn unzumutbar ist.

7. (1) Ist ein wesentlicher Mangel, der die Gebrauchsfähigkeit erheblich beeinträchtigt, auf ein Verschulden des Auftragnehmers oder seiner Erfüllungsgehilfen zurückzuführen, so ist der Auftragnehmer außerdem verpflichtet, dem Auftraggeber den Schaden an der baulichen Anlage zu ersetzen, zu deren Herstellung, Instandhaltung oder Änderung die Leistung dient.

   (2) Den darüber hinausgehenden Schaden hat er nur dann zu ersetzen:

   a) wenn der Mangel auf Vorsatz oder grober Fahrlässigkeit beruht,
   b) wenn der Mangel auf einem Verstoß gegen die anerkannten Regeln der Technik beruht,
   c) wenn der Mangel in dem Fehlen einer vertraglich zugesicherten Eigenschaft besteht oder
   d) soweit der Auftragnehmer den Schaden durch Versicherung seiner gesetzlichen Haftpflicht gedeckt hat oder innerhalb der von der Versicherungsaufsichtsbehörde genehmigten Allgemeinen Versicherungsbedingungen zu tarifmäßigen, nicht auf

außergewöhnliche Verhältnisse abgestellten Prämien und Prämienzuschlägen bei einem im Inland zum Geschäftsbetrieb zugelassenen Versicherer hätte decken können.

(3) Abweichend von Nr. 4 gelten die gesetzlichen Verjährungsfristen, soweit sich der Auftragnehmer nach Absatz 2 durch Versicherung geschützt hat oder hätte schützen können oder soweit ein besonderer Versicherungsschutz vereinbart ist.

(4) Eine Einschränkung oder Erweiterung der Haftung kann in begründeten Sonderfällen vereinbart werden.

Hinweise (nach Ingenstau/Korbion):

Zu § 13 Nr. 1: Die Gewährleistung bei VOB-Verträgen ist nicht identisch mit BGB-Verträgen. Während nach § 633 Abs. 1 BGB der Unternehmer verpflichtet ist, das Werk so herzustellen, daß es die zugesicherten Eigenschaften hat und nicht mit Fehlern behaftet ist, die den Wert oder die Tauglichkeit zu dem gewöhnlichen oder dem nach dem Vertrag vorausgesetzten Gebrauch aufheben oder mindern, muß das Werk nach VOB § 13 Nr. 1 darüber hinaus den anerkannten Regeln der Technik entsprechen (zu den aaRdT vgl. I 1.2). – Nach Rechtsauslegung gilt die Verpflichtung zur Einhaltung der aaRdT jedoch auch für den Bereich der BGB-Verträge, da sie gewerbeüblich ist. Der gewöhnliche Gebrauch ist objektiv zu sehen (nicht Wunschvorstellung des BH) und bestimmt sich nach den Ansprüchen des Durchschnittsbauherrn.

Ferner ist in Nr. 1 zusätzlich bestimmt, daß die mangelfreie Leistung im Zeitpunkt der Abnahme der Bauleistung vorzuliegen hat. Wie das berüchtigte Blasbachtalbrückenurteil gezeigt hat, ist hier ein Fallstrick verborgen, da der BU bei länger dauernder Bauausführung nicht wissen kann, ob die bei Vertragsabschluß zugrundeliegenden DIN-Normen bei der Abnahme noch zutreffend sind. Wegen der zahlreichen, z. T. widersprüchlichen Urteile zur Gewährleistung muß auf die umfangreiche Literatur verwiesen werden.

Zwei Regeln seien noch erinnert:

- Der Anspruch des AG (= Bauherr) auf Mängelbeseitigung bzw. Nachbesserung und die Pflicht des AN (= Bauunternehmer) hierzu sind verschuldensunabhängig. Nur beim (weitergehenden) Schadensersatz muß zusätzlich Verschulden des BU vorliegen.
- Vor der Abnahme der Bauleistung muß der AN die Ordnungsmäßigkeit und die vertragsgemäße Ausführung beweisen. Ansprüche wegen bereits erkannter Mängel müssen bei der Abnahme vorbehalten werden, sonst gehen sie verloren. – Nach der Abnahme muß der AG die Mangelhaftigkeit der Bauleistung beweisen; die Beweislast kehrt sich also um.

1.1.3 Die VOB Teil C

VOB Teil C (Allgemeine Technische Vertragsbedingungen für Bauleistungen [ATV]) ist in über 50 Unterabschnitte gegliedert, die jeweils ein Gewerk umfassen. Jeder dieser Unterabschnitte (z. B. Mauerarbeiten – DIN 18 330) besteht aus einer DIN-Norm, die Geltungsbereich, Stoffe und Bauteile, Ausführung, Nebenleistungen, Aufmaß und Abrechnung festlegt. Bei einer Ausführung beschränkt sich die ATV im wesentlichen auf den Verweis der jeweiligen Norm, z. B. „Mauerwerk jeder Art aus natürlichen und künstlichen Steinen ist nach DIN 1053 Teil 1 auszuführen". Oder ATV DIN 18 331 – Beton- und Stahlbetonarbeiten: „Für die Ausführung gelten insbesondere DIN 1045, DIN 1048, DIN 1084, DIN 4227", usw.

Die Normen, auf die hierbei hinsichtlich der Bauausführung verwiesen wird, sind im erforderlichen Umfang als Auszüge in Teil II dieses Handbuches aufgeführt.

Hinweis:

In Vorbereitung befindet sich die Verdingungsordnung für freie Berufe, die die Vergabe von Planungsleistungen an freischaffende Architekten und Ingenieure unter EU-Bedingungen regeln soll.

1.2 Die Informationsbegehung und Tips für den Ortstermin

Sehr informativ ist eine zügige Begehung der gesamten Baustelle, sowohl durch den objektüberwachenden Architekten als auch durch den Kontrolleur der BAB: bei Baubeginn auch der Baugrube mit Verbau oder Böschungswinkel, einschließlich Lagerplatz, evtl. der Betonmischanlage (wenn noch Beton auf der Baustelle hergestellt wird), zwischen dem Lehrgerüst unter der Schalung, ein Blick auf das Kranfundament und seinen Abstand zum Verbau oder Böschungsrand, ein weiterer auf die Absperrungen und ein genauer auf die gesamte Nachbarbebauung.

Dieser Eindruck von der „optischen Richtigkeit" erfordert zwar gewisse Erfahrung und konstruktives Gefühl, bietet jedoch große Wahrscheinlichkeit, grobe Fehler aufzudecken und auch die Firmen- und Handwerkerzuverlässigkeit richtig einzuschätzen.

Diese Begehung ist immer vorzuschalten dem anschließenden genaueren Vergleich der geprüften Bauvorlagen mit dem jeweils aktuellen Bauabschnitt hinsichtlich Planung, Konstruktion und der Kontrolle der Normengerechtigkeit. Die handwerksgerechte Ausführung – z. B. wie viele Stein*teile* werden vermauert, und wie viele Lücken werden mit Mörtel gestopft? – läßt ein Urteil zu auf die Handwerkerqualität und die weitere Überwachungsnotwendigkeit.

Der dritte Schritt ist dann die Einsichtnahme in schriftliche Unterlagen in der Bauleiterbude, z. B. BAZ, Prüfzeugnisse, Arbeitsprotokolle, Baustoffüberwachungszeichen, Lieferscheine usw., evtl. Bautagebuch.

Bei der oben genannten Informationsbegehung fragt man also im stillen, wie die Baustelle organisiert ist, und zieht daraus Schlüsse auf die Zuverlässigkeit des Unternehmers und daraus wiederum auf die erforderliche Anzahl und Intensität der Kontrollen. Im wesentlichen sind es die Fragen:

- Wie ist der Zustand der Unterkünfte, Baustofflager, Geräte und Maschinen, der Baustoffe (Vorrat)?
- Was liegt (unaufgeräumt) herum an Schalmaterial, Bauholz, Restbaustoffen, Betonresten, Schutt, Eisen, leeren Gebinden, kaputtem Gerät? Die Entsorgung von Baustoffresten und Abfall muß bis zur Deponie (evtl. Sonderdeponie) planmäßig organisiert sein, wenn sie funktionieren soll.
- Wie sind die Zugänge, Zufahrten, Gerüste, Leitergänge beschaffen, gesichert, beleuchtet?
- Wie bewegen sich die Handwerker? Verstehen sie Anweisungen, können sie Pläne lesen?
- Aber auch: Sind bei Baustellen im Verkehrsbereich die Verkehrssicherungsmaßnahmen (Verkehrszeichen und Leiteinrichtungen) sowie die Baustellensicherung durchgeführt? Entsprechen die Verkehrszeichen der StVO, sind sie standsicher aufgestellt? Werden Beschäftigte nur im gesicherten Baustellenbereich eingesetzt?

  Die in der StVO sehr allgemein gehaltenen Grundforderungen werden durch die „Richtlinien für die Sicherung von Arbeitsstellen an Straßen" (RSA) konkretisiert.

Nachfolgend einige Tips für den Bereich des Rohbaues; für den Ausbau gibt es nicht so allgemeine Tips.

- Alarmierend ist stets eine „Restbewehrung“, die nach der Fertigstellung der Bewehrung eines Abschnittes irgendwo überzählig herumliegt. In den meisten Fällen fehlt sie an irgendeiner Stelle wegen Irrtums beim Lesen des Bewehrungsplanes.
- Es ist kleinlich, den Abstand der Deckeneisen mit dem Zollstock nachzumessen; der gleichmäßige Abstand ist hierbei gegenüber der Eisenmenge und der Eisenführung nachgeordnet. Wichtig sind dagegen die Längen der herausstehenden Anschlußeisen oder die Höhenlage der oberen Bewehrungslage oder die Lage von Konsoleisen bis an die vordere Stirn. Mitunter werden die Abstandsböcke für die obere Lage 2 cm niedriger bestellt und eingebaut, um beim Abziehen des Betons auch über den vielen Matten bei Stößen eine ebene Oberfläche zu erzielen.
- Verlangen Sie Laufbohlen, wenn bei dünnen Stäben die obere Bewehrung in Gefahr gerät, heruntergetreten zu werden.
- Falls Sie umfangreiche Veränderungen oder Verstärkungen anordnen mußten, sollten Sie eine Nachkontrolle machen und sich von den Nachbesserungen überzeugen. Es gibt gerissene Poliere, die – um das bereits wartende Betonfahrzeug nicht fortzuschicken – schon mal den Überwacher täuschen, wenn er selbst die Änderung für nicht gravierend hält. Er ruft z. B., wenn Sie 20er Durchmesser als Zulagen verlangt haben, lauthals nach unten: „Willi, bring 6 Zwanziger rauf!“ und freut sich, wenn der Überwacher nicht merkt, daß überhaupt keine zusätzlichen Eisen auf der Baustelle sind.
- Bleiben Sie beim Entleeren des Betonfahrzeugs dabei stehen und kontrollieren Sie, ob Wasser zugesetzt wird. Oder gehen Sie mal – nach der Bewehrungskontrolle – zum Betonieren eigens auf die Baustelle.
- Fragen Sie den Polier/Bauleiter nach dem Mischungsverhältnis, der Konsistenz und dem Wasser-Zement-Wert, falls noch (selten) Beton auf der Baustelle hergestellt wird.
- Fragen Sie nach dem Termin des Ausschalens; das Absetzen von Steinpaletten auf nicht mehr unterstützte Deckenplatten ist zwar für den Maurer sehr praktisch, von der Belastbarkeit jedoch in der Regel nicht zulässig.
- Wenn verschiedene Steingüten gemäß Statik erforderlich sind (z. B. unter Trägerauflagern oder bei schmalen Fensterpfeilern), müssen also auch diese verschiedenen Steingüten auf der Baustelle vorgehalten werden und kenntlich sein. Lassen Sie sich die Stapel oder die Lieferscheine dafür zeigen. Kritisch ist immer der Hinweis des Poliers, daß der Lkw die fehlenden Steine gleich mitbringt.
- Wenn in unteren Geschossen bereits Installateure arbeiten, achten Sie auf das Nichtschlitzen der tragenden Wände, insbesondere im Bereich von Küche und Bad sowie bei Fensterpfeilern neben Heizkörpernischen. Schlitze sind nur zulässig im 2- bis 3-cm-Bereich, also bei der Elektromontage, und zwar gefräst (s. hierzu II 4.2.1.5).
- Drahtanker von zweischaligen Außenwänden lassen sich an den Schalen von Fensterpfeilern kontrollieren; evtl. einen Zollstock oder ein Rundeisenstück hineinstecken und pendeln: Falls das möglich ist, ist die Schalenverbindung mangelhaft.
- Setzen Sie auf der Baustelle einen Schutzhelm auf, und tragen Sie Schuhe mit nagelfesten Sohlen; die Bauberufsgenossenschaft verlangt das von den Bauarbeitern, und Sie sollten sich nicht ausschließen. Man könnte Ihnen sogar sonst den Zutritt zur Baustelle verweigern.
- Geben Sie ruhig mal einen Hinweis auf die zivil- und strafrechtliche Haftung des Bauleiters und Poliers, die natürlich auch nach der Kontrolle (Poliere sagen meistens „Abnahme“) weiterbesteht. Poliere sind oft der (irrigen) Ansicht: „Wenn der Mann vom Bauamt die Decke freigegeben hat, bin ich aus allem raus.“ Insofern verlangen Sie den Baustellenkontrollzettel als Beweis.

- Kontrollieren Sie auch einmal die Mindestauflagertiefen von Konstruktionsteilen (bei Trapezprofilen heißen sie Auflagerbreiten). In Tabelle 1.1 sind die gängigen Werte aufgelistet.

Tabelle 1.1 Mindestauflagertiefen in cm

Baustoff	Bauteil	bei Auflagerung auf Mauerwerk B5	Stahlbeton ab B 15	Stahlträger	Holzträger
Beton	Platten aus Ortbeton und Fertigteilen	7	5 (3)ˣ	5 (3)ˣ	—
	Stahlsteindecken	7	5 (3)ˣ	5 (3)ˣ	—
	Rippendecken aus Ortbeton und Fertigteilen	10	10	10	—
	Balken, Plattenbalken	10	10	10	—
Porenbeton	Platten, Fertigteile	7	5	3,2	5
		jedoch stets ≥ 1/80			
Bimsbeton	Dachplatten	≥ 7 ≥ d		I 140 IPE 120	
Holz	Holzbalkendecken H ≤ 20 cm	15	15		
	H ≥ 20 cm	20	20		
Stahl	Trapezprofildächer bei Sofortbefestigung nach Verlegen:	10	8	8	8
	Endauflager	10	4	4	6
	Zwischenauflager	10	6	6	6

x) Wenn seitliches Ausweichen verhindert ist und die Stützweite der Platte ≤ 2,50 m.

1.3 Prüfungen grundsätzlicher Art

Die nachstehende Liste (1.3.1 bis 1.3.3) wurde u. a. auf der Informationstagung des Ministeriums für Bauen und Wohnen*) (für BAB und PfB) – 12/1990 – bekanntgegeben und soll einen Anhalt für Art und Umfang der bauaufsichtlich durchzuführenden Kontrollen im statisch-konstruktiven Bereich sein. Die weiteren Hinweise für die einzelnen Gewerke sind den jeweiligen Kapiteln II 3 bis II 10 vorgeschaltet.

1.3.1 Baugenehmigung und bautechnische Nachweise

- Liegen die Baugenehmigung und die genehmigten bautechnischen Nachweise an der Baustelle vor?

*) MBW ist in NW oberste Bauaufsichtsbehörde.

- Übereinstimmung mit den genehmigten Bauvorlagen (insbesondere betr. die Feuerwiderstandsdauer der Bauteile, Konstruktionszeichnungen).
- Berücksichtigung von Nebenbestimmungen der Baugenehmigung, soweit sie bautechnischen Inhalts sind.
- Berücksichtigung der Prüfeintragungen in den Ausführungszeichnungen/Konstruktionszeichnungen zu den bautechnischen Nachweisen.
- Besonderheiten, die aufgrund der Prüfung der bautechnischen Nachweise bei der Bauausführung zu beachten sind.

1.3.2 Nachweise für Baustoffe, Bauteile und Einrichtungen (§ 20, § 23 und § 24 BauO NW)*)

- Befähigungsnachweise hinsichtlich der Fachkräfte und Vorrichtungen (§ 20); siehe im einzelnen unter II 3 bis II 7.
- Tragen prüfzeichenpflichtige Baustoffe, Bauteile und Einrichtungen ein Prüfzeichen bzw. ein Firmenzeichen mit DIN-Bezeichnung? Werden die in den Prüfbescheiden für die Verwendung getroffenen besonderen Bestimmungen beachtet?
- Tragen die überwachungspflichtigen Baustoffe, Bauteile und Einrichtungen das nach § 23 VV BauO NW vorgeschriebene Überwachungszeichen?

1.3.3 Verwendung neuer Baustoffe, Bauteile und Bauarten

- Liegen die erforderlichen Zulassungen vor; Berücksichtigung der in den Zulassungsbescheiden niedergelegten besonderen Bestimmungen, soweit diese die Bauausführung betreffen?

1.4 Bauüberwachung bei sich überschneidenden Bereichen: Abgrenzung zwischen BAB, Berufsgenossenschaft und Gewerbeaufsichtsamt

1.4.1 Bauaufsichtsbehörde

Aufgaben und Befugnisse der Bauaufsichtsbehörden sind in der Landesbauordnung (in BauO NW unter § 58, s. bei III 2.1) und den zugehörigen Verwaltungsvorschriften genau geregelt; eine weitere Kommentierung hierzu erübrigt sich.

1.4.2 Berufsgenossenschaften

Jeder Arbeitnehmer ist kraft Gesetzes gegen die Folgen von Arbeitsunfällen und Berufskrankheiten versichert. Träger dieser gesetzlichen Unfallversicherung (Pflichtversicherung) sind die Berufsgenossenschaften, Körperschaften des öffentlichen Rechts mit Selbstverwaltung. Jeder Unternehmer ist kraft Gesetzes Mitglied der für seinen Gewerbezweig errichteten Berufsgenossenschaft (z. B. Bauberufsgenossenschaft, Tiefbauberufsgenossenschaft). Die Mittel zur Deckung der Aufwendungen werden ausschließlich von den Unternehmern aufgebracht; die versicherten Arbeitnehmer zahlen keinen Beitrag.

---

*) Wegen der Änderungen im Entwurf 1994 wird auf III 2.1 verwiesen.

Durch die Beitragszahlung zur Berufsgenossenschaft wird die zivilrechtliche Haftung des Unternehmers für Körperschäden gegenüber seinen Arbeitnehmern abgelöst. Der Unternehmer haftet Versicherten (und deren Angehörigen) aber dann, wenn er den Unfall vorsätzlich herbeigeführt hat.

Die Berufsgenossenschaften haben die gesetzliche Verpflichtung (und daneben auch wirtschaftliches Eigeninteresse), mit allen geeigneten Mitteln für die Verhütung von Arbeitsunfällen zu sorgen. Diesem Zweck dienen vor allem die Unfallverhütungsvorschriften (UVV), die von den Berufsgenossenschaften herausgegeben werden nach Genehmigung durch den Bundesarbeitsminister; insbesondere VBG 1 (Allgemeine Vorschriften) und VGB 37 (Bauarbeiten). Soweit erforderlich, werden diese UVV in diesem Handbuch zitiert (Übersicht der einschlägigen UVV siehe unter II 2.1.1). Sie sind für den BU und die Bau-Beschäftigten absolut verbindlich.

In Mitgliedsbetrieben der Bau-BG und der Tiefbau-BG sind nach dem Arbeitssicherheitsgesetz Fachkräfte für Arbeitssicherheit und nach UVV „Allgemeine Vorschriften" (VBG 1) § 9 Sicherheitsbeauftragte (keine Führungskräfte) dann zu bestellen, wenn durchschnittlich mehr als 20 Arbeitnehmer beschäftigt werden. Beide haben nur beratende Funktion, keine Weisungsbefugnis.

Es gibt kein spezielles Arbeitsschutzgesetz. Die entsprechenden Bestimmungen und Regelungen findet man (der Bauleiter) in verschiedenen Gesetzen und Verordnungen des Staates sowie in den berufsgenossenschaftlichen Unfallverhütungsvorschriften. Zum Beispiel:

- Verordnung über Arbeitsstätten
- Gerätesicherheitsgesetz
- Gefahrstoff-Verordnung
- Arbeitszeitordnung
- Jugendarbeitsschutzgesetz
- Reichsversicherungsordnung
- Unfallverhütungsvorschriften der BG
- Arbeitssicherheitsgesetz

Die Berufsgenossenschaften überwachen durch eigene, fachlich besonders vorgebildete Technische Aufsichtsbeamte (neben den o. a. Sicherheitsbeauftragten) die Einhaltung der Unfallverhütungsvorschriften (s. auch II 2.1.1 Baustellen). Bei Verstoß gegen die UVV können die Berufsgenossenschaften selbständig Geldbußen bis zu 20 000 DM festsetzen. Die Berufsgenossenschaften haben ferner einen Rückgriffsanspruch gegen den Unternehmer, wenn dieser vorsätzlich (evtl. grob fahrlässig) den Unfall herbeigeführt hat.

1.4.3 Gewerbeaufsichtsamt

Während die Einhaltung der gewerblichen Vorschriften allgemein den Ordnungsbehörden obliegt, ist die Aufsicht über die Ausführung bestimmter Vorschriften in der Gewerbeordnung (z. Z. Fassung vom 1. 1. 1987) speziellen Gewerbeaufsichtsbehörden*) übertragen; sie sind Sonderordnungsbehörden. Aufgaben und Befugnisse der Staatlichen Gewerbeaufsichtsämter (GAA) ergeben sich aus der Gewerbeordnung § 139 b – Gewerbeaufsichtsbehörde.

Es handelt sich dabei im wesentlichen um den Schutz der gewerblichen Arbeiter in Betrieben und Arbeitsstätten aus der Sicht des Staates, also um die Einhaltung der Vorschriften über Räume, Maschinen und Gerätschaften, über Arbeitszeiten, Wasch- und Umkleideräume, Toiletten, um den Schutz vor Gasen, Dämpfen, Stäuben (z. B. Asbest!), Lärm usw. – Ein zweiter Bereich, der den GAA inzwischen zugewiesen wurde, ist der Immissionsschutz.

Die aus der Einrichtung der Fabrikinspektoren (1854) entstandene GAA stellt sich heute schematisch in drei Bereichen dar:

- Technischer Arbeitsschutz: Unfallschutz, technische Sicherheit, Arbeitshygiene, Sprengstoffwesen
- Technischer Öffentlichkeitsschutz: Haushalt, Freizeit, Sport, Geräte

*) Neuerdings auch: Staatliches Amt für Arbeitsschutz und Staatliches Umweltamt.

- Umweltschutz: Immissionsschutz, Strahlenschutz.

Nach der Arbeitsstättenverordnung (ArbStättV in der Fassung vom 1. 8. 1983) sind Arbeitsstätten auch Baustellen. In Kapitel IV der ArbStättV sind eigens Vorschriften für Baustellen geregelt (also neben den Regelungen für Baustellen in den UVV sowie in den LBO). So sind Arbeitsplätze und Verkehrswege auf Baustellen so herzurichten, daß sich die Arbeitnehmer bei jeder Witterung sicher bewegen können. Arbeitsplätze und Verkehrswege, bei denen Absturzgefahren bestehen, müssen mit Einrichtungen versehen sein, die unter Berücksichtigung der besonderen Verhältnisse des Baubetriebes verhindern, daß Arbeitnehmer abstürzen oder in den Gefahrbereich gelangen. Entsprechende Einrichtungen sind bei Boden- und Wandöffnungen erforderlich, durch die Arbeitnehmer abstürzen können. Die Arbeitnehmer sind gegen herabfallende Gegenstände zu schützen. Für Baugerüste gelten die hierfür erlassenen besonderen Vorschriften.

Man sieht, daß die Aufgaben der BAB, der Berufsgenossenschaften und der GAA sich teilweise überdecken. Es ist zu hoffen, daß sich in diesen Bereichen nicht einer auf den anderen verläßt. Auf die „Allgemeine Verwaltungsvorschrift über das Zusammenwirken der Träger der Unfallversicherung und der Gewerbeaufsichtsbehörden“ wird verwiesen.

In dem BGH-Urteil v. 21. 1. 1974 wurde dazu ausgeführt: „Beide Behörden (GAA und Berufsgenossenschaft) ergänzen sich, zumal die Staatliche Gewerbeaufsicht nach Bezirken, die Berufsgenossenschaften aber nach Betriebsarten gegliedert sind. Die Unfallverhütungstätigkeit bildet daher eine fachliche Ergänzung der Staatlichen Gewerbeaufsicht.“

Den Gewerbeaufsichtsbeamten stehen nach § 139 b Gewerbeordnung bei der Ausführung der Aufsicht alle amtlichen Befugnisse der Ortspolizeibehörden zu, insbesondere das Recht zur jederzeitigen Revision des Betriebes. Die Revisionen müssen die Unternehmer jederzeit gestatten. Der Gewerbeordnungsbeamte kann Gesetzwidrigkeiten anzeigen, ist ansonsten aber zur Geheimhaltung verpflichtet. Beschwerden und Eingaben muß der Beamte vertraulich behandeln.

Zur Durchsetzung von Anordnungen stehen dem Beamten mehrere Möglichkeiten zur Verfügung: Das mildeste und auch gebräuchlichste Mittel ist das Revisionsschreiben. – Die Ordnungsverfügung ist ein bindender hoheitlicher Verwaltungsakt und enthält ein Gebot oder ein Verbot. Wie allgemein bei Ordnungsverfügungen (s. unter III 1.1) stehen verschiedene Zwangsmittel zur Wahl, nämlich Ersatzvornahme, Zwangsgeld und unmittelbarer Zwang.

1.5 Brauchbarkeitsnachweise der Baustoffe und Bauteile

a) Das zur Zeit gültige Verfahren

1.5.1 Normen, Zulassungen und Prüfzeichen

Gemäß Landesbauordnung (z. B. § 20 BauO NW) dürfen nur Baustoffe und Bauteile verwendet werden, die den Anforderungen dieses Gesetzes entsprechen; das sind die anerkannten Regeln der Technik, im Regelfall also die einschlägigen DIN-Normen.

- *Stoff-Normen* gibt es in großer Zahl für Stahl, Holz, Zement, Zuschläge für Beton, Mauersteine, Mörtel usw. Daneben gibt es Baustoffe und Bauteile, die noch nicht so allgemein gebräuchlich und bewährt sind, daß sie (noch) nicht genormt sind, z. B. Kunststoffe, Sonderzemente, Dübel usw., sogenannte neue Baustoffe und Bauteile. Für sie muß natürlich ebenfalls ein Brauchbarkeitsnachweis geführt werden; und zwar kann das geschehen durch

- eine allgemeine bauaufsichtliche Zulassung
- die Zustimmung (der obersten BAB) im Einzelfall
- ein Prüfzeichen.*)

Diese Nachweise müssen auch bei genehmigungsfreien Bauvorhaben bzw. im vereinfachten Baugenehmigungsverfahren (s. III 2.1, § 64) geführt werden; die Nachweise werden jedoch – wie auch die Standsicherheitsnachweise – von der BAB nicht geprüft. Die Verantwortung für die Brauchbarkeit und Richtigkeit liegt hier ausschließlich beim Bauherrn bzw. dem Architekten.

- *Die allgemeinen bauaufsichtlichen Zulassungen* werden in der Regel mit Nebenbestimmungen erteilt, in denen Herstellung, Kennzeichnung, Montage, Überwachung usw. vorgeschrieben sind. Eine Kopie des Zulassungsbescheides muß am Verwendungsort vorhanden sein, der Verwender muß eingewiesen werden. Es ist dringend zu empfehlen, daß der Überwacher die für die Baustelle wichtigen Passagen studiert; zum Teil werden die wichtigsten Teile der vielverwendeten ABZ in diesem Handbuch abgedruckt. Weder der Anwender noch die BAB sind berechtigt, von der ABZ abzuweichen; hierzu bedarf es der Zustimmung der obersten Bauaufsichtsbehörde.

Bauaufsichtliche Zulassungen werden einheitlich für alle Bundesländer vom Deutschen Institut für Bautechnik in Berlin erteilt. Das Muster der Allgemeinen Bestimmungen einer ABZ ist nachstehend abgedruckt; Absatz- und Bildnumerierung entspricht der ABZ:

I. Allgemeine Bestimmungen**)**

1. Die Zulassung befreit die Bauaufsichtsbehörden von der Verpflichtung, die Brauchbarkeit des Zulassungsgegenstandes für den Verwendungszweck zu prüfen. Die Bauaufsichtsbehörde hat jedoch bei der Verwendung oder Anwendung des Zulassungsgegenstandes die Einhaltung der Bestimmungen dieses Zulassungsbescheides zu überwachen.
2. Der Zulassungsbescheid ersetzt nicht die für die Durchführung von Bauvorhaben erforderlichen Genehmigungen.
3. Der Zulassungsbescheid ist in Abschrift oder Fotokopie der Bauaufsichtsbehörde auf Verlangen vorzulegen.
4. Bei jeder Verwendung oder Anwendung des Zulassungsgegenstandes muß an der Verwendungsstätte der Zulassungsbescheid in Abschrift oder Fotokopie vorliegen.
5. Der Zulassungsbescheid darf nur im ganzen mit den dazugehörigen Anlagen vervielfältigt werden. Eine auszugsweise Veröffentlichung bedarf der Genehmigung des Instituts für Bautechnik. Der Text und die Zeichnungen von Werbeschriften dürfen dem Zulassungsbescheid nicht widersprechen. Dies gilt für die Nachweise der Überwachung/Güteüberwachung (Abschnitt 11 und 12) entsprechend. (Gemeint sind die Abschnitte der ABZ.)
6. Der Hersteller ist dafür verantwortlich, daß die nach diesem Bescheid hergestellten Gegenstände mit den geprüften in allen Eigenschaften übereinstimmen.
7. Die obersten Bauaufsichtsbehörden und die von ihnen beauftragten Stellen sind berechtigt, im Herstellwerk, im Händlerlager oder auf der Baustelle zu prüfen oder prüfen zu lassen, ob die Auflagen dieses Zulassungsbescheides eingehalten worden sind.
8. Die Zulassung kann mit sofortiger Wirkung widerrufen werden, wenn ihren Auflagen nicht entsprochen wird. Die Zulassung wird widerrufen, ergänzt oder geändert, wenn

*) Das Prüfzeichen soll künftig entfallen. Bis dahin wird eine vollständige Liste jährlich neu in den Mitteilungen des DIBt veröffentlicht, so z. B. im Sonderheft Nr. 7 aus 1993.

**) Muster der Allgemeinen bauaufsichtlichen Zulassung; sie sind für alle ABZ nahezu identisch.

sich die Baustoffe, Bauteile oder Bauarten (Zulassungsgegenstände) nicht bewähren, insbesondere dann, wenn neue technische Erkenntnisse dies begründen.

9. Die Zulassung berücksichtigt den derzeitigen Stand der technischen Erkenntnisse. Eine Aussage über die Bewährung eines Zulassungsgegenstandes ist mit der Erteilung der Zulassung nicht verbunden.

10. Die Zulassung wird unbeschadet der Rechte Dritter erteilt.

11. Wird für den Zulassungsbescheid in den Besonderen Bestimmungen eine Überwachung/Güteüberwachung gefordert, so darf er nur verwendet werden, wenn seine Herstellung überwacht/güteüberwacht wird. Der Nachweis hierüber gilt als erbracht, wenn das überwachte Erzeugnis oder – soweit dies nicht möglich ist – dessen Verpackung oder dessen Lieferschein durch das einheitliche Überwachungszeichen nach Abschnitt 12 gekennzeichnet ist.

    Sofern in den Besonderen Bestimmungen keine allgemeine Zustimmung zum Überwachungsvertrag oder keine allgemeine Überwachungsbescheinigung zur Überwachungsbestätigung erteilt ist, darf das einheitliche Überwachungszeichen nur geführt werden, wenn das Institut für Bautechnik dem Überwachungsvertrag zugestimmt oder eine Überwachungsbescheinigung ausgestellt hat. Abschnitt 3 gilt sinngemäß.

12. Nach den Erlassen der Länder ist der Nachweis der Überwachung durch Zeichen wie folgt zu führen (verkleinerte Darstellung):

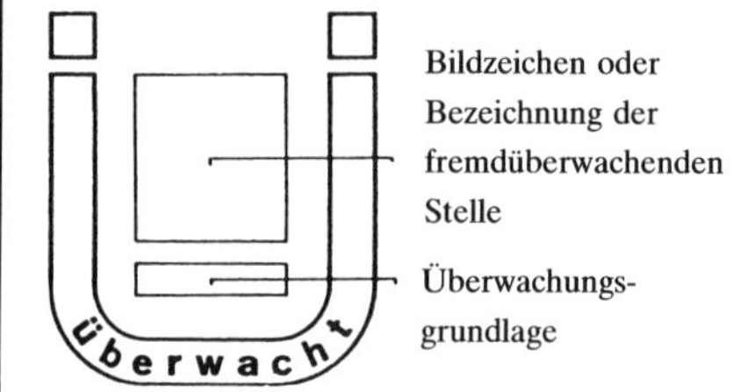

Abb. 1 Überwachungszeichen

Abb. 2 Vereinfachtes Überwachungszeichen

Vereinfachtes Zeichen zur Kennzeichnung auf Baustoffen, Bauteilen und Einrichtungen, wenn der Lieferschein das Überwachungszeichen nach Abb. 1 trägt. Dabei soll der Fremdüberwacher durch ein – ggf. vereinfachtes – Zeichen erkennbar sein.

- *Die Zustimmung im Einzelfall* durchläuft ähnliche Überprüfungen wie die ABZ, stützt sich also auch auf Sachverständigengutachten. Sie gilt jeweils nur für ein einziges Bauvorhaben und ist damit „verbraucht". Die Erteilung dauert jedoch weniger lang und ist billiger in der Gebühr.

- *Prüfzeichen:**) Bestimmte werkmäßig hergestellte Baustoffe, Bauteile und Einrichtungen (als Einrichtungen gelten z. B. Grundstücksentwässerungsteile, Lüftungsanlagen usw.), bei denen wegen ihrer Eigenart und Zweckbestimmung die Erfüllung der Anforderungen ihrer Brauchbarkeit in besonderem Maße von ihrer einwandfreien Beschaffenheit abhängt, müssen ein Prüfzeichen haben. Das bekommen sie mit dem Prüfbescheid zugeteilt nach der Überprüfung durch das IfBt in Berlin. Die prüfzeichenpflichtigen Baustoffe und Bauteile sind in der Bauprüfverordnung bzw. der Prüfzeichenverordnung abschließend aufgezählt (s. III 2.1, nach § 20).

---

*) Siehe auch Fußnote auf Seite 109.

- Die BAB braucht nur darauf zu achten, ob der verwendete Gegenstand ein Prüfzeichen aufweist, etwa PA V – . . . für ein Holzschutzmittel. Eine weitergehende Prüfung der Gebrauchsfähigkeit wäre für die BAB auch praktisch gar nicht möglich.

  Das Prüfzeichen muß auf dem Gegenstand angebracht sein; falls das nicht möglich ist, muß die Kennzeichnung auf der Verpackung oder dem Lieferschein geschehen.

1.5.2 Überwachung

Überwachung im Sinne der Bauordnung (z. B. BauO NW § 24, s. unter III 2.1) ist nicht die baubegleitende *Bauüberwachung* der Bauausführung auf der Baustelle, sondern die Kontrolle der werkmäßigen Herstellung von Baustoffen und Bauteilen, die also auf der Baustelle in praktikabler Form nicht durchführbar ist. Sie wird nicht von der BAB vorgenommen, sondern vom Hersteller (als Eigenüberwachung) und zusätzlich von Überwachungsgemeinschaften (als Fremdüberwachung). Überwachungsgemeinschaften müssen vom DIBt in Berlin, Prüfstellen von der obersten BAB anerkannt sein (eine Auswahl ist auf Seite 112 bis 114 aufgelistet).

Bei dieser Überwachung handelt es sich nicht um eine aus Gründen der gleichbleibenden Qualität installierte private Gütekontrolle. Überwachungspflichtig im Sinne der Bauordnung sind:

- alle neuen Baustoffe und Bauteile, die also eine allgemeine bauaufsichtliche Zulassung haben
- alle Baustoffe und Bauteile mit Prüfzeichen
- Baustoffe und Bauteile nach DIN-Normen, hauptsächlich aus folgenden Bereichen:
  - Künstliche Wand- und Deckensteine
  - Formstücke für Schornsteine
  - Bindemittel für Mörtel und Beton
  - Werkfrischmörtel und Werktrockenmörtel
  - Betonzuschlag
  - Beton B II und Transportbeton
  - Betonstahl
  - Dämmstoffe für den Schall- und Wärmeschutz
  - Bauplatten
  - Vorgefertigte Bauteile aus Beton, Stahlbeton, Ziegeln
  - Vorgefertigte Wand-, Decken- und Dachtafeln für Häuser in Tafelbauart
  - Feuerschutzabschlüsse
  - Kaltgeformte Bleche aus Baustahl

Der Nachweis, daß die Herstellung dieser Baustoffe und Bauteile in einem überwachten Betrieb erfolgt, wird durch das Überwachungszeichen geführt, das auf dem Produkt, der Verpackung oder dem Lieferschein angebracht sein muß. Eine weitere Überwachung durch die BAB – etwa durch Kontrolle von Stahlbetonfertigteilen und ihrer Bewehrung – findet nicht statt. Wenn man bedenkt, daß die Mindestkontrolle im Werk durch den Überwacher der Güteschutzgemeinschaft lediglich zweimal im Jahr erfolgt, klafft hier doch eine Lücke. Die Überwachung der Bewehrung eines Stahlbetonbauteiles vor dem Betonieren auf der Baustelle ist also um ein Vielfaches intensiver. Es kann durchaus vorkommen, daß die gesamte Lieferung von Fertigteilen für ein Bauvorhaben nicht ein einziges Mal im Werk überprüft wird, wenn sich der Auftrag innerhalb von 3 oder 4 Monaten zwischen den Kontrollterminen des Halbjahres entwickelt. Natürlich sind die Termine der Eigenüberwachung erheblich enger, haben aber m. E. nicht so großes Gewicht.

Abbildungen siehe Seite 110.

- Als Kennzeichnung auf Baustoffen und Bauteilen genügt das vereinfachte Überwachungszeichen nach Abbildung 2, wenn der Lieferschein mit dem Überwachungszeichen nach Abbildung 1 versehen ist. In dem vereinfachten Überwachungszeichen soll die fremdüberwachende Institution – ggf. in vereinfachter Form – angegeben werden.
- Bei Kennzeichnung von Baustoffen oder Bauteilen oder von deren Verpackungen bzw. Packzetteln mit dem Überwachungszeichen soll der Buchstabe Ü einem Rechteckmaß von mindestens 4,5 cm × 6 cm entsprechen.

Güteschutzgemeinschaften als fremdüberwachende Stellen
mit ihren Überwachungszeichen (Auswahl); in der Regel sind die Überwachungszeichen in den verschiedenen Ländern gleich, oder die Stelle gilt für alle Länder. Ein vollständiges Verzeichnis wird periodisch in den Mitteilungen des DIBt, Berlin, veröffentlicht.

Baustoffüberwachungsverein
Nordrhein-Westfalen e.V.
Abt. Transportbeton
Tonhallenstr. 19
47051 Duisburg
Tel.: (02 03) 2 66 96

NW

Überwachungsverein
Transportbeton u. Werk-Frischmörtel
Land Bayern e.V.
Beethovenstraße 8
80336 München
Tel.: (0 89) 51 40 30

Bay

Baustoffüberwachung
Kies und Sand
Hessen/Rheinland-Pfalz e.V.
Friedrich-Ebert-Straße 11–13
67433 Neustadt/Weinstraße
Tel.: (0 63 21) 85 20

He, RhPf

Verein
Deutscher Zementwerke e.V.
Tannenstr. 2
40476 Düsseldorf
Tel.: (02 11) 45 78-1

in allen Ländern

Güteüberwachung
Beton B II-Baustellen e.V.
Bahnhofstr. 61
65185 Wiesbaden
Tel.: (0 61 21) 14 03-0

in allen Ländern

Güteschutz
Beton- und Fertigteilwerke
Baden-Württemberg e.V.
Reutlinger Straße 16
70597 Stuttgart
Tel.: (07 11) 76 50 11-12

BW

Güteschutzorganisation
Betonstahl e.V.
Kasernenstr. 36
40213 Düsseldorf
Tel.: (02 31) 4 39 71 37

GÜTEZEICHEN RAL-RG 609
Güteschutz
BETONSTAHL

NW

Güteschutz
Ziegelindustrie Nordwest e.V.
Bahnhofsplatz 2a
26122 Oldenburg
Tel.: (04 41) 2 62 57

GÜTESCHUTZ ZIEGEL NORDWEST

Bre, Hbg, Nds, NW, SchlH

Güteschutz
Ziegelmontagebau e.V.
Am Zehnthof 197–203
45307 Essen
Tel.: (02 01) 59 00 17-19

in allen Ländern (außer Saar)

Güteschutz
Kalksandstein e.V.
Entenfangweg 15
30419 Hannover
Tel.: (05 11) 79 30 77

in allen Ländern

Gütegemeinschaft
Montagebau und Fertighäuser e.V.
Schlüterstr. 6
20146 Hamburg
Tel.: (0 40) 45 18 75

in allen Ländern

Gütegemeinschaft
Bauelemente aus Stahlblech e.V.
Rotdornweg 9
44267 Dortmund
Tel.: (0 23 04) 8 03 65

in allen Ländern

Gütegemeinschaft
Betonerhaltung
(BGBE)
hier z. B.
Johnsallee 53
20148 Hamburg
Tel.: (0 40) 41 52 70

jeweils eine in allen Ländern

Überwachungsgemeinschaft
für Feuerschutz-, Rauch- und
Schutzraumabschlüsse
Nordrhein-Westfalen
Ruhrallee 12
45138 Essen
Tel.: (02 01) 26 00 83/84

NW, Saar

Gütegemeinschaft
Erhaltung von Bauwerken e.V.
Bahnhofstr. 61
65185 Wiesbaden
Tel.: (06 11) 1 40 30

in allen Ländern

Wegen des Güteschutzes Holzleimbau wird auf II 5.1.3 verwiesen.

1.5.3 Bescheinigungen des Herstellerwerks

In mehreren DIN-Normen sind Vorschriften über Bescheinigungen des Herstellers über Materialprüfungen enthalten, so z. B. in DIN 18 800 T 1 – Stahlbauten und anderen. Die zuständige DIN-Norm ist 50 049 (4/1992) – Metallische Erzeugnisse – Arten von Prüfbescheinigungen; dort werden in steigender Aussagequalität unterschieden:

- Werksbescheinigungen, Werkszeugnisse, Werksprüfzeugnisse
- Abnahmeprüfzeugnisse A, B, C
- Abnahmeprüfprotokolle A, C

DIN 50 049 (auch EN 10 204): Diese Norm gilt für Bescheinigungen, mit denen Materialprüfungen insbesondere an metallischen Werkstoffen, Werkstücken und Bauteilen bestätigt werden. Wenn bei der Bestellung vereinbart, darf diese Norm auch auf Erzeugnisse aus anderen Werkstoffen angewendet werden. Die Bescheinigungen dienen zum Nachweis der Qualität eines Erzeugnisses.

1.5.3.1 Bescheinigungen über Prüfungen, die vom Personal durchgeführt wurden, das vom Hersteller beauftragt ist und der Fertigungsabteilung angehören kann

- **Werksbescheinigung „2.1“**

Bescheinigung, in welcher der Hersteller bestätigt, daß die gelieferten Erzeugnisse den Vereinbarungen bei der Bestellung entsprechen, ohne Angabe von Prüfergebnissen.

Die Werksbescheinigung „2.1“ wird auf der Grundlage nichtspezifischer Prüfung ausgestellt.

- **Werkszeugnis „2.2“**

Bescheinigung, in welcher der Hersteller bestätigt, daß die gelieferten Erzeugnisse den Vereinbarungen bei der Bestellung entsprechen, mit Angabe von Prüfergebnissen auf der Grundlage nichtspezifischer Prüfung.

- **Werksprüfzeugnis „2.3“**

Bescheinigung, in welcher der Hersteller bestätigt, daß die gelieferten Erzeugnisse den Vereinbarungen bei der Bestellung entsprechen, mit Angabe von Prüfergebnissen auf der Grundlage spezifischer Prüfung.

Das Werksprüfzeugnis „2.3“ wird nur von einem Hersteller herausgegeben, der über keine dazu beauftragte, von der Fertigungsabteilung unabhängige Prüfabteilung verfügt.

Wenn der Hersteller über eine von der Fertigungsabteilung unabhängige Prüfabteilung verfügt, so muß er anstelle des Werksprüfzeugnisses „2.3“ ein Abnahmeprüfzeugnis „3.1.B“ herausgeben.

1.5.3.2 Bescheinigungen über Prüfungen, die von dazu beauftragtem Personal durchgeführt oder beaufsichtigt wurden, das von der Fertigungsabteilung unabhängig ist, auf der Grundlage spezifischer Prüfung

● **Abnahmeprüfzeugnis**

Bescheinigung, herausgegeben auf der Grundlage von Prüfungen, die entsprechend den in der Bestellung angegebenen technischen Lieferbedingungen und/oder nach amtlichen Vorschriften und den zugehörigen Technischen Regeln durchgeführt wurden. Die Prüfungen müssen an den gelieferten Erzeugnissen oder an Erzeugnissen der Prüfeinheit, von der die Lieferung ein Teil ist, durchgeführt worden sein.

Die Prüfeinheit wird in der Produktnorm, in amtlichen Vorschriften und den zugehörigen Technischen Regeln oder in der Bestellung festgelegt.

Es gibt verschiedene Formen:

- Abnahmeprüfzeugnis „3.1.A“
  herausgegeben und bestätigt von einem in den amtlichen Vorschriften genannten Sachverständigen, in Übereinstimmung mit diesen und den zugehörigen Technischen Regeln.
- Abnahmeprüfzeugnis „3.1.B“
  herausgegeben von einer von der Fertigungsabteilung unabhängigen Abteilung und bestätigt von einem dazu beauftragten, von der Fertigungsabteilung unabhängigen Sachverständigen der Herstellers („Werkssachverständigen“).
- Abnahmeprüfzeugnis „3.1.C“
  herausgegeben und bestätigt von einem durch den Besteller beauftragten Sachverständigen in Übereinstimmung mit den Lieferbedingungen in der Bestellung.

● **Abnahmeprüfprotokoll**

Ein Abnahmeprüfzeugnis, das aufgrund einer besonderen Vereinbarung sowohl von dem vom Hersteller beauftragten Sachverständigen als auch von dem vom Besteller beauftragten Sachverständigen bestätigt ist, heißt Abnahmeprüfprotokoll „3.2“.

1.5.3.3 Ausstellung von Prüfbescheinigungen durch einen Verarbeiter oder einen Händler

Wenn ein Erzeugnis durch einen Verarbeiter oder einen Händler geliefert wird, so müssen diese dem Besteller die Bescheinigungen des Herstellers nach dieser europäischen Norm EN 10 204, ohne sie zu verändern, zur Verfügung stellen.

Diesen Bescheinigungen des Herstellers muß ein geeignetes Mittel zur Identifizierung des Erzeugnisses beigefügt werden, damit die eindeutige Zuordnung von Erzeugnis und Bescheinigung sichergestellt ist.

Wenn der Verarbeiter oder der Händler den Zustand oder die Maße des Erzeugnisses in irgendeiner Weise verändert hat, müssen diese besonderen neuen Eigenschaften in einer zusätzlichen Bescheinigung bestätigt werden.

Das gleiche gilt für besondere Anforderungen in der Bestellung, die nicht in den Bescheinigungen des Herstellers enthalten sind.

1.5.3.4 Bestätigung der Prüfbescheinigungen

Die Prüfbescheinigungen müssen von der (den) für die Bestätigung verantwortlichen Person (Personen) unterschrieben oder in geeigneter Weise gekennzeichnet sein.

Wenn jedoch die Bescheinigungen mittels eines geeigneten Datenverarbeitungssystems erstellt worden sind, darf die Unterschrift ersetzt werden durch die Angabe des Namens und der Dienststellung der Person, die für die Bestätigung der Bescheinigung verantwortlich ist.

1.5.3.5 Tabelle 1.2 Zusammenstellung der Prüfbescheinigungen

Normbezeichnung	Bescheinigung	Art der Prüfung	Inhalt der Bescheinigung	Lieferbedingungen	Bestätigung der Bescheinigung durch
2.1	Werksbescheinigung	Nichtspezifisch	Keine Angabe von Prüfergebnissen	Nach den Lieferbedingungen der Bestellung oder, falls verlangt, auch nach amtlichen Vorschriften und den zugehörigen Technischen Regeln	den Hersteller
2.2	Werkszeugnis		Prüfergebnisse auf der Grundlage nichtspezifischer Prüfung		
2.3	Werksprüfzeugnis	Spezifisch	Prüfergebnisse auf der Grundlage spezifischer Prüfung		
3.1.A	Abnahmeprüfzeugnis 3.1.A			Nach amtlichen Vorschriften und den zugehörigen Technischen Regeln	den in den amtlichen Vorschriften genannten Sachverständigen
3.1.B	Abnahmeprüfzeugnis 3.1.B			Nach den Lieferbedingungen der Bestellung oder, falls verlangt, auch nach amtlichen Vorschriften und den zugehörigen Technischen Regeln	den vom Hersteller beauftragten, von der Fertigungsabteilung unabhängigen Sachverständigen („Werksachverständigen“)
3.1.C	Abnahmeprüfzeugnis 3.1.C			Nach den Lieferbedingungen der Bestellung	den vom Besteller beauftragten Sachverständigen
3.2	Abnahmeprotokoll 3.2				den vom Hersteller beauftragten, von der Fertigungsabteilung unabhängigen Sachverständigen und den vom Besteller beauftragten Sachverständigen

1.5.4 Lieferscheine

- Die nach den *Mauerstein-Normen* (DIN 105–Mauerziegel; DIN 106–Kalksandsteine; DIN 398–Hüttensteine; DIN 18151/18153–Hohlblocksteine aus Leichtbeton/Beton usw.) hergestellten und überwachten Steine sind mit Lieferscheinen auszuliefern, die folgende Angaben enthalten müssen:
  - Hersteller und Werk
  - Herstellerzeichen oder Werkkennzeichen (soweit vorhanden)
  - Anzahl und Bezeichnung der gelieferten Steine
  - fremdüberwachende Stelle, z. B. Überwachungszeichen (s. unter II 1.5.2)
  - Tag der Lieferung
  - Empfänger
- Bei Steinen nach *Allgemeiner bauaufsichtlicher Zulassung* des DIBt Berlin gilt: Die Kennzeichnung der Steine hinsichtlich Steinrohdichteklasse, Festigkeitsklasse und Herstellerkennzeichen ist entsprechend den Stein-Normen vorzunehmen. Außerdem ist jede Liefereinheit (z. B. Steinpaket) auf der Verpackung oder einem mindestens DIN A 4 großen Beipackzettel mit den nachstehend aufgeführten Angaben des Zulassungsbescheides zu versehen:
  - Bezeichnung des Zulassungsgegenstandes
  - Festigkeitsklasse
  - zulässige Spannungen nach dem Zulassungsbescheid
  - Rohdichteklasse
  - Angabe, ob mit oder ohne Stoßfugenmörtel zu verarbeiten
  - Zulassungsnummer
  - Herstellerwerk
  - Überwachungszeichen

  Diese Angaben müssen auch auf dem Lieferschein enthalten sein.
- Bei Steinen für Rezeptmauerwerk (RM) nach DIN 1053/2 muß das Zeichen „RM“ auf Steinen und Beipackzettel angebracht sein. Bei Steinen für Mauerwerk nach Eignungsprüfung (EM) muß der in DIN 1053/2 vorgeschriebene Einstufungsschein (Muster s. Seite 225) mitgeliefert werden.
- Wegen der Lieferscheine von Transportbeton oder Stahlbetonfertigteilen wird auf Abschnitt II 7.3.4 verwiesen.

b) Das künftige Verfahren gem. MBO*)

Die Bauproduktenrichtlinie (der EG) wurde in der Bundesrepublik Deutschland durch das Bauproduktengesetz (BauPG) in nationales Recht umgesetzt. Es regelt das Inverkehrbringen und den freien Warenverkehr der Bauprodukte und Bauarten. Die Arbeitsgemeinschaft der Bauminister der Länder (ARGEBAU) hat sich auf Regelungen geeinigt, die in diesem speziellen Fall gleichlautend in alle Neufassungen der Landesbauordnungen eingeführt werden (was sonst bekanntlich nicht der Fall ist). Die §§ 20 bis 24c der MBO bzw. §§ 20ff. der Neufassung der BauO NW enthalten nunmehr folgendes System:

*) Nach: Begründung des Gesetzentwurfs v. 5/94 zur BauO NW.

1.5.5 Brauchbarkeitsnachweis

Der Brauchbarkeits- oder Verwendbarkeitsnachweis ist der Nachweis, daß ein Bauprodukt (als „Prototyp") die Anforderungen der Bauordnung erfüllt, d. h., daß von ihm bei ordnungsgemäßer Anwendung keine Gefahr für die öffentliche Sicherheit und Ordnung ausgeht.

Bauprodukte dürfen verwendet werden, wenn sie von in einer Bauregelliste A bekanntgemachten technischen Regeln (siehe Erläuterung zu § 20), die der Erfüllung der Anforderungen an bauliche Anlagen dienen, nicht oder nicht wesentlich abweichen (geregelte Bauprodukte) oder wenn sie die Konformitätskennzeichnung der Europäischen Gemeinschaft (CE-Kennzeichnung) aufgrund des BauPG tragen.

Die Bauregelliste A*) wird zentral für alle Länder vom Deutschen Institut für Bautechnik in Berlin bekanntgemacht. (Vergleich zum BauPG: Harmonisierte europäische Normen werden im Bundesanzeiger veröffentlicht.)

Generell geht die Musterbauordnung davon aus, daß Bauprodukte, deren Brauchbarkeit nach dem BauPG oder anderen Gesetzen von EG-Staaten, die der Umsetzung der EG-Bauproduktenrichtlinie dienen, erwiesen ist, auch in den Ländern der Bundesrepublik verwendbar sind. Die EG-Bauproduktenrichtlinie räumt den Mitgliedstaaten in Artikel 3 (2) jedoch das Recht ein, zur Wahrung ihres bestimmten Schutzniveaus bei der Verwendung von Bauprodukten bestimmte, in den harmonisierten europäischen Spezifikationen vorgesehene Klassen zu fordern oder nur zur Verwendung zuzulassen.

MBO § 20 (7) sieht daher vor, daß in einer Bauregelliste B die harmonisierten europäischen Spezifikationen aufgeführt werden und dazu festgelegt wird, welche der Klassen- und Leistungsstufen, die in den europäischen Spezifikationen enthalten sind, von den Bauprodukten bei bestimmten Verwendungen zu erfüllen sind. Die Bauregelliste B wird für alle Länder zentral vom Deutschen Institut für Bautechnik in Berlin veröffentlicht.

Bauprodukte, die von technischen Regeln der Bauregelliste A wesentlich abweichen oder für die es solche technischen Regeln nicht gibt, müssen ihre Verwendbarkeit durch eine allgemeine bauaufsichtliche Zulassung, ein allgemeines bauaufsichtliches Prüfzeugnis oder eine Zustimmung im Einzelfall nachweisen. Dies gilt nicht für Bauprodukte, die nur untergeordnete Bedeutung für die Sicherheit und den Gesundheitsschutz haben und die die oberste Bauaufsichtsbehörde in einer Liste C bekanntgemacht hat.

Bauprodukte werden nach dem BauPG oder nach Umsetzungsvorschriften anderer Mitgliedstaaten der EG oder des EWR aufgrund harmonisierter bzw. anerkannter Normen, europäischer technischer Zulassungen (§ 5 Absätze 2 bis 5 BauPG) und nach durchgeführten Konformitätsnachweisverfahren (§§ 8 bis 10 BauPG) mit der CE-Kennzeichnung versehen und in den Verkehr gebracht. Harmonisierte Normen, Leitlinien für europäische technische Zulassungen und europäische technische Zulassungen können Klassen und Leistungsstufen enthalten, die für unterschiedliche Verwendungszwecke unterschiedliche Schutzniveaus ermöglichen (Art. 3 Abs. 2 Bauproduktenrichtlinie). Die oberste Bauaufsichtsbehörde kann und wird regelmäßig daher nach Absatz 7 Nr. 1 in einer Bauregelliste B diejenigen Klassen und Leistungsstufen festlegen, die die Bauprodukte erfüllen müssen. Liegen solche Festlegungen vor, so ist die Verwendbarkeit solcher Bauprodukte nur insofern gegeben, als deren CE-Kennzeichnung diese Festlegungen ausweisen.

Allgemeine bauaufsichtliche Zulassungen werden für Bauprodukte erteilt, wenn bei ihrer zweckentsprechenden Verwendung den Anforderungen an bauliche Anlagen Genüge getan werden kann.

§ 21 BauO NW neu behält für nicht geregelte Bauprodukte die bisherige inhaltliche Regelung der allgemeinen bauaufsichtlichen Zulassung im wesentlichen bei.

---

*) Bauregelliste A Teil 1 (94/1) ist im Sonderheft Nr. 8 aus 1994 der Mitteilungen des DIBt veröffentlicht.

Allgemeine bauaufsichtliche Prüfzeugnisse werden anstelle einer allgemeinen bauaufsichtlichen Zulassung erteilt, wenn an die Bauprodukte keine erheblichen Anforderungen für die Sicherheit und Gesundheit zu stellen sind oder wenn sie nach allgemein anerkannten Prüfverfahren beurteilt werden können. Diese Bauprodukte werden in der Bauregelliste A bekanntgemacht.

§ 22 Abs. 1 BauO NW neu enthält die Möglichkeit, für nicht geregelte Bauprodukte, die weniger sicherheitsrelevant sind (Absatz 1 Nr. 1) oder die nur nach allgemein anerkannten Prüfverfahren beurteilt werden können (Absatz 1 Nr. 2), z. B. weil es keine allgemein anerkannten Produktnormen, sondern nur Prüfnormen für sie gibt, anstatt der allgemeinen bauaufsichtlichen Zulassung das allgemeine bauaufsichtliche Prüfzeugnis einer eigens dafür anerkannten (Absatz 2 Satz 1) Prüfstelle zuzulassen; dies entspricht z. B. im Brandschutzbereich bereits gängiger Praxis und in etwa auch der Regelung des Artikel 4 Abs. 4 Bauproduktenrichtlinie und des § 5 Abs. 5 BauPG. Nachdem das Prüfzeugnis in der Bekanntmachung der Bauregelliste A vorgesehen sein muß (Absatz 1 Satz 2), kann es nur solche Fälle betreffen, in denen ein Bauprodukt von den dort enthaltenen technischen Regeln wesentlich abweicht. Absatz 2 Satz 2 knüpft für die Erteilung des Prüfzeugnisses an die Voraussetzungen für die Erteilung allgemeiner bauaufsichtlicher Zulassungen an.

Das bisherige bauaufsichtliche Instrument des Prüfzeichens als Brauchbarkeitsnachweis, das für alle in der Prüfzeichenverordnung genannten Produkte, unabhängig davon, ob es sich um neue, noch nicht allgemein gebräuchliche oder bewährte Produkte oder um bereits genormte handelt, zwingend vorgeschrieben war, entfällt zukünftig.

Zustimmungen im Einzelfall werden für die Verwendung eines Bauproduktes in einer einzelnen konkreten baulichen Anlage erteilt.

Nach § 23 Abs. 1 BauO NW neu bleibt der Nachweis der Brauchbarkeit im Einzelfall (§ 21 Abs. 2 Sätze 2 und 3 BauO NW 1984) weiterhin zulässig. Das gilt sowohl für die Fälle, in denen Bauprodukte an sich nur nach BauPG bzw. nach anderen der Umsetzung von sonstigen EG-Richtlinien dienenden Vorschriften in den Verkehr gebracht werden dürfen, als auch für die Fälle, in denen allein die Bauordnung Anwendung findet. Für erstere ist diese Regelung durch Protokollerklärung Nr. 2 zur Bauproduktenrichtlinie und § 4 Abs. 4 BauPG abgedeckt.

Absatz 2 trifft eine Sonderregelung für die Verwendung von Bauprodukten in Baudenkmälern. Die Zustimmung für diese werden von der unteren Bauaufsichtsbehörde erteilt.

1.5.6 Übereinstimmungsnachweis

Geregelte und nicht geregelte Bauprodukte bedürfen für ihre Verwendung einer Bestätigung ihrer Übereinstimmung mit den technischen Regeln der Bauregelliste A, allgemeinen bauaufsichtlichen Zulassungen, allgemeinen bauaufsichtlichen Prüfzeugnissen oder Zustimmungen im Einzelfall. Welche Übereinstimmungsnachweise für die jeweiligen Bauprodukte erforderlich sind, wird in den technischen Regeln selbst, in den Zulassungen, Prüfzeugnissen oder Zustimmungen bzw. durch Rechtsverordnung festgelegt.

Übereinstimmungsnachweisverfahren sind Übereinstimmungserklärungen des Herstellers und Übereinstimmungszertifikate durch eine anerkannte Zertifizierungsstelle. Für beide Verfahrensarten ist die werkseigene Produktionskontrolle durch den Hersteller verbindlich.

Bei der Übereinstimmungserklärung des Herstellers überprüft allein der Hersteller die Übereinstimmung seines Bauproduktes mit der zugrundeliegenden technischen Spezifikation.

Welcher Nachweis geführt werden muß, hängt von der Sicherheitsrelevanz des Produktes ab.

In jedem Fall wird vom Hersteller von Bauprodukten verlangt, daß er durch eine werkseigene

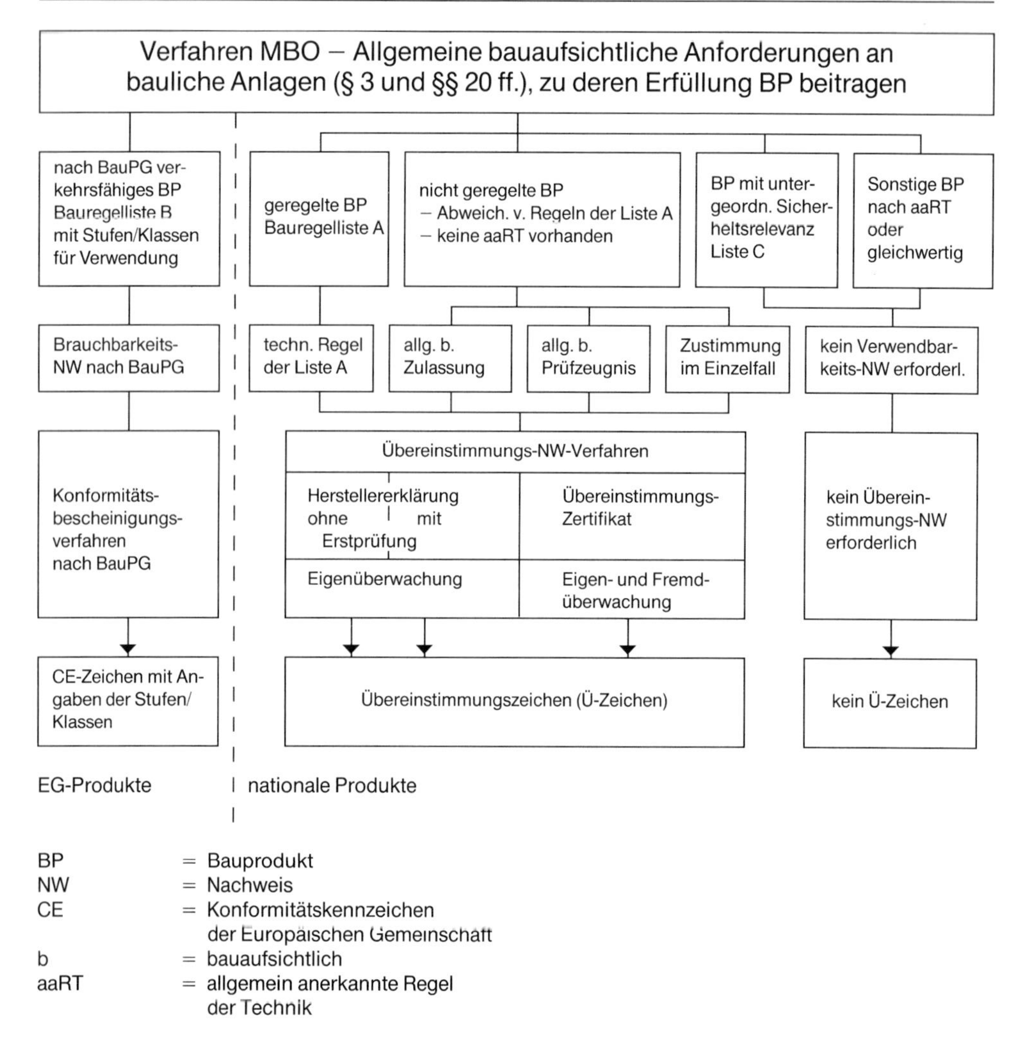

Abb. 1.1 Übersicht über Brauchbarkeits- und Übereinstimmungsnachweise
[H.-G. Meyer in: Aachener Bausachverständigentag 1993, Bauverlag Wiesbaden 1993]

Produktionskontrolle sicherstellen muß, daß das hergestellte Produkt den maßgebenden technischen Spezifikationen entspricht. (Das Verlangen nach einer werkseigenen Produktionskontrolle bedeutet jedoch nicht, daß ein Qualitätssicherungssystem nach DIN EN 29000 ff. [bzw. ISO 9000 ff.] verlangt wird: hinsichtlich werkseigener Produktionskontrolle siehe z. B. KEG-Leitlinien Nr. 7: Durchführung der werkseigenen Produktionskontrolle bei Bauprodukten, Mitteilungen IfBt Nr. 3/1992.)

In den technischen Regeln, in der Bauregelliste A, in den allgemeinen bauaufsichtlichen Zulassungen, in den allgemeinen bauaufsichtlichen Prüfzeugnissen oder den Zustimmungen im Einzelfall kann auch vorgeschrieben werden, daß das Bauprodukt vor Abgabe der Herstellererklärung der Prüfung durch eine Prüfstelle unterzogen werden muß.

Ist das Übereinstimmungszertifikat in der allgemeinen bauaufsichtlichen Zulassung, in der Zustimmung im Einzelfall oder allgemein durch Verordnung vorgeschrieben, so prüft eine

Zertifizierungsstelle die Übereinstimmung des Bauproduktes und erteilt ein Zertifikat, wenn das Bauprodukt einer werkseigenen Produktionskontrolle und einer Fremdüberwachung unterliegt.

Die Übereinstimmungserklärung und die Erklärung, daß ein Übereinstimmungszertifikat vorliegt, bestätigt der Hersteller durch die Kennzeichnung des Bauprodukts mit dem Übereinstimmungszeichen (Ü-Zeichen).

Form und Inhalt des neuen Ü-Zeichens (Übereinstimmungsnachweis) entsprechen dem bisherigen Ü-Zeichen (Fremd-Überwachungsnachweis, s. dazu Seite 110).

In einer Bauregelliste B kann die oberste Bauaufsichtsbehörde bekanntmachen, welche Klassen und Leistungsstufen, die in harmonisierten Normen, Leitlinien für europäische Zulassungen oder in europäische Zulassungen selbst, nach dem BauPG oder anderen Umsetzungsgesetzen enthalten sind, für bestimmte Verwendungszwecke erfüllt sein müssen. Diese so festgelegten Klassen und Leistungsstufen müssen von der CE-Kennzeichnung auf dem Bauprodukt ausgewiesen sein, damit es verwendbar ist.

§ 25 Abs. 2 Satz 3 BauO NW neu stellt sicher, daß Bauprodukte, die handwerklich und in beschränkten Stückzahlen („nicht in Serie") hergestellt werden, grundsätzlich nur der Übereinstimmungserklärung des Herstellers ohne Einschaltung einer Stelle bedürfen, es sei denn, für sie ist wegen der besonderen Sicherheitsrelevanz etwas anderes festgelegt.

2 Baustelle, Gerüste, Unfallverhütungsvorschriften

2.1 Baustelleneinrichtung und -betrieb

2.1.1 Zuständigkeiten

Zur allgemeinen amtlichen Anforderung an die Baustelle wird die Musterbauordnung, Fassung 12/1993 § 14 zitiert:

> (1) Baustellen sind so einzurichten, daß bauliche Anlagen ordnungsgemäß errichtet, geändert oder abgebrochen werden können und Gefahren oder vermeidbare Belästigungen nicht entstehen.
>
> (2) Bei Bauarbeiten, durch die unbeteiligte Personen gefährdet werden können, ist die Gefahrenzone abzugrenzen oder durch Warnzeichen zu kennzeichnen. Soweit erforderlich, sind Baustellen mit einem Bauzaun abzugrenzen, mit Schutzvorrichtungen gegen herabfallende Gegenstände zu versehen und zu beleuchten.
>
> (3) Bei der Ausführung genehmigungsbedürftiger Bauvorhaben hat der Bauherr an der Baustelle ein Schild, das die Bezeichnung des Bauvorhabens und die Namen und Anschriften des Entwurfsverfassers, des Bauleiters und der Unternehmer für den Rohbau enthalten muß, dauerhaft und von der öffentlichen Verkehrsfläche aus sichtbar anzubringen.
>
> (4) Bäume, Hecken und sonstige Bepflanzungen, die aufgrund anderer Rechtsvorschriften zu erhalten sind, müssen während der Bauausführung geschützt werden.

Bauarbeiten – zumal beim hier vorliegenden grundsätzlich ambulanten Gewerbe – bergen vielerlei Gefahren in sich. Die bauordnungsrechtlichen Vorschriften hierzu dienen vorrangig der Abwehr von Gefahren, und zwar sowohl derjenigen für Bauarbeiter als auch für Nachbarn und Passanten. Baustelleneinrichtungen, das sind also Lagerhallen und -schuppen für Baustoffe und Geräte, Wetterschutzhallen, Büro- und Aufenthaltscontainer, Silos, Baumaschinen, Baukrane und Aufzüge, Gerüste und Leitergänge usw., bedürfen keiner Baugenehmigung oder technischen Prüfung. Die Verantwortung für die Beachtung der Sicherheitsregeln und öffentlich-rechtlichen Vorschriften liegt beim Bauherrn bzw. den von ihm beauftragten Unternehmern und dem Bauleiter. Natürlich müssen alle Gerüste (Trag-, Arbeits- und Schutzgerüste) den einschlägigen DIN-Normen entsprechen: DIN 4420 Teil 1 und 2; DIN 4421.

Kontrolliert werden Baustelleneinrichtungen also nicht von der Bauaufsichtsbehörde (BAB), sondern von anderen Institutionen: der staatlichen Gewerbeaufsicht und den Berufsgenossenschaften. Sie überwachen die zum Schutz der Bauarbeiter erlassenen Vorschriften, insbesondere die Unfallverhütungsvorschriften (UVV) sowie die Arbeitsschutzbestimmungen (zuständig: GAA). Das schließt nicht aus, daß auch die BAB oder der Bauleiter bei einer erkennbaren Gefahr einschreiten muß. Solche Gefahren können die Bereiche von BAB und BG überschneiden: der Baukran (zuständig die BG), der mit einem Auslegerfuß zu nahe am Baugrubenverbau steht (zuständig die BAB). Siehe hierzu auch II 1.4.

Da sowohl der objektüberwachende Architekt als auch der Kontrolleur der BAB zwangsläufig Gerüste betreten muß und evtl. fehlende Absturzsicherungen nicht „übersehen" kann, ist er gehalten, auch in diesem nicht eigentlich seinem Bereich evtl. Berichtigungen zu veranlassen; siehe dazu weiter unten Auszüge aus einschlägigen UVV und DIN.

2.1.2 Unfallverhütungsvorschriften

Man kann davon ausgehen, daß die UVV der Bau-Berufsgenossenschaften (BauBG) zu den allgemein anerkannten Regeln der Technik zählen, obwohl die Art des Zustandekommens eine andere ist als bei den DIN-Normen; bei letzteren ist stets diese Vermutung gegeben. Häufig werden DIN-Normen im vollen Text als „Anhang“ in die UVV aufgenommen.

Die Durchführungsanweisungen (DA) zu den einzelnen Bestimmungen einer UVV geben Beispiele, wie die Bestimmungen dieser UVV erfüllt werden können; dadurch werden andere, das gleiche Ziel erreichende Lösungen nicht ausgeschlossen. Die DA geben weiterhin zusätzliche Hinweise und Erläuterungen zu den Bestimmungen der UVV.

Wichtig für den Baubetrieb sind u. a. folgende UVV der Bau-Berufsgenossenschaften; Anschriften und Gebietsübersicht auf der folgenden Seite. Die UVV werden aufgeführt als Nummern im Verzeichnis Berufsgenossenschaftlicher Gesamtvorschriften (VBG):

VBG 1 Allgemeine Vorschriften
Pflichten des Unternehmers und des Versicherten, Schutzausrüstung, Betriebsanlagen

VBG 4 Elektrische Anlagen und Betriebsmittel
gilt z. B. auch beim Errichten von Bauwerken in der Nähe von Freileitungen und Kabelanlagen

VBG 5 Kraftbetriebene Arbeitsmittel
Bau, Aufstellen, Betrieb, Überprüfung

VBG 7 j Maschinen und Anlagen zur Be- und Verarbeitung von Holz und ähnlichen Werkstoffen
Kreissägen, Bohr- und Fräsmaschinen, Handmaschinen, Werkzeuge

VBG 8 Winden, Hub- und Zuggeräte
Kennzeichnung, Steuereinrichtungen, Sicherungen, Bremsen, Prüfung, Personenbeförderung (das Befördern von Personen mit der Last oder der Lastaufnahmeeinrichtung ist verboten!)

VBG 9 Krane
Fabrikschild, Verbotsschild (an jedem Kranaufstieg muß ein Schild angebracht sein, das Unbefugten den Aufstieg untersagt), Steuerstände, Sicherheitseinrichtungen, Lastmomentbegrenzer, Prüfungen, Betrieb

VBG 9 a Lastaufnahmeeinrichtungen im Hebezeugbetrieb
das sind Krane und Bauaufzüge, Seile, Ketten, Bänder, Haken, Magnete, Vakuumheber

VBG 12 Fahrzeuge
in diesem Sinne sind Lkw und Zugmaschinen, jedoch nicht Bagger, Schürfer, Raupen, Walzen; alles Baufahrzeuge mit Höchstgeschwindigkeit $\leqq$ 8 km/h

VBG 14 Hebebühnen
Hubarbeitsbühnen, Hubladebühnen, Fahrzeughebebühnen (jedoch nicht in Doppelstockgaragen)

VBG 15 Schweißen, Schneiden und verwandte Verfahren
also auch Löten, thermisches Spritzen und Flammrichten; Einrichtung, Betrieb, Schutzausrüstung, Prüfungen (DIN 18800 Teil 7 – Stahlbauten: Herstellen, Eignungsnachweise zum Schweißen bleiben davon unberührt.)

VBG 35 Bauaufzüge
Kennzeichnung, Aufstellung, Betrieb (z. B. ist Schrägziehen oder Befördern von Personen mit der Last oder dem Lastaufnahmemittel verboten!), Prüfungen

VBG 37 Bauarbeiten
Schutzeinrichtungen, Montagearbeiten, Abbrucharbeiten, Arbeiten unter Tage und in Gräben; – dazu gehört:

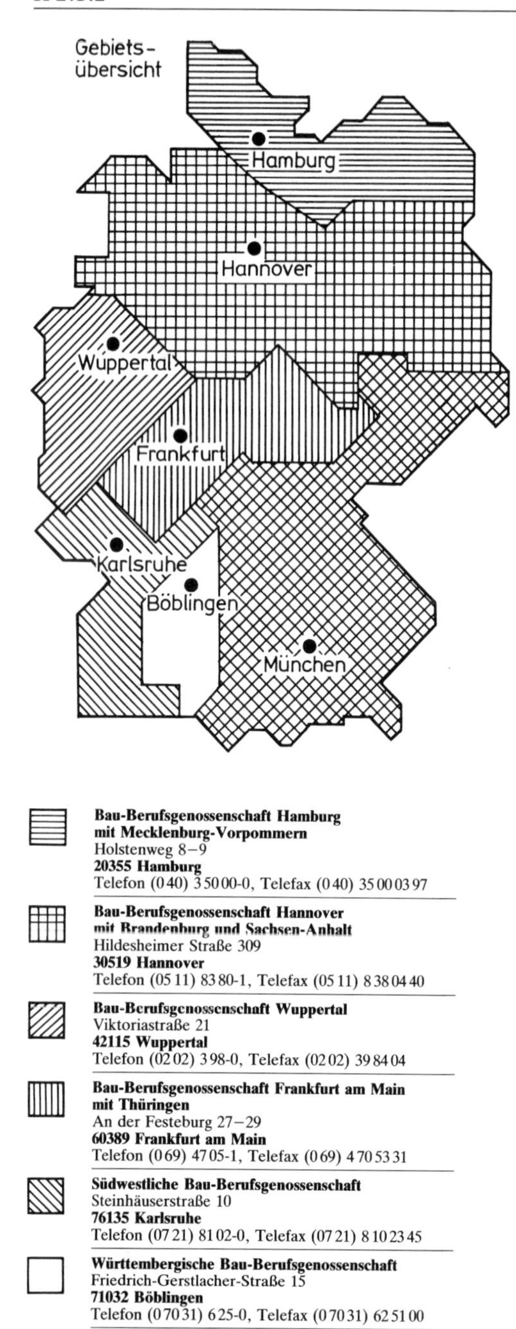

Bau-Berufsgenossenschaft Hamburg
mit Mecklenburg-Vorpommern
Holstenweg 8–9
20355 Hamburg
Telefon (040) 35000-0, Telefax (040) 35000397

Bau-Berufsgenossenschaft Hannover
mit Brandenburg und Sachsen-Anhalt
Hildesheimer Straße 309
30519 Hannover
Telefon (0511) 8380-1, Telefax (0511) 8380440

Bau-Berufsgenossenschaft Wuppertal
Viktoriastraße 21
42115 Wuppertal
Telefon (0202) 398-0, Telefax (0202) 398404

Bau-Berufsgenossenschaft Frankfurt am Main
mit Thüringen
An der Festeburg 27–29
60389 Frankfurt am Main
Telefon (069) 4705-1, Telefax (069) 4705331

Südwestliche Bau-Berufsgenossenschaft
Steinhäuserstraße 10
76135 Karlsruhe
Telefon (0721) 8102-0, Telefax (0721) 8102345

Württembergische Bau-Berufsgenossenschaft
Friedrich-Gerstlacher-Straße 15
71032 Böblingen
Telefon (07031) 625-0, Telefax (07031) 625100

Bau-Berufsgenossenschaft Bayern mit Sachsen
Loristraße
80335 München
Telefon (089) 1274-0, Telefax (089) 1274555

Tiefbau-Berufsgenossenschaft
zuständig für das gesamte Bundesgebiet

Abb. 2.1 Bau-Berufsgenossenschaften

- Anhang 2 – DIN 4123 Gebäudesicherung im Bereich von Ausschachtungen, Gründungen und Unterfangungen
- Anhang 3 – DIN 4124 Baugruben und Gräben
- Anhang 4 – Merkblatt „Anbringen von Dübeln zur Verankerung von Fassadengerüsten"; ferner das
- Beiheft (5/1986) – hierin abgedruckt DIN 4420 Teil 1 und 2 – Arbeits- und Schutzgerüste und Leitergerüste sowie das Merkblatt „Gerüstketten für Stangengerüste"

VBG 38 a Arbeiten im Bereich von Gleisen

VBG 40 Bagger, Lader, Planiergeräte, Schürfgeräte und Erdbaumaschinen, also Baufahrzeuge mit $v \leqq 8$ km/h

VBG 41 Rammen

VBG 45 Arbeiten mit Schußapparaten

VBG 46 Sprengarbeiten
Sprengberechtigte, Sprengstoffe, Zündung, Bohren und Laden, Sichern und Absperren, Sprengung von Bauwerken und Bauwerksteilen

VBG 74 Leitern und Tritte
Anforderungen, Prüfung, Benutzung

Der Verstoß gegen eine UVV, die mit eindeutigen Sicherungsanweisungen vor tödlichen Gefahren schützen soll, stellt regelmäßig eine objektiv schwere Pflichtwidrigkeit dar; die Berufsgenossenschaft kann evtl. Rückgriff auf die Versicherten nehmen, wenn eine „besonders krasse und auch subjektiv schlechthin unentschuldbare Pflichtverletzung vorliegt" (vgl. BGH, Urteil v. 18. 10. 1988 – VI ZR 15/88 in Baurecht, Heft 1/1989, S. 109 ff.).

Belästigungen durch Baumaschinenlärm oder Staubentwicklung müssen von den Anwohnern hingenommen werden, soweit sie unvermeidbar sind. Um die technisch machbare Lärmdämpfung der Maschinen kümmert sich das GAA, um den Baulärm und evtl. auch um die zulässigen Arbeitszeiten das Amt für öffentliche Ordnung (Ordnungsamt) der Stadtverwaltung, s. hierzu II 2.1.5.

2.1.3 Schutzmaßnahmen und Sicherheitseinrichtungen der Baustelle

Bauzaun: Bei Bauarbeiten, durch die unbeteiligte Personen gefährdet werden können, ist die Gefahrenzone abzugrenzen oder durch Warnzeichen zu kennzeichnen. Im Gegensatz zu den Bauarbeitern, die durch Vorschriften der GAA und BG geschützt sind, werden in der Regel „unbeteiligte Personen" aus dem Gefahrenbereich „Baustelle" ferngehalten. Dafür kann bei schwer zugänglichen Bereichen schon eine Beschilderung oder Flatterbandabgrenzung ausreichen. Üblicherweise ist wohl stets ein Bauzaun zu errichten mit verschließbarem Tor. – Bauzäune an Straßen s. weiter unten.

Bauschild: Bei der Ausführung genehmigungspflichtiger Bauvorhaben hat der Bauherr an der Baustelle ein Schild, das die Bezeichnung des Bauvorhabens und die Namen (mit Anschrift und Telefon)

- des Entwurfsverfassers
- des Bauleiters und
- der Rohbauunternehmer

enthalten muß, dauerhaft und von der öffentlichen Verkehrsfläche aus sichtbar anzubringen. Der Sinn ist, bei Gefahren – auch außerhalb der Arbeitszeit – sofort die Verantwortlichen verständigen zu können. (Muster eines Bauschildes gemäß LBO auf Seite 127.)

Verkehrssicherung an Baustellen: Für die Inanspruchnahme von öffentlichem Verkehrsraum (Fahrbahnen, Gehwege, öffentliche Parkflächen) sind zwei kostenpflichtige Erlaubnisse vom Bauunternehmer einzuholen:

- die *wegerechtliche* Erlaubnis als Sondernutzung des öffentlichen Verkehrsgrundes bei der zuständigen Straßenbaubehörde; das kann bei Stadtstraßen das Straßen- und Tiefbauamt, aber auch das Ordnungsamt (Amt für öffentliche Ordnung) sein
- die *verkehrsrechtliche* Erlaubnis bei der zuständigen Straßenverkehrsbehörde, evtl. nach Ortsbesichtigung zusammen mit Straßenbaubehörde, Polizei und Bauunternehmung. Die Straßenverkehrsbehörden bestimmen, wo und welche Verkehrszeichen und Verkehrseinrichtungen (Beschilderung, Wegweiser, Sperr- und Absicherungsgerät, Warnzeichen, Beleuchtung u. a.) anzubringen sind (§ 45 [3] StVO). Verantwortung und Kosten hierfür trägt der Bauunternehmer, der die Gefahrenlage auslöst. Die Gerichte urteilen sehr hart bei Unfällen wegen mangelnder Verkehrssicherung.

Mit den Arbeiten im Straßenbereich darf erst begonnen werden, wenn die erforderlichen Verkehrszeichen und -einrichtungen aufgestellt sind. Der BU hat dafür zu sorgen, daß die Verkehrszeichen, Absperrungen usw. über die gesamte Bauzeit stets deutlich wahrnehmbar sind (z. B. müssen auch Äste zurückgeschnitten werden).

Der Sockel von Leitpfosten und Leitbaken soll bei Längsabsperrung nicht mehr als 0,3 m in den Verkehrsraum hineinragen. Leitbaken sollen 1 Meter hoch und 0,25 m breit sein. Die Oberkante von Absperrschranken soll sich 1 Meter über der Straße befinden, Mindestbreite 0,25 m.

Bauzäune an Straßen sollen in der Regel 1,60 m hoch sein und standfest aufgestellt sein. Geländer müssen in 1 Meter Höhe einen festen, auf senkrechten Pfosten angebrachten Handlauf haben. Zum Geländer gehören Knieleiste und Saumbohle (Fußleiste). Flatterleinen und Folienbänder dürfen bei Längsabsperrung vor Ausschachtungen nur zusätzlich zwischen den Leitbaken gespannt werden; als Einzelabsperrung sind sie nicht zulässig (Richtlinien für die Sicherung von Arbeitsstellen an Straßen-RSA). – Zu diesem Komplex wird auf die ausführliche Broschüre Stolz/Strell, Verkehrssicherung an Baustellen, herausgegeben von der Deutschen Verkehrswacht e.V., Bonn, verwiesen. Für Baustellenverkehr gibt es keine spezielle Unfallverhütungsvorschrift.

Schutz gegen herabfallende Gegenstände und Massen: Es ist darauf zu achten, daß unter schwebenden Lasten kein Personen- oder Fahrverkehr stattfindet. Soweit erforderlich, sind Schutzeinrichtungen zu errichten. Nachfolgend der einschlägige Textauszug aus der UVV Bauarbeiten VBG 37, Fassung 4/1993 (die Abschnittsnumerierung erfolgt nach der UVV).

Schutz gegen herabfallende Gegenstände und Massen

§ 13 (1) Bauarbeiten dürfen an übereinanderliegenden Stellen nicht gleichzeitig ausgeführt werden, sofern nicht die untenliegenden Arbeitsplätze und Verkehrswege gegen herabfallende, umstürzende, abgleitende oder abrollende Gegenstände und Massen geschützt sind.

(2) Bereiche, in denen Personen durch herabfallende, umstürzende, abgleitende oder abrollende Gegenstände gefährdet werden können, dürfen nicht betreten werden. Der Vorgesetzte nach § 4 Abs. 1 muß diese Bereiche festlegen. Sie sind zu kennzeichnen und abzusperren oder durch Warnposten zu sichern.

(3) Schütt-Trichter über Arbeitsplätzen und Verkehrswegen sind so auszubilden, daß niemand durch überschüttetes Material getroffen werden kann.

(4) Traggerüste sowie Verbau von Gruben, Gräben und Schächten sind von losen Gegenständen freizuhalten.

Bitte in Klarsichthülle an der Baustelle anbringen

Baustellenschild

Bauvorhaben **(von der Bauaufsichtsbehörde auszufüllen)**	Baugenehmigung-Nr.
	Genaue Bezeichnung laut Baugenehmigung
	Straße, Hausnummer, Ortsteil
	Gemarkung, Flur, Flurstück
Entwurfsverfasser **(von der Bauaufsichtsbehörde auszufüllen)**	Name, Anschrift, Telefon
Bauleiter **(vom Bauherrn auszufüllen)**	Name, Anschrift, Telefon
Unternehmer für den Rohbau **(vom Bauherrn auszufüllen)**	Name, Anschrift, Telefon
	Name, Anschrift, Telefon

Dienstsiegel

Bauschein erteilt am

(untere Bauaufsichtsbehörde)

Bei der Ausführung genehmigungsbedürftiger Bauvorhaben nach § 60 Abs. 1 der Bauordnung für das Land Nordrhein-Westfalen (BauO NW) hat der Bauherr an der Baustelle ein Schild, das die Bezeichnung des Bauvorhabens und die Namen und Anschriften des Entwurfsverfassers, des Bauleiters und der Unternehmer für den Rohbau enthalten muß, dauerhaft und von der öffentlichen Verkehrsfläche aus sichtbar anzubringen. Gemäß Nr. 14.3 der Verwaltungsvorschrift zur Landesbauordnung (VVBauO NW) wird die Verpflichtung nach § 14 Abs. 3 BauO NW durch dauerhafte Anbringung dieses Baustellenschildes an einer von der öffentlichen Verkehrsfläche aus sichtbaren Stelle erfüllt.

Abb. 2.2 Baustellenschild

Durchführungsanweisungen

zu § 13 Abs. 1:

Schutz gegen herabfallende, umstürzende, abgleitende oder abrollende Gegenstände und Massen ist gegeben, wenn über den unteren Arbeitsplätzen und Verkehrswesen (z. B. an Aufzügen und in Schächten) Abdeckungen, Gerüstbeläge, Fangwände, Fanggitter, Fangnetze mit einer Maschenweite von höchstens 2 cm, Schutzdächer vorhanden sind.

Mit dem Herabfallen von Kleinmaterial und Werkzeugen ist nicht zu rechnen, wenn sie in geeigneten Behältern mitgeführt und aufbewahrt werden.

zu § 13 Abs. 2:

Schutz gegen herabfallende Gegenstände siehe auch „Sicherheitsregeln für Turm- und Schornsteinbauarbeiten" (ZH 1/601).

In der vorangehenden Fassung der VBG 37 waren unter Abs. 5 Schutzdächer gefordert. „Als Abdeckung sind zwei Lagen Gerüstbohlen mit den Abmessungen von mindestens 25 cm × 4 cm kreuzweise mit einer zwischenliegenden 10 cm dicken Dämmschicht aufzubringen. – Als Dämmschicht eignen sich besonders Schaumstoffe mit kleinem Eigengewicht.

Abwerfen von Gegenständen: Ist ebenfalls in UVV Bauarbeiten geregelt:

Abwerfen von Gegenständen und Massen

§ 14 Gegenstände und Massen dürfen nur abgeworfen werden, wenn

1. der Gefahrenbereich abgesperrt ist oder durch Warnposten überwacht wird oder
2. geschlossene Rutschen bis zur Übergabestelle verwendet werden.

Durchführungsanweisung

zu § 14:

Siehe auch § 6 Abs. 6.

Schutz von Bäumen und Vegetationsflächen: Nach Landesbauordnung müssen zu erhaltende Bäume, Sträucher und sonstige Bepflanzungen während der Bauarbeiten durch geeignete Vorkehrungen geschützt und ausreichend bewässert werden. Weitere Vorschriften in:

- DIN 18 920 (9/1990) – Vegetationstechnik im Landschaftsbau; Schutz von Bäumen, Pflanzenbeständen und Vegetationsflächen bei Baumaßnahmen
- Richtlinie (RSBB) zum Schutz von Bäumen und Sträuchern im Bereich von Baustellen
- Kommunale Baumschutzsatzung, d. h. gemeindliche Regelung zum Schutz des Baumbestandes oder Ausgleichszahlung oder Ersatzpflanzung bei bauwerksbedingt notwendiger Fällung
- Gesetz zum Schutz und Verbleib des Mutterbodens
- Denkmalschutzgesetz beinhaltet auch Anforderungen an den Schutz von Bodendenkmälern

Die Gemeinden haben vielfach eine Baumschutzsatzung erlassen. Danach dürfen Bäume von einer bestimmten Stärke an nicht ohne Genehmigung beseitigt werden. Allerdings kommt die Erteilung einer Ausnahmegenehmigung oder Befreiung von dem Verbot auf Anfrage in Frage. Ein Anspruch auf Erteilung einer Ausnahme/Befreiung von dem Verbot steht dem Eigentümer/Bauherrn aber nicht bereits dann zu, wenn er eine ausreichende Ersatzpflanzung anbietet.

Zum Schutz von Bäumen können Schutzverschläge, Vorkehrungen zum Erhalt des Wurzelwerks, das Freihalten von Baumscheiben und dgl. erforderlich werden (das sind keine Nebenleistungen nach VOB Teil C). Zu empfehlen ist auch die Genehmigung bei der BAB, wenn Oberboden im Bereich der Fläche einer Baumkrone abgetragen werden soll.

2.1.4 Absturzsicherung

Hierzu die einschlägigen Vorschriften der UVV Bauarbeiten. Wegen der Absturzsicherung beim fertigen Bauwerk, insbesondere aus Glas, wird auf II 8.2.2 verwiesen.

Absturzsicherungen

§ **12** (1) Einrichtungen, die ein Abstürzen von Personen verhindern (Absturzsicherungen), müssen vorhanden sein:

1. unabhängig von der Absturzhöhe an
   - Arbeitsplätzen an und über Wasser oder anderen festen oder flüssigen Stoffen, in denen man versinken kann,
   - Verkehrswegen über Wasser oder anderen festen oder flüssigen Stoffen, in denen man versinken kann;
2. bei mehr als 1,00 m Absturzhöhe, soweit nicht nach Nummer 1 zu sichern ist, an
   - freiliegenden Treppenläufen und -absätzen,
   - Wandöffnungen,
   - Bedienungsständen von Maschinen und deren Zugängen;
3. bei mehr als 2,00 m Absturzhöhe an allen übrigen Arbeitsplätzen und Verkehrswegen;
4. bei mehr als 3,00 m Absturzhöhe abweichend von Nummer 3 an Arbeitsplätzen und Verkehrswegen auf Dächern;
5. bei mehr als 5,00 m Absturzhöhe abweichend von Nummern 3 und 4 beim Mauern über die Hand und beim Arbeiten an Fenstern.

(2) Lassen sich aus arbeitstechnischen Gründen Absturzsicherungen nicht verwenden, müssen an deren Stelle Einrichtungen zum Auffangen abstürzender Personen (Auffangeinrichtungen) vorhanden sein. Hierbei darf der Höhenunterschied zwischen Absturzkante bzw. Arbeitsplatz oder Verkehrsweg und Gerüstbelag oder Auffangnetz beim Verwenden von

1. Ausleger-, Konsol- und Hängegerüsten als Fanggerüsten nicht mehr als 3,00 m,
2. Dachfanggerüsten nicht mehr als 1,50 m,
3. allen sonstigen Fanggerüsten nicht mehr als 2,00 m,
4. Auffangnetzen nicht mehr als 6,00 m

betragen.

(3) Abweichend von Absatz 2 darf Anseilschutz verwendet werden, wenn

- für die auszuführenden Arbeiten geeignete Anschlageinrichtungen vorhanden sind

  und
- das Verwenden von Auffangeinrichtungen unzweckmäßig ist.

Dabei hat der Vorgesetzte nach § 4 Abs. 1 die Anschlageinrichtungen festzulegen und dafür zu sorgen, daß der Anseilschutz benutzt wird.

(4) Einrichtungen und Maßnahmen nach den Absätzen 1 bis 3 sind nicht erforderlich, wenn Arbeiten, deren Eigenart und Fortgang eine Sicherungseinrichtung oder -maßnahme nicht oder noch nicht rechtfertigen, von fachlich geeigneten Beschäftigten nach Unterweisung durchgeführt werden.

(5) Einrichtungen und Maßnahmen zur Sicherung gegen Absturz von Personen sind abweichend von den Absätzen 1 bis 3 unabhängig von der Absturzhöhe nicht erforderlich, wenn

1. Arbeitsplätze oder Verkehrswege höchstens 0,30 m von anderen tragfähigen und ausreichend großen Flächen entfernt liegen,
2. Arbeitsplätze innerhalb gemauerter Schornsteine oder ähnlicher Bauwerke mindestens 0,25 m unter der Mauerkrone liegen,
3. Arbeitsplätze oder Verkehrswege auf Flächen mit weniger als 20° Neigung liegen und in mindestens 2,00 m Abstand von den Absturzkanten fest abgesperrt sind.

(6) Bei Arbeiten auf Leitern entsprechend § 7 Abs. 5 sind abweichend von den Absätzen 1 bis 3 Absturzsicherungen nicht erforderlich, wenn die Absturzhöhe die zulässige Standhöhe auf der Leiter nicht überschreitet.

(7) Für das Errichten, Instandhalten oder Umlegen von Masten für elektrische Betriebsmittel auf Dächern gilt Absatz 1 Nr. 4 nicht.

(8) Beim Arbeiten auf sowie beim Auf-, Ab- und Umbauen von Konsolgerüsten für den Schornsteinbau müssen die Beschäftigten zusätzlich zur Absturzsicherung Anseilschutz verwenden.

Durchführungsanweisungen (nur Auszug)

zu § 12 Abs. 1:

Diese Forderung ist in folgenden **Sonderfällen** erfüllt, wenn

- bei Treppenabsätzen und Leiterpodesten, die ausschließlich als Verkehrsweg dienen, sowie bei Treppenläufen Seitenschutz angebracht ist, der aus Geländer- und Zwischenholm besteht und in Abmessungen und Ausführung DIN 4420 Teil 1 oder den „Sicherheitsregeln für Seitenschutz und Schutzwände als Absturzsicherung bei Bauarbeiten" (ZH 1/584) entspricht,
- bei Außenleitern an Gerüsten an den Einstiegstellen Seitenschutz angebracht ist, der aus Geländerholm und Bordbrett besteht und in Abmessungen und Ausführung DIN 4420 Teil 1 entspricht,
- bei Innenleitern in Gerüsten die Durchstiegsöffnung durch die jeweils darüberstehende Leiter überdeckt wird,
- im Stahlbau an Laufstegen als Seitenschutz straff gespannte Stahlseile in 0,50 m und 1,00 m Höhe über dem Belag und Bordbrett angebracht sind,
- an Schornstein-Konsolgerüsten ein straff gespanntes Faserseil von mindestens 12 mm Durchmesser in 1,00 m Höhe über dem Gerüstbelag angebracht ist,
- bei Kraftfahrzeugverkehr auf Traggerüsten an der Absturzkante Geländerholm, Zwischenholm und Schrammbord angebracht sind,
- bei Traggerüsten für Fahrzeuge, von denen aus eine Materialübergabe oder -übernahme erfolgt, an den Übergabestellen eine wegnehmbare Absperrung aus Seilen oder Ketten in 1,00 m Höhe angebracht ist.

Stoffe, in die man versinken kann, sind z. B. Flüssigkeiten, Schlamm, Zement, Getreide.

zu § 12 Abs. 1 Nr. 5:

Zu den Arbeiten an Fenstern gehören z. B. Malerarbeiten und Gebäudereinigungsarbeiten, nicht jedoch der Ein- und Ausbau von Fenstern.

zu § 12 Abs. 2:

Arbeitstechnische Gründe können z. B. vorliegen, wenn Arbeiten an der Absturzkante durchgeführt werden müssen.

Einrichtungen zum Auffangen abstürzender Personen sind:

- Fang- und Dachfanggerüste nach Normen der Reihe DIN 4420 „Arbeits- und Schutzgerüste“ bzw. nach den „Sicherheitsregeln für Arbeits- und Schutzgerüste“ (ZH 1/534),
- Auffangnetze nach den „Sicherheitsregeln für Auffangnetze“ (ZH 1/560),
- Schutzwände nach den „Sicherheitsregeln für Seitenschutz und Schutzwände als Absturzsicherung bei Bauarbeiten“ (ZH 1/584).

zu § 12 Abs. 3:

Geeignete Anschlageinrichtungen sind z. B. solche nach DIN 4426 „Sicherheitseinrichtungen zur Instandhaltung baulicher Anlagen; Absturzsicherungen“.

Anseilschutz siehe auch „Richtlinien für Sicherheits- und Rettungsgeschirre“ (ZH 1/55).

Zur Beurteilung der Unzweckmäßigkeit der Verwendung von Auffangeinrichtungen gilt:

Der Einsatz von kollektiven (technischen) Sicherungsmaßnahmen hat Vorrang vor der Verwendung von persönlichen Schutzausrüstungen (Anseilschutz).

Zu § 12 Abs. 4:

Eine Sicherungseinrichtung oder -maßnahme ist zum Beispiel nicht gerechtfertigt, wenn deren Bereit- oder Herstellung sowie deren Beseitigung mit größeren Gefahren verbunden ist als die durchzuführende Arbeit.

zu § 12 Abs. 5 Nr. 3:

Absperrungen können erstellt werden z. B. durch Geländer, Ketten oder Seile.

zu § 12 Abs. 7:

Masten für elektrische Betriebsmittel auf Dächern sind z. B.

- Antennenmaste,
- Dachständer für Hausanschlüsse.

zu § 12 Abs. 8:

Zu den Arbeiten an Konsolgerüsten für den Schornsteinbau gehören auch die hierfür erforderlichen Gerüstbauarbeiten.

Konsolgerüste für den Schornsteinbau siehe „Sicherheitsregeln für Turm- und Schornsteinbauarbeiten“(ZH 1/601).

Für Anseilschutz siehe auch „Richtlinien für Sicherheits- und Rettungsgeschirre“ (ZH 1/55).

Begriffe beim Kapitel 2.1.4

Absturzkanten sind Kanten, über die Personen bei Bauarbeiten mehr als 1,00 m abstürzen können.

Absturzhöhe ist der Höhenunterschied zwischen einer Absturzkante, einem Arbeitsplatz oder Verkehrsweg und der nächsten tiefer gelegenen ausreichend breiten und tragfähigen Fläche. Die Absturzhöhe wird wie folgt gemessen:

- bei Absturzmöglichkeit von einer bis einschließlich 60° geneigten Fläche: von den jeweiligen Absturzkanten dieser Fläche;
- bei Absturzmöglichkeit von einer mehr als 60° geneigten Fläche: vom Arbeitsplatz oder Verkehrsweg auf dieser Fläche.

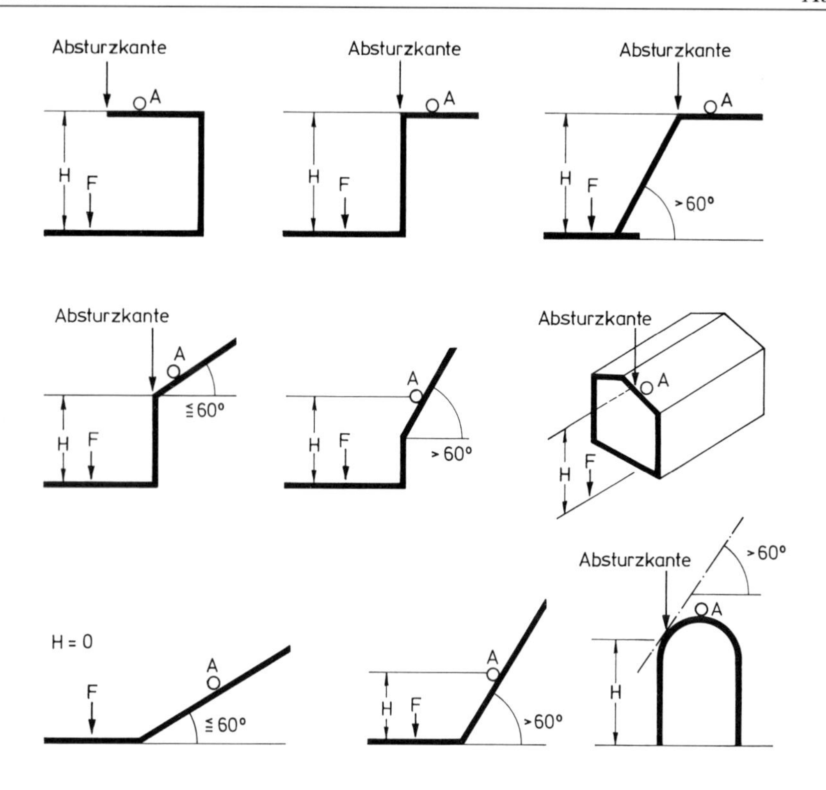

„H“ = senkrechter Höhenunterschied zwischen Arbeitsplatz „A“ bzw. der Absturzkante und der Auftreffstelle „F“.

Öffnungen und Vertiefungen

§ **12a** An Öffnungen in Böden, Decken und Dachflächen sowie Vertiefungen müssen Einrichtungen vorhanden sein, die ein Abstürzen, Hineinfallen oder Hineintreten von Personen verhindern.

Durchführungsanweisung

zu § 12a:

Als Öffnungen gelten

- Öffnungen mit einem Flächenmaß ≤ 9 m²

  oder
- gradlinig begrenzte Öffnungen, bei denen eine Kante ≤ 3 m lang ist.

Diese Forderung ist erfüllt, wenn die Öffnungen oder Vertiefungen umwehrt oder begehbar und unverschieblich abgedeckt oder mit tragfähigem Material verfüllt oder ausgefüttert sind.

„Nicht begehbare“ Bauteile

§ **11** Für Arbeiten auf Bauteilen, die vom Auflager abrutschen oder beim Begehen brechen können, müssen besondere Arbeitsplätze und Verkehrswege geschaffen werden.

Absturzsicherung auf Baustellen*)

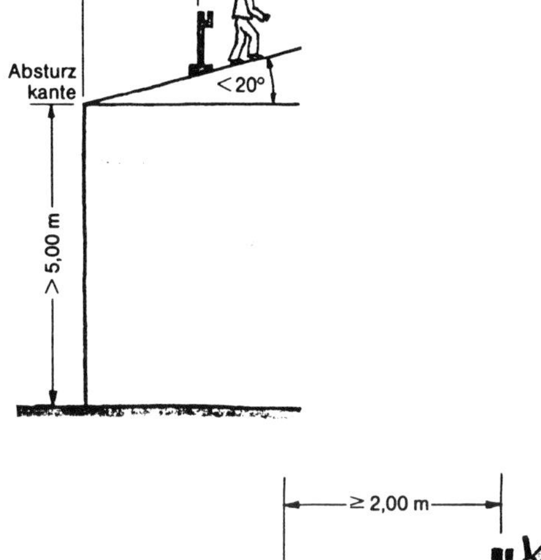

● An Arbeitsplätzen und Verkehrswegen auf Flächen mit weniger als 20 Grad Neigung kann auf Seitenschutz an der Absturzkante verzichtet werden, wenn in mindestens 2,00 Meter Abstand von der Absturzkante eine Abgrenzung angebracht ist.

Auf Seitenschutz bzw. Abgrenzungen kann nur verzichtet werden, wenn
- deren Verwendung unzweckmäßig ist und
- statt dessen die Beschäftigten angeseilt sind.

Die Anseilsicherung erfolgt durch normgerechte Sicherheitsgeschirre.

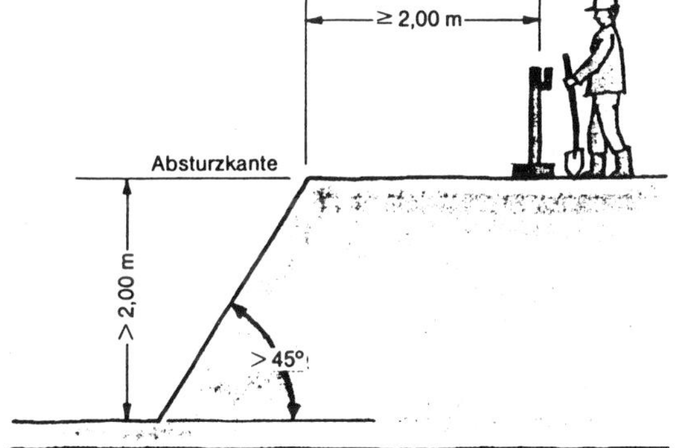

● Bei Bodenöffnungen und Vertiefungen kann auf Seitenschutz an der Absturzkante verzichtet werden, wenn diese mit begehbaren und unverschieblich angebrachten Abdeckungen versehen oder durch Auffüllen mit tragfähigem Material, Ausfüttern mit Holz usw. abgesichert sind.

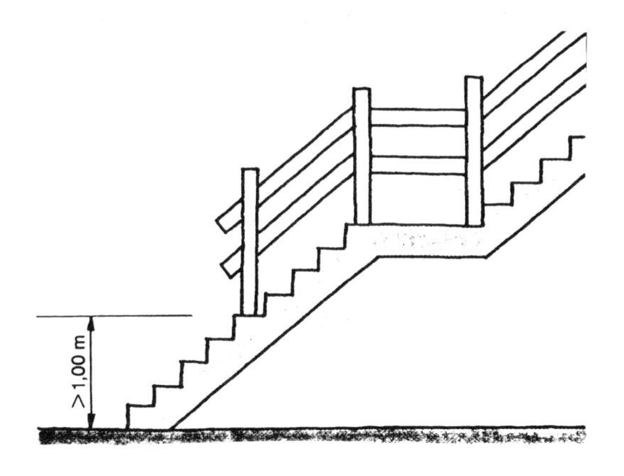

● Wenn aus arbeitstechnischen Gründen kein Seitenschutz verwendet werden kann, müssen statt dessen Fanggerüste, Dachfanggerüste, Schutzwände oder Auffangnetze angebracht werden, die ein Auffangen abstürzender Personen gewährleisten. Dieses gilt für:
- Arbeitsplätze oder Verkehrswege auf Flächen mit weniger als 20 Grad Neigung beim „Arbeiten über die Hand";
- Arbeitsplätze oder Verkehrswege auf Dächern mit mehr als 20 Grad bis 45 Grad Neigung. Für Arbeiten auf geschlossenen, mehr als 45 Grad geneigten Dachflächen sind darüber hinaus besondere Arbeitsplätze zu schaffen.

Auf Fanggerüste kann nur verzichtet werden, wenn deren Verwendung unzweckmäßig ist und statt dessen die Beschäftigten angeseilt sind.

Abb. 2.3 Absturzsicherung auf Baustellen

*) Nach: Merkheft „Abbrucharbeiten" der Bau BG, 1990.

Durchführungsanweisung

zu § 11:

Bauteile, die vom Auflager abrutschen können, sind z. B.:
- Decken und Dächer aus Platten oder mit Füllkörpern, die nicht gegen Verschieben oder das Ausbrechen ihrer Auflager gesichert sind,
- lose aufgelegte Gitterroste.

Bauteile, die beim Begehen brechen können, sind z. B.:

- Faserzement-Platten (Asbestzement-Wellplatten),
- Lichtplatten,
- abgehängte Zwischendecken,
- Oberlichter,
- Glasdächer,
- Platten geringer Tragfähigkeit,
- Lüftungskanäle.

Diese Forderung ist erfüllt, wenn lastverteilende Beläge oder Laufstege von mindestens 0,50 m Breite vorhanden sind, die ein sicheres Ableiten der auftretenden Kräfte auf die tragende Unterkonstruktion gewährleisten und gegen Verschieben und Abheben gesichert sind.

Diese Forderung ist bei Flächen aus Wellplatten erfüllt, wenn die „Sicherheitsregeln für Arbeiten an und auf Dächern aus Wellplatten" (ZH 1/489) beachtet werden.

Ein Brechen beim Begehen kann ausgeschlossen werden, wenn Nachweise nach dem „Merkblatt für die Beurteilung der Begehbarkeit von Bauteilen" (ZH 1/44) vorliegen.

Absturzsicherung beim fertigen Bauwerk

Nicht für die Zeit während des Bauens, sondern danach, also für Instandhaltungsarbeiten, ist die neue DIN 4426 „Sicherheitseinrichtungen zur Instandhaltung baulicher Anlagen; Absturzsicherungen (1990)" konzipiert. Meesmann gibt ein nicht nachahmenswertes Beispiel: Zur Ausschreibung von Dachinstandsetzungsarbeiten einschl. der Sicherungsmaßnahmen aus UVV enthält ein Angebot die üblichen Preise, darüber hinaus eine Position „Risikozuschlag". Eine Rückfrage beim Dachdeckerbetrieb ergibt: Als Absturzsicherung schreibe die Berufsgenossenschaft in diesem Falle ein Dachfanggerüst vor. Solches zu errichten und vorzuhalten sei jedoch teurer als die eigentliche Reparaturarbeit. Diese Kosten wolle man dem Bauherrn ersparen. Wenn aber der Technische Aufsichtsdienst der Berufsgenossenschaft die Durchführung der Arbeit ohne das Gerüst entdecke, sei ein Bußgeld fällig; dafür der Risikozuschlag!

2.1.5 Baulärm

Lärm ist Schall (Geräusch), der Dritte stören oder gefährden kann. Er ist kein physikalischer, sondern ein subjektiver Begriff; für die Bewertung von Schall als Lärm sind die Betroffenen maßgebend. Lärm ist demzufolge nicht meßbar, wohl aber die auftretenden Geräusche; Maßeinheit ist der Schalldruckpegel in Dezibel (dB); die Dezibelskala ist logarithmisch aufgebaut. Wegen der Frequenzbewertung durch das meist angewandte A-Filter werden die Pegelwerte in dB(A) angegeben. Eine Erhöhung (Verminderung) des Schallpegels um 3 dB entspricht einer Verdoppelung (Halbierung) der Schallintensität. Nur solche Unterschiede nimmt das menschliche Ohr wahr.

Die Hörzellen in der Schnecke können durch starke und lange Geräuschbelastung absterben. Da sie nicht regenerationsfähig sind, entsteht ein bleibender Gehörschaden (nicht heilbar).

2.1.5.1 Einwirkung auf die Nachbarschaft

Baulärm tritt im Gegensatz zum Lärm stationärer Industrie- oder Gewerbeanlagen für eine begrenzte Zeitdauer, dafür aber auch evtl. in sehr lärmempfindlichen Gebieten (Krankenhaus o. ä.) auf. Weitgehender Lärmschutz muß dabei in die Bauvorbereitung einfließen. Hierzu gehört*)

- frühzeitige Zusammenarbeit aller am Bau Beteiligten in Fragen der B.-Bekämpfung
- Berücksichtigung der Lärmschutzauflagen in Ausschreibung und Angebot
- Verlagerung lärmender Elemente von der Baustelle bei besonders schutzbedürftiger Nachbarschaft
- Einsatz von besonders fortschrittlichen lärmarmen Bauverfahren und **Baumaschinen**
- Berücksichtigung des Immissionsrichtwertes für das betroffene Gebiet bei der Gestaltung des Bauablaufes
- Zusammenlegen lärmintensiver Arbeiten mit anschließender Berücksichtigung ausreichend langer Lärmpausen
- Information der Nachbarschaft und der Aufsichtsbehörden über unvermeidbaren, ungewöhnlich hohen Lärm
- Einsatz von Baumaschinen mit erhöhtem Schallschutz in besonders schutzbedürftigen Gebieten und bei nächtlichem Betrieb

● In der „Allgemeinen Verwaltungsvorschrift zum Schutz gegen **Baulärm – Geräusch**immission –“ vom 19. August 1970 (BAnz. Nr. 160 vom 1. September 1970) werden – je nach Gebietsnutzung, in der die Baumaßnahme durchgeführt wird – Richtwerte (Immissionsrichtwerte) festgesetzt:

a) Gebiete, in denen nur gewerbliche oder industrielle Anlagen und Wohnungen für Inhaber und Leiter der Betriebe sowie für Aufsichts- und Bereitschaftspersonen untergebracht sind, 70 dB(A)

b) Gebiete, in denen vorwiegend gewerbliche Anlagen untergebracht sind,
tagsüber 65 dB(A)
nachts 50 dB(A)

c) Gebiete mit gewerblichen Anlagen und Wohnungen, in denen weder vorwiegend gewerbliche Anlagen noch vorwiegend Wohnungen untergebracht sind,
tagsüber 60 dB(A)
nachts 45 dB(A)

d) Gebiete, in denen vorwiegend Wohnungen untergebracht sind, tagsüber 55 dB(A)
nachts 40 dB(A)

e) Gebiete, in denen ausschließlich Wohnungen untergebracht sind, tagsüber 50 dB(A)
nachts 35 dB(A)

f) Kurgebiete, Krankenhäuser und Pflegeanstalten tagsüber 45 dB(A)
nachts 35 dB(A)

Als Nachtzeit gilt die Zeit von 20 bis 6 Uhr.

Bauherren, Bauplaner, Bauunternehmer und Baustellenleiter sind angehalten, diese Richtwerte zu beachten.

Bei einer Überschreitung dieser Richtwerte um mehr als 5 dB(A) müssen die Aufsichtsbehörden einschreiten und z. B. Betriebszeiten lauter Maschinen oder Arbeitsvorgänge beschränken, **Lärmschutz**maßnahmen oder den Einsatz lärmarmer Bauverfahren oder **Baumaschinen** anordnen.

---

*) Die nachfolgenden Ausführungen sind der Broschüre des Bundesministers für Umwelt „Was Sie schon immer über Lärmschutz wissen wollten“ (1988) entnommen.

Für neun wichtige **Baumaschinen**gruppen werden in den „Allgemeinen Verwaltungsvorschriften zum Schutz gegen Baulärm" bei verschiedenen Betriebszuständen in unterschiedlichen Leistungsklassen Emissionsrichtwerte angegeben, anhand derer der **Stand der Technik** für diese Maschinen abgeschätzt werden kann.

Eventuell muß auch eine **Baulärm**planung für den Betrieb auf der Baustelle durchgeführt werden.

- Für die von **Baumaschinen** und Baustellen verursachten Geräuschimmissionen in der Nachbarschaft sind in den oben erwähnten Allgemeinen Verwaltungsvorschriften Immissionsrichtwerte genannt. Bei Überschreiten dieser Immissionswerte um mehr als 5 dB (A) sind die Behörden gehalten, geräuschärmere Bauverfahren, Betriebszeitbeschränkungen u. a. anzuordnen. Hinweise, welche Baumaschinen gegebenenfalls eingesetzt werden sollen, geben die „Allgemeinen Verwaltungsvorschriften" betreffend die Emissionen von Baumaschinen.

  Folgende Emissionsrichtwerte sind in diesen Allgemeinen Verwaltungsvorschriften genannt:

Baumaschine	Emissionswert*) in dB(A)
Betonmischeinrichtungen und Transportbetonmischer (je nach Größe, Betriebszustand, Antriebsart und Alter)	61–85
Radlader (je nach Leistung, Betriebsvorgang und Alter)	82–88
Kompressoren (je nach Leistung, Betriebsvorgang)	70–81
Betonpumpen	81
Planierraupen (je nach Leistung, Betriebsvorgang)	82–89
Kettenlader (je nach Leistung, Betriebsvorgang)	81–86
Bagger (je nach Leistung, Betriebsvorgang)	78–84
Kräne	75
Drucklufthämmer (je nach Gewicht)	79–85

*) Schalldruckpegel in 10 m Entfernung

  Für Baumaschinen, die länger als 2 Jahre im Betrieb sind, dürfen die festgesetzten Immissionswerte um bis zu 3 dB(A) überschritten werden.

- In Vorbereitung ist eine Rechtsverordnung zur Umsetzung von **EG-Richtlinien** zu Baumaschinen in nationales Recht. Die **Emissions**werte sind im Gegensatz zu den bisher geltenden Werten Schalleistungspegel (≙ Schalldruckpegel in 10 m Entfernung zuzüglich 28 dB[A]):

Baumaschine	Schalleistungspegel – dB (A) –	
		(ab 12/1989)
Motorkompressoren je nach Durchsatz	101–106	100–104
Turmdrehkräne	102	100
Schweißstromerzeuger bis 200 Ampere	104	101
über 200 Ampere	101	100
Kraftstromerzeuger je nach Leistung	103–105	100–102
Betonbrecher und Abbau-, Aufbruch- und Spatenhämmer je nach Masse	110–116	108–114

- Die **TA Lärm** enthält Immissionsrichtwerte, von deren Einhaltung grundsätzlich die Erteilung einer immissionsschutzrechtlichen Genehmigung abhängt:

Baugebiet (Baunutzungsverordnung)	Immissionsrichtwert in dB(A)	
	Tag	Nacht (22–6 Uhr)
Industriegebiet	70	70
Gewerbegebiet	65	50
Kern-, Misch-, Dorfgebiet	60	45
Allgemeines Wohngebiet, Kleinsiedlungsgebiet	55	40
Reines Wohngebiet	50	35
Kurgebiet, Krankenhaus, Pflegeanstalt	45	35
Mit der Anlage baulich verbundene Wohnungen	40	30

Für die Beurteilung von Immissionen – Indiz bei der Prüfung der Frage, ob Gefährdungen, erhebliche Benachteiligungen oder erhebliche Belästigungen vorliegen – ist in einigen Bundesländern die VDI-Richtlinie 2058 Blatt 1 für die Behörden verbindlich gemacht worden. Die Immissionen werden auf andere Weise festgestellt und beurteilt als nach der TA-Lärm.

- Die VDI-Richtlinie enthält folgende Immissionsrichtwerte:

Gebiet (Baunutzungsverordnung)	Immissionsrichtwert in dB(A)	
	Tag	Nacht (22–6 Uhr)
Industriegebiet (außen gemessen)	70	70
Gewerbegebiet (außen gemessen)	65	50
Kern-, Misch-, Dorfgebiet (außen gemessen)	60	45
Allgemeines Wohngebiet, Kleinsiedlungsgebiet (außen gemessen)	55	40
Reines Wohngebiet (außen gemessen)	50	35
Kurgebiet, Krankenhaus, Pflegeanstalt (außen gemessen)	45	35
Wohnungen in allen Gebieten (innen gemessen)	35	25

2.1.5.2 Einwirkungen auf die Beschäftigten

Maßgebend hierfür ist die UVV Lärm, VGB 121; hier wird aus der Fassung 4/1991 zitiert:

§ 1 Diese Unfallverhütungsvorschrift gilt für Unternehmen, soweit Versicherte unter Lärmgefährdung beschäftigt werden.

Durchführungsanweisung

zu § 1:

Hierzu gehören auch

- eine Beschäftigung außerhalb des Betriebes,
- die Beschäftigung auf Baustellen,
- kurzzeitige oder gelegentliche Beschäftigung,
- der betrieblich bedingte Aufenthalt während Arbeitspausen.

Nicht erfaßt werden Bereiche eines Unternehmens, in denen zwar Lärm vorhanden ist, jedoch Versicherte nicht beschäftigt werden.

§ 2 (1) Lärmgefährdung im Sinne dieser Unfallverhütungsvorschrift ist die Einwirkung von Lärm auf Versicherte, die zur Beeinträchtigung der Gesundheit, insbesondere im Sinne einer Gehörgefährdung, führen kann oder zu einer erhöhten Unfallgefahr führt.

(2) Der Beurteilungspegel im Sinne dieser Unfallverhütungsvorschrift kennzeichnet die Wirkung eines Geräusches auf das Gehör. Er ist der Pegel eines achtstündigen konstanten Geräusches oder, bei zeitlich schwankendem Pegel, der diesem gleichgesetzte Pegel. Er wird entsprechend Anlage 1 ermittelt.

(3) Lärmbereiche im Sinne dieser Unfallverhütungsvorschrift sind Bereiche, in denen Lärm auftritt, bei dem der ortsbezogene Beurteilungspegel 85 dB(A) oder der Höchstwert des nicht bewerteten Schalldruckpegels 140 dB erreicht oder überschreitet.

Durchführungsanweisungen

zu § 2 Abs. 1:

Werden Versicherte in Lärmbereichen beschäftigt, ist grundsätzlich die Gefahr einer Gehörschädigung gegeben. Während bei Beurteilungspegeln von 85 dB(A) bis 89 dB(A) Gehörschäden nur bei langdauernder Lärmbelästigung auftreten können, nimmt bei Beurteilungspegeln von 90 dB(A) und mehr die Schädigungsgefahr deutlich zu.

Bei Lärm mit Beurteilungspegeln von weniger als 85 dB(A) sind lärmbedingte Gehörschäden nicht wahrscheinlich (siehe auch VDI-Richtlinie 2058 Blatt 2 „Beurteilung von Lärm hinsichtlich Gehörgefährdung").

Bleibende Hörminderungen als Vorstufe von Gehörschäden können dagegen auch schon auftreten, wenn der Beurteilungspegel von 85 dB(A) geringfügig unterschritten wird.

Gehörschäden sind bleibende Hörminderungen mit audiometrisch nachweisbaren Merkmalen eines Haarzellschadens, die bei 3 kHz 40 dB überschreiten. Bei extrem hohen Schalldruckpegeln von mehr als 140 dB (z. B. Knalle, Explosionen) können Gehörschäden schon durch Einzelschallereignisse verursacht werden.

Bei Aufenthalt von wesentlich weniger als 8 Stunden in Lärmbereichen sind Gehörschäden nicht zu erwarten, wenn folgende Bedingungen gleichzeitig erfüllt sind:

- Der personenbezogene Beurteilungspegel unterschreitet 86 dB(A). Bei Einwirkung folgender Schalldruckpegel und Wirkzeiten wird ein Beurteilungspegel von 85 dB(A) bereits erreicht:

  88 dB(A) – 4 Stunden,
  91 dB(A) – 2 Stunden,
  94 dB(A) – 1 Stunde,
  97 dB(A) – 30 Minuten,
  100 dB(A) – 15 Minuten,
  105 dB(A) – 4,8 Minuten.

- Der ortsbezogene Beurteilungspegel im Lärmbereich unterschreitet 105 dB(A).
- Der Höchstwert des nichtbewerteten Schalldruckpegels erreicht zu keiner Zeit 140 dB.

  Dieser Schalldruckpegel wird z. B. mit einem Schallpegelmesser nach DIN IEC 651 in der Zeitbewertung „Peak" Frequenzbewertung „Lin" gemessen. Es kann auch davon ausgegangen werden, daß der nichtbewertete Schalldruckpegel 140 dB nicht erreicht wird, wenn der Höchstwert des A-bewerteten Schalldruckpegels, gemessen mit einem Schallpegelmesser (nach DIN IEC 651) in der Zeitbewertung „Impuls", nicht über 130 dB(A) liegt (siehe auch Artikel 4 Abs. 1 der EG-Richtlinie 86/188/EWG vom 12. Mai 1986 über den Schutz der Arbeitnehmer gegen Gefährdung durch Lärm am Arbeitsplatz).

Lärm kann z. B. dann zu einer erhöhten Unfallgefahr führen, wenn durch Lärm eine

Wahrnehmung akustischer Signale, Warnrufe oder gefahrankündigender Geräusche beeinträchtigt wird; siehe § 12.

zu § 2 Abs. 3:

Lärmbereiche können auch ortsveränderlich sein, z. B. bei fahrbaren Maschinen, Fahrzeugen und tragbaren Arbeitsgeräten.

Bei ortsveränderlichen Arbeitsplätzen, die nicht Lärmbereichen angehören, wird der personenbezogene Beurteilungspegel dem ortsbezogenen Beurteilungspegel im Lärmbereich gleichgesetzt.

Der personenbezogene Beurteilungspegel ist außer bei kurzzeitigem Aufenthalt in Lärmbereichen dann von Bedeutung, wenn z. B. bewegliche Lärmquellen kurzzeitig **außerhalb von Lärmbereichen** eingesetzt werden.

Dies kommt in Betracht z. B. auf Baustellen oder bei der Verwendung von Handwerkzeugen und dergleichen.

Persönlicher Schallschutz

§ **10** (1) Der Unternehmer hat den Versicherten, die im Lärmbereich beschäftigt werden, unbeschadet der §§ 3 bis 5 geeignete Gehörschutzmittel zur Verfügung zu stellen. Dies gilt auch, wenn die Versicherten außerhalb von Lärmbereichen beschäftigt werden, aber der personenbezogene Beurteilungspegel 85 dB(A) erreichen oder überschreiten kann.

(2) Die Versicherten haben die zur Verfügung gestellten Gehörschutzmittel in den nach § 7 Abs. 2 gekennzeichneten Lärmbereichen zu benutzen. Dies gilt auch, wenn die Versicherten außerhalb von gekennzeichneten Lärmbereichen beschäftigt werden, aber der Unternehmer festgestellt hat, daß der personenbezogene Beurteilungspegel, gegebenenfalls unter Berücksichtigung der Anlage 2, 90 dB(A) erreichen oder überschreiten kann.

(3) Für Baustellenarbeitsplätze kann die Berufsgenossenschaft Arbeitsverfahren bestimmen, für die der Unternehmer Gehörschutzmittel zur Verfügung zu stellen hat und bei denen die Versicherten diese zu benutzen haben.

(4) Die Berufsgenossenschaft kann im Einzelfall für die Benutzung von Gehörschutzmitteln befristete Ausnahmen zulassen, wenn durch die Benutzung von Gehörschutzmitteln eine erhöhte Unfallgefahr entsteht und auf andere Weise diese Unfallgefahr nicht vermieden werden kann.

Durchführungsanweisungen

zu § 10 Abs. 1:

Diese Forderung ist erfüllt, wenn bei Auswahl und Ersatz der Gehörschutzmittel das „Gehörschützer-Merkblatt" (ZH 1/565.3) beachtet worden ist.

Gehörschutzmittel sind dann geeignet, wenn

- sie mit positivem Ergebnis geprüft worden sind und darüber eine gültige Bescheinigung vorliegt oder wenn sie das GS-Zeichen besitzen

  und

- sie für den einzelnen Versicherten nach seinen Arbeitsbedingungen unter Berücksichtigung seiner Sicherheit und Gesundheit ausgewählt werden.

zu § 10 Abs. 2:

Die Berufsgenossenschaft hat die in Anlage 2 genannten Arbeitsverfahren und Arbeitsmittel bestimmt.

zu § 10 Abs. 3:

Die Bau-Berufsgenossenschaft hat folgende Arbeitsverfahren bestimmt:

Abbrucharbeiten mit Abbau- und Bohrhämmern sowie Baggern mit Meißeleinrichtungen

Naturstein-, Beton- und Betonwarenbearbeitung mit stationären Maschinen, Handmaschinen und Geräten, z. B. Steinsäge, Fugenschneider

Holzbearbeitung mit stationären Maschinen und Handmaschinen, z. B. Baustellenkreissägemaschine, Hobelmaschine, Kettensäge

Metallbearbeitung, z. B. Richten, Schmieden, Schleifen mit dem Winkelschleifer

Oberflächenbearbeitung, z. B. mit Strahlverfahren oder Nadelpistole

Flammstrahlarbeiten

Arbeiten mit oder in unmittelbarer Nähe von durch Verbrennungsmotor angetriebenen Maschinen älterer Bauart

Ein- und Ausschalarbeiten, Schalungsreinigung

Befestigungsarbeiten, z. B. mit Schlagbohrmaschinen sowie Bolzensetz- und Nagelgeräten

Betonverdichtung mit Außenrüttlern oder Rüttelbohlen, z. B. im Fertigteilwerk bzw. Straßenbau

Führen des Spritzkopfes bei Betonspritz- und Verputzarbeiten

Verbauarbeiten im Kanalbau, z. B. Ein- und Ausbau der Spreizen und Spindeln durch Hammerschläge

Rammarbeiten, z. B. mit Schlagrammen

Rohrvortrieb im Schlagverfahren mit Bodendurchschlagraketen

Arbeiten an und mit Bodenverdichtungsgeräten, z. B. Explosionsstampfern, Rüttelplatten, Vibrationswalzen

alle Arbeiten in unmittelbarer Nähe von Bohreinrichtungen und Maschinen zur Herstellung von Schmal- und Schlitzwänden

Straßenbauarbeiten in unmittelbarer Nähe von Beton- und Schwarzdeckenfertigern sowie Straßenfräsen

Gleisbauarbeiten

Tunnelbauarbeiten

2.2 Gerüste

Gerüste als vielfach notwendige Bauhilfskonstruktionen sind gemäß BauO von der bauaufsichtlichen Genehmigung und Überwachung generell freigestellt (für die neuen Bundesländer gilt als Einschränkung: Gerüste der Regelausführung); nach der zugehörigen Verwaltungsvorschrift müssen sie dennoch den technischen Baubestimmungen entsprechen. Der Gesetzgeber geht davon aus, daß Gerüste in erster Linie ein Aufgabenbereich der Staatlichen Gewerbeaufsichtsämter und der Berufsgenossenschaften sind. Ordnungs- und überprüfungspflichtig ist also der Bauleiter, der Architekt, der Polier und der Gerüstbauer (s. Abb. 2.8 auf Seite 146); überwachungspflichtig das Gewerbeaufsichtsamt und die Berufsgenossenschaft.

Am Gerüst muß an sichtbarer Stelle ein Schild angebracht werden mit folgenden Angaben: DIN 4420, Gerüstgruppe und Nutzgewicht, Gerüstersteller.

2.2.1 Sicherheitsregeln für Arbeits- und Schutzgerüste

Die Bau-Berufsgenossenschaft hat diese Sicherheitsregeln herausgegeben; sie sind anzuwenden ab 1. 10. 1991. Im Anhang ist die DIN 4420 – Arbeits- und Schutzgerüste, Teile 1 bis 4 (12/1990) abgedruckt. Hier folgt ein Auszug aus Teil 1 – Allgemeine Regelungen und Teil 3 – Gerüstbauarten (im wesentlichen Stahlrohr-Kupplungsgerüste). Die Abschnittsnumerierung entspricht der DIN 4420; der wörtliche Text ist durch einen seitlichen Strich gekennzeichnet.

5 Arbeitsgerüste (DIN 4420 Teil 1, Auszug)

5.1 Gruppeneinteilung

Arbeitsgerüste werden nach Tabelle 2.1 in sechs Gerüstgruppen eingeteilt. Konsolbelagflächen müssen zur selben Gerüstgruppe wie die Belagfläche gehören. Bei Höhendifferenzen zwischen Belagfläche und Konsolbelagfläche über 0,25 m dürfen unterschiedliche Gerüstgruppen gewählt werden (s. Tabelle 2.1).

Gerüstgruppen (Anmerkungen aus „Sicherheitsregeln" der Bau-Berufsgenossenschaft)

Arbeitsgerüste der **Gerüstgruppe 1** dürfen nur für Inspektionstätigkeiten eingesetzt werden. Dabei darf je Gerüstfeld ein Nutzgewicht von 150 kg (1 Person zuzüglich Werkzeug) nicht überschritten werden. Materiallagerung ist unzulässig.

Tabelle 2.1 Gerüstgruppen*)

1	2	3	4
Gerüstgruppe	Mindestbreite der Belagfläche[2]) m	flächenbezogenes Nutzgewicht kg/m²	Flächenpressung[3]) kg/m²
1	0,50[1])	–	–
2	0,60[1])	150	–
3	0,60[1])	200	–
4	0,90	300	500
5	0,90	450	750
6	0,90	600	1000

[1]) Die Bordbrettdicke darf mitgerechnet werden.
[2]) Die freie Durchgangsbreite muß bei Materiallagerung auf der Belagfläche mindestens 0,20 m betragen.
[3]) Flächenpressung ist hier Nutzgewicht durch dessen tatsächliche Grundrißfläche.

Arbeitsgerüste der **Gerüstgruppe 2** dürfen nur für Arbeiten eingesetzt werden, die kein Lagern von Baustoffen und Bauteilen erfordern. Einzelne Belagteile, die schmaler als 0,35 m sind (z. B. Gerüstbohlen), dürfen innerhalb ihrer zulässigen Stützung nur mit 150 kg beansprucht werden. Das Absetzen von Lasten mit Hebezeugen ist unzulässig.

Arbeitsgerüste der **Gerüstgruppe 3** dürfen nur für Arbeiten eingesetzt werden, bei denen die Belastung aus Personen, Geräten und Materialien das flächenbezogene Nutzgewicht von 200 kg/m² nicht überschreitet. Einzelne Belagteile, die schmaler als 0,35 m sind (z. B. Gerüst-

*) Tabellennumerierung nach „Sicherheitsregeln".

bohlen), dürfen innerhalb ihrer zulässigen Stützweite mit höchstens 150 kg beansprucht werden.

Zulässige Arbeiten sind z. B.

- maschinelle Putz- und Stuckarbeiten,
- Putz- und Stuckarbeiten mit geringer Materiallagerung,
- Dackdeckungsarbeiten,
- Fassadenbekleidungsarbeiten,
- Beschichtungsarbeiten,
- Verfugungsarbeiten,
- Ausbesserungsarbeiten,
- Bewehrungsarbeiten,
- Montagearbeiten,

wenn bei Materiallagerung auf der Belagfläche eine Durchgangsbreite von mindestens 0,20 m erhalten bleibt.

Arbeitsgerüste der **Gerüstgruppen 4, 5, und 6** dürfen für Arbeiten eingesetzt werden, bei denen Baustoffe oder Bauteile auf dem Gerüstbelag abgesetzt oder gelagert werden. Dabei darf die zulässige Belastung nach Tabelle 2.1, Spalte 3, und die zulässige Flächenpressung nach Tabelle 2.1, Spalte 4, nicht überschritten werden.

5.3 Bauliche Durchbildung

5.3.1 Allgemeines

Gerüste müssen die auf sie einwirkenden Lasten sicher in ausreichend tragfähigen Untergrund leiten.

5.3.2 Aussteifung

Gerüste müssen ausgesteift werden. Dies darf durch Diagonalen, Rahmen, Verankerungen oder gleichwertige Maßnahmen geschehen. Diagonalen sind an den Knoten mit den vertikalen oder horizontalen Haupttraggliedern zu verbinden.

Einer Verstrebung durch Diagonalen dürfen höchstens 5 Gerüstfelder zugewiesen sein.

5.3.3 Verankerung

Gerüste, die frei stehend nicht standsicher sind, müssen verankert werden. Der horizontale und vertikale Höchstabstand der Verankerungen richtet sich nach der statischen Berechnung, bei Regelausführungen nach den für sie angegebenen Maßen. Gerüsthalter sind an den Knoten anzubringen.

5.3.4 Belagteile

Belagteile sind dicht aneinander und so zu verlegen, daß sie weder wippen noch ausweichen können. Gerüstbohlen nach Abb. 2.5 erfüllen diese Anforderungen.

5.3.5 Seitenschutz

Genutzte Gerüstlagen sind mit einem Seitenschutz, bestehend aus Geländerholm, Zwischenholm und Bordbrett (siehe Abb. 2.6), zu umwehren.

Darauf darf verzichtet werden,

- wenn die Gerüstlage weniger als 2,0 m über sicherem Untergrund angeordnet ist oder

– wenn der Abstand zwischen der Kante der Belagfläche und dem Bauwerk nicht mehr als 0,30 m beträgt.

Darüber hinaus gelten folgende Vereinfachungen:

Bei Belagbreiten von weniger als 1,5 m darf auf ein Stirnbordbrett verzichtet werden, wenn Belag und Längsbordbrett die vertikale Ebene des Stirnseitenschutzes um mindestens 0,30 m überragen.

An den Einstiegsstellen von Außenleiteraufstiegen darf der Zwischenholm zwischen den benachbarten Ständern entfallen.

Bei Belagflächen, die ausschließlich als Zwischenpodest für Innenleiteraufstiege dienen, darf das Bordbrett entfallen.

Werden Netze oder Geflechte nach den „Sicherheitsregeln für Seitenschutz und Schutzwände als Absturzsicherungen bei Bauarbeiten“ (ZH 1/584) verwendet, darf auf den Zwischenholm verzichtet werden.

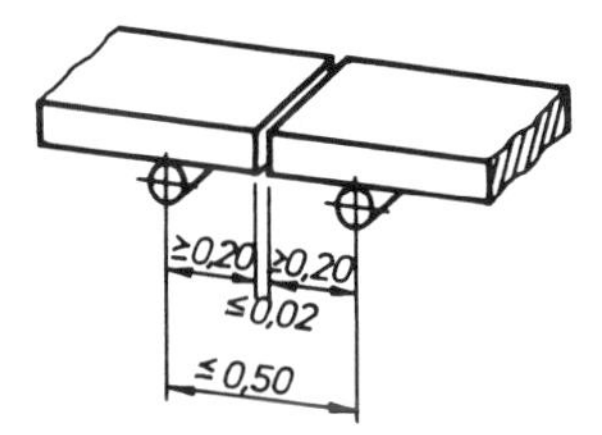

a) gestoßen

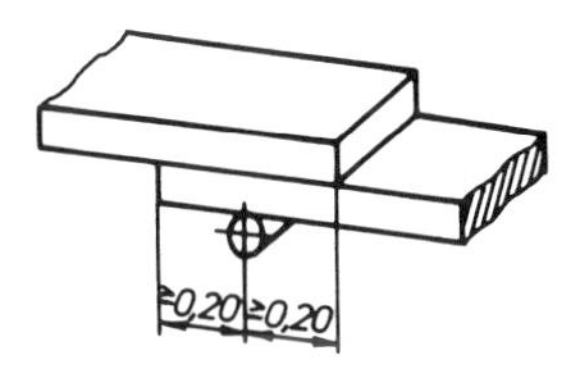

b) überlappt

Abb. 2.5 Auflagerung von Gerüstbohlen

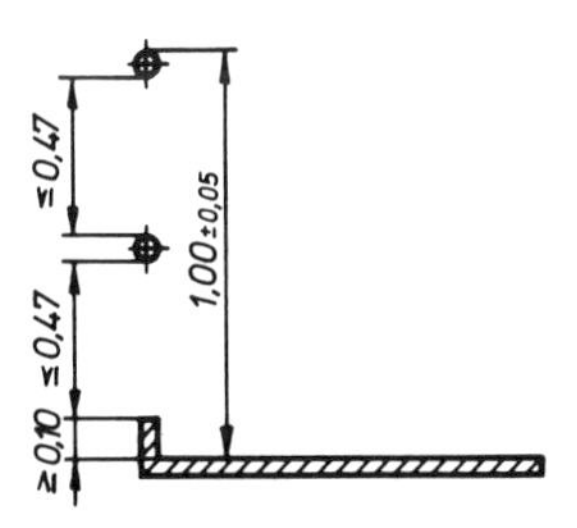

Abb. 2.6 Seitenschutzmaße

5.3.6 Ständerstöße

Bei Gerüsten mit einseitig fest verbundenem Stoßbolzen (Rahmen- und Modulgerüste) muß die Überdeckungslänge, sofern keine Aushebungssicherung vorhanden ist, mindestens 150 mm betragen.

5.3.7 Zugang

Arbeitsplätze auf Gerüsten müssen über Treppen, Leitern, Laufstege oder vergleichbar sichere Zugänge erreichbar sein.

Anmerkung

Hierzu siehe Unfallverhütungsvorschrift „Leitern und Tritte" (VBG 74) und Unfallverhütungsvorschrift „Bauarbeiten" (VBG 37) sowie „Merkblatt Leitern bei Bauarbeiten" (ZH 1/45).

5.3.8 Eckausbildung

Bei Einrüstung einer Bauwerksecke ist der Belag in voller Breite um die Ecke herumzuführen.

Abweichend davon darf der Belag, wenn an der Ecke keine Arbeiten durchgeführt werden, 0,50 m breit sein.

5.3.9 Fußplatten und Fußspindeln

Ständer sind immer auf Fußplatten oder Fußspindeln zu stellen.

8 Aufbau und Verwenden der Gerüste

8.1 Verantwortlichkeit

Für den betriebssicheren Auf- und Abbau der Gerüste ist der Unternehmer der Gerüstbauarbeiten verantwortlich. Er hat für eine Prüfung eines Gerüsts zu sorgen, siehe Abb. 2.8.

Für die Erhaltung der Betriebssicherheit und die bestimmungsgemäße Verwendung der Gerüste ist jeder Unternehmer, der die Gerüste benutzt, verantwortlich, siehe UVV „Allgemeine Vorschriften" (VBG 1) § 2.

8.2 Gerüstbauarbeiten

8.2.1 Allgemeines

Gerüste dürfen nur unter sachkundiger Aufsicht auf-, um- und abgebaut werden, siehe UVV „Bauarbeiten" (VBG 37) § 4.

Bei Gerüsten, die nicht den Regelausführungen entsprechen, sind die besonderen konstruktiven und statischen Anforderungen zu beachten; gegebenenfalls erforderliche Zeichnungen müssen an der Verwendungsstelle zur Verfügung stehen.

Beschädigte Gerüstbauteile dürfen nicht verwendet werden.

8.2.2 Verankerungen und Verstrebungen

Die Verankerung darf nur an standsicheren und festen Bauteilen angebracht werden, in der Regel an Deckenscheiben oder Stützen. Befestigungen sind unzulässig an Schneefanggittern, Blitzableitern, Dachrinnen, Fallrohren, Fensterrahmen, nicht tragfähigen Fensterpfeilern oder gemauerten Brüstungen und dergleichen sowie an deren Befestigungsmitteln.

Es dürfen nur solche Verankerungsmittel verwendet werden, bei denen durch Prüfung*) nachgewiesen ist, daß sie dem vorhandenen Verankerungsgrund entsprechend die erforderlichen Ankerkräfte übertragen können. Verankerungen sind fachgerecht einzubauen. Dabei dürfen Faserseile oder Rödeldraht nicht verwendet werden.

Werden z. B. Netze oder Planen an Gerüsten oder an Schutzwänden angebracht, sind wegen der erhöhten Beanspruchung infolge Wind zusätzliche Verankerungsmaßnahmen entsprechend statischer Berechnung erforderlich.

*) Siehe auch „Merkblatt für das Anbringen von Dübeln zur Verankerung von Fassadengerüsten" (ZH 1/500); hier unter II 2.2.3.

Verankerungen und Verstrebungen dürfen erst beim Abbau und auf ihn abgestimmt entfernt werden. Müssen Verankerungen oder Verstrebungen vorzeitig gelöst werden, ist vorher für einen gleichwertigen Ersatz zu sorgen.

8.2.3 Unterbau

Fußspindeln und Fußplatten sind vollflächig auf tragfähigen Untergrund zu stellen. Auf Baugrund sind lastverteilende Unterlagen, z. B. Bohlen, Kanthölzer oder Stahlträger erforderlich, siehe Abb. 2.7 a und b.

Bei geneigten Stellflächen sind entweder Spindeln mit schwenkbarer Grundplatte oder keilförmige Unterlagen zu verwenden, siehe Abb. 2.7 c und d. Bei Neigungen über 5° ist die örtliche Lastableitung nachzuweisen. Ebenso sind Träger, die der mittelbaren Lasteintragung dienen, nachzuweisen.

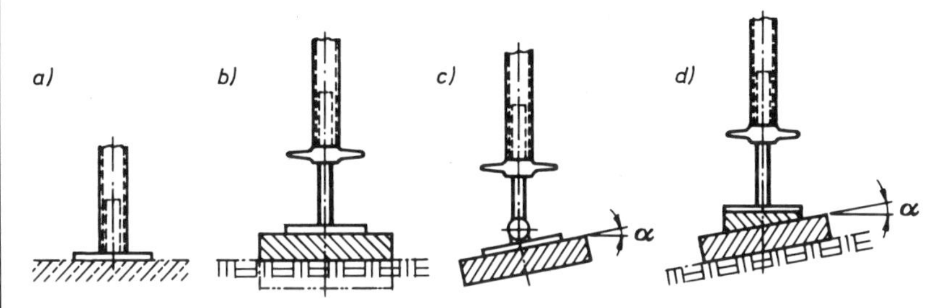

Abb. 2.7 Beispiele für die Auflagerung von Fußspindeln und Fußplatten

8.2.4 Elektrische Leitungen

In der Nähe spannungführender Leitungen oder Geräte dürfen Gerüste erst dann auf-, um- oder abgebaut werden, wenn die Leitungen oder Geräte abgeschaltet, abgedeckt oder abgeschrankt sind, siehe UVV „Bauarbeiten" (VBG 37) § 16.

Abstand zu elektrischen Leitungen (nach: Sicherheitsregeln der BauBG)

Bei Arbeiten in der Nähe elektrischer Freileitungen sind die Sicherheitsabstände nach Tabelle 2.2 einzuhalten. Das Ausschwingen von Leitungsseilen ist zu berücksichtigen.

Können die Sicherheitsabstände nach Tabelle 2.2 nicht eingehalten werden, sind die Freileitungen im Einvernehmen mit deren Eigentümern oder Betreibern freizuschalten und gegen Wiedereinschalten zu sichern, abzuschranken oder abzudecken.

Tabelle 2.2 Sicherheitsabstände

Nennspannung		Sicherheitsabstand
	bis 1000 V	1,0 m
über 1 kV	bis 110 kV	3,0 m
über 110 kV	bis 220 kV	4,0 m
über 220 kV oder bei unbekannter Nennspannung	bis 380 kV	5,0 m

9 Prüfung

Arbeits- und Schutzgerüste sind durch den verantwortlichen Unternehmer (der Gerüstbauarbeiten) vor Inbetriebnahme, nach längeren Arbeitspausen, nach konstruktiven Änderungen und nach außergewöhnlichen Einwirkungen nach Abb. 2.8 zu prüfen.

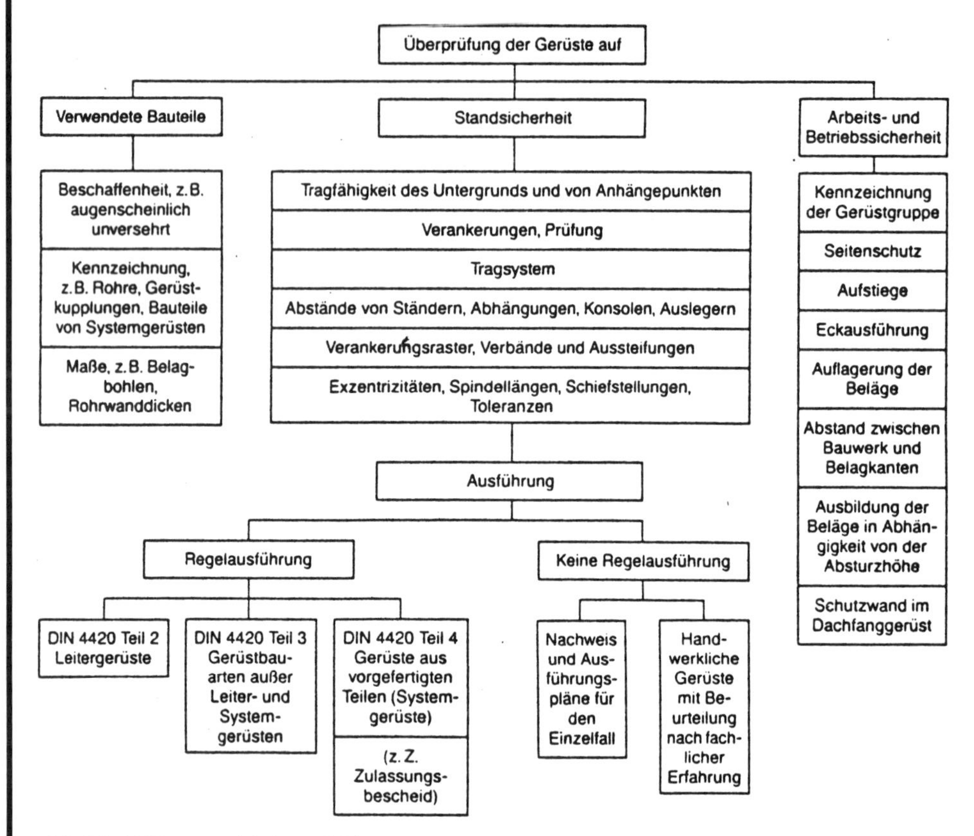

Abb. 2.8 Prüfung von Arbeits- und Schutzgerüsten

10 Kennzeichnung

Der Gerüstersteller hat das Gerüst nach Fertigstellung deutlich erkennbar und dauerhaft mit folgenden Angaben zu kennzeichnen:

- DIN 4420,
- Gerüstgruppe und Nutzgewicht,
- Gerüstersteller.

Arbeitsgerüst nach DIN 4420
Gerüstgruppe 3
Flächenbezogenes Nutzgewicht 200 kg/m²

Gerüstbaubetrieb Jedermann
33333 Irgendwo, Tel. 55 55 55

Abb. 2.9 Beispiel für die Kennzeichnung von Gerüsten.

DIN 4420 Teil 3 (Auszug: 4.2 Stahlrohr-Kupplungsgerüste, 12/1990)

4.2.1 Rohrstöße und Anschlüsse

Rohrstöße sind versetzt anzuordnen und in die Nähe der Knoten zu legen (siehe Bild 1 der DIN). Sie sind mit Zentrierbolzen und Stoßkupplungen auszuführen.

Bei Ständerstößen, in denen keine Zugkräfte auftreten, genügt die Anordnung von Zentrierbolzen.

Beim Anschluß mehrerer Rohre in einem Knoten sind, damit die Außermittigkeiten möglichst klein bleiben, die Kupplungen dicht aneinander zu legen.

Verbindungen von sich rechtwinklig kreuzenden Rohren sind mit Normalkupplungen auszuführen. Ausnahme siehe Abschnitt 4.2.5 – Zwischenquerriegel.

4.2.2 Ständer

Ständer sind vertikal auf Fußplatten oder Fußspindeln zu stellen und am Fußpunkt in zwei Richtungen mit Riegeln zu verbinden; in der Querrichtung darf bei längenorientierten Gerüsten, sofern sie nicht auf Spindeln stehen, auf Riegel verzichtet werden.

4.2.3 Längsriegel

Längsriegel sind an jeden Ständer anzuschließen. Stöße benachbarter Längsriegel sind in der Regel feldversetzt anzuordnen. Längsriegel dienen nicht unmittelbar zur Unterstützung des Belags.

5 Regelausführung der Stahlrohr-Kupplungsgerüste

5.1 Gerüstgruppen

Die Regelausführung der Stahlrohr-Kupplungsgerüste darf für Arbeitsgerüste der Gerüstgruppen 1 bis 6, sowie für Fanggerüste, nach DIN 4420 Teil 1 eingesetzt werden (s. Tabelle 2.1, Seite 141).

5.2 Gerüstbauteile

5.2.1 Stahlrohre

Es sind Stahlrohre mit 48,3 mm Außendurchmesser nach DIN 4427 zu verwenden.

Für Gerüste mit Höhen über 20 m sind Stahlrohre mit 4,0 mm Wanddicke einzusetzen.

Abweichend hiervon dürfen Stahlrohre mit 48,3 mm Außendurchmesser der Stahlsorte St 33, Wanddicke 4,05 mm, für die Gerüstgruppen 1 bis 4 verwendet werden, wenn die Gerüsthöhe nicht mehr als 20 m beträgt.

5.2.2 Kupplungen

Für die Verbindung von Ständern mit Riegeln dürfen nur Normalkupplungen der Klassen B und BB verwendet werden (siehe DIN 4420 Teil 1).

Die Verwendung von Drehkupplungen ist zum Anschluß von Horizontaldiagonalen nach Abb. 2.10c sowie, wenn keine Normalkupplungen verwendet werden können, zum Anschluß von Vertikaldiagonalen gestattet. Drehkupplungen dürfen auch, abweichend von Abschnitt 4.2.1, zur Lagesicherung der Zwischenquerriegel eingesetzt werden.

Für Rohrstöße sind Stoßkupplungen der Klasse B zu verwenden.

5.3 Stahlrohr-Kupplungsgerüste als Standgerüste mit längenorientierten Gerüstlagen

5.3.1 Maße

Im folgenden ist die Regelausführung

- mit einer maximalen Gerüsthöhe von 30 m,
- mit einer maximalen Systembreite von 1,0 m und
- mit einem Vertikalabstand der Gerüstlagen bis zu 2,0 m

festgelegt.

5.3.2 Ständerabstände und Verankerungsraster

Die Ständerabstände der Regelausführung der Stahlrohr-Kupplungsgerüste sind der Tabelle 2.3 zu entnehmen. Für das Verankerungsraster der Gerüste gilt Tabelle 2.4, Seite 150.

Die vorstehenden Regelungen gelten unter der Voraussetzung, daß maximal zehn, bei einer Verwendung von Verbreiterungen nach Abschnitt 5.3.3.5 maximal fünf Gerüstlagen ausgelegt sind. In jedem Gerüstfeld darf dabei eine Belagfläche voll genutzt werden. Das Absetzen von Lasten, z. B. Steinpakete, durch Krane ist bei Gerüsten der Gerüstgruppen 1 bis 3 nicht gestattet.

Tabelle 2.3 Ständerabstände für die Regelausführung der Stahlrohr-Kupplungsgerüste mit längenorientierten Gerüstlagen

Gerüstgruppe	1 oder 2	3 oder 4	5	6[1])
Ständerabstand l in m	2,5	2,0	1,5	1,2

[1]) Für die Gerüstgruppe 6 sind zusätzlich Zwischenquerriegel erforderlich.

5.3.3 Bauliche Einzelheiten

5.3.3.1 Ständerstöße

Ständerstöße dürfen nicht mehr als 0,3 m von einem Knoten entfernt sein. Sie sind in den beiden obersten Lagen mit Stoßkupplungen zu versehen (siehe Abb. 2.10).

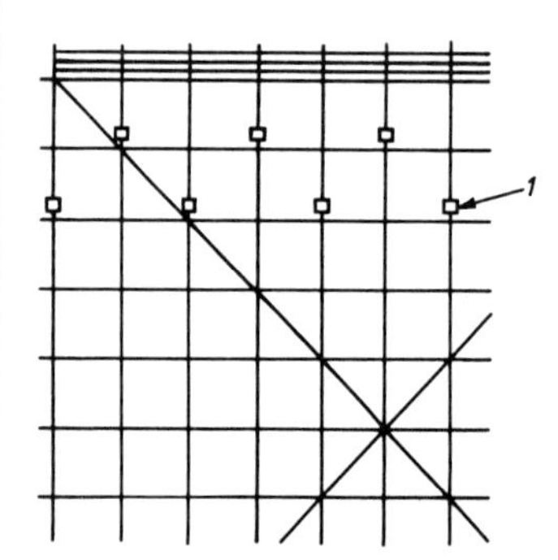

Abb. 2.10 Anordnung der Stoßkupplungen bei Ständerstößen (jeweils in den beiden obersten Lagen) für die Regelausführung für Stahlrohr-Kupplungsgerüste als Standgerüste mit längenorientierten Gerüstlagen

5.3.3.2 Gerüsthalter

Gerüsthalter müssen angeschlossen werden

- an beiden Ständern (siehe Abb. 2.11 a) oder
- an beiden Längsriegeln (siehe Abb. 2.11 b) oder
- nur am inneren Ständer an einzelnen Verankerungsstellen, wenn Horizontaldiagonalen in den benachbarten Gerüstfeldern bis zum nächsten durchgehenden Gerüsthalter vorhanden sind (siehe Abb. 2.11 c).
- Gerüsthalter dürfen nicht mehr als 0,4 m von einem Knoten entfernt sein.

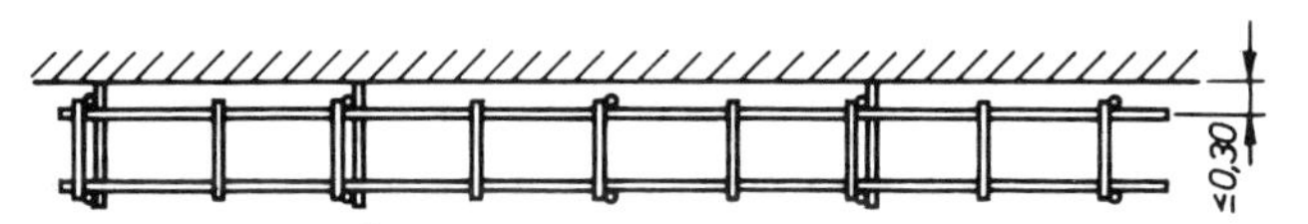

a) Verankerung: Gerüsthalter am inneren und äußeren Ständer

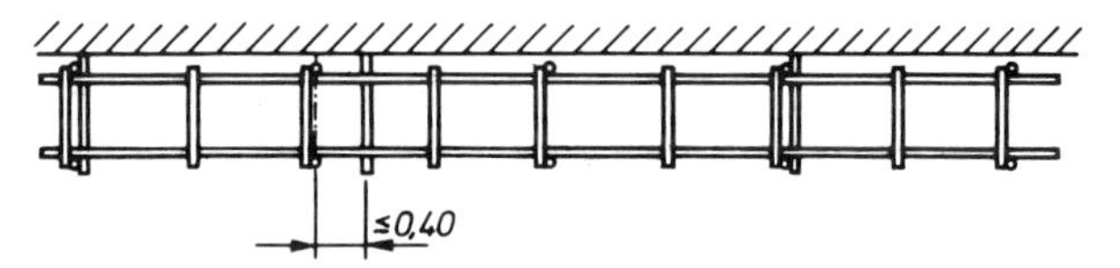

b) Verankerung: Gerüsthalter am inneren und äußeren Längsriegel

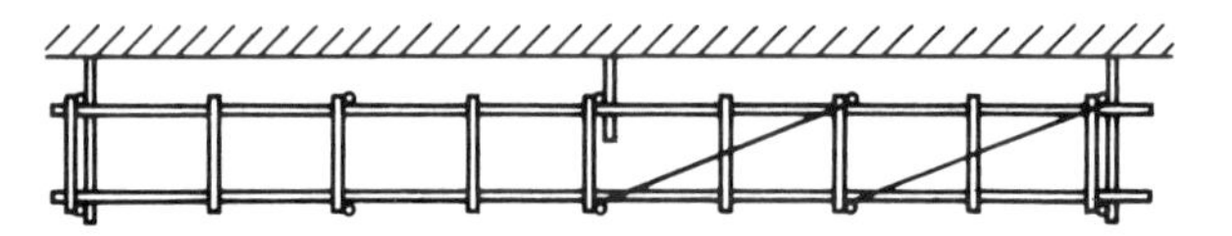

c) Verankerung: Gerüsthalter nur am inneren Ständer unmittelbar neben dem Knotenpunkt

Abb. 2.11 Beispiele für die Anordnung der Verankerungen der Regelausführungen der Stahlrohr-Kupplungsgerüste als Standgerüste mit längenorientierten Gerüstlagen

5.3.3.3 Verstrebung

Die äußere Vertikal- sowie jede unverankerte Horizontalebene sind in jedem fünften Gerüstfeld durch Diagonalen auszusteifen.

5.3.3.4 Fußplatten und Fußspindeln

Es sind Fußplatten nach DIN EN 74 oder leichte Gerüstspindeln nach DIN 4425 zu verwenden. Außerdem dürfen stählerne Gerüstspindeln mit Vollquerschnitt und Außendurchmesser 38 mm eingesetzt werden.

Die Auszugslänge der Gerüstspindeln darf 0,30 m nicht überschreiten; die Mindestüberdeckungslänge von Gerüstspindel und Ständer beträgt 25 % der Gesamtlänge der Spindel, mindestens 0,15 m.

Tabelle 2.4 Verankerungsraster und erforderliche zulässige Ankerbeanspruchungen der Regelausführungen von Stahlrohr-Kupplungsgerüsten mit längenorientierten Gerüstlagen

Verankerungsraster[1]	Gerüsthöhe h m	Nicht bekleidete Gerüste $F_{\perp}$ kN	Nicht bekleidete Gerüste $F_{\parallel}$ kN	Bekleidete Gerüste[2] $F_{\perp}$ kN	Bekleidete Gerüste[2] $F_{\parallel}$ kN
2,00; 4,00; 8,00; z; l; h	$h \leq 10$	2,7	0,9	–	–
	$h \leq 20$	3,1	1,0	–	–
	$h \leq 30$	3,3	1,2	–	–
2,00; 4,00; z; l; h	$h \leq 10$	–	–	7,5	0,7
	$h \leq 20$	–	–	8,0	0,9
	$h \leq 30$	–	–	8,3	1,2
2,00; z; l; h	$h \leq 10$	–	–	3,7	0,3
	$h \leq 20$	–	–	3,9	0,5
	$h \leq 30$	–	–	4,1	0,6

[1]) – Können einzelne Knoten nicht verankert werden, müssen zusätzliche Maßnahmen (Horizontal- oder Vertikalverstrebungen) getroffen werden.
– Werden andere Ständerabstände l gewählt, so dürfen die hier angegebenen Kräfte linear umgerechnet werden.

[2]) Den hier angegebenen Kräften liegen die aerodynamischen Kraftbeiwerte nach Abschnitt 5.3.4 zugrunde.

5.3.3.5 Verbreiterungen

Verbreiterungen dürfen nur einseitig angeordnet werden und eine maximale Breite von 0,30 m aufweisen. Der lichte Abstand zwischen Belag und Verbreiterung darf nicht größer als 0,08 m sein (siehe Abb. 2.12). Der Belag ist in seiner Lage zu sichern.

5.3.3.6 Schutzdach

Es darf ein Schutzdach nach Abb. 2.13 verwendet werden.

In der Abdeckungsebene ist jeder Ständer zu verankern und ein zusätzlicher Längsriegel anzuordnen (siehe Abb. 2.13).

5.3.3.7 Eckausbildung

Die Eckausbildung und die zugehörige Verankerung sind nach Bild 6 der DIN auszuführen.

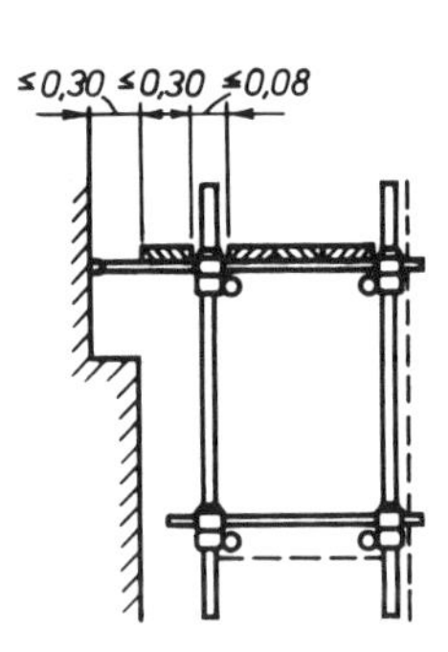

Abb. 2.12 Verbreiterung für die Regelausführung der Stahlrohr-Kupplungsgerüste als Standgerüste mit längenorientierten Gerüstlagen

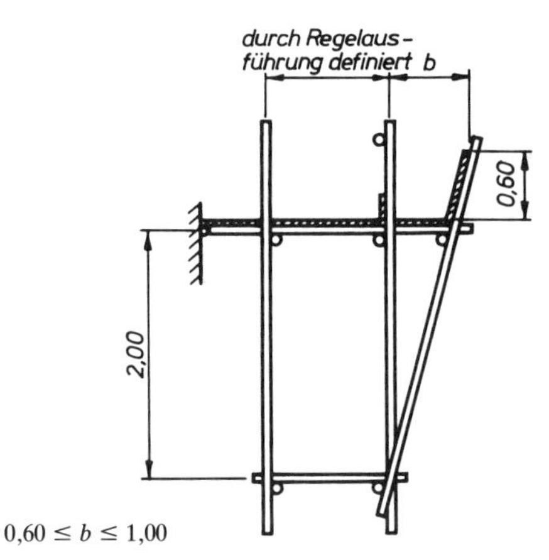

$0{,}60 \leq b \leq 1{,}00$

Abb. 2.13 Schutzdach für die Regelausführung der Stahlrohr-Kupplungsgerüste als Standgerüste mit längenorientierten Gerüstlagen

5.3.3.8 Überbrückung

Für Gerüsthöhen bis 20 m darf die Überbrückungskonstruktion sowie die zugehörige Verankerung nach Bild 8 der DIN (mit Diagonalaufhängung) ausgeführt werden. Unterhalb der Aufhängung der Überbrückung sind doppelte Ständer zu verwenden. Abweichend hiervon dürfen bei Gerüsthöhen unter 8 m, und bei Verwendung von Rohren mit ≥ 4,0 mm Wanddicke, auch einfache Ständer eingesetzt werden.

Abweichend von der Regelausführung dürfen für die Überbrückung auch Gitterträger verwendet werden, wenn hierfür ein Standsicherheitsnachweis vorliegt.

5.3.4 Ankerkräfte

Die maximalen Ankerkräfte $F_\perp$ und $F_\parallel$ der Regelausführungen von Stahlrohr-Kupplungsgerüsten als Standgerüste mit längenorientierten Gerüstlagen sind in Abhängigkeit von Verankerungsraster, Ausführungsart und Gerüsthöhe der Tabelle 2.4 zu entnehmen. Die angegebenen Kräfte sind den zulässigen Ankerbeanspruchungen gegenüberzustellen und beziehen sich auf Systeme mit einem Ständerabstand von l = 2,0 m und einem Lagebeiwert $c_{1,\perp} = 0{,}76$ (siehe DIN 4420 Teil 1). Werden andere Ständerabstände gewählt, so dürfen die zugehörigen Kräfte $F_\perp$ und $F_\parallel$ aus den Werten der Tabelle 2.4 mittels linearer Umrechnung bestimmt werden.

Die Verankerung des Schutzdachs ist bei nicht bekleideten Gerüsten mit um 50 % erhöhten Ankerkräften $F_\perp$ und $F_\parallel$ nachzuweisen.

Bei nicht bekleideten Gerüsten bis zu 10 m Höhe darf die Kraft $F_\parallel$ für den Nachweis der Verankerung unberücksichtigt bleiben, wenn die außenliegenden Gerüsthalter an beiden Ständern angeschlossen werden und wenn der Abstand Innenkante Belagfläche – Bauwerk 0,30 m nicht überschreitet.

Den Ankerkräften bekleideter Gerüste liegen folgende aerodynamischen Kraftbeiwerte zugrunde:

$c_{f\perp} = 1{,}3$
$c_{f\parallel} = 0{,}1$

Werden Planen, Nctze oder Geflechte mit anderen c_f-Werten verwendet, so sind die Kräfte $F_\perp$ und $F_\parallel$ für bekleidete Gerüste linear umzurechnen.

Abb. 2.14 Stahlrohrgerüst an einer Kirche

Abb. 2.15 Mangelhafter Fußpunkt

Abb. 2.16 Verstrebung schließt nicht am Knotenpunkt an: eine Horizontalkraft kann nicht aufgenommen werden

2.2.2 Hinweise für die Ausführungspraxis bei Stahlrohrgerüsten

● Untergrund

Wegen der Form der normalen abgeböschten Baugrube können in den seltensten Fällen beide Stielreihen des Gerüstes auf den Boden der Baugrube gestellt werden. Das bedeutet, daß der wandseitige Stiel auf dem Boden des Kellergeschosses und der Außenstiel auf oder in der Böschung steht. In diesem Fall sind für den Außenstiel besondere Sicherungsvorkehrungen notwendig. Diese Sicherungsvorkehrungen können darin bestehen, daß der Außenstiel auf eine kräftige Bohlenlage in die Böschung gestellt wird. Um jedoch ein Abrutschen des Außenstiels auszuschließen, ist neben dem horizontalen Riegel, mit dem der Fußpunkt des Außenstieles an den Innenstiel angeschlossen wird, grundsätzlich eine Diagonale vom Fußpunkt des Außenstieles zum Fußpunkt des Innenstieles vorzusehen. Diese Diagonale hat damit die Aufgabe, das Abrutschen des Außenstieles zu verhindern. Der zweite Fall ist der, daß der verbleibende Spalt zwischen Kellergeschoß und Böschungswinkel mittels Planierraupen eingeebnet wird. Dieser oft unverdichtete Spalt ist dann der Standort des Gerüstes. Die Fußplatten allein reichen hier zur Übertragung der Last nicht aus. Die erforderliche Standsicherheit wird dadurch erreicht, daß entweder durchlaufende Längsbohlen unter die beiden Stielreihen oder eine Querbohle unter zwei benachbarte Stiele verlegt werden. Grundsätzlich soll der seitliche Überstand der Bohlen in beiden Fällen mindestens 20 cm betragen. Die untergelegten Bohlen sollen eine Mindeststärke von 4 cm haben. In keinem Fall sind die Stiele auf kreuzweise verlegte Ziegelsteine oder Abfallholz zu stellen. – Eine weitere Gefahr für die Standsicherheit besteht in der Unterspülung der Stiele bei starken Regenfällen. Bei der Anlage auf Entwässerungsmöglichkeit achten!

● Montage

Grundsätzlich sollen die Bühnen eines Gerüstes waagerecht liegen und die Stiele für die Lastübertragung senkrecht stehen. Bei senkrechten Stielen ist darauf zu achten, daß die Stöße benachbarter Stielrohre in der Höhe 2 m oder mehr gegeneinander versetzt sind, also nicht auf einer Ebene liegen. Stöße sind grundsätzlich in die Nähe der Knotenpunkte zu legen. Falls bei Stielen Zugkräfte auftreten können, sind für die Stöße außer Rohrverbindern noch zugfeste Kupplungen vorzusehen.

Längsriegel müssen sowohl Zug- als auch Druckkräfte aufnehmen können; die Stöße sind auch hier in die Nähe der Knotenpunkte zu legen. Riegelstöße erhalten grundsätzlich außer Rohrverbindern auch zugfeste Kupplungen. Für die Ableitung auftretender horizontaler Kräfte in den Boden sind Diagonalen erforderlich. Diagonalen sind bei Gerüsten über 8 m Höhe stets gekreuzt anzuordnen. Die Anschlüsse können bei Diagonalen entweder an den tragenden Querriegeln oder an den Stielen angebracht werden.

Falls wegen nicht ausreichender Tragfähigkeit der Kupplung laut Plan zwei Kupplungen vorgesehen sind, wird die zweite Kupplung mit demselben Drehmoment angeschlossen, obschon sie rechnungsmäßig mit geringerer Tragfähigkeit berücksichtigt wird. Sie muß fest unter der Hauptkupplung liegen, weil sonst bei Überschreiten der Last ein Rutschweg am Rohr erfolgt und die zweite Kupplung schon eine gewisse Stoßkraft aufzunehmen hat.

2.2.3 Anbringen von Dübeln zur Verankerung von Fassadengerüsten (Merkblatt zur UVV)*)

(Abschnittsnumerierung entspricht dem Merkblatt zur UVV)

1 Allgemeines

1.1 Die Gerüstordnung DIN 4420 fordert die zug- und druckfeste Verankerung von Fassadengerüsten am Bauwerk. Die Verankerungen sind nach den Regeln der Technik herzustellen. Sie haben die Aufgabe, ein Ausknicken der Gerüstständer zu verhindern und auf das Gerüst wirkende Windlasten und sonstige Horizontalkräfte abzuleiten.

1.2 Um das Ausknicken der Ständer zu verhindern, sind die Verankerungsabstände nach DIN 4420 Teil 1 bzw. bei zulassungspflichtigen Sonderbauarten die Verankerungsabstände des jeweils gültigen Zulassungsbescheides einzuhalten. Für die im einzelnen Ankerpunkt zu übertragenden Kräfte sind die Windlasten ausschlaggebend. Bei 20 m^2 Einzugsfläche je Ankerpunkt ist danach bei Regelausführungen nach DIN 4420 Teil 1 mit folgenden Zug- und Druckkräften zu rechnen:

bei Gerüsten vor geschlossenen Fassaden und bei Gerüsten bis 15 m Höhe vor offenen Fassaden (Rohbauten) 2,5 kN

bei Gerüsten über 15 m Höhe vor offenen Fassaden (Rohbauten) 5,0 kN

Soweit bei Sonderbauarten im Zulassungsbescheid keine abweichenden Angaben enthalten sind, können die gleichen Kräfte bei Einhaltung der Regelausführung des Zulassungsbescheides zugrunde gelegt werden. Für Leitergerüste in Regelausführung nach DIN 4420 Teil 2 mit einer Einzugsfläche von 12 m^2 ermäßigen sich die genannten Kräfte auf:

bei Leitergerüsten vor geschlossenen Fassaden und bei Leitergerüsten bis 15 m Höhe vor offenen Fassaden (Rohbauten) 1,5 kN

bei Leitergerüsten über 15 m Höhe vor offenen Fassaden (Rohbauten) 3,0 kN

1.3 Die Werte nach Abschnitt 1.2 gelten für unverkleidete Gerüste. Werden Gerüste durch Planen, Verschalungen oder dergleichen verkleidet, treten erheblich größere Kräfte auf, die im Einzelfall zu berechnen sind.

1.4 Dübelbefestigungen müssen in der Lage sein, die in Abschnitt 1.2 genannten Kräfte in Bauteile einzuleiten. Die Bauteile müssen die eingeleiteten Kräfte aufnehmen und weiterleiten können. Überbrückungskonstruktionen zwischen Dübelbefestigung und Gerüst (zum

*) Das Merkblatt ist zur Zeit (9/93) zurückgezogen; es wird wegen des Informationsgehalts dennoch abgedruckt.

Beispiel Ösenschrauben, Abstandhalter, Giebelsteifen) müssen für die zu übertragenden Kräfte ausreichend bemessen sein.

1.5 Ausreichende Auszugsfestigkeit für Ankerkräfte nach Abschnitt 1.2 kann vorausgesetzt werden, wenn Dübelbefestigungen dem Abschnitt 2 entsprechen. Andernfalls sind sie an der Verwendungsstelle nach Abschnitt 3 zu prüfen.

2 Dübelbefestigungen ohne Prüfung an der Verwendungsstelle

2.1 Ohne Prüfung an der Verwendungsstelle dürfen Dübelbefestigungen verwendet werden, für die eine gültige allgemeine bauaufsichtliche Zulassung vorliegt.

2.2 Die Besonderen Bestimmungen des Zulassungsbescheides müssen eingehalten werden. Dazu gehören zum Beispiel

- Nachweis des Ankergrundes,
- erforderliche Bauteilabmessungen und Randabstände,
- besondere Einbauanweisungen,
- Kontrolle des Spreizvorganges.

Im Einvernehmen mit der die Zulassungsbescheide erteilenden Stelle[1]) sind folgende Maßnahmen nicht erforderlich[2]):

Anzeigepflicht der Dübelmontagearbeiten, Aufnahme des Protokolls über durchgeführte Kontrollen in die Bauakten,

Aufbewahren von Lieferscheinen, Werksprüfzeugnissen und Aufzeichnungen über Festigkeit des Verankerungsgrundes und ordnungsgemäße Montage über mindestens fünf Jahre.

2.3 Die zulässige Tragfähigkeit der Dübelbefestigung muß mindestens der für die Gerüstverankerung geforderten Auszugsfestigkeit entsprechen.

3 Dübelbefestigungen mit Prüfung an der Verwendungsstelle

3.1 Der Nachweis ausreichender Auszugsfestigkeit kann mit geeigneten Prüfgeräten[3]) durch Probebelastung an der Baustelle geführt werden.

3.2 Anforderungen an das Prüfgerät:

3.2.1 Das Gerät muß eine Meßgenauigkeit ± 5% aufweisen.

3.2.2 Das Gerät muß die Probelast axial in den Dübel einleiten.

3.2.3 Der Abstand der Dübelmitte von der Aufstandsfläche des Gerätes muß mindestens 200 mm betragen. Dieses Maß darf auf 50 mm verringert werden, wenn der mögliche Ausbruchkegel durch das Gerät auf weniger als 15% des Kreisumfanges der Kegelgrundfläche behindert wird.

3.3 Prüfumfang

3.3.1 Verankerungspunkte, an denen Probebelastungen durchzuführen sind, sind von einem Sachkundigen nach Anzahl und Lage zu bestimmen.

---

[1]) Deutsches Institut für Bautechnik, Reichpietschufer 72–76, 10785 Berlin.

[2]) Entsprechende Ergänzungen der Zulassungen sind in Vorbereitung.

[3]) Als geeignet gelten u. a. Prüfgeräte, die vom Fachausschuß „Bau" bei der Zentralstelle für Unfallverhütung und Arbeitsmedizin des Hauptverbandes der gewerblichen Berufsgenossenschaften e.V. anerkannt sind.

3.3.2 Beim Bestimmen von Anzahl und Lage der Verankerungspunkte, an denen Probebelastungen durchzuführen sind, ist folgendes zu beachten.

Entsprechend einer Klassifikation des Sachverständigenausschusses „Ankerschienen und Dübel" des Instituts für Bautechnik werden folgende Dübelsysteme unterschieden:

Gruppe A:
Metalldübel; geschlitzte Dübelhülsen werden durch Konen gespreizt; die Spreizkraft wird durch ein Drehmoment erzeugt, die äußere Last greift am tieferen Konus an – kraftkontrolliert zwangsweise spreizende Dübel.

Gruppe B:
Metalldübel; eine geschlitzte Dübelhülse wird durch Einschlagen eines Keiles in oder gegen die Richtung der äußeren Zugkraft gespreizt; die äußere Last greift an der Dübelhülse an – wegkontrolliert zwangsweise spreizende Dübel.

Gruppe C:
Metalldübel, die ihr Verankerungsloch selbst bohren; die geschlitzte Dübelhülse wird über den Konus geschlagen, dabei kann eine „Hinterschneidung" eintreten, die äußere Last greift an der Dübelhülse an.

Gruppe D:
Dübel aus Kunststoff, zum Beispiel Nylon (Polyamid); durch Verquetschung des Kunststoffes im Bohrloch entsteht eine Reibungskraft.

Gruppe E:
Klebeanker mit Kunstharzmörtel; Adhäsion und Reibung im Bohrloch.

Gruppe F:
Kombinationen der vorstehenden Gruppen oder dort nicht einzuordnende Dübelsysteme.

Bei Verankerung von zwangsweise spreizenden Metalldübeln in Mauerwerk ist zu beachten, daß durch das Anziehen der Schrauben (Gruppe A) oder Einschlagen der Konen (Gruppe B) erhebliche Spreizkräfte auftreten, die nicht nur in Randnähe oder bei geringen Abständen Vollsteine oder andere Steine höherer Festigkeit spalten, sondern auch die Kammern von Lochsteinen und andere Steine geringerer Festigkeit zerstören können.

Bei Dübeln der Gruppe C besteht außerdem die Gefahr, daß eine Hinterschneidung auftritt, so daß die erforderliche Spreizkraft nicht aufgebracht und der Dübel nicht ausreichend verankert wird.

Bei Kunststoffdübeln sind die Genauigkeit des Bohrlochs und Toleranzen der Schraube von entscheidender Bedeutung für die Tragfähigkeit. Die erforderliche Verankerungstiefe der Dübelhülse und die Einschraubtiefe der Schraube müssen gekennzeichnet und kontrollierbar sein. Hinsichtlich der Dauerhaftigkeit liegen bisher nur für den Dübelwerkstoff Polyamid ausreichende Ergebnisse vor.

3.3.3 Versagen einzelne oder mehrere Dübelbefestigungen unter Probebelastung, ist die Anzahl der zu prüfenden Verankerungspunkte angemessen zu erhöhen. Bei erneutem Auftreten von Versagern ist die Zahl der Prüfungen weiter zu erhöhen.

3.3.4 Ein Prüfumfang von wenigstens 40% aller verwendeten Dübel darf nicht unterschritten werden, ausgenommen der Ankergrund besteht aus Beton nach DIN 1045. In diesem Fall beträgt der Mindestumfang 20% aller verwendeten Dübel. Ein Prüfumfang von weniger als fünf Stück ist in jedem Fall unzulässig.

3.4 Probelast
Die Probelast muß das 1,2fache der geforderten Ankerzugkraft betragen.

Anhang zum Merkblatt „Anbringen von Dübeln zur Verankerung von Fassadengerüsten“

VERANKERUNGSPROTOKOLL

BAUVORHABEN:		BAUTEIL:	
Dübel-Typ:		Schrauben-Typ:	
Ankergrund:		Prüfgerät-Typ:	
Gesamtzahl der Anker:		Zahl d. geprüften Anker:	

X → Ständerreihe von links

Prüflast in kN

↓ Gerüstlage von unten

Legende		
	A	
	B	
	C	
	D	

....

Ort/Datum — Unterschrift des Prüfers

3.5 Aufzeichnung der Prüfergebnisse

3.5.1 Die Prüfergebnisse sind schriftlich aufzuzeichnen und für die Dauer der Standzeit des Gerüstes aufzubewahren.

3.5.2 Die Aufzeichnungen müssen die im Anhang 1 genannten Angaben umfassen. Die Verwendung von Formblättern entsprechend Anhang 1 wird empfohlen.

2.3 Leitern und Laufstege

(Ausführlich in UVV – Leitern und Tritte, VBG 74 vom 1. 1. 1993)

Hier interessieren insbesondere Anlegeleitern zum Besteigen von Geschoßdecken, Gerüstlagen, Baugruben usw. Bauart: meist aus Halbrundholz-Holm (∅ 80 bis 100 mm), Leiterbreite 45 bis 50 cm und Sprossen aus Holz mit Querschnitt von 35/50 mm (reicht bis 50 cm Leiterbreite), Abstand der Sprossen ≦ 280 mm.

Schadhafte Leitern (fehlende Sprossen, angebrochener Holm) dürfen nicht benutzt werden; das Anlegen einer Bandage um gebrochene Leitern ist keine sachgemäße Instandsetzung!

Leitern sind standsicher aufzustellen; die Leiterfüße dürfen nicht auf ungeeignete Unterlagen gesetzt werden, das sind z. B. Steinstapel, Kisten, wippende Gerüstbohlen o. ä. Bei Anlegeleitern ist auf den richtigen Anstellwinkel (68° bis 75°) zu achten, bei Stehleitern darauf, daß die Spreizsicherungen gespannt sind. Der Standplatz auf der Anlegeleiter ist auf eine Höhe von 7 m begrenzt.

Über Austrittstellen müssen Anlegeleitern mindestens 1 m hinausragen, wenn nicht eine gleichwertige Haltemöglichkeit vorhanden ist. Holme dürfen nicht behelfsmäßig verlängert werden.

Nach: Merkheft „Abbrucharbeiten" der Bau BG, 1993
Abb. 2.17

Abb. 2.18 Mangelhafter Leitergang wegen störender Schalhölzer

Von Anlegeleitern aus dürfen nur Arbeiten geringen Umfanges ausgeführt werden (nach Dauer, Schwierigkeit der Arbeit, Umfang des auf der Leiter mitzuführenden Werkzeugs und des Materials). Auf Leitern, die an oder auf Verkehrswegen aufgestellt sind (niemals auf öffentlichen Verkehrswegen!), ist auffällig hinzuweisen, evtl. sind Warnposten aufzustellen. Diese Leitern sind gegen Umstoßen zu sichern.

Hinweise zu Abbildung 2.17

- Stufen oder Sprossen müssen zuverlässig und dauerhaft mit Wangen und Holmen verbunden sein und gleiche Abstände haben.
- Zum Anstrich von Holzleitern keine deckenden Farben verwenden.
- Schadhafte Leitern nicht benutzen, z. B. angebrochene Holme und Sprossen von Holzleitern, verbogene und angeknickte Metalleitern. Angebrochene Holme, Wangen und Sprossen von Holzleitern nicht flicken.
- Holzleitern gegen Witterungs- und Temperatureinflüsse geschützt lagern.
- Anlegeleitern sicher aufstellen, richtigen Anstellwinkel einhalten.

Laufstege*)

Mindestbreite: 0,50 m

Bei einer Neigung über 1:5 (≈ 11°) Trittleisten aufbringen.

Bei einer Neigung über 1:1,75 (≈ 30°) Trittstufen aufbringen.

Seitenschutz (Geländerholm in 1,00 m Höhe, Zwischenholm und Bordbrett) beiderseits ab 2,00 m Höhe über dem Boden, bei jeder Höhe über Verkehrswegen und Wasserläufen.

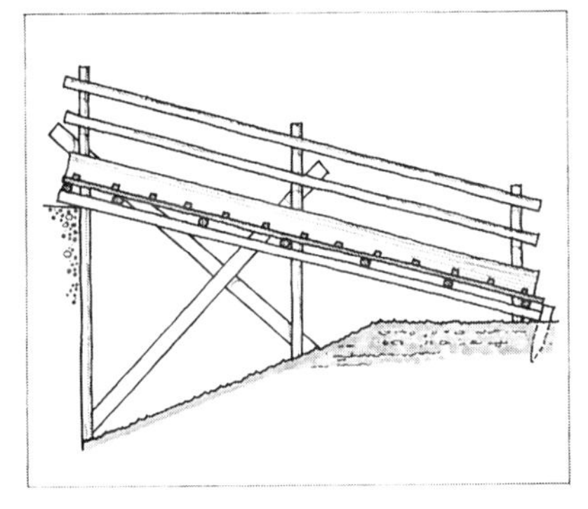

Abb. 2.19

2.4 Montagearbeiten

Nachfolgend die einschlägigen Bestimmungen der UVV – Bauarbeiten, Ausgabe 4/1993; spezielle Hinweise zur Montage bei Holzkonstruktionen s. II 5.5, bei Stahlkonstruktionen s. II 6.4.3.

Montageanweisung (UVV)

(Abschnittsnumerierung entspricht der UVV)

§ 17 Für Montagearbeiten muß eine schriftliche Montageanweisung an der Baustelle vorliegen, die alle erforderlichen sicherheitstechnischen Angaben enthält. Abweichend von Satz 1 kann auf die Schriftform verzichtet werden, wenn für die jeweilige Montage besondere sicherheitstechnische Angaben nicht erforderlich sind (Muster einer Montageanweisung s. S. 162).

*) Nach UVV Bauarbeiten § 10.

Durchführungsanweisung

zu § 17:

Zu den Montagearbeiten kann auch die Montage und Demontage von großflächigen vormontierten Traggerüsten zählen.

Sicherheitstechnische Angaben können je nach Schwierigkeitsgrad der Montagearbeiten z. B. sein:

1. **Unter Berücksichtigung der Anweisungen des Herstellers der Bau- und Fertigbauteile Angaben über**
   1.1. die Gewichte der Teile,
   1.2. das Lagern der Teile,
   1.3. die Anschlagpunkte der Teile,
   1.4. das Anschlagen der Teile an Hebezeuge,
   1.5. das Transportieren und die beim Transport einzuhaltende Transportlage,
   1.6. den Einbau der zur Montage erforderlichen Hilfskonstruktionen,
   1.7. die Reihenfolge der Montage und des Zusammenfügens der Bauteile,
   1.8. die Tragfähigkeit der einzusetzenden Hebezeuge.
2. **Angabe erforderlicher Maßnahmen**
   2.1. zur Gewährleistung der Tragfähigkeit und Standsicherheit von Bauwerk und Bauteilen, auch während der einzelnen Montagezustände,
   2.2. zur Erstellung von Arbeitsplätzen und von deren Zugängen,
   2.3. gegen Abstürzen oder Abrutschen Beschäftigter bei der Montage,
   2.4. gegen Herabfallen von Gegenständen.
3. **Übersichtszeichnungen oder -skizzen** mit den vorzusehenden Arbeitsplätzen und deren Zugängen.

Enthalten bauaufsichtliche Zulassungsbescheide die erforderlichen Angaben, können sie als Montageanweisungen angesehen werden.

Übersichtszeichnungen und Verlegepläne ohne zusätzliche Angaben ersetzen nicht die Montageanweisung.

Transport, Lagerung, Einbau (UVV)

§ 18 (1) Bauteile sind vor dem Transport und vor dem Einbau auf sichtbare Beschädigungen, Verformungen und Risse im Hinblick auf ihre Tragfähigkeit zu überprüfen.

(2) Bauteile müssen so angeschlagen, transportiert, gelagert und eingebaut werden, daß solche Beschädigungen vermieden werden, die ihre Standsicherheit oder Tragfähigkeit beeinträchtigen und dadurch zu Unfallgefahren führen können.

(3) Bauteile sind so zu lagern, zu transportieren und einzubauen, daß sie dabei ihre Lage nicht unbeabsichtigt verändern können.

Durchführungsanweisungen

zu § 18 Abs. 2:

Die Forderung ist erfüllt, wenn

1. Gewichtsangaben der Bauteile und ihre einzuhaltende Transportlage beachtet werden,

2. Anschlagpunkte an den Bauteilen so gewählt und ausgebildet sind, daß die beim Transport auftretenden Kräfte ohne Beschädigung aufgenommen werden können,
3. zum Transport der Bauteile Transportfahrzeuge, Hebezeuge und Anschlagmittel verwendet werden, die auf Gewicht, Form und Abmessung der Bauteile abgestimmt sind,
4. die notwendigen Hilfseinrichtungen für die Lagerung der Bauteile (z. B. Lagergestelle, Aufstellböcke) vorgehalten und verwendet werden,
5. erforderlichenfalls Leitseile benutzt werden und
6. die einschlägigen Abschnitte der DIN 1045 „Beton und Stahlbeton; Bemessung und Ausführung" beachtet werden.

zu § 18 Abs. 3:

Diese Forderung ist erfüllt, wenn

1. Anschlagmittel von abgesetzten Bauteilen erst dann gelöst werden, wenn diese so befestigt sind, daß eine unbeabsichtigte Lageänderung nicht möglich ist,
2. beim Aufrichten und Umlegen von Masten Leitbohlen im Mastloch, Leitstangen oder Fußverankerungen verwendet werden, sofern die Form des Mastloches keine ausreichende Führung gewährleistet.

Zugänge für kurzzeitige Tätigkeiten (UVV)

§ 19 Für Tätigkeiten, die üblicherweise in wenigen Minuten erledigt werden können, müssen eingebaute Bauteile, die als Zugang zur Arbeitsstelle dienen, mindestens 0,20 m breit sein. Schmalere Bauteile dürfen benutzt werden, wenn besondere Einrichtungen oder diesen gleichwertige Konstruktionsteile ein sicheres Festhalten ermöglichen oder Maßnahmen zum Auffangen abstürzender Personen getroffen sind. Absturzsicherungen sind nach § 12 auszuführen (s. S. 129).

Durchführungsanweisung

zu § 19:

Tätigkeiten, die üblicherweise in wenigen Minuten erledigt werden können, sind z. B. das Lösen oder Befestigen von Anschlagmitteln, das Festlegen von Montagebauteilen und das Arbeiten an Freileitungsmasten.
Ein Konstruktionsteil gilt als eingebaut, wenn es so befestigt ist, daß es seine Lage unter Belastung nicht unbeabsichtigt verändern kann.

Besondere Einrichtungen sind z. B. Handläufe oder straff gespannte Stahlseile im Handbereich.

In der UVV Bauarbeiten, Fassung 4/1985 waren noch die folgenden Ausführungen hierzu abgedruckt, die m. E. immer noch gute Hinweise bieten:

Gleichwertige Konstruktionsteile sind z. B. für Aufstiege an Gittermasten Eckstiele und Verstrebungen, wenn

- der Knotenabstand im Fachwerk nicht mehr als 0,45 m beträgt oder
- die Konstruktionsteile eine Neigung von nicht mehr als 30° gegen die Waagerechte haben und ihr Abstand von der jeweiligen Standfläche zu den darüberliegenden Konstruktionsteilen nicht mehr als 1,70 m beträgt.

Ein sicheres Festhalten ist möglich, wenn beide Hände und ein Fuß oder beide Füße und eine Hand gleichzeitig Kontakt mit der Konstruktion haben. Dabei müssen mit den Händen die zum Festhalten benutzten Konstruktionsteile ausreichend umgriffen werden können.

Ein sicheres Bewcgen auf Trägern ist z. B. im Reitsitz oder Kriechgang gegeben, wenn für die Füße eine durchlaufende oder seitliche Abstützung vorhanden ist und die Steghöhe mindestens 0,30 m beträgt.

Absender:

Anzeige über Bau- und Montagearbeiten

(erforderlich ab 10 Arbeitsschichten/Arbeitsumfang mehr als 80 h)
nach § 3 UVV „Bauarbeiten" (VBG 37)
Die Anzeige soll spätestens 14 Tage vor Beginn der Bauarbeiten erstattet sein.

Mitgl.-Nr.:

Freilassen für Bearbeitung durch Berufsgenossenschaft

Stbm.-

Nr.:

an:

TAB:

Ausführende Firma:			
Ausführende Arbeiten:			
Auftraggeber/Bauherr:			
1. Lage der Baustelle: Straße und Nr.: PLZ, Ort:			
2. Beginn der Arbeiten: Voraussichtliche Dauer:			
3. Zahl der bei den Arbeiten durchschnittlich beschäftigten Personen:			
4. Name des Bauleiters/Aufsichtführenden			
5. Hat der Aufsichtführende an einer Ausbildungsmaßnahme über Arbeitssicherheit bei der BG teilgenommen (§ 4 Abs. 2 UVV „Bauarbeiten" (VBG 37)	ja	nein	Bemerkungen
6. Sind dem Aufsichtführenden gemäß § 12 der UVV „Allgemeine Vorschriften" (VBG 1) die Pflichten des Unternehmers schriftlich übertragen?			
7. Wird dem Bauleiter/Ausichtführendem eine schriftliche Montageanweisung (§ 17 der UVV „Bauarbeiten" (VBG 37) zur Verfügung gestellt?			
8. Werden Arbeits- und Schutzgerüste eingesetzt?			
9. Die Gerüstarbeiten werden ausgeführt von:			

______________, den ________ 19___ ______________________

Unterschrift

Muster einer Montageanzeige gem. Anhang 2 der UVV Bauarbeiten
(Die Anzeigepflicht besteht nicht bei allen Berufsgenossenschaften)

Arbeitsplätze bei Montagearbeiten (UVV)

(Dieser Absatz ist in der Fassung 4/1993 nicht mehr enthalten.)

§ **19a** Konsolen, eingeschweißte Sprossen, Profile von Gittermasten oder ähnliche Trittflächen dürfen als Arbeitsplätze bei Montagearbeiten nur verwendet werden, wenn

1. zusätzlich eine Befestigungsmöglichkeit für Anseilsicherung vorhanden ist und benutzt wird,
2. nur Handwerkzeuge und kraftbetriebene Werkzeuge bis 500 W Leistung zum Einsatz kommen.

Begehbarkeit von Bauteilen

(Merkblatt für die Beurteilung der Begehbarkeit von Bauteilen, Merkblatt der BauBG von 10/1989)

Nicht begehbare Bauteile s. unter II 2.1.4.

Bauteile, die bei Bauarbeiten als Arbeitsplatz oder Verkehrsplatz (Zugang) benutzt werden, müssen begehbar sein für Einzelpersonen mit bis zu 50 kg Traglasten. Der Nachweis kann durch Fallversuche mit 50-kg-Glaskugelsack aus 60 cm Höhe erfolgen, wenn nicht das Bauteil einer DIN-Norm oder einer ABZ entspricht oder aufgrund praktischer Erfahrung die Begehbarkeit als gesichert angesehen werden kann.

Grundbau*)

- Kontrolle, ob Annahmen über die Baugrundbeschaffenheit zutreffen
- Baugrubensicherung (Böschungswinkel, Baugrubenverbau, Nachbargebäudesicherung)
- Einblick in Gründungsgutachten (gegebenenfalls wird die Einschaltung eines Sachverständigen [IfBt-Liste] zur Prüfung der statischen Nachweise erforderlich)
- Einblick in Eignungs- und Abnahme-/Kontrollprüfungen (z. B. von Verpreßankern, des Einpreßverfahrens und von Einpreßgut)
- Einblick in Spannprotokolle von Verpreßankern
- Einblick in Berichte von Probebelastungen und Rammen von Pfählen

3 Baugrube, Sicherung von Nachbargebäuden, Baugrund, Flachgründungen, Pfähle, Anker

3.1 Baugruben

Die Herstellung von Kellergeschossen oder Tiefgaragen erfordert stets mehr oder weniger tiefe Baugruben. Im Stadt- oder Straßenbereich wird regelmäßig für die Aussteifung der senkrechten Baugrubenwände ein Verbau (Spundwand, Berliner Verbau, Schlitzwand) erforderlich, für den es Bauvorlagen (Statik und Ausführungspläne) gibt. Falls genügend Fläche allseitig zur Verfügung steht, kann mit Böschung, also ohne Verbau, gearbeitet werden. Aus Kostengründen wird der Böschungswinkel möglichst steil gewählt; er steht meist nicht in den Bauvorlagen, kann jedoch anhand der UVV einfach abgeschätzt werden. In schwierigen Fällen, z. B. bei Lasten nahe an der Böschungsschulter, bei starkem Regen oder wiederholten Frostaufgängen stets den Statiker oder Baugrundsachverständigen fragen!

Abb. 3.1 Falsche Einschätzung der Standfestigkeit der Böschung führt zum Abrutschen

*) Checkliste des Ministeriums für Bauen und Wohnen in NW (s. hierzu auch II 1.3).

3.1.1 Baugruben ohne Verbau*)

Bei der nachfolgenden Übersicht wird vorausgesetzt:

- Arbeitsraumbreite ≧ 0,50 m (bei Betonkellerwänden gemessen von Außenkante Schalung, d. h. + 15 cm Zuschlag bis zur Wand)
- lastenfreier Schutzstreifen am oberen Baugrubenrand von mindestens 0,60 m

Bodenart und erforderlicher Böschungswinkel

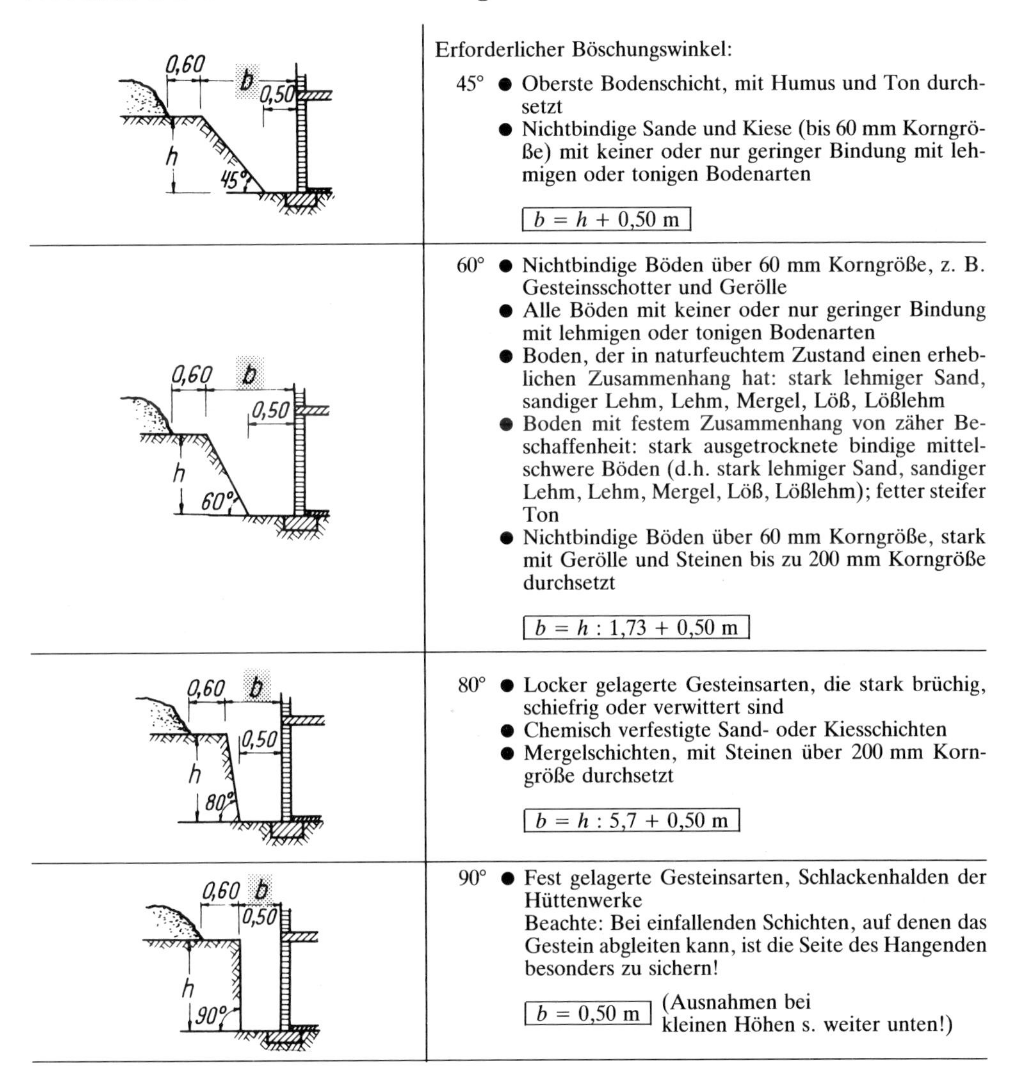

Erforderlicher Böschungswinkel:

Winkel	Bodenart	Breite
45°	• Oberste Bodenschicht, mit Humus und Ton durchsetzt • Nichtbindige Sande und Kiese (bis 60 mm Korngröße) mit keiner oder nur geringer Bindung mit lehmigen oder tonigen Bodenarten	$b = h + 0{,}50$ m
60°	• Nichtbindige Böden über 60 mm Korngröße, z. B. Gesteinsschotter und Gerölle • Alle Böden mit keiner oder nur geringer Bindung mit lehmigen oder tonigen Bodenarten • Boden, der in naturfeuchtem Zustand einen erheblichen Zusammenhang hat: stark lehmiger Sand, sandiger Lehm, Lehm, Mergel, Löß, Lößlehm • Boden mit festem Zusammenhang von zäher Beschaffenheit: stark ausgetrocknete bindige mittelschwere Böden (d.h. stark lehmiger Sand, sandiger Lehm, Lehm, Mergel, Löß, Lößlehm); fetter steifer Ton • Nichtbindige Böden über 60 mm Korngröße, stark mit Gerölle und Steinen bis zu 200 mm Korngröße durchsetzt	$b = h : 1{,}73 + 0{,}50$ m
80°	• Locker gelagerte Gesteinsarten, die stark brüchig, schiefrig oder verwittert sind • Chemisch verfestigte Sand- oder Kiesschichten • Mergelschichten, mit Steinen über 200 mm Korngröße durchsetzt	$b = h : 5{,}7 + 0{,}50$ m
90°	• Fest gelagerte Gesteinsarten, Schlackenhalden der Hüttenwerke Beachte: Bei einfallenden Schichten, auf denen das Gestein abgleiten kann, ist die Seite des Hangenden besonders zu sichern!	$b = 0{,}50$ m (Ausnahmen bei kleinen Höhen s. weiter unten!)

*) Entnommen dem Buch: Rybicki, „Faustformeln und Faustwerte“, Werner-Verlag, 3. Aufl. 1993.

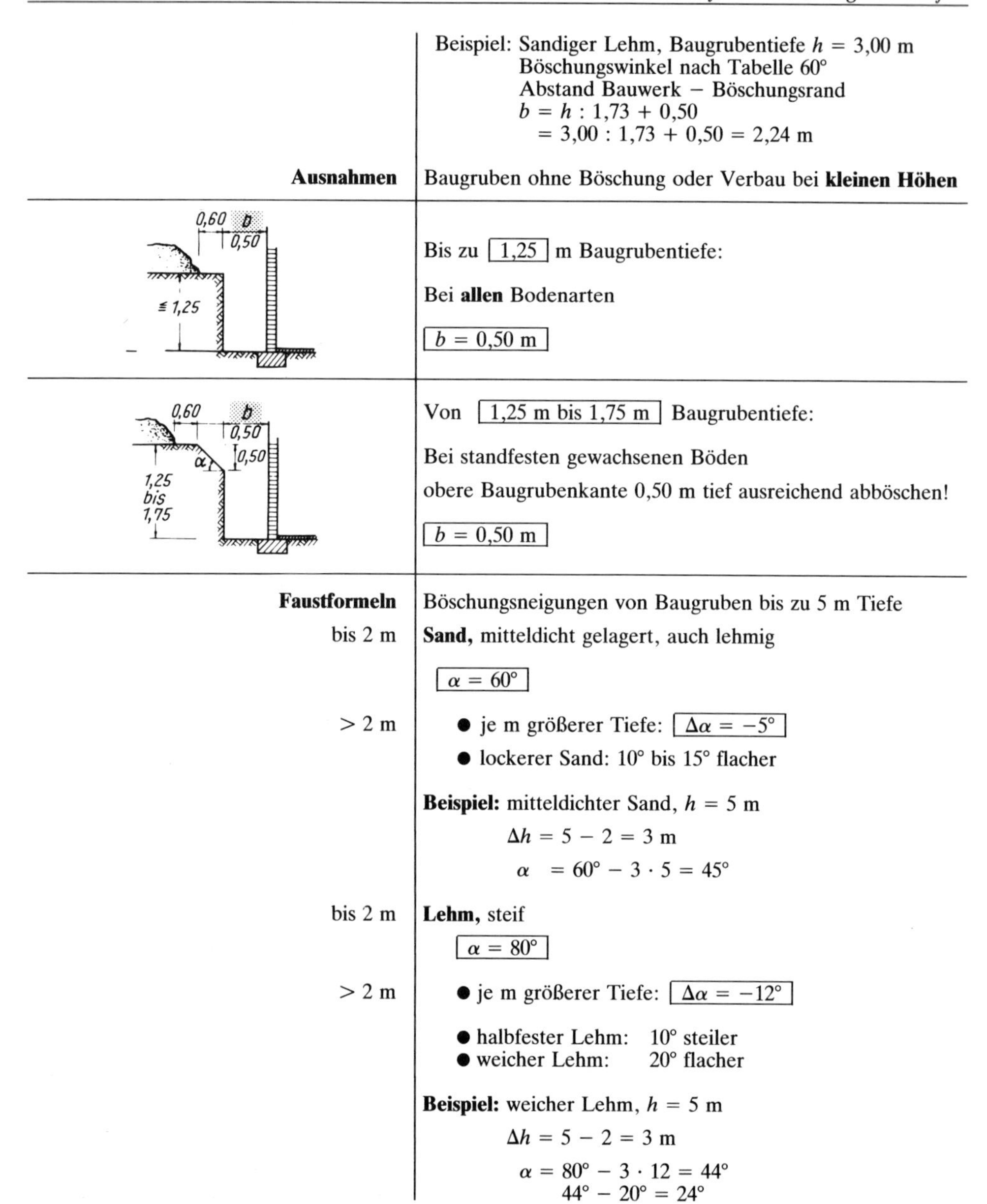

Beispiel: Sandiger Lehm, Baugrubentiefe $h = 3{,}00$ m
Böschungswinkel nach Tabelle 60°
Abstand Bauwerk – Böschungsrand
$b = h : 1{,}73 + 0{,}50$
$= 3{,}00 : 1{,}73 + 0{,}50 = 2{,}24$ m

Ausnahmen — Baugruben ohne Böschung oder Verbau bei **kleinen Höhen**

Bis zu 1,25 m Baugrubentiefe:

Bei **allen** Bodenarten

$b = 0{,}50$ m

Von 1,25 m bis 1,75 m Baugrubentiefe:

Bei standfesten gewachsenen Böden
obere Baugrubenkante 0,50 m tief ausreichend abböschen!

$b = 0{,}50$ m

Faustformeln — Böschungsneigungen von Baugruben bis zu 5 m Tiefe

bis 2 m — **Sand,** mitteldicht gelagert, auch lehmig

$\alpha = 60°$

> 2 m
- je m größerer Tiefe: $\Delta\alpha = -5°$
- lockerer Sand: 10° bis 15° flacher

Beispiel: mitteldichter Sand, $h = 5$ m
$\Delta h = 5 - 2 = 3$ m
$\alpha = 60° - 3 \cdot 5 = 45°$

bis 2 m — **Lehm,** steif

$\alpha = 80°$

> 2 m
- je m größerer Tiefe: $\Delta\alpha = -12°$
- halbfester Lehm: 10° steiler
- weicher Lehm: 20° flacher

Beispiel: weicher Lehm, $h = 5$ m
$\Delta h = 5 - 2 = 3$ m
$\alpha = 80° - 3 \cdot 12 = 44°$
$44° - 20° = 24°$

Besonderes Augenmerk ist auf folgendes*) zu richten:

- Nichtbindige Böden ≙ Sande oder Kiese bis 60 mm Korngröße:

Feuchtigkeit im Boden täuscht größere Standfestigkeit vor; auch sehr steile Böschungen bleiben kurzzeitig stehen. Bei starker Sonnenbestrahlung oder Regen wird die Kohäsion jedoch aufgehoben, und der Boden nimmt den natürlichen Böschungswinkel ein; dann rutscht ein

*) Nach: W. Korbanka, Aushub von Baugruben und Gräben. Sicherheitsbeauftragter, Heft 2/1987.

Erdkeil ab. Auflasten im Bereich der Böschungsschulter können den Vorgang beschleunigt einleiten.
Bei feuchtem Boden nicht bis an die Grenze des Stehenbleibens gehen; gleich flacheren Winkel wählen!

- Bindige mittelschwere Böden ≙ lehmiger Sand, sandiger Lehm, Mergel:

Die Kohäsion dieses Bodens (d. h. die innere Haftfestigkeit) ändert sich mit dem Wassergehalt. Bei starkem Wasseranfall beginnt der Boden schließlich zu „fließen“ und rutscht ab.
Auch hier: Flacheren Böschungswinkel wählen und Wasserzutritt verhindern, d. h. abdecken mit Planen oder Folien!

- Bindige schwere Böden ≙ steifer Ton, Bauschutt:

Der aktive Erddruck tritt wesentlich später nach dem Aushub in Erscheinung; er bleibt zunächst kurzzeitig ohne Verbau steil stehen, beginnt jedoch später zu rutschen.
Die zunächst „stehende“, sogar senkrechte Böschung muß verbaut werden!

- Kontaminierter Boden (= z. B. bei Industriestandorten, Tankstellen, chemischen Reinigungen usw., aber auch Teerstraßenaufbruch u. ä.).

Wegen der Vielschichtigkeit bei Transport des Aushubs, Deponierung und behördlicher Meldung wird auf die Loseblattsammlung „Umweltschutz im Baubetrieb“, Wibau-Verlag 1991 hingewiesen.

- Einfluß von Lasten auf die Böschung und der erforderliche Sicherheitsabstand sind nach den Merkblättern „Geböschte Baugruben“ und „Transportable Silos“ der BauBG zu beurteilen (s. Abb. 3.2 bis 3.5).

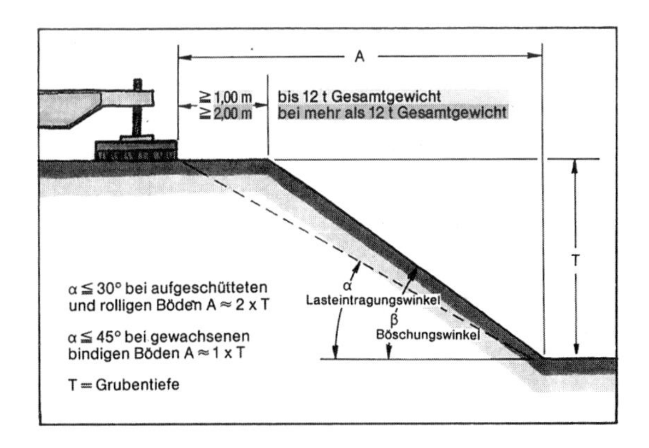

Abb. 3.2
Sicherheitsabstand von der Böschungskante beim ortsfesten Kran

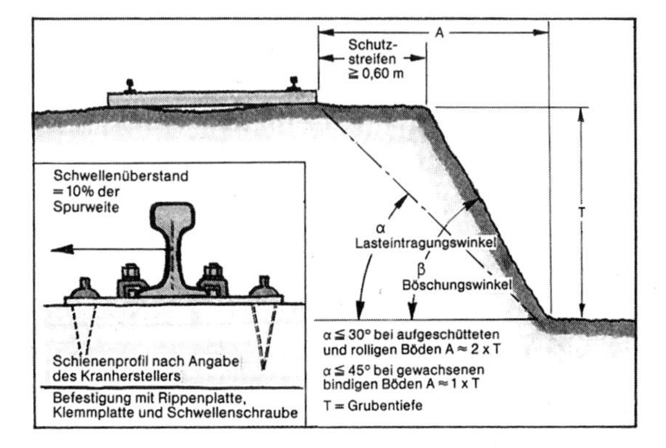

Abb. 3.3
Sicherheitsabstand von der Böschungskante beim schienengebundenem Kran

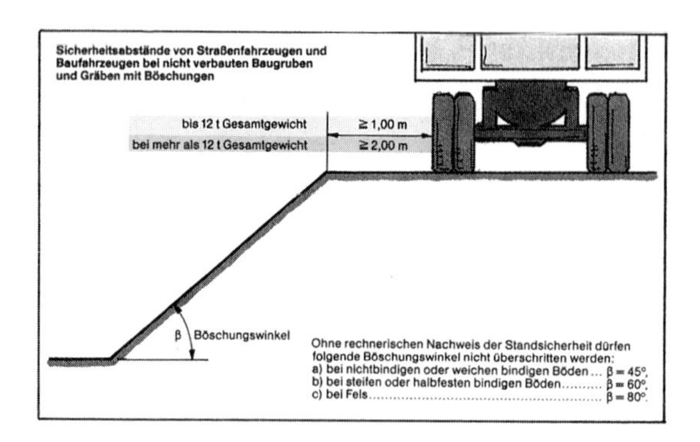

Abb. 3.4
Sicherheitsabstand von der Böschungskante bei Straßenfahrzeugen und Baumaschinen

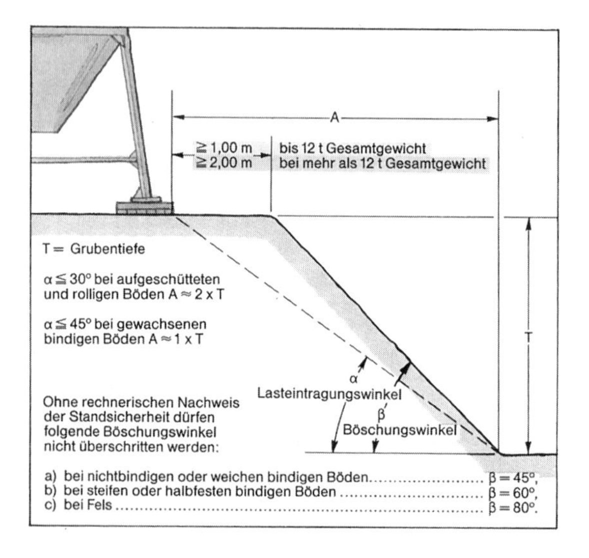

Abb. 3.5
Sicherheitsabstand von der Böschungskante bei transportablen Silos

3.1.2 Baugruben mit Verbau

Stets bei tiefen Baugruben oder überhaupt fehlendem Platz für die Böschung, z. B. an der Straße oder Nachbarbebauung. In Frage kommen:

- Unverankerte Spundwand

In den Boden gerammte, aber sonst frei stehende Stahlprofile; nur für kleine Grubentiefen, da die Biegemomente in den Profilen rasch anwachsen, d. h. für BV mit 1 Kellergeschoß bzw. $\leqq$ 4 m; große Rammtiefe erforderlich: selbst bei günstigen Verhältnissen (Sand, kein Wasser, keine Auflast) ist $t \approx h$, also Rammtiefe = freie Länge; häufig noch größer.

Statische Berechnung erforderlich; Abschätzen der Rammtiefe und des Profils auch nach Rybicki, Faustformeln und Faustwerte, Werner-Verlag, 3. Aufl. 1989, ergänzter Nachdruck 1993.

- Spundwand mit oberem Anker

Verankerung nach rückwärts; innenliegende Absteifungen von Spundwänden werden praktisch nicht mehr hergestellt. Da keine Einspannung, sondern nur Fußauflager erforderlich ist, ist die Rammtiefe relativ klein. Die Ankerkraft wird durch Ankerplatte oder Ankerwand, jeweils mit Ankerstange, bzw. durch Verpreßanker aufgenommen. Ankerplatten und Ankerwand werden nahe der Oberfläche eingebaut; die Anker liegen also weit oben und nahezu waagerecht, im Gegensatz zu den Verpreßankern, die von der Baugrubenseite aus schräg eingebohrt werden.

Auch mit 2 oder 3 Ankerlagen:

Baugrubentiefe $h =$ 4 bis 10 m → 1 Ankerlage
$h =$ 10 bis 15 m → 2 Ankerlagen

Statische Berechnung und Ausführungspläne sind erforderlich.

Bei allen Rückverankerungen – wie auch bei sonstigen Grenzüberschreitungen im Zuge der Gründung – ist zu prüfen, ob Nutzungserlaubnisse und -verträge mit den privaten Nachbarn oder der Gemeinde (Straßenraum) erforderlich sind und vor Baubeginn vorliegen. Bei Dauerbauteilen (z. B. Daueranker) sind Grunddienstbarkeiten notwendig; Kurzzeitanker sollten rückbaufähig sein. Ein Beispiel einer Baugrundvereinbarung für die Inanspruchnahme des Nachbargrundstücks findet man in Englert/Bauer, Rechtsfragen zum Baugrund, Werner-Verlag 1986 (s. hierzu auch II 3.3).

● Bohrpfahlwand
Das heißt überschnittene Betonbohrpfähle als dichte Wand, mit oder ohne rückwärtige Verankerung; für tiefe Baugruben; verbleibt für dauernd im Boden, wird häufig als Kellerwand benutzt.

Statische Berechnung und Ausführungspläne erforderlich.

Abb. 3.6 Bohrpfahlwand: gleichzeitig Verbau und Unterfangung

Abb. 3.7 Berliner Verbau: Einbau der Bohlen und „lockere“ Verfüllung

● Berliner Verbau
Stahlrammträger mit dazwischen dicht gestapelten Holzbohlen, mit oder ohne rückwärtige Verankerung; wird stets wieder gezogen. Statische Berechnung und Ausführungspläne erforderlich.

● Schlitzwand
Betonwand im Bodenschlitz hergestellt, auch mit Bewehrung; meist in das BV als Kellerwand integriert; in der Regel völlig dicht; verbleibt im Boden (vgl. auch Abschn. II 3.2).

● Chemisch oder zementverfestigter Grundkörper
Mit der Tragwirkung einer Schwergewichtsstützwand oder als verankerte Wand mit geringerer Dicke; Begleitung durch einen Baugrundsachverständigen mit Eignungsuntersuchung des Bodens bis zur Wirksamkeitsprüfung und Überwachung unbedingt erforderlich (vgl. auch Abschn. II 3.6.2).

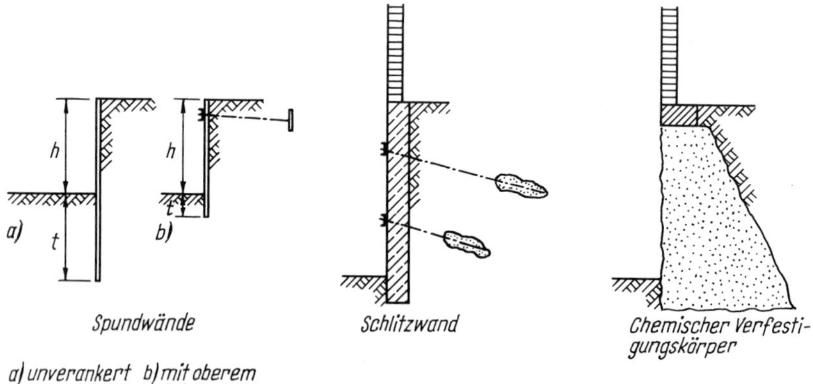

Abb. 3.8

3.2 Schlitzwände

Vorwiegend angewandt als Verbau sehr tiefer Baugruben und naher Randbebauung; Schlitzwände binden meist in dichte Bodenschichten ein, darum ist nur geringe Wasserhaltung erforderlich.

Der mit schwerem schmalem Greifer hergestellte Schlitz mit Tiefen bis zu 30 m wird bis zum Ausbetonieren mit einer Stützflüssigkeit gefüllt, einer Bentonit-Suspension. Sie ist thixotrop, erstarrt rasch und verhindert Erdeinbruch, wird aber bei „Berührung" wieder flüssig und läßt sich vom Beton mühelos nach oben verdrängen. Die Haftung der Bewehrung im Beton ist durch Benetzen mit Bentonit nicht beeinträchtigt. Einschlägige Norm für Schlitzwände sind DIN 4126 – Ortbetonschlitzwände (8/1986), die Erläuterungen zu DIN 4126 und DIN 18313 – Schlitzwandarbeiten mit stützenden Flüssigkeiten.

● Bautechnische Unterlagen:

- Angaben über den Baugrund,
- Angaben über die benachbarte Bebauung und deren Gründung,
- Standsicherheitsnachweis,
- Ausführungszeichnungen mit Lage der Fugen, Reihenfolge des Aushubs und des Betonierens,
- Angaben über die Stützflüssigkeit und das Ergebnis der Eignungsprüfung nach DIN 4127.

Während der Bauarbeiten muß der Bauleiter (oder fachkundige Vertreter) auf der Baustelle anwesend sein. Die fortlaufenden Aufzeichnungen gemäß Mustervordruck sind vom Bauleiter zu unterschreiben und aufzuheben.

● Bewehrung
Unmittelbar vor dem Bewehren sind die Anschlußflächen an bereits hergestellten Schlitzwandelementen zu reinigen und die Flüssigkeit im Schlitz zu homogenisieren, damit sie vom Beton einwandfrei verdrängt wird. Die Bewehrung ist in Körben einzubauen, Bügel außen; Abstandhalter in Form aufgehängter Rohre, die nach dem Betonieren gezogen werden. Der Korb darf unten nicht aufstehen, muß also aufgehängt werden (Abstand unten ≥ 20 cm).

● Betonieren
Der Beton muß durch Betonierrohre eingebracht werden, die zu Betonierbeginn bis knapp über die Schlitzsohle reichen. Sie müssen während des Betoniervorgangs mindestens so tief in den Beton eintauchen, wie der vom jeweiligen Betonierrohr versorgte Abschnitt des Schlitzwandelements lang ist. Bei längeren Schlitzwandelementen (ab 6 m) mit mehreren Betonierrohren sind diese so zu beschicken, daß ein gleichmäßiges Ansteigen der Betonoberfläche sichergestellt ist. Bei Eckschlitzen sind 2 Betonierrohre zu verwenden. Ein Betonierrohr ist jedoch dann ausreichend, wenn es direkt in die Ecke gestellt wird und die Längen der Schlitzschenkel 3 m nicht überschreiten.

Die Betonkonsistenz muß abweichend von DIN 1045 so gewählt werden, daß der Beton im Schlitz mindestens 5 bis 6 m über die Ausflußöffnung der Betonierrohre hochfließen kann; hierfür ist im allgemeinen ein Ausbreitmaß von 55 bis 60 cm notwendig. Das Ausbreitmaß darf 63 cm nicht überschreiten. Betonierunterbrechungen über 15 Minuten sollen vermieden werden, solche über 30 Minuten gefährden Qualität und Standsicherheit des Schlitzwandelementes. Zu Beginn des Betonierens sind stützende Flüssigkeit und Beton im Betonierrohr durch einen Papier- oder Gummiball oder auf andere Weise getrennt zu halten; während des Betonierens dürfen sich im Betonierrohr nicht gleichzeitig stützende Flüssigkeit und Beton befinden.

Die Steiggeschwindigkeit des Betons muß gleich oder größer als 3 m/h sein.

Rüttelverdichtung ist unzulässig.

Der Betonverbrauch ist nachzuweisen.

In einer oberen Zone bis 0,5 m unter der Betonoberfläche ist der Beton meist mit stützender Flüssigkeit und Aushubmaterial durchsetzt. Diese Zone ist nach dem Freilegen der Schlitzwand zu entfernen, wenn hier weitere Bauteile angeschlossen werden sollen.

Schlitzwandbeton verliert infolge von Wasserabgabe an den Boden meist schnell seine Fließfähigkeit. Auch der Einsatz von Fließmitteln und Erstarrungsverzögerern beeinflußt diesen Vorgang nicht. Daher ist eine Begrenzung der Dauer von Betonierunterbrechungen notwendig.

Eine weitere Voraussetzung für einen einwandfrei verlaufenden Betoniervorgang ist ein höherer Fließwiderstand des Betons gegenüber dem der stützenden Flüssigkeit. Infolge der unterschiedlichen Fließfunktionen von Beton und stützender Flüssigkeit wächst die Differenz der Fließwiderstände mit zunehmender Geschwindigkeit des Verdrängungsvorgangs. Hierauf beruht die Erfahrung, daß die Oberflächenqualität der Schlitzwände durch schnelles Betonieren verbessert wird. Aus diesen Gründen wurde die Steiggeschwindigkeit des Betons nach unten begrenzt.

Schlitzwandbeton neigt wegen seiner Konsistenz während des Transports zum Entmischen. Daher darf er an der Baustelle nur dann verfahren werden, wenn er unmittelbar an der Einbaustelle nachgemischt wird. Während des Einbaues im Kontraktorverfahren besteht keine Entmischungsgefahr mehr, wenn die Anforderungen nach Abschnitt 6.2 der DIN 4126 eingehalten werden.

Nach dem Aushub der Baugrube mit Freilegen der Schlitzwand zeigt sich erst, ob – nur mühsam reparabel – Mängel eingebaut wurden: Bewehrung liegt teilweise in Tonschlämme, die zwar etwas zementverfestigt ist, aber eben kein Beton; Stützenfüße stehen auf Hohlräumen; ganze Wandbereiche enthalten keinen Beton; die Elemente fügen sich nicht dicht, und es läuft Wasser heraus.

Die statische Berechnung entspricht der von Baugrubenverbauen; es wird höchstens Beton B25 in die Bemessung eingesetzt, auch wenn höherwertiger Beton tatsächlich verarbeitet wird.

Meist sind eine oder zwei Ankerlagen von Verpreßankern zur rückwärtigen Verankerung erforderlich. Sie werden während des Aushubs bei Erreichen des entsprechenden Aushubhorizontes später eingebaut (s. dazu II 3.3).

● Aufrechterhaltung der Grundwasserkommunikation

Oft reichen Bauwerke (auch Schlitzwände) in eine nahezu wasserundurchlässige Bodenschicht hinein, die von einer wasser d u r c h l ä s s i g e n Schicht überlagert wird. Wenn in diesem Grundwasserleiter Strömung herrscht, kann diese durch das Bauwerk bzw. die Schlitzwand beeinträchtigt oder sogar unterbrochen werden. Dadurch kann der Wasserspiegel auf der anströmenden Seite steigen, und tiefliegende Keller können geflutet werden. Auf der abströmenden Seite können durch Absenken des Wasserspiegels Wasserrechte gefährdet werden (Trockenfallen von Versorgungsbrunnen). Maßnahmen für möglichst ungehinderte Grundwasserströmung: Unterströmungsbrunnen, Horizontallanzen u. ä. (nach Beton-Kalender 1994, Teil II, Seite 627). Auf die Erlaubnispflicht nach dem Wasserhaushaltsgesetz wird dabei verwiesen, s. auch II 3.6.3.

Mustervordruck für das Herstellen von Ortbeton-Schlitzwänden

Mustervordruck nach DIN 4126, Ausgabe August 1986, Abschnitt 5 für das Herstellen von Ortbeton-Schlitzwänden

Lfd. Nr ____

Firma

Baustelle:

Übersichtszeichnung Nr ____

Schlitzwandelement Nr ____
Nenndicke des Schlitzwandelements ____ cm

m unter OK Leitwand	Bodenart und -beschaffenheit

1 Aushub Beginn ________ Uhr Ende ________ Uhr
Leitwand OK ____ m UK ____ m Aushub OK ____ m UK ____ m
Länge des Schlitzwandelementes ____ m Tiefe des Schlitzes ____ m
Arbeitsebene ____ m über/unter*) OK Leitwand

Meißelarbeit (Tiefe siehe Skizze am linken Rand)
von ________ Uhr bis ________ Uhr

2 Stützende Flüssigkeit
Mischrezeptur für 1 m^3: Schlitzwandton DIN 4127 – ____ ____ kg
Wasser ____ ____ kg
Füllstoff: ____ ____ kg
Zusatzmittel: ____ ____ kg
Sollwerte: τ_F = ____ N/m^2 ϱ_F = ____ t/m^3
Gemessene Werte:
Schlitzsohle vor dem Betonieren τ_F = ____ N/m^2 ϱ_F = ____ t/m^3
Am Ende des Betonierens τ_F = ____ N/m^2 ϱ_F = ____ t/m^3
____ τ_F = ____ N/m^2 ϱ_F = ____ t/m^3
____ τ_F = ____ N/m^2 ϱ_F = ____ t/m^3
Homogenisieren der stützenden Flüssigkeit beendet: ________ Uhr

3 Bewehrung und Abstellkonstruktion
Bewehrungszeichnung Nr ____ Zeichnung der Abstellkonstruktion Nr ____
Einbau Bewehrung ____ Uhr Abstellkonstruktion ____ Uhr

4 Betonieren Beginn ____ Uhr Ende ____ Uhr
Unterbrechungen länger als 15 min:
Tiefe ____ m von ____ Uhr bis ____ Uhr
Tiefe ____ m von ____ Uhr bis ____ Uhr

Betongüte B ____ Zementgehalt: ____ kg PZ / EPZ / HOZ*) ____ /m^3 Beton
Transportbetonwerk ________ Betonsorte Nr ____
OK Beton ____ m
Theoretisches Volumen des Schlitzwandelements ____ m^3
Eingebautes Betonvolumen ____ m^3
Unregelmäßigkeit der Eintauchtiefe der Betonierrohre:

5 Bemerkungen und Besonderheiten

________, den ________ ________
(Verantwortlicher Bauleiter)

*) Nichtzutreffendes ist zu streichen

3.3 Verpreßanker

Einschlägige Norm: DIN 4125 (11/1990) – Verpreßanker; Kurzzeitanker (d. h. für die Dauer von maximal 2 Jahren) und Daueranker. Die Unterscheidung betrifft hauptsächlich den Korrosionsschutz. Nachfolgend werden Kurzzcit- und Daueranker getrennt behandelt.

Verwendet werden sie zur Rückwärtsverankerung von Baugrubensicherungen und zur Auftriebssicherung. Es sind Zugglieder aus Stahl, die in einem durch Bohren oder Rammen hergestellten zylinderförmigen Hohlraum eingebaut werden. Der Verpreßkörper wird durch Einpressen von Mörtel in das hintere Ende der Bohrung hergestellt.

Einschränkungen aus den Einführungserlassen zu DIN 4125 – Verpreßanker (hier als Beispiel Schleswig-Holstein v. 13. 8. 1991):

- Daueranker bedürfen eines Nachweises der Brauchbarkeit, z. B. durch eine allgemeine bauaufsichtliche Zulassung.
- Bei Kurzzeitankern bedürfen die Verankerung des Stahlzugglieds im Ankerkopf und Koppelelemente des Stahlzuggliedes des Nachweises der Brauchbarkeit, z. B. durch eine Zustimmung im Einzelfall.

  Dies gilt nicht, wenn diese Bauteile besonderen Bestimmungen der Zulassungen für Spannverfahren oder für Daueranker entsprechen. Teile des Ankerkopfes, die zur Übertragung der Ankerkraft aus dem unmittelbaren Verankerungsbereich des Stahlzuggliedes auf die Unterkonstruktion dienen (z. B. Unterlegplatten), sind nach technischen Baubestimmungen (z. B. DIN 18800 für Stahlbauteile) zu beurteilen und bedürfen daher keiner Zulassung bzw. Zustimmung im Einzelfall.
- Sofern Daueranker oder Teile von ihnen in benachbarten Grundstücken liegen sollen, muß sichergestellt werden, daß durch Veränderungen am Nachbargrundstück, z. B. Abgrabungen, Veränderungen der Grundwasserverhältnisse, die Standsicherheit dieser Daueranker nicht gefährdet wird.

  In diesen Fällen kann die Baugenehmigung erst erteilt werden, wenn durch eine Baulasterklärung nach § 79 LBO gesichert ist, daß der Eigentümer oder Erbbauberechtigte mit Zustimmung des Eigentümers des betroffenen Nachbargrundstückes Veränderungen im Bereich der eingebauten Daueranker nur vornimmt, wenn vorher der Bauaufsichtsbehörde nachgewiesen ist, daß die Standsicherheit der Daueranker und die der durch sie gesicherten Bauteile nicht beeinträchtigt werden.
- Wird die Baugenehmigung durch einen Planfeststellungsbeschluß (z. B. nach den Straßengesetzen, nach den Wassergesetzen, dem Personenbeförderungsgesetz) ersetzt oder ist eine Baugenehmigung nach § 74 LBO nicht erforderlich, so ist eine entsprechende Auflage in den Planfeststellungsbeschluß, die Genehmigung oder den sonstigen Verwaltungsakt aufzunehmen oder sonst durch geeignete Maßnahmen sicherzustellen, daß die in den Nummern 2.3 und 3 festgelegten Verpflichtungen eingehalten werden.

  An die Stelle der unteren Bauaufsichtsbehörde tritt in diesem Falle derjenige, der dafür verantwortlich ist, daß das Bauwerk den Anforderungen der Sicherheit und Ordnung genügt.

3.3.1 Kurzzeitanker

auch Temporäranker, Kurzzeichen T

Erforderliche bautechnische Unterlagen:

- Baugrundaufschlüsse (Gutachten), nach DIN 4020

- Beschreibung und Darstellung des gesamten Bauablaufes und der vorgesehenen Maßnahmen,
- Beschreibung und zeichnerische Darstellung der Ankerkonstruktion mit Angaben zu Werkstoffgüten und Abmessungen,
- Nachweis der Brauchbarkeit für die Ankerkopfkonstruktion (evtl. auch für Stöße im Stahlzugglied), z. B. durch ABZ,
- Ergebnisse der Eignungsprüfung,
- Standsicherheitsnachweis und Konstruktionszeichnung.

Bei der Herstellung sind Bohrlochtiefe, -richtung und -durchmesser zu protokollieren, außerdem Verpreßmenge und -druck sowie etwaige Besonderheiten.

Muster für das Protokoll s. Seiten 181 und 182.

Ankerneigungen zwischen + 10° und − 10° gegen die Waagerechte sollen vermieden werden. Ist dies nicht möglich, muß nachgewiesen werden, daß der Verankerungsbereich vollständig verpreßt werden kann.

Die Bohrlöcher sind stets von Bohrgut zu reinigen (z. B. mit Luft- oder Wasserspülung). Nach unten geneigte Bohrlöcher sind um die Länge eines eventuell erforderlichen Bohrlochsumpfs über die Ankerlänge hinaus zu verlängern.

Der Verpreßkörper darf sich nicht auf die zu verankernde Konstruktion abstützen.

Es ist sicherzustellen, daß die Ankerkraft im Bereich der vorgesehenen Krafteintragungslänge l_0 in den Baugrund übertragen werden kann. Bei Verbundankern sind für den Verpreßkörperüberstand nach Abb. 3.5 die Grenzen $0{,}5\ \text{m} < l_{\text{üv}} \leqq 0{,}25\ l_{\text{fs}}$ einzuhalten. Bei Druckrohrankern darf der Verpreßkörperüberstand höchstens $0{,}25\ l_{\text{fS}} - l_{\text{Dv}}$ betragen.

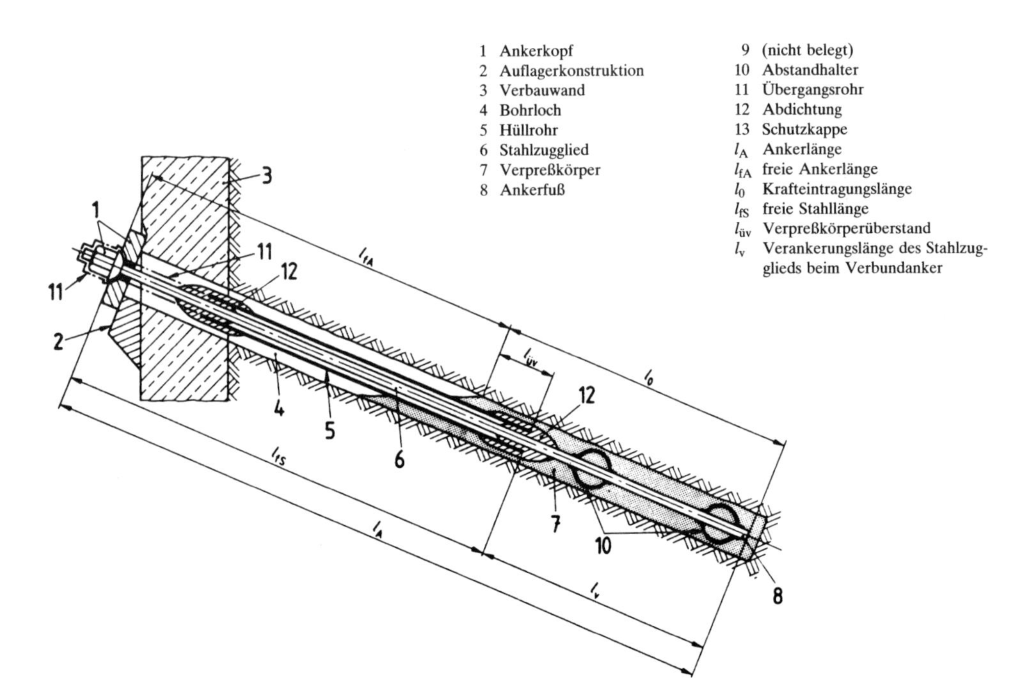

Abb. 3.9 Verbundanker mit schematischer Darstellung des Korrosionsschutzsystems für einen Kurzzeitanker

Tabelle 3.1 Beobachtungszeiten und zulässige Verschiebungen bzw. Kriechmaße bei der Prüfkraft F_p von Eignungs- und Abnahmeprüfungen

	1	2	3	4	5	6	7	8	9
	Nachweise	Eignungsprüfung				Abnahmeprüfung			
		Kurzzeitanker		Daueranker		Kurzzeitanker		Daueranker	
		nicht-bindiger Boden und Fels	bindiger Boden	nicht-bindiger Boden und Fels	bindiger Boden	nicht-bindiger Boden und Fels	bindiger Boden	nicht-bindiger Boden und Fels	bindiger Boden
	Prüfkraft	$\eta_K \cdot F_W$		$\eta_K \cdot F_W$		$1{,}25\,F_W$		$\eta_K \cdot F_W$	
1	beim Kurzzeitversuch Beobachtungszeit:								
	t_1 in min	5	5	–	–	2	5	2	5
	t_2 in min	15	30	–	–	5	15	5	15
	Verschiebung $\Delta s = s_2 - s_1$ in mm	$\leq 0{,}5$	$\leq 0{,}8$	–	–	$\leq 0{,}2$	$\leq 0{,}25$	$\leq 0{,}2$	$\leq 0{,}25$
2	beim Versuch mit verlängerter Beobachtungszeit:								
	t_1*) in min								
	t_2 in min	> 15	> 30	≥ 120	≥ 1440	> 5	> 15	> 5	> 15
	Kriechmaß k_s in mm	$\leq 2{,}0$		$\leq 2{,}0$		$\leq 1{,}0$		$\leq 2{,}0$	

*) t_1 ist jeweils aus dem linearen Bereich der Zeitverschiebungslinie abzulesen.

Die freie Ankerlänge soll durch Ausspülen überschüssigen Verpreßguts begrenzt werden, wenn nicht rechnerisch nachgewiesen werden kann, daß die in den ersten beiden Absätzen stehenden Bedingungen durch das Absinken des Verpreßgutspiegels beim Ziehen der Verrohrung erfüllt wird oder wenn ein Packer gesetzt wurde. Wenn gespült wird, ist ein Spülschlauch, der mit dem Anker fest verbunden ist, oder eine nach unten geschlossene Spüllanze zu verwenden. Als Spülmittel sind nichthärtende Medien, z. B. Wasser, Bentonitsuspension, zu verwenden. Bei Bohrungen mit Außenspülung muß beim Freispülen auch außerhalb der Verrohrung Spülflüssigkeit austreten, anderenfalls ist nach dem Ziehen der Verrohrung eine zweite Spülung vorzunehmen.

Auf eine Begrenzung der Krafteintragungslänge darf verzichtet werden, wenn aufgrund der Baugrundverhältnisse eine Kraftübertragung im Bereich der geplanten freien Ankerlänge ausgeschlossen ist und ein unmittelbarer Kraftschluß zwischen geplanter Krafteintragungslänge und verankerter Konstruktion vermieden wird. Festigkeit und Verformungsverhalten des Baugrunds im Bereich der geplanten Krafteintragungslänge und der freien Ankerlänge sowie die über den Zementsteinring übertragbaren Druckkräfte sind hierbei zu berücksichtigen.

Der Mindestachsabstand der Verpreßkörper bei Gebrauchskräften bis 700 kN muß 1,0 m, bei Gebrauchskräften von 1300 kN 1,5 m betragen (dazwischen darf interpoliert werden). Gegebenenfalls sind die Verpreßanker zu fächern und zu staffeln oder Ankergruppenprüfungen nach Abschnitt 10.6 der DIN 4125 durchzuführen.

Die Krafteintragungslänge eines Verpreßankers soll nicht in Baugrundarten mit unterschiedlichem Verformungsverhalten liegen.

Nach ausreichender Erhärtung des Verpreßguts, in der Regel eine Woche nach dem Verpressen, sind Eignungsprüfungen nach Abschnitt 10 der DIN 4125 bzw. Abnahmeprüfungen nach Abschnitt 11 durchzuführen und die Verpreßanker auf die Festlegekraft anzuspannen.

Normalerweise beträgt die Wartezeit zwischen dem Verpressen und dem Spannen der Anker etwa 5 bis 7 Tage. Wenn aus baubetrieblichen Gründen diese Zeit abgekürzt werden soll, können entweder Kunstharze (Polyurethanharz oder Silikatharze) mit einer Wartezeit von etwa 1 Stunde oder sogenannte „schnelle Ankermörtel" eingesetzt werden mit einer Wartezeit von 1 Tag. Erkauft wird der Zeitgewinn mit höherem Preis; je schneller der Mörtel, um so höher sein Preis.

Verlängerte Einsatzdauer

Wenn die Kurzzeitanker infolge unvorhergesehener Umstände länger als zwei Jahre im Einsatz bleiben, so ist die für die Bauaufsicht zuständige Stelle zu verständigen. Die erforderlichen Maßnahmen zur Vermeidung von Gefahren sind im Einzelfall gegebenenfalls unter Hinzuziehung von Sachverständigen festzulegen. Mindestens sind in geeigneten Zeitabständen folgende Maßnahmen zu ergreifen:

- Inaugenscheinnahme der Anker, soweit zugänglich,
- Feststellen, ob die Anker noch unter Kraft stehen.

Es sind darüber hinaus durch laufende geodätische Kontrollen die Verschiebungen der verankerten Konstruktion zu messen, um Rückschlüsse auf die Standsicherheit ziehen zu können.

Eignungsprüfung

Die Eignungsprüfung ist auf jeder Baustelle an mindestens drei Verpreßankern dort durchzuführen, wo aufgrund von Baugrundaufschlüssen oder der Lage der Verpreßanker die für den jeweiligen Baugrund ungünstigsten Ergebnisse zu erwarten sind. – Auf eine Eignungsprüfung darf jedoch bei Kurzzeitankern (maximal 2 Jahre) verzichtet werden, wenn eine derartige Prüfung der Anker schon in einem anderen vergleichbaren Baugrund ausgeführt worden ist. Das ist häufig der Fall. Eine Eignungsprüfung ist jedoch durchzuführen, wenn sich das Herstellungsverfahren gegenüber der an anderer Stelle durchgeführten Eignungsprüfung wesentlich und im ungünstigen Sinne ändert oder wenn höhere Grenzkräfte des Verpreßkörpers F_k nachgewiesen werden sollen. Die Durchführung erfolgt nach DIN 4125, 10.2; über die Ergebnisse der Eignungsprüfung ist ein Prüfbericht zu erstellen.

Abnahmeprüfung*)

Jeder Verpreßanker ist einer Abnahmeprüfung zu unterziehen. Ausgehend von einer Vorlast F_i, sind die Anker mit Zwischenlaststufen nach Tabelle 2 der DIN, jedoch höchstens bis $F_p \leqq 0{,}9\ F_s$ zu belasten und anschließend zur Ermittlung der bleibenden und elastischen Verschiebungen und F_i zu entlasten (siehe Bild 7 der DIN 4125). Bei jeder Laststufe sind die Kräfte und

*) Die Abnahmeprüfung ist keine Abnahme im Sinne der VOB Teil B § 12.

Verschiebungen des luftseitigen Ankerendes mit Meßeinrichtungen nach Abschnitt 11.4 zu messen.

Die bei konstant zu haltender Prüfkraft F_p auftretenden Verschiebungen sind bei nichtbindigen Böden und Fels mindesten 5 Minuten und bei bindigen Böden mindestens 15 Minuten zu messen (z. B. nach 1, 2, 5, 10 und 15 Minuten). Die Mindestbeobachtungszeiten sind zu verlängern,

a) wenn in nichtbindigen Böden die Zunahme der Verschiebungen zwischen 2 und 5 Minuten $\Delta s > 0{,}2$ mm (entspricht etwa $k_s > 0{,}5$ mm) ist oder

b) wenn in bindigen Böden die Zunahme der Verschiebungen zwischen 5 und 15 Minuten $\Delta s > 0{,}25$ mm (entspricht etwa $k_s > 0{,}5$ mm) ist.

In diesen Fällen ist die zeitliche Beobachtung so lange fortzusetzen, bis die Kriechmaße k_s nach Abschnitt 10.2 eindeutig ermittelt werden können.

Bei heterogenen nichtbindigen Böden und heterogenem Fels ist wie bei bindigen Böden zu verfahren.

Nach der Prüfung wird bei vorgespannten Ankern die jeweilige Festlegekraft F_0 aufgebracht. Beim Festlegen ist der Schlupf zu berücksichtigen. Die sich wegen der Hysterese einstellende Differenz zwischen der Festlegekraft F_0 und der sich tatsächlich einstellenden Ankerkraft darf in der Regel vernachlässigt werden. Das Aufbringen der Festlegekraft braucht nicht unmittelbar nach der Abnahmeprüfung zu erfolgen.

Die Meßergebnisse der Abnahmeprüfung sind tabellarisch zu protokollieren (bei Kurzzeitankern formlos). In den Protokollen sind für die Prüfkraft die zulässigen Grenzen der elastischen Verschiebungen (entsprechend den Grenzlinien *a* und *b* nach Abschnitt 12.2 der DIN 4125) und die zeitlichen Verschiebungen zwischen 2 und 5 Minuten bzw. zwischen 5 und 15 Minuten sowie die bleibenden Verschiebungen bei der Entlastung auf F_i anzugeben.

Die Abnahmeprüfung gilt als bestanden, wenn die elastischen Verschiebungen innerhalb der zulässigen Grenzen (entsprechend den Grenzlinien *a* und *b* nach Abschnitt 12.2 der DIN 4125) liegen und wenn:

a) die Zunahme der Verschiebungen unter Prüfkraft F_p bei nichtbindigen Böden und Fels zwischen 2 und 5 Minuten $\Delta s \leqq 0{,}2$ mm (entspricht etwa $k_s \leqq 0{,}5$ mm) bzw. zwischen 5 und 15 Minuten bei bindigen Böden $\Delta s \leqq 0{,}25$ mm (entspricht etwa $k_s \leqq 0{,}5$ mm) beträgt oder

b) bei verlängerter Beobachtungszeit das Kriechmaß bei Kurzzeitankern $k_s \leqq 1{,}0$ mm bzw. bei Daueranker $k_s \leqq 2{,}0$ mm ist.

Bei nicht bestandener Abnahmeprüfung sind die erforderlichen Maßnahmen mit der für die Bauaufsicht zuständigen Stelle abzustimmen (z. B. erweiterte Abnahmeprüfung, Verringern der Gebrauchskraft, Setzen von Zusatzankern).

Die im Zugversuch auftretenden Verschiebungen sind über Meßuhren mit einem Skalenteilungswert von 0,01 mm zu bestimmen. Die Kräfte dürfen mit hydraulischen Pressen ermittelt werden. Hierfür sind Spannpressen zu verwenden, die Angaben über die tatsächlich wirksame Kraft in Abhängigkeit vom hydraulischen Druck für die Be- und Entlastung enthalten. Die Fehlergrenze der Anzeige im Bereich der Prüfkraft darf höchstens 5% vom Prüfdiagramm abweichen. Der hydraulische Druck muß mit einem kalibrierten Druckmeßgerät (Klasse 1,0 nach DIN 51 220) gemessen werden.

Wegen der erwähnten sachverständigen Institute wird auf die Erläuterungen unter II 3.7.3 – Baugrundsachverständige verwiesen.

Überwachung

Die Eigenüberwachung richtet sich nach Tabelle 5 der DIN 4125, entspricht Tabelle 3.1.

Tabelle 3.2 Eigenüberwachung

Prüfgegenstand	Prüfart	Anforderungen*)	Häufigkeit
Spannstahl	Überprüfung der Lieferung nach Sorte und Durchmesser nach Zulassung	Kennzeichnung; Nachweis der Güteüberwachung; keine Beschädigung, kein unzulässiger Rostbefall	Jede Lieferung
	Überprüfung der Transportfahrzeuge	Abgedeckte trockene Ladung; keine Verunreinigungen	Jede Lieferung
	Überprüfung der Lagerung	Trockene, luftige Lagerung; keine Verunreinigung, keine Übertragung korrosionsfördernder Stoffe	Bei Bedarf
Betonstabstahl	Überprüfung der Lieferung nach Sorte und Nenndurchmesser	Walzzeichen nach DIN 488 Teil 1 bzw. allgemeiner bauaufsichtlicher Zulassung	Jede Lieferung
Baustahl	Überprüfung der Lieferung nach Sorte und Abmessung	nach DIN 17100	Jede Lieferung
Ankerköpfe Koppelelemente		Einhalten der Zulassung (siehe Abschnitte 6.3 und 6.5)	Jede Lieferung
Verpreßmörtel	Überprüfung der Ausgangsstoffe	Kennzeichnung; siehe Abschnitt 7.3	Jede Lieferung
Vorrichten für das Spannen und Messen	Überprüfung der Spanneinrichtung und Meßeinrichtung	Einhalten der Anforderungen nach den Abschnitten 10.5 bzw. 11.4	jährlich
Spannen	Messungen der Kräfte und Verschiebungen	Einhalten der Anforderungen nach den Abschnitten 10 bzw. 11	Jeder Anker
Verpressen	Protokollierung	siehe Abschnitt 7.6.6	Jeder Anker
Korrosionsschutzsystem für Daueranker		Einhaltung der Zulassung, s. Abschn. 6.6	Jede Lieferung

*) Abschnittsnumerierung nach DIN 4125.

3.3.2 Daueranker

Bautechnische Unterlagen wie bei 3.3.1 – Kurzzeitanker, jedoch zusätzlich:

- Arbeitsanweisung über Transport, Lagerung und Einbau der Anker (diese muß auf der Baustelle vorliegen).

Herstellung des Verpreßkörpers: Protokoll ist erforderlich; Formblatt wie bei 3.3.1 – Kurzzeitanker (s. auch Seite 181/182). Bei Dauerankern ist das Formblatt vorgeschrieben.

Grundsatzprüfung: nach DIN 4125 für das Ankersystem.
Für die Baustelle nicht erforderlich; hier nicht weiter dargestellt.

Eignungsprüfung: s. unter II 3.3.1 wie bei Kurzzeitankern.

Abnahmeprüfung (entspricht 3.3.1)

Die Meßergebnisse (entspricht 3.3.1) der Abnahmeprüfung sind mit denjenigen der Eignungsprüfung zu vergleichen. In der Regel genügt eine listenmäßige Gegenüberstellung der bleibenden Verschiebungen s_{bl} und der Kriechmaße.

Die Abnahmeprüfung gilt als bestanden, wenn die elastischen Verschiebungen innerhalb der Grenzlinien nach DIN 4125, Abschnitt 12.2, liegen, die bleibenden Verschiebungen und die Kriechmaße den Werten der Eignungsprüfung annähernd entsprechen, wobei unter der Prüflast das Kriechmaß $k_s \leqq 2$ mm sein muß. Bei nicht bestandener Abnahmeprüfung sind die erforderlichen zusätzlichen Maßnahmen mit dem sachverständigen Institut abzustimmen (z. B. erneutes Vorspannen, Verringern der Festlegelast, Setzen von Zusatzankern).

Betragen die Abstände zwischen den Verpreßkörpern weniger als 1 m, so ist eine Ankergruppenprüfung erforderlich, um die gegenseitige Beeinflussung der Einzelanker zu überprüfen. Hierfür sind mehrere benachbarte Anker gleichzeitig unter Last zu halten und zu beobachten.

In der Regel ist eine Überwachung der Zugversuche durch ein sachverständiges Institut nicht erforderlich. Besonderheiten in der Durchführung und in der Auswertung sind zwischen der ausführenden Firma und dem sachverständigen Institut, das die Eignungsprüfungen überwacht hat, zu vereinbaren. Für die Auswertung sind die Formblätter nach den Beispielen in Anhang B der DIN 4125 zu benutzen (S. 181/182).

Nachprüfung

Durch die Nachprüfung wird das Verhalten des verankerten Bauteils bzw. die Tragfähigkeit der eingebauten Anker nach Ingebrauchnahme des Bauwerks kontrolliert.

Die Notwendigkeit der Nachprüfung wird nach folgenden Gesichtspunkten beurteilt:

a) Rechnerische Standsicherheit des verankerten Bauteils, wobei zu unterscheiden ist zwischen:

   aa) Bauteilen, die im Lastfall 1 nach DIN 1054 auch ohne Mitwirkung der Anker mindestens die für Lastfall 3 geforderte äußere Standsicherheit aufweisen; die innere Tragfähigkeit der Bauteile muß dabei mit der Sicherheit bzw. den zulässigen Spannungen nach DIN 1055 Teil 3, Ausgabe Juni 1971, Abschnitt 7.4.3 vorhanden sein;

   ab) Bauteilen, deren Standsicherheit im Lastfall 1 ohne Mitwirkung der Anker kleiner als die für Lastfall 3 geforderte ist und bei denen das Versagen einzelner Anker an Verformungen des Bauteils erkennbar ist; für die innere Tragfähigkeit gilt aa) entsprechend;

   ac) Bauteilen mit einer Standsicherheit entsprechend ab), bei denen das Versagen einzelner Anker nicht an Verformungen des Bauteils erkennbar ist;

b) Konstruktion des Ankers;

c) Bodenverhältnissen.

Im Fall aa) ist eine Nachprüfung nicht erforderlich. In den Fällen ab) und ac) ist eine Nachprüfung erforderlich, wenn ein Versagen der Anker zu einer Gefahr für die öffentliche Sicherheit und Ordnung führen kann und wenn die Nachprüfung aufgrund der Konstruktion des Ankers b) oder aufgrund der Bodenverhältnisse c) notwendig ist. Notwendigkeit, Art und Häufigkeit der Nachprüfung aufgrund b) sind im Zulassungsbescheid geregelt, der Umfang der Nachprüfungen aufgrund c) ergibt sich aus der Beurteilung der Prüfergebnisse (Eignungs-, Abnahme- und Nachprüfung) durch das sachverständige Institut.

Die Nachprüfungen können bei Bauteilen des Falles ab) durch Beobachtung der Verformungen erfolgen, bei Bauteilen des Falles ac) sind die Ankerkräfte zu kontrollieren. Als Grundlage für die späteren Nachprüfungen sollte die erste Nachprüfung (Nullmessung) dann durchgeführt werden, wenn durch den Baufortschritt bedingt keine wesentlichen Bewegungen bzw. Kraftumlagerungen mehr zu erwarten sind.

Anhang A

Muster für das Protokoll der Herstellung von Verpreßankern nach DIN 4125, Abschnitt 7.6.6

Baustelle/Bauteil Blatt Nr

	Angabe	Einheit						
	Ankerlage/Ankernummer							
	Zugglied: Anzahl ϕ	mm						
	Ankerlänge l_A	m						
	Planmäßige Krafteintragungslänge l_0	m						
	Ankerneigung α gegen die Horizontale	°						
Bohrtechnik	Bohrverfahren, Bohrwerkzeug							
	Spülung							
	Bohrgerät Typ							
	Verrohrt: Anfänger ϕ_a/ϕ_i	mm						
	Nippel ϕ_i	mm						
	Spitze/Krone ϕ_a	mm						
	Unverrohrt: Meißelkrone ϕ_a	mm						
Zentrierung	Art/Werkstoff							
	Abstände der Zentrierungen	m						
	Außendurchmesser ungespannt	m						
Nachverpreßeinrichtung	Rohre: Art/Werkstoff							
	Anzahl, ϕ	mm						
	Ventile: Art							
	Anzahl, Lage							
Bohren	Datum des Bohrens							
	Verrohrt bis	m						
	Unverrohrt bis	m						
	Schichtgrenzen (vom Ansatzpunkt)	m						
	Feststellungen im Bereich der Krafteintragungslänge l_0*) (z. B. Wasserführung, Spülverlust, Bohrfortschritt, Anpreßdruck, Farbe der Spülung, Siebrückstand)							
	Versuche im Bohrloch (z. B. Wasserabpreßversuch, Fernsehsonde)							
Verpressen	Datum des Verpressens (Verpr.) Nachverpressens (Nachv.)		Verpr.	1. Nachv.	2. Nachv.	Verpr.	1. Nachv.	2. Nachv.
	Zementsorte							
	Zusatzmittel: Art, Masseanteil	%						
	W/Z-Wert	1						
	Verbrauchte Menge Zement	kg						
	Verpreßdruck (Enddruck)	bar						
Begrenzung des Verpreßkörpers	Verfahren zur Begrenzung des Verpreßkörpers							
	Tiefe der Begrenzung	m						
	Spüldruck	bar						
	Bemerkungen							
	Bohrmeister		Aufsteller					

*) Diese Angaben sind im Regelfall nur bei Felsankern erforderlich.

Anhang B
Muster für das Protokoll der Abnahmeprüfung von Daueranken nach DIN 4125, Abschnitt 11

Presse Typ Nr Manometer Nr Kraftaufnehmer Typ Nr						
Ankerlage/Ankernummer						
Zugglied: Anzahl ϕ mm Stahlsorte St N/mm^2 Fläche A_S mm^2						
Ankerlänge l_A m						
Überstand[1] $\ddot{u}$ m						
Verankerungslänge l_v m						
Freie Stahllänge[2] $l_{fS} = l_A + \ddot{u} - l_v$ m						
Druckrohrlänge l_D m						
Beiwert η_K für die Prüfkraft 1						
Last/Druck/Verschiebung s	kN	bar	mm	kN	bar	mm
Belastung: Vorbelastung F_i						
Belastung: $0{,}50\ F_W$						
Belastung: $0{,}75\ F_W$						
Belastung: Gebrauchskraft $1{,}00\ F_W$						
Belastung: Prüfkraft[3] $F_P = 1{,}25\ F_W$						
Belastung: $F_P = \eta_k \cdot F_W$						
konstante Prüfkraft F_P: Verschiebung s bei F_P nach 1 min s_1						
nach 2 min s_2						
nach 3 min s_3						
nach 5 min s_5						
$s_5 - s_2 \le 0{,}20$ mm $s_5 - s_2$ [4] ja/nein			/			/
nach 10 min s_{10}						
nach 15 min s_{15}						
$s_{15} - s_5 \le 0{,}25$ mm $s_{15} - s_5$ [4] ja/nein			/			/
nach ... min s						
nach ... min s						
nach ... min s						
Kriechmaß k_s[4]						
$k_s \le 1{,}0/2{,}0$ mm ja/nein			/			/
Ankerlage/Ankernummer						
Last/Druck/Verschiebung s	kN	bar	mm	kN	bar	mm
Belastung: Vorbelastung F_i			s_{bl} =			s_{bl} =
Belastung: Festlegekraft $F_0 = \ldots \cdot F_W$						
Belastung: Vorspannkraft inklusive Schlupf[5]						
Grenzen der Verschiebung: $s_{bl} \le \ldots$ mm bei F_i [6] ja/nein			/			/
Grenzen der Verschiebung: $s_{el} = s_{max} - s_{bl}$ [7]						
Grenzen der Verschiebung: Grenzlinie a/b für s_{el} [8]						
Grenzen der Verschiebung: s_{el} zwischen a und b ja/nein			/			/
Datum der Prüfung Spannmeister						

[1]) Durch die Belastungs- und Meßeinrichtung bedingte Verlängerung des Zugglieds.

[2]) Beim Zugversuch ist die freie Stahllänge l_{fS} um den Überstand $\ddot{u}$ größer als nach dem Festlegen des Ankers.

[3]) Für die Prüfkraft $F_P = \eta_K \cdot F_W$ ist bei Kurzzeitankern $\eta_K = 1{,}25$ und bei Daueranken $\eta_K = 1{,}50$ bzw. für die Lastfälle 2 oder 3 nach Tabelle 1 $\eta_K = 1{,}33$ oder 1,25 zugrunde zu legen.

[4]) Ist die Bedingung $s_5 - s_2 \le 0{,}20$ mm in nichtbindigen Böden bzw. $s_{15} - s_5 \le 0{,}25$ mm in bindigen Böden nicht eingehalten, ist die zeitliche Beobachtung solange fortzusetzen, bis das Kriechmaß k_s nach Abschnitt 11.1 eindeutig aus der Zeit-Verschiebungslinie ermittelt werden kann. Für Kurzzeitanker ist $k_s \le 1{,}0$ mm, für Daueranker $k_s \le 2{,}0$ mm einzuhalten.

[5]) Das Maß des zu berücksichtigenden Schlupfes ist dem Zulassungsbescheid zu entnehmen.

[6]) Die maximale bleibende Verschiebung kann aufgrund der Ergebnisse der Eignungsprüfung festgelegt werden.

[7]) Die elastische Verschiebung s_{el} errechnet sich aus der unter der Prüfkraft F_P erreichten maximalen Verschiebung s_{max} abzüglich der bleibenden Verschiebung s_{bl} nach Entlastung auf die Vorbelastung F_i.

[8]) Für die Grenzen der elastischen Verschiebungen sind die aus der freien Stahllänge nach Abschnitt 12.2 ermittelten Grenzlinien a und b bei der Prüfkraft F_P zugrunde zu legen.

3.4 Leitungsgraben

3.4.1 Gräben mit Normverbau

Ausführungen nach DIN 4124 – Baugruben und Gräben auch ohne statischen Nachweis möglich, bei Einhaltung folgender Abmessungen:

Tabelle 3.3 Waagerechter Normverbau nach DIN 4124 (8/1981)

Bemessungsgröße			Bohlendicke				
			5 cm	6 cm			7 cm
Größte Wandhöhe (m)		h	3,00	3,00	4,00	5,00	5,00
max. Stützweite der Bohlen (m)		innen l_1	1,90	2,10	2,00	1,90	2,10
		Krag l_2	0,50	0,50	0,50	0,50	0,50
max. Stützweite der Brusthölzer (m)	innen l_3	8/16	0,70	0,70	0,65	0,60	0,60
		12/16	1,10	1,10	1,00	0,90	0,90
	Krag l_u	8/16	0,60	0,60	0,55	0,50	0,50
		12/16	0,80	0,80	0,75	0,70	0,70
max. Knicklänge der Steifen (m)	s_k	∅ 10	1,65	1,55	1,50	1,45	1,35
		∅ 12	1,95	1,85	1,80	1,75	1,65

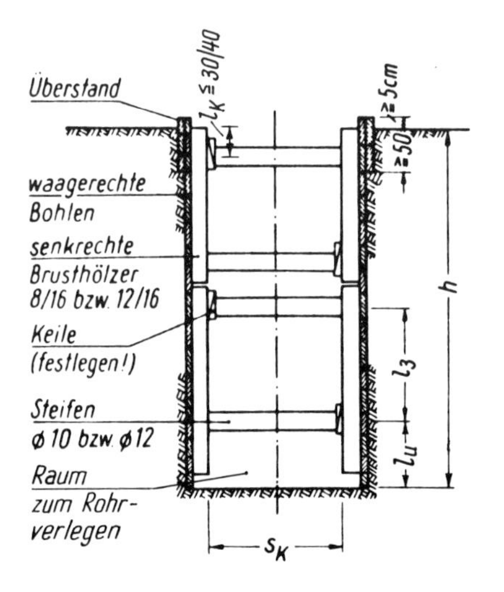

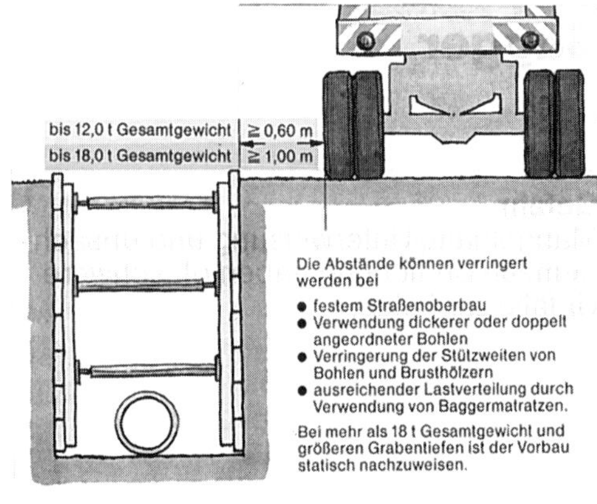

Abb. 3.10 Sicherheitsabstände von Baufahrzeugen beim Normverbau

Tabelle 3.4 Senkrechter Normverbau nach DIN 4124 (8/1981)

Bemessungsgröße			Bohlendicke				
			5 cm	6 cm			7 cm
Größte Wandhöhe (m)		h	3,00	3,00	4,00	5,00	5,00
max. Stützweite der Bohlen (m)		l_m	1,80	2,00	1,90	1,80	2,00
max. Kraglänge		l_k	0,50	0,60	0,60	0,60	0,70
max. Stützweite der Gurthölzer (m)	innen	16/16	1,60	1,50	1,40	1,30	1,20
	innen	20/20	2,30	2,20	2,00	1,80	1,70
	Krag	16/16	0,80	0,75	0,70	0,65	0,60
	Krag	20/20	1,15	1,10	1,00	0,90	0,85
max. Knicklänge der Steifen (m)	s_k	∅ 12	1,70	1,65	1,50	1,30	1,25
	s_k	∅ 14	1,90	1,85	1,65	1,45	1,40

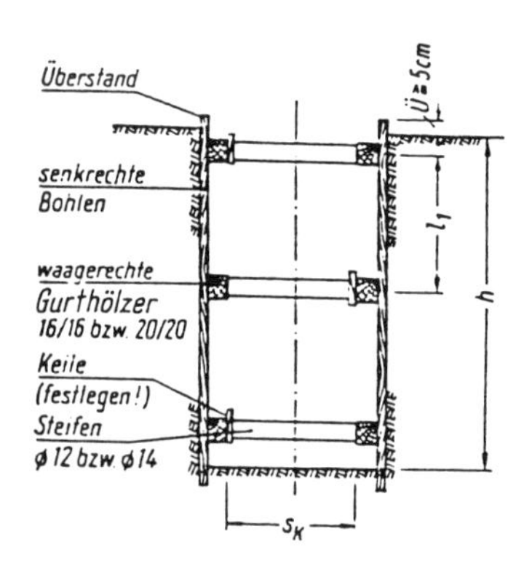

Die waagerechten Gurthölzer müssen einen Querschnitt 16 cm × 16 cm haben, die Rundholzsteifen mindestens 12 cm Durchmesser. Anstelle der Holzbohlen können Kanaldielen mit einem Widerstandsmoment von mindestens 50 cm^3/m verwendet werden.

● Ein paar Hinweise (nach W. Korbanka, Sicherheitsbeauftragter, Heft 3/1987):
Verfüllen des Grabens und Ausbau des Verbaues: In der Regel steht der eingebrachte Verbau unter starkem Erddruck, so daß es bei zu frühzeitigem Entfernen des Verbaues zum Einsturz der Erdwände kommen kann. Deshalb ist das Ziehen oder Rückbauen mit größeren Gefahren verbunden als das Verbauen selbst. Für den waagerechten Verbau gilt, daß die Bohlen einzeln vor dem lagenweisen Verfüllen/Verdichten auszubauen sind; gegebenenfalls muß dabei umgesteift werden. Wegen des Aufwandes wird das meist unterlassen.
Beim senkrechten Verbau gibt es keine besonderen Probleme. Der Graben wird jeweils bis zum nächsten Rahmen verfüllt und verdichtet. Dann erst dürfen die Dielen um das entsprechende Maß gezogen werden. Sie müssen auch in diesem Bauzustand immer mindestens 0,30 m im Boden eingebunden sein.

● Beim heute meist üblichen maschinellen Aushubverfahren sofort in voller Breite und Tiefe durch Tieflöffelbagger, insbesondere bei größerer Grabentiefe, werden stählerne Verbauelemente unmittelbar nach dem Aushub von oben mit dem Bagger eingesetzt. Die paarig angeordneten Aussteifungs-Wandplatten werden dann mit den Spindelsteifen gegen die Grabenwände gepreßt. Beim nichtbindigen Boden werden vorher Kanaldielen gerammt.

3.4.2 Leitungsgraben ohne Verbau

Nicht abgeböschte oder unverbaute Leitungsgräben können zum Einsturz der Grabenwände führen (Verschüttungsunfälle). Die folgenden Hinweise entsprechen dem Merkblatt „Arbeiten in unverbauten Gräben“, 1/91 der BauBG.

- Gräben können ohne Verbau mit senkrechten Wänden bis 1,25 m Tiefe hergestellt werden, wenn
  - die Neigung des Geländes bei nichtbindigen Böden ≦ 1:10, bei bindigen Böden ≦ 1:2 beträgt.
  - beidseitig ein unbelasteter Schutzstreifen von ≧ 0,60 m freigehalten wird. ①

  Bei Grabentiefen bis 0,80 m genügt ein unbelasteter Schutzstreifen auf einer Seite.

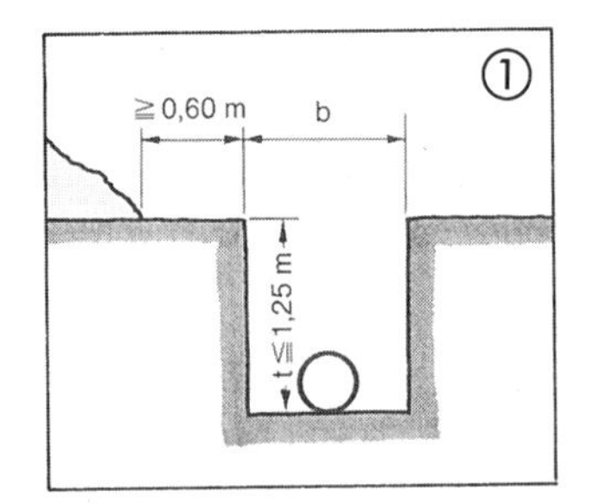

- Gräben können ohne Verbau in mindestens steifen, bindigen Böden bis 1,75 m Tiefe hergestellt werden, wenn
  - die Neigung des Geländes ≦ 1:10 beträgt
  - beidseitig ein unbelasteter Schutzstreifen von ≧ 0,60 m freigehalten wird
  - der mehr als 1,25 m über der Sohle liegende Bereich der Grabenwand entweder unter ≦ 45° abgeböscht ② oder mit Bohlen gesichert wird. ③ Bei festem Straßenoberbau ist auch eine Sicherung mit mindestens 0,20 m breiten Saumbohlen zulässig. ④

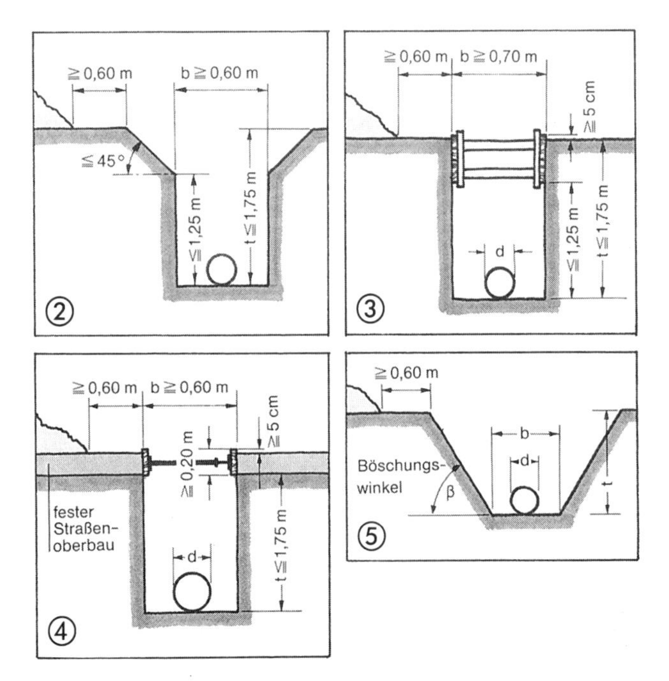

- Unverbaute Gräben über 1,75 m Tiefe müssen vom Fußpunkt der Sohle abgeböscht werden. Beidseitig ist ein unbelasteter Schutzstreifen von ≧ 0,60 m freizuhalten. ⑤ Der Böschungswinkel richtet sich nach der anstehenden Bodenart, ⑥

- Die Standsicherheit der Grabenböschungen ist nachzuweisen, wenn z. B.
  - die Böschung höher als 5,00 m ist
  - die Böschungswinkel nicht eingehalten werden können. ⑥
  - vorhandene Leitungen oder bauliche Anlagen gefährdet werden können.
- Grabenbreite entsprechend der auszuführenden Arbeit festlegen und einhalten. Arbeitsraumbreiten beachten (Tabelle 1 und 2).
- Bei Gräben mit einer Breite von > 0,80 m sind Übergänge erforderlich; die Übergänge müssen mindestens 0,50 m breit sein.
- Bei einer Grabentiefe von > 2,00 m müssen die Übergänge beidseitig mit dreiteiligem Seitenschutz versehen sein.
- Bei Grabentiefen > 1,25 m sind als Zugänge Bautreppen oder Bauleitern zu benutzen.
- Verkehrssicherung vornehmen, wenn Gräben im Bereich des öffentlichen Straßenverkehrs hergestellt werden. Absprache mit den zuständigen Bauämtern und Polizeibehörden.
- Sicherheitsabstände zwischen Grabenkanten und Baufahrzeugen, Baumaschinen, Hebezeugen usw. einhalten. ⑥

Tabelle 1:

Lichte Mindestbreiten für Gräben mit betretbarem Arbeitsraum		
Äußerer Leitungs- bzw. Rohrschaft-Ø d in m	Lichte Mindestbreite b in m Nicht verbauter Graben	
	β ≦ 60°	β > 60°
bis 0,40	b = d + 0,40	
über 0,40 bis 0,80	b = d + 0,40	b = d + 0,70
über 0,80 bis 1,40		
über 1,40		

Tabelle 2:

Lichte Mindestbreiten für Gräben ohne betretbaren Arbeitsraum				
Regelverlegetiefe t	bis 0,70 m	über 0,70 m bis 0,90 m	über 0,90 m bis 1,00 m	über 1,00 m bis 1,25 m
Lichte Grabenbreite b	0,30 m	0,40 m	0,50 m	0,60 m

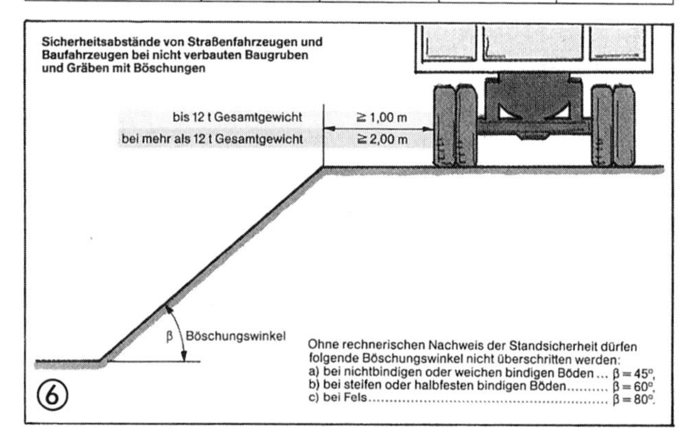

(Tabellennumerierung nach Merkblatt der BauBG).

3.5 Gebäudesicherung und Unterfangung

Bei überschaubaren Verhältnissen können Unterfangungen von Nachbargebäuden konstruktiv nach den Ausführungsregeln der DIN 4123 – Gebäudesicherung im Bereich von Ausschachtungen, Gründungen und Unterfangungen – ausgeführt werden. In allen anderen Fällen als den unter 3.5.1 a bis d genannten müssen Statik und Ausführungspläne vorliegen. Nachfolgend ein Auszug von DIN 4123 (sie entspricht der UVV 37 Bauarbeiten Anhang 4; die Abschnittsnumerierung entspricht nicht der UVV).

Ausschachtungen und Gründungsarbeiten neben bestehenden Gebäuden sowie Unterfangungen von Gebäudeteilen sind nach den bauaufsichtlichen Vorschriften genehmigungspflichtige Bauvorhaben. Sie erfordern eine gründliche und sorgfältige Vorbereitung und Ausführung. Deshalb dürfen nur solche Fachleute und Unternehmen diese Arbeiten ausführen, die über die notwendigen Kenntnisse und Erfahrungen verfügen und eine einwandfreie Ausführung gewährleisten.

Abb. 3.11 Mangelhafte Gebäudesicherung ohne Unterfangung

3.5.1 Geltungsbereich der DIN 4123

Diese Norm gilt für Ausschachtungen und Gründungsarbeiten in nichtbindigen und bindigen Böden neben bestehenden Gebäuden, wenn

a) es sich dabei um Wohn- oder Bürogebäude mit nicht mehr als 5 Vollgeschossen oder um mit diesen vergleichbare Bauten entsprechender Höhe mit entsprechenden Fundamenten und Bodenpressungen handelt,

b) die vorhandenen Gebäude auf Streifenfundamenten oder, ausgenommen im Unterfangungsbereich, auf durchgehenden Platten gegründet sind und die zu unterfangenden Wände als Scheiben wirken,

c) der Baugrund im Einflußbereich der geplanten Baugrube aus der bestehenden Gründung überwiegend lotrechte Lasten aufzunehmen hat,

d) die neue Baugrube nicht tiefer als 5 m unter der bestehenden Geländeoberfläche ausgeschachtet wird.

Anmerkung

Sind die Voraussetzungen a bis d nicht gegeben oder wird bei der Bauausführung von Abschnitt 3.5.6 abgewichen, ist für alle Bauzustände der Ausschachtungs-, Gründungs- und Unterfangungsarbeiten im Bereich bestehender Bauwerke die Standsicherheit dieser Bauwerke nachzuweisen. Das gilt auch, wenn neben bestehenden Gebäuden nach a Gründungsverfahren angewendet werden, die in dieser Norm nicht behandelt werden, wie z. B. Injektionen, Baugrundvereisungen, Schlitzwände, Bohrpfahlwände, Trägerbohlwände oder Spundwände, bzw. wenn die Unterfangung selbst mit Hilfe solcher Verfahren durchgeführt wird.

3.5.2 Zweck der Norm

Diese Norm gibt an, wie in einfachen Fällen Ausschachtungen und Gründungsarbeiten im Bereich bestehender Gebäude sowie Unterfangungen von Gebäudeteilen in der Regel ohne umfangreichen Standsicherheitsnachweis für die bestehenden Gebäudeteile so ausgeführt werden können, daß die Standsicherheit dieser Gebäude gewährleistet bleibt und daß Gebäudeteile keine schädlichen Bewegungen erleiden.

Anmerkung

Maßnahmen nach dieser Norm verhindern jedoch geringfügige Bewegungen der bestehenden Gebäudeteile im allgemeinen nicht. Je nach dem Zustand dieser Bauten können Risse auftreten; sollen sie vermieden werden, so sind u. U. zusätzliche Maßnahmen erforderlich.

3.5.3 Bautechnische Unterlagen

Die bautechnischen Unterlagen müssen vollständige Angaben über die vorhandenen und die geplanten Gebäude sowie über die Eigenschaften des Baugrunds und die Belastung des Baugrunds enthalten.

Hierzu gehören:

a) Konstruktionszeichnungen mit Grundriß- und Querschnittsdarstellungen des geplanten und des vorhandenen Gebäudes, insbesondere der Fundamente und Kellerdecken unter Angabe der Baustoffe, mit Darstellung der Aushubgrenzen der Baugrube einschließlich der Baugrubensicherungen und der erforderlichen Unterfangungen und mit Darstellung der Bodenschichten unter Angabe des Bodenzustands, des Grundwasserspiegels einschließlich der voraussichtlichen Grundwasserspiegelschwankungen;

b) Baubeschreibung unter Angabe der erforderlichen Sicherungsmaßnahmen und des Arbeitsplanes, in dem der zeitliche Ablauf der einzelnen Arbeitsschritte festgelegt ist;

c) bei Unterfangungen Standsicherheitsnachweis für den Endzustand der Unterfangung unter Berücksichtigung der Auflasten, der Erddruckkräfte infolge von Bodeneigengewicht und Auflasten, z. B. aus Querwänden, sowie gegebenenfalls unter Berücksichtigung von waagerechten, auf die Unterfangung wirkenden Lasten. Unter der Unterfangung des bestehenden Gebäudes dürfen die für die jeweilige Bodenart angegebenen zulässigen Bodenpressungen nach DIN 1054 nicht überschritten werden;

d) Standsicherheitsnachweis für den vorgesehenen Verbau der Stichgräben im Bereich der Fundamente des zu unterfangenden Gebäudes unter Berücksichtigung des Erddrucks infolge von Bodeneigengewicht und des Erddrucks infolge der Bauwerklasten.

3.5.4 Bauleitung

Bei Ausschachtungen, Gründungs- und Unterfangungsarbeiten muß der Unternehmer oder der von ihm beauftragte Bauleiter oder ein fachkundiger Vertreter des Bauleiters während der Arbeiten auf der Baustelle anwesend sein. Er hat für die ordnungsgemäße Ausführung der Arbeiten nach den bautechnischen Unterlagen zu sorgen, insbesondere für

a) das Einhalten der planmäßigen Aushubgrenzen,

b) die sachgerechte Reihenfolge der Arbeiten,

c) den fachgerechten Verbau der Gräben,

d) die fachgerechte Herstellung der Bauteile in ihren planmäßigen Abmessungen.

3.5.5 Bauvorbereitung

Sicherungsmaßnahmen am Gebäude

Bei Ausschachtungen, Gründungen und Unterfangungen längs einer Wand, insbesondere bei ungenügendem Verbund dieser Wand mit den anschließenden Bauteilen, können vor Beginn der Bauarbeiten folgende Sicherungsmaßnahmen erforderlich werden:

a) Verbesserung oder Sicherung des Verbundes zwischen der zu unterfangenden Wand und deren Querwänden und Decken;

b) Rückverankerung gefährdeter Gebäudeteile gegen Gebäudeteile, die nicht im Einflußbereich der geplanten Baumaßnahme liegen;

c) Versteifen von Wänden, deren Scheibenwirkung in Frage gestellt ist, z. B. Ausmauern von Öffnungen oder Anbringen von Zangen;

d) Abstützen gefährdeter Gebäudeteile durch Steifen, an deren Kopf und Fuß im allgemeinen sowohl senkrechte als auch waagerechte Kräfte aufgenommen bzw. weitergeleitet werden können (Krafteinleitung in Höhe von Massivdecken bzw. in aussteifende Querwände);

e) Aussteifen oder Verankern des bestehenden Gebäudes gegen bereits fertiggestellte Teile des neuen Gebäudes.

Steifen müssen nachgespannt werden können, da sich durch Lastumlagerung die Steifenkräfte ändern können. Es empfiehlt sich, Spindeln oder hydraulische Pressen einzubauen.

3.5.6 Bauausführung

3.5.6.1 Voraussetzungen

Der Grundwasserstand muß während der Bauausführung mindestens 0,5 m unter der geplanten Gründungssohle liegen. Hierbei darf der Grundwasserspiegel nicht gespannt sein. Bei hohem Grundwasserstand, bei Vorhandensein von Schichtwasser und bei Fließ- bzw. Schwemmsanderscheinungen sind besondere Maßnahmen zu treffen (z. B. Trockenlegen des Fließsandes durch Vakuumwasserhaltung).

Im Einflußbereich der Gründungsarbeiten müssen Bodenarten anstehen, für die in DIN 1054 zulässige Bodenpressungen festgelegt sind. Während der Unterfangungsarbeiten dürfen keine größeren Erschütterungen auf das Bauwerk einwirken.

3.5.6.2 Ausschachtungen

- **Sicherung der bestehenden Gründung gegen Grundbruch**

Ein Bauwerk darf nicht ohne ausreichende Sicherungsmaßnahmen bis zu seiner Fundamentunterkante oder tiefer freigeschachtet werden. Wenn seine Standsicherheit nicht durch andere Maßnahmen gewährleistet wird, kann die Grundbruchsicherheit an den bestehenden Fundamenten durch einen Erdblock mit der in Abb. 3.12 dargestellten Aushubgrenze, Bermenbreite und Böschungsneigung oder durch ein Betonfundament nach Abschnitt 3.5.6.3 (siehe Abb. 3.13) gewahrt werden.

- **Aushubbegrenzung (Abmessungen des Erdblocks)**

Die Oberfläche (OF) der Berme muß mindestens 0,5 m über der Unterkante (UK) des vorhandenen Fundaments liegen. Außerdem darf sie jedoch nicht tiefer als OK Kellerfußboden des bestehenden Gebäudes sein. Die Breite der Berme muß mindestens 2 m betragen. Der Erdkörper darf neben der Berme nicht steiler als 1 : 2 geböscht sein (siehe Abb. 3.12).

Bei Einsatz von Baggern oder anderen Baumaschinen ist auf die Einhaltung dieser Werte besonders zu achten.

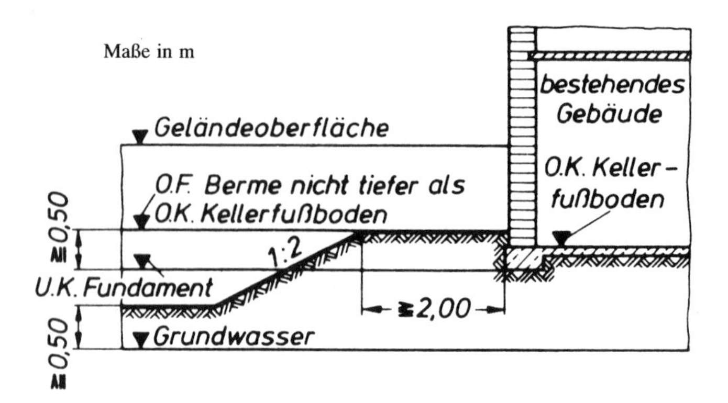

Abb. 3.12 Bodenaushubgrenzen

- **Aushubabschnitte im Bereich des Erdblocks**

Muß der Erdblock wegen der geplanten Baumaßnahme (Gründung, Unterfangung) abgetragen werden, so darf dies zur Vermeidung eines Grundbruchs nur abschnittsweise durch Stichgräben oder Schächte von höchstens 1,25 m Breite geschehen. Zwischen gleichzeitig hergestellten Stichgräben bzw. Schächten ist ein Abstand von mindestens der dreifachen Breite eines Stichgrabens bzw. Schachtes einzuhalten (siehe Abb. 3.13). Weitere Stichgräben bzw. Schächte dürfen jeweils erst dann hergestellt werden, wenn die vorangegangenen neuen Fundamentabschnitte oder Unterfangungen eine ausreichende Festigkeit haben.

Die Graben- bzw. Schachtwände müssen im Bereich des Erdblocks annähernd senkrecht sein. Sie sind durch Verbau nach DIN 4124 – Baugruben und Gräben zu sichern, wenn

a) der Boden nicht genügend standfest ist oder

b) der Höhenunterschied zwischen OF Berme und UK Fundament bzw. Grabensohle mehr als 1,25 m beträgt.

In Stichgräben für Unterfangungen ist auch an der Stirnwand ein Brustverbau vorzusehen, der Zug um Zug mit Vorschreiten der Unterfangung auszubauen ist. Dabei etwa verbleibende Hohlräume hinter der Unterfangung sind mit Magerbeton zu verfüllen.

- **Schutz der Baugrube vor Witterungseinflüssen**

Das Ausfließen oder Aufweichen von feinsandigen, schluffigen oder bindigen Böden im Bereich der Ausschachtungs- und Unterfangungsarbeiten ist zu verhindern, z. B. durch Abdeckung mit Planen, Anlage von Entwässerungen bzw. durch Filterschichten.

Bei Frostgefahr sind die Böden gegebenenfalls durch wärmedämmende Abdeckungen zu schützen.

3.5.6.3 Gründungen

- **Gründungstiefe**

Neue Fundamente unmittelbar neben bestehenden müssen ebenso tief wie diese gegründet werden. Liegt die neue Gründungssohle tiefer als die bestehende, so ist das vorhandene Fundament nach Abschnitt 3.5.6.4 zu unterfangen.

● Herstellen der Fundamente des neuen Bauwerks

Die Ausschachtung darf zunächst nur bis zu den Bodenaushubgrenzen nach Abschnitt 3.5.6.2 vorgenommen werden. Neue Fundamente, die keine oder nur konstruktive Längsbewehrung haben, müssen mindestens 0,5 m hoch und breit sein. Für sie ist mindestens Beton der Festigkeitsklasse B 15 nach DIN 1045 vorzusehen. Sie dürfen nur in Abschnitten, deren Länge durch die Breite der Stichgräben (siehe Abschnitt 3.5.6.2) bestimmt wird, eingebracht werden. Die Enden einer konstruktiven Längsbewehrung sind zunächst aufzubiegen.

Mit den Arbeiten ist an den am höchsten belasteten Abschnitten des bestehenden Gebäudes zu beginnen. Für neue Fundamente mit statisch erforderlicher Längsbewehrung ist, damit sie durchgehend bewehrt und sauber betoniert werden können, wegen der Grundbruchgefahr zunächst ein unbewehrtes Fundament von mindestens 0,5 m Höhe und Breite unter

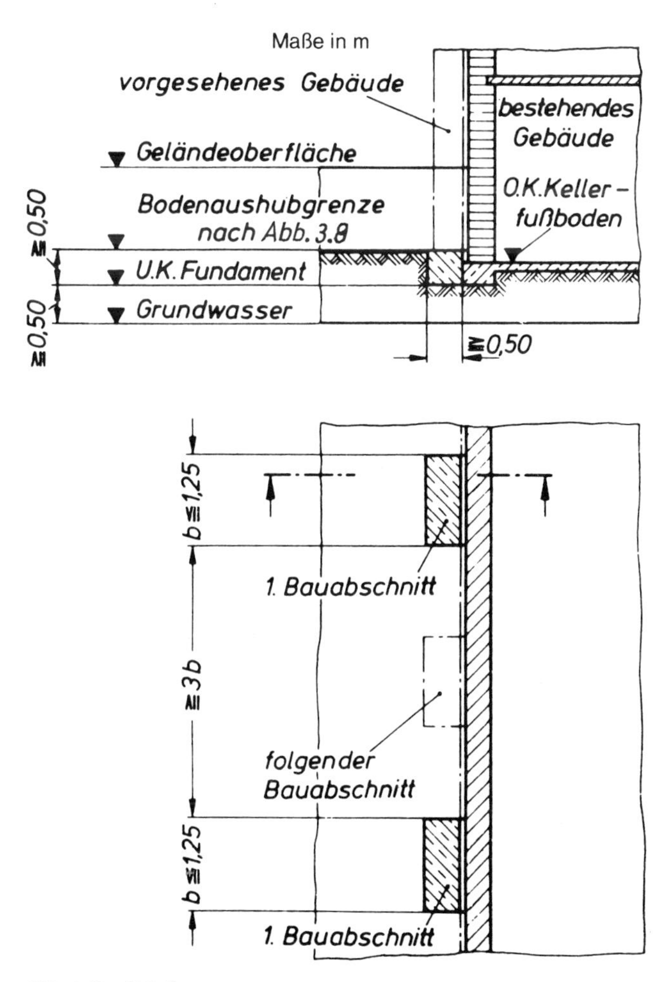

Abb. 3.13 Gründung

kantengleich mit dem vorhandenen Fundament abschnittsweise einzubringen. Nach ausreichendem Erhärten des Betons darf auf ganzer Länge das Stahlbetonfundament betoniert werden.

● **Setzungen**

Bei der Beurteilung der Wechselwirkung zwischen Baugrund und Bauwerk ist zu berücksichtigen, daß die zusätzliche Belastung des Baugrunds durch das neue Bauwerk zu Setzungen sowohl des neuen als auch des alten Bauwerks führen kann. Da die beiden Bauwerke sich unterschiedlich setzen können, kann es zweckmäßig sein, das alte und das neue Bauwerk durch eine Fuge zu trennen.

3.5.6.4 Unterfangungen

● **Gründungstiefe**

Liegt die Gründungssohle des neu zu errichtenden Gebäudes tiefer als die des bestehenden, so ist dieses auf die Länge des neuen Fundaments und in einem Übergangsbereich etwa im Böschungswinkel des anstehenden Bodens abgetreppt, höchstens aber auf der Länge des alten Fundaments zu unterfangen. Die Möglichkeit, daß sich auch das bestehende Gebäude infolge der zusätzlichen Belastung des Baugrunds setzt (siehe Abschnitt 3.5.6.3), ist auch bei Unterfangungen zu berücksichtigen.

● **Baustoffe**

Für Unterfangungen ist Mauerwerk aus Vollsteinen Mz 12 DIN 105 bzw. KSV 12 DIN 106 oder aus anderen Vollsteinen gleicher Festigkeit in Mörtelgruppe III nach DIN 1053 herzustellen. Für Unterfangungen aus Beton oder Stahlbeton gilt DIN 1045. Es ist mindestens Beton der Festigkeitsklasse B 15 vorzusehen.

● **Wanddicke**

Die Wanddicke der Unterfangung richtet sich nach

a) den für den gewählten Baustoff gültigen Normen (z. B. DIN 1053, DIN 1045) und

b) den Richtlinien für Flächengründungen nach DIN 1054, Ausgabe November 1976, Abschnitt 4.

Sie ist mindestens in der Dicke des zu unterfangenden Fundaments auszuführen. Ab einer Tiefe von 1,0 m: statischer Nachweis und Prüfung erforderlich; Erddruck beachten!

● **Herstellung**

Die Ausschachtung darf zunächst nur bis zu den Aushubgrenzen nach Abschnitt 3.5.6.2 vorgenommen werden. Die Gründungssohle darf nicht aufgelockert oder aufgeweicht sein. Die Unterfangung darf nur in Abschnitten der Länge, die durch die Breite der Stichgräben oder Schächte vorgegeben sind, hergestellt werden. Gleichzeitig mit der Unterfangung ist auch das Fundament des neuen Gebäudes herzustellen (siehe Abschnitt 3.5.6.4). Die Unterfangungsabschnitte müssen der Tiefe nach in einem Arbeitsgang und soweit wie möglich untereinander verbunden werden. Abschnitte des bestehenden Bauwerks mit der höchsten Belastung, z. B. an Zwischenwänden, sind zuerst zu unterfangen. Bei der Unterfangung müssen erforderlichenfalls auch die daran anstoßenden Längs- und Querwände abgetreppt unterfangen werden; die Länge der Abtreppungen dieser Unterfangungen einer

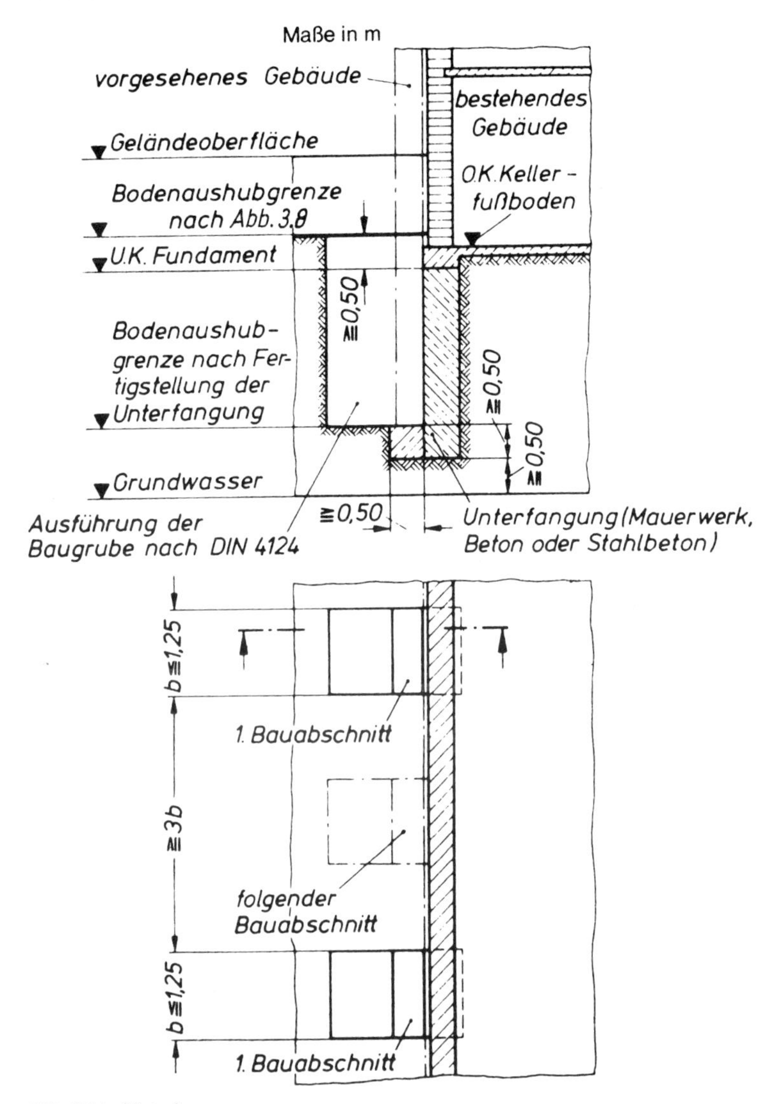

Abb. 3.14 Unterfangungen

anschließenden Wand richtet sich nach der Tiefe der Unterfangung, der Bauart des Gebäudes und dem Böschungswinkel des anstehenden Bodens.

Um die Setzungen gering zu halten, muß eine sichere Kraftübertragung in die Unterfangungskonstruktion erreicht werden, z. B. durch großflächige Stahldoppelkeile, hydraulische Anpressung oder ähnliches. Hohlräume zwischen der Unterfangung und dem anstehenden Boden unter dem Altbau sind mit Magerbeton auszufüllen. Die Ausfüllung zwischen den angekeilten oder angepreßten Flächen ist kraftschlüssig auszuführen.

Wird hydraulisch angepreßt, dann richtet sich die Pressenkraft nach der vorhandenen Belastung und der Lastverteilung in der darüberliegenden Konstruktion. Die Stempelgröße ist abhängig von der zulässigen Pressung des bestehenden Fundaments einerseits und des frischen Unterfangungsmauerwerkes andererseits. Gegebenenfalls ist die Kraft über einen Trägerrost zu übertragen.

● **Herstellen der neuen Fundamente**

Die neuen Fundamente sind abschnittsweise gleichzeitig mit der Unterfangung auszuführen und von dieser gegebenenfalls durch eine Fuge zu trennen. Dabei müssen die Unterkanten auf gleicher Höhe liegen.

Für neue Fundamente mit statisch erforderlicher Längsbewehrung ist gleichzeitig mit der Unterfangung ein unbewehrtes Fundament herzustellen. Die Unterkante des neuen unbewehrten Fundaments muß auf gleicher Höhe mit der Unterkante des Fundaments der neuen Unterfangung liegen; d. h., die Unterfangung muß mindestens 0,5 m tiefer als die Unterkante des Stahlbetonfundaments geführt werden. Auf dem unbewehrten Fundament ist dann auf ganzer Länge das Stahlbetonfundament herzustellen.

3.5.7 Hinweise

- Bei der Unterfangungsmethode nach DIN 4123 können Setzungsrisse im unterfangenden Gebäude entstehen. Die zu erwartenden Schäden bleiben erfahrungsgemäß in einem Rahmen, der die Standsicherheit des vorhandenen Gebäudes nicht gefährdet. Werden höhere Ansprüche gestellt, muß eine andere Unterfangungsmaßnahme gewählt werden, z. B. Bodenverfestigung, Schlitzwand oder Pfähle.
- Der Erddruck auf die Unterfangungswände nimmt mit der Tiefe sehr stark zu. Ohne zusätzliche Maßnahmen läßt sich im allgemeinen eine Unterfangungswand unabhängig von ihrer Dicke D nur bis zu einer Höhe von etwa 2 m statisch nachweisen. Muß die Unterfangung tiefer geführt werden, ist sie zusätzlich zu sichern, z. B. dadurch, daß Querwände des vorhandenen Gebäudes ebenfalls unterfangen und zugfest mit der Unterfangungswand verbunden werden, oder durch eine Rückverankerung nach folgender Abbildung 3.15.
- Es ist nach der Norm zulässig, unter Beachtung der Bermen und Aushubgrenzen den übrigen Teil der Baugrube bereits auf die vorgesehene Endtiefe auszuschachten und dort mit den Gründungsarbeiten für das neue Bauwerk zu beginnen. Nach der Norm ist sowohl bei Unterfangungen ein gemeinsames Fundament für beide Gebäude zulässig als auch durch Fuge getrennte Fundamente. Wahrscheinlich bedeutet das gemeinsame Fundament etwas größere Setzungen im vorhandenen Gebäude.

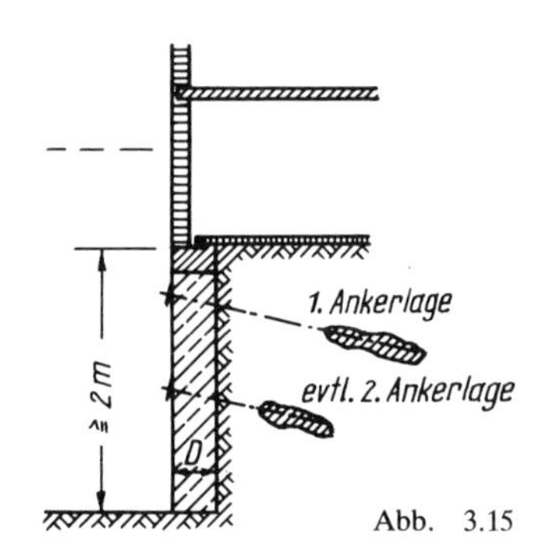

Abb. 3.15

- Ob evtl. die aufgehende Nachbarwand zusätzlich horizontal oder schräg abgestützt werden muß – insbesondere wenn die Geschoßdecken aus parallel gespannten Holzbalkendecken oder nichtquerverteilenden anderen Decken bestehen –, ist Sache des Statikers (vorsichtshalber fragen!).

(Vorstehende Hinweise nach: A. Weißenbach, Gebäudesicherung . . ., Bauwirtschaft, Heft 23/1972)

- Alle Unterfangungen sind statisch nachzuweisen und ab einer Tiefe von ca. 1,0 m zur Prüfung vorzulegen; d. h. für den Bauleiter: Bauvorlage und Prüfbericht sind anzufordern und einzusehen.

3.5.8 Grundstücksvertiefungen zum Nachbarn

Die Grundstücksvertiefung gem. § 909 BGB (Schutzgesetz für den Nachbarn) beinhaltet: „Ein Grundstück darf nicht in der Weise vertieft werden, daß der Boden des Nachbargrundstücks die erforderliche Stütze verliert, es sei denn, daß für eine genügende anderweitige Befestigung gesorgt ist."

Dieses heimtückische Gesetz verbietet im Grunde jede bauliche Maßnahme neben einem Nachbargebäude; das Gesetz nennt nämlich nicht einen möglichen gefahrlosen Abstand. „Nach der Rechtsprechung des Senats erfordert eine Vertiefung im Sinne von § 909 BGB nicht die Herausnahme von Bodensubstanz; wesentlich ist nur, ob auf das Grundstück so eingewirkt wird, daß hierdurch der Boden des Nachbargrundstücks in der Senkrechten den Halt verliert oder daß die unteren Bodenschichten im waagerechten Verlauf beeinträchtigt werden . . . Die Veränderungen des Bodenniveaus auf dem Nachbargrundstück durch Pressung des Untergrundes infolge des Eigengewichts eines Neubaus reicht für eine Vertiefung i. S. v. § 909 BGB aus" (BGH Urt. v. 10. 7. 1987).

Hiermit sind alle bodenmechanisch denkbaren Beeinflussungsmöglichkeiten erfaßt: Vertiefung durch Entnahme von Bodenbestandteilen (Ausschachtung), durch Abbruch von unterirdischen Gebäudeteilen, durch Erhöhung der Bodenpressung (Gebäudelast, Aufschüttung), durch Einwirkung auf das Grundwasser (Grundwasserabsenkung), durch Abtragen eines Hangfußes, durch Baumaßnahmen des Straßenbaus oder der Kanalisation. – Verneint wurde eine Vertiefung bei der Enttrümmerung eines Grundstücks (Schuttbeseitigung).

Zum Begriff des Nachbargrundstücks: Im Zivilrecht läßt sich eine Eingrenzung auf das unmittelbar anliegende Nachbargrundstück dann vornehmen, wenn es um die Unterfangung von Grenzmauern und Gründungen an der Grenze geht. – Bei den Normen, etwa §§ 907 oder 909 BGB, ist ein räumlicher Zusammenhang in der Form „Grenze an Grenze" nicht mit dem Regelungsinhalt vereinbar. Nachbargrundstück i. S. der Rechtsprechung ist sowohl das grenztangierende als auch das über andere Grundstücke im Rechtssinne erst in den **Einwirkungskreis** des Baugrundstücks gelangende Grundstück. Der BGH verwendet hier die Ausdrücke „unmittelbarer Nachbar" bzw. „entfernter Nachbar" (Englert/Bauer, Rechtsfragen zum Baugrund). Die BauO NW nennt den unmittelbaren Nachbarn sprachlich verständlicher den Angrenzer.

Bei der offenen, sehr tiefen Baugrube für 3 oder 4 Kellergeschosse (im Citybereich heute durchaus üblich) tritt – selbst bei Abstützung mit einer rückwärts verankerten Schlitzwand – durch Entlastung beim Ausschachten eine Hebung der Baugrubensohle von mehreren Zentimetern ein (ca. 2 bis 3 % der Ausschachtungstiefe T); die Umschließungswände der Baugrube werden durch den seitlichen Erddruck nach innen verschoben (ca. 1 % von T) und verbiegen sich dabei noch. Ein vorhandenes Nachbargebäude außerhalb der Umschließung senkt sich um 2 bis 3 % von T, ausklingend auf eine Entfernung von etwa zweifacher Baugrubentiefe (Rybicki, Setzungsschäden an Gebäuden, in: Aachener Bausachverständigentage 1985).

3.6 Chemische Verfestigung

3.6.1 Baugrundverbesserungen

Wenn die unter der Gründungssohle anstehenden Bodenschichten nicht die gestellten Anforderungen erfüllen, schlägt der Baugrundsachverständige in seinem Gutachten regelmäßig Baugrundverbesserungen vor, die auf eine Verminderung des Porenvolumens im Boden zielen. Die Verfahren sind von vielen Gegebenheiten und dem Ziel abhängig. Sie werden vom Gutachter überwacht und im Ergebnis bestätigt. Dieser Teil geht über die Kompetenz des Kontrolleurs und bauüberwachenden Architekten hinaus.

In Frage kommen u. a. Bodenersatzmethode, Rütteldruckverfahren, Stopfverdichtung, Entwässerung (bei bindigen Böden), thermische Verfahren, dynamisches Intensivverfahren, chemische Injektionen und andere.

3.6.2 Chemisch verfestigte Unterfangungskörper

Unterfangungen von Nachbargebäudeteilen werden heute – insbesondere bei größeren Unterfangungstiefen – mittels chemischer Bodenverfestigung ausgeführt. Einschlägige Vorschrift: DIN 4093 – Einpressen in den Untergrund.

- Bautechnische Unterlagen:
- – Beschreibung und zeichnerische Darstellung des Einpreßvorhabens
- – Projektplan; Standsicherheitsnachweis
- – bauaufsichtliche Zulassung, falls Kunststoffe oder Kunststoffharze als Einpreßgut verwendet werden
- – Erlaubnis der Unteren Wasserbehörde, wenn in das Grundwasser (oder bis 1 m an den Grundwasserhorizont) eingepreßt werden soll (s. 3.6.3)

Im Projektplan müssen eingetragen sein gemäß DIN 4093 Abs. 5.3:

- Kubatur des Einpreßkörpers
- Art des Einpreßgutes
- Anordnung der Bohrungen oder Einpreßrohre, ihre Anzahl, Längen, Abstände, Richtungen, Neigungen, Reihenfolge
- Bohrverfahren, Einpreßverfahren, Einpreßmengen
- erforderliche Festigkeit des Einpreßkörpers

- Einpreßgut sind Zementsuspension, Tonzementsuspension, Silikatgel (Wasserglassysteme) und Kunstharze; für letztere ist ABZ erforderlich. Über den Vorgang des Einpressens ist auf der Baustelle ein Einpreßprotokoll anzufertigen, das vom Bauleiter zu unterzeichnen ist. Im Einpreßprotokoll sind ständig und gleichzeitig aufzuzeichnen: Einpreßort, -menge (Volumen oder Gewicht), Einpreßzeit und -druck. Der Einpreßvorgang ist beendet, wenn ein vorgegebener Enddruck erreicht ist und ein vorgegebenes Einpreßvolumen in der Zeitspanne unterschritten wird.

  Hinweis:

  In Zonen mit geringer Auflast und in der Nähe von Bauwerken den Druck so niedrig halten, daß keine schädlichen Hebungen auftreten können. Optisch ständig kontrollieren!

- Prüfung des fertigen Einpreßkörpers:

a) bei Zement und Tonzement
Bei der Verfestigung werden Festigkeit und Maßhaltigkeit des Einpreßkörpers, bei Unterfangungen zusätzlich die Kraftschlüssigkeit kontrolliert. Das bedeutet:

  - Protokoll durchsehen (Menge und Druck)
  - Kontrollbohrungen, Sondierungen o. ä. zur Prüfung der Abmessungen
  - visuelle Beurteilung (Gleichmäßigkeit, Nester)
  - Kontrolle der horizontalen und vertikalen Verschiebungen mittels Nivelliergerät und Setzpegel
  - Festigkeitsprüfung: bei statisch beanspruchten Einpreßkörpern wird durch 1 Satz = 4 Proben je 500 m^3 Verfestigungskörper geprüft; Durchmesser oder Kantenlänge der

zu entnehmenden Proben $d \geqq 100$ mm bzw. 10- bis 12facher Größtkorndurchmesser; Maßverhältnis $h : d = 1$. – Prüfung kann auch durch Feldversuche (Dilatometerversuch) erfolgen.

Die Kontrollprüfung gilt als bestanden, wenn 3 von 4 Proben (1 Satz) die erforderliche Druckfestigkeit erreicht haben; dieser Wert steht in der statischen Berechnung.

Die Proben sind an repräsentativen Stellen, d. h. solche mit der höchsten Beanspruchung, zu entnehmen.

b) bei Silikatgel
Hier wird die Verformung in Abhängigkeit von Zeit und Kraft gemessen; geschieht nur im Labor. Die Probenmaße sind $d = 80$ mm, $h : d = 1{,}8$ bis $2{,}2$.
Die Kontrollprüfung gilt als bestanden, wenn 3 von 4 Proben (1 Satz) folgenden Grenzwert einhalten: $\Delta \varepsilon K \leqq 0{,}02\%$ in 6 Stunden bei festgesetzter Kriechspannung. Den Überwacher interessiert nur das protokollierte Prüfergebnis.

c) bei Kunstharz
Die ausführlichen Bestimmungen der ABZ sind einzuhalten; da sie unterschiedlich sind, werden sie hier nicht aufgeführt. Nachlesen, und zwar besser bereits vor der Baustellenkontrolle im Büro!

● Unterfangungskörper mit rückwärtiger Verankerung:
Bei sehr tiefen Unterfangungen von Nachbarwänden ist es meist zweckmäßiger, statt einer sehr breiten Schwergewichtsstützwand, die den großen Erddruck mit dem Kippmoment kompensiert, schlankere Einpreßkörper vorzusehen, die jedoch rückwärts verankert werden müssen. Eventuell sind 2 oder 3 Ankerlagen erforderlich. Das ist in jedem Fall eine statisch-konstruktive Aufgabe, die rechnerisch und zeichnerisch durchgearbeitet werden muß. Kontrolle nach den geprüften Unterlagen.

Bei der Verfestigungsunterfangung der Fundamente eines 6geschossigen Garagenhauses wurde beim Bodenaufschluß nicht erkannt, daß im Kiessand Bänder von sehr feinkörnigem Boden eingelagert waren. In diesen Bereichen trat aus den Einpreßrohren kaum Einpreßgut in den umliegenden Boden; der Boden blieb hier unverfestigt und bildete Gleitschichten. Die Sanierung bestand darin, daß Anker mit sehr großen Ankerplatten eingebaut wurden, zwischen denen sich Gewölbe im Boden ausbilden konnten.

Abb. 3.16 Chemisch verfestigter Grundkörper unter Nachbarbebauung

Abb. 3.17 wie vor: Verfestigung ist nicht gleichmäßig

Abb. 3.18 wie vor: rückwärtiger Anker mit besonders großer Ankerplatte

● Feinstbindemittel als Einpreßgut:
Neu auf dem Markt sind Feinstbindemittel als Einpreßgut. Das sind sehr fein gemahlene Zemente – auch unter der Bezeichnung Ultrafeinstzemente oder Mikrofeinstzemente bekannt –, die einen Ersatz für chemische Injektionen in Sandböden zulassen. Bekanntlich sind Zementsuspensionen nur in nichtbindigen Böden bis herunter zu einer Korngröße von etwa 2,0 mm möglich. Andererseits dürfen chemische Injektionen aufgrund der geltenden Umweltschutzvorschriften häufig nicht ausgeführt werden. – Die Kosten sind allerdings hoch: Feinstbindemittel kosten etwa das 10fache von Normalzement. – Zustimmung im Einzelfall durch die oberste BAB ist erforderlich.

Abb. 3.19 wie vor: Prüfen der Festigkeit des Grundkörpers

3.6.3 Erlaubnispflicht nach dem Wasserhaushaltsgesetz

Aufgrund des Gesetzes zur Ordnung des Wasserhaushalts (9/1986) und des Landeswassergesetzes (6/89) bedürfen sogenannte Gewässerbenutzungen einer behördlichen Erlaubnis. Als Gewässerbenutzung im Sinne dieser Gesetze gelten auch Maßnahmen, die geeignet sind, dauernd oder in einem nicht unerheblichen Ausmaß schädliche Veränderungen der physikalischen, chemischen oder biologischen Beschaffenheit des Wassers herbeizuführen. – Das Grundwasser ist ein Gewässer im Sinne dieser Gesetze.

Grundsätzlich erlaubnispflichtig sind sämtliche Verfestigungsmaßnahmen, bei denen ein organischer Härter zum Einsatz gelangt. Das bedeutet: in der Regel alle Bodenverfestigungsmaßnahmen auf Wasserglasbasis.

Die Erlaubnispflicht der gegenwärtig noch sehr seltenen Wasserglasinjektionen mit einem rein anorganischen Härter ist im Einzelfall mit der Unteren Wasserbehörde abzustimmen.

Des weiteren sind erlaubnispflichtig alle Bodenverfestigungen mittels einer Bindemittelsuspension (i. d. R. Zement; Soilcrete- bzw. HDI-Verfahren), sofern sie nicht oberhalb des höchsten Hochwasserspiegels des Grundwassers (HHGW) bleiben. Verfestigungsmaßnahmen mit einem organischen Härter, die nicht oberhalb des HHGW bleiben, sind grundsätzlich nicht genehmigungsfähig, wenn sie nur aufgrund wirtschaftlicher Gesichtspunkte zur Anwendung gelangen sollen. Aussicht auf Genehmigung besteht bei den vorgenannten Maßnahmen nur dann, wenn alternative Bauverfahren aus technischen Gründen nachweislich nicht möglich sind.

Verfestigungsmaßnahmen mit einem organischen Härter, die oberhalb des HHGW bleiben und nur aufgrund wirtschaftlicher Gesichtspunkte zur Anwendung gelangen sollen, sind in der Regel nur dann genehmigungsfähig, wenn der verfestigte Bodenkörper durch die anschließende Bebauung versiegelt wird. (Aus dem Merkblatt der unteren Wasserbehörde einer Großstadt in NW, 8/1990.)

3.7 Baugrund

3.7.1 Einstufung des Bodens

In der Regel geht der statischen Berechnung der Gründung eine Baugrunderkundung durch einen Baugrundsachverständigen voraus (dies nach der einschlägigen Norm DIN 1054 – Baugrund, zulässige Belastung des Baugrunds). In einfachen Fällen kann der Statiker bei ausreichender örtlicher Erfahrung die zulässigen Bodenpressungen angeben. In beiden Fällen werden also Bodenart, Lagerungsdichte und Randbedingungen in der Statik oder Baubeschreibung, evtl. auch im Prüfbericht des PfB, aufgeführt sein, die bei der Bauüberwachung also nach Ausschachten der Baugrube mit der Wirklichkeit verglichen werden müssen. Das ist nicht immer eindeutig.

Leider wird von Bauleitern oder Polieren der Boden als minderes Bauelement eingestuft, das in der Ausschreibung nicht als Leistung oder Lieferung auftaucht und somit keine weitere Beachtung verdient. Häufig wird daher erstmals die verlegte Bewehrung der Kellerdecke der BAB zur Kontrolle angezeigt, meist im Zusammenhang mit der bislang fehlenden Baubeginnanzeige.

Grundsätzlich ist ein allgemeiner Hinweis in den statischen Berechnungen – und weiter dann übernommen in den Prüfbericht und schließlich als Auflage in den Bauschein –, daß ein entsprechender Baugrund mit einer diesbezüglichen zulässigen Bodenpressung *angenommen* wird und daß diese Annahme auf der Baustelle nach Aushub der Baugrube nachzuprüfen sei, unzulässig. Vertretbar ist dies nur, wenn tatsächlich in dem Bereich, in dem gebaut wird, ausreichende Erfahrung durch andere Bauvorhaben vorliegen, etwa durch eine Sammlung von ausgeführten und ausgewerteten Baugrunderkundungen. Es müssen also auch Kenntnisse über die Schichten, deren Dicke und Verlauf vorliegen, da über die nicht sichtbaren – jedoch wichtigen – Schichten unterhalb der Baugrundsohle ansonsten nur Vermutungen angestellt werden können.

Bei nicht ausreichender Baugrunderkundung oder bei Vornahme von Bodenaustausch ist eine Abnahme (Bauüberwachung) der Baugrubensohle mit evtl. Nachuntersuchung durch den Baugrundgutachter erforderlich. Mindestens dann, wenn eine solche Auflage im Bauschein steht.

Nur ein erfahrener Fachmann kann ohne Hilfsmittel und lediglich durch Inaugenscheinnahme der Baugrubensohle die aufnehmbaren Pressungen erkennen. Die Grobansprache aus der Baubeschreibung, mindestens aber die dort aufgeführten konstruktiven Regeln, können jedoch stets kontrolliert werden.

Nichtbindige Böden, wie Sand, Kies und Steine, sollten keine Anteile von bindigem Material enthalten; nach DIN 1054 sind bis zu 15% zulässig. Ein solcher Grenzwert ist vor Ort nicht erkennbar. Beim Reiben von Boden in der Hand bleibt bei bindigem Anteil ein lehmiger Film zurück; reiner Sand fällt rückstandslos ab (jedoch nur qualitative Aussage). Immerhin können bereits 5% bindige Anteile eines sandigen Materials, die visuell kaum wahrnehmbar sind, gegenüber dem reinen Zustand zu einer Erhöhung der Zusammendrückbarkeit um das 2- bis 3fache führen. Entsprechend hoch sind später die schädlichen Setzungen.

Bindige Böden, wie Ton, Schluff, Lehm und Mergel, sind unter Beachtung zusätzlicher Regeln natürlich ebenfalls guter Baugrund. Zunächst sollten keine organischen Verunreinigungen vorhanden sein: Torf, Moor, humose Bestandteile, Beimengungen pflanzlicher oder tierischer Herkunft. Durch die Zersetzung dieser organischen Bestandteile mit der Zeit bei ungleichmäßiger Volumenverminderung treten die unerwünschten unterschiedlichen Setzungen auf.

Die zulässigen Bodenpressungen bei bindigen Böden sind naturgemäß stark abhängig von der Zustandsform; die DIN 1054 unterscheidet die brauchbaren Bereiche steif, halbfest und fest.

Zur Abgrenzung werden auch breiig und weich (beide unbrauchbar) definiert:

- Breiig ist ein Boden, der beim Pressen in der Faust zwischen den Fingern hindurchquillt.
- Weich ist ein Boden, der sich leicht kneten läßt.
- Steif ist ein Boden, der sich schwer kneten, aber in der Hand zu 3 mm dicken Röllchen ausrollen läßt, ohne zu reißen oder zu zerbröckeln.
- Halbfest ist ein Boden, der beim Versuch, ihn zu 3 mm dicken Röllchen auszurollen, zwar bröckelt und reißt, aber doch noch feucht genug ist, um ihn erneut zu einem Klumpen formen zu können.
- Fest (hart) ist ein Boden, der ausgetrocknet ist und dann meist heller aussieht. Er läßt sich nicht mehr kneten, sondern nur zerbrechen. Ein nochmaliges Zusammenballen der Einzelteile ist nicht mehr möglich.

Hinweis für das Ausschachten:
Auf die „Anweisung zum Schutz unterirdischer Fernmeldeanlagen der Deutschen Bundespost TELEKOM bei Arbeiten anderer“ (Kabelschutzanweisung), das „Kabelmerkblatt der Deutschen Bundesbahn“, die „Richtlinie zum Schutz von Bäumen und Sträuchern im Bereich von Baustellen“ und allgemein auf den Schutz des (wertvollen) Mutterbodens wird hingewiesen (s. auch I 3.6).

3.7.2 Gründungssohle

Die Gründungssohle muß frostfrei liegen, mindestens aber 80 cm unter Gelände. Ausnahmen sind möglich bei Bauwerken von untergeordneter Bedeutung (z. B. Einzelgaragen, einstöckige Schuppen und Bauten zum vorübergehenden Gebrauch) sowie geringer Flächenbelastung; ebenfalls bei gesundem Fels.

Der Baugrund muß gegen Auswaschen oder Verringerung seiner Lagerungsdichte durch strömendes Wasser gesichert werden (das kommt praktisch nicht vor). Bindiger Boden muß während der Bauzeit, also bis Fundamente und Sohle oder Grundplatte eingebracht sind, gegen Aufweichen und Auffrieren gesichert sein (das kommt häufiger vor).

Die Maßnahmen gegen solches Aufweichen, die im Bodengutachten stehen – also immer auch einsehen! –, z. B. das nach dem Ausheben der unteren Bodenschicht sofortige Andecken mit Kies, sollten beachtet und kontrolliert werden.

Ein nur kurzfristig feststellbarer Mangel: Beim üblichen Aushub mit dem Bagger wird nicht immer und überall genau bis zum Planum geschachtet, die Höhe wird ungenau markiert, der Bagger nicht auf Zentimetertiefe gefahren. Die evtl. zu tief ausgehobenen Baugrubenteile werden dann mit (lockerem) Boden wieder verfüllt, um eine glattgestrichene Sohle herzustellen. Zwar kann erdfeuchter Sand und Kies hinreichend verdichtet werden, zumal mit Schwingungsrüttlern (wenn zur Hand), jedoch Lehm und Ton selbst mit schwerem Verdichtungsgerät nicht in erforderlichem Maße. Es muß dann mit folgenden zusätzlichen Setzungen bei Auffüllungen im Baugrubenplanum gerechnet werden:

- je 10 cm Auffüllung, locker geschüttet: $s \approx 4{,}0$ cm
- je 10 cm Auffüllung, leicht gestampft: $s \approx 1{,}5$ cm
- je 10 cm Auffüllung, fest verdichtet: $s \approx 0{,}4$ cm

In manchen Fällen bleibt also nichts anderes übrig, als die Fehlstellen mit Magerbeton auszugleichen, stets unter den Einzelfundamenten und Bauwerksecken. Ähnliche Fragen tauchen auf, wenn bei Regen durch Belaufen und Befahren das Planum von bindigem Boden aufgewühlt wurde: Das bloße Glätten mit der Schaufel, das sog. „Schönen“, ist natürlich bautechnisch wertlos.

3.7.3 Baugrundsachverständige

Der Begriff taucht in Verbindung mit dem Bodengutachten oder Prüfberichten u. ä. oft auf. Er ist kein Prüfingenieur, hat aber teilweise ähnliche Funktionen. Nachfolgend zur Klarstellung die Vorbemerkung zum „Verzeichnis der Institute für Erd- und Grundbau", die vom Deutschen Institut für Bautechnik, Berlin, geführt wird:

Die Aufnahme eines Instituts in das „Verzeichnis der Institute für Erd- und Grundbau (für die Mitwirkung bei der Prüfung von Bauvorlagen)" beinhaltet die Feststellung, daß das Institut den Nachweis dafür erbracht hat, die Bauaufsichtsbehörden, die Prüfämter für Baustatik und die Prüfingenieure für Baustatik bei der Prüfung von Bauvorlagen auf dem Gebiet der Bodenmechanik und des Grundbaus beraten zu können. Die Bauaufsichtsbehörden können auch andere Grundbausachverständige für die Mitwirkung bei der Prüfung von Bauvorlagen einschalten.

Die an der Prüfung beteiligten Sachverständigen müssen die Gewähr dafür bieten, daß sie die Prüfung unabhängig und unparteiisch durchführen. Sie dürfen sich insbesondere dann nicht beteiligen, wenn sie oder einer ihrer Mitarbeiter den Entwurf, die Berechnung oder die dafür erforderlichen Baugrunduntersuchungen vorgenommen haben.

Die weitverbreitete Annahme, daß Gutachten von im Verzeichnis geführten Instituten im Rahmen des Baugenehmigungsverfahrens nicht geprüft zu werden brauchen, trifft nicht zu. Ebenso hat das Verzeichnis nicht die Aufgabe, eine Qualifikation der Institute zur Aufstellung von Baugrundgutachten nachzuweisen.

Zur Information der unteren Bauaufsichtsbehörden veröffentlicht das Institut für Bautechnik, zentral für die Länder, mindestens einmal jährlich die von den einzelnen Ländern in das Verzeichnis aufgenommenen Institute.

Eine Frage, die sich auch immer wieder stellt: Kann oder soll der Entwurf der Gründung durch einen Baugrundsachverständigen durch den Prüfstatiker geprüft werden, oder ist die Prüfung durch einen anderen Baugrundsachverständigen zu prüfen? Dazu sagt der Einführungserlaß zu DIN 1054 (12. 8. 1977):

Zur Prüfung der Standsicherheitsnachweise des Bauwerks gehört auch die Prüfung des Entwurfs und der Berechnung der Gründung sowie ggf. die Beurteilung der dabei verwendeten Versuchsergebnisse und Erfahrungswerte. Da die Gründung die Standsicherheit des Bauwerks wesentlich beeinflußt, ist die Beurteilung der Wechselwirkung zwischen Baugrund und Bauwerk von erheblicher Bedeutung. Eine einwandfreie Beurteilung ist nur dann gewährleistet, wenn Entwurf und Berechnung der Gründung durch die gleiche Stelle geprüft werden, die den Standsicherheitsnachweis prüft (Bauaufsichtsbehörde, Prüfamt für Baustatik oder Prüfingenieur für Baustatik).

Soweit bei der prüfenden Stelle die zur Beurteilung der Größe der Setzungen und ihrer Auswirkung auf das Bauwerk sowie der Sicherheit gegen Gleiten, Kippen und Grundbruch erforderliche Sachkunde nicht vorhanden ist oder wenn hinsichtlich der verwendeten Annahmen oder der der Berechnung zugrunde gelegten bodenmechanischen Kenngrößen Zweifel bestehen, sind von der prüfenden Stelle geeignete Sachverständige einzuschalten. In solchen Fällen ist also der Gründungsentwurf, selbst wenn er von einem Baugrundsachverständigen erstellt wurde, von einem weiteren Baugrundsachverständigen zu prüfen.

3.8 Gründungen

3.8.1 Einzelfundamente*) und Streifenbankette

3.8.1.1 Konstruktion und Bewehrung

- Die Mindesteinbindetiefe t nach DIN 1054 beträgt 0,50 m. Bei Außenwandfundamenten muß Frostsicherheit beachtet werden, d. h. in der Regel eine Tiefe von 0,80 m unter Gelände, oder der Frostweg ist zu verlängern. Die Einbindetiefe kann m. E. bis auf 0,25 m verringert werden, wenn gleichzeitig die Bodenpressung reduziert wird, z. B. entsprechend der Baugrundnorm der ehemaligen DDR (jedoch bei Frostfreiheit).
- Die Mindestfundamentbreite b nach DIN 1054 beträgt 0,50 m, um Grundbruchgefahr bei allzu schmalen Fundamenten zu verhindern; die (ehemalige) DDR-Norm beginnt mit einem $b = 0{,}25$ m, allerdings wiederum mit reduzierten zulässigen Bodenpressungen.

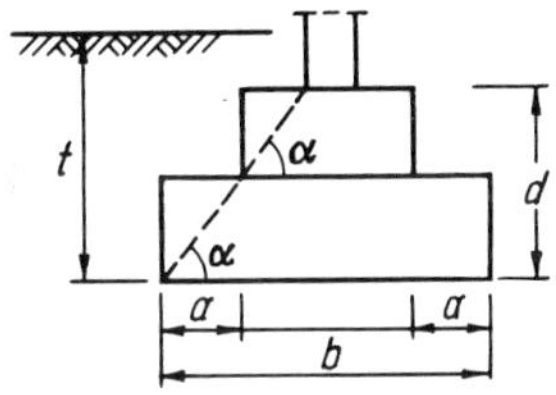

  Die Fundamenthöhe d bei unbewehrten Betonkörpern hängt ab von der Bodenpressung und der Biegezugfestigkeit des Betons, d. h. von der Beton-(Druck-)Festigkeit. Die Lastausbreitung im unbewehrten Betonfundament ist nach DIN 1045 – Stahlbeton, Tabelle 3.5 zu wählen. Zum Beispiel $\sigma_{Boden} = 300$ kN/m² und B 15 ergibt $d = 1{,}6 \cdot a$.

Abb. 3.20

- Aus Betonersparnisgründen werden unbewehrte Betonfundamente abgetreppt; Ausbreitungswinkel beachten!

Tabelle 3.5 *n*-Werte für die Lastausbreitung (DIN 1045)

Bodenpressung σ_0 in kN/m² ≦	100	200	300	400	500
B 5	1,6	2,0	2,0	unzulässig	
B 10	1,1	1,6	2,0	2,0	2,0
B 15	1,0	1,3	1,6	1,8	2,0
B 25	1,0	1,0	1,2	1,4	1,6
B 35	1,0	1,0	1,0	1,2	1,3

- Unterschiedliche Höhenlage benachbarter Fundamente: Die Verbindungslinie zwischen den Fundamentecken soll i. d. R. höchstens 30° geneigt sein. Entsprechend werden die Bankette abgetreppt.
- Fundamente an Dehnungs- bzw. Setzungsfugen von Gebäuden: Früher galt die Regel: Die Dehnungsfuge des Gebäudes endet auf dem gemeinsamen Fundament, die Setzungsfuge geht durch das Fundament hindurch. Heute stehen Doppelstützen bzw. Doppelwände an den Gebäudefugen stets auf dem gemeinsamen Fundament.

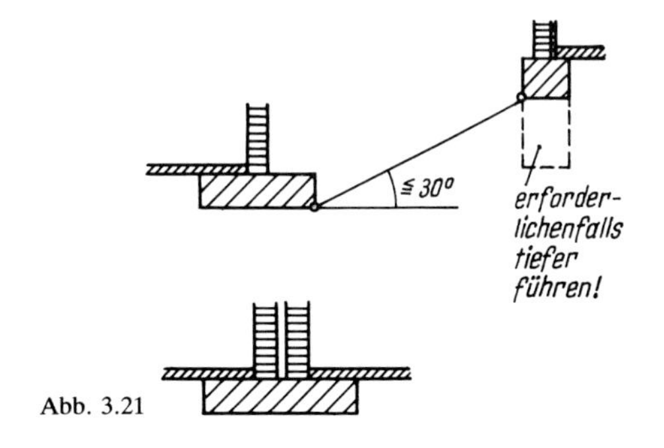

Abb. 3.21

*) Vgl. auch II 7.7.3.4 – Fundamentbewehrung.

– Werden bei großen Fundamentbreiten die erforderlichen Höhen zu groß, dann werden die Fundamente bewehrt. Die Bewehrung wird auf einer Unterbetonschicht (sog. Sauberkeitsschicht) von etwa 5 cm Dicke verlegt, damit die Eisen korrekt vom Beton allseitig umhüllt werden; d. h., es müssen Abstandshalter untergelegt werden. Bewehrte Einzelfundamente oder Bankette müssen seitlich abgeschalt werden, damit kein Boden zwischen die Bewehrung in das Fundament rutscht. Das Fehlenlassen der Seitenschalung ist allenfalls bei kleinen Fundamenthöhen und steifem Lehm/Ton möglich; dann wenigstens Schutzbohlen auflegen, damit Boden nicht von der Kante abgetreten wird.

  Ist Boden nach dem Bewehren und vor dem Betonieren eingerutscht oder bei starkem Regen eingespült, dann muß notfalls der Korb wieder herausgenommen werden und der Betonierbereich völlig gesäubert werden. Natürlich erzeugt diese Forderung zunächst Ablehnung beim Baustellenpersonal.

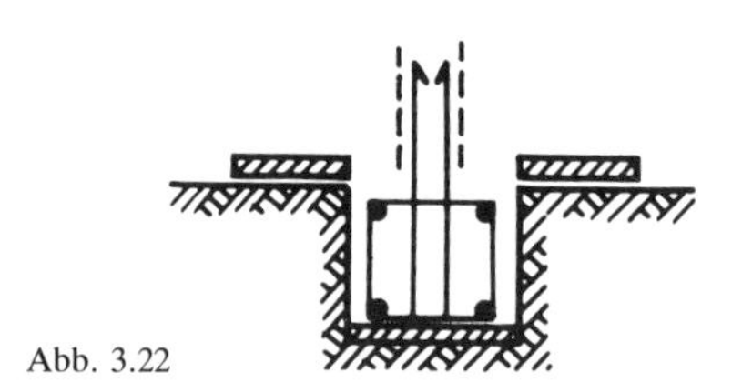

Abb. 3.22

– Anschlußeisen für aufgehende Betonwände oder Stützen nicht vergessen! Mitunter sind diese Anschlußeisen auf einem anderen Bewehrungsplan bei den Stützenpositionen ausgezogen. In solchen Vergeßfällen kam es schon vor, daß zur Täuschung des Kontrolleurs die Eisen nachträglich eingebohrt wurden; jedoch, um größeren Aufwand zu sparen, lediglich um etwa 5 cm. Treten Sie im Zweifel gegen die Anschlußeisen, zumal wenn noch (geringfügig) Bohrmehl aufliegt! Häufig wären Anschlußeisen allerdings überflüssig (s. dazu 7.7.3.3).

  Einzelheiten zur Fundamentbewehrung s. auch II 7.7.3.4.

3.8.1.2 Fundamenterder und Blitzschutz

Nach den Landesbauordnungen (z. B. BauO NW § 17 Abs. 4 oder MBO § 17 Abs. 5) sind bauliche Anlagen, bei denen nach Lage (einzeln und hochstehend), Bauart (Hochhaus, weiche Bedachung) oder Nutzung (Lager für brennbare Flüssigkeiten, Gebäude mit Menschenansammlungen) Blitzschlag leicht eintreten u n d zu schweren Folgen führen kann, mit dauernd wirksamen Blitzschutzanlagen zu versehen; es bleibt jedoch beim Ermessen des Bauherrn und der BAB.

Zur Blitzschlaganlage gehört die Erdungsanlage, die zweckmäßigerweise als Fundamenterder ringförmig in die Streifenfundamente der Außenwände einbetoniert wird. Während die Blitzschutzanlage in das Ermessen gestellt ist, wird im Musterwortlaut der Technischen Anschlußbedingungen (TAB) der Elektrizitätsversorgungs-Unternehmen (EVU) bei Neuanlagen von Gebäuden der Einbau eines Fundamenterders stets gefordert. Die Planung und Ausführung hat dabei gemäß der „Richtlinie für das Einbetten von Fundamenterdern in Gebäudefundamenten" zu erfolgen. (Vgl. auch: Kleinhuis, Leitfaden, Fundamenterder/Potentialausgleich, 1991.) Die Hauptberatungsstelle für Elektrizitätsanwendung e.V. in Frankfurt (HEA) hat hierfür ein Merkblatt „Fundamenterder" veröffentlicht; nachfolgend einige Auszüge:

Aufbau eines Fundamenterders

Material

Bandstahl mindestens 30 mm × 3,5 mm, 25 mm × 4 mm oder Rundstahl mindestens 10 mm Durchmesser.

Einlegen in das Fundament

Der Stahl ist als geschlossener Ring in die Fundamente der Außenmauern der Gebäude unterhalb der Isolierschicht zu legen. Der Stahl wird so eingebracht, daß er mindestens 5 cm über der Fundamentsohle zu liegen kommt. Durch geeignete Mittel, z. B. Abstandhalter, kann sichergestellt werden, daß der Stahl beim Einbringen des Betons so gehalten wird, daß er allseitig von Beton umhüllt wird und dadurch gegen Korrosion geschützt ist.

Bei Fundamenten aus bewehrtem Beton wird der Stahl auf die Sauberkeitsschicht gelegt und mit der Bewehrung verbunden.

Dehnungsfugen sind innerhalb des Gebäudes, aber außerhalb des Betons durch Dehnungsbänder zu überbrücken.

Bei Stahlskelettbauten dient die Stahlkonstruktion als Erder.

Verbindungsstellen

Schweiß-, Schrauben-, Keil- und Federverbindungen geben eine gute und zuverlässige Verbindung. Würgeverbindungen sind unzulässig.

Anschlüsse

Die Anschlußfahnen werden etwa 0,30 m über dem Kellerboden herausgeführt und sollen sowohl bei Erdkabel- als auch bei Freileitungs-Hausanschlüssen in der Nähe des Wasser-Hausanschlusses liegen, im allgemeinen im Hausanschlußraum.

Anschlußfahnen aus verzinktem Stahl von Fundamenterdern zu Ableitungen (Erdungsleitun-

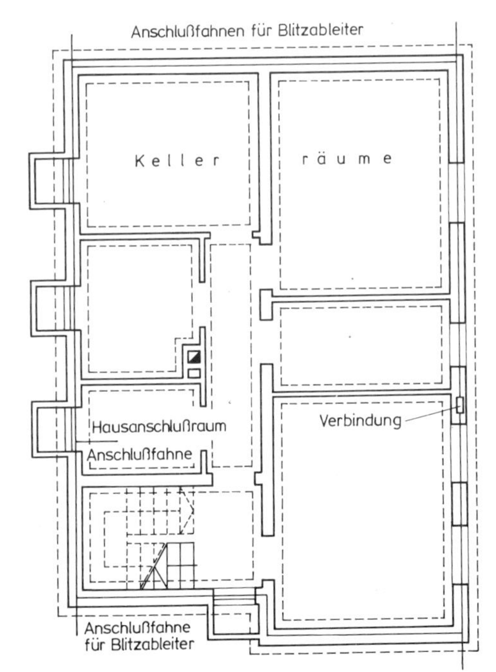

Abb. 3.23 Verlegung eines Fundamenterders

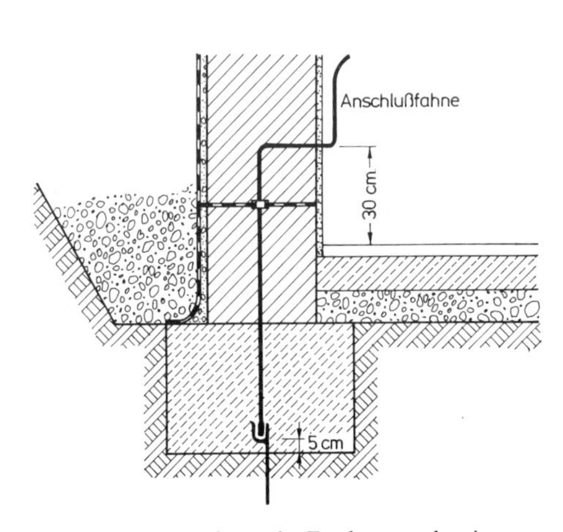

Abb. 3.24 Anordnung des Fundamenterders in unbewehrtem Fundament

gen) sollen innerhalb der Außenwand (bei Mauerwerk mit einer Umhüllung gegen Korrosion) bis oberhalb der Erdoberfläche verlegt werden.

Die Anschlußfahnen sollen auffällig gekennzeichnet werden, damit sie nicht während der Bauzeit versehentlich abgeschnitten werden.

Zuständigkeit

Bauherr oder Architekt haben das Verlegen des Fundamenterders zu veranlassen. Die Ausführung erfolgt in der Regel durch den Bau- oder Elektrohandwerker. Der Elektroinstallateur verbindet den PEN- oder Schutzleiter, die metallenen Wasserverbrauchs-, Antennen- und Gasleitungen sowie die metallenen Rohrsysteme der Heizungsanlage mit der von ihm angebrachten Potentialausgleichschiene und erstellt den zusätzlichen Potentialausgleich. Die Anschlüsse der übrigen Systeme hat der jeweilige Errichter dieser Anlagen vorzunehmen.

3.8.2 Pfahlgründungen

Überall dort, wo große Lasten auf tragfähige Bodenschichten erst in größerer Tiefe abgesetzt werden können, kommen Pfähle – gebohrte oder gerammte – zur Anwendung.

3.8.2.1 Bohrpfähle

nach DIN 4014 Teil 1 (3/1990)

Sie gilt für Pfähle mit Durchmesser von 0,3 bis 3 m; bisher galt Teil 1 für Pfähle mit ∅ 30 cm bis 50 cm, Teil 2 für ∅ > 50 cm bis etwa 3 m, sog. Großbohrpfähle. Neigung der Pfähle nicht flacher als 4 : 1.

Spezialpfähle, z. B. solche mit angesprengtem Fuß, bedürfen einer ABZ oder der Zustimmung im Einzelfall der obersten BAB. Bohrpfähle mit angeschnittenem Fuß werden selten ausgeführt, da teuer und risikobehaftet; bewegen sich jedoch innerhalb der Norm.

Die Tragfähigkeit der Pfähle wird rechnerisch ermittelt anhand der Tabellenwerte der Norm; diese empirisch ermittelten Werte gelten für tragfähige nichtbindige oder etwa halbfeste bindige Böden und mindestens 5 m lange Bohrpfähle mit mindestens 3 m Einbindetiefe in der tragfähigen Schicht.

Soll jedoch eine höhere zulässige Belastung ausgenutzt werden, muß auf der Baustelle an mindestens zwei Pfählen eine *Probebelastung* durchgeführt werden. Sie richtet sich nach den „Regeln für die Probebelastung von Pfählen" in Anhang A der DIN 1054 – Baugrund. Der Belastungsbericht gemäß Mustervordruck 1 ist der BAB vorzulegen. Nachfolgend die betreffenden Stellen der DIN 1054:

Verlauf der Probebelastung

(1) Die Last ist stufenweise – anfangs zum Erkennen etwaiger Mängel der Versuchsanordnung in besonders kleinen Stufen – zu steigern. Die Laststufen sind so zu wählen, daß sich die Last-Setzungs-Linie einwandfrei darstellen läßt. Nach Aufbringen jeder Laststufe ist die Last so lange zu halten, bis der Pfahl annähernd zur Ruhe gekommen ist. Dies läßt sich an der Zeit-Setzungs-Linie gut verfolgen. Sobald die Setzungen größer werden, sind die Laststufen zu verkleinern, um ein zu schnelles Absinken des Pfahls zu verhindern. Die Probebelastung ist möglichst so weit zu steigern, bis die Grenzlast (DIN 1054 Abschnitt 5.4.1.1) erreicht, u. U. überschritten ist.

(2) Um die bleibenden Setzungen des Probepfahls zu erfassen, sind einige Zwischenentlastungen vorzunehmen, was bei Verwendung hydraulischer Pressen leicht möglich ist. Solche

Zwischenentlastungen sind besonders nach Erreichen der im Bauwerk vorgesehenen größten Pfahllast sowie nach Überschreiten der Grenzlast vorzunehmen.

Während der Probebelastung ist die Last-Setzungs-Linie laufend zeichnerisch aufzutragen, um den Verlauf der Messung zu überprüfen und etwaige besondere Ereignisse sowie den Wert der Grenzlast frühzeitig erkennen zu können.

Mustervordruck 1 nach DIN 1054, Anhang A für Probebelastung von Bohrpfählen

Protokoll über den Verlauf der Probebelastung:	Druck-/Zug- Versuch	Lfd. Nr .... Blatt Nr ....

Hierzu gehört:	Großer Rammbericht (DIN 4026 Mustervordruck 2) Bericht über Herstellung des Bohrpfahls (DIN 4014 Teil 1 Mustervordruck) Bericht über Herstellung	Nr ....

Firma	Baustelle:		
	Pfahl Nr	Pfahlart	Pfahllänge insgesamt l = ... m im Boden l_0 = ... m über Boden bis Meßuhren l' = ... m

Belastung Q			Setzung s bzw. Hebung s_z					Zeit				Bemerkungen
Messung 1 *)		Messung 2 **)	Meßuhr 1		Meßuhr 2		$s = \frac{s_1 + s_2}{2}$	Uhrzeit		Belastungsdauer		
Manometer Nr .... Meßbereich: 0 bis ... bar ***) Kolben: A = ... cm²			Nr		Nr							
			Ablesung	s_1	Ablesung	s_2						
bar ***)	MN	MN ****)	mm	mm	mm	mm	mm	h	min	h	min	

	Datum	Uhrzeit	Wetter	Temp. °C	Wasserstand
Beginn					
Ende					

Für die Richtigkeit ...., den .... 19.......... ....
Versuchsleiter Verantwortlicher Leiter des Unternehmers

*) bei hydraulischen Pressen **) für Kontrollmessungen bzw. bei Verwendung eines anderen Meßprinzips
) Überdruck 1 bar = 0,1 MN/m² *) 1 MN ≈ 100 Mp

Belastungsbericht

Der Bericht über die Probebelastung muß folgende Angaben enthalten:

a) Eine Lageplanskizze des Bauwerks mit Eintragung der Probepfähle und der benachbarten Bohrungen und Sondierungen.

b) Boden- und Grundwasserverhältnisse, Wasserstände, Ergebnisse benachbarter Bohrungen und Sondierungen sowie die Ergebnisse bodenmechanischer Untersuchungen von Proben aus diesen Bohrungen.

c) Art, Herkunft, Form und Abmessungen der Probepfähle, Gestalt und Abmessung der Pfahlenden, verwendete Baustoffe und ihre Güte; bei Fertigpfählen aus Stahlbeton oder Spannbeton sowie bei Ortbetonpfählen außerdem Art und Zeitpunkt der Herstellung, Betonzusammensetzung und Bewehrung.

d) (1) Ausführliche Angaben über das Einbringen des Pfahls und die endgültige Höhenlage.

(2) Bei Rammpfählen: großer Rammbericht nach Mustervordruck 2 der DIN 4026, Ausgabe August 1975, Abschnitt 6.5, und Auftragen der Rammkurven nach DIN 4026, Mustervordruck 3.

(3) Bei Bohrpfählen: ausgefüllter Mustervordruck für das Herstellen von Bohrpfählen nach DIN 4014 Teil 1, Ausgabe Ausgust 1975, Abschnitt 3 bzw. von Großbohrpfählen nach DIN 4014 Teil 2 (z. Z. noch Entwurf), Abschnitt 5.1.

(4) Bei anderen Pfahlarten: sinngemäß aufgestellter Bericht mit vollständigen Angaben.

e) Beschreibung der Belastungs- und Meßvorrichtungen unter Beigabe von Zeichnungen, Nachweis der amtlichen Prüfung der Druck- und Dehnungsmesser.

Mustervordruck 2 mit Beispiel nach DIN 1054, Anhang A

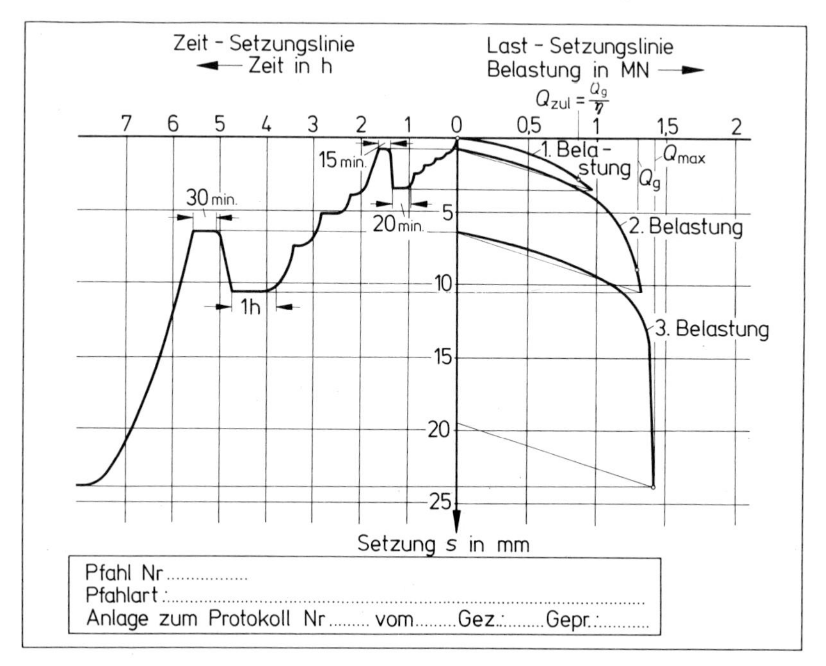

Anhang A Mustervordrucke für das Herstellen von Bohrpfählen

A.1 Grunddaten für das Herstellen von Bohrpfählen ohne Tonsuspension als stützende Flüssigkeit

Firma ____________________

____

Pfahlbezeichnung nach DIN 4014/03.90, Abschnitt 3

____

Baustelle ____________________

____

Pfahlplan Nr ____________________

____

1 Pfahldaten

a) Pfahlinnenndurchmesser ________ m

b) Bohrrohrdurchmesser außen ________ m

c) Schneidkranzdurchmesser ________ m

d) Bohrwerkzeugdurchmesser ________ m

e) Bohren unter Wasserüberdruck ☐

2 Pfahlbewehrung

Plan-Nr ________

a) Einbringen des Bewehrungskorbs

vor dem Betonieren ☐

nach dem Betonieren ☐

b) Abstandhalter ☐

Art der Abstandhalter ________

Längsabstand der Abstandhalter ________ m

3 Pfahlbeton

a) Festigkeitsklasse: B ________

Betongruppe: B I/B II ________

Konsistenz: KF/Fließbeton ________

____

b) Baustellenbeton/Transportbeton ________

____

c) Zementart (Lieferwerk) ________

____

d) Zementmenge ________ kg/m³

e) Zuschlagstoffe (Größtkorn) ________

____

f) Wasser-Zement-Wert $\frac{W}{Z} = \frac{\text{Wassergewicht}}{\text{Zementgewicht}}$ ________

g) Beton-Zusatzmittel ________

% vom Zement ________

h) Verzögerer ☐

Wirksamkeit ________ h

4 Einbringen des Betons

a) Unter Wasser ☐

Über Wasser ☐

b) Art der Einbringung

Schüttrohr ⌀ ________ m ☐

Pumprohr ⌀ ________ m ☐

Andere Einbringart ☐

Beschreibung ________

____

c) Maßnahmen zum Säubern der Bohrlochsohle

____

____

d) Maßnahmen bei Beginn des Betonierens zur Trennung von Beton und Wasser

____

____

5 Bemerkungen

____

____

☐ **Zutreffendes ankreuzen**

Anhang A (Fortsetzung)

A.2 Variable Daten für das Herstellen von Bohrpfählen ohne Tonsuspension als stützende Flüssigkeit

Bohrpfahl Nr ______________

Druckpfahl ☐

Zugpfahl ☐

Neigung ______________

Schichtenfolge				
m unter Bohr-ebene	m über NN	Bodenart und -beschaffenheit	Grund-wasser	Angaben über Bohrwerkzeug Verrohrung von .. bis .. m
± 0		▼ Bohrebene		
Maßstab M 1				

1 Pfahldaten

a) Abloten der Sohle

nach Bohren ________ m unter Bohrebene

b) Meißelarbeiten: von ______ m bis ______ m unter Bohrebene

c) Kopfabweichungen von der Sollage

Achse ____ : ____ cm Achse ____ : ____ cm

2 Pfahlbewehrung

Abweichungen von Plan-Nr ______________

Längenabweichung ______________

Änderung der Bewehrung ______________

Sonstige Änderungen ______________

3 Pfahlbeton

Besondere Vorkommnisse ______________

4 Einbringen des Betons

a) Wasserstand im Bohrrohr zu Beginn des Betonierens

________ m unter Bohrebene

b) Nachweis des Betonverbrauchs

Soll ________ m^3 Ist ________ m^3

5 Ausführungszeiten

1	2	3	4	5
Arbeitsvorgang	Arbeits-temperatur °C	Uhrzeit von	Uhrzeit bis	Datum
Bohren				
Meißeln				
Unterbrechung				
Fußherstellung				
Betonieren				

6 Bemerkungen

____

____

____

Abweichungen von den Grunddaten

____

____

____

7 Unterschriften/Datum

Bohrmeister ______________

Bauleiter des Unternehmens ______________

Vertreter des Bauherrn ______________

☐ **Zutreffendes ankreuzen**

Anhang A (Fortsetzung)

A.3 Grunddaten für das Herstellen von Bohrpfählen mit Tonsuspension als stützende Flüssigkeit

Firma ____________________

____

Pfahlbezeichnung nach DIN 4014/03.90, Abschnitt 3

____

Baustelle ____________________

____

Pfahlplan Nr ____________________

____

1 Pfahldaten

a) Pfahlquerschnittsnennmaße __________ m

b) Maße der Stützkonstruktion bzw.

Schutzrohr __________ m

____

____

c) Bohrwerkzeug ____________________

d) Äußere Maße
am Bohrwerkzeug ____________________

an der Schneide ____________________

2 Pfahlbewehrung

Plan-Nr ____________________

a) Einbringen des Bewehrungskorbs

vor dem Betonieren ☐

nach dem Betonieren ☐

b) Abstandhalter ☐

Art der Abstandhalter ____________________

Längsabstand der Abstandhalter __________ m

3 Pfahlbeton

a) Festigkeitsklasse: B ____________________

Betongruppe: B I/B II ____________________

Konsistenz: KF/Fließbeton ____________________

____

b) Baustellenbeton/Transportbeton ____________________

____

c) Zementart (Lieferwerk) ____________________

____

d) Zementmenge __________ kg/m³

e) Zuschlagstoffe (Größtkorn) ____________________

f) Wasser-Zement-Wert $\frac{W}{Z} = \frac{\text{Wassergewicht}}{\text{Zementgewicht}}$ __________

g) Beton-Zusatzmittel ____________________

% vom Zement ____________________

h) Verzögerer ☐

Wirksamkeit __________ h

4 Einbringen des Betons

a) Art der Einbringung

Schüttrohr ⌀ __________ m ☐

Pumprohr ⌀ __________ m ☐

Andere Einbringart ☐

Beschreibung ____________________

b) Maßnahmen zum Säubern der Bohrlochsohle

____

____

c) Maßnahmen bei Beginn des Betonierens zur Trennung von Beton und Tonsuspension

____

____

5 Bemerkungen

____

____

☐ **Zutreffendes ankreuzen**

Anhang A (Fortsetzung)

A.4 Variable Daten für das Herstellen von Bohrpfählen mit Tonsuspension als stützende Flüssigkeit

Bohrpfahl Nr ____________

Druckpfahl ☐

Zugpfahl ☐

Neigung ____________

Schichtenfolge				
m unter Bohrebene	m über NN	Bodenart und -beschaffenheit	Grundwasser	Angaben über Bohrwerkzeug Verrohrung von .. bis .. m
± 0		▼ Bohrebene		
Maßstab M 1				

6 Ausführungszeiten

1	2	3	4	5
Arbeitsvorgang	Arbeitstemperatur °C	Uhrzeit von	Uhrzeit bis	Datum
Bohren				
Meißeln				
Unterbrechung				
Fußherstellung				
Betonieren				

1 Pfahldaten

a) Abloten der Sohle

nach Bohren ________ m unter Bohrebene

b) Meißelarbeiten: von ______ m bis ______ m unter Bohrebene

c) Abweichungen von der Sollage

Achse ____ : ____ cm Achse ____ : ____ cm

2 Stützflüssigkeit Istwerte

	vor dem Betonieren	nach dem Betonieren
τ_F		
ϱ_F		

Suspensionsstand: Istwerte

________ m über Unterkante Schutzrohr

________ m über Grundwasser

3 Pfahlbewehrung

Abweichungen vom Plan-Nr ____________

Längenabweichung ____________

Änderung der Bewehrung ____________

Sonstige Änderungen ____________

4 Pfahlbeton

Besondere Vorkommnisse ____________

5 Einbringen des Betons

a) Suspensionsstand in der Bohrung zu Beginn des Betonierens

________ m über Unterkante Schutzrohr

b) Nachweis des Betonverbrauches

Soll ________ m^3 Ist ________ m^3

7 Bemerkungen

Abweichungen von den Grunddaten ____________

____

8 Unterschriften/Datum

Bohrmeister ____________

Bauleiter des Unternehmens ____________

Vertreter des Bauherrn ____________

☐ Zutreffendes ankreuzen

Anhang A (Fortsetzung)

A.5 Grunddaten für das Herstellen von Bohrpfählen mit durchgehender Bohrschnecke

Firma ______________________________

____

Baustelle ______________________________

____

Pfahlplan Nr ______________________________

____

Pfahlbezeichnung nach DIN 4014/03.90, Abschnitt 3

____

Bohrgerät ______________________________

1 Pfahldaten

a) Länge des Bohrers ______________ m

b) Bohrschneckendurchmesser (außen) D_a ______________ m

c) Zentralrohrdurchmesser D_i ______________ m

d) Ganghöhe der Wendel ______________ m

e) Verhältnis D_i/D_a ______________

f) Fuß geschlossen ☐ Fuß offen ☐

2 Pfahlbewehrung

Plan-Nr ______________

a) Einbringen des Bewehrungskorbs

vor dem Betonieren ☐

nach dem Betonieren ☐

mit Rüttelhilfe ☐

b) Abstandhalter ☐

Art der Abstandhalter ______________

Längsabstand der Abstandhalter ______________ m

3 Pfahlbeton

a) Festigkeitsklasse: B ______________

Betongruppe: B I/B II ______________

Konsistenz: KF/Fließbeton ______________

____

b) Baustellenbeton/Transportbeton ______________

____

c) Zementart (Lieferwerk) ______________

____

d) Zementmenge ______________ kg/m³

e) Zuschlagstoffe (Größtkorn) ______________

____

f) Wasser-Zement-Wert $\frac{W}{Z} = \frac{\text{Wassergewicht}}{\text{Zementgewicht}}$ ______________.

g) Beton-Zusatzmittel ______________

% vom Zement ______________

h) Verzögerer ☐

Wirksamkeit ______________ h

4 Einbringen des Betons

a) Unter Wasser ☐

Über Wasser ☐

b) Art der Einbringung

Schüttrohr ⌀ ______________ m ☐

Pumprohr ⌀ ______________ m ☐

Andere Einbringart ☐

Beschreibung ______________

____

____

c) Maßnahmen bei Beginn des Betonierens zur Trennung von Beton und Wasser

____

____

5 Bemerkungen

____

____

☐ **Zutreffendes ankreuzen**

Anhang A (Fortsetzung)

A.6 Variable Daten für das Herstellen von Bohrpfählen mit durchgehender Bohrschnecke

Bohrpfahl Nr ____________

Druckpfahl ☐

Zugpfahl ☐

Neigung ____________

Bohrvorgang und Einbringen des Betons		
m unter Bohr-ebene	m → Eindringung je Umdrehung	bar → Betondruck
± 0	▼ Bohrebene	
Maßstab M 1		

1 Pfahldaten

Kopfabweichungen von der Sollage

Achse ____ : ____ cm Achse ____ : ____ cm

2 Bohrvorgang

Eindringung je Umdrehung in Abhängigkeit von der Tiefe, abgeleitet aus den Meßschrieben nach Abschnitt 6.2.4, siehe nebenstehendes Diagramm.

3 Pfahlbewehrung

Abweichungen von Plan-Nr ____________

Längenabweichung ____________

Änderung der Bewehrung ____________

Sonstige Änderungen ____________

4 Pfahlbeton

Besondere Vorkommnisse ____________

Betondruck (in bar) bei Verwendung von durchgehenden Bohrschnecken mit kleinem Zentralrohr (BE) ($D_i : D_a < 0{,}55$) in Abhängigkeit von der Tiefe siehe nebenstehendes Diagramm.

5 Einbringen des Betons

Soll ________ m^3 Ist ________ m^3

6 Ausführungszeiten

1	2	3	4	5
Arbeitsvorgang	Arbeits-temperatur °C	Uhrzeit von	Uhrzeit bis	Datum
Bohren				
Meißeln				
Unterbrechung				
Fußherstellung				
Betonieren				

7 Bemerkungen

____

____

____

Abweichungen von den Grunddaten

____

____

8 Unterschriften/Datum

Bohrmeister ____________

Bauleiter des Unternehmens ____________

Vertreter des Bauherrn ____________

☐ Zutreffendes ankreuzen

f) Protokoll über den Verlauf der Probebelastung nach Mustervordruck 1 für Druck- bzw. Zugversuche.

g) Die Last-Setzungslinie und die Zeit-Setzungslinie nach Mustervordruck 2.

h) Besondere Ereignisse während der Probebelastung.

Während des Herstellens der Bohrpfähle muß der Bauleiter des Bohrpfahlunternehmens oder sein Vertreter auf der Baustelle anwesend sein. Über das Herstellen jedes einzelnen Pfahls ist auf der Baustelle ein Vordruck auszufüllen mit täglicher Gegenzeichnung des BL. Nachfolgend die Mustervordrucke für das Herstellen von Bohrpfählen nach DIN 4014 Teil 1, Anhang A:

- Herstellen von Bohrpfählen ohne Tonsuspension
- Herstellen von Bohrpfählen mit Tonsuspension
- Herstellen von Bohrpfählen mit durchgehender Bohrschnecke

Die evtl. Verrohrung bei der Bohrarbeit muß bis Unterkante Pfahl reichen; die Bohrrohre sollen dem Räumen des Bodens aus den Rohren vorauseilen. Grundsätzlich soll das Bohrrohr der Kernräumung immer soweit wie möglich vorauseilen. Wenn die laufende Nachprüfung ergibt, daß diese Vorschrift zu irgendeiner Zeit nicht genügend eingehalten worden ist, sollte die betreffende Bohrung zum Herstellen eines Bohrpfahles nicht verwendet werden.

Die Betonfestigkeitsklasse muß mindestens B 25 betragen, eine evtl. verarbeitete höhere Festigkeitsklasse darf rechnerisch nicht in Ansatz gebracht werden.

Zementgehalt bei Körnung 0–16: $\geqq$ 400 kg/m^3 Beton
0–32: $\geqq$ 350 kg/m^3 Beton

Wasserzementwert $w/z < 0{,}6$

Fließfähige Konsistenz, jedoch ohne Zugabe von Fließmitteln (Ausbreitmaß 50 bis 60 cm)

Zusatzmittel: Erstarrungsverzögerer

Bewehrung: Betonrippenstahl mit Mindestdurchmesser 16 mm

Bügel oder Wendel mit Mindestdurchmesser 6 mm, a = 25 cm
Falls statisch nicht erforderlich, kann Bewehrung entfallen bei Pfahldurchmesser $d \geqq 50$ cm, außer bei Zugpfählen und Schrägpfählen.

Überstand bei Pfahlfußverbreiterung (Druckpfähle) bleibt unbewehrt.

Betondeckung $\geqq$ 50 mm

Probewürfel: Mindestens 6 Stück vom Beton der ersten 25 Pfähle (je 3 werden nach 7 bzw. 28 Tagen geprüft); je 3 weitere Würfel für jeweils weitere 25 Pfähle bzw. je 500 m^3 Frischbeton

In standfestem Baugrund darf unverrohrt gebohrt werden, der obere Teil ist jedoch durch ein Schutzrohr zu sichern. Schrägpfähle sollen nicht unverrohrt gebohrt werden.

In jedem Fall ist die Bohrungssohle durch wiederholtes Abloten zu prüfen und sicherzustellen, daß keinerlei Veränderungen durch Nachbruch, Sohlentrieb oder Sedimentation eintreten. Dies ist insbesondere erforderlich beim Anschneiden von Fußverbreiterungen, die nur in standfestem Boden – nicht in Kies – ausführbar sind.

Sofort nach Beendigung des Bohrens muß der Bewehrungskorb eingebracht und der Pfahl ausbetoniert werden. Diese Bestimmung besagt, daß jeder Pfahl noch am gleichen Tage zu betonieren ist, an dem die Bohrung beendet wurde. Danach ist es also nicht zulässig, eine Anzahl Pfähle bis auf Sohltiefe zu bohren und erst dann mit dem Einstellen der Körbe und dem

Ausbetonieren zu beginnen. Vor der Überprüfung einer möglicherweise angehobenen Standfläche ist ein zuvor eingestellter Bewehrungskorb nochmals herauszunehmen.

Für jeden Pfahl muß der Betonverbrauch gemessen werden. Für den Nachweis des Betonverbrauchs soll das Formblatt (Mustervordruck für das Herstellen von Bohrpfählen nach DIN 4014 Teil 1) benutzt werden. Der gemessene Betonverbrauch ist mit dem vom Bohrrohrkranz ausgeschnittenen Rauminhalt des Bodens, vermehrt um den Hohlraum eines etwa angeschnittenen Pfahlfußes, zu vergleichen und sollte i. d. R. dem insgesamt ausgeschnittenen Hohlraum mindestens gleichkommen.

Herrichten der Pfahlköpfe: In einer oberen Zone bis etwa 50 cm unter der Betonoberfläche kann der Beton von unzureichender Festigkeit sein. Diese Zone ist dann nach dem Freilegen der Pfahlköpfe zu entfernen. Gegebenenfalls sind Bohrpfähle nach oben zu verlängern, damit nach dem Kappen einwandfreier Beton über die Sollänge vorhanden ist.

3.8.2.2 Rammpfähle

nach DIN 4026 – Rammpfähle (8/1975) und Beiblatt (auch Verdrängungspfahl genannt) aus Holz, Stahl oder als Betonfertigpfahl

Für Stoßverbindungen zusammengesetzter Rammpfähle ist eine ABZ erforderlich.

In dichtbesiedelten Gebieten ist die Herstellung von Rammpfahlgründungen wegen der Belästigungen durch Lärm und Erschütterungen meist nicht zulässig; dann kommen Bohrpfähle in Frage. Günstig ist für die Fundierung die Verdichtung des Bodens in der Pfahlumgebung. Nachbargebäudefundamente können sich jedoch erneut etwas setzen wegen des verdichtenden Einrüttelns bei nichtbindigem Boden.

Der Bauleiter oder sein Vertreter muß während der Rammarbeiten auf der Baustelle anwesend sein.

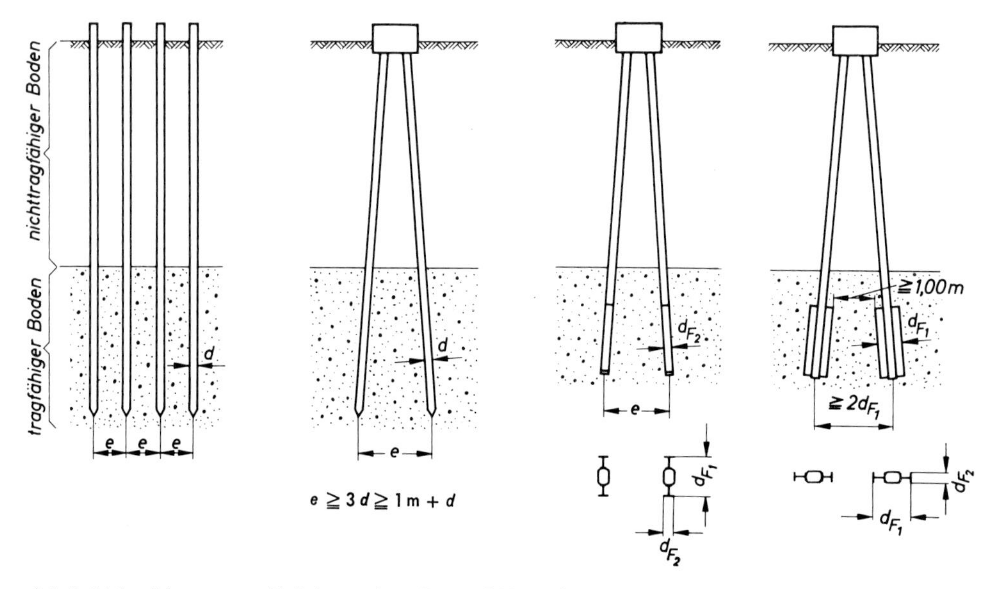

a) bei gleichgerichteten Rammpfählen b) bei gespreizten Rammpfählen c) bei gespreizten Rammpfählen mit angeschweißten Flügeln als Fußverstärkung

Abb. 3.25 Mindestabstände der Pfähle

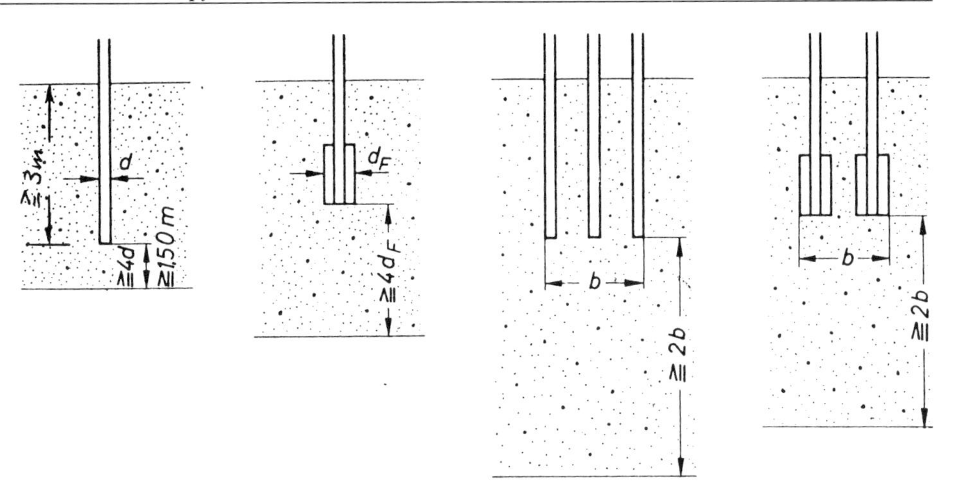

Abb. 3.26 Erforderliche Tiefe des tragfähigen Baugrunds unterhalb der Pfahlspitzen

Beton muß beim Abheben des Pfahles vom Fertigungsboden eine Festigkeit β_n = 25 MN/m², beim Beginn des Rammens ≧ 35 MN/m² haben. Beim Rammen auftretende Risse im Pfahl bis zu einer Breite von 0,15 mm sind unbedenklich (nur mit Rißlupe mit eingeätzter Skala meßbar).

Bei evtl. Schweißverbindungen an Stahlpfählen sind DIN 18 800 Teil 7 und DIN 8563 zu beachten.

Mindesteinbindetiefe in tragfähige Schichten ≧ 3 m.

Stößt ein Pfahl auf ein Hindernis, so ist das Rammen dieses Pfahles zu beenden. Wird dabei das Hindernis kurz vor Erreichen der Solltiefe angetroffen und kann angenommen werden, daß der Pfahl unbeschädigt ist, so kann ihm die volle Last zugemutet werden. In allen anderen Fällen ist der Pfahl durch einen vollwertigen zu ersetzen.

Rammberichte (s. DIN 4026, Abschn. 6.5): Für alle Pfähle müssen während des Einbringens Berichte geführt werden; für Rammpfähle nach Mustervordruck 1 (Kleiner Rammbericht).

Bei einheitlichem Baugrund sind für mindestens 5% der Pfahlanzahl einer Rammpfahlgründung Rammberichte nach Mustervordruck 2 (Großer Rammbericht) zu führen, wobei die Eindringtiefe nach jeder Hitze zu messen ist und die Ergebnisse in Form von Rammkurven nach Mustervordruck 3 aufzutragen sind. Großer Rammbericht ist außerdem für die ersten fünf Pfähle erforderlich. – Nachfolgend die Mustervordrucke 1, 2 und 3.

Anhang DIN 4026

Mustervordruck 1 nach DIN 4026, Abschnitt 6.5

Kleiner Rammbericht Nr: .... Baustelle: ....

Lfd. Nr	Datum	Pfahlstandort				Pfahldaten							Rammgerät					Rammergebnis				Bemerkungen [5]
		Reihe	Achse	Nr	Neigung	Pfahlart	Querschnittsmaße [1]	Gesamtlänge	Länge im Boden	Pfahleigenlast	Pfahlkopf bezogen auf NN	Pfahlfuß bezogen auf NN	Ramme, Typ	Bär, Typ	Bär, Fallgewichtskraft	Bärfallhöhe	Rammenergie je Hitze bzw. je Min. [2]	Gesamtschlaganzahl bzw. Rammzeit	Eindringung in den letzten 3 Hitzen [4] (3 Minuten) 1	2	3	
							cm × cm	m	m	kN [6]	m	m			kN [6]	cm	kNm [6]		cm/Hitze (cm/min)			

Für die Richtigkeit: .... (Rammpolier) .... (Bauleiter) ...., den .... 19....

1) Bei Holzpfählen mittlerer Durchmesser und Fußdurchmesser.
2) 1 Hitze entspricht 10 Schlägen; bei Schnellschlaghämmern Rammenergie je Minute einsetzen.
3) Bei Schnellschlaghämmern gesamte Rammzeit einsetzen.
4) Bei Schnellschlaghämmern Minuten einsetzen.
5) u. a. Angaben über Abweichungen vom Rammplan in Pfahlabstand und Neigung, sowie über Tiefe, bis zu der mit Spülhilfe gearbeitet wurde, usf.
6) 1 kN ≈ 0,1 Mp

Anhang DIN 4026 Mustervordruck 2 nach DIN 4026, Abschnitt 6.5

Großer Rammbericht Nr ....

Firma

Baustelle: .... Datum: ....

Pfahlstandort	Pfahldaten	Rammgerät
Reihe:	Pfahlart:	Ramme, Typ: ....
Achse:		Bär, Typ: ....
Nr:	Querschnitt 1): .... cm × cm	Bär, Fallgewichtskraft R: .... kN6)
	Pfahleigenlast: .... kN6)	Gewichtskraft der Rammhaube: .... kN6)

Bodenprofil Stellung des Pfahles im Boden

Neigung: ....

Bodenart Koten in m bezogen auf NN

MHW

MNW

fester Untergrund (Eindringung mit Bär)

$l_0 = \ldots\, m$

$l = \ldots\, m$

..... m

Anzahl der Hitzen 3) (Minuten)	Bärfallhöhe h	Kinetische Rammenergie je Hitze 2) $10\, R \cdot h$ (je Minute) 2) A	Kinetische Rammenergie gesamt ΣA	Eindringung 4) Ablesung	Eindringung 4) je Hitze (je Minute)	Rammtiefe des Pfahles	Bemerkung 5)
	cm	kN m6)	kN m6)	cm	cm/Hitze (cm/min)	m	

Für die Richtigkeit: ...., den .... 19......

Rammpolier Bauleiter

1) Bei Holzpfählen mittlerer Durchmesser und Fußdurchmesser.

2) 1 Hitze entspricht 10 Schlägen; bei Schnellschlaghämmern Rammenergie je Minute einsetzen.

3) Bei Schnellschlaghämmern Minuten einsetzen.

4) Ablesung bei Rammung von Land bzw. festen Gerüsten am Mäkler, bei schwimmender Rammung von Behelfsgerüsten oder mittels Nivellierinstrument von Land aus.

5) u. a. Angaben über Abweichungen vom Rammplan in Pfahlabstand und Neigung, sowie über Tiefe, bis zu der mit Spülhilfe gearbeitet wurde, über etwaige Rammpausen, Beschädigung der Pfähle beim Rammen, bei Hohlpfählen Absinken des Kernes gegen Bodenoberfläche, usf.

6) 1 kN ≈ 0,1 Mp

Anhang DIN 4026 Mustervordruck 3 nach DIN 4026, Abschnitt 6.5

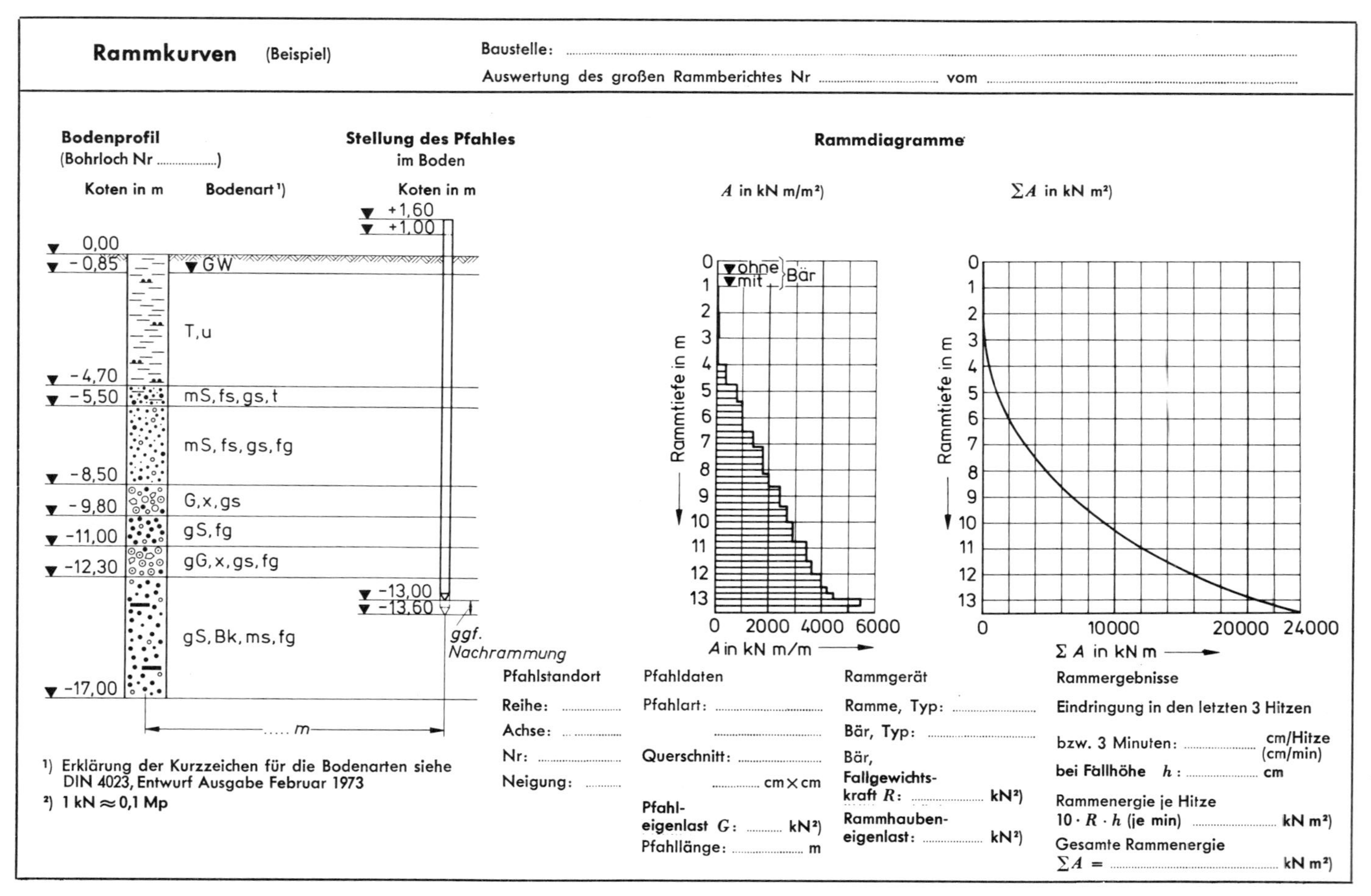

Tabelle 3.6 Zulässige Druckbelastung von Rammpfählen aus Holz
(Zwischenwerte sind geradlinig einzuschalten)

Einbindetiefe in den tragfähigen Boden	Zulässige Belastung in kN[1]) $d_{Fuß}$ in cm				
m	15	20	25	30	35
3	100	150	200	300	400
4	150	200	300	400	500
5	–	300	400	500	600

[1]) 1 kN ≈ 0,1 Mp.

Tabelle 3.7 Zulässige Druckbelastung von Rammpfählen mit quadratischem Querschnitt[2]) aus Stahlbeton und Spannbeton (Zwischenwerte sind geradlinig einzuschalten)

Einbindetiefe in den tragfähigen Boden	Zulässige Belastung in kN[1]) Seitenlänge a^2) in cm				
m	20	25	30	35	40
3	200	250	350	450	550
4	250	350	450	600	700
5	–	400	550	700	850
6	–	–	650	800	1000

[1]) 1 kN ≈ 0,1 Mp.
[2]) Gilt auch für annähernd quadratische Querschnitte, wobei für *a* die mittlere Seitenlänge einzusetzen ist.

Tabelle 3.8 Zulässige Druckbelastung von Rammpfählen aus Stahl
(Zwischenwerte sind geradlinig einzuschalten)

Einbindetiefe in den tragfähigen Boden	Zulässige Belastung in kN[1])				
	Stahlträgerpfähle[2]) Breite oder Höhe in cm		Stahlrohrpfähle[3]), Stahlkastenpfähle[3]) *d* bzw. *a* in cm[4])		
m	30	35	35 bzw. 30	40 bzw. 35	45 bzw. 40
3	–	–	350	450	550
4	–	–	450	600	700
5	450	550	550	700	850
6	550	650	650	800	1000
7	600	750	700	900	1100
8	700	850	800	1000	1200

[1]) 1 kN ≈ 0,1 Mp.
[2]) Breite I-Träger mit Höhe: Breite ≈ 1:1, z. B. IPB- oder PSp-Profile (vgl. „Stahl im Hochbau", Verlag Stahleisen mbH, Düsseldorf; „Betonkalender", Verlag von Wilhelm Ernst & Sohn, Berlin–München; Grundbau-Taschenbuch, Band I, 2. Auflage, Verlag von Wilhelm Ernst & Sohn Berlin–München 1966, Abschnitt 2.6; „Peiner Kastenspundwand, Peiner Stahlpfähle", Handbuch für Entwurf und Ausführung, 3. Auflage 1960).
[3]) Die Tabellenwerte gelten für Pfähle mit geschlossener Spitze. Bei unten offenen Pfählen dürfen 90% der Tabellenwerte angesetzt werden, wenn sich mit Sicherheit innerhalb des Pfahles ein fester Bodenpropfen bildet.
[4]) *d* = Äußerer Durchmesser eines Stahlrohrpfahles bzw. mittlerer Durchmesser eines zusammengesetzten, radialsymmetrischen Pfahles.
a = Mittlere Seitenlänge von annähernd quadratischen oder flächeninhaltsgleichen rechteckigen Kastenpfählen.

3.8.2.3 Verpreßpfähle mit kleinem Durchmesser

nach DIN 4128 (4/1983), sog. „Wurzelpfähle"

Vorwiegend eingesetzt zur Unterfangung bestehender Bauwerke und zur Nachgründung, da wegen des kleinen Arbeitsraumes auch Kellergeschoßhöhen dafür ausreichen (Mindestarbeitsraumhöhe etwa 2,0 bis 2,5 m). Wurzelpfähle sind kleinere Injektionsbohrpfähle mit Durchmessern zwischen 15 und 30 cm und spiralumschnürter Längsbewehrung.

Die Herstellung erfolgt im Drehbohrverfahren; häufig werden die Rohre mit Wasserspülung eingebohrt; Einbindetiefe in die tragfähige Schicht ≧ 3 m; Achsabstand der Pfähle ≧ 0,80 m; Neigung ≧ 80°.

Das Verfüllen oder Verpressen erfolgt von unten nach oben, die Verdichtung mittels Luftdruck oder mechanisch. Durch diese Verdichtung erfolgt eine Verzahnung des Pfahlbetons mit dem umgebenden Boden.

Beton B 25, Mindestzementgehalt 500 kg/m^3.

Gütenachweis: Je 7 Arbeitstage bzw. je Baustelle 2 Serien von je 3 Zylindern.

Tragfähigkeitsnachweis durch Probebelastung (s. unter 3.8.2.1) entsprechend DIN 1054 und die dort wiedergegebenen Vordrucke. Erforderliche Probebelastung an mindestens 2 Pfählen, jedoch auch an mindestens 3% aller Pfähle dieser Baustelle.

Herstellungsprotokoll: Für alle Verpreßpfähle müssen während des Herstellens Protokolle geführt werden. Die erforderlichen Daten sind entsprechend dem Anhang A der DIN 4128 zu notieren.

Inhaltsangabe für das Protokoll zum Herstellen von Verpreßpfählen nach DIN 4128

1 Allgemeine Angaben für das Bauvorhaben
1.1 Firma
1.2 Baustelle
1.3 Pfahlplan Nr.
1.4 Bewehrungsplan Nr.
1.5 Einbauplan Nr.
1.6 Beschreibung des Pfahlsystems
1.7 Zulassung Nr.
1.8 Bohrgerät/Ramme
1.9 Bohrrohr $\varnothing_a/\varnothing_i$
1.10 Krone $\varnothing_a$/Pfahlschuhabmessung
1.11 Innennippel
1.12 Spülung: Luft/Wasser/Suspension/außen/innen
1.13 Einbringung des Verpreßguts mit Schlauch/Rohr/Bohrgestänge
1.14 Gerät für Verpressen
1.15 Verpressen durch Luft/Flüssigkeit
1.16 Festigkeitsklasse des Betons/Zementmörtels
1.17 Mischungszusammensetzung
1.17.1 Zement: Art, Festigkeitsklasse, Gewichtsanteil je Volumeneinheit
1.17.2 Zuschlag: Größtkorn, Gewichtsanteil je Volumeneinheit
1.17.3 Zusatzmittel: Art, Gewichtsanteil bezogen auf Zementgewicht
1.17.4 Zusatzstoff: Art, Gewichtsanteil je Volumeneinheit
1.17.5 Wasserzementwert
1.17.6 Ergebnis der Eignungsprüfung
1.18 Bewehrungsstoß: Überdeckung/Schweißung/oder Stoß des Traggliedes: Muffe/Spannstift

2 Pfahldaten für jeden einzelnen Pfahl

2.1 Allgemeines
2.1.1 Pfahlnummer
2.1.2 Pfahldurchmesser
2.1.3 Neigung gegen die Vertikale
2.1.4 Pfahlkopflage zur Bohrebene und Bauwerksnull oder absolut
2.1.5 Pfahllänge
2.1.6 Leerstrecke
2.1.7 Krafteintragungslänge
2.2 Schichtenfolge entsprechend DIN 4014 Teil 1, Ausgabe August 1975, Anhang oder Rammberichte entsprechend DIN 4026, Ausgabe August 1975, Anhang
2.3 Pfahlbewehrung/Tragglied
2.3.1 Länge des Bewehrungskorbes/Traggliedes
2.3.2 OK des Bewehrungskorbes/Traggliedes, bezogen auf Bohrebene und Bauwerksnull oder absolut
2.3.3 Anzahl der Stöße
2.4 Verpressen, Nachverpressen
2.4.1 Verpreßdruck in der Krafteintragungslänge (Enddruck an Pumpe)
2.4.2 Verbrauchtes Volumen je Ventil des Verpreßguts
2.4.3 Verbrauchtes Gesamtvolumen des Verpreßguts
2.5 Ausführungszeiten
2.5.1 Bohren/Rammen
2.5.2 Bewehren/Einbau Tragglied
2.5.3 Verpressen
2.5.4 Nachverpressen
2.6 Bemerkungen/Besonderheiten
2.7 Unterschriften
2.7.1 Bohrmeister/Polier/Vorarbeiter
2.7.2 Bauleiter des Unternehmens
2.7.3 Vertreter des Bauherrn
2.8 Datum

Mauerwerksbau*)

- Steine
  (Art, Rohdichteklasse, Festigkeitsklasse, Kennzeichnung auf Gebinde, Beipackzettel oder Lieferschein)

- Mörtel
  Baustellenmörtel (Mischanweisung für Normalmörtel, Eignungsprüfung bei Gebäuden > 6 Vollgeschosse) Werkmörtel (Lieferschein)

- Konstruktion
  (Wandaufbau, Abmessungen, Verankerungen, Ringanker, Schlitze, Aussparungen, Auflager von Trägern und Unterzügen)

Zusätzlich bei Mauerwerk nach Eignungsprüfung (DIN 1053 Teil 2):

- Einstufungsschein

Zusätzlich bei bewehrtem Mauerwerk (DIN 1053 Teil 3):

- Korrosionsschutz der Bewehrung
  Deckung der Bewehrung

Zusätzlich bei Bauteilen aus Ziegelfertigbauteilen (DIN 1053 Teil 4):

- Lieferschein, Montagepläne, Montagebauleiter

Fassaden

- Korrosionsschutz
  (insbesondere der nicht mehr zugänglichen Teile der Unterkonstruktion)

- Verankerungsmittel
  (zulässiger Verankerungsgrund, ggf. Nachweis der Druckzone, Dübelabstände)

4 Mauerwerksbauten

4.1 DIN-Normen, Bescheinigungen, bautechnische Unterlagen

4.1.1 Einschlägige DIN-Normen

DIN 1053 Teil 1 (2/1990) Rezeptmauerwerk, Berechnung und Ausführung
Teil 2 (7/1984) Mauerwerk nach Eignungsprüfung, Berechnung und Ausführung
Teil 3 (2/1990) Bewehrtes Mauerwerk, Berechnung und Ausführung
Teil 4 (9/1978) Bauten aus Ziegelfertigbauteilen

Dazu zahlreiche Stoffnormen (Steine), die aber für die Bauausführung weniger relevant sind.

Zur Klarstellung: DIN 1053 Teil 1 und Teil 2 unterscheiden sich vorwiegend in der Genauigkeit der Bemessungsverfahren sowie bei der Verwendung hochfester Steine und Mörtel. Bei

*) Checkliste des Ministeriums für Bauen und Wohnen in NW (s. hierzu auch II 1.3).

Einstufungsschein Nr ____________
für Mauerwerk EM nach DIN 1053 Teil 2

Prüfstelle:

Hersteller und Werk:

Mauerwerk:

Einstufung in Mauerwerksfestigkeitsklasse

M ____________

Verbandsart:

Steine:

Bezeichnung des Steines nach DIN ____________________

mittlere Steindruckfestigkeit: ____________ N/mm²

Beschreibung des Steinquerschnittes durch Angabe von:

– Lochanteil ______ %

– Dicke der Stege und Wandungen:

– Lochbild (Skizze):

Werkzeichen (Herstellerzeichen):

Mörtel:

maßgebende Mörtelgruppe:

Druckfestigkeit im Alter von 28 Tagen:

Haftscherfestigkeit (nur bei Mörteln nach Eignungsprüfung) im Alter von 28 Tagen:

Zusammensetzung des Mörtels:

Mischungsverhältnis, gegebenenfalls Art der Zusatzmittel; bei Werkmörtel Herstellwerk und Sorten-Nr des Mörtels:

Dieser Einstufungsschein ist gültig bis:

Bemerkungen:

Ort, Datum Unterschrift, Stempel

Verlängert bis	Ort, Datum	Unterschrift, Stempel

„Muster eines Einstufungsscheines für Mauerwerk EM nach DIN 1053 Teil 2, Anhang C“

normalen Mauerwerksbauten (wie Geschoßwohnungs- oder Bürobauten) mit durchschnittlichen Anforderungen und Schnittkräften reichen die bisher üblichen Mauerwerksfestigkeiten und Wanddicken aus; sie werden mit „Rezeptmauerwerk" (RM) ausgeführt. Dabei ergeben sich – wie bisher – aus bestimmten (wählbaren) Kombinationen von Steinfestigkeiten und Mörtelgruppen die Grundwerte der zulässigen Druckspannungen. Unterschiede in den Steinarten (Ziegel, KS, Voll- oder Lochstein) werden nicht gemacht.

Beim „Mauerwerk nach Eignungsprüfung" (EM) fertigt zunächst der Bauunternehmer oder Hersteller mit Steinen eines Werkes, die für die Verarbeitung vorgesehen sind, sowie einem ebenfalls festgelegten Mörtel Mauerwerksprüfkörper an, die von bestimmten Materialprüfungsämtern auf ihre Druckfestigkeit geprüft werden und für die dann ein Einstufungsschein ausgestellt wird (Muster s. Seite 225). Aus der so ermittelten Mauerwerksfestigkeitsklasse ergibt sich der Rechenwert der Druckfestigkeit. Bedingt durch zusätzliche Prüf- und Überwachungskosten, ist EM-Mauerwerk nur für Bauten mit großer Höhe oder geringer Anzahl aussteifender Wände sowie bei Industriebauten mit weitgespannten Decken, wo sich große Wanddicken nach Teil 1 ergeben würden, interessant.

Die Anforderungen an die Ausführungsqualität des Mauerwerks EM und RM unterscheidet sich praktisch nicht (Ausnahme: EM-Steine müssen mit Spaltgerät geteilt werden, bei RM-Steinen nur empfohlen!). An das Baustellenpersonal werden keine erhöhten Anforderungen gestellt; zur Bereitstellung solcher Maurer wäre die Bauwirtschaft wohl nicht in der Lage. Die *Ausführung* aller Mauerwerksbauten ist in Teil 1 (RM) geregelt.

4.1.2 Bautechnische Unterlagen

Als bautechnische Unterlagen gelten insbesondere die Bauzeichnungen, der Nachweis der Standsicherheit und eine Baubeschreibung sowie etwaige Zulassungs- und Prüfbescheide.

Für die Beurteilung und Ausführung des Mauerwerks sind in den bautechnischen Unterlagen mindestens Angaben über

a) Wandaufbau,

b) Art, Rohdichteklasse und Druckfestigkeitsklasse*) der zu verwendenden Steine,

c) Mörtelart, Mörtelgruppe,

d) Ringanker und Ringbalken,

e) Schlitze und Aussparungen, evtl. besonderer Schlitzwandstein,

f) Verankerungen der Wände,

g) Bewehrungen des Mauerwerks,

h) verschiebliche Auflagerungen

erforderlich.

4.2 Bauteile und Konstruktionsdetails

Ausführungsregeln richten sich sämtlich nach Teil 1 der DIN 1053; wegen des Mauerwerksmörtels wird auf Abschnitt II 4.4 verwiesen.

*) Bei EM-Mauerwerk: die Mauerwerksfestigkeitsklasse. Zusätzlich bei EM-Mauerwerk gemäß Einführungserlaß NW (Teil 2): Vorlage des Einstufungsscheines erforderlich, er ist zu den Bauakten zu nehmen; ein Doppel des Einstufungsscheines muß auf der Baustelle zur Einsichtnahme vorliegen.

4.2.1 Steine, Anker, Schlitze

4.2.1.1 Steine

Innerhalb eines Geschosses soll zur Vereinfachung von Ausführung und Überwachung das Wechseln von Steinarten und Mörtelgruppen möglichst eingeschränkt werden.

Steine, die unmittelbar der Witterung ausgesetzt bleiben, d. h. bei Sichtmauerwerk für Außenwände, müssen frostwiderstandsfähig sein. Sieht die Stoffnorm hinsichtlich der Frostwiderstandsfähigkeit unterschiedliche Klassen vor, so sind bei Schornsteinköpfen, Kellereingangs-, Stütz- und Gartenmauern, stark strukturiertem Mauerwerk und ähnlichen Anwendungsbereichen Steine mit der höchsten Frostwiderstandsfähigkeit zu verwenden.

Einfache Baustellenprüfung der Härte von Verblendsteinen gibt die Kratzprobe: Bei einem harten Stein erzeugt das Kratzen mit einer Steinkante über die Lagerfläche eines anderen Steins nur einen dünnen (weißlichen) Kratzer; bei einem weicheren Stein bildet sich ein „Kreidestrich". Kein Aufschluß über die Qualität (Härte) von Verblendern:

- Steine mit ganz ähnlichen Qualitätsmerkmalen können beim Anschlagen recht unterschiedlich klingen; der hellere Klang läßt nicht unbedingt auf einen härteren Stein schließen.
- Bei Steinen aus dem gleichen Werk mit gleichem Herstellungsverfahren k a n n ein härter gebrannter Stein dunkler aussehen; er kann allerdings auch lediglich feuchter sein.

Unmittelbar der Witterung ausgesetzte, horizontale und leicht geneigte Sichtmauerwerksflächen, wie z. B. Mauerkronen, Schornsteinköpfe, Brüstungen, sind durch geeignete Maßnahmen (z. B. Abdeckung) so auszubilden, daß Wasser nicht eindringen kann.

Tragende Innen- und Außenwände sind mit einer Dicke von mindestens 115 mm auszuführen, sofern aus Gründen der Standsicherheit, der Bauphysik oder des Brandschutzes nicht größere Dicken erforderlich sind.

Die Mindestmaße tragender Pfeiler betragen 115 mm × 365 mm bzw. 175 mm × 240 mm.

Tragende Wände sollen unmittelbar auf Fundamente gegründet werden. Ist dies in Sonderfällen nicht möglich, so ist auf ausreichende Steifigkeit der Abfangkonstruktion zu achten.

Als tragend werden Wände eingestuft, die mehr als ihre Eigenlast aus einem Geschoß zu tragen haben.

4.2.1.2 Anschluß der Wände an die Decken und den Dachstuhl

● Allgemeines

Umfassungswände müssen an die Decken entweder durch Zuganker oder durch Reibung angeschlossen werden.

● Anschluß durch Zuganker

Zuganker (bei Holzbalkendecken Anker mit Splinten) sind in belasteten Wandbereichen, nicht in Brüstungsbereichen, anzuordnen. Bei fehlender Auflast sind erforderlichenfalls Ringanker vorzusehen. Der Abstand der Zuganker soll im allgemeinen 2 m, darf jedoch in Ausnahmefällen 4 m nicht überschreiten. Bei Wänden, die parallel zur Deckenspannrichtung verlaufen, müssen die Maueranker mindestens einen 1 m breiten Deckenstreifen und mindestens zwei Deckenrippen oder zwei Balken, bei Holzbalkendecken drei Balken erfassen oder in Querrippen eingreifen.

Werden mit den Umfassungswänden verankerte Balken über einer Innenwand gestoßen, so sind sie hier zugfest miteinander zu verbinden.

Giebelwände sind durch Querwände oder Pfeilervorlagen ausreichend auszusteifen, falls sie nicht kraftschlüssig mit dem Dachstuhl verbunden werden.

Die ankererfaßten wandparallelen drei Holzbalken sollten unter dem Zuganker aussteifende Druckbohlen haben. Länge der Kopfanker in Balkenlängsrichtung etwa 60 bis 80 cm.

● Anschluß durch Haftung und Reibung
Bei Massivdecken sind keine besonderen Zuganker erforderlich, wenn die Auflagertiefe der Decke mindestens 100 mm beträgt.

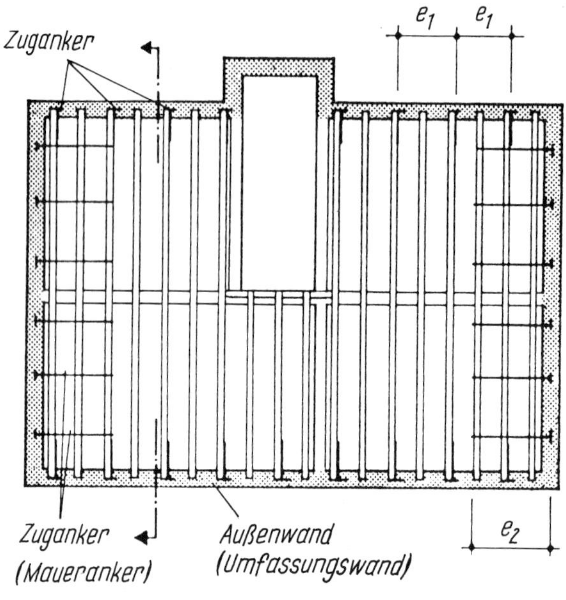

Abstand der Zuganker: im allgemeinen $e_1 \leqq 2{,}0$ m
in besonderen Fällen $e_1 \leqq 4{,}0$ m

Länge der Zuganker bei parallel gespannten Balken:
$e_2 \geqq 1{,}00$ m; bzw. Erfassen von mindestens 3 Balken Abb. 4.1

4.2.1.3 Ringanker*)

In alle Außenwände und in die Querwände, die als vertikale Scheiben der Abtragung horizontaler Lasten (z. B. Wind) dienen, sind Ringanker zu legen

a) bei Bauten, die mehr als zwei Vollgeschosse haben oder länger als 18 m sind,

b) bei Wänden mit vielen oder besonders großen Öffnungen, besonders dann, wenn die Summe der Öffnungsbreiten 60% der Wandlänge oder bei Fensterbreiten von mehr als 2/3 der Geschoßhöhe 40% der Wandlänge übersteigt,

c) wenn die Baugrundverhältnisse es erfordern, d. h. bei größeren Setzungsunterschieden benachbarter Fundamente.

Die Ringanker sind in jeder Deckenlage oder unmittelbar darunter anzubringen. Sie dürfen aus Stahlbeton (üblicherweise bei Stahlbetondeckenplatten), bewehrtem Mauerwerk (entweder 2 Lagerfugen mit je 2 ∅ 8 bewehrt oder im Formstein ≙ U-Schale mindestens 2 ∅ 10), Stahl

*) Der Ringanker ist im Gegensatz zum biegesteifen Ringbalken ein stabförmiges Zugglied. Ein Ringbalken kann auch Ringankerfunktion übernehmen.

oder Holz ausgebildet werden und müssen unter Gebrauchslast eine Zugkraft von 30 kN aufnehmen können.

In Gebäuden, in denen der Ringanker nicht durchgehend ausgebildet werden kann, ist die Ringankerwirkung auf andere Weise sicherzustellen.

Ringanker aus Stahlbeton sind mit mindestens zwei durchlaufenden Rundstäben zu bewehren (z. B. zwei Stäbe mit mindestens 10 mm Durchmesser). Stöße sind nach DIN 1045 auszubilden und möglichst gegeneinander zu versetzen. Ringanker aus bewehrtem Mauerwerk sind gleichwertig zu bewehren. Auf diese Ringanker dürfen dazu parallel liegende durchlaufende Bewehrungen mit vollem Querschnitt angerechnet werden, wenn sie in Decken oder in Fensterstürzen im Abstand von höchstens 0,5 m von der Mittelebene der Wand bzw. der Decke liegen.

4.2.1.4 Ringbalken*)

Werden Decken ohne Scheibenwirkung verwendet oder werden aus Gründen der Formänderung der Dachdecke Gleitschichten unter den Deckenauflagern angeordnet, so ist die horizontale Aussteifung der Wände durch Ringbalken oder statisch gleichwertige Maßnahmen sicherzustellen. Die Ringbalken und ihre Anschlüsse an die aussteifenden Wände sind für eine horizontale Last von 1/100 der vertikalen Last der Wände und gegebenenfalls aus Wind zu bemessen. Bei der Bemessung von Ringbalken unter Gleitschichten sind außerdem Zugkräfte zu berücksichtigen, die den verbleibenden Reibungskräften entsprechen.

4.2.1.5 Schlitze und Aussparungen

Schlitze und Aussparungen, bei denen die Grenzwerte nach Tabellen 4.1 und 4.2 eingehalten werden, dürfen ohne Berücksichtigung bei der Bemessung des Mauerwerks ausgeführt werden.

Vertikale Schlitze und Aussparungen sind auch dann ohne Nachweis zulässig, wenn die Querschnittsschwächung, bezogen auf 1 m Wandlänge, nicht mehr als 6% beträgt und die Wand nicht drei- oder vierseitig gehalten gerechnet ist. Hierbei müssen eine Restwanddicke nach Tabelle 4.2 Spalte 6 und ein Mindestabstand nach Spalte 7 eingehalten werden.

Alle übrigen Schlitze und Aussparungen sind bei der Bemessung des Mauerwerks zu berücksichtigen.

Werden Schlitze und Aussparungen nicht gleich im Verband gemauert oder mit speziellen bauaufsichtlich zugelassenen Wandschlitzsteinen hergestellt, sind sie zu fräsen oder mit Spezialwerkzeug anzulegen. Die erlaubte größere Tiefe der Schlitze von 10 mm als nach der Tabelle muß mit Mauernutfräsen hergestellt werden. Beim Fräsen wird das Gefüge des Mauerwerks nicht erschüttert.

In Schornsteinwangen sind Aussparungen und Schlitze grundsätzlich unzulässig.

Wie aus nachstehenden Tabellen ersichtlich ist, dürfen die ohne rechnerische Berücksichtigung ausführbaren Schlitze nur Tiefen bis zu 2,0 cm (max. 3,0) haben und eignen sich lediglich für die Elektro- oder Telefoninstallation. Waagerecht verlaufende Heizungsrohre oder Waschtischabläufe können praktisch nicht in die Wände hineingelegt werden. In Frage kommt hier nur Vorwandinstallation oder das Herstellen der waagerechten Schlitze mit bauaufsichtlich zugelassenen Wandschlitzsteinen. Der andernfalls erforderliche statische Nachweis der Wand ist mit exzentrischer Last nach DIN 1053 Teil 2 zu führen. Eingemauerte [-Profile als Ausgleich der Querschnittsschwächung sind nicht zulässig. Bei Bauvorhaben mit vielen Schlitzen ist ein Schlitzplan zu verlangen, der bauaufsichtlich geprüft werden muß.

Weil gerade bei waagerechten Wandschlitzen viel gesündigt wird, lohnt sich ein Baustellenbesuch in der Zeit zwischen Installation und Putz immer.

---

*) Der Ringanker ist im Gegensatz zum biegesteifen Ringbalken ein stabförmiges Zugglied. Ein Ringbalken kann auch Ringankerfunktion übernehmen.

Tabelle 4.1 Ohne Nachweis zulässige horizontale und schräge Schlitze und Aussparungen in tragenden Wänden

Wanddicke	Horizontale und schräge Schlitze[1]) nachträglich hergestellt Schlitzlänge	
	unbeschränkt	≦ 1,25 m lang[2])
mm	Tiefe[3]) max. mm	Tiefe[3]) max. mm
115	–	–
175	0	25
240	15	25
300	20	30
365	20	30

[1]) Horizontale und schräge Schlitze sind nur zulässig in einem Bereich ≦ 0,4 m ober- oder unterhalb der Rohdecke sowie jeweils an einer Wandseite. Sie sind nicht zulässig bei Langlochziegeln.

[2]) Mindestabstand in Längsrichtung von Öffnungen ≧ 490 mm, vom nächsten Horizontalschlitz 2fache Schlitzlänge.

[3]) Die Tiefe darf um 10 mm erhöht werden, wenn Werkzeuge verwendet werden, mit denen die Tiefe genau eingehalten werden kann. Bei Verwendung solcher Werkzeuge dürfen auch in Wänden ≧ 240 mm gegenüberliegende Schlitze mit jeweils 10 mm Tiefe ausgeführt werden.

Tabelle 4.2 Ohne Nachweis zulässige vertikale Schlitze und Aussparungen in tragenden Wänden

<table>
<tr><th rowspan="3">Wanddicke

mm</th><th colspan="3">Vertikale Schlitze und Aussparungen nachträglich hergestellt</th><th colspan="4">Vertikale Schlitze und Aussparungen in gemauertem Verband</th></tr>
<tr><th rowspan="2">Tiefe[1])
max.
mm</th><th rowspan="2">Einzel-schlitz-breite[2])
max.
mm</th><th rowspan="2">Abstand der Schlitze und Aussparungen von Öffnungen
min.
mm</th><th rowspan="2">Breite[2])
max.
mm</th><th rowspan="2">Restwanddicke
min.
mm</th><th colspan="2">Abstand der Schlitze und Aussparungen</th></tr>
<tr><th>von Öffnungen
min.
mm</th><th>untereinander
min.
mm</th></tr>
<tr><td>115</td><td>10</td><td>100</td><td>–</td><td>–</td><td></td><td rowspan="5">2fache Schlitzbreite bzw. 365</td><td rowspan="5">Schlitzbreite</td></tr>
<tr><td>175</td><td>30</td><td>100</td><td rowspan="4">115</td><td>260</td><td>115</td></tr>
<tr><td>240</td><td>30</td><td>150</td><td>385</td><td>115</td></tr>
<tr><td>300</td><td>30</td><td>200</td><td>385</td><td>175</td></tr>
<tr><td>365</td><td>30</td><td>200</td><td>385</td><td>240</td></tr>
</table>

[1]) Schlitze, die bis maximal 1 m über den Fußboden reichen, dürfen bei Wanddicken ≧ 240 mm bis zu 80 mm Tiefe und 120 mm Breite ausgeführt werden.

[2]) Die Gesamtbreite von Schlitzen nach Spalte 3 und Spalte 5 darf pro 2 m Wandlänge die Maße in Spalte 5 nicht überschreiten. Bei geringeren Wandlängen als 2 m sind die Werte in Spalte 5 proportional zur Wandlänge zu verringern.

Die Zusammenstellungen der Tabellen sind entnommen aus: KS-Rezeptmauerwerk, Beton-Verlag, Düsseldorf 1990; sie entsprechen Tabelle 10 der DIN 1053 Teil 1 (2/1990).

Außenwandsysteme

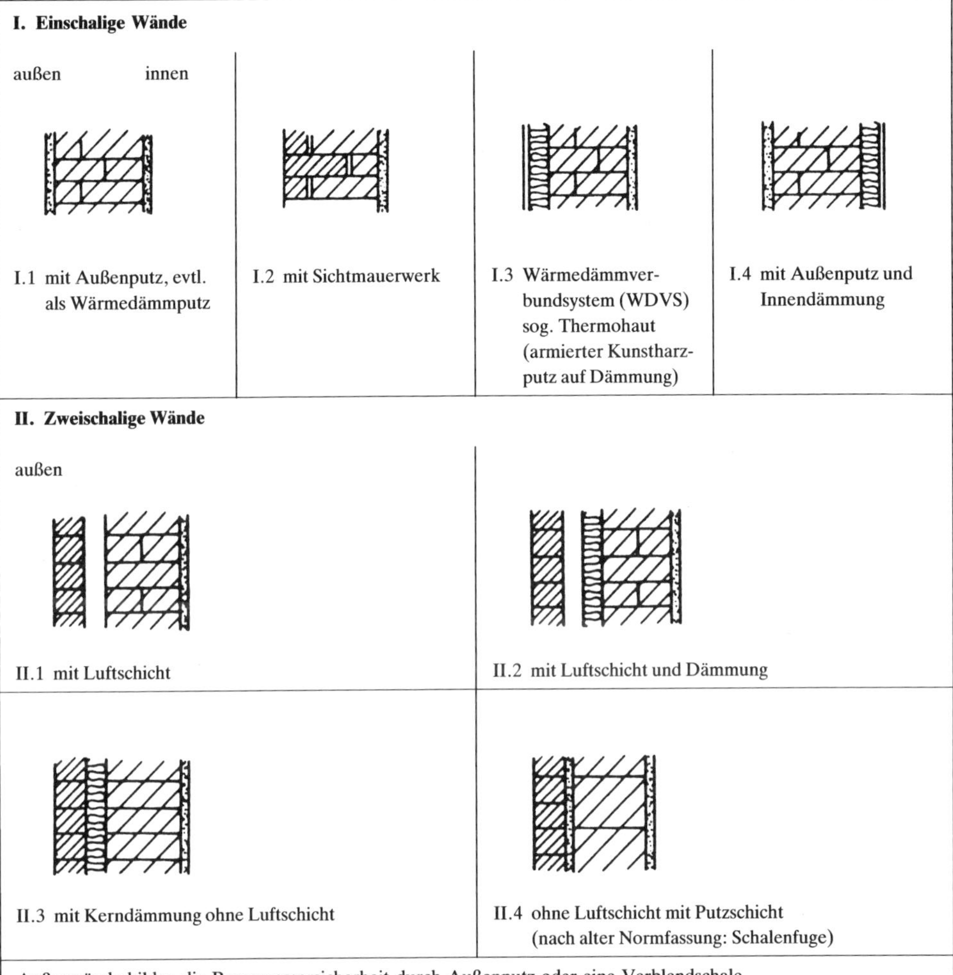

Außenwände bilden die Regenwassersicherheit durch Außenputz oder eine Verblendschale.
Die Wärmedämmung wird erzeugt durch Steinmaterial und Wanddicke, durch Dämmschicht (außen oder innen), durch Kerndämmschicht mit oder ohne Luftschicht.
Nach der neuen WärmeschutzVO (tritt am 1. 1. 1995 in Kraft) sind Mauerwerksdicken bei Außenwänden auch bei günstigen Steinen, Leichtmörtel und Dämmputz in einschaliger Form kaum unter d = 36,5 cm möglich; mit entsprechend dicker Wärmedämmung reichen d = 17,5 cm; bei zweischaliger Konstruktion und Dämmung sind 2 × 11,5 cm ausreichend.

4.2.2 Einschalige Außenwände

● Allgemeines

Außenwände sollen so beschaffen sein, daß sie Schlagregenbeanspruchungen standhalten. Dies gilt zwingend, wenn die Gebäude dem dauernden Aufenthalt von Menschen dienen.

● Geputzte einschalige Außenwände

Bei Außenwänden aus nicht frostwiderstandsfähigen Steinen ist ein Außenputz (s. Abschnitt II 4.7.1), der die Anforderungen nach DIN 18 550 Teil 1 erfüllt, anzubringen oder ein anderer

Witterungsschutz vorzusehen. Erfolgt der Witterungsschutz nur durch Putz, so soll die Wanddicke für Räume, die dem dauernden Aufenthalt von Menschen dienen, mindestens 240 mm sein.

● Unverputzte einschalige Außenwände (einschaliges Verblendmauerwerk)
Bleibt bei einschaligen Außenwänden das Mauerwerk an der Außenseite sichtbar, so muß jede Mauerschicht mindestens zwei Steinreihen gleicher Höhe aufweisen, zwischen denen eine durchgehende, schichtweise versetzte, hohlraumfrei vermörtelte, 20 mm dicke Längsfuge verläuft (siehe Abb. 4.2). Die Mindestwanddicke beträgt 310 mm. Alle Fugen müssen vollfugig und haftschlüssig vermörtelt werden.

Bei einschaligem Verblendmauerwerk gehört die Verblendung zum tragenden Querschnitt. Für die zulässige Beanspruchung ist die im Querschnitt verwendete niedrigste Steinfestigkeitsklasse maßgebend.

Die Fugen der Sichtflächen sollen – soweit kein Fugenglattstrich ausgeführt wird – mindestens 15 mm tief, flankensauber ausgekratzt und anschließend handwerksgerecht ausgefugt werden.

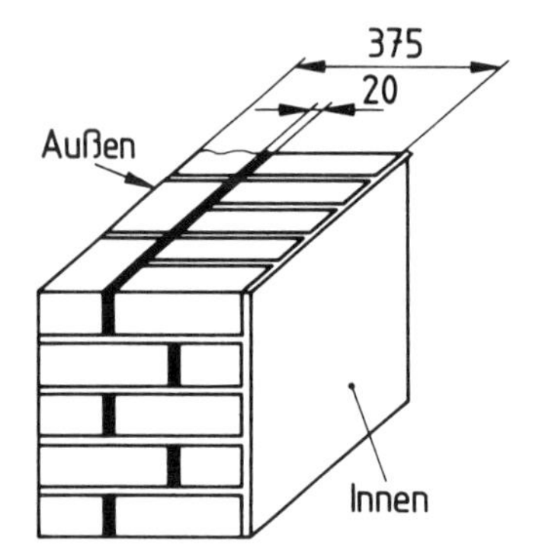

Abb. 4.2 Schnitt durch 375 mm dickes einschaliges Verblendmauerwerk (Prinzipskizze)

● Wärmedämmverbundsystem (WDVS nach DIN V 18559 aus 12/1988)
Das Wärmedämmverbundsystem (Kunstharzputz auf Dämmschicht mit Spachtelungen und Gewebeeinlage) sollte erst aufgebracht werden, wenn der Baukörper ausgetrocknet ist, d.h. auch Innenputz und Estrich. Auf Porenbetonsteinen ist diese Konstruktion nicht möglich, da der Feuchtegehalt sehr hoch ist – z.T. 25% – und sehr lange Trockenzeit benötigt, da die Feuchtigkeit nur nach innen austrocknen kann (s. hierzu ausführlich unter II 4.9.5).

4.2.3 Zweischalige Außenwände

4.2.3.1 Konstruktionsarten und allgemeine Bestimmungen für die Ausführung

Nach dem Wandaufbau wird unterschieden nach zweischaligen Außenwänden

- mit Luftschicht
- mit Luftschicht und Wärmedämmung
- mit Kerndämmung
- mit Putzschicht

Bei Anordnung einer nichttragenden Außenschale (Verblendschale oder geputzte Vormauerschale) vor einer tragenden Innenschale (Hintermauerschale) ist folgendes zu beachten:

a) Bei der Bemessung ist als Wanddicke nur die Dicke der tragenden Innenschale anzunehmen. Wegen der Mindestdicke der Innenschale siehe Abschnitt 4.2.1.1.

b) Die Mindestdicke der Außenschale beträgt 90 mm. Dünnere Außenschalen sind Bekleidungen, deren Ausführung in DIN 18 515 geregelt ist; s. auch Abschnitt II 4.9.

Die Außenschale soll über ihre ganze Länge und vollflächig aufgelagert sein. Bei unterbrochener Auflagerung (z. B. auf Konsolen) müssen in der Abfangebene alle Steine beidseitig aufgelagert sein.

c) Außenschalen von 115 mm Dicke sollen in Höhenabständen von etwa 12 m abgefangen werden. Ist die 115 mm dicke Außenschale nicht höher als zwei Geschosse oder wird sie alle zwei Geschosse abgefangen, dann darf sie bis zu einem Drittel ihrer Dicke über ihr Auflager vorstehen. Für die Ausführung der Fugen der Sichtflächen von Verblendschalen siehe Abschnitt 4.2.2.

d) Außenschalen von weniger als 115 mm Dicke dürfen nicht höher als 20 m über Gelände geführt werden und sind in Höhenabständen von etwa 6 m abzufangen. Bei Gebäuden bis zwei Vollgeschossen darf ein Giebeldreieck bis 4 m Höhe ohne zusätzliche Abfangung ausgeführt werden. Diese Außenschalen dürfen maximal 15 mm über ihr Auflager vorstehen. Die Fugen der Sichtflächen von diesen Verblendschalen sollen in Glattstrich ausgeführt werden.

e) Die Mauerwerksschalen sind durch Drahtanker aus nichtrostendem Stahl mit den Werkstoffnummern 1.4401 oder 1.4571 nach DIN 17 440 zu verbinden (siehe Tabelle 4.3). Die Drahtanker müssen in Form und Maßen Abb. 4.3 entsprechen. Der vertikale Abstand der Drahtanker soll höchstens 500 mm, der horizontale Abstand höchstens 750 mm betragen.

Tabelle 4.3 Mindestanzahl und Durchmesser von Drahtankern je m² Wandfläche

		Drahtanker	
		Mindestanzahl	Durchmesser in mm
1	mindestens, sofern nicht Zeilen 2 und 3 maßgebend	5	3
2	Wandbereich höher als 12 m über Gelände oder Abstand der Mauerwerksschalen über 70 bis 120 mm	5	4
3	Abstand der Mauerwerksschalen über 120 bis 150 mm	7 oder 5	4 5

An allen freien Rändern (von Öffnungen, an Gebäudeecken, entlang von Dehnungsfugen und an den oberen Enden der Außenschalen) sind zusätzlich zum Tabellenwert drei Drahtanker je m Randlänge anzuordnen.

Andere Verankerungsarten der Drahtanker sind zulässig, wenn durch Prüfzeugnis nachgewiesen wird, daß diese Verankerungsart eine Zug- und Druckkraft von mindestens 1 kN bei 1,0 mm Schlupf je Drahtanker aufnehmen kann. Wird einer dieser Werte nicht erreicht, so ist die Anzahl der Drahtanker entsprechend zu erhöhen.

Die Drahtanker sind unter Beachtung ihrer statischen Wirksamkeit so auszuführen, daß sie keine Feuchte von der Außen- zur Innenschale leiten können (z. B. Aufschieben einer Kunststoffscheibe, siehe Abb. 4.3). Der früher übliche Drahtanker mit „Wassernase" ist nicht mehr zulässig.

Andere Ankerformen (z. B. Flachstahlanker) und Dübel im Mauerwerk sind zulässig, wenn deren Brauchbarkeit nach den bauaufsichtlichen Vorschriften nachgewiesen ist, z. B. durch eine allgemeine bauaufsichtliche Zulassung.

Bei nichtflächiger Verankerung der Außenschale, z. B. linienförmig oder nur in Höhe der Decken, ist ihre Standsicherheit nachzuweisen (vgl. hierzu das „Schweizer Modell").

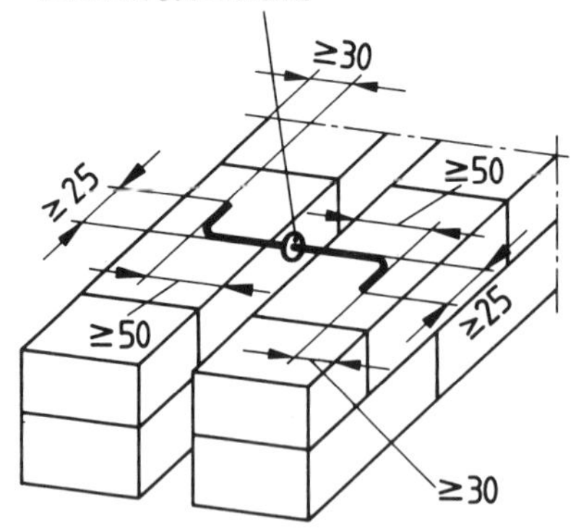

Abb. 4.3 Drahtanker für zweischaliges Mauerwerk für Außenwände

Bei gekrümmten Mauerwerksschalen sind Art, Anordnung und Anzahl der Anker unter Berücksichtigung der Verformung festzulegen.

f) Die Innenschalen und die Geschoßdecken sind an den Fußpunkten der Zwischenräume der Wandschalen gegen Feuchtigkeit zu schützen (siehe Abb. 4.4). Die Abdichtung ist im Bereich des Zwischenraumes im Gefälle nach außen, im Bereich der Außenschale horizontal zu verlegen. Dieses gilt auch bei Fenster- und Türstürzen sowie im Bereich von Sohlbänken.

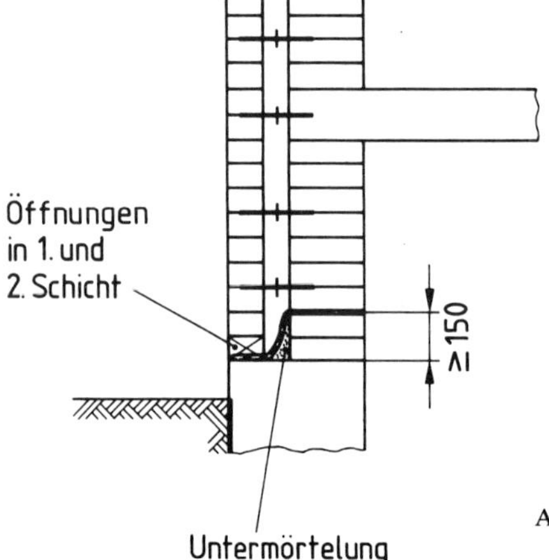

Abb. 4.4 Fußpunktausführung bei zweischaligem Verblendmauerwerk (Prinzipskizze)

Die Aufstandsfläche muß so beschaffen sein, daß ein Abrutschen der Außenschale auf ihr nicht eintritt. Die erste Ankerlage ist so tief wie möglich anzuordnen. Die Dichtungsbahn für die untere Sperrschicht muß DIN 18 195 Teil 4 entsprechen. Sie ist bis zur Vorderkante der Außenschale zu verlegen, an der Innenschale hochzuführen und zu befestigen.

g) DIN 1053 verlangt bei Steinen, die unmittelbar der Witterung ausgesetzt sind, Frostbeständigkeit, nicht auch Regendichtigkeit. Schild (Schwachstellen Band II – Außenwände, 4. Aufl. 1990) hat dazu folgendes ausgeführt: Die Regensicherheit wird nicht negativ beeinflußt durch die kapillare Saugfähigkeit der Vormauersteine (die er für günstiger als Klinker hält) und des Mörtels, da kapillar saugfähige Stoffe zwar leicht Wasser aufnehmen, dieses aber gut speichern und wieder abgeben können. Eine zu Schäden führende Wasserdurchlässigkeit von Vormauerungen wird fast ausschließlich durch Risse, offene Fugen und Hohlräume herbeigeführt. Reiner Zementmörtel (MG III) ist schwerer hohlraumarm verarbeitbar als Kalkzementmörtel (MG II und II a); der Anteil an mehlfeinen Stoffen soll 10 bis 20 Gew.-% betragen, erforderlichenfalls Zusatz von Gesteinsmehl oder Traß! Durch Dichtungsmittel werden die hier wesentlichen Eigenschaften der Mörtelfuge (Hohlraum- und Rißsicherheit) nicht verbessert.

Bei einer nachträglichen Verfugung mit Fugenmörtel ist ein rißfreier Verbund und hohlraumfreier Anschluß mit dem bereits erhärteten Mauermörtel nur bei größter Sorgfalt möglich und erreicht niemals die Homogenität eines während des Mauerns vorgenommenen oberflächenbündigen Fugenglattstrichs des Mauermörtels (s. auch II. 4.3.1 – Verfugen von Verblendflächen).

4.2.3.2 Zweischalige Außenwände mit Luftschicht

Bei zweischaligen Außenwänden mit Luftschicht ist folgendes zu beachten:

a) Die Luftschicht soll mindestens 60 mm und darf höchstens 150 mm dick sein. Die Dicke der Luftschicht darf bis auf 40 mm vermindert werden, wenn der Fugenmörtel mindestens an einer Hohlraumseite abgestrichen wird. Dieses absolute Mindestmaß führt bei einer unbeabsichtigten Unterschreitung zu erheblicher Beanstandung durch einen evtl. eingeschalteten Gutachter. Die Luftschicht darf nicht durch Mörtelbrücken unterbrochen werden. Sie ist beim Hochmauern durch Abdecken oder andere geeignete Maßnahmen (z. B. eingelegte Bohlen) gegen herabfallenden Mörtel zu schützen.

b) Die Außenschalen sollen unten und oben mit Lüftungsöffnungen (z. B. offene Stoßfugen)*) versehen werden, wobei die unteren Öffnungen auch zur Entwässerung dienen. Das gilt auch für die Brüstungsbereiche der Außenschale. Die Lüftungsöffnungen sollen auf 20 m^2 Wandfläche (Fenster und Türen eingerechnet) eine Fläche von jeweils etwa 7500 mm^2 haben.**)

c) Die Luftschicht darf erst 100 mm über Erdgleiche beginnen und muß von dort bzw. von Oberkante Abfangkonstruktion (siehe Abschnitt 4.2.3.1, Aufzählung c)) bis zum Dach bzw. bis Unterkante Abfangkonstruktion ohne Unterbrechung hochgeführt werden.

d) In der Außenschale sollen vertikale Dehnungsfugen angeordnet werden. Ihre Abstände richten sich nach der klimatischen Beanspruchung (Temperatur, Feuchte usw.), der Art der Baustoffe und der Farbe der äußeren Wandfläche. Darüber hinaus muß die freie Beweglichkeit der Außenschale auch in vertikaler Richtung sichergestellt sein.

   Die Mauerwerksschalen sind an ihren Berührungspunkten (z. B. Fenster- und Türanschlägen) durch eine wasserundurchlässige Sperrschicht zu trennen.

   Die Dehnungsfugen sind mit einem geeigneten Material dauerhaft und dicht zu schließen.

– *Vertikale Dehnungsfugen* sind in der Verblendschale anzuordnen:

- im Bereich der Gebäudeecken, und zwar so, daß die klimatisch ungünstigere Wand (abhängig von der Himmelsrichtung) jeweils freier arbeiten kann entsprechend der Skizze
- bei längeren Wandscheiben auf der West- und Südseite etwa alle 8 m bei KS-Steinen und etwa 11 m bei Mauerziegeln; auf der Nord- und Ostseite etwa alle 10 m bei KS und 13 m bei Mz; bei Verblendmauerwerk mit Kerndämmung werden kleinere Dehnfugenabstände empfohlen: KS-Steinwand etwa 5 m, Mauerziegelwand etwa 7 m (alle Zahlen nur Richtwerte).

---

*) Es ist stets zu kontrollieren, ob die offenen Stoßfugen nicht durch Mörtel verstopft sind.

**) Das heißt: sowohl oben als auch unten. – Die offenen Stoßfugen sollten mit einem Fliegengittergewebe verschlossen werden.

Neuerdings wird bei KS-Steinen unabhängig von der Himmelsrichtung ein Dehnfugenabstand von 8 m empfohlen (s. Kalksandstein, Planung/Konstruktion/Ausführung, 3. Aufl. 1994).

- bei großen Fenster- und Türöffnungen in Verlängerung der Leibungen.

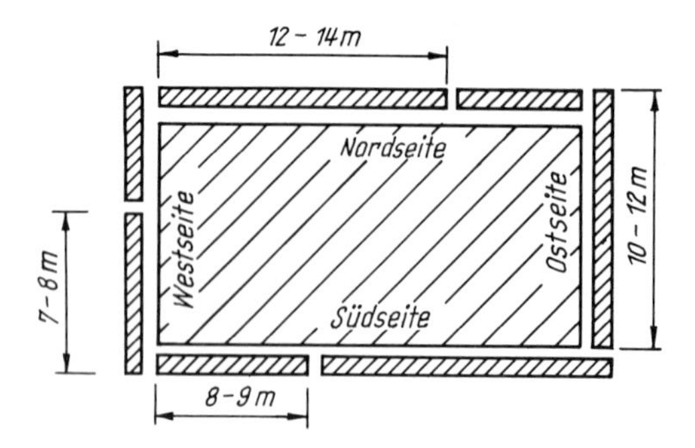

Abb. 4.5
Fugenabstände bei KS-Steinen; bei Ziegelmauerwerk können die Abstände etwa 30% vergrößert werden (s. auch Text auf S. 235).

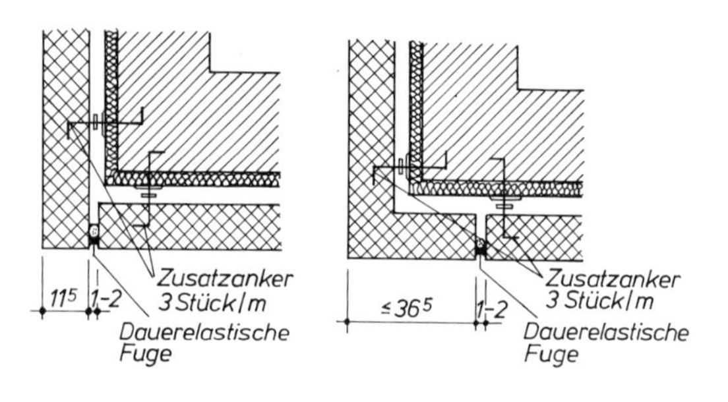

Abb. 4.6
Vertikale Bewegungsfuge an Gebäudeecken
a) in der Ecke
b) mit Eckverband
(Ziegel-Bauberatung Nr. 1.3.3 von 11/1993)

– *Horizontale Dehnungsfugen* kommen in Betracht bei Verblendschalen, die über mehrere Geschosse durchgehen; die Schale muß sich in voller Höhe ungehindert bewegen können. Bei auskragenden Bauteilen (Balkone, Vordächer, Gesimse, Attiken) sind unterhalb dieser „Hindernisse“ horizontale Fugen anzuordnen; das gilt auch für die Abfangkonstruktionen dieser Schale selbst.

4.2.3.3 Zweischalige Außenwände mit Luftschicht und Wärmedämmung

Bei Anordnung einer zusätzlichen matten- oder plattenförmigen Wärmedämmschicht auf der Außenseite der Innenschale ist außerdem zu beachten:

a) Der lichte Abstand der Mauerwerksschalen darf 150 mm nicht überschreiten.

b) Die Luftschichtdicke von mindestens 40 mm darf nicht durch Unebenheit der Wärmedämmschicht eingeengt werden. Wird diese Luftschichtdicke unterschritten, gilt Abschnitt 4.2.3.4.

c) Hinsichtlich der Eigenschaften und Ausführung der Wärmedämmschicht ist Abschnitt 4.2.3.4, Aufzählung a sinngemäß zu beachten.

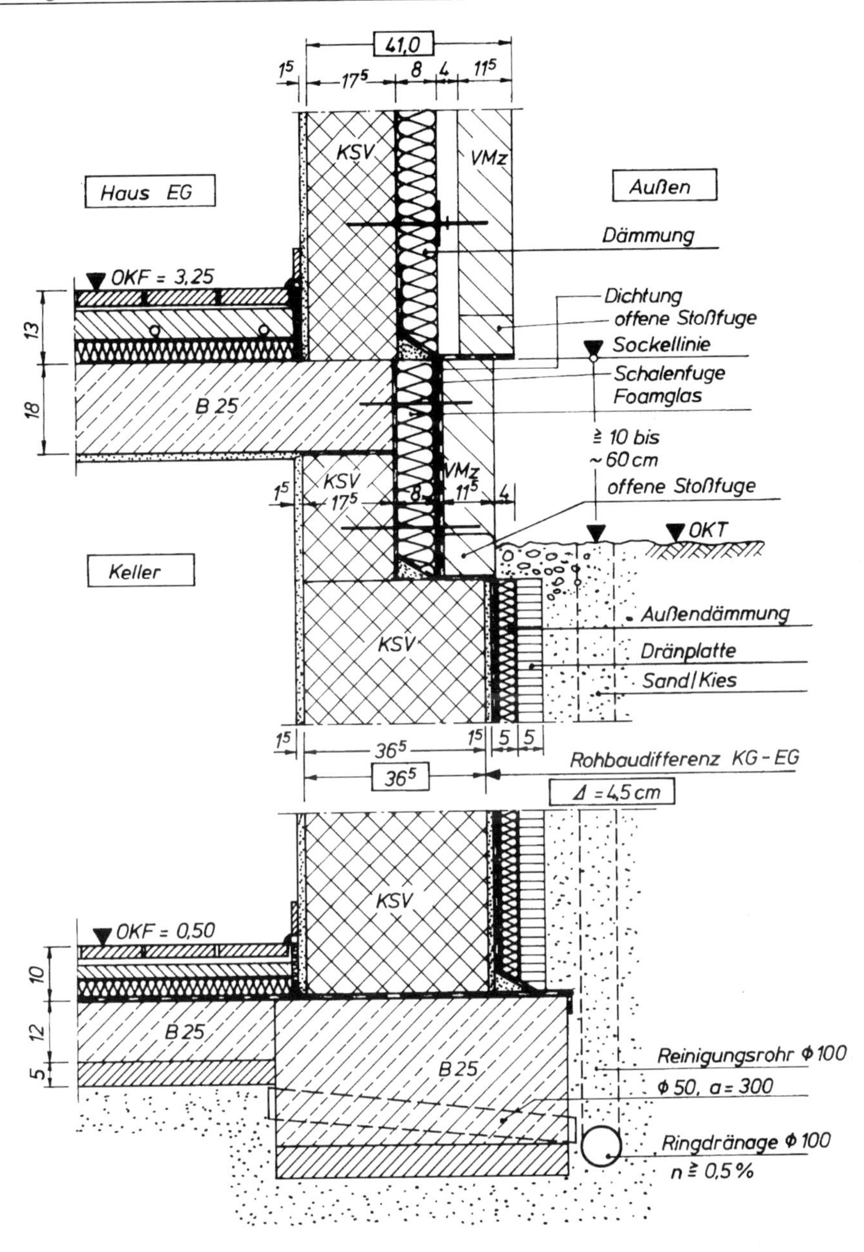

Abb. 4.7 Detail-Sockelausbildung beim zweischaligen Mauerwerk (Beispiel)

Abb. 4.8 Luftschicht ist teilweise durch Mörtel verstopft

Abb. 4.9 Wärmedämmung nicht ordnungsgemäß befestigt; Mörtelbrocken in der Luftschicht

4.2.3.4 Zweischalige Außenwände mit Kerndämmung

Abweichend von Abschnitt 4.2.3.1, Aufzählung b, ist die Außenschale mindestens 115 mm dick auszuführen.

Der lichte Abstand der Mauerwerksschalen darf 150 mm nicht überschreiten. Der Hohlraum zwischen den Mauerwerksschalen darf ohne verbleibende Luftschicht verfüllt werden, wenn Wärmedämmstoffe verwendet werden, die für diesen Anwendungsbereich genormt sind oder deren Brauchbarkeit nach den bauaufsichtlichen Vorschriften nachgewiesen ist, z. B. durch eine allgemeine bauaufsichtliche Zulassung.

Für die Außenschale sind keine glasierten Steine oder Steine bzw. Beschichtungen mit vergleichbar hoher Wasserdampf-Diffusionswiderstandszahl zulässig.

Auf die vollfugige Vermauerung der Verblendschale und die sachgemäße Verfugung der Sichtflächen ist besonders zu achten.

Entwässerungsöffnungen in der Außenschale sollen auf 20 m² Wandfläche (Fenster und Türen eingerechnet) eine Fläche von mindestens 5000 mm² im Fußpunktbereich haben.

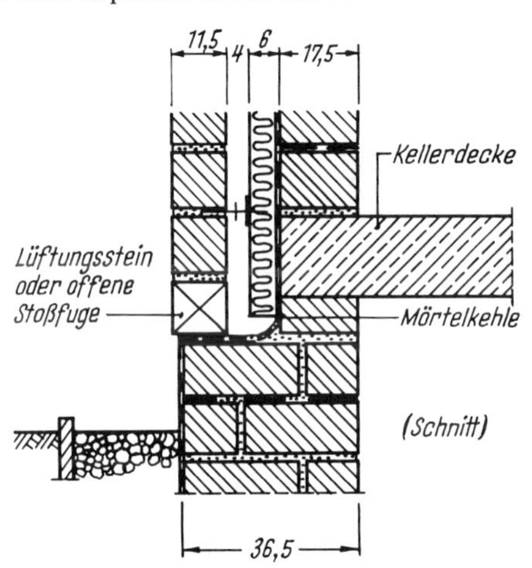

Abb. 4.10 Entwässerungsöffnung am Wandfuß bei Luftschichtwand (ähnlich bei Kerndämmung)

Entwässerungsöffnungen sind ebenfalls über den Fenstern unmittelbar oberhalb der Feuchtesperren anzuordnen. Im Gegensatz zu den zweischaligen Wänden mit Luftschicht gibt es bei der Kerndämmung keine (Lüftungs-)Öffnungen oben. Es wird davon ausgegangen, daß Feuchtigkeit, die z. B. durch Schlagregen in die Verblendschale eindringt, dort durch die Kapillarität der Baustoffe verteilt und bei Trockenperioden durch Diffusionsvorgänge wieder an die Außenluft abgegeben wird.

Als Baustoffe für die Wärmedämmung dürfen z. B. Platten, Matten, Granulate und Schüttungen aus Dämmstoffen, die dauerhaft wasserabweisend sind, sowie Ortschäume verwendet werden.

Bei der Ausführung gilt insbesondere:

a) Platten- und mattenförmige Mineralfaserdämmstoffe sowie Platten aus Schaumkunststoffen und Schaumglas als Kerndämmung sind an der Innenschale so zu befestigen, daß eine gleichmäßige Schichtdicke sichergestellt ist.

   Platten- und mattenförmige Mineralfaserdämmstoffe sind so dicht zu stoßen, Platten aus Schaumkunststoffen so auszubilden und zu verlegen (Stufenfalz, Nut und Feder oder versetzte Lagen), daß ein Wasserdurchtritt an den Stoßstellen dauerhaft verhindert wird.

Materialausbruchstellen bei Hartschaumplatten (z. B. beim Durchstoßen der Drahtanker) sind mit einer lösungsmittelfreien Dichtungsmasse zu schließen.

Die Außenschale soll so dicht, wie es das Vermauern erlaubt (Fingerspalt), vor der Wärmedämmschicht errichtet werden.

b) Bei lose eingebrachten Wärmedämmstoffen (z. B. Mineralfasergranulat, Polystyrolschaumstoff-Partikel, Blähperlit) ist darauf zu achten, daß der Dämmstoff den Hohlraum zwischen Außen- und Innenschale vollständig ausfüllt. Die Entwässerungsöffnungen am Fußpunkt der Wand müssen funktionsfähig bleiben. Das Ausrieseln des Dämmstoffes ist in geeigneter Weise zu verhindern (z. B. durch nichtrostende Lochgitter).

Hinweis: Beim Einsatz von schüttfähigen Dämmstoffen entsteht natürlich nicht der in der Norm erwähnte „Fingerspalt“ (s. II 4.2.3.4 a); bauaufsichtlich zugelassenes Material, z. B. Hyperlite KD, kann verwendet werden. Es wird beim Aufmauern des Verblendmauerwerks aus Säcken trocken in den Hohlraum zwischen Innen- und Außenschale geschüttet und um etwa 10% leicht verdichtet. Dabei verzahnt sich die Körnung und bleibt auch bei Erschütterungen volumenbeständig. Überall dort, wo Öffnungen für Fenster und Türen anzulegen sind, dienen wasserabweisende Profile, z. B. Rohr-Dämmschläuche, als Begrenzung; dies gilt auch beim getrennten Aufmauern der Verblendschalen an Gebäudeecken.

c) Ortschaum als Kerndämmung muß beim Ausschäumen den Hohlraum zwischen Außen- und Innenschale vollständig ausfüllen. Die Ausschäumung muß auf Dauer in ihrer Wirkung erhalten bleiben.

Für die Entwässerungsöffnungen gilt Aufzählung b sinngemäß.

Hinweise:

Die Kerndämmung taucht erstmals in der Fassung 2/1990 der DIN 1053 als Konstruktionselement auf; es wird hierunter eine zweischalige Außenwand mit innenliegender Wärmedämmung ohne Luftschicht verstanden. Die Fragen der Luftschicht, die Möglichkeit des Austrocknens bei nicht völliger Schlagregendichtigkeit und die Dauerhaftigkeit werden weiterhin in Fachkreisen diskutiert. An der Universität Hannover wurden Versuche mit kerngedämmten Wänden durchgeführt (1988): Die UF-Schäume wiesen alle größere Risse und Fehlstellen auf bis zu 20–25% der Wandflächen und eine Schrumpfung von etwa 8 cm. – Einzelne (verdichtete) Schüttungen waren danach deutlich zusammengesackt (5 cm bei 125 cm Versuchswandhöhe).

Die Güte solcher Wandsysteme ist eine Ausführungsfrage. Die Norm hat viele unverzichtbare Forderungen daran geknüpft. Versuchsergebnis: „Die beschriebene Arbeitsweise entspricht leider nicht der Realität auf den Baustellen, vor allem nicht im Bereich des Rohbaus. Fehler sind hier vorprogrammiert, die Kerndämmung ist dahin gehend sicher anfälliger als andere Konstruktionen“ (G. Achstetter, Kerndämmung, in: Der Architekt, 11/1990).

Hier hilft wie auch sonst sorgfältige und häufige Bauüberwachung.

4.2.3.5 Zweischalige Außenwände mit Putzschicht

Auf der Außenseite der Innenschale ist eine zusammenhängende Putzschicht aufzubringen. Davor ist so dicht, wie es das Vermauern erlaubt (Fingerspalt), die Außenschale (Verblendschale) vollfugig zu errichten.

Dieses zweischalige Verblendmauerwerk mit Putzschicht ist Ersatz für das in der Neufassung der DIN fortgefallene, schadensanfällige zweischalige, Verblendmauerwerk mit ausgegossener Schalenfuge; die Bewährung in der Praxis steht noch aus. Hauptsächlich ist es ein handwerkliches Problem, da die Putzschicht dicht und rissefrei sein muß, was allerdings durch die Drahtanker sehr erschwert wird.

Die Dicke der Putzschicht ist in der Norm nicht festgelegt, sie sollte nicht unter 10 mm im Mittel betragen und als wasserabweisender Putz ausgeführt werden; siehe hierzu die Tabelle „Putzsysteme für Außenputze“ unter II 4.7.1 (nach: Planung und Ausführung von Ziegelsicht- und -verblendmauerwerk der Arbeitsgemeinschaft Vormauerziegel & Klinker e. V., Essen, Am Zehnthof).

Wird statt der Verblendschale eine geputzte Außenschale angeordnet, darf auf die Putzschicht auf der Außenseite der Innenschale verzichtet werden.

Für die Drahtanker nach Abschnitt 4.2.3.1, Aufzählung e) genügt eine Dicke von 3 mm.

Bezüglich der Entwässerungsöffnungen gilt der Abschnitt 4.2.3.2, Aufzählung b) sinngemäß. Auf obere Entlüftungsöffnungen darf verzichtet werden.

Bezüglich der Dehnungsfugen gilt Abschnitt 4.2.3.2, Aufzählung d).

4.2.4 Gemauerte Kappen und scheitrechte Bogen

Gewölbe und Bogen kommen bei Neubauten praktisch nicht mehr vor, allenfalls bei Restaurierungen. Bei allen Traggliedern mit Bogenwirkung ist die unverrückbare Lage der Widerlager ausschlaggebend.

DIN 1053 Teil 1 gibt Konstruktionsregeln an, für die ein statischer Nachweis nicht erforderlich ist; insofern steht hierüber auch nichts in der statischen Berechnung.

● Gewölbte Kappen zwischen Trägern
Bei vorwiegend ruhender Verkehrslast nach DIN 1055 Teil 3 ist für Kappen, deren Dicke erfahrungsgemäß ausreicht (Trägerabstand bis etwa 2,50 m), ein statischer Nachweis nicht erforderlich.

Die Mindestdicke der Kappen beträgt 115 mm.

Es muß im Verband gemauert werden (Kuff oder Schwalbenschwanz).

Die Stichhöhe muß mindestens 1/10 der Kappenstützweite sein.

Die Endfelder benachbarter Kappengewölbe müssen Zuganker erhalten, deren Abstände höchstens gleich dem Trägerabstand des Endfeldes sind. Sie sind mindestens in den Drittelpunkten und an den Trägerenden anzuordnen. Das Endfeld darf nur dann als ausreichendes Widerlager (starre Scheibe) für die Aufnahme des Horizontalschubes der Mittelfelder angesehen werden, wenn seine Breite mindestens ein Drittel seiner Länge ist. Bei schlankeren Endfeldern sind die Anker über mindestens zwei Felder zu führen. Die Endfelder als Ganzes müssen seitliche Auflager erhalten, die in der Lage sind, den Horizontalschub der Mittelfelder auch dann aufzunehmen, wenn die Endfelder unbelastet sind. Die Auflager dürfen durch Vormauerung, dauernde Auflast, Verankerung oder andere geeignete Maßnahmen gesichert werden.

Über den Kellern von Gebäuden mit vorwiegend ruhender Verkehrslast von maximal 2 kN/m^2 darf ohne statischen Nachweis davon ausgegangen werden, daß der Horizontalschub von Kappen bis 1,3 m Stützweite durch mindestens 2 m lange, 240 mm dicke und höchstens 6 m voneinander entfernte Querwände aufgenommen wird, wobei diese gleichzeitig mit den Auflagerwänden der Endfelder (in der Regel Außenwände) im Verband zu mauern sind oder, wenn Loch- bzw. stehende Verzahnung angewendet wird, durch statisch gleichwertige Maßnahmen zu verbinden sind.

● Scheitrechter Bogen

Obwohl die DIN 1053 den scheitrechten Bogen nicht erwähnt, wird er bei Sichtmauerwerk für kleine Stützweiten und geringe Belastung als Fensterüberdeckung häufig ausgeführt. Daneben gibt es für diesen Zweck die bewehrten und vorgespannten Ziegelstürze und die Scheinbogen, die nur Verblender vor einem tragenden Stahlbetonsturz sind.

Zulässige Spannweiten des scheitrechten Bogens:

d = 24 cm: l = 90 cm
d = 36,5 cm: l = 130 cm
Überhöhung (Stich) 2 cm je m Spannweite

Die Steine des Bogens müssen Neigung und am Rande ein Auflager haben, damit sie nicht „durchrutschen". Sogenannte Grenadiersteine (ohne Neigung) tragen bei etwas größerer Spannweite nicht einmal sich selbst.

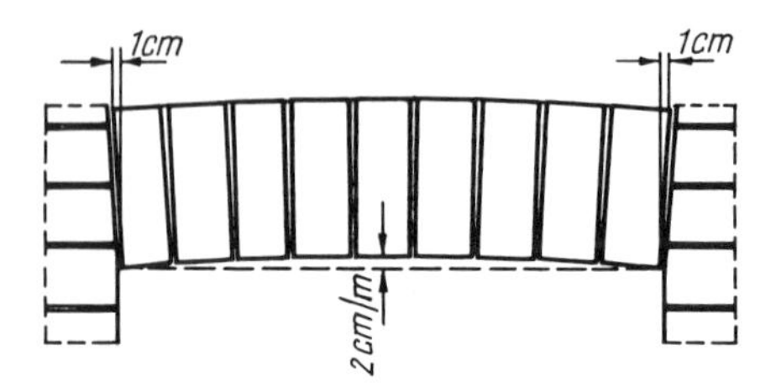

Abb. 4.11 Überhöhung (Stich) und Neigung der Widerlager beim scheitrechten Bogen

Bogen und scheitrechte Stürze sollten eine ungerade Zahl von Schichten aufweisen, damit der Schlußstein genau mittig sitzt.

4.3 Ausführung von Mauerwerk

4.3.1 Allgemeine Regeln

● Transport von Mauersteinen (nach dem Merkblatt der BauBG)

- Auf Eignung und ausreichende Tragfähigkeit von Lastaufnahmemitteln und Hebezeugen achten.
- Zum Transportieren von Steinpaketen immer Steinkorb oder Gabel mit Schwenkkorb und Fangschürze verwenden, wenn
  - ○ die Schrumpfhaube beschädigt ist,
  - ○ die Umreifung mangelhaft ist,
  - ○ die Palette nicht tragfähig ist.
- Umreifte Pakete nicht durch Unterhaken unter die Umreifung anschlagen.
- Stets Sicherheitseinrichtungen in Schutzstellung bringen:
  - ○ Steinkörbe gegen unbeabsichtigtes Öffnen verriegeln,
  - ○ an Gabeln Sicherungskette umlegen,
  - ○ bei Gabeln mit Schwenkkorb diesen herabklappen und Fangschürze einhängen,
  - ○ an Klemmen und Greifern die Fangschürze einhängen.
- Kranführer:
  - ○ nur die gesicherte Last transportieren,
  - ○ bei ungenügender Sicht Einweiser einsetzen.

- Steinpakete nur auf ebenen, tragfähigen Flächen absetzen; dabei mindestens 0,5 m Sicherheitsabstand zu bewegten Teilen der Umgebung, z. B. auf Kranbahnen, einhalten.
- Steinpakete nicht auf Schutzgerüsten absetzen.
- Steinpakete nicht mit Seilen, Ketten oder Bändern im Hängegang transportieren.

● Weitertransport von paketierten Steinen

Paketierte Steine eignen sich besonders für den bodennahen Weitertransport z. B. mit Gabelstaplern. Die Stahlumschnürung dient lediglich dem Zusammenhalt der Steinpakete. Das Einhaken unter den Stahlbändern und die Verwendung von untergeschobenen Rohren oder Ladeplatten ist nur für bodennahen Transport erlaubt. Der Transport über Kopf ist verboten, da dies die Gefahr schwerer Unfälle durch herabfallende Steine in sich birgt (s. auch Kalksandstein, Produktprogramm 2/92).

● Handhaben von Mauersteinen

(entsprechend dem Merkblatt „Handhaben von Mauersteinen" der Bau-Berufsgenossenschaft, Ausgabe 4/1991)

Beim Heben, Tragen und Umsetzen von Mauersteinen kommt es zu Haltungen und Bewegungen, die den Körper stark belasten und auf Dauer zu einer Überbeanspruchung führen können. Nach arbeitsphysiologischen Untersuchungen erreicht die Beanspruchung des Menschen beim Vermauern von Hand mit einem Steingewicht von etwa 25 kg einen Grenzwert. Solche Steine dürfen auch dann nicht von Hand verarbeitet werden, wenn eine zweite Person Hilfestellung leistet. Derartige Steine dürfen nur mit Hilfe von Versetzgeräten oder -maschinen versetzt werden. Bei Einhandsteinen ist die Grenze bei 6 kg (Greifspanne unter 75 mm 7,5 kg) erreicht.

- Bei einer Greifspanne von mehr als 75 mm bis höchstens 115 mm (≙ 2 DF) darf das Verarbeitungsgewicht von Einhand-Mauersteinen nicht mehr als 6 kg betragen.
- Bei einer Greifspanne von mind. 40 mm bis höchstens 75 mm (z. B. 5 DF) darf das Verarbeitungsgewicht von Einhand-Mauersteinen nicht mehr als 7,5 kg betragen.
- Zweihand-Mauersteine müssen Griffhilfen (Grifflöcher, Grifftaschen) haben bzw. so gestaltet sein, daß sie mit Zweihand-Greifwerkzeugen verarbeitet werden können.

Steinpakete, bei denen das Verarbeitungsgewicht der einzelnen Steine mehr als 25 kg beträgt, sollten durch einen textlichen Hinweis und ein Verbotszeichen auf der Verpackung oder dem Beipackzettel so gekennzeichnet werden, daß diese Steine nicht von Hand vermauert werden dürfen.

Für häufig vorkommende Mauersteinarten und -formate gibt die Tabelle 4.4 der Bau-Berufsgenossenschaft Entscheidungshilfe (s. S. 245).

● Vornässen gegen Verdursten

Bei stark saugfähigen Steinen und/oder ungünstigen Umgebungsbedingungen ist ein vorzeitiger und zu hoher Wasserentzug aus dem Mörtel durch Vornässen der Steine oder andere geeignete Maßnahmen einzuschränken, wie z. B.

a) durch Verwendung von Mörtel mit verbessertem Wasserrückhaltevermögen,

b) durch Nachbehandlung des Mauerwerks.

Andererseits sind Baustoffe grundsätzlich vor der Verarbeitung gegen Durchfeuchtung zu schützen (Tageswasser); laut VOB ist das eine Nebenleistung, die auch ohne Erwähnung in der Leistungsbeschreibung zu den vertraglichen Leistungen gehört. Ungeschützte Steinpaletten müssen also nach Anlieferung gegen Regenwasser mit einer Folie o. ä. geschützt werden. Ganz besonders nachteilig ist das Vollaufen bei Loch- und Kammersteinen.

Abb. 4.12 Beispiel für verdursteten Fugenmörtel: Beim Umsturz (Wind) einer Sichtmauerwerkwand trennten sich sauber Steine und Fugenschalen

Saugfähige Verblendersteine dürfen nicht zu trocken beim Vermauern sein, da sie dem Mörtel das Anmachwasser entziehen, das zum Abbinden erforderlich ist. Meist sind folienverpackte Steine zu trocken und müssen (zwei Tage) vor der Verarbeitung befeuchtet werden. Prüfung auf der Baustelle: Zwei Steine werden mit den Lagerflächen „vermauert" und nach 1 Minute wieder getrennt. Klebt an beiden Steinen jeweils ein Teil der Mörtelfuge, so stimmt der Feuchtigkeitsgehalt; bei zu trockenen Steinen bleibt ein Stein frei von Mörtel.

Bei dichtgebrannten Verblendern muß ein trocken e r e r Mörtel verwendet werden, der evtl. mit Stützkörnung, Korngröße 3–6/7 mm, aufbereitet wird. (Bauen mit Baksteen, Beratungsmappe für Architekten.)

● Normale „Toleranzen"
An der Universität Hannover wurden Versuche über den Einfluß der Güte der Ausführung auf die Druckfestigkeit von Mauerwerk gemacht. Solche in der Baupraxis häufig zu beobachtenden Ausführungsfehler sind z. B.: keine vollfugige Vermauerung der Steine, geschlagene (statt gefräster oder gespaltener) Ergänzungssteine, schwankende Mörtelfestigkeit, falsche Lagerfugendicke. Sie führten z. T. zu nicht vernachlässigbaren Einbußen in den Druckfestigkeiten.

● Verblendmauerwerk
Man muß auch bedenken, daß der Architekt/Bauunternehmer für die Ausführung einer Verblendschale vor Ort 4 bis 5 verschiedene Handwerker braucht: zuerst den Isolierer, der im Sockelbereich die Abklebung herstellt; den Metallbauer, der die Abfangkonsolen einbaut; die Firma, die die Wärmedämmung anbringt; den Fensterbauer, der zumindest die Zargen in die Öffnungen einbaut; schließlich den Maurer, der die Verblendschale erstellt. Zum Schluß kommt noch der Mann mit der Versiegelungsmasse, um die zahlreichen Bewegungsfugen zu schließen. – Falls ein Gutachter beauftragt wird, die Fassade zu beurteilen, wird er mit Sicherheit irgendwelche Ausführungsmängel (Abweichungen von den DIN-Normen) feststellen.

Die Verblendsteine sollen waagerecht auf die Lagerfuge aufgesetzt werden. Beim gekippten Aufsetzen bildet sich leicht im vorderen Bereich der Steinlagerfläche ein Mörtelabriß. Durch diesen kapillaren Abriß in der kritischen Außenzone wird Regenwasser geradezu ins Mauerwerk hineingezogen. – Außerdem quillt beim gekippten Aufsetzen überschüssiger Mörtel in die Luftschicht.

Tabelle 4.4 Beispiele für Mauersteine, die von Hand bzw. die nicht von Hand verarbeitet werden dürfen

Rohdichteklassen nach DIN (Spaltenköpfe):

0,4	0,5	0,6		0,7		0,8		0,9		1,0		1,2		1,4		1,6		1,8		2,0		2,2	2,4
PB PP	Hbl V Vbl PB PP	Hlz KS	Hbl V Vbl PB PP	Hlz KS	Hbl V Vbl PB PP	Hlz KS	Hbl V Vbl PB PP	Hlz KS Hbn	Hbl V Vbl PB PP	Hlz KS Hbn	Hbl V Vbl PB PP	Mz KS Hbn	Hbl V Vbl	Mz KS Hbn	Hbl V Vbl	Mz KS Hbn	V Vbl	Mz KS Hbn	V Vbl	Mz KS Hbn	V Vbl	Mz KS Hbn	Hbn

Format-kurz-zeichen	Maße: Länge l mm	Breite b mm	Höhe h mm	Volumen V dm³	Höchstzuläss. Steinrohdichte kg/dm³: Mz Hlz KS Hbn	Hbl V Vbl PB PP
Einhand-Mauersteine						
1 DF	240	115	52	1,435	3,98	3,64
NF	240	115	71	1,960	2,92	2,66
2 DF	240	115	113	3,119	2,29	2,09
2 DF	240	115	113	3,119	1,83	1,67
3 DF	240	175	113	4,764	1,51	1,37
4 DF	240	240	113	6,509	1,10	1,00
5 DF	240	300	113	8,136	0,88	0,80
Zweihand-Mauersteine						
3 DF	240	175	113	4,746	5,02	4,58
4 DF	240	240	113	6,509	3,66	3,34
5 DF	240	300	113	8,136	2,93	2,67
6 DF	240	365	113	9,899	2,41	2,20
8 DF	495	115	238	13,548	1,76	1,60
8 DF	240	240	238	13,709	1,74	1,59
8 DF	245	240	238	13,994	1,70	1,55
9 DF	370	175	238	15,411	1,55	1,41
10 DF	240	300	238	17,136	1,39	1,27
10 DF	305	240	238	17,422	1,37	1,25
10 DF	245	300	238	17,493	1,36	1,24
12 DF	495	175	238	20,617	1,15	1,05
12 DF	240	365	238	20,849	1,14	1,04
12 DF	370	240	238	21,134	1,13	1,03
12 DF	245	365	238	21,283	1,12	1,02
(PP)	499	175	249	21,744	1,09	1,00
(PB)	615	150	240	22,140	1,08	0,98
(PP)	624	150	249	23,306	1,02	0,93
(PP)	312	300	249	23,306	1,02	0,93
(PB)	615	175	240	25,830	0,92	0,84
15 DF	365	300	238	26,061	0,91	0,83
15 DF	370	300	238	26,418	0,90	0,82
(PP)	624	175	249	27,191	0,88	0,80
16 DF	490	240	238	27,989	0,85	0,78
16 DF	495	240	238	28,274	0,84	0,77
16 DF	245	490	238	28,572	0,83	0,76
18 DF	365	365	238	31,708	0,75	0,69
18 DF	370	365	238	32,142	0,74	0,68
20 DF	490	300	238	34,986	0,68	0,62
20 DF	495	300	238	35,343	0,67	0,62
(PB)	615	240	240	35,424	0,67	0,61
(PP)	499	300	249	37,275	0,64	0,58
(PP)	624	250	249	38,844	0,61	0,56
(PB)	490	365	240	42,924	0,55	0,51
24 DF	495	365	238	43,001	0,55	0,51
(PP)	499	365	249	45,352	0,52	0,48
(PB)	615	365	240	53,874	0,44	0,40
(PP)	624	375	249	58,266	0,41	0,37

Die angegebenen höchstzulässigen Steinrohdichten gelten nur, wenn diese 2-DF-Steine ein zentrales Griffloch haben!

Dieser 3 DF-Stein ist ab Rochdichteklasse 1,6 bzw. 1,8 ein Zweihandstein und z.B. mit Kellenunterstützung zu vermauern!

Diese 4 DF- u. 5 DF-Steine sind ab Rohdichteklasse 1,0 bzw. 1,2 Zweihandsteine und als solche nur ohne zentrale 4-Finger-Grifflöcher zulässig!

Mauersteine, die von Hand verarbeitet werden dürfen!

Mauersteine, die nicht von Hand verarbeitet werden dürfen!

Erläuterungen

Stein-Rohdichte ist die Masse des bei einer Temperatur von 105 °C bis zur Massenkonstanz getrockneten Mauersteins, bezogen auf dessen äußeres Steinvolumen. Dieses errechnet sich aus den äußeren Steinabmessungen Länge × Breite × Höhe.
Es schließt vorhandene Lochkanäle, Grifflöcher, Mörteltaschen und dgl. ein.

Mz	=	Mauerziegel, Vollziegel u. Hochlochziegel nach DIN 105, Teil 1
Hlz	=	Mauerziegel, Leichthochlochziegel nach DIN 105, Teil 2
KS	=	Kalksandsteine, Voll-, Loch-, Block-, Hohlblock- und Plansteine nach DIN 106, Teil 1
Hbl	=	Hohlblöcke aus Leichtbeton nach DIN 18151
V u. Vbl	=	Vollsteine und Vollblöcke aus Leichtbeton nach DIN 18152
Hbn	=	Mauersteine aus Beton, (Normalbeton) nach DIN 18153 (Hohlblöcke)
PB u. PP	=	Porenbeton-Blocksteine (PB) und Porenbeton-Plansteine (PP) nach DIN 4165 (Porenbeton = früher „Gasbeton")

- Verfugung von Verblendflächen

– Fugenglattstrich: bei geringem Arbeitsaufwand preiswert herstellbares Sicht- und Verblendmauerwerk. Die Fugen sind dabei in ihrer ganzen Tiefe aus einem Guß. Voraussetzung ist jedoch, daß der Mauermörtel ein gutes Zusammenhang- und Wasserrückhaltevermögen besitzt. Beim unvermeidbaren Hervorquellen des Mörtels aus den Fugen läuft dieser nicht an den Steinen herab und verschmutzt sie deshalb nicht. Werksgemischte Vormauermörtel und Traßkalkmörtel erfüllen diese Forderungen.

  Beim Mauern wird dabei der aus den Fugen tretende Mörtel mit der Kelle abgeschnitten; nach dem Ansteifen wird mit einem Holzspan oder einem Schlauchstück (evtl. über ein Fugeisen gezogen) oder mit dem Fugeisen bündig glattgestrichen.

  Die Fugenfarbe wird hierbei weitgehend durch die Konsistenz des Mörtels beim Verstreichen der Fugenoberfläche bestimmt: Eine zu frisch verstrichene Fuge wird hell, angesteifter Mörtel wird dunkel.

– Nachträgliche Verfugung: Vor jeder Arbeitspause sind die Fugen gleichmäßig 15 bis 20 mm tief – jedoch nicht bis zur Steinlochung – flankensauber auszukratzen. Vor dem Einbringen des maschinell gemischten Fugenmörtels ist die Fassade ausreichend anzunässen.

  Der schwach plastische Mörtel ist in zwei Arbeitsgängen in die Fugen einzudrücken und gut zu verdichten:
  1. Arbeitsgang: erst Lagerfuge, dann Stoßfuge.
  2. Arbeitsgang: erst Stoßfuge, dann Lagerfuge.
  So wird eine gute Verbindung von Stoß- und Lagerfugenmörtel erreicht.

  Die Fugen sollen mit Vorderkante Mauerwerk bündig abschließen oder höchstens 1 bis 3 mm dahinter liegen. Die Verfugung ist vor frühzeitigem Austrocknen zu schützen. Bei ungünstiger Witterung kann eine Nachbehandlung erforderlich werden; sie ist bei Traßmörtel stets vorzusehen.

(Nach: Planung und Ausführung von Ziegelsicht- und -verblendmauerwerk der Arbeitsgemeinschaft Vormauerziegel & Klinker e. V., Essen, Am Zehnthof, 1991, und Kalksandstein: Planung, Konstruktion, Ausführung der KS-Information, GmbH, Hannover, 3. Aufl. 1994.)

- Sichtmauerwerk
(vgl. auch: KS-Sichtmauerwerk in der Praxis, RKS, 10/1990)

An Kalksandsteinverblender (KS VB) werden innerhalb der DIN 106 die höchsten Anforderungen gestellt (ähnliches gilt für Klinker nach DIN 105); sie gehen über die für Vormauersteine hinaus. Es sollten für ein Objekt KS-Verblender vom gleichen Werk bezogen werden (Lieferschein prüfen). Die Steine sind beim Vermauern abwechselnd aus mehreren Steinpaketen zu nehmen („quergemischt"), um auch bei geringfügigen Farbunterschieden ein gleichmäßiges Wandbild zu erhalten. Das Aussehen der KS-Verblender ist in der Norm nicht definiert. Unabhängig davon sollten glatte KS VB *eine* kantensaubere Kopfseite und *eine* kantensaubere Läuferseite haben.

Bei Mauerziegeln sind kleinere, kurze Haarrisse nicht nachteilig für die Wetterwiderstandsfähigkeit. Verblender mit größeren Rissen und solchen, die bei Hochlochziegeln bis zur Lochung reichen, oder Verblender mit größeren Beschädigungen der Sichtfläche dürfen nicht so vermauert werden, daß die Fehlstellen in der Fassade erscheinen. Sonstige Minimalschäden bleiben unberücksichtigt.

Bei einsteindickem doppelseitigem Sichtmauerwerk in 11,5 cm, 17,5 cm oder 24 cm Dicke werden erhöhte Anforderungen gestellt. Dies macht es notwendig, gegebenenfalls eine größere Anzahl von Verblendersteinen auf der Baustelle auszusortieren. Allseitig „scharfkantige" Steine sind technisch nicht herstellbar. Zum Trost: Während beim einzelnen Stein und auch beim noch unverfugten Mauerwerk eine unsaubere Kante durchaus stören kann, ist die Beschädigung beim verfugten Mauerwerk meist nicht mehr augenfällig.

- Zweischalige Außenwände mit Luftschicht

Bauherren, die aus Sorge vor Durchfeuchtungen die Konstruktion nach Abb. 4.13 wählen, sind schlecht beraten. Die hierbei auf der Außenseite der Innenschale aufgebrachte Putzschicht ist kostspielig und überflüssig; der evtl. darauf aufgebrachte Dichtungsanstrich auf Mineral- oder Bitumenbasis ist falsch, da er die Austrocknung völlig behindert.

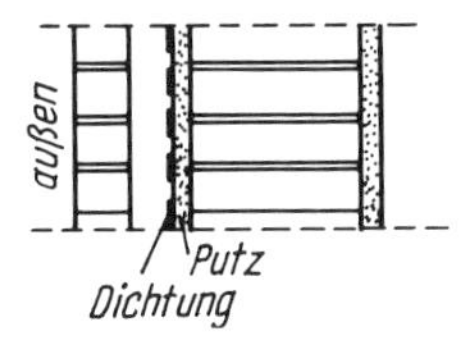

Abb. 4.13

- Teilen von Steinen

Vorgegebene Wand- und Pfeilerlängen erfordern das Teilen und Ablängen von Steinen. Bei kleinformatigen Steinen kann dies ohne weiteres mit dem Maurerhammer erfolgen.

Bei großformatigen Steinen mit hohem Lochanteil müssen die maßgerechten Ergänzungssteine durch Sägen oder Spalten geteilt werden (Handsäge mit Widiablatt bzw. Trennmaschine). Mauerwerkfehlstellen dürfen nicht einfach mit Mörtel geschlossen werden.

- Deckenauflagerung und Deckenabmauerung

Bei den einschaligen Außenwänden aus porosierten Hochlochziegeln hat sich ausführungstechnisch und schadensarm folgende Konstruktion durchgesetzt (hier beispielhaft die Empfehlung von unipor, Beratungsmappe der Fachtagung, 1991):

Die wichtigsten einzuhaltenden konstruktiven Randbedingungen sind:

- Das Deckenauflager darf keine Wärmebrücke bilden, die Tauwasserschäden zur Folge hat.
- Es muß verhindert werden, daß Beton in die Ziegellochung läuft und dadurch die oberste Ziegelschicht an der Betondecke „klebt". Horizontale Risse unterhalb der obersten Ziegellage entstehen u. a., wenn die oberste Ziegellage bei Verklebung gezwungen wird, die Verformung der Stahlbetondecke mitzumachen.
- Kräfte aus Auflagerverdrehung der Betondecke sollen nicht zu Schäden in der Wand führen.
- Auf der Außenseite soll ein einheitlicher Putzuntergrund aus Ziegel sichergestellt sein.

Als Lösung für die o. g. Zwangspunkte wird folgende Konstruktion vorgeschlagen:

Die Stirnseite der Decke wird mit einer 2 bis 3 cm dicken, weichen Wärmedämmung versehen. Nach außen wird als einheitlicher Putzgrund eine Ziegelabmauerung vorgesehen,

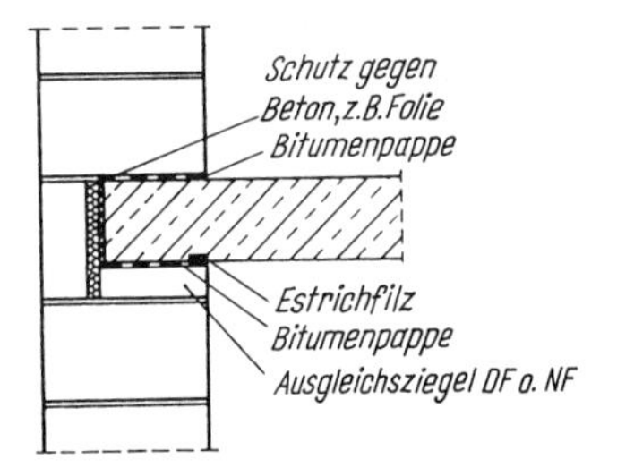

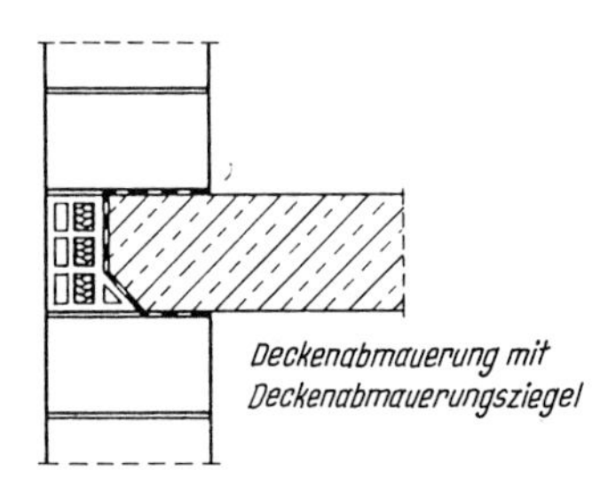

Abb. 4.14

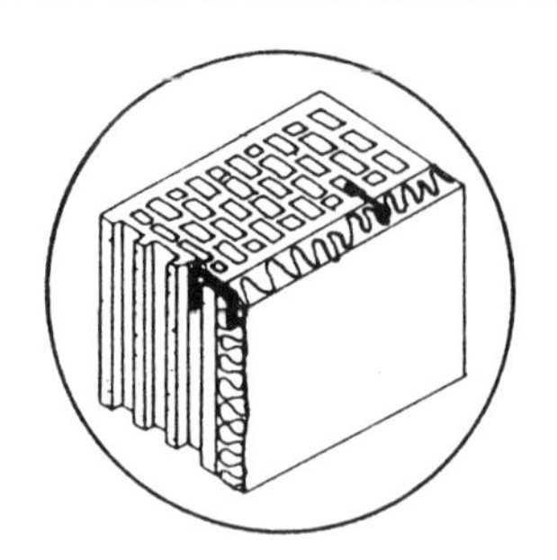

Abb. 4.15 Fixierung des Dämmstreifens mit Sturmklammern

die je nach örtlichen Baugewohnheiten und Verfügbarkeit besteht aus:

a) speziellen Deckenabmauerungsziegeln
b) Normalformatziegeln
c) halbierten Normalformatziegeln (eine Steinsäge gehört auch aus anderen Gründen auf jede Baustelle!).

Das Ziegelmauerwerk soll auf der Mauerkrone mit Mörtel abgeglichen werden. Der benutzte Mörtel sollte nicht zu fest sein (höchstens MG IIa), um Kantenspannungen aus Deckenverdrehung abzubauen. Eine andere Möglichkeit ist, den Wandkopf mit einem Streifen unbesandeter Pappe abzudecken. Diese Pappe kann vor der Wärmedämmschicht aufgekantet werden, um das Eindringen von Beton in die Wärmedämmschicht zu verhindern. Wenn besonders große Deckenverformungen zu erwarten sind (dünne Decken, große Deckenspannweite, hohe ständige Last), kann ein Estrichfilzstreifen am Rand des Deckenauflagers für die erforderliche Verformbarkeit sorgen. Das gleiche wird erreicht, wenn die zur Abdeckung benutzte Pappe auf etwa 5 cm umgeschlagen wird und damit ein Streifen entsteht, auf dem die Decke nicht voll aufliegt. Durch diese Maßnahmen wird eine Zentrierung der Deckenauflagerung erreicht. Dies ist bei Deckenspannweiten über 6 m zwingend vorgeschrieben, wenn das vereinfachte Bemessungsverfahren nach DIN 1053 Teil 1 benutzt wird. Beim Bemessungsverfahren nach DIN 1053 Teil 2 werden die Ausmittigkeiten rechnerisch verfolgt.

Es empfiehlt sich, Außen- und Innenputz möglichst spät aufzubringen, damit bei den Stahlbetondecken Verformungen aus ständiger Last und aus Kriechen und Schwinden bereits z. T. erfolgt sind. Bei Ziegeldecken ist im übrigen mit erheblich weniger Verformungen zu rechnen als bei Betondecken.

Für Kalksandsteinmauerwerk wurden für die Deckenabmauerung ebenfalls spezielle KS-Randschalungssteine für Wanddicken von 17,5 und 24 cm entwickelt. Sie machen das Anbringen, Verankern und spätere Abnehmen von Randschalungen überflüssig. Diese Sonderformate werden knirsch gestoßen oder bei Sichtmauerwerk mit vermörtelten Stoßfugen verlegt. – Als Auflagerung von Massiv-Dachdecken ist der Randschalungsstein weniger geeignet.

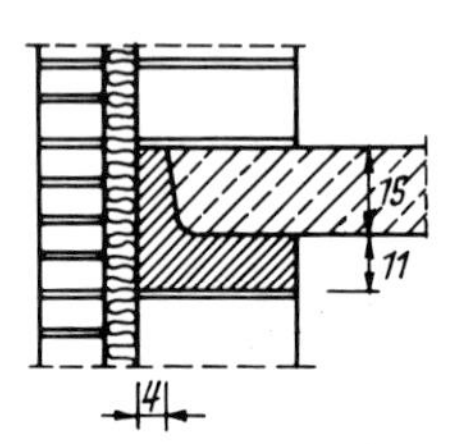

Abb. 4.16

● Holzbauteile, die ins Mauerwerk einbinden

Hier besteht die Gefahr von Tauwasserbildung in abgeschlossenen Hohlräumen, z. B. bei Auflagertaschen von Holzbalken in Außenwänden. Bei vielen Holzbalkendecken in Altbauten sind die Balkenköpfe abgefault. Erforderlich ist hierbei chemischer Holzschutz, Bitumenpappeunterlage, Belüftung und evtl. Wärmedämmung; fachlich richtig wird „trocken" eingemauert (vgl. auch Abb. II 5.24).

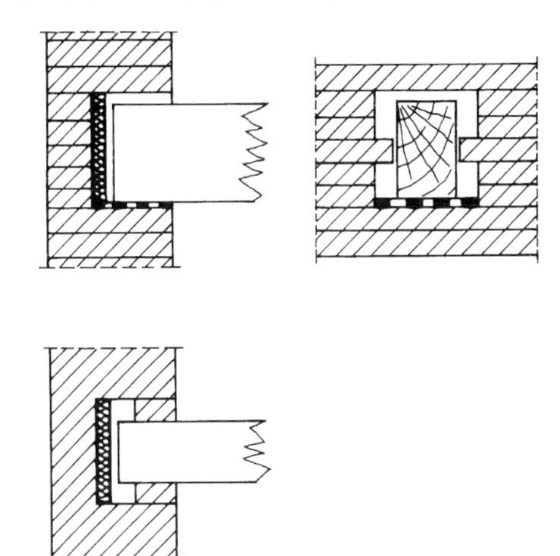

Abb. 4.17
Balkenauflager im Mauerwerk
(belüftet, gedämmt, isoliert)

● Überdeckung von Öffnungen in Außenwänden
Zur Rationalisierung werden Fertigstürze verwendet; Systeme sind der Flachsturz, der Stb-Sturz in verlorener Schalung aus U-Schalen der Steinsonderformate oder der Fertigverblendsturz. Konventionell gemauerte scheitrechte Stürze im Verblendmauerwerk werden nicht oft ausgeführt; armierte Läuferstürze haben sich nicht bewährt.

- KS-Flachsturz ist ein Fertigteil für das Sichtmauerwerk mit bewehrtem Betonkern; Längen 1 bis 3 m. Beim Einbau ist die Oberseite des Sturzes vor dem Aufmauern (dieses Mauerwerk bildet den Druckgurt des Biegeträgers) von Schmutz zu reinigen und anzunässen. Bei $L_w > 1,25$ m ist eine Montageunterstützung, bei $L_w > 2,50$ m sind zwei vorzusehen. Die Montageunterstützung muß bleiben, bis die übermauerte Schicht eine ausreichende Festigkeit erreicht hat; allgemein genügen dafür sieben Tage. Die Stürze sind je Auflager mindestens 11,5 cm tief auf einem Mörtelbett in den Mauerwerksverband einzubinden.

  Statischer Nachweis und Ausführung erfolgen nach den „Richtlinien für die Bemessung und Ausführung von Flachstürzen“ (8/1977*). Danach ist jeder Lieferung eine Einbauanweisung beizufügen; beschädigte Zuggurte dürfen nicht verwendet werden.

  Um rohstoffbedingte Farbunterschiede zu vermeiden, empfiehlt es sich, die Vormauersteine und Stürze aus demselben Werk zu beziehen.

- Ziegelflachstürze bestehen wie KS-Flachstürze aus einem vorgefertigten Element, das hier aus einer Ziegelschale besteht, die wiederum mit bewehrtem Beton verfüllt ist. Nachfolgend die Einbaurichtlinien für Ziegelflachstürze nach dem unipor-Verarbeitungshandbuch (3/1991):

Ziegelflachstürze – Einbaurichtlinien

Ziegelstürze sind so einzubauen, daß die Seite mit der Ziegelschale unten liegt.

Die Auflagertiefe muß an beiden Seiten des Ziegelsturzes gleich sein. Sie ist abhängig von der Belastung, aber mindestens 11,5 cm.

Ziegelstürze müssen im Mörtelbett aufgelagert werden.

Die Druckzone oberhalb des Sturzes (Höhe abhängig von der Belastung), muß wie folgt ausgeführt werden:

*) Druckfehlerberichtigte Fassung: 1979.

a) Ziegelstürze säubern und vornässen.
b) Im Abstand von höchstens 1 m eine Montageunterstützung einbringen (Entfernen der Montageunterstützung erst, wenn die Druckzone eine ausreichende Festigkeit erreicht).
c) Das Mauerwerk mit vollständig verfüllten Stoß- und Lagerfugen (Mörtel mindestens Mörtelgruppe II) im Verband aufmauern (das Mauerwerk über Decken oder Ringankern darf nicht zur Druckzone gerechnet werden).

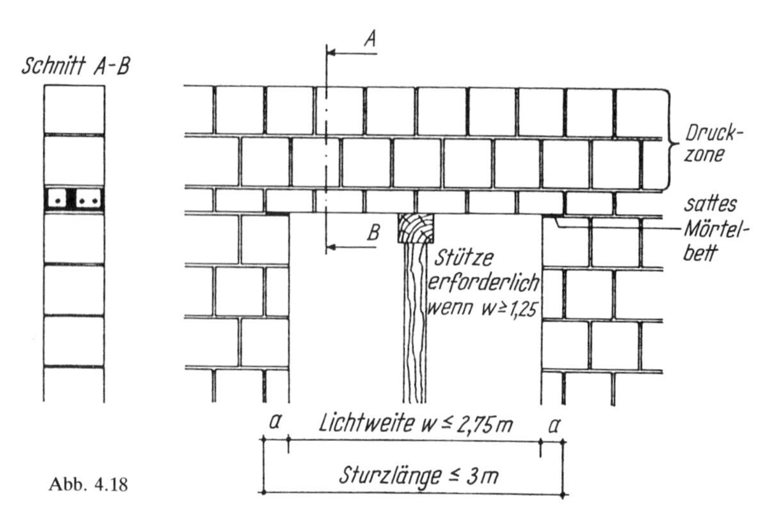

Abb. 4.18

4.3.2 Lager-, Stoß- und Längsfugen

4.3.2.1 Vermauerung mit Stoßfugenvermörtelung

Bei der Vermauerung sind die Lagerfugen stets vollflächig zu vermauern und die Längsfugen satt zu verfüllen, bzw. bei Dünnbettmörtel ist der Mörtel vollflächig aufzutragen. Stoßfugen sind in Abhängigkeit von der Steinform und vom Steinformat so zu verfüllen, bzw. bei Dünnbettmörtel ist der Mörtel so vollflächig aufzutragen, daß die Anforderungen an die Wand hinsichtlich des Schlagregenschutzes, Wärmeschutzes, Schallschutzes sowie des Brandschutzes erfüllt werden können. Beispiele für Vermauerungsarten und Fugenausbildung sind in den Abbildungen 4.20 bis 4.22 angegeben.

Fugen dienen der Kraftübertragung von Stein zu Stein sowie dem Ausgleich von Maßtoleranzen bei den Steinen. Dabei ist die statische Funktion der Stoßfuge wesentlich unbedeutender als die der Lagerfuge, da erstere sich nicht an der Aufnahme horizontaler Zugkräfte beteiligt (Übertragung durch Reibung in der Lagerfuge). Lagerfugen sind daher stets sorgfältig vollfugig herzustellen, d. h., sie dürfen nicht aus nur zwei am Rand aufgebrachten Mörtelstreifen bestehen.

Auftrag des Lagerfugenmörtels mit der Kelle bei klein- und mittelformatigen Steinen und bei Einzelverlegung (Handwerksregel: ein Stein – ein Mörtel) oder dem Mörtelschlitten bei Verlegung der Steine in Reihe. Reihenverlegung bietet sich an bei wenig gegliedertem Grundriß und relativ langen Wänden. Bei großformatigen Steinen wird der Stoßfugenmörtel am bereits versetzten Stein angetragen und der nächste Stein mit beiden Händen bis auf 1 cm Fugendicke angeschoben.

Bereits versetzte Steine dürfen in ihrer Lage nicht mehr verändert werden. Muß die Lage eines Steines korrigiert werden, sind Stein und Mörtel zu entfernen, und es ist in frischem Mörtel neu zu versetzen.

Die Dicke der Fugen soll so gewählt werden, daß das Maß von Stein und Fuge dem Baurichtmaß bzw. dem Koordinierungsmaß entspricht. In der Regel sollen die Stoßfugen 10 mm und die Lagerfugen 12 mm dick sein. Bei Vermauerung der Steine mit Dünnbettmörtel muß die Dicke der Stoß- und Lagerfuge 1 bis 3 mm betragen.

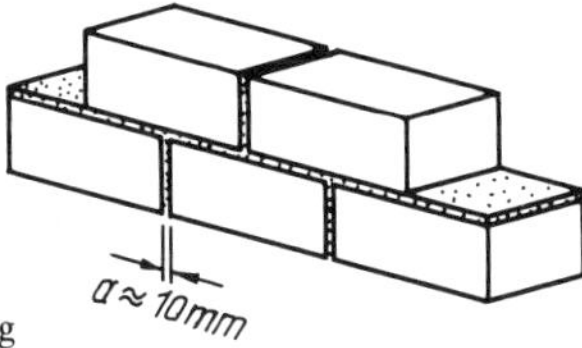

Abb. 4.19 Mauersteine für 12 bis 15 mm dicke Lager- und Stoßfugenvermörtelung

Wenn Steine mit Mörteltaschen vermauert werden, sollen die Steine entweder knirsch verlegt und die Mörteltaschen verfüllt werden (siehe Abbildung 4.20) oder durch Auftragen von Mörtel auf die Steinflanken vermauert werden (siehe Abbildung 4.21). Steine gelten dann als knirsch verlegt, wenn sie ohne Mörtel so dicht aneinander verlegt werden, wie dies wegen der herstellungsbedingten Unebenheiten der Stoßfugenflächen möglich ist. Der Abstand der Steine soll im allgemeinen nicht größer als 5 mm sein. Bei nicht knirsch verlegten Steinen mit Fugendicken > 5 mm müssen die Fugen an der Außenseite beim Mauern mit Mörtel verschlossen werden.

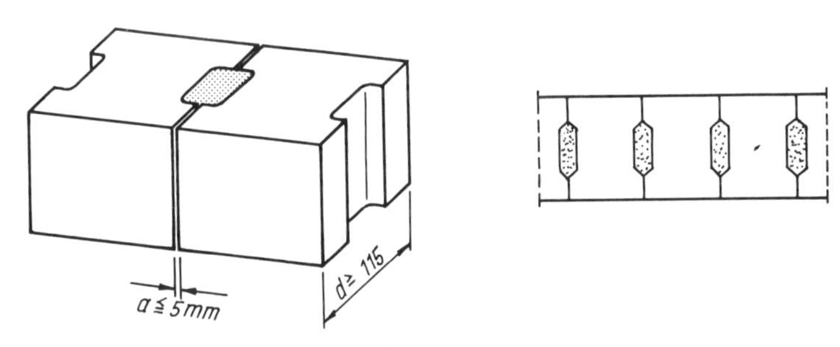

Abb. 4.20 Vermauerung von Steinen mit Mörteltaschen bei Knirschverlegung (Prinzipskizze)

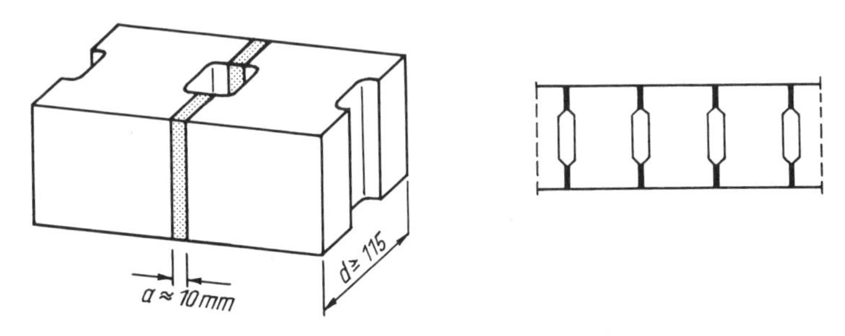

Abb. 4.21 Vermauerung von Steinen mit Mörteltaschen durch Auftragen von Mörtel auf die Steinflanken (Prinzipskizze)

4.3.2.2 Vermauerung ohne Stoßfugenvermörtelung

Soll bei Verwendung von Normal-, Leicht- oder Dünnbettmörtel auf die Vermörtelung der Stoßfugen verzichtet werden, müssen hierzu die Steine hinsichtlich ihrer Form und Maße geeignet sein. Die Steine sind stumpf oder mit Verzahnung durch ein Nut- und Federsystem ohne Stoßfugenvermörtelung knirsch zu verlegen bzw. ineinander verzahnt zu versetzen (siehe Abbildung 4.22). Bei nicht knirsch verlegten Steinen mit Fugendicken > 5 mm müssen die Fugen an der Außenseite beim Mauern mit Mörtel verschlossen werden. Die erforderlichen Maßnahmen zur Erfüllung der Anforderungen an die Bauteile hinsichtlich des Schlagregenschutzes, Wärmeschutzes, Schallschutzes sowie des Brandschutzes sind bei dieser Vermauerungsart besonders zu beachten.

Da bei Mauerwerk mit unvermörtelten Stoßfugen die zulässigen Schubspannungen reduziert sind (DIN 1053 T1, Tabelle 5), ist ein Wechsel bei der Vermauerung auf stoßfugenfreie Vermörtelung ohne Rücksprache mit dem Statiker nicht möglich.

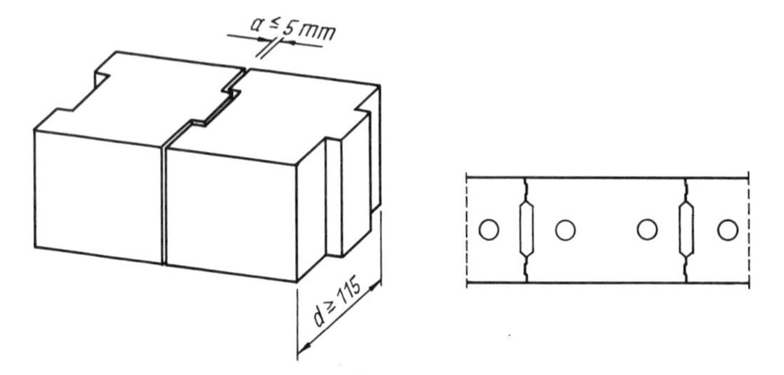

Abb. 4.22 Vermauerung von Steinen ohne Stoßfugenvermörtelung (Prinzipskizze)

4.3.2.3 Fugen in Gewölben

Bei Gewölben sind die Fugen so dünn wie möglich zu halten. Am Gewölberücken dürfen sie nicht dicker als 20 mm werden. Dicke am Innenrand ≧ 5 mm.

4.3.3 Verbände, Verzahnung, Stumpfstoß

4.3.3.1 Verband

Es muß im Verband gemauert werden, d. h., die Stoß- und Längsfugen übereinanderliegender Schichten müssen versetzt sein.

Das Überbindemaß *ü* (siehe Abbildung 4.23) muß ≧ 0,4 h bzw. ≧ 45 mm sein, wobei h die Steinhöhe (Sollmaß) ist; das gilt auch für großformatige Steine.

Das Überbindemaß muß auch bei Eckverbänden und Einbindungen eingehalten werden.

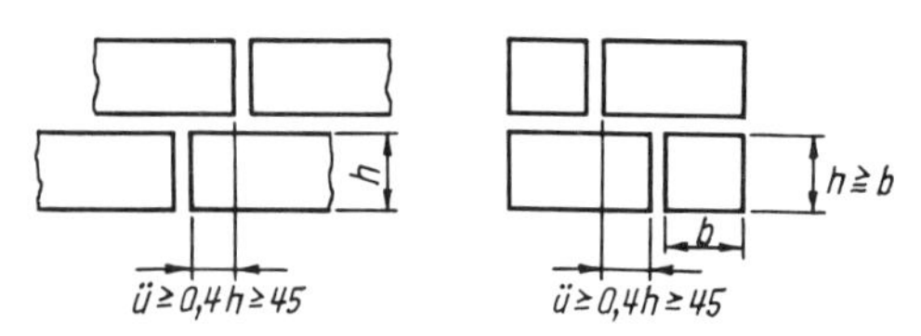

Abb. 4.23 Überbindemaß a) Stoßfugen b) Längsfugen innerhalb der Wanddicke

In Abhängigkeit von der Steinhöhe ergeben sich damit folgende Überbindemaße:

Steinhöhe	5,2 cm	$ü \geqq 4{,}5$ cm	DF
Steinhöhe	7,1 cm	$ü \geqq 4{,}5$ cm	NF
Steinhöhe	11,3 cm	$ü \geqq 4{,}5$ cm	2 DF (bis 6 DF)
Steinhöhe	23,8 cm	$ü \geqq$ **9,5** cm	10 DF (bis 20 DF)

Diese Mindestüberbindung ergibt bei Sicht- und Verblendmauerwerk kein gutes Bild; besser ist hierbei „mittige" Überbindung (vgl. die Mauerverbände).

Bei den sogenannten „Zahnziegeln" bzw. bei den „Ratio-Steinen" beim Kalksandstein, Mauersteinen, die knirsch ohne jede Stoßfugenvermörtelung verlegt werden, beträgt das Überbindemaß der Mauerwerksschichten untereinander 1/2 Stein, d. h., bei einer Steinlänge von ~ 25 cm sind die Stoßfugen um 12,5 cm zu versetzen. An Wandecken und -enden sind Ergänzungssteine erforderlich.

Die Steine einer Schicht sollen gleiche Höhe haben; konsequent auch am Wandende. In Schichten mit Längsfugen darf die Steinhöhe nicht größer als die Steinbreite sein. Dies gilt sinngemäß auch bei Stoßfugen in Pfeilern.

Blockmauerwerk (z. B. haben KS-Vollsteinblöcke auch bei Breiten von 11,5 und 17,5 cm Höhen von 23,8 cm) darf insofern nur als Einstein-Mauerwerk ausgeführt werden. Nach einem Gutachten von Prof. Kirtschig, Hannover (bei Bedarf bei KS anfordern!), darf hiervon abgewichen werden, wenn das Überbindemaß eingehalten wird und die Aufstandsfläche eines Steins mindestens 11,5 cm × 17,5 cm beträgt. Dann ist für Wände mit d = 36,5 cm die Kombination der Formate 4 DF und 8 DF möglich.

Jede Schicht soll also waagerecht durch das gesamte Mauerwerk hindurchgehen. Das begrenzte Verhältnis Steinhöhe : Steinbreite soll u. a. Spaltwirkung bei hochkant verwendeten Steinreihen innerhalb der Wanddicke verhindern. Die üblichen Schulverbände wie Läuferverband, Binderverband, Blockverband und Kreuzverband erfüllen alle Bedingungen.

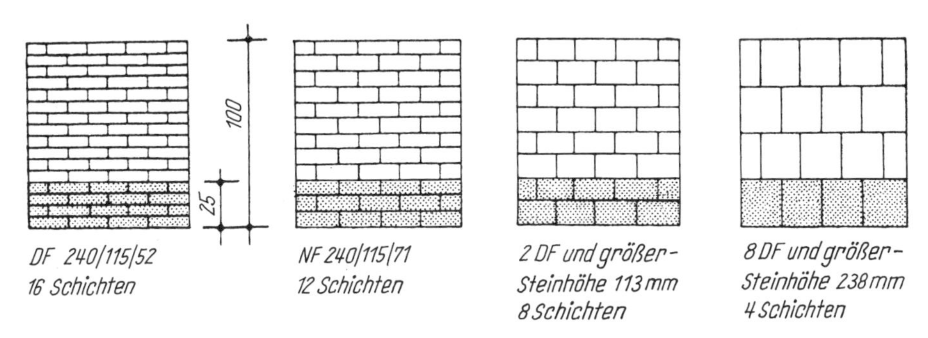

Abb. 4.24 *Schichthöhen und Schichtzahl:*
Die Höhenmaße der Mauersteine ergeben mit der Dicke der Lagerfuge immer 25 cm

Gleichzeitiges Hochführen von Längs- und Querwänden ist nicht mehr stets gefordert. Erforderlich nur in folgenden Fällen:

● Bei rechnerischem Ansatz als zusammengesetzte Querschnitte nach DIN 1053 Teil 2, Abs. 6.6: Als zusammengesetzt gelten nur Querschnitte, deren Teile aus Steinen gleicher Art, Höhe und Festigkeitsklasse bestehen, die gleichzeitig im Verband mit gleichem Mörtel gemauert werden und bei denen ein Abreißen von Querschnittsteilen infolge stark unterschiedlicher Verformung nicht zu erwarten ist.

● Bei der Aussteifung von Wänden (zur 3- oder 4seitigen Halterung).

Als unverschiebliche Halterung dürfen horizontal gehaltene Deckenscheiben und aussteifende Querwände oder andere ausreichend steife Bauteile angesehen werden. Unabhängig davon ist das Bauwerk als ganzes auszusteifen (steife Deckenscheiben sowie ausreichende Anzahl von Längs- und Querwänden).

Bei einseitig angeordneten Querwänden darf unverschiebliche Halterung der auszusteifenden Wand nur angenommen werden, wenn Wand und Querwand aus Baustoffen annähernd gleichen Verformungsverhaltens gleichzeitig im Verband hochgeführt werden und wenn ein Abreißen der Wände infolge stark unterschiedlicher Verformung nicht zu erwarten ist oder wenn die zug- und druckfeste Verbindung durch andere Maßnahmen gesichert ist. Beidseitig angeordnete Querwände, deren Mittelebenen gegeneinander um mehr als die dreifache Dicke der auszusteifenden Wand versetzt sind, sind wie einseitig angeordnete Querwände zu behandeln.

Aussteifende Wände müssen mindestens eine wirksame Länge von 1/5 der lichten Geschoßhöhe und die Dicke von 1/3 der Dicke der auszusteifenden Wand, jedoch mindestens 115 mm haben.

Ist die aussteifende Wand durch Öffnungen unterbrochen, muß die Länge des im Bereich der auszusteifenden Wand verbleibenden Wandteiles ohne Öffnungen mindestens 1/5 der lichten Höhe der Öffnung betragen.

Bei beidseitig angeordneten, nicht versetzten Querwänden darf auf das gleichzeitig Hochführen der beiden Wände im Verband verzichtet werden, wenn jede der beiden Querwände den vorstehend genannten Bedingungen für aussteifende Wände genügt. Auf Konsequenzen aus unterschiedlichen Verformungen und aus bauphysikalischen Anforderungen ist in diesem Fall besonders zu achten.

4.3.3.2 Verzahnung

Unterschieden werden: liegende Verzahnung, stehende Verzahnung, Lochverzahnung und Stockverzahnung. Liegende Verzahnung (schichtweise Abtreppung) wird als dem schichtenweise gemeinsamen Hochziehen gleichwertig betrachtet; für stehende Verzahnung, Loch- und Stockverzahnung gilt dies nicht.

a) Liegende Verzahnung

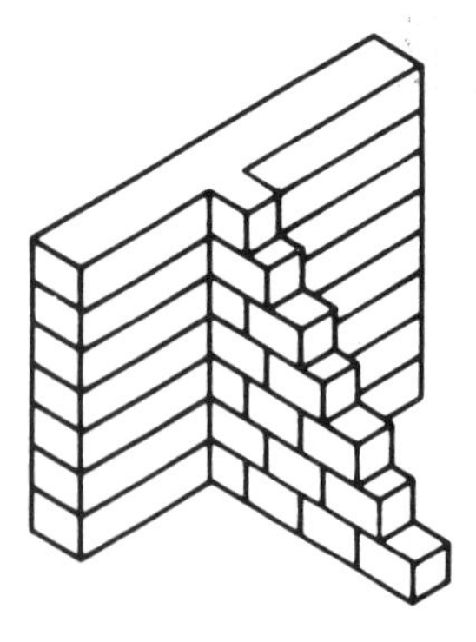

b) Stehende Verzahnung

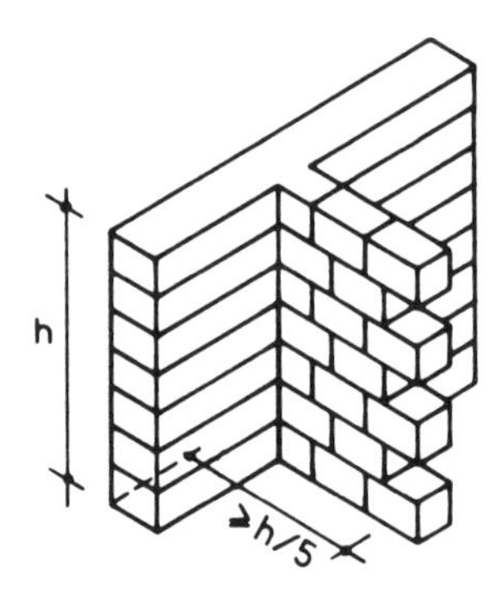

Abb. 4.25

c) Lochzahnung

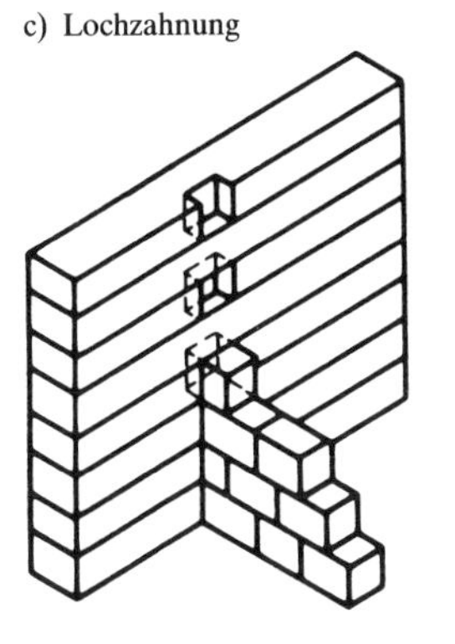

d) Stockzahnung

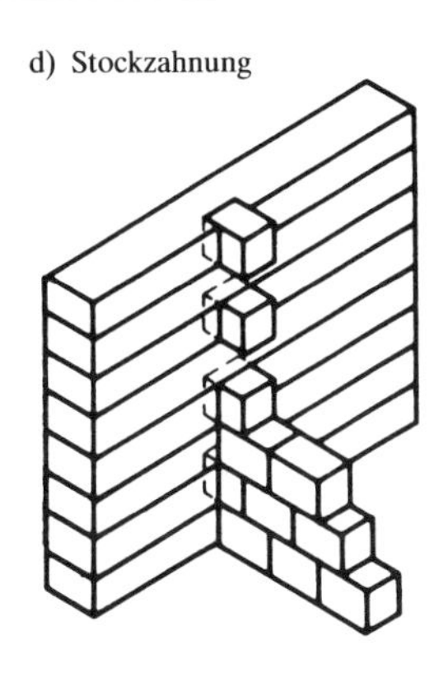

Abb. 4.26

4.3.3.3 Stumpfstoß

Die liegende Verzahnung ist hinderlich beim Mauern der Wände und beim Aufstellen der Gerüste. DIN 1053 Teil 2 erlaubt, Wände stumpf zu stoßen, wenn sie als nur zweiseitig gehalten nachgewiesen sind, je oben und unten durch die Stahlbetondecken. Das muß aus der statischen Berechnung und dem Ausführungsplan hervorgehen.

Sollten Wände als 3- oder 4seitig gehalten nachgewiesen sein, muß der Stumpfstoß mit Flachstahlankern kombiniert werden. Die Anker liegen in den Drittelpunkten der Wandhöhe; sie müssen berechnet werden. Außenwandecken werden – wie auch zweischalige Gebäudetrennwände – im Verband gemauert.

- Stumpfstöße sind schichtweise satt zu vermörteln.
- Innerhalb eines Geschosses dürfen jeweils für Innen- und Außenwände nur Steine einer Festigkeitsklasse vermauert werden.
- Verdübelungsbewehrung in den Deckenplatten ist erforderlich.
- Wo Innenwände und Außenwände zusammentreffen, müssen die Außenwände durchlaufen.

4.3.4 Mauern bei Frost

Bei Frost darf Mauerwerk nur unter besonderen Schutzmaßnahmen ausgeführt werden. Frostschutzmittel sind nicht zulässig; gefrorene Baustoffe dürfen nicht verwendet werden.

Frisches Mauerwerk ist vor Frost rechtzeitig zu schützen, z. B. durch Abdecken. Auf gefrorenem Mauerwerk darf nicht weitergemauert werden. Der Einsatz von Salzen zum Auftauen ist nicht zulässig. Teile von Mauerwerk, die durch Frost oder andere Einflüsse beschädigt sind, sind vor dem Weiterbau abzutragen.

Frisches Sicht- und Verblendmauerwerk ist auch vor Schlagregen abzudecken, um Auswaschungen zu verhindern; ebenfalls auch vor Sonnenbestrahlung zu schützen.

Schutzmaßnahmen bei niedrigen Temperaturen/Frost sind:

- + 5 °C bis 0 °C Abdecken der Steine und der Mörtelzuschlagstoffe zum Schutz gegen Feuchtigkeit; kein Mörtel der Mörtelgruppe I verwenden; Aufbereitung des Mörtels erst kurz vor der Verarbeitung
- 0 °C bis – 5 °C Erwärmen des Anmachwassers und der Mörtelzuschlagstoffe, ggf. auch der Steine, die ja mit einer Temperatur über dem Gefrierpunkt zu vermauern sind; der Mörtel sollte beim Auftragen mindestens eine Temperatur von + 10 °C haben; Zemente mit höherer Festigkeit verwenden (z. B. PZ 45 F

oder PZ 55); Zugabe von Erhärtungsbeschleunigern nur nach vorheriger Eignungsprüfung; fertiges Mauerwerk mit Dämmatten abdecken

– unter – 5 °C Mauern nur unter Wetterschutzhalle möglich

4.3.5 Ausblühungen, Auslaugungen, Auswaschungen

● Ausblühungen entstehen dadurch, daß Stoffe im Mörtel (oder aus dem Bau- oder Untergrund) durch Wasser gelöst und durch das mehr oder weniger poröse Mauerwerk an dessen Oberfläche transportiert werden, wo sie beim Verdunsten des Wassers kristallisieren und als sichtbare, fast immer weiße Salze zurückbleiben. Nur das flüssige Wasser kann ausblühfähige Stoffe lösen und transportieren, nicht jedoch Dampfdiffusion.

Im Mauermörtel (Sand, Kalk, Zement, Zusatzmittel) – nicht im Stein – sind alle Bestandteile ausblühfähiger Stoffe enthalten. Sie bilden einen pelzigen, weißen Belag von salzigem Geschmack und sind – bis auf Kalziumsulfat = Gips – leicht wasserlöslich. Das Fließen von Schlagregenwasser im Mauerwerk ist möglich bei mangelhafter, nicht vollfugiger Vermauerung, porösem Mörtel oder nach „Verdursten" des Mörtels bei saugenden Steinen, die nicht vorgenäßt wurden; alles Ausführungsfehler.

Schwache Ausblühungen, insbesondere Magnesiumsulfat (Bittersalz) und Natriumsulfat (Glaubersalz), wettern oft von selbst ab. Bei größeren Schäden die trockenen Salze mit trockener Wurzelbürste abbürsten, dann mit klarem Wasser von unten nach oben spülen; Vorgang wiederholen. Eventuell Heißdampfdruckgerät einsetzen oder mit chemischem Steinreiniger nach Firmenvorschrift bearbeiten; vornässen, um Poren zu füllen.

Beim sogenannten Mauersalpeter (Kalziumnitrat) handelt es sich um ein Salz der Salpetersäure, das entsteht, wenn Eiweißabbauprodukte an der Luft oxidieren und die sich dabei bildende Salpetersäure mit dem CaO des Bindemittels im Mörtel reagiert. Tritt nur noch gelegentlich in landwirtschaftlichen Gebäuden, Stallungen, Toiletten, an Umfassungsmauern von Gärten, Dunggruben usw. auf. Diese Ausblühungen können wegen ihres organischen Ursprungs nicht aus gebrannten Baustoffen oder Bindemitteln kommen.

● Auslaugungen treten verstärkt bei Mauerwerk aus nichtsaugenden Klinkern mit extremer Hohlfugigkeit (Verarbeitungsfehler) auf, indem noch nicht karbonatisiertes Kalziumhydroxid aus dem Mörtel ausgewaschen wird, als „Kalkmilch" durch undichte Stellen des Mörtelbetts über die Sichtflächen des Mauerwerks geschwemmt wird. In Verbindung mit dem Kohlendioxid der Luft erfolgt eine Umwandlung in wasserunlösliches Kalziumkarbonat (Kalkstein = $CaCO_3$). Auslaugungen bilden weiß-gräuliche Kalkfahnen, die sich zu dicken Schichten entwickeln können. Der Geschmack ist im Gegensatz zu den Ausblühungen neutral (also nicht salzig).

Auslaugungen können nur mit Spezialreinigern beseitigt werden, da sie ja wasserunlöslich sind; vorher sollten dicke Schichten mit dem Spachtel abgestoßen werden. Die Ursachen müssen beseitigt werden: Fugen oberhalb der Fahnen 4 bis 5 cm tief auskratzen oder mit der Flex schneiden, anschließend mit Fugenmörtel schließen und „bügeln".

● Auswaschungen erfolgen bei Ausspülen von Bindemittel aus dem noch frischen Mauerwerk, solange der Mörtel noch nicht abgebunden ist. Das frische Sichtmauerwerk muß deshalb ausreichend vor Regen geschützt werden. – Beseitigung der Schleier und Fahnen wie bei Auslaugungen.

4.4 Mauermörtel

4.4.1 Mörtelgruppen, Festigkeit, Verwendung

Mauermörtel werden entsprechend ihrer Zusammensetzung und ihres Mischungsverhältnisses in Mörtelgruppen eingeteilt (siehe Seite 258).

Einschränkungen bei der Verwendung der Mörtelarten und -gruppen:
Mörtel unterschiedlicher Arten und Gruppen dürfen auf einer Baustelle nur dann gemeinsam verwendet werden, wenn sichergestellt ist, daß keine Verwechslung möglich ist.

Normalmörtel

Es gelten folgende Einschränkungen:

a) Mörtelgruppe I:

- Nicht zulässig für Gewölbe und Kellermauerwerk.
- Nicht zulässig bei mehr als zwei Vollgeschossen und bei Wanddicken kleiner als 240 mm, dabei ist als Wanddicke bei zweischaligen Außenwänden die Dicke der Innenschale maßgebend.
- Nicht zulässig für Vermauern der Außenschale von zweischaligen Außenwänden.

  Wichtig für das erforderliche Erreichen eines haftschlüssigen Verbundes zwischen Vormauerziegeln bzw. Klinkern und dem Fugenmörtel sind bindemittelreiche Mörtel der Gruppe II oder II a.

  Werkfrischmörtel, insbesondere mit Abbindeverzögerer, sind für Verblendmauerwerk im allgemeinen nicht geeignet. Dagegen bestehen bei Werk*trocken*mörtel keine Bedenken; jedoch dürfen keine Zusatzstoffe oder Zusatzmittel zugegeben werden.

b) Mörtelgruppen II und II a:

- Nicht zulässig für Gewölbe.

c) Mörtelgruppen III und III a:

- Nicht zulässig für Vermauern der Außenschale von zweischaligen Außenwänden (außer nachträglichem Verfugen); siehe auch unter a.

Leichtmörtel (nur mit ABZ)

Es gelten folgende Einschränkungen:

- Nicht zulässig für Gewölbe und der Witterung ausgesetztes Sichtmauerwerk; das sind unverputzte einschalige Außenwände sowie die Verblendschale von zweischaligen Außenwänden.

Dünnbettmörtel (nur mit ABZ), Größtkorn 1 mm

Es gelten folgende Einschränkungen:

- Nicht zulässig für Gewölbe und für Mauersteine mit Maßabweichungen der Höhe von mehr als 1,0 mm (Anforderungen an Plansteine). Die Zusammensetzung von Dünnbettmörtel wird aufgrund einer Eignungsprüfung festgelegt. Es gibt zahlreiche ABZ für Dünnbettmörtel.

Tabelle 4.5 Mörtelzusammensetzung, Mischungsverhältnisse für Normalmörtel in Raumteilen

	1	2	3	4	5	6	7
	Mörtelgruppe	Luftkalk und Wasserkalk		Hydraulischer Kalk	Hochhydraulicher Kalk, Putz- und Mauerbinder	Zement	Sand[1]) aus natürlichem Gestein
		Kalkteig	Kalkhydrat				
1	I	1	–	–	–	–	4
2		–	1	–	–	–	3
3		–	–	1	–	–	3
4		–	–	–	1	–	4,5
5	II	1,5	–	–	–	1	8
6		–	2	–	–	1	8
7		–	–	2	–	1	8
8		–	–	–	1	–	3
9	II a	–	1	–	–	1	6
10		–	–	–	2	1	8
11	III	–	–	–	–	1	4
12	III a[2])[3])	–	–	–	–	1	4

[1]) Die Werte des Sandanteils beziehen sich auf den lagerfeuchten Zustand.

[2]) Der Zementgehalt darf auch dann nicht vermindert werden, wenn Zusätze zur Verbesserung der Verarbeitbarkeit verwendet werden.

[3]) Die erforderliche größere Festigkeit soll vorzugsweise durch Auswahl geeigneter Sande erreicht werden.

Tabelle 4.6 Anforderungen an die Druckfestigkeit und Haftscherfestigkeit von Mörteln

Mörtelart	Mörtelgruppe	Mindestdruckfestigkeit im Alter von 28 Tagen Mittelwert N/mm² bei Eignungsprüfung	Mindestdruckfestigkeit im Alter von 28 Tagen Mittelwert N/mm² bei Güteprüfung	Mindesthaftscherfestigkeit im Alter von 28 Tagen Mittelwert N/mm² bei Eignungsprüfung	Verwendbarkeit im Bereich	
Normalmörtel	I	–	–	–	DIN 1053 Teil 1 Rezeptmauerwerk	
	II	3,5	2,5	0,10	DIN 1053 Teil 1 Rezeptmauerwerk	
	IIa	7	5	0,20	DIN 1053 Teil 1 Rezeptmauerwerk	Teil 2 Mauerwerk mit Eignungsprüf.
	III	14	10	0,25	DIN 1053 Teil 1 Rezeptmauerwerk	Teil 2 Mauerwerk mit Eignungsprüf.
	IIIa	25	20	0,30	DIN 1053 Teil 1 Rezeptmauerwerk	Teil 2 Mauerwerk mit Eignungsprüf.
Leichtmörtel	LM 21	7	5	0,20	DIN 1053 Teil 1 Rezeptmauerwerk	
	LM 36	7	5	0,20	DIN 1053 Teil 1 Rezeptmauerwerk	
Dünnbettmörtel	III	14	10	0,50	DIN 1053 Teil 1 Rezeptmauerwerk	

Tabelle 4.7 Mörtelart und Fugenabmessungen für Naturwerkstein, Betonwerkstein, keramische Platten und Fliesen

	Fassadenbekleidungen aus Natur- und Betonwerkstein sowie keramischen Baustoffen (DIN 18515)		Fliesen- und Plattenarbeiten (DIN 18352)	Bodenbeläge aus	
	Angemörtelte Platten, Mosaiken u. Riemchen	Angemauerte Riemchen und Sparverblender		Naturwerkstein DIN 18332	Betonwerkstein DIN 18333
Spritzbewurf	Zementmörtel (Rtl.) 1:2 bis 1:3	Zementmörtel (Rtl.) 1:2 bis 1:3	Zementmörtel (Rtl.) 1:2 bis 1:3		
Unterputz bewehrt und unbewehrt	Zementmörtel (Rtl.) 1:3 bis 1:4	für DIN 105: Mörtelgruppe II DIN 1053; für DIN 18500 oder DIN 18166: Zementmörtel (Rtl.) 1:3 bis 1:4	Zementmörtel (Rtl.) 1:3 bis 1:4	–	–
Ansetzen und Verlegen	Zementmörtel (Rtl.) 1:4 bis 1:5	für DIN 105: Mörtelgruppe II DIN 1053; für DIN 18500 und DIN 18166: Zementmörtel (Rtl.) 1:4 bis 1:5	Innen: Zementmörtel (Rtl.) 1:4 bis 1:6 Außen: Zementmörtel (Rtl.) 1:4 bis 1:5	Innen: mind. Mörtelgruppe II DIN 1053 Außen: mind. Mörtelgruppe III DIN 1053	Innen: mind. Mörtelgruppe II DIN 1053 Außen: mind. Mörtelgruppe III DIN 1053
Verfugen	Zementmörtel (Rtl.) 1:3 bis 1:4	für DIN 105: Zementmörtel (Rtl.) 1:3; für DIN 18500 und DIN 18166: Zementmörtel (Rtl.) 1:4 bis 1:5		Zementmörtel (Rtl.) 1:3	Zementmörtel (Rtl.) 1:3
Fugenabmessungen	Fugendicke: je nach Art u. Größe der Platten 2 bis 10 mm	Schalenfuge: 15 bis 25 mm Lagerfuge: 10 bis 12 mm Stoßfuge: ~ 10 mm	Fugendicke: mind. 10 mm i. M. mind. 15 mm Fugenbreite: je nach Art u. Größe der Platten 1,5 bis 10 mm	Fugendicke: innen 10 bis 20 mm außen 15 bis 30 mm; Fugenbreite: b. Platten bis 60 cm mind. 3 mm b. Platten über 60 cm mind. 5 mm	Fugendicke: 15 bis 30 mm Fugenbreite: b. Platten bis 60 cm mind. 3 mm b. Platten über 60 cm mind. 5 mm

(Nach: J. Dahms, Baumörtel, Beitrag im Beton-Kalender 1990/I)

Hinweise (vgl. Manns/Zeus, Mauerwerk, DAB 9/1990):

Leichtmörtel nach DIN 1053 sind Mauermörtel der Mörtelgruppe II a mit Zuschlag mit porigem und zum geringen Teil mit dichtem Gefüge nach DIN 4226 Teil 1 und Teil 2, die nach der Rohdichte und dem Meßwert der Wärmeleitfähigkeit den Mörtelgruppen LM 36 und LM 21 zugeordnet werden. Die Anforderungen an diese Leichtmörtel enthält jetzt DIN 1053 Teil 1.

Neben den Anforderungen an die Rohdichte, die Druckfestigkeit, die Haftscherfestigkeit und die Wärmeleitfähigkeit sind auch Anforderungen an die Längs- und Querverformbarkeit der Mörtel festgelegt, da das Tragverhalten eines Mauerwerks maßgebend von diesen Eigenschaften mit bestimmt wird (siehe DIN 1053 Teil 1, Tabelle A 3).

Die Zulassungen für nicht genormte Leichtmörtel enthalten neben den Hinweisen für die Anwendung Angaben hinsichtlich der zulässigen Spannungen, des Wärmeschutzes und des Brandschutzes sowie die Anforderungen hinsichtlich Zusammensetzung und gegebenenfalls von DIN 1053 abweichender Eigenschaften. Leichtmörtel können als Werk-Trocken- oder Werk-Frischmörtel hergestellt werden.

Dünnbettmörtel ist Mörtel der Mörtelgruppe III für Plansteinmauerwerk mit dünnen Fugen. Dünnbettmörtel nach DIN 1053 sind Mauermörtel mit Zuschlag nach DIN 4226 Teil 1 bis zu einem Größtkorn von 1 mm und Zusätzen (Zusatzstoffe und Zusatzmittel). Der Anteil organischer Stoffe darf 2 Masseprozent nicht überschreiten.

Für Dünnbettmörtel bestehen besondere Anforderungen, da die Druckfestigkeit im lufttrockenen Zustand und die Haftscherfestigkeit zur Beschreibung der bautechnischen Eigenschaften nicht ausreichen. Neben die genannten Eigenschaften treten gemäß DIN 1053 Teil 1 Anforderungen hinsichtlich der Druckfestigkeit bei Feuchtlagerung, Verarbeitbarkeitszeit (Topfzeit) und Korrigierbarkeitszeit (offene Zeit).

4.4.2 Herstellung des Mörtels

4.4.2.1 Baustellenmörtel

Bei der Herstellung des Mörtels auf der Baustelle müssen Maßnahmen für die trockene und witterungsgeschützte Lagerung der Bindemittel, Zusatzstoffe, Zusatzmittel und eine saubere Lagerung des Zuschlages getroffen werden.

Für das Abmessen der Bindemittel und des Zuschlages, gegebenenfalls auch der Zusatzstoffe und der Zusatzmittel, sind Waagen oder Zumeßbehälter (z. B. Behälter oder Mischkästen mit volumetrischer Einteilung, jedoch keine Schaufeln) zu verwenden, die eine gleichmäßige Mörtelzusammensetzung erlauben. Die Stoffe müssen im Mischer so lange gemischt werden, bis ein gleichmäßiges Gemisch entstanden ist. Eine Mischanweisung ist deutlich sichtbar am Mischer anzubringen.

4.4.2.2 Werkmörtel

Werkmörtel sind nach DIN 18557 – Werkmörtel; Herstellung, Überwachung, Lieferung (5/1982) – herzustellen, zu liefern und zu überwachen. Es werden folgende Lieferformen unterschieden:

a) Werk-Trockenmörtel
b) Werk-Vormörtel und
c) Werk-Frischmörtel

Bei der Weiterbehandlung dürfen dem Werk-Trockenmörtel nur die erforderlichen Wassermengen und dem Werk-Vormörtel außer der erforderlichen Wassermenge die erforderliche Zementmenge zugegeben werden. Werkmörteln dürfen jedoch *auf der Baustelle* keine Zuschläge und Zusätze (Zusatzstoffe und Zusatzmittel) zugegeben werden.

Werk-Vormörtel und Werk-Trockenmörtel müssen auf der Baustelle in einem Mischer aufbereitet werden. Werk-Frischmörtel ist gebrauchsfertig in verarbeitbarer Konsistenz zu liefern.

Werk-Trockenmörtel ist ein Gemisch der Ausgangsstoffe, das auf der Baustelle unter ausschließlicher *Zugabe* einer vom Hersteller anzugebenden Menge *Wasser* zu Frischmörtel aufbereitet wird.

Werk-Vormörtel (in einigen Gebieten auch Werk-Naßmörtel genannt) ist ein Gemisch aus Zuschlag und Luft- und Wasserkalken, gegebenenfalls auch Zusätzen, das *auf der Baustelle unter Zugabe von Wasser und gegebenenfalls zusätzlichem Bindemittel (Zement)* in seiner endgültigen Zusammensetzung zu Frischmörtel aufbereitet wird.

Werk-Frischmörtel ist im Werk gebrauchsfertig aufbereiteter Frischmörtel.

Werk-Frischmörtel hat immer Zusatzmittel: Verzögerer für eine Verarbeitungszeit von etwa 36 Stunden und Luftporenbildner zur besseren Verarbeitbarkeit.

Werk-Frischmörtel und Werk-Trockenmörtel müssen aus Werken stammen, die einer Eigen- und Fremdüberwachung (anerkannte Prüfstelle) unterliegen (vgl. auch Abschnitt II 4.5 – Bauaufsichtliche Zulassungen).

Bei der Lagerung von Werk-Frischmörtel in offenen sog. Übergabesilos sollte der Mörtel nach der Anlieferung etwas mit Wasser überschüttet und mit einer Folie abgedeckt werden, da er andernfalls an der Oberfläche vertrocknet.

4.4.3 Kontrollen und Prüfungen auf der Baustelle

4.4.3.1 Bei Mauerwerk nach DIN 1053 Teil 1 (Rezeptmauerwerk RM)

Güteprüfungen:

● Mauersteine
Der bauausführende Unternehmer hat zu kontrollieren, ob die Angaben auf dem Lieferschein oder dem Beipackzettel mit den bautechnischen Unterlagen übereinstimmen. Im übrigen gilt DIN 18200 in Verbindung mit den entsprechenden Normen für die Steine. Wegen der erforderlichen Angaben auf dem Lieferschein s. Abschnitt II 1.5.4 – Lieferscheine.

● Mauermörtel
Bei Verwendung von Baustellenmörtel ist während der Bauausführung regelmäßig zu überprüfen, daß das Mischungsverhältnis nach Tabelle 4.5 oder nach Eignungsprüfung eingehalten ist.

Bei Werkmörteln ist der Lieferschein oder der Verpackungsaufdruck daraufhin zu kontrollieren, ob die Angaben über Mörtelart und Mörtelgruppe mit den bautechnischen Unterlagen sowie die Sortennummer und das Lieferwerk mit der Bestellung übereinstimmen und das Überwachungszeichen ausgewiesen ist.

Bei allen Mörteln der Gruppe III a ist an jeweils drei Prismen aus drei verschiedenen Mischungen je Geschoß, aber mindestens je 10 m^3 Mörtel, die Mörteldruckfestigkeit nach DIN 18555 Teil 3 nachzuweisen; sie muß dabei die Anforderungen an die Druckfestigkeit nach Tabelle 4.6, Spalte 4, erfüllen.

Bei Gebäuden mit mehr als sechs gemauerten Vollgeschossen ist die geschoßweise Prüfung, mindestens aber je 20 m^3 Mörtel, auch bei Normalmörteln der Gruppen II, II a und III sowie bei Leicht- und Dünnbettmörteln durchzuführen, wobei bei den obersten drei Geschossen darauf verzichtet werden darf.

Eignungsprüfungen (die auf der Baustelle durchzuführen sind):

Eignungsprüfungen sind für Mörtel erforderlich,

a) wenn die Brauchbarkeit des Zuschlages nach DIN 1053 Teil 1, Abschnitt A.2.1 nachzuweisen ist (abschlämmbare Bestandteile > 8% oder organische Bestandteile),
b) wenn Zusatzstoffe (siehe aber Abschnitt A.2.3) oder Zusatzmittel verwendet werden,
c) bei Baustellenmörtel, wenn dieser nicht nach Tabelle 4.8 auf Seite 263 zusammengesetzt ist oder Mörtel der Gruppe III a verwendet wird,
d) bei Werkmörtel einschließlich Leicht- und Dünnbettmörtel,
e) bei Bauwerken mit mehr als sechs gemauerten Vollgeschossen.

Die Eignungsprüfung ist zu wiederholen, wenn sich die Ausgangsstoffe oder die Zusammensetzung des Mörtels wesentlich ändert.

4.4.3.2 Bei Mauerwerk nach DIN 1053 Teil 2 (Mauerwerk nach Eignungsprüfung = EM)

Einstufungsschein, Eignungsnachweis des Mörtels

Vor Beginn jeder Baumaßnahme muß der Baustelle der Einstufungsschein und gegebenenfalls der Eignungsnachweis des Mörtels (siehe DIN 1053 Teil 2, Abschnitt 10.4, letzter Absatz) zur Verfügung stehen.

● Mauersteine
Jeder Bausteinlieferung ist ein Beipackzettel beizufügen, aus dem neben der Normbezeichnung des Steines einschließlich der EM-Kennzeichnung die Steindruckfestigkeit nach Einstufungsschein, die Mauerwerkfestigkeitsklasse, die Einstufungsscheinnummer und die ausstellende Prüfstelle ersichtlich sind. Das *bauausführende Unternehmen hat zu kontrollieren*, ob die Angaben auf dem Lieferschein und dem Beipackzettel mit den bautechnischen Unterlagen übereinstimmen und den Angaben auf dem Einstufungsschein entsprechen.

Im übrigen gilt DIN 18200 in Verbindung mit den entsprechenden Normen für die Steine.

● Mörtel
Bei Verwendung von Baustellenmörtel ist während der Bauausführung regelmäßig zu überprüfen, daß das Mischungsverhältnis nach dem Einstufungsschein eingehalten wird.

Bei Werkmörtel ist der Lieferschein daraufhin zu kontrollieren, ob die Angaben über die Mörtelgruppe, das Herstellwerk und die Sortennummer den Angaben im Einstufungsschein entsprechen.

Bei Verwendung von Austauschmörteln nach DIN 1053 Teil 2, Abschnitt 10.4, letzter Absatz ist entsprechend zu verfahren.

Bei allen Mörteln ist an jeweils 3 Prismen aus 3 verschiedenen Mischungen die Mörteldruckfestigkeit nach DIN 18555 Teil 3 nachzuweisen. Sie muß dabei die Anforderungen an die Druckfestigkeit nach Tabelle 2, Spalte 2 erfüllen. Diese Kontrollen sind für jeweils 10 m^3 verarbeiteten Mörtels, mindestens aber je Geschoß vorzunehmen.

Für *Baustellenmörtel* sind vom Bauunternehmer *Eignungsprüfungen* (Druckfestigkeit und Haftscherfestigkeit) durchzuführen, wenn diese nicht nach Tabelle 4.5 auf Seite 258 zusammengesetzt sind, sowie stets für Mörtel der Gruppe III a. Ansonsten wird die Eignung im Zuge der Einstufung in eine Mauerwerksfestigkeitsklasse (Einstufungsschein s. Muster) festgestellt. Eignungsprüfung, Einstufung und Überwachung stets durch amtliche Materialprüfungsanstalten.

Schematisch sind auf der Baustelle folgende Güteprüfungen für Mörtel erforderlich:

Tabelle 4.8 Güteprüfungen Mörtel (G) auf der Baustelle

Mörtelgruppe	DIN 1053 Teil 1 RM	DIN 1053 Teil 2	
		RM	EM
I	(≦ 2 VG)	Verwendung unzulässig	Verwendung unzulässig
II	G > 6 VG geschoßweise[1][2]	Verwendung unzulässig	Verwendung unzulässig
II a	G > 6 VG geschoßweise[1][2]	G > 6 VG geschoßweise[1][2]	G stets geschoßweise[3]
III	G > 6 VG geschoßweise[1][2]	G > 6 VG geschoßweise[1][2]	G stets geschoßweise[3]
III a	G stets geschoßweise[3]	G stets geschoßweise[3]	G stets geschoßweise[3]
Leichtmörtel Dünnbettmörtel	G > 6 VG geschoßweise[1][2]	G > 6 VG geschoßweise[1][2]	G stets geschoßweise[3]
Werkmörtel	zusätzlich bei jeder Lieferung die Angaben des Lieferscheins		zusätzlich je Lieferung: Angaben Lieferschein Angaben Einstufungsschein

G Güteprüfung
VG Vollgeschoß
[1]) wobei in den obersten 3 Geschossen darauf verzichtet werden darf.
[2]) und mindestens je 20 m³ Mörtel.
[3]) und mindestens je 10 m³ Mörtel.

4.5 Allgemeine bauaufsichtliche Zulassungen (ABZ)

4.5.1 Wandbausteine

Wandbausteine herkömmlicher Art sind nach Form, Abmessungen und Eigenschaften in den einschlägigen Normen der Baustoffe für Wände genormt, z. B. DIN 105 – Mauerziegel oder DIN 106 – Kalksandsteine. Ihre Verwendung richtet sich nach DIN 1053 – Mauerwerk.

- *Wandbausteine, die nicht diesen Normen entsprechen,* bedürfen einer allgemeinen bauaufsichtlichen Zulassung (ABZ); solche Abweichungen sind z. B. andere Abmessungen, andere Zuschläge, Bindemittel oder Lochungen, Dämmstoffeinlagen, besondere oder keine Stoßfugenvermörtelung oder eine besondere Herstellart.
- ABZ haben auch die vielerlei *Schalungssteine* aus Leicht- oder Schwerbeton, die meist ohne Mörtel versetzt und nachträglich mit Beton schichtweise ausgefüllt werden. Sie sind in der Regel zugelassen für Geschoßbauten bis zu 6 Vollgeschossen, nicht für Schornsteinmauerwerk oder Pfeilern mit Breiten < 75 cm. Die unterste Schicht der Schalungssteine ist in jeweils jedem Geschoß in Mörtel der Gruppe III zu setzen. Die Schalungssteine sind im Verband ohne Mörtel zu versetzen. Nach Verlegen von jeweils 3 Schichten sind die Hohlräume mit Normalbeton (≧ B 10) zu verfüllen und durch Stochern, Stampfen o. ä. so zu verdichten, daß die Querkanäle ausgefüllt sind. Verschiedentlich sind auch Ringanker in allen Geschossen anzuordnen. Das Aussparen sogenannter Baudurchgänge in den Wänden ist nicht zulässig.

- Steine oder Plansteine für *Mauerwerk ohne Stoßfugenvermörtelung*. Im Bereich der Verzahnung bzw. Nut und Feder sind die Steine ohne Vermörtelung knirsch ineinander zu versetzen. Die Lagerfugen sind vollfugig zu vermörteln.
- Bei *Plansteinen oder Planelementen im Dünnbettmörtel* sind diese auf das vollfugige Mörtelbett zu versetzen, anzudrücken und lot- und fluchtgerecht in ihre endgültige Lage zu bringen. Bei Nichtvermörtelung der Stoßfugen sind die Plansteine/-elemente dicht (knirsch) zu stoßen. Zur Ausrichtung der Plansteine/-elemente soll ein Gummihammer verwendet werden.

  Ein evtl. Höhenausgleich darf nur in der untersten und/oder obersten Schicht der Wand erfolgen mit Steinen der gleichen oder höheren Festigkeitsklasse. Zum Teilen von Planelementen sind geeignete Sägevorrichtungen, zum Teilen der Steine Spaltvorrichtungen zu verwenden.

Auf der Verpackung (oder DIN-A4-Beipackzetteln) und auf dem Lieferschein sind zur Kennzeichnung aller Wandbausteine mit ABZ anzugeben: Bezeichnung, Festigkeitsklasse, Rohdichteklasse, Zulassungsnummer, Herstellwerk und Überwachungszeichen.

Erforderlich sind Eigenüberwachung durch das Werk selbst und Fremdüberwachung durch eine Güteschutzgemeinschaft bzw. anerkannte Prüfstelle. Ansonsten ist unbedingt wegen der vielerlei möglichen Nebenbestimmungen Einblick in die auf der Baustelle vorliegende Zulassung (Mußbestimmung) zu nehmen.

4.5.2 Wandbauarten

(z. B. geschoßhohe Wandtafeln, Elementwände mit Gitterträgerwerk, Sandwich-Elementwände, Fassadensysteme usw.)

Die Ausführungsbestimmungen in den Zulassungen sind vielfältig und gelten meist nur für je ein Produkt; sie können hier nicht vereinfacht dargestellt werden. Einsichtnahme in die ABZ ist also erforderlich.

Hinweis:

Zahlreiche ABZ existieren noch für Kerndämmsysteme bei zweischaligem Mauerwerk für Außenwände. Sie sind überholt, da diese Kerndämmung jetzt in der Neufassung der DIN 1053 Teil 1 geregelt ist.

4.5.3 Mörtel

(z. B. Leichtmörtel, Wärmedämm-Mörtel und Dünnbettmörtel – auch Plansteinmörtel)

Leichtmörtel mit verringertem Wärmedurchgang wurden im Zuge der Energieeinsparungsmaßnahmen entwickelt; sie haben organische Zusatzstoffe und geringere Festigkeiten. – Dünnbettmörtel eignen sich nur für Steine mit geringen Maßtoleranzen (Ziegel werden an den Lagerflächen gefräst), da ein Toleranzausgleich in jeder Schicht bei 1 bis 3 mm Fugendicke nicht möglich ist; sonst $d = 12$ mm! Sie haben Zusatzmittel gegen Verdursten.

In der Regel dürfen Leichtmauermörtel entsprechend ihren Zulassungen nicht zur Herstellung von Wänden verwendet werden, die für die Aufnahme von Windkräften rechnerisch nachzuweisen sind (d. h. bei Hallen und Bauten mit $\geqq 6$ Geschossen; unter 6 Geschossen, wenn die Anzahl der von Außenwand zu Außenwand durchgehenden Wände nicht ausreichend ist). Mitunter ist auch die Verwendung für bewehrtes Mauerwerk ausgeschlossen.

Dünnbettmörtel für spezielle Plansteine haben durchweg u. a. folgende Anwendungsregel: „Der Dünnbettmörtel ist auf Stirn- und Lagerflächen (Stoß- und Lagerfugen) oder nur auf die Lagerflächen (Lagerfugen) der vom Staub gereinigten Steine aufzutragen und gleichmäßig über die ganze Fläche so zu verteilen, daß eine Fugendicke von mindestens 1 mm und höchstens 3 mm entsteht. Auf das so vorbereitete Mörtelbett ist ein Planstein zu versetzen, anzudrücken und lot- und fluchtgerecht in seine endgültige Lage zu bringen."

Alle Mörtel nach ABZ unterliegen Eigenüberwachung (im Werk) und Fremdüberwachung (anerkannte Prüfstelle). Lieferschein und Verpackung müssen mit Aufschrift versehen sein: Bezeichnung, Zulassungsnummer, Baustoffklasse, Herstellwerk und Überwachungszeichen.

4.6 Hausschornsteine

(d. h. solche am Haus, nicht völlig frei stehende)

4.6.1 Bestimmungen und Richtlinien*)

- Bauaufsichtliche Richtlinien für Querschnittsverminderungen an Hausschornsteinen (9/1988)

  Erforderlich: ABZ für Innenschalenformstücke
  Eignungsnachweis durch anerkannte Prüfstelle für Auskleidungen / metallische Rohre / keramische Rohre / Glasrohre

- Höhe und Anordnung der Schornsteine von Feuerungsanlagen
  RdErl. des Ministers für Stadtentwicklung, Wohnen und Verkehr v. 6. 6. 1986 (NRW)
- DIN 18160 Teil 1 (4/1987) – Hausschornsteine; Anforderungen, Planung und Ausführung
- DIN 18160 Teil 2 (5/1989) – Verbindungsstücke; Anforderungen, Planung und Ausführung
- DIN 18160 Teil 5 (E3/1989) – Einrichtungen für Schornsteinfegerarbeiten (Laufstege, Trittflächen, Leitern, Steigeisen, Geländer)
- ABZ (zahlreiche) für Schornsteinformstücke oder Schornsteinbauarten aus Beton/ Schamotte/Stahl

*) Schornsteinvorschriften gehen erkennbar immer noch von der Möglichkeit eines Rußbrandes aus, obschon bei den heutigen niedrigen Abgastemperaturen die Gefahr der Taupunktunterschreitung viel größer ist.

4.6.2 Konstruktive Mindestabmessungen

	Lichte Querschnittswerte werden in Abhängigkeit von der Höhe (zwischen Feuerstätte und Schornsteinmündung) ermittelt:
Konstruktionsmaße (DIN 18160)	Mindest $d_{Licht} \geqq 13{,}5$ cm bei Mauersteinen $d_{Licht} \geqq 10$ cm sonst
	Wangendicke $d_w \geqq 11{,}5$ cm für $F \leqq 400$ cm² $d_w \geqq 24$ cm für $F > 400$ cm²
	Zungendicke $d_z \geqq 11{,}5$ cm
Abstützung	Über Dach keine, wenn $H_o \leqq 4 \times$ Schaftdicke außen ($d_w = 11{,}5$) $H_o \leqq 5 \times$ Schaftdicke außen ($d_w = 17{,}5$) Unter Dach mindestens alle 5 m (z. B. durch Deckenplatten) oder Einbinden in Wände.
Brandschutz	Mündung $\geqq 0{,}40$ m über First bei harter Bedachung oder $\geqq 1{,}0$ m von Dachfläche entfernt. Mündung $\geqq 0{,}80$ m über First bei weicher Bedachung. Das Bauaufsichtsamt kann im Einzelfall größere Maße verlangen.
Kleinste wirksame Höhe	mind. 4 m

4.6.3 Schornsteine und angrenzende Bauteile aus brennbaren Baustoffen

- Wo Schornsteine großflächig und nicht nur streifenförmig an Bauteile mit brennbaren Baustoffen angrenzen, müssen Schornsteine einen Abstand von mindestens 5 cm, Stahlschornsteine für verminderte Anforderungen einen Abstand von mindestens 40 cm zu den Bauteilen einhalten; der Zwischenraum muß dauernd gut durchlüftet, bei Stahlschornsteinen für verminderte Anforderungen gegenüber angrenzenden Räumen vollständig offen sein. Satz 1 gilt entsprechend für Verkleidungen aus brennbaren Baustoffen, nicht jedoch für Tapeten ohne Wärmedämmschicht auf Schornsteinen außer auf Stahlschornsteinen für verminderte Anforderungen.
- Holzbalkendecken, Dachbalken aus Holz und ähnliche, streifenförmig an Schornsteine angrenzende Bauteile aus brennbaren Baustoffen müssen von den Außenflächen von Schornsteinen mindestens 5 cm Abstand haben; wenn der Zwischenraum belüftet ist, genügt ein Abstand von 2 cm. Für brennbare Baustoffe, die nur mit geringer Streifenbreite an Schornsteine grenzen, wie Fußböden, Fußleisten und Dachlatten, ist kein Abstand erforderlich. Der Zwischenraum zwischen vorgenannten Bauteilen aus brennbaren Baustoffen und Stahlschornsteinen für verminderte Anforderungen muß abweichend von den Sätzen 1 und 2 mindestens 40 cm betragen.

- Die Schornsteinmündungen müssen ungeschützte Bauteile aus brennbaren Baustoffen mindestens 1 m überragen oder von ihnen, waagerecht gemessen, einen Abstand von mindestens 1,50 m haben; dies gilt nicht für den Abstand zur Bedachung. Schornsteine in Gebäuden mit weicher Bedachung müssen im First oder in seiner unmittelbaren Nähe austreten und den First mindestens 80 cm überragen; auf die Anforderungen an die Dachdurchführung nach Absatz 1 Satz 1 und den dort erforderlichen Wärmedurchlaßwiderstand des Schornsteins wird hingewiesen.

4.6.4 Schornsteine und angrenzende tragende oder aussteifende Bauteile

Schornsteine dürfen in tragende oder aussteifende Bauteile des Gebäudes nur so eingreifen, daß die Standsicherheit des Gebäudes nicht gefährdet wird. Wo Schornsteine großflächig in tragende Wände, Pfeiler oder Stützen oder an aussteifende Bauteile angrenzen, müssen solche Abstände eingehalten oder solche Schutzvorkehrungen aus nichtbrennbaren Baustoffen angeordnet werden, daß die Standsicherheit dieser Bauteile bei einer Eintrittstemperatur der Abgase in den Schornstein entsprechend der betriebsmäßig höchsten Temperatur am Abgasstutzen der Feuerstätte, mindestens jedoch von 400 °C, nicht gefährdet werden kann; die Oberflächen tragender Wände, Pfeiler und Stützen aus Beton oder Stahlbeton dürfen nicht auf mehr als 50 °C erwärmt werden können. Bei Schornsteinen für Sonderfeuerstätten, in denen mit gefährlicher Ansammlung brennbarer Stoffe zu rechnen ist, sind die Abstände oder Schutzvorkehrungen auch mit Rücksicht auf die besondere Gefahr von Bränden im Innern des Schornsteins festzulegen; dies gilt auch für Schornsteine von Feuerstätten, die häufige Rußbrände im Innern des Schornsteins bewirken.

4.6.5 Unzulässige Arbeiten an Schornsteinen und Schornsteinbauteilen

Stemmen an Schornsteinen und Schornsteinbauteilen und sonstige den ordnungsgemäßen Zustand von Schornsteinen gefährdende Arbeiten sind unzulässig, und zwar sowohl bei der Herstellung der Schornsteine als auch nachträglich. Bohren, Sägen, Fräsen oder Schneiden, z. B. mit der Trennscheibe, zur Herstellung von Anschlüssen in der Außenschale von dreischaligen Schornsteinen mit Dämmstoffschicht sowie zur nachträglichen Herstellung von Anschlüssen sind zulässig; Bohren ist auch zulässig zur Befestigung der Ummantelung nach Abschnitt 7.9.1 und Abschnitt 11.5 Absatz 2 und des Berührungsschutzes nach Abschnitt 7.10 der DIN 18160 Teil 1.

4.6.6 Einschalige Schornsteine aus Mauersteinen

- Die Schornsteine sind in fachgerechtem Verband zu mauern; Zungen müssen eingebunden sein. Die Mauersteine sind an den Schornsteininnenflächen bündig zu legen. Die Fugendicke muß DIN 1053 Teil 1 entsprechen. Die Wangendicke muß mindestens 11,5 cm, bei dichten Querschnitten von mehr als 400 cm^2 mindestens 24 cm betragen; Zungen müssen mindestens 11,5 cm dick sein. Zur Herstellung von runden Öffnungen, insbesondere von Anschlußöffnungen, sind Abzweigstutzen wie Doppelwandfutter oder Rohrhülsen ringsum dicht in den Schornstein einzusetzen. Rechteckige Öffnungen dürfen ohne Abzweigstutzen hergestellt werden.
- Schornsteine für Regelfeuerstätten und Schornsteine für Sonderfeuerstätten, die entsprechend DIN 18160 Teil 1, Abschnitt 5.3.6 Absatz 2 Satz 2, angeschlossen werden, dürfen mit Mauern aus den gleichen Mauersteinen über eine Höhe von 10 m im Verband gemauert sein, wenn Mauer und Schornstein auf einem gemeinsamen Fundament oder gemeinsam auf demselben Bauteil gegründet sind. Auf Wangen dieser Schornsteine können Stahlbetondek-

ken nach DIN 1045 aufgelagert werden, wenn die Wangen unterhalb der Decken mindestens 24 cm, im Bereich des Deckenauflagers mindestens 11,5 cm dick sind.

Anmerkung

Die Auflagerung der Decken ist jedoch nur zulässig, wenn hierfür eine baurechtliche Ausnahme erteilt ist.

– Schornsteine für Regelfeuerstätten und Schornsteine für Sonderfeuerstätten, die nach Abschnitt 5.3.6 Absatz 2 Satz 2 angeschlossen werden, dürfen einmal schräggeführt werden, wenn die Höhe des Schornsteins bis zur Schrägführung nicht mehr als 10 m und sein lichter Querschnitt nicht mehr als 400 cm² betragen. Schornsteine für vorgenannte Feuerstätten dürfen auch dann einmal schräggeführt werden, wenn hierdurch bei Unterstellung eines homogenen und elastischen Baustoffs in jedem Schornsteinquerschnitt Zugspannungen ausgeschlossen sind, z. B., wenn die Schornsteinachsen nur geringfügig versetzt sind; vorstehende Zugspannungen gelten auch im ganzen Schornsteinbereich als ausgeschlossen, wenn die oberen Schornsteinteile entsprechend vorstehender Bedingung durch Wände unterstützt werden. Der schräggeführte Schornsteinteil muß in einem zugänglichen Raum liegen. Kleinere Winkel als 60° zwischen der Schornsteinachse und der Waagerechten sind unzulässig. Die Lagerfugen müssen auch im schräggeführten Schornstein im rechten Winkel zur Schornsteinachse verlaufen. Die nach innen vorspringenden Knickkanten sind zu runden und durch einen mindestens 12 mm dicken Rundstahl gegen Ausschleifen zu sichern.

4.6.7 Einschalige Schornsteine aus Formstücken aus Leichtbeton

Die Schornsteine sind aus Formstücken desselben Herstellers mit derselben Artikelnummer nach DIN 18150 Teil 1 zu errichten. Die Fugen dürfen nicht dicker als 10 mm sein. Zur Herstellung von Anschlußöffnungen, Reinigungsöffnungen, Öffnungen für Nebenluftvorrichtungen und Abgasventilatoren dürfen nur hierfür bestimmte werkmäßig hergestellte Formstücke verwendet werden. Die Schornsteine dürfen unter Verwendung der hierfür bestimmten werkmäßig hergestellten Formstücke schräggeführt werden.

4.6.8 Dreischalige Schornsteine mit Dämmstoffschicht und beweglicher Innenschale

Die Schalen der Schornsteine sind gleichzeitig hochzuführen. Der Aufbau der Innenschale und Außenschale darf jeweils nur so weit voraneilen, daß die Dämmstoffschicht ordnungsgemäß eingebracht werden kann und die ordnungsgemäße Beschaffenheit vorgezogener Schalen nicht gefährdet ist. Die Fugen der Innenschale und der Außenschale sollen in der Regel, um Mörtelbrücken zu vermeiden, gegeneinander versetzt sein.

Zur Herstellung von Anschlußöffnungen, Reinigungsöffnungen, Öffnungen für Nebenluftvorrichtungen und Abgasventilatoren dürfen nur dafür bestimmte, werkmäßig aus den gleichen Baustoffen wie die übrige Innenschale hergestellte Formstücke (Anschlußformstücke) verwendet werden.

4.7 Innen- und Außenputz

4.7.1 Mörtelgruppen und Putzsysteme

Einschlägige Norm ist DIN 18550 Teil 1 und 2 – Putz (1985)*); sie legt Anforderungen an Außen- und Innenputze fest sowie die Putzsysteme und die Ausführung. Der Putzmörtel wird

*) Daneben: DIN 18550 Teil 3: Wärmedämmputzsysteme (s. unter II 4.7.2.4) und auch DIN V 18559: Wärmedämmverbundsysteme (s. unter II 4.9.5).

eingeteilt in die Gruppen P I bis P V entsprechend dem Bindemittel und dem Mischungsverhältnis, entweder als Baustellenmörtel (DIN 18550 Teil 2) oder als Werkmörtel (DIN 18557 bzw. DIN 1168 für Gipsputze).

Tabelle 4.9 Mörtelgruppen und Mischungsverhältnis

Mörtelgruppe		Bindemittel oder Mörtelbezeichnung	Mischungsverhältnis mit Sand in Rt	Gruppenbezeichnung
P I	a	Luftkalkteig Luftkalkhydrat	1:3,5 bis 1:4,5 1:3 bis 1:4	Kalkputze
	b	Wasserkalkteig Wasserkalkhydrat	1:3,5 bis 1:4,5 1:3 bis 1:4	
	c	Hydraulischer Kalk	1:3 bis 1:4	
P II	a	Hochhydraulischer Kalk oder P + M-Binder	1:3 bis 1:4	Kalkzementputze
	b	Luftkalkhydrat und Zement mit Kalkteig + Zement	2:1:9 bis 2:1:11 1,5:1:9 bis 11	
P III	a	Zement mit Kalkhydrat	1:1/4:3 bis 4	Zementputze
	b	Zement allein	1:3 bis 1:4	
P IV	a	Stuck- oder Putzgips	ohne Sand	Gipsputze
	b	Gipssandmörtel	1:1 bis 1:3	
	c	Gipskalkmörtel Stuckgips: Kalk:Sand Putzgips: Kalk:Sand	 0,5 bis 1:1:3 bis 4 1 bis 2:1:3 bis 4	
	d	Kalkgipsmörtel Stuckgips: Kalk:Sand Putzgips: Kalk:Sand	 0,1 bis 0,2:1:3 bis 4 0,2 bis 0,5:1:3 bis 4	
P V	a	Anhydritmörtel	1:höchstens 2,5	Anhydritputze
	b	Anhydritkalkmörtel Anhydrit: Kalkteig:Sand Anhydrit:Kalkhydrat:Sand	 3:1:12 3:1,5:12	

(Nach: Kalksandstein – Planung, Konstruktion, Ausführung. 3. Aufl. 1994.)

Werkmörtel für Innenwand- und Deckenputze nach DIN 1168 mit Gips als Bindemittel werden als Maschinenputzgips, Haftputzgips und Fertigputzgips geliefert, lose in Silos oder in Säcken mit 40 kg. Sie entsprechen den Mörtelgruppen P IVa und P IVb.

Tabelle 4.10 Druckfestigkeit von Putzmörtel

Mörtelgruppe	Mindestdruckfestigkeit (Mittelwert) N/mm^2
P Ia, P Ib	keine Anforderungen
P Ic	1,0
P II	2,5
P III	10
P IVa, P IVb, P IVc	2,0
P IVd	keine Anforderungen
P V	2,0

Tabelle 4.11 Putzsysteme für Außenputze

Anforderungen bzw. Anwendung	Mörtelgruppe bzw. Beschichtungsstoff-Typ für Unterputz	Mörtelgruppe bzw. Beschichtungsstoff-Typ für Oberputz oder Einlagenputz	Zusatzmittel erforderlich	Putzsystem für
ohne besondere Anforderung	–	P I		Außenwandputz
	P I	P I		
	–	P II		
	P II	P I		
	P II	P II		
	P II	P Org 1		
	–	P Org 1		
	–	P III		
wasserhemmend	P I	P I	ja	
	–	P Ic	ja	
	–	P II		
	P II	P I		
	P II	P II		
	P II	P Org 1		
	–	P Org 1		
	–	P III[3])		
wasserabweisend[5])	P Ic	P I	ja	
	P II	P I	ja	
	–	P Ic		
	–	P II		
	P II	P II	ja	
	P II	P Org 1		
	–	P Org 1		
	–	P III		
erhöhte Festigkeit	–	P II		
	P II	P II		
	P II	P Org 1		
	–	P Org 1		
	–	P III		
Kellerwand-Außenputz	–	P III		s. unten
Außensockelputz	–	P III		s. unten
	P III	P III		
	P III	P Org 1		
	–	P Org 1		
Deckenunterseiten mit Witterungseinfluß	P II	P I, P II		Außendeckenputz
	–	P IV		
	P III	P II, P III		
	P IV	P IV		
	–	P III		

[3]) Schließt die Anwendung bei geringer Beanspruchung ein einschließlich häuslicher Küchen und Bäder.
[5]) Hierzu zählen nicht häusliche Küchen und Bäder.

Es bedeuten:

Außenwandputz: für alle über dem Sockel liegenden Flächen.
Kellerwandaußenputz: im Bereich der Erdanschüttung.
Außensockelputz: oberhalb der Erdanschüttung.
Erhöhte Festigkeit: z. B. in Treppenhäusern oder Fluren öffentlicher Gebäude.
Außendeckenputz: auf Deckenuntersichten, die der Witterung ausgesetzt sind.

Tabelle 4.12 Putzsysteme für Innenputze

Putzsystem für	Anforderungen bzw. Anwendung	Mörtelgruppe bzw. Beschichtungsstoff-Typ für Unterputz	Oberputz oder Einlagenputz[1]), [2])
Innenwandputz	nur geringe Beanspruchung	–	P I a, b
		P I a, b	P I a, b
		P II	P I a, b, P IV d
		P IV	P I a, b, P IV d
	übliche Beanspruchung[3])	–	P I c
		P I c	P I c
		–	P II
		P II	P I c, P II, P IV a, b, c, P V, P Org 1, P Org 2
		–	P III
		P III	P I c, P II, P III, P Org 1, P Org 2
		–	P IV a, b, c
		P IV a, b, c	P IV a, b, c, P Org 1, P Org 2
		–	P V
		P V	P V, P Org 1, P Org 2
		–	P Org 1, P Org 2[4])
	Feuchträume[5])	–	P I
		P I	P I
		–	P II
		P II	P I, P II, P Org 1
		–	P III
		P III	P II, P III, P Org 1
		–	P Org 1[4])
Innendeckenputz	geringe Beanspruchung	–	P I a, P I b
		P I a, P I b	P I a, P I b
		P II	P I a, P I b, P IV d
		P IV	P I a, P I b, P IV d
	übliche Beanspruchung	–	P I c
		P I c	P I c
		–	P II
		P II	P I c, P II, P IV a P IV b, P IV c, P Org 1 P Org 2
		–	P IV a, P IV b, P IV c
		P IV a, P IV b, P IV c	P IV a, P IV b, P IV c, P Org 1, P Org 2
		–	P V
		P V	P V, P Org 1, P Org 2
		–	P Org 1[4]), P Org 2[4])
	Feuchträume	–	P I
		P I	P I
		–	P II
		P II	P I, P II, P Org 1
		–	P III
		P III	P II, P III, P Org 1
		–	P Org 1[4])

[1]) Bei mehreren genannten Mörtelgruppen ist jeweils nur eine als Oberputz zu verwenden.
[2]) Oberputze können mit abschließender Oberflächengestaltung oder ohne diese ausgeführt werden (z. B. bei zu beschichtenden Flächen).
[3]) Schließt die Anwendung bei geringer Beanspruchung ein einschließlich häuslicher Küchen und Bäder.
[4]) Nur bei Beton mit geschlossenem Gefüge als Putzgrund.
[5]) Hierzu zählen nicht häusliche Küchen und Bäder.

4.7.2 Ausführung von Putz

4.7.2.1 Putzgrund

- Muß lotrecht, fluchtrecht, eben, sauber (staubfrei) sein; möglichst rauh; wenn Material nicht gleichartig, dann Überspannen mit Glasgewebe (nicht Glasvlies) oder Rippenstreckmetall (Flachrip), ebenfalls stets die Fuge zwischen Dämmplatten am Sturz und angrenzendem Putzgrund.
- Bei Mauerwerk ohne Stoßfuge (knirsch vermauert) darf die Fuge nur ≦ 5 mm dick sein; Mörteltaschen oder Stein-Fehlstellen der Wand und offene Fugen > 5 mm müssen gleich beim Mauern mit verschlossen werden.
- Stark saugender Putzgrund ist ausreichend vorzunässen (nie jedoch Holzwolle-Leichtbauplatten), jedoch ist das fertige, noch unverputzte Mauerwerk immer vor Durchnässung zu schützen, insbesondere Lochsteine, da das in die Kammern eingedrungene Wasser für lange Zeit dort gespeichert ist.
- Beton als Putzgrund muß oberflächig abgetrocknet und saugfähig sein. Benetzungsprobe machen: Mit Deckenbürste reines Wasser gleichmäßig auftragen. Perlt das Wasser nach wenigen Minuten noch vom Beton ab oder erfolgt nicht sofort der Umschlag von hell auf dunkel, so kann auf Rückstände von Schalungstrennmitteln oder auf feuchten Beton geschlossen werden. Bei feuchtem Beton Putzbeginn verschieben; die Restfeuchte darf betragen ≦ 2 bis 3%, muß evtl. mit CM-Gerät ermittelt werden. Bei „veröltem" Beton diesen mit Stahlbürsten mechanisch oder chemisch mit Lösungsmittel und Wasser reinigen; evtl. Haftbrücke auftragen.
- Bei stark saugfähigem Putzgrund, bei Mischmauerwerk, bei Kalksandsteinen, Porenbetonsteinen, Holzwolle-Leichtbauplatten und evtl. bei glatten Betonflächen (bei üblichen Ziegeluntergründen also nicht) ist ein Spritzbewurf aus Zementmörtel mit grobem Sand (1 : 3) anzuwerfen; er kann nach Bedarf volldeckend oder nicht volldeckend sein. Der Spritzbewurf zählt nicht als Putzlage, sondern als Untergrundvorbehandlung (VOB). Er wird nach dem Anwerfen nicht weiter bearbeitet. Bis zum Aufbringen der ersten wirklichen Putzlage muß normalerweise 24 Stunden gewartet werden, mindestens jedoch 12 Stunden, bei Gipsputz noch länger. Hier werden Zeiten bis zu 2 Wochen genannt.

Die Regelung des Spritzbewurfes ist regional unterschiedlich. Grundsätzlich gilt jedoch, daß ein Spritzbewurf auf Ziegelmauerwerk schwach durchscheinend aufzubringen ist (also keine geschlossene Schicht), daß er grobkörnig sein soll (Größtkorn nicht unter 4 mm ∅) und daß die Oberfläche griffig ist. Trockener Mauerwerksuntergrund ist vorzunässen.

Vor dem Putzauftrag muß der Spritzbewurf weißtrocken und ausgerissen sein. Bei Ziegelmauerwerk dauert dies in der Regel zwei bis drei Tage, bei Holzwolle-Leichtbauplatten erheblich länger. (Der Spritzbewurf zählt nicht als Putzlage.)

4.7.2.2 Putzlagen

Gipsputze (nur innen) werden einlagig aufgebracht, da die Gipsputzlagen nur eine geringe Haftfestigkeit aneinander haben; Dicke des einlagigen Gipsputzes im Mittel ≧ 10 mm, mindestens an jeder Stelle ≧ 5 mm. Wird ein Gipsmörtel als obere Lage auf noch frischen Kalkmörtel-Unterputz aufgezogen, so wird der Kalkmörtel, der Kohlensäure aus der Luft zum Abbinden benötigt, von dieser durch den schnell erhärtenden Gipsoberputz abgeschlossen.

Gipsputze (Maschinen- oder Handputz) auf Betonuntergrund oder auf Gipskartonplatten erfordern keinen Spritzbewurf, wenn mit dem speziellen „Betonkontakt" vorgestrichen wird. Auch hierbei sind Staub, Ruß, Öl, lose Teile und möglichst auch die evtl. vorhandene Sinterhaut zu entfernen. Bei Holzwolle-Leichtbauplatten, Mehrschichtplatten und Holzspanplatten wird nach Auftrag von ⅔ der Putzdicke ein Glasfasergewebe eingedrückt, dann frisch in frisch der restliche Putz aufgebracht (Mitteilung der KNAUF-Gipswerke 5/93).

Allgemein (außer bei Gipsputz) werden zwei Lagen aufgebracht: Unterputz mit d = 12 bis 15 mm und Oberputz mit d = 5 bis 8 mm; insgesamt 20 mm. Um die DIN-gerechte Außenputzdicke von 20 mm zu gewährleisten, muß die Gesamtputzdicke vor dem Reiben mindestens 25 mm betragen.

Vor dem Auftragen des Oberputzes muß für den Unterputz eine Mindeststandzeit von 1 Tag je Millimeter Putzdicke eingehalten werden. Eine evtl. Beschichtung (Anstrich) nicht vor Ablauf von 4 Wochen aufbringen!

Festigkeitsgefälle unbedingt beachten: Oberputz muß elastischer und weniger fest sein als der Unterputz, also sinkende Festigkeit von innen (Putzgrund) nach außen; s. hierzu die Tabelle der Putzsysteme. Oberputz nicht „totreiben": Durch zu starkes Verreiben tritt das Bindemittel an die Oberfläche, und der Putz wird schwindrissig.

Bei starkem Sonnenschein und/oder Wind kann der Putz zu schnell austrocknen. Schutzmaßnahmen: Planen abhängen, vorsichtiges Besprühen mit Wasser.

Verformung des Putzes beachten: Gipsputz und Kalkgipsputz (P IV a, b, c, und d) schwinden und dehnen nicht; Kalkzementputz (P II) schwindet geringfügig; Zementputz (P III) schwindet deutlich und ist daher rißgefährdet.

Verriebene Putze werden häufig als Untergrund für Farbanstriche und Beschichtungen gewählt. Sie werden leicht rissig, wenn der angeworfene Mörtel zu früh, zu kräftig oder zu lange mit dem Brett oder der Kelle bearbeitet wird.

Verriebene Putze erfordern besonders handwerkliches Können und ausreichend Zeit, um Bindemittelanreicherungen an der Oberfläche und damit Schwindrißbildungen zu vermeiden.

Als Beschichtung des Unterputzes sind folgende Oberputzweisen geeignet: Spritzputz, Reibeputz, Kellenwurf- und Kellenstrichputz, Kratzputz fein und grob. Geglättete Oberputze sind als Putz auf Leichtziegelmauerwerk ungeeignet.

Feine Kratzputze mit kleinerem Zuschlagkorn (0–3 mm) sind für Anstriche besser geeignet als verriebene Putze.

(Ziegel-Zentrum NW, 1991 über verriebene Putze.)

(Zum Thema Putzausführung wird verwiesen auf: Grassnick u. a., Der schadenfreie Hochbau, Bd. 2 Allgemeiner Ausbau, R. Müller Verlag, 3. Aufl. 1994.)

4.7.2.3 „Bewehrter" Putz

Bei Mischuntergründen oder Holzwolleleichtbauplatten o. ä. sind zwingend ein volldeckender Spritzbewurf sowie eine Bewehrung erforderlich (s. Abb. 4.27).

Hinzuweisen ist jedoch insbesondere darauf, daß der Spritzbewurf in der Regel mindestens ca. 4 Wochen vor dem eigentlichen Putzauftrag aufgebracht werden muß.

Zur Vermeidung langer Wartezeiten empfiehlt sich der Einsatz von speziellen Ziegelformteilen (Ziegelstürze, Rolladenkästen, U-Schalen usw.). Hierbei kann auf den Spritzbewurf und eine Bewehrung verzichtet werden, wenn die Formteile in einer geschlossenen Wandfläche – wie es z. B. bei einem Deckenauflager der Fall ist – eingebunden sind.

Bei Fensterstürzen oder Stürzen anderer Art ist in die obere Lage des Unterputzes ein alkalibeständiges Glasseidengittergewebe, Maschenweite ca. 8 mm, Reißfestigkeit in Kette und Schuß > 1500 N/5 cm, so einzubügeln, daß es allseitig vom Unterputz ummantelt ist. Das Armierungsgewebe muß glatt und faltenfrei eingebaut sein. Überlappungen an den Stößen mindestens 100 mm, zu anderen Bauteilen mindestens 300 mm. Im Bereich von Fenster- und Türleibungen Gewebe entsprechend herumführen und Ecken von Fenstern und Türen durch diagonal angeordnete Gewebestreifen zusätzlich bewehren.

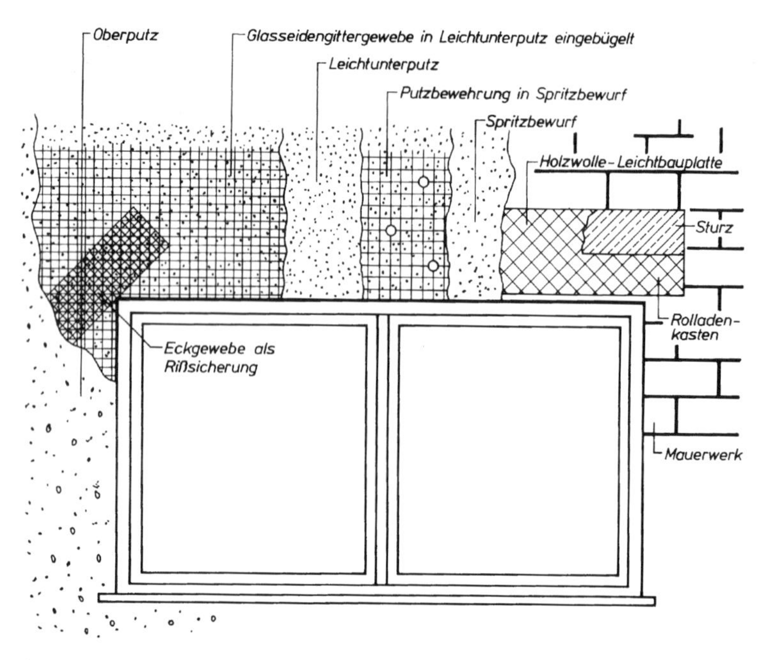

(Nach: Information 9 für Baufachleute 6/91 Ziegel-Zentrum Nordwest e.V.)

Abb. 4.27 Putzbewehrung bei Holzwolle-Leichtbauplatten als Putzgrund

4.7.2.4 Wärmedämmputz

Für außenliegende Wärmedämmputzsysteme aus Mörteln mit mineralischen Bindemitteln und mit expandiertem Polystyrol (EPS) als überwiegendem Zuschlag im Unterputz auf massiven Wänden und unter Decken (Mauerwerk und Beton) gilt DIN 18550 Teil 3: Wärmedämmputzsysteme aus Mörteln mit mineralischen Bindemitteln und expandiertem Polystyrol als Zuschlag (3/1991). Der Werk-Trockenmörtel für den Unterputz muß aus mineralischen Bindemitteln (Baukalk, Zement, Putz- und Mauerbinder) hergestellt werden und mindestens 75% Volumenanteil expandiertes Polystyrol (EPS) als Zuschlag enthalten.

Der Werk-Trockenmörtel für den wasserabweisenden Oberputz muß aus mineralischen Bindemitteln und mineralischem Zuschlag bestehen.

- Ausführung

  Der Unterputz muß mindestens 20 mm und darf in der Regel höchstens 100 mm dick sein.

  Die mittlere Dicke des ein- oder mehrschichtigen Oberputzes muß 10 mm (Dicke mindestens 8 mm, höchstens 15 mm) betragen. Bei mehrschichtigem Oberputz muß die Ausgleichsschicht mindestens 6 mm dick sein.

  Die Zeitspanne zwischen Fertigstellung des Unterputzes und Aufbringen des Oberputzes muß mindestens 7 Tage betragen, bei größeren Dicken des Unterputzes jedoch mindestens 1 Tag je 10 mm Dicke.

Bei ungünstigen Witterungsbedingungen (hohe Luftfeuchte und niedrige Temperaturen) sind diese Zeiten zu verlängern.

Wird die Anordnung von Putzträgern erforderlich, so gilt DIN 18550 Teil 2. In bestimmten Fällen, z. B. bei nicht tragfähigen, bei nicht oder mangelhaft saugenden Altputzen oder bei solchen Putzen, die mit Anstrichen versehen sind, haben sich für Wärmedämmputzsysteme wellenförmige oder ebene Putzträger aus geschweißtem Drahtnetz mit jeweils besonderen Befestigungselementen bewährt. Die Angaben des Herstellers sind zu beachten.

- Lieferform und Kennzeichnung

  – Unterputz

  Der Werk-Trockenmörtel für den Unterputz darf nur als Gebinde in Säcken von höchstens 100 l Volumen angeliefert werden. Eine Beförderung im Silo ist nicht statthaft. Auf den Säcken müssen in deutlichem Druck folgende Angaben gemacht werden:

  a) Bezeichnung des Mörtels für den Unterputz (Unterputzmörtel für Wärmedämmputzsystem ... nach DIN 18550 Teil 3)

  b) Bezeichnung des oder der Oberputzmörtel und Hersteller

  c) Brandverhalten „DIN 4102 – B 1"

  d) Wärmeleitfähigkeitsgruppe

  e) ... (Einheitliches Überwachungszeichen)

  f) Herstellwerk; wenn dies verschlüsselt angegeben wird, auch Lieferwerk

  g) Verarbeitungsanweisung

  h) Hinweis auf Lagerungsbedingungen

  – Oberputz

  Zusätzlich zu den in DIN 18557/05.82, Abschnitte 6.1.1 und 6.2, enthaltenen Hinweisen über Lieferform und Kennzeichnung sind Angaben über verwendbare Mörtel für die Unterputze zu machen.

  – Lieferschein

  Auf dem Lieferschein sind folgende Angaben zu machen:

  a) Bezeichnung des Mörtels für den Unterputz (Unterputzmörtel für Wärmedämmputzsystem ... nach DIN 18550 Teil 3)

  b) Bezeichnung des Mörtels für den Oberputz (Oberputzmörtel für Wärmedämmputzsystem ... nach DIN 18550 Teil 3)

  c) ... (Einheitliches Überwachungszeichen)

  d) Herstellwerk; wenn dies verschlüsselt angegeben wird, auch Lieferwerk

- Überwachung

Die Einhaltung der für das Wärmedämmputzsystem in Abschnitt 5 festgelegten Anforderungen ist in jedem Herstellwerk durch eine Überwachung, bestehend aus Eigen- und Fremdüberwachung, zu prüfen. Sind Herstellwerk und Lieferwerk nicht identisch, so können zusätzliche Überwachungsmaßnahmen für das Lieferwerk durch die fremdüberwachende Stelle festgelegt werden. Grundlage für das Verfahren der Überwachung ist DIN 18200.

- Erläuterungen

Wärmedämmputze mit expandiertem Polystyrol als Zuschlag, die zum Schutz gegen Witterungseinflüsse und mechanische Einwirkungen eines Oberputzes aus mineralischen Bindemitteln und mineralischem Zuschlag bedürfen, werden seit etwa 25 Jahren hergestellt. Sie wurden entwickelt zur Verwendung auf Mauerwerk aus Leichtmauersteinen und zur Verbesserung der Wärmedämmung von Außenwänden bestehender Gebäude. Mit der Verwendung von Polystyrol als Zuschlag entsprachen diese Putze jedoch in ihrer Zusammensetzung nicht den Anforderungen nach DIN 18550 Teil 1 und Teil 2. Die aus Wärmedämmputz und Oberputz bestehenden Wärmedämmputzsysteme bedurften damit als neue, noch nicht gebräuchliche und bewährte Baustoffe zunächst einer allgemeinen bauaufsichtlichen Zulassung. Es folgten Richtlinien des IfBt (4/1985) und diese Norm.

Wärmedämmputzsysteme aus Mörtel mit mineralischen Bindemitteln und anderen Leichtzuschlägen als expandiertem Polystyrol bedürfen auch weiterhin eines bauaufsichtlichen Brauchbarkeitsnachweises.

Seit dem Aufkommen der Wärmedämmputze wurden diese, um eine bessere Wärmedämmung zu erzielen, laufend weiterentwickelt. So konnte die Rohdichte von etwa 550 kg/m³ auf etwa 200 kg/m³ bis 300 kg/m³ verringert werden, anstelle von Dicken von etwa 20 mm können nunmehr Dicken bis 100 mm erreicht werden. Das Aufbringen größerer Dicken ermöglicht auch die Anwendung zur Steigerung des Wärmeschutzes von Außenwänden neu errichteter Gebäude.

4.8 Estriche

Drei Konstruktionsformen von Estrichen sind zu unterscheiden: Estrich auf Dämmschicht, Verbundestrich und Estrich auf Trennschicht, alle nach DIN 18560 – Estriche im Bauwesen (Teile 1 bis 7, 5/1992).

Material: Zementestrich (ZE), am weitesten verbreitet, einfache Herstellung, große Festigkeit, Stahlbewehrung möglich; zu rasch austrocknender Estrich erreicht nicht die erwartete Festigkeit; Fugenabstand maximal 6 m; begehbar nach 2 Tagen, schwimmender Estrich nach 3 Tagen; das „Pudern" als Nachbehandlung ist zu unterlassen

Anhydritestrich (AE), teurer als Zementestrich, für Feuchträume ungeeignet, erfordert kontrolliertes Raumklima in den ersten zwei Tagen nach Herstellung, Fugenabstand unbegrenzt (außer bei Raumtrennungen), bei Fußbodenheizung Fugenabstand ca. 7 m; begehbar nach 2 Tagen

Gipsestrich, für Feuchträume ungeeignet, Fugenabstand unbegrenzt (außer bei Raumtrennung); er ist in der Norm nicht aufgeführt

Magnesiaestrich (ME), sehr teuer, für trockene Räume, nicht über Spannbetondecken, Fugenabstand 8 bis 10 m; begehbar nach 2 Tagen

Gußasphaltestrich (GE), sofort belastbar, Verwendung auch im Freien, Fugenabstand im Innern unbegrenzt/im Freien 6 bis 8 m; ungeeignet für punktförmige Auflasten (bleibt dauernd plastisch); Aufbringen des Bodenbelags nach 2 bis 4 Stunden (kein Kleber mit Lösungsmitteln verwenden!); nach Aufbringen mit Sand abreiben; Nachbehandlung nicht erforderlich

Die Festigkeitsklassen von Zementestrich reichen von ZE 12 mit Nennfestigkeit (= kleinster Einzelwert) ≧ 12 N/mm² bis ZE 65 mit Nennfestigkeit von 65 N/mm²; ab ZE 40 ist Eignungsprüfung erforderlich. Estriche werden i. d. R. einschichtig hergestellt; Ausnahme: oberste Schicht soll farbig oder abriebfest sein.

4.8.1 Estrich auf Trennschicht

Nach DIN 18 560 Teil 4 ist das ein durch eine Trennlage vom tragenden Untergrund getrennter Estrich.

Als Schutzschicht ganz allgemein, z. B. über Abdichtungen oder als Nutzschicht (Verschleißschicht) im Industriebau oberhalb von Feuchtigkeitssperren; Feldgrößen im Freien $\leqq 10\ m^2$ (Raumfugen!); Trennlage aus Polyäthylenfolie mindestens 0,1 mm dick, besser 0,2 mm oder nackte Bitumenbahnen; doppellagige Verlegung ist die Regel, dabei Überlappung $\geqq$ 80 mm, Estrichmörtel darf nicht zwischen die Stöße der Trennschicht laufen!

Ein Verkleben oder Verschweißen der Stöße ist jedoch nicht erforderlich.

Die Lagen der Feuchtigkeitssperre oder der Abdichtung gelten nicht als Trennlage. – Über bituminösen Abdichtungen darf kein Bitumenpapier (-bahnen) als Trennlage verwendet werden, da dies mit den Abdichtungslagen verkleben und die Trennung aufheben könnte.

Die Dicke soll aus fertigungstechnischen Gründen nicht weniger als etwa das Dreifache des Größtkorns des Zuschlags betragen.

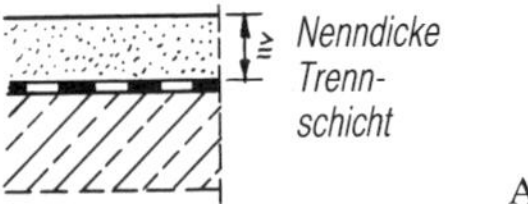

Abb. 4.28

Nenndicken von Estrich

Gußasphalt	20 mm (40 mm)		
Anhydritestrich	30 mm	Zementestrich, schwimmend	40 mm
Magnesiaestrich	30 mm	Heizestrich, schwimmend	55 bis 80 mm
Zementestrich	35 mm	Hartstoffestrich	60 bis 80 mm

Darin enthalten sind nicht: Wärmedämmung, evtl. Trittschalldämmung, Bodenbeläge (mit evtl. Mörtelschicht bei Fliesen).

4.8.2 Verbundestrich

Nach DIN 18 560 Teil 3 ist das ein fest mit dem Untergrund (Rohdecke) verbundener Estrich; als Nutzschicht (Verschleißschicht), Ausgleichsschicht oder Schutzschicht.

Die Haftung ist abhängig von der Sauberkeit des Untergrundes, d. h. Schlämme und Mörtelreste entfernen und reinigen; ausreichend wässern etwa zwei Tage vor dem Herstellen des Estrichs; unmittelbar vor der Herstellung Wasser absaugen.

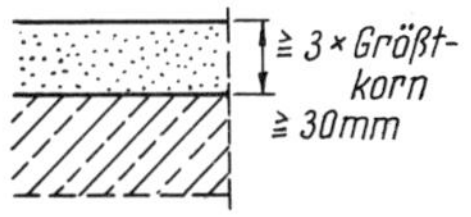

Abb. 4.29

Dicke $\geqq 3 \times$ Größtkorn des Zuschlags, jedoch mindestens etwa 30 mm (beim einschichtigen Zementestrich). Raumfugen mindestens über den Fugen des Untergrunds, sonst Fugenabstand $\leqq$ 6 m.

Das Trocknungsverhalten hängt bei der hier fehlenden Trennschicht wesentlich vom Feuchtigkeitsgehalt des Untergrundes ab.

Estriche im Gewerbe- und Industriebau können anschließend Oberflächenbehandlung erfahren: Fluatierung, Imprägnierung, Versiegelung, Beschichtung.

4.8.3 Estrich auf Dämmschicht

oder *schwimmender* Estrich, nach DIN 18560 Teil 2 als Lastverteilungsschicht und zur Verbesserung des Schallschutzes sowie des Wärmeschutzes in Wohnungs-, Büro- und Verwaltungsgebäuden; zugleich Träger der Bodenbeläge.

Estrichdicke *d* bei Zusammendrückbarkeit der Dämmschicht bis 5 mm mindestens 35 mm, bei 5 bis 10 mm mindestens 40 mm; das gilt für Zementestrich (ZE) und gleichfalls auch für den weniger gebräuchlichen Anhydritestrich (AE) und Magnesiaestrich (ME). Unebenheiten der Rohdecke müssen abgestemmt oder aufgefüllt werden. Dämmung mit geschlossenen Stößen und im Verband verlegen; bei zweilagiger Dämmung Stöße versetzen. Abdeckung der Dämmung mit Polyäthylenfolie (0,1 mm dick, besser 0,2 mm) oder Bitumenbahnen; Überlappung ≧ 80 mm (besser 100 bis 150 mm).

Ein Verkleben oder Verschweißen der Stöße ist nicht erforderlich. Nur bei Fließestrichen muß die Abdeckung wasserundurchlässig sein. (Zementestrich mit Fließmittel FM siehe auch II 7.2.1.4.)

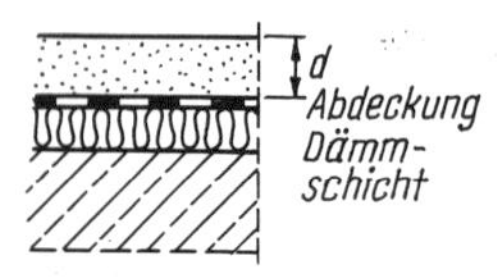

Abb. 4.30

Bei schwimmendem Estrich für Schallschutzaufgaben ist die konsequente Trennung von allen angrenzenden Bauteilen unverzichtbar: elastische Randstreifen an den Wänden, Stützen, Türzargen (!), allen Rohrinstallationen, die durch die Geschoßdecken führen. Hochgerutschte und zu früh abgeschnittene Randstreifen erzeugen Schallbrücken. (Überstehende Randstreifen dürfen gem. DIN 18353 erst nach Verlegung der Bodenbeläge entfernt werden.) Auf den Deckenoberseiten liegende Rohrleitungen müssen in die Ausgleichsschicht eingebettet werden oder allenfalls in der 2. Dämmschichtlage liegen. Rohre festlegen.

Bei höherer oder punktförmiger Belastung muß die Estrichdicke verstärkt werden (≧ 50 mm), die Festigkeitsklasse erhöht und evtl. Bewehrung in den Estrich eingelegt werden. Die Matte liegt dabei in Dickenmitte (s. auch II 4.8.4). Sie verhindert nicht das Entstehen von Rissen.

Schallbrücken entstehen häufig auch (die meisten an den Türzargen), wenn schwimmender Estrich anschließend gefliest wird und die Bodenfliesen starr mit den Wandfliesen vermörtelt werden.

Schallbrücken haben folgenden Einfluß (nach Pohlenz, Der schadenfreie Hochbau, Bd. 3, R. Müller Verlag 1987): Eine einzelne punktförmige Schallbrücke von etwa 3 cm Durchmesser kann das Trittschallschutzmaß (TSM) um 10 dB verringern; zehn solcher Schallbrücken machen die Dämmschicht fast zunichte. Eine Schallbrücke beim Randanschluß (Decke/Wand) von 10 cm Länge verringert das TSM um 3 dB.

Zementestrich kann bei normaler Temperatur nach 2 bis 4 Tagen begangen (nicht belastet) werden.

Die sog. Belegreife (Zeitpunkt der frühesten Belagsverlegung) ist bei feuchtem Bauklima in der Regel nicht ohne künstliche Trocknungsmaßnahmen in kurzer Zeit zu erreichen. Bei trockenem Bauklima ist sie bei etwa 4 cm dicken Estrichen nach etwa 3 bis 4 Wochen vorhanden; bei Heizestrichen (s. 4.8.4) kann die Trocknung durch Vorheizen unterstützt werden. Bei sonst gleichen Verhältnissen geht die Estrichdicke bei der Trocknungszeit etwa im Quadrat ein. Gemessen wird die Belegreife auf der Baustelle mit dem CM-Gerät.

Bei Zementestrichen, die beim Trocknen schwinden, führt das Feuchtigkeitsgefälle zu einer konkaven Verwölbung; wegen des gegenwirkenden Eigengewichts nur in den Randstreifen von etwa 1 bis 1,5 m. Zugluft erzeugt größere anfängliche Verwölbung mit bleibendem Anteil nach Erreichen der Belegreife.

4.8.4 Estriche mit Bodenheizungen

Nach DIN 18560 – Estriche im Bauwesen; Teil 2 – Estriche und Heizestriche auf Dämmschicht (schwimmende Estriche), Ausgabe 5/1992.

Diese sog. Heizestriche dienen als Träger der Heizelemente bei Fußbodenheizungen. Heizelemente können elektrische Heizleitungen oder wasserdurchflossene Rohre aus Kupfer oder Kunststoff sein. Die Heizelemente werden direkt über der Dämmschicht oder etwa mittig im Estrich verlegt (Naßverlegung); oder die Heizrohre werden spiralförmig auf vorgefertigten, mit Kanälen versehenen Hartschaumplatten verlegt (Trockenverlegung). Wegen der besser nutzbaren Heizleistung wird die Dicke der Wärmedämmschicht erhöht, i. d. R. 40 bis 60 mm. Dabei sind Dämmstoffe mit hoher dynamischer Steifigkeit zu bevorzugen; bei hohen Anforderungen an den Trittschallschutz kombiniert man reine Trittschalldämmstoffe (weich) als Unterlage mit einer Oberlage aus steifen Wärmedämmstoffen. Heizestriche ohne diesen zusätzlichen Trittschallschutz schnitten bei Untersuchungen hinsichtlich ihres Verbesserungsmaßes beim Trittschallschutz im Vergleich zum normalen schwimmenden Estrich deutlich schlechter ab. Solche mehrlagigen Dämmstoffe müssen fugenversetzt liegen. Die Summe der Zusammendrückbarkeit der Dämmschichtlagen darf 5 mm nicht überschreiten. Die Dämmstoffe bei elektrischen Heizleitern müssen temperaturbeständig bis 100 °C sein.

Die reine Estrichdicke beträgt d = 55 bis 80 mm, der Fußbodenaufbau schwankt zwischen 120 und 160 mm (z. B. bei Belag aus Fliesen im Mörtelbett); das muß bei der Geschoßhöhe eingeplant sein.

Bei Heizestrichen aus Zement wird bei großflächigen Estrichfeldern und mit Stein- oder Keramikbelägen der Einbau einer Bewehrung empfohlen. Geeignet sind Baustahlgitter 50 mm × 50 mm × 2 mm (oder 75 × 75 × 3 oder 100 × 100 × 3), Betonstahlmatten N 141 oder N 94, die in der Mittelzone des Estrichs eingebettet werden. Die Bewehrung ist an den Estrichfugen zu trennen. Gegen die generelle Verwendung einer Bewehrung bei schwimmenden Estrichen sprechen vor allem ausführungstechnische Bedenken, insbesondere bei der Verdichtung. „Darüber hinaus bringt selbst eine fachgerecht eingebaute Bewehrung nur wenige Vorteile, da sie bei Biegebeanspruchung nicht wirksam wird und auch Risse nicht vermieden werden. Statt dessen wird von Fachleuten eine Erhöhung der Tragfähigkeit des Estrichs durch größere Estrichdicken empfohlen." (Tätigkeitsbericht 1991–1993 des Forschungsinstituts der Zementindustrie beim VDZ, 4/1993.) Versuche zum Tragverhalten von Heizestrichen mit und ohne Bewehrung ergaben keine nennenswerten Unterschiede in den Verformungen. Praktiker verlegen sie bei großen Feldern dennoch.

Maximale Feldgrößen sind 40 m² und 8 m Seitenlänge; Fugenbreite ≧ 10 mm, auch am Rand.

Bodenbeläge: Fliesen, Naturwerksteinplatten, Betonwerksteinplatten, Parkett, PVC-Boden, Teppichboden ohne Gummirücken. Der Wärmedurchlaßwiderstand hängt vom Material und von der Dicke des Belages ab und sollte unter 0,15 m² K/W liegen. Bei Teppichböden weist ein Schlangensymbol auf der Rückseite darauf hin, daß daß Material für Fußbodenheizungen tauglich ist, weder Gerüche noch Schadstoffe abgibt und sich auch die Gummierung nicht löst.

Die Dämmschicht wird mit nackter 250er Bitumenbahn oder Polyäthylenfolie ≧ 0,2 mm abgedeckt; Überdeckung der Stöße ≧ 8 cm. Ein Verkleben oder Verschweißen der Stöße ist nicht erforderlich (außer bei Fließestrich).

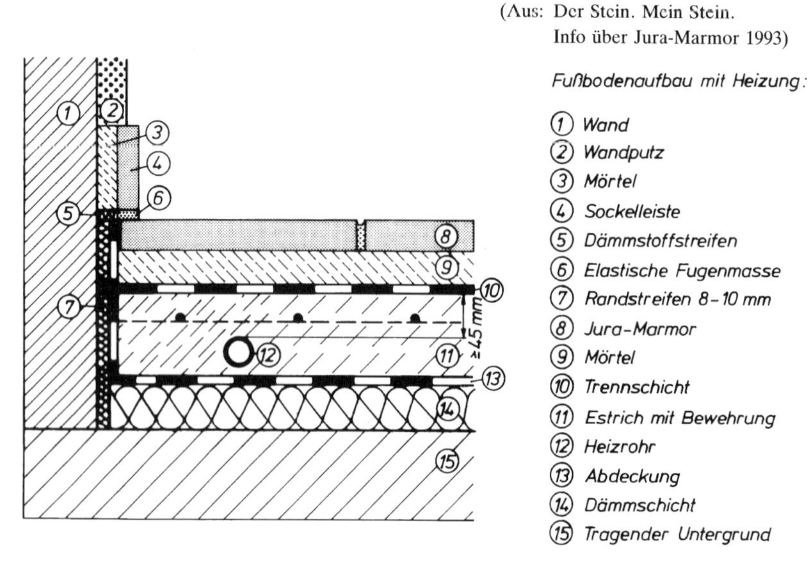

Abb. 4.31 Marmorverlegung auf Fußbodenheizung

Zementestrich muß vor dem Verlegen von Bodenbelägen aufgeheizt werden, frühestens jedoch nach 21 Tagen; und zwar 3 Tage auf 25 °C Vorlauftemperatur, dann 4 Tage mit max. VLT. Während der Estricharbeiten sollten die Heizrohre unter Druck stehen, damit Beschädigungen unmittelbar festgestellt werden können. Nachbehandlung (wie bei allen schwimmenden Estrichen):

7 Tage feucht halten
14 Tage vor Austrocknung schützen (Fensteröffnungen verschließen)

Beginn des Heizbetriebes 21 bis 28 Tage nach Estrichherstellung, und zwar langsam: tägliche Temperaturerhöhung maximal 5 bis 10 K. Verlegung des Bodenbelages auf Heizestrich frühestens nach 28 Tagen; davor den Estrich langsam aufheizen; Vorlauftemperatur ≦ 25 °C; 1 Tag vor Verlegung die Heizung ganz abschalten (d. h. Halten von ca. 15 °C).

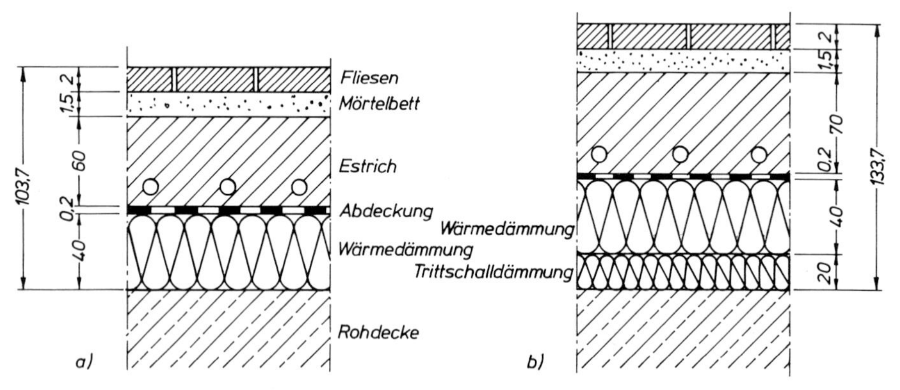

Abb. 4.32 Beispiele für Fußbodenaufbau,
b) mit zus. Trittschalldämmung

4.9 Fassaden (Außenwandbekleidungen)

4.9.1 Bestimmungen der Landesbauordnungen

Die technischen Regeln sind derzeit noch im Fluß oder wurden z. T. bereits neu gefaßt; die Bestimmungen der LBO hinken etwas nach.

Baugenehmigungsfrei und damit auch für die BAB überwachungsfrei (nicht für den objektüberwachenden Architekten) ist die Änderung der äußeren Gestaltung durch Anstriche und Verputze sowie durch Außenwandbekleidungen an Wänden mit nicht mehr als 8 m Höhe über Geländeoberfläche. Dies gilt nicht in Gebieten mit örtlichen Gestaltungs- oder Erhaltungssatzungen (vgl. BauO NW § 62 [2] 2 bzw. Entwurf 1994: § 66 [2] 2).

Bei der Neuerrichtung eines Gebäudes gehört die Fassade selbstverständlich zu dem genehmigungspflichtigen Bauvorhaben und muß entsprechend überwacht werden.

Zu den oben erwähnten Außenwandbekleidungen an Wänden, die mit der Wand als Unterkonstruktion durch mechanische Verbindungsmittel oder durch Anmörteln verbunden sind, zählen z. B.:

- Bekleidungen mit und ohne Unterkonstruktion, also die vorgehängte leichte Fassade aus Metall-, Kunststoff-, Faserzementtafeln sowie Glas (hierzu s. auch Abschn. 8.2.1).
- Bekleidungen aus kleinformatigen Platten, die durch anerkannte und bewährte Handwerksregeln erfaßt sind (z. B. Richtlinien des Dachdeckerhandwerks); das sind etwa Schieferplatten, keramische Platten, kleine Faserzementplatten. Für letztere ist neuerdings zuständige Norm DIN 18517 Teil 1 – Außenwandbekleidungen aus kleinformatigen Fassadenplatten; $\leqq 0{,}4\ m^2$.
- Wärmedämmverbundsysteme, d. h. mineralischer Putz auf Mineralfaserdämmstoff bzw. Hartschaum; für Gebäudehöhen $\geqq 8$ m siehe Regelung im Mitteilungsblatt des Deutschen Instituts für Bautechnik, Berlin, Heft 4/1990, S. 128 und Abschn. 4.9.5.

Alle vorgenannten Bekleidungen einschließlich deren Befestigungen und Verankerungen.

Zu den genehmigungsfreien Außenwandbekleidungen zählen jedoch nicht Verblendungen (z. B. zweischaliges Mauerwerk mit und ohne Luftschicht), die infolge ihrer Eigenlast auf besonderen Abfangkonstruktionen, Sockeln oder Fundamenten stehen. Sie zählen nicht zu den Außenwandbekleidungen, sondern sind Teil der Außenwandkonstruktion.

Tabelle 4.13 Übersicht über erforderliche Nachweise für Fassadenkonstruktionen

Bekleidungselemente Größe in m² Gewicht in kg	Gebäudehöhe in m	Bekleidungselemente	Befestigungen	Unterkonstruktion	Verankerung der Unterkonstruktion	direkte Verankerung der Bekleidung
> 0,4 und/oder > 5	> 8	+	+	+	+	+
≦ 0,4 und ≦ 5	> 8	○	○	+	+	○
alle	≦ 8[1])	○	○	○	○	○

\+ Nachweis nach Technischen Baubestimmungen, Richtlinien oder handwerklichen Regeln, bei neuen Baustoffen und Bauteilen durch allgemeine bauaufsichtliche Zulassung.

○ Baubeschreibung mit Konstruktionsangaben in den Bauvorlagen; Ausführung nach Technischen Baubestimmungen, Richtlinien oder handwerklichen Regeln. Sofern diese fehlen, Regelung nach eigener Zuständigkeit der Bauaufsichtsbehörde, in Zweifelsfällen Gutachten oder Prüfzeugnis.

[1]) Auch bei Wohngebäuden bis zu 2 Vollgeschossen.

(Nach: Einsfeld, Erfahrungen mit den Richtlinien für Fassadenbekleidungen, Mitt. IfBt 2/1979.)

4.9.2 Außenwandbekleidungen, hinterlüftet mit und ohne Unterkonstruktion nach DIN 18516 Teil 1, 1/1990*)

4.9.2.1 Begriffe

Verbindungen sind Teile, die die Bekleidung oder Unterkonstruktion untereinander stets mit metallischen Mitteln mechanisch verbinden.

Befestigungen sind Teile, die die Bekleidung an der Unterkonstruktion mechanisch befestigen.

Verankerungen sind Teile, die die Unterkonstruktion in der Wand mechanisch verankern. Die Bekleidung wird, sofern keine Unterkonstruktion vorhanden ist, unmittelbar in der Wand verankert.

Abstand der Bekleidung von der Wand $\geqq$ 20 mm; Trapezprofile dürfen streifenförmig aufliegen.

4.9.2.2 Konstruktive Anforderungen

Um bei örtlichem Versagen ein fortlaufendes Abreißen der Bekleidung zu begrenzen, sind besondere Maßnahmen unter Berücksichtigung der dabei auftretenden Verformungen zu treffen; z. B. ist die Außenwandbekleidung in Flächen von etwa 50 m^2 zu unterteilen – wie etwa in Abständen horizontal alle 8 m und vertikal alle zwei Geschosse –, oder einzelne Befestigungs- bzw. Verankerungspunkte sind zu verstärken. Bei spröden Bekleidungsteilen sind diese Maßnahmen nicht erforderlich.

Die Außwandbekleidung ist zwängungsfrei zu montieren.

Bei Gleitpunkten (z. B. von Unterkonstruktionen) ist zwischen gleitenden Teilen ein ausreichendes Spiel unter Berücksichtigung der Herstellungstoleranzen vorzusehen. Korrosionsschutzschichten dürfen durch Gleitvorgänge nicht zerstört werden.

Zwangsbeanspruchungen infolge Formänderungen dürfen in Verbindungs- und Befestigungsstellen keine Schädigungen in der Bekleidung oder Unterkonstruktion verursachen (Zerstörung der Korrosionsschicht durch Langlochbildung, Versagen der Verbindungen und Befestigungen).

Bekleidungen müssen gewartet werden können, z. B. über Anlegeleitern oder Arbeitsbühnen. Für Standgerüste sind Verankerungsmöglichkeiten anzuordnen (siehe DIN 4420 Teil 1, Teil 2 und Teil 4 sowie Abschnitt II 4.10.4).

Im Bereich von Bewegungsfugen im Bauwerk müssen in der Unterkonstruktion und in der Bekleidung die gleichen Bewegungen möglich sein; dies gilt sinngemäß auch für Bewegungsfugen in der Unterkonstruktion.

Der Randabstand von Verbindungen und Befestigungen in der Bekleidung und in der Unterkonstruktion muß mindestens 10 mm betragen.

Wärmedämmstoffe sind dauerhaft, lückenlos und formstabil, auch unter Beachtung einer möglichen Feuchtbelastung durch Witterungseinflüsse, anzubringen.

4.9.2.3 Schutz der Baustoffe, insbesondere gegen Korrosion

Bauteile, die nach Fertigstellung der Außenwandbekleidung ohne Teilabbau zu Kontrollzwekken nicht zugänglich sind, müssen auf Dauer gegen biologische und chemische Einflüsse, z. B. Korrosion, geschützt sein.

*) Gilt also auch für Außenwandbekleidungen aus Stahltrapezprofilen, soweit in der hierfür zuständigen Spezialnorm DIN 18807 – Stahltrapezprofile im Hochbau (6/1987) keine Regeln enthalten sind, und ersetzt auch die „Richtlinien für Fassadenbekleidungen mit und ohne Unterkonstruktion" (3/1975).
Teil 2 – Außenwandbekleidungen; hinterlüftet; keramische Platten (liegt als Gelbdruck vor).
Teil 3 – Naturwerksteinverkleidung (s. auch II 4.9.3).
Teil 4 – Außenwandbekleidungen, hinterlüftet; Einscheibensicherheitsglas (2/1990); wird hier nicht behandelt (s. unter II 8.2.1).

Wenn gleichzeitig

- eine biologische oder chemische Beanspruchung vorhanden ist,
- Bauteile nicht zugänglich sind,
- das Versagen sich nicht augenfällig und rechtzeitig ankündigt und
- im Versagensfall eine erhebliche Gefährdung zu erwarten ist,

dürfen ohne besonderen Nachweis nur die in den Abschnitten 6.2.1 bis 6.2.3 der DIN 18516 Teil 1 angeführten Baustoffe verwendet werden:

● Bauteile aus Metall

– Bekleidung

Folgende Metalle dürfen ohne besonderen Korrosionsschutznachweis verwendet werden:

a) nichtrostende Stähle nach DIN 17440 bzw. DIN 17441, DIN 17455 oder DIN 17456, Werkstoffnummern 1.4301, 1.4541, 1.4401, 1.4571;

b) Aluminium nach DIN 4113 Teil 1 und DIN 1745 Teil 1, AlMn 1, AlMnCu, AlMn 1 Mg 0,5, AlMn 1 MG 1, AlMg 1, AlMg 1,5 und AlMg 2,5;

c) Kupfer nach DIN 17670 Teil 1, SF-Cu Werkstoffnummer 2.0090 und CuZn20 Werkstoffnummer 2.0250 sowie Kupfer nach DIN 17674 Teil 1, CuZn40Mn2 Werkstoffnummer 2.0572;

d) Stahlsorten nach DIN 18800 Teil 1 und DIN 17162 Teil 2 mit einem Korrosionsschutz – zumindest auf der Rückseite – nach DIN 55928 Teil 8/03.80, Tabelle 3, Schutzsystem-Kennzahlen 3-57.1, 3-58.1 und 3-20.14, letztere jedoch mit 100 μm Mindestdicke der PVC-Auflage oder der gleichwertigen Deckschicht.

   Feuerverzinkung mindestens 350 g/m² und Deckbeschichtung nach DIN 55928 Teil 8/03.80, Tabelle 3, Schutzsystem-Kennzahlen 3-20.12, 3-30.17 oder 3-30.18.

   Für Stahl über 3 mm Dicke gelten die entsprechenden Festlegungen des Abschnittes 6.2.2 der DIN 18516 Teil 1.

   Für andere Korrosionsschutzsysteme ist ein Eignungsnachweis einer amtlichen Materialprüfungsanstalt vorzulegen.

   Zum Schutz des Bohrlochrandes von dünnwandigen Bekleidungen aus unlegiertem Stahlblech muß zwischen dem Kopf des Verbindungselementes bzw. der Unterlegscheibe und dem Bekleidungselement eine Elastomerscheibe eingelegt werden. Sie darf durch das Anzugsmoment der Schrauben nicht beschädigt werden (Rißbildung).

– Unterkonstruktionen

Folgende Metalle dürfen ohne besonderen Korrosionsschutznachweis verwendet werden:

a) nichtrostende Stähle nach DIN 17440 bzw. DIN 17441, DIN 17455 oder DIN 17456, Werkstoffnummern 1.4301, 1.4541, 1.4401, 1.4571;

b) Aluminium nach DIN 4113 Teil 1 und DIN 1745 Teil 1, AlMn 1, AlMnCu, AlMn 1 Mg 0,5, AlMn 1 MG 1, AlMg 1, AlMg 1,5 und AlMg 2,5, für Dicken unter 1,6 mm mit einem Korrosionsschutz nach DIN 4113 Teil 1/05.80, Abschnitt 10;

c) Kupfer nach DIN 17670 Teil 1: SF-Cu Werkstoffnummer 2.0090 und CuZn20 Werkstoffnummer 2.0250, mindestens 1,5 mm dick, sowie Kupfer nach DIN 17674 Teil 1: CuZn40Mn2 Werkstoffnummer 2.0572;

d) Stahlsorten nach DIN 18880 Teil 1 in Dicken von mindestens 3 mm mit einem Korrosionsschutz nach DIN 55928 Teil 5/03.80, Tabelle 6, Schutzsystem-Kennzahlen 6-20.3, 6-21.3, 6-30.2, 6-30.3 sowie Tabelle 7, Schutzsystem-Kennzahlen 7-20.6 bis 7-20.8 und 7-30.9.

Für andere Korrosionsschutzsysteme ist ein Eignungsnachweis einer amtlichen Materialprüfungsanstalt vorzulegen.

– Verbindungen, Befestigungen und Verankerungen

Für Verbindungen und Befestigungen dürfen ohne besonderen Korrosionsschutznachweis verwendet werden:

a) nichtrostende Stähle nach den Abschnitten 6.2.1 a und 6.2.2 a sowie nach DIN 267 Teil 11 der Stahlgruppen A 2 und A 4, wenn die Verfestigungsstufe ≦ K 700 nach DIN 17 440 und die Zugfestigkeit ≦ 850 N/mm² beträgt;

b) Aluminium nach DIN 4113 Teil 1 und DIN 1725 Teil 1;

c) Kupfer nach DIN 17672 Teil 1:
SF-Cu Werkstoffnummer 2.0090,
CuZn37 Werkstoffnummer 2.0321,
CuZn36Pb 1,5 Werkstoffnummer 2.0331 und
CuNi1,5Si Werkstoffnummer 2.0835.

Für Verankerungen sind nichtrostende Stähle nach DIN 17 440 oder DIN 17 441, DIN 17 455, DIN 17 456, Werkstoffnummern 1. 4401, 1.4571, mechanische Verbindungselemente nach DIN 267 Teil 11, Stahlgruppe A 4, zu verwenden.

Anmerkung

Dübel, Ankerschienen usw. dürfen nur angewendet werden, wenn deren Brauchbarkeit besonders nachgewiesen worden ist, z. B. durch eine allgemeine bauaufsichtliche Zulassung.

● Bauteile aus Holz
Holz und Holzwerkstoffe sind nach DIN 68 800 – Holzschutz im Hochbau Teil 1, Teil 2, Teil 3 und Teil 5 zu schützen.

● Wärmedämmstoffe
Es dürfen nur solche Wärmedämmstoffe verwendet werden, die einer Feuchteeinwirkung ausgesetzt sein dürfen, ohne daß ihre Raumbeständigkeit und Dämmfähigkeit wesentlich beeinträchtigt wird.

● Verträglichkeit unterschiedlicher Baustoffe
Durch konstruktive Maßnahmen und Wahl geeigneter Baustoffe muß sichergestellt sein, daß schädigende Einwirkungen z. B. verschiedener Baustoffe untereinander – auch ohne direkte Berührung, insbesondere in Fließrichtung des Wassers – ausgeschlossen sind. Kontakt- und Spaltkorrosion ist z. B. durch elastische Zwischen- oder Gleitschienen, Bitumendachbahnen, Kunststoffolien usw. zu vermeiden.

4.9.2.4 Prüfzeugnis

In einem Zeugnis über die Prüfung von Verbindungen und Befestigungen sind anzugeben:

Baustoffe, Maße und Festigkeiten der Bekleidungen, Unterkonstruktionen, Verbindungen, Befestigungen und Verankerungen mit den eventuell erforderlichen Unterlegscheiben, deren Anzugsmomente, z. B. bei gewindeformenden Schrauben, Lastverformungsdiagramme, die Prüfergebnisse unter Angabe der statistischen Verteilung usw. sowie die statistische Auswertung der ermittelten Festigkeiten und Maße der geprüften Teile durch die Prüfstellen und Vergleich mit den Angaben der Hersteller.

Die Prüfergebnisse sind mit dem 5%-Quantil bei einem Vertrauensniveau von 75% mit einer Stichprobenanzahl von mindestens 10 auszuwerten.

4.9.2.5 Bauunterlagen

In den Ausführungsplänen sind anzugeben:

a) Verankerungsgrund, z. B. massive Wand, Ausfachung einer Skelettkonstruktion, nach Art und Dicke, z. B. Steinfestigkeitsklasse, Mörtelgruppe, Betonfestigkeitsklasse;

b) Unterkonstruktion und Bekleidung nach Baustoffen und Art des Korrosionsschutzes mit Schutzsystem-Kennzahl und den Maßen der Einzelteile;

c) Verbindungen, Befestigungen und Verankerungen nach Art, Werkstoff, Anzahl und Anordnung;

d) Fugen nach Lage der Gebäudefugen, der Dehnfugen in der Unterkonstruktion und Bekleidung, Lage etwaiger Sollbruchstellen, Ausbildung der Fugen in Unterkonstruktion und Bekleidung.

4.9.3 Außenwandbekleidungen aus Naturwerkstein

DIN 18516 Teil 3 (1/1990) ebenfalls hinterlüftet; zum allgemeinen vgl. Abschn. 4.9.2; die DIN 18515 ist hier nicht mehr anzuwenden.

Diese Bauarten sind keine Vorsatzschalen nach DIN 1053 (< 90 mm); s. dazu II. 4.2.3.1.

4.9.3.1 Befestigung der Platten

Zu den Begriffen s. Abschnitt 4.9.2.1.

● Befestigung der Platten mit Dornen

Die Platten werden im Regelfall an vier, mindestens jedoch an drei Punkten befestigt; die Platten müssen sich zwangfrei verwölben können bei Auftreten von Temperaturdifferenzen und Feuchte. Fenster, Türen, Beleuchtungs- und Reklamekonstruktionen sowie Gerüste und ähnliche dürfen nicht an den Naturwerksteinplatten befestigt werden. Die Ankerdorne greifen in gebohrte Ankerdornlöcher der Plattenstirnflächen; Regelabstand der Plattenecke bis Mitte Dornloch ist das 2,5fache der Plattendicke. Die Dorne sind mindestens 25 mm tief in die Platten einzubinden. Zum Ausgleich der Temperaturbewegungen der Platten werden Gleithülsen aus Polyacetat (POM) in die Ankerdornlöcher mit geeignetem Klebstoff oder Zementleim eingesetzt. Die Länge der Gleithülsen muß mindestens 4 mm größer sein als die Ankerdorneinbindetiefe.

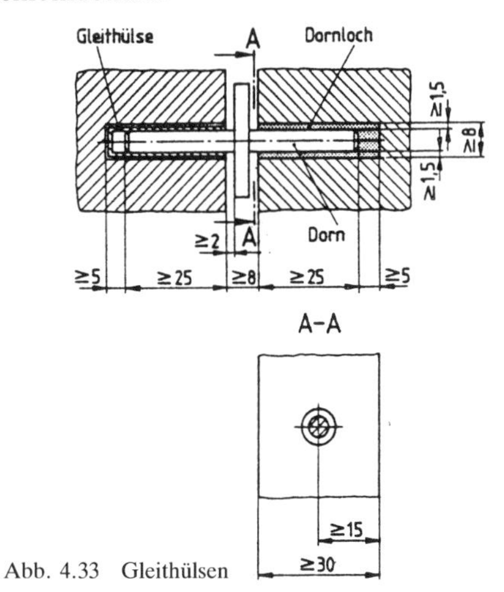

Abb. 4.33 Gleithülsen

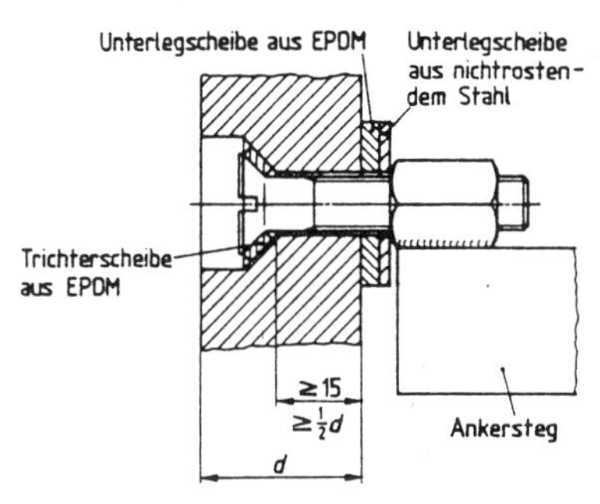

Abb. 4.34 Trag- und Halteanker

● Befestigung der Platten mit Schraubankern
Zur Befestigung am Ankersteg dürfen auch Schrauben verwendet werden. Hierbei darf der Schraubenkopf bis zur halben Plattendicke versenkt werden.

Für Traganker ist mindestens M 10, für Halteanker M 8 erforderlich: Werkstoff austenitische Stähle der Stahlgruppe A 4 und der Festigkeitsklasse 70 nach DIN 267 Teil 11.

Der Randabstand der Bohrlochachse in der Platte muß mindestens das 2,5fache der Plattendicke betragen.

Unter dem Schraubenkopf und auf der Rückseite der Platte sind elastische Unterlegscheiben aus EPDM, Shore-A-Härte 40 bis 60, nach DIN 53 505 zu verwenden und eine Unterlegscheibe aus nichtrostendem Stahl einzulegen.

4.9.3.2 Verankerung der Platten

Die Verankerung der Naturwerksteinplatten erfolgt im Regelfall mit Ankern unmittelbar am Rohbau oder verschweißt mit Stahlkonstruktionen. Der Ankerdorn ist im Ankersteg eingelassen.

Die Anker und Dorne müssen aus nichtrostenden Stählen nach DIN 17 440, Werkstoffnummern 1.4571 und 1.4401 bestehen. Die in die Platten eingreifenden Dorne müssen mindestens der Festigkeitsklasse E 355 entsprechen.

Bei eingemörtelten Verankerungen sind die Halteanker, die Längskräfte aus Zug- und Druckkräften erhalten, wellenförmig im Verankerungsbereich auszubilden. Traganker nehmen Längs- und Querkräfte auf. Sie müssen am Verankerungsende gedreht, gespreizt oder gewellt sein. Traganker in horizontalen Fugen sind als gedrehte Anker auszubilden.

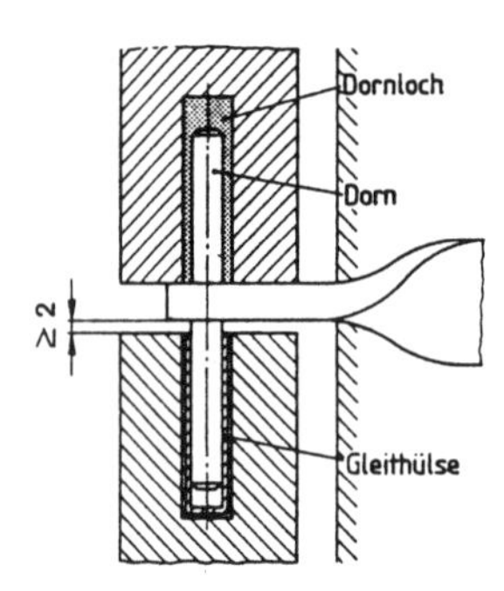

Abb. 4.35 Traganker in horizontalen Fugen

Bei Verankerungen in Beton und Mauerwerk darf der Bohrlochdurchmesser 50 mm nicht überschreiten. Die Ankereinbindetiefe muß mindestens das 2fache des Bohrlochdurchmessers betragen. Die Bohrlochtiefe muß mindestens 5 mm größer sein als die Ankereinbindetiefe. Vorgefertigte Aussparungen sind gewellt oder hinterschnitten herzustellen. Schalungsreste der Aussparungen müssen zur Haftverbesserung des Ankermörtels vollständig entfernt werden.

4.9.3.3 Einsetzen der Anker

● An Wänden
Vor dem Bohren der Ankerlöcher ist die Wärmedämmung auf etwa 150 × 150 mm auszuschneiden und nach dem Einmörteln der Anker das ausgeschnittene Stück Wärmedämmung wieder einzukleben.

Vor dem Einsetzen der Anker ist das Bohrloch vom Bohrstaub zu säubern, ausreichend vorzunässen und mit Mörtel zu füllen.

Nach dem Einsetzen der Anker ist der Mörtel nachzudichten und bündig am Untergrund abzustreichen.

Der Mörtel muß Mörtelgruppe III nach DIN 1053 Teil 1 entsprechen und aus 1 Raumteil PZ 45 F bzw. PZ 55 (siehe DIN 1164 Teil 1) und aus 3 Raumteilen Natursand mit der Korngröße 0/4 bestehen.

Es darf auch ein hierfür zugelassener Schnellzement verwendet werden.

Die Anker dürfen erst nach den in Tabelle 4.14 angegebenen Fristen belastet werden.

Diese Fristen sind um die Dauer der Temperaturen unter 5 °C in der Erhärtungszeit des Mörtels zu verlängern.

Bei Temperaturen des Verankerungsgrundes oder der Platten unter 5 °C dürfen Anker nicht eingesetzt werden.

● Überkopf
Aufwärts gebohrte Ankerlöcher bis zu einer Neigung von 30 bis 90° zur Horizontalen müssen konisch mit mindestens 5 mm einseitiger Hinterschneidung hergestellt werden. Der Durchmesser des Bohrloches darf an der Untersichtsfläche höchstens um 10 mm größer sein als die Ankerbreite. Die Ankereinbindetiefe muß hier mindestens das 2,3fache dieses äußeren Durchmessers erreichen.

Das Bohrloch ist mit einer Meßlehre in Eigenüberwachung stichprobenartig zu kontrollieren.

Tabelle 4.14 Fristen für die Belastbarkeit des Ankermörtels nach DIN 1053 Teil 1

Temperatur	Neigung des aufwärts gebohrten Ankerlochs gegen die Horizontale				
	≦ 30°			> 30°	
	Verankerungsgrund				
	Mauerwerk	B 15	B 25	B 15	B 25
	Tage				
über 10 °C	1	1	2	3	3
5 °C bis 10 °C	3	3	10	14	14

4.9.4 Fassadenbekleidungen mit angemörtelten keramischen Spaltplatten

Einschlägige Norm: DIN 18515 Teil 1 (4/1993) „Außenwandbekleidungen; angemörtelte Fliesen oder Platten; Grundsätze für Planung und Ausführung; bei Hinterlüftung: DIN 18516 Teil 2.

Plattengröße: $l/b/s$ = 24/11,5 (7,3, 5,2)/1,3 bis 3,0 cm

Vollflächige Anmörtelung ist erforderlich.

- Dünnbettverfahren auf ebenem Untergrund: Dünnbettmörtel 3 bis 5 mm/evtl. Unterputz 10 bis 25 mm/evtl. Spritzbewurf
- Dickbettverfahren: Ansetzmörtel 10 bis 25 mm/Spritzbewurf als Haftbrücke 10 bis 25 mm
- Mit Wärmedämmung (Abb. 4.37): bewehrter (tragender Unterputz 30 bis 40 mm/Dünn- oder Dickbettmörtel je nach Ebenheit 5 bis 25 mm)

Ein Unterputz ist erforderlich als Ausgleichsschicht für Rohbautoleranzen, bei Mischuntergrund, bei zu glatter Betonfläche und bei außenliegender Wärmedämmschicht. Bei Dicken über 25 mm und bei Dämmschichten ist Armierung mit Betonstahlmatten erforderlich.

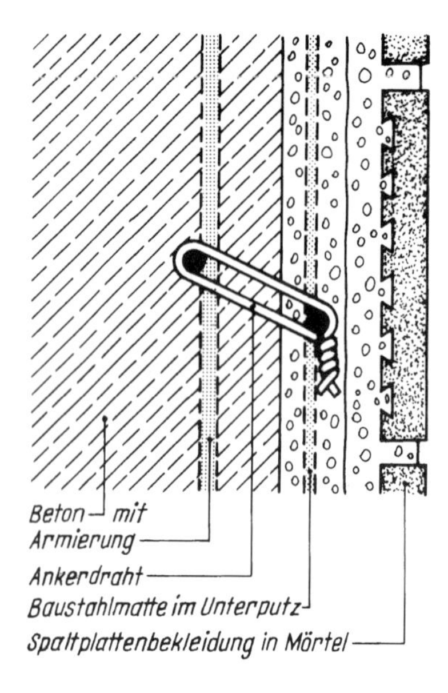

Abb. 4.36 Überspannung des Untergrundes bei glatten Ansetzflächen oder verschiedenartigen Stoffen des Untergrundes

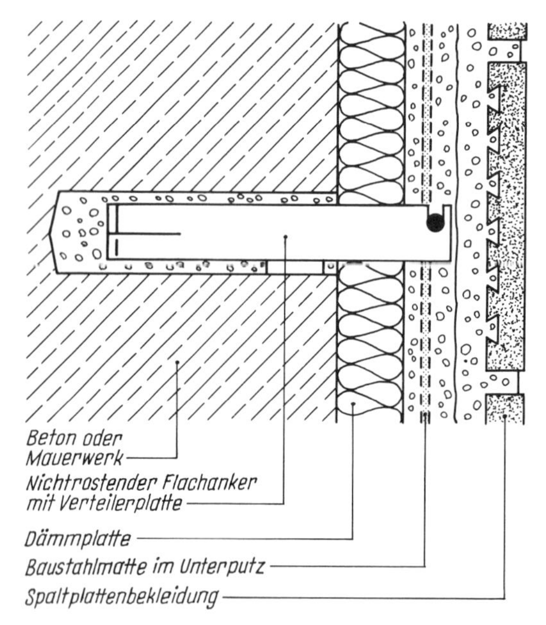

Abb. 4.37 Überspannung eines Untergrundes mit Dämmplatte

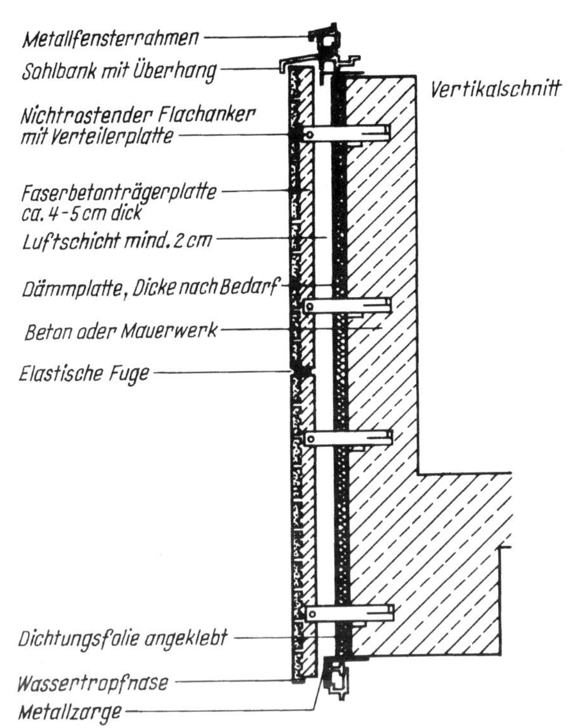

Abb. 4.38 Hinterlüftete Bekleidung aus vorgefertigten Spaltplatten-Elementen

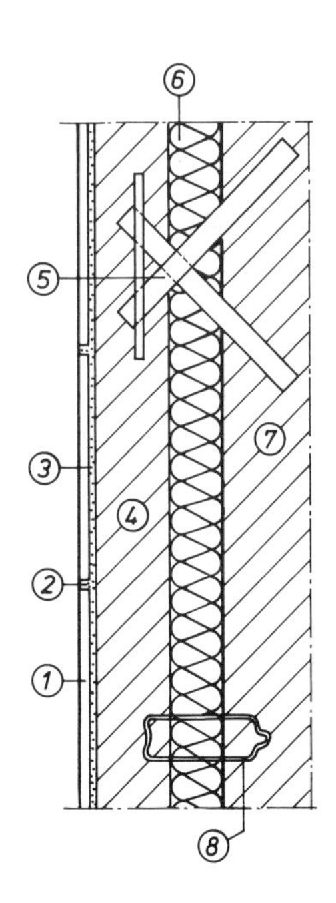

Abb. 4.39
Keramik-Betonverbundelement (hier z. B. GAIL-Betonverbund)

Verankerung der Putzschicht (= Tragschicht) mit Zugankern bei druckfestem Untergrund bzw. mit biegesteifen Tragankern aus nichtrostendem Flachstahl bei weicher Dämmschicht. Putzschicht $d \geqq 25$ mm, reiner Zementmörtel. Ausführung gemäß Abb. 4.36 und Abb. 4.37 (nach „Fachverband Keramische Spaltplatten und Baukeramik").

Dehnungsfugen: horizontal und vertikal im Abstand von 3 bis 6 m geradlinig in Mörtelfugenbreite; gehen durch bis auf den Untergrund; werden dauerelastisch geschlossen. Bei evtl. Kreuzung zwischen einer Mörtel- und einer Dehnungsfuge zuerst die Mörtelfuge ausführen, dann die Dehnfuge, nie umgekehrt!

4.9.5 Wärmedämmverbundsysteme

(WDVS) mit Mineralfaserdämmstoffen und mineralischem Putz (bzw. mit Hartschaumdämmstoffen), wobei die Dämmstoffe auf die Außenwände geklebt, mit Dübeln befestigt und mit mehrlagigem bewehrtem mineralischem Putzsystem versehen werden. Alle anderen Systeme (z. B. nur angedübelt) erfordern Untersuchungen und gutachterliche Stellungnahmen; ABZ werden allerdings für WDVS nicht erteilt. Vornorm: DIN V 18559 – Wärmedämmverbundsysteme (12/1988).

● Bei Gebäudehöhen bis 8 m bzw. bei Wohngebäuden bis zu 2 Vollgeschossen sind keine Nachweise für die Standsicherheit des WDVS vorzulegen; Verantwortung liegt allein im Bereich des BH und des Architekten.

● Bei Gebäudehöhen bis 20 m:
- je m^2 Wandfläche $\geqq 5$ Dübel, im Randbereich $\geqq 12$ Dübel; wenn das Bewehrungsgewebe vom Dübelkopf (Teller) gehalten ist, erfolgt Reduktion auf $\geqq 4$ bzw. 8 Dübel; nur bauaufsichtlich zugelassene Dübel verwenden!
- Verankerungsgrund Beton oder Mauerwerk, muß fest, trocken und staubfrei sein.
- Dämmstoff mindestens 40 mm dick, höchstens 120 mm; Bewehrungsgewebe $\hat{=}$ in den Unterputz eingebettetes Textilglasgewebe mit alkaliresistenter Schiebefestausrüstung.
- Putzsystem: bewehrter Unterputz + Oberputz; insgesamt 7 mm, höchstens 20 mm dick (25 mm bei strukturiertem Putz).

Die Brauchbarkeit von Dübeln, Bewehrungsgewebe, Putz und Zugtragfähigkeit des WDVS ist durch Versuche nachzuweisen; Prüfstellen hierfür müssen vom IfBt anerkannt sein.

Hinweis:

Eine ausführliche Darstellung des WDVS findet man in den Mitteilungen des IfBt Berlin, Nr. 4/1990, ab Seite 128; auch hinsichtlich des Nachweises der Standsicherheit.

Keramische Fassadenbekleidung auf Wärmedämmverbundsystem (WDVS)

Unter Wärmedämmverbundsystemen werden Konstruktionen verstanden, bei denen auf die Außenseite der Rohbauwand das Wärmedämmaterial mit Hilfe von Dübeln und/oder Klebung befestigt wird. Auf diese Wärmedämmung, im allgemeinen Polystyrolhartschaumplatten (EPS 15 SE) oder steife Mineralfaserdämmstoffe, wird ein mineralischer, bindemittel-(Kalkzement-) oder kunstharzgebundener, faserbewehrter Putz aufgebracht. Der „Sachverständigenausschuß für Grundsatzfragen" des Instituts für Bautechnik Berlin (IfBt) hat inzwischen für die Anwendung von Wärmedämmverbundsystemen (WDVS) Regeln erlassen (Mitteilungen des IfBt 4/1990), wobei jedoch solche mit aufgebrachten keramischen Belägen z. Zt. noch ausdrücklich ausgenommen werden.

Unabhängig davon werden jedoch seit langem solche Systeme in Verbindung mit keramischen Oberbelägen auf dem Markt angeboten und haben sich auch bewährt. Ihre Verwendung sollte jedoch bei Fassaden auf Gebäudehöhen bis zu 8 m bzw. bei Wohngebäuden bis zu 2 Vollgeschossen beschränkt bleiben.

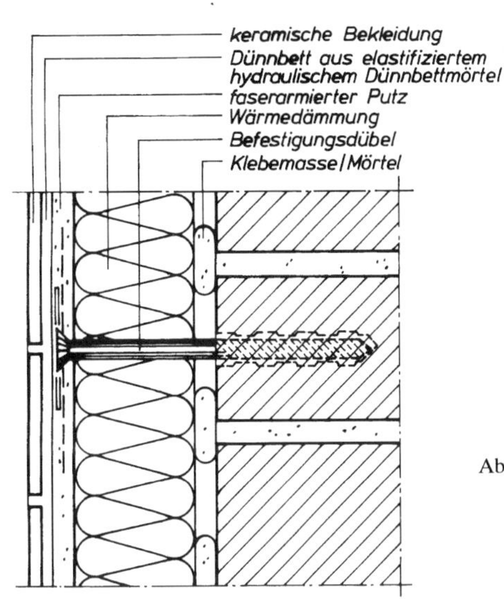

Abb. 4.40 Wärmedämmverbundsysteme (die Zeichnung zeigt den typischen Aufbau) sind die Exoten unter den Keramikanwendungen an der Fassade. In der Element-Vorfertigung wird dieses System jedoch häufiger angewendet.

Ausführungsregeln

Zur Zeit werden für Gebäudehöhen bis 8 m bzw. bei Wohngebäuden bis zu 2 Vollgeschossen keine Nachweise der Befestigung verlangt. Hier sind lediglich die Verarbeitungsrichtlinien der Systemanbieter zu beachten.

Allgemein kann jedoch gelten:

- WDVS mit Hartschaumdämmstoffen sind zusätzlich zur Verklebung mit dem Untergrund mechanisch zu verankern (mindestens 4 Dübel/m^2, im Randbereich 8 Dübel/m^2 mit Dübeldurchmesser mind. 8 mm, Verankerungstiefe mind. 50 mm, Kopfgröße zur Halterung der Dämmung und des Putzträgers mind. 50 mm). Die Dübel sollten allgemein bauaufsichtlich zugelassen sein. Das Armierungsgewebe des Putzes ist durch den Dübelkopf, ggf. in Verbindung mit einer Zwischenlage zu halten.
- Das WDVS dient als Untergrund für den keramischen Belag, der im Dünnbettverfahren nach DIN 18157 mit Hilfe eines elastifizierten, hydraulisch erhärtenden Dünnbettmörtels aufgebracht und mit Hilfe eines elastifizierten, hydraulisch erhärtenden Fugmörtels verfugt werden sollte.
- Bezüglich der Anordnung von Bewegungsfugen gelten die gleichen Regeln wie für keramische Fassaden auf vorgehängtem Putz nach DIN 18515.

Die Bewegungsfugen müssen von der Vorderkante der Bekleidung bis zur Dämmung durchgehen. Bei den angegebenen Bewegungsfugenabständen genügt es, wenn die Fugen nach Herstellung des Dämmputzes mit Hilfe einer Trennscheibe eingeschnitten werden.

(Nach: Stein & Keramik, Heft 12/93.)

4.9.6 Konsolen und Anker

● Konsolen für Verblendmauerwerk, zur Auflagerung der Verblendschale mit Luftschicht oder Kerndämmung:
- Verschiedene Systeme am Markt, jedoch immer: Auflagerschiene + Winkel + Aufhängung + Schraube mit Dübel oder Halfenschiene (diese beiden nur mit ABZ).
- Werkstoff: nichtrostender Stahl, Werkstoffnummer 1.4571 (V4A) X 10 CrNiMoTi 1810, ferner 1.4580 und 1.4401.
- Es gibt keine bauaufsichtliche Zulassung, jedoch in aller Regel Typenprüfungen, die man vorlegen lassen muß; die Dübel müssen ABZ haben. Der statische Nachweis ist schwierig.
- Untergrund: Beton ≧ B 25 oder Vollstein-Mauerwerk ≧ M12/II.

● Natursteinanker, Werksteinanker:
- Verschiedene Systeme am Markt, meist eingemauerter Flachstahl mit Verteilungsplatte; Röhrchen, die in Bohrungen der Stirnseiten der Platten eingreifen.
- Werkstoff: nichtrostender Stahl, Werkstoffnummer 1.4571 oder 1.4401; bei Fassadenplatten größeren Ausmaßes haben sich Schrägzuganker durchgesetzt.
- Es gibt keine ABZ, jedoch manchmal Typenprüfung, sonst Einzelnachweis erforderlich.
- Untergrund: Beton ≧ B25 oder Vollstein-Mauerwerk ≧ M12/II.

● Verbindungsmittel der Verblendschale bei zweischaligem Mauerwerk:
Üblich sind Drahtanker nach Abb. 6 der DIN 1053 Teil 1 (hier Abb. 4.41); Anzahl, Abstand und Durchmesser s. unter 4.2.3.1. Werkstoff: nichtrostender Stahl mit den Werkstoffnummern 1.4401 oder 1.4571 nach DIN 17440.
Länge der Drahtanker richtet sich nach Dicke von Luftschicht + Dämmung.

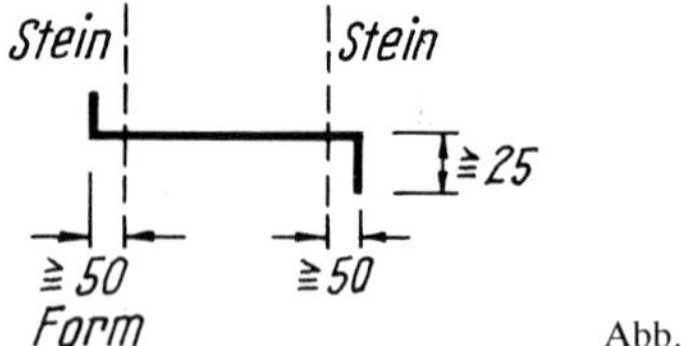

Abb. 4.41

Andere Verankerungsarten der Drahtanker sind zulässig, wenn durch Prüfzeugnis nachgewiesen wird, daß diese Verankerungsart eine Zug- und Druckkraft von mindestens 1 kN bei 1,0 mm Schlupf je Drahtanker aufnehmen kann. Wird einer der beiden Werte nicht erreicht, so ist die Zahl der Drahtanker entsprechend zu erhöhen. Also feststellen, ob Prüfzeugnis vorhanden ist!

Feuchtigkeit darf von der Außen- zur Innenschale nicht übertragen werden; üblich ist die aufgeschobene Kunststoffscheibe (Abtropfscheibe).

Andere Ankerformen, z. B. der eingemauerte Flachstahlanker oder Dübel, sind zulässig, wenn deren Brauchbarkeit nach den bauaufsichtlichen Vorschriften nachgewiesen ist, z. B. durch eine ABZ; sie beinhaltet auch immer Eigen- und Fremdüberwachung. Beispiele:

- Einschlaganker der Fa. Halfeneisen in Dübel aus Ultramid; Löcher werden nachträglich in Beton gebohrt (ABZ).
- Maueranschlußanker, Luftschichtanker aus nichtrostendem Flachstahl.
- Bierbach-Luftschichtanker mit nichtrostenden Drahtankern und nachträglich eingebohrten Ultramid-Dübeln, für Mz 12 Vollstein bzw. Beton (ABZ).
- Flachstahlanker „Iso-Luftschichtanker" aus nichtrostendem Stahl (mit ABZ).

Kennzeichnung der Anker auf der Verpackung gemäß bauaufsichtlicher Zulassung: Bezeichnung des Zulassungsgegenstandes/Zulassungsnummer/Herstellwerk/Überwachungszeichen.

Zulassung muß auf der Baustelle vorliegen. Zulassung einsehen! Anzeige- und Montageanweisungen beachten. Handwerker müssen eingewiesen sein; sonst Verwendung aufschieben, bis Einweisung erfolgt ist.

4.9.7 Außenwandbekleidungen, angemauert auf Aufstandsflächen

Nach DIN 18515 Teil 2 (4/1993). Gültig für Außenwandbekleidungen von Bauwerken und Bauteilen, die auf Aufstandsflächen an der Rohbauwand angemauert und verankert werden. Die Höhe darf bei Wohngebäuden zwei Vollgeschosse zuzüglich einem Giebeldach von 4 m Höhe oder bei anderen Gebäuden eine Höhe von 8 m nicht überschreiten. Die Dicke der Anmauerung beträgt 55 mm bis 90 mm; für Dicken 90 mm gelten DIN 1053 Teil 1 und Teil 2 (siehe hierzu also Abschnitt 4.2.3.5 Zweischalige Außenwände mit Putzschicht).

- Aufstandsflächen sind Fundamentvorsprünge, thermisch getrennte Deckenstreifen, nichtrostende oder korrosionsgeschützte Stahlkonsolen.
- Baustoffe für die Anmauerung sind Vormauerziegel, Klinker, Kalksandsteinverblender, Betonwerkstein und Naturwerkstein. Die Bekleidung muß wie beim zweischaligen Mauerwerk mit Drahtankern verankert werden (s. II 4.2.3.1).
- Es ist ein volldeckender Spritzbewurf als Haftbrücke aufzubringen (aushärten lassen!); darauf ein mindestens 15 mm dicker Unterputz (Oberfläche nicht glätten!).

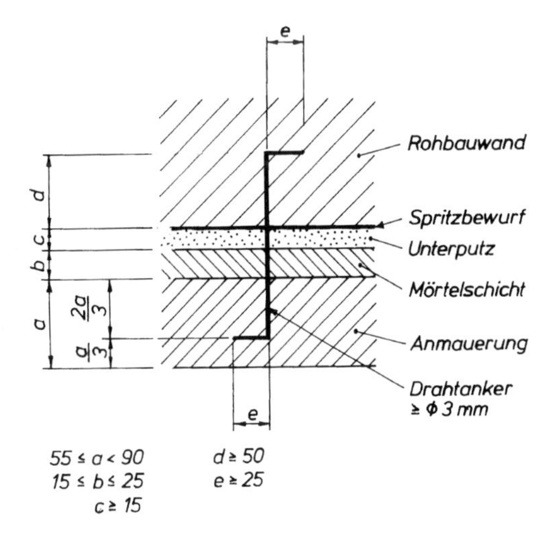

Abb. 4.42 Befestigung der Drahtanker in der Rohbauwand

- Das Bekleidungsmaterial soll mit mindestens 15 mm und höchstens 25 mm Abstand vor dem Unterputz auf die Aufstandsfläche im Verband nach DIN 1053 Teil 1 aufgesetzt werden. Auflagerüberstände sind unzulässig. Der Spalt ist schichtweise mit plastischem Mörtel so zu verfüllen, daß eine geschlossene Mörtelschicht entsteht, die eine Verbindung mit dem Untergrund sicherstellt. Der Schutz der Außenwandbekleidung während der Erstellung ist durch Abdecken oder Abhängen mit Folie zu erbringen.
- Es muß vollfugig gemauert werden. Es ist ein Fugenglattstrich auszuführen. Der beim Mauern aus den Fugen tretende Mauermörtel ist sofort abzustreichen. Der Mörtel in der Fuge ist mit einem Holzspan, Fugeneisen, Schlauchstück oder ähnlichem zu verdichten.

4.10 Dübel

4.10.1 Bauaufsichtliche Bestimmungen und Systeme

Für die Befestigung von bauaufsichtlich relevanten Bauteilen dürfen nur Dübel mit bauaufsichtlicher Zulassung verwendet werden. Der bauaufsichtlich relevante Bereich umfaßt alle Befestigungen, bei deren Versagen eine Gefahr für Leib und Leben von Menschen oder ein nennenswerter wirtschaftlicher Schaden entstehen würde. Hierzu gehören z. B. Befestigungen (Verankerungen) von tragenden Stützen, Trägern, Konsolen, Unterkonstruktionen von Fassadenbekleidungen, Vorhangfassaden oder abgehängten Decken, Rohrleitungen und weitere. *Einrichtungsgegenstände* wie Schränke, Regale, Lampen, Dekorationen usw. können selbstverständlich auch mit sog. Haushaltsdübeln, in der Regel aus Kunststoff, befestigt werden (also ohne ABZ).

Bei den Dübeln mit ABZ ist noch zu unterscheiden zwischen den Zulassungen „alter Generation", wobei Dübel nur in der *Druck*zone von Stahlbetonbauteilen verwendet werden dürfen, und Zulassungen „neuer Generation", wobei die Dübel ohne Einschränkung in der Zug- und Druckzone eingebaut werden dürfen. Also: Auf genaue Bezeichnung in der Statik und auf dem Lieferschein achten!

Bei den allgemeinen bauaufsichtlich zugelassenen Dübeln werden unterschieden:

- kraftkontrolliert zwangsweise spreizende Metalldübel für den Einsatz in nachgewiesener Druckzone bzw. zugzonentauglich;
- wegkontrolliert zwangsweise spreizende Metalldübel für den Einsatz in nachgewiesener Druckzone bzw. zugzonentauglich;
- Selbstbohrdübel;
- Dübel zur Befestigung von Unterkonstruktionen leichter Deckenbekleidung und Unterdecken;
- Kunststoffdübel zur Befestigung von Fassadenbekleidungen;
- Metalldübel zur Befestigung von Holzunterkonstruktionen von Fassaden;
- Verbundanker (Kunstharz und Spezialmörtel) nur in nachgewiesener Druckzone geeignet (auch Klebeanker oder Injektionsanker genannt);
- Gasbetondübel;
- Verankerung von Vormauerschalen;
- einbetonierte Verankerungen;
- Kopfbolzen.

Hinweis: Kunststoffhülsen (-dübel) mit eingeschlagenem profiliertem „Nagel" sind zur Befestigung tragender Bauteile bauaufsichtlich nicht zugelassen.

Bei den am häufigsten verwendeten Metalldübeln ergeben sich in Abhängigkeit von ihrer Konstruktion zwei grundsätzliche Tragmechanismen: Reibschluß durch Spreizung und Formschluß aufgrund der Geometrie im eingebauten Zustand. Nachfolgend werden die knappen Beschreibungen von J. Tschositsch, Metalldübel für die Verankerung in Beton (bauen mit holz 9/1990) wiederholt: Bei dem kraftkontrolliert spreizenden Metalldübel wird durch das Aufbringen eines definierten Drehmomentes M_D eine Vorspannkraft in der Schraube oder in einem Gewindebolzen erzeugt, mit welcher ein Konus in die Spreizhülse gezogen wird. Durch diesen Vorgang wird ein Verspreizen der Spreizhülse gegen die Bohrlochwandung erreicht.

Beim wegkontrolliert spreizenden Metalldübel wird durch das Einschlagen eines Konus in eine Hülse eine Verspreizung der Hülse gegen die Bohrlochwandung erzeugt. Für eine ordnungsgemäße Spreizung der Hülse ist der Konus um einen genau definierten Weg in die Hülse einzuschlagen. Dieser wegkontrollierte Spreizvorgang ist sehr wichtig für eine ordnungsgemäße Montage und wird in der Praxis wegen der erforderlichen Einschlagenergie (z. B. Anzahl der

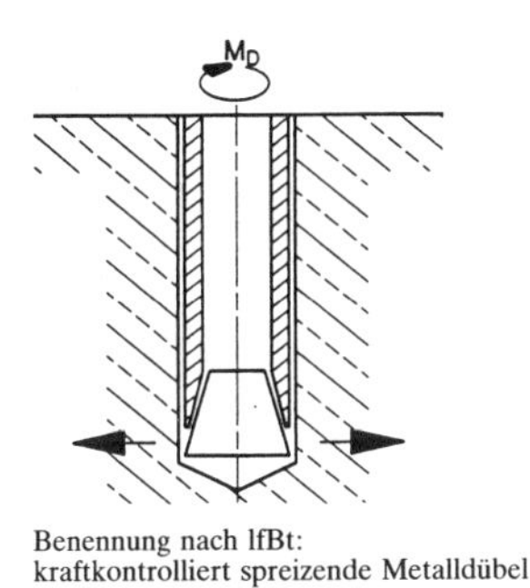

Benennung nach IfBt:
kraftkontrolliert spreizende Metalldübel

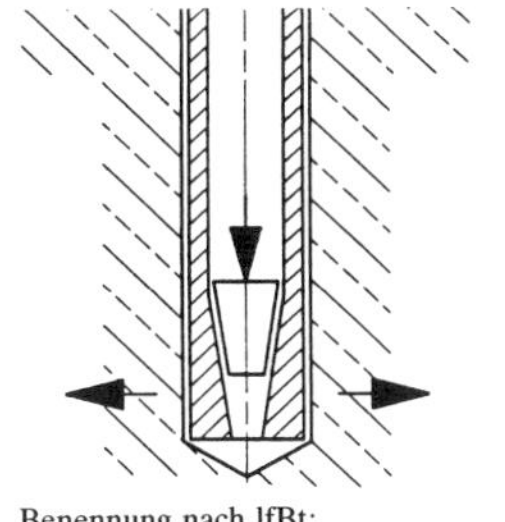

Benennung nach IfBt:
wegkontrolliert spreizende Metalldübel

Benennung nach IfBt:
Hinterschnittdübel

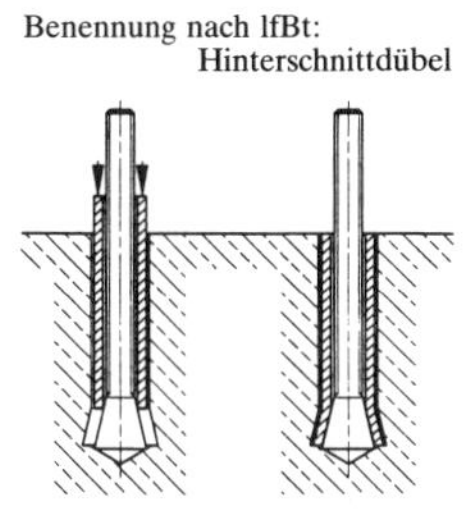

(wegkontrollierter Formschluß)

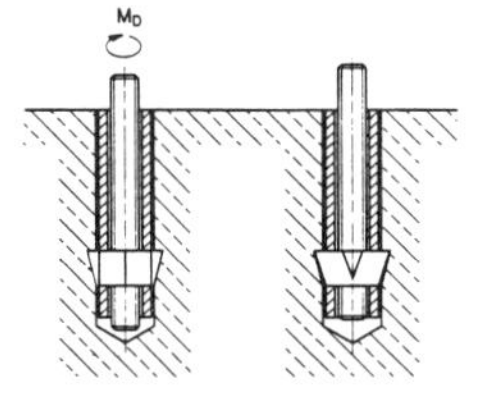

(kraftkontrollierter Formschluß)

Abb. 4.43 Funktionsprinzipien von Metalldübeln (nach Tschositsch)

Tabelle 4.15 Anwendungsbedingungen nach der *neuen Zulassungsgeneration* für Dübel, die für Befestigungen in der Druck- und Zugzone flächiger und stabförmiger Stahlbetonbauteile geeignet sind*)

1		Gewindegröße	Hülsentyp	M 6	M 8	M 10	M 12	M 16	M 20	–	–
2			Bolzentyp	M 10	M 12	M 14	M 16	M 20	M 24	–	–
3	Kraft-kontrolliert spreizende Dübel	Nenn-Verankerungstiefe²)	mm	40	50	60	80	100	125	–	–
4		Größte zulässige Last pro Dübel in Beton der Festigkeitsklasse ≥ B 25³)	kN	1,5	2,5	3,5	6,0	9,0	13,0	–	–
5		kritischer Achsabstand	cm	16	20	24	32	40	52	–	–
6		minimaler Achsabstand	cm	5	5	6	8	10	13	–	–
7		kritischer Randabstand	cm	12	15	18	24	30	39	–	–
8		minimaler Randabstand¹)	cm	8	10	12	16	20	26	–	–
9		minimale Bauteildicke	cm	10	11	13	15	20	25	–	–
10	Hinter-schnitt-dübel	Nenn-Verankerungstiefe²)	mm	40	50	60	80	100	125	170	220
11		Größte zulässige Last pro Dübel in Beton der Festigkeitsklasse ≥ B 25³)	kN	1,5	2,5	3,5	6,0	9,0	13,0	21,0	30,0
12		kritischer Achsabstand	cm	16	20	24	32	40	52	68	88
13		minimaler Achsabstand	cm	5	5	6	8	10	13	17	22
14		kritischer Randabstand	cm	10	10	12	16	20	26	34	44
15		minimaler Randabstand	cm	5	5	6	8	10	13	17	22
16		minimale Bauteildicke	cm	10	11	13	15	20	25	34	44

¹) Bei einigen Fabrikaten sind größere Werte vorgeschrieben.
²) Bei einigen Fabrikaten ist die Ist-Verankerungstiefe größer als der Nennwert.
³) Bei Verankerungen in der nachgewiesenen Druckzone sind höhere zulässige Lasten möglich.

*) Entnommen: Beton-Kalender 1992/II, Rehm u. a., Befestigungstechnik.

Hammerschläge) oft unterschätzt. Die großen Spreizkräfte erzeugen hohe Spannungen im Beton, evtl. Risse. Eine nachträgliche Angleichung durch Nachspreizen ist nicht möglich.

Eine neue, zukunftsträchtige dritte Dübelart sind Metalldübel, die im eingebauten Zustand im Verankerungsbereich eine Durchmesservergrößerung aufweisen, die sog. Hinterschnittdübel. Sie erzeugen im aufgefrästen hinteren Bohrlochteil nur geringe Spreizkräfte und beanspruchen den Betonuntergrund erst beim Aufbringen einer äußeren Last.

4.10.2 Montage und Kontrolle beim Metallspreizdübel

Dübel sind rechnerisch nachzuweisen; im Ausführungsplan müssen Art, Größe, Abstand untereinander und zum Rand dargestellt sein. Ohne solchen Plan ist eine Kontrolle nicht durchführbar. Die Zulassung muß auf der Baustelle vorliegen.

Wichtig für den Kontrolleur sind im Text der Zulassung die Abschnitte „Montage und Kontrolle“ sowie „Überwachung der Ausführung und Anzeige über den Beginn der Dübelmontage“. Nachfolgend werden diese beiden Abschnitte für einen Metallspreizdübel aufgeführt; die Textfassungen sind ähnlich, können jedoch bei einem anderen Dübeltyp etwas abweichen. Insofern muß die Zulassung eingesehen werden.

Zulassungstext (Auszug)*) für einen Metallspreizdübel

7 **Montage und Kontrolle**

7.1 Die Dübel dürfen nur als serienmäßig gelieferte Befestigungseinheit verwendet werden. Einzelteile dürfen nicht ausgetauscht werden.

7.2 Die Montage der zu verankernden Dübel ist nach den gemäß Abschnitt 3.1 gefertigten Konstruktionszeichnungen vorzunehmen. Vor dem Setzen der Dübel ist die Betonfestigkeitsklasse des Verankerungsgrundes festzustellen. Sie darf nicht die den zulässigen Dübellasten zugeordneten Betonfestigkeitsklassen unterschreiten.

7.3 Die Bohrlöcher sind rechtwinklig zur Oberfläche des Verankerungsgrundes mit Hartmetall-Hammerbohrern zu bohren. Bohrernenndurchmesser und Schneidendurchmesser müssen den Werten der Anlage 3 entsprechen. Das Bohrmehl ist aus dem Bohrloch zu entfernen. Die Lage der Bohrlöcher ist mit der Bewehrung so abzustimmen, daß ein Beschädigen der Bewehrung vermieden wird. Bei Fehlbohrungen ist ein neues Bohrloch im Abstand von mindestens 3 × Tiefe der Fehlbohrung anzuordnen, wobei als Größtabstand 2 × Verankerungstiefe genügt. Der Dübel darf auch unmittelbar neben der Fehlbohrung um deren Tiefe tiefer verankert werden. Bei Abscherbelastung darf dabei die Fehlbohrung nicht in Kraftrichtung neben dem Dübel liegen.

7.4 Die Dübel müssen sich von Hand oder unter nur leichtem Klopfen in das Bohrloch einsetzen lassen. Die Montage der Dübel muß mit einem überprüften Drehmomentenschlüssel vorgenommen werden. Die Drehmomente sind auf Anlage 3 angegeben. Wenn sich das vorgeschriebene Drehmoment nicht aufbringen läßt, darf der Dübel nicht belastet werden.

Wird nach der Montage der Gewindebolzen bzw. die Schraube noch einmal gelöst, so ist der Gewindebolzen bzw. die Schraube mindestens um das Maß des Gewindedurchmessers wieder in den Gewindekonus einzuschrauben und mit dem vorgeschriebenen Drehmoment erneut nachzuspannen.

7.5 Montierte Dübel können jederzeit nachgeprüft werden, das vorgeschriebene Drehmoment zum Verankern der Dübel muß sich immer wieder aufbringen lassen.

---

*) Abschnittsnumerierung entspricht der Zulassung.

8 **Überwachung der Ausführung und Anzeige über den Beginn der Dübelmontage**

Bei der Herstellung von Dübelverbindungen muß der mit der Verankerung von Dübeln betraute Unternehmer oder der von ihm beauftragte Bauleiter oder ein fachkundiger Vertreter des Bauleiters auf der Baustelle anwesend sein. Er hat für die ordnungsgemäße Ausführung der Arbeiten zu sorgen. Der bauüberwachenden Behörde bzw. dem von ihr mit der Bauüberwachung Beauftragten sind die Dübelmontagearbeiten – außer bei Gerüstverankerungen – möglichst 48 Stunden vor deren Beginn vom Unternehmer oder dem Bauleiter anzuzeigen.

Während der Herstellung der Dübelverbindungen sind Aufzeichnungen über den Nachweis der vorhandenen Betonfestigkeitsklasse und die ordnungsgemäße Montage der Dübel vom Bauleiter oder seinem Vertreter zu führen. Die Aufzeichnungen müssen während der Bauzeit auf der Baustelle bereitliegen und sind den mit der Bauüberwachung Beauftragten auf Verlangen vorzulegen. Sie sind ebenso wie die Lieferscheine nach Abschluß der Arbeiten mindestens 5 Jahre vom Unternehmen aufzubewahren.

Die Einhaltung der Besonderen Bestimmungen und der weiteren in der ABZ festgelegten Anforderungen werden durch Eigen- und Fremdüberwachung des Werkes sichergestellt; der Dübel selbst ist also kein Thema für den Kontrolleur. Jeder Lieferung der Dübel ist ein mit dem einheitlichen Überwachungszeichen gekennzeichneter Lieferschein mitzugeben, der das Werkzeichen, die Zulassungsnummer und die vollständige Bezeichnung der Dübel beinhaltet.

4.10.3 Montage und Kontrolle beim Verbundanker

(auch Klebeanker, Reaktionsanker)

Zulassungstext (Auszug)*)

7 **Montage und Kontrolle**

Die Montage der Verbundanker ist nach den gemäß Abschnitt 3.1 gefertigten Konstruktionszeichnungen vorzunehmen. Vor dem Setzen der Verbundanker ist die Betonfestigkeitsklasse des Verankerungsgrundes festzustellen. Die Betonfestigkeitsklasse B 15 bzw. B 25 darf nicht unterschritten werden. Die Bohrlöcher sind rechtwinklig zur Oberfläche des Verankerungsgrundes mit Hartmetallschlag bzw. Hammerbohrern zu bohren. Der Bohrlochdurchmesser und die Bohrlochtiefe (Setztiefe) nach Anlage 2 sind einzuhalten. Die Mindestsetztiefe t darf hierbei nicht unterschritten werden. Das Bohrmehl ist aus dem Bohrloch zu entfernen.

Die Lage der Bohrlöcher ist mit der Bewehrung so abzustimmen, daß ein Beschädigen der Bewehrung vermieden wird. Fehlbohrungen sind zu vermörteln. Wird aus konstruktiven Gründen oder Gründen des Brandschutzes ein längeres Einbinden des Gewindestahls notwendig, so sind längere Gewindestähle als die in Anlage 1 dargestellten Regellängen zulässig. Die notwendige Anzahl der zur vollständigen Vermörtelung erforderlichen Mörtelpatronen ist zu ermitteln.

7.2 Die Mörtelpatronen sind vor Sonneneinstrahlung und Hitzeeinwirkung zu schützen und entsprechend der Montageanweisung kühl zu lagern. Der Patroneninhalt darf vor der Verarbeitung noch nicht geliert sein und muß beim Drehen der Mörtelpatrone im

*) Abschnittsnumerierung entspricht der Zulassung.

handwarmen Zustand deutlich fließen. Zur Durchmischung, Verteilung und Verdichtung des Patroneninhalts muß der Gewindestahl mit einer Bohrmaschine bei einer Drehzahl zwischen 250 und 750 U/min mit eingeschaltetem Schlagwerk eingetrieben werden. Auf einen zentrischen Sitz des Gewindestahles im Bohrloch ist zu achten. Die Bohrmaschine ist sofort nach Erreichen des Bohrlochtiefsten unter Andruck abzustellen, um ein Herausfördern des Mörtels zu vermeiden. Die Vermörtelung muß bis an die Betonoberfläche reichen (Ausnahme siehe letzter Absatz). Bei Einhaltung der angegebenen Bohrlochtiefen und des angegebenen Bohrlochdurchmessers füllt der Patroneninhalt den Ringspalt bis an die Betonoberfläche satt aus. Tritt kein Überschußmörtel oben aus, so ist der Gewindestahl sofort wieder zu ziehen und mit einer zweiten Mörtelpatrone neu zu setzen.

Bei Überkopfmontage darf kein Mörtel austropfen. Die Aushärtung des Reaktionsharzes ist von der Temperatur im Verankerungsgrund abhängig. Daher sind folgende Wartezeiten zwischen Setzen und Belasten des Verbundankers einzuhalten:

Temperatur °C im Bohrloch	Wartezeiten Min.	Std.
über 20	10	
10–20	20	
0–10		1
−5– 0		5

Während der Wartezeit ist der Gewindestahl in seiner Lage zu sichern. Für Verbundanker mit Lasten ≧ 10 kN, die nach Abschnitt 3.1, Absatz 2, in der lastabgewandten Querschnittshälfte zu verankern sind, ist die Verankerung in der lastzugewandten Querschnittshälfte ohne Verbund herzustellen.

7.3 Kontrolle

Der Sitz des Verbundankers ist an jeweils 3% der Anzahl in ein Bauteil gesetzten Anker – mindestens jedoch an 2 Ankern je Größe – durch eine Probebelastung zu kontrollieren.

Die Kontrolle gilt als bestanden, wenn unter der Probebelastung bis zum 1,3fachen Wert der zulässigen Zuglast nach Anlage 2 kein größerer Schlupf als 0,2 mm auftritt.

Kann ein Anker die Kontrollbedingung nicht erfüllen, so sind zusätzlich 25% der Anker (mindestens 5) des Bauteils, in dem der nicht ordnungsgemäß vermörtelte Anker gesetzt ist, zu überprüfen. Falls ein weiterer Anker die Kontrollbedingung nicht erfüllt, sind alle Anker dieses Bauteils zu überprüfen. Alle die Kontrollbedingung nicht erfüllenden Anker dürfen nicht zur Lastübertragung herangezogen werden.

Über die Kontrolle der Mörtelhärtung ist ein Protokoll zu führen, in dem die Lage der geprüften Anker bezüglich des Bauteils, die Höhe der aufgebrachten Belastung und der gemessene Schlupf angegeben sind. Das Protokoll ist zu den Bauakten zu nehmen.

8 Überwachung der Ausführung und Anzeige über deren Beginn

Der Text entspricht völlig demjenigen beim Metallspreizdübel; s. also dort (4.10.2).

4.10.4 Verankerungsvorrichtungen für Fassadengerüste

Die bauaufsichtlich bisher nicht eingeführte Norm DIN 4426 – Sicherheitseinrichtungen zur Instandhaltung baulicher Anlagen; Absturzsicherungen (4/1990) entstand auf Antrag des Fachausschusses Bau der gewerblichen Berufsgenossenschaften mit dem Ziel, Instandhaltungsarbeiten an baulichen Anlagen sicherer als bisher durchführen zu können und die erfahrungsgemäß hohen Unfallquoten zu mindern.

Textauszug aus der Norm:

Verankerungsvorrichtungen für Fassadengerüste

Werden die tragenden Bauteile einer Außenwand mit Platten bekleidet oder werden Vorhangfassaden angebracht, so sind fest eingebaute Verankerungsvorrichtungen für Fassadengerüste vorzusehen. Der vertikale Abstand zwischen den Verankerungsebenen darf 4,00 m nicht überschreiten. Der horizontale Abstand der Vorrichtungen wird nicht festgelegt.

Die Vorrichtungen sind für folgende Kräfte zu bemessen:

- rechtwinklig zur Fassade: 2,25 kN/m Fassadenlänge
- parallel zur Fassade: 0,75 kN/m Fassadenlänge

Beträgt der vertikale Abstand weniger als 4,00 m, dürfen die Kräfte proportional abgemindert werden.

An Gebäudekanten (zum Beispiel Traufkanten, Gebäudeecken) sind die angegebenen Kräfte zu verdoppeln.

Auf Verankerungsvorrichtungen darf verzichtet werden, wenn

- Fassadenbefahranlagen vorhanden sind oder
- die Außenwandhöhe des Gebäudes 8,00 m nicht überschreitet.

Holzbau*)

- Holz und Holzwerkstoffe
  (Einstufung des Vollholzes und des Brettschichtholzes nach Güteklassen, Klasseneinteilung der Holzwerkstoffe)
- Mechanische Verbindungsmittel
  Dübel besonderer Bauart: Bescheinigungen
- Sondernägel: Einstufungsscheine
- Nagelplatten und Stahlblechformteile: bauaufsichtliche Zulassungen
- Leimverbindungen: Befähigungsnachweis des Herstellers der geleimten Bauteile
- Konstruktion: Maße und Querschnittswerte der tragenden und aussteifenden Bauteile
- Ausbildung der Anschlüsse, Stöße und Verbände
- Holzschutz: Kennzeichnungen bzw. Bescheinigungen über Holzschutzmaßnahmen

5 Holzkonstruktionen

5.1 Unterlagen, Bescheinigungen, ABZ

5.1.1 Einschlägige Normen

- DIN 1052 – Holzbauwerke (4/1988)
  Teil 1, Berechnung und Ausführung
  Teil 2, Mechanische Verbindungen
  Teil 3, Holzhäuser in Tafelbauart
- DIN 68800 – Holzschutz im Hochbau
  Teil 2, Vorbeugende bauliche Maßnahmen (1/1984)
  Teil 3, Vorbeugender chemischer Schutz (4/1990); s. auch 5.7.1
  Teil 4, Bekämpfungsmaßnahmen gegen holzzerstörende Pilze und Insekten (11/1992)
- Stoff-Normen wie DIN 68705 – Sperrholz, DIN 68754 – Holzfaserplatten,
  DIN 68764 – Strangpreßplatten
- Güte-Norm DIN 1074 Teil 1 (9/1989)
- Planung DIN 18065 – Gebäudetreppen

5.1.2 Bautechnische Unterlagen

- Statische Berechnung ist i. d. R. erforderlich; Ausnahme: Für Bauteile und Verbindungen, die statisch offensichtlich ausreichend bemessen sind, kann auf einen rechnerischen Nachweis verzichtet werden. Beispiele: zimmermannsmäßige gerade Wangentreppen, also keine Wendel- oder Spindeltreppen; Hölzer für kleine und mittlere Gauben; kleine Dächer; Schuppen für untergeordnete Zwecke.

*) Checkliste des Ministeriums für Bauen und Wohnen in NW (s. hierzu auch II 1.3).

- Zeichnungen sind i. d. R. erforderlich, und zwar mit allen Ausführungsmaßen, Querschnittswerten, Anschlüssen, Stößen, Verbänden, Überhöhungen, Verbindungsmitteln, Holzschutz usw. Bei der Nagelanordnung wird in der Ausführungszeichnung die Kopfseite des Nagels dargestellt.
- Baubeschreibung ist erforderlich, soweit die Angaben nicht aus den Zeichnungen ersichtlich sind.
- Montagestatik und Montageanweisung sind bei größeren Konstruktionen, immer auch bei Ingenieurholzbau erforderlich.

5.1.3 Befähigungsnachweise der Unternehmer

Entsprechend DIN 1052 Teil 1, Anhang A: Nachweis der Eignung zum Leimen von tragenden Holzbauteilen. Der Nachweis einer bestimmungsgemäßen Herstellung (die fachgerechte Herstellung geleimter tragender Holzbauteile erfordert ähnlich wie das Schweißen im Stahlbau geeignetes Fachpersonal und besondere Werkseinrichtungen) gilt als erbracht, wenn der Betrieb eine Bescheinigung über seine Eignung zum Leimen von tragenden Holzbauteilen vorlegt. Diese Bescheinigung wird von anerkannten Prüfstellen für eine Gültigkeitsdauer von 5 Jahren ausgestellt; sie kann um jeweils weitere 5 Jahre verlängert werden. Da sie auch überraschend zurückgezogen werden kann, sollte man in die neueste Liste des IfBt sehen (wird mindestens jährlich fortgeschrieben in den Mitteilungen des DIBt).*)

Diese Bescheinigung wird in folgenden Gruppen verliehen (s. Muster Seite 304):

- Bescheinigung A für Betriebe, die den Nachweis ihrer Eignung zum Leimen tragender Holzbauteile *aller Art* erbracht haben; entspricht im Stahlbau dem Großen Schweißnachweis. Muster auf Seite 304 f.
- Bescheinigung B für Betriebe, die den Nachweis ihrer Eignung zum Leimen von einfachen tragenden Holzbauteilen erbracht haben; das sind z. B. Balken und Träger mit Stützweiten bis zu 12 m, Dreigelenkbinder bis zu 15 m Spannweite und einhüftige Binder mit einer Abwicklungslänge bis 12 m. Dabei ist anzugeben, ob auch die Voraussetzungen der Gruppe C erfüllt sind. Im Stahlbau entspricht das dem Kleinen Schweißnachweis.
- Bescheinigung C für Betriebe, die ihre Eignung zum Leimen von Sonderbauarten nach den Bestimmungen der entsprechenden Allgemeinen bauaufsichtlichen Zulassung erbracht haben. Das sind z. B. Trägerbauarten, wie Dreieck-Streben-Bauart, Trigonit-Holzleimbauträger, Wellsteg-Holzleimbauträger.
- Bescheinigung D für Betriebe, die nur den Nachweis ihrer Eignung zum Leimen von Holztafeln für Holzhäuser in Tafelbauweise erbracht haben. Betriebe der Gruppe A und B erfüllen die Voraussetzungen der Gruppe D ohne weiteren Nachweis.

In den Bescheinigungen A, B, C oder D ist außerdem anzugeben, ob der Betrieb auch den Nachweis für die Herstellung von Keilzinkenverbindungen erbracht hat. Die Betriebe werden insgesamt jährlich in den „Mitteilungen" des DIBt veröffentlicht, Änderungen mehrmals im Jahr.

Eine zusätzliche Anerkennung privater Art (also nicht im Sinne der Landesbauordnung und für die BAB ohne Bedeutung) ist das „Gütezeichen Holzleimbau" mit freiwilliger Qualitätskon-

*) Jährlich ebenfalls veröffentlicht in: bauen mit holz, zuletzt Heft 2/1994.

trolle. Die Studiengemeinschaft Holzleimbau e. V., Düsseldorf, verleiht durch ihren Güteausschuß an Firmen, die tragende verleimte Holzbauteile nach DIN 1052 im eigenen Betrieb herstellen und hierzu den Nachweis der Eignung zum Leimen tragender Holzbauteile nach den bauaufsichtlichen Vorschriften besitzen, auf Antrag das Recht, das „Gütezeichen RAL RG 421" zu führen als Ausweis dafür, daß die Gütebedingungen erfüllt sind und deren Einhaltung durch laufende Überwachung kontrolliert wird. Muster Seite 306. Für die Auswahl bei der Vergabe von Interesse.

Schweißarbeiten an Verbindungsmitteln: Werden an Verbindungsmitteln, Anschluß- und Auflagerteilen sowie Gelenken aus Stahl oder Aluminium Schweißarbeiten ausgeführt, dürfen sie nur von Betrieben ausgeführt werden, die ihre Eignung zum Schweißen nachgewiesen haben und diesen Nachweis vorlegen können (s. unter II 6.3.6).

5.1.4 Allgemeine bauaufsichtliche Zulassungen im Holzbau (ABZ),

die also noch nicht genormte Baustoffe und Bauteile erfassen (und in ihrer zu großen Zahl mit Ausnahmeregelungen die eigentliche Norm aushebeln).

Ein Verzeichnis mit Kommentierung gibt Irmschler, Allgemeine bauaufsichtliche Zulassungen im Hochbau (bauen mit holz, 11/1993).

- Nägel mit profilierter Schaftausbildung, z. B. Schraubnägel, Rillennägel; dafür ist nach der neuen Normfassung keine Zulassung mehr erforderlich, sondern ein Eignungsnachweis, der durch die Vorlage einer Werksbescheinigung des Herstellers (DIN 50 049 – 2.1) zu führen ist*). Sie muß die Angaben über den Eignungsnachweis aus dem Einstufungsschein und über die Eigenüberwachung enthalten.
- Klammern aus Drähten mit ∅ 1,5 bis 2,0 mm:
  a) Klammern, die langfristig oder ständig auf Herausziehen beansprucht werden, bedürfen dafür eines Nachweises ihrer Brauchbarkeit, z. B. durch eine ABZ.
  b) Klammern mit nur kurzfristiger Belastung auf Herausziehen (ansonsten rechtwinklig zur Schaftachse) brauchen keine ABZ mehr; der Eignungsnachweis wird durch die Vorlage einer Werksbescheinigung des Herstellers (DIN 50 049 – 2.1) geführt, in der die Angaben einer Prüfbescheinigung und über die Eigenüberwachung enthalten sein müssen; siehe hierzu II 1.5.3 – Bescheinigungen des Herstellerwerks.
- Nagelplatten; nur diese selbst benötigen eine ABZ, nicht mehr die Verbindung oder die damit hergestellten Bauteile; Bemessung in jedem Einzelfall nach DIN 1052 Teil 1. Beispiel: Gang-Nail-Nagelplatte. Die Fremdüberwachung ist nur für die Nagelplatte selbst, nicht für die Herstellung der Holzbauteile mit Nagelplatten vorgeschrieben.
- Stahlblechformteile; das sind z. B. kaltgeformte Stahlblechteile zur Nagelverbindung von Holzteilen. Die Tragfähigkeit von Universalverbindern, Sparrenpfettenankern, Winkelverbindern, Gerberverbindern und ähnlichen Stahlblechformteilen ist rechnerisch nachzuweisen. Wenn die Tragfähigkeit dieser Teile rechnerisch nicht eindeutig erfaßt werden kann, muß ihre Brauchbarkeit auf andere Weise, z. B. durch eine ABZ, nachgewiesen werden. Hierzu gehören die Balkenschuhe (z. B. BMF-Balkenschuhe; s. hierzu auch Abschnitt II 5.4.2).

  Beachten: Alle Nagellöcher der Balkenschuhe sind auszunageln! Nur Sondernägel verwenden! Für die Balkenschuhe aus nichtrostendem Stahl (s. auch II. 5.4.8) dürfen nur Sondernägel aus nichtrostendem Stahl verwendet werden.

---

*) Siehe hierzu II. 1.6.3 Brauchbarkeitsnachweis.

- Trägerbauarten, wie z. B.:
  Wellsteg-Holzleimbauträger (Vollwand)
  Dreieck-Streben-Bauart, sog. DSB-Binder (Fachwerk)
  Trigonit-Holzleimträger (Fachwerk)
  Doka-Holzschalungsträger (Fachwerk, für Decken- und Wandschalung)

  Sie erfordern eine statische Berechnung im Einzelfall; z. T. sind Typenprüfungen und Bemessungstabellen vorhanden (s. hierzu auch Abschnitt II 5.6).

  Sie müssen mit dem Herstellerkennzeichen und der Zulassungsnummer versehen sein; z. B. BMF Z 9.1 – 24. Neben der Leimgenehmigung (Bescheinigung C) ist ein zusätzlicher Überwachungsnachweis erforderlich.

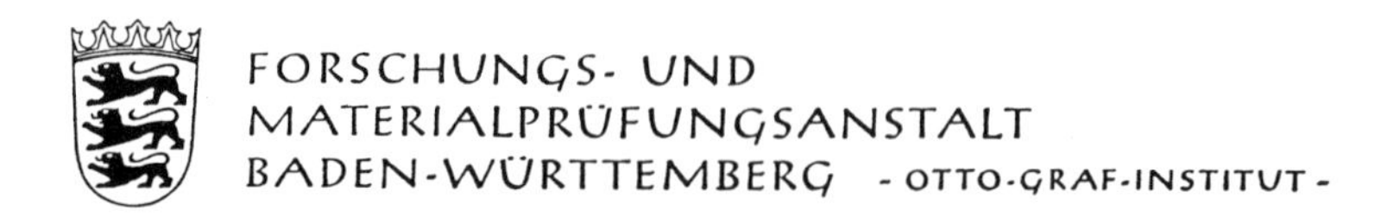

FORSCHUNGS- UND
MATERIALPRÜFUNGSANSTALT
BADEN-WÜRTTEMBERG - OTTO-GRAF-INSTITUT -

Bescheinigung A

über den Nachweis der Eignung zum Leimen von
tragenden Holzbauteilen gemäß DIN 1052, Abschnitt 11. 5. 1.

Der Firma W.u.J. Derix GmbH & Co.
Holzbearbeitung
Dam 63
4055 Niederkrüchten

wird für Ihren Betrieb in Niederkrüchten
nach Überprüfung des Fachpersonals und der Werkseinrichtung die Eignung bescheinigt

zum Leimen tragender Holzbauteile aller Art
und zum Herstellen von Keilzinkenverbindungen
für die Beanspruchungsgruppe I nach DIN 68140.

Diese Bescheinigung gilt unter den umseitig genannten Bedingungen bis zum

30. April 1993

Stuttgart, den 25.04.1988

Der Direktor
i. A.

Prof. Dr.-Ing. Manns

Muster „Bescheinigung A über den Nachweis der Eignung zum Leimen von tragenden Holzbauteilen"

Forschungs- und Materialprüfungsanstalt Baden Württemberg
– Otto-Graf-Institut – FMPA

1. Für die Ausführung geleimter tragender Holzbauteile sind

   DIN 1052 – Holzbauwerke; Berechnung und Ausführung – und ggf.

   die Richtlinien für die Bemessung und Ausführung von Holzhäusern in Tafelbauart – Ergänzung zu DIN 1052 – DIN 68140 – Holzverbindungen: Keilzinkenverbindungen als Längsverbindung –

   die für Sonderbauarten erteilten allgemeinen bauaufsichtlichen (baurechtlichen) Zulassungen

   in der jeweils gültigen Fassung maßgebend.

2. Der Betrieb hat ein Leimbuch zu führen; dabei sind die Anweisungen der FMPA zu beachten.

3. Jeder Wechsel der der FMPA benannten verantwortlichen Fachkräfte sowie Änderungen des Leimverfahrens oder wesentlicher Teile der Werkseinrichtungen sind der FMPA unverzüglich anzuzeigen, die ggf. eine neue Überprüfung vornimmt.

4. Während der Geltungsdauer dieser Bescheinigung bleiben weitere Betriebsbesichtigungen und Prüfungen durch die FMPA jederzeit vorbehalten; die entstehenden Kosten hat der Betrieb zu tragen.

5. Diese Bescheinigung ist in beglaubigter Abschrift oder Fotokopie den für die Baugenehmigung zuständigen Bauaufsichts- (Baurechts-) behörden unaufgefordert vor der Ausführung geleimter tragender Holzbauteile vorzulegen, soweit nicht bereits eine beglaubigte Abschrift oder Fotokopie dort hinterlegt ist. Ein Verzeichnis der Firmen, die den Nachweis der Eignung zum Leimen von tragenden Holzbauteilen erbracht haben, wird in den Mitteilungen des Instituts für Bautechnik, Berlin, geführt. Die FMPA veröffentlicht das Verzeichnis jeweils zum Jahresbeginn in der Fachpresse.

6. Zu Werbungs- und anderen Zwecken darf diese Bescheinigung nur im ganzen vervielfältigt oder veröffentlicht werden. Der Text der Werbeschriften darf im übrigen nicht im Widerspruch zu dieser Bescheinigung stehen.

7. Diese Bescheinigung kann jederzeit mit sofortiger Wirkung zurückgenommen, ergänzt oder geändert werden,

   wenn die Voraussetzungen, unter denen sie ausgestellt worden ist, sich geändert haben,

   wenn die vorstehenden Bedingungen nicht eingehalten werden oder

   wenn sich die hergestellten geleimten Holzbauteile nicht bewähren.

8. Wird eine Verlängerung der Geltungsdauer dieser Bescheinigung angestrebt, ist spätestens 3 Monate vor dem Ablauf ihrer Gültigkeit bei der FMPA eine erneute Überprüfung des Betriebes zu beantragen. Dabei ist neben der einwandfreien Führung des Leimbuches nachzuweisen, daß tragende geleimte Holzbauteile in leimtechnischer Hinsicht nach den in Nr. 1 aufgeführten Bestimmungen sachgemäß hergestellt worden sind.

9. Unter Bezug auf Nr. 1 der vorstehenden Bedingungen wird darauf hingewiesen, daß die Verwendung von geleimten Sonderbauarten (z. B. Dreieck-Streben-Bauart, Kämpf-Träger, Trigonit-Träger, Wellsteg-Träger durch allgemeine bauaufsichtliche (baurechtliche) Zulassungen geregelt wird. In solchen Zulassungen wird in der Regel u. a. bestimmt, daß jedes Herstellerwerk außer der **Eignung zum Leimen** auch das **Bestehen einer dauernden Überwachung** der Fertigung solcher Sonderbauarten durch eine amtliche Materialprüfungsanstalt oder eine anerkannte Prüfstelle nachweisen muß. Bei der Herstellung von Wand- und Deckenbauteilen sind die Richtlinien des Instituts für Bautechnik, Berlin, für die einheitliche Überwachung zu beachten.

Forts. von S. 304

VERLEIHUNGSURKUNDE

Die Studiengemeinschaft Holzleimbau e. V. verleiht hiermit aufgrund der Güte- und Prüfbestimmungen und nach Prüfung der Voraussetzungen

....
(der Firma)

....
(Ort

das vom RAL, Ausschuß für Lieferbedingungen und Gütesicherung, anerkannte und durch Eintragung beim Deutschen Patentamt warenzeichenrechtlich geschützte

Gütezeichen für Holzleimbau

HOLZLEIMBAU GÜTESCHUTZ RAL-RG 421

Mit der Verleihung des Gütezeichens ist die Pflicht verbunden, für die Einhaltung der vorgeschriebenen Gütebedingungen zu sorgen.

Düsseldorf, den ....

STUDIENGEMEINSCHAFT HOLZLEIMBAU E. V.

....
Vorsitzender Obmann des Güteausschusses

Muster „Verleihungsurkunde der Studiengemeinschaft Holzleimbau e. V. über das Gütezeichen für Holzleimbau“

5.2 Baustoff

5.2.1 Güteklassen bei Vollholz und Brettschichtholz

Für tragende Konstruktionen wird hauptsächlich Nadelholz (Fichte, Kiefer, Tanne) verwendet; weniger Laubhölzer wie Eiche und Buche (Preis, ungleichmäßiger Wuchs!). Es werden entsprechend den Güteeigenschaften, z. B. Ästigkeit und Schnittklasse nach DIN 4074, drei Güteklassen verwendet, denen in der Statik unterschiedliche zulässige Spannungen zugewiesen werden: III, II und I (steigend). Allgemein üblich ist die Güteklasse II. Leider ist die DIN 4074 Teil 1 – Sortierung von Nadelholz nach der Tragfähigkeit – später erschienen als die DIN 1052. Insofern spricht DIN 1052 noch von Güteklassen, DIN 4074 jedoch von Sortierklassen. (Am Schluß des Kapitels II 5 Holzkonstruktionen sind die wichtigsten Aussagen der DIN 4074 Teil 1 aufgeführt; s. Seite 342 ff.)

Tabelle 5.1

Gegenüberstellung der Sortier- und Güteklassen			
DIN 4074		zul. Biegespannung in MN/m² nach DIN 1052, April 1988	
Neu: September 1989	Alt: Dezember 1958		
S 7	Güteklasse III	GK III	7
S 10	Güteklasse II	GK II	10
S 13	Güteklasse I	GK I	13

Die Ziffern der Sortierklassen 7, 10, 13 bedeuten die jeweils zulässige Spannung nach DIN 1052 Teil 1, Tabelle 5. Sortier- bzw. Güteklasse wird visuell und mit Maßstab festgelegt. GK I ist dabei Bauholz mit besonders hoher Tragfähigkeit, GK II mit gewöhnlicher und GK III mit geringer Tragfähigkeit. (Sortierkriterien s. Tabellen II 5.9 und 5.10.)

Um dem Bauherrn „etwas Gutes" zu tun, wird vielfach vom Architekten sehr hohe Qualität ausgeschrieben, die meist gar nicht notwendig oder auf dem Markt nur schwer verfügbar ist. Dies gilt insbesondere für die Festigkeit S 13, die Forderung nach vorbeugendem chemischem Holzschutz und die aufwendige Schnittklasse S, hier häufig sogar, wenn die Bauteile nicht im sichtbaren Bereich liegen.

Die Sortierklasse S 13 (besonders hohe Tragfähigkeit) ist kaum verfügbar und meist auch unsinnig, da in der Regel die Durchbiegungsnachweise maßgebend sind, die Festigkeitsklasse S 13 aber diesbezüglich keine rechnerische Verbesserung zuläßt. Wenn jedoch statt ausgeschriebener Sortier-(Festigkeits-)Klasse S 13 ohne Absprache mit der ausschreibenden Stelle nur S 10 geliefert wird, kann das Minderungsansprüche begründen (Merkblatt der Akademie des Zimmerer- und Holzbaugewerbes e.V. in: bauen mit holz, Heft 4/1993).

Bei Laubholz werden zwar Holzartgruppen unterschieden

A: Eiche, Buche, Teak,
B: Afzelia, Merbau, Angelique,
C: Azobé (Bongossi), Greenheart,

mit jeweils stark unterschiedlichen zulässigen Spannungen, sämtlich jedoch in einer mittleren Güteklasse (Sortierklasse), und zwar ist GK II gemäß DIN 4074 Voraussetzung.

Bei Brettschichtholz ist nur die Verwendung von GK I und II zulässig.

Bei vierseitig und parallel geschnittenem Bauschnittholz werden vier Schnittklasssen (S, A, B und C) unterschieden, für die die zulässige Breite der Baumkante aus Tabelle 5.9 (Tabelle 2 der DIN 4074) zu entnehmen ist.

Die vier Schnittklassen sind:

S Scharfkantiges Bauschnittholz (Sonderschnittklasse ohne Baumkante)
A Vollkantiges Bauschnittholz (mit Baumkante, Mindestforderung für GK I)
B Fehlkantiges Bauschnittholz (mit Baumkante, Mindestforderung für GK II)
C Sägegestreiftes Bauschnittholz (mit Baumkante, Mindestforderung für GK III)

Die Baumkanten der Hölzer müssen von Rinde und Bast befreit sein.

Bei Brettschichtholz sind für die Einstufung in eine der Güteklassen die Eigenschaften des ganzen Bauteils, nicht die der einzelnen Teile maßgebend, jedoch müssen die beiden äußeren Brettlagen im Zugbereich der spannungsmäßig erforderlichen Güteklasse entsprechen.

Bei Sparren, Pfetten und Deckenbalken aus Vollholz dürfen i. d. R. die Spannungen für GK I nicht angewendet werden, da bei diesen Massenbauteilen eine zuverlässige Holzauswahl nicht gewährleistet ist und außerdem (bei solch hohen Spannungen) mit zusätzlichen unerwünschten Verformungen aus der Langzeitbelastung gerechnet werden muß.

Bei Fliegenden Bauten dürfen für tragende Bauteile der Haupttragwerke nur Hölzer verwendet werden, die nach GK I eingestuft sind. Solche Hölzer sollen immer mit einem Schutzanstrich versehen werden, damit nicht festigkeitsmindernde Durchfeuchtung eintritt; Wiederholung des Anstrichs in Abständen von höchstens zwei Jahren. Dieser Anstrich hat nichts mit vorbeugendem chemischem Holzschutz zu tun, wird jedoch praktisch damit kombiniert.

Bei der Einstufung in die Resistenzklasse nach DIN 68364 – Beständigkeit von chemisch unbehandeltem Holz gegen Pilzbefall bei ungünstigen Bedingungen wie hohe Luftfeuchtigkeit oder Erdkontakt – ergibt sich

- Eiche = resistent
- Kiefer = mäßig (wenig) resistent
- Fichte und Tanne = wenig resistent
- Buche = nicht resistent.

Holz aus geschädigten Wäldern, also die Qualität von erkrankten Bäumen: Dazu das Fazit der Untersuchung der EMPA Dübendorf, Schweiz (1989) und der Deutschen Gesellschaft für Holzforschung (1985): „Die Festigkeitseigenschaften des Holzes aus erkrankten Fichten, Tannen und Kiefern entsprechen denen des Holzes aus gesunden Bäumen. Erste Untersuchungen an Buchen zeigen ein ähnlich positives Ergebnis. – Die chemische Zusammensetzung des Holzes gesunder und erkrankter Fichten unterscheidet sich nach bisherigem Stand der Ergebnisse nicht.“ In der biologischen Resistenz gibt es keinen Unterschied und ebenfalls keine Beeinträchtigung der Gebrauchseigenschaften.

Oberflächen von Brettschichtholz

Unabhängig vom äußeren optischen Eindruck muß Brettschichtholz den Festigkeitsklassen der DIN 1052 entsprechen; die einzelnen Brettlamellen sind gem. DIN 4074 nach der Festigkeit sortiert (s. II 5.8). Daneben haben Bauherren und Planer unterschiedliche Ansprüche an die Optik und Ästhetik der Oberflächen, da BSH in der Regel sichtbar bleibt:

- Normale Oberflächen (Standard)

  Die Oberflächen der Bauteile sind gehobelt. Ausfalläste über 20 mm Durchmesser sind ausgeflickt. Gesunde Äste sowie farbliche Differenzen durch Bläue und Rotstreifigkeit bis zu 10 % der sichtbaren Oberflächen sind zulässig.

  Anwendungsempfehlung: für sichtbare Bauteile und Konstruktionen aller Art.

- Ausgesuchte Oberflächen (Auslese)

  Die Oberflächen der Bauteile sind gehobelt, feinästig und frei von Bläue und Rotstreifen. Fest verwachsene, gesunde und sauber ausgeflickte Äste sind zulässig.

  Anwendungsempfehlung: Bauteile für besonders hohe ästhetische Ansprüche.

- Weitergehende Anforderungen an die Oberflächen

  wie z. B. Schleifen und spezielle Oberflächenbehandlungen können als zusätzliche Leistungen gesondert vereinbart werden.

5.2.2 Kennzeichnung der Güteklassen (Sortierklassen)

Folgende Bauteile sind dauerhaft, eindeutig und deutlich lesbar zu kennzeichnen (Gummi- oder Brennstempel, Schild):

a) Bauteile aus NH der Güteklassen I und III, und zwar mit der Güteklasse, dem Zeichen des Sortierwerkes und des dortigen verantwortlichen Fachmannes; die Kennzeichnung von zusammengesetzten Bauteilen darf sich auf die Kennzeichnung der GK I auf die Bereiche mit dieser Spannungsausnutzung beschränken. Bei der Weiterverarbeitung (Hobeln, Ablängen) gehen evtl. die Kennzeichnungen verloren, ebenfalls beim Anstrich.

b) Brettschichtholz der GK I und bei Bauteilen über 10 m Länge auch bei GK II, und zwar mit der Güteklasse, dem Herstelltag (evtl. verschlüsselt) und dem Zeichen des Herstellwerkes.

c) Bauteile aus Laubholz (wird nach mittlerer Güte sortiert, s. unter II 5.2.1), und zwar mit dem Zeichen der Holzartgruppe (A, B oder C), dem Zeichen des Sortier- oder Herstellwerkes und des dort verantwortlichen Fachmannes.

d) Als Verbundquerschnitte verleimte Holzbauteile, wie z. B. Steg- oder Kastenträger, sind auch bei Verwendung von Voll- oder Brettschichtholz der GK II stets mit dem Herstelltag und dem Zeichen des Herstellwerkes zu kennzeichnen.

Ansonsten bleiben von der Kennzeichnungspflicht Vollhölzer der GK II ausgenommen.

5.3 Dimensionen und Konstruktionen

5.3.1 Mindestquerschnitte

Die Querschnitte müssen in der Zeichnung vermaßt sein; aus konstruktiven Gründen sind in der DIN 1052 Mindestquerschnitte festgelegt:

- einteilige Bauteile aus Vollholz: $d \geqq 24$ mm und $A \geqq 14$ cm^2

  Ausnahmen: Lattungen, auch für Fassaden, $A \geqq 11$ cm^2 mit dem kleinsten genormten Querschnitt 24/48 mm

  Bei Sparren, Pfetten, Deckenhölzern, Stützen und Stielen wird Nagelung erst möglich bei $b \geqq 40$ (60) mm. Abstützung von Fachwerkobergurten durch Dachlatten erfordert mindestens 2 Nägel!

- tragende Rundhölzer: Mindestzopfdurchmesser = 70 mm
- Einzelbretter bei Brettschichtholz: $d \geqq 6$ mm und max. $d = 33$ mm; üblich sind 6 mm nur bei kleinem Krümmungsradius, sonst $d/b \geqq 24/60$ mm

- Mindestdicken bei Holztafeln (Tabelle 13 der DIN 1052):

Tabelle 5.2

Baustoff	Mindestdicken für	
	Rippen[1]) in mm	Beplankungen in mm
Bauschnittholz } Brettschichtholz }	24	–
Bau-Furniersperrholz	15	6
Flachpreßplatten	16	8

[1]) Bauschnittholz $A \geqq 14$ cm
Holzwerkstoffe $A \geqq 10$ cm

Hinweis:

Bei Holztafelhäusern sind Baustoffabmessungen und Dicke der Beplankung kleiner.

- Mindestdicken bei tragenden Platten aus Holzwerkstoffen: Laschen, Stege, Knotenplatten, aussteifende Beplankung:
  Flachpreßplatten $d \geqq 8$ mm
  Bau-Furniersperrholz $d \geqq 6$ mm
- Mindestabmessungen nach dem Schwinden:
  Wegen des nicht ausschließbaren Schwindens sind die am Bau gemessenen Querschnittswerte von Holzbalken i. d. R. kleiner als die in der statischen Berechnung ausgewiesenen. Beispiel: Holzbalken aus Nadelholz mit b/d = 100/160 mm trocknet nach dem Einbau von 30% Holzfeuchte auf 12% herunter; der Querschnitt wird sich auf etwa b/d = 96/153 mm einstellen. Das ändert nichts an der Bemessung mit den Nullwerten.

5.3.2 Querschnittsschwächungen

Es kommen sich wiederholende Schwächungen vor, die entweder gar nicht oder bei der Bemessung, beim Sortieren oder bei der Konstruktion zu berücksichtigen sind:

- Baumkanten (Waldkante, Fehlkante) sind unbeachtlich, wenn sie sich im Rahmen der DIN 4074 halten, da die engen Jahresringe und der nicht von der Säge gestörte Faserverlauf den fehlenden Querschnitt aufwiegen. Bei der Schnittklasse B (= fehlkantig) entsprechend der GK II, d. h. also für die Masse der Konstruktionshölzer, darf die größte zulässige Breite der Baumkante schräg gemessen bis zu 1/3 der größten Querschnittsabmessung betragen, wobei jedoch in jedem Querschnitt mindestens 1/3 jeder Querschnittsseite von Baumkante frei sein muß (siehe auch Tabelle 5.9 und 5.10).
- Äste werden durch Einsortieren in die Güteklasse (Sortierklasse) berücksichtigt.
- Bohrlöcher und vorgebohrte Nagellöcher sind bei der Bemessung zu berücksichtigen; Fehlbohrungen müssen also nachträglich „weggerechnet“ werden.
- Einschnitte (= einseitige Querschnittsschwächungen) durch unbeabsichtigtes oder zu tiefes Einsägen/Fräsen müssen rechnerisch verfolgt werden, wenn nicht durch aufgenagelte Laschen der Querschnitt ergänzt wird. Die Spannung im geschwächten Querschnitt erhöht sich nämlich überproportional!

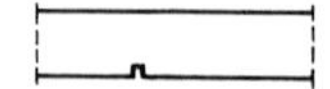

Abb. 5.1

Abb. 5.2

- Ausklinkungen am Auflager erzeugen örtlich hohe Querzugspannungen, die zum Aufreißen führen (Abb. 5.3 a)

  Verstärkungen:

  Abb. 5.3 b: aufgeleimte Laschen aus Bau-Furniersperrholz beidseitig; Leimbefähigungsnachweis erforderlich!

  Abb. 5.3 c: eingeleimte Gewindestäbe; ABZ erforderlich! Oder Zustimmung im Einzelfall.

  Abb. 5.3 d: Nagelbleche oder Nagelplatten; Zustimmung im Einzelfall erforderlich.

  Abb. 5.3 e: flache Abschrägung ist ausreichend; erforderliche Neigung bei

  GK I → 1 : 14
  GK II → 1 : 10

  Abb. 5.3 f: Balkenschuh; beste Lösung, da ohne jede Ausklinkung.

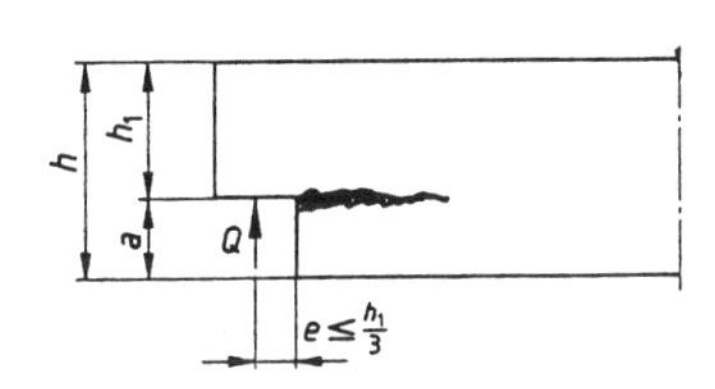

a) Rechtwinklige Ausklinkung ohne Verstärkung

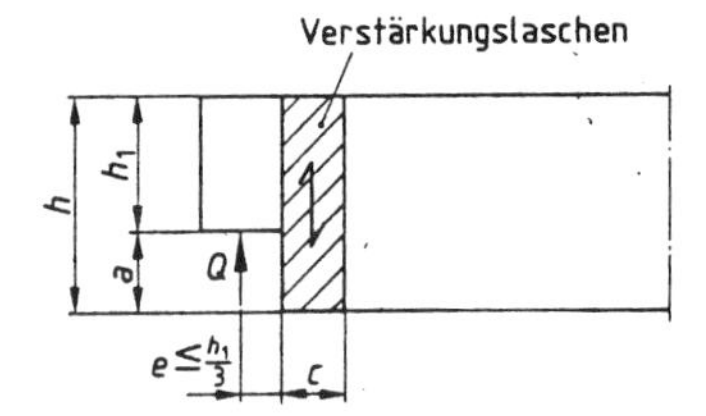

b) Rechtwinklige Ausklinkung mit Verstärkung

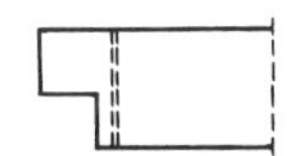

c) Gewindestangen

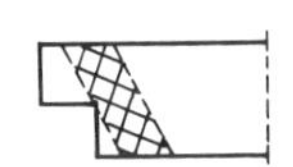

d) Nagelplatten

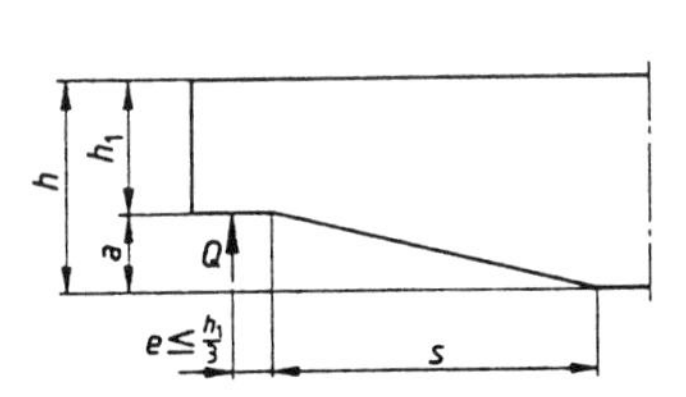

e) Schräge Ausklinkung

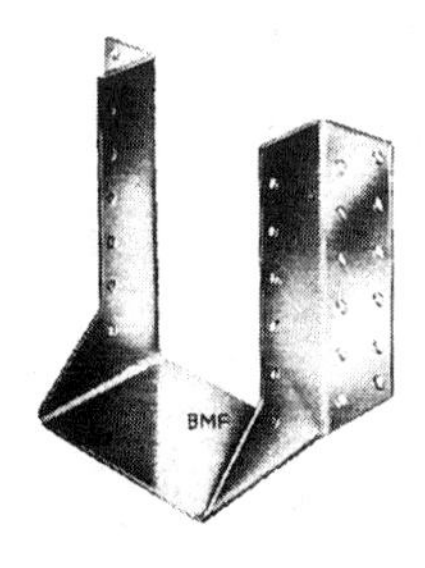

f) Balkenschuh

Abb. 5.3

- Durchbrüche bei Biegeträgern aus Brettschichtholz (BSH) können bei unberücksichtigter örtlich hoher Querzugspannung zu Rissen führen. Nur nach Zeichnung möglich, nicht nachträglich. Ecken ausrunden, Anordnung symmetrisch zur Trägerachse, Abstand vom Trägerende $\geqq h$.

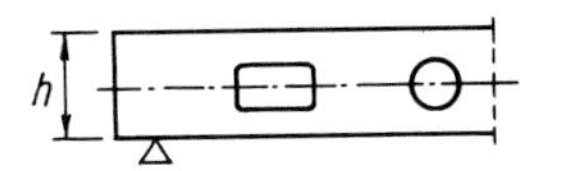

Abb. 5.4

Sie werden i. d. R. mit aufgeleimten Platten aus Bau-Furniersperrholz verstärkt (beidseitig). Der ausführende Betrieb muß die Leimbefähigung haben.

Ausnahmen: Bohrungen und ähnliche Verschwächungen mit einem Durchmesser von 50 mm oder weniger können vernachlässigt werden.

- Risse in Vollholzbauteilen

Bei allen drei Güteklassen nach DIN 4074 sind unzulässig: Blitz- und Frostrisse. Zulässig sind jedoch Schwindrisse, wenn die Standsicherheit dadurch nicht beeinträchtigt wird. Eine solche Gefahr tritt erst bei tiefen Rissen auf. Dies deckt sich auch mit der VOB in Verbindung mit DIN 18 334 – Zimmer- und Holzbauarbeiten.

Kanthölzer und Balken werden oft mit einer Holzfeuchte eingebaut, die über der späteren Gleichgewichtsfeuchte im Gebrauchszustand liegt; dabei bleiben nach dem Einbau Schwindrisse nicht aus. Abhilfe: Wenn möglich, trockenes Holz einbauen.

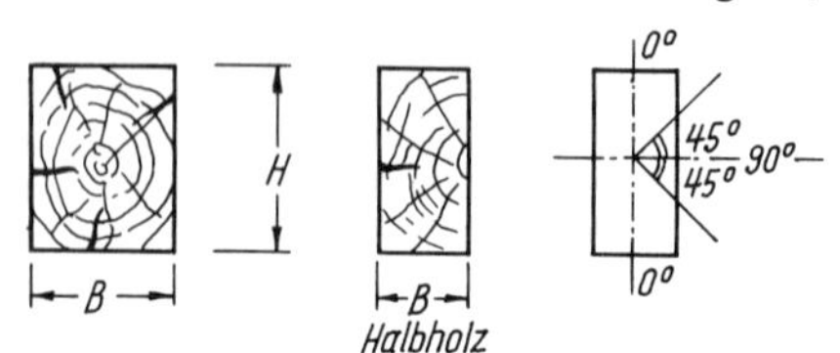

Abb. 5.5

Nach Untersuchungen von Graf, Möhler und Frech*) sind Rißtiefen mit folgenden Maßen in Abhängigkeit vom Neigungswinkel und der Beanspruchungsart (Biegung, Druck, Zug, Schub) für die Standsicherheit unbedenklich. Die Rißtiefen können auf der Baustelle mit einem dünnen Sondierblechstreifen gemessen werden.

Tabelle 5.3

Beanspruchungsart	Rißtiefe bei Einzelrissen oder für die Summe gleichgerichteter Risse bei Neigung des Risses von		
	0°	45°	90°
Biegung (auch Zug und Druck)	0,60 · *B*	0,80 · *B*	0,80 · *H*
Schub	0,45 · *B*	0,65 · *B*	0,65 · *H*

Halbhölzer reißen weniger als einstielige Hölzer, sind aber ab etwa 18/26 cm nicht mehr lieferbar.

- Einschnitte und Auflagerungseinkerbungen
  - unbeabsichtigt (a)
    Sanierung mit Laschenverstärkung.
  - bei Sparrenauflager auf der Pfette (b)
    Der durchlaufende Sparren hat das größte Moment gerade an der Ausklinkung. Wenn nicht vollständig bei der Bemessung berücksichtigt, muß das Auflager geändert werden, z. B. mit Knaggen (c).

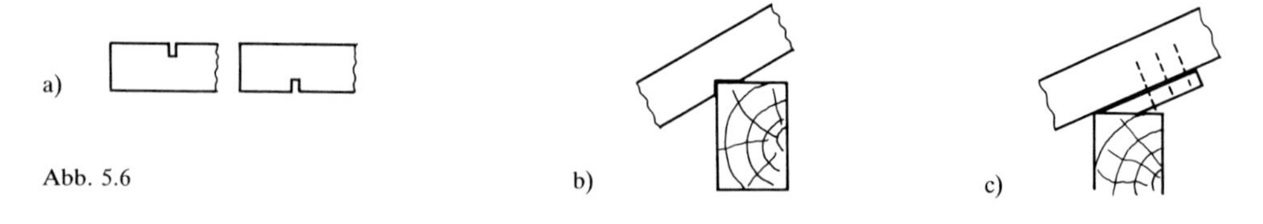

Abb. 5.6

*) P. Frech, Beurteilungskriterien für Rißbildungen bei Bauholz im konstruktiven Holzbau. bauen mit holz, Heft 9/1987.

5.3.3 Verbände und Abstützungen

Man muß unterscheiden zwischen

- der Aussteifung eines Tragwerkgliedes gegen seitliches Ausweichen, z. B. Obergurt eines Fachwerkträgers, Druckzone eines Vollwand-Biegeträgers, sowie gegen Knicken beim Druckstab oder einer Stütze und
- der Aussteifung des gesamten Tragsystems, z. B. bei der Hallenaussteifung gegen Windkräfte.

Im ersten Fall werden Verbände, Scheiben und evtl. Abstützungen eingebaut; bei der Aussteifung des Gesamtsystems benutzt man Konstruktionen wie eingespannte Stützen, Rahmenkonstruktionen (evtl. lediglich versteifte Ecken), Scheiben, Verbände (Auskreuzungen) oder monolithische Kerne wie Treppenhäuser mit einem zug- und druckfesten Systemanschluß.

Sie müssen sämtlich und vollständig in den Ausführungszeichnungen dargestellt sein; darüber kann man am Ort nicht diskutieren, evtl. ist die Kontrolle abzubrechen. Mitunter müssen auch Bauzustände zusätzlich durch besondere Montageverbände gesichert werden (s. auch Abschn. II 5.5).

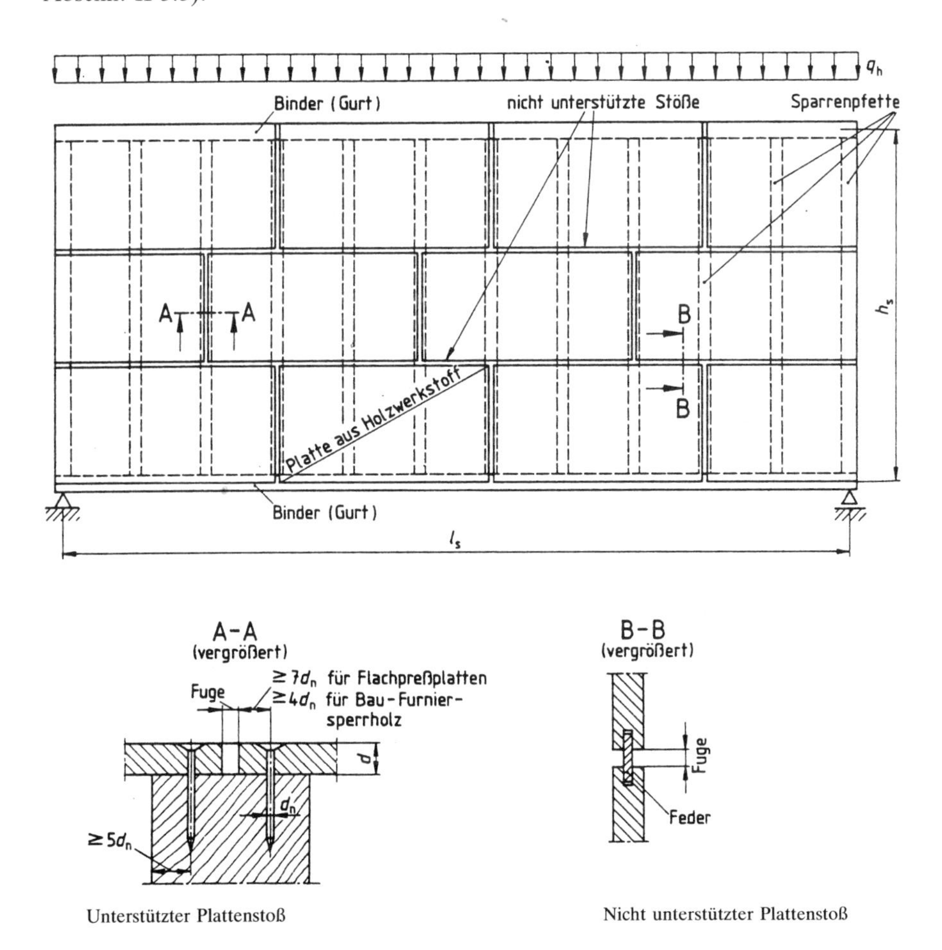

Abb. 5.7 Aussteifende Scheibe mit unterstützten Plattenstößen in Lastrichtung und nicht unterstützten Plattenstößen parallel zur Spannrichtung.

- Bei den (Dach-)Scheiben erlaubt DIN 1052 auch solche ohne rechnerischen Nachweis. Dafür gelten dann folgende Konstruktionsregeln:
  - Kleinste Seitenlänge einer einzelnen Platte l ≧ 1,00 m.
  - Stöße der Platten müssen auf den Sparrenpfetten liegen und mit 2 Nägeln befestigt werden; Stöße sind zu versetzen.
  - Die Platten, die zwischen den Bindern gestoßen werden, müssen durch Nuten und Federn verbunden werden.
  - Sparrenpfetten am Scheibenrand müssen ≧ 1,5fach so breit wie die inneren Sparren ausgeführt werden.
  - Mindestdicke der Platten und Nagelabstand richten sich nach Tabelle 12 der DIN 1052.

Tabelle 5.4 Ausführungsbedingungen für Scheiben ohne Nachweis

Gleichmäßig verteilte Horizontallast q_h kN/m	Scheibenstützweite l_s m	Mindestdicken der Platten		Erforderlicher Nagelabstand e für Nageldurchmesser 3,4 mm[1]) bei einer Scheibenhöhe h_s			
		Flachpreßplatten mm	Bau-Furniersperrholz mm	≧ 0,25 l_s mm	≧ 0,50 l_s mm	≧ 0,75 l_s mm	1,0 l_s mm
≦ 2,5	≦ 25	19	12	60	120	180	200
≦ 3,5	≦ 30	22	12	40	90	130	180

[1]) Bei Verwendung anderer Nageldurchmesser bis 4,2 mm ist der erforderliche Nagelabstand e im Verhältnis der zulässigen Nagelbelastungen umzurechnen; der Nagelabstand darf 200 mm nicht überschreiten.

Sonderfall: Seitliche Abstützung gedrückter Gurte durch Dachlatten und Dachschalung (Bretter):

- Dachlatten mit Querschnitt d/b = 30/50 mm sind i. d. R. hierfür nicht ausreichend, d. h., es ist ein zusätzlicher Aussteifungsverband erforderlich. Lediglich für die seitliche Abstützung von knickgefährdeten Sparren und von folgenden Fachwerkobergurten ist dies zulässig:
  - Dächer bis zu 15 m Spannweite.
  - Maximaler Abstand der Sparren oder Binder von 1,25 m.
  - Höhe des Sparrenquerschnitts ≦ 4 × Querschnittsbreite bzw. Breite des Fachwerkobergurtes ≧ 40 mm.
  - Beim Stoß auf den Fachwerkobergurten sind die Latten i. allg. mit jeweils 2 Nägeln anzuschließen.
  - Windrispen für die Dachaussteifung sind zusätzlich erforderlich.
- Dachschalung aus Einzelbrettern sind als Aussteifung der Gurte von Bindern bei folgenden Bedingungen zulässig:
  - Binderspannweite ≦ 12,50 m.
  - Länge der Dachfläche ≧ 0,80 × Spannweite, jedoch ≦ 2,5 m.
  - Binderabstand ≦ 1,25 m.
  - Obergurtbreite ≧ 40 mm.
  - Brettbreite ≧ 120 mm.
  - Nagelung mit mindestens 2 Nägeln auf jedem Gurt, auch bei Brettstoß, d. h., dieser Gurt muß wegen der erforderlichen Nagelabstände ≧ 40 × d_n breit sein.

Die Gefahr, daß Dachlattung und Dachschalung als Aussteifung des Obergurtes nicht fachgerecht eingebaut werden, ist bei den „Nagelbrettbindern"*) besonders groß. Dabei bestehen Gurte und Füllstäbe aus einfachen Brettern mit einer Dicke von 2,4 cm. Die

*) Nicht zu verwechseln mit Nagelplatten-Dachbindern aus mit „Knotenblechen" verbundenen Kanthölzern!

Ausführung mit allen genagelten Knoten ist einfach, doch haben sie wegen gestiegener Löhne an Bedeutung verloren. Hier gab es wegen der dünnen Obergurte Fehler und auch Schäden und Einstürze.

Hinweis:

Kräfte aus Verbänden in der Dachebene für die Systemaussteifung müssen natürlich über die Verbände bzw. Scheiben in den Außenwänden einer Halle bis in die Fundamente geführt oder an die Stützenköpfe von eingespannten Stützen angeschlossen werden.

- Auskreuzungen aus Rundstahl, die nur jeweils Zugkräfte übertragen, sind mit Spannvorrichtungen auszuführen:
  - wenn zu lose: Wirkung tritt erst nach (zu) großer Verformung ein.
  - wenn zu fest angezogen: Orthogonalität des Systems kann verzogen werden; es können auch undurchsichtige Kräfteumlagerungen eintreten.
- Anordnung der Verbände, insbesondere bei Hallentragwerken:
  - Gebäudelänge bis etwa 25 m erfordert mindestens 1 Verband.
  - Gebäudelänge > 25 m erfordert mindestens 2 Verbände, und zwar an den Gebäudeenden bzw. im ersten Innenfeld.
  - Abstand der Verbände i. d. R. ≦ 25 m.

Bei Hausdächern im Geschoßbau wird mitunter die Aussteifung nicht besonders dargestellt, muß natürlich trotzdem fachgerecht eingebaut werden:

- Es kommt häufig zur falschen Lage der Windrispen beim Sparrendach; richtige Lage s. Abb. unten; Latten b/d = 4/6 cm bis 4/10 cm oder Rispenbandstahl t/b = 2/5 mm (wird in Ringen geliefert).
- Aussteifung beim Kehlbalkendach wird häufig durch die Scheibe aus Bretterschalung (oder Furnierplatten) erzeugt. Stöße versetzen, mit Querwänden und Giebelwänden verankern! Ohne Nachweis bis etwa $L/B = 4 : 1$.

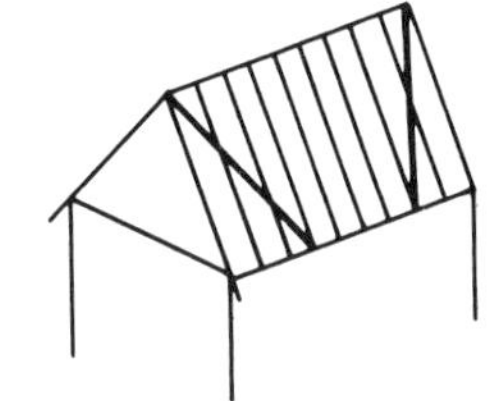

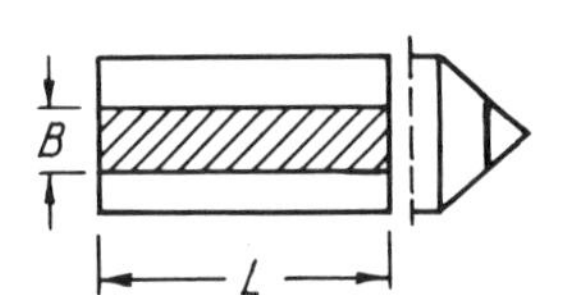

Abb. 5.8

Aussteifung durch Kopfbänder an den Pfettenstielen im nicht ausgebauten Dach oder bei Deckenbalkenanschlüssen in Lagerräumen:

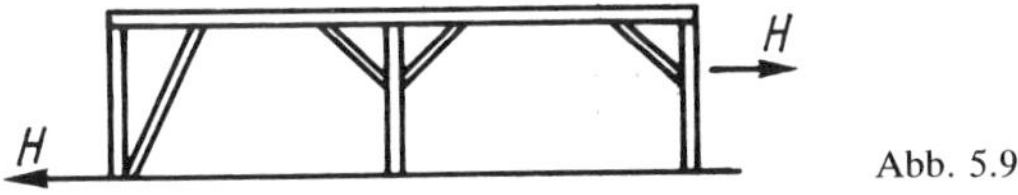

Abb. 5.9

Richtig: Am Endstiel wird das Kopfband als Strebe heruntergeführt und am Fuß gegen die H-Kraft verankert. Einseitiges Kopfband würde Biegemomente im Stiel erzeugen. Das wäre allenfalls mit einem Nachweis der Stütze gegen Biegung möglich. In der Statik nachsehen!

Abb. 5.10

Abb. 5.11 Besonders gut ausgesteifter Dachstuhl, der – fertig am Boden montiert – auf das vorherige Gebäude aufgesetzt wurde

5.4 Verbindungen

5.4.1 Leimverbindungen

Verleimte tragende Holzbauteile dürfen nur von Betrieben mit entsprechendem Befähigungsnachweis hergestellt werden (s. II 5.1.3). Die Überwachung der Herstellung im Werk ist somit sichergestellt; es genügt i. allg. Inaugenscheinnahme auf Transportschäden bei der Anlieferung oder Montage. Für die Leime und Verleimungen gibt es eigene Prüfnormen.

Verleimungsfehler sind nachträglich nur sehr schwer zu erkennen, kommen jedoch auch heute vor. Die hauptsächlichen Ursachen sind:

- Unverleimte Stellen. Solche Fehlleimungen sind also sofort nach dem Leimvorgang bereits vorhanden und bei Beanspruchung evtl. auch erkennbar. Sie entstehen in zu dünner Leimschicht (sog. „verhungerte" Fuge), zu trockener Leimschicht (Überziehen der Zeit), rauhe, feuchte oder verschmutzte Holzoberfläche, unsachgemäßem Pressen (zu geringer oder ungleichmäßiger Preßdruck, zu kurze Preßdauer, Verschieben des Holzes während des Pressens). – Bei einem nach dem Einbau aufgetretenen Mangel – Aufreißen der Leimfuge im BSH-Binder – wurde die Ursache darin gefunden, daß beim Brettpaket nicht – wie vorgeschrieben – von der Mitte aus mit dem Anziehen der Preßspindel begonnen wurde; also ein primitiver handwerklicher Fehler!
- Geringe Festigkeit der Leimverbindung. Dieser Fehler ist meist erst nach dem Einbau und bei Beanspruchung erkennbar: überalterte Leime, ungenügendes Rühren von Leim und Härter, ungenügend ausgehärteter Leim, fehlerhaftes Holz, Eigenspannungsrisse in der Verbindung, insbesondere aus ungleichmäßiger Trocknung.
- Dicke Leimfuge. Dieser Fehler wird ebenfalls erst längere Zeit nach dem Einbau erkennbar, wenn Leime ohne fugenfüllende Eigenschaften anfangen zu zerbröckeln. Ursache ist die schlechte Pressung der Leimflächen: Sie müssen durch Fräsen oder maschinelles Hobeln ganz eben bearbeitet werden. Hölzer, die bereits längere Zeit vor der Verleimung bearbeitet wurden, müssen nachbearbeitet werden, wenn die Flächen nicht mehr parallel und eben sind.

5.4.2 Nagelverbindungen

Wegen des Korrosionsschutzes bei allen Verbindungsmitteln aus Stahl wird auf II 5.4.8 verwiesen.

Für die Stöße und Knoten sind i. d. R. Nagelbilder angegeben, mitunter jedoch lediglich der Nageltyp und die Anzahl, z. B. 20 Nägel 42 × 110. Dann sollten die *Nagelabstände* in Stichproben kontrolliert werden; s. hierzu die Tabelle 5.5 = 11 der DIN 1052 Teil 2.

Mindestholzdicke wegen der Spaltgefahr ohne Vorbohren: min $a = d_n \cdot (3 + 0{,}8 \cdot d_n)$ in mm, jedoch mindestens 24 mm. Zum Beispiel min $a = 4{,}6 \cdot (3 + 3{,}0) = 27{,}6$ mm Brettdicke.

Bei vorgebohrten Nagellöchern ab $d_n \geqq 4{,}2$ mm wird min $a = 6 \cdot d_n$.

Einschlagen der Nägel, soweit das überhaupt auf der Baustelle geschieht:

- Alle Nägel jeweils senkrecht zum Holz (das abwechselnde Schrägeinschlagen bringt keinerlei Vorteile).
- Nägel nur bis zum Kopf einschlagen, also nicht versenken; Kopf soll gerade noch als Erhöhung fühlbar sein.
- Beim Vernageln mehrerer Hölzer von beiden Seiten nageln, sonst besteht Gefahr, daß das untere Brett abgedrückt wird (Abb. 5.12 a).

- Dünneres Holz an das dickere anschließen.
- Erst die Randnägel, dann die inneren Nägel einschlagen.
- Bei Laubhölzern vorbohren mit einem Bohrlochdurchmesser von 80 bis 90% des Nageldurchmessers.

Tabelle 5.5 Nagelabstände

		Nagelabstände parallel der Kraftrichtung mindestens	
		nicht[1]) vorgebohrt	vorgebohrt
untereinander	∥ der Faserrichtung	$10\,d_n$ $12\,d_n$[2])	$5\,d_n$
	⊥ zur Faserrichtung	$5\,d_n$	$5\,d_n$
vom beanspruchten Rand	∥ der Faserrichtung	$15\,d_n$	$10\,d_n$
	⊥ zur Faserrichtung	$7\,d_n$ $10\,d_n$[2])	$5\,d_n$
vom unbeanspruchten Rand	∥ der Faserrichtung	$7\,d_n$ $10\,d_n$[2])	$5\,d_n$
	⊥ zur Faserrichtung	$5\,d_n$	$3\,d_n$

[1]) Bei Douglasie ist bei $d_n \geqq 3{,}1$ mm stets Vorbohrung erforderlich.

[2]) Bei $d_n > 4{,}2$ mm.

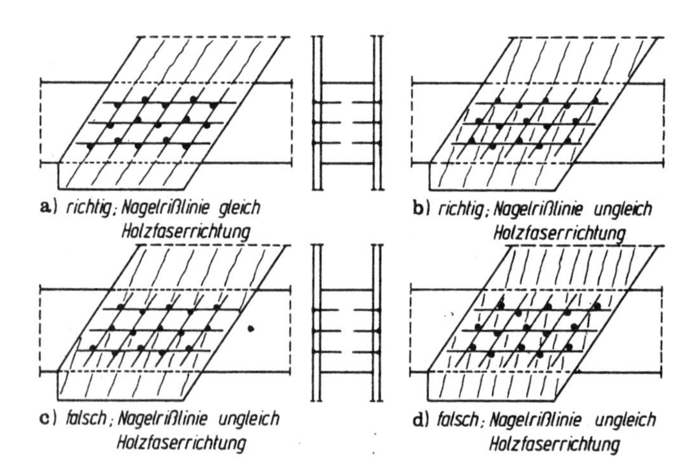

Abb. 5.12 Verlauf der Nagelrißlinien und der Holzfasern bei gegenüber der Nagelrißlinie versetzten Nägeln.

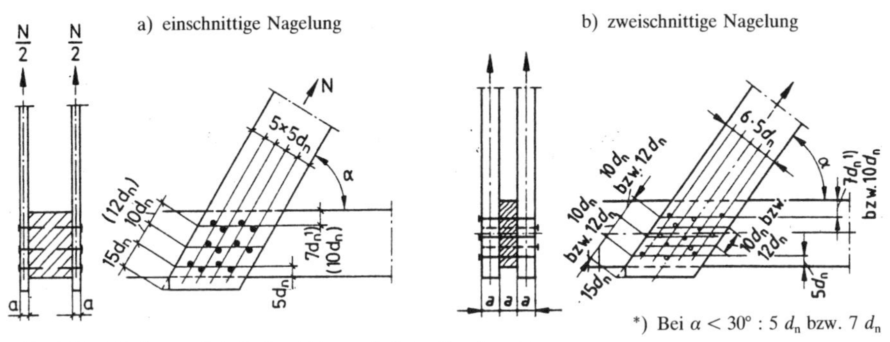

Abb. 5.13 Mindestnagelabstände nicht vorgebohrter Nagelungen

Folgende Fehlermöglichkeiten sind bei Nagelverbindungen gegeben:

● Nagellänge ist zu kurz	Gefahr des Herausziehens (Abb. 5.14 a)
● Nageldicke ist zu groß	Gefahr, daß Holz spaltet
● Nagelabstand in Faserrichtung ist zu klein, oder Nägel sind nicht versetzt oder sind zu nahe am Rand	Gefahr, daß Holz spaltet
● Nagelbild ist exzentrisch zum Anschlußpunkt	Zusatzmomente in den Anschlußstäben führen zur Überlastung (Abb. 5.14 b)

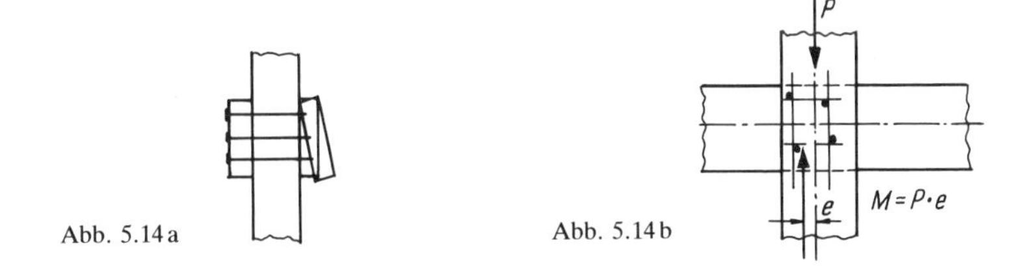

Abb. 5.14 a

Abb. 5.14 b

Nagelverbindungen mit Stahlblechformteilen

Meistverwendete Holzverbinder aus Stahl sind Balkenschuhe, Universalverbinder und Sparrenpfettenanker. Sie müssen statisch nachgewiesen werden; sie sind also auch in der Ausführungszeichnung darzustellen, einschließlich der Anzahl, Durchmesser und Länge der Nägel.

Die Holzverbinder sind durchweg mit vielen Nagellöchern versehen, damit möglichst viele Anwendungsmöglichkeiten erreicht werden können. Es ist daher in vielen Fällen falsch und für das Holz sogar schadhaft, wenn alle vorhandenen Nagellöcher ausgenagelt werden. Welche Nagellöcher ausgenagelt werden dürfen/sollen, hängt von dem Holzquerschnitt, der Kraftrichtung und der Faserrichtung des Holzes ab. Das muß die Statik ausweisen.

Eine Ausnahme bilden die Balkenschuhe, die eine Zulassung benötigen und bei denen stets alle Nagellöcher ausgenagelt werden müssen.

Grundsätzlich ist auch Vorbohren erforderlich; Bohrlochdurchmesser = 0,80 bis 0,85 · d_n. Ausnahme: Bei Beanspruchung der Nägel in Schaftrichtung dürfen die Nagellöcher nicht vorgebohrt werden.

Die ABZ (z. B. beim BMF-Balkenschuh) schreibt verzinktes Stahlblech oder Blech aus nichtrostendem Stahl vor, Blechdicke mindestens 2,0 mm; als Nägel sind ebenfalls nur bauaufsichtlich zugelassene Ankernägel – hier: BMF-Kammnägel mit den widerhakenförmigen Querrillen – zu verwenden. Die Balkenschuhe sind wie alle anderen Bauteile mit ABZ zu kennzeichnen:

- auf Lieferschein und Verpackung mit Bezeichnung, Zulassungsnummer, Herstellwerk und Fremdüberwacher.
- auf dem Balkenschuh selbst mit dem Herstellerkennzeichen und der Zulassungsnummer, z. B. BMF Z 9.1–24.

5.4.3 Klammerverbindungen

Als Klammern sind solche aus verzinktem Draht mit Durchmesser von 1,5 bis 2,0 mm gemeint; bei langfristiger Beanspruchung ist ABZ erforderlich. Das Hauptanwendungsgebiet ist die Tafelbauweise. Klammern können gemäß nachfolgender Abbildung eingeschlagen werden:

unzulässig	zulässig	zulässig	unzulässig
	bündig	≤2mm versenkt	>2mm versenkt

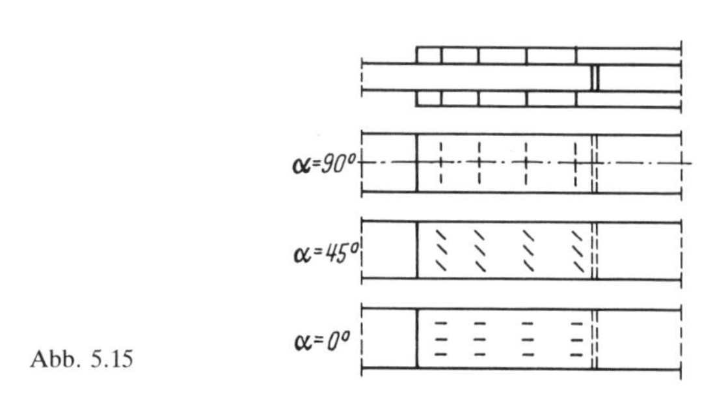

Abb. 5.15

Die Mindestabstände der Klammern sind abhängig vom Winkel α nach Zeichnung, Statik oder dem Bild 8/1 der DIN 1052 Teil 2 (Erläuterung).

5.4.4 Dübelverbindungen

Sie sind nur möglich bei Holz der Güteklasse (Sortierklasse) I oder II. Bei den Einlaßdübeln, bei denen die Vertiefungen passend in das Holz eingefräst werden, darf das Lochspiel nicht größer als 1 mm sein; hier dürfen alle Holzarten verwendet werden. Im Gegensatz dazu darf bei Einpreßdübeln, bei denen die abstehenden Zähne in das Holz eingepreßt werden, nur Nadelholz verwendet werden. Einlaßeinpreßdübel (teilweise eingelassen, teilweise eingepreßt) sind ebenfalls nur für Nadelholzverbindungen zulässig.

Jeder Dübel muß mit einem Bolzen gesichert werden; Bolzendurchmesser nach statischer Berechnung. Abstände der Dübel, Bolzendurchmesser und die Scheibengröße müssen in der Ausführungszeichnung stehen. Bei Dübeldurchmesser ≧ 130 mm oder bei 2 und mehr Dübeln in Kraftrichtung hintereinander sind am Ende der Außenhölzer zusätzliche Schraubenbolzen als Klemmbolzen anzuorden (in der Regel M 12).

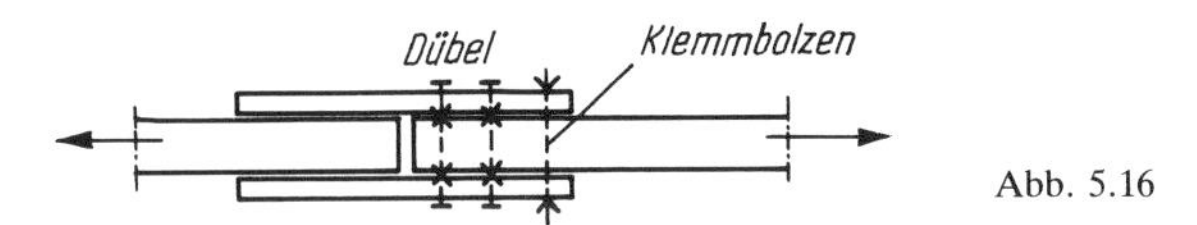

Abb. 5.16

Bolzen sind so anzuziehen, daß die Scheiben etwa 1 mm in das Holz eingedrückt werden. Bei Holz mit einer Einbaufeuchte größer als die spätere Gleichgewichtsfeuchte müssen die Bolzen wegen des Schwindens nachgespannt werden.

5.4.5 Bolzenverbindungen

Als Dauerverbindung wegen des Schlupfes nicht geeignet; evtl. muß mehrfach nachgespannt werden, daher muß Zugänglichkeit gewährleistet sein. Bei Bauteilen aus BSH (stets trocken) allerdings ohne Einschränkung anwendbar. Bolzenlöcher dürfen nicht mehr Spiel als 1 mm haben; die Scheiben sind nach der statischen Berechnung zu wählen, sie müssen größer sein als bei Maschinenschrauben.

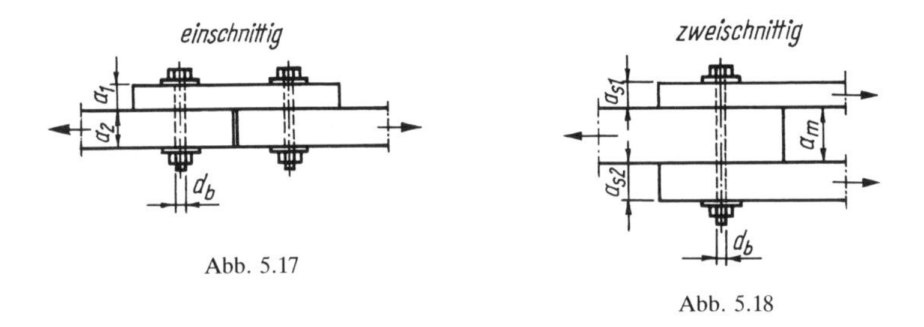

Abb. 5.17

Abb. 5.18

Ausführungsfehler bei Bolzenverbindungen:

- Abstände der Bolzen untereinander oder vom beanspruchten Rand sind zu klein.
- Unterlegscheiben sind zu klein oder zu dünn.
- Die Bolzen sind zu lang, so daß beim Nachspannen keine Gewindelänge mehr zur Verfügung steht; erforderlichenfalls also weitere Unterlegscheiben einfügen.
- Bolzenschaft ist zu kurz, so daß Lochleibungskräfte (insbesondere bei außenliegenden Blechen) im Gewindebereich der Bolzen aufgenommen werden müssen (i. d. R. nicht zulässig!).
- Zugänglichkeit zum Nachspannen (bis Holzfeuchte unter 15% erreicht ist) ist nicht gegeben.

5.4.6 Kontaktstöße

Bei Biegeträgern und Druckstützen. Kontaktstöße erfordern vollflächige exakte Paßstoßbearbeitung oder Verguß der Lücken mit Kunstharzmörtel, evtl. Einlagen aus Bleiblech. Sie sind i. d. R. sehr schwierig und werden kaum ausgeführt. Der einfache Kontakt der Hölzer ergibt noch keinen Kontaktstoß im Sinne der DIN 1052 Abschn. 9.5.

Gewarnt werden muß vor diesen mitunter in der statischen Berechnung oder Zeichnung ausgewiesenen Kontaktstößen der Obergurte: Bei der Bemessung der Verbindungsmittel wird nur die halbe Druckkraft angesetzt; Reserve ist also nicht vorhanden.

5.4.7 Versätze

Neben dem Zapfen nach DIN 1052 Teil 1, Abschn. 8.2.2.1 ist der Versatz nach DIN 1052 Teil 2, Abschn. 12 die einzige Zimmermannsverbindung, die planmäßig Kräfte übertragen darf. Bestimmte Regeln sind zu beachten:

Einschnittiefe $t_v \leqq 1/4\, h$ (bei $\alpha \leqq 50°$)
$t_v \leqq 1/6\, h$ (bei $\alpha \leqq 60°$)
$t_v \leqq 1/6\, h$ (stets bei zweiseitigem Versatz)

Bei den doppelten Versätzen darf der Einschnitt des vorderen Versatzes höchstens gleich der 0,8fachen Tiefe des rückwärtigen Versatzes sein.

Die erforderliche Lagesicherung der Versätze wird erreicht mit Bolzen, beidseitig aufgenagelten Laschen o. ä. Die Vorholzlänge sollte konstruktiv mindestens 20 cm (besser 25 cm) betragen. Mögliche Fehler: Die Stirnflächen haben „Luft“, tragen also nicht. Dies ist häufig der Fall beim doppelten Versatz, da hier beide Versatzflächen exakt gearbeitet sein müssen.

Typische Schadensbilder, die aufgrund nicht erkannter und nicht vermiedener Fehler entstehen können, hat Mönck*) dargestellt; siehe nachfolgende Abbildung 5.20.

*) W. Mönck, Schäden an Holzkonstruktionen, VEB-Verlag für Bauwesen, Berlin 1987.

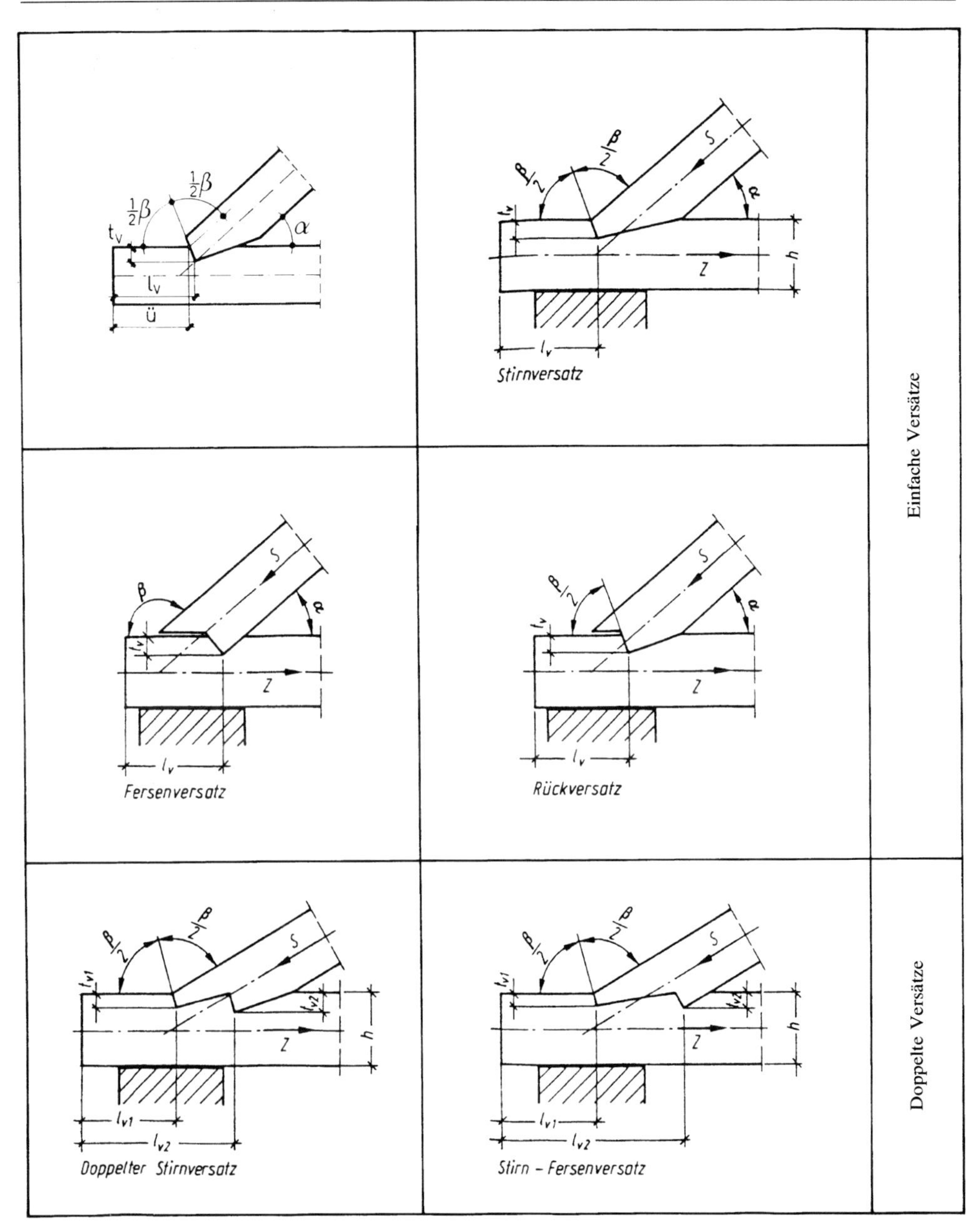

Abb. 5.19 Gebräuchliche Versätze (nach DIN 1052: Erläuterungen im Holzbau-Taschenbuch, Bd. 2, 1989).

Bei den doppelten Versätzen darf der Einschnitt des vorderen Versatzes höchstens gleich der 0,8fachen Tiefe des rückwärtigen Versatzes sein.

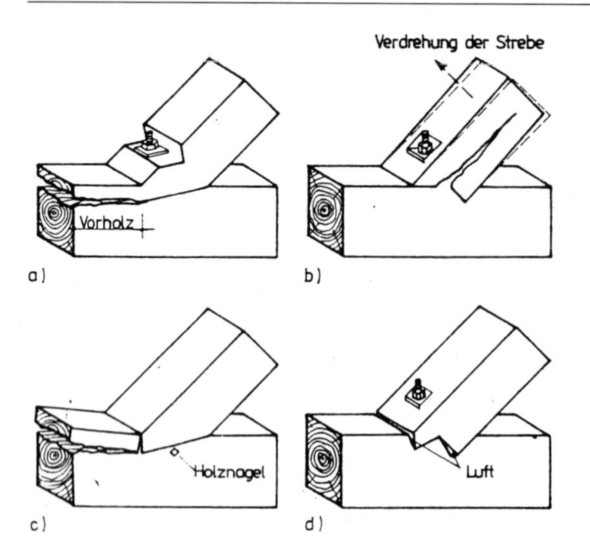

Abb. 5.20 Typische Schäden am Versatz
a) Riß im Vorholz (einfacher Stirnversatz); b) Riß in der Strebe (Rückversatz); c) Riß im Vorholz (Stirnversatz mit Zapfen); d) Stirnflächen des doppelten Versatzes, nicht gleichmäßig ansitzend

Die nachträgliche Instandsetzung solcher Versatzschäden wird von Mönck*) wie folgt vorgeschlagen:

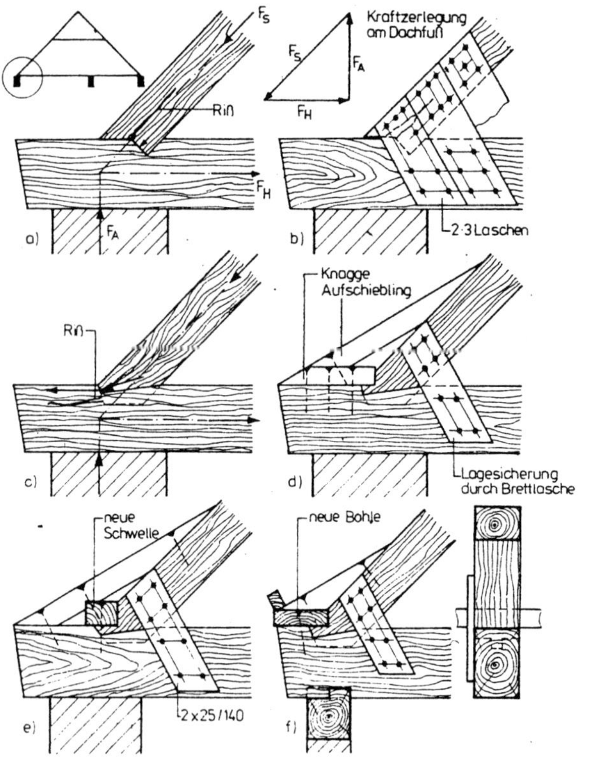

Abb. 5.21 Instandsetzung eines Dachfußes bei einem Sparren- bzw. Kehlbalkendach
a) Risse im Sparrenfuß; b) Verstärkung durch genagelte Brettlaschen; c) Risse im Vorholz (Balken); d), e), f) Lösung zu c, Sparrenfuß etwas zurückgeschnitten, Lagesicherung durch Brettlaschen (dto. f), mit neuer, durchgehender, aufgenagelter Bohle

*) W. Mönck, Schäden an Holzkonstruktionen, VEB-Verlag für Bauwesen, Berlin 1987.

5.4.8 Korrosionsschutz der Verbindungsmittel

nach DIN 1052 Teil 2, Tabelle 1

Tabelle 5.6 Mindestanforderungen an den Korrosionsschutz für tragende Verbindungsmittel aus Stahl

Art des Verbindungsmittels	Anwendungsbereiche		
	In Räumen mit einer mittleren relativen Luftfeuchte ≦ 70 %, ferner bei überdachten Bauteilen, zu denen die Außenluft ständig Zugang hat, bei vergleichsweise geringer korrosiver Beanspruchung[1])	Bei überdachten Bauteilen, zu denen die Außenluft ständig Zugang hat, bei mittlerer korrosiver Beanspruchung[2])	Im Freien sowie in Räumen mit einer mittleren relativen Luftfeuchte > 70 %, ferner bei überdachten Bauteilen, zu denen die Außenluft ständig Zugang hat, bei besonders starker korrosiver Beanspruchung[3])
	mittlere Mindestzinkauflage g/m^2		
Dübel Bolzen Stabdübel Nägel Holzschrauben	Korrosionsschutz nicht erforderlich[4])[5])		400[6])
Klammern	50	nichtrostende Stähle nach DIN 17 440	
Stahlbleche ≦ 3 mm[7])	275[8])	275[8]) und Beschichtung nach DIN 55 928 Teil 5 und Teil 8 oder 350[8]) und geeignete Chromatierung[9])	nichtrostende Stähle nach DIN 17 440 oder Korrosionsschutz nach DIN 55 928 Teil 8
Stahlbleche > 3 mm bis 5 mm	100	400	nichtrostende Stähle nach DIN 17 440 oder Korrosionsschutz nach DIN 55 928 Teil 5
Nagelplatten	275[8])	350[8]) und geeignete Chromatierung[9])	nichtrostende Stähle nach DIN 17 440

1) Siehe DIN 55 928 Teil 8: entsprechend der Landatmosphäre nach DIN 55 928 Teil 1.

2) Siehe DIN 55 928 Teil 8: entsprechend der Stadtatmosphäre nach DIN 55 928 Teil 1.

3) Siehe DIN 55 928 Teil 8: entsprechend der Industrieatmosphäre nach DIN 55 928 Teil 1.

4) Bei einseitigen Dübeln Dübeltyp C (siehe Abschnitt 4.3.3) muß eine mittlere Mindestzinkauflage von 400 g/m^2 aufgebracht werden.

5) Bei Stahlblech-Holzverbindungen mit außenliegenden Blechen müssen die Nägel bzw. Schrauben eine mittlere Mindestzinkauflage von 50 g/m^2 aufweisen.

6) Bei außergewöhnlicher klimatischer Beanspruchung sind zusätzliche, auf die Beanspruchung abgestimmte Maßnahmen erforderlich.

7) Stahlbleche ≦ 3 mm dürfen auch mit geschnittenen unverzinkten Kanten eingesetzt werden.

8) Mittlere Zinkauflage beidseitig: Wert entspricht der Zinkauflagegruppe nach DIN 17 162 Teil 1.

9) Mit der gewählten Chromatierung muß eine wesentliche Verbesserung des Korrosionsschutzes erreicht werden (z. B. Farbchromatierung).

Die Zahlen der Tabelle bedeuten die Zinkauflage in g/m^2. 400 g/m^2 bedeuten eine Schichtdicke von 55 μm (= 0,055 mm).

Hinweis:

In Stadt- und Landatmosphäre – ausgenommen also Industrieluft und im Freien (bzw. dem Freien gleichwertig) – benötigen die gängigen Verbindungsmittel keinen Korrosionsschutz.

Stahlblechformteile sind entsprechend ABZ gegen Korrosion zu schützen; i. allg. wird verlangt, daß Balkenschuhe feuerverzinkt sein müssen. Balkenschuhe aus nichtrostendem Stahl dürfen in chlorhaltiger Atmosphäre, wie z. B. über gechlortem Wasser in Schwimmhallen, nicht verwendet werden.

Die Dicke von Zinküberzügen wird im Stahlbau in μm (1 μm = 0,001 mm) gemessen oder als flächenbezogene Masse = Zinkauflage in g/m² Oberfläche angegeben; die Schutzdauer des Überzuges ist seiner flächenbezogenen Masse bzw. seiner Dicke direkt proportional. Verfahrensbedingt (Stückverzinkung, Bandverzinkung, galvanische Verzinkung) variiert die Dicke des Zinküberzuges; sie beträgt größenordnungsgemäß beim Stückverzinken 50 μm bis 150 μm. Eine Überzugsdicke von 100 μm (= 0,1 mm) entspricht einer Zinkauflage von rund 720 g/m². Stahlbleche mit einer Dicke ab 3 mm und in frei überdachten Räumen mit einer vorgeschriebenen Zinkauflage von 400 g/m² entsprechend Tabelle 1 der DIN 1052 Teil 2 müssen also einen 55 μm (= 0,055 mm) dicken Zinküberzug haben. Man kann die Lebensdauer von Zinküberzügen anhand von empirischen Korrosionsgeschwindigkeiten abschätzen.

Nägel im sichtbaren Außenbereich, z. B. bei Holzverschalungen der Dachüberstände, sollten abweichend von der vorgenannten Tabelle rostfrei sein (nicht nur verzinkt). Die bloße Verzinkung der Nägel reicht nicht aus, weil durch den Hammerschlag die Verzinkung beschädigt wird.

5.5 Montage von Holzkonstruktionen

5.5.1 Transporte

Vorfertigung und Vormontage als wirtschaftliche Lösung und zur Verkürzung der Montage auf der Baustelle stellen besondere Anforderungen und Bedingungen an den Transport wegen Überlängen und Schwerlast. Grenzwerte nach folgender Tabelle:

Tabelle 5.7

Höchstmaße für Transporte	Genehmigungs-freie Transporte	Genehmigungspflichtige Transporte mit Streckenfestlegung	Genehmigungspflichtige Transporte ohne Streckenfestlegung
Zul. Gesamtgewicht	40 t	40 t	< 48 t Dauer-erlaubnis > 48 t nur Einzelerlaubnis
zul. Gesamtlänge (Lkw + Anhänger)	18 m	22 m	> 24 m stets mit Nachläufer
zul. Gesamtbreite	2,50 m	3 m	> 3 m besondere Kennzeichen (Blinklicht)
zul. Gesamthöhe	4 m	4 m	

Die Kennzeichnung überstehender Ladung ist mit besonderen Kennzeichen erforderlich in folgenden Fällen:

- Ende der Ladung ragt mehr als 1 m über Rückstrahler nach hinten hinaus.
- Ladung ragt mehr als 40 cm seitlich über den äußeren Rand der Lichtaustrittsflächen.

Der Langmaterialtransport vom Zimmereibetrieb zur Baustelle wird vorgenommen durch
- Nachläufer mit ausziehbarem Zugrohr (bis ca. 7 m) oder feststehender Deichsel (bis ca. 4 m)
- Anhänger, ein- oder zweiachsig, mit Drehschemel; Ladelänge bis ca. 15 m.

Ausnahmegenehmigungen für Überlängen- oder Schwertransporte erteilt auf Antrag das Ordnungsamt der Gemeinde (Transportbeginn oder Firmensitz) entweder mit Festlegung der Fahrstrecke oder ohne diese. Sie entscheidet auch über die evtl. Notwendigkeit eines Begleitfahrzeuges; das kann ein Polizeifahrzeug sein oder ein BSK-Fahrzeug (Brückenfachgruppe Schwertransporte Kranarbeiten).

Die BauBG hat in ihrem Merkheft „Zimmerer- und Holzbauarbeiten" (Ausgabe 1993) spezielle Ausführungen für die Montage von Holzbauteilen gemacht, die nachfolgend auszugsweise abgedruckt werden. Sie ergänzen die allgemeinen „Bestimmungen für Montagearbeiten" nach der UVV-Bauarbeiten (4/93), die in wichtigen Teilen unter II 2.4 zu finden sind; dort auch das Muster der erforderlichen Montageanzeige.

Lagerung

- Bei Zwischenlagerung Holzbauteile kipp- und rutschsicher absetzen.
- Sicherheitsabstand zu beweglichen Teilen, z. B. zu Kranen, einhalten.

Montage

- An der Baustelle muß eine Montageanweisung vorliegen. Sie muß Angaben enthalten über:
  - Gewicht und Lagerung der Teile
  - Lage der Anschlagpunkte
  - Anschlagen der Teile an Hebezeuge
  - einzuhaltende Transportlage
  - erforderliche Hilfskonstruktionen, z. B. Aussteifungen, Abspannungen
  - Standsicherheit der Bauteile während der einzelnen Montagezustände
  - Reihenfolge der Montage
  - Reichweite und Tragfähigkeit der Hebezeuge
  - Arbeitsplätze und Zugänge
  - Sicherung der Beschäftigten gegen Absturz
  - Schutz vor herabfallenden Gegenständen
- Hebezeuge mit geringer Hub- und Senkgeschwindigkeit verwenden.
- Sicherheitsabstände zu elektrischen Freileitungen einhalten.
- Holzbauteile vor dem Einbau auf Mängel überprüfen, die die Tragfähigkeit beeinträchtigen können.
- Nur an den vorgesehenen Anschlagpunkten anschlagen.
- Großflächige bzw. lange Holzbauteile mit Leitseilen führen.
- Holzbauteile vor dem Lösen der Lastaufnahmemittel so sichern, daß sie nicht umkippen, abstürzen oder sonst ihre Lage verändern können.
- Während der Montagearbeiten wechselnde Stabilitätsbedingungen berücksichtigen.

Arbeitsplätze und Verkehrswege

- Zusammenfügen und Befestigen der Holzbauteile möglichst von sicheren Standplätzen ausführen, z. B. von Arbeitskörben, Hubarbeitsbühnen, mechanischen Leitern.
- Absturzsicherungen vorsehen, wenn die Absturzhöhe mehr als 2 m beträgt.

- Anseilschutz nur verwenden, wenn
  - Absturzsicherungen (Seitenschutz) aus arbeitstechnischen Gründen nicht möglich und
  - Auffangeinrichtungen (Fanggerüste, Dachfanggerüste, Auffangnetze) unzweckmäßig sind.
- Sicherheitsgeschirre nur an tragfähigen Bauteilen bzw. Anschlageinrichtungen befestigen. Sie müssen – bei einem Benutzer – eine Stoßkraft (Auffangkraft) von 7,5 kN aufnehmen können.
- Bei kurzzeitigen Tätigkeiten (Festlegen der Bauteile, Lösen der Anschlagmittel) müssen eingebaute Bauteile, die als Zugang benutzt werden, mindestens 20 cm breit sein. Bei schmaleren Bauteilen müssen entweder straff gespannte Stahlseile oder Handläufe im Handbereich vorhanden sein, die ein sicheres Festhalten ermöglichen.
- Geländerpfosten von Stahlseilen und Handläufen, an die Sicherheitsgeschirre befestigt werden, müssen die evtl. auftretende Stoßkraft von 7,5 kN aufnehmen und in die Holzbauteile ableiten können.
- Straff gespannte Stahlseile zum Festhalten und Befestigen der Sicherheitsgeschirre vor der Montage anbringen.

5.5.2 Montagekontrollen

Bei der Kontrolle sind beizuziehen: die mitunter vorliegende Montagebeschreibung sowie alle Hinweise über die Verbindungen. Es sollte kontrolliert werden:

- Die Verankerungen an den Fußpunkten der Dachstühle: Die Anker müssen in Aussparungen der Ringbalken oder Stahlbetondecke eingreifen und vergossen werden; die Nichtaus-

Abb. 5.22 Möglicherweise dauerhaft „wackliger" Stützenfuß, auch bei nachträglicher leichter Einmauerung

Abb. 5.23 Verguß der Stützfüße muß stets kontrolliert werden. (Wer hat das in Auftrag?)

Abb. 5.24 Belüftung des Balkenkopfes mangelhaft

führung rührt mitunter daher, daß die Verankerung und der Verguß nicht zum Auftrag des Zimmermanns gehören.

- Allgemein alle Vergußstellen und die Unterkeilungen der Stützenfüße sowie die Auflager der Balken und Träger. (Belüftungsmöglichkeit bei eingemauerten Balkenauflagern beachten; s. hierzu auch II 4.3.1 unter Holzbauteile, die ins Mauerwerk einbinden.)
- Holzverbinder, insbesondere Balkenschuhe; alle vorhandenen Löcher müssen ausgenagelt, bzw. die Nagelzahl muß im Ausführungsplan angegeben sein.

- Windrispen; sind sie vorhanden und in der richtigen Richtung? (Vgl. Seite 315).
- Stiele unter den Mittelpfetten fehlen mitunter.
- Durch Regen ausgewaschenes Holzschutzmittel (Imprägnierung) muß durch Nachspritzen bzw. Nachstreichen erneuert werden. Alarmzeichen sind gefärbte Wasserlachen nach einem Regen auf der obersten Geschoßdecke.
- Die Durchlüftung der Dachhölzer muß auch bei eingebauter Dämmung, Dichtungs- und Unterspannbahnen gewährleistet sein. Zu hoch gemauerte Verblendschale evtl. abtragen/Lüftungsquerschnitt am Fußholz nicht durch Dämmaterial verstopfen/Lüftungsöffnungen mit Fliegengitter hinterlegen (Ungeziefer!).
- Balken und Wechsel müssen von Schornsteinen einen Abstand von mindestens 5 cm haben.
- Bei Holzbalkendecken, Kehlbalkenlagen und Dachsparren müssen alle Maueranker (am Giebel) und Zuganker (an der Traufe) eingebaut sein (vgl. Abschn. II 4.2.1.2).
- Es sollte nur Holz mit einer Einbaufeuchte eingebaut werden, die der späteren Gleichgewichtsfeuchte möglichst entspricht. Die Gleichgewichtsfeuchte im Gebrauchszustand nach einer gewissen Zeitspanne beträgt nach DIN 1052, 4.2.1:

  bei geschlossenen Bauwerken mit Heizung: 9 (± 3) %
  bei geschlossenen Bauwerken ohne Heizung: 12 (± 3) %
  bei überdachten, offenen Bauwerken: 15 (± 3) %
  Näherungsformel: HF $\cong$ 0,18 · relative Luftfeuchte (%)
  z. B. Wohnung/Büro mit relativer Luftfeuchte von 65%
  HF $\cong$ 0,18 · 0,65 $\cong$ 12%

  Nach VOB ist die Soll-Einbaufeuchte für Kanthölzer und Balken mit der Bezeichnung „trocken“: HF $\leqq$ 20%; im Ausnahmefall kann „halbtrockenes“ Holz mit HF $\leqq$ 35% eingebaut werden. Hinweis erforderlich und Lüftung, Schwinden, Nachspannen beachten!

5.6 Konstruktionen aus Holz, die bauaufsichtlich zugelassen sind

Die wichtigsten und gebräuchlichen Konstruktionen mit bauaufsichtlicher Zulassung werden kurz dargestellt; die zahlreichen Schalungsträger mit ABZ werden hier allerdings nicht aufgeführt. Die Zulassung muß auf der Baustelle vorliegen; in der Zulassung sind durchweg viele Auflagen und Ausführungsregeln vermerkt: Es ist wichtig, die Zulassung vorher daraufhin durchzusehen.

5.6.1 Stützen aus Brettschichtholz zur Einspannung durch Verguß in Stahlbetonfundamente ohne Verschraubungen oder sonstige Stahlteile

Anwendungsbereich: Hallen- und eingeschossige Industriebauten

Der Einspannteil der Stütze wird mit Epoxidharz + Glasfaserschnitzel im Werk beschichtet; die Holzfeuchte darf dabei maximal 12% betragen. Die zweite Möglichkeit ist, den Einspannteil mit einer dichtgeschweißten Hülle aus Zink-, Kupfer- oder Stahlblech zu ummanteln.

Das Herstellwerk muß den Leimbefähigungsnachweis A oder B besitzen. Der Verguß des Stützenfußes im Fundament erfolgt nach DIN 1045.

Die Stützen sind mit einem Abnahmeprüfzeugnis A nach DIN 50049 auszuliefern, das nur von bestimmten Sachverständigen ausgestellt werden darf (in der Zulassung genannt; vgl. auch II 1.6.3.2).

Abbildungen siehe nächste Seite.

Eingespannte Stütze mit Beschichtung – (Auszug aus der ABZ)

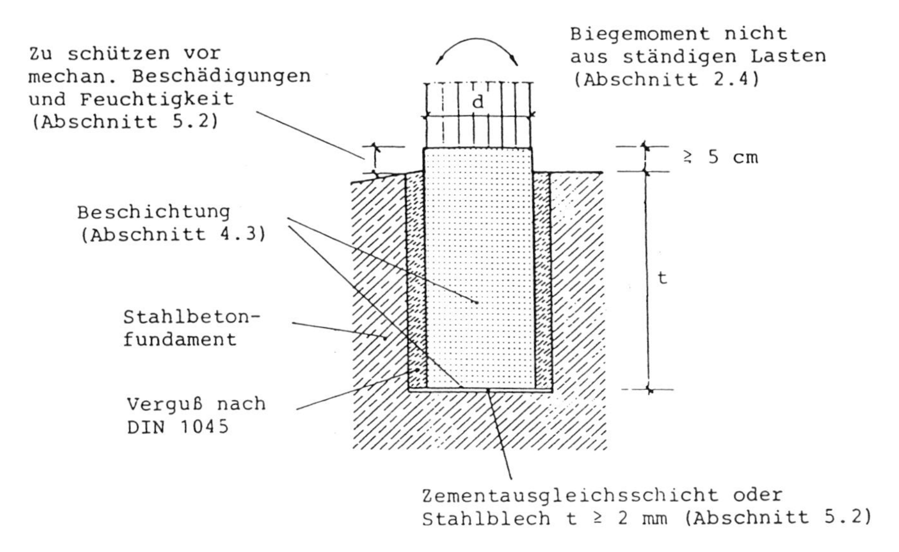

EINGESPANNTE STÜTZE MIT UMMANTELUNG

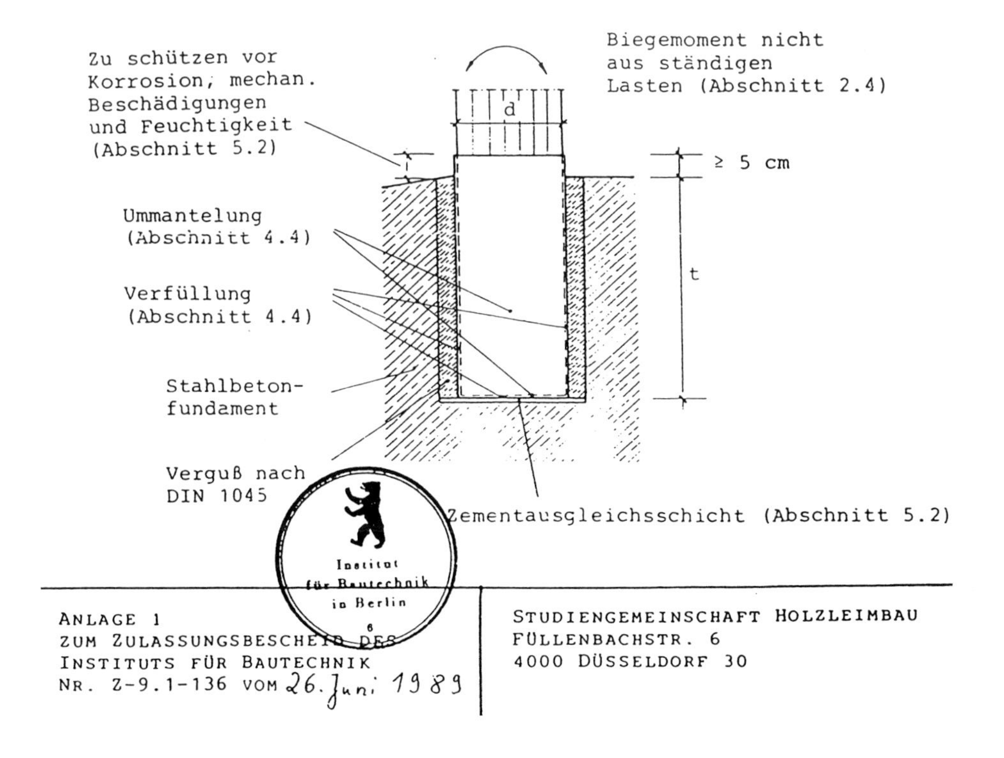

5.6.2 Balken mit I-Profil aus Vollholzgurten mit eingeleimtem Steg aus harten Holzfaserplatten der Holzwerkstoffklasse 100

für Deckenträger und Sparren in Ein- und Zweifamilienhäusern

Länge: $L \leqq 8$ m; Höhe $H = 200$ bis 400 mm
Gurte: $b/d \geqq 45/45$ mm mit Keilzinkenstoß
Steg: $d \geqq 8$ mm ungestoßen (!)

Das Herstellwerk muß die Eignung zum Leimen von Keilzinkenverbindungen (Bescheinigung C) nachgewiesen haben; erforderlich sind Eigen- und Fremdüberwachung.

Kennzeichnung: Die Träger müssen mit einer dauerhaften Aufschrift versehen sein mit Angaben über das Herstellwerk, Zulassungsnummer und -bezeichnung, Herstelldatum, Überwachungszeichen (ebenfalls auf dem Lieferschein).

5.6.3 Trigonit-Holzleimbauträger

Das sind Gitterträger für Dach- und Deckenkonstruktionen, jedoch nicht zulässig unter Büchereien, Archiven, Aktenräumen, Fabriken und Werkstätten mit ständig hohen Lasten oder mit nicht vorwiegend ruhenden Lasten. Sie haben Einfachgittersteg oder Mehrfachgittersteg.

Gurte: $b/d \geqq 30/60$ mm, Anschluß der Streben mit $\geqq 4$ Nägeln
Streben: $b/d \geqq 22/60$ mm, Anschluß untereinander mit Keilzinkenverbindung

Das Herstellwerk muß die Eignung zum Leimen dieser Bauart und von Keilzinkenverbindungen (Bescheinigung C) nachgewiesen haben; erforderlich sind Eigen- und Fremdüberwachung.

Kennzeichnung: Die Trigonit-Holzleimbauträger müssen mit einer dauerhaften Aufschrift versehen sein mit Angaben über das Herstellwerk, Zulassungsnummer und -bezeichnung, Herstelldatum, Überwachungszeichen (ebenfalls auf dem Lieferschein).

Die Auflagerung der Träger muß in der Regel unter einem Knotenpunkt erfolgen. Bei Obergurtauflagerung darf der Abstand zwischen der Auflagerachse und dem ersten Knoten nicht größer als 15 cm sein.

5.6.4 Wellsteg-Holzleimbauträger

Mit I-förmigem Profil aus Gurten (parallelen), in die wellenförmige Bau-Furniersperrholzplatten eingenutet und eingeleimt sind; zugelassen für Dach- und Deckenkonstruktionen mit den Einschränkungen wie bei Trigonit-Holzleimbauträger.

max $H = 800$ mm, ab $H = 600$ als Kastenträger mit Doppelsteg
Steg: $d \geqq 4$ mm
Gurte: $b/d = 60/35$ bis 180/65 mm

Das Herstellwerk muß die Eignung zum Leimen dieser Bauart und von Keilzinkenverbindungen (Bescheinigung C) haben; erforderlich sind Eigen- und Fremdüberwachung.

Kennzeichnung: Die Wellsteg-Holzleimbauträger müssen mit einer dauerhaften Aufschrift versehen sein mit Angaben über Herstellwerk, Zulassungsnummer und -bezeichnung, Herstelldatum, Überwachungszeichen (ebenfalls auf dem Lieferschein).

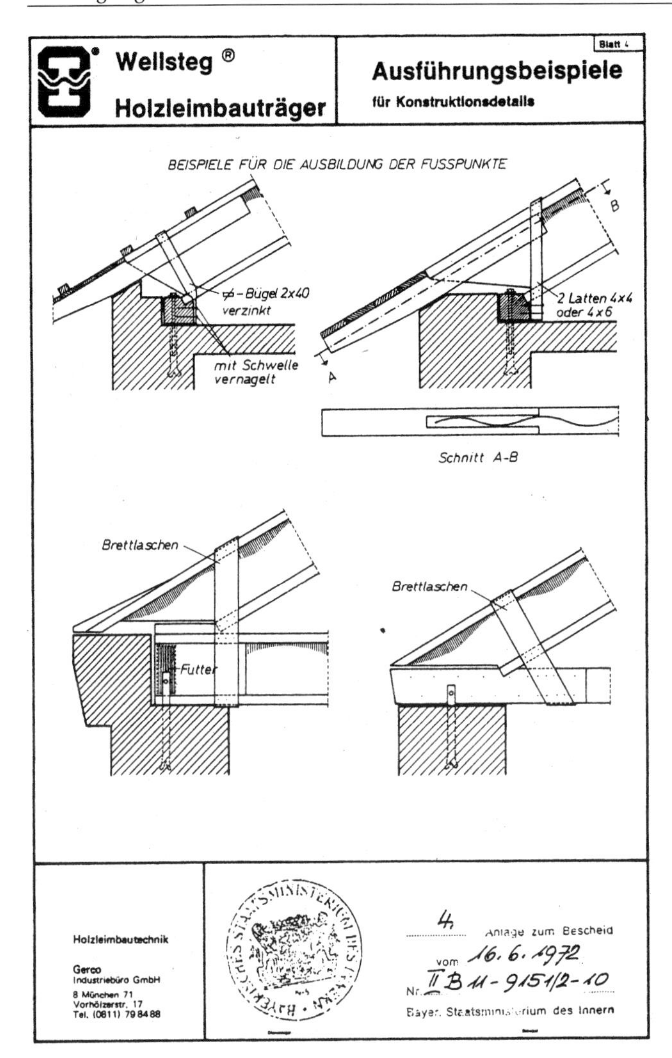

5.6.5 Binder in Dreieckstrebenbauart (DSB-Träger)

Dreieckstrebenträger mit Gurten aus Vollholz und eingefrästen und eingeleimten Diagonalen für Dach- und Deckenkonstruktionen mit den Einschränkungen wie beim Trigonit-Holzleimbauträger.

$H \leqq 100$ cm, beginnend ab 30 cm
max $L = 20$ m, in der Regel ist die Tragfähigkeit als Dachträger mit $L = 12$ m erschöpft
Gurte: $b/d = 5/8$ cm bis 8/12 cm
Diagonalen: $b/d = 2{,}8/5$ bis 4,5/8 cm

Das Herstellwerk muß die Eignung zum Leimen der Bauart DSB und von Keilzinkenverbindungen nachgewiesen haben.

Kennzeichnung: wie bei Trigonit-Holzleimbauträger.

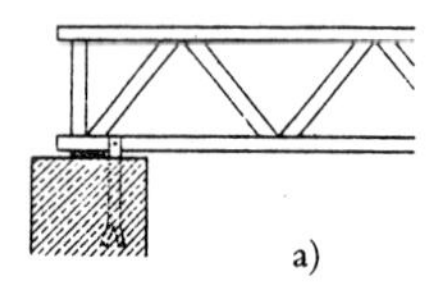

Abb. 5.25 Normales DSB-Trägerauflager am Untergurtknoten.

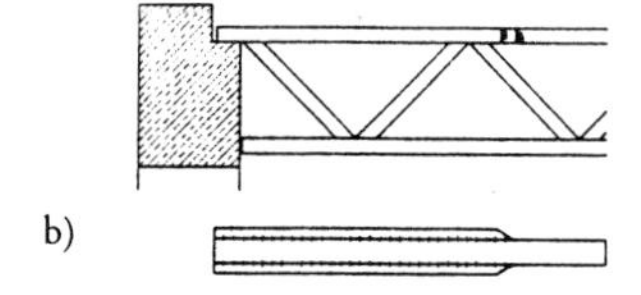

Abb. 5.26 DSB-Trägerauflager am Obergurtknoten. Obergurtende ggf. mit seitlicher Verstärkung.

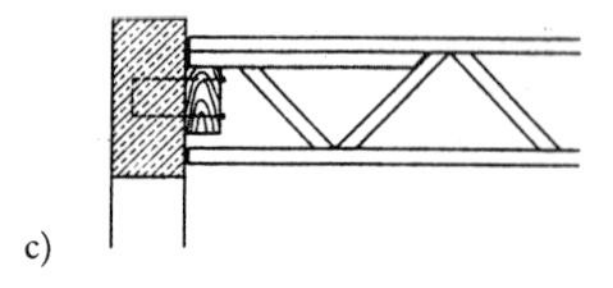

Abb. 5.27 DSB-Trägerauflager an Stahlbetonringanker mittels untergeleimter Obergurt-Auflagerverstärkung.

Folgende Mängel können auftreten, also kontrollieren:

- Unzulässig große Exzentrizitäten im Auflagerknoten: Wenn bei Obergurtauflagerung der Knoten nicht in unmittelbarer Nähe des Auflagers liegt, kommen erhebliche Biegemomente in die Keilzinkenverbindung, die nicht aufgenommen werden können. Die Verbindung reißt auf, und das Obergurtholz, nun als Kragarm wirksam, bricht ab.
- Nicht kraftschlüssige Verbindung der Beihölzer des Obergurtes durch Fehlleimung bzw. fehlender Preßleimung: b und c.
- Schlechte Verleimung und Nichtvollausfüllung der Endstrebenzinken.

5.6.6 Diagonit-Strebenbinder

Dies sind geleimte Fachwerkträger mit in die Vollholzgurte eingefrästen und eingeleimten Diagonalen für Dach- und Deckenkonstruktionen; Einschränkungen wie beim Trigonit-Holzleimbauträger.

max L = 15 m, $H \leqq 80$ cm
Gurte: b/d = .../8 cm
Streben: Breite nicht größer als Gurtdicke

Auflagerung unter einem Knotenpunkt, planmäßig des Untergurtes. Bei Obergurtauflagerung unmittelbar an der Diagonale mit $e \leqq 15$ cm.

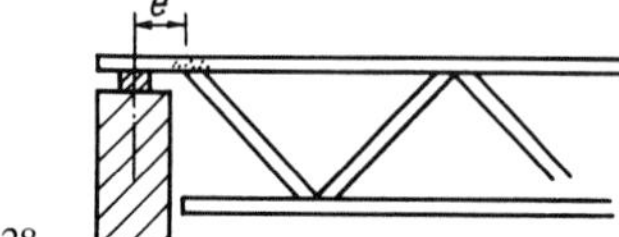

Abb. 5.28

Das Herstellwerk muß die Eignung zum Leimen dieser Bauart und von Keilzinkenverbindungen (Bescheinigung C) nachgewiesen haben. Obergurtverstärkungen am Auflager dürfen nur werkmäßig im Herstellwerk gefertigt werden. Erforderlich sind Eigen- und Fremdüberwachung.

Kennzeichnung: wie beim Trigonit-Holzleimbauträger.

5.7 Holzschutz

5.7.1 Anforderungen, Ausführung, Kennzeichnung

Die Anforderungen ergeben sich aus den Landesbauordnungen. Zum Beispiel bestimmt BauO NW (Regierungsentwurf 5/94), die sich an die MBO anlehnt und die alte Fassung inhaltlich wiederholt: „§ 16 – Schutz gegen schädliche Einflüsse (1) – Bauliche Anlagen sowie andere Anlagen und Einrichtungen i. S. d. § 1 Abs. 1 müssen so angeordnet, beschaffen und gebrauchstauglich sein, daß durch Wasser, Feuchtigkeit, pflanzliche oder tierische Schädlinge sowie andere chemische, physikalische oder biologische Einflüsse Gefahren oder unzumutbare Belästigungen nicht entstehen.

Sinngemäß die BauO für die neuen Bundesländer unter § 20 – Dauerhaftigkeit.

Im neu eingefügten § 19a – Dauerhaftigkeit der Musterbauordnung (Fassung 5/1990) heißt es noch deutlicher: „Jede bauliche Anlage und ihre Teile müssen bei ordnungsgemäßer Instandhaltung die allgemeinen Anforderungen der §§ 15 bis 19 ihrem Zweck entsprechend angemessen dauerhaft erfüllen." In der Fassung 12/1993 ist dieser Paragraph jedoch wieder gestrichen.

Die Dauerhaftigkeit wird durch die oben genannten Einflüsse gemindert bis zur Bedrohung der Standsicherheit.

Holzschutz wird geregelt in DIN 68 800 Teil 1 bis 5 – Holzschutz im Hochbau; interessant sind hier:

Teil 2: Vorbeugende b a u l i c h e Maßnahmen (1/1984, befindet sich wegen europäischer Harmonisierung in Überarbeitung)
Dabei geht es um Dachüberstand zur Abhaltung von Regen, um Spritzwasserschutz im Bodenbereich, aufgeständerte Holzstützen, um die Hinterlüftung bei Holz in Feuchträumen, um die Auflagerung von Deckenbalken (ein klassischer Ausführungsfehler ist das Einmauern von Deckenbalken in Außenwänden) usw.

Beispiel: Pfostenstützen im Freien (Fa. V. Barth, Viernheim)

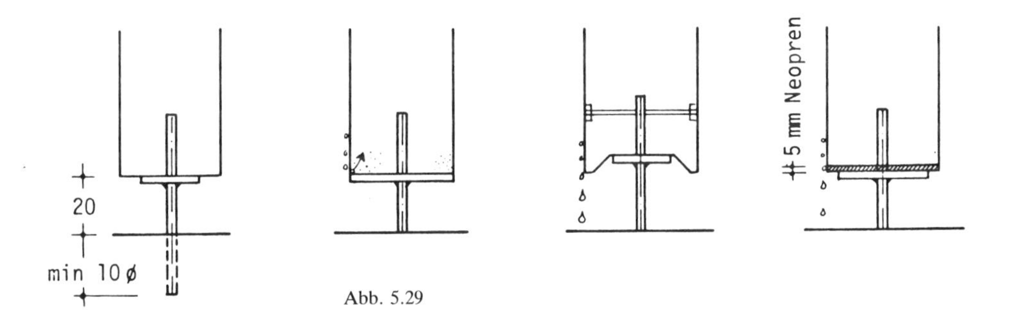

Abb. 5.29

Zur besseren Ableitung des Oberflächenwassers sollten umlaufend Tropfnasen vorgesehen werden, d. h., der Stützenquerschnitt wird vorzugsweise größer als die Grundplatte ausgenommen. Falls keine Tropfnase angebracht wird, kann die Gefahr von eindringendem Wasser durch dünne (ca. 5 mm) Neoprenplatten verringert werden, die die kritische Kante zwischen Holz und Stahl „abdichten". In jedem Falle sollte Hirnholz gegen aufsteigendes Kapillarwasser versiegelt werden (Feuchtschutzmittel oder wasserbeständiger Leim). Pfostenfüße gibt es neuerdings auch mit einstellbarer Höhe.

Zusätzliche Bolzen zur Sicherung der Verankerung der Stütze infolge Windsog sollten mittels Holzstöpsel abgedeckt werden.

Teil 3: Vorbeugender c h e m i s c h e r Schutz von Vollholz (4/1990). Sie soll durch europäische Normen ersetzt werden. Da diese nur als Gesamtsystem anwendbar sind, hat das CEN/BT zugestimmt, DIN 68800 Teil 3 erst dann zurückzuziehen, wenn die europäischen Normen verfügbar sind.

Teil 4: Regelt Bekämpfungsmaßnahmen gegen Pilz- und Insektenbefall, also die Sanierung befallener Konstruktionen (wird hier nicht weiter behandelt), Ausgabe 11/1992.

● Tragende Bauteile
Bauaufsichtlich wird ein chemischer Holzschutz (nur) bei Bauteilen aus Holz oder Holzwerkstoffen gefordert, die tragenden oder aussteifenden Zwecken in baulichen Anlagen dienen und in bestimmten Anwendungsbereichen durch holzzerstörerische Pilze oder Insekten gefährdet sind. Das sind Dachstühle, Binder und hölzerne Hallen, und zwar das Holz im Innen- und Außenbereich. Diese Holzschutzmittel müssen ein Prüfzeichen tragen. Da alle chemischen Holzschutzmittel umweltfeindlich sind, wird versucht, den Einsatz zu mindern. In bestimmten Fällen im Innenbereich kann auch bei tragenden Holzbauteilen auf den Schutz verzichtet werden; der BH muß jedoch zustimmen, da die aaRdT nicht eingehalten sind und Regreßansprüche möglich wären. Bei geneigten Dächern ist ein Verzicht auf den chemischen Holzschutz ausschließlich bei nichtbelüfteten Bauteilen möglich, belüftete scheiden also in jedem Fall aus (H. Schulze, in: Aachener Bausachverständigentage 1993, S. 54ff.; Bauverlag).

Der Verzicht auf Holzschutz für statisch belastete Teile, die einer Gefährdung unterliegen, ist eine Ordnungswidrigkeit. Darauf weist der Industrieverband Bauchemie und Holzschutzmittel e.V. hin (Holzschutz aktuell, Ausgabe 9/92). Denn – so der Verband – dies ist ein Verstoß gegen die Bauordnung, der eine empfindliche Geldbuße bedeuten kann. Wer den Schutz des Holzes bei tragenden Bauelementen unterläßt, nimmt im Extremfall billigend den denkbaren Einsturz und damit die Gefährdung der Sicherheit von Leib und Leben in Kauf.

● Nichttragende Bauteile
aus Holz im Außenbereich, wie z. B. Verkleidungen von Flächen, Giebelverschalungen, Fenster, Türen und Zäune, werden zur Erhaltung der Funktionsfähigkeit nach Ermessen des BH geschützt (Holzschutzmittel mit dem RAL-Gütezeichen).

Neben dem baulichen Holzschutz, der stets den vorbeugenden chemischen Holzschutz ergänzen muß, gibt es das Heißluft- oder das Durchgasungsverfahren, die beide nicht vorbeugend wirken!

● Kennzeichnung und Prüfung
DIN 68800 Holzschutz im Hochbau, Teil 1, Abschnitt 5.2:
Der Unternehmer hat bei einer chemischen Behandlung von Bauteilen an mindestens einer sichtbar bleibenden Stelle des Bauwerks in einer dauerhaften Form anzugeben:

- Name und Anschrift des Unternehmers
- angewandte Holzschutzmittel mit Prüfzeichen
- eingebrachte Holzschutzmittelmenge in g/m^2 gesamte Holzoberfläche oder ml/m^2 gesamte Holzoberfläche einschließlich der berücksichtigten Mittelverluste
- Jahr und Monat der Behandlung.

DIN 68800 Teil 3, Abschnitt 10.2 – Prüfung:
Die qualitative Prüfung von vorbeugenden Holzschutzbehandlungen erstreckt sich auf eine Beurteilung der vorgenommenen Arbeiten (z. B. anhand der Tränkprotokolle oder des äußeren Zustandes der imprägnierten Hölzer, wie Entfernen der Rinde und Bast) sowie auf eine Bestimmung der Holzschutzmitteleindringtiefe nach den einschlägigen Normen.
(DIN 52161 – Prüfung von Holzschutzmitteln, Teil 1, 3 und 5).

In der Regel ist quantitative Prüfung nur im Labor möglich. „Die für eine Beurteilung von durchgeführten Arbeiten erforderlichen Unterlagen sind dem Auftraggeber auf Wunsch vorzulegen bzw. auszuhändigen." Das heißt dem Bauherrn; die BAB hat weder die Pflicht noch das Recht hierzu.

Wegen einer geplanten Sachkundigenprüfung für Holzschutzmittelanwender wird auf I 6.2 verwiesen.

5.7.2 Holzschutzmittel

Nach den Bestimmungen der Landesbauordnungen können die obersten BAB durch Rechtsverordnung vorschreiben, daß bestimmte werkmäßig hergestellte Baustoffe, Bauteile und Einrichtungen in baulichen Anlagen nur verwendet oder eingebaut werden dürfen, wenn sie ein Prüfzeichen*) haben.

Die Länderminister haben Prüfzeichenverordnungen oder Bauprüfverordnungen (mit Abschnitt „Prüfzeichen") erlassen. Eine solche Prüfzeichenpflicht besteht auch für Holzschutzmittel, und zwar für solche für den vorbeugenden chemischen Holzschutz bei tragenden und aussteifenden Bauteilen.

Alle erteilten Prüfzeichen für Holzschutzmittel sind in dem ständig ergänzten Verzeichnis des Institutes für Bautechnik, Berlin, aufgeführt (Kurzübersicht in: bauen mit holz, 1/1992).

Es gibt keine Prüfzeichen für *Bekämpfungsmittel* bei Schädlingsbefall, für Heißluft- oder Durchgasungsverfahren, für Holzschutzmittel für den nichttragenden Bereich und für Holzschutzmittel für Möbel, Einrichtungen usw. Für solche Mittel bietet die Gütegemeinschaft Holzschutzmittel in Frankfurt das RAL-Gütezeichen an (bauaufsichtlich also nicht relevant). Nachfolgend (Seite 338) die drei Kennzeichnungen der Schutzmittel und ihre Anwendungsbereiche (Desowag Materialschutz).

Die gesundheitliche Bewertung der prüfzeichenpflichtigen Holzschutzmittel erfolgt im Rahmen des Prüfverfahrens durch das Bundesgesundheitsamt. Da die Mittel definitionsgemäß giftig sind, wird auf das anschließend abgedruckte „Merkblatt für den Umgang mit Holzschutzmitteln" des Industrieverbandes Bauchemie und Holzschutzmittel, Frankfurt (Seite 339 f.), hingewiesen sowie auf die Veröffentlichung des Bundesgesundheitsamtes, Berlin: „Vom Umgang mit Holzschutzmitteln".

Überwachung: Holzschutzmittel dürfen nur verwendet werden, wenn die Herstellung güteüberwacht ist. Die Überwachung erfolgt auf der Grundlage eines Überwachungsvertrages mit dafür bauaufsichtlich anerkannten Prüfstellen nach der „Richtlinie für die Überwachung der Herstellwerke von Holzschutzmitteln". Der Nachweis der Überwachung gilt als erbracht, wenn das bauaufsichtliche einheitliche Überwachungszeichen (mit Prüfzeichennummer) auf dem Gebinde angegeben ist.

Imprägniertes (und auch lasiertes) Holz darf übrigens nur in den eigens dafür vorgesehenen und geeigneten Hausmüllverbrennungsanlagen oder in Sonderabfall-Verbrennungsanlagen verbrannt werden, nicht also im Holzbaubetrieb.

Bei einem Regenguß auf den frisch aufgestellten Dachstuhl kann Holzschutzmittel ausgewaschen werden, erkennbar an farbigen Wasserlachen auf der obersten Betondecke. Evtl. muß das gesamte Holzwerk nachimprägniert werden (spritzen oder streichen).

*) Der Brauchbarkeitsnachweis durch das Prüfzeichen soll in Zukunft entfallen (s. Musterbauordnung § 21 und § 21 a, Fassung 12/1993 oder Entwurf der BauO NW von 5/1994); der künftige Verwendbarkeitsnachweis „Prüfzeugnis" beinhaltet etwas anderes (eine bauaufsichtliche Zulassung für nicht sicherheitsrelevante Bauprodukte).

- Amtliches Zeichen für vorbeugende Holzschutzmittel zur Anwendung auf tragenden/aussteifenden Bauteilen
- Vorbeugende Wirkung gegen Holzschädlinge amtlich geprüft (Material-Prüfanstalten)
- Gesundheitliche Unbedenklichkeit bei bestimmungsgemäßer Verwendung amtlich bewertet (Bundesgesundheitsamt)
- Prüfbescheid erteilt (Institut für Bautechnik)
- Amtliche Produktionsüberwachung (Material-Prüfanstalten)
- Erfüllung der Norm DIN 68 800 „Holzschutz" (Teil 3)

Für vorbeugende Holzschutzmittel, die zur Verarbeitung an *tragenden Bauteilen* durch den Profi vorgesehen sind, müssen nach den Bauordnungen der Länder sowie den Anforderungen der DIN 68 800 Teil 3 gültige Prüfbescheide des Instituts für Bautechnik (IfBt), Berlin, vorliegen.

Die Gebinde dieser Mittel tragen ein Prüfzeichen des IfBt sowie das Überwachungszeichen einer staatlichen Materialprüfanstalt.

- Gütezeichen für vorbeugende Holzschutzmittel zur Anwendung auf nichttragenden Bauteilen
- Gütezeichen für bekämpfende Holzschutzmittel zur Anwendung auf tragenden und nichttragenden Bauteilen
- Wirksamkeit gegen Holzschädlinge amtlich geprüft (Material-Prüfanstalten)
- Gesundheitliche Unbedenklichkeit bei bestimmungsgemäßer Verwendung amtlich bewertet (Bundesgesundheitsamt)
- Verleihung des Gütezeichens RAL-Holzschutzmittel (Gütegemeinschaft Holzschutzmittel e.V.)
- Amtliche Produktionsüberwachung (Material-Prüfanstalten)
- Erfüllung der Anforderung DIN 68 800 „Holzschutz" (Teil 4) für Bekämpfungsmittel

Für vorbeugende Holzschutzmittel, die für *nichttragende Hölzer* bestimmt sind und bevorzugt vom Heimwerker verarbeitet werden, sowie für bekämpfende Holzschutzmittel gibt es das „Gütezeichen RAL Holzschutzmittel". Dieses Zeichen wird vom RAL, Deutsches Institut für Gütesicherung und Kennzeichnung e.V., vergeben.

Holzschutzmittel mit diesem Gütezeichen sind, ebenso wie jene mit dem Überwachungszeichen, wirksam gegen Fäulnispilze, Bläue und holzzerstörende Insekten und vom Bundesgesundheitsamt gesundheitlich bewertet. Ihre Produktion wird amtlich überwacht.

- Amtliche Bewertung schadstoffarm (Umweltbundesamt)
- Lösemittelgehalt unter 10 %
- Frei von wirksamen Zusätzen gegen Holzschädlinge

Wirkstofffreie Produkte, z. B. Lacke im Sinne der DIN 55 945, können das Umweltzeichen „Blauer Engel" erhalten, sofern ihr Lösemittelgehalt entsprechend niedrig ist. Produkte dieser Art enthalten grundsätzlich *keine Wirkstoffe gegen Holzschädlinge,* sind also nicht wirksam gegen Fäulnispilze und Holzwürmer. Sie dürfen deshalb vom Hersteller nicht als Holzschutzmittel bezeichnet werden.

5.7.3 Merkblatt für den Umgang mit Holzschutzmitteln

(Industrieverband Bauchemie und Holzschutzmittel, Frankfurt/M.)

Merkblatt
für den Umgang mit Holzschutzmitteln

(Die Numerierung der Merkblattabschnitte erfolgt mit M 1, M 2, ...)

M 1. Zweck und Anwendungsbereich der Holzschutzmittel

Holzschutzmittel schützen Holz vor holzzerstörenden und holzverfärbenden Schädlingen. Zu diesen Schädlingen zählen

- Fäulnispilze (z. B. Hausschwamm und Braunfäule)
- Bläuepilze
- Insekten (z. B. Larven des Hausbocks und des Nagekäfers)

Auf Grund ihrer abgestimmten bioziden Eigenschaften dienen Holzschutzmittel dazu, einem Befall durch diese Schadorganismen vorzubeugen oder sie zu bekämpfen und das Holz vor weiterer Zerstörung zu schützen. Sie sollen deshalb nur dort angewendet werden, wo ein Schutz des Holzes vorgeschrieben oder erforderlich ist.

Die Länderbauordnungen schreiben einen vorbeugenden Holzschutz für tragende Bauteile wie Dachgebälk, Stützbalken, Pergolen, aber auch Treppen, Treppengeländer und Balkongeländer grundsätzlich vor. Ausnahmen von der Vorschrift finden sich in den jeweiligen Einführungserlassen der Länder. Für tragende Bauteile gilt DIN 68 800 Teil 3 (Stand April 1990). Ob und inwieweit Holzschutz erforderlich ist, geht aus der nachstehenden Tabelle hervor.

Die Bekämpfung eines bereits eingetretenen Befalls macht häufig weitere Maßnahmen erforderlich. Diese sind in DIN 68 800 Teil 4 beschrieben.

M 2. Arten der Holzschutzmittel

Ölige Holzschutzmittel

Ölige Holzschutzmittel sind in der Regel lösemittelhaltig, werden gebrauchsfertig geliefert und können daher unverändert angewendet werden. Sie eignen sich besonders zur Behandlung von trockenem und halbtrockenem Holz. Außerdem gehören hierzu Steinkohlenteeröle für Sonderanwendungen, die besonderen Spezifikationen entsprechen müssen.

Wasserlösliche Holzschutzmittel

Wasserlösliche Holzschutzmittel (z. B. Salze) werden im allgemeinen durch Auflösen in Wasser gebrauchsfertig gemacht. In Ausnahmefällen werden sie auch gebrauchsfertig angeliefert. Sie eignen sich besonders zur Behandlung von halbtrockenem und feuchtem Holz, in besonderen Verfahren auch für saftfrisches Holz.

M 3. Amtliche Bewertung

Tragende Bauteile im Hochbau dürfen nur mit Holzschutzmitteln behandelt werden, die das amtliche Prüfzeichen für Zulassung und Überwachung und einen gültigen Prüfbescheid des Instituts für Bautechnik in Berlin besitzen, der an der Verwendungsstätte vorzuliegen hat.

Gleichfalls amtlich geprüfte Holzschutzmittel zur vorbeugenden Behandlung nichttragender Bauteile sowie zur Bekämpfung eines Schädlingsbefalls tragen das Gütezeichen der Gütegemeinschaft Holzschutzmittel e. V.

Diese Zeichen besagen: Die Mittel sind in ihrer Wirksamkeit amtlich überprüft und vom Bundesgesundheitsamt bewertet worden. Sie sind bei sachgerechter Verwendung wirksam und für die Gesundheit und die Umwelt unbedenklich. Ihre Produktion wird durch Materialprüfanstalten überwacht.

M 4. Anwendung

Holzschutzmittel können durch Streichen, Tauchen, Fluten, Spritzen (Sprühtunnelverfahren), Trogtränkung sowie im Kesseldruck- und Doppelvakuumverfahren (DV) verarbeitet werden. Die Wahl des Einbringverfahrens erfolgt in Abhängigkeit von der Gefährdungsklasse (siehe Tabelle 5.8). Spritzen außerhalb stationärer Anlagen darf nicht erfolgen. Ausnahmen sind unerläßlich nachträglich durch Fachbetriebe durchzuführende Schutzmaßnahmen mit hierfür ausdrücklich ausgewiesenen Präparaten. Um einen möglichst wirksamen und dauerhaften Holzschutz zu erreichen, ist unter den anwendbaren Verfahren demjenigen der Vorzug zu geben, bei dem das Holzschutzmittel tief eindringt, gleichmäßig in der durchtränkten Zone verteilt ist und die eingebrachte Menge gemessen werden kann. In allen Fällen müssen die durch Gebrauchsanweisungen und technische Merkblätter der Hersteller empfohlenen Holzschutzmittelmengen eingebracht werden, um einen wirksamen Schutz des Holzes zu gewährleisten.

M 5. Empfohlene Vorsichtsmaßnahmen

Alle Holzschutzmittel enthalten biologisch wirksame Stoffe, sonst wäre ihr Einsatz gegen Schadorganismen sinnlos. Deshalb ist beim Umgang besondere Sorgfalt geboten. Die Beachtung folgender Hinweise gilt generell für den Umgang mit Holzschutzmitteln:

Undurchlässige Schutzhandschuhe sowie angemessene Oberbekleidung sind zu benutzen. Das Berühren der Mittel mit bloßen Händen ist möglichst zu vermeiden. Offene Wunden, Hautabschürfungen usw. besonders schützen. Zu empfehlen ist das Einkremen aller unbedeckten Körperteile mit einer Hautschutzsalbe (fettfrei für ölige, fetthaltig für wasserlösliche Holzschutzmittel). Diese Vorsichtsmaßnahmen gelten auch für frisch imprägnierte, noch feuchte Hölzer.

Tabelle 5.8 Gefährdungsklassen für Holz gemäß DIN 68800 Teil 3

Gefährdungsklasse	Auswaschbeanspruchung	Anwendungsbereiche	Anforderungen an Holzschutzmittel
0	Keine Beanspruchung durch Niederschlag, Spritzwasser o. ä.	Räume mit üblichem Wohnklima: Holzbauteile durch Bekleidung abgedeckt oder zum Raum hin kontrollierbar	Keine
1[1]	Keine Beanspruchung durch Niederschlag, Spritzwasser o. ä.	Innenbauteile (Dachkonstruktionen, Geschoßdecken, Innenwände) und gleichartig beanspruchte Bauteile, relative Luftfeuchte < 70 %	Insektenvorbeugend
2	Keine Beanspruchung durch Niederschlag, Spritzwasser o. ä.	Innenbauteile, mittlere relative Luftfeuchte > 70 % Innenbauteile (im Bereich von Duschen), wasserabweisend abgedeckt Außenbauteile ohne unmittelbare Wetterbeanspruchung	Insektenvorbeugend, pilzwidrig
3	Beanspruchung durch Niederschlag, Spritzwasser o. ä.	Außenbauteile ohne Erd- und/oder Wasserkontakt Innenbauteile in Naßräumen	Insektenvorbeugend, pilzwidrig, witterungsbeständig
4	Ständiger Erd- und/oder Wasserkontakt (Süßwasser)[2]	Außenbauteile mit und ohne Ummantelung (z. B. Beton)	Insektenvorbeugend, pilzwidrig, witterungsbeständig, moderfäulewidrig

[1] Holzfeuchte u < 20 % sichergestellt.
[2] Besondere Bedingungen gelten für Kühltürme sowie für Holz im Meerwasser.

Holzschutzmittel grundsätzlich nicht spritzen oder sprühen. Sprühnebel gefährden die Gesundheit und belasten die Umwelt. Gelangen Spritzer auf die Haut oder in die Augen, so ist sofort gründlich mit Wasser zu spülen. Bei Arbeiten in Innenräumen ist für eine gute Durchlüftung zu sorgen. Kann diese nicht gewährleistet werden, so ist das Tragen einer Atemmaske unerläßlich. Unangenehme Auswirkungen können sich auch beim Verarbeiten in der Wärme ergeben.

Anwendungsbeschränkungen (z. B. Spritzen oder Sprühen nur in stationären Anlagen oder Anwendungen nicht in Wohnräumen) sind zu beachten.

Da ölige Holzschutzmittel brennbare Lösemittel enthalten, sind entsprechende Schutzmaßnahmen zu beachten (u. a. Fernhalten von Zündquellen und Rauchverbot).

Während der Arbeit sind Essen, Trinken und Rauchen zu unterlassen. Nach der Arbeit sind Gesicht und Hände sorgsam mit Wasser und Seife zu waschen bzw. mit einem geeigneten Reinigungsmittel zu säubern.

Bei regelmäßigem Umgang mit Holzschutzmitteln ist mindestens einmal wöchentlich die Arbeitskleidung zu wechseln.

Bei der Verarbeitung von Holzschutzmitteln und bei der Lagerung von imprägniertem Holz ist dafür Sorge zu tragen, daß die Umgebung (insbesondere lebende Pflanzen) nicht unnötig mit Holzschutzmitteln in Berührung kommt und Reste nach Beendigung der Arbeit ordnungsgemäß entfernt werden, so daß Holzschutzmittel nicht in den Boden, in Oberflächengewässer oder in die Kanalisation gelangen können. Die auf dem Etikett oder in den technischen Unterlagen vorgeschriebenen Maßnahmen (z. B. Einhaltung der Fixierzeiten) sind zu befolgen.

Unfälle müssen nicht sein. Wann immer es beim Imprägnieren Unfälle gegeben hat, traten bei ihrer Untersuchung die gleichen Ursachen zutage:

- Leichtsinn
- Gleichgültigkeit
- mangelnde Kenntnis von Vorschriften und Schutzvorkehrungen
- Sicherheitsempfehlungen der Hersteller wurden nicht beachtet

Falls infolge unsachgemäßer Verwendung gesundheitliche Beeinträchtigungen, z. B. Kopfschmerzen, Übelkeit, Brechreiz, Schwindelgefühl, auftreten, ist unverzüglich für ausgiebige Frischluftzufuhr zu sorgen und ein Arzt hinzuzuziehen, dem das Etikett (Verpackungsbanderole) oder das Technische Merkblatt oder ggf. das Sicherheitsdatenblatt vorzulegen ist. Sachkundige Auskunft für therapeutische Maßnahmen geben die Informations- und Behandlungszentralen für Vergiftungen, die größtenteils im 24-Stunden-Dienst erreichbar sind. Voraussetzung hierfür ist die exakte Angabe des Produktes.

M 6. Lagerung

Holzschutzmittel sind nur im Originalgebinde und so zu lagern, daß sie Unbefugten, vor allem Kindern, nicht zugänglich sind.

Die Vorschriften für die Lagerung wassergefährdender Flüssigkeiten müssen beachtet werden, d. h., es muß Sorge getragen werden, daß die Holzschutzmittel nicht in den Boden, ins Grundwasser oder in Oberflächengewässer gelangen können.

M 7. Entsorgung

Unverbrauchte Schutzmittelreste dürfen nur durch die hierfür zuständigen Stellen oder durch besonders konzessionierte Firmen beseitigt werden. Zur sachgerechten Entsorgung leerer Gebinde geben die Hersteller auf den Behältnissen entsprechende Hinweise.

M 8. Gesetze, Verordnungen und Vorschriften

Für die Einstufung, die Kennzeichnung und den Umgang gelten die Bestimmungen der Gefahrstoffverordnung (GefStoffV). Das Bundesgesundheitsamt hat hierzu einen Leitfaden „Einstufung und Kennzeichnung von Holzschutzmitteln nach der Gefahrstoffverordnung (Gesundheitsschutz)" herausgegeben. Die entsprechenden Gefahrensymbole sowie die Hinweise auf die besonderen Gefahren (R-Sätze) und die Sicherheitsratschläge (S-Sätze) sind als Bestandteil der Kennzeichnung auf den Gebinden angegeben. Weitere sicherheitstechnische Informationen können den technischen Druckschriften sowie den Sicherheitsdatenblättern zu den Produkten entnommen werden. Zu speziellen Gefahrstoffen enthalten auch die Merkblätter der Berufsgenossenschaften wichtige Vorschriften zum Umgang.

[Stand: Mai 1990]

5.8 Sortierung von Nadelholz nach der Tragfähigkeit

(nach DIN 4074 Teil 1 [9/1989])

Nachfolgend ein Auszug aus der DIN. Zu beachten ist, daß die DIN 4074 nach Sortierklassen S 7, S 10 und S 13, bei der maschinellen Sortierung noch S 17, alle entsprechend den zulässigen

Biegezugspannungen, unterscheidet, während DIN 1052 noch die früheren Güteklassen GK I, II und III verwendet (vgl. auch Abschnitt 5.2.1 Güteklassen).

DIN 4074 Teil 1 (Auszug):

5.8.1 Anwendungsbereich und Zweck

Diese Norm gilt für Nadelschnitthölzer, deren Querschnitte nach der Tragfähigkeit zu bemessen sind.

Sie legt Sortiermerkmale und -klassen als Voraussetzung für die Anwendung von Rechenwerten für den Standsicherheitsnachweis nach z. B. DIN 1052 Teil 1 oder DIN 1074 fest. Nach zwei Verfahren kann sortiert werden:

- visuell (nach Abschnitt 5.8.5)
- maschinell (nach Abschnitt 5.8.6).

Für bestimmte Verwendungszwecke des Holzes gelten spezielle Normen bezüglich der Sortierung nach der Tragfähigkeit: DIN 68 362 und DIN 4568 Teil 2 für Holzleitern DIN 15 147 für Flachpaletten.

5.8.2 Holzfeuchte

Mittlere Holzfeuchte bedeutet nach dieser Norm Mittelwert der Feuchte eines Holzquerschnitts.

Anmerkung:

Holzfeuchte in %, bezogen auf die Darrmasse, Bestimmung nach DIN 52 183.

Schnittholz gilt als

a) *frisch,* wenn es eine mittlere Holzfeuchte von über 30% hat (bei Querschnitten über 200 cm^2 über 35%),

b) *halbtrocken,* wenn es eine mittlere Holzfeuchte von über 20% und von höchstens 30% hat (bei Querschnitten über 200 cm^2 höchstens 35%),

c) *trocken,* wenn es eine mittlere Holzfeuchte bis 20% hat.

Anmerkung:

Eine mittlere Holzfeuchte bis 20% kann langfristig durch Freilufttrocknung, kurzfristig nur durch technische Trocknung erreicht werden. Eine mittlere Holzfeuchte unter 15% ist in der Regel nur durch technische Trocknung zu erreichen. Faustregel: Die Holzfeuchte beträgt etwa 0,2 × Luftfeuchte; d. h., bei einer Luftfeuchte von 60% wird nach gewisser Zeit die Holzfeuchte sich einstellen zu HF $\cong$ 0,2 × 60 $\cong$ 12%.

5.8.3 Sollquerschnitt

Der Sollquerschnitt bezieht sich auf eine mittlere Holzfeuchte von 30%.

Anmerkung:

Als mittleres Schwind-/Quellmaß für die Querschnittsmaße Breite und Dicke bzw. Höhe ist ein Rechenwert von 0,24% je 1% Holzfeuchteänderung anzunehmen.

5.8.4 Sortiermerkmale

(≙ Fehler des Bauholzes)

5.8.4.1 Baumkante

Sie verringert die Soll-Querschnittsfläche.

Die Breite *k* der Baumkante wird schräg gemessen und als Bruchteil *K* der größeren Querschnittsseite angegeben (siehe Abb. 5.30).

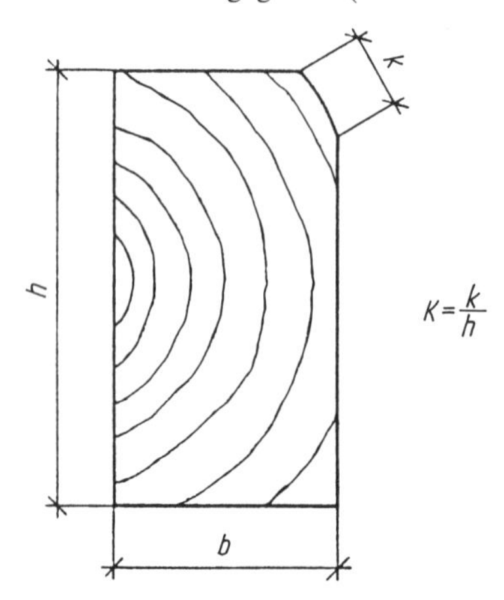

Abb. 5.30 Messung und Berechnung der Baumkante

5.8.4.2 Äste

Sie setzen die Festigkeit, insbesondere Zug- und Biegezugfestigkeit, herab.

Zwischen verwachsenen und nichtverwachsenen Ästen wird nicht unterschieden. Astlöcher werden im Sinne dieser Norm mit Ästen gleichgesetzt. Astrinde wird dem Ast hinzugerechnet.

● Aste in Kanthölzern ($b > 40$ mm, $h \leqq 3 \cdot b$)
Maßgebend ist der kleinste sichtbare Durchmesser *d* der Äste. Bei angeschnittenen Ästen gilt die Bogenhöhe (siehe d_1 in Abb. 5.31), wenn diese kleiner als der Durchmesser ist.

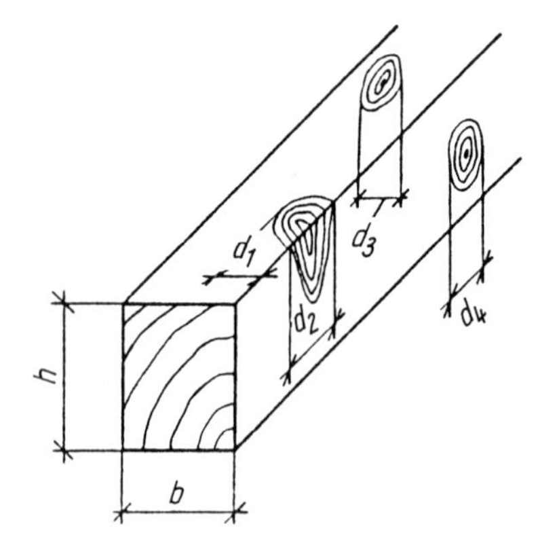

$A = \frac{d_1}{b}$ oder (1)

$A = \frac{d_2}{h}$ oder (2)

$A = \frac{d_3}{b}$ oder (3)

$A = \frac{d_4}{h}$ (4)

Abb. 5.31 Messung und Berechnung der Ästigkeit in Kanthölzern

● Die Ästigkeit A berechnet sich aus dem wie vorstehend bestimmten Durchmesser d, geteilt durch das Maß b bzw. h der zugehörigen Querschnittsseite (siehe Abb. 5.31). Maßgebend ist der größte Ast.

5.8.4.3 Jahrringbreite

Gibt die Breite der Jahres-Zuwachszone an. Je größer die Breite, desto geringer die Festigkeit.

Die Jahrringbreite wird in radialer Richtung in Millimetern gemessen. Bei Schnitthölzern, die Mark enthalten, bleibt ein Bereich von 25 mm, ausgehend von der Markröhre, außer Betracht.

Es gilt die mittlere Jahrringbreite nach DIN 52 181.

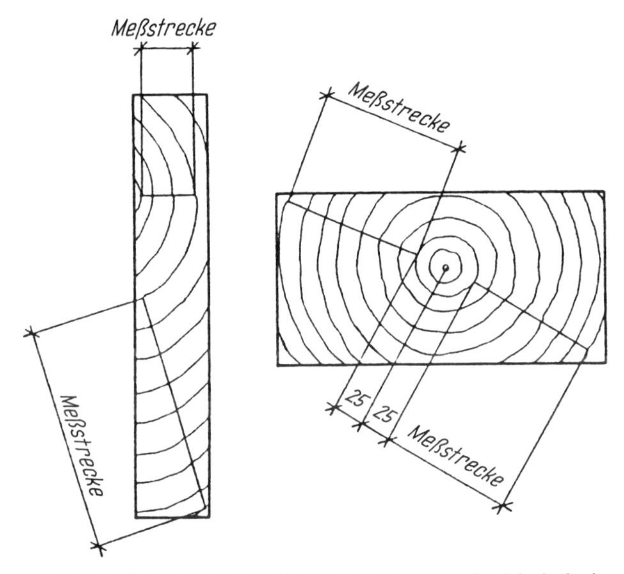

Abb. 5.32 Maßgebender Bereich für die Bestimmung der Jahrringbreite

5.8.4.4 Risse

Unterschieden wird zwischen Blitz- und Frostrissen, Ringschäle sowie Schwindrissen (Trockenrissen).

Blitz- und Frostrisse sind radial gerichtete Risse, die am stehenden Baum entstehen. Sie sind an einer Nachdunkelung des angrenzenden Holzes und Frostrisse zusätzlich an einer örtlichen Krümmung der Jahrringe zu erkennen. Solches geschädigte Holz ist für Bauzwecke wenig geeignet.

Unter Ringschäle wird ein Riß verstanden, der den Jahrringen folgt. Als Bauschnittholz ist so geschädigtes Holz ungeeignet.

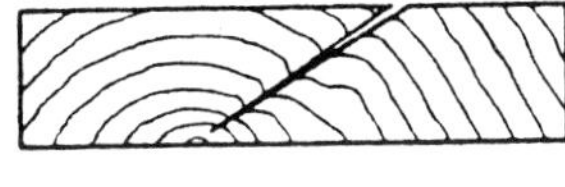

Abb. 5.33 Frostriß

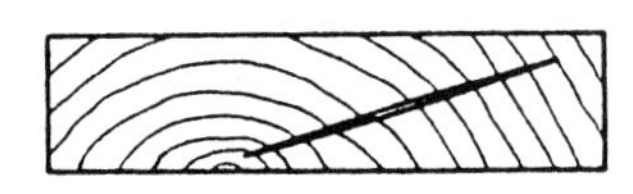

Abb. 5.34 Blitzriß

Schwindrisse (Trockenrisse) sind radial gerichtete Risse, die als Folge der Holztrocknung am gefällten Stamm bzw. am Schnittholz entstehen, begünstigen jedoch das Eindringen von Wasser und Schädlingen.

Anmerkung:

Übliche Schwindrisse beeinträchtigen die Tragfähigkeit nicht.

Siehe hierzu auch die Ausführungen über Risse in Abschnitt 5.3.2 – Querschnittsschwächungen.

5.8.4.5 Insektenfraß

Hier interessieren nur Frischholzzerstörer, also Insekten, die den lebenden (kränkelnden) Baum befallen bzw. das frisch gefällte Holz mit > 20% Holzfeuchte. Holzbrütende Borkenkäfer fressen sich in das Holz ein, die Larven erzeugen Fraßgänge. Nach Trocknung stirbt der Befall aus. Verwendung als Bauholz ist möglich, jedoch nicht als Schreinerholz.

Der Braune Splintholzkäfer greift frisch geschlagenes und verbautes Holz an. Fraßgänge der Larven können das Holz „pulverisieren“. Scheibenböcke sind sowohl Frischholz- als auch Trockenholzzerstörer. Der Schaden im verbauten Holz ist gering, da die Larven hauptsächlich zwischen Rinde und Holz fressen.

Holzwespen werden als Eier oder Larven nur im frischen Holz mit dem verbauten Holz ins Gebäude eingeschleppt. Die Fraßgänge sind schwer erkennbar. Für eine Minderung der Tragfähigkeit von Balken ist die Anzahl der Fraßgänge in aller Regel viel zu gering. Folgeschäden können jedoch durch das Bohren von Löchern durch alle Materialien beim Schlüpfen der Wespe auftreten (Holzflachdach wird undicht).

Alle anderen, z. T. stark holzzerstörende Insekten sind „Trockenholzinsekten“, befallen also das verbaute Holz im Gebäude, so z. B. der Hausbock, der Splintholzkäfer, der Nagekäfer und die Termiten.

5.8.5 Visuelle Sortierung*)

5.8.5.1 Sortierklassen (S)

Nach visuell feststellbaren Merkmalen werden drei Klassen unterschieden:

- Klasse S 7: Schnittholz mit geringer Tragfähigkeit
- Klasse S 10: Schnittholz mit üblicher Tragfähigkeit
- Klasse S 13: Schnittholz mit überdurchschnittlicher Tragfähigkeit

5.8.5.2 Anforderungen

● Sortierkriterien

Die Anforderungen an Kantholz sind aus Tabelle 5.9, die Anforderungen an Bretter, Bohlen und Latten aus Tabelle 5.10 zu entnehmen.

Anmerkung:

Sonstige Schäden, wie z. B. mechanische Schädigung oder extremer Rindeneinschluß, sind sinngemäß zu berücksichtigen.

*) Visuell feststellbare Eigenschaften des Holzes sind im wesentlichen die Ästigkeit und einige andere Holzfehler.

● Maßhaltigkeit
Abweichungen von den vorgesehenen Querschnittsmaßen nach unten sind, bezogen auf eine mittlere Holzfeuchte von 30%, zulässig bis 3% bei 10% der Menge.

● Toleranzen
Bei nachträglicher Inspektion einer Lieferung sortierten Holzes sind ungünstige Abweichungen von den geforderten Grenzwerten zulässig bis 10% bei 10% der Menge.

5.8.5.3 Kennzeichnung

Schnitthölzer der Sortierklasse S 13 sind dauerhaft, eindeutig und deutlich zu kennzeichnen. Hierbei muß die Kennzeichnung angeben:

- Sortierklasse
- Name des Betriebes, in dem sortiert wurde
- Name des ausführenden Sortierers

Tabelle 5.9 Sortierkriterien für Kanthölzer bei der visuellen Sortierung

Sortiermerkmale (siehe Abschnitt 5.8.4)	Sortierklassen		
	S 7	S 10	S 13
1. Baumkante	alle vier Seiten müssen durchlaufend vom Schneidwerkzeug gestreift sein	bis ⅓, in jedem Querschnitt muß mindestens ⅓ jeder Querschnittsseite von Baumkante frei sein	bis ⅛, in jedem Querschnitt muß mindestens ⅔ jeder Querschnittsseite von Baumkante frei sein
2. Äste	bis ⅗	bis ⅖ nicht über 70	bis ⅕ nicht über 50
3. Jahrringbreite – im allgemeinen – bei Douglasie	 – –	 bis 6 bis 8	 bis 4 bis 6
4. Faserneigung	bis 200 mm/m	bis 120 mm/m	bis 70 mm/m
5. Risse – radiale Schwindrisse (= Trockenrisse) – Blitzrisse Frostrisse Ringschäle	 zulässig nicht zulässig	 zulässig nicht zulässig	 zulässig nicht zulässig
6. Verfärbungen – Bläue – nagelfeste braune und rote Streifen – Rotfäule Weißfäule	 zulässig bis zu ⅗ des Querschnitts oder der Oberfläche zul. nicht zulässig	 zulässig bis zu ⅖ des Querschnitts oder der Oberfläche zul. nicht zulässig	 zulässig bis zu ⅕ des Querschnitts oder der Oberfläche zul. nicht zulässig
7. Druckholz	bis zu ⅗ des Querschnitts oder der Oberfläche zulässig	bis zu ⅖ des Querschnitts oder der Oberfläche zulässig	bis zu ⅕ des Querschnitts oder der Oberfläche zulässig
8. Insektenfraß	Fraßgänge bis 2 mm Durchmesser von Frischholzinsekten zulässig		
9. Mistelbefall	nicht zulässig	nicht zulässig	nicht zulässig
10. Krümmung – Längskrümmung, Verdrehung	bis 15 mm/2 m	bis 8 mm/2 m	bis 5 mm/2 m

5.8.6 Maschinelle Sortierung*)

5.8.6.1 Allgemeines

Schnittholz nach dieser Norm darf maschinell nur mit einer nach DIN 4074 Teil 3 geprüften und registrierten Sortiermaschine sortiert werden. Die Registrierung wird durch die Berechtigung zum Führen des DIN-Prüf- und Überwachungszeichens in Verbindung mit der zugehörigen Registernummer nachgewiesen (siehe DIN 4074 Teil 3).

Betriebe, die Schnittholz nach dieser Norm maschinell sortieren, müssen den Nachweis erbringen, daß ihre Werkseinrichtung und ihr Fachpersonal nach DIN 4074 Teil 4 überprüft wurden. Der Nachweis gilt als erbracht, wenn eine Eignungsbescheinigung nach DIN 4074 Teil 4 ausgestellt ist.

5.8.6.2 Sortierklassen (MS)

Nach maschinell zu ermittelnden Eigenschaften und zusätzlichen visuellen Sortiermerkmalen (siehe Tabelle 5.9) werden vier Klassen unterschieden:

- Klasse MS 7: Schnittholz mit geringer Tragfähigkeit
- Klasse MS 10: Schnittholz mit üblicher Tragfähigkeit
- Klasse MS 13: Schnittholz mit überdurchschnittlicher Tragfähigkeit**)
- Klasse MS 17: Schnittholz mit besonders hoher Tragfähigkeit

*) Neben Biegeprüfmaschinen (nicht für Rundholz geeignet) wurden Sortiermaschinen entwickelt, die auf dem Durchstrahlungs-, Durchschallungs- oder Vibrationsprinzip (Methode der Eigenfrequenzmessung) beruhen. Zur Zeit gibt es keine ABZ für Geräte auf Ultraschallbasis; örtliche Fehlstellen sind damit auch kaum zu erfassen.

**) Etwa 70 % aller Bretter erfüllen die Anforderungen an die Sortierklasse S 13.

Tabelle 5.10 Zusätzliche Sortierkriterien für Schnittholz bei der maschinellen Sortierung

Sortiermerkmale (siehe Abschnitt 5.8.4)	Sortierklassen			
	MS 7	MS 10	MS 13	MS 17
1. Baumkante	alle vier Seiten müssen durchlaufend vom Schneidwerkzeug gestreift sein	bis ⅓, in jedem Querschnitt muß mindestens ⅓ jeder Querschnittsseite von Baumkante frei sein	bis ⅛, in jedem Querschnitt muß mindestens ⅔ jeder Querschnittsseite von Baumkante frei sein	bis ⅛, in jedem Querschnitt muß mindestens ⅔ jeder Querschnittsseite von Baumkante frei sein
5. Risse – radiale Schwindrisse (= Trockenrisse) – Blitzrisse Frostrisse Ringschäle	zulässig nicht zulässig	zulässig nicht zulässig	zulässig nicht zulässig	zulässig nicht zulässig
6. Verfärbungen – Bläue – nagelfeste braune und rote Streifen – Rotfäule Weißfäule	zulässig bis zu ⅗ des Querschnitts oder der Oberfläche nicht zulässig	zulässig bis zu ⅖ des Querschnitts oder der Oberfläche nicht zulässig	zulässig bis zu ⅕ des Querschnitts oder der Oberfläche nicht zulässig	zulässig bis zu ⅕ des Querschnitts oder der Oberfläche nicht zulässig
8. Insektenfraß	Fraßgänge bis 2 mm Durchmesser von Frischholzinsekten zulässig			
9. Mistelbefall	nicht zulässig	nicht zulässig	nicht zulässig	nicht zulässig
10. Krümmung – Längskrümmung, Verdrehung	bis 15 mm/2 m	bis 8 mm/2 m	bis 5 mm/2 m	bis 5 mm/2 m

Metallbau*)

- Statische Systeme (auch für Bauzustände)
- Maße und Querschnittswerte der tragenden Bauteile
- Ausbildung der Verbindungen (Stöße und Anschlüsse)
- Verbindungsmittel, Schrauben, Nieten, Bolzen, Schweißnähte
- Korrosionsschutz (DIN 55 928)
- Kontrolle der vorgeschriebenen Bescheinigungen (Werkstoffe nach DIN 18 800 Teil 1/4113 mit den dort festgelegten Bescheinigungen nach DIN 50 049 u. a.)
- Kontrolle der vorgeschriebenen Eignungsnachweise:
  zur Ausführung geschweißter Konstruktionen aus Stahl,
  zum Schweißen tragender Aluminiumbauteile

6 Stahlbauten

6.1 Grundlagen

6.1.1 Einschlägige deutsche DIN-Normen

- DIN 18 800 Teil 1 (11/1990) Stahlbauten – Bemessung und Konstruktion
  Teil 1 bis 8 sind Grundnormen, im Gegensatz zu Fachnormen; z. T. noch in Bearbeitung
- DIN 18 800 Teil 7 (5/1983) Stahlbauten – Herstellen, Eignungsnachweise zum Schweißen
- DIN 18 801 (9/1983) Stahlhochbau – Bemessung, Konstruktion, Herstellung
- DIN 18 804 Kranbahnen, Stahltragwerke – Grundsätze für Berechnung, bauliche Durchbildung und Ausführung; noch in Arbeit, dafür z. Z. noch:
- DIN 4132 (2/1981) Titel wie vor
  DIN 4132, Beiblatt (2/1981) – Erläuterungen (die Krane selbst sind in DIN 15 018 erfaßt)
- DIN 4131 (11/1991) Antennentragwerke aus Stahl – Berechnung und Ausführung
- DIN 18 806, Teil 1 (3/1984) Verbundkonstruktionen – Verbundstützen
- DIN 18 807, Teil 3 (6/1987) Stahltrapezprofile im Hochbau – Festigkeitsnachweis und konstruktive Ausbildung
- DIN 18 807, Teile 6 bis 8 (1993) Aluminiumtrapezprofile
- DIN 18 808 (10/1984) Stahlbauten – Tragwerke aus Hohlprofilen unter vorwiegend ruhender Beanspruchung
- DIN 4133 (11/1991) Schornsteine aus Stahl – Statische Berechnung und Ausführung
- DIN 17 100 (1/1980) Allgemeine Baustähle – Gütenorm (≙ EN 10 025, Ausgabe 1/1991)
- DIN 17 440 bis
  DIN 17 458 Deutsche Normen für Edelstahl Rostfrei (7/1985)

*) Checkliste des Ministeriums für Bauen und Wohnen in NW (s. hierzu auch II 1.3).

- DIN 50 049 (4/1992) Bescheinigungen über Materialprüfungen
- DIN 55 928 Teil 1, (1991) Korrosionsschutz v. Stahlbauten durch Beschichtungen und Überzüge – Allgemeines, Begriffe
  Teil 8 (1993) Korrosionsschutz von dünnwandigen Bauteilen
- DIN 55 928 Teil 6, (1991) Titel wie vor
  – Ausführung und Überwachung der Korrosionsschutzarbeiten
- DASt-Ri 006 (1/1980) Überschweißen von Fertigungsbeschichtungen im Stahlbau
- DASt-Ri 007 (11/1979) Lieferung, Verarbeitung und Anwendung wetterfester Baustähle, befindet sich z. Zt. in Überarbeitung; ein europäischer Normenentwurf DIN EN 10 155, Ausgabe 4/1991 „Wetterfeste Baustähle" wurde veröffentlicht
- DASt-Ri 009 (4/1973) Empfehlungen zur Wahl der Stahlgütegruppen für geschweißte Stahlbauten (Neuausgabe wird erwartet)
- DASt-Ri 014 (1/1981) Empfehlungen zur Vermeidung von Terrassenbrüchen in geschweißten Konstruktionen aus Baustahl

Hinweis: Bis zur Einführung von Eurocodes dürfen DIN 18 800 Teile 1 bis 4 bei Beachtung der „Anpassungsrichtlinie Teil 1 (11/1990) und Teil 2 (5/1994)" weiter verwendet werden.

6.1.2 Bautechnische Unterlagen

Inhalt

Die bautechnischen Unterlagen müssen den Nachweis ausreichender Standsicherheit und Gebrauchstauglichkeit der baulichen Anlage während des Bau- und Nutzungszeitraumes enthalten.

Anmerkung:

Zu den bautechnischen Unterlagen gehören unter anderem die Baubeschreibung, die statische Berechnung einschließlich der Positionspläne, gegebenenfalls Versuchsberichte zu experimentellen Nachweisen, Zeichnungen mit allen für die Prüfung, Nutzung und Dauerhaftigkeit wesentlichen Angaben, Montage- und Schweißfolgepläne und gegebenenfalls Zulassungsbescheide.

Baubeschreibung

Alle für die Prüfung der statischen Berechnungen und Zeichnungen wichtigen Angaben sind in die Baubeschreibung aufzunehmen, insbesondere auch solche, die für die Bauausführung wesentlich sind und aus den Nachweisen und Zeichnungen nicht unmittelbar oder nicht vollständig entnommen werden können. Hierzu gehören auch Angaben zum Korrosionsschutz.

Statische Berechnung

In der statischen Berechnung sind Tragsicherheit und Gebrauchstauglichkeit vollständig, übersichtlich und prüfbar für alle Bauteile und Verbindungen nachzuweisen. Der Nachweis muß in sich geschlossen sein und eindeutige Angaben für die Ausführungszeichnungen enthalten.

Zeichnungen

In den Zeichnungen sind alle für die Prüfung von bautechnischen Unterlagen sowie für die Bauausführung und -abnahme wichtigen Bauteile eindeutig, vollständig und übersichtlich darzustellen.

Anmerkung: Zur eindeutigen und vollständigen Beschreibung der Bauteile gehören unter anderem:

- Werkstoffangaben, wie z. B. Stahlsorte von Bauteilen und Festigkeitsklasse von Schrauben,
- Darstellung und Bemaßung der Systeme und Querschnitte,
- Darstellung der Anschlüsse, z. B. durch Angabe der Lage der Schwerachsen von Stäben zueinander, der Anordnung der Verbindungsmittel und der Stoßteile sowie Angaben zum Lochspiel von Verbindungsmitteln,
- Angaben zur Ausführung, z. B. Vorspannung von Schrauben und Nahtvorbereitung von Schweißnähten,
- Angaben über Besonderheiten, die bei der Montage zu beachten sind, und
- Angaben zum Korrosionsschutz.

6.2 Werkstoffe

6.2.1 Werkstoffe nach DIN-Normen und ABZ

6.2.1.1 Stahlsorten

Stahl ist ein Eisenwerkstoff mit einem Kohlenstoffgehalt < 2 Masse-%; darüber ist Gußeisen definiert (C-Gehalt zwischen 2,5 und 4,2%).

● Übliche Stahlsorten
Es sind folgende Stahlsorten zu verwenden:

1. Von den allgemeinen Baustählen nach DIN 17 100 die Stahlsorten St 37-2, USt 37-2, RSt 37-2, St 37-3 und St 52-3, entsprechende Stahlsorten für kaltgefertigte geschweißte quadratische und rechteckige Rohre (Hohlprofile) nach DIN 17 119 sowie für geschweißte bzw. nahtlose kreisförmige Rohre nach DIN 17 120 bzw. DIN 17 121.

2. Von den schweißgeeigneten Feinkornbaustählen nach DIN 17 102 die Stahlsorten StE 355, WStE 355, TStE 355 und EStE 355, entsprechende Stahlsorten für quadratische und rechteckige Rohre (Hohlprofile) nach DIN 17 125 sowie für geschweißte bzw. nahtlose kreisförmige Rohre nach DIN 17 123 bzw. DIN 17 124.

3. Stahlguß GS-52 nach DIN 1681 und GS-20 Mn 5 nach DIN 17 182 sowie Vergütungsstahl C 35 N nach DIN 17 200 für stählerne Lager, Gelenke und Sonderbauteile.

● Andere Stahlsorten
Andere als vorstehend genannte Stahlsorten dürfen nur verwendet werden, wenn:

- die chemische Zusammensetzung, die mechanischen Eigenschaften und die Schweißeignung in den Lieferbedingungen des Stahlherstellers festgelegt sind und diese Eigenschaften einer der vorstehend genannten Stahlsorten zugeordnet werden können;
- sie in den Fachnormen vollständig beschrieben und hinsichtlich ihrer Verwendung geregelt sind;
- ihre Brauchbarkeit auf andere Weise nachgewiesen worden ist.

Anmerkung:

Die Brauchbarkeit kann z. B. durch eine allgemeine bauaufsichtliche Zulassung oder Zustimmung im Einzelfall nachgewiesen werden.

Stähle nach dem Stand der Technik, jedoch noch nicht genormt, werden vom DIBt überprüft und evtl. bauaufsichtlich zugelassen: z. B. die nichtrostenden Stähle und die Feinkornbaustähle (die letzteren spielen im Stahlhochbau eine geringe Rolle).

Im Zulassungsbescheid Z 30,44.1 von 2/1989 ist die Herstellung und Verwendung von Bauteilen und Verbindungsmitteln aus nichtrostenden Stählen geregelt, und zwar für folgende gängige Sorten (entsprechend ihren Liefernormen):

Kurzname	Werkstoffnummer		Für Anker zugelassen*)
X5 Cr Ni 1810	1.4301 E 225	1.4301 E 355	nein
X10 Cr Ni Ti 1810	1.4541 E 225	1.4541 E 355	ja
X5 Cr Ni Mo 17122	1.4401 E 225	1.4401 E 355	nein
X10 Cr Ni Mo Ti 17122	1.4571 E 225	1.4571 E 355	ja

Nichtrostende Stähle (Edelstähle)
Sie haben höhere Scherfestigkeiten als unlegierte Stähle; daher ist mehr Kraft beim Schneiden eines Bleches erforderlich, ebenfalls beim Stanzen, Lochen und Sägen.

Beim Bohren nicht vorkörnen (Kaltverfestigung!), besser Zentrierbohrer oder Bohrlehre verwenden; Bohrer sowie Bohrloch gut kühlen!

Schweißen am besten elektrisch, Gasschweißen nicht empfohlen. Wärmeausdehnung etwa 50% größer (Vergrößerung des Wurzelspaltes erforderlich!), Schmelzpunkt etwa 110 °C niedriger als unlegierte Stähle. Wegen der Gammastruktur der Mischkristalle des Werkstoffes (Austenit) ist die Vorwärmung zum Vermeiden von Aufhärtungen zwecklos und ebenso wie die nachträgliche Wärmebehandlung nicht erlaubt. Für die Ausführung der Schweißarbeiten an nichtrostenden Stählen oder an „Schwarzweißverbindungen“ dürfen nur geprüfte Schweißer der Prüfgruppe B-IVA oder R-IVA nach DIN 8560 eingesetzt werden. Der Betrieb muß über eine Erweiterung des Eignungsnachweises zum Schweißen von nichtrostenden Stählen verfügen. Nach dem Schweißen: Alle Spritzer und Anlaufkerben vom Werkstück entfernen, da sonst an diesen Stellen Korrosion auftreten kann. Beim Zusammenbau von Edelstahl mit anderen Metallen (unlegierte Stähle oder Aluminium) Kontaktkorrosion des unedlen Metalles durch Zwischenlagen aus Kunststoff oder Schutzanstrich vermeiden; unbedenklich sind kleine Teile Edelstahl (z. B. Schrauben) in großer Oberfläche Alu-Blech.

Wetterfeste Baustähle
Wetterfeste Baustähle (WT) nach DASt-Ri 007 sind niedriglegierte Massenbaustähle, also auch erheblich billiger als die hochlegierten Edelstähle, die eine Eisenoxid-Deckschicht bilden, die sich bei der Bewitterung stetig erneuert. Der Rostungsvorgang ist verlangsamt, kommt jedoch in aggressiver Atmosphäre (Meer, Industrie) nicht zum Stillstand. Die WT müssen der freien Witterung ausgesetzt sein und bleiben, das Regenwasser muß jedoch ungehindert abfließen können. In der frühen Bewitterungszeit können sich Rostfahnen bilden, auch auf den darunterliegenden Bauteilen. – Zum Teil ist die Verwendung amtlich eingeschränkt, z. B. für den Brückenbau.

Bei Verbindungen mit Schrauben müssen diese ebenfalls aus wetterfestem Stahl sein, da sonst die Gefahr der Bildung elektrochemischer Elemente besteht. Kombinationen sind mit Aluminium, Edelstahl, Fliesen, Glas möglich, nicht jedoch mit Beton, Putz, Naturstein und verzinktem Stahl.

*) Wegen ihres Korrosionsverhaltens für Verankerungen in Stahlbetonbauteilen zugelassen/nicht zugelassen.

6.2.1.2 Stahlauswahl

Die Stahlsorten sind entsprechend dem vorgesehenen Verwendungszweck und ihrer Schweißeignung auszuwählen.

Tabelle 6.1 Als charakteristisch für Walzstahl und Stahlguß festgelegte Werte

	1		2	3	4
	Stahl		Erzeugnisdicke t mm	Streckgrenze $f_{y,k}$ N/mm²	Zugfestigkeit $f_{u,k}$ N/mm²
1	Baustahl	St 37-2	$t \leqq 40$	240	360
2		USt 37-2 R St 37-2 St 37-3	$40 < t \leqq 80$	215	
3	Baustahl		$t \leqq 40$	360	510
4		St 52-3	$40 < t \leqq 80$	325	
5	Feinkorn-baustahl	StE 355	$t \leqq 40$	360	510
6		WStE 355 TStE 355 EStE 355	$40 < t \leqq 80$	325	
7	Stahlguß	GS-52		260	520
8		GS-20 Mn 5	$t \leqq 100$	260	500
9	Vergütungs-stahl		$t \leqq 16$	300	480
10		C 35 N	$16 < t \leqq 80$	270	

Die „Empfehlungen zur Wahl der Stahlgütegruppen für geschweißte Stahlbauten" (DASt-Richtlinie 009) und „Empfehlungen zum Vermeiden von Terrassenbrüchen in geschweißten Konstruktionen aus Baustahl" (DASt-Richtlinie 014) dürfen für die Wahl der Werkstoffgüte herangezogen werden.

Bei der Beurteilung der Schweißeignung eines Baustahls sind zu beachten (s. Tabelle 6.2):

- Sprödbruchneigung: Versagen plötzlich und ohne vorherige Verformung weit unter der zulässigen Beanspruchung
- Alterungsneigung: Änderung der mechanischen Gütewerte mit der Zeit, z. B. nach Kaltverformung Zunahme der Zugfestigkeit bei gleichzeitiger Abnahme des Verformungsvermögens
- Aufhärtungsneigung: Verlust an plastischem Verformungsvermögen in der Wärmeeinflußzone der Schweißnähte
- Seigerungsverhalten: Entmischungserscheinungen beim Vergießen des Stahls

Die Begleitstoffe des Stahls (C, Si, P, S, Mn) werden beim Vergießen und Walzen z. T. in konzentrierter Form in sogenannten Seigerungszonen zusammengedrängt. Durch Überwalzung oder durch solche nichtmetallische Einschlüsse kann es zu regelrechten Trennschichten (Doppelungen) in der Mitte von Blechen kommen, die bei Mangansulfidausscheidungen nicht einmal mit den üblichen Untersuchungsmethoden erkannt werden können (wirksame Prüfung

Tabelle 6.2 Beurteilung der Schweißeignung

Stahlsorte	Desoxidation (Vergießen)	Neigung zu Sprödbruch	Neigung zu Alterung	Neigung zu Aufhärtung	Seigerungs-verhalten
USt 37−2	U	XX	X	−	X
RSt 37−2	R	XX	X	−	−
St 37−3	RR	X	X	−	−
St 37−3 (N)	RR	−	−	−	−
St 52−3	RR	X	X	X	−
St 52−3 (N)	RR	−	−	X	−

U = unberuhigt (vergossen), R = beruhigt, RR = besonders beruhigt, N = normalgeglüht (bei ca 800 °C), alle übrigen warmgeformt unbehandelt, − = nicht vorhanden, X = mäßig, XX = stark

nur durch zerstörenden Zugversuch). − Eingetretene Materialtrennungen sind nicht reparabel: Bleche austauschen!

Unterscheidung von St 37 und St 52 auf der Baustelle: Optisch sind die Stähle nicht zu unterscheiden. Die Schleiffunkenprobe kann einen Aufschluß geben, wenn Vergleichstäbe zur Hand sind. St 37 hat 0,2% C; St 52 etwa 0,3% C; die Funkenmenge hängt vom Kohlenstoffgehalt ab, ist also bei St 52 viel größer. − Außerdem läßt sich die mit der größeren Festigkeit verbundene größere Härte durch Feilenstrich oder Körnereindruck feststellen.

6.2.2 Kennzeichnung und Bescheinigung der Werkstoffe

● Kennzeichnung der Erzeugnisse

Die zu verwendenden Stahlerzeugnisse müssen gegen Verwechslung gekennzeichnet sein. Vor der Trennung ist die Kennzeichnung auf die Einzelteile zu übertragen.

Bei St 37-2 darf die Kennzeichnung entfallen.

● Bescheinigungen

Für die verwendeten Erzeugnisse müssen Bescheinigungen nach DIN 50 049 vorliegen.

Für nichtgeschweißte Konstruktionen aus Stahl der Sorten St 37-2, USt 37-2, RSt 37-2 und St 37-3 und für untergeordnete Bauteile darf hierauf verzichtet werden, wenn die Beanspruchungen nach der Elastizitätstheorie ermittelt werden.

Werden die Beanspruchungen nach der Plastizitätstheorie ermittelt, sind die Werkstoffeigenschaften mindestens durch ein Werksprüfzeugnis zu belegen.

Für Blech und Breitflachstahl in geschweißten Bauteilen mit Dicken über 30 mm, die im Bereich der Schweißnähte auf Zug beansprucht werden, muß der Aufschweißbiegeversuch nach SEP 1390 durchgeführt und durch ein Abnahmeprüfzeugnis belegt sein.

Anmerkung:

SEP: Stahl-Eisen-Prüfblatt

● Sonderregelung für die Stahlsorte St 52-3

Für Erzeugnisse aus Stahlsorte St 52-3 sind bei Einhaltung der Festlegungen in DIN 17 100/01.80, Abschnitt 8.3.1, für die Elemente C, Si, Mn, P, S, Al, B, Cr, Cu, Mo, Ni, Nb, Ti und V die Gehalte der chemischen Zusammensetzung nach der Schmelzanalyse zu prüfen und bekanntzugeben. An Stelle der Angabe der tatsächlichen Gehalte der Elemente Nb, Ti und V genügen auch Prüfung und Bestätigung, daß in der Schmelzanalyse folgende Höchstwerte eingehalten werden:

Nb: 0,02%
Ti : 0,02%
V : 0,03%

Stähle in den Grenzen der chemischen Zusammensetzung und in Übereinstimmung mit allen weiteren Festlegungen für die Stahlsorte St 52-3 nach DIN 17 100 mit Höchstgehalten an Niob von 0,05%, an Titan von 0,05% und an Vanadin von 0,10% dürfen verwendet werden, wenn der Kohlenstoffgehalt für Nenndicken bis 30 mm 0,18% nicht überschreitet. Die Begrenzung des Kohlenstoffgehaltes gilt, wenn auch nur eines der genannten Elemente den unteren Grenzwert überschreitet.

Bei geschweißten Bauteilen müssen für Erzeugnisse aus der Stahlsorte St 52-3 im Abnahmeprüfzeugnis Angaben zu den oben aufgeführten Elementen enthalten sein.

Nach DIN 18 800 T 1 sind die verwendeten Stähle, Schrauben, Niete und Bolzen sowie hochfeste Zugglieder (Seile) durch Bescheinigungen nach DIN 50 049 (4/1992) – Bescheinigungen über Materialprüfungen – zu belegen; ausgenommen sind lediglich Bauteile aus St 37 ohne Schweißnähte und für untergeordnete Bauteile. Zusätzliche Regelungen bestehen bei Brücken. Es gibt in der vorgenannten Norm (siehe ausführlich unter II 1.5.3) in absteigender Aussagequalität:

- Werksbescheinigung, Werkszeugnis, Werksprüfzeugnis
- Abnahmeprüfzeugnisse A, B, C
- Abnahmeprüfprotokolle A, C

Diese Norm gilt für Bescheinigungen, mit denen Materialprüfungen, insbesondere an Werkstoffen und Bauteilen, bestätigt werden.

6.3 Verbindungen und Verbindungsmittel

6.3.1 Schrauben

Die Schraube ist ein punktförmiges Verbindungsmittel; mit besonderen Maßnahmen wie z. B. Vorspannen und Aufrauhen der Kontaktflächen können für bestimmte Lastzustände quasiflächenförmige Verbindungen geschaffen werden. Die frühere Nietverbindung ist heute vollkommen ersetzt, und zwar im Werk durch das Schweißen, bei der Montage durch Schrauben. Es gibt Schrauben verschiedener Festigkeitsklassen.

6.3.1.1 Abmessungen, Symbole, Festigkeitsklassen

Durch Schraubenkopf und Mutter werden die zu verbindenden Bauteile in ihren Berührungsflächen zusammengedrückt. Je nachdem, ob die dadurch erzeugte Reibung bei der Weiterleitung von senkrecht zur Schraubenachse wirkenden Kräften unberücksichtigt bleibt oder planmäßig erzeugt und ausgenutzt wird, ergeben sich zwei Verbindungsarten mit unterschiedlicher Wirkungsweise:

- Scher-/Lochleibungsverbindungen (mit Rohen Schrauben oder Paßschrauben)
- gleitfeste Verbindungen (mit Hochfesten Schrauben oder Hochfesten Paßschrauben)

Bei normalen Sechskantschrauben, also Rohen Schrauben, ist Gewindedurchmesser = Schaftdurchmesser < Lochdurchmesser (Lochspiel $\Delta d \leqq 0{,}3$ mm).

Bei Paßschrauben ist Gewindedurchmesser < Schaftdurchmesser = Lochdurchmesser (Lochspiel $\Delta d \leqq 0{,}3$ mm). Schaftdurchmesser = Gewindedurchmesser + 1 mm.

Mit Senkschrauben können keine Scher-/Lochleibungsverbindungen (SL) hergestellt werden.

Am günstigsten für Fertigung und Montage sind Schrauben mit Lochspiel, also Rohe Schrauben oder HV-Schrauben*). Schrauben mit Passungen sind jedoch erforderlich, wenn auch kleinste Verschiebungen in der Verbindung vermieden werden müssen, so z. B. beim Zusammenwirken von Schrauben mit Schweißnähten.

Werden HV-Schrauben, also solche der Festigkeitsklasse 10.9, verwandt, kann durch sog. „nichtplanmäßiges Vorspannen“ der zulässige Lochleibungsdruck erhöht werden. Nichtplanmäßige Vorspannung beinhaltet mindestens den halben Wert der bei (planmäßig) gleitfesten Verbindungen erforderlichen Vorspannung.

In gleitfesten Verbindungen werden die Bauteile durch Anziehen der Mutter (evtl. des Kopfes) der HV-Schrauben zusammengedrückt; die Kräfte werden durch Reibung in den Berührungsflächen übertragen. Die Reibflächen müssen vorbereitet werden: durch Strahlmittel oder Flammstrahlen auf der Baustelle oder (heute häufiger) durch einen gleitfesten Anstrich bereits im Werk; siehe auch Abschnitt 6.3.2.2 (nach Kahlmeyer, Stahlbau, Werner-Verlag, 3. Aufl. 1990).

Tabelle 6.3 Abmessungen und Symbole von Schrauben

Schraubengröße (Bezeichnung)		M 12	M 16	M 20	M 22	M 24	M 27	M 30	(M 36)
Gewindedurchmesser d_1		12	16	20	22	24	27	30	36
Schaftdurchmesser d_2	Rohe Schrauben HV-Schrauben	12	16	20	22	24	27	30	36
	Paßschrauben HV-Paßschrauben	13	17	21	23	25	28	31	37
Schlüsselweite s (bei HV-Schrauben 3 bis 5 mm größer als bei Rohen Schrauben und Paßschrauben)									
Regel-Lochdurchmesser (kann bei Rohen Schrauben und HV-Schrauben 1 mm größer sein)		13	17	21	23	25	28	31	37
Schraubenlänge max. l	Rohe Schrauben	120	150	175	200				
	HV-Schrauben	95	130	155	165	190	200		
	Paßschrauben	120	160	180	200				
	HV-Paßschrauben	120	160	180	200				
Klemmlänge max. l_k	Rohe Schrauben und Paßschrauben	$\approx l - (M + 10)$							
	HV- und HVP-Schrauben	$\approx l - (M + 15)$							
Symbole									
Versenkter Kopf oben/unten	z. B. M 20 oben versenkt					unten versenkt			
Auf Baustelle einzuziehende Schraube	z. B. M 20								
Auf Baustelle zu bohrende Schraubenlöcher	z. B. M 20								

*) Hochfest und vorgespannt.

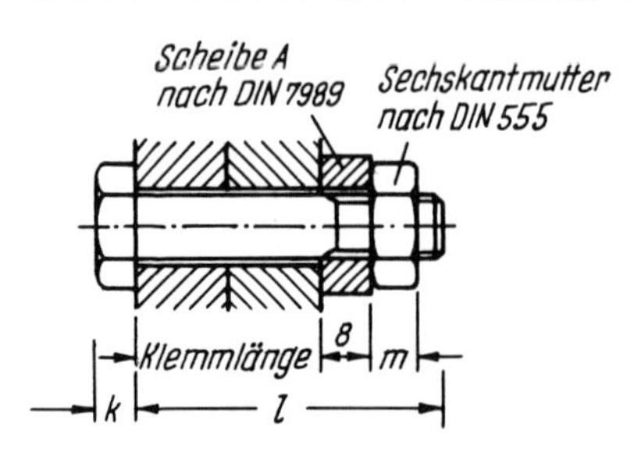

(Rohe) Sechskantschraube

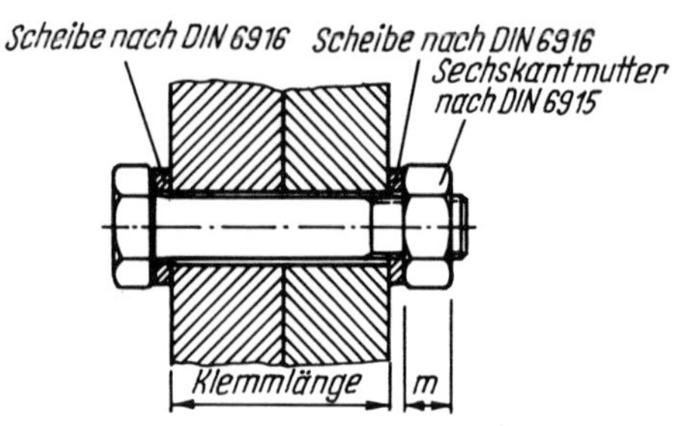

HV-Schraube

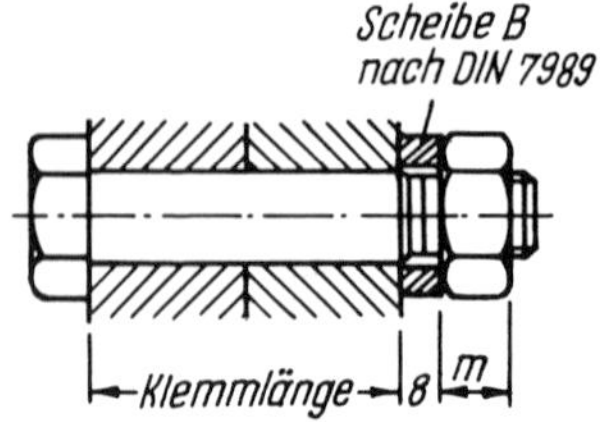

Abb. 6.1

Paßschraube

Schrauben, Muttern, Scheiben

Es sind Schrauben der Festigkeitsklassen 4.6, 5.6, 8.8 und 10.9 nach DIN ISO 898 Teil 1, zugehörige Muttern der Festigkeitsklassen 4, 5, 8 und 10 nach DIN ISO 898 Teil 2 und Scheiben, die mindestens die Festigkeit der Schrauben haben, zu verwenden.

Die Kennzeichnung der Festigkeitsklasse besteht aus zwei Zahlen, die in der Regel durch einen Punkt getrennt sind. Die erste Zahl gibt ein Hundertstel der Nennzugfestigkeit in N/mm^2 und die zweite das 10fache des Verhältnisses der Nennstreckgrenze bzw. 0,2-Dehngrenze zur Nennzugfestigkeit an. In DIN ISO 898 (1/1989) – Mechanische Eigenschaften von Schrauben – ist festgelegt: Die Kennzeichnung von Sechskantschrauben ist obligatorisch für alle Festigkeitsklassen der Abmessungen M5 und größer. 8.8- und 9.8-Schrauben aus Stahl mit niedrigem Kohlenstoffgehalt und Zusätzen (z. B. Bor) müssen nicht mehr durch Unterstreichen des Kennzeichens unterschieden werden (früher z. B. 8.8 und 8.8).

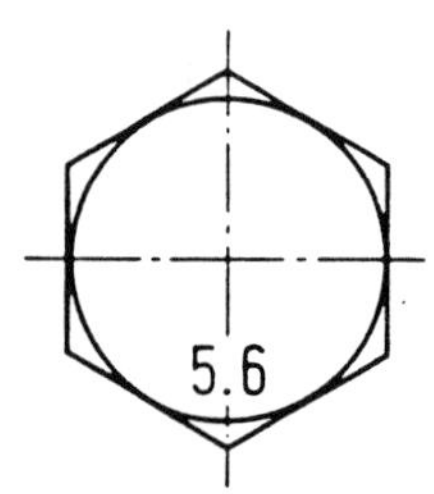

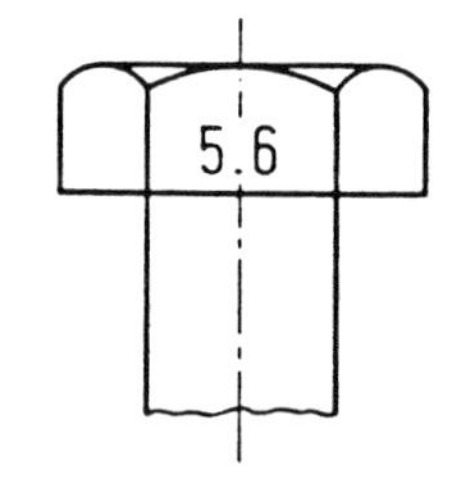

Abb. 6.2

Kennzeichnung der Schrauben nach ihrer Festigkeitsklasse

Bescheinigungen über Schrauben, Niete und Bolzen

Für Schrauben der Festigkeitsklassen 8.8 und 10.9 sowie Muttern der Festigkeitsklassen 8 und 10 muß durch laufende Aufschreibungen des Herstellerwerkes nachzuweisen sein, daß die

Anforderungen hinsichtlich der mechanischen Eigenschaften, Oberflächenbeschaffenheit, Maße und Anziehverhalten für diese Schrauben erfüllt sind. Dieses muß unter anderem durch ein Werkszeugnis nach DIN 50 049 belegt sein.

Schrauben der anderen Festigkeitsklassen und Niete müssen nach DIN ISO 898 Teil 1 und Teil 2 geprüft sein. Auf die Vorlage einer Bescheinigung hierüber darf verzichtet werden.

Tabelle 6.4 Werkstoffeigenschaften der Schraubenstähle

	Festigkeitsklasse (Kennzeichen)	Werkstoff und Wärmebehandlung	Zugfestigkeit R_m		Streck- bzw. Dehngrenze R_{eL} bzw. $R_{P0.2}$		Bruchdehnung A_5	Mindestkerbschlagzähigkeit
			Nennw.	min.	Nennw.	min.	min.	
			N/mm²		N/mm²		%	Joule
normalfest	4.6	Stahl mit niedrigem oder mittlerem Kohlenstoffgehalt	400		240		22	–
normalfest	5.6	Stahl mit niedrigem oder mittlerem Kohlenstoffgehalt	500		300		20	25
hochfest	8.8	Stahl mit niedrigem Kohlenstoffgehalt und Zusätzen (z. B. Bor, Mn oder Cr) Stahl mit mittlerem Kohlenstoffgehalt, abgeschreckt und angelassen	800	>M 16: 830	640	>M 16: 660	12	30
hochfest	10.9	Stahl mit niedrigem Kohlenstoffgehalt und Zusätzen (z. B. Bor, Mn oder Cr), abgeschreckt und angelassen Stahl mit mittlerem Kohlenstoffgehalt, abgeschreckt und angelassen Stahl mit mittlerem Kohlenstoffgehalt und Zusätzen (z. B. Bor, Mn oder Cr) legierter Stahl	1000	1040	900	940	9	20

(Nach: Merkblatt 322 – Schrauben im Stahlbau; vormals Beratungsstelle für Stahlverwendung, Düsseldorf, 1986.)

6.3.1.2 Besonderheiten bei verzinkten Schrauben

Es sind nur komplette Garnituren (Schrauben, Muttern und Scheiben) eines Herstellers zu verwenden; dies gilt bekanntlich nicht für unverzinkte Schrauben.

Feuerverzinkte Schrauben der Festigkeitsklassen 8.8 und 10.9 (hochfest) sowie zugehörige Muttern und Scheiben dürfen nur verwendet werden, wenn sie vom Schraubenhersteller im Eigenbetrieb oder unter seiner Verantwortung im Fremdbetrieb verzinkt wurden.

Andere metallische Korrosionsschutzüberzüge dürfen verwendet werden, wenn:

- die Verträglichkeit mit dem Stahl gesichert ist
- eine wasserstoffinduzierte Versprödung vermieden wird
- ein adäquates Anziehverhalten nachgewiesen wird.

Anmerkung 1:

Ein anderer metallischer Korrosionsschutzüberzug ist z. B. die galvanische Verzinkung. Die galvanische Verzinkung hat geringere Schichtdicken und sollte deshalb bei größeren Korrosionsbeanspruchungen (z. B. außen) nicht verwendet werden.

Anmerkung 2:

Zur Vermeidung wasserstoffinduzierter Versprödung siehe auch DIN 267 Teil 9.

6.3.1.3 Schrauben, Muttern und Unterlegscheiben als Einheit

Schrauben nach DIN 7990, Paßschrauben nach DIN 7968 und Senkschrauben nach DIN 7969 sind mit Muttern nach DIN 555 und gegebenenfalls mit Unterlegscheiben nach DIN 7989 oder mit Keilscheiben nach DIN 434 bzw. DIN 435 zu verwenden.

Schrauben nach DIN 6914 und Paßschrauben nach DIN 7999 sind mit Muttern nach DIN 6915 und Unterlegscheiben nach DIN 6916 bis DIN 6918 zu verwenden.

Bei hochfesten Schrauben sind Unterlegscheiben *kopf- und mutterseitig* anzuordnen, also je eine Scheibe. Eventuell werden unter der Mutter zwei Scheiben erforderlich wegen der Gewindelänge (s. weiter unten).

Auf die kopfseitige Unterlegscheibe darf bei nicht planmäßig vorgespannten hochfesten Schrauben verzichtet werden, wenn das Nennlochspiel 2 mm beträgt.

Die Auflageflächen am Bauteil dürfen planmäßig nicht mehr als 2% gegen die Auflageflächen von Schraubenkopf und Mutter geneigt sein.

Anmerkung 1:

Als nicht planmäßig vorgespannt gelten Schrauben bzw. Verbindungen, wenn die Schrauben entsprechend der gängigen Montagepraxis ohne Kontrolle des Anziehmomentes angezogen werden.

Anmerkung 2:

Größere Neigungen können z. B. durch Keilscheiben ausgeglichen werden.

Erläuterungen zu DIN 18 800 Teil 1 (nach Merkblatt 322 – Schrauben im Stahlbau, 1986)*)

Anordnung von runden Scheiben

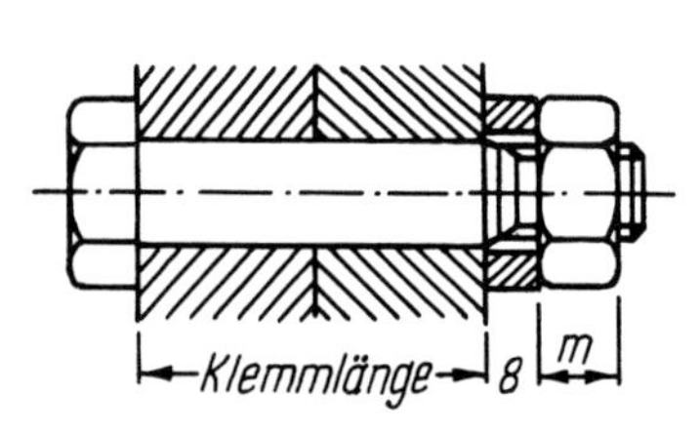

Scheiben bei Rohen Schrauben und Paßschrauben

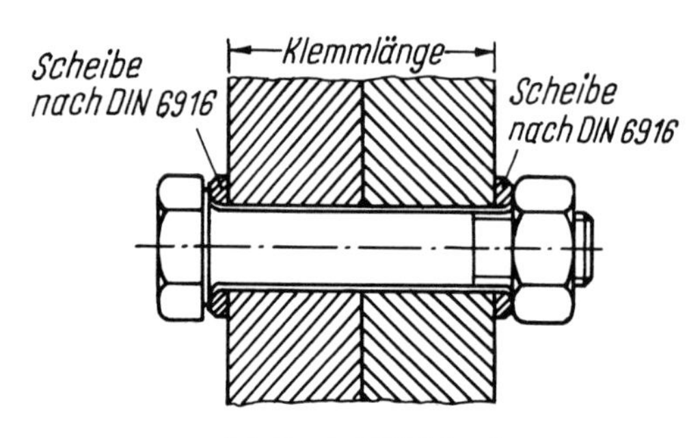

Scheiben bei HV-Schrauben

Abb. 6.3 Scheiben für Schrauben

*) Stahl-Informationszentrum, Düsseldorf, vormals Beratungsstelle für Stahlverwendung.

Vierkantscheibe nach DIN 6918 für geneigte Flansche

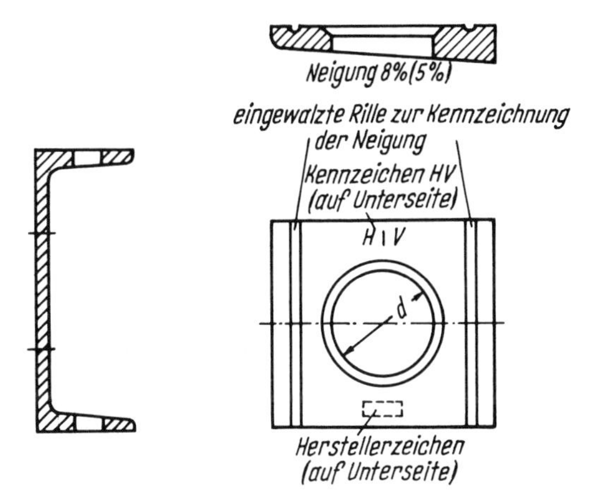

Scheiben nach DIN 7989 (a) und DIN 6916 (b)

a) Scheiben für Schrauben nach
DIN 7990 (A)
DIN 7968 (B)

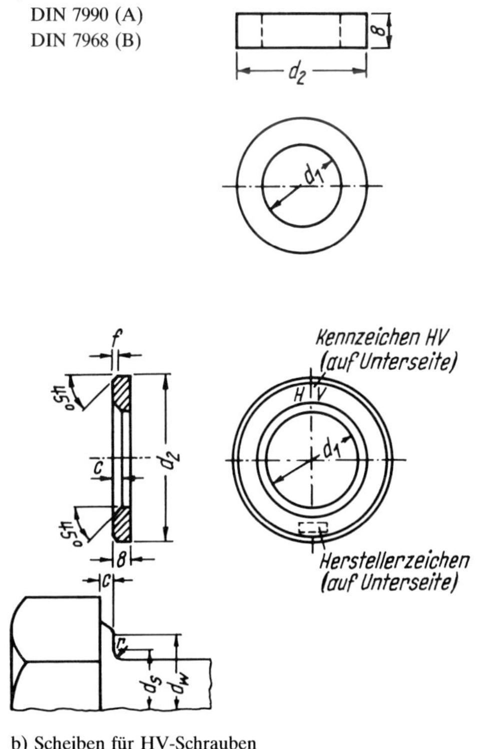

Abb. 6.4 Besondere Scheiben

b) Scheiben für HV-Schrauben

Die hier beschriebenen Schrauben sind stets mit Scheiben zu verwenden. Für Schrauben nach DIN 7968 und DIN 7990 gilt dies für die Seite, an der die Mutter aufsitzt. Sie dienen dazu, daß das Gewinde nicht zu tief in das Loch des Konstruktionsteils hineinragt. Es gibt für die verschiedenen Schrauben jeweils entsprechende Scheiben. Bei Hochfesten Schrauben muß auch an der Kopfseite eine Scheibe untergelegt werden. Dies ist durch die Geometrie der Schraube bedingt und dient vor allem zur Vermeidung einer Kerbwirkung am Übergang vom Schaft zum Schraubenkopf. Außerdem treten bei Verbindungen mit Hochfest vorgespannten Schrauben hohe Flächenpressungen zwischen Kopf und Bauteil auf. Die Scheiben sorgen für eine definierte Flächenpressung.

Bei U-Profilen nach DIN 1026 sind die Flanschflächen geneigt, und zwar mit 8% bei Profilen mit einer Höhe von $h \leqq 300$ mm, 5% bei $h > 300$ mm. Diese Neigungen müssen durch entsprechende Scheiben ausgeglichen werden. Es gibt Scheiben für U-Profile und normale Schrauben nach DIN 435, für U-Profile und HV-Verbindungen nach DIN 6918. Ein Beispiel zeigt Abb. S. 361.

Es ist also darauf zu achten, daß das Gewindeteil der (Rohen) Schraube nicht bzw. nur sehr begrenzt in den Klemmbereich hineinragt, da eine Querkraftübertragung in diesem Bereich nicht wirksam wäre (s. auch 6.3.3.1). Erforderlichenfalls Schrauben auswechseln mit anderer Länge oder Unterlegscheiben mit größerer Dicke oder zwei Scheiben verwenden. Das gilt nicht für HV-Schrauben, da hierbei die Querkraftübertragung durch Reibung erfolgt.

Bei Bauteilen, die so belastet werden, daß ein Lockern der Schraube nicht ausgeschlossen werden kann, sind die Muttern von Schraubenverbindungen gegen unbeabsichtigtes Lösen zu sichern, z. B. durch Vorspannen von Schrauben der Festigkeitsklasse 10.9 oder durch Kontern; bei geringer Bedeutung auch durch Federringe nach DIN 127.

6.3.2 Schraubenverbindungen

6.3.2.1 Ausführungsformen

Die Ausführungsformen für Schraubenverbindungen sind nach Tabelle 6.5 zu unterscheiden.

Für planmäßig vorgespannte Verbindungen sind Schrauben der Festigkeitsklassen 8.8 oder 10.9 zu verwenden.

Gleitfeste Verbindungen mit Schrauben der Festigkeitsklasse 8.8 und 10.9 sind planmäßig vorzuspannen; die Reibflächen sind nach DIN 18 800 Teil 7 vorzubehandeln.

Zugbeanspruchte Verbindungen mit Schrauben der Festigkeitsklassen 8.8 oder 10.9 sind planmäßig vorzuspannen.

Auf planmäßiges Vorspannen darf verzichtet werden, wenn Verformungen (Klaffungen) beim Tragsicherheitsnachweis berücksichtigt werden und im Gebrauchszustand in Kauf genommen werden können.

Anmerkung 1:

GV-Verbindungen sichern die Formschlüssigkeit der Verbindungen bis zur Grenzgleitkraft, SLP-, SLVP- und GVP-Verbindungen bis zur Grenzabscher- bzw. Grenzlochleibungskraft.

Anmerkung 2:

Planmäßiges Vorspannen von zugbeanspruchten Verbindungen (z. B. von biegesteifen Stirnplatten-Verbindungen) verhindert das Klaffen der Verbindung unter den Einwirkungen für den Gebrauchstauglichkeitsnachweis. Dadurch wird auch die Betriebsfestigkeit der Verbindung erhöht.

Anmerkung 3:

In der Literatur werden GV- und GVP-Verbindungen auch als gleitfeste vorgespannte Verbindungen bezeichnet.

Tabelle 6.5 Ausführungsformen von Schraubenverbindungen

	1	2	3	4
	Nennlochspiel $\Delta d = d_L - d_{Sch}$ mm	nicht planmäßig vorgespannt	planmäßig vorgespannt	
			ohne gleitfeste Reibfläche	mit gleitfester Reibfläche
1	$0{,}3 < \Delta d \leqq 2{,}0$*)	SL	SLV	GV
2	$\Delta d \leqq 0{,}3$	SLP	SLVP	GVP

SL Scher-Lochleibungsverbindungen
SLP Scher-Lochleibungs-Paßverbindungen
SLV planmäßig vorgespannte Scher-Lochleibungs-Verbindungen
SLVP planmäßig vorgespannte Scher-Lochleibungs-Paßverbindungen
GV gleitfeste planmäßig vorgespannte Verbindungen
GVP gleitfeste planmäßig vorgespannte Paßverbindungen

*) Der Größtwert des Nennlochspiels Δd in Verbindungen mit Senkschrauben beträgt im Bauteil mit dem Senkkopf $\Delta d = 1{,}0$ mm.

Anmerkungen zur Tabelle 6.5

SL — Scher-Lochleibungsverbindung mit Lochspiel; Rohe Schrauben und Hochfeste Schrauben; Beanspruchung der Schraube senkrecht zu ihrer Achse mit Druck auf die Bohrlochwandung und Abscheren in der Fuge der Bauteile wegen der Toleranzen günstig für Fertigung und Montage

SLP — Scher-Lochleibungs-Paßverbindung wie SL, jedoch mit eingeschränktem Lochspiel; erschwerte (verteuerte) Montage; erforderlich bei Verbindungen ohne „Schlupf“, z. B. beim Zusammenwirken von Schrauben und Schweißnähten beim Stahlhochbau nur in Sonderfällen

SLV — planmäßig vorgespannte Scher-Lochleibungs-Verbindung

SLVP — planmäßig vorgespannte Scher-Lochleibungs-Paßverbindung

beide vorgenannten Verbindungsarten tragen durch Lochleibung und durch Reibung; sind in der Vorbereitung günstiger als GV und GVP, allerdings nur für vorwiegend ruhig belastete Stahlbauten wie z. B. Skelettkonstruktionen

GV — gleitfeste, planmäßig vorgespannte Verbindungen mit hochfesten Schrauben HR

Die Anschlußkraft wird durch Reibung in den (aufwendig vorbereiteten) Kontaktflächen der Bauteile übertragen, also nicht durch Lochleibungsdruck und Abscheren wegen der teuren Kontaktflächenvorbereitung im Stahlhochbau weniger verwendet (statt dessen SL mit HR-Schrauben)

GVP — gleitfeste, planmäßig vorgespannte Paßverbindung
wie GV, jedoch mit zusätzlicher Kraftübertragung durch Lochleibung und Abscheren; minimale Formänderungen im Anschluß bei großer Kraftübertragung; auch bei dynamischer Beanspruchung

Z — zugfeste Verbindung ohne Vorspannung

Zugbeanspruchung in Richtung der Schraubenachse führt bei Verlängerung des Schraubenschaftes zu einer (klaffenden) Fuge zwischen den Bauteilen

Verwendung bei verformungsunempfindlichen Anschlüssen wie z. B. Verankerung von Stützenfüßen

ZV zugfeste Verbindung mit Vorspannung

nur mit hochfesten Schrauben möglich; Verwendung dort, wo Formänderungen gering bleiben müssen; Hauptanwendungsgebiet: biegesteife Stöße mit Stirnplatten

Paßschrauben haben eine sogenannte Passung, das heißt, das Lochspiel ist begrenzt. Für das Loch ist die positive Abweichung (Abmaß) vom Nennmaß mit H 11 nach DIN 7182 festgelegt, für den Schraubenschaft ist die negative Abweichung vom Nennmaß mit *h* 11 begrenzt. Die Toleranzfestlegungen, das heißt die Abweichungen vom Nennmaß, sind durchmesserabhängig. Das Lochspiel, das heißt die Summe der Abmaße, ist bei Paßschrauben mit 0,3 mm begrenzt.

Bei planmäßig vorgespannten Schrauben in gleitfesten Verbindungen ist ausnahmsweise auch Δd = 3 mm zulässig. Dann ist die zulässige Tragkraft auf 80% zu vermindern. Neben den Sechskantschrauben gibt es im Stahlhochbau noch Schrauben mit Innensechskant-Köpfen und Senkschrauben.

In Verbindungen mit Senkschrauben sind oberhalb der Gebrauchslast größere Verformungen als in anderen Schraubenverbindungen mit vergleichbaren Abmessungen zu erwarten, insbesondere besteht bei kleiner werdendem Bereich S die Tendenz, daß sich der Schraubenkopf infolge der Keilwirkung bei der Kraftübertragung im Bereich K aus der Oberfläche herausdreht.

Wegen der Besonderheit der Bohrungsdurchmesser bei feuerverzinkten Bauteilen s. II 6.3.3.1.

Die Schraubengröße ist in Abhängigkeit von der kleinsten Blechdicke zu wählen:

max M = min $t \times 10$ in mm
$\geqq$ 4 mm
z. B. t = 12 mm $\rightarrow$ M 22

6.3.2.2 Vorbereitung der Reibflächen

Erläuterung zu DIN 18 800 Teil 1 und Teil 7 betr. Strahlen der Reibflächen gleitfester Verbindungen*)

Die Reinigung der Reibflächen gleitfester Verbindungen durch Strahlen darf nach DIN 18 800 Teil 7, Abschnitt 3.3.3.1, „mit den zur Oberflächenvorbereitung von Stahlbauten üblichen Strahlmitteln (ausgenommen Drahtkorn)“ vorgenommen werden. Konkrete Angaben, welche Strahlmittel üblich sind, fehlen.

Der Ausschluß von Drahtkorn beruht auf den Ergebnissen langjähriger, umfangreicher Versuche des Forschungs- und Versuchsamtes (ORE) des Internationalen Eisenbahnverbandes, wonach mit Drahtkorn gestrahlte Reibflächen aufgrund ihrer ungleichmäßigen Oberflächenstruktur einen mittleren Reibbeiwert von nur etwa 0,35 erzielten. Dagegen führte das Strahlen mit Hartgußkies, Quarzsand und Korund zu Mittelwerten von 0,50 bis 0,75.

*) Aus: Mitteilungen IfBt, Heft 4/1989.

Sicherzustellen ist aber, daß der in DIN 18 800 Teil 1, Abschnitt 7.2.2.2, vorausgesetzte Reibbeiwert von 0,5 erreicht wird. Deshalb ist wie folgt zu verfahren:

- Reibflächen ohne gleitfeste Beschichtung dürfen ohne weiteres mit Hartgußkies, Korund oder Quarzsand (ersatzweise Kupferhütten- und Schmelzkammerschlacke) in den zum Strahlen von Stahlbauten üblichen Kornklassen gestrahlt werden.
- Andere Strahlmittel dürfen nur dann angewandt werden, wenn durch – den ORE-Versuchen adäquate – Zeitstands- und Dauerschwingversuche ein Reibbeiwert $\geqq 0,5$ nachgewiesen ist.
- Wie schon aus DIN 18 800 Teil 1, Abschnitt 7.2.2.2, hervorgeht, gilt obige Einschränkung der zu verwendenden Strahlmittel nicht für Reibflächen, die eine gleitfeste Beschichtung aus Alkalisilikat-Zinkstaubfarbe nach TL 918 300, Blatt 85, der Deutschen Bundesbahn erhalten, sofern deren Trockenschichtdicke mindestens 40 μm, höchstens aber 60 μm beträgt.

Die Begrenzung der Schichtdicke ist nötig

- nach unten, damit ggf. reibungsmindernde Oberflächenstrukturen der gestrahlten Stahlflächen überdeckt werden,
- nach oben, um den Verlust an Vorspannkraft gering zu halten.

6.3.2.3 Schrauben- und Nietabstände

Für die Abstände von Schrauben und Nieten gilt Tabelle 6.7. Dabei ist t die Dicke des dünnsten der außenliegenden Teile der Verbindung.

Bei Anschlüssen mit mehr als 2 Lochreihen in und rechtwinklig zur Kraftrichtung brauchen die größten Lochabstände e und e_3 nach Tabelle 6.7, Zeile 5, nur für die äußeren Reihen eingehalten zu werden.

Wenn ein freier Rand z. B. durch die Profilform versteift wird, darf der maximale Randabstand 8 t betragen.

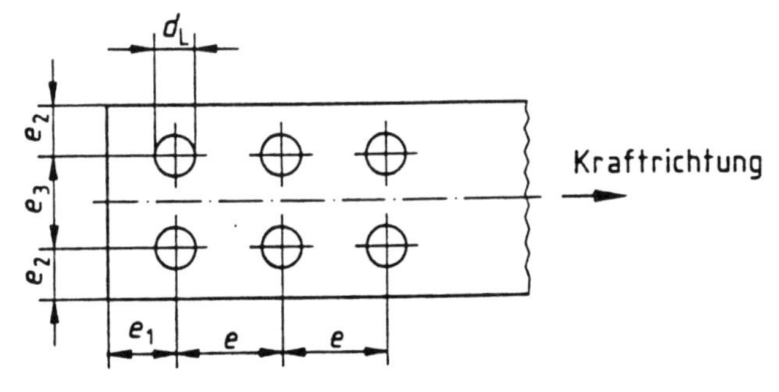

Abb. 6.5 Randabstände e_1 und e_2 und Lochabstände e und e_3

Anmerkung 1: Die Abstände werden von Lochmitte aus gemessen.

Anmerkung 2: Die Beanspruchbarkeit auf Lochleibung ist von den gewählten Rand- und Lochabständen abhängig. Die größtmögliche, rechnerisch nutzbare Beanspruchbarkeit wird nach Abschnitt 8.2.1.2 der DIN mit den in Tabelle 6.6 angegebenen Rand- und Lochabständen erreicht. Für die Mindestabstände nach Tabelle 6.7 beträgt die Beanspruchbarkeit nur etwa die Hälfte der größtmöglichen Werte.

Tabelle 6.6 Rand und Lochabstände, für die die größtmögliche Beanspruchbarkeit auf Lochleibung erreicht wird

Abstand	e_1	e_2	e	e_3
	$3{,}0 \cdot d_L$	$1{,}5 \cdot d_L$	$3{,}5 \cdot d_L$	$3{,}0 \cdot d_L$

Anmerkung 3:

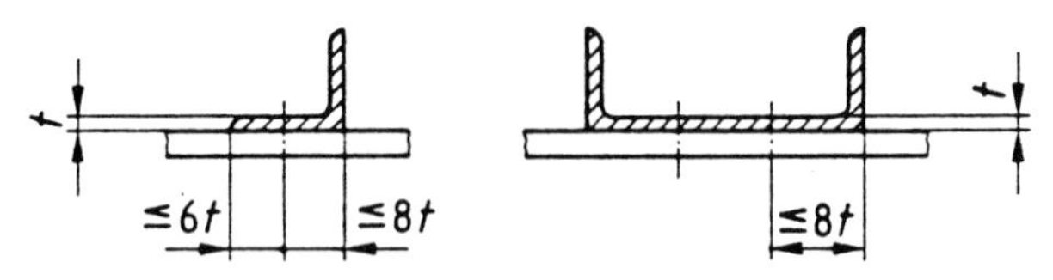

Abb. 6.6 Beispiele für die Versteifung freier Ränder im Bereich von Stößen und Anschlüssen

Anmerkung 4: Ausreichender Korrosionsschutz kann z. B. durch planmäßiges Vorspannen biegesteifer Stirnplattenverbindungen oder durch Abdichten der Fugen erreicht werden.

Tabelle 6.7 Rand- und Lochabstände von Schrauben und Nieten

	1	2	3	4	5	6
1	Randabstände			Lochabstände		
2	Kleinster Randabstand	In Kraftrichtung e_1	$1{,}2\ d_L$	Kleinster Lochabstand	In Kraftrichtung e	$2{,}2\ d_L$
3		Rechtwinklig zur Kraftrichtung e_2	$1{,}2\ d_L$		Rechtwinklig zur Kraftrichtung e_3	$2{,}4\ d_L$
4	Größter Randabstand	In und rechtwinklig zur Kraftrichtung e_1 bzw. e_2	$3\ d_L$ oder $6\ t$	Größter Lochabstand e bzw. e_3	Zur Sicherung gegen lokales Beulen	$6\ d_L$ oder $12\ t$
5					Wenn lokale Beulgefahr nicht besteht	$10\ d_L$ oder $20\ t$

Bei gestanzten Löchern sind die kleinsten Randabstände $1{,}5\ d_L$, die kleinsten Lochabstände $3{,}0\ d_L$.
Die Rand- und Lochabstände nach Zeile 5 dürfen vergrößert werden, wenn durch besondere Maßnahmen ein ausreichender Korrosionsschutz sichergestellt ist.

Anzahl der Schrauben: Einschnittige Verbindungen mit nur einer Schraube in Kraftrichtung sind möglich.

Bei unmittelbaren Laschen- und Stabanschlüssen dürfen in Kraftrichtung hintereinanderliegend höchstens 8 Schrauben oder Niete für den Nachweis berücksichtigt werden.

Anmerkung:

Bei kontinuierlicher Krafteinleitung ist eine obere Begrenzung nicht erforderlich.

6.3.2.4 Senkschrauben und -nieten

Bei der Berechnung der Grenzlochleibungskraft für Bauteile, die mit Senkschrauben oder -nieten verbunden sind, ist auf der Seite des Senkkopfes anstelle der Querschnittsteildicke der größere der beiden folgenden Werte einzusetzen: $0{,}8\ t$ oder t_s (Abb. 6.7).

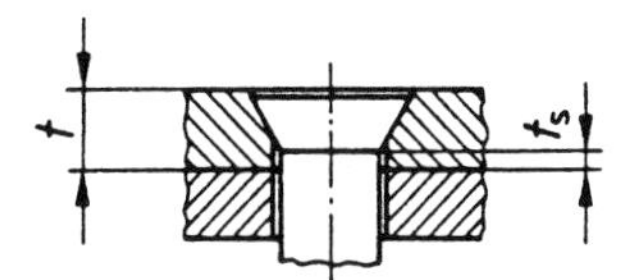

Abb. 6.7 Verbindung mit Senkschrauben oder -niet

Anmerkung:

Bei Senkschrauben- und Senknietverbindungen treten infolge der Verdrehung des Senkkopfes größere gegenseitige Verschiebungen der Bauteile auf als bei Verbindungen mit Schrauben, Bolzen oder Nieten.

Fehler bei Schraubenverbindungen

- Fehlende Schraubenlöcher werden auf der Baustelle mit dem Gasbrenner hergestellt und sind zu groß: eventuell kann sich der Schraubenkopf hineinziehen.
- Schraubendurchmesser sind kleiner, als in der statischen Berechnung ausgewiesen.
- Planmäßig vorgespannte Schrauben sind unzureichend angezogen.

6.3.3 Herstellen von Schraubenverbindungen

6.3.3.1 Allgemeines

Schrauben- und Nietlöcher dürfen nur gebohrt, gestanzt oder maschinell gebrannt werden. In zugbeanspruchten Bauteilen über 16 mm Dicke ist das gestanzte Loch vor dem Zusammenbau im Durchmesser um mindestens 2 mm aufzureiben. Dieses ist in den Ausführungsunterlagen festzulegen. Zusammengehörige Löcher müssen aufeinanderpassen; bei Versatz der Löcher ist der Durchgang für Schrauben und Niete aufzubohren oder aufzureiben, jedoch nicht aufzudornen.

Zusätzliche Anforderungen
für nicht vorwiegend ruhend beanspruchte Bauteile:

Die Schrauben- und Nietlöcher müssen entgratet sein. Außenliegende Lochränder sind zu brechen.

Das Stanzen von Löchern ist nur zulässig, wenn die Löcher vor dem Zusammenbau im Durchmesser um mindestens 2 mm aufgerieben werden.

Die Einzelteile sollen möglichst zwangsfrei zusammengebaut werden.

Bei tragenden Schrauben darf das Gewinde nur so weit in das zu verbindende Bauteil hineinragen, daß die Ist-Länge des darin verbleibenden Schraubenschaftes mindestens das 0,4fache des Schraubendurchmessers beträgt.

Das Schraubengewinde darf nicht in das zu verbindende Bauteil hineinragen, ausgenommen bei Schrauben nach DIN 6914 in gleitfesten Verbindungen.

Schraubenköpfe und Muttern müssen mit der zur Anlage bestimmten Fläche aufliegen. Bei schiefen Auflageflächen sind die Schraubenköpfe ebenso wie die Muttern mit keilförmigen Unterlegscheiben zu versehen.

Die Muttern von Schraubenverbindungen sind gegen unbeabsichtigtes Lösen zu sichern, z. B. durch Federringe oder Vorspannen der Schrauben.

Bei Verwendung von Paßschrauben ist beim Herstellen der Schraubenlöcher ein Toleranzfeld von H 11 nach DIN 7154 Teil 1 einzuhalten.

Vergrößerung des Bohrungsdurchmessers für das Feuerverzinken:

Die Dicke von Zinküberzügen auf glatten Stahlflächen beträgt normalerweise 0,1 mm (= 100 μm). Allerdings sammelt sich Zink verstärkt in Öffnungen und Bohrungen und auch nicht gleichmäßig auf den Umfang der Bohrungs-Innenfläche verteilt.

„Im Regelfall wird es ausreichen, für bewegliche Teile wie Schrauben, Scharniere und Gelenke ein zusätzliches Spiel von mindestens 1 bis ca. 2 mm vorzusehen, wenn man erreichen will, daß die Teile auch nach dem Feuerverzinken zusammengefügt werden können, ohne die Öffnungen nachträglich wieder aufbohren zu müssen. Sind Passungen mit engen Toleranzen gefordert, müssen diese ohnehin erst nach dem Feuerverzinken auf ihr endgültiges Maß aufgebohrt oder aufgerieben werden“ (Feuerverzinken, Heft 1/1993).

6.3.3.2 Scher-/Lochleibungsverbindungen

Berührungsflächen sind durch Grundbeschichtungen mit Pigmenten nach DIN 55 928 Teil 5 zu schützen. Hierauf darf verzichtet werden, wenn die Berührungsflächen unbeschädigte Fertigungsbeschichtungen aufweisen. Bei Nietverbindungen sind Bleimennige und Zinkchromatpigmente nicht zulässig. Die Oberflächen sind nach DIN 55 928 Teil 4 vorzubereiten.

Zusätzliche Anforderungen
für nicht vorwiegend ruhend beanspruchte Bauteile:

Als Zwischenbeschichtung für die Berührungsflächen in genieteten Verbindungen von Stäben und Knotenblechen bei Fachwerkträgern aus St 52, ausgenommen Verbände, sind ausschließlich gleitfeste Beschichtungen aus Alkalisilikat-Zinkstaubfarben nach den Technischen Lieferbedingungen (TL) 918 300 Blatt 85 der Deutschen Bundesbahn zu verwenden. Etwaige bereits auf den Oberflächen vorhandene Fertigungsbeschichtungen dürfen nicht belassen werden. Die Oberflächen sind nach DIN 55 928 Teil 4 vorzubereiten.

Niete sind so einzuschlagen, daß die Nietlöcher ausgefüllt werden. Der Schließkopf ist voll auszuschlagen; dabei dürfen keine schädlichen Eindrücke im Werkstoff entstehen. Die geschlagenen Niete sind auf festen Sitz zu überprüfen.

Beim Auswechseln fehlerhafter Niete sind aufgeweitete Lochwandungen auf den nächstgrößeren Nietlochdurchmesser aufzureiben und Beschädigungen am Bauteil auszubessern. In keinem Fall ist es zulässig, Niete im kaltem Zustand nachzutreiben.

6.3.3.3 Gleitfeste Verbindungen mit hochfesten Schrauben

Vorbereitung
Schrauben, Muttern und Unterlegscheiben sind vor ihrer Verwendung geschützt zu lagern.

Die Reibflächen in gleitfesten Verbindungen sind vor dem Zusammenbau durch Strahlen mit den zur Oberflächenvorbereitung von Stahlbauten üblichen Strahlmitteln (ausgenommen Drahtkorn) und Korngrößen (Norm-Reinheitsgrad mindestens Sa 2½) oder durch zweimaliges Flammstrahlen (Norm-Reinheitsgrad Fl) nach DIN 55 928 Teil 4 zu reinigen.

Soll die Reibfläche beschichtet werden, sind Alkalisilikat-Zinkstaubfarben nach der TL 918 300 Blatt 85 der Deutschen Bundesbahn zu verwenden. Hierfür ist mindestens der Norm-Reinheitsgrad Sa 2½ erforderlich.

Vorspannen der Schrauben
Das Vorspannen kann durch Anziehen der Mutter, gegebenenfalls auch des Schraubenkopfes, nach dem Drehmoment-, Drehimpuls- oder Drehwinkel-Verfahren erfolgen. Hierfür sind Drehmomentenschlüssel, Schlagschrauber und ähnliche Anziehgeräte zu verwenden.

Bei größeren Schraubenbildern sollen vorzuspannende Schrauben in überspringender Reihenfolge zunächst bis zu etwa 60% des Sollwertes angezogen werden. Danach wird die endgültige Vorspannung in einem zweiten Arbeitsgang aufgebracht, wobei die an den Anschlußenden liegenden Schrauben jeweils zuletzt anzuziehen sind. HV-Schrauben müssen stets rechtwinklig zur Bauteiloberfläche eingebaut werden, da schon geringe Schiefstellungen die Vorspannkräfte stark mindern.

a) Beim Anziehen nach dem *Drehmoment-Verfahren* mit handbetriebenen Drehmomentenschlüsseln wird die erforderliche Vorspannkraft F_V durch ein meßbares Drehmoment erzeugt. Die aufzubringenden Werte M_V sind je nach Schmierung des Gewindes und der Auflagerflächen von Schraube und Mutter in Tabelle 6.8, Spalte 3 und 4 angegeben. Drehmomentenschlüssel müssen ein zuverlässiges Ablesen der erforderlichen Anziehmomente M_V ermöglichen oder bei einem mit genügender Genauigkeit einstellbaren Anziehmoment ausklinken. Die Fehlergrenze beim Einstellen oder Ablesen darf $\pm$ 0,1 M_V nicht überschreiten. Dies ist vor Verwendung und während des Einsatzes mindestens halbjährlich zu überprüfen.

b) Beim Anziehen nach dem *Drehimpuls-Verfahren* mit maschinellen Schlagschraubern wird die erforderliche Vorspannkraft F_V durch Drehimpulse erzeugt. Die vom Schlagschrauber aufzubringenden Werte F_V sind in Tabelle 6.8, Spalte 5, angegeben. Der Schlagschrauber ist an Hand von mindestens drei der zum Einbau vorgeschriebenen Schrauben (Durchmesser, Klemmlängen) mit Hilfe geeigneter Meßvorrichtungen, z. B. Tensimeter, auf diese Vorspannkräfte einzustellen. Die im Kontrollgerät erreichten Werte sind in ein Kontrollbuch einzutragen.

   Es dürfen nur typengeprüfte Schlagschrauber verwendet werden.

c) Das Vorspannen der Schrauben nach dem *Drehwinkel-Verfahren* erfolgt in zwei Schritten. Zuerst sind die Schrauben mit den in Tabelle 6.8, Spalte 6, angegebenen Voranziehmomenten M_V und anschließend durch Aufbringen eines Drehwinkels φ nach Tabelle 6.9, um den die Mutter und Schraube gegeneinander weiter anzuziehen sind, vorzuspannen. Der Drehwinkel φ bzw. das Umdrehungsmaß U sind abhängig von der Klemmlänge l_k, jedoch unabhängig vom Schraubendurchmesser sowie der Schmierung des Gewindes und der Auflagerflächen von Schraube und Mutter.

Bei Verbindungen mit feuerverzinkten hochfesten Schrauben ist beim Anziehen der Mutter entweder die komplette Mutter oder das Gewinde der Schraube und die Unterlegscheibe, dort wo angezogen wird, grundsätzlich mit Molybdändisulfid (MoS_2), z. B. Molykote, zu schmieren. Beim Anziehen des Schraubenkopfes ist bei Verwendung einer komplett geschmierten Mutter zusätzlich auch die Unterlegscheibe unter dem Schraubenkopf zu schmieren. Beim Vorspannen nach dem Drehmoment-Verfahren können dafür die Werte nach Tabelle 6.8, Spalte 3, unter Beachtung der Fußnote 1 dieser Tabelle benutzt werden. Beim Vorspannen nach dem Drehimpuls- und Drehwinkel-Verfahren gelten unverändert die Werte nach Tabelle 6.8, Spalte 5 bzw. 6, und Tabelle 6.9, Spalten 2 bis 9.

Überprüfen der gleitfesten Verbindungen

Die Wirksamkeit der gleitfesten Verbindungen ist neben dem Reibbeiwert der Berührungsflächen der zu verbindenden Bauteile hauptsächlich von der Vorspannkraft der Schrauben abhängig. Die Überprüfung der Vorspannkraft erstreckt sich auf 5% aller Schrauben in der Verbindung. Sie ist mit einem dem Anziehgerät entsprechenden Prüfgerät vorzunehmen, d. h., handangezogene Schrauben sind mit einem Handschlüssel, maschinell angezogene mit einem maschinellen Anziehgerät zu prüfen. Die Prüfung erfolgt ausschließlich durch Weiteranziehen.

a) Bei allen mit handbetriebenen Drehmomentenschlüsseln nach dem Drehmoment-Verfahren angezogenen und zu prüfenden Schrauben ist das Drehmoment 10% höher, als nach Tabelle 6.8, Spalte 3 bzw. 4 angegeben, einzustellen.

b) Bei allen mit auf F_V geeichten Schlagschraubern angezogenen Schrauben genügt zur Überprüfung das Wiederansetzen und Betätigen eines auf F_V nach Tabelle 6.8, Spalte 5, eingestellten Schlagschraubers.

c) Bei allen nach dem Drehwinkel-Verfahren angezogenen, zu prüfenden Schrauben ist je nach dem verwendeten Anziehgerät das Prüfverfahren nach Abschnitt 6.3.3.3, Aufzählung a oder b anzuwenden, d. h., die Prüfgeräte sind fallweise auf die Werte nach Tabelle 6.8, Spalte 3 bzw. 4 oder 5, einzustellen.

Tabelle 6.10 enthält Angaben darüber, wann die Vorspannkraft der Schraube als ausreichend nachgewiesen gilt, gegebenenfalls weitere Schrauben zusätzlich zu überprüfen oder auszuwechseln sind:

Wenn der Weiterdrehwinkel der Schraube oder der Mutter weniger als 30° beträgt, ist die Vorspannung ausreichend. Liegt dieser Wert zwischen 30° und 60°, so ist die Vorspannung zwar noch ausreichend, es sind aber zusätzlich zwei weitere Schrauben im gleichen Stoß zu prüfen. Bei einem Winkel über 60° muß die Schraube ausgewechselt werden. Außerdem sind zwei weitere Schrauben im gleichen Stoß zu prüfen.

Tabelle 6.8 Erforderliche Anziehmomente, Vorspannkräfte und Drehwinkel

1		2	3	4	5	6	
			Vorspannen der Schraube nach dem				
			a) Drehmoment-Verfahren		b) Drehimpuls-Verfahren	c) Drehwinkel-Verfahren	
	Schraube	erforderliche Vorspannkraft F_V	Aufzubringendes Anziehmoment M_V MoS$_2$ geschmiert[1])	Aufzubringendes Anziehmoment M_V leicht geölt	Aufzubringende Vorspannkraft F_V[2])	Aufzubringendes Voranziehmoment M_V[2])	
		kN	Nm	Nm	kN	Nm	
1	M 12	50	100	120	60	10	Drehwinkel φ und Umdrehungsmaß U siehe Tabelle 6.9
2	M 16	100	250	350	110	50	
3	M 20	160	450	600	175		
4	M 22	190	650	900	210	100	
5	M 24	220	800	1100	240		
6	M 27	290	1250	1650	320	200	
7	M 30	350	1650	2200	390		
8	M 36	510	2800	3800	560		

[1]) Da die Werte M_V sehr stark vom Schmiermittel des Gewindes abhängen, ist die Einhaltung dieser Werte vom Schraubenhersteller zu bestätigen.

[2]) Unabhängig von Schmierung des Gewindes und der Auflagerflächen von Muttern und Schraube.

Für das Aufbringen einer teilweisen Vorspannkraft $\geqq 0{,}5 \cdot F_V$ genügen jeweils die halben Werte nach Tabelle 6.8, Spalte 3 bis 5 sowie handfester Sitz nach Spalte 6.

Tabelle 6.9 Erforderlicher Drehwinkel φ und Umdrehungsmaße U

<table>
<tr><td rowspan="3"></td><td>1</td><td>2</td><td>3</td><td>4</td><td>5</td><td>6</td><td>7</td><td>8</td><td>9</td></tr>
<tr><td>l_k mm</td><td colspan="2">$l_k \leqq 50$</td><td colspan="2">$51 < l_k \leqq 100$</td><td colspan="2">$101 < l_k \leqq 170$</td><td colspan="2">$171 < l_k \leqq 240$</td></tr>
<tr><td></td><td>φ</td><td>U</td><td>φ</td><td>U</td><td>φ</td><td>U</td><td>φ</td><td>U</td></tr>
<tr><td>1</td><td>M 12 bis M 22</td><td rowspan="2">180°</td><td rowspan="2">½</td><td rowspan="2">240°</td><td rowspan="2">⅔</td><td rowspan="2">270°</td><td rowspan="2">¾</td><td>360°</td><td>1</td></tr>
<tr><td>2</td><td>M 24 bis M 36</td><td>270°</td><td>¾</td></tr>
</table>

Für das Aufbringen einer teilweisen Vorspannkraft $\geqq 0{,}5 \cdot F_V$ genügen jeweils die halben Werte nach Tabelle 6.9, Spalte 2 bis 9.

Tabelle 6.10 Überprüfen der Vorspannung

<table>
<tr><td colspan="3">1</td><td>2</td></tr>
<tr><td>1</td><td rowspan="3">Weiterdrehwinkel der Mutter (bzw. Schraube) bis zum Erreichen des nach Abschnitt 3.3.3.3, Aufzählungen a bis c eingestellten Prüfmomentes</td><td>< 30°</td><td>Vorspannung ausreichend</td></tr>
<tr><td>2</td><td>30 bis 60°</td><td>Vorspannung ausreichend, zusätzlich 2 weitere Schrauben im gleichen Stoß prüfen</td></tr>
<tr><td>3</td><td>> 60°</td><td>Schraube auswechseln, zusätzlich 2 weitere Schrauben im gleichen Stoß prüfen</td></tr>
</table>

6.3.4 Schweißverbindungen

6.3.4.1 Nahtart, Nahtdicke, Nahtlänge

Schweißnahtdicken Mindestmaße:

- Kehlnähte min $a \geqq 2$ mm
  max $a \leqq 0{,}7 \times$ min t (DIN 18 800/1) (früher min $a = 3$ mm)
- Stumpfnähte min a = Werkstoffdicke (s. auch Seite 377)

Tabelle 6.11*) Rechnerische Schweißnahtdicken *a*

	1			2	3
	Nahtart[1])			Bild	Rechnerische Nahtdicke a
1	Durch- oder gegengeschweißte Nähte	Stumpfnaht			$a = t_1$
2		D(oppel)HV-Naht (K-Naht)		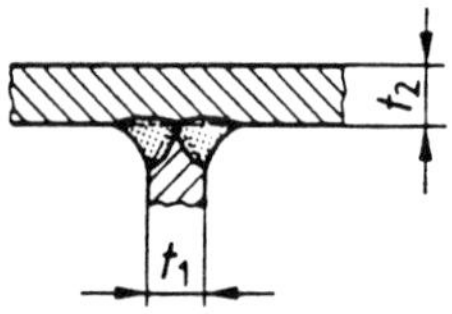	$a = t_1$
3		HV-Naht	Kapplage gegengeschweißt	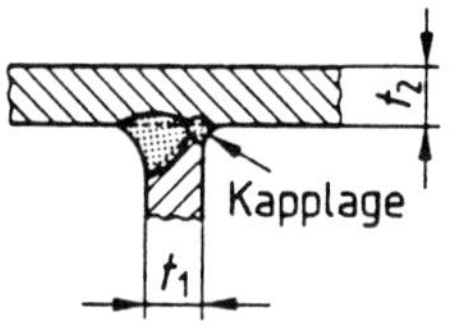	
4			Wurzel durchgeschweißt	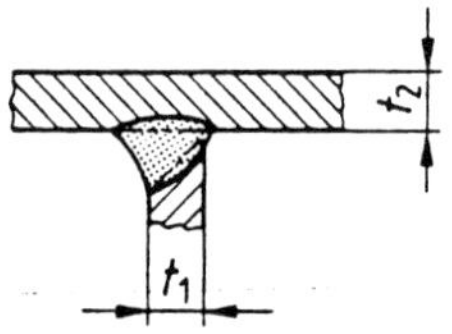	

*) Entspricht der Tabelle 19 der DIN 18 800 Teil 1.

Tabelle 6.11 (Fortsetzung)

	1		2	3
	Nahtart[1])		Bild	Rechnerische Nahtdicke *a*
5	Nicht durchgeschweißte Nähte	HY-Naht mit Kehlnaht[2])	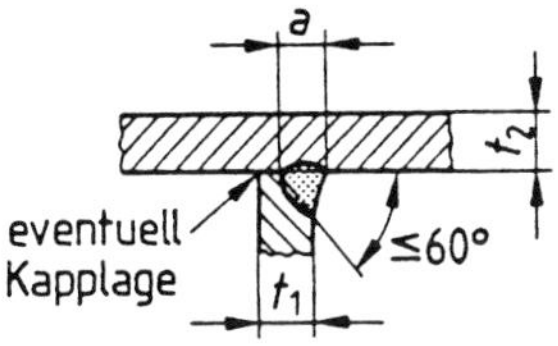 eventuell Kapplage; a; t_1; t_2; ≤60°	Die Nahtdicke *a* ist gleich dem Abstand vom theoretischen Wurzelpunkt zur Nahtoberfläche
6		HY-Naht[2])	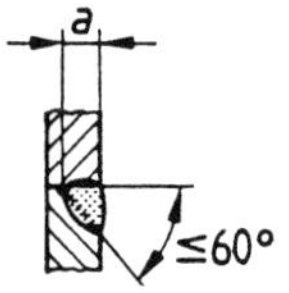 a; ≤60°	
7		D(oppel)HY-Naht mit Doppelkehlnaht[2])	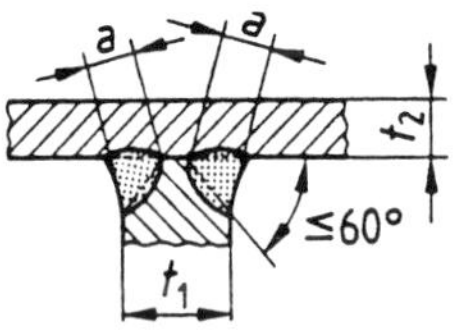 a; a; t_1; t_2; ≤60°	
8		D(oppel)HY-Naht[2])	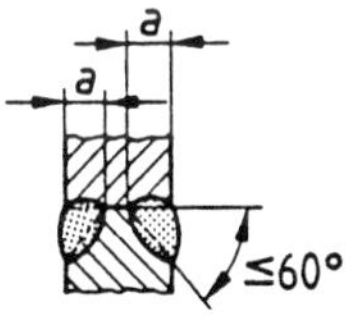 a; a; ≤60°	
9		Doppel I-Naht ohne Nahtvorbereitung (Vollmech. Naht)	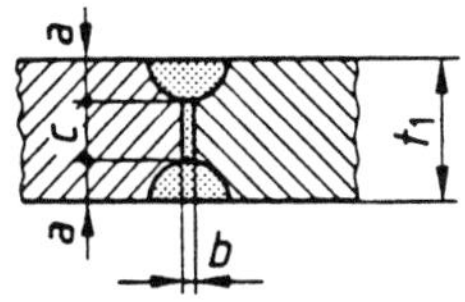 a; c; a; b; t_1	Nahtdicke *a* mit Verfahrensprüfung festlegen Spalt *b* ist verfahrensabhängig UP-Schweißung: $b = 0$
10	Kehlnähte	Kehlnaht	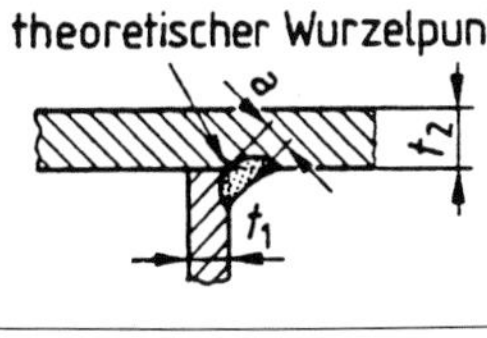 theoretischer Wurzelpunkt; a; t_1; t_2	Nahtdicke ist gleich der bis zum theoretischen Wurzelpunkt gemessenen Höhe des einschreibbaren gleichschenkligen Dreiecks
11		Doppelkehlnaht	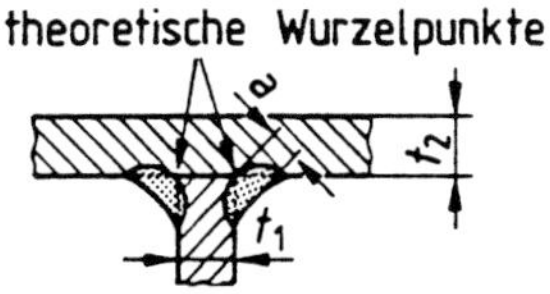 theoretische Wurzelpunkte; a; t_1; t_2	

(Fußnoten siehe nächste Seite)

Tabelle 6.11 (Fortsetzung)

	1			2	3	
	Nahtart[1])			Bild	Rechnerische Nahtdicke a	
12	Kehl-nähte	Kehlnaht	mit tiefem Einbrand	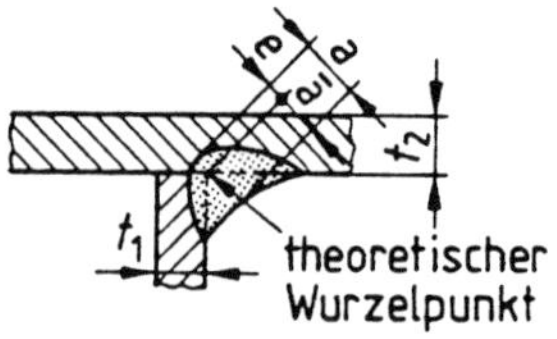	$a = \bar{a} + e$ $\bar{a}$: entspricht Nahtdicke a nach Zeile 10 und 11 e: mit Verfahrensprüfung festlegen (siehe DIN 18800 Teil 7/05.83, Abschnitt 3.4.3.2 a)	
13		Doppel-kehlnaht		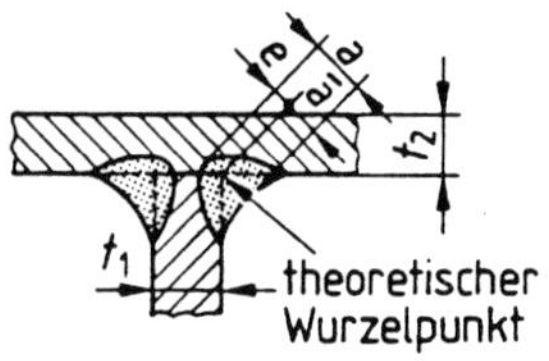		
14	Dreiblechnaht Steilflankennaht			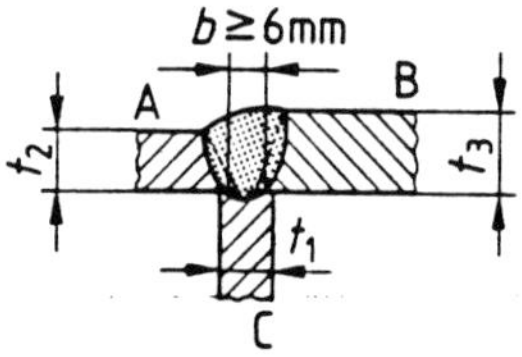	Kraft-über-tragung: Von A nach B	$a = t_2$ für $t_2 < t_3$
15					Von C nach A und B	$a = b$

[1]) Ausführung nach DIN 18800 Teil 7/05.83, Abschnitt 3.4.3.

[2]) Bei Nähten nach Zeile 5 bis 8 mit einem Öffnungswinkel < 60° ist das rechnerische a-Maß um 2 mm zu vermindern oder durch eine Verfahrensprüfung festzulegen. Ausgenommen hiervon sind Nähte, die in Position w (Wannenposition) und h (Horizontalposition) mit Schutzgasschweißung ausgeführt werden.

Tabelle 6.12 Rechnerische Schweißnahtlängen Σl bei unmittelbaren Stabanschlüssen

	1	2	3
	Nahtart	Bild	Rechnerische Nahtlänge Σl
1	Flankenkehlnähte	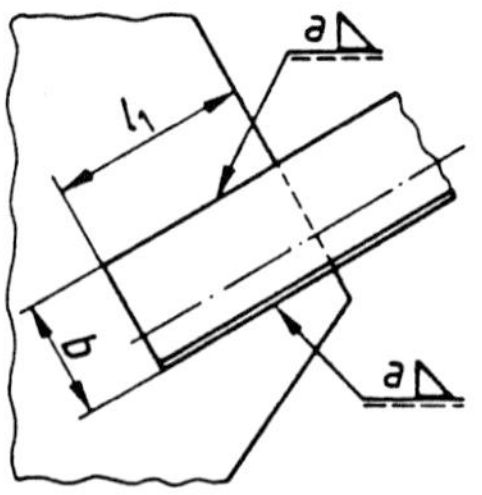	$\Sigma l = 2\, l_1$

Tabelle 6.12 (Fortsetzung)

	1	2	3
	Nahtart	Bild	Rechnerische Nahtlänge Σl
2	Stirn- und Flankenkehlnähte	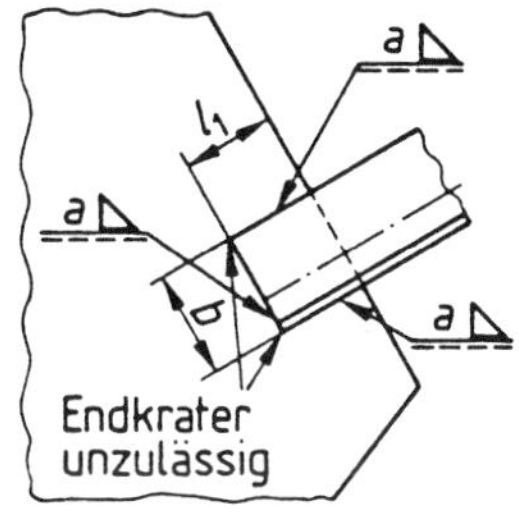 Endkrater unzulässig	$\Sigma l = b + 2\,l_1$
3	Ringsumlaufende Kehlnaht – Schwerachse näher zur längeren Naht	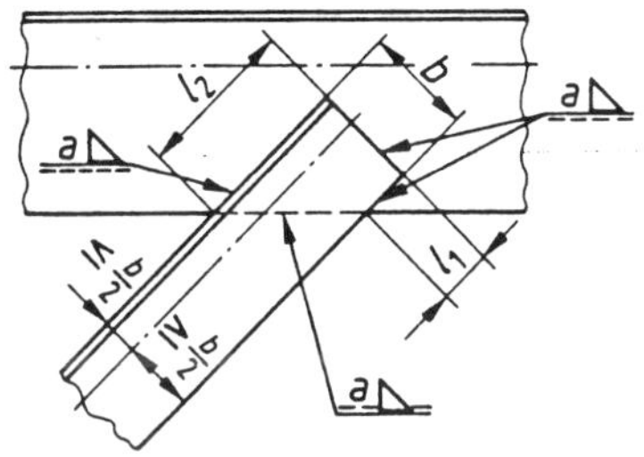	$\Sigma l = l_1 + l_2 + 2\,b$
4	Ringsumlaufende Kehlnaht – Schwerachse näher zur kürzeren Naht	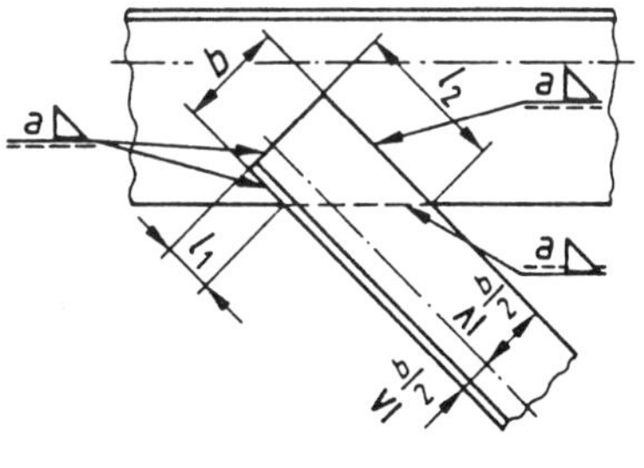	$\Sigma l = 2\,l_1 + 2\,b$
5	Kehlnaht oder HV-Naht bei geschlitztem Winkelprofil	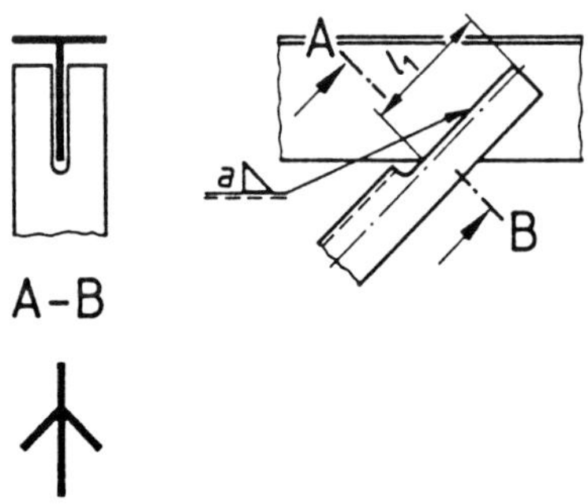 A-B	$\Sigma l = 2\,l_1$

6.3.4.2 Allgemeine Grundsätze für Schweißverbindungen

Die Bauteile und ihre Verbindungen müssen schweißgerecht konstruiert werden, Anhäufungen von Schweißnähten sollen vermieden werden. Auf die verschiedenartigen Forderungen und Prioritäten kann hier nur stichwortartig hingewiesen werden. Beim Gestalten von Schweißkonstruktionen sind zu berücksichtigen: Festigkeit, Korrosionsschutz (auch Spaltkorrosion), Verschleiß, Fertigung (Fuge und Ausführbarkeit), Montage, Schrumpfen und Verzug.

Grenzwerte für Kehlnahtdicken

Bei Querschnittsteilen mit Dicken $t \geqq 3$ mm sollen folgende Grenzwerte für die Schweißnahtdicke a von Kehlnähten eingehalten werden:

$$2 \text{ mm} \leqq a \leqq 0{,}7 \min t \tag{4}$$

$$a \geqq \sqrt{\max t} - 0{,}5 \tag{5}$$

mit a und t in mm

In Abhängigkeit von den gewählten Schweißbedingungen darf auf die Einhaltung von Bedingung (5) verzichtet werden, jedoch sollte für Blechdicken $t \geqq 30$ mm die Schweißnahtdicke mit $a \geqq 5$ mm gewählt werden.

Anmerkung:
Der Richtwert nach Bedingung (5) vermeidet ein Mißverhältnis von Nahtquerschnitt und verbundenen Querschnitten.

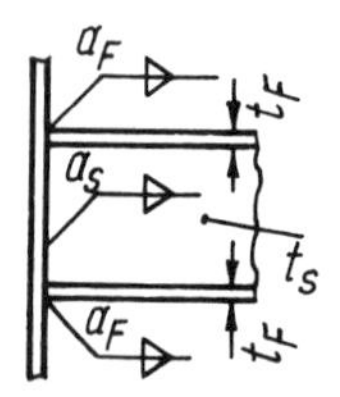

Werkstoff	Nahtdicken
St 37	$a_F \geqq 0{,}5\ t_F$ $a_s \geqq 0{,}5\ t_s$
St 52 St 355	$a_F \geqq 0{,}7\ t_F$ $a_s \geqq 0{,}7\ t_s$

Tabelle 6.13
Nahtdicken beim Anschluß oder Querstoß von Walzträgern mit I-Querschnitt ohne weiteren Tragsicherheitsnachweis

● Nicht zu berechnende Nähte (aber doch sorgfältig auszuführende)

Nicht berechnet zu werden brauchen:

a) Stumpfnähte in Stößen von Stegblechen

b) Halsnähte in Biegeträgern, die als
   - D(oppel)-HV-Naht (K-Naht)
   - HV-Naht
   - D(oppel)-HY-Naht (K-Stegnaht) oder
   - HY-Naht

   } siehe DIN 18800 Teil 1 Tabelle 19, Zeilen 2 bis 5 und 7 (hier Tabelle 6.11)

   ausgeführt sind

c) Nähte nach Tabelle 19 der DIN 18800 Teil 1. HV-Nähte und DHV-Nähte
   - wenn sie auf Druck beansprucht werden,
   - wenn sie auf Zug beansprucht werden und ihre Nahtgüte nachgewiesen ist.

● Nicht tragend anzunehmende Schweißnähte

Nähte, die wegen erschwerter Zugänglichkeit nicht einwandfrei ausgeführt werden können, sind in der Berechnung als nicht tragend anzunehmen. Dies kann z. B. gegeben sein bei Kehlnähten mit einem Kehlwinkel kleiner als 60°, sofern keine besonderen Maßnahmen getroffen werden.

● Stumpfstöße in Form- und Stabstählen

Müssen Stumpfstöße in Formstählen ausnahmsweise ausgeführt werden, so sind in den Schweißnähten bei Beanspruchung durch Zug oder Biegezug

- bei den Stählen St 37-2 und USt 37-2 mit Materialdicken ≧ 16 mm die halben Werte der zulässigen Spannungen nach DIN 18 800 Teil 1, Abschn. 8.4.1.3
- bei anderen Stählen und Dicken die zulässigen Spannungen nach DIN 18 800 Teil 1, einzuhalten.

● Andere Schweißverfahren: Widerstandsabbrennstumpfschweißen, Reibschweißen

Bei Anwendung des Widerstandsabbrennstumpfschweißens oder des Reibschweißens ist ein Gutachten einer anerkannten Stelle vorzulegen. Darin ist die Beanspruchbarkeit der Schweißverbindung anzugeben.

6.3.4.3 Stumpfstoß von Querschnittsteilen verschiedener Dicken

Wechselt an Stumpfstößen von Querschnittsteilen die Dicke, so sind bei Dickenunterschieden von mehr als 10 mm die vorstehenden Kanten im Verhältnis 1 : 1 oder flacher zu brechen.

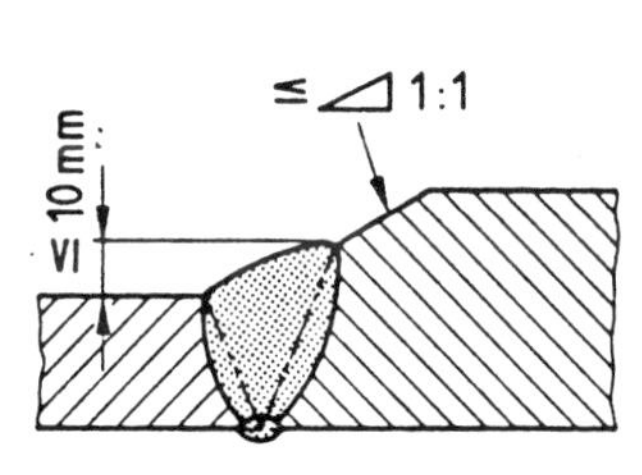

a) Einseitig bündiger Stoß

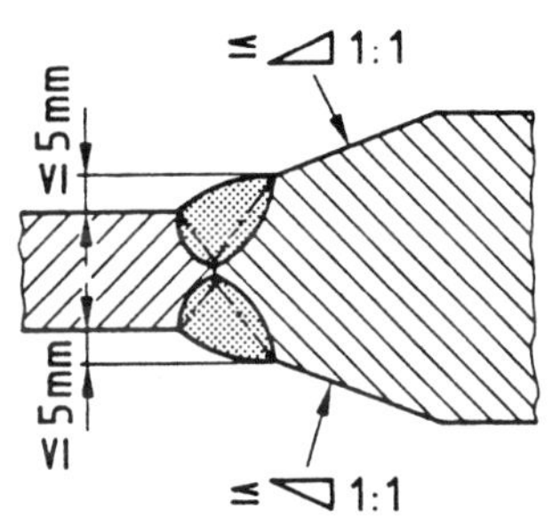

b) Zentrischer Stoß

Abb. 6.8 Beispiele für das Brechen von Kanten bei Stumpfstößen von Querschnittsteilen mit verschiedenen Dicken

6.3.4.4 Obere Begrenzung von Gurtplattendicken

Gurtplatten, die mit Schweißverbindungen angeschlossen oder gestoßen werden, sollen nicht dicker sein als 50 mm. Gurtplatten von mehr als 50 mm Dicke dürfen verwendet werden, wenn ihre einwandfreie Verarbeitung durch entsprechende Maßnahmen sichergestellt ist.

Anmerkung:

Entsprechende Maßnahmen siehe DIN 18 800 Teil 7/05.83, Abschnitt 3.4.3.6.

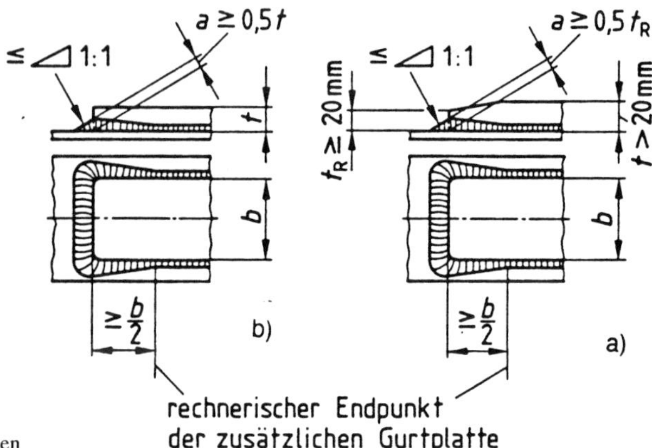

Abb. 6.9 Vorbinden zusätzlicher Gurtplatten

6.3.4.5 Gurtplattenstöße

Wenn aufeinanderliegende Gurtplatten an derselben Stelle gestoßen werden, ist der Stoß mit Stirnfugennähten vorzubereiten.

Anmerkung:

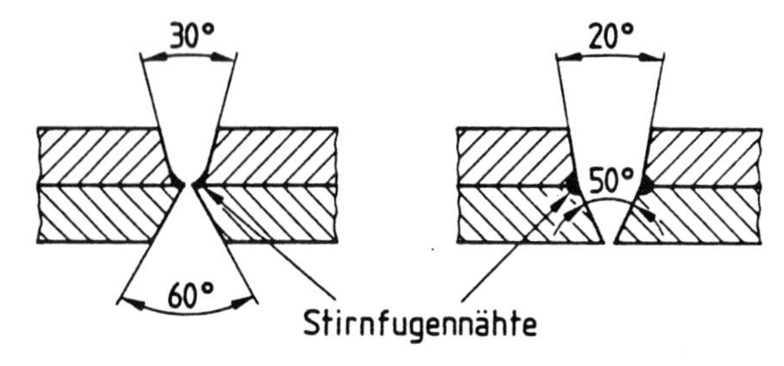

Abb. 6.10 Beispiele für die Nahtvorbereitung eines Stumpfstoßes aufeinanderliegender Gurtplatten

6.3.4.6 Kritische Schweißnähte

- Schweißnähte bei besonderer Korrosionsbeanspruchung

Bei besonderer Korrosionsbeanspruchung dürfen unterbrochene Nähte und einseitige nicht durchgeschweißte Nähte nur ausgeführt werden, wenn durch besondere Maßnahmen ein ausreichender Korrosionsschutz sichergestellt ist.

Anmerkung:

Besondere Korrosionsbeanspruchung liegt z. B. im Freien vor. Als besondere Maßnahme kann z. B. die Anordnung einer zusätzlichen Beschichtung im Bereich des Spaltes angesehen werden.

● Schweißnähte in Hohlkehlen von Walzprofilen
In Hohlkehlen von Walzprofilen aus unberuhigt vergossenen Stählen sind Schweißnähte in Längsrichtung nicht zulässig.

● Schweißen in kaltgeformten Bereichen
Wenn in kaltgeformten Bereichen einschließlich der angrenzenden Bereiche der Breite 5 t geschweißt wird, sind die Grenzwerte min r/t nach Tabelle 9 der DIN 18 800 Teil 1 einzuhalten. Zwischen den Werten der Zeilen 1 bis 5 darf linear interpoliert werden.

Die Werte der Umformgrade nach Tabelle 9 brauchen nicht eingehalten zu werden, wenn kaltgeformte Teile vor dem Schweißen normalgeglüht werden, sonst besteht die Gefahr der sofortigen Versprödung beim Schweißen in den kaltverformten Bereichen. Ursachen sind Reckalterung und Rekristallisation:

- Während des Reckens erhöht sich die Anzahl der Versetzungen im Gitteraufbau. Kohlenstoff- und Stickstoffatome können sich dann auf kürzestem Wege an den Gitterbaufehlstellen absetzen und so die Fließbehinderung (Versprödung) bewirken. Beschleunigend wirkt die Schweißwärme.
- Zum anderen kommt es zur Versprödung durch Kornwachstum infolge Rekristallisation, da die kritische Temperatur von 550 bis 700 °C (Rekristallisationstemperatur) beim Abkühlen aus der Schweiße durchlaufen wird.

Für die Schweißzonen sind deshalb die Kaltverformungsgrade begrenzt. (Nach Hofmann/Zwätz, Die Sicherung der Güte von Schweißarbeiten im Stahlbau, Stahlbau 9/1984.)

6.3.4.7 Zusammenwirken verschiedener Verbindungsmittel

Werden verschiedene Verbindungsmittel in einem Anschluß oder Stoß verwendet, ist auf die Verträglichkeit der Formänderungen zu achten.

Gemeinsame Kraftübertragung darf angenommen werden bei:

- Nieten und Paßschrauben,
- GVP-Verbindungen und Schweißnähten,
- Schweißnähten in einem oder in beiden Gurten und Niete oder Paßschrauben in allen übrigen Querschnittsteilen bei vorwiegender Beanspruchung durch Biegemomente M_y.

Die Grenzschnittgrößen ergeben sich in diesen Fällen durch Addition der Grenzschnittgrößen der einzelnen Verbindungsmittel.

SL- und SLV-Verbindungen dürfen nicht mit SLP-, SLVP-, GVP- und Schweißnahtverbindungen zur gemeinsamen Kraftübertragung herangezogen werden (Begriffe s. Tabelle 6.5).

6.3.5 Herstellen von Schweißverbindungen

Im allgemeinen dürfen nur die Lichtbogenschweißverfahren angewandt werden.

6.3.5.1 Vorbereitung

● Die zu verbindenden Teile sind so zu lagern und zu halten, daß beim Schweißen möglichst geringe Schrumpfspannungen entstehen und die Bauteile die planmäßige Form erhalten. Hierzu kann die Angabe einer bestimmten Schweißfolge erforderlich werden.

- Von den Oberflächen im Schweißbereich und den Berührungsflächen sind Schmutz, Fette, Öle, Feuchtigkeit, Rost, Zunder zu entfernen sowie Beschichtungen*), soweit diese die Schweißnahtgüte ungünstig beeinflussen.

- Bereits feuerverzinkte Stahlteile sind mit den gängigen Verfahren – also wie bei unverzinktem Stahl – schweißbar. Bei normal dicken Zinküberzügen (50 bis 100 μm bzw. 350 bis 700 g/m^2) ist eine Abhängigkeit der Schweißparameter und der mechanischen Kennwerte von der Überzugsdicke kaum bemerkbar. Erst bei größeren Überzugsdicken kann es in Einzelfällen vorteilhaft sein, den Zinküberzug im Nahtbereich vorher durch Abbrennen, Schleifen oder Beizen zu entfernen.

  Besonders bei sehr hoch oder dynamisch belasteten Stahlbauteilen ist das Schweißen auf zinkfreiem Untergrund oft unumgänglich und verbindlich vorgeschrieben. Zink kann nämlich während der Schweißung entlang der Korngrenzen in den Stahl diffundieren und zum Aufreißen des Gefüges führen (z. B. bei austenitischen Feinkornbaustählen).

  Beim Schweißen feuerverzinkten Stahls verbrennt oder verdampft infolge der hohen Temperatur der Zinküberzug zu beiden Seiten der Naht. Dieser Bereich muß also nachträglich wieder instandgesetzt werden. Hierbei haben sich bewährt:

  – Auftragen von gut haftenden Zinkstaub-Beschichtungsstoffen (das gängige Ausbesserungsverfahren)

  – Thermisches Spritzen mit Zink (Spritzverzinkung); zwar aufwendiger als das vorherige, bietet aber guten Korrosionsschutz.

  (Nach: Feuerverzinken, Information Nr. 604, 6/1991.)

- Die Schweißzusätze sind auf die zu schweißenden Grundwerkstoffe, auf etwa vorhandene Fertigungsbeschichtungen, und bei Sortenwechsel der Grundwerkstoffe untereinander abzustimmen. Bei allen Schweißverfahren müssen außerdem die Schweißzusätze und die Schweißhilfsstoffe (z. B. Schweißpulver, Schutzgase) untereinander sowie auf das Schweißverfahren abgestimmt sein. Die Güte des Schweißgutes soll den Grundwerkstoffgüten weitgehend entsprechen.

  Unter diesen Voraussetzungen ist der Nahtaufbau mit verschiedenen Schweißzusätzen statthaft, auch wenn hierbei die Schweißverfahren wechseln.

  Schweißzusätze müssen DIN 1913 Teil 1, Schweißpulver DIN 8557 Teil 1 und DIN 32 522 und Schutzgase DIN 8559 Teil 1 und DIN 32 526 entsprechen und zugelassen sein.

- Form und Vorbereitung der Schweißfugen sind auf das Schweißverfahren abzustimmen (siehe z. B. DIN 8551 Teil 1 und Teil 4).

  Je nach gewählter Fugenform ist eine Kantenvorbereitung an den zu verschweißenden Werkstücken erforderlich. Dies kann mechanisch durch Schleifen oder Fräsen geschehen oder durch autogenes Brennschneiden.

6.3.5.2 Schweißen

Beim Herstellen tragender Schweißnähte sind die nachfolgenden Bedingungen einzuhalten, sofern nicht je nach Art der Konstruktion davon abgewichen werden darf.

- Stumpfnaht, D(oppel)-HV-Naht, HV-Naht (Nahtarten nach DIN 18 800 Teil 1, Ausgabe November 1990, Tabelle 19, Zeile 1 bis 4); entspricht hier Tabelle 6.11.

---

*) Siehe DASt-Ri 006 „Überschweißen von Fertigungsbeschichtungen (FB) im Stahlbau", Ausgabe Januar 1980. Zu beziehen bei der Stahlbau-Verlags GmbH, Ebertplatz 1, 50668 Köln.
Die hiernach geforderte Eigen- und Fremdüberwachung ist keine bauaufsichtliche Forderung, sondern Bestandteil der Lieferbedingungen.

a) Einwandfreies Durchschweißen der Wurzeln
Damit eine einwandfreie Schweißverbindung sichergestellt ist, soll die Wurzellage in der Regel ausgearbeitet und gegengeschweißt werden. Beim Schweißen nur von einer Seite muß mit geeigneten Mitteln einwandfreies Durchschweißen erreicht sein.

b) Maßhaltigkeit der Nähte.

c) Kraterfreies Ausführen der Nahtenden bei Stumpfnähten mit angehefteten Auslaufblechen oder anderen geeigneten Maßnahmen. Die Stumpfnaht beginnt und endet in den Fugen der Auslaufbleche.

d) Flache Übergänge zwischen Naht und Blech ohne schädigende Einbrandkerben.

e) Freiheit von Rissen, Binde- und Wurzelfehlern sowie Einschlüssen.

Zusätzliche Anforderungen
für nicht vorwiegend ruhend beanspruchte Bauteile:

f) Die nach den technischen Unterlagen zu bearbeitenden Schweißnähte dürfen in der Naht und im angrenzenden Werkstoff eine Dickenunterschreitung bis 5% aufweisen.

g) Freiheit von Kerben.

h) Die Wurzellage muß im allgemeinen ausgearbeitet und gegengeschweißt werden.

- D(oppel)-HY-Naht, HY-Naht, Kehlnähte, Dreiblechnaht (Nahtarten nach DIN 18 800 Teil 1, Ausgabe November 1990, Tabelle 19, Zeile 5 bis 14 entspricht hier Tabelle 6.11); andere Nahtformen sind sinngemäß einzuordnen.

a) Genügender Einbrand
Bei Kehlnähten ist durch konstruktive oder fertigungstechnische Maßnahmen sicherzustellen, daß die notwendige Nahtdicke erreicht wird. Hierbei ist anzustreben, daß der theoretische Wurzelpunkt erfaßt wird.

Bei Schweißverfahren, für die ein über den theoretischen Wurzelpunkt hinausgehender Einbrand sichergestellt ist, z. B. teilmechanische oder vollmechanische UP- oder Schutzgasverfahren (CO_2, Mischgas), muß das Maß min *e* (siehe DIN 18 800 Teil 1, Ausgabe November 1990, Tabelle 19, Zeilen 9 und 10 entspricht hier Tabelle 6.11) für jedes Schweißverfahren in einer Verfahrensprüfung bestimmt sein.

b) Maßhaltigkeit der Nähte.

c) Weitgehende Freiheit von Kerben und Kratern.

d) Freiheit von Rissen; Sichtprüfung ist im allgemeinen ausreichend.

Zusätzliche Anforderungen
für nicht vorwiegend ruhend beanspruchte Bauteile:

e) Schweißnähte kerbfrei bearbeiten, wenn dies in den Ausführungsunterlagen angegeben ist.

f) Bei Nahtansätzen, z. B. bei Elektrodenwechsel, darf die zusätzliche Nahtüberhöhung 2 mm nicht überschreiten.

- Bezüglich der Maßhaltigkeit von Schweißnähten sind folgende Werte zulässig:

a) Überschreitungen bis zu 25% der Nahtdicke für alle Nahtarten.

b) Stellenweise Unterschreitung der Nahtdicke von 5% bei Stumpfnähten sowie 10% bei Kehlnähten, sofern die geforderte durchschnittliche Nahtdicke erreicht wird.

- Bei Schweißen in mehreren Lagen ist die Oberfläche vorhergehender Lagen von Schlacken zu reinigen. Risse, Löcher und Bindefehler dürfen nicht überschweißt werden.
- Der Lichtbogen darf nur an solchen Stellen gezündet werden, an denen anschließend Schweißlagen aufgebracht werden.
- Bei zu geringem Wärmeeinbringen und zu schneller Wärmeableitung sowie bei niedrigen Werkstücktemperaturen ist in Abhängigkeit vom Werkstoff im Bereich der Schweißzonen ausreichend vorzuwärmen.

  Behinderte Verformungen beim Erwärmen und Erkalten führen zu Spannungen und evtl. zu Rissen im Nahtbereich. Um diese Eigenspannungen klein zu halten und Rissen vorzubeugen ist ein Vorwärmen erforderlich, wenn Grenzdicken überschritten werden: für Mindeststreckgrenze $\leqq$ 355 N/mm² $\rightarrow$ 20 mm Werkstoffdicke, bei 355 bis 420 N/mm² $\rightarrow$ 20 mm und bei 420 bis 590 N/mm² $\rightarrow$ 12 mm. Die Vorwärmtemperatur beträgt 150 bis 200 °C je nach Blechdicke.

  Schutzvorrichtungen gegen Witterungseinflüsse, z. B. Wind, können erforderlich werden.
- Während des Schweißens und Erkaltens der Schweißnaht (Blauwärme) sind Erschütterungen und Schwingungen der geschweißten Teile zu vermeiden.

- Schweißplan
  (nach: Stahlbau-Handbuch, Band 1, Köln 1982, S. 443)

Der Schweißplan gehört zusammen mit der Festigkeitsberechnung und den Ausführungsunterlagen zu den bautechnischen Unterlagen, die vorliegen müssen, ehe mit den Ausführungsarbeiten von Stahlbauten begonnen werden darf. Der Schweißplan wird von einem Schweißfachingenieur erstellt und enthält alle prüffähigen Angaben, die zur sachgemäßen Ausführung der Schweißverbindungen erforderlich sind. Im folgenden sind alle Angaben genannt, die ein Schweißplan enthalten sollte: Normbezeichnung des schweißgeeigneten Grundwerkstoffs, des Schweißverfahrens (möglichst mit Schweißparametern), der Zusatzwerkstoffe und Hilfsstoffe mit den entsprechenden Zulassungen; genaue Bezeichnung der Fugenform, des Fugenöffnungswinkels, der Stegtiefe und der Spaltbreite, evtl. auch der verwendeten Schweißunterlagen; Wetterschutz der Schweißstelle, Nahtvorbereitung, d. h. Entfernen oder Überschweißen einer Fertigungsbeschichtung; Schweißposition, Schweißfolge und erforderliche Qualifikation der eingesetzten Schweißer. Vorwärmtemperatur, Zwischenlagentemperatur und Art der Wärmenachbehandlung. Schließlich ist noch der Prüfumfang für die Nähte und den Grundwerkstoff in der Wärmeeinflußzone festzulegen.

6.3.5.3 Nachbearbeiten

Schweißnähte, die den Anforderungen nach Abschnitt 6.3.5.2 Absatz 1 und 2 nicht entsprechen, sind auszubessern. Dabei darf der Grundwerkstoff beiderseits der Naht durch Schweißgut ersetzt werden. Dieses gilt auch für das Ausbessern von Terrassenbrüchen (siehe DASt-Ri. 014).

Werkstücke und Schweißnähte sind von Schlacken zu säubern.

Um in besonderen Fällen innere Spannungen und beim Schweißen aufgetretene Aufhärtungen in Naht und Übergangszonen abzubauen, kann eine Behandlung nach dem Schweißen, z. B. Spannungsarmglühen oder Entspannen durch örtliche Wärme, zweckmäßig sein. Art und Umfang dieser zusätzlichen Behandlung ist im Einzelfall festzulegen und in den bautechnischen Unterlagen zu vermerken.

Zusätzliche Anforderungen
für nicht vorwiegend ruhend beanspruchte Bauteile:

Von Werkstücken und Schweißnähten sind Schweißspritzer, Schweißtropfen und Schweißperlen zu entfernen.

6.3.5.4 Nachweis der Nahtgüte (nach DIN 18 807)

Der Nachweis der Nahtgüte gilt als erbracht, wenn bei der Durchstrahlungs- oder Ultraschalluntersuchung von mindestens 10% der Nähte ein einwandfreier Befund festgestellt wird. Dabei ist die Arbeit aller beteiligter Schweißer gleichmäßig zu erfassen. Beim einwandfreien Befund muß die Freiheit von Rissen, Binde- und Wurzelfehlern und Einschlüssen, ausgenommen vereinzelte und unbedeutende Schlackeneinschlüsse und Poren, mit einer Dokumentation nachgewiesen sein.

Erläuterungen für den Praktiker:
(siehe hierzu auch Rybicki, Schäden und Mängel an Baukonstruktionen, Werner-Verlag, Düsseldorf)

Die Güte einer fertigen Schweißverbindung zu beurteilen ist selbst für einen erfahrenen Fachmann ohne Hilfsmittel mit dem bloßen Auge nicht möglich; immerhin läßt die Inaugenscheinnahme bestimmte Rückschlüsse zu. Eine einwandfrei ausgeführte Schweißnaht muß ganz gleichmäßige, etwa halbkreisförmige Schuppenbildung zeigen; die Naht darf nicht überhöht (Stromstärke zu gering: Einbrand nicht tief genug) oder zu flach sein (Schweißdraht zu schnell geführt). Spitzkeilfömig verlaufende Schuppen lassen auf zu hohe Stromstärke schließen, wobei ebenfalls die Güte der Naht leidet. Sie darf keine oder nur ganz geringe Einbrandkerben haben und keine schlechten Ansätze (Endkrater) aufweisen. Spritzer (durch zu hohe Stromstärke oder durch unruhigen Lichtbogen) auf dem Werkstück neben der Naht sind bei dynamisch beanspruchten Bauteilen unerwünscht, da sie Anlaß zu Dauerbrüchen infolge örtlicher Versprödung geben können. Längs- und Querrisse lassen auf zu hohe Abkühlungsgeschwindigkeit und zu starke Schrumpfspannungen schließen.

Wichtig ist, daß das Werkstück in der ganzen Seitenlänge der Naht aufgeschmolzen wird bis zur Wurzel; geschieht dies nicht, sind Bindefehler unvermeidbar (Nähte unbrauchbar!).

Nur Bindefehler an der Wurzel können mit dem Auge erkannt werden (zu großer oder zu kleiner Spalt zwischen den Blechufern).

Das menschliche Auge kann Risse unter etwa 0,1 mm nicht mehr sicher erkennen; mit einer 5fach vergrößernden Lupe können dann Risse bis herab zu etwa 0,02 mm erkannt werden. Durch das beschränkte Gesichtsfeld wachsen jedoch Prüfdauer und Ermüdung.

Schematische Darstellung einiger Schweißnahtfehler

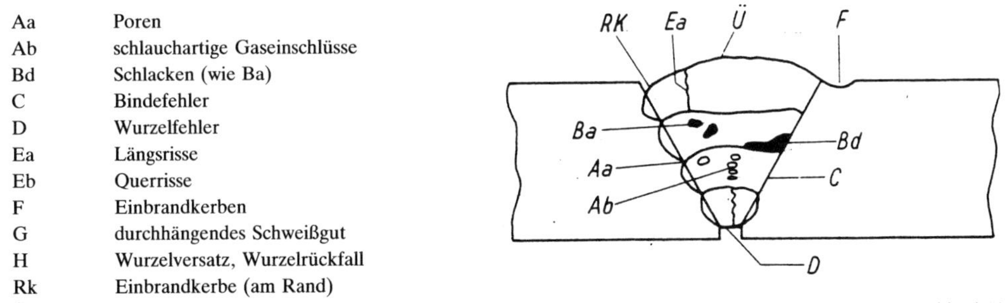

Abb. 6.11

Die Prüfung einer Konstruktion auf die gefürchteten Terrassenbrüche erfolgt nach dem Schweißen mittels Ultraschall. Die Prüfung vor dem Schweißen gibt keinen Aufschluß über die Terrassenbruchgefahr, da die nichtmetallischen Einschlüsse in Anzahl und Größe nicht geortet werden können. Es kann allenfalls eine Aussage über Doppelungen im Blech gemacht werden.

Schweißnähte, die den Anforderungen nicht entsprechen, dadurch die Sicherheit beeinträchtigen, sind zu entfernen und nach einem Schweißplan, den Statiker, Konstrukteur und Schweißfachingenieur gemeinsam aufzustellen haben, zu ersetzen. In Fällen, in denen ein nochmaliges Schweißen bedenklich ist, sind andere Verbindungsmittel anzuwenden.

Entstehen beim Einbrand Löcher im Blech oder in der Schweiße, so muß die Schweiße sachgemäß beseitigt, die Naht nachgeschweißt und aufs neue bearbeitet werden. Es ist unwesentlich, wenn hierbei der Mutterwerkstoff beiderseits der Naht durch einwandfreies Schweißgut ersetzt werden muß. Die Hauptsache ist, daß der Übergang allmählich und glatt wird.

Nicht nur die Naht selbst, auch der Werkstoff unmittelbar daneben muß beobachtet werden: Es dürfen keine Schweißspritzer oder -tropfen auf das Tragwerk gelangen; ebenfalls darf der Lichtbogen nicht hier gezündet werden. Andernfalls müssen diese Stellen sorgfältig ausgeschliffen werden (Ausschleifungen bis zu 5% der Solldicke des Werkstoffes erlaubt).

Lichtbogenzündstellen verursachen nicht nur die gefürchtete geometrische Kerbe, sondern auch infolge des Anschmelzens der Oberfläche Gefügeveränderungen, erhebliche Aufhärtungen, Eigenspannungen und u. U. Mikrorisse. Das nachträgliche Überschleifen (zuzüglich weiterer 0,2 bis 0,3 mm) zum Beseitigen der geometrischen Kerbe ist erforderlich. Nach *Neumann* bewirken allerdings innere (Poren, Schlackeneinschlüsse) und äußere (Einbrandkerben) Schweißfehler bei rein statischer Belastung (im Gegensatz zur dynamischen!) nur einen unerheblichen Abfall der Festigkeit.

Fehler in Schweißverbindungen in Normenregelungen:

- DIN 8524 Teil 1 (7/1986) und Teil 3 (8/1975) – Fehler an Schweißverbindungen aus metallischen Werkstoffen
- DIN 8563 Teil 3 (10/1985) – Sicherung der Güte von Schweißarbeiten
- DIN 54111 Teil 1 (5/1988) – Zerstörungsfreie Prüfung metallischer Werkstoffe mit Röntgen- und Gammastrahlen
- DIN 54109 Teil 1 (10/1987) – Zerstörungsfreie Prüfung; Bildgüte von Durchstrahlungsverfahren

Die Bewertung der Schweißnähte wird nach DIN 8563 Teil 3 vorgenommen; die nicht mehr zulässigen Maße der Unregelmäßigkeiten sind für vier Bewertungsgruppen bei Stumpfnähten und drei bei Kehlnähten festgelegt.

6.3.6 Schweißbefähigung des Unternehmers

6.3.6.1 Generelle Regelung

Das Herstellen geschweißter Bauteile aus Stahl erfordert in außergewöhnlichem Maße Sachkenntnisse und Erfahrungen der damit betrauten Personen sowie eine besondere Ausstattung der Betriebe mit geeigneten Einrichtungen.

Betriebe, die Schweißarbeiten in der Werkstatt oder auf der Baustelle – auch zur Instandsetzung – ausführen, müssen ihre Eignung nachgewiesen haben. Der Nachweis gilt als erbracht, wenn auf der Grundlage von DIN 18800 Teil 7 je nach Anwendungsbereich der
- Große Eignungsnachweis nach Abschnitt 6.2 oder der
- Kleine Eignungsnachweis nach Abschnitt 6.3 dieser Norm

geführt wurde.

Anerkannte Stelle für die Prüfung der Eignung zum Schweißen von Stahlbauten nach DIN 18800 Teil 7 Abschnitt 6.3

Kleiner Eignungsnachweis

Dem Unternehmen	Stahl- und Metallbau Herbert Klein
wird für den Betrieb in	4000 Düsseldorf 1, Palmenstr. 29

bescheinigt, daß es geeignet ist, Schweißarbeiten im folgenden Anwendungsbereich durchzuführen:

Normen/Vorschriften	DIN 18800 Teil 7
Schweißverfahren	E-Schweißen von Hand MAG-Schweißen von Hand
Grundwerkstoffe	St 37
Einschränkungen, Erweiterungen	----------
Schweißaufsichtsperson (Name, Vorname, Geburtsdatum, Beruf)	Schäck, Burkhard, 12.12.1960, Schweißfachmann
Vertreter (Name, Vorname, Geburtsdatum, Beruf)	---------
Bemerkungen	---------
Geltungsdauer	07.03.1992
Eignungsbescheinigung Nr.	D 45
ausgestellt am	16.03.1989

HANDWERKS KAMMER AACHEN I 1

Allgemeine Bestimmungen siehe Rückseite

Immendorf
Präsident

Dr.-Ing. Kreft
Hauptgeschäftsführer

Muster für einen „Kleinen Eignungsnachweis“

SCHWEISSTECHNISCHE
LEHR- UND VERSUCHSANSTALT DUISBURG
DES DEUTSCHEN VERBANDES FÜR SCHWEISSTECHNIK e.V.
– Staatlich anerkannt als Ausbildungs- und Prüfstelle für Schweißtechnik –
– anerkannte Stelle für den Nachweis der Eignung zum Schweißen –

Zeugnis

Nr.:	85/4394
Vor- und Zuname:	Gerhard Bühnemann
geboren am:	24.06.1947
geboren in:	Staßfurt

bestand vor dem DVS-Prüfungsausschuß die Prüfung als

SCHWEISSFACHMANN

Die Ausbildung wurde mit einer Gesamtdauer von 120 Stunden nach Richtlinie DVS 1171, die Prüfung nach Richtlinie DVS 1174 des Deutschen Verbandes für Schweißtechnik durchgeführt.

Die Prüfung befähigt zur Anerkennung als verantwortliche Schweißaufsichtsperson eines Betriebes.

Zeugnis ausgestellt am: 14. Dezember 1985

Schweißtechnische
Lehr- und Versuchsanstalt
Duisburg

DVS-Prüfungsausschuß
Der Vorsitzende

Muster für ein „Zeugnis Schweißfachmann“

Deutscher Verband für Schweißtechnik e.V.

Schweißtechnische Lehranstalt (SL)
der Gewerbeförderungsanstalt der Handwerkskammer Düsseldorf

Prüfungsbescheinigung nach DIN 8561

Herr Michael Lange

geb. am 18.11.1963 in Magdeburg

unterzog sich im Auftrag Fa. Lichttechnische Werke GmbH & Co.KG, 4006 Erkrath

am 06.4./30.05.89 der ~~Erstprüfung~~ Wiederholungsprüfung *)

in der Prüf- und Untergruppe BA1 nach DIN 8561

Schweißverfahren Metallschutzgasschweißen MIG

evtl. getrennt für Wurzel-, Zwischen- und Decklagen

Schweißposition w und h

Grundwerkstoff AL 99,5 *s* = 4mm *d* =

(Bezeichnung nach DIN oder Werkstoff-Nr., Prüfstückdicke *s*, Rohrdurchmesser *d*)

Zusatzwerkstoff DIN 1732-S-Al 99,5 Elisental DE-52 Ø 1,2mm

(Bezeichnung nach DIN oder Werkstoff-Nr., Hersteller)

Hilfsstoffe DIN 32526-I1-Argon

(Schutzgase, Flußmittel)

Vorwärmung -- °C

Wärmebehandlung -- °C und -- min

Bemerkungen --

(Einschränkungen, Besonderheiten)

Zur Prüfungsbescheinigung gehört der Bewertungsbogen Nr. 89/189

Prüfungsergebnisse

Praktische Prüfung: erfüllt

Fachkundliche Prüfung: erfüllt

Gesamturteil: erfüllt

Datum der Ausstellung 01.06.1989

Prüfstelle

(Siegel SLV) (Stern)

(Unterschrift)

*) Nichtzutreffendes ist zu streichen

Muster: „Prüfungsbescheinigung" für einen Handschweißer

SCHWEISSTECHNISCHE
LEHR- UND VERSUCHSANSTALT DUISBURG
DES DEUTSCHEN VERBANDES FÜR SCHWEISSTECHNIK e. V.
POSTF. 100201 · BISMARCKSTR. 85 · 4100 DUISBURG 1 · TELEFON (0203) 3781-0 · TELEX 8551331 slvd d

– anerkannte Stelle für den Nachweis der Eignung zum Schweißen –

Muster

Großer Eignungsnachweis

Dem Unternehmen	Müller, Meier & Schulze
wird für den Betrieb in	4100 Duisburg, Arnoldstraße 45

bescheinigt, daß er geeignet ist, Schweißarbeiten im folgenden Anwendungsbereich durchzuführen:

Normen/Vorschriften	DIN 18 800 Teil 7 Stahlbauten mit vorwiegend ruhender Beanspruchung DS 804 DIN 15 018, DIN 4132
Schweißverfahren	Lichtbogenhandschweißen (E) teilm. Metall-Schutzgasschweißen (tMAG) Prüfgruppen nach DIN 8560: B IIm, B IIg, B IIIg vollm. Unterpulverschweißen (vUP)
Grundwerkstoffe	St 37, St 52, St E 690
Einschränkungen, ~~Erweiterungen~~	Werkstoff St E 690 nur Verfahren tMAG in Pos. w und h
Schweißaufsichtsperson (Name, Vorname, Geburtsdatum, Beruf)	Dipl.-Ing. Schmitz, Peter, geb. 4.7.1942, SFI (DVS)
Vertreter (Name, Vorname, Geburtsdatum, Beruf)	Dipl.-Ing. Meier, Gustav, geb. 20.11.1950, SFI (DVS)
Bemerkungen	s. Rückseite
Geltungsdauer	26. November 1987
Eignungsbescheinigung Nr.	84.211
ausgestellt am	26. November 1984 Zwätz/He

Schweißtechnische Lehr- und Versuchsanstalt Duisburg

Siegel

Allgemeine Bestimmungen
siehe Rückseite

Unterschrift(en)

Muster für einen „Großen Eignungsnachweis"

Allgemeine Bestimmungen

1. Diese Bescheinigung ist vor der Ausführung von Schweißarbeiten in beglaubigter Abschrift oder Ablichtung den für die Baugenehmigung zuständigen Behörden unaufgefordert vorzulegen.
2. Zu Werbungs- und anderen Zwecken darf diese Bescheinigung nur im ganzen vervielfältigt oder veröffentlicht werden. Der Text von Werbeschriften darf nicht im Widerspruch zu dieser Bescheinigung stehen.
3. Ein Ausscheiden der in dieser Bescheinigung für die Wahrnehmung der Aufgaben der Schweißaufsicht genannten Person(en) sowie Änderungen des Schweißverfahrens oder wesentlicher Teile der für die Schweißarbeiten notwendigen betrieblichen Einrichtungen sind der anerkannten Stelle rechtzeitig anzuzeigen, die erforderlichenfalls eine erneute Prüfung im Betrieb veranlaßt.
4. Treten Zweifel an der Eignung des Betriebes auf, sind jederzeit unangemeldete Betriebsbesichtigungen und Prüfungen im Betrieb durch die anerkannte Stelle vorbehalten.
5. Diese Bescheinigung kann jederzeit mit sofortiger Wirkung entschädigungslos zurückgenommen, ergänzt oder geändert werden, insbesondere wenn

   die Voraussetzungen, unter denen sie erteilt worden ist, sich geändert haben,
   oder
   wenn die Bestimmungen dieser Bescheinigung nicht eingehalten werden.
6. Mindestens zwei Monate vor dem Ablauf der Geltungsdauer ist bei der anerkannten Stelle erneut ein Antrag zu stellen, falls die Eignung weiterhin bescheinigt werden soll.

Bemerkungen:

Zur Unterstützung der Schweißaufsichtsperson:

Müller, Franz, geb. 30.6.1949, SFM (DVS) Bereich Betrieb
Schulze, Egon, geb. 27.9.1950, ST (DVS) Bereich Montage

Die Bedingungen der jeweils gültigen Verfahrensprüfungen im Verfahren tMAG für den Werkstoff St E 690 und UP sind in der Fertigung einzuhalten und durch jährliche Arbeitsprüfungen nach Richtlinie 1702 zu belegen.

Verteiler:

1. Antragsteller (Original)
2. Oberste Bauaufsichtsbehörde des Landes — beim
3. Deutsche Bundesbahn, DB-Direktion — Brückendezernat
   (nur bei Anwendungsbereich DS 804)

Fortsetzung von Seite 388

SCHWEISSTECHNISCHE
LEHR- UND VERSUCHSANSTALT DUISBURG
DES DEUTSCHEN VERBANDES FÜR SCHWEISSTECHNIK e. V.

BISMARCKSTRASSE 85 POSTFACH 10 12 62 4100 DUISBURG 1
TELEFON (02 03) 37 81-0 FAX (02 03) 37 81 228 TELEX 8551 331 slvd d

— Anerkannt als Ausbildungs- und Prüfstelle für Schweißtechnik —

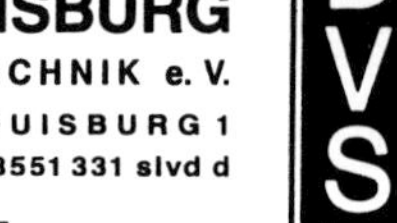

Gutachten Nr. 89 35 022
zur Vorlage beim Bauaufsichtsamt der Landeshauptstadt
Düsseldorf

Betrifft: Schweißtechnische Überwachung und Begutachtung von Fachwerkbindern für das Bauvorhaben: Neubau Arkadenhof mit Garagenhalle, Hammerstr. 19, 4000 Düsseldorf

Veranlasser: Bauaufsichtsamt der Stadt Düsseldorf
Brinckmannstr. 5
4000 Düsseldorf 1

Ausführende Firma und Auftraggeber: Metallbau van den Bergh
Peterstr. 51
4060 Viersen 1

1. Vorgang

Auf Verlangen des Bauaufsichtsamtes der Stadt Düsseldorf wurde die Schweißtechnische Lehr- und Versuchsanstalt Duisburg von der Fa. van den Bergh mit Schreiben vom 21.2.1989 beauftragt, die geschweißten Fachwerkbinder des o.g. Bauvorhabens zu überprüfen.
Diese Maßnahme wurde erforderlich, weil die ausführende Fa. van den Bergh nicht im Besitz des Großen Eignungsnachweises nach DIN 18 800 Teil 7 ist.

2. Überprüfungsergebnis

In der Zeit vom 21.2. bis 4.4.1989 führte unser Sachverständiger Luft bei insgesamt 7 Besuchen die Überprüfung der Schweißarbeiten entsprechend dem Fertigungsablauf durch.

- 2 -

Muster eines „Gutachtens der SLV Duisburg wegen fehlenden Großen Eignungsnachweises“

**SCHWEISSTECHNISCHE
LEHR- UND VERSUCHSANSTALT DUISBURG**
DES DEUTSCHEN VERBANDES FÜR SCHWEISSTECHNIK e. V.
BISMARCKSTRASSE 85 POSTFACH 10 12 62 4100 DUISBURG 1
TELEFON (02 03) 37 81-0 FAX (02 03) 37 81 228 TELEX 8551 331 slvd d
— Anerkannt als Ausbildungs- und Prüfstelle für Schweißtechnik —

Gutachten Nr. 89 35 022 Blatt 2

Bei der Überprüfung lagen die ungeprüften Zeichnungen Nr. 3139-50a, -51, -52 und -53 vor.
Als Werkstoff wurde R St 37-2, St 44-3 verwendet. Nur an dem Träger Pos. 2 wurden der Untergurt (Pos. 6), Obergurt (Pos. 1) und die 2 unteren Diagonalen im Mittelstück aus St 52-3 nach DIN 17 100 hergestellt.
Die Werkstoffe wurden bis auf die Rechteck-Hohlprofile 100x80x5 mm durch Werkszeugnisse nach DIN 50 049-2.2 belegt.
Von dem v.g. Hohlprofil wurde durch eine Analyse der Werkstoff R St 37-2 nachgewiesen.
Als Schweißverfahren wurde das Metall-Schutzgasschweißen (tMAG) unter Verwendung der zugelassenen Draht/Gaskombination DIN 8559-SG2, DIN 32 526-M 21 eingesetzt.
Die mit den Schweißarbeiten betrauten Schweißer waren im Besitz gültiger Prüfungsbescheinigungen nach DIN 8560-MAG-B IIg.
Bei der schweißtechnischen Überprüfung wurden vereinzelt nicht umschweißte Ecken, zu geringe Nahtdicken und Einbrandkerben festgestellt, die meist umgehend behoben wurden.
Die Ausführung der Schweißarbeiten ist fachgerecht.

3. Zusammenfassung

Die geschweißten Fachwerkbinder für das o.g Bauvorhaben wurden während der Fertigung stichprobenhaft durch Sichtprüfung im Herstellerwerk überprüft. Der Werkstoff und die Ausführung der Schweißarbeiten erfüllen die Anforderungen der DIN 18 800 Teil 7.

Gegen die Endabnahme dieser geschweißten Fachwerkbinder bestehen aus unserer Sicht keine Bedenken.

Deutscher Verband für Schweißtechnik e.V. Schweißtechnische Lehr- u. Versuchsanstalt Duisburg Nr. 11

Duisburg, 31. Mai 1989 ....
Lu/Ms i.A. Dipl.-Ing. Mai

Fortsetzung von Seite 390

Zur Erteilung des Eignungsnachweises ist eine Betriebsprüfung erforderlich, die sich auf die Werkstatt, die schweißtechnischen Maschinen und Geräte und ebenso auf die Fähigkeit des schweißtechnischen Personals bezieht.

Bis zur Vorlage des in der Baugenehmigung geforderten Eignungsnachweises dürfen keine Schweißarbeiten auf der Baustelle ausgeführt bzw. geschweißte Bauteile eingebaut werden.

Muster der beiden Eignungsnachweise sind auf den Seiten 385 und 388 abgedruckt. Mitunter wird versucht, der BAB anstelle des Kleinen Nachweises die Prüfbescheinigung für einen Handschweißer nach DIN 8560 „unterzujubeln"; dieser Schein gehört zwar zum Eignungsnachweis, ist aber nur e i n e Voraussetzung dafür. Ein solches Muster ist ebenfalls beigefügt (s. Seite 387).

Geschweißte Bauteile, die von Betrieben ohne diese Eignungsnachweise hergestellt werden, gelten als nicht normgerecht ausgeführt. Ersatzweise kann das Gutachten einer SLV vorgelegt werden; Muster s. Seite 390 f.

6.3.6.2 Großer Eignungsnachweis

● Anwendungsbereiche

Der Große Eignungsnachweis ist von Betrieben zu erbringen, die geschweißte Stahlbauten mit „vorwiegend ruhender Beanspruchung" herstellen wollen.

Für Stahlbauten mit nicht vorwiegend ruhender Beanspruchung, z. B. Brücken, Krane, wird der Große Eignungsnachweis entsprechend den zusätzlichen Anforderungen erweitert.

In besonderen Fällen kann der Große Eignungsnachweis eingeschränkt oder erweitert erbracht werden, z. B. für das Überschweißen von Fertigungsbeschichtungen.

Dies gilt auch für das Verarbeiten von Werkstoffen, die nicht in DIN 18 800 Teil 1, Ausgabe November 1990, Abschnitt 2.1.1 aufgeführt sind, z. B. nichtrostende Stähle, hochfeste Feinkornbaustähle sowie für den Einsatz vollmechanischer oder automatischer Schweißverfahren; in solchen Fällen können Verfahrensprüfungen notwendig werden.

● Anforderungen an den Betrieb

– Betriebliche Einrichtungen

Es gilt DIN 8563 Teil 2.

– Schweißtechnisches Personal

Schweißaufsicht

Der Betrieb muß für die Schweißaufsicht zumindest einen dem Betrieb ständig angehörenden, auf dem Gebiet des Stahlbaus erfahrenen Schweißfachingenieur haben. Seine Ausbildung und Prüfung müssen mindestens den Richtlinien des Deutschen Verbandes für Schweißtechnik (DVS) entsprechen. Er hat in Übereinstimmung mit den in DIN 8563 Teil 2 genannten Aufgaben auch die Prüfung der Schweißer nach DIN 8560 durchzuführen oder bei einer in DIN 8560 genannten Prüfstelle zu veranlassen (Muster „Schweißfachmann" s. Seite 386).

Schweißer

Mit Schweißarbeiten dürfen nur Schweißer beschäftigt werden, die für die erforderliche Prüfgruppe nach DIN 8560 und für das jeweilig angewendete Schweißverfahren eine gültige Prüfbescheinigung haben (Muster s. Seite 387).

Das Bedienungspersonal vollmechanischer Schweißeinrichtungen muß an diesen Einrichtungen ausgebildet und in Anlehnung an DIN 8560 überprüft sein.

Folgende Prüfungen sind möglich (SLV Duisburg):

Aufgrund von Schweiß- und Abnahmevorschriften wird von Aufsichtsbehörden, Überwachungsstellen, Klassifikationsgesellschaften oder vom Auftraggeber für bestimmte Schweißarbeiten verlangt, daß der Schweißer seine Eignungsprüfung nach:

DIN 8560
Prüfung von Stahlschweißern

DIN 8561
Prüfung von NE-Metallschweißern

DIN 4099
Schweißen von Betonstahl

abgelegt hat.

Einteilung der Prüfungen DIN 8560
Die Einteilung der Prüfgruppen erfolgt nach:
1. Schweißverfahren E, G, SG (MIG, WIG)
2. Halbzeuge B (= Blech), R (= Rohr)
3. Werkstoff I, II, III, IVA, IVB
4. Werkstückdicke f (< 3), m (2,5 . . . 6,5), g (≧ 6 mm)

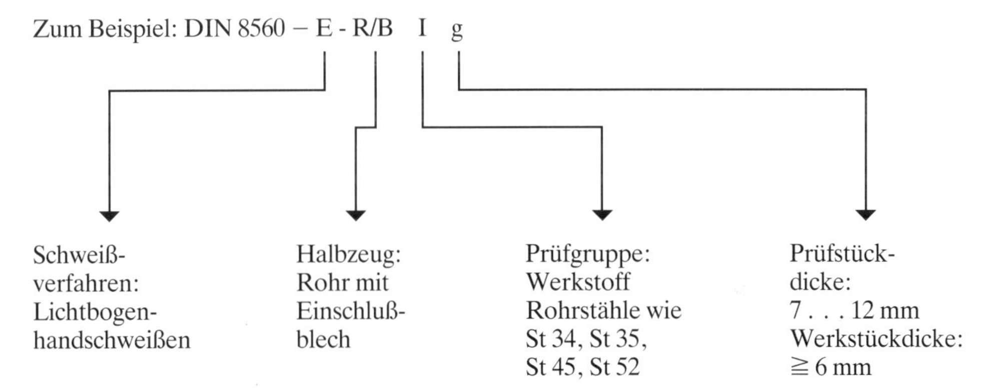

Einteilung der Prüfungen DIN 8561
Die Einteilung der Prüfgruppen erfolgt nach:
1. Schweißverfahren E, G, SG (MAG, WIG)
2. Halbzeuge B (= Blech), R (= Rohr)
3. Werkstoff Al, Cu, Ni
Zum Beispiel: DIN 8561 WIG-BAI.

● Nachweis der Eignung
Im Rahmen einer Betriebsprüfung durch die anerkannte Stelle hat der Betrieb den Nachweis zu erbringen, daß er über die erforderlichen betrieblichen Einrichtungen und das erforderliche schweißtechnische Personal verfügt.

Die Bescheinigung gilt höchstens 3 Jahre. Nach einer erfolgreichen Verlängerungsprüfung kann die Bescheinigung jeweils auf weitere 3 Jahre ausgestellt werden.

Für die ordnungsgemäße Herstellung und Lieferung geschweißter Bauteile und Konstruktionen ist für ausländische Schweißbetriebe der Abschluß eines Überprüfungsvertrages (Vordruck des DVS) erforderlich.

6.3.6.3 Kleiner Eignungsnachweis

● Anwendungsbereich
Der Kleine Eignungsnachweis ist von Betrieben zu erbringen, die geschweißte Stahlbauten mit „vorwiegend ruhender Beanspruchung" in dem nachfolgend genannten Umfang herstellen wollen.

● Bauteile aus St 37
- Vollwand- und Fachwerkträger bis 16 m Stützweite,
- Maste und Stützen bis 16 m Länge,
- eingeschossige Rahmen,
- Silos bis 8 mm Wanddicke,
- Gärfutterbehälter nach DIN 11 622 Teil 4,

- Treppen über 5 m Länge in Lauflinie gemessen,
- Geländer mit Horizontallast in Holmhöhe > 0,5 kN/m,
- andere Bauteile vergleichbarer Art und Größenordnung.

Dabei gelten folgende Begrenzungen:
- Verkehrslast ≦ 5 kN/m²
- Einzeldicke im tragenden Querschnitt im allgemeinen ≦ 16 mm
- auf Druck beanspruchte Kopf- und Fußplatten ≦ 30 mm
- auf Zug oder Biegezug beanspruchte Stirn-, Kopf- und Fußplatten ≦ 20 mm

6.3.6.4 Erweiterungen des Anwendungsbereiches des Kleinen Eignungsnachweises

Der Anwendungsbereich kann, sofern geeignete betriebliche Einrichtungen und entsprechend qualifiziertes schweißtechnisches Personal vorhanden sind, erweitert werden auf

a) Bauteile aus Hohlprofilen nach DIN 18 808 (z. Z. Entwurf),

b) Bolzenschweißverbindungen bis 22 mm Bolzendurchmesser nach DIN 8536 Teil 10,

c) auf Zug oder Biegezug beanspruchte Stirn-, Kopf- und Fußplatten > 20 mm,

d) Bauteile nach Abschnitt 6.3.6.3 aus St 52 ohne Beanspruchung auf Zug und Biegezug mit folgender Begrenzung:
   - Keine Stumpfstöße in Formstählen.

6.3.6.5 Schweißarbeiten ohne Eignungsnachweis

Durchführung einfacher oder untergeordneter Schweißarbeiten ohne Eignungsnachweis:

Für das Anschweißen von Kopf- und Fußplatten mit Dicken ≦ 30 mm an einfache, nicht eingespannte und nicht zusammengesetzte Profilstützen aus St 37 und zur Herstellung von Treppen mit Längen ≦ 5,00 m (gemessen in Lauflinie) und Verkehrslast ≦ 5 kN/m² sowie von Geländern mit Horizontallast in Holmhöhe von ≦ 0,5 kN/m² ist ein Eignungsnachweis des Betriebes nicht erforderlich. Der Betrieb hat hierfür jedoch Fachpersonal, z. B. Schweißer mit gültiger Prüfungsbescheinigung nach DIN 8560, einzusetzen. Ein Eignungsnachweis ist ferner nicht erforderlich für Schweißarbeiten an Bauteilen für untergeordnete Zwecke, die aufgrund schweißtechnischer Erfahrungen beurteilt werden können.

Für Bauteile, die nicht unter 6.3.6.4 oder 6.3.6.5 fallen, ist stets der Große Eignungsnachweis erforderlich.

Hinweis:
Die UVV „Schweißen, Schneiden und verwandte Arbeitsverfahren" (VBG 15, Fassung 10/1990) enthält Bestimmungen über Schutzeinrichtungen gegen optische Strahlung, über

Ausrüstung, Stromquellen, Gasversorgung und Sicherheitsmaßnahmen. – Sie ist für die BAB nicht beachtlich, wohl aber für den Unternehmer und den Bauleiter.

6.4 Konstruktion und Montage*)

6.4.1 Bearbeiten von Werkstoffen und Bauteilen

- Mindestblechdicke: 1,5 mm (DIN 18 801); früher 4 mm (DIN 4100) bzw. 1,5 mm (DIN 4115) 3 mm (DIN 18 800/1) bei Schraubverbindungen

- Normale Lieferlängen von Formstahl (bei verschiedenen Walzwerken können unterschiedliche Überlängen bestellt werden):

I-Träger, Profilhöhen	< 300 mm	8–16 m
	$\geqq 300$ mm	8–18 m
IPB-Träger IPBl-Träger IPE-Träger	alle Profilhöhen	4–15 m
[-Stahl	< 300 mm	8–16 m
	$\geqq 300$ mm	8–18 m
	U 30 × 15 bis U 65	6–12 m
L-Stahl ⅂-Stahl T-Stahl		6–12 m

- Verschiedene Stahlsorten
  Die Verwendung verschiedener Stahlsorten in einem Tragwerk und in einem Querschnitt ist zulässig.

  Walzprofile sind natürlich nicht ohne weiteres als St 37 oder St 52 zu erkennen. Bei vorhandenem Vergleichswerkstoffstück gibt evtl. die „Schleiffunkenprobe" Aufschluß: Da die Funkenmenge beim Anschleifen vom C-Gehalt abhängt, ist sie beim St 52 mit etwa 0,3% C größer als beim St 37 mit etwa 0,2% C. – Außerdem läßt sich die mit der größeren Festigkeit verbundene größere Härte des St 52 durch Feilenstrich oder Körnereindruck feststellen.

- Der Werkstoff darf nur im kalten oder rotwarmen Zustand umgeformt werden, nicht aber im Blauwärmebereich; Abschrecken ist nicht gestattet. Abbiegen oder Kröpfen gehört zur unzulässigen Bearbeitung, da Versprödung durch Aufhärtung eintritt. Die Temperatur beim rotwarmen Bearbeitungszustand beträgt etwa 700 °C; die Temperatur bei der Anlauffarbe des blanken Stahls „blau" bewegt sich um 300 °C. Das Erhitzen des Stahls auf Blauwärme allein, also ohne Umformung, erzeugt noch keine nachteilige Wirkung.

- Die Berührungsflächen von Stahlbauteilen sind so vorzubereiten, daß diese nach dem Zusammenbau auch im Hinblick auf den Korrosionsschutz aufeinanderliegen. Grate und erhabene Walzzeichen sind abzuarbeiten.

  Grobe Fehler an der Oberfläche, z. B. Kerben, sind durch geeignete Bearbeitungsverfahren, z. B. Hobeln, Fräsen, Schleifen oder Feilen, zu beseitigen.

- Als Markierungen sind Schlagzahlen oder Körner zulässig, nicht jedoch Meißelkerben.

  Zusätzliche Anforderungen
  für nicht vorwiegend ruhend beanspruchte Bauteile:

  Bauteilbereiche, in denen keine Schlagzahlen angebracht werden dürfen, sind in den bautechnischen Unterlagen entsprechend zu kennzeichnen.

*) Nach DIN 18801 (9/1983) Stahlhochbau; Bemessung, Konstruktion, Herstellung.

- Bei Fehlern im Werkstoff (z. B. Schlackeneinschlüsse, Blasen, Doppelungen) sind die erforderlichen Maßnahmen mit dem Statiker und Konstrukteur sowie bei Schweißarbeiten auch mit der Schweißaufsicht festzulegen, oder das fehlerhafte Teil ist zu ersetzen. Die durchgeführten Maßnahmen sind in den bautechnischen Unterlagen zu vermerken (s. auch 6.2.1.2 Stahlauswahl).

  Zusätzliche Anforderungen
  für nicht vorwiegend ruhend beanspruchte Bauteile:

  Wird bei festgestellten Fehlerstellen im Werkstoff das betroffene Teil nicht ersetzt, so muß dazu und zu den zu treffenden Maßnahmen auch das Einverständnis der für die Bauaufsicht zuständigen Stelle eingeholt werden.

- Trennschnitte sind fehlerfrei herzustellen, z. B. mit Sägeschnitten, und sind gegebenenfalls nachzuarbeiten. Anderenfalls ist der neben dem Schnitt befindliche Werkstoff, soweit er verletzt ist, durch geeignete Bearbeitungsverfahren zu beseitigen.

  Die durch autogenes Brennschneiden oder Plasma-Schmelzschneiden entstandenen Schnittflächen müssen mindestens der Güte II nach DIN 2310 Teil 3 oder der Güte I nach DIN 2310 Teil 4 entsprechen.

  Bei gescherten Schnitten und gestanzten Ausklinkungen in zugbeanspruchten Bauteilen über 16 mm Dicke sind deren Schnittflächen abzuarbeiten.

  Zusätzliche Anforderungen
  für nicht vorwiegend ruhend beanspruchte Bauteile:

  Die durch autogenes Brennschneiden entstandenen Schnittflächen müssen Güte I nach DIN 2310 Teil 3 aufweisen. Die Kanten sind zu brechen.

  Bei gescherten Schnitten und gestanzten Ausklinkungen sind die neben dem Schnitt befindlichen verletzten und verfestigten Zonen in der Schnittfläche spanend, z. B. durch Hobeln, Fräsen, Schleifen oder Feilen, abzuarbeiten, es sei denn, daß durch das Schweißen diese Zonen aufgeschmolzen werden. Die Kanten der bearbeiteten Flächen sind zu entgraten.

- Einspringende Ecken und Ausklinkungen sind auszurunden.

  Zusätzliche Anforderungen
  für nicht vorwiegend ruhend beanspruchte Bauteile:

  Einspringende Ecken und Ausklinkungen sind mit mindestens 8 mm Halbmesser auszurunden.

- Berührungsflächen von Kontaktstößen sollen so hergestellt werden, daß die Kraft planmäßig über den gesamten Querschnitt übertragen wird. Bei zusammengesetzten Querschnitten genügt im allgemeinen das Herstellen gegen einen Anschlag.

  Zusätzliche Anforderungen
  für nicht vorwiegend ruhend beanspruchte Bauteile:

  Bei zusammengesetzten Querschnitten sind die Kontaktflächen der Querschnittsteile einzeln oder insgesamt zu bearbeiten.

- Richten von geschweißten Stahlteilen
  Bei der Fertigung werden zwangsläufig Eigenspannungen, insbesondere Schweißeigenspannungen, in die Stahlteile eingebracht. Solche Eigenspannungen (Spitzen) können u. U. während des Feuerverzinkens bei Temperaturen von ca. 450 °C freigesetzt werden. Bei dieser Temperatur verringert sich die Streckgrenze des Stahls gegenüber den Werten bei Raumtemperatur um etwa die Hälfte. Diese Vorgänge führen manchmal zu plastischen Verformungen, dem „Verzug“.

Die primäre Maßnahme zur Vermeidung von Verzug beim Feuerverzinken ist die Reduzierung von (Schweiß-)Eigenspannungen durch z. B. Verringern von Schweißnähten, symmetrische Anordnung, sorgfältigen Schweißfolgeplan usw. Es stellt sich mitunter die Frage, ob es sinnvoll ist, ein verzogenes Bauteil bereits vor dem nachfolgenden Feuerverzinken zu richten.

Durch Versuche der SLV Saarbrücken konnte festgestellt werden, daß als Maßnahmen zum Richten von geschweißten Stahlteilen **vor** dem Feuerverzinken das Flammrichten mit Einflammen-Schweißbrennern bevorzugt werden sollte. Solche gerichteten Bauteile verziehen sich nicht wieder erneut.

Nach dem Verzinkungsvorgang kann sowohl das Flammrichten als auch das Kaltrichten mit Richtpressen eingesetzt werden; das Kaltrichten bietet bei einfachen Richtarbeiten Vorteile. Das Flammrichten erfordert eine exakte Temperaturführung, um eine Überhitzung des Zinküberzuges zu vermeiden, und auch große Erfahrung und Handfertigkeit (nach: Feuerverzinken, Heft 3/1992).

6.4.2 Stöße, Stützenfüße, Verankerungen, Verbände

● Stöße und Anschlüsse
Stöße und Anschlüsse sollen gedrungen ausgebildet werden. Unmittelbare und symmetrische Stoßdeckung ist anzustreben.

Die einzelnen Querschnittsteile sollen für sich angeschlossen oder gestoßen werden.

Knotenbleche dürfen zur Stoßdeckung herangezogen werden, wenn ihre Funktion als Stoß- und als Knotenblech berücksichtigt wird.

Anmerkung:

Querschnittsteile sind z. B. Flansche oder Stege.

Stöße in den Tragwerken (Abstände, Lage) werden meist von den handhabbaren Montagegewichten bestimmt; Transportlänge bis max $l = 22$ m; bei Walzträgern liegt die wirtschaftliche Länge (ohne Längenaufpreis!) bei $\leqq 15$ m.

Werkstattstoß: am besten geschweißter Stumpfstoß.

Montagestoß: am besten geschraubt; günstig ist der Kopfplattenstoß. Hierbei ist jedoch die Untersuchung der Kopfplatte nach dem Schweißen mittels Ultraschall erforderlich, um Doppelungen aufzuspüren, die das Blech unbrauchbar machen (Terrassenbrüche).

● Futter
Stoßteile dürfen in Verbindungen höchstens um 2 mm verzogen sein.

Futterstücke von mehr als 6 mm Dicke sind als Zwischenlagen zu behandeln, wenn sie nicht mit mindestens einer Schrauben- bzw. Nietreihe oder durch entsprechende Schweißnähte vorgebunden werden.

Für GVP-Verbindungen darf auf das Vorbinden verzichtet werden.

● Kontaktstoß
Die Übertragung von *Druckkräften durch Kontakt* ist im Stahlhochbau üblich und bewährt.

Eine einwandfreie und verformungsarme Übertragung von Druckkräften durch Kontakt setzt eine saubere Bearbeitung der Kontaktflächen voraus, mit der ein vollflächiges Anliegen auch ohne Kraftübertragung gesichert ist und mit der erreicht wird, daß die Wirkungslinie der Kraft etwa normal zur Kontaktfläche steht. Schließlich muß durch konstruktive Maßnahmen dafür gesorgt werden, daß die gegenseitige Lage der Kontaktflächen gesichert ist.

Die Kontaktflächen müssen also sauber gefräst sein, Brennschnitt genügt nicht. Es darf kein Knickwinkel an der Stoßstelle vorhanden sein (max a = 1/500) und kein Versatz der Stoßteile (max c = 5 mm); weiter dürfen keine Zugkräfte unter irgendeinem Lastfall auftreten.

Versuche haben gezeigt, daß auch bei sorgfältiger Ausführung ein voller Kontakt vor Aufbringen der Last nicht zu erreichen ist. Es ist daher mit einem „Setzen" der Konstruktion zu rechnen. (Dies tritt bei Übertragung von Kräften über Paßschrauben-, über gleitfeste Reib- und über Schweißverbindungen nicht in diesem Maß auf, so daß lokale Zusatzverformungen in diesen Verbindungen vernachlässigt werden.)

Wortlaut der DIN:
Wenn Kräfte aus druckbeanspruchten Querschnitten oder Querschnittsteilen durch Kontakt übertragen werden, müssen

- die Stoßflächen der in den Kontaktfugen aufeinandertreffenden Teile eben und zueinander parallel,
- lokale Instabilitäten infolge herstellungsbedingter Imperfektionen ausgeschlossen oder unschädlich sein,
- die gegenseitige Lage der miteinander zu stoßenden Teile
  gesichert sein (kein seitliches Ausweichen).

Bei Kontaktstößen, deren Lage durch Schweißnähte gesichert wird, darf der Luftspalt nicht größer als 0,5 mm sein.

Anmerkung 1:

Herstellungsbedingte Imperfektionen können z. B. Versatz oder Unebenheiten sein. Lokale Instabilitäten können insbesondere bei dünnwandigen Bauteilen auftreten.

Anmerkung 2:

Die Anforderung für die Begrenzung des Luftspaltes gilt z. B. für den Anschluß druckbeanspruchter Flansche an Stirnplatten.

An Kopf und Fuß von nur planmäßig mittig auf Druck beanspruchten Stützen brauchen bei rechtwinkliger Bearbeitung der Endquerschnitte und bei Anordnung ausreichend dicker Auflagerplatten die *Verbindungsmittel der Anschlußteile nur für 10% der Stützenlast* bemessen zu werden.

● Krafteinleitungen
Es ist zu prüfen, ob im Bereich von Krafteinleitungen oder -umlenkungen, an Knicken, Krümmungen und Ausschnitten konstruktive Maßnahmen erforderlich sind.

Bei geschweißten Profilen und Walzprofilen mit I-förmigem Querschnitt dürfen Kräfte ohne Aussteifungen eingeleitet werden, wenn

- der Betriebsfestigkeitsnachweis nicht maßgebend ist,
- der Trägerquerschnitt gegen Verdrehen und seitliches Ausweichen gesichert ist,
- der Tragsicherheitsnachweis nach DIN 18800 Teil 1, Abschnitt 7.5.1 geführt wird.

Anmerkung:

Ein Beispiel für konstruktive Maßnahmen ist die Anordnung von Steifen.

Entgegen früheren Konstruktionsregeln ist es heute durchaus üblich, auch große Einzellasten in I-Träger aus Walzprofil oder Schweißprofil einzuleiten ohne aussteifende Rippen oder Steifen. Dieses Prinzip gilt für Träger unter vorwiegend ruhender Belastung und ist für Kranbahnträger (Lastspiele > 10000) nicht anwendbar. Ein geschweißter Träger muß dabei beidseitig durchgehende Schweißnähte und im Bereich der Krafteinleitung Schweißnahtdicken *a* von mindestens 0,5 × Stegdicke aufweisen.

● Aussteifende Verbände, Rahmen und Scheiben

Aussteifende Verbände und Rahmen sind so zu bemessen, daß sie die auf das Tragwerk wirkenden Lasten (z. B. Wind) ableiten und das Bauwerk sowie seine Teile gegen Ausweichen (Instabilitäten) sichern. Dabei sind Herstellungsungenauigkeiten (Imperfektionen), wie z. B. Stützenschiefstellungen, in angemessener Weise zu berücksichtigen. Falls die Verformungen einen nicht vernachlässigbaren Einfluß auf die Schnittgrößen haben, ist der Nachweis nach Theorie II. Ordnung zu führen. Hierbei sind alle Lasten, die auf solche Bauwerksteile wirken, die durch den untersuchten Verband oder den untersuchten Rahmen ausgesteift werden, zu berücksichtigen. Bei der Untersuchung sind gegebenenfalls Nachgiebigkeiten in Anschlüssen und Stößen, z. B. bei Schraubenverbindungen mit Lochspiel größer als 1 mm, zu berücksichtigen.

Scheiben aus Trapezprofilen, Riffelblechen, Beton, Stahlbeton, Stahlsteindecken, Mauerwerk können Aufgaben wie Verbände übernehmen.

Holzpfetten dürfen zur Aussteifung von Binderobergurten herangezogen werden.

Voraussetzung für die Verwendung von Holzplatten zur *Aussteifung von Binderobergurten* ist, daß der Schlupf der Verbindungsmittel nicht größer ist als z. B. beim Anschluß von Stahlplatten mit Rohen Schrauben.

Rundstahlverbände sind in der Horizontalebene sehr weich. Unbedingt erforderlich sind daher Zwischenaufhängungen, um den Durchgang zu begrenzen. Um Kraftschlüssigkeit zu erreichen, ist ein Spannschloß notwendig.

In der Horizontalebene besser geeignet sind Winkeleisenverbände. Im Kreuzungspunkt wird dabei einer der beiden Winkel ausgeklinkt.

● Biegesteife Verbindungen von Trägern und Stützen*)

Sie werden als Rahmenecken geschweißt oder als Baustellenverbindung stets geschraubt. Bei diesen Rahmenecken wird meist der Riegel – mit oder ohne Voute – über eine angeschweißte Kopfplatte durch Schrauben in der Vertikalfuge an die Stütze angeschlossen. Eine Ausnahme, also Riegel auf Stütze mit Verschraubung in der horizontalen Fuge, ist beim obersten Stockwerkriegel möglich.

Die Stirnplatten und die Flansche der Rahmenstiele dürfen keine Doppelungen enthalten. Ihre Dicken sollten sich entsprechen. Die Stirnplattendicke d_p kann überschlägig mit einer Lastverteilungsbreite berechnet werden, die sich beidseitig unter 45° ergibt. Der so ermittelte Wert darf nicht größer als der vertikale Abstand der Schrauben werden.

Die Stirnplattendicke d_p sollte bei zweireihiger Anordnung der Schrauben und bei überstehender Kopfplatte den 1,0fachen und bei vierfacher Anordnung der Schrauben den 1,25fachen Schraubendurchmesser d_{sch} nicht unterschreiten. Bei bündiger Stirnplatte betragen die Werte $d_p = 1{,}5 \times d_{sch}$ für zweireihige und entsprechend $d_p = 1{,}7 \times d_{sch}$ für vierreihige Schraubenanordnung.

Die Stirnplattenverbindung mit normalfesten Schrauben (4.6 und 5.6) soll nur in Ausnahmefällen angewendet werden. Verbindungen mit bündiger Stirnplatte verformen sich übrigens stärker; sie sind vor allem bei Trägerhöhen über 400 mm zu vermeiden.

---

*) Nach: Hünersen/Fritzsche, Stahlbau in Beispielen, 2. Auflage, Werner-Verlag, Düsseldorf 1993.

● Stützenfüße*)
Als *gelenkige* Stützenfüße entweder mit Fußplatte und Mörtelbett direkt auf dem Fundament bis zu einer Profilhöhe der Stütze $h < 600$ mm oder bei größeren Profilhöhen mit einem Druckstück als Gelenk. Bei Konstruktionen im Hochbau ist es üblich, Druckstücke aus Flachblech ohne Krümmung einzusetzen. Sonst werden Zentrierleisten mit Halbwalzenquerschnitt auf einer Trägerlage verwendet.

Die Fußplatten werden möglichst klein gehalten. Je nach Fußplattengröße können örtliche Aussteifungen notwendig werden. Zwei leichte Anker (in der Pendelachse) dienen als Montagehilfe.

Bei *eingespannten* Stützen sind zwei Konstruktionsprinzipien typisch: Kleinere Stützen werden häufig direkt in Hülsenfundamente eingespannt; das entspricht der üblichen Stahlbetonfertigteilkonstruktion (s. auch 7.7.3.4). Beim zweiten Prinzip wird das Einspannmoment der Stütze über ein vertikales Kräftepaar in das Fundament geleitet. Für die entstehenden Zugkräfte sind Ankerkonstruktionen erforderlich. Zur Verminderung des Ankerzuges haben die Anker möglichst großen Abstand. Bei kleinen Einspannmomenten (das heißt auch kleine Stützenprofile) genügt eine steife Fußplatte bei der Verankerung, sonst ist eine Fußtraverse zur Lastverteilung auszubilden.

6.4.3 Zusammenbau und Montage

Auf die allgemeinen Bestimmungen für Montagearbeiten der BauBG wird hingewiesen; s. auch II 2.4, dort auch das Muster der erforderlichen „Anzeige“.

Nach § 10.1 der UVV-Bauarbeiten müssen Arbeitsplätze auf Baustellen über sicher begehbare oder befahrbare Verkehrswege zu erreichen sein. – Das ist bei Stahlbaumontagen erfüllt, wenn

- die für die spätere Verwendung vorgesehenen Aufstiege dem Baufortschritt entsprechend eingebaut sind,
- Sprossen in der Stahlkonstruktion formschlüssig befestigt sind,
- Steigeisengänge vorhanden sind,
- Leitern an der Stahlkonstruktion angeklemmt sind
  oder
- Steigbolzengänge an Gittermasten vorhanden sind.

Stahlbauteile dürfen beim Lagern, Ein- und Ausladen, Transport und Aufstellen nicht überbeansprucht werden. Sie sind an den Anschlagstellen vor Beschädigungen zu schützen.

Werden an tragenden Bauteilen für den Transport, für die Montage oder aus sonstigen Gründen Veränderungen erforderlich, die nicht in bautechnischen Unterlagen vorgesehen sind, z. B. Anschweißen von Hilfslaschen, Bohren von Anschlaglöchern, so dürfen diese nur unter sinngemäßer Beachtung des Abschnittes 6.4.1 ausgeführt werden.

Montagelöcher dürfen nicht durch Schweißgut geschlossen werden.

Mit dem endgültigen Nieten, Schrauben und Schweißen der Stahlbauteile darf erst begonnen werden, wenn deren planmäßige Form, gegebenenfalls unter Berücksichtigung noch eintretender Verformungen, hergestellt ist. Insbesondere ist beim Freisetzen der mögliche Einfluß von Verformungen des Haupttragwerkes auf andere Bauteile, z. B. Verbände, Anschlüsse, zu berücksichtigen.

Stützenfuß: Auf einnivellierte Keile absetzen und untergießen, dann Keile entfernen.

*) Nach: Hünersen/Fritzsche, Stahlbau in Beispielen, 2. Auflage, Werner-Verlag, Düsseldorf 1993.

Verankerung: Ankerschrauben in Aussparungen mit Ankerprofilen; falls Ankerschrauben in das Fundament mit einbetoniert werden, ist eine Schablone erforderlich, damit nicht später die Fußplatte nachgebrannt werden muß. Heute werden viele Stützen mit bauaufsichtlich zugelassenen Schwerlastdübeln und Schrauben befestigt.

Montagemethoden:

1. Mehr oder weniger große Einheiten werden am Boden vormontiert und mit schwerem Hebezeug in die endgültige Lage gehoben. Wegen des Transports s. auch II 5.5.

Abb. 6.12 Bei der Montage festgestellter Aufmaßfehler der Pavillonträger

Abb. 6.13 Auflager mußte durch Anschweißen verlängert werden

2. Freier Vorbau in der (Dachhallen-)Höhe aus einzelnen Elementen; hierbei werden keine schweren Hebe- und Stützkonstruktionen benötigt; außerordentlich wichtig ist hierbei die Beachtung der verschiedenen Montagezustände mit evtl. vorübergehender Instabilität.

Transport und Montage von verzinkten Bauteilen:
Beschädigungen des Zinküberzuges oder auch Weißrost (s. auch 6.5.2 Weißrost) können Korrosionsschäden einleiten. Daher beachten: Zum Umgreifen von Paketen/Bündeln oder zum Anschlagen sollten ausschließlich bewehrte Kunststoffseile, keine Ketten oder Drahtseile benutzt werden, alternativ Holzunterlagen. Offene Bunde, Pakete und Konstruktionsteile müssen zum Anschlagen gut gegeneinander abgestützt und unterstützt sein, um Beschädigungen durch Stoßen oder Aneinanderreiben zu vermeiden. Das gilt prinzipiell auch für den Transport über kurze Entfernungen.

Abnahme:
Zulässige Werte für Maßabweichungen, welche die Gebrauchsfähigkeit der Bauteile beeinflussen können, sind rechtzeitig vor dem Aufstellen der bautechnischen Unterlagen mit dem Besteller festzulegen.

Für die Abnahmen müssen Schrauben, Niete und Schweißnähte zugänglich sein. Für Verbindungen, die bei der Endabnahme nicht mehr zugänglich sind, ist eine Zwischenabnahme vorzusehen. Schweißnähte dürfen vor der Abnahme keine oder nur eine durchsichtige Beschichtung erhalten.

6.4.4 Stahltrapezprofildächer

Mit Einführung (11/1989) der DIN 18 807 – Stahltrapezprofile im Hochbau – wurden die zahlreichen ABZ durch typengeprüfte Berechnungen ersetzt. Im folgenden wird aus Teil 3 – Festigkeitsnachweis und konstruktive Ausbildung (Fassung 6/1987) – zitiert:*)

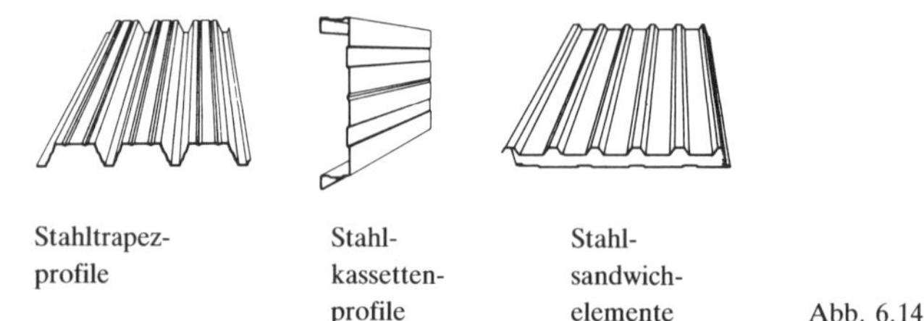

Stahltrapez-profile — Stahl-kassetten-profile — Stahl-sandwich-elemente — Abb. 6.14

6.4.4.1 Technische Unterlagen

Die einschlägigen UVV, insbesondere VBG 37 „Bauarbeiten“, § 17, sind zu beachten.

Für die Ausführung müssen, abgesehen von untergeordneten Baumaßnahmen, prüfbare Verlegepläne und Montageanweisungen angefertigt werden, aus denen die Art und Lage der Profiltafeln, die Verbindung mit der Unterkonstruktion sowie die Anordnung der Verbindungselemente hervorgehen.

6.4.4.2 Anforderungen an die Unterkonstruktion als Auflager für die Trapezprofile

● Auflagerbreite und Trapezprofilüberstand

Soweit sich aus dem Festigkeitsnachweis keine erforderlichen Auflagerbreiten ergeben, muß die Auflagerbreite zuzüglich Trapezprofilüberstand mindestens 80 mm, bei Mauerwerk mindestens 100 mm betragen. Hiervon darf abgewichen werden auf die Mindestwerte nach Tabelle 6.14, wenn das Trapezprofil unmittelbar nach dem Verlegen auf dem Auflager befestigt wird.

*) Stahltrapezprofile als hinterlüftete Außen w a n d bekleidungen werden hier nicht behandelt; für sie gilt daneben auch DIN 18516 Teil 1.

Tabelle 6.14 Mindestauflagerbreiten

Art der Unterkonstruktion		Stahl, Stahlbeton	Mauerwerk	Holz
Endauflagerbreite min b_A	mm	40	100	60
Zwischenauflagerbreite min b_B	mm	60	100	60

● Unterkonstruktion aus Beton, Stahlbeton oder Spannbeton

– Zusätzliches Auflagerteil

Bei einer Unterkonstruktion aus Beton, Stahlbeton oder Spannbeton ist ein zusätzliches Auflagerteil aus Stahl oder Holz vorzusehen, um eine Verbindung der Profiltafeln mit der Unterkonstruktion zu ermöglichen. Auflagerteile aus Holz müssen DIN 1052 Teil 1 entsprechen, jedoch mindestens 40 mm dick und 60 mm breit sein.

– Ohne zusätzliches Auflagerteil

Bei Stahlbeton- oder Spannbetonkonstruktionen darf auf ein zusätzliches Auflagerteil (wie vorstehend) nur verzichtet werden, wenn:

a) bauaufsichtlich zugelassene Dübel für die Verbindung der Trapezprofile mit der Unterkonstruktion verwendet werden und der Nachweis für die aufzunehmenden Kräfte geführt wird;

b) Setzbolzen oder andere geeignete Verbindungselemente für die Fixierung der Profiltafeln verwendet werden, sofern sie keine planmäßigen Zug- oder Scherkräfte zu übertragen haben;

c) das Endauflager nach Abb. 10 der DIN 18807 Teil 3 ausgebildet ist.

Dübel oder Setzbolzen dürfen an fertigen Bauteilen nur an Stellen gesetzt werden, an denen eine Schädigung der tragenden Bewehrung oder des tragenden Bauteiles ausgeschlossen ist.

● Unterkonstruktion aus Mauerwerk

– Zusätzliches Auflagerteil

Für ein zusätzliches Auflagerteil gilt analog die vorstehende Regelung und DIN 1053 Teil 1.

– Decken mit Ortbeton

Decken mit Ortbeton müssen mit Randgliedern nach Abb. 10 der DIN 18807 Teil 3 ausgeführt werden (hier Abb. 6.15).

Wenn an einem Auflager über der Decke Linienlasten (z. B. Mauerwerk) angreifen, ist – falls im Festigkeitsnachweis nichts anderes nachgewiesen – der Hohlraum unter dem Trapezprofil auszubetonieren oder bündig auszumauern.

6.4.4.3 Verbindung mit der Unterkonstruktion

● Verbindung der Profiltafeln mit der Unterkonstruktion *quer* zur Spannrichtung

Die Verbindung hat nach Maßgabe des Festigkeitsnachweises zu erfolgen, jedoch ist mindestens jede zweite Profilrippe mit der Unterkonstruktion zu verbinden, an den Rändern der Verlegeflächen jede Profilrippe.

Bei Schubfeldern ist jede Profilrippe im anliegenden Gurt mit den Schubfeldträgern zu verbinden. An Zwischenauflagern, die nur zur Abtragung von Lasten – rechtwinklig zur Verlegefläche – dienen und keinerlei Aufgaben im Zusammenhang mit der Schubfeldwirkung zu erfüllen haben, genügt auch im Bereich von Schubfeldern die Verbindung in jeder zweiten Profilrippe.

● Verbindung der Profiltafeln mit der Unterkonstruktion *parallel* zur Spannrichtung
An den Längsrändern der verlegten Flächen müssen die Profiltafeln mit der Unterkonstruktion oder mit z. B. einem Randversteifungsblech $t_N \geqq 1{,}0$ mm verbunden werden; bei Schubfeldern in Übereinstimmung mit dem Festigkeitsnachweis. Gleiches gilt für den Längsrand einer Profiltafel neben einer Öffnung in der verlegten Fläche. Abstände siehe weiter unten.

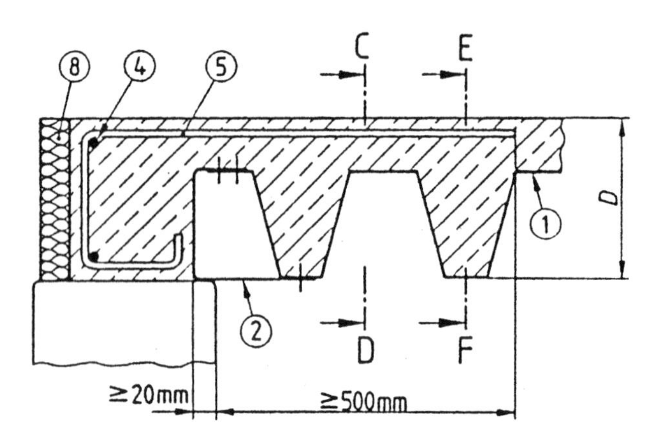

① Trapezprofil

② Randblech, konstruktive Auflagertiefe $\geqq$ 20 mm

③ Auflagertiefe des Trapezprofils am Querrand $\geqq$ 100 mm, Druckspannung des Mauerwerks ist nachzuweisen (hier nicht dargestellt)

④ Bewehrung des Ringankers mindestens 2 ∅ 12 mm oder gleichwertig

⑤ Bügel ∅ ≥ 6 mm
Abstand: $e \leqq 4$ D
$\leqq 500$ mm

Abb. 6.15 Längsrand der verlegten Fläche

6.4.4.4 Verbindung der Profiltafeln (Stoß)

● am Längsrand

Abstände der Verbindungselemente

Jede Profiltafel muß an ihrem Längsrand mit einer anderen Profiltafel oder mit einem mindestens 1 mm dicken Randversteifungsblech oder mit der Unterkonstruktion verbunden werden, bei Schubfeldern in Übereinstimmung mit dem Festigkeitsnachweis.

Abstände in der Reihe:

Längsstoß: $50 \text{ mm} \leqq e_L \leqq 666 \text{ mm}$

Bei Schubfeldern müssen je Längsstoß zwischen 2 Auflagerträgern mindestens 4 Verbindungselemente angeordnet werden.

Randversteifungsblech: $50 \text{ mm} \leqq e_R \leqq 333 \text{ mm}$
Randträger: $50 \text{ mm} \leqq e_R \leqq 666 \text{ mm}$

Konstruktive Randabstände:

Längsrand der Profiltafel: $e \geqq 10$ mm
$\geqq 1{,}5 \cdot d$

Querrand der Profiltafel: $\geqq 20$ mm
$\geqq 2 \cdot d$

d Lochdurchmesser

- am Querrand

– Konstruktive Überdeckung in Spannrichtung

Für die Überdeckungslänge in Spannrichtung gelten die Richtwerte nach Tabelle 6.13.

Tabelle 6.15 Dachneigung und Überdeckungslängen

Dachaufbau		Überdeckungslänge mm
Trapezprofile mit oberseitiger Dachabdichtung		50 bis 150
Trapezprofile als Dachdeckung		
Dachneigung		
Grad	Prozent	
bis 3	< 5	ohne Querstoß
3 bis 5	5 bis 9	200
6 bis 20	10 bis 36	150
über 20	> 36	100

– Stoß am Querrand *ohne* konstruktive Überdeckung

Bei einem Stoß am Querrand ohne konstruktive Überdeckung ist die Mindestauflagerbreite wie bei Endauflagern einzuhalten (siehe Abb. 6.16).

① Trapezprofil

② Unterkonstruktion

③ Verbindungselement

④ Auflagerbreite und Trapezprofilüberstand wie für Endauflager

⑤ Randabstand des Verbindungselements vom Rand einer Holz-Unterkonstruktion $\geqq 5 \cdot d_s$ bzw. nach DIN 1052 Teil 1 (d_s Schraubenschaftdurchmesser)

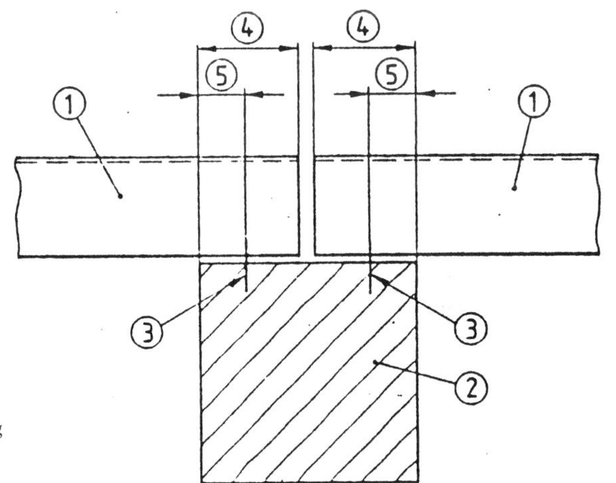

Abb. 6.16 Querstoß als Stumpfstoßausführung

– Statisch wirksame Überdeckung

Statisch wirksame Überdeckungen sind nach Abschnitt 3.5 der DIN 18 807 Teil 3 und Abb. 6.17 nachzuweisen und auszubilden.

Für die Verbindungselemente sind folgende Rand- und Lochabstände einzuhalten:

a) Randabstand in Kraftrichtung $\geqq 3\,d$
$\geqq 20$ mm

b) Randabstand rechtwinklig zur Kraftrichtung $\geqq 30$ mm

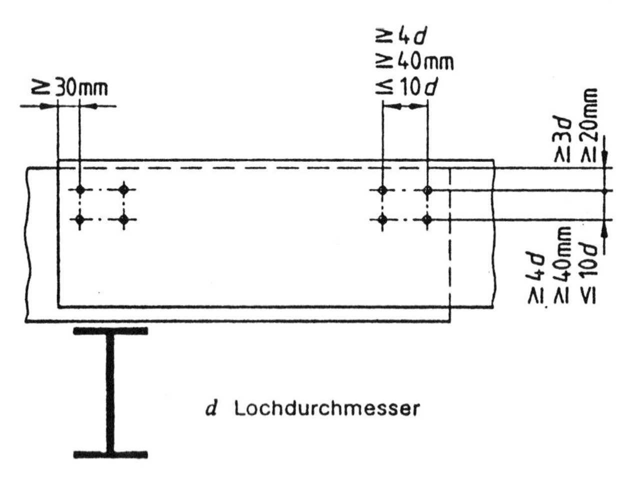

Abb. 6.17 Statisch wirksame Überdeckung

c) Lochabstand $\geqq 4\,d$
$\geqq 40$ mm
$\leqq 10\,d$

d Lochdurchmesser

6.4.4.5 Auskragende Trapezprofile

● Querverteilung von Einzellasten am freien Ende
Am freien Ende von auskragenden Trapezprofilen ist dafür zu sorgen, daß eine Einzellast von 1 kN auf mindestens 1 m Breite verteilt wird.

Diese Querverteilung kann z. B. über Blechwinkel oder Bohlen erfolgen. Jede Profilrippe ist mit dem Querverteilungsträger zugfest zu verbinden.

● Montagesicherung gegen Abkippen
Bei auskragenden Profilen ist das hintere Auflager sofort nach dem Verlegen gegen Abheben zu sichern. Auf der Zeichnung ist darauf besonders hinzuweisen.

6.4.4.6 Öffnungen und Durchführungen

● Allgemeines
Öffnungen und Durchführungen in der Verlegefläche müssen im Festigkeitsnachweis berücksichtigt und in den Verlegeplänen festgelegt werden.

● Löcher in Gurten und Stegen
Eine örtliche Querschnittsschwächung der Stahltrapezprofile durch z. B. mechanische Befestigung von Wärmedämmung, Abhängungen für Installationen oder ähnliches ist ohne Nachweis nur zulässig, wenn folgende Bedingungen eingehalten werden:

a) Lochdurchmesser *d* bis 10 mm:
Abstände von Einzellöchern oder Randlöchern von Lochgruppen $\geqq 200$ mm
Anzahl der Löcher je Lochgruppe maximal 4
Abstände der Löcher in der Lochgruppe $\geqq 4\,d$
$\geqq 30$ mm

b) Lochdurchmesser d bis 4 mm:
Abstände der Einzellöcher ≧ 80 mm

● Öffnungen in Dächern und Decken
Öffnungen dürfen (für z. B. Dachentwässerungen und Lüftungsrohre) bis zu einer Größe von 300 mm × 300 mm ohne Auswechslung angeordnet werden, wenn folgende Bedingungen eingehalten sind:

a) Abdeckungen der Öffnung mit einem Abdeckblech, dessen Nenndicke t mindestens gleich der 1,5fachen Blechdicke t_N des Trapezprofiles und mindestens 1,13 mm ist.
b) Belastungen nur mit Flächenlasten.
c) Statischer Nachweis mit der a-fachen Dachlast.
d) Nur eine Öffnung je 1 m rechtwinklig zur Spannrichtung der Trapezprofile.
e) Die Breite des Abdeckbleches quer zur Spannrichtung ist so zu wählen, daß vom Abdeckblech auf jeder Seite des Ausschnittes mindestens zwei durchlaufende Stege überdeckt werden bzw. bei Öffnungen von etwa 125 mm × 125 mm mindestens je die Hälfte des ausgeschnittenen Querschnittes.
f) Das Abdeckblech ist an die Obergurte der Verlegefläche anzuschließen wie folgt:
   - am Querrand zwei Verbindungen je Obergurt, je eines neben jedem überdeckten Steg,
   - am Längsrand mindestens eine Reihe von Verbindungen in der Nähe des Steges, Abstand der Verbindungselemente in der Reihe ≦ 120 mm,
   - bei Decken ist sicherzustellen, daß die Rippen auch unter dem Abdeckblech mit Ortbeton gefüllt sind.

● Öffnungen im Bereich von Feldmomenten
Auf das Abdeckblech und die Erhöhung der Dachlast mit dem Faktor a kann verzichtet werden, wenn die Öffnung nicht größer ist als 125 mm × 125 mm und ihr Abstand l_A (bzw. l'_A) vom Endauflager nicht mehr als 10% der Stützweite l bzw. l_i beträgt.

● Öffnungen im Bereich von Stützmomenten
Die Lastabtragungen bei Öffnungen im Stützmomentenbereich ist stets nachzuweisen.

6.4.4.7 Sonstige Anforderungen

● Bewegungsfugen
An Bewegungsfugen des Bauwerkes müssen auch geeignete Bewegungsfugen in den Dach- wand- und Deckensystemen sowie den Außenwandbekleidungen einschließlich der Teile der Zwischen- und Unterkonstruktion angeordnet werden.

● Maßnahmen zur Durchführung von Instandhaltungsarbeiten
Die Außenflächen der raumbildenden Außenwände, Außenwandbekleidungen, Decken und Dächer müssen für notwendig werdende Instandhaltungsarbeiten zugänglich bleiben. Je nach den örtlichen Gegebenheiten und Erfordernissen ist eine Zugänglichkeit z. B. über Anlegeleitern, Standgerüste, feste, freihängende oder geführte Arbeitsbühnen zu ermöglichen. Bereits bei den Entwurfsarbeiten sind die baulichen Voraussetzungen für die gewählte Art der Reinigungs- und Wartungsmöglichkeiten, z. B. durch die Anordnung von Gerüstankern, mit einzuplanen.

● Kennzeichnung der Lieferung
An jedem angelieferten Profilpaket muß ein Schild angebracht sein mit folgenden Angaben:

Herstellerwerk, Herstelljahr, Profilbezeichnung, Blechdicke, Mindeststreckgrenze, einheitliches Überwachungszeichen.

6.5 Korrosionsschutz

6.5.1 Art, Erfordernis, geeignetes Konstruieren

Die Bemessung nach DIN 18 800 Teil 1 setzt voraus, daß während der Nutzung des Objektes keine die Standsicherheit beeinträchtigende Korrosion der Stahlbauteile und ihrer Verbindungen eintreten kann. Die Planung, Ausführung und Überwachung aller Korrosionsschutzarbeiten hat deshalb nach DIN 55 928 Teil 1 bis 9, zu erfolgen. Dort nicht genannte Korrosionsschutzstoffe und -verfahren dürfen nur angewandt werden, wenn ihre Brauchbarkeit durch Gutachten einer hierfür geeigneten Materialprüfanstalt nachgewiesen ist.

Die Erhaltung der Dauerhaftigkeit – eine Grundforderung der Landesbauordnungen (z. B. § 16 BauO NW, ebenfalls Entwurf 1994; s. unter III 2.1) – erfordert eine sachgemäße Instandhaltung der Stahlbauten. Sie ist auf die bei der Herstellung getroffenen Maßnahmen abzustimmen oder bei veränderter Beanspruchung dieser anzupassen.

Anstelle von Maßnahmen gegen Korrosion darf die Auswirkung der Korrosion durch Dickenzuschläge berücksichtigt werden, wenn sie auf den Korrosionsabtrag und die Nutzungsdauer abgestimmt sind.

Dies muß in der Baubeschreibung mit Nutzungsdauerangaben und in der statischen Berechnung mit Abschätzung des Korrosionsabtrages im vorliegenden Medium (z. B. Industrieluft, Meerwasser o. a.) bei der Bemessung berücksichtigt sein. DIN 55 928 Teil 1 (1991) gibt Werte an für die Zuordnung der Korrosivitätsklassen zu den flächenbezogenen Massenverlustraten der einzelnen Metalle und den Atmosphärentypen.

Anmerkung:

Maßnahmen gegen Korrosion können sein:

- Beschichtungen und/oder Überzüge nach Normen der Reihe DIN 55 928,
- Kathodischer Korrosionsschutz,
- Wahl geeigneter nichtrostender Werkstoffe (nicht geeignet sind diese z. B. in chlorhaltiger und chlorwasserstoffhaltiger Atmosphäre, vergleiche hierzu z. B. die allgemeinen bauaufsichtlichen Zulassungen für nichtrostende Stähle),
- Umhüllung mit geeigneten Baustoffen.

Besondere Maßnahmen gegen Korrosion können erforderlich sein z. B.:

- bei hochfesten Zuggliedern,
- in Fugen und Spalten,
- an Berührungsflächen mit anderen Baustoffen,
- an Berührungsflächen mit dem Erdreich,
- an Stellen möglicher Kontaktkorrosion.

● Korrosionsschutzgerechte Konstruktion
Die Konstruktion soll so ausgebildet werden, daß Korrosionsschäden weitgehend vermieden, frühzeitig erkannt und Erhaltungsmaßnahmen während der Nutzungsdauer einfach durchgeführt werden können.

Anmerkung:

Grundregeln zur korrosionsschutzgerechten Gestaltung sind in DIN 55 928 Teil 2 enthalten.

- Unzugängliche Bauteile

Sind Bauteile zur Kontrolle und Wartung nicht mehr zugänglich und kann ihre Korrosion zu unangekündigtem Versagen mit erheblichen Gefährdungen oder erheblichen wirtschaftlichen Auswirkungen führen, müssen die Maßnahmen gegen Korrosion so getroffen werden, daß keine Instandhaltungsarbeiten während der Nutzungsdauer nötig sind. In diesem Fall ist das Korrosionsschutzsystem Bestandteil des Tragsicherheitsnachweises.

Anmerkung 1:

Beispiele solcher Bauteile sind Haltekonstruktionen hinterlüfteter Fassaden, verkleidete Stahlbauteile, Verankerungen und ähnliches.

Anmerkung 2:

Sichtbares Auftreten von Korrosionsprodukten kann im allgemeinen als Ankündigung der Möglichkeit eines Versagens gewertet werden.

Anmerkung 3:

Nach Bauteil und Nutzungsdauer unterschiedliche Maßnahmen gegen Korrosion werden in den entsprechenden Fachnormen oder bauaufsichtlichen Zulassungen geregelt.

Sollen Berührungsflächen von Stahlteilen untereinander sowie mit anderen Baustoffen ungeschützt bleiben, sind die Spalten gegen das Eindringen von Feuchtigkeit abzusichern.

Dichtgeschlossene Hohlkästen und Hohlbauteile (Verschweißen oder Kleben aller Nähte) erfordern im Innern keinen Korrosionsschutz. Unterbrochene Schweißnähte und Punktschweißungen verschließen Hohlräume nicht dicht. Offene Hohlkästen und Hohlbauteile sind gut zu belüften; etwa auftretendes Wasser muß vollständig abgeführt werden.

- Kontaktkorrosion

Zur Vermeidung von Kontaktkorrosion an Berührungsflächen von Stahlteilen mit Bauteilen aus anderen Metallen ist DIN 55 928 Teil 2 zu beachten.

6.5.2 Ausführung und Überwachung von Verzinkungen

Tabelle 6.16 Verzinkungsverfahren

VERFAHREN	Übliche Dicke des Überzuges bzw der Beschichtung [µm]	Legierung mit dem Untergrund	Aufbau und Zusammensetzung des Überzuges bzw. der Beschichtung	Verfahrenstechnik	Nachbehandlung üblich	Nachbehandlung möglich
A ÜBERZÜGE **Feuerverzinken**						
a) Diskontinuierlich:						
– Stückverzinken DIN 50976	50–150	ja	Eisen-Zink-Legierungs-schichten am Stahl-untergrund, in der Regel mit einer darüberliegenden Zinkschicht	Eintauchen in flüssiges Zink	—	Beschichten – sowie in geringem Umfang auch Galvannealen*
– Rohrverzinken DIN 2444	50–100	ja			—	
b) Kontinuierlich:						
– Bandverzinken DIN 17162	15– 25	ja		Durchlaufen durch flüssiges Zink	Chromatieren	
– Kontinuierliches Feuer-verzinken von Bandstahl	20– 40	ja			—	
– Drahtverzinken DIN 1548	5– 30	ja			—	
Thermisches Spritzen – Spritzverzinken DIN 8565	80–150	nein	Überzug aus Zink-tropfen mit Oxidhaut	Aufspritzen von geschmolzenem Zink	Versiegeln durch pene-trierende Beschichtung	Beschichten
Galvanisches bzw. elektrolytisches Verzinken						
– Einzelbäder DIN 50961	5– 25	nein	lamellarer Zinküberzug	Zinkabscheidung durch elektrischen Strom in wäßrigen Elektrolyten	Chromatieren	Beschichten
– Durchlaufverfahren	2,5– 5	nein				
Metallische Überzüge mit Zinkstaub						
a) Sherardisieren	15– 25	ja	Eisen-Zink-Legierungsschichten	Diffusion Stahl-Zink unterhalb Zn-Schmelztemperatur	—	Beschichten
b) Mechanisches Plattieren	10– 20	nein	homogener Zinküberzug, gegebenenfalls auf Kupfer-Zwischenschichten	Aufhämmern von Zinkpulver durch Glaskugeln	zum Teil Chromatieren	Beschichten
B BESCHICHTUNG Zinkstaubbeschichtung	dünnsch. 10– 20 normalsch. 40– 80 dicksch. 60–120	nein	Zinkstaubpigment in Bindemittel	Auftragen durch Streichen, Rollen, Spritzen, Tauchen	Deckbeschichtung auf Grundbeschichtung abgestimmt	—
C Kathodischer Korrosionsschutz	Zink-Anoden hoher Reinheit (99,995%) zur Verhinderung der Eigenpolarisierung sind selbstregulierend und optimal in wäßrigen Elektrolyten mittelerer und hoher Leitfähigkeit. Fremdstromanlagen erfordern begrenztes Schutzpotential und Sicherung gegen Übersteuerung. Die Stromkapazität je dm² Zinkanode von etwa 5300 A×h ermöglicht kleine Anoden mit geringem Strömungswiderstand. Die erforderliche Schutzstromdichte ist vom Zustand und den äußeren (Bewegungs-)Bedingungen abhängig. Optimal ist der aktiv in den Korrosionsprozeß eingreifende kathodische Schutz in Verbindung mit einer Beschichtung.					

* Umwandeln eines Zinküberzuges durch gezielte Wärmebehandlung, besonders beim Bandverzinken.

Aus: Feuerverzinken. Taschenkalender 1992; „Beratung Feuerverzinken", Düsseldorf

Tabelle 6.17 Schichtdicken und entsprechende flächenbezogene Massen

Werkstückgruppe	Mittelwerte		Mindestwerte[1]) der örtlichen Schichtdicken
	örtliche Schichtdicken	entsprechende flächenbezogene Massen	
	$\bar{\chi}$ in μm	m_A[3]) in g/m²	$\bar{\chi}$ in μm
Stahlteile mit einer Dicke < 1 mm	50	360	45
Stahlteile mit einer Dicke ≥ 1 mm bis < 3 mm	55	400	50
Stahlteile mit einer Dicke ≥ 3 mm bis < 6 mm	70	500	60
Stahlteile mit einer Dicke ≥ 6 mm	85	610	75
Kleinteile[2])	55	400	50
Gußteile[2])	70	500	60

[1]) Die Schichtdicke ist nach oben nicht begrenzt, sofern der Verwendungszweck nicht beeinträchtigt wird.
[2]) Beträgt die Dicke geschleuderter Teil < 1 mm, so gelten die Anforderungen wie für Stahlteile mit einer Dicke < 1 mm.
Sollen Werkstücke geschleudert werden, ist dies zu vereinbaren.
[3]) $m_A \triangleq 7{,}2 \cdot \bar{\chi}$ (Werte zum Teil gerundet).

Quelle: wie vor

Die ebenfalls angegebene flächenbezogene Masse g/m² (Zinkauflage) entspricht etwa dem 7fachen der Dicke, also 100 $\mu m \cong 700$ g/m².

Beschichtungsstoffe und Schutzsysteme sind in DIN 55 928 Teil 5 (Stahlbauten) geregelt; für Metall-Werkstücke gilt DIN 50 976 – Feuerverzinken von Einzelteilen (Stückverzinkung). Für Ausführung und Überwachung der Korrosionsschutzarbeiten durch Beschichtungen und Überzüge ist DIN 55 928 Teil 6 zuständig, für dünnwandige Bauteile aus Blechen bis zu 3 mm Teil 8 (1993).

Der am meisten verwendete metallische Überzug Zink wird werkmäßig in Verzinkereien aufgebracht: nach Vorbehandlung Eintauchen in geschmolzenes Zink von 450 °C. Seit etwa 1984 wird auch Aluzink, eine Legierung aus 56% Aluminium und 44% Zink, verwendet. Beim sog. „Filmverzinken“ handelt es sich nicht um Verzinken, sondern um einkomponentige Zinkstaubbeschichtungen (der Name wurde vom OLG Düsseldorf, Urt. Az.: 20 U 36/93, inzwischen untersagt).

Eine Überwachung der Verzinkung findet in der Regel nicht statt. Jedoch ist das Verbandszeichen (s. Abb. 6.18) des VDF (Verband der Deutschen Feuerverzinkungsindustrie e.V.) als Warenzeichen für feuerverzinkte Stahlbauteile beim Deutschen Patentamt in München eingetragen. Feuerverzinkereien, die dieses Zeichen führen, besitzen hierüber eine Urkunde.

Weitere Hinweise:

- Nacharbeiten von Zinküberzügen
  Beim Abfließen des flüssigen Zinks können sich Verdickungen und Tropfnasen bilden. Wenn sie stören, sollten sie nicht einfach abgeschlagen oder mit dem Winkelschleifer weggeschliffen werden („bis aufs Blanke“). Besser ist neben Handfeilen das Aufschmelzen – nicht Verbrennen! – mit einer weichen Schweißflamme, wobei das Zink abtropft oder mit einer Drahtbürste beseitigt werden kann. Ebenso können Gewindebolzen behandelt werden.

Gewindebolzen an einer Konstruktion, die insgesamt ins Zinkbad getaucht wird, können (Empfehlung der Arbeitsblätter Feuerverzinken Nr. 2.14 – 3/94) wie folgt vor einer unerwünschten Zinkannahme geschützt werden: Die betreffenden Bereiche werden mit einem handelsüblichen Gewebeband (kein Kunststoff-Isolierband!) mehrlagig umwickelt. Durch die Temperatureinwirkung beim Feuerverzinken verbrennt zwar das Gewebeband, die verbleibenden Rückstände sorgen jedoch dafür, daß der umwickelte Bereich zinkfrei bleibt. Nach dem Verzinken müssen die Rückstände des Bandes entfernt werden, z. B. mittels Drahtbürste.

Sacklöcher und Innengewinde können mit temperaturbeständigen Plastikmassen (aus dem Kfz-Handel) zum Abdichten von Löchern in Auspuffanlagen vor dem Eindringen von Zink geschützt werden; Rückstände danach beseitigen.

- Schraubenverzinkung
  Kleinteile, wie z. B. Schrauben, Muttern, Scheiben usw., werden als Schüttgut in Körben bei ca. 530 bis 560 °C feuerverzinkt. Unmittelbar danach werden sie in einer Zentrifuge geschleudert (zur Paßfähigkeit der Gewinde) und anschließend in einem Wasserbad abgekühlt (Verhindern des Zusammenklebens). Nach DIN 267 Teil 10 wird bei feuerverzinkten Schrauben ein vergrößertes Gewindespiel berücksichtigt.

  Muttergewinde werden üblicherweise nicht feuerverzinkt, sondern die Verzinkung erfolgt als Rohling, der statt eines Innengewindes nur ein Kerndurchgangsloch aufweist. Das Gewinde der Mutter wird erst nach dem Verzinken eingeschnitten und weist keinen Zinküberzug auf; der Korrosionsschutz wird vom Zinküberzug auf dem Gewindebolzen übernommen. – Muttern, die bereits vor dem Feuerverzinken ein Gewinde besitzen, müssen anschließend noch einmal nachgeschnitten werden (Arbeitsblätter Feuerverzinken Nr. 2.11).

Das **Qualitätszeichen** für hochwertiges FEUERVERZINKEN nach DIN 50 976 ist das Verbandszeichen des **VDF (Verband der Deutschen Feuerverzinkungsindustrie e. V.).** Es ist als Warenzeichen für feuerverzinkte Stahlbauteile beim Deutschen Patentamt in München eingetragen. Außer vom VDF wird dieses Qualitätszeichen auch von der Beratung Feuerverzinken und dem Institut für angewandtes Feuerverzinken GmbH sowie von Feuerverzinkereien geführt.

Zertifikat

Die Firma **STAHLHART GMBH**

läßt die von ihr verarbeiteten Stahlteile bei **ROSTENIX KG** feuerverzinken.

Die genannte Feuerverzinkerei hat sich als Mitglied des Verbandes Deutscher Feuerverzinkereien verpflichtet, das FEUERVERZINKEN nach DIN 50 976 durchzuführen und zur Erhaltung der damit verbundenen Qualitätsanforderungen regelmäßige Prüfungen vorzunehmen. Durch DIN-gerechtes FEUERVERZINKEN sowie ständige Überwachung übernimmt sie die Gewähr für einen fachgerecht ausgeführten und qualitativ hochwertigen Korrosionsschutz.
Ihr ist vom Verband Deutscher Feuerverzinkereien das Recht verliehen worden, das gesetzlich geschützte Qualitätszeichen für hochwertiges FEUERVERZINKEN zu führen und an Kundenbetriebe weiterzuverleihen, die normgerecht feuerverzinkten Stahl verarbeiten und eine sachgerechte Weiterverarbeitung garantieren.

Die Feuerverzinkerei verleiht hiermit der oben genannten Firma das Recht zur Führung des Qualitätszeichens.

5800 Hagen, den

VERBAND DEUTSCHER FEUERVERZINKEREIEN
Der Vorsitzende

ROSTENIX KG

Abb. 6.18 Verbandszeichen des VDF

- Fehlstellen beim Verzinken
  Unverzinkte Stellen dürfen vor der Auslieferung vom Verzinkereibetrieb ausgebessert werden bis zur Summe der Teilflächen von 0,5% der Gesamtoberfläche; die einzelne Fehlstelle darf nicht größer als 100 cm^2 sein. Im Regelfall ist nach DIN 50 976 – Feuerverzinken von Einzelstücken (5/1990) – das thermische Spritzen mit Zink anzuwenden, Schichtdicke mindestens 100 μm. Ist das technisch nicht möglich, darf mit speziellen Zinkstaub-Beschichtungsstoffen ausgebessert werden.

  Entsprechend den Angaben dieser Norm sollte hierzu

  - Zweikomponenten-Epoxidharz- oder
  - luftfeuchtigkeitshärtende Einkomponenten-Polyurethan- bzw.
  - luftfeuchtigkeitshärtende Einkomponenten-Ethylsilikat-Zinkstaubbeschichtungsstoffe eingesetzt werden.

  Die Dicke der aufgetragenen Beschichtungen oder Überzüge sollte etwa 100 μm (etwa 700 g/m^2) betragen; die Zinkstaubbeschichtungsstoffe sollten mindestens 90% Zinkstaub im Pigment aufweisen. Die Ausbesserung sollte nur den tatsächlichen Schadbereich mit einer geringfügigen Überlappung zum Bereich des intakten Zinküberzuges umfassen (Arbeitsblätter Feuerverzinken, Nr. 2.7 v. 6/93).

  Eine vollständige Zinkstaubbeschichtung (Anstrich) statt Feuerverzinkung (Überzug) hat qualitative Unterschiede. So findet der – für metallische Zinküberzüge typische – kathodische Schutz auch bei Zinkstaubbeschichtungen anfangs statt; er kommt auf Dauer jedoch völlig zum Erliegen (Feuerverzinken, 3/93).

- Die Verzinkung darf nicht überschweißt, sondern muß völlig entfernt werden, z. B. durch Abbrennen oder Abschleifen. Zink kann während der Schweißung entlang der Korngrenzen in den Stahl diffundieren und zum Aufreißen des Gefüges führen (s. hierzu auch II 6.3.5.1).

- Verzinken von vorhandenen Schweißnähten
  Schlacken auf Schweißnähten bei Verwendung von Stabelektroden werden üblicherweise mechanisch entfernt. Die beim Schutzgasschweißen (Metall-Aktivgas-Schweißen unter CO-haltigem Mischgas) entstehenden sehr geringen Mengen einer glasartigen bräunlichen Schlacke müssen allerdings ebenso sorgfältig vor dem Verzinken entfernt werden (Bürsten/Druckluftnadler bei Einbrandkerben). Hierzu wird auf die Ausführungen in II 6.3.5.1 zum Schweißen bereits feuerverzinkter Bauteile verwiesen.

- Richten
  Verzinkte Bauteile dürfen nicht mit der Flamme gerichtet werden (Schweißbrenner). Zink verdampft bei etwa 906 °C, und diese Temperatur wird beim Flammrichten deutlich überschritten. Der Korrosionsschutz ist damit zerstört (s. hierzu auch II 6.4.1).

- Lagern
  Verzinkte Bauteile müssen im Freien sachgerecht gelagert werden, da sich sonst Weißrost bilden kann. Weißrost ist ein unerwünschtes, weißes bis hellgraues, schlecht haftendes Zinkkorrosionsprodukt, überwiegend Zinkhydroxid (nicht zu verwechseln mit der sich langsam bildenden Zinkpatina). Er kann dünnen Zinküberzug evtl. rasch zerstören. Leichter Weißrost kann einfach abgebürstet werden.

  Bei ungünstigen Verhältnissen, z. B. bei Einwirkung von Kondenswasser bei geringem Sauerstoffangebot, kann es zur Bildung – evtl. innerhalb weniger Stunden – dieses Zinkoxidhydrats kommen. Solche ungünstigen Verhältnisse können eintreten, wenn

  - die Bauteile zu dicht nebeneinander oder übereinander gestapelt oder gepackt werden,

- die Bauteile direkt auf feuchte Böden abgelegt werden, unter Umständen noch mit Gras- oder Pflanzenaufwuchs dazwischen,
- die Bauteile mit Kunststoffplatten abgedeckt werden, die zwar Regenwasser abhalten, nicht jedoch Kondenswasserbildung verhindern, auf jeden Fall aber das Abtrocknen als Folge fehlender Belüftung verzögern oder unterbinden,
- die erforderliche Schräglage (Stapel einseitig erhöht!) zur Begünstigung des Regenwasserablaufs nicht vorhanden ist.

(Nach: Feuerverzinken, Journal 4/1991.)

- Kombination mit anderen Metallen

Müssen bei Bauteilen aus Blechen (wie Dächer, Fassaden, Verwahrungen, Rinnen und Regenrohre) Befestigungen und Halterungen aus einem anderen Material verwendet werden, sind für die Befestigungsmittel stets Werkstoffe zu wählen, die sich elektrochemisch edler verhalten als die Bleche, das heißt in der Spannungsreihe höherstehen.

Sind verschiedenartige Metalle so übereinander angeordnet, daß sie in der Fließrichtung der Niederschläge liegen, müssen die unedleren Metalle stets über den edleren angeordnet werden (z. B. Zink oder Alu über Kupfer). Bekanntlich dürfen auch verzinkte Stahlrohre in Brauchwasserleitungen grundsätzlich nicht hinter kupfernen Bauteilen (in Fließrichtung) eingebaut werden (nach: Eisen rostet, Infoschrift des Inn.-Min. Bad.-Württ., 10/1990).

- Kontakt mit frischem Mörtel und Beton

Zink wird von frischem Mörtel (Kalk-, Zement-, Gipsmörtel) und frischem Beton stark angegriffen; wenn sie erhärtet sind, findet kein Angriff mehr statt. Ausnahme: Gips und Gipsmörtel in feuchtem Zustand greifen Zink weiterhin an, auch wenn sie abgebunden sind. Maßnahme: Zinkbauteile später einbauen oder Trennschicht vorsehen (Kunststoffolie, Bitumenanstrich o. ä.).

- Optik der Zinkoberfläche

Das Aussehen der Zinkoberfläche ist wenig beeinflußbar und kann sehr unterschiedlich ausfallen. Es ist in erster Linie abhängig von der chemischen Zusammensetzung des Stahls, auf den der Zinküberzug aufgebracht wurde. Bei frischen unbewitterten Zinküberzügen kann das Aussehen variieren von hellglänzend mit ausgeprägten Zinkblumen bis blumenlos und mattgrau. Die Blumenmuster entstehen, wenn auf den Legierungsschichten zwischen Stahl und Zink noch eine „Reinzinkschicht" verbleibt. Legierungsschichten, die bis zur Oberfläche reichen (mattgrau, härter, aber spröder), treten auf bei Stählen mit Siliziumgehalten von etwa 0,03 bis 0,12% und weiter bei Gehalten über 0,30%.

Qualitativ besteht zwischen der glänzenden und der mattgrauen Verzinkung kein signifikanter Unterschied. Der Zinkabtrag in µm/Jahr ist bei beiden Überzugserscheinungen fast gleich. (Nach: Zink statt Rost. Beratung Feuerverzinken, 5/1991.)

Nach längerer Bewitterung bildet sich eine graue Deckschicht, und der Glanz verschwindet ohnehin.

Auf eine Parallele zu Beanstandungen bei der Optik von Kupferoberflächen soll hingewiesen werden: Auf noch blanken Kupferbauteilen ist, vor allem wenn bei warmer Witterung gearbeitet wurde, oft jeder Handgriff in Form dunkler Flecken abzulesen. Ursache ist ein Angriff durch den aggressiven Handschweiß. Im Verlauf der atmosphärischen Flächenoxidation verschwinden diese unschönen Flecken, was allerdings an geschützt liegenden Flächen, wie Dachrinnenuntersichten, relativ lange dauern kann.

- Beeinträchtigung durch Fremdrost

Optische Qualitätseinbußen entstehen mitunter durch Fremdrost: Wenn bei der Lagerung von verzinkten und unverzinkten Bauteilen eisenhaltiges Wasser auf die verzinkten Oberflächen gelangt, kann es Rostverfärbungen geben. Auch Bohrspäne, die nach der Montage verzinkter Teile in Winkeln und Ecken liegenbleiben, können zu Fremdroststellen führen. Solcher Fremdrost läßt sich mit der Drahtbürste wieder entfernen.

Anders ist es bei Roststellen durch Schleiffunken, die von Schleifarbeiten herrühren, die in der Nähe von verzinkten Teilen ausgeführt wurden. Diese Schleiffunken, die mit hoher Energie auf die verzinkte Oberfläche geschleudert werden, bleiben an ihr haften. Die hohe Temperatur der glühenden Eisenpartikel bewirkt, daß sie in den Zinküberzug regelrecht einschmelzen oder sich zumindest fest mit ihm verbinden. Sie lassen sich nicht einfach abbürsten. Man muß sie also vermeiden. Das zeitweise Abdecken von gefährdeten Bereichen durch eine Plane kann hierbei helfen; dabei ist jedoch auf die Brandgefahr zu achten (nach: Das Feuerverzinken; in: Feuerverzinken, Heft 2/1991).

6.5.3 Beschichtungen*) = Anstriche

6.5.3.1 Ausführungsbedingungen bei Beschichtungen

(1) Vor Beginn der Arbeiten ist sicherzustellen, daß schädliche Einwirkungen auf die Umwelt verhindert oder, soweit sie unvermeidbar sind, auf ein Mindestmaß beschränkt werden.

(2) Für die einwandfreie Ausführung und für die Überwachung von Korrosionsschutzarbeiten sind sichere Zugänglichkeit und gute Beleuchtung der Oberflächen Voraussetzung.

(3) Während der Ausführung der Korrosionsschutzarbeiten dürfen keine vermeidbaren Einflüsse einwirken, die zu einer Beeinträchtigung der Schutzwirkung führen. Maßnahmen gegen unvermeidbare Einflüsse sind – soweit sie nicht in der Planung berücksichtigt werden konnten – rechtzeitig mit dem Auftraggeber abzustimmen, z. B. Wetterschutz, Zelte, Beheizung, Belüftung.

(4) Sobald schädigende Einflüsse während der Ausführung erkennbar werden, sind die Arbeiten einzustellen; die frisch beschichtete Fläche ist nach Möglichkeit zu schützen. Die Arbeiten dürfen erst fortgeführt werden, wenn schädigende Einflüsse nicht mehr einwirken.

(5) Auf feuchte Oberflächen (z. B. durch Regen, Nebel oder Kondensfeuchte) dürfen Beschichtungsstoffe nicht aufgebracht werden. Ausnahmen gelten nur für Beschichtungsstoffe, die für die Verarbeitung auf feuchten Flächen oder unter Wasser entwickelt wurden.

(6) Um die schädliche Einwirkung von Kondensfeuchte sicher auszuschalten, muß die Temperatur der zu bearbeitenden Oberfläche zweifelsfrei über dem Taupunkt der umgebenden Luft liegen.

(7) Die vom Hersteller für die Verarbeitung des Beschichtungsstoffes angegebene zulässige niedrigste und höchste Temperatur der Objektoberfläche und der Luft ist zu beachten.

(8) Die vom Hersteller der Beschichtungsstoffe anzugebende Frist, innerhalb der weitere Beschichtungen aufgetragen werden dürfen oder müssen, ist einzuhalten. Das gilt auch für die Frist bis zur Belastung einzelner Schichten sowie des gesamten Schutzsystems.

(9) Mängel, die während der Ausführung entstanden sind und zu einer Minderung der Korrosionsschutzwirkung oder zu einer wesentlichen Beeinträchtigung des Aussehens führen, müssen behoben werden.

*) Brandschutzbeschichtungen s. II 9.7.1.

6.5.3.2 Vorbereitung der Beschichtungsstoffe

Beschichtungsstoffe sind vor und, falls erforderlich, während der Verarbeitung möglichst durch maschinelles, in Ausnahmefällen durch manuelles Aufrühren zu homogenisieren. Durch den Verarbeiter dürfen keine eigenmächtigen Veränderungen, z. B. durch Zusätze, vorgenommen werden. Erforderliche Viskositätsnachstellungen, z. B. infolge niedriger Verarbeitungstemperaturen oder geänderter Applikationsverfahren, bedürfen der Zustimmung des Auftraggebers. Sie müssen nach Art und Menge des Verdünnungsmittels oder anderer Zusätze nach Anweisung des Herstellers erfolgen.

6.5.3.3 Ausführung von Beschichtungen

(1) Die Beschichtungsstoffe sind nach Herstellervorschrift zu verwenden und zu verarbeiten.

(2) Die Wahl des Applikationsverfahrens und der -geräte ist abhängig von der Art des Beschichtungsstoffes, der Oberfläche, Art und Größe des Objektes und den Umweltbedingungen. Das Applikationsverfahren ist zu vereinbaren. Die Applikation hat so zu erfolgen, daß sich keine vermeidbare Schädigung der Umwelt ergibt.

(3) Jede Schicht ist möglichst gleichmäßig und geschlossen aufzubringen. Die erste Grundbeschichtung muß die Rauheit der Stahloberfläche bedecken.

(4) Besonders sorgfältig sind alle schwer erreichbaren Flächen, Kanten, Ecken, Niet- und Schraubenverbindungen sowie unter Umständen auch Schweißnähte zu behandeln.

(5) Wurde ein zusätzlicher Kantenschutz vereinbart, so ist hierfür ein spezieller Beschichtungsstoff zu verwenden. Dabei soll die zu schützende Kante auf beiden Seiten etwa 25 mm überdeckt werden (siehe auch DIN 55 928 Teil 5/03.80, Abschnitt 3.2).

(6) Es ist darauf zu achten, daß die geforderte Soll-Schichtdicke nicht übermäßig überschritten wird. Dies ist besonders beim Höchstdruckspritzen leicht möglich. Es empfiehlt sich, insbesondere bei dickschichtigen und schwer nacharbeitbaren Systemen sowie bei Beschichtungen auf Metallüberzügen, während der Verarbeitung eine Kontrolle der Naßschichtdicken (siehe DIN 55 928 Teil 5/03.80, Abschnitt 6.1).

Applikationsverfahren sind Streichen, Rollen, Spritzen, Tauchen; eine qualitative Rangfolge ist in der Norm nicht aufgestellt. Beim Rollen und Streichen muß der Beschichtungsstoff im „Kreuzgang" verteilt werden, um eine möglichst gleichmäßige Schichtdicke zu erreichen.

6.5.3.4 Überwachung und Prüfung

● Allgemeines

(1) Technisch zufriedenstellende Ergebnisse setzen voraus, daß die Arbeitsausführung in allen Arbeitsgängen überwacht wird. Der Auftragnehmer ist daher zur gewissenhaften Eigenüberwachung verpflichtet. Eine zusätzliche Kontrolle durch den Auftraggeber – auch bei Korrosionsschutzarbeiten im Werk – ist zweckmäßig.

(2) Bei der Applikation neuer oder wenig gebräuchlicher Stoffe empfiehlt es sich, den Hersteller der Beschichtungsstoffe zeitweise hinzuzuziehen.

(3) Die Intensität der Überwachung richtet sich nach Art und Bedeutung des Objektes, dem Schwierigkeitsgrad der Ausführung und den örtlichen Verhältnissen sowie nach Art und angestrebter Schutzdauer des Systems. Ihre Durchführung erfordert entsprechende Fachkenntnisse.

● Prüfung der Beschichtungsstoffe, Prüfung auf der Baustelle
Die an der Baustelle bereitgestellten Beschichtungsstoffe sind vor ihrer Verarbeitung zu prüfen auf

- Hautbildung,
- Absetzneigung und Aufrührbarkeit,
- Verarbeitbarkeit unter den gegebenen Baustellenbedingungen.

Im allgemeinen darf sich keine Haut gebildet haben; ein möglicher Bodensatz muß weich und leicht aufrührbar sein.

● Probenahmen für Prüfungen im Labor
Sie sind nach DIN 53 225 vorzunehmen.

● Prüfung der einzelnen Korrosionsschutzschichten
(1) Die Schichten des Schutzsystems sind zu prüfen

- durch visuelle Betrachtung (ohne Lupe), z. B. auf Gleichmäßigkeit, Farbe, Deckvermögen und Mängel wie Fehlstellen, Runzeln, Krater, Luftblasen, Abblätterungen, Risse und gegebenenfalls Läufer,
- mit Geräten auf Einhaltung der geforderten Schichtdicken.

(2) Soll-Schichtdicken nach DIN 55 928 Teil 5 sind im allgemeinen nur am Gesamtsystem zu überprüfen.

Bei Prüfung der Grundbeschichtungen oder Teilen des Schutzsystems kann – von begründeten Ausnahmefällen abgesehen – der Meßumfang reduziert werden. Es ist zu beachten, daß je nach Eich- und Meßverfahren sowie Schichtdicke unterschiedliche Anteile der Rauheit in die Meßergebnisse eingehen.

(3) Die Anzahl der Messungen soll entsprechend einem angemessenen Verhältnis zu Art, Größe und Bedeutung des Objektes vereinbart werden. Um eine ausreichende Sicherheit zu erreichen, sollten z. B. bei Objekten $\leqq$ 5000 m^2 für je 100 m^2 auf einer Fläche von 10 m^2 20 Messungen durchgeführt werden. Bei Objekten > 5000 m^2 können repräsentative Ergebnisse durch eine kleinere Anzahl Messungen je Flächeneinheit erreicht werden. Um ein möglichst repräsentatives Meßergebnis zu erhalten, sind die Meßpunkte gleichmäßig über die Meßfläche – 10 m^2 – zu verteilen. Die Meßflächen sollen möglichst alle Konstruktionsteile anteilig umfassen. Liegen die Meßergebnisse unterhalb des zulässigen Bereiches der Soll-Schichtdicke, so sind zusätzliche Messungen durchzuführen, um den Umfang der erforderlichen Maßnahmen (z. B. Nacharbeiten) festlegen zu können.

(4) Schichtdickenmessungen werden im allgemeinen mit zerstörungsfreien Meßverfahren durchgeführt.

Schichtzerstörende Messungen werden mit Keilschnittgeräten nach DIN 50 986 ausgeführt. Damit können die Dicke einzelner Schichten, des Gesamtsystems und die Beschichtungsfolge überprüft werden.

(5) Porenprüfungen können in besonderen Fällen erforderlich sein. Sie müssen nach Gerät und Prüfspannung vertraglich vereinbart werden.

(6) Die Gebrauchsanleitungen der Gerätehersteller sind einzuhalten.

(7) Die Prüfergebnisse sind aufzuschreiben.

6.5.3.5 Kennzeichnung der Beschichtungen

Für die Kennzeichnung der technischen Daten am Objekt wird nachstehendes Muster empfohlen:

Muster

Bezeichnung des Bauwerks	Oberflächen-vorbereitung	Beschichtung					
			1. Grund-beschichtung	2. Grund-beschichtung	1. Deck-beschichtung	2. Deck-beschichtung	*)
	Norm-Reinheitsgrad	Hersteller der Beschichtungsstoffe					
	Sa 2½	Fa. NN					
		Bezeichnung der Beschichtungsstoffe	Epoxid-Zinkphosphat	Epoxid-Zinkphosphat	Epoxid-Eisenglimmer	PUR-Eisenglimmer	
		TL 918 300					
		Stoff-Nr. 687.02	687.02	687.06	687.12	687.60	
	Ausführer Fa. NN	Ausführer	Fa. NN	Fa. NN	Fa. NN	Fa. NN	
	Ausführungs-zeit	Ausführungs-zeit					
	Juni bis August 1988	Juni bis August 1988					

*) Freie Spalte, z. B. für Kantenschutz, Fertigungsbeschichtung, Haftgrundmittel, Feuerverzinkung und Spritzmetallüberzüge.

6.5.3.6 Wiederholungsüberwachung

Wird eine besondere Überwachung des Korrosionsschutzes während der Nutzungsdauer des Bauwerkes vorgesehen, so sind in den Entwurfsunterlagen die Zeitabstände und die zu überprüfenden Bauteile festzulegen.

6.5.4 Das Duplexsystem

Ein Einsatz der „Duplexsystem“ genannten Kombination von Feuerverzinkung und Beschichtung ist bei besonders aggressiver Atmosphäre zweckmäßig, wenn die erzielte Zinküberzugsdicke zu gering ist für die voraussichtliche Nutzungsdauer oder wenn bei einigen Konstruktionsteilen nach der Montage wegen Unzugänglichkeit Ausbesserungsarbeiten nicht oder kaum mehr durchführbar sind und damit die Flächen während der gesamten Nutzungsdauer des Objekts nicht mehr nachgebessert werden können.

Das Duplexsystem bietet korrosionsschutztechnisch besondere Vorteile, weil die mit diesem System erreichbare Schutzdauer wesentlich länger ist als die Summe der Einzelwerte für den Zinküberzug und das Beschichtungssystem; die Gesamtschutzdauer liegt erfahrungsgemäß bei dem 1,8- bis 2fachen der Summe.

Der Zinküberzug schließt ein Unterrosten der Beschichtung aus. Die Beschichtung ihrerseits verhindert einen Abtrag des Zinküberzugs. Nach heutigen Erkenntnissen werden Beschichtungen günstig sofort oder bald nach dem Feuerverzinken aufgetragen, weil zu diesem Zeitpunkt der Aufwand für die Oberflächenvorbereitung am geringsten ist. Die Beschichtung von feuerverzinktem Stahl erfordert, insbesondere bei neuer Verzinkung, eine besondere Auswahl der Beschichtungsstoffe, um die notwendige Haftung der Beschichtung zu erzielen. Voraussetzung ist eine einwandfreie Oberflächenvorbehandlung, z. B. durch naßchemisches Verfahren oder Dampfstrahlbehandlung. Als geeignet für den Einsatz auf Zinkoberflächen gelten u. a.

- Kunstharz-Kombinationen
- PVC-Beschichtungsstoffe
- Acrylharz-Beschichtungsstoffe
- Epoxid- und Polyurethan-Zweikomponenten-Beschichtungsstoffe
- Bitumen-Öl-Kombinationen.

(Nach: Merkblatt 329 der Beratungsstelle für Stahlverwendung)

Bei nachträglicher Beschichtung muß abgewartet werden, bis sich eine feste, aus basischem Zinkkarbonat bestehende Oberflächenschicht gebildet hat; das dauert in der Regel mindestens zwei Jahre.

Nähere Ausführungen zu Duplexsystemen und Empfehlungen zu geeigneten Schutzsystemen enthält der Teil 5 der DIN 55928 (1991); eine Übersicht zeigt Tabelle 6.18.

Tabelle 6.18 – Auszug aus DIN 55928, Teil 5: Tabelle 5 „Beispiele von bewährten Korrosionsschutzsystemen für Stahlbauten mit Kombinationen von Zinküberzügen (Stückverzinkung[1])" und Beschichtungen (Duplexsystemen)"

× empfohlene Ausführung, ○ bei vergleichsweise geringer Belastung, ohne Angabe keine Festlegung

1	2	3	4	5	6	7	8	9	10	11	12	13
		Beschichtung(en)						Belastungen nach DIN 55928 Teil 1				
			Grund-[3]) Beschichtungen		Deck- Beschichtungen			Atmosphärentypen				
Metallüberzug Verfahren/Art	Schutz-system-Kennzahl	Bindemittel	Anzahl	Soll-schicht-dicke µm	Anzahl	Soll-schicht-dicke µm	Gesamt-Soll-schicht-dicke µm	L	S	I	M	Sonder
								Korrosivitätsklassen 1 + 2	2 + 3	3 bis 5	4 + 5	
Feuerverzinkung nach DIN 50976	5-200. 1 oder 5-201.	Vinylchlorid (VC)-Copolymerisat:			1	80	80	×				
	5-200. 2 oder 5-201.	Vinylchlorid (VC)-Copolymerisat:	1	50	1	80	130	×	×			
	5-200. 3 oder 5-201.	Vinylchlorid (VC)-Copolymerisat:	1	80	1	80	160		×	×	×	
	5-201. 4	VC-Copolymerisat-Kombination	1	80	2	160	240		×	×	×	×
	5-250. 1	Acrylharz-Copolymerisat			1	80	80	×				
	5-250. 2	Acrylharz-Copolymerisat	1	50	1	50	100	×	×			
	5-250. 3	Acrylharz-Copolymerisat	1	50	1	80	130	×	×	×		
	5-250. 4	Acrylharz-Copolymerisat	1	80	1	80	160		×	×	×	
	5-251. 1	Acrylharz/Alkyd-Kombination			1	120	120	×	×			
	5-251. 2	Acrylharz/Alkyd-Kombination	1	50	1	80	130	×	×	○	○	
	5-300. oder 5-310. 1	Epoxidharz[2]) Polyurethan			1	80	80	×	×			
	5-300. oder 5-310. 2	Epoxidharz[2]) Polyurethan	1	50	1	80	130	×	×	×		
	5-300. oder 5-310. 3	Epoxidharz[2]) Polyurethan	1	80	1	80	160		×	×	×	○
	5-300. oder 5-310. 4	Epoxidharz[2]) Polyurethan	1	80	2	160	240			×	×	×
	5-300. oder 5-310. 5	Epoxidharz[2]) Polyurethan	1	80	2	240	320			×	×	×

[1]) Für thermisch gespritzte Zinküberzüge sinngemäß anzuwenden. Die Kennzeichnung hierfür wird durch Zusatz „Zn" ergänzt
[2]) Bei Freibewitterung: Polyacryl/Polyisocyanat-System für die letzte Schicht
[3]) Die Grundbeschichtung kann auch eine DB sein.

Nach: Arbeitsblätter Feuerverzinken Nr. 4.3/1994

Betonbau*)

Beton B I:
Ortbeton:

- Lagerung der Baustoffe (Zement, getrennte Zuschlagstoffe)
- Maschinelle Ausstattung (Abmessen von Zement, Zuschlagstoffen, Zusatzmitteln, Wasser, Mischen, Fördern zur Einbaustelle, Verdichten, Nachbehandeln, Herstellen von Probewürfeln, Ausbreitmaß, Kontrolle der Lieferpapiere)
- Transportbeton (Kontrolle der Lieferpapiere, Fördern zur Einbaustelle, Verdichten, Nachbehandeln, Herstellen von Probewürfeln)

Beton B II:
Ortbeton (wie vor), zusätzlich:

- Kontrolle der Eigen- und Fremdüberwachung, Überwachungsnachweis, Ausstattung der Prüfeinrichtung, personelle Ausstattung

Stahlbeton
(wie vor), zusätzlich:

- Kontrolle der Bewehrung (Stahlsorte, Lagerung, Betondeckung, Stababstände, gegebenenfalls Schweißverbindungen)

Spannbeton
(wie vor), zusätzlich:

- Einblick in die schriftlichen Aufzeichnungen (Spannprotokoll, Verpreßprotokoll)

Betonieren bei besonderen Witterungsverhältnissen
(wie vor), zusätzlich:

- Besondere Maßnahmen bei Frost (Anwärmen der Zuschlagstoffe, wärmedämmende Abdeckmatten)
- Besondere Maßnahmen bei hohen Temperaturen (Frischbeton vor direkter Sonneneinstrahlung und vor vorzeitigem Austrocknen schützen)

Verwendung von Betonfertigteilen

- Kontrollen der Lieferpapiere (Überwachung des Werkes, Positionspläne, Kennzeichnung der Fertigteile)
- Gegebenenfalls vorschriftsmäßige Zwischenlagerung, Aussortieren beschädigter Fertigteile
- Kontrolle der Fertigteilverbindungen

---

*) Checkliste des Ministeriums für Bauen und Wohnen in NW (s. hierzu auch II 1.3).

7 Beton- und Stahlbetonbauteile

7.1 Bautechnische Voraussetzungen und Unterlagen

7.1.1 Einschlägige DIN-Normen (ohne Eurocodes)

DIN 1045	Beton- und Stahlbeton; Bemessung und Ausführung (7/1988)
DIN 1084	Überwachung im Beton- und Stahlbetonbau (12/1978) Teil 1 – Beton II auf Baustellen Teil 2 – Fertigteile Teil 3 – Transportbeton
DIN 1164	Portland-, Eisenportland-, Hochofen- und Traßzement (3/1993)
DIN 4099	Schweißen von Betonstahl; Anforderungen und Prüfungen (11/1985)
DIN 4226/1	Zuschlag für Beton mit dichtem Gefüge (4/1983)
DIN 4226/2	Zuschlag für Beton mit porigem Gefüge (Leichtzuschlag)
DIN 4226/3	Zuschlag für Beton; Prüfung
DIN 17100	Allgemeine Baustähle; Gütenorm
DIN 488/1	Betonstahl; Sorten, Eigenschaften, Kennzeichen (9/1984)
DIN 488/3	Betonstahl; Betonstabstahl, Prüfungen (6/1086)
DIN 488/4	Betonstahl; Betonstahlmatten und Bewehrungsdraht (6/1986)
DIN 1048	Prüfverfahren für Beton (Teile 1, 2, 4 und 5, Ausg. 6/91)
DIN 4335	Verdichten von Beton durch Rütteln (Teile 1 bis 5; 12/1978)
DIN 18551	Spritzbeton
DIN 1356	Bauzeichnungen, Teil 10 – Bewehrungszeichnungen
DAfStb	Richtlinie zur Nachbehandlung von Beton (2/1984)
DAfStb	Richtlinien für die Ausbesserung und Verstärkung von Betonbauteilen mit Spritzbeton
DAfStb	Richtlinie für Beton mit Fließmittel und für Fließbeton (1/1986)
DAfStb	Vorläufige Richtlinie für Beton mit verlängerter Verarbeitbarkeitszeit (verzögerter Beton; 3/1983)
	Merkblatt Betondeckung, Hrsg. Deutscher Beton-Verein (3/1991)
	Merkblatt Abstandhalter, Hrsg. Deutscher Beton-Verein (1/1987)
	Merkblatt Rückbiegen von Betonstahl, Hrsg. Deutscher Beton-Verein (2/1991)
DAfStb	Heft 422: Prüfung von Beton-Empfehlungen und Hinweise als Ergänzung zu DIN 1048 (1991)

7.1.2 Allgemeine bauaufsichtliche Zulassungen

Eine kurze Liste der an sich zahlreichen ABZ folgt als Übersicht; bei den einzelnen Bauteilen werden die für die Überwachung wichtigen Bestimmungen von häufig verwendeten zugelassenen Bauteilen aufgeführt:

- Betonstabstähle, soweit nicht in DIN 488 genormt
- Betonstahlmatten, soweit nicht in DIN 488 genormt
- Betonstahlverbindungen (geschraubte, gepreßte, geklebte)
- Bewehrungselemente
- Kopfbolzen-Dübelleiste als Schubbewehrung im Stützenbereich punktförmig gestützter Platten
- Stahlpilze zur Verstärkung von Flachdecken im Stützenbereich
- HV-Verbindungen

- Verzinkte Bewehrung
- Kunststoffbeschichtete Bewehrung
- Spannbeton-Hohlplattendecken
- Vorgespannte Elementdecken
- Gitterträgerdecken
- Elementdecke (= teilweise vorgefertigte Plattendecke)
- Porenbeton-Deckenplatten
- Bewehrte Fertigstürze aus dampfgehärtetem Porenbeton

Folgende Bindemittel und Zusätze:

- Normzemente mit Abweichungen (alle üblichen Zemente sind genormt)
- Schnellzemente
- Puzzolan- und Flugaschezemente
- Einpreßmörtel
- Faserbeton (Glas-, Stahl-, Kunststoffasern)

Alle bauaufsichtlich zugelassenen Baustoffe und Bauteile unterliegen der Eigen- und Fremdüberwachung; der Nachweis wird durch das Überwachungszeichen geführt (siehe auch Abschnitt II 1.5).

7.1.3 Ausführungszeichnungen

Für Ausführung und Kontrolle der Stahlbetonbauteile müssen geprüfte Bewehrungspläne (bei Fertigteilen: Verlegepläne), evtl. in Kopie mit einem Übertragungsvermerk, an der Baustelle vorliegen. Die Kontrolle wird fast ausschließlich anhand dieser Pläne durchgeführt; nur in Zweifelsfällen wird auf die geprüfte statische Berechnung zurückgegriffen. Allerdings wird auch bei einfachen kleinen Stahlbetonbauteilen wie Stürzen, Einfeldbalken oder Deckenteilen auf die Anfertigung von Bewehrungsplänen verzichtet und nach der Statik kontrolliert.

7.1.3.1 Bewehrungspläne

(1) Die Bauteile, ihre Bewehrung und alle Einbauteile sind auf den Zeichnungen eindeutig und übersichtlich darzustellen und zu bemaßen. Die Darstellungen müssen mit den Angaben in der statischen Berechnung übereinstimmen und alle für die Ausführung der Bauteile und für die Prüfung der Berechnungen erforderlichen Maße enthalten.

(2) Auf zugehörige Zeichnungen ist hinzuweisen. Bei nachträglicher Änderung einer Zeichnung sind alle in Betracht kommenden Zeichnungen entsprechend zu berichtigen.

(3) Auf den Bewehrungszeichnungen sind insbesondere anzugeben (s. auch Tabelle 7.1):

a) die Festigkeitsklasse und – soweit erforderlich – besondere Eigenschaften des Betons;

b) die Stahlsorten nach Abschnitt 7.2.2.1 (siehe auch DIN 488 Teil 1);

c) Anzahl, Durchmesser, Form und Lage der Bewehrungsstäbe, der mechanischen Verbindungsmittel, z. B. Muffenverbindungen oder Ankerkörper, gegenseitiger Abstand, Rüttellücken, Übergreifungslängen an Stößen und Verankerungslängen, z. B. an Auflagern, Anordnung und Ausbildung von Schweißstellen mit Angabe der Schweißzusatzwerkstoffe, Maße und Ausführung;

d) das Nennmaß nom *c* der Betondeckung und die Unterstützungen der oberen Bewehrung;

e) besondere Maßnahmen zur Lagesicherung der Bewehrung, wenn die Nennmaße der Betondeckung nach Tabelle 10 unterschritten werden (siehe „Merkblatt Betondeckung“ und DAfStb-Heft 400);

f) die Mindestdurchmesser der Biegerollen.

Tabelle 7.1 Standardisierte Angaben für die Bewehrungszeichnung (Biege- und Verlegeanweisung)

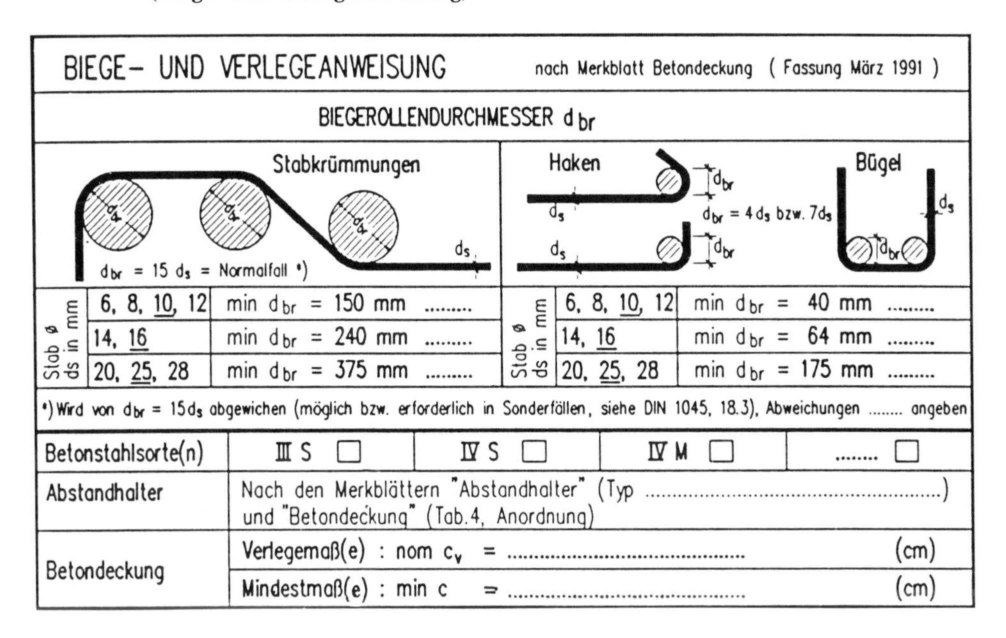

BIEGE- UND VERLEGEANWEISUNG nach Merkblatt Betondeckung (Fassung März 1991)

BIEGEROLLENDURCHMESSER d_{br}

Stabkrümmungen: d_{br} = 15 d_s = Normalfall *)

Haken / Bügel: d_{br} = 4 d_s bzw. 7d_s

Stab ⌀ ds in mm	Stabkrümmungen	Stab ⌀ ds in mm	Haken, Bügel
6, 8, 10, 12	min d_{br} = 150 mm	6, 8, 10, 12	min d_{br} = 40 mm ....
14, 16	min d_{br} = 240 mm	14, 16	min d_{br} = 64 mm ....
20, 25, 28	min d_{br} = 375 mm	20, 25, 28	min d_{br} = 175 mm ....

*) Wird von d_{br} = 15d_s abgewichen (möglich bzw. erforderlich in Sonderfällen, siehe DIN 1045, 18.3), Abweichungen .... angeben

Betonstahlsorte(n)	III S ☐	IV S ☐	IV M ☐	.... ☐
Abstandhalter	Nach den Merkblättern "Abstandhalter" (Typ ....) und "Betondeckung" (Tab. 4, Anordnung)			
Betondeckung	Verlegemaß(e) : nom c_v = ... (cm)			
	Mindestmaß(e) : min c = ... (cm)			

untere Bewehrung (Feldbewehrung)

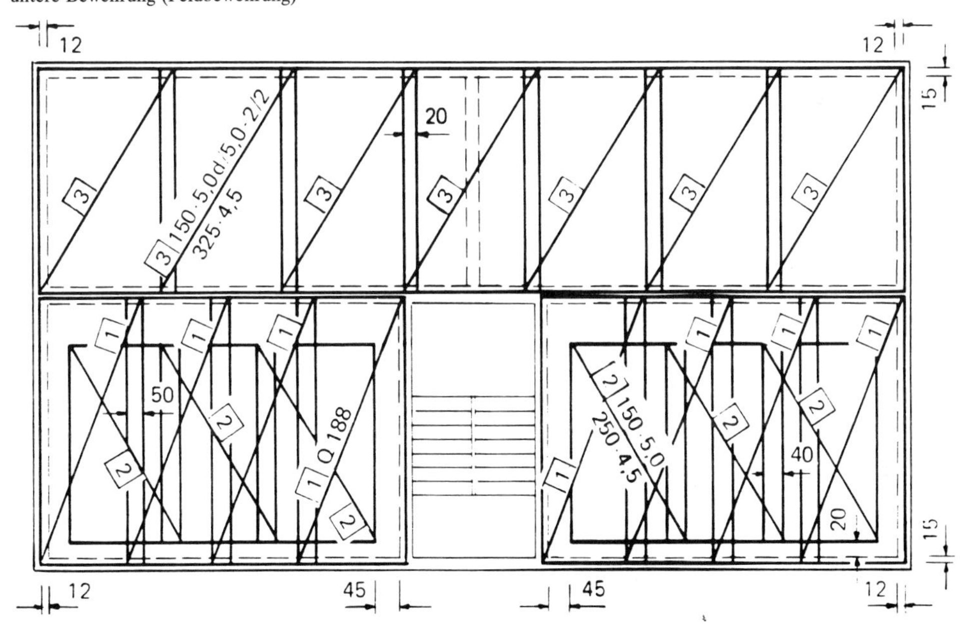

Abb. 7.1 Mattenverlegeplan in herkömmlicher Darstellung

untere Bewehrung (Feldbewehrung)

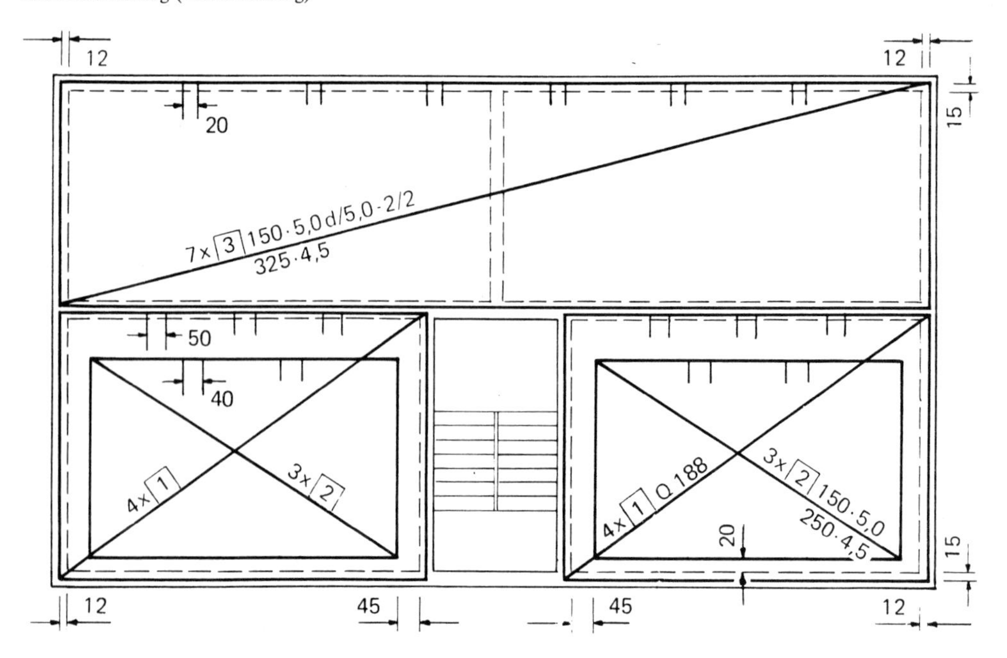

Abb. 7.2 Mattenverlegeplan in vereinfachter Darstellung gemäß DIN 1356 Teil 10, Abschnitt 4.3.2a

untere Bewehrung (Feldbewehrung)

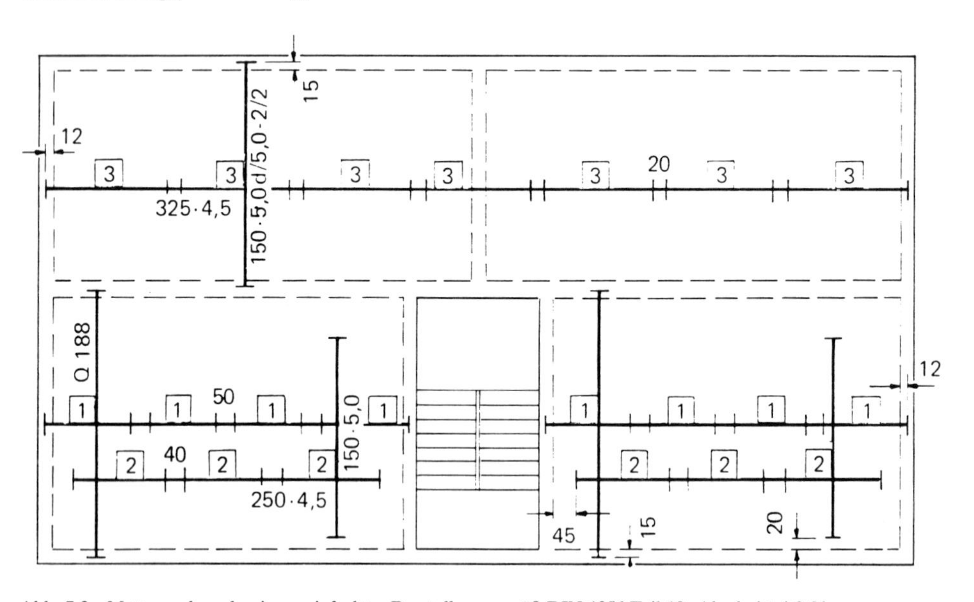

Abb. 7.3 Mattenverlegeplan in vereinfachter Darstellung gemäß DIN 1356 Teil 10, Abschnitt 4.3.2b

(4) Bei Verwendung von Fertigteilen sind ferner anzugeben:

g) die auf der Baustelle zusätzlich zu verlegende Bewehrung in gesonderter Darstellung;

h) die zur Zeit des Transports oder des Einbaues erforderliche Druckfestigkeit des Betons;

i) die Eigenlasten der einzelnen Fertigteile;

k) die Maßtoleranzen der Fertigteile und der Unterkonstruktion, soweit erforderlich;

l) die Aufhängung oder Auflagerung für Transport und Einbau.

(5) Darstellung von Betonstahlmatten auf Verlegeplänen
Die Darstellung der Matten in den Plänen kann verschieden sein. Grundsätzlich werden nicht die einzelnen Stäbe der Matten gezeichnet, sondern entweder

a) nach herkömmlicher Art die Umgrenzungslinien der einzelnen Matten mit Diagonallinien (Einzelmattendarstellung) oder

b) vereinfacht gemäß DIN 1356 Teil 10, Abschnitt 4.3.2a nur die äußersten Umrandungslinien von Matten g r u p p e n und die zugehörigen Diagonallinien der Gruppe oder

c) vereinfacht gemäß DIN 1356 Teil 10, Abschnitt 4.3.2b die Achsen (Längen und Breiten) von Mattengruppen.

Der vorgenannte DIN-Abschnitt enthält *Vorschläge* zur Rationalisierung der Zeichenarbeit; es wird sich herausstellen, ob die Baustelle die relativ abstrakten Darstellungsweisen annimmt.

Auf den Seiten 423/424 ein Beispiel einer Deckenbewehrung in den drei Darstellungsarten (nach: Betonstahlmatten, Heft 2 der Mitteilungen für die Stahlbetonbau-Praxis des Fachverbandes Betonstahlmatten).

7.1.3.2 Verlegepläne für Fertigteile

Bei Bauten mit Fertigteilen sind für die Baustelle Verlegepläne der Fertigteile mit den Positionsnummern der einzelnen Teile und eine Positionsliste anzufertigen. In dem Verlegeplan sind auch die beim Zusammenbau erforderlichen Auflagertiefen und die etwa erforderlichen Abstützungen der Fertigteile einzutragen.

7.1.3.3 Zeichnungen für Schalungs- und Traggerüste

Für Schalungs- und Traggerüste, für die eine statische Berechnung erforderlich ist, z. B. bei frei stehenden und bei mehrgeschossigen Schalungs- oder Traggerüsten, sind Zeichnungen für die Baustelle anzufertigen; ebenso für Schalungen, die hohen seitlichen Druck des Frischbetons aufnehmen müssen.

Schalpläne, meist im Maßstab 1:50, stellen die fertigen Rohbaukörper dar mit allen Abmessungen, Dicken, Aussparungen, Versprüngen. Bei kleinen Bauvorhaben werden sie mitunter zu „Schal- und Bewehrungsplänen" zusammengefaßt. Schalungspläne geben n i c h t die Schalungskonstruktionen an wie Haut, Aussteifung, Gerüst, Verankerung.

Auf Baustellen mit jeweils nur wenigen völlig gleichen Bauteilen (Stützen, Wände, Fundamente, Unterzüge, Decken, Treppen) werden Schalungen meist in konventioneller Methode – systemlose Schalung – vom Zimmermann am Ort angefertigt. Bei zwar guter Anpassungsfähigkeit fällt aber hoher Lohnaufwand an.

Großbaustellen arbeiten vielfach mit vorgefertigten Schalungssystemen für fast alle Bauteile, insbesondere für Stützen, Wände und Decken (Systemschalung). Die Hersteller dieser Systeme liefern Tabellen für Tragfähigkeit und Ankerkräfte, wichtig für den Schalungsdruck bei Wänden. Aufstellen und Abbau der Schalung sind kurzfristig möglich, auch Vorfertigung in der Arbeitsvorbereitung, evtl. abseits der Baustelle; alle Teile sind mehrfach wiederverwendbar

s. auch: O.-M. Schmitt, Schaltechnik im Ortbetonbau, 2. Aufl. 1993, Werner-Verlag, und Baugeräteliste 1991, Bauverlag Wiesbaden).

Wegen des Hinweises auf den seitlichen Druck des Frischbetons in DIN 1045, 3.2.3 (s. oben) wird noch auf DIN 18 218 – Frischbetondruck auf lotrechte Schalungen (9/1980) ergänzend verwiesen. Für spezifische Bauverfahren sind weiter interessant:

- Merkblatt Gleitbauverfahren (2/1987) des Deutschen Betonvereins
- Sicherheitsregeln für Gleit- und Kletterschalungen (4/1988) der BauBG SR 70
- Merkblatt für Großflächenschalungen (1988) der BauBG
- DIN 4421 – Traggerüste (8/1982)

Zu kontrollieren: Dichtheit der Schalungshaut (keine Fugen), sonst nässen; Sichtschalung an vorgesehenen Stellen mit entsprechender Glatteinlage o. ä.; bei Decken: frei von Bewehrungsresten oder Bindedraht; Unterstützungen, Aussteifungen und Verschwertungen fest und ohne Schlupf; Durchbiegungsstich messen; bei Wänden: Wandanker angezogen; Aussteifungen fest und ohne Schlupf.

Zu den Ausschalfristen vgl. Abschnitt II 7.5.5.

7.1.3.4 Statische Berechnung und Baubeschreibung

Die (geprüfte) statische Berechnung spielt bei der Bauüberwachung eine untergeordnete Rolle (s. oben).

Auch die Baubeschreibung ist relativ unwichtig; nur bei Montagevorgängen o. ä. ist sie vorzuhalten.

7.2 Baustoffe

7.2.1 Beton

Auf Baustellen wird heute fast ausschließlich Transportbeton eingesetzt; die Lieferwerke unterliegen einer Güteüberwachung, bestehend aus Eigen- und Fremdüberwachung (s. hierzu II 1.5.2). Insofern werden hier nur kurze Ausführungen über die Ausgangsstoffe und das Abmessen und Mischen gemacht.

7.2.1.1 Zement

Anwendbar für Beton- und Stahlbeton sind alle Zemente der DIN 1164 Teil 1:

- Portland- und Eisenportlandzement, überwiegend als Z 35 F und Z 45 F sowie Z 55; Hochofenzement, überwiegend als Z 25, Z 35 L und Z 45 L; aber auch die bauaufsichtlich zugelassenen Zemente: Puzzolan-, Flugaschen-, Schnellzemente o. a.
- HS-Zemente mit hohem Sulfatwiderstand müssen bei einwirkenden Wässern von $\geqq$ 600 mg SO_4 je l verwendet werden.
- NA-Zemente mit niedrigem wirksamem Alkaligehalt sind wirksame Maßnahme bei alkaliempfindlichem Zuschlag (bedeutsam in Norddeutschland und Dänemark).
- NW-Zemente haben niedrige Wärmeentwicklung und sind daher für Massenbeton besonders geeignet.

Beispiel für eine Zementbezeichnung: Zement DIN 1164 – HOZ 35 L – NW/HS bedeutet Hochofenzement mit 28-Tage-Druckfestigkeit von $\geqq$ 35 N/mm^2 mit niedriger Wärmeentwicklung und hohem Sulfatwiderstand. F-Zemente haben große Frühhochfestigkeit, jedoch geringe Nacherhärtung; bei L-Zementen ist es umgekehrt.

Kennzeichnung von Zement: Zement nach DIN 1164, überwacht nach Teil 2 der Norm, ist zum Nachweis der Überwachung auf der Verpackung oder – bei loser Lieferung – auf dem Lieferschein und dem Silozettel durch das einheitliche Überwachungszeichen unter Angabe der fremdüberwachenden Prüfstelle oder deren Zeichen dauerhaft zu kennzeichnen (Überwachungszeichen s. unter II 1.5.2).

Optisch unverwechselbar sind ebenfalls die Grundfarbe des Sackes bzw. des Siloanheftblattes sowie die Farben des Aufdrucks:

Tabelle 7.2 Kennfarben der Zementfestigkeitsklassen

Festigkeitsklasse	Kennfarbe (Grundfarbe des Sackes bzw. Siloanheftblattes)	Farbe des Aufdrucks
Z 35 L Z 35 F	hellbraun	schwarz rot
Z 45 L Z 45 F	grün	schwarz rot
Z 55	rot	schwarz

Das Vermischen von Normzementen ist möglich und statthaft; vorherige Eignungsprüfungen sind jedoch erforderlich.

Zemente sind feuchtigkeitsempfindlich; Lagerung höchstens 1 Monat bei Z 55 und höchstens 2 Monate bei Z 45 und Z 35. Beim Lagern von Sackzement im trockenen Schuppen ist mit Festigkeitseinbußen von 10 bis 20% nach 3 Monaten und 20 bis 30% nach 6 Monaten zu rechnen.

7.2.1.2 Zuschlag

Anforderungen nach DIN 4226. Die Korngröße ist auf die Bewehrungsdichte abzustimmen, im Hochbau üblich: 8/16 mm. Es wird unterschieden nach Regelanforderungen, erhöhten Anforderungen (e) und verminderten Anforderungen (v). Sie können sich beziehen auf die Festigkeit (D), den Widerstand gegen Frost (F), Gehalt an abschlämmbaren Bestandteilen (A), Gehalt an aggressiven Stoffen (O) oder Sulfaten (S) und Chlorid (Cl).

Die abweichenden Anforderungen müssen im Betonsortenverzeichnis ausgewiesen sein.

Beispiel für eine Zuschlagbezeichnung: Zuschlag nach DIN 4226 – 8/16 – eF bedeutet: Zuschlag mit dichtem Gefüge der Korngruppe 8/16, der erhöht widerstandsfähig gegen Frost ist.

Zuschlag mit verminderter Anforderung ist nicht universell anwendbar; vD kann nicht für Außenbauteile, vF nicht bei Frosteinwirkung, vCl nicht für Spannbeton mit sofortigem Verbund eingesetzt werden.

Der Mindestzementgehalt ist abhängig von der Sieblinie des Zuschlags, der Betonkonsistenz, dem Größtkorn, der Zementfestigkeitsklasse, dem Witterungsort (außen – innen). Wenn der Beton aufgrund einer Eignungsprüfung konzipiert wird, muß der Zementgehalt betragen:

- bei unbewehrtem Beton $\geqq$ 100 kg/m^3 verdichteten Betons
- bei Stahlbeton $\geqq$ 240 kg/m^3 bei Z 35 und höher (allgemein)
- bei Stahlbeton $\geqq$ 280 kg/m^3 bei Z 25 (allgemein)
- bei Stahlbeton $\geqq$ 300 kg/m^3 bei Z 25/35 (bei Außenbauteilen)
- bei Stahlbeton $\geqq$ 270 kg/m^3 bei Z 45/55 (bei Außenbauteilen)

Ohne Eignungsprüfung wird der Zementgehalt schematisch nach Tabelle 4 der DIN 1045 (hier Tabelle 7.3) festgesetzt, evtl. mit Erhöhungen. Beispielsweise wäre für einen Beton B 25 für Außenbauteile, Zuschlag 16/32, Zement Z 35 und einer Konsistenz KR ein Mindestzementgehalt von 350 kg/m³ ablesbar.

Tabelle 7.3 Mindestzementgehalt für Beton B I bei Betonzuschlag mit einem Größtkorn von 32 mm und Zement der Festigkeitsklasse Z 35 nach DIN 1164 Teil 1

	1	2	3	4	5
	Festigkeitsklasse des Betons	Sieblinienbereich des Betonzuschlags[1])	Mindestzementgehalt in kg je m³ verdichteten Betons für Konsistenzbereich		
			KS[2])	KP	KR
1	B 5[2])	③	140	160	–
2		④	160	180	–
3	B 10[2])	③	190	210	230
4		④	210	230	260
5	B 15	③	240	270	300
6		④	270	300	330
7	B 25 allgemein	③	280	310	340
8		④	310	340	380
9	B 25 für Außenbauteile	③	300	320	350
10		④	320	350	380

[1]) Siehe Bild 3 der DIN 1045.
[2]) Nur für unbewehrten Beton.

7.2.1.3 Zusatzstoffe

Diese sind wegen ihrer Menge als Volumenbestandteile zu berücksichtigen. Es sind z. B. Traß (genormt in DIN 51 043), Puzzolane, Steinkohlenflugaschen (sog. EFA-Füller mit Prüfzeichen), Phonolith-Gesteinsmehl (getempertes Gesteinsmehl mit Prüfzeichen) oder Silicastaub (mit Prüfzeichen). Sie werden zur Erhöhung der Feinstanteile, zur Dichtigkeitserhöhung usw. eingesetzt.

Zusatzstoffe dürfen nicht ohne Eignungsprüfung im Beton verwendet werden.

Der Betonzusatzstoff „Stahlfasern“ verbessert deutlich Zugtragfähigkeit, Rißverhalten, Schlag- und Ermüdungsfestigkeit und Schwindverhalten. Es ist ein höherer Zementgehalt je m³ Beton und Fließmittel erforderlich. Für diesen inzwischen häufig verwendeten Zusatzstoff gibt es noch keine Norm, auch keine ABZ, lediglich das Merkblatt 1991 des Deutschen Betonvereins „Grundlagen zur Bemessung von Industriefußböden aus Stahlfaserbeton“.

Der Anteil der Böden betrug 1990 etwa: mit Mattenbewehrung 60%, unbewehrter Beton 20%, Stahlfaserbeton 18%. Statisch ebenbürtig sind Stahlfaserbetonböden mit d = 15 cm und mattenbewehrter Boden mit d = 20 cm (Maidl, Stahlfaserbeton, 1991).

Die Zugabe zum Beton der 60 mm langen und 0,5 bis 1,2 cm dicken Fasern erfolgt werkseitig im Zwangsmischer oder auf der Baustelle im üblichen Fahrmischer.

7.2.1.4 Zusatzmittel

Sie werden in geringen Mengen dem Beton beigegeben und bewirken chemisch oder physikalisch Veränderungen der Betoneigenschaften. Über die Wirkungsweise bestehen im wesentlichen nur empirische Kenntnisse.

Tabelle 7.4 Wirkungsgruppen der Betonzusatzmittel und deren Kennzeichnung

Wirkungsgruppe	Kurzzeichen	Farbkennzeichen
Betonverflüssiger	BV	gelb
Fließmittel	FM	grau
Luftporenbildner	LP	blau
Dichtungsmittel	DM	braun
Verzögerer	VZ	rot
Beschleuniger	BE	grün
Einpreßhilfen	EH	weiß
Stabilisierer	ST	violett

Tabelle 7.5 Nachteilige Nebenwirkungen von Betonzusatzmitteln

Zusatzmittel		mögliche nachteilige Auswirkung auf
LP	Luftporenbildner zur Erhöhung des Frost- und Frosttaumittelwiderstandes	Festigkeit, Verschleißwiderstand, Dichtigkeit, Schwinden Bei mehr als 3 % Luftmikroporen wird die Fließgeschwindigkeit verringert; die Pufferwirkung des Betons in Rohrleitungen führt zu elastischen Eigenschaften. Die gegenseitige Beeinflussung von Luftporenbildnern und Fließmitteln bzw. Verflüssigern führt zu einer Änderung der für hohen Frost-Tausalz-Widerstand wichtigen kleinen Luftporen im Beton (∅ 0,30 mm). Wie Untersuchungen des Forschungsinstitutes der Zementindustrie gezeigt haben, ballen sich kleine Poren zu größeren zusammen und werden z. T. ausgetrieben (Tätigkeitsbericht 1990–93 des FI im VDZ). Zur Beachtung empfohlen: Merkblatt „Luftporenbeton" des Deutschen Betonvereins und „Anleitung für das Herstellen und Verarbeiten von Transportbeton mit Luftporen" des VDZ (vom Lieferanten aushändigen lassen).
DM	Dichtungsmittel zur Verminderung der kapillaren Wasseraufnahme	Festigkeit, Schwinden (eigentlich überflüssig: ein schlechter Beton wird durch DM nicht wasserundurchlässig!)
BV	Verflüssiger (meist verwendetes Zusatzmittel) Verbesserung der Verarbeitbarkeit	Schwinden, bewirkt verzögertes Erstarren, mitunter auch Verringerung der Verarbeitungszeit, fördert „Bluten"
VZ	Verzögerer zur Verzögerung des Erstarrens und Erhärtens (2 bis 12 Stunden)	Schwinden, bewirkt Schrumpfrisse, evtl. auch Umschlagen der Wirkung Wirkung der Verzögerung wird um so mehr abgeschwächt, je feiner der Zement gemahlen ist (z. B. PZ 45 F). VZ-Beton sollte nachverdichtet werden! Betone mit Verzögerzeit von mehr als 3 Stunden sind als B-II-Betone zu verarbeiten.

	Zusatzmittel	mögliche nachteilige Auswirkung auf
BE	Beschleuniger zur Beschleunigung des Erstarrens und/oder des Erhärtens	Festigkeit (evtl. beträchtlich), Schwinden, Frostbeständigkeit, Korrosionsschutz, evtl. auch Umschlagen der Wirkung; besser: frühhochfester Zement + Fließmittel!
EH	Einpreßhilfen zur Verbesserung der Fließfähigkeit, Verminderung des Absetzens, Erzielen eines mäßigen Quellens von Einpreßmörtel	Festigkeit, Schwinden
St	Stabilisierer zur Verminderung des Absonderns von Anmachwasser (Bluten)	bei höherer Dosierung: festigkeitsmindernd, erstarrungsverzögernd
FM	Fließmittel zur Herstellung von Beton mit fließfähiger Konsistenz (Fließbeton) ohne Entmischung	a) künstliche Erzeugnisse: gelten als gutartig, sind aber teuer; evtl. Neigung zum Bluten b) Naturprodukte: verzögern meist stark das Erstarren des Betons FM nicht mit VZ kombinieren! Die Verflüssigung ist zeitlich begrenzt auf etwa 15 bis 45 Minuten nach dem Zumischen; daher Zugabe erst auf der Baustelle.

(Nach: Schäffler, E. Kern, Bonzel, Readymix u. a.)

Alle Zusatzmittel müssen ein gültiges Prüfzeichen des DIBt Berlin besitzen. Bei Transportbeton müssen alle Zusatzmittel im Werk zugegeben werden, ausgenommen Fließmittel.

Fast alle Zusatzmittel haben irgendwelche negative Nebenwirkungen; sie werden bei der Erteilung des Prüfzeichens i. d. R. nicht geprüft. Auf bekanntgewordene, wesentliche nachteilige Nebenwirkungen wird im Prüfbescheid hingewiesen.

Die Gebinde sind eindeutig und deutlich sichtbar zu kennzeichnen.

7.2.1.5 Beton mit besonderen Eigenschaften

Die gegenwärtig für die Herstellung und Verarbeitung von Beton geltenden Regelwerke gehen von festgelegten, durch Eignungsprüfungen abgesicherten Betonrezepturen aus. Durch Vorgaben z. B. hinsichtlich des Mindestzementgehalts, des w/z-Werts und der Verarbeitbarkeit sowie durch die Anwendung von Vorhaltemaßen für die Verarbeitbarkeit und Festigkeit kann mit festen Rezepturen die Forderung nach möglichst hoher Gleichmäßigkeit der Frisch- und Festbetoneigenschaften als Voraussetzung für ausreichende Dauerhaftigkeit des Betons bisher hinreichend erfüllt werden.

Festgelegte Rezepturen lassen einen Austausch von Ausgangsstoffen oder eine Anpassung an Veränderungen der Stoffkennwerte nur in geringem Umfang und im Prinzip nur mit erneuten Eignungsprüfungen zu.

Für die Herstellung von Beton mit besonderen Eigenschaften gelten im allgemeinen die Bedingungen für Beton B II; die Anforderungen enthält nachfolgende Tabelle 7.6, die entnommen wurde: Bayer/Kampen/Moritz, Beton-Praxis, Beton-Verlag 1991:

Tabelle 7.6 Anforderungen an Beton mit besonderen Eigenschaften

Betoneigenschaft Angriffsgrad	Herstellung als	Sieblinien-bereich	Zementgehalt in kg/m³	Wasser-zement-wert[1])	Zusätzliche Anforderungen
Wasser-undurchlässigkeit	B I	A 16/B 16 A 32/B 32	$\geqq$ 370 $\geqq$ 350	– –	Wassereindringtiefe $e_w \leqq 50$ mm
	B II[2])	–	–	$d \leqq 40$ cm; $w/z \leqq 0{,}60$[6])	
		–	–	$d > 40$ cm; $w/z \leqq 0{,}70$[6])	
Hoher Frostwiderstand	B I	A 16/B 16 A 32/B 32	$\geqq$ 370 $\geqq$ 350	– –	Zuschläge eF $e_w \leqq 50$ mm
	B II	–	–	$w/z \leqq 0{,}60$[6])	
		–	–	massige Bauteile $w/z \leqq 0{,}70$[6])	Zuschläge eF bzw. eFT $e_w \leqq 50$ mm
Hoher Frost- und Tausalzwiderstand	B II	–	Zementart bei starkem Angriff: PZ/EPZ/PÖZ 35 oder höher, HOZ 45 L	$w/z \leqq 0{,}50$	mittlerer LP-Gehalt[3]) bei 8 mm Größtkorn[4]) $\geqq$ 5,5 Vol.-% 16 mm Größtkorn[4]) $\geqq$ 4,5 Vol.-% 32 mm Größtkorn[4]) $\geqq$ 4,0 Vol.-% 63 mm Größtkorn[4]) $\geqq$ 3,5 Vol.-%
Hoher Verschleiß-widerstand	B II	nahe A oder B/U	($\leqq$ 350 bei Zuschlag 0/32)	–	Beton $\geqq$ B 35; Zuschlag bis 4 mm Quarz o. ä., > 4 mm mit hohem Verschleiß-widerstand
Hoher Widerstand gegen chemischen Angriff – schwach	B I	A 16/B 16 A 32/B 32	$\geqq$ 370 $\geqq$ 350	– –	Wassereindringtiefe $e_w \leqq 50$ mm
	B II	–	–	$w/z \leqq 0{,}60$[6])	
Hoher Widerstand gegen chemischen Angriff – stark	B II	–	–	$w/z \leqq 0{,}50$[6])	Wassereindringtiefe $e_w \leqq 30$ mm
Hoher Widerstand gegen chemischen Angriff – sehr stark	B II	–	–	$w/z \leqq 0{,}50$[6])	Wassereindringtiefe $e_w \leqq 30$ mm und Schutz des Betons[5])

[1]) Zur Berücksichtigung der Streuungen bei der Bauausführung ist bei der Eignungsprüfung der w/z-Wert um etwa 0,05 niedriger einzustellen.

[2]) Bei Transportbeton und mit Zustimmung der Bauaufsichtsbehörde und des Auftraggebers auch auf B-I-Baustellen zulässig.

[3]) Bei Betonwaren aus sehr steifem Beton, $w/z < 0{,}40$, nicht erforderlich.

[4]) Zur Berücksichtigung der Streuungen bei der Bauausführung ist bei der Eignungsprüfung der LP-Gehalt um 0,5 Vol.-% höher einzustellen. Einzelwerte dürfen den mittleren LP-Gehalt um höchstens 0,5 Vol.-% unterschreiten.

[5]) Merkblatt Schutzüberzüge auf Beton bei sehr starken Angriffen nach DIN 4030.

[6]) Bei Anrechnung von Steinkohlenflugasche gilt: $\frac{w}{z + 0{,}3\,f} \leqq 0{,}60$, wobei $f \leqq 0{,}25\,z$; nach ZTV : $w \leqq 0{,}55$

Tabelle 7.7 Materialkennwerte für Beton (CC), Zementmörtel/-beton mit Kunststoffzusatz (PCC) und Reaktionsharzmörtel/-beton (PC)

	CC	PCC	PC
			Epoxidharz-mörtel (1 : 3)
Druckfestigkeit β_D in N/mm²	35–55	35–40	90–120
Biegezugfestigkeit β_{BZ} in N/mm²	5–6	12,5–16	40–50
Elastizitätsmodul E in N/mm²	34 000–39 000	9 000–11 000	10 000–12 000
Linearer Temperaturausdehnungskoeffizient δ_t in 10^{-6}/K	10–12	12–15	25–35
$E \cdot \delta_t$ in N/mm² · K	≈ ~ 0,4	≈ ~ 0,15	≈ ~ 0,3
Schwindmaß ε_s in mm/m	0,5–1,2	1,2–2,0	0,6–0,8
Materialkosten DM/m³	100–250	450–900	4 000–6 000

Aus: beton, Heft 10/1992; CC ≙ Zementbeton

7.2.1.6 Hochfester Beton

Die höchste Festigkeitsklasse von Beton ist nach DIN 1045 ein B 55; Beton höherer Festigkeit wird als hochfester Beton bezeichnet. Er wird im Ausland bei Hochhäusern mit technischen Vorteilen bis zur Festigkeitsklasse B 140 seit vielen Jahren angewandt.

Für die Ausnutzung der Spannungen von hochfestem Beton ist in Deutschland die Zustimmung im Einzelfall der obersten Bauaufsichtsbehörde erforderlich; das setzt ein Gutachten einschließlich Versuchen und eine geplante Qualitätssicherung voraus. Druckfestigkeiten von 100 N/mm² nach 28 Tagen sind unter Baustellenbedingungen erreichbar, d. h. etwa B 90. Die Festigkeitszunahme nach 28 Tagen ist relativ gering. Auch als Weißbeton mit Weißzement herstellbar. Die hohen Festigkeiten werden bei sonst gleichen Ausgangsstoffen (PZ 45 F) und Geräten derzeit erreicht durch Wasserzementwerte (w/z = 0,25 bis 0,35) und Zugabe von Silicastaub (sehr teuer) in Höhe von 5 bis 10% der Zementmenge. Silicastaub – etwa 100mal feiner als Zement – fällt bei der Ferrosiliziumherstellung im Elektroschmelzofen an (E. Kern, Technologie des hochfesten Betons, beton 3/1993 und Hald/König, Hochfester Beton bis B 125, Beton- und Stahlbetonbau, Hefte 2 und 3/1992).

Die künftige Betonnorm wird als höchste Festigkeitsklasse wahrscheinlich einen B 115 (Würfelfestigkeit) zulassen; d. h. als Zylinderfestigkeit B 100. Die bis zu dreifach größere Sprödigkeit von z. B. B 125 gegenüber B 25 verlangt besondere Maßnahmen bei der Bewehrung.

Schwierigkeiten bei der Herstellung: sehr geringer und genau zu kontrollierender Wassergehalt / hohe Verdichtungsenergie / Betonrestverschmutzung durch hohe Klebrigkeit, deswegen auch größerer Neigungswinkel der Schüttrutsche / Schulungsaufwand des Personals / erhöhter Prüfaufwand. – Der Herstellungsaufwand nimmt mit steigender Festigkeit überproportional zu.

7.2.2 Betonbewehrung

7.2.2.1 Stäbe und Matten nach DIN 488

Bewehrungsstähle müssen DIN 488 entsprechen oder bauaufsichtlich zugelassen sein. Nach DIN 488/DIN 1045 gibt es nur noch drei Betonstahlsorten: BSt 420 S, BSt 500 S und BSt 500 M.

Tabelle 7.8

Kurzname	BSt 420 S	BSt 500 S	BSt 500 M
Kurzzeichen	III S	IV S	IV M
Form	gerippter Betonstahl		geschweißte Betonstahlmatte aus gerippten Stäben
Nenndurchmesser in mm	6–28		4–12

Der Stabstahl IV S war bis 1984 nur mit ABZ lieferbar; die deutschen Hersteller produzieren ab 1986 den Stahl III S nicht mehr, sondern nur noch IV S. Allerdings wird III S im Ausland noch hergestellt, kann bestellt und eingebaut werden.

Regellängen von Stabstahl 12/14 m; Sonderlängen bis max. 31 m.

Glasfasern als zusätzliche (nicht anrechenbare) Bewehrung sind zugelassen (seit 1/1992) für Bauteile aus Beton nach DIN 1045; sie verbessern Biegezug- und Schlagfestigkeit. Wenn die Festigkeit der Fasern statisch berücksichtigt werden soll, bedarf es einer gesonderten Zulassung oder Zustimmung im Einzelfall. Wegen Stahlfasern als Zusatzstoffe im Beton wird auf II 7.2.1.3 verwiesen.

Alle jetzigen Betonstahlsorten sind zum Schweißen geeignet.

Bei sehr wichtigen Schweißverbindungen, wie z. B. bei angeschweißten Ankerplatten an die Zugstäbe von Aufhängungen ganzer Bauwerksteile, sollten die Hinweise von Kulessa (Zur Frage der chemischen Zusammensetzung von Betonstahlstäben, Mitteilungen des IfBt, Heft 1/1989) beachtet werden. Die Festlegung von Rahmenwerten im Herstellerwerk für die chemische Zusammensetzung zum Nachweis der Schweißeignung ist offenbar nicht ausreichend. „Um der Gefahr einer unzulässigen Aufhärtung beim Schweißen von Betonstahl aus dem Wege zu gehen, wird die zusätzliche Einhaltung des in der Euro-Norm 80–85 geforderten Kohlenstoffäquivalentes für sinnvoll angesehen. Dadurch wird vermieden, daß die von der Formel erfaßten Elemente jedes für sich mit dem Maximalwert (oberer Grenzwert der Stückanalyse) auftritt. Die Schweißbedingungen sind dann so einzustellen, daß an der Schweißstelle keine Entfestigung eintritt (Gefahr bei wärmebehandelten und kaltverfestigten Betonstählen).“ Hier muß der Schweißfachmann befragt werden!

Das Kohlenstoffäquivalent ist nach folgender Formel zu ermitteln (Werte in %):

$$C_{äqu} = C + \frac{Mn}{6} + \frac{Cr + Mo + V}{5} + \frac{Ni + Cu}{15}$$

Es darf maximal 0,50% bei der Schmelzanalyse bzw. 0,52% bei der Stückanalyse betragen.

Rußwurm (Betonstähle für den Stahlbetonbau, Bauverlag 1993) macht jedoch im Gegensatz darauf aufmerksam, daß das Kohlenstoffäquivalent nach DIN 488 Teil 7 nicht zur Definition der Schweißeignung vorgesehen ist und sich auch nach Heft 397 des DAfStb nicht für eine Beurteilung eignet.

Das Herstellverfahren (warmgewalzt ohne Nachbehandlung / warmgewalzt wärmebehandelt / kaltverformt durch Verwinden oder Recken) ist an der Rippung nicht ablesbar. Eine Verwindung ist natürlich an der Schraubenlinie der Längsrippe zu erkennen.

Unterscheidung von III S und IV S:
Die Betonstabstähle III S und IV S sind zur Unterscheidung durch eine besondere Anordnung der Schrägrippen gekennzeichnet. Betonstahl der Sorte III S muß zwei einander gegenüberliegende Reihen zueinander parallel verlaufender Schrägrippen haben. Außer bei den durch

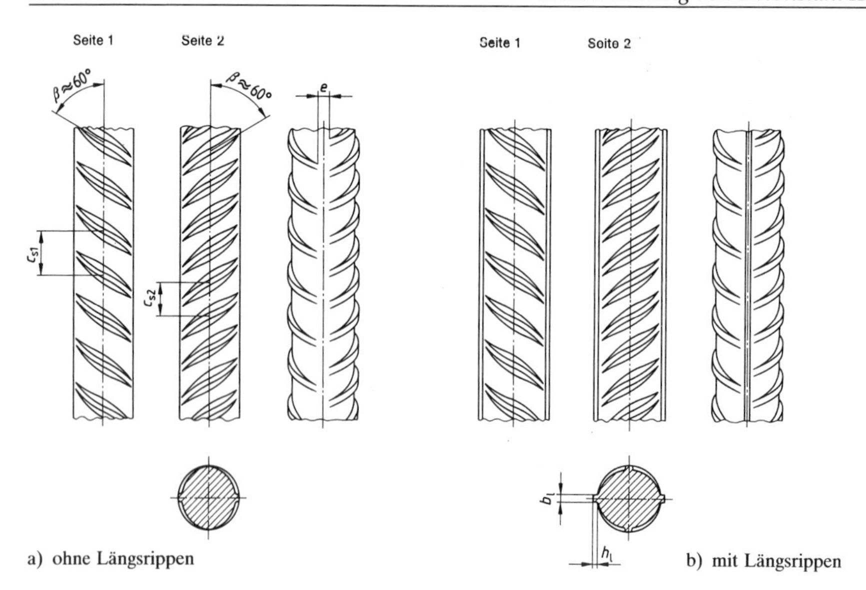

Abb. 7.4 Nicht verwundener Betonstabstahl BSt 420 S mit und ohne Längsrippen

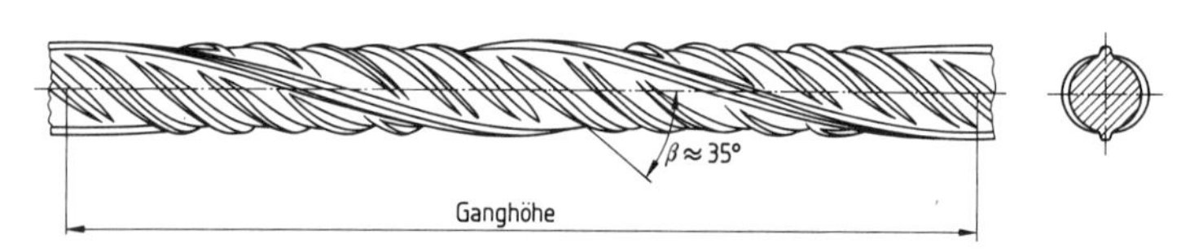

Abb. 7.5 Kalt verwundener Betonstabstahl BSt 420 S

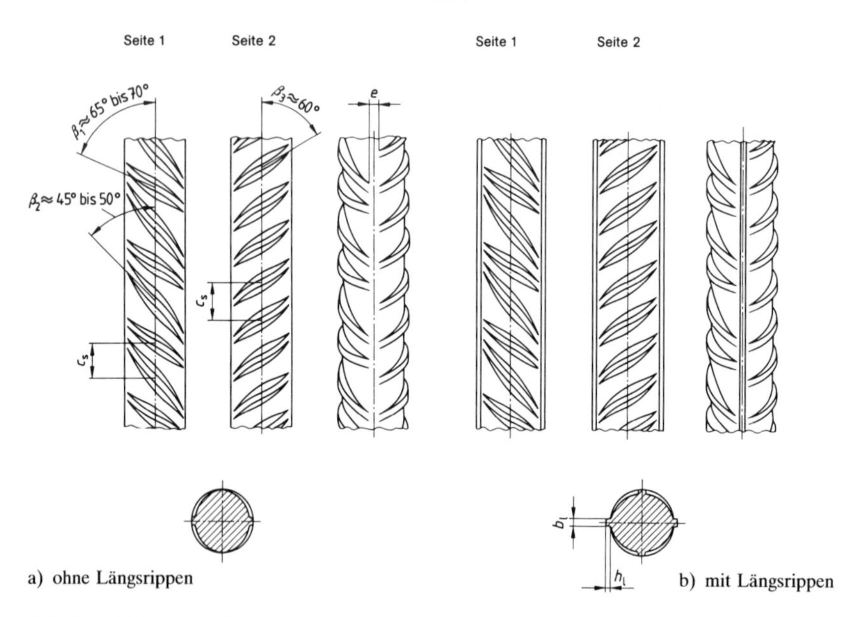

Abb. 7.6 Nicht verwundener Betonstabstahl BSt 500 S mit und ohne Längsrippen

Kaltverwinden hergestellten Stäben weisen die Schrägrippen auf den beiden Umfangshälften unterschiedliche Abstände auf (Abb. 7.4). Betonstabstahl der Sorte IV S muß zwei einandergegenüberliegende Reihen von Schrägrippen haben, wobei eine Reihe zueinander parallel verlaufende Schrägrippen, die andere Reihe dagegen zur Stabachse alternierend geneigte Schrägrippen aufweist (Abb. 7.6).

Nicht verwundener Betonstabstahl kann mit oder ohne Längsrippen hergestellt werden.

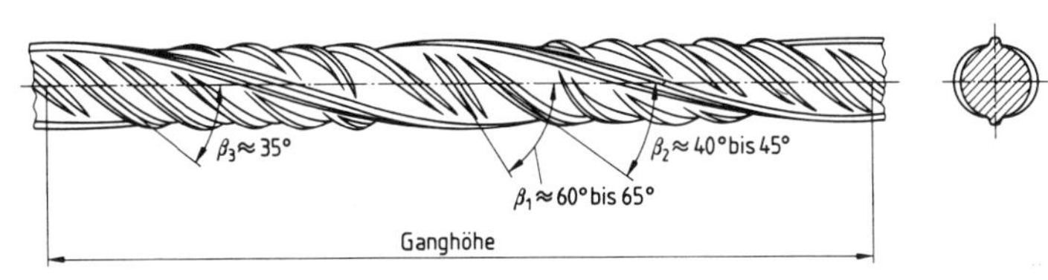

Abb. 7.7 Kalt verwundener Betonstahl BSt 500 S

Weiter ablesbar an den Rippen auf einer Umfangshälfte ist das Herstellungswerk. Das Werkkennzeichen beginnt mit zwei verbreiterten Schrägrippen. Es folgt das Nummernfeld des Landes mit einer festgelegten Anzahl von normalen Schrägrippen, das durch eine verbreiterte Schrägrippe abgeschlossen wird. Darauf folgt die Werknummer mit einer festgelegten Anzahl von normalen Schrägrippen; den Abschluß bildet wieder eine verbreiterte Schrägrippe. Die Werkkennzeichen sollen sich auf dem Stab in Abständen von etwa 1 m wiederholen.

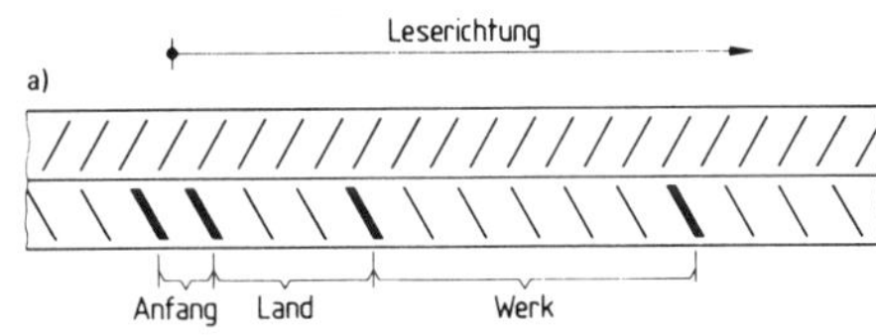

Abb. 7.8

Nach Euro-Norm 80–69 gelten folgende Landeskennzeichen:

1 = Deutschland
2 = Belgien, Luxemburg, Niederlande, Schweiz
3 = Frankreich
4 = Italien
5 = Großbritannien, Irland
6 = Schweden, Norwegen, Dänemark, Finnland
7 = Spanien, Portugal
8 = Griechenland, Türkei, Tschechische Republik, Slowakei

Geschweißte Betonstahlmatten IV M werden aus kaltverformten, gerippten Stäben hergestellt; der Stab hat drei gleichmäßig über den Stabumfang verteilte Rippenreihen; Betoneinzelstabstahl hat immer nur zwei Rippenreihen.

Nach DIN 488 hergestellter Betonstahl darf nur mit Lieferschein ausgeliefert werden; dieser muß folgende Angaben enthalten: Hersteller und -werk / Werkkennzeichen bzw. Werknummer / Überwachungszeichen / vollständige Bezeichnung des Betonstahls / Liefermenge / Tag der Lieferung / Empfänger.

Bei Lieferschein ab Händlerlager oder Biegebetrieb (also nicht ab Hersteller) ist auf dem Lieferschein zu bestätigen, daß der Händler / Biegebetrieb Betonstahl nur aus Herstellerwerken bezieht, die einer Überwachung unterliegen. Mit dieser Maßnahme soll einer mißbräuchlichen Verwendung nicht bedingungsgemäßen Stahls („Schrottstahl") vorgebeugt werden.

Überwachungszeichen

Bei Abnahme auf der Baustelle muß zunächst der Lieferschein kontrolliert werden, sodann die Kennzeichen der Stahlgruppe und das Werkkennzeichen auf dem Stab (Rippen!). Fehlt irgendein Merkmal, darf der Stahl nicht verwendet werden.

7.2.2.2 Betonstähle nach Zulassung (ABZ)

Das sind neben dem GEWI-Stahl (IVS-GEWI mit aufgewalzten Gewinderippen) und Betonstahl in Ringen IV WR (warmgewalzter gerippter Betonstahl) und IV KR (kaltverformter gerippter Betonstahl), jeweils (nur zur Lieferung in besondere Verarbeitungsbetriebe) hauptsächlich die Stäbe mit Korrosionsschutzbeschichtungen und aus nichtrostendem Betonrippenstahl.

An sich ist Beton bei einer auf den Verwendungszweck abgestimmten Wahl und Zusammensetzung der Ausgangsstoffe, bei sachgerechter Herstellung und bei entsprechender Nachbehandlung unter den üblichen Umweltbedingungen ein dauerhafter Baustoff. Nur unter besonderen Bedingungen der Umwelt und des Einwirkens kann bei frühzeitig karbonatisierter Schicht der Überdeckung die Bewehrung rosten.

Wann also rostet der Stahl im Beton? Die Korrosionsschäden insgesamt in der Bundesrepublik Deutschland werden auf rund 50 Mrd. DM pro Jahr geschätzt; leider ist auch der Betonstahl daran beteiligt. Wenn er rostet, vermindert sich sein (tragender) Querschnitt, und die Korrosionsprodukte bringen mit ihrer Volumenvergrößerung von etwa dem 2,5fachen die Betonüberdeckung zum Abplatzen. Normalerweise sind die Stahleinlagen im alkalischen Milieu (pH-Wert = 13) des jungen Betons durch Bildung einer dünnen Passivschicht aus Eisenoxid gegen Rosten geschützt. Die Passivschicht wird aufgelöst durch:

- fortschreitende Karbonatisierung des Betons von der Oberfläche aus, bis das Eisen erreicht ist,
- Chlorideinwirkung (z. B. Tausalze), auch ohne Karbonatisierung,
- Risse im Beton.

Die Karbonatisierung kann nicht verhindert, aber verzögert werden, so daß diese Zone erst nach mehreren Jahrzehnten das Eisen erreicht. Maßnahmen bei der Herstellung sind: ausreichende Betondeckung (d. h. viele, dickenrichtige und gut plazierte „Popel“), gute Betonqualität mit niedrigem *w/z*-Wert, hoher Zementgehalt, gute Verdichtung und Nachbehandlung, evtl. eine Oberflächenverdichtung, Imprägnierung, Versiegelung oder Beschichtung. Gegen Chlorideinwirkung sind evtl. weitere Maßnahmen erforderlich, wie z. B. Abdichtungen und Bekleidungen.

Der Einfluß der Risse wurde bis in jüngster Zeit überschätzt. Erst ab Rißbreiten von 0,5 mm (kommen selten vor) wird Korrosion hier am Riß deutlich bemerkbar gegenüber der sonstigen Sauerstoffzufuhr zwischen den Rissen; ab etwa 1 mm Rißbreite ist die Korrosion im Riß ausschlaggebend. Also auch hier ist dichter Beton der beste Schutz gegen Rosten der Bewehrung, unabhängig von den Rissen.

Wenn wegen zu erwartender besonders starker Einwirkung Schutzmaßnahmen an der Bewehrung ausgeschrieben sind, erstrecken sie sich auf die Feuerverzinkung, auf die Epoxidharzbeschichtung oder auf nichtrostenden Stahl.

- Feuerverzinkung gemäß ABZ für Betonstabstähle und Betonstahlmatten. Erforderlich ist Eigen- und Fremdüberwachung des Herstellwerks. Beachte: Beton nur mit Zement nach DIN 1164; bei Beton mit Zusatzstoffen müssen Nachweise nach der ABZ geführt werden; Kontakt zwischen verzinktem und unverzinktem Stahl ist i. d. R. nicht zulässig (außer Punktberührung), ebenfalls nicht die metallische Verbindung mit Spanngliedern; verzinkte Betonstähle dürfen nicht geschweißt werden; die Temperatur des Zinkbades im Werk darf 460 °C nicht überschreiten.

  Die mittlere Schichtdicke soll 85 μm, entsprechend 610 g/m^2, betragen. Der Maximalwert liegt wegen der Abplatzgefahr bei 200 μm; Preise etwa 0,60 DM/kg Betonstahl (1993).

Die Lieferung darf nur unmittelbar vom Verzinker an den Verwender (Baustelle, Biegebetrieb) erfolgen. Das notwendige Schild an der Versandeinheit muß folgende Angaben enthalten: Betonstahlbezeichnung und Durchmesser; Zeichen des Verzinkereibetriebes; Werkkennzeichen des Betonstahlherstellers sowie das Überwachungszeichen mit Angabe des Zulassungsbescheides.

- Epoxidharzbeschichtung ist als Korrosionsschutzbeschichtung der Bewehrung *vor dem Einbau* nicht zu verwechseln mit der Beschichtung der Stahloberflächen im Bereich von Instandsetzungsarbeiten entsprechend der DAfStb-Richtlinie „Schutz und Instandsetzung von Betonbauteilen" (1990), in der u. a. diese nachträglichen Beschichtungen geregelt sind.

  Material: z. B. das zustimmungspflichtige Basepox Rebar Pulver der BASF, das im Werk im Heißverfahren aufgetragen wird. Beachte: Die Beschichtung darf beim Biegen und Verarbeiten nicht beschädigt werden; beim Transport sind die Stäbe zu bündeln und mit Gurten zu befördern; beim Biegen sind Dorne und Stifte mit Überzügen aus Teflon oder Polyamid zu versehen; beim Verlegen sind Zwischenlagen zwischen beschichteter und unbeschichteter

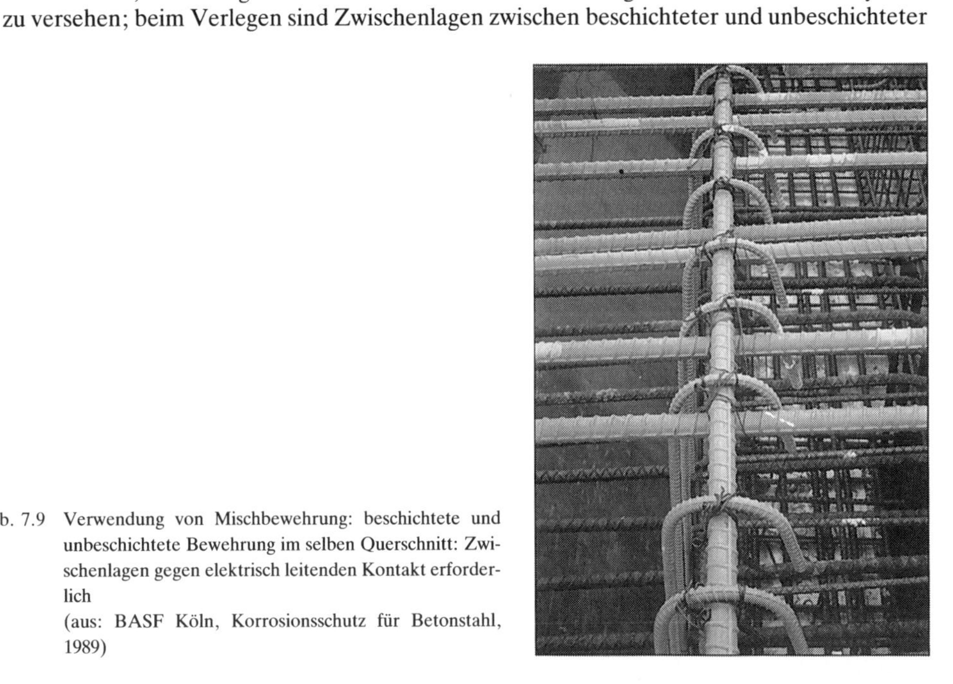

Abb. 7.9 Verwendung von Mischbewehrung: beschichtete und unbeschichtete Bewehrung im selben Querschnitt: Zwischenlagen gegen elektrisch leitenden Kontakt erforderlich
(aus: BASF Köln, Korrosionsschutz für Betonstahl, 1989)

Abb. 7.10 Fachgerecht gerödelte beschichtete Bewehrungsstähle

Bewehrung anzuordnen; es ist kunststoffbeschichteter Rödeldraht zu verwenden; die vorgefertigte Bewehrung nicht schweißen, sondern rödeln. Fehlstellen (Risse, Reibstellen, Schnittstellen) sind mit Ausbesserungsmaterial auszubessern. – In Deutschland liegen kaum praktische Erfahrungen vor, jedoch in den USA. Beschichtete Stäbe kosten fast das Doppelte von unbeschichteten.

- Für PVC-beschichtete Betonstahlmatten gibt es eine ABZ, die jedoch bisher nicht zur Anwendung kam. Erforderlich Eigen- und Fremdüberwachung des Herstellwerks; Verarbeitungsrichtlinien wie vor, jedoch dürfen Schnittstellen unbehandelt bleiben. Das Schweißen an diesen Matten ist unzulässig. Keine Einschränkung für Zusatzstoffe im Beton. Im Brandfall wird Chlorid frei; die Beschichtung kann verseifen, verspröden und die Haftung verlieren.
- Nichtrostender Betonrippenstahl BSt 500 NR (IV NR) mit Nenndurchmesser 6, 8, 10, 12 und 14 mm aus Werkstoff Nr. 1.45 71 nach DIN 17 440 ist bauaufsichtlich zugelassen. Er wird in Ringen geliefert, darf nur in Betrieben (nicht auf der Baustelle) gerichtet und weiterverarbeitet werden, die hierfür ihre spezielle Eignung nachgewiesen haben und einer bauaufsichtlichen Überwachung unterliegen. Der Preis beträgt etwa 10 000 DM je Tonne bei diesen hochlegierten Stählen (Chrom, Nickel, Molybdän, Titan).

  Verwendung wie normaler Betonstahl IV S mit einigen Ergänzungen gemäß ABZ. Für die Betondeckung gelten die Überdeckungsmaße der DIN 1045, es gibt also keine Vergünstigungen.

  Die Verwendung von nichtrostendem Betonstahl gilt nicht als Schutzmaßnahme im Sinne von DIN 1045, Abschn. 13.3 (andere Schutzmaßnahmen für Bauteile, die besonders korrosionsfördernden Einflüssen ausgesetzt sind: das wäre z. B. eine dauerhafte Bekleidung o. ä.).

  Weitere ABZ gibt es für den nichtrostenden Betonrippenstahl Ripinox als Werkstoffnummern 1.4301 (V2A) und 1.4401 (V4A) nach DIN 17440, und zwar bis ∅ 32 mm.

7.3 Baustellen, Prüfstellen, Aufzeichnungen, Lieferscheine

7.3.1 Anforderungen an die Baustellen B I und B II

Auf Baustellen für Beton B I darf nur Baustellen- und Transportbeton der Festigkeitsklassen B 5 bis B 25 verwendet werden. Nach DIN 1045 muß das Unternehmen u. a. über Einrichtungen verfügen für das Prüfen des Betons (Messen der Konsistenz, Nachprüfen des Zementgehaltes am Frischbeton) sowie für Herstellen und Lagern der Probekörper zur Prüfung der Druckfestigkeit (Probewürfel). Dies alles gilt auch für Baustellen, die Transportbeton B I verarbeiten, wird jedoch regelmäßig nicht beachtet.

Auf Baustellen für Beton B II darf Baustellen- und Transportbeton der Festigkeitsklassen B 35 und höher verwendet werden. Da B-II-Baustellen der Eigen- und Fremdüberwachung unterliegen und fast ausschließlich Transportbeton verarbeiten, entfallen hier Anforderungen an die Geräteausstattung zur Betonprüfung.

Betriebe, die auf der Baustelle oder in Werkstätten Schweißarbeiten an Betonstählen durchführen, müssen über einen gültigen „Eignungsnachweis für das Schweißen von Betonstählen nach DIN 4099“ verfügen.

– Das Unternehmen darf auf Baustellen mit Beton B II nur solche Führungskräfte (Bauleiter, Poliere usw.) einsetzen, die bereits an der Herstellung, Verarbeitung und Nachbehandlung von Beton mindestens der Festigkeitsklasse B 25 verantwortlich beteiligt gewesen sind.

- Das Unternehmen hat dafür zu sorgen, daß die Führungskräfte und das für die Betonherstellung maßgebende Fachpersonal (z. B. Mischmaschinenführer) der Baustelle und das Fachpersonal der ständigen Betonprüfstelle in Abständen von höchstens drei Jahren über die Herstellung, Verarbeitung und Prüfung von Beton B II so unterrichtet und geschult werden, daß sie in der Lage sind, alle Maßnahmen für eine ordnungsgemäße Durchführung des Bauvorhabens einschließlich der Prüfungen und der Eigenüberwachung zu treffen.
- Das Unternehmen oder der Leiter der ständigen Betonprüfstelle hat die Schulung seiner Fachkräfte in Aufzeichnungen festzuhalten.

Die Anforderungen an Transportbetonwerke sowie an Betonfertigteilwerke sind in DIN 1045 vorgegeben, hier für die Überwachung der Baustellen überflüssig.

7.3.2 Betonprüfstellen E und F*)

Während die Eignungsprüfung der Betonrezeptur für Verwender von Transportbeton entfällt, da sie in der Prüfstelle des Werkes durchgeführt wird, muß die *Güte*prüfung während der Bauausführung den Nachweis erbringen, daß die geforderten Eigenschaften des Festbetons erreicht werden.

Bei Baustellen B I besteht die Güteprüfung aus der Eigenüberwachung durch das Baustellenpersonal. Hierzu meint E. Kern, Deutscher Betontag 1985 in Köln: „Unbefriedigend ist, daß ein großer Teil der B-I-Baustellen praktisch keiner Eigenüberwachung unterliegt. Hierunter fallen auch anspruchsvolle Bauwerke, die lediglich über mitgelieferte Druckfestigkeitsnachweise in ihr Bauwerksleben entlassen werden. Um diesen Beton sollte man sich mehr kümmern."

Bei Baustellenbeton B II, bei Transportbeton aller Festigkeitsklassen und bei Stahlbetonfertigteilen besteht die Güteüberwachung aus Eigenüberwachung durch eine ständige Betonprüfstelle E und der Fremdüberwachung durch eine Überwachungsgemeinschaft bzw. Güteschutzgemeinschaft oder einer dafür zugelassenen Betonprüfstelle F. Daneben gibt es noch die Prüfstellen W („Würfelzerstörer"), die nicht selbständig prüfen, sondern nur im Auftrag von Prüfstellen E oder F Würfel abdrücken.

● Ständige Betonprüfstelle für Beton B II (Betonprüfstelle E):

(1) Das Unternehmen muß über eine ständige Betonprüfstelle verfügen, die mit allen Geräten und Einrichtungen ausgestattet ist, die für die Eignungs- und Güteprüfungen sowie die Überwachung von Beton B II notwendig sind. Die Prüfstelle muß so gelegen sein, daß eine enge Zusammenarbeit mit der Baustelle möglich ist. Bedient sich das Unternehmen einer nicht unternehmenseigenen Prüfstelle, so sind die Prüfungs- und Überwachungsaufgaben vertraglich der Prüfstelle zu übertragen. Diese Verträge sollen eine längere Laufzeit haben.

(2) Mit der Eigenüberwachung darf das Unternehmen keine Prüfstelle E beauftragen, die auch einen seiner Zulieferer überwacht.

(3) Die ständige Betonprüfstelle hat insbesondere folgende Aufgaben:

a) Durchführung der Eignungsprüfung des Betons;

b) Durchführung der Güte- und Erhärtungsprüfung, soweit sie nicht durch das Personal der Baustelle – gegebenenfalls in Verbindung mit einer Betonprüfstelle W – durchgeführt werden;

c) Überprüfung der Geräteausstattung der Baustellen vor Beginn der Betonarbeiten; laufende Überprüfung und Beratung bei Herstellung, Verarbeitung und Nachbehandlung des Betons. Die Ergebnisse dieser Überprüfungen sind aufzuzeichnen;

*) Ausführlich in: „Merkblätter für Betonprüfstellen E, W und F" (8/1992).

d) Beurteilung und Auswertung der Ergebnisse der Baustellenprüfungen aller von der Betonprüfstelle betreuten Baustellen eines Unternehmens und Mitteilung der Ergebnisse an das Unternehmen und dessen Bauleiter;

e) Schulung des Baustellenfachpersonals.

(2) Die ständige Betonprüfstelle muß von einem in der Betontechnologie und Betonherstellung erfahrenen Fachmann (z. B. Betoningenieur) geleitet werden. Seine für diese Tätigkeit notwendigen erweiterten betontechnischen Kenntnisse sind durch eine Bescheinigung (Zeugnis, Prüfungsurkunde, E-Schein) einer hierfür anerkannten Stelle nachzuweisen.

2. Okt. 1989

Anzeige von Bauarbeiten nach DIN 1045 Abschn. 4.2

Anschrift der zuständigen Baubehörde

Bauordnundsamt
Zu Hd. Herrn Ribicky
Karlstr.
4000 Düsseldorf 1

Stadtverwaltung Düsseldorf
Amtspoststelle Auf'm Hennekamp 45
Eing. 10. OKT. 1989

Hinweise:

1. **Anzeige** rechtzeitig vor Beginn der B II-Baustelle/Feldfabrik dem **GSV B II** Wiesbaden zwecks Bestätigung zusenden. **Anschrift umseitig.**
2. **Nach Bestätigung** durch GSV B II Anzeige möglichst 48 Stunden vor Beginn der Arbeiten der **bauüberwachenden Behörde** zusenden.
3. Die Fremdüberwachung gilt **nur** mit Unterschrift (Zeile 5) des GSV B II als bestätigt.
4. **In den Zeilen 2.1 bis 3.4 ist das Zutreffende anzukreuzen.**

1			Mitgliedsfirma (Anschrift) (Verantwortlich für die Eigenüberwachung)	Friedrich Wassermann, Niederlassung Meerbusch Düsseldorfer Str. 217 a, 4005 D.-Meerbusch
2	1	x	Baustelle (Bezeichnung, Anschrift, Telefon)	Scholz & Bickenbach, Verwaltungsgebäude Eupener Str. 70, 4000 Düsseldorf
	2		Feldfabrik	
	3		*Arge*	
3	1	x	Transportbeton	2 x Betonsortenverzeichnis nach DIN 1045 Abschn. 5.4.4
	3		Baustellenbeton	4 x Schriftliche Anweisung (DIN 1045 Abschn. 4.2a) liegt auf der Baustelle vor
4	1		Erster Betoniertermin: Mitte Okt.	2 Erste Schweißarbeiten: ---
	3		Erster Fertigteileinbau: ---	4 Unterbrechung/Wiederbeginn: ---
5			*Fremdüberwachende Stelle:* Güteschutzverband Beton B II-Baustellen E. V. Bahnhofstraße 61, 6200 Wiesbaden Telefon (0 61 21) 37 20 71	*Bestätigung der Fremdüberwachung durch den GSV B II:* Wiesbaden Dr.-Ing. J. Makovi

Vermerk: Die Firma erklärt, daß die in DIN 1045 Abschn. 5.2.2 geforderten Voraussetzungen für die Herstellung und Verarbeitung von Beton B II (DIN 1084 Teil 1 Abschn. 1.3) erfüllt sind.

Köln, den 26.09.89

(Ort, Datum)

Friedrich Wassermann
Bauunternehmung für Hoch- & Tiefbauten
GmbH & Co
Zweigniederlassung Meerbusch-Büderich
Düsseldorfer Straße 217 a
4005 Meerbusch-Büderich

(Firmenstempel, Unterschrift)

Formblatt 1045/1084

Nachdruck nicht gestattet

Muster: „**Anzeige** von Bauarbeiten nach DIN 1045 Abschn. 4.2“
hier die fremdüberwachende Stelle bei Verwendung von Beton B II

GÜTEÜBERWACHUNG BETON
BII - BAUSTELLEN E.V.

Güteüberwachung Beton BII-Baustellen, Postfach 2828, 6200 Wiesbaden

J. Heiligenbrunner GmbH
Krautstr. 63a

4100 Duisburg 1

EINGANG DU
18. APR. 1990

6200 WIESBADEN
Bahnhofstraße 61
Telefon (06121) 1403-0

ÜBERWACHUNGSBERICHT NR. B89.0081W.E3

[x] Baustelle [ ] Feldfabrik [ ] Werk — Zur Gütezeichenführung berechtigt [x] ja [ ] nein

Diabetes Forschungsinstitut, Auf'm Hennekamp 65, 4000 Düsseldorf 1

1 Bauleiter, ~~Werkleiter, Vertreter~~	Krantz
2 Betonprüfstelle E Prüfstellenleiter	Interessengemeinschaft Betonlabor, Duisburg Klammer
3 Betonfestigkeitsklassen Besondere Eigenschaften	[x] Transportbeton [ ] Baustellenbeton — B 35, B 35wu
4 Art und Datum der Überprüfung	[ ] Erst- [ ] Regel- [x] Endprüfung[1] / [ ] Sonder- [ ] Wiederholungsprüfung — 13.3.90
5 Überwachungsingenieur Anwesende(r) Firmenbeauftragte(r)	Steinmann Klammer
6 Vorausgegangene Überprüfung	B89.0081W.02;bestanden;28.11.89

[1]) Die Endprüfung erstreckt sich auf die Aufzeichnungen der Eigenüberwachung nach der letzten Baustellenüberprüfung (sh. Zeile 6), auf die Prüfstelle E (DIN 1084/3.2.1) sowie auf alle Druckfestigkeitsergebnisse (Ergebnismeldung DIN 1045/4.4).

Bewertung der Eigenüberwachung [2])	Gesamtbewertung der Überprüfung (Feststellungen siehe Anlage(n)) [2])	
~~[ ] Positiv~~	[x] Bestanden	[ ] Verkürzter Prüfabstand vorgesehen
~~[ ] Eingeschränkt positiv~~	[ ] nach Auflagenerfüllung	[ ] Nachprüfung vorgesehen
~~[ ] Negativ~~	[ ] Nicht bestanden	[ ] Wiederholungsprüfung erforderlich

[2]) Die Ursachen etwaiger Abweichungen von Bestimmungen (siehe Anlagen) sind unverzüglich abzustellen.

[ ] Auflage: [x] Hinweis: [ ] Probenahme lt. Protokoll (Anlage)

Nach der letzten Überprüfung (sh. Zeile 6) kein BII-Beton verarbeitet.

Dieser Bericht ist vierfach ausgefertigt. Er enthält eine Anlage(n).
Der Bericht wird bei GÜBII bis einschließlich 1994 aufbewahrt.

Duisburg/Hagen, 23.3.90
Ort der Überprüfung/Ausfertigung, Datum

GÜTEÜBERWACHUNG BETON
BII - BAUSTELLEN E. V.
Gebiet West
5800 Hagen, Südhofstr. 10

Wichtiger Hinweis

Bei Endprüfungen wird vorausgesetzt, daß die GÜBII mitgeteilten Ergebnisse aller Druckfestigkeitsprüfungen (DIN 1045/4.4) einschließlich der an ihrer Stelle durchgeführten Prüfungen des Wasserzementwertes auch der **bauüberwachenden Behörde** mitgeteilt wurden.

Nachdruck nicht gestattet

Muster: „**Überwachungsbericht** einer B-II-Baustelle"

Überwachungsbericht Nr. B89 · 0047 W · E3

Güteüberwachung Beton BII-Baustellen E.V. Wiesbaden

Anlage 1

Feststellungen zur Eigenüberwachung (DIN 1045, DIN 1084)

	Überwachungsgegenstand ☒ Abweichung von Bestimmungen /☐ Entfällt	DIN 1045 Abschnitt DIN 1084 Tabelle 1, Zeile Teil 1	Teil 2
A	**Lieferunterlagen** (Transportbeton)		
1	1 ☐ Betonsortenverzeichnis 2 ☐ Fahrzeugverzeichnis 3 ☐ Lieferschein	4.3e 16	20, 20b
B	**Prüfungen, Aufzeichnungen**		
2	Bauablauf/Fertigung 1 ☐ Übernahme des Betons 2 ☐ Einbringen des Betons 3 ☐ Betoniertagebuch 4 ☐ Ausrüsten, Ausschalen 5 ☐ Nachbehandeln 6 ☐ Witterung, Temperatur	4.3a, b 5.3.4, 9.4, 10–12 13 22	17 24 29 30
3	Frischbeton 1 ☐ Betonzusammensetzung 2 ☐ Konsistenz 3 ☐ w/z-Wert 4 ☐ Betontemperatur 5 ☐ Probenahme 6 ☐ Probekörperherstellung 7 ☐ LP-Gehalt 8 ☐ Rohdichte	4.3b, f, g 6.5.5, 6.5.6 10–12 17–19 15 31	13–16 21–23 26 43
4	Festbeton 1 ☐ Probekörperlagerung 2 ☐ Druckfestigkeit 3 ☐ Besondere Eigenschaften 4 ☐ Rohdichte 5 ☐ Prüfungen am Bauwerk	4.3f, 7.4.5 14, 14a 15, 15a 20, 20a 21, 21a	18, 18a 19, 19a 25, 25a 26, 26a
C	**Prüfergebnisse**		
5	1 ☐ Druckfestigkeit 2 ☐ Prüfungen am Bauwerk 3 ☐ Statistische Auswertung 4 ☐ Besondere Eigenschaften 5 ☐ w/z-Wert 6 ☐ Konsistenzmaß 7 ☐ Rohdichte	4.3g, 6.5.7 7.4.3.5.2 11–12 14, 14a 15, 15a 18–19 20, 20a 21, 21a	14, 16 18, 18a 19, 19a 25, 25a 26, 26a
6	1 ☐ Ergebnismeldung (gilt nur bei der Endprüfung)	4.4	

	Überwachungsgegenstand ☒ Abweichung von Bestimmungen /☐ Entfällt	DIN 1045 Abschnitt DIN 1084 Tabelle 1, Zeile Teil 1	Teil 2
D	**Ausstattung**		
7	Geräte, Einrichtungen 1 ☐ Förderung 2 ☐ Verarbeitung 3 ☐ Verdichtung 4 ☐ Nachbehandlung 5 ☐ Wärmebehandlung	5.2.2.3 29	31, 41
8	Prüfeinrichtungen 1 ☐ Bestandteile des Betons 2 ☐ Frischbetonprüfung 3 ☐ Festbetonprüfung 4 ☐ Herstellen und Lagern	5.2.2.4 30	42
E	**Prüfstelle E**		
9	Aufgaben 1 ☐ Schulung 2 ☐ Eignungsprüfungen 3 ☐ Überprüfung der Geräte 4 ☐ Auswertungen 5 ☐ Zusammenarbeit (Baustelle)	5.2.2.5 5.2.2.6 Abschnitt 2.1	Abschnitt 2.1
10	Ausstattung 1 ☐ Personal 2 ☐ Räumlichkeiten 3 ☐ Geräte 4 ☐ ggf. E-Vertrag	5.2.2.6 5.2.2.7 –	–
F	**Überprüfungen durch GÜBII:** O		
11	1 ☐ Ausstattung 2 ☐ Funktionsfähigkeit 3 ☐ Frischbetoneigenschaften 4 ☐ Verarbeitung 5 ☐ Nachbehandlung 6 ☐ Prüfungsdurchführung 7 ☐ Festbeton 8 ☐ Kennzeichnung(Baustelle)	– Abschnitt 2.1 3.3.2 4	Abschnitt 2.1 3.3.2

Erläuterungen:

42: B 35, Sorte 522100: Würfel Nr. 123 v. 11.8.89 nicht geprüft.

Ergebnismeldung nach DIN 1045 Abschn. 4.4

Anschrift der zuständigen Baubehörde

Bauaufsichtsbehörde
der Stadt Düsseldorf
Brinkmannstraße 5

4000 Düsseldorf

Wichtige Hinweise
1. Sämtliche Ergebnisse von **Druckfestigkeitsprüfungen** (ggf. auch von Bauwerksprüfungen) sowie an deren Stelle durchgeführten Prüfungen des **w/z-Wertes** sind nach Betonsorten getrennt in Formblatt 1045/4.4 (2) einzutragen. (Statistische Auswertung ggf. nach Formblatt 1084/2.2.6)
2. Nach Beendigung der Betonarbeiten ist die Ergebnismeldung nach Ziffer 1 der bauüberwachenden **Behörde**, bei Verwendung von Beton B II eine Ausfertigung auch dem **zuständigen Überwachungsgebiet** der **GÜ B II** zu übersenden.
3. Bei **Arbeitsgemeinschaften** ist in Zeile 1 die betontechnologisch überwachende (meldepflichtige) **Mitgliedsfirma** einzutragen.

1 Mitgliedsfirma, Niederlassung (Anschrift)	Bauunternehmung Ernst Lückhoff GmbH & Co KG, Theodor-Heuß-Straße 71-73, 4100 Duisburg 11
2 Baustelle, Feldfabrik[1]) (Bezeichnung/Anschrift)	Bürogebäude Werftstraße 27 4000 Düsseldorf-Heerdt Beginn: 6/90 Ende: 9/90
3 Bauleiter/Vertreter	Herr Hetzel / Herr Scholten
4 Ständige Betonprüfstelle E (Anschrift) Prüfstellenleiter/Vertreter	Baustoffprüfung Hochtief AG, Zeche Ernestine 27-29 4300 Essen 1 H. Schaaf / H. Höffner
5 Fremdüberwachende Stelle	Güteüberwachung Beton B II-Baustellen E.V. 6200 Wiesbaden, Bahnhofstraße 61, Telefon (0 61 21) 14 03-0

6 Angaben zum Beton

Baustellenbeton [m³]	Transportbeton [m³]	Beton Sorte	Beton Fest.-Kl.	Beton Konsist.	Zement Gehalt	Zement Art/Fest.-Kl.	Zusätze	w/z-Soll
---	888	28245	B 25	KP	300 kg	HOZ 35 L NW/HS	FA + BV	0,51
---	184	21241	B 25	KP	280 kg	HOZ 35 L	FA + BV	0,50
---	106	21341	B 25	KR	280 kg	HOZ 35 L	FA + BV	0,52
Besondere Eigenschaften		B 25 WU						

7 Lieferwerk und dessen fremdüberwachende Stelle	Inter-Beton Düsseldorf BÜV Duisburg
8 Aufbewahrungsstelle der B II – Eigenüberwachungsunterlagen	siehe unter Pkt. 4

Anlagen
Formblatt 1045/4.4 (2)[1])
Formblatt 1045/7.4.3[1])
Formblatt 1084/2.2.6[1])

[1]) Nichtzutreffendes streichen

Die Ergebnismeldung enthält ....3.... Seiten Prüfergebnisse. Mit der Unterschrift wird die Richtigkeit der Eintragungen in Formblatt 1045/4.4. (2) bzw. 1045/7.4.3 und ggf. in Formblatt 1084/2.2.6 bestätigt.

Essen, den 30.11.90
(Ort, Datum)

(Firmenstempel, Unterschrift)

11.84

GÜB II Formblatt 1045/4.4 (1)

Nachdruck nicht gestattet

Muster: „**Ergebnismeldung** der fremdüberwachenden Stelle bei Verwendung von wu-Beton"

INSTITUT FÜR BAUTECHNIK

1 Berlin 30, den 26. September 1980
Reichpietschufer 72-76
Telefon: 2503-1 Durchwahl: 2503- 253
Telex: 185413 ifbt
GeschZ.: I/25-1.4.4.06-133

Zustimmungsbescheid

Hersteller:	Erich Tönnissen GmbH - Betonfertigteilwerk - Tweestrom 42 4190 Kleve 1
Herstellwerk:	Werk in Kleve
Gegenstand:	a) Stahlbetonfertigteile b) Spannbetonfertigteile
Fremdüberwachende Stelle:	Forschungsgemeinschaft Eisenhüttenschlacken - Forschungsinstitut - - Baustoffprüfstelle - Bliersheimer Straße 62 4100 Duisburg 14

Das Institut für Bautechnik stimmt hiermit dem zwischen der Firma Erich Tönnissen GmbH, Betonfertigteilwerk, Tweestrom 42, 4190 Kleve 1 und der Forschungsgemeinschaft Eisenhüttenschlacken, Bliersheimer Straße 62, 4100 Duisburg 14 abgeschlossenen Überwachungsvertrag vom 1. August 1980 gemäß § 26 Abs. 2 Satz 6 der Bauordnung für das Land Nordrhein-Westfalen - BauO NW - in der Fassung der Bekanntmachung vom 15. Juni 1976 (GV.NW. S. 264) in Verbindung mit § 1 der Verordnung zur Übertragung von Zuständigkeiten auf das Institut für Bautechnik in Berlin vom 6. April 1970 (GV.NW. S. 272) zu.

Damit ist der Überwachungsnachweis erbracht.

Die Zustimmung gilt nur für die Dauer des Überwachungsvertrags und solange die Fremdüberwachung durchgeführt wird.

Im Auftrag
Langner

Beglaubigt
Napper

Institut für Bautechnik in Berlin Kanzlei 1

Muster: „Zustimmungsbescheid des DIBt zum Überwachungsvertrag mit einer Baustoffprüfstelle"

7.3.3 Unternehmerbauleiter, Anzeigen und Aufzeichnungen

7.3.3.1 Der Bauleiter

Er oder sein Vertreter muß während der Arbeiten auf der Baustelle anwesend sein. Er hat für die ordnungsgemäße Ausführung der Arbeiten zu sorgen, insbesondere für:

a) die planmäßigen Maße der Bauteile;

b) die sichere Ausführung und räumliche Aussteifung der Schalungen, der Schalungs- und Traggerüste und die Vermeidung ihrer Überlastung, z. B. beim Fördern des Betons, durch Lagern von Baustoffen und dergleichen;

c) die ausreichende Güte der verwendeten Baustoffe, namentlich des Betons;

d) die Übereinstimmung der Betonstahlsorte, der Durchmesser und der Lage der Bewehrung sowie gegebenenfalls der mechanischen Verbindungsmittel, z. B. Muffenverbindungen oder Ankerkörper, und der Schweißverbindungen mit den Angaben auf den Bewehrungszeichnungen;

e) die richtige Wahl des Zeitpunktes für das Ausschalen und Ausrüsten;

f) die Vermeidung der Überlastung fertiger Bauteile;

g) das Ausschalten von Fertigteilen mit Beschädigungen, die das Tragverhalten beeinträchtigen können;

h) den richtigen Einbau etwa notwendiger Montagestützen.

Weitere Ausführungen – über die DIN 1045 hinaus – zum Umfang der Überwachung durch den Firmenbauleiter s. unter I 3.6.

7.3.3.2 Anzeigen über den Beginn der Bauarbeiten

Der bauüberwachenden Behörde oder dem von ihr mit der Bauüberwachung Beauftragten sind bei Bauten, die nach den bauaufsichtlichen Vorschriften genehmigungspflichtig sind, möglichst 48 Stunden vor Beginn der betreffenden Arbeiten vom Unternehmen oder vom Bauleiter anzuzeigen:

a) bei Verwendung von Baustellenbeton das Vorliegen einer schriftlichen Anweisung auf der Baustelle für die Herstellung mit allen erforderlichen Angaben;

b) der beabsichtigte Beginn des erstmaligen Betonierens, bei mehrgeschossigen Bauten auf Verlangen der Beginn des Betonierens für jedes einzelne Geschoß; bei längerer Unterbrechung – besonders nach längeren Frostzeiten – der Wiederbeginn der Betonarbeiten;

c) bei Verwendung von Beton B II die fremdüberwachende Stelle;

d) bei Bauten aus Fertigteilen der Beginn des Einbaues und auf Verlangen der Beginn der Herstellung der für die Gesamttragwirkung wesentlichen Verbindungen;

e) der Beginn von wesentlichen Schweißarbeiten auf der Baustelle.

7.3.3.3 Aufzeichnungen während der Bauausführung

Bei genehmigungspflichtigen Arbeiten sind entsprechend ihrer Art und ihrem Umfang auf der Baustelle fortlaufend Aufzeichnungen über alle für die Güte und Standsicherheit der baulichen Anlage und ihrer Teile wichtigen Angaben in nachweisbarer Form, z. B. auf Vordrucken (Bautagebuch), vom Bauleiter oder seinem Vertreter zu führen. Sie müssen folgende Angaben enthalten, soweit sie nicht schon in den Lieferscheinen (siehe Abschnitt 7.3.4 und wegen der Aufbewahrung) enthalten sind:

a) die Zeitabschnitte der einzelnen Arbeiten (z. B. des Einbringens des Betons und des Ausrüstens).

b) die Lufttemperatur und die Witterungsverhältnisse zur Zeit der Ausführung der einzelnen Bauabschnitte oder Bauteile bis zur vollständigen Entfernung der Schalung und ihrer Unterstützung sowie Art und Dauer der Nachbehandlung. Frosttage sind dabei unter Angabe der Temperatur und der Ablesezeit besonders zu vermerken. Während des Herstellens, Einbringens und Nachbehandelns von Beton B II (auch von Transportbeton B II) sind bei Lufttemperaturen unter +8 °C und über +25 °C die Maximal- und Mindesttemperatur des Tages – gemessen im Schatten – einzutragen. Bei Lufttemperaturen unter +5 °C und über +30 °C ist auch die Temperatur des Frischbetons festzustellen und einzutragen.

c) bei Verwendung von Baustellenbeton den Namen der Lieferwerke und die Nummern der Lieferscheine für Zement, Zuschlaggemische oder getrennte Zuschlagkorngruppen, werkgemischten Betonzuschlag, Betonzusätze; ferner Betonzusammensetzung, Zementgehalt je Kubikmeter verdichteten Betons, Art und Festigkeitsklasse des Zements, Art, Sieblinie und Korngruppen des Betonzuschlags, gegebenenfalls Zusatz von Mehlkorn, Art und Menge von Betonzusatzmitteln und -zusatzstoffen, Frischbetonrohdichte der hergestellten Probekörper und Konsistenzmaß des Betons und bei Beton B II auch den Wasserzementwert (w/z-Wert).

d) bei Verwendung von Fertigteilen den Namen der Lieferwerke und die Nummern der Lieferscheine. Es ist ferner anzugeben, für welches Bauteil oder für welchen Bauabschnitt diese verwendet wurden. Wegen des Inhalts der Lieferscheine siehe Abschnitt 7.3.4.

e) bei Verwendung von Transportbeton den Namen der Lieferwerke und die Nummern der Lieferscheine, das Betonsortenverzeichnis und das Fahrzeugverzeichnis, falls die Fahrzeuge nicht mit einer Transportbeton-Fahrzeugbescheinigung ausgestattet sind. Es ist ferner anzugeben, für welches Bauteil oder für welchen Bauabschnitt dieser verwendet wurde. Wegen des Inhalts der Lieferscheine siehe Abschnitt 7.3.4.

f) die Herstellung aller Betonprobekörper mit ihrer Bezeichnung, dem Tag der Herstellung und Angabe der einzelnen Bauteile oder Bauabschnitte, für die der zugehörige Beton werwendet wurde, das Datum und die Ergebnisse ihrer Prüfung und die geforderte Festigkeitsklasse. Dies gilt auch für Probekörper, die vom Transportbetonwerk oder von seinem Beauftragten hergestellt werden, soweit sie für die Baustelle angerechnet werden. Ferner sind aufzuzeichnen Art und Ergebnisse etwaiger Nachweise der Betonfestigkeit am Bauwerk (siehe Abschnitt 7.4.3).

g) gegebenenfalls die Ergebnisse von Frischbetonuntersuchungen (Konsistenz, Rohdichte, Zusammensetzung), von Prüfungen der Bindemittel, des Betonzuschlags (z. B. Sieblinien) – auch von werkgemischtem Betonzuschlag –, der gewichtsmäßigen Nachprüfung des Zuschlaggemisches bei Zugabe nach Raumteilen, der Zwischenbauteile usw.

h) Betonstahlsorte und gegebenenfalls die Prüfergebnisse von Betonstahlschweißungen (siehe DIN 4099).

7.3.3.4 Aufbewahrung und Vorlage der Aufzeichnungen

(1) Die Aufzeichnungen müssen während der Bauzeit auf der Baustelle bereitliegen und sind den mit der Bauüberwachung Beauftragten auf Verlangen vorzulegen. Sie sind ebenso wie die Lieferscheine (siehe Abschnitt 7.3.4) nach Abschluß der Arbeiten mindestens 5 Jahre vom Unternehmen aufzubewahren.

(2) Nach Beendigung der Bauarbeiten sind die Ergebnise aller Druckfestigkeitsprüfungen einschließlich der an ihrer Stelle durchgeführten Prüfungen des Wasserzementwertes der

bauüberwachenden Behörde, bei Verwendung von Beton B II auch der fremdüberwachenden Stelle zu übergeben.

7.3.4 Lieferscheine

7.3.4.1 Allgemeine Anforderungen

(1) Jeder Lieferung von Stahlbetonfertigteilen, von Zwischenbauteilen aus Beton und gebranntem Ton und von Transportbeton ist ein numerierter Lieferschein beizugeben. Er muß die in Abschnitt 7.3.3.3 genannten Angaben enthalten, soweit sie nicht aus anderen, dem Abnehmer zu übergebenden Unterlagen, z. B. einer allgemeinen bauaufsichtlichen Zulassung, zu entnehmen sind. Wegen der Lieferscheine für Zement – namentlich auch wegen des am Silo zu befestigenden Scheines – siehe DIN 1164 Teil 1, für Betonzuschlag DIN 4226 Teil 1 und Teil 2, für Betonstahl DIN 488 Teil 1, für Betonzusatzmittel „Richtlinien für die Zuteilung von Prüfzeichen für Betonzusatzmittel", für Zwischenbauteile aus Beton DIN 4158, für solche aus gebranntem Ton DIN 4159 und DIN 4160 sowie für Betongläser DIN 4243.

(2) Jeder Lieferschein muß folgende Angaben enthalten:

a) Herstellwerk, gegebenenfalls mit Angabe der fremdüberwachenden Stelle oder des Überwachungszeichens oder des Gütezeichens;

b) Tag der Lieferung; c) Empfänger der Lieferung.

(3) Jeder Lieferschein ist von je einem Beauftragten des Herstellers und des Abnehmers zu unterschreiben. Je eine Ausfertigung ist im Werk und auf der Baustelle aufzubewahren und zu den Aufzeichnungen nach Abschnitt 7.3.3.3 zu nehmen.

(4) Bei losem Zement ist das nach DIN 1164 Teil 1 vom Zementwerk mitzuliefernde farbige, verwitterungsfeste Blatt sichtbar am Zementsilo anzuheften.

7.3.4.2 Stahlbetonfertigteile

Bei Stahlbetonfertigteilen sind neben den im Abschnitt 7.3.4.1 geforderten Angaben noch folgende erforderlich:

a) Festigkeitsklasse des Betons; b) Betonstahlsorte; c) Positionsnummern nach Abschnitt 7.1.3.2; d) Betondeckung nom *c* nach Abschnitt 7.6.2.

7.3.4.3 Transportbeton

(1) Bei Transportbeton sind über Abschnitt 7.3.4.1 hinaus folgende Angaben erforderlich:

a) Menge, Festigkeitsklasse und Konsistenz des Betons; Eignung für unbewehrten Beton oder für Stahlbeton; Eignung für Außenbauteile einschließlich Festigkeitsentwicklung des Betons nach Tafel 2 der „Richtlinie zur Nachbehandlung von Beton"; Nummer der Betonsorte nach dem Verzeichnis des Transportbetonwerks, soweit erforderlich auch besondere Eigenschaften des Betons nach Abschnitt 7.2.1.5;

b) Uhrzeit der Be- und Entladung sowie Nummer des Fahrzeugs;

c) Im Falle des Abschnitts 7.4.2.1 (4) Hinweis, daß eine fremdüberwachte statistische Qualitätskontrolle durchgeführt wird;

d) Verarbeitbarkeitszeit bei Zugabe von verzögernden Betonzusatzmitteln (siehe „Vorläufige Richtlinie für Beton mit verlängerter Verarbeitbarkeitszeit [Verzögerter Beton]; Eignungsprüfung, Herstellung, Verarbeitung und Nachbehandlung");

e) Ort und Zeitpunkt der Zugabe von Fließmitteln (siehe „Richtlinie für Beton mit Fließmittel und für Fließbeton; Herstellung, Verarbeitung und Prüfung").

(2) Darüber hinaus ist für Beton B I mindestens bei der ersten Lieferung und für Beton B II stets das Betonsortenverzeichnis entweder vollständig oder ein entsprechender Auszug daraus mit dem Lieferschein zu übergeben.

7.4 Nachweis der Baustoffgüte

Für die Durchführung und Auswertung der folgenden Güteprüfungen und für die Berücksichtigung ihrer Ergebnisse bei der Bauausführung ist der Bauleiter des Unternehmens verantwortlich. Die ausführlichen Vorschriften der DIN 1045 hierzu für Baustellenbeton (nur etwa 10%) und für die Eignungsprüfungen werden hier fortgelassen.

7.4.1 Güteprüfung

7.4.1.1 Allgemeines

(1) Die Güteprüfung dient dem Nachweis, daß der für den Einbau hergestellte Beton die geforderten Eigenschaften erreicht.

(2) Die Betonproben für die Güteprüfung sind für jeden Probekörper und für jede Prüfung der Konsistenz und des *w*/*z*-Wertes aus einer anderen Mischerfüllung zufällig und etwa gleichmäßig über die Betonierzeit verteilt zu entnehmen (siehe auch DIN 1048 Teil 1/12.78, Abschnitt 2.2, erster Absatz).

(3) In gleicher Weise sind bei Transportbeton (und bei Baustellenbeton von einer benachbarten Baustelle, d. h. gleicher Unternehmer und bis 5 km Entfernung) die Betonproben bei Übergabe des Betons möglichst aus verschiedenen Lieferungen des gleichen Betons zu entnehmen.

(4) Sind besondere Eigenschaften nach Abschnitt 7.2.1.5 nachzuweisen, so ist der Umfang der Prüfung im Einzelfall festzulegen.

(5) In allen Zweifelsfällen hat sich das Unternehmen unabhängig von dem in dieser Norm festgelegten Prüfumfang durch Prüfung der Betonzusammensetzung (Zementgehalt und gegebenenfalls *w*/*z*-Wert) oder der entsprechenden Eigenschaften von der ausreichenden Beschaffenheit des frischen oder des erhärteten Betons zu überzeugen.

7.4.1.2 Zementgehalt

Bei Beton B I ist der Zementgehalt je Kubikmeter verdichteten Betons beim erstmaligen Einbringen und dann in angemessenen Zeitabständen während des Betonierens zu prüfen, z. B. nach DIN 1048 Teil 1 (6/1991), Abschnitt 3.3.2. Bei Verwendung von Transportbeton darf der Zementgehalt dem Lieferschein (siehe Abschnitt 7.3.4.3) oder dem Betonsortenverzeichnis entnommen werden.

7.4.1.3 Wasserzementwert

(1) Bei Beton B II sowie bei Beton für Außenbauteile, der unter den Bedingungen für B I hergestellt wird, ist der Wasserzementwert (*w*/*z*-Wert) für jede verwendete Betonsorte beim ersten Einbringen und einmal je Betoniertag zu ermitteln.

(2) Der für diese Betonsorte bei der Eignungsprüfung festgelegte *w/z*-Wert darf vom Mittelwert dreier aufeinanderfolgender *w/z*-Wertbestimmungen nicht, von Einzelwerten um höchstens 10% überschritten werden.

(3) Bei Beton für Außenbauteile darf kein Einzelwert den *w/z*-Wert von 0,65 überschreiten.

(4) Die für Beton mit besonderen Eigenschaften oder wegen des Korrosionsschutzes der Bewehrung festgelegten *w/z*-Werte dürfen auch von Einzelwerten nicht überschritten werden.

(5) Bei der Verwendung von Transportbeton dürfen die *w/z*-Werte dem Lieferschein oder dem Betonsortenverzeichnis entnommen werden. Dies gilt nicht, wenn Druckfestigkeitsprüfungen durch die doppelte Anzahl von *w/z*-Wertbestimmungen nach Abschnitt 7.4.2.1 (2) ersetzt werden sollen.

7.4.1.4 Konsistenz

(1) Die Konsistenz des Frischbetons ist während des Betonierens laufend durch augenscheinliche Beurteilung zu überprüfen. Die Konsistenz ist für jede Betonsorte beim ersten Einbringen und jedesmal bei der Herstellung der Probekörper für die Güteprüfung durch Bestimmung des Konsistenzmaßes nachzuprüfen.

(2) Bei Beton B II und bei Beton mit besonderen Eigenschaften ist die Ermittlung des Konsistenzmaßes außerdem in angemessenen Zeitabständen zu wiederholen.

(3) Die vereinbarte Konsistenz muß bei Übergabe des Betons auf der Baustelle vorhanden sein.

Tabelle 7.9 Konsistenzprüfverfahren nach DIN 1048*)

Verfahren	Anwendbar bis zum Zuschlaggrößtkorn	geeignet für Konsistenzbereich			
		KS steif	KP plastisch	KR weich	KF fließfähig
Ausbreitversuch	32 mm	–	+	+	+
Verdichtungsversuch	63 mm	+	+	(+)[1]	–

\+ brauchbar; (+) bedingt brauchbar; – nicht geeignet

[1]) Die Anwendung ist auf Beton mit gebrochenem Zuschlag zu beschränken.

7.4.2 Druckfestigkeit

7.4.2.1 Anzahl der Probewürfel

(1) Bei Baustellen- und Transportbeton B I der Festigkeitsklassen B 15 und B 25 und bei tragenden Wänden und Stützen aus B 5 und B 10 ist für jede verwendete Betonsorte, und zwar jeweils für höchstens 500 m^3 Beton, jedes Geschoß im Hochbau und je 7 Arbeitstage, an denen betoniert wird, eine Serie von 3 Probewürfeln herzustellen.

(2) Diejenige Forderung, die die größte Anzahl von Würfelserien ergibt, ist maßgebend. Bei Beton B II ist – soweit bei der Verwendung von Transportbeton im folgenden nichts anderes festgelegt ist – die doppelte Anzahl der in Absatz (1) geforderten Würfelserien zu prüfen. Die Hälfte der hiernach geforderten Würfelprüfungen kann ersetzt werden durch die doppelte Anzahl von *w/z*-Wertbestimmungen nach DIN 1048 Teil 1 (6.91), Abschnitt 3.4.

*) Weitere Hinweise und ergänzende Prüfungen s. bei „Prüfung von Beton – Empfehlungen und Hinweise zu DIN 1048“, DAfStb, Heft 422, 1991.

Institut für Baustoff und Bau-Technik
Dipl.-Ing. Uwe Dirks

4156 Willich 1 Gut Nauenhof Streithöfe 6
Telefon: (0 21 54) 36 68 Fax 4 10 97

bup Mitglied im Bundesverband unabhängiger Institute für bautechnische Prüfungen e.V.

Beton-Consult Dirks GmbH, Streithöfe 6, 4156 Willich 1

Derichs u. Konertz GmbH & Co KG
Bauunternehmung

Magdeburger Str. 81

4150 Krefeld

Kunden-Nr. 102008

Prüfung von Betonwürfeln
nach DIN 1048 Teil 1

Untersuchungsbericht Nr. 52002 **vom** 4. 9.1990

Baumaßnahme : Düsseldorf
Lierenfelder Strasse 45
Dohlinger
ausf. Unternehmer : Derichs und Konertz

Bauteil : Filigranwand

Hersteller : Readymix
Lieferschein-Nr. : 567910-8001-064
Festigkeitsklasse : B 45
Zementart : HOZ 45 L
Sorten-Nr. : 694004
Zuschläge : Kiessand 0/8
Zusatzmittel : Fließmittel
Zusatzstoff :
Anzahl/Form : 3 Würfel
Art der Prüfung : Güteprüfung
Bish. Lagerung : DIN

Konsistenz : KR
Zementgehalt : kg/m³
W/Z-Wert : 0.000

Herstelltag : 1. 8.1990
Anliefertag : 1. 8.1990
Prüftag : 29. 8.1990

Kennzeichnung	Prüfalter	Abmessung a x b x h	Gewicht	Rohdichte	Bruchlast	Druckfestigkeit Ist	Soll
--	Tage	mm	kg	kg/dm³	kN	N/mm²	N/mm²
8	28	150x150x150	7.90	2.34	1220	52	
9	28	150x150x150	7.82	2.32	1240	52	
10	28	150x150x150	7.76	2.30	1210	51	
			Mittelw.	2.32	--	52	mind.50

Bemerkungen

PRÜFSTELLENLEITER
Dipl.-Ing. U. Dirks

Sparkasse Krefeld 358 960 (BLZ 320 500 00). Postgirokonto: Essen 2107 30 - 432 (BLZ 360 100 43)
Erfüllungsort: Willich. Gerichtsstand: Krefeld

Geschäftsführer: Uwe Dirks
Amtsgericht Krefeld HRB 1298

„Muster eines Prüfzeugnisses von Betonwürfeln (B 45)“

BÜTEC System- und Softwarehaus

H.V. Finette Bergheimer Weg 23 5000 Köln 60

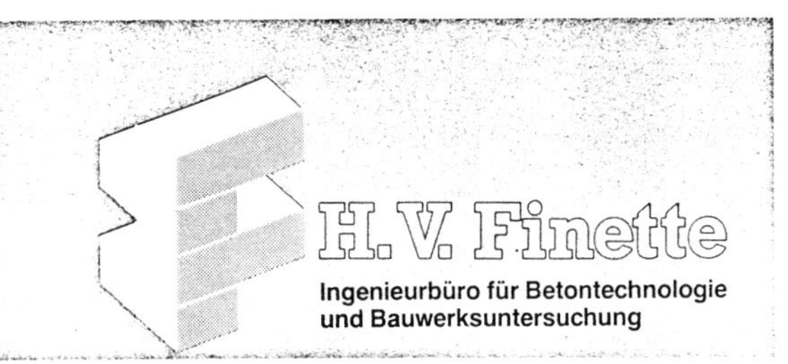

Beton- u. Mörtelwerk
Tholen GmbH
Albert-Jansen-Str. 8

5130 Geilenkirchen

Prüfzeugnis D 000092

Angaben des Herstellers — Anlieferungsdatum:

Bauvorhaben Düsseldorf-Bilk, Friedenstr. 46

Prüfkörper Nr.	1	2	3
Bauteil	Güteprüfung		
Herstellungsdatum	26.03.90		
Würfel-Nr./Kennzeichen	Datum		

Zementart, -güte, -menge PZ 35 F

Geforderte Materialgüte: Festigkeitsklasse B 25 Konsistenz K R Rezept Nr.

Prüfergebnis

Prüfkörper Nr.	Kenn-zeichnung	Größe cm	Gewicht kg	Rohdichte* kg/dm³	Bruchlast kN	Druck-festigkeit N/mm²	Druckfestigkeit x Faktor 0.95 N/mm²	Geforderte Serien-druckfestigkeit N/mm²
1	26.03.	15x15x15	8,0	2,37	740	33	31	
2	26.03.	15x15x15	7,8	2,31	700	31	30	
3	26.03.	15x15x15	7,8	2,31	700	31	30	
*naturfeucht			Mittelwert	2,33	—	32	30	30

Die Prüfung wurde am 23.4.90 durchgeführt.

Alter der Probe 28 Tage.

Die Behandlung der Prüfkörper in der Prüfstelle entspricht DIN 1048.

Bemerkung: keine

Für die Prüfung:

BAUSTOFFPRÜFSTELLE H.-V. FINETTE KÖLN BONN

Form 1 1/87 - 2500

H.V. Finette
Ingenieurbüro für Betontechnologie

Bergheimer Weg 23, 5000 Köln 60
Tel. (0221) 5993964
Fax (0221) 5992294

Deutsche Bank AG (BLZ 37070060) Kto.-Nr. 6930010

Postgirokonto Köln (BLZ 37010050) Kto.-Nr. 239481-505

Weiteres „Muster eines Prüfzeugnisses von Betonwürfeln“

(3) Die vom Transportbetonwerk bei der Eigenüberwachung (siehe DIN 1084 Teil 3) durchzuführenden Festigkeitsprüfungen dürfen auf die vom Bauunternehmen durchzuführenden Festigkeitsprüfungen von Beton B I und von Beton B II angerechnet werden, soweit der Beton für die Herstellung der Probekörper auf der betreffenden Baustelle entnommen wurde.

(4) Werden auf einer Baustelle in einem Betoniervorgang weniger als 100 m^3 Transportbeton B I eingebracht, so kann das Prüfergebnis einer Würfelserie, die auf einer anderen Baustelle mit Beton desselben Werkes und derselben Zusammensetzung in derselben Woche hergestellt wurde, auf die in Absatz (1) geforderten Prüfungen angerechnet werden, wenn das Transportbetonwerk für diese Betonsorte unter statistischer Qualitätskontrolle steht (siehe DIN 1084 Teil 3) und diese ein ausreichendes Ergebnis hatte.

7.4.2.2 Festigkeitsanforderungen

(1) Die Festigkeitsanforderungen gelten als erfüllt, wenn die mittlere Druckfestigkeit jeder Würfelserie mindestens die Werte der Tabelle 7.10, Spalte 4, und die Druckfestigkeit jedes einzelnen Würfels mindestens die Werte der Spalte 3 erreicht. (Kantenlänge der Würfel 200 mm.)

(2) Bei Beton gleicher Zusammensetzung und Herstellung darf jedoch jeweils einer von 9 aufeinanderfolgenden Würfeln die Werte der Tabelle 7.10, Spalte 3, um höchstens 20% unterschreiten; dabei muß jeder Serienmittelwert von 3 aufeinanderfolgenden Würfeln die Werte der Tabelle 7.10, Spalte 4, mindestens erreichen.

(3) Von den vorgenannten Anforderungen darf bei einer statistischen Auswertung nach DIN 1084 Teil 1 oder Teil 3/12.78, Abschnitt 2.2.6, abgewichen werden.

Tabelle 7.10 Betonfestigkeitsklassen – Anwendung, Anforderungen bei der Eignungsprüfung und Güteprüfung

Betongruppe	Betonfestigkeitsklasse	Nennfestigkeit β_{wn} N/mm²	Serienfestigkeit β_{ws} N/mm²	Anwendung	Erforderliche Druckfestigkeit bei der Eignungsprüfung N/mm²	Erforderliche Konsistenzmaße a oder v bei der Eignungsprüfung
Beton B I	B 5	5,0	8,0	Nur für unbewehrten Beton	≥ 11	KS: v = 1,24 . . . 1,20 KP: a = 40 . . . 41 cm (v = 1,11 . . . 1,08)[2] KR: a = 46 . . . 48 cm (v = 1,04 . . . 1,02)[2] KF: a = 56 . . . 60 cm
	B 10	10	15		≥ 20	
	B 15	15	20	Für unbewehrten und bewehrten Beton	≥ 25	
	B 25[3]	25	30		≥ 35	
Beton B II	B 35	35	40		35 + Vorhaltemaß[1]	Von der Baustelle verlangte Konsistenz + Vorhaltemaß
	B 45	45	50		45 + Vorhaltemaß[1]	
	B 55	55	60		55 + Vorhaltemaß[1]	

[1]) Vorhaltemaß nach Erfahrung, andernfalls mindestens 10 N/mm² zweckmäßig.

[2]) Für Beton mit gebrochenem Zuschlag.

[3]) Bei Beton für Außenbauteile gilt i. d. R. $\beta_{wn} \geq 32$ N/mm².

7.4.2.3 Umrechnung der Ergebnisse der Druckfestigkeitsprüfung

(1) Werden an Stelle von Würfeln mit 200 mm Kantenlänge (siehe Tabelle 7.10) solche mit einer Kantenlänge von 150 mm verwendet, so darf die Beziehung $\beta_{W200} = 0{,}95\ \beta_{W150}$ verwendet werden.

(2) Bei Zylindern mit 150 mm Durchmesser und 300 mm Höhe darf bei gleichartiger Lagerung die Würfeldruckfestigkeit β_{W200} aus der Zylinderdruckfestigkeit β_C abgeleitet werden

- für die Festigkeitsklassen B 15 und geringer zu $\beta_{W200} = 1{,}25\ \beta_C$ und
- für die Festigkeitsklassen B 25 und höher $\beta_{W200} = 1{,}18\ \beta_C$.

(3) Bei Verwendung von Würfeln oder Zylindern mit anderen Maßen oder wenn die vorher genannten Druckfestigkeitsverhältniswerte nicht angewendet werden, muß das Druckfestigkeitsverhältnis zum 200-mm-Würfel für Beton jeder Zusammensetzung, Festigkeit und Altersstufe bei der Eignungsprüfung gesondert nachgewiesen werden, und zwar an mindestens 6 Körpern je Probekörperart.

(4) Für Druckfestigkeitsverhältniswerte bei aus dem Bauwerk entnommenen Probekörpern siehe DIN 1048 Teil 2.

(5) Wird bei Eignungs- und Güteprüfungen bereits von der 7-Tage-Würfeldruckfestigkeit β_{W7} auf die zu erwartende 28-Tage-Würfeldruckfestigkeit β_{W28} geschlossen, so dürfen im allgemeinen je nach Festigkeitsklasse des Zements die Angaben der Tabelle 7.11 zugrunde gelegt werden.

(6) Andere Verhältniswerte dürfen zugrunde gelegt werden, wenn sie bei der Eignungsprüfung ermittelt wurden.

Tabelle 7.11 Beiwerte für die Umrechnung der 7-Tage- auf die 28-Tage-Würfeldruckfestigkeit

	1	2
	Festigkeitsklasse des Zements	28-Tage-Würfeldruckfestigkeit β_{W28}
1	Z 25	1,4 β_{W7}
2	Z 35 L	1,3 β_{W7}
3	Z 35 F; Z 45 L	1,2 β_{W7}
4	Z 45 F; Z 55	1,1 β_{W7}

Man kann vereinbaren, daß die Druckfestigkeit nicht (wie normal und nach DIN 1045) nach 28 Tagen, sondern später geprüft wird, z. B. bei langsam erhärtenden Zementen (wie HOZ 345 L NW) nach 56 oder 90 Tagen. Es muß allerdings sichergestellt sein, daß das Bauteil auch erst dann seine volle planmäßige Belastung erhält.

7.4.3 Nachweis der Betonfestigkeit am Bauwerk

(1) In Sonderfällen, z. B., wenn keine Ergebnisse von Druckfestigkeitsprüfungen vorliegen oder die Ergebnisse ungenügend waren oder sonst erhebliche Zweifel an der Betonfestigkeit im Bauwerk bestehen, kann es nötig werden, die Betondruckfestigkeit durch Entnahme von Probekörpern aus dem Bauwerk oder am fertigen Bauteil durch zerstörungsfreie Prüfung nach DIN 1048 Teil 2 oder durch beides nach DIN 1048 Teil 4 zu bestimmen. Dabei sind Alter und Erhärtungsbedingungen (Temperatur, Feuchte) des Bauwerkbetons zu berücksichtigen.

(2) Für die Festlegung von Art und Umfang der zerstörungsfreien Prüfungen und der aus dem Bauwerk zu entnehmenden Proben und für die Bewertung der Ergebnisse dieser Prüfungen ist ein Sachverständiger hinzuzuziehen, soweit dies nach DIN 1048 Teil 4 erforderlich ist.

Eine ausführliche Darstellung der Prüfverfahren am bestehenden Bauwerk, sowohl zerstörend als auch zerstörungsfrei, mit allen Umrechnungen und Auswertungen findet man in Rybicki, Bauschäden an Tragwerken, Teil 2, Werner-Verlag.

7.4.4 Güteprüfung von Beton im Überblick

Die Verwendung von Transportbeton entbindet die Baustelle nicht von der Herstellung von Probekörpern. Ausnahme:

- Wird der Beton für die im Rahmen der Eigenüberwachung eines Transportbetonwerkes durchzuführenden Festigkeitsprüfungen auf der betreffenden Baustelle entnommen, so können die Ergebnisse auf die vom Bauunternehmen vorzunehmenden Festigkeitsprüfungen von Beton B I und B II angerechnet werden.

Tabelle 7.12 Umfang der Güteprüfung

<table>
<tr><th>Betoneigenschaft</th><th>Betongruppe</th><th>Umfang</th><th colspan="2">Häufigkeit</th></tr>
<tr><td>Zementgehalt
z in kg/m^3</td><td>B I</td><td>je Betonsorte</td><td colspan="2">beim ersten Einbringen, dann in angemessenen Zeitabständen
aus den Gewichten der einzelnen Stoffe einer Mischung
bei Transportbeton: nur Überprüfung der Angaben auf dem Lieferschein</td></tr>
<tr><td>Wasserzementwert
w/z-Wert</td><td>B I[1])
B II</td><td>je Betonsorte</td><td colspan="2">beim ersten Einbringen, dann einmal je Betoniertag durch Wiegen vor und nach dem Darren</td></tr>
<tr><td rowspan="2">Konsistenz</td><td>B I</td><td rowspan="2">je Betonsorte</td><td colspan="2">laufend nach Augenschein, außerdem beim ersten Einbringen, zusätzlich beim Herstellen von Probewürfeln
durch Ausbreitversuch</td></tr>
<tr><td>B II</td><td colspan="2">wie vor, zusätzlich in angemessenen Zeitabständen</td></tr>
<tr><td rowspan="3">Druckfestigkeit
β_{wz8} (N/mm^2)</td><td rowspan="2">B I</td><td>für B 5 und B 10 nur bei tragenden Wänden und Stützen</td><td rowspan="2">3 Würfel</td><td rowspan="3">je 500 m^3 Beton oder je Geschoß oder je 7 Betoniertage[2])
an 28 Tage alten Würfeln</td></tr>
<tr><td>B 15, B 25</td></tr>
<tr><td>B II</td><td>B 35, B 45, B 55</td><td>6 Würfel[3])</td></tr>
</table>

[1]) Nur bei Beton für Außenbauteile; gilt als erfüllt bei $\beta_{WN} \geqq 32$ N/mm^2.

[2]) Die Forderung, die die größte Anzahl von Würfeln ergibt, ist maßgebend.

[3]) Die Hälfte der geforderten Würfelprüfungen (also 3) kann durch zusätzliche w/z-Wertbestimmungen ersetzt werden; je zwei w/z-Werte ersetzen einen Würfel.

(Nach: Weber u. a., Guter Beton, Beton-Verlag, 1990)

- Werden weniger als 100 m^3 Transportbeton B I je Betoniervorgang eingebracht, so können die auf einer anderen Baustelle hergestellten Probekörper angerechnet werden, wenn ein Beton

BETONPRÜFSTELLE

der Readymix Beton AG, Niederlassung Niederrhein

Gütebescheinigung Nr. 416/90

zum Nachweis der Betonfestigkeit
gem. DIN 1045, Abschnitt 7.4.3.5.1

Antragsteller: Fa. Derichs & Konertz KG, Magdeburger Str. 81, 4150 Krefeld

Baufirma:

Baustelle: Lierenfelderstrasse

Bauteil: EG-Decke, Stützen 1.OG

Unser Transportbetonwerk in: Flingern

lieferte in der 33. Kalenderwoche, am 15. u. 16.08.1990

für den Betoniervorgang <100 cbm 4231 | B 25 | K P

In der 33. Kalenderwoche wurden drei Proben dieser Betonsorte auf Baustellen entnommen.

Diese Betonsorte steht unter statistischer Qualitätskontrolle, die durch den Baustoffüberwachungsverein Transportbeton, Nordrhein-Westfalen e.V. in Duisburg fremdüberwacht wird. Das Ergebnis der Auswertungen erfüllt die Bedingungen der DIN 1084, Blatt 3, Abschnitt 2.2.6.

Die mittlere Festigkeit dieser Serie beträgt lt.

Prüfzeugnis-Nr.: 482/90

N/mm²: 31

Moers, den 22.10.1990

READYMIX BETON AG
Prüfstelle E+W nach DIN 1045
Prüfstellenleiter
MOERS

„Muster eines Prüfzeugnisses von Betonwürfeln (sog. Vergleichsbescheinigung)"

- desselben Werkes,
- derselben Zusammensetzung und
- in derselben Woche

verwendet wurde. Die Nennfestigkeit dieser Betonsorte ist dann vom Transportbetonwerk statistisch nachzuweisen (s. hierzu das Muster einer „Vergleichsbescheinigung“, Seite 455).

Hinweis:

Eine Reihe von Prüfverfahren ist nicht genormt, so Wasseraufnahme von Festbeton, Luftporenkennwerte, Frost-Tau-Wechselwiderstand, Karbonatisierungstiefe, Trocknungsgeschwindigkeit ebenso der Einsatz von Endoskopen, Infrarot-Thermographie, Radiometrie, Radarortung usw. Hierzu wird auf „Heft 422 – Prüfung von Beton, Empfehlungen und Hinweise“ als Ergänzung zu DIN 1048 des DAfStb (Beuth Verlag, 1991) hingewiesen.

7.4.5 Betonstahl

● Prüfung am Betonstahl
Bei jeder Lieferung von Betonstahl ist zu prüfen, ob das nach DIN 488 Teil 1 geforderte Werkkennzeichen vorhanden ist. Betonstahl ohne Werkkennzeichen darf nicht verwendet werden. Dies gilt nicht für Bewehrungsstahl aus Rundstahl St 37-2.

● Prüfung des Schweißens von Betonstahl
Die Arbeitsprüfungen, die vor oder während der Schweißarbeiten durchzuführen sind, sind in DIN 4099 geregelt.

7.4.6 Bauteile und andere Baustoffe

● Allgemeine Anforderungen
Bei Bauteilen wie Stahlbetonfertigteilen, Zwischenbauteilen, Deckenziegeln und Betongläsern ist zu prüfen, ob sie aus einem Werk stammen, das einer Überwachung (Güteüberwachung) unterliegt.

● Prüfung der Stahlbetonfertigteile
Bei jeder Lieferung von Fertigteilen muß geprüft werden, ob hierfür ein Lieferschein mit allen Angaben nach Abschnitt 7.3.4 vorliegt, die Fertigteile gekennzeichnet sind und ob die Fertigteile die nach den bautechnischen Unterlagen erforderlichen Maße haben.

7.5 Verarbeiten und Nachbehandeln von Beton

Wegen der vielerlei Fehlermöglichkeiten beim Verarbeiten und Nachbehandeln von Beton wird auf Rybicki, Bauschäden an Tragwerken, Teil 2, Werner-Verlag, verwiesen.

7.5.1 Einbringen und Verdichten

7.5.1.1 Zeitpunkt des Verarbeitens / nachträgliche Wasserzugabe

Beton ist möglichst bald nach dem Mischen, Transportbeton möglichst sofort nach der Anlieferung zu verarbeiten, in beiden Fällen aber, ehe er ansteift oder seine Zusammensetzung ändert. Beton mit dem Zement HOZ hat wegen des langsameren Ansteifens eine relativ lange Verarbeitungszeit.

Mischfahrzeuge sollen spätestens 90 Minuten nach Wasserzugabe vollständig entladen sein.

Nach dem Abschluß des Mischvorgangs – bei Transportbeton im Werk und im Mischfahrzeug möglich – darf die Zusammensetzung des Frischbetons nicht mehr verändert werden. Davon ausgenommen ist lediglich die Zugabe eines Fließmittels. Auf keinen Fall darf Wasser zur besseren Verarbeitung zugegeben werden. Mit steigendem Wasserzementwert sinkt neben anderen unerwünschten Wirkungen die Betonfestigkeit. Bei gebräuchlichem Beton mit einem konzipierten w/z zwischen 0,45 und 0,70 beträgt der Abfall der Druckfestigkeit im 28-Tage-Beton (guter Kornaufbau, Zement Z 45) nach einer Faustformel etwa

$$\Delta\beta = 200 \cdot \Delta w/z - 100 \cdot \Delta^2 w/z \quad (\%).$$

Bei B 25 mit $w/z = 0{,}5$ wird irrtümlich auf $w/z = 0{,}7$ erhöht:
$\Delta w/z = 0{,}7 - 0{,}5 = 0{,}2$
$\Delta\beta = 200 \cdot 0{,}2 - 100 \cdot 0{,}2^2$
$= 40 - 4 = 36\%$

Wahrscheinlich also nur $\beta = (100 - 36)\% \cdot 25 = 16$.
Bedeutet einen Beton B 15 (statt B 25).

Allerdings erlaubt die Europäische Vornorm ENV 206 – Beton (10/1990), die alsbald eingeführt werden soll, die nachträgliche Wasserzugabe zum Transportbeton, sofern ein vorgegebener w/z-Höchstwert nicht überschritten wird. „Für den Fall, daß bei der Lieferung mit einem Mischfahrzeug auf der Baustelle mehr Wasser zugegeben wird, als für die festgelegte Konsistenz bzw. den höchstzulässigen Wasserzementwert vorgesehen, trägt die Verantwortung für die Änderung der Mischanweisung und etwaige bautechnische Folgen derjenige, auf dessen Entscheidung hin das zusätzliche Wasser zugegeben wird." (BK 1992/II, S. 218, Fußnote.) Möglicherweise also der zufällige Aushilfsfahrer?

Nach Kilian (Qualitätssicherung novellieren, Das Bauzentrum 8/91) hat eine wissenschaftliche Untersuchung aus der Schweiz – gemeint ist Ohlbrecht in Bau, Heft 23/89 – festgestellt, daß auf einer überwachten Baustelle rund ein Drittel der Betonanlieferungen *zuviel* Wasser auswies. Das wird lediglich zur Kenntnis genommen; zu Konsequenzen fühlt sich niemand konkret veranlaßt. Darüber hinaus wiesen bei der Untersuchung rund 10% der Lieferung *zuwenig* Wasser auf. Bei diesem Teil besteht in der Praxis die Gefahr der im Falle des werkgemischten Transportbetons als bedenklich anzusehenden nachträglichen Wasserzugabe auf der Baustelle. Wenn die Dauerhaftigkeit dann nicht 60 Jahre beträgt, sondern nur 20 Jahre, stört das den „Täter" überhaupt nicht.

7.5.1.2 Verdichten

(1) Die Bewehrungsstäbe sind dicht mit Beton zu umhüllen. Der Beton muß möglichst vollständig verdichtet werden, z. B. durch Rütteln, Stochern, Stampfen, Klopfen an der Schalung usw., und zwar besonders sorgfältig in den Ecken und längs der Schalung. Unter Umständen empfiehlt sich ein Nachverdichten des Betons (z. B. bei hoher Steiggeschwindigkeit beim Einbringen).

(2) Beton der Konsistenzen KS, KP oder KR (siehe Abschnitt 7.5.1.3) ist in der Regel durch Rütteln zu verdichten. Dabei sind DIN 4235 Teil 1 bis Teil 5 zu beachten. Oberflächenrüttler sind so langsam fortzubewegen, daß der Beton unter ihnen weich wird und die Betonoberfläche hinter ihnen geschlossen ist. Unter kräftig wirkenden Oberflächenrüttlern soll die Schicht nach dem Verdichten höchstens 20 cm dick sein. Bei Schalungsrüttlern (Außenrüttlern) ist die beschränkte Einwirkungstiefe zu beachten, die auch von der Ausbildung der Schalung abhängt.

(3) Beton der Konsistenz KR und – soweit erforderlich – der Konsistenz KF kann auch durch Stochern verdichtet werden. Dabei ist der Beton so durchzuarbeiten, daß die in ihm enthaltenen Luftblasen möglichst entweichen und der Beton ein gleichmäßig dichtes Gefüge erhält.

(4) Steifer Beton der Konsistenz KS (in der Regel für untergeordnete Bauteile, wie Fundamentstreifen) kann durch Stampfen verdichtet werden. Dabei soll die fertiggestampfte Schicht nicht dicker als 15 cm sein. Die Schichten müssen durch Hand- oder besser Maschinenstampfer so lange verdichtet werden, bis der Beton weich wird und eine geschlossene Oberfläche erhält. Die einzelnen Schichten sollen dabei möglichst rechtwinklig zu der im Bauwerk auftretenden Druckrichtung verlaufen und in Druckrichtung gestampft werden. Wo dies nicht möglich ist, muß die Konsistenz mindestens KP entsprechen, damit gleichlaufend zur Druckrichtung keine Stampffugen entstehen.

(5) Wird keine Arbeitsfuge vorgesehen, so darf beim Einbau in Lagen das Betonieren nur so lange unterbrochen werden, bis die zuletzt eingebrachte Betonschicht noch nicht erstarrt ist, so daß noch eine gute und gleichmäßige Verbindung zwischen beiden Betonschichten möglich ist. Bei Verwendung von Innenrüttlern muß die Rüttelflasche noch in die untere, bereits verdichtete Schicht eindringen (siehe DIN 4235 Teil 2).

● Verdichten mit Innenrüttlern

Bei den elektrisch betriebenen Innenrüttlern (Rüttelflaschen) werden die Schwingungen durch Unwuchten erzeugt. Sie werden rasch in den Beton hineingetaucht und nach kurzem Verharren im Tiefstpunkt langsam herausgezogen, andernfalls kann die Luft unten durch den oben bereits verdichtenden Bereich nicht ausgetrieben werden. Die kreisförmigen Wirkungsbereiche müssen sich überdecken; Abstände der Eintauchstellen je nach Schwere der Rüttelflasche 25 bis 40 cm (für ∅ 40 mm bis 60 mm) und 40 bis 70 cm (für ∅ > 60 mm). Faustwert: Abstand der Eintauchstellen gleich 10facher Durchmesser des Innenrüttlers.

W ä n d e werden lagenweise betoniert; beim Verdichten der jeweils letzten Lage ist der Innenrüttler so tief einzutauchen, daß er noch zu etwa einem Drittel in die vorangegangene Lage kommt. Vertikale Schalungsflächen können zusätzlich mit Hand- oder Elektrohammer abgeklopft werden.

S t ü t z e n kann man sehr gut verdichten, wenn man den Innenrüttler zuerst bis unten in den Stützenbewehrungskorb hineinhängt und dann nach und nach den Beton einfüllt, dabei die Rüttelflasche langsam hochzieht, ohne daß sie aus dem Beton herauskommt.

Für h o r i z o n t a l e F l ä c h e n , z. B. Fundament- oder Deckenplatten, aus sehr fließfähigem Beton genügt ein 1- oder 2maliges Abziehen zur Verdichtung. Werden hohe Anforderungen an die Ebenheit gestellt, ist die Verwendung von Doppelbohlen (maschinen- oder handgeführt) erforderlich.

Je weicher der Beton, desto kürzer die Rütteldauer! Mit zu langem Rütteln kann man den Beton entmischen. Eine ausreichende Verdichtung ist erkennbar

– am Ton des Rüttlers, der sich im verdichteten Beton nicht mehr ändert
– am Beton, der sich nicht mehr setzt

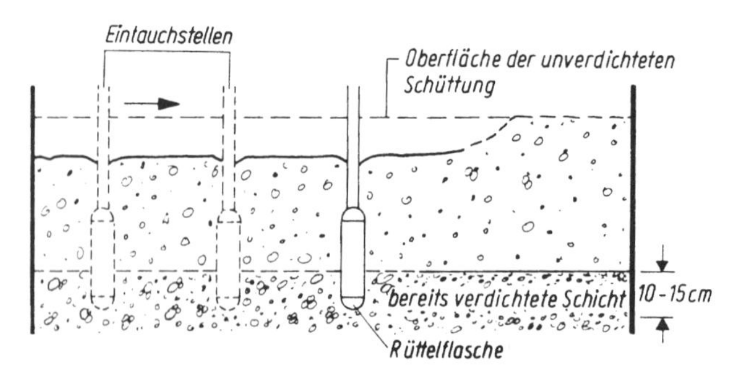

Abb. 7.11
Richtiges Einsetzen des Innenrüttlers: von Schalungshöhe zur Bauteilmitte vorarbeiten

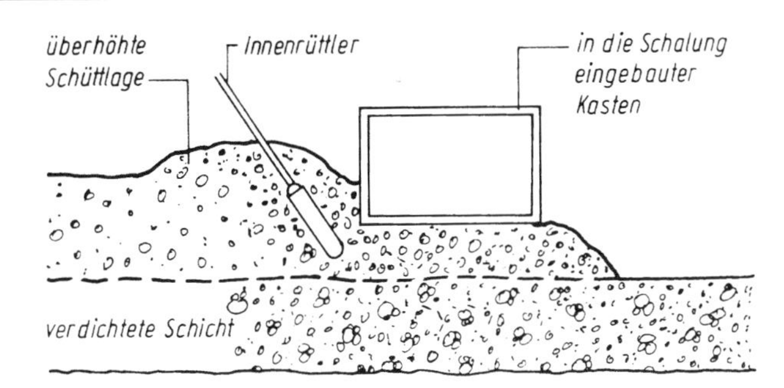

Abb. 7.12
Sattes Unterfüllen von Einbauten durch einseitiges Anschütten und Rütteln mit später folgendem Nachrütteln

– an der Betonoberfläche, die mit Feinmörtel geschlossen ist.
(Transportbeton Praxis, Readymix AG, 1992 und Beton-Praxis, Betonverlag, 4. Aufl. 1991)

Achtung:
- Nicht zu dicht an die senkrechte Schalung, sonst Abzeichnung am fertigen Beton.
- Nicht die Bewehrung rütteln, da das die Haftung mit dem Beton stört.
- Beton mit dem Rüttler nicht verteilen oder fördern, sondern verdichten.

7.5.1.3 Konsistenz und Verdichten

Beton sollte bezüglich der Konsistenz genau nach geplanter Verarbeitung und Verdichtung bestellt werden; die 4 Konsistenzbereiche sind nachfolgend dargestellt:

Tabelle 7.13 Konsistenzbereiche und Verdichtungsart

Konsistenzbereich		Eigenschaften des Betons beim Schütten	Ausbreitmaß[3])	Verdichtungsart
1	KS steif	noch lose	–	untere Grenze für das Verdichten kräftiger Rüttler erforderlich
2	KP plastisch	schollig bis knapp zusammenhängend	35–41	normales Rütteln
3	KR[1]) weich Regelkonsistenz	schwach fließend	42–48	leichtes Rütteln oder Stochern
4	KF[2]) fließfähig	gut fließend	49–60	„Entlüften" durch Stochern, leichtes Rütteln; nicht entmischen!

[1]) Gut geeignet für die üblichen Betonarbeiten; falls nicht ausdrücklich anders bestellt, wird vom Transportbetonwerk die Konsistenz KR ausgeliefert (Regelkonsistenz).
[2]) Darf nur mittels besonderer Zusatzmittel (Fließmittel, FM) hergestellt werden, nicht durch hohe Wasserzugabe.
[3]) Siehe DIN 1045, Tabelle 2.

Besonderheiten bei Fließbeton: Fließbeton (KF mit a = 49 bis 60 cm) ist wegen der Zugabe von Betonzusatzmittel FM besonders weich bis flüssig und deshalb einfach zu verarbeiten. Im Gegensatz dazu hat ein *Beton mit Fließmittel* zwar auch ein gewisses Maß an Fließmittelzugabe, liegt jedoch bei einem Ausbreitmaß a = 42 bis 48 cm im Konsistenzbereich KR. Solcher Beton entspricht in seiner Zusammensetzung denen ohne Fließmittel; unterscheidet sich grundsätzlich von Beton, der durch hohe Wasserzugabe sehr weich eingestellt ist.

Bei den meisten Fließmitteln ist die verflüssigende Wirkung auf 30 bis 60 Minuten nach Zumischen des Fließmittels begrenzt. Deshalb werden sie bei Transportbeton erst unmittelbar vor dem Entleeren des Mischfahrzeugs auf der Baustelle zugegeben, was ausnahmsweise zulässig ist. Ansonsten darf dem Frischbeton auf der Baustelle kein Wasser oder Zusatzmittel beigemischt werden.

Für die gleichmäßige Verteilung des Fließmittels ist eine ausreichend lange Mischzeit unbedingt notwendig: bei Mischfahrzeugen etwa 1 Minute je Kubikmeter Beton, mindestens jedoch 5 Minuten.

Bei horizontalen Flächen genügt ein ein- oder zweimaliges Abziehen als Verdichtung, bei schmalen, hohen und dichtbewehrten Bauteilen ist leichtes Stochern, bei einem Ausbreitmaß unter 55 cm ein leichtes Rütteln zweckmäßig.

7.5.2 Arbeitsfugen

(1) Die einzelnen Betonierabschnitte sind vor Beginn des Betonierens festzulegen. Arbeitsfugen sind so auszubilden, daß alle auftretenden Beanspruchungen aufgenommen werden können.

(2) In den Arbeitsfugen muß für einen ausreichend festen und dichten Zusammenschluß der Betonschichten gesorgt werden. Verunreinigungen, Zementschlamm und nicht einwandfreier Beton sind vor dem Weiterbetonieren zu entfernen. Trockener älterer Beton ist vor dem Anbetonieren mehrere Tage feucht zu halten, um das Schwindgefälle zwischen jungem und altem Beton gering zu halten und um weitgehend zu verhindern, daß dem jungen Beton Wasser entzogen wird. Zum Zeitpunkt des Anbetonierens muß die Oberfläche des älteren Betons jedoch etwas abgetrocknet sein, damit sich der Zementleim des neu eingebrachten Betons mit dem älteren Beton gut verbinden kann.

(3) Das Temperaturgefälle zwischen altem und neuem Beton kann dadurch gering gehalten werden, daß der alte Beton warm gehalten oder der neue gekühlt eingebracht wird.

(4) Bei Bauwerken aus wasserundurchlässigem Beton sind auch die Arbeitsfugen wasserundurchlässig auszubilden.

(5) Sinngemäß gelten die Bestimmungen dieses Abschnitts auch für ungewollte Arbeitsfugen, die z. B. durch Witterungseinflüsse oder Maschinenausfall entstehen.

Bewährt hat sich das Abschalen der Arbeitsfuge mit Streckmetall, das beim Anbetonieren nicht entfernt wird. In der Regel sind besondere „Haftbrücken" nicht erforderlich.

7.5.3 Nachbehandeln des Betons

(1) Beton ist bis zum genügenden Erhärten seiner oberflächennahen Schichten gegen schädigende Einflüsse zu schützen, z. B. gegen starkes Abkühlen oder Erwärmen, Austrocknen (auch durch Wind), starken Regen, strömendes Wasser, chemische Angriffe, ferner gegen Schwingungen und Erschütterungen, sofern diese das Betongefüge lockern und die Verbundwirkung zwischen Bewehrung und Beton gefährden können. Dies gilt auch für Vergußmörtel und Beton der Verbindungsstellen von Fertigteilen.

(2) Um den frisch eingebrachten Beton gegen vorzeitiges Austrocknen zu schützen und eine ausreichende Erhärtung der oberflächennahen Bereiche unter Baustellenbedingungen sicherzustellen, ist er ausreichend lange feucht zu halten. Dabei sind die Einflüsse, welchen der Beton im Laufe der Nutzung des Bauwerks ausgesetzt ist, zu berücksichtigen. Die erforderliche Dauer richtet sich in erster Linie nach der Festigkeitsentwicklung des Betons und den Umgebungs-

Tabelle 7.14 Nachbehandlungsmaßnahmen für Beton

Art	Maßnahmen	Außentemperatur in °C				
		unter −3	−3 bis +5	5 bis 10	10 bis 25	über 25
Folie/Nachbehandlungsfilm	Abdecken bzw. Nachbehandlungsfilm aufsprühen *und* benetzen Holzschalung nässen; Stahlschalung vor Sonnenstrahlung schützen					×
	Abdecken bzw. Nachbehandlungsfilm aufsprühen			×	×	
	Abdecken bzw. Nachbehandlungsfilm aufsprühen *und* Wärmedämmung; Verwendung wärmedämmender Schalung – z. B. Holz – sinnvoll		×*)			
	Abdecken *und* Wärmedämmung; Umschließen des Arbeitsplatzes (Zelt) oder Beheizen (z. B. Heizstrahler); zusätzlich Betontemperaturen wenigstens 3 Tage lang auf + 10 °C halten	×*)				
Wasser	Durch Benetzen ohne Unterbrechung feucht halten				×	

*) Nachbehandlungs- und Ausschalfristen um Anzahl der Frosttage verlängern; Beton mindestens 7 Tage vor Niederschlägen schützen.

(Nach: Beton-Praxis, Beton-Verlag 1991)

Tabelle 7.15 Mindestdauer für die Nachbehandlung in Tagen*)

Außenbauteile				
		Festigkeitsentwicklung des Betons		
Umgebungsbedingungen	Betontemperatur, ggf. mittlere Lufttemperatur	schnell, z. B. $w/z < 0{,}50$ Z 55, Z 45 F	mittel, z. B. w/z 0,50 bis 0,60 Z 55, Z 45, Z 35 F oder $w/z < 0{,}50$ Z 35 L	langsam, z. B. w/z 0,50 bis 0,60 Z 35 L oder $w/z < 0{,}50$ Z 35 L-NW/HS
günstig vor unmittelbarer Sonneneinstrahlung und vor Windeinwirkung geschützt, relative Luftfeuchte durchgehend ≧ 80 %	≧ 10 °C	1	2	2
	< 10 °C	2	4	4
normal mittlere Sonneneinstrahlung und/oder mittlere Windeinwirkung und/oder relative Luftfeuchte ≧ 50 %	≧ 10 °C	1	3	4
	< 10 °C	2	6	8
ungünstig starke Sonneneinstrahlung und/oder starke Windeinwirkung und/oder relative Luftfeuchte < 50 %	≧ 10 °C	2	4	5
	< 10 °C	4	8	10
Innenbauteile				
		allgemein		Rohdecken für Verbundestriche
unabhängig	≧ 10 °C	1		2
	< 10 °C	2		4

(Nach: Beton-Praxis, Beton-Verlag 1991)

*) Für besonders beanspruchte Bauteile können verschärfte Nachbehandlungszeiten vorgeschrieben sein, z. B. nach den Zusätzlichen Technischen Vertragsbedingungen (ZTV-W, 1990) eine Zeit von 3 Wochen.

bedingungen während der Erhärtung. Die „Richtlinie zur Nachbehandlung von Beton“ ist zu beachten.

Nach einem Beispiel von Avak, Stahlbetonbau in Beispielen, Teil 1, Werner-Verlag 1994, ist das vorhandene Anmachwasser im für die Dauerhaftigkeit wichtigen Überdeckungsbereich von 3,5 cm bei üblicher Betonzusammensetzung und normalen Witterungsbedingungen nach etwa 10 Stunden voll verdunstet; die weitere Hydratation in diesem Bereich wird stark beeinträchtigt.

Wasseraufnehmende und -abführende Schalungsbahnen können nicht die Aufgabe eines Verdunstungsschutzes übernehmen (nach dem Ausschalen); dazu eignen sich PVC-Folien oder aufgesprühter Verdunstungsschutz, z. B. auf Paraffinbasis.

(3) Das Erhärten des Betons kann durch eine betontechnologisch richtige Wärmebehandlung beschleunigt werden. Auch Teile, die wärmebehandelt wurden, sollen feucht gehalten werden, da die Erhärtung im allgemeinen am Ende der Wärmebehandlung noch nicht abgeschlossen ist und der Beton bei der Abkühlung sehr stark austrocknet (vergleiche „Richtlinie über Wärmebehandlung von Beton und Dampfmischen“).

7.5.4 Betonieren bei kühler Witterung und bei Frost

7.5.4.1 Erforderliche Temperatur des frischen Betons

(1) Bei kühler Witterung und bei Frost ist der Beton wegen der Erhärtungsverzögerung und der Möglichkeit der bleibenden Beeinträchtigung der Betoneigenschaften mit einer bestimmten Mindesttemperatur einzubringen. Dies gilt auch für Transportbeton. Der eingebrachte Beton ist eine gewisse Zeit gegen Wärmeverluste, Durchfrieren und Austrocknen zu schützen.

(2) Bei Lufttemperaturen zwischen +5 und −3 °C darf die Temperatur des Betons beim Einbringen +5 °C nicht unterschreiten. Sie darf +10 °C nicht unterschreiten, wenn der Zementgehalt im Beton kleiner ist als 240 kg/m^3 oder wenn Zemente mit niedriger Hydratationswärme verwendet werden.

(3) Bei Lufttemperaturen unter −3 °C muß die Betontemperatur beim Einbringen mindestens +10 °C betragen. Sie soll anschließend wenigstens 3 Tage auf mindestens +10 °C gehalten werden. Anderenfalls ist der Beton so lange zu schützen, bis eine ausreichende Festigkeit erreicht ist.

(4) Die Frischbetontemperatur darf im allgemeinen +30 °C nicht überschreiten.

(5) Bei Anwendung des Betonmischens mit Dampfzuführung darf die Frischbetontemperatur +30 °C überschreiten (siehe „Richtlinie über Wärmebehandlung von Beton und Dampfmischen“).

(6) Junger Beton mit einem Zementgehalt von mindestens 270 kg/m^3 und einem w/z-Wert von höchstens 0,60, der vor starkem Feuchtigkeitszutritt (z. B. Niederschlägen) geschützt wird, darf in der Regel erst dann durchfrieren, wenn seine Temperatur bei Verwendung von rasch erhärtendem Zement (Z 35 F, Z 45 L, Z 45 F und Z 55) vorher wenigstens 3 Tage +10 °C nicht unterschritten oder wenn er bereits eine Druckfestigkeit von 5,0 N/mm^2 erreicht hat.

7.5.4.2 Schutzmaßnahmen

(1) Die im Einzelfall erforderlichen Schutzmaßnahmen hängen in erster Linie von den Witterungsbedingungen, den Ausgangsstoffen und der Zusammensetzung des Betons sowie von der Art und den Maßen der Bauteile und der Schalung ab.

(2) An gefrorene Betonteile darf nicht anbetoniert werden. Durch Frost geschädigter Beton ist vor dem Weiterbetonieren zu entfernen. Betonzuschlag darf nicht in gefrorenem Zustand verwendet werden.

(3) Wenn nötig, ist das Wasser und – soweit erforderlich – auch der Betonzuschlag vorzuwärmen. Hierbei ist die Frischbetontemperatur nach Abschnitt 7.5.4.1 zu beachten. Wasser mit einer Temperatur von mehr als +70 °C ist zuerst mit dem Betonzuschlag zu mischen, bevor Zement zugegeben wird. Vor allem bei feingliedrigen Bauteilen empfiehlt es sich, den Zementgehalt zu erhöhen oder Zement höherer Festigkeitsklasse zu verwenden oder beides zu tun.

(4) Die Wärmeverluste des eingebrachten Betons sind möglichst gering zu halten, z. B. durch wärmedämmendes Abdecken der luftberührten frischen Betonflächen, Verwendung wärmedämmender Schalungen, späteres Ausschalen, Umschließen des Arbeitsplatzes, Zuführung von Wärme. Dabei darf dem Beton das zum Erhärten notwendige Wasser nicht entzogen werden.

Wenn der Beton während der Erhärtung durchfriert, erleidet er eine bleibende Schädigung. Wenn er während des Ansteifens oder Erstarrens einfriert, nimmt die Erhärtung nach dem Auftauen einen normalen Verlauf; mehrmaliges Einfrieren und Auftauen ist allerdings schädlich. Als gefrierbeständig wird ein Beton mit einer bereits erreichten Druckfestigkeit von 5 N/mm^2 angesehen; er widersteht Frostspannungen. Der Einfluß der Zementmenge ist zum Erreichen dieses Wertes gering, von ausschlaggebender Bedeutung sind Zementart und *w/z*-Wert. Ein Beton benötigt folgende Erhärtungszeit zum Erreichen der Gefrierbeständigkeit:

Z 55, Z 45 F	$w/z = 0{,}6 \rightarrow$	0,5	Tage bei 12 °C Betontemperatur
		0,75	Tage bei 5 °C Betontemperatur
Z 45 L, Z 35 F	$w/z = 0{,}6 \rightarrow$	1,5	Tage bei 12 °C Betontemperatur
		2	Tage bei 5 °C Betontemperatur

7.5.5 Ausschalfristen

(1) Ein Bauteil darf erst dann ausgerüstet oder ausgeschalt werden, wenn der Beton ausreichend erhärtet ist (siehe Abschnitt 7.5.6), bei Frost nicht etwa nur hartgefroren ist und wenn der Bauleiter des Unternehmens das Ausrüsten und Ausschalen angeordnet hat. Der Bauleiter darf das Ausrüsten oder Ausschalen nur anordnen, wenn er sich von der ausreichenden Festigkeit des Betons überzeugt hat.

(2) Als ausreichend erhärtet gilt der Beton, wenn das Bauteil eine solche Festigkeit erreicht hat, daß es alle zur Zeit des Ausrüstens oder Ausschalens angreifenden Lasten mit der in dieser Norm vorgeschriebenen Sicherheit aufnehmen kann.

(3) Besondere Vorsicht ist geboten bei Bauteilen, die schon nach dem Ausrüsten nahezu die volle rechnungsmäßige Belastung tragen (z. B. bei Dächern oder bei Geschoßdecken, die durch noch nicht erhärtete obere Decken belastet sind).

(4) Das gleiche gilt für Beton, der nach dem Einbringen niedrigen Temperaturen ausgesetzt war.

(5) War die Temperatur des Betons seit seinem Einbringen stets mindestens +5 °C, so können für das Ausschalen und Ausrüsten im allgemeinen die Fristen der Tabelle 7.16 als Anhaltswerte angesehen werden. Andere Fristen können notwendig oder angemessen sein, wenn die mit Probekörpern ermittelte Festigkeit des Betons noch gering ist. Die Fristen der Tabelle 7.16, Spalte 3 oder 4, gelten – bezogen auf das Einbringen des Ortbetons – als Anhaltswerte auch für Montagestützen unter Stahlbetonfertigteilen, wenn diese Fertigteile durch Ortbeton ergänzt

werden und die Tragfähigkeit der so zusammengesetzten Bauteile von der Festigkeitsentwicklung des Ortbetons abhängig ist.

(6) Die Ausschalfristen sind gegenüber der Tabelle 7.16 zu vergrößern, unter Umständen zu verdoppeln, wenn die Betontemperatur in der Erhärtungszeit überwiegend unter +5 °C lag.

Tabelle 7.16 Ausschalfristen (Anhaltswerte)

	1	2	3	4
	Festigkeitsklasse des Zements	Für die seitliche Schalung der Balken und für die Schalung der Wände und Stützen Tage	Für die Schalung der Deckenplatten Tage	Für die Rüstung (Stützung) der Balken, Rahmen und weitgespannten Platten Tage
1	Z 25	4	10	28
2	Z 35 L	3	8	20
3	Z 35 F Z 45 L	2	5	10
4	Z 45 F Z 55	1	3	6

Tritt während des Erhärtens Frost ein, so sind die Ausschal- und Ausrüstfristen für ungeschützten Beton mindestens um die Dauer des Frostes zu verlängern (siehe Abschnitt 7.5.4).

(7) Für eine Verlängerung der Fristen kann außerdem das Bestreben bestimmend sein, die Bildung von Rissen – vor allem bei Bauteilen mit sehr verschiedener Querschnittsdicke oder Temperatur – zu vermindern, zu vermeiden oder die Kriechverformungen zu vermindern, z. B. auch infolge verzögerter Festigkeitsentwicklung.

(8) Bei Verwendung von Gleit- oder Kletterschalungen kann in der Regel von kürzeren Fristen als in der Tabelle 7.16 angegeben ausgegangen werden.

(9) Stützen, Pfeiler und Wände sollen vor den von ihnen gestützten Balken und Platten ausgeschalt werden. Rüstungen, Schalungsstützen und frei tragende Deckenschalungen (Schalungsträger) sind vorsichtig durch Lösen der Ausrüstvorrichtungen abzusenken. Es ist unzulässig, diese ruckartig wegzuschlagen oder abzuzwängen. Erschütterungen sind zu vermeiden.

7.5.6 Festigkeitsentwicklung von Beton

Mitunter ist wichtig zu wissen, welche Festigkeit der Beton nach *n* Tagen bereits erreicht hat, um Ausschalfristen oder Belastungen festzulegen. Diese Teilfestigkeit kann abgeschätzt werden (Anhaltswerte); sie ist abhängig von der Zementfestigkeitsklasse und der Betontemperatur (Mittelwert während der bisherigen Erhärtungsdauer; kühle Nachttemperaturen nicht überschätzen!). Es folgen Richtwerte nach: Wischers/Dahms, Festigkeitsentwicklung des Betons, Zement Taschenbuch 1984; s. Tabelle 7.17).

Betone mit Hochofenzementen (HOZ) haben besonders ausgeprägte Nacherhärtungen, etwa von β_{W28} = 35 N/mm^2 bis zu β_{W360} = 52 N/mm^2.

Belastung frisch ausgeschalter Bauteile

Läßt sich eine Benutzung von Bauteilen, namentlich von Decken, in den ersten Tagen nach dem Herstellen oder Ausschalen nicht vermeiden, so ist besondere Vorsicht geboten. Keines-

Tabelle 7.17 Festigkeitsentwicklung

Zementfestigkeitsklasse	Beton-temperatur	Festigkeit in % der 28-Tage-Festigkeit nach			
		3 Tagen	7 Tagen	28 Tagen	90 Tagen
Z 55, Z 45 F	5 °C 20 °C	40–60 70–80	60–80 80–90	90–100 100	100–105
Z 45 L, Z 35 F	5 °C 20 °C	20–40 50–60	40–60 65–80	75–90 100	105–115
Z 35 L	5 °C 20 °C	10–20 30–40	20–40 50–65	60–75 100	110–125

wegs dürfen auf frisch hergestellten Decken Steine, Balken, Bretter, Träger usw. abgeworfen, abgekippt oder in unzulässiger Menge gestapelt werden.

Hilfsstützen

(1) Um die Durchbiegungen infolge von Kriechen und Schwinden klein zu halten, sollten Hilfsstützen stehenbleiben oder sofort nach dem Ausschalen gestellt werden. Das gilt auch für die in Abschnitt 7.5.5 (5) genannten Bauteile aus Fertigteilen und Ortbeton.

(2) Hilfsstützen sollen möglichst lange stehenbleiben, besonders bei Bauteilen, die schon nach dem Ausschalen einen großen Teil ihrer rechnungsmäßigen Last erhalten oder die frühzeitig ausgeschalt werden. Die Hilfsstützen sollen in den einzelnen Stockwerken übereinander angeordnet werden.

(3) Bei Platten und Balken mit Stützweiten bis etwa 8 m genügen Hilfsstützen in der Mitte der Stützweite. Bei größeren Stützweiten sind mehr Hilfsstützen zu stellen. Bei Platten mit weniger als 3 m Stützweite sind Hilfsstützen in der Regel entbehrlich.

7.5.7 Risse in jungem Beton

Beton ist seit Beginn seiner Herstellung einer dauernden Volumenänderung unterworfen, die z. T. einmalig, zum anderen wiederholbar und auch umkehrbar ist. Soweit der Beton dabei an den Formänderungen behindert wird, kann es zu Schäden kommen: entweder am Beton selbst (Risse) oder an den hindernden Bauteilen.

7.5.7.1 Normale Volumenänderungen (außer Treiben)

● Bluten
Absetzen von Anteilen des Anmachwassers an der Oberfläche durch Absinken von Grobkorn nach unten; geringe Volumenminderung, Einbuße an Oberflächenfestigkeit; findet vor dem Erstarren statt.

● Schrumpfen (auch chemisches Schwinden)
Das Anmachwasser, das sich zunächst in den Poren befindet, wird im Laufe der Hydratation chemisch gebunden; das so gebundene Wasser hat etwa 25% weniger Volumen als das freie Anmachwasser. Kein Vorgang der Wasserverdunstung! Findet zwischen Anmachen und Erstarren statt (beim sog. „grünen Beton“).

● Plastisches Schwinden (oder Frühschwinden)
Volumenminderung des Betons im Anfangsstadium des Erstarrens durch Verdunstung von Anmachwasser (mitunter mit Schrumpfen verwechselt); s. auch II 7.5.7.2.

● Schwinden
Volumenänderung des erhärteten Betons während seiner Austrocknung; geht ohne äußere Belastung vor sich und wird mit Kapillarkräften in dem relativ großen und fein verteilten Porenraum des Zementsteins erklärt. Ist nach 3 bis 4 Monaten i. d. R. abgeklungen.

● Quellen
Umkehrung des Schwindprozesses bei Wasseraufnahme des Betons; Vorgang Schwinden – Quellen ist wiederholbar, nimmt jedoch im Ausmaß stetig ab (Strukturveränderungen des Zementsteins mit der Zeit).

● Kriechen
Zeitbedingte Zunahme der bleibenden Verformung des Betons unter dem Einfluß von dauernd wirkenden Spannungen. Dauer des Vorgangs 2 bis 3 Jahre (evtl. länger).

● Temperaturverformung
Volumenzunahme oder -abnahme durch äußerlichen Wärmeeinfluß (tages- und jahreszeitlich) und durch Hydratationswärme beim Erhärten, also beim jungen (nicht „grünen") Beton. Spaltrisse durch Δt beim jungen Beton können zur Unbrauchbarkeit des Bauteils führen.

● Elastische Verformungen
Verformungen unter Lasteinwirkung entsprechend dem Spannungs-Dehnungs-Gesetz.

7.5.7.2 Das plastische Schwinden

Bauherren und Architekten alarmieren mitunter die Bauunternehmung am Tage nach dem Betonieren einer Deckenplatte, da sie im Beton merkwürdige, sehr deutliche Risse entdecken. Sie treten praktisch nur in waagerechten Betonplatten auf, beginnen als feine Risse an der Oberfläche und verlaufen in der Regel als Gruppe von nebeneinanderliegenden Rissen parallel zum Bewehrungsnetz. Ist der Rißabstand groß, so sind auch die Rißbreiten größer (oft breiter als 0,2 mm); sie beginnen und enden fast stets innerhalb der Betonfläche.

Diese Risse entstehen nur bei ungünstigen Witterungsverhältnissen und beruhen auf zu schnellem Wasserentzug, verursacht durch Wind und Wärme, saugender Schalung, fehlender Nachbehandlung oder Temperaturspannungen an warmen Tagen mit starkem nächtlichem Temperaturabfall. Frühschwindrisse (nicht zu verwechseln mit Schrumpfrissen) bilden sich während einer bestimmten Zeitphase: Beim Umwandeln des Zementleims von einer Suspension in ein Gel nimmt das Verformungsvermögen in hohem Maße ab. Die Entwicklung der Steifigkeit (Verformungsunwilligkeit) eilt der Festigkeitsentwicklung voraus, so daß der Beton zeitweise sehr empfindlich gegenüber Zugspannungen aus Behinderung der Verformung wird: Er ist bereits steif, aber noch nicht zugfest. Diese Phase besteht etwa 3 bis 10 Stunden nach Einbringen des Betons in die Schalung.

Gegenmaßnahmen (beeinflussen die Betonzusammensetzung und die Nachbehandlung):

- Feinstanteile und Mehlkorngehalt beschränken
- *w/z*-Wert niedrig halten
- bei Einsatz von Verzögerern nachrütteln und nachbehandeln
- Nachbehandlung durch Abdecken mit Folien oder Aussprühen eines Nachbehandlungsfilms
- Vakuumverfahren (Absaugen des Überschußwassers mit Gummimatte und Pumpe)

Folgen: Die Bewertung der Risse hängt von den Anforderungen ab, die an das Bauteil gestellt werden. Im Hochbau, bei dem Korrosion der Bewehrung nicht zu befürchten ist, kann eine Ausbesserung unterbleiben. Eine erhöhte Durchbiegung findet nicht statt, da die Risse parallel zur Bewehrung verlaufen, Unterbrechungen der Druckzone in Kraftrichtung also nicht vorhanden sind.

Ansonsten können Risse im plastischen, noch verformbaren Beton durch Nachrütteln, Anklopfen und Abreiben geschlossen werden. Risse im erstarrten Beton werden durch Einbürsten einer Zementschlämme geschlossen, durch Selbstheilung (dabei werden noch nicht durchhydratisierte Zementkörner durch den Riß freigelegt und hydratisieren nach) bei reichlichem Wasserangebot oder durch Tränken und Verpressen mit Injektionsharz. Das Vermeiden von Frühschwindrissen im „grünen" Beton ist technisch möglich und gilt als Stand der Technik.

7.6 Bewehrung

7.6.1 Allgemeines zum Einbau der Bewehrung

Die Bewehrung beim Stahlbeton nimmt die Zugkräfte aus äußeren Lasten, aus Setzungen, Feuer und anderen Verformungen auf und beschränkt die Rißbreite aus Eigen- und Zwangsspannungen (verhindern kann sie diese nicht). Die Auswahl der Bewehrung – Stabstahl, Matten, Spannstahl, Formstahl – steht dem Konstrukteur frei, ebenso in gewissen Grenzen die Art der Bewehrungsführung. Das hängt z. T. von der Wirtschaftlichkeit ab: Unabhängig von der Bauwerkskategorie und den Durchmessern der Bewehrungsstäbe (die ja große Kostenstreuungen bewirken), schätzt man die Verlegekosten von Listenmatten : Lagermatten : Stabstahl wie 1 : 1,25 : 1,50. Da im Laufe der Zeit verschiedene Ideologien über die Kunst des Bewehrens entstanden, die z. T. sogar recht widersprüchlich sind, darf man sich nicht wundern, wenn auf Bewehrungsplänen auch unorthodoxe Konstruktionsformen auftauchen. Abgesegnet sein muß der Plan auf jeden Fall durch den Stempel des Bauaufsichtsamtes oder des Prüfingenieurs. Nur in grobem Zweifel wird daneben die statische Berechnung eingesehen oder der Statiker befragt.

Zum Verständnis der Stahlbetonkonstruktion gehören einige immer wiederkehrende Regeln; soweit sie speziellen Bauelementen eigen sind, werden sie ab Abschnitt 7.7 dargestellt.

Abb. 7.13 Bewehrung der Sohlplatte eines Bürohochhauses

Abb. 7.14 Bewehrung der Sohlplatte eines Bürohochhauses

Abb. 7.15 Mannloch zum Einstieg in die untere Bewehrungsebene der Sohlplatte

● Betonstahlmatten
BSt 500 M (Kurzzeichen IV M) aus kaltverformten gerippten Stäben des warmgewalzten Ausgangsmaterials in Durchmessern 4 bis 12 mm; Längsstäbe als Einfach- und Doppelstäbe; Querstäbe stets als Einfachstäbe (herstellungsbedingt)

– Lagermatten:
  einheitliches Lagermattenprogramm aller Hersteller ab Lager; Q-Matten für gleichen Querschnitt in beiden Richtungen, Maschenweite a = 150 (100) mm; R-Matten für einachsige Bewehrung, Maschenweite $a \times b$ = 150 (100)/250 mm; N-Matten für nichtstatische Bewehrung: N 94 = 75 × 75 × 3 × 3 und N 141 = 50 × 50 × 3 × 3

Mattenlänge $L = 5{,}00$ m, ab Q 513/R 513 → 6,00 m (in Sondergrößen bis 12 m)
Mattenbreite $B = 2{,}15$ m

- Listenmatten:
  Stababstände, Stabdurchmesser, Mattenabmessungen, Überstände und Randeinsparung nach Liste frei wählbar, werden bei regelmäßigem Mattenaufbau jedoch objektbezogen gefertigt; starker Aufpreis bei kleinen Positionsgewichten: $L \times B \leqq 12/3$ m
- Zeichnungsmatten:
  beliebiger unregelmäßiger Aufbau nach Zeichnung; werden nur objektbezogen gefertigt

Während Lagermatten mit ihren Kurzbezeichnungen gekennzeichnet werden (z. B. R 317), werden Listenmatten grundsätzlich dadurch beschrieben, daß Durchmesser und Abstände der Stäbe getrennt nach Mattenlängsrichtung und -querrichtung erfaßt werden (achsengetrennte Schreibweise):

	Länge	Überstände Anfang	Überstände Ende
$\dfrac{a_L \cdot d_{s1}/d_{s2} - n_{li}/n_{re}}{a_Q \cdot d_{s3}/d_{s4} - m_{\text{Anf}}/m_{\text{Ende}}}$	$\dfrac{L}{B}$	$\dfrac{Ü_1}{Ü_3}$	$\dfrac{Ü_2}{Ü_4}$
	Breite	links	rechts

Es bedeuten:

a_L Abstand der Längsstäbe in mm
a_Q Abstand der Querstäbe in mm
d_S1 Durchmesser der Längsstäbe im Innenbereich
d_S2 Durchmesser der Längsstäbe im Randbereich
d_S3 Durchmesser der Querstäbe im Innenbereich
d_S4 Durchmesser der Querstäbe im Randbereich
d Doppelstäbe (nur in Längsrichtung möglich)
n_li Anzahl der Längsrandstäbe, d_S2 links (analog rechts)
m_Anf Anzahl der Stäbe vom Durchmesser d_S4 am Anfang (analog Ende)
L Mattenlänge in m
B Mattenbreite in m
$Ü_1$/$Ü_2$ Längsstabüberstände am Mattenanfang (analog Ende) in mm
$Ü_3$/$Ü_4$ Querstabüberstände links (rechts) in mm

Werden bei der Bestellung keine besonderen Überstände genannt, so werden die Matten mit den kleinstmöglichen Überständen $Ü_1$ bis $Ü_4$ gefertigt; aus schweißtechnischen Gründen sind das 25 mm.

Zur Unterscheidung von Stabstahlpositionen werden in der Regel im Bewehrungsplan die Positionsnummern von Matten quadratisch umrahmt.

Kennzeichnung der Matten beim Anliefern:
An den Lagermatten sind rechteckige Blechschildchen mit der Mattenkurzbezeichnung (z. B. Q 257), dem Namen des Herstellerwerkes und der Werknummer nach DIN 488 befestigt.

An den Listen- und Zeichnungsmatten hängt an jeder Matte ein rundes Blechschildchen mit der Positionsnummer des Verlegeplanes, dem Namen und der Werknummer des Herstellerwerkes.

Hin- und Zurückbiegen (DIN 1045, 18.3.3) ist auch bei Matten grundsätzlich möglich; bei vorwiegend ruhender Belastung muß der Biegerollendurchmesser beim Hinbiegen $d_\text{br} \geqq 6 \cdot d_\text{S}$ sein. Die Bewehrung darf in diesem Bereich zu nicht mehr als 80% ausgenutzt sein. Bei nicht

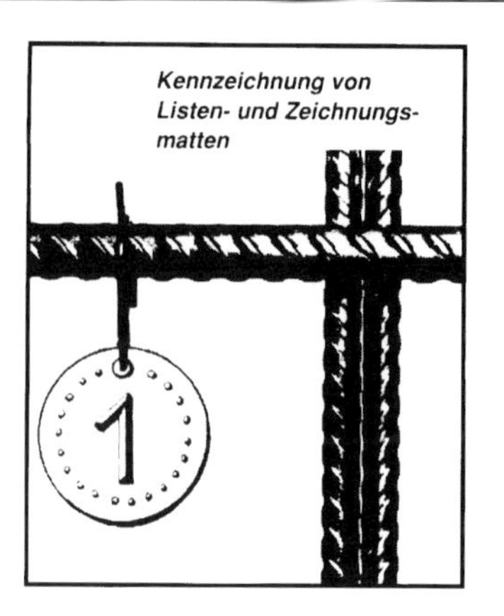

Abb. 7.16

vorwiegend ruhender Belastung muß sein $d_{br} \geqq 15 \cdot d_S$, und die Schwingbreite der Stahlspannung darf unter Gebrauchslast 50 MN/m² nicht überschreiten.

Ein Mehrfachbiegen, bei dem das Hin- und Zurückbiegen an derselben Stelle wiederholt wird, ist nicht zulässig. (Nachträgliches Biegen bei Stabstahl s. Abschnitt 7.6.3.2.)

Verankerung der Matten an kurzen Endauflagern von Platten: Zur Verankerung der Biegezugbewehrung aus Betonstahlmatten reicht eine Auflagertiefe von 6 cm aus, wenn ein Querstab hinter der rechnerischen Auflagerlinie liegt und die Matten die kurzen Überstände von 2,5 cm haben. Das gilt unabhängig von der Betongüte, ist jedoch an die Bedingung geknüpft:

erf a_{SR} : vorh $a_{SR} \leqq 1/3$

Bei der nichtgestaffelten Bewehrung ist dies immer, bei gestaffelter Bewehrung i. d. R. gegeben.

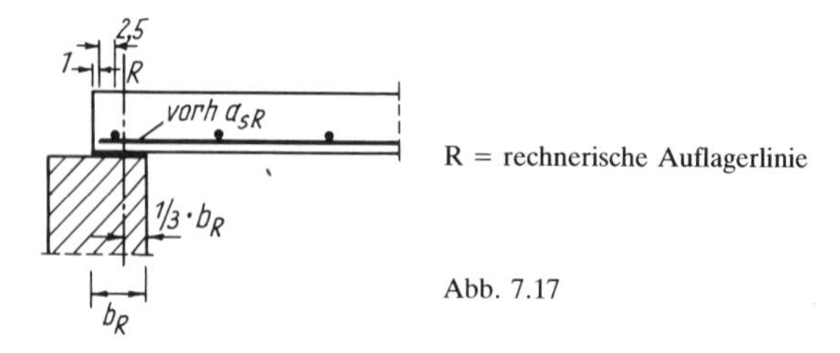

R = rechnerische Auflagerlinie

Abb. 7.17

Mattenstöße bei Lagermatten:
Im (schlechten) Verbundbereich II ist die Länge des Tragstoßes mit der Stoßformel zu ermitteln; im (guten) Verbundbereich I reicht dafür die Maschenregel aus:

– In Mattenlängsrichtung		
Q-Matten	2 Maschen, ≧ 35 cm	B 25, B 35
Ausnahme: Q 377	3 Maschen, ≧ 50 cm	B 25
R-Matten	2 Maschen, ≧ 55 cm	B 25
Ausnahme: bis R 377	1 Masche, ≧ 30 cm	B 35
– In Mattenquerrichtung		
Q-Matten (Tragstoß)	3 Maschen, ≧ 50 cm	alle Bn
Ausnahme: bis Q 188	2 Maschen, ≧ 35 cm	B 25, B 35
R-Matten (Verteiler)	1 Masche, ≧ 20 cm	alle Bn
K-Matten	3 Maschen, ≧ 35 cm	alle Bn

Mattenstöße bei Listenmatten

Querbewehrung → abhängig vom Stabdurchmesser:

$d_s = 6{,}5$ mm	$l_Ü \geqq 15$ cm
$6{,}5 < d_s \leqq 8{,}5$ mm	$l_Ü \geqq 25$ cm
$8{,}5 < d_s \leqq 12{,}0$ mm	$l_Ü \geqq 35$ cm

Tragbewehrung → Überdeckungslänge nachweisen

Matten mit einem Bewehrungsquerschnitt $A_S \leqq 12\ cm^2$ dürfen stets in einem Querschnitt gestoßen werden; darüber nur je 60 % der erforderlichen Bewehrung.

● Betonstabstahl

Während bei handgefertigten Bewehrungsplänen für Decken mit Matten meist die Einzelmatten in den Grundriß eingetragen werden, werden bei Stabstahlbewehrung die Stahlbetonbauteile im Schnitt gezeichnet, die Bewehrung maßstäblich eingetragen und unter bzw. neben dem Bauteil herausgezogen und sämtliche Teillängen vermaßt.

Aufbiegehöhe H ist Höhe „über alles",
also kein Achsmaß.

Länge der Aufbiegung $S = (H - d_s) \cdot \sqrt{2}$

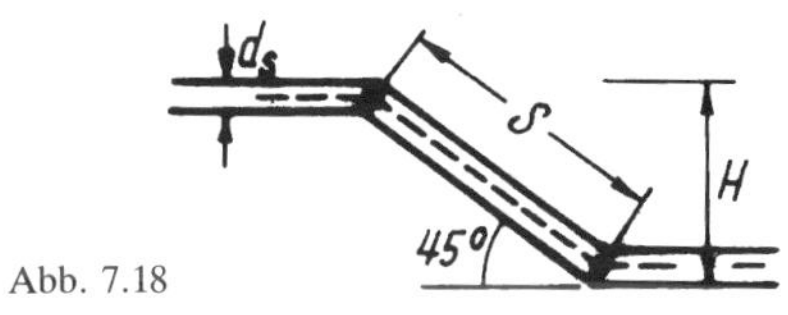

Abb. 7.18

Lichter Abstand der Stäbe $\geqq 2$ cm
$\geqq d_s$ (gilt nicht für Doppelstäbe von Matten)

Es ist zu beachten, daß Rippenstahl dicker ist als das Nennmaß; z. B. muß ∅ 28 mit 32 mm eingeplant werden.

Biegerollendurchmesser bei Haken, Schlaufen, Bügeln:

$d_{br} = 4 \cdot d_s$	bei $d_s < 20$ mm
$d_{br} = 7 \cdot d_s$	bei $d_s = 20$ bis 28 mm

Biegerollendurchmesser bei Aufbiegungen und Krümmungen (Rahmen):
Ist abhängig von der Betondeckung rechtwinklig zur Krümmungsebene c

$d_{br} = 20 \cdot d_s$	bei $c \leqq 5$ cm oder $\leqq 3 \cdot d_s$
$d_{br} = 15 \cdot d_s$	bei $c > 5$ cm und $\leqq 3 \cdot d_s$
$d_{br} = 10 \cdot d_s$	bei $c \geqq 10$ cm und $\leqq 7 \cdot d_s$

Weitere Bewehrungshinweise für Stabstahl s. Abschnitt „Besonderheiten bei einzelnen Bauteilen" → 7.7.2 – Balken und Plattenbalken.

● Formstahl-Bewehrung

Möglich – aber selten bisher – ist formstahlbewehrter Stahlbeton; geeignet sind [-Stahl und L-Stahl, also Walzprofile, die gleichzeitig als Schalungsträger im Bauzustand mit nur wenig Unterstützung gebraucht werden können und bei denen der spätere Gebäudeausbau ohne Ankerschienen erfolgen kann (Anschweißen).

Diese Biegezugbewehrung kann nicht dem Momentenverlauf angepaßt werden, sondern ist gleichbleibend von Auflager zu Auflager. Das bedeutet, daß als statisches System Bogen-Zugbandsysteme oder Sprengewerksysteme zu wählen sind, da für diese die Zugkraft über die gesamte Spannweite gleich groß ist. Es ist also keine Schubbewehrung erforderlich, jedoch besondere Ankerkörper.

● Flechtarbeiten

Vor der Verwendung ist der Stahl von Bestandteilen, die den Verbund beeinträchtigen können, wie z. B. Schmutz, Fett, Eis und losem Rost, zu befreien. Besondere Sorgfalt ist darauf zu verwenden, daß die Stahleinlagen die den Bewehrungszeichnungen (siehe Abschnitt 7.1.3.1) entsprechende Form (auch Krümmungsdurchmesser), Länge und Lage erhalten. Bei Verwendung von Innenrüttlern für das Verdichten des Betons ist die Bewehrung so anzuordnen, daß die Innenrüttler an allen erforderlichen Stellen eingeführt werden können (Rüttellücken).

Die Zug- und die Druckbewehrung (Hauptbewehrung) sind mit den Quer- und Verteilerstäben oder Bügeln durch Bindedraht zu verbinden. Diese Verbindungen dürfen bei vorwiegend ruhender Belastung durch Schweißung ersetzt werden, soweit dies nach DIN 4099 zulässig ist.

Die Stahleinlagen sind zu einem steifen Gerippe zu verbinden und durch Abstandhalter, deren Dicke dem Nennmaß der Betondeckung entspricht und die den Korrosionsschutz nicht beeinträchtigen, in ihrer vorgesehenen Lage so festzulegen, daß sie sich beim Einbringen und Verdichten des Betons nicht verschieben.

Die obere Bewehrung ist gegen Herunterdrücken zu sichern.

Bei Fertigteilen muß die Bewehrung wegen der oft geringen Auflagertiefen besonders genau abgelängt und vor allem an den Auflager- und Gelenkpunkten besonders sorgfältig eingebaut werden.

Wird ein Bauteil mit Stahleinlagen auf der Unterseite unmittelbar auf dem Baugrund hergestellt (z. B. Fundamentplatte), so ist dieser vorher mit einer mindestens 5 cm dicken Betonschicht oder mit einer gleichwertigen Schicht abzudecken (Sauberkeitsschicht).

Für die Verwendung von verzinkten Bewehrungen gilt Abschnitt 7.1.2. Verzinkte Stahlteile dürfen mit der Bewehrung in Verbindung stehen, wenn die Umgebungstemperatur an der Kontaktstelle +40 °C nicht übersteigt (s. hierzu 7.2.2.2).

● Verlegen von Betonstahlmatten*)

Man beginnt in einer Gebäudeecke; Überdeckungs- und Verankerungsmaße sind dem Mattenverlegeplan (s. Abschn. 7.1.3.1) zu entnehmen. Immer ist darauf zu achten, daß die Matten mit der richtigen Seite nach oben liegen:

- Bei einachsig gespannten Platten liegen bei der einlagigen unteren Bewehrung die Stäbe in Spannrichtung der Platte unten; die Spannrichtung ist (meist) die kürzere Seite eines Plattenfeldes.
- Bei einlagiger oberer Bewehrung liegen die quer zur Stützung (Balken, Unterzug, Wand) verlaufenden Stäbe der Matte im allgemeinen oben.
- Bei zweiachsig gespannten Platten oder zweilagigen Bewehrungen sollte die Lage der Stäbe auf dem Verlegeplan angegeben sein. Das gleiche gilt für die Lage der Mattenrandstäbe, wenn die Randausbildung unsymmetrisch ist. Fehlen diese Angaben (z. B. Pos. ① und ③: Längsstäbe unten, oder Pos. ④: Querstäbe [Tragstäbe] oben), muß der Statiker gefragt werden, wie zu verlegen ist.

Liegen die Decken auf Stahlbetonunterzügen mit oben offenen Bügeln, so können die Matten von oben übergeschoben werden, wenn die Bügel in ihrem oberen Bereich keine angeschweißten Längsstäbe haben; gegebenenfalls müssen Längsstäbe in den oberen Bügelecken erst nach dem Einbau der Matten eingebunden werden.

Bei Unterzügen mit geschlossenen Bügeln sind entweder die Matten auf Bestellung mit längeren Stabüberständen gefertigt und geliefert worden, oder man schneidet die hindernden

*) Nach: Geschweißte Betonstahlmatten auf der Baustelle – Hinweise für die Baupraxis. Fachverband Betonstahlmatten, Düsseldorf, 4. Aufl. 1990.

Stäbe der Matte aus, also die äußersten Stäbe, die zum Unterzug parallel laufen. Die so vorbereiteten Matten können ohne Schwierigkeit in die Bügelbewehrung der Unterzüge eingeschoben werden.

Beim Einbau von Matten, die an zwei gegenüberliegenden Auflagern in Unterzügen einzuführen sind, ist es zweckmäßig:

- Matten, die aufgrund ihrer Länge und des Stabdurchmessers quer zum Unterzug ausreichend elastisch verformbar sind, zunächst an einer Seite in einen Unterzug einzuschieben. Es genügt dann, die Matte in der Mitte anzuheben, um die Überstände der anderen Seite ebenfalls zwischen die Bügel einzuführen.

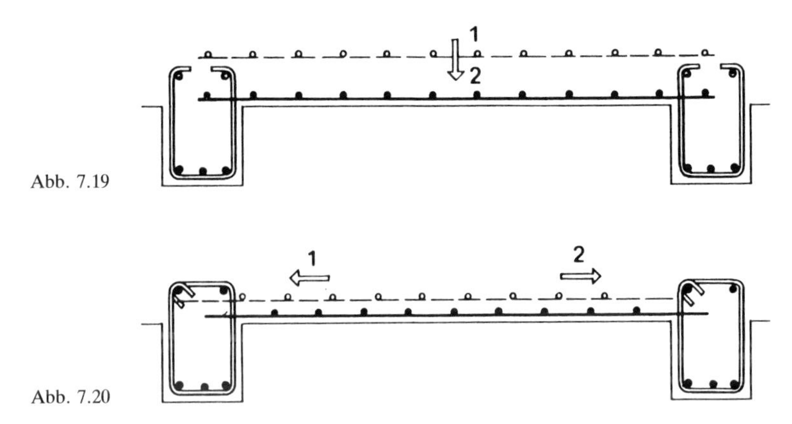

Abb. 7.19

Abb. 7.20

- Matten, die aufgrund ihrer Kürze und dem Stabdurchmesser quer zum Unterzug kaum elastisch verformbar sind, zunächst mit einem längeren Überstand so weit in einen Unterzug einschieben, bis der andere Überstand in den anderen Unterzug eingeschoben werden kann.

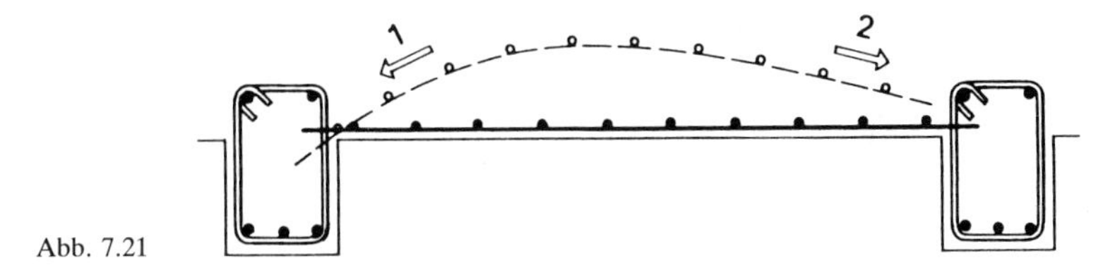

Abb. 7.21

7.6.2 Betondeckung

Die Betondeckung hat wegen der zahlreichen Schäden einerseits und der angestrebten Dauerhaftigkeit andererseits in neuerer Zeit einen hohen Stellenwert erhalten; die Baustellen nehmen dies leider häufig nicht so wichtig.

Die Bewehrungsstäbe müssen zur Sicherung des Verbundes, des Korrosionsschutzes und zum Schutz gegen Brandeinwirkung ausreichend dick und dicht mit Beton ummantelt sein.

Die Betondeckung jedes Bewehrungsstabes, auch der Bügel, darf nach allen Seiten die Mindestmaße min c der Tabelle 7.16, Spalte 3, nicht unterschreiten, falls nicht größere Maße oder andere Maßnahmen erforderlich sind.

Die Nennmaße nom c der Betondeckung (s. Tabelle 7.16) errechnen sich aus min c zuzüglich eines Vorhaltemaßes, in der Regel von $\Delta c = 1$ cm. Sie sind bei der statischen Höhe zugrunde zu

Abb. 7.22 Anheben der fertigen Bewehrung einer Decke zum nachträglichen „Unterpopeln“

Abb. 7.23 Anheben der fertigen Bewehrung einer Decke zum nachträglichen „Unterpopeln“

legen und auf den Bewehrungszeichnungen anzugeben. Wegen der möglichen Verringerung um 0,5 cm oder einer Vergrößerung bei Größtkorn des Zuschlags über 32 mm muß auf DIN 1045, Abs. 13.2.1 und 13.2.2 im Wortlaut verwiesen werden. Die Betondeckung darf bei verzinktem, kunststoffummanteltem oder nichtrostendem Stahl nicht verringert werden.

Ebenfalls dürfen Schichten aus natürlichen oder künstlichen Steinen, aus Holz oder Beton mit haufwerkporigem Gefüge nicht auf die Betondeckung angerechnet werden.

Werden Stahlbetonbauteile unmittelbar auf dem Baugrund hergestellt, z. B. Fundamentplatten sowie bewehrte Einzel- oder Streifenfundamente, so ist vor dem Verlegen der Bewehrung eine mindestens 5 cm dicke Betonschicht (Praktiker nennen sie Sauberkeitsschicht) einzubauen. Andernfalls wären die unteren Stäbe, selbst wenn sie auf Abstandhalter gestellt würden, sicherlich nicht auf der Unterseite betonummantelt.

Tabelle 7.18 Maße der Betondeckung in Zentimeter, bezogen auf die Umweltbedingungen (Korrosionsschutz) und die Sicherung des Verbundes

	1	2	3	4
	Umweltbedingungen	Stabdurchmesser d_s mm	Mindestmaße für ≧ B 25 min c cm	Nennmaße für ≧ B 25 nom c cm
1	Bauteile in geschlossenen Räumen, z. B. in Wohnungen (einschließlich Küche, Bad und Waschküche), Büroräumen, Schulen, Krankenhäusern, Verkaufsstätten – soweit nicht im folgenden etwas anderes gesagt ist. Bauteile, die ständig trocken sind.	bis 12 14, 16 20 25 28	1,0 1,5 2,0 2,5 3,0	2,0 2,5 3,0 3,5 4,0
2	Bauteile, zu denen die Außenluft häufig oder ständig Zugang hat, z. B. offene Hallen und Garagen. Bauteile, die ständig unter Wasser oder im Boden verbleiben, soweit nicht Zeile 3 oder Zeile 4 oder andere Gründe maßgebend sind. Dächer mit einer wasserdichten Dachhaut für die Seite, auf der die Dachhaut liegt.	bis 20 25 28	2,0 2,5 3,0	3,0 3,5 4,0
3	Bauteile im Freien. Bauteile in geschlossenen Räumen mit oft auftretender, sehr hoher Luftfeuchte bei üblicher Raumtemperatur, z. B. in gewerblichen Küchen, Bädern, Wäschereien, in Feuchträumen von Hallenbädern und in Viehställen. Bauteile, die wechselnder Durchfeuchtung ausgesetzt sind, z. B. durch häufige starke Tauwasserbildung oder in der Wasserwechselzone. Bauteile, die „schwachem" chemischem Angriff nach DIN 4030 ausgesetzt sind.	bis 25 28	2,5 3,0	3,5 4,0
4	Bauteile, die besonders korrosionsfördernden Einflüssen auf Stahl oder Beton ausgesetzt sind, z. B. durch häufige Einwirkung angreifender Gase oder Tausalze (Sprühnebel- oder Spritzwasserbereich) oder durch „starken" chemischen Angriff nach DIN 4030 (siehe auch Abschnitt 13.3).	bis 28	4,0	5,0

7.6.3 Verlegen der Bewehrung: Abstände, Kaltbiegen, Fehler

7.6.3.1 Stababstände

Der lichte Abstand von gleichlaufenden Bewehrungsstäben außerhalb von Stoßbereichen muß mindestens 2 cm betragen und darf nicht kleiner als der Stabdurchmesser d_s sein. Dies gilt nicht für den Abstand zwischen einem Einzelstab und einem an die Querbewehrung (z. B. an einen Bügelschenkel) angeschweißten Längsstab mit $d_s \leqq 12$ mm. Die Stäbe von Doppelstäben von Betonstahlmatten dürfen sich berühren.

Tabelle 7.19 Maximale Stabzahl in 1 Lage von Stahlbetonbalken (Betondeckung nom c = 3,0 cm)

Balkenbreite in cm	Stabdurchmesser in mm						
	12	14	16	20	25	28	Nennwert
	(14)	(17)	(19)	(24)	(30)	(34)	(realer Wert)
15	2	2	2	2	–	–	
20	4	3	3	3	2	2	
25	5	5	4	4	3	3	
30	7	6	6	5	4	4	
35	8	8	7	6	5	4	
40	9	9	8	7	6	5	
45	–	10	10	9	7	6	
50	–	–	–	10	8	7	
55	–	–	–	–	9	8	
60	–	–	–	–	9	8	
65	–	–	–	–	10	9	
70	–	–	–	–	–	10	
Bügel ∅	8				10		

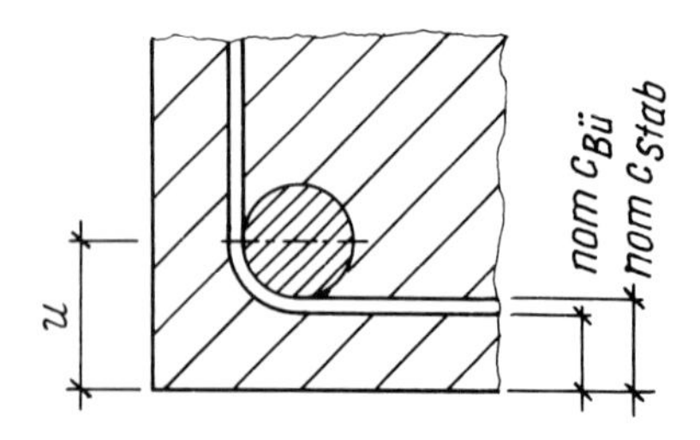

nom c: maßgebend für Statik, Bewehrungsplan und Abstandhalter

min c: an *jeder* Stelle einzuhalten

u: Achsabstand (beim Brandschutz)

Abb. 7.24

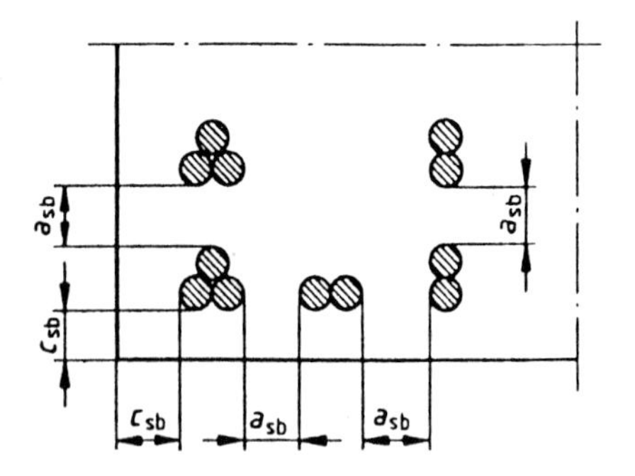

Gegenseitige Mindestabstände
$a_{sb} \geqq d_{sV}$
$a_{sb} \geqq 2$ cm
Nennmaß der Betondeckung:
c_{sb} nach Tabelle 10 bzw. $\geqq d_{sV} + 1{,}0$ cm

Abb. 7.25 Anordnung, Mindestabstände und Mindestbetondeckung bei Stabbündeln

Ausnahme: Stabbündel. Diese bestehen aus zwei oder drei Einzelstäben mit $d_s \leqq 28$ mm, die sich berühren und für die Montage zusammengehalten werden. Statt d_s wird hierbei der Vergleichsdurchmesser d_{sv} eingesetzt, das ist der Durchmesser eines flächengleichen (fiktiven) Einzelstabes.

Die Anordnung der Stäbe im Bündel sowie die Mindestmaße für die Betondeckung c_{sb} und für den lichten Abstand der Stabbündel a_{sb} richten sich nach Abb. 7.25. Das Nennmaß der Betondeckung richtet sich entweder nach Tabelle 7.18 oder ist dadurch zu ermitteln, daß das Mindestmaß $c_{sb} = d_{sv}$ um 1,0 cm erhöht wird. Für die Betondeckung der Hauptbewehrung gilt Abschnitt 7.6.2.

7.6.3.2 Nachträgliches Biegen

An Arbeitsfugen und bei vorgefertigten Bauteilen, die integriert werden sollen, wird häufig für den Transport oder zum „Entsperren" der lästigen Anschlußleisten diese Bewehrung abgebogen und später in die ursprüngliche Lage zurückgebogen (sog. planmäßiges Rückbiegen).

(1) Das Hin- und Zurückbiegen von Betonstählen stellt für den Betonstahl und den umgebenden Beton eine zusätzliche Beanspruchung dar.

Diese sehr hohe plastische Verformung ist eine Kaltverformung mit Zunahme der Festigkeit und Abnahme der Dehnfähigkeit (Versprödung). Wegen der Verfestigung durch die erste Biegung (Hinbiegung) treten die Verformungen beim Zurückbiegen bevorzugt außerhalb der Biegung des Hinbiegevorgangs auf, wenn nicht besondere Maßnahmen ergriffen werden, um dies zu verhindern. Aber auch dann bleiben nach dem Zurückbiegen unvermeidliche Stabkrümmungen zurück. Diese Stabkrümmungen nach dem Hin- und Zurückbiegen können insbesondere im Bereich von Betonierfugen, wo solche hin- und zurückgebogenen Stäbe ja in der Regel liegen, zu einer Zunahme von Rißbreiten und zu Abplatzungen der Betondeckung führen.

(2) Beim *Kaltbiegen* von Betonstählen sind die folgenden Bedingungen einzuhalten:

a) Der Stabdurchmesser darf nicht größer als d_s = 14 mm (besser 12 mm) sein. Ein Mehrfachbiegen, bei dem das Hin- und Zurückbiegen an derselben Stelle wiederholt wird, ist nicht zulässig.

b) Bei vorwiegend ruhender Beanspruchung muß der Biegerollendurchmesser beim Hinbiegen mindestens das 1,5fache der Werte nach DIN 1045, Tabelle 18, Zeile 2, betragen. Die Bewehrung darf höchstens zu 80% ausgenutzt werden.

c) Bei nicht vorwiegend ruhender Beanspruchung muß der Biegerollendurchmesser beim Hinbiegen mindestens 15 d_s betragen. Die Schwingbreite der Stahlspannung darf 50 N/mm^2 nicht überschreiten.

d) Verwahrkästen für Bewehrungsanschlüsse sind so auszubilden, daß sie weder die Tragfähigkeit des Betonquerschnitts noch den Korrosionsschutz der Bewehrung beeinträchtigen (siehe DAfStb-Heft 400 und DBV-Merkblatt „Rückbiegen").

(3) Für das *Warmbiegen* von Betonstahl gilt DIN 1045, Abschnitt 6.6.1. Bei nicht vorwiegend ruhender Beanspruchung darf die Schwingbreite der Stahlspannung 50 N/mm^2 nicht überschreiten.

3 Kaltrückbiegen – Empfehlungen*)

Vom Deutschen Beton-Verein wurde ein Merkblatt „Rückbiegen von Betonstahl" erarbeitet, das auszugsweise abgedruckt wird (Quelle: Beton- und Stahlbetonbau 10/1984):

3.1 Das Rückbiegen ist sorgfältig zu planen, auch wenn die Entscheidung, Bewehrungsstäbe rückzubiegen, erst unmittelbar vor der Ausführung erfolgen kann.

*) Abschnittsnumerierung entsprechend „Merkblatt".

3.2 Bei wichtigen Bauteilen soll das Rückbiegen vermieden und statt dessen eine andere konstruktive Lösung gewählt werden, z. B. ein Bewehrungsstoß mit bauaufsichtlich zugelassenen Verbindungsmitteln, z. B. verschraubte Stöße (Muffen, Spannschlösser), fließgepreßte Stöße mit Muffen oder geschweißte Stöße.

3.3 Rückbiegestellen sollen nicht in hochbeanspruchte Bauteilbereiche gelegt werden. Ist das unvermeidbar, empfiehlt es sich, die Bewehrung reichlich zu bemessen.

3.4 Bei Frost soll nicht rückgebogen werden.

3.5 Für das Rückbiegen sind folgende Voraussetzungen zu beachten:

Stabdurchmesser	$d_s \leqq 14$ mm
Biegerollendurchmesser beim Biegen (Hinbiegen)	$d_{br} \geqq 6\, d_s$
Biegewinkel (beim Hinbiegen)	$\alpha \leqq 90°$

3.8 Bei nicht vorwiegend ruhend beanspruchten Bauteilen ist das Rückbiegen der Bewehrung zu vermeiden. In Ausnahmefällen dürfen rückgebogene Bewehrungsstäbe höchstens bis zu der nach DIN 1045, Abschnitt 17.8 für Abbiegungen zulässigen Schwingbreite beansprucht werden.

3.11 Der Krümmungsbeginn soll unmittelbar an die Betonfläche der Arbeitsfuge anschließen (Abb. 7.26a). Andernfalls soll der Abstand zwischen Betonfläche und Krümmungsbeginn mindestens 3 cm betragen, damit der Stab am Krümmungsbeginn mit einem Kröpfeisen gehalten werden kann (Abb. 7.26b). Der Stababstand muß entsprechend größer gewählt werden.

3.12 Der Krümmungsbereich abgebogener Stäbe darf nicht einbetoniert werden, auch nicht teilweise. Die Folgen können Betonabplatzungen und größere Stabverkröpfungen sein.

Im ungünstigsten Fall (auch beim Einbetonieren bis zum Krümmungsbeginn) ist mit Betonabplatzungen und Stabverkröpfungen zu rechnen. Daher soll beim Rückbiegen ein Kröpfeisen als Gegenhalter verwendet werden.

3.14 Am rückgebogenen Stab sollen keine Verkröpfungen bleiben. (Praktisch verbleibt, auch wegen der Verfestigungswirkung, ein wellenförmiger Stabverlauf; ein Versatz um etwa ⅓ des Nenndurchmessers ist tolerierbar.)

4 Hinweis zum Warmbiegen*)

Bereits teilweise einbetonierte dickere Stäbe mit $d_s \geqq 16$ mm können in der Regel nur durch Warmbiegen bzw. Warmrückbiegen in eine andere Form gebracht werden. Zu diesem Zweck werden die Stäbe mit einem Schweißbrenner im Biegebereich vorsichtig erhitzt. Wegen der Metallphysik sollte allerdings das Warmbiegen nicht bei Temperaturen über 350 °C (kaltverformte Stähle) bzw. über 700 °C (wärmebehandelte Stähle) stattfinden (Rußwurm, Betonstähle für den Stahlbetonbau, Bauverlag 1993).

Es ist dafür zu sorgen, daß die Stäbe langsam abkühlen, d. h. vor Wind geschützt und nicht mit Wasser abgeschreckt werden; das kann zu einer totalen Versprödung führen, wobei der Stab glasartig brechen kann.

Bei allen Betonstählen fällt oberhalb 500 °C die Festigkeit bleibend ab. Das gilt auch für die bisher als „warmbiegegeeignet“ eingestuften Betonstahlsorten RU und RUS. Bei diesen Betonstahlsorten nimmt außerdem nach der Erwärmung auf über 900 °C die Verformbarkeit stark ab.

---

*) Abschnittsnumerierung entsprechend „Merkblatt“ (s. Seite 477).

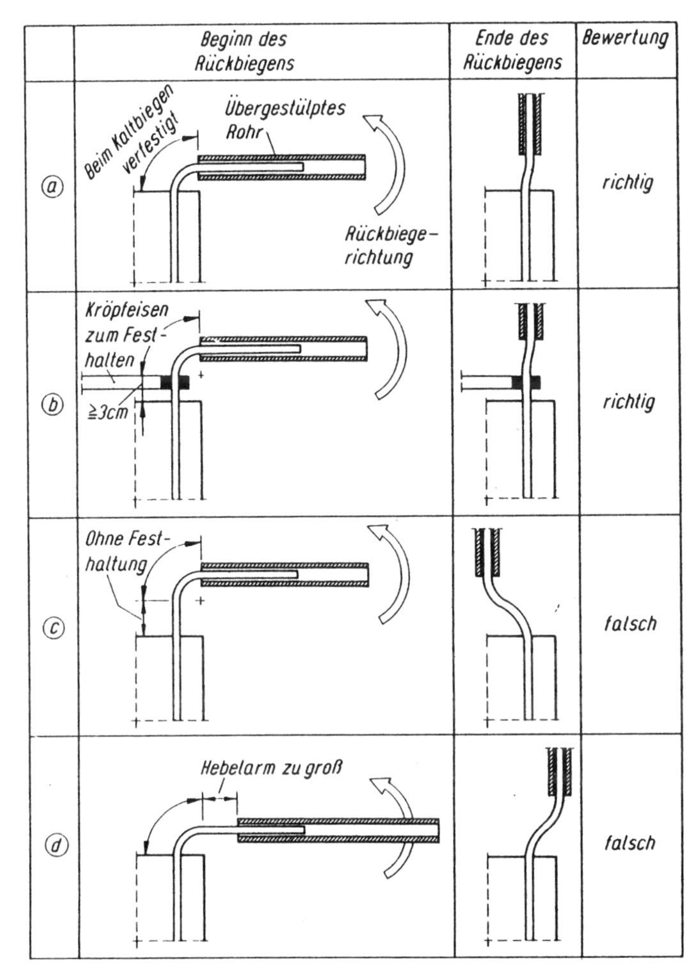

Abb. 7.26 Rückbiegen mit einem Rohr

Alle Betonstähle dürfen daher nach dem Warmbiegen nur noch mit der Streckgrenze des Betonstabstahls BSt 220 (I) (siehe DIN 1045, Ausgabe 1985, Abschnitt 6.6) in Rechnung gestellt werden. Wegen der Verringerung der rechnerischen Ausnutzbarkeit um mehr als 40 % ist Warmbiegen bzw. Warmrückbiegen nur mit Zustimmung des entwerfenden und des prüfenden Ingenieurs zulässig und bleibt eine mit Risiken verbundene Behandlungsart.

Anmerkungen zu Anschlußeisen und Betonstahl-Verbindungen:

Anstelle der üblichen Stabanschlüsse bzw. Stöße mittels Überdeckungslängen sind zahlreiche mechanische Betonstahl-Verbindungen zugelassen, die eine zunehmend größere Rolle spielen:

- GEWI-Muffenstoß; gekonterte Schraubmuffenverbindung für ∅ 12 bis 50 mm (D & W)
- Fließpreß-Muffenstoß; dabei wird eine über die Stabenden geschobene Muffe durch eine Presse auf die Betonstäbe gepreßt, ∅ 16 bis 32 mm (D & W)
- Schraubanschluß WD 90; die konischen Enden der werkseitig mit aufgerollten Gewinden versehenen Stäbe werden durch eine Schraubmuffe verbunden (Wayss & Freytag)

- Preßmuffenstoß, heute Reli-PM-Stoß; auf beide Stabenden wird jeweils eine Schraubpreßmuffe hydraulisch aufgepreßt, dann mit Koppelbolzen verbunden (Eberspächer)
- Schraubanschluß LENTON; Schraubverbindung mit Muffe und Kegelgewinde (Fa. Erico)
- Weitere Zulassungen für Stab-Anschlüsse: Jordahl-Bewehrungsanschluß; Pfeiffer-Bewehrungsanschluß; Franck-Schraubanschluß und weitere.

7.6.3.3 Fehler beim Verlegen

Selbst bei geprüfter statischer Berechnung und Bemessung kommen Übertragungsfehler in die Bewehrungspläne hinein; sie werden – da nach den Ansätzen der HOAI nicht kostendekkend – häufig zu billigen Preisen schlecht gefertigt. Zudem sind sie mitunter für die Baustelle schwer lesbar und führen zu Irrtümern.

Ähnliches trifft für die Verlegearbeit zu, die häufig an Subunternehmer vergeben wird. Jungwirth (Beton 10/1989) fragt mit Recht: Die Folge sind in Teilbereichen unterbezahlte, überalterte Arbeiter auf der Subunternehmerseite an der Grenze der Legalität, dem Konkurs nahe. Sie also sollen witterungsunabhängig Qualitätsarbeit liefern. Wer aber soll in diesem Umfeld die Qualitätsmerkblätter „Abstandhalter“ und „Betondeckung“ beachten? (Um nur einige zu nennen.)

Tabelle 7.20 Fehlerquellen bei Vorbereitung und Einbau der Bewehrung und Gegenmaßnahmen

Möglicher Fehler	Ursache	Mögliche Auswirkung	Maßnahmen zur Vorbeugung oder Abhilfe
Bewehrungsstäbe liegen zu dicht	Querschnitt zu schmal; zu wenig Bindestellen; Toleranzen nicht berücksichtigt	Entmischung des Betons; Fehlstellen („Nester“); Verbund beeinträchtigt	Mehr Bindestellen; mehr Montagebewehrung; Stabbündelung; falls möglich, Querschnitt verbreitern
Rüttelgassen fehlen oder zu klein	Querschnitt zu schmal; Bewehrungsanhäufung	Beton ist schwer einzubringen; Verdichtung nicht möglich; Dauerhaftigkeit beeinträchtigt	Änderung der Bewehrungsführung; Stabbündelung; Verringerung des Größtkorns; Fließbeton
Biegerollendurchmesser zu klein	Biegerolle wird nicht gewechselt; Angabe in Zeichnung wird nicht beachtet	Brechen des Stahls; Überbeanspruchung des Betons; Rißbildung; fehlende Tragfähigkeit	Beschädigte Stäbe auswechseln; bei geringfügiger Unterschreitung mehr Querbewehrung
Bewehrungsgeflecht verschiebt sich	Geflecht ist nicht stabil genug; Abstützungen fehlen	Bewehrung liegt auf der Schalung; Korrosionsschutz fehlt	Mehr Bindestellen; mehr Montagebewehrung; mehr Abstützungen und Abstandhalter
Bügeln in Stützen verschieben sich oder fehlen ganz	Beim Betonieren kein Fallrohr benutzt; Bügel wurden nicht nach Bewehrungszeichnung eingeflochten	Tragfähigkeit der Stütze beeinträchtigt; Risse im Lasteneintragungsbereich	Fallrohr beim Betonieren verwenden; Bügel nach Zeichnung einflechten; u. U. Steckbügel anordnen
Betondeckung zu klein	Zu wenig Abstandhalter angeordnet; Bewehrung beim Verlegen oder Betonieren verschoben; Unterschied Nennmaß – Mindestmaß nicht beachtet	Dauerhafter Korrosionsschutz fehlt (Rostfahnen); Zugkräfte können nicht im Beton verankert werden, Rißbildung; Tragfähigkeit herabgesetzt	Nennmaß der Betondeckung vergrößern; Abstandhalter in ausreichender Zahl einbauen; Betondeckung kontrollieren

(Nach: Litzner, beton 4/1984)

Weitere Hinweise auf Eigenarten des **kaltgereckten Stabstahls III,** der in der Bundesrepublik Deutschland seit Mitte 1986 nur noch als BSt 500 S gewalzt, aber aus dem Ausland noch bezogen werden kann:

- Kaltbiegen, plastische Verformung, örtliche Verfestigung und dgl. führen bei Temperaturen unter +5 °C zu evtl. Sprödbrüchen, wenn der Stab angeschlagen wird; Haken, Kopfanker usw. können dabei abbrechen.
- Längeres und stärkeres Erwärmen (über 500 °C) der Stäbe, z. B. mit dem Brenner beim nachträglichen Biegen auf der Schalung, führt zum Verlust der durch das Kaltrecken erzeugten Festigkeitserhöhung: Danach ist der Stahl nur noch als Stahl I mit den geringen Festigkeitswerten einzustufen. Dies gilt allerdings nicht für die Wärme beim Schweißen von Verbindungen oder Stößen. Man kann das vorangegangene „Warmbiegen" beim genauen Hinsehen erkennen: Hier fehlt meist die leichte Rosthaut am Stahl, das Aussehen ist graublau. Begießen mit kohlensäurehaltigem Sprudelwasser ($MgCl_2$) erzeugt kurzfristig wieder Flugrost (zur Täuschung von Architekt und Bauaufsicht).
- Grundsätzlich unzulässig ist es, auf der Baustelle die Stabdurchmesser zu wechseln, ohne die Bemessung überprüfen zu lassen, auch wenn der Querschnitt derselbe bleibt; zu untersuchen sind Verankerung, Rißbreitenbeschränkung, Schubdeckung usw.

Abb. 7.26 Fehlerhafter Treppenlauf
a) mangelhafte Bewehrung
b) Vergessenes Auflager soll durch in die Wand eingebohrte Rundstäbe geheilt werden.

Ebensowenig ist es möglich, in Unterzügen Stabbündel zu verlegen, wenn dies nicht ausdrücklich geplant ist. Der Betonpolier würde sich dies häufig für das Erreichen von Rüttelgassen wünschen.

- Es ist ein Bewehrungsfehler, längere Anschlußeisen (lotrechte und auch waagerechte) nicht zu binden, zu verbügeln oder in der Lage zu fixieren. Die unvermeidlichen Bewegungen lassen auf weite Strecken keinen Verbund mit dem Beton zu; evtl. müssen die Anschlußeisen nachträglich noch „richtig" gebogen werden.

Tabelle 7.21 Abstandhalter; Richtwerte für Anzahl und Anordnung*)

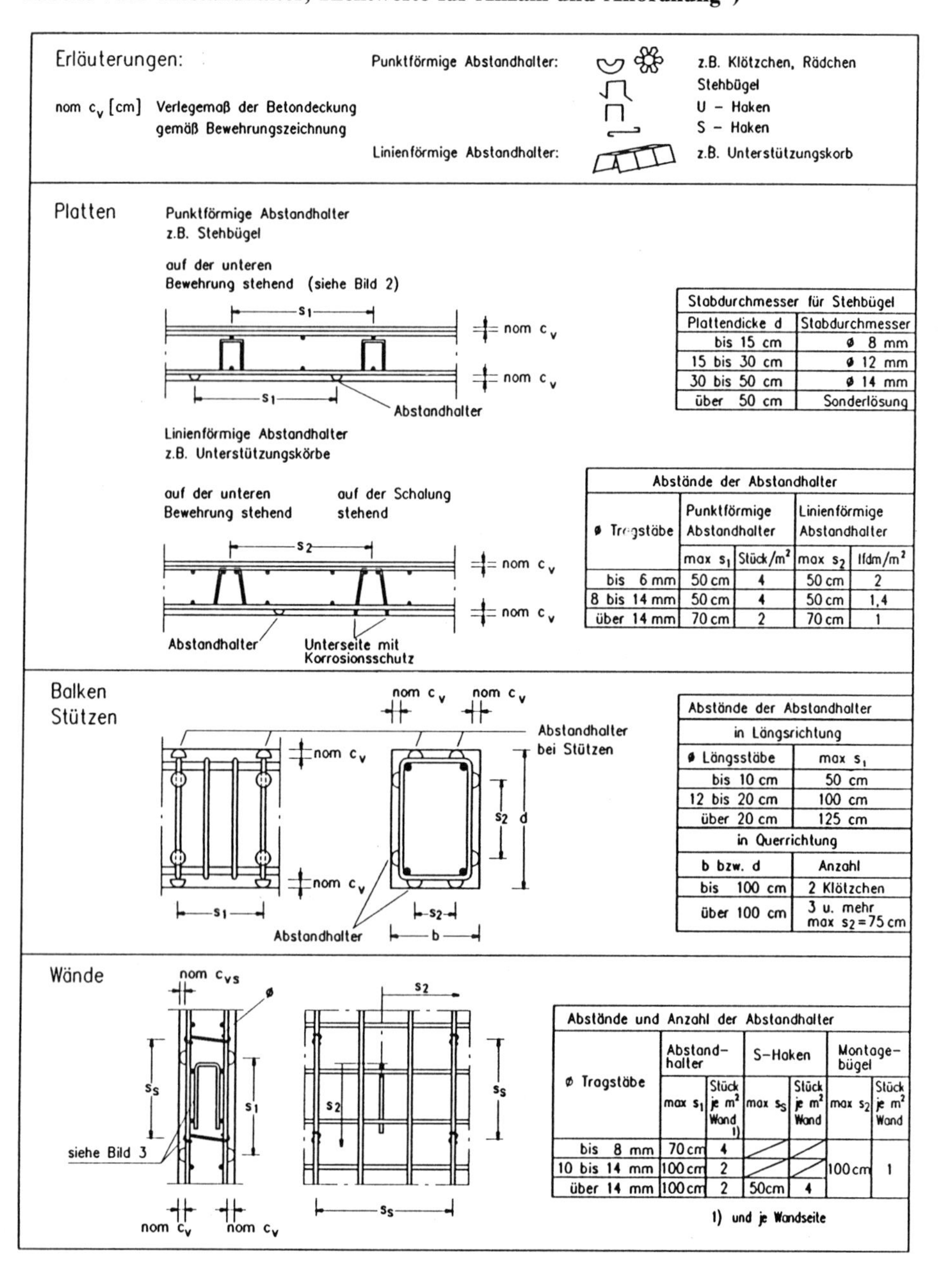

Stabdurchmesser für Stehbügel	
Plattendicke d	Stabdurchmesser
bis 15 cm	ø 8 mm
15 bis 30 cm	ø 12 mm
30 bis 50 cm	ø 14 mm
über 50 cm	Sonderlösung

Abstände der Abstandhalter				
ø Tragstäbe	Punktförmige Abstandhalter		Linienförmige Abstandhalter	
	max s_1	Stück/m²	max s_2	lfdm/m²
bis 6 mm	50 cm	4	50 cm	2
8 bis 14 mm	50 cm	4	50 cm	1,4
über 14 mm	70 cm	2	70 cm	1

Abstände der Abstandhalter	
in Längsrichtung	
ø Längsstäbe	max s_1
bis 10 cm	50 cm
12 bis 20 cm	100 cm
über 20 cm	125 cm
in Querrichtung	
b bzw. d	Anzahl
bis 100 cm	2 Klötzchen
über 100 cm	3 u. mehr max s_2 = 75 cm

Abstände und Anzahl der Abstandhalter						
ø Tragstäbe	Abstandhalter		S-Haken		Montagebügel	
	max s_1	Stück je m² Wand 1)	max s_S	Stück je m² Wand	max s_2	Stück je m² Wand
bis 8 mm	70 cm	4			100 cm	1
10 bis 14 mm	100 cm	2				
über 14 mm	100 cm	2	50 cm	4		

1) und je Wandseite

*) Tabelle 4 des „Merkblatt Betondeckung" (Fassung 3/1991) des Deutschen Betonvereins

- Es kommt vor, daß Anschlußeisen vergessen werden. Falls es sich um solche von Stützen handelt (bei Wänden sind die Anschlußeisen häufig überflüssig), werden sie mitunter „kurz" eingebohrt, d. h., es werden wegen des Aufwandes nur ganz kurze Löcher gebohrt, die Eisen eingesteckt und vergossen. Die Wirkung als Zuganschluß ist gering.
- Auch bei kleinen Wohnhausdecken mit geringer oberer Stützmomentbewehrung dürfen diese Matten nicht nach dem Betonieren aufgelegt und in den Beton „hineingetreten" werden, da die Höhenlage ganz ungenau ist.
- Bei Überzügen mit geschlossenen Bügeln (Korb wird vor der Deckenbewehrung geflochten) darf natürlich nicht die obere durchlaufende Matte der Deckenstützmomentbewehrung wegen des schwierigen Überfädelns aufgetrennt und von beiden Überzugseiten aus in den Korb hineingesteckt werden; wenn die Schnittenden geschickt zusammengefügt werden, ist dies selbst für einen erfahrenen Kontrolleur kaum erkennbar. Hier helfen nur zugelegte Stabstähle (Abb. 7.27).

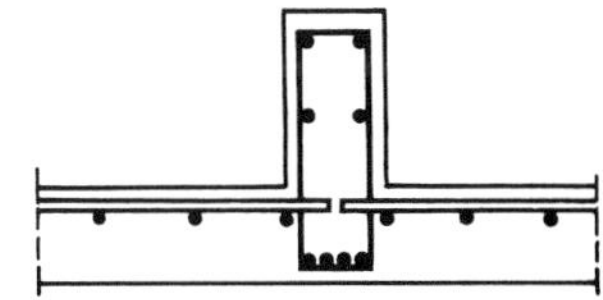

Abb. 7.27

- Die obere Bewehrung ist nur schwierig in Lage zu halten, wenn die Stäbe zu dünn sind; dann geht der Preisvorteil gegenüber dickeren Stäben durch großen Aufwand beim Richten verloren. G. Lohmeyer (Einfacher ist besser, beton 10/1988) empfiehlt daher: Bei Matten ab Q 257 bzw. R 377 sind linienförmige Unterstützungen (Unterstützungskörbe) im Abstand von höchstens 50 cm anzuordnen; bei Matten mit Einzelstäben < 7 mm bzw. Doppelstäben < 6 mm sind diese Unterstützungen im Abstand von $a \approx 40$ cm auszuführen. Baustellenüblich sind bei Betonstahlmatten folgende Richtwerte:

  – Abstandhalter für die untere Bewehrung: 3–4 Stück/m²
  – Abstandhalter für die obere Bewehrung: 2–3 Einzelbügel/m² oder linienförmige Unterstützungen $\alpha \approx 50$ bis 70 cm

  Die entsprechenden Werte für Betonstabstahl bei Platten sind:

  Tragstab bis ∅ 6 mm: 4 St./m² oder 2 lfd. m² ($a \leqq$ 50 cm)
  ∅ 8 bis 14 mm: 4 St./m² oder 1,4 lfd. m² ($a \leqq$ 70 cm)
  ∅ 14 mm: 2 St./m² oder 1 lfd. m² ($a \leqq$ 100 cm)

  Dabei wählt man bei Stehbügeln folgende Durchmesser:

  Plattendicke $d \leqq 15$ cm: $d_B = \varnothing$ 8 mm
  $d > 15$ cm: $d_B = \varnothing$ 12 mm (evtl. 14 mm, ab 30 cm)

7.6.4 Schweißen von Betonstahl

7.6.4.1 Eignungsnachweis des Betriebes und Arbeitsprüfungen

Zuständige DIN-Norm ist DIN 4099 – Schweißen von Betonstahl (11/1985). Sie gilt für die Herstellung, Überwachung und Prüfung der Schweißverbindungen von Betonstählen miteinander und mit anderen Stahlbauteilen (Bleche, Walzstahlprofile) und richtet sich an denjenigen, der die Schweißverbindungen – im Werk oder auf der Baustelle – herstellt. Die Norm regelt nicht die Herstellung von Systembewehrungen in Serienfertigung, z. B. geschweißte Betonstahlmatten, Gitterträger oder geschweißte Bewehrungskörbe für Betonrohre nach DIN 4035.

SCHWEISSTECHNISCHE
LEHR- UND VERSUCHSANSTALT DUISBURG
DES DEUTSCHEN VERBANDES FÜR SCHWEISSTECHNIK e. V.
POSTF. 10 02 01 · BISMARCKSTR. 85 · 4100 DUISBURG 1 · TELEFON (02 03) 37 81-0 · TELEX 8 551 331 slvd d

– anerkannte Stelle für den Nachweis der Eignung zum Schweißen –

Bescheinigung nach DIN 8563

Dem Unternehmen Helmut März DVS Schweißtechnik

wird für den Betrieb in 5090 Leverkusen 1, Ackerweg 30

bescheinigt, daß er geeignet ist, Schweißarbeiten im folgenden Anwendungsbereich durchzuführen:

Normen/Vorschriften DIN 4099

Schweißverfahren Lichtbogenhandschweißen (E)

Grundwerkstoffe BSt 420 S, BSt 500 S

Einschränkungen, Erweiterungen keine

Schweißaufsichtsperson (Name, Vorname, Geburtsdatum, Beruf) März, Helmut, geb. 29.3.1930, SFI

Vertreter (Name, Vorname, Geburtsdatum, Beruf) entfällt

Bemerkungen keine

Geltungsdauer 1. März 1991

Eignungsbescheinigung Nr. 88.151

ausgestellt am 9. März 1988
Luft/He

Schweißtechnische Lehr- und Versuchsanstalt Duisburg

Deutscher Verband für Schweißtechnik e.V. Schweißtechnische Lehr- u. Versuchsanstalt Duisburg Nr. 5

Unterschrift(en)

Allgemeine Bestimmungen
siehe Rückseite

Muster: „Zeugnis Handschweißer für Betonstahl“

Anhang A

Bewertungsbogen für Schweißverbindungen nach DIN 4099 Nr Datum der Probenschweißungen:

Eignungsprüfung (siehe Abschnitt 6.4)	Baustelle: (Betrieb)	Schweißer:
Arbeitsprüfungen (siehe Abschnitt 7.2)		Schweißverfahren:
		Schweißzusatz:

Proben-Nr	Proben- nach Bild . . .	Schweiß-position	Stahlsorte (l, q, t) 1)	Proben-dicke (l, q, t)	Naht-dicke *a*	Zugfestig-keit N/mm²	Biege-winkel	Scher-kraft kN	Bruch-lage 2) (s, ü, g)	Befund DIN 8524 Teil 1 3)	Bewer-tung 4)

1) l = Längsstab; q = Querstab; t = Stahlteile

2) s = Schweißgut; ü = Übergang; g = Grundwerkstoff

3) Befund nach DIN 8524 Teil 1: Aa = Pore
Ab = Schlauchpore
Ba = Schlackeneinschluß
C = Bindefehler
D = ungenügende Durchschweißung (Wurzelfehler)
E = Riß
F = Einbrandkerbe

4) e = erfüllt
ne = nicht erfüllt

Prüfstelle:
Datum:

Schweißaufsicht:
Datum:

Muster: „Bewertungsbogen zum Betonstahlschweißen nach DIN 4099“

Betriebe, die Schweißarbeiten am Betonstahl in der Werkstatt oder auf der Baustelle ausführen, haben ihre Eignung nachzuweisen. Der Nachweis richtet sich nach den Bestimmungen des Kleinen Nachweises von DIN 18800, Teil 7. Der Betrieb muß auch hier über einen dem Betrieb angehörenden Schweißfachmann verfügen; die Schweißer müssen eine gültige Prüfbescheinigung besitzen (Muster s. Seite 484). Die Bescheinigung über den Eignungsnachweis muß der BAB vorgelegt werden; die Gültigkeitsdauer beträgt höchstens 3 Jahre; sie kann verlängert werden. Verfügt ein Betrieb in Ausnahmefällen nicht über diesen Eignungsnachweis, so kann die BAB unter Einschaltung einer geeigneten Prüfstelle für die Überwachung, z. B. einer SLV, das Schweißen trotzdem durchführen lassen. Die Kosten für die SLV trägt der Bauherr.

Arbeitsprüfungen sind während der Schweißarbeiten als sog. laufende Arbeitsproben, z. T. auch vor Beginn der Schweißarbeiten als vorgezogene Arbeitsproben durchzuführen; Umfang nach Tabelle 3 der DIN 4099. Die Prüfung der Arbeitsproben erfolgt in einer geeigneten Prüfstelle; die Ergebnisse sind in einen Bewertungsbogen nach Anhang A der DIN 4099 einzutragen und von der Schweißaufsicht gegenzuzeichnen.

Werden die Schweißarbeiten auf einer Baustelle durchgeführt, so sind die Bewertungsbogen zu den Bauakten zu nehmen. Werden sie in einer Werkstatt vorgenommen, so verbleiben die Bewertungsbogen in der Regel dort. Muster eines Bewertungsbogens auf Seite 485.

7.6.4.2 Schweißverbindungen zwischen Betonstählen

Die zulässigen Schweißverfahren, die Arten der Schweißverbindungen und die zulässigen Stabnenndurchmesser sind in Tabelle 7.22 aufgeführt. Die zu schweißenden Stäbe müssen im Bereich der Schweißstelle eine Temperatur von mindestens 0 °C haben und nach dem Schweißen vor schnellem Abkühlen geschützt werden. Bei durch Verwinden verfestigten Betonstählen dürfen die nicht verformten Stabenden nur bei nichttragenden Verbindungen und bei Überlappstößen geschweißt werden. Die zulässige Spannung braucht wegen des Schweißens nicht abgemindert zu werden im Gegensatz zum nachträglichen Warmbiegen (s. unter 7.6.3.2).

Beim Überlappstoß sind die Stäbe ohne Abstand aneinanderzulegen; die unterbrochene Flankennaht darf einlagig sein. Der (selten ausgeführte) Stumpfstoß ist mehrlagig mit eingeschalteten Pausen zu schweißen, um Entfestigung durch zu große Wärmeeinwirkung zu vermeiden (s. Abb. 7.28 und 7.29).

Alle Betonstahlsorten nach DIN 488 Teil 1 können untereinander durch Schweißen verbunden werden. Vorgebogene Stäbe dürfen geschweißt werden, aber es darf an der Schweißstelle nachträglich nicht gebogen werden. Neben den geschweißten gibt es viele mechanische Verbindungen mit ABZ.

Eine Bemessung der Schweißnähte ist nicht erforderlich.

Tabelle 7.22 Schweißverfahren, Schweißverbindungen und zulässige Stabnenndurchmesser

	1	*2*	*3*	*4*	*5*	*6*
	Schweißverfahren	Arten der Schweißverbindungen[7])	Bereich der Stabnenndurchmesser in mm[1]) tragende Verbindung		nichttragende Verbindung	
			Stäbe	Matten	Stäbe	Matten
1	Lichtbogenhand-schweißen (E) und Metallaktiv-gasschweißen (MAG)	Stumpfstoß	20 bis 28	–	–[8])	–
2		Laschenstoß	6 bis 28	8 (6) [1]) bis 12	–[8])	–
3		Überlappstoß (Übergreifungsstoß)	6 bis 28	8 (6) [1]) bis 12	6 bis 28	8 (6) [1]) bis 12[2])
4		Kreuzungsstoß	6 bis 16[5])	8 (6) [1]) bis 12[5])	6 bis 28[6])	8 (6) [1]) bis 12[2]) [6])
5		Verbindung mit anderen Stahlteilen	6 bis 28	–	6 bis 28	–
6	Gaspreß-schweißen (GP)	Stumpfstoß	14 bis 28[3])	–	–[8])	–
7	Abbrennstumpf-schweißen (RA)	Stumpfstoß	6 bis 28[4])	–	–[8])	–
8	Widerstands-Punktschweißen (RP)	Überlappstoß (Übergreifungsstoß)	–	–	6 bis 12	4 bis 12
9		Kreuzungsstoß	6 bis 16[5])	4 bis 12[5])	6 bis 28[6])	4 bis 12[6])

[1]) Soweit in einer Zeile Stäbe und Matten aufgeführt sind, dürfen diese auch miteinander verbunden werden. Die Werte in ( ) gelten für das Verfahren MAG.

[2]) Bei Schweißverbindungen mit Stabstählen Nenndurchmesser ≥ 16 mm dürfen auch Mattenstäbe ab 5 mm Nenndurchmesser verwendet werden.

[3]) Die Differenz der zu verbindenden Stabnenndurchmesser darf bis zu 3 mm betragen.

[4]) Es dürfen nur gleiche Stabnenndurchmesser miteinander verbunden werden.

[5]) Zulässiges Verhältnis der Nenndurchmesser sich kreuzender Stäbe ≥ 0,57, siehe auch Abschnitt 4.1.3.

[6]) Zulässiges Verhältnis der Nenndurchmesser sich kreuzender Stäbe ≥ 0,28, siehe auch Abschnitt 4.1.3.

[7]) Symbolische Darstellung der Verbindungsarten:

- Tragende Verbindungen:

  Stumpfstoß Laschenstoß

  Überlappstoß Kreuzungsstoß

- Nichttragende Verbindungen:

  Überlappstoß Kreuzungsstoß

[8]) Sofern der Stoß als nichttragend ausgeführt wird, gilt Spalte 3.

Hinweise zur Tabelle 7.22 (außerhalb der Norm DIN 4099):

- Lichtbogenschweißen (E) ist von allen angegebenen Schweißverfahren wegen der leichten Handhabung für den Einsatz auf Baustellen bevorzugt anwendbar; bei den relativ kurzen Nähten spielt auch die geringe Schweißgeschwindigkeit keine Rolle. – Die Stabelektroden sind sorgfältig (z. B. im Hinblick auf die Schweißposition) auszuwählen.
- Metallaktivgasschweißen (MAG) ist das bei Betonstählen einzige Verfahren von vielen Arten des Schutzgasschweißens (SG).
- Gaspreßschweißen (GP) wird im Stahlbetonbau derzeit nur noch selten eingesetzt.
- Abbrennstumpfschweißen (RA) wird auf Baustellen wegen der sehr aufwendigen Schweißanlage sehr selten eingesetzt.,
- Widerstandspunktschweißen (RP) wird ausschließlich zur Herstellung von geschweißten Betonstahlmatten eingesetzt, obschon Anwendungsmöglichkeit auch bei werkmäßiger Herstellung von standardisierten Bewehrungskörben besteht.

(Nach: Rußwurm, Betonstähle für den Stahlbetonbau, 1993).

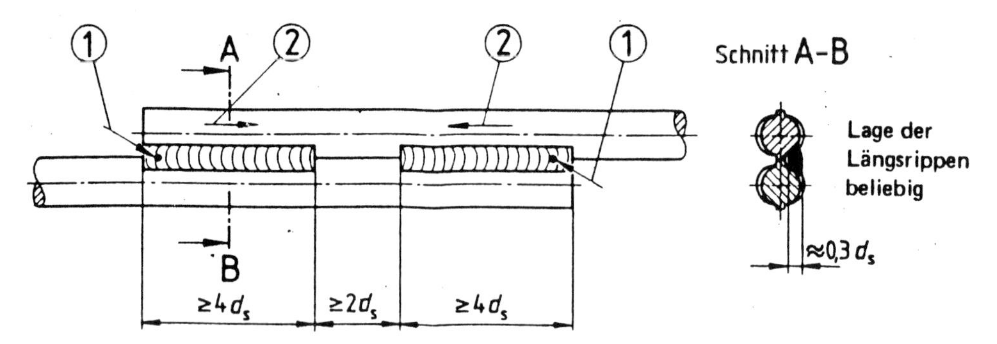

① Stabelektrode zünden; die Zündstelle muß in der Fuge liegen, die später überschweißt wird.
② Schweißrichtungen bei Stabachse waagerecht oder annähernd waagerecht; bei senkrechter Stabachse ist von unten nach oben (steigend) zu schweißen.

Abb. 7.28 Überlappstoß für tragende Verbindungen
(d_s Nenndurchmesser des gegebenenfalls dünneren der gestoßenen Stäbe)

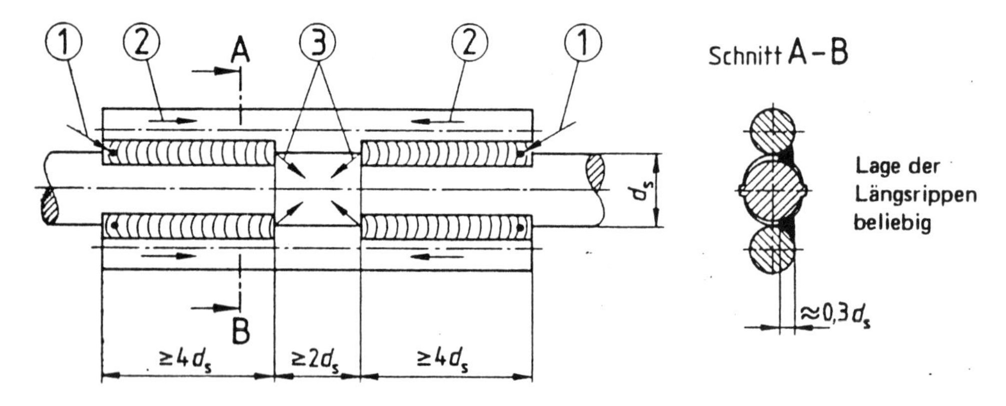

① Stabelektrode zünden; die Zündstelle muß in der Fuge liegen, die später überschweißt wird.
② Schweißrichtungen bei Stabachse waagerecht oder annähernd waagerecht; bei senkrechter Stabachse ist von unten nach oben (steigend) zu schweißen.
③ Stabelektrode abheben.

Abb. 7.29 Laschenstoß
(d_s Nenndurchmesser des gegebenenfalls dünneren der gestoßenen Stäbe)

7.6.4.3 Anschweißen von Betonstahl an andere Stahlteile

Zum Beispiel an Bleche oder Walzprofile. Die Weiterleitung der Kräfte in den Beton ist zu beachten; die Zugänglichkeit zwischen angrenzenden Bauteilflächen muß sichergestellt sein.

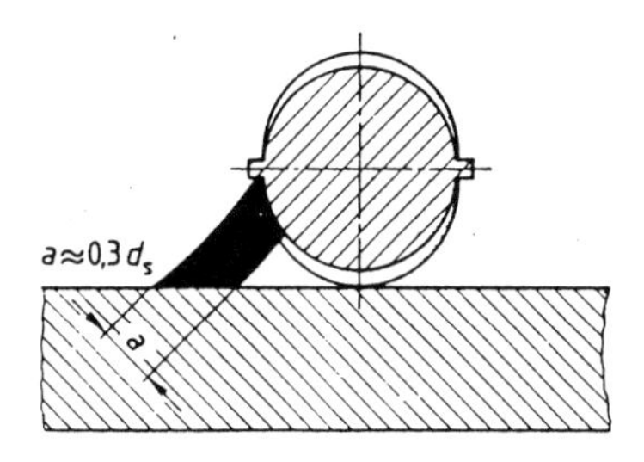

Abb. 7.30 Nahtausbildung (Lage der Längsrippen beliebig)

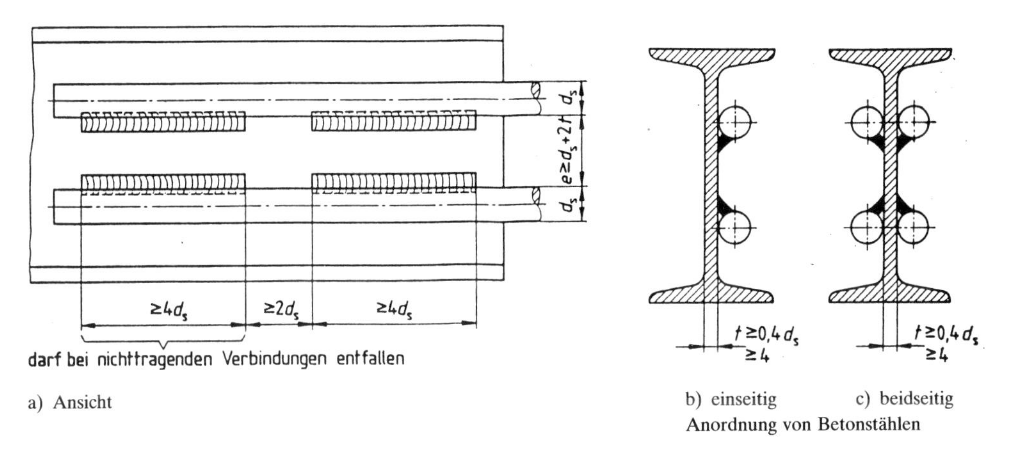

a) Ansicht

b) einseitig c) beidseitig
Anordnung von Betonstählen

Abb. 7.31 Verbindungen mit einseitigen Flankennähten (z. B. mit I-Profil)

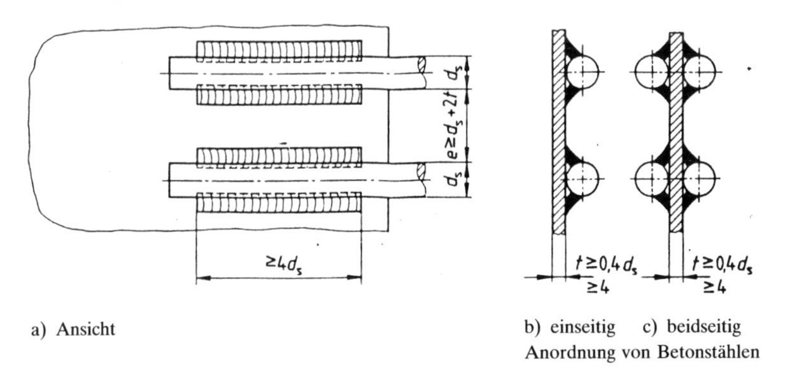

a) Ansicht

b) einseitig c) beidseitig
Anordnung von Betonstählen

Abb. 7.32 Verbindungen mit beidseitigen Flankennähten

Bei Verbindungen nach Abb. 7.33 und 7.34 dürfen die Bohrungen nur so groß ausgeführt werden, daß sich die Betonstähle einführen lassen. Für Stirnkehlnahtverbindungen am aufgesetzten Stab nach Abb. 7.35 ist das Ende des Betonstahls rechtwinklig zur Stabachse abzutrennen. Es ist durch geeignete Maßnahmen während des Schweißens dafür zu sorgen, daß die Stirnfläche des Betonstahls *ohne* Zwischenraum an dem Stahlteil anliegt. Derartige Verbindungen sind i. allg. nur für Endverankerungen nach DIN 1045 geeignet; bei anderen Anwendungsfällen muß die Beanspruchung des Bleches in Dickenrichtung untersucht werden. Wegen der Neigung so beanspruchter Bleche zu Terrassenbrüchen sollten die Empfehlungen von Höhne/de Boer in Stahlbau 1976, Heft 3, beachtet werden.

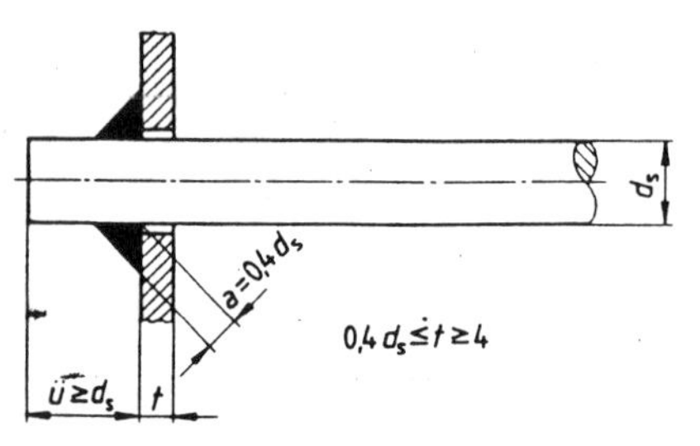

Abb.7.33 Stirnkehlnaht am durchgeführten Stab

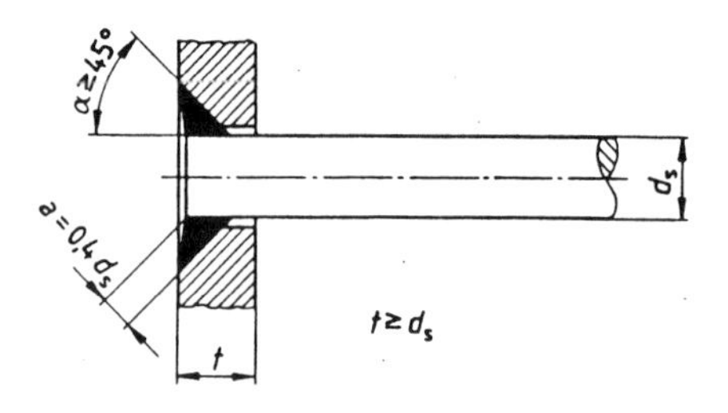

Abb. 7.34 Stirnkehlnaht am versenkten Stab

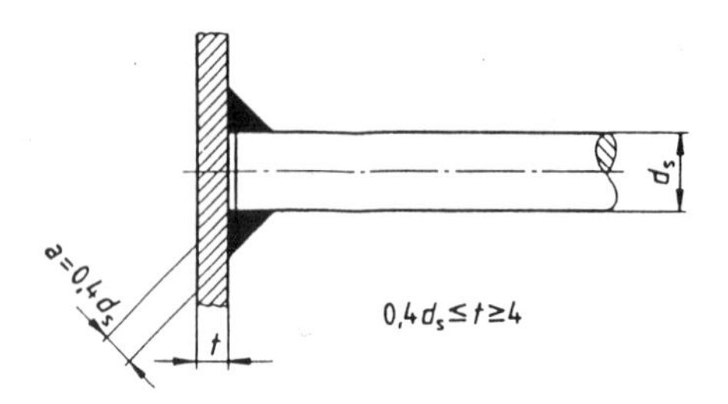

Abb. 7.35 Stirnkehlnaht am aufgesetzten Stab

7.7 Besonderheiten bei einzelnen Bauteilen

7.7.1 Platten

7.7.1.1 Haupt-, Quer-, Eck- und Randbewehrung

● Hauptbewehrung

(1) Bei Platten ohne Schubbewehrung darf die Feldbewehrung nur dann nach der Zugkraftlinie abgestuft werden, wenn der Grundwert $\tau_0 \leqq k_1 \cdot \tau_{011}$ bzw. $\tau_0 \leqq k_2 \cdot \tau_{011}$ ist (τ_{011} nach Tabelle 13, Zeile 1a, und k_1 nach Gleichung [14] bzw. k_2 nach Gleichung [15] in Abschnitt 17.5.5 DIN 1045) und wenn mindestens die Hälfte der Feldbewehrung über das Auflager geführt wird. Sollen für τ_{011} die Werte der Tabelle 13, Zeile 1b, ausgenutzt werden, so ist in Platten ohne Schubbewehrung die volle Feldbewehrung von Auflager zu Auflager durchzuführen.

(2) Zur Deckung des Moments aus einer rechnerisch nicht berücksichtigten Einspannung ist eine Bewehrung von etwa ⅓ der Feldbewehrung anzuordnen.

(3) Der Abstand der Bewehrungsstäbe s darf im Bereich der größten Momente in Abhängigkeit von der Plattendicke d höchstens betragen:

$d \geqq 25$ cm: $s \leqq 25$ cm
$d \geqq 15$ cm: $s \leqq 15$ cm

Zwischenwerte sind linear zu interpolieren.

(4) Bei zweiachsig gespannten Platten darf der Abstand der Bewehrungsstäbe in der minderbeanspruchten Stützrichtung nicht größer sein als 2 d bzw. höchstens 25 cm.

(5) Wird bei zweiachsig gespannten Platten die Deckung der Momente nicht genauer nachgewiesen, so darf in den Randstreifen von der Breite $c = 0{,}2 \min l$ die parallel zum stützenden Rand verlaufende Bewehrung auf die Hälfte der in der gleichen Richtung liegenden Bewehrung des mittleren Plattenbereichs abgemindert werden ($a_{s\,\mathrm{Rand}} = 0{,}5\; a_{s\,\mathrm{Mitte}}$).

(6) Der durch Einzel- oder Streckenlasten bedingte Anteil der Längsbewehrung ist auf eine Breite $b = 0{,}5\ b_m$, jedoch mindestens auf t_y nach Gleichung (33) zu verteilen (siehe Abb. 7.36).

(7) Die Bestimmungen dieses Abschnitts gelten auch bei der Verwendung von biegesteifer Bewehrung.

Abstandhalter s. Tabelle 7.21 und Seite 483

● Querbewehrung einachsig gespannter Platten

(1) Einachsig gespannte Platten sind mit einer Querbewehrung zu versehen, deren Querschnitt je Meter mindestens 20 % der für gleichmäßig verteilte Belastung im Feld erforderlichen Hauptbewehrung sein muß. Besteht die Querbewehrung aus einer anderen Stahlsorte als die Hauptbewehrung, so ist ihr Querschnitt im umgekehrten Verhältnis ihrer Streckgrenzen zu vergrößern. Mindestens sind aber bei Betonstabstahl III S und bei Betonstabstahl IV S drei Stäbe mit Durchmesser $d_s = 6$ mm und bei Betonstahlmatten IV M drei Stäbe mit Durchmesser $d_s = 4{,}5$ mm je Meter oder eine größere Anzahl von dünneren Stäben mit gleichem Gesamtquerschnitt je Meter anzuordnen.

(2) Diese Querbewehrung genügt in der Regel auch zur Aufnahme der Querzugspannungen nach Abschnitt 18.5.2.3 DIN 1045. Bei durchlaufenden Platten ist im Bereich der Zwischenauflager eine geeignete *obere* konstruktive Querbewehrung anzuordnen.

(3) Unter Einzel- oder Streckenlasten ist – sofern kein genauerer Nachweis geführt wird – zusätzlich eine untere Querbewegung einzulegen, deren Querschnitt je Meter mindestens 60 % des durch die Strecken- oder Einzellast bedingten Anteils der Hauptbewehrung sein muß. Auch bei Kragplatten sind 60 % der Bewehrung, die zur Aufnahme des durch die Einzellast verursachten Stützmoments erforderlich ist, auf der Unterseite einzulegen. Die Länge l_q dieser zusätzlichen Querbewegung darf dabei nach Gleichung (37) ermittelt werden.

$$l_q \geqq b_m + 2\, l_1 \tag{37}$$

Hierin sind:

b_m mitwirkende Lastverteilungsbreite

l_1 Verankerungslänge nach Abschnitt 18.5.2.2 DIN 1045.

(4) Diese Querbewehrung ist auf eine Breite $b = 0{,}5\ b_m$, jedoch mindestens auf t_x nach Gleichung (33) zu verteilen und soll um $b_m/4$ gestaffelt werden (siehe Abb. 7.32).

(5) Liegt die Hauptbewehrung gleichlaufend mit einer in der Rechnung nicht berücksichtigten Stützung (z. B. Steg, Balken, Wand), so sind die dort auftretenden Zugspannungen durch eine besondere, rechtwinklig zu dieser Stützung verlaufende obere Querbewehrung aufzunehmen, die das Abreißen der Platte verhindert. Wird diese Bewehrung nicht besonders ermittelt, so ist

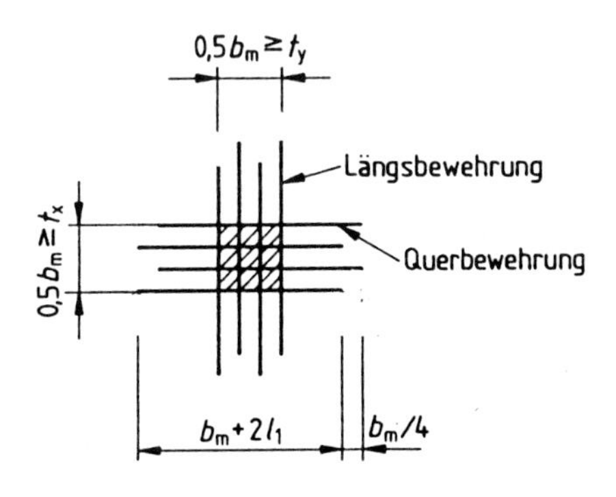

Abb. 7.36 Zusätzliche Bewehrung unter einer Einzellast

je Meter Stützung 60 % der Hauptbewehrung a_s der Platte in Feldmitte anzuordnen. Mindestens aber sind fünf Bewehrungsstäbe je Meter anzuordnen, und zwar bei Betonstabstahl III S, Betonstabstahl IV S und Betonstahlmatten IV M mit Durchmesser d_s = 6 mm oder eine größere Anzahl von dünneren Stäben mit gleichem Gesamtquerschnitt je Meter Stützung. Diese Bewehrung muß mindestens um ein Viertel der in der Berechnung zugrunde gelegten Plattenstützweite über die Stützung hinausreichen.

(6) Für die nicht mittragend gerechneten Stützungen ist zusätzlich ein angemessener Lastanteil zu berücksichtigen.

● Eckbewehrung

(1) Wird eine Eckbewehrung (Drillbewehrung) angeordnet, dann ist diese bei vierseitig gelagerten Platten auf eine Breite von 0,2 min l und auf eine Länge von 0,4 min l an der Oberseite in Richtung der Winkelhalbierenden und an der Unterseite rechtwinklig dazu zu verlegen. Ihr Querschnitt je Meter muß in beiden Richtungen gleich dem der größten unteren Feldbewehrung sein.

Diese Eckbewehrung darf am Auflager und im Feld am Hakenanfang bzw. am ersten Querstab als verankert angesehen werden. Bei Rippenstahl darf hier der Haken durch eine Verankerungslänge von 20 d_s ersetzt werden.

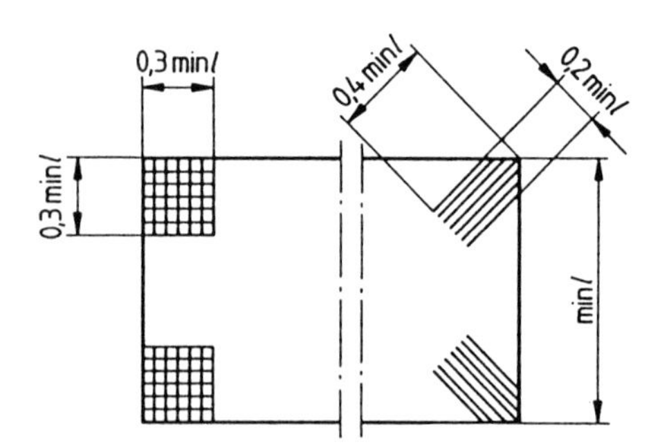

Abb. 7.37 Rechtwinklige und schräge Eckbewehrung, Oberseite

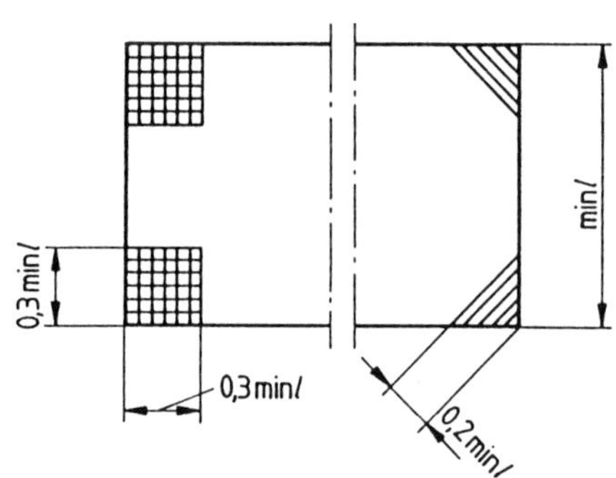

Abb. 7.38 Rechtwinklige und schräge Eckbewehrung, Unterseite

(2) Die Eckbewehrung darf durch eine parallel zu den Seiten verlaufende obere und untere Netzbewehrung ersetzt werden, die in jeder Richtung den gleichen Querschnitt wie die Feldbewehrung hat und 0,3 min l (siehe Abbildungen 7.37 und 7.38) lang ist.

(3) In Plattenecken, in denen ein frei aufliegender und ein eingespannter Rand zusammenstoßen, ist die Hälfte der in Absatz (2) angegebenen Eckbewehrung rechtwinklig zum freien Rand einzulegen.

(4) Bei vierseitig gelagerten Platten, die einachsig gespannt gerechnet werden, empfiehlt es sich, zur Beschränkung der Rißbildung in den Ecken ebenfalls eine Eckbewehrung nach Absatz (1) oder Absatz (2) anzuordnen.

● Randbewehrung bei Platten

Freie, ungestützte Ränder von Platten und breiten Balken mit Ausnahme von Fundamenten und Bauteilen üblicher Hochbauten im Gebäudeinnern sind durch eine konstruktive Bewehrung (z. B. Steckbügel) einzufassen (s. Abb. 7.38 a).

Trotz DIN-Ausnahme sollten freie Ränder auch im Gebäudeinnern bei Hochbauten stets eingefaßt werden. Diese Randbewehrung wird i. allg. als Steckbügel ausgebildet. Bei Randsparmatten müssen die fehlenden Stäbe der Tragbewehrung durch Zulagen aufgefüllt werden.

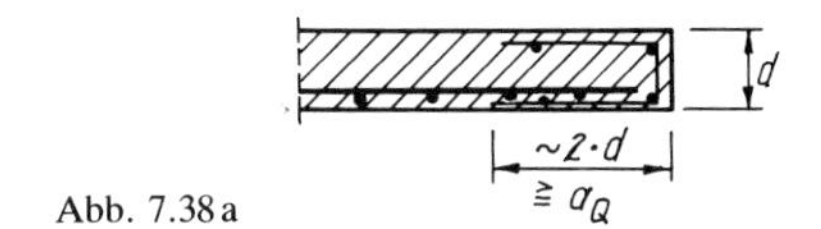

Abb. 7.38 a

● Gestaffelte Bewehrung
Matten können nicht durch Aufbiegung dem Momentenverlauf angepaßt werden; man kann hier zwei Arten von gestaffelter Bewehrung ausführen: die verschränkte Form (a) oder die Grund- und Zulagebewehrung (b). Die verschränkte Form ist ungünstiger, da hierbei keine von Auflager zu Auflager durchgehenden Tragstäbe vorhanden sind.

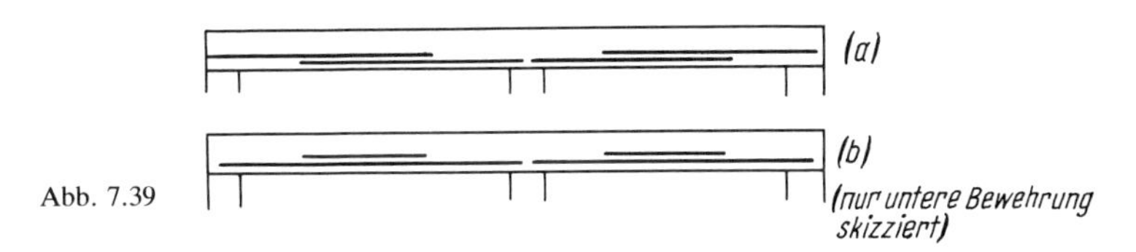

Abb. 7.39

● Bewehrung bei deckengleichen Unterzügen (Blindbalken)
Die Bewehrung der Deckenplatte liegt über der Bewehrung des deckengleichen Unterzuges! Bei $\tau > \tau_{011}$ Bügel anordnen!

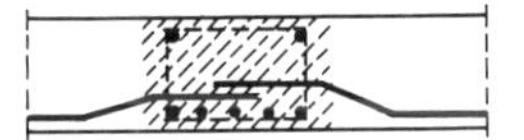

Abb. 7.40 Blindbalken innerhalb der Platte

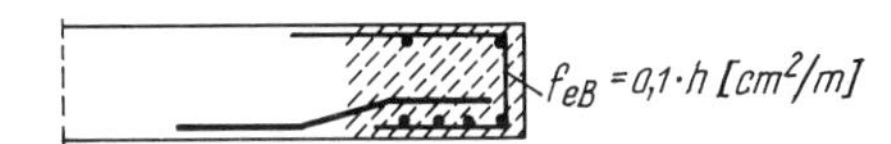

Abb. 7.41 Blindbalken am Plattenrand

● Platten mit Aussparungen
Aussparungen (Öffnungen) in der Platte können nicht nachträglich auf der Baustelle eingebaut werden. Bei kleineren Öffnungen – bis etwa ⅕ der kleineren Spannweite – werden die entfallenden Stäbe neben der Aussparung konzentriert verlegt (ausgewechselt); möglichst den Rand auch oben einfassen. Querbewehrung ist ebenfalls am Rand mit Zulagen zu verstärken. Bei stärkerer Belastung sollten schräge Zulagen zur Verminderung der Kerbrisse verlegt werden. Die Lochränder sind mit Haarnadeln einzufassen.

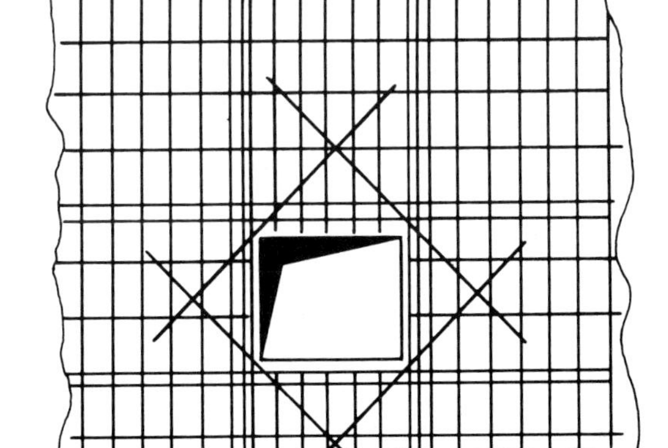

Einachsig gespannte Platte mit Auswechseleisen in Trag- und Verteilerrichtung bei Deckenöffnung; bei großer Verkehrslast werden Schrägeisen zur Rissesicherung in den Ecken empfohlen.

Abb. 7.42

Größere Öffnungen müssen stets statisch nachgewiesen werden (s. z. B. Beton-Kalender 1986, Teil I, S. 249 ff.).

7.7.1.2 Umlenkkräfte (Bogen, Dachbinder, Treppen)

(1) Bei Bauteilen mit gebogenen oder geknickten Leibungen ist die Aufnahme der durch die Richtungsänderung der Zug- oder Druckkräfte hervorgerufenen Zugkräfte nachzuweisen; in der Regel sind diese Umlenkkräfte durch zusätzliche Bewehrungselemente (z. B. Bügel, siehe Abb. 7.43 a und b) oder durch eine besondere Bewehrungsführung abzudecken.

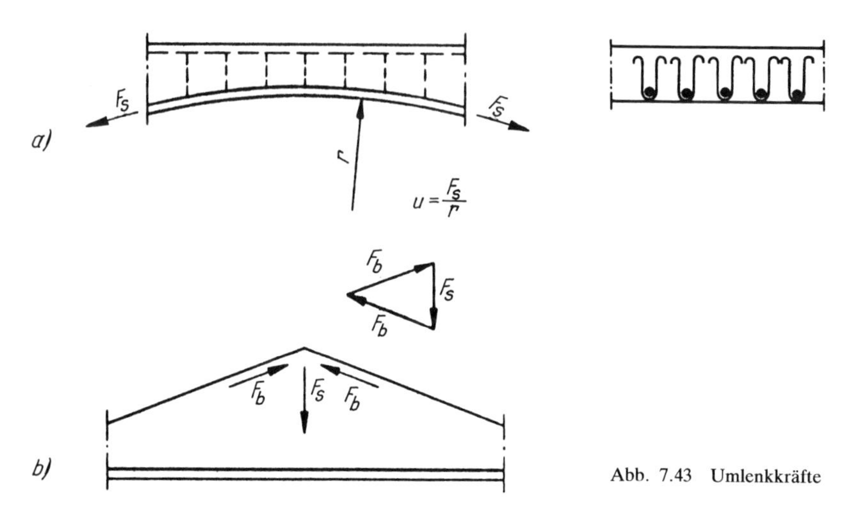

Abb. 7.43 Umlenkkräfte

Umlenkkräfte treten auf bei den Zugstäben an der inneren Leibung von gekrümmten Bauteilen (Bogen als Biegetragwerk) und an einspringenden Ecken sowie im Beton, wenn der gedrückte Rand des Bauteils seine Richtung ändert, z. B. bei geknickten Trägern oder bei sattelförmigen Dachbindern.

Bei sehr schwacher Krümmung kann die Aufnahme der Umlenkkräfte auch durch die Betondeckung allein erfolgen, wenn die durch die Umlenkpressung erzeugte Zugspannung im Beton unter der Zugfestigkeit bleibt. Leonhardt*) nimmt dabei von der geschätzten Betonzugfestigkeit $0{,}23 \cdot \beta_{WN}^{2/3}$ nur $1/6$ an. Damit ergeben sich die Mindestradien bei gekrümmten Platten, bei denen keine Verbügelung erforderlich ist, in Abhängigkeit vom Tragstabdurchmesser und Abstand sowie der Betonfestigkeit nach Tabelle 7.23.

Bei geknickten Bauteilen ($\alpha \leqq 15°$) werden die Zugstäbe an der Umlenkstelle mit Bügeln rückverankert; bei Winkeln über 15° müssen die Zugstäbe sich kreuzend gerade weitergeführt und verankert werden. Typisches Beispiel: Treppenlaufplatten mit Podesten. Planungsmaße bei Treppen s. III 2.1 § 32.

*) Beton-Kalender 1979, Teil II, S. 633.

Tabelle 7.23 Mindestradius *r* von gekrümmten Bauteilen ohne Verbügelung

Betonstahl	Stabdurchmesser d_e in mm	B 25			B 35		
		a = 10	15	20	10	15	20 cm
BSt 420 S (III S)	6	145	140	137	114	110	109
	8	202	191	187	159	150	147
	10	266	244	237	209	192	187
	12	341	303	290	268	238	228
	14	429	366	345	337	287	271
	16	532	435	404	418	342	317
BSt 500 S (IV S/M)	4	112	110		88	87	
	5	141	138		111	109	
	6	173	167		136	132	
	7	206	197		162	155	
	8	240	228		189	179	
	10	317	292		250	230	

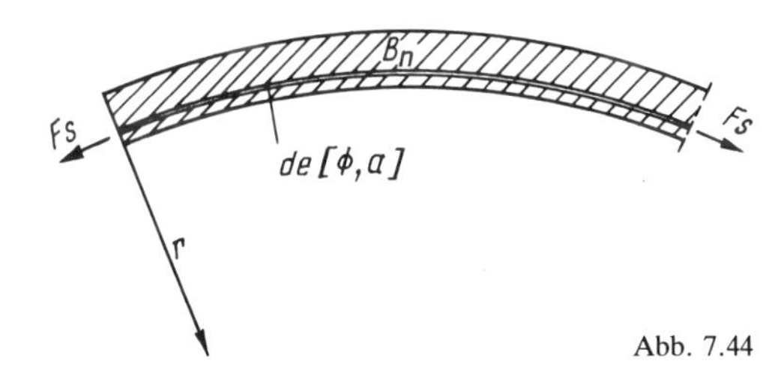

Abb. 7.44

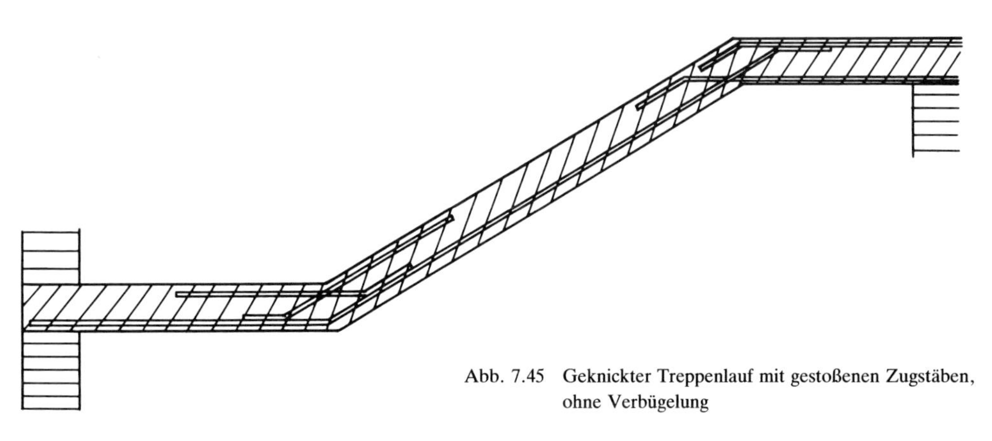

Abb. 7.45 Geknickter Treppenlauf mit gestoßenen Zugstäben, ohne Verbügelung

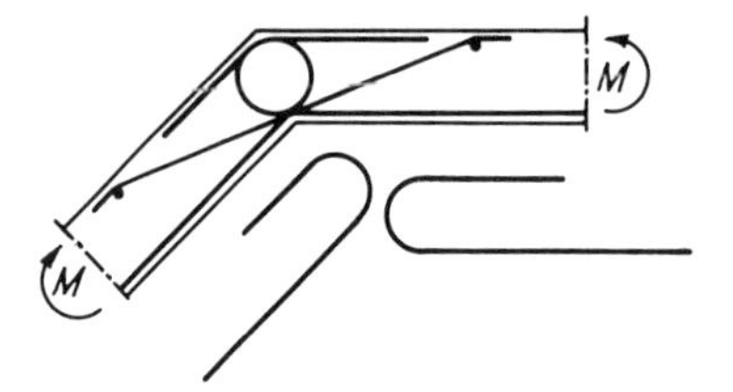

Abb. 7.46 Die an sich günstige Bewehrung mit einer Umschlingungsschlaufe wird selten ausgeführt

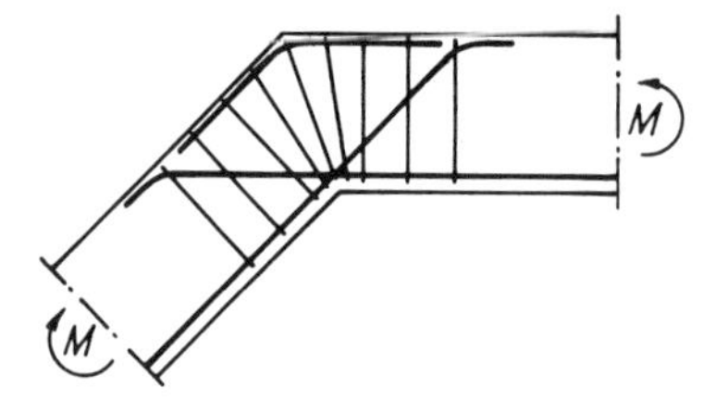

Abb. 7.47 Der stumpfwinklig geknickte Balken erhält fächerförmige Umlenkkraftbügel

Bei Neunzig-Grad-Ecken von Bauteilen mit Momentenangriff wird nie die Zugbewehrung um die einspringende Ecke geführt, sondern stets durchgeführt und verankert. Typische Konstruktion: Winkelstützwände (hier Bewehrungsschema nach Nilsson, s. Abb. 7.48).

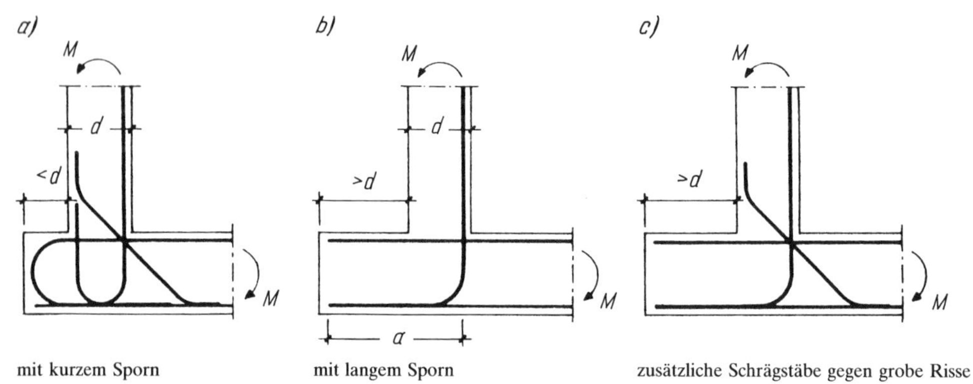

mit kurzem Sporn | mit langem Sporn | zusätzliche Schrägstäbe gegen grobe Risse

Abb. 7.48

Abb. 7.49 Durch Maßfehler mangelhafte Treppenlaufplatte (d = 4 cm!)

1985 war eine Getreidelagerhalle in Nievenheim (Winkelstützwand ohne Sporn) eingestürzt, weil der abtreibende Beton in der Ecke nicht rückverankert war.

Bei Bauteilen mit einer Dicke bis etwa $d = 100$ cm genügt zur Aufnahme der Umlenkkräfte eine schlaufenartig die Biegedruckzone umfassende Führung der beiden Biegezugbewehrungen nach Abb. 7.50. Bei dickeren Bauteilen oder bei Verzicht auf eine schlaufenartige Führung der Biegezugbewehrung müssen die gesamten Umlenkkräfte durch Bügel oder eine gleichwertige Bewehrung oder andere Maßnahmen aufgenommen werden.

Bei einer schlaufenartigen Bewehrungsführung und Einhaltung der Angaben in Abb. 7.50 kann ein Nachweis der Verankerungslängen für die Biegezugbewehrungen entfallen. In allen anderen Fällen sind diese jeweils ab der Kreuzungsstelle A mit dem Maß l_0 nach Gleichung (21) DIN 1045 zu verankern.

Wird die Bewehrung nicht schlaufenartig geführt, ist entlang des gedrückten Außenrandes im Eckbereich eine über die Querschnittsbreite verteilte Bewehrung anzuordnen, die in den anschließenden Bauteilen mit der Verankerungslänge l_0 zu verankern ist.

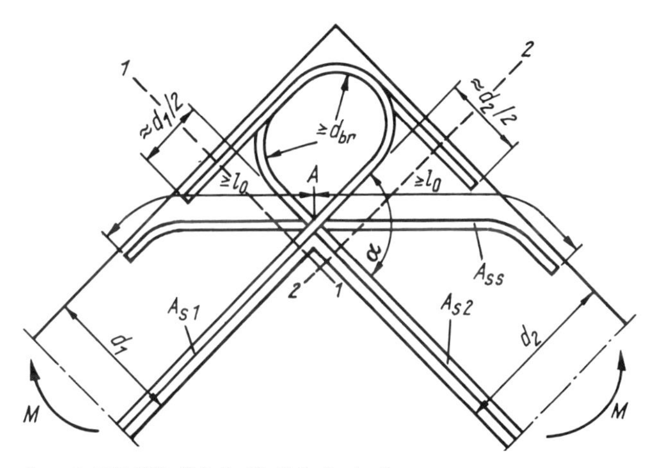

d_{br} nach DIN 1045, Tabelle 18, Zeile 5 oder 6
d_1 bzw. $d_2 \leqq 100$ cm
Bemessungsschnitte 1--1 und 2--2
Querbewehrung bzw. Bügel nicht dargestellt
A_{SS} Schrägbewegung

Abb. 7.50 Beispiel für die Ausbildung einer Rahmenecke bei positivem Moment mit einer schlaufenartigen Bewehrungsführung

(2) Stark geknickte Leibungen ($\alpha \geqq 45°$, siehe Abb. 7.50) wie z. B. Rahmenecken dürfen in der Regel nur unter Verwendung von Beton der Festigkeitsklasse B 25 oder höher ausgeführt werden, anderenfalls sind die aufnehmbaren Schnittgrößen am Anschnitt zum Eckbereich (siehe Abb. 7.50) auf ⅔ zu verringern, d. h., die Bemessungsschnittgrößen sind um den Faktor 1,5 zu erhöhen. Bei Rahmen aus balkenartigen Bauteilen sind Stiele und Riegel auch im Eckbereich konstruktiv zu verbügeln; dies kann dort z. B. durch sich orthogonal kreuzende, haarnadelförmige Bügel (Steckbügel) oder durch eine andere gleichwertige Bewehrung erfolgen. Bei Rahmentragwerken aus plattenartigen Bauteilen ist zumindest die nach den Abschnitten 20.1.6.3 bzw. 25.5.5.2 DIN 1045 vorgeschriebene Querbewehrung auch im Eckbereich anzuordnen.

Bei Bauteilen mit geknicktem Zuggurt (positives Moment, siehe Abb. 7.50) und einem Knickwinkel $\alpha \geqq 45°$ ist stets eine Schrägbewehrung A_{ss} anzuordnen, wenn ein Biegemoment, das einem Bewehrungsanteil von $\mu \geqq 0{,}4$ % entspricht, umgeleitet werden soll. Dabei ist μ der größere der beiden Bewehrungsprozentsätze der anschließenden Bauteile. Für $\mu \leqq 1\%$ muß A_{ss} mindestens der Hälfte dieses Bewehrungsanteils, für $\mu > 1$ % dem gesamten Bewehrungsanteil entsprechen. Überschreitet der Knickwinkel $\alpha = 100°$, ist zur Aufnahme dieser Schrägbewehrung eine Voute auszubilden und A_{ss} stets für das gesamte umzuleitende Moment auszulegen.

7.7.1.3 Kragplatten (Balkon)

(1) Die Biegezugbewehrung ist im einspannenden Bauteil zu verankern oder gegebenenfalls an dessen Bewehrung anzuschließen. Bei Einzellasten am Kragende ist die Bewehrung nach Abschnitt 18.7.4, Gleichungen (26) bis (28) DIN 1045 zu verankern.

(2) Am Ende von Kragplatten ist an ihrer Unterseite stets eine konstruktive Randquerbewehrung anzuordnen. Bei Verkehrslasten $p > 5{,}0$ kN/m² und bei Einzellasten ist eine Querbewehrung nach Abschnitt 7.7.1.1 anzuordnen.

Balkonplatten werden z. T. getrennt von den Geschoßdecken (Wärmebrücken) ausgeführt. Wenn sie als Kragplatte konstruiert sind, sollten sie Dehnfugen im Abstand von $\alpha \leqq 4$ m haben; der Sturzbereich der Decke mit $b = 50$ cm und die Sturzvorderkante sollten eine mindestens 2 cm dicke Wärmedämmplatte erhalten. Damit wird die statische Nutzhöhe im Kragmomentbereich allerdings verringert. Außerdem müßte wegen der Schwelle für die notwendige Abdichtung die Balkonplatte deutlich tiefer liegen als die Geschoßdecke. Die Kragbewehrung der Balkonplatte liegt dann im Bereich der Decke natürlich nicht oben am Rand; allerdings wird dieser Versprung meist nicht ausgeführt (Abb. 7.51).

Auf der Rohbalkonplatte liegt Gefälleestrich mit 1,5 bis 2,0 %, darauf die Dichtungsbahn, die durch zwei Lagen lose verlegter Polyethylenfolie getrennt wird. Der Belag (Fliesen) muß ringsum durch Fugen von anschließenden Bauteilen getrennt werden.

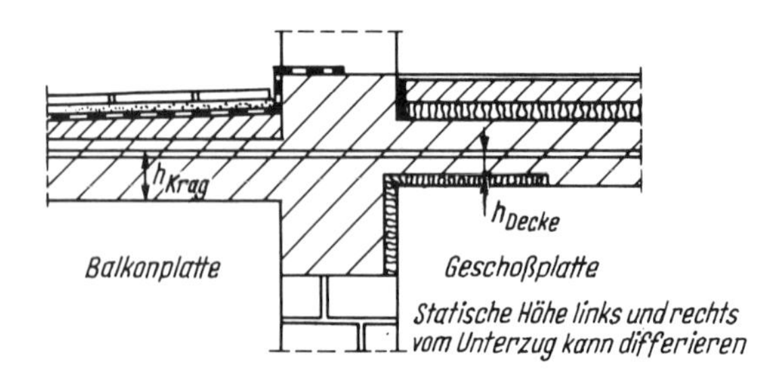

Mit der WSVO ab 1995 ohne Dämmung so nicht möglich

Abb. 7.51 Balkonanschluß

Bei den neueren Fertigelementen zur Wärmebrückendämmung von Balkon und Geschoßplatte stellen die herausstehenden Eisen lediglich die Anschlußlänge (sehr knapp!) zur erforderlichen oberen Kragbewehrung dar (Beispiele Abb. 7.52 und 7.53).

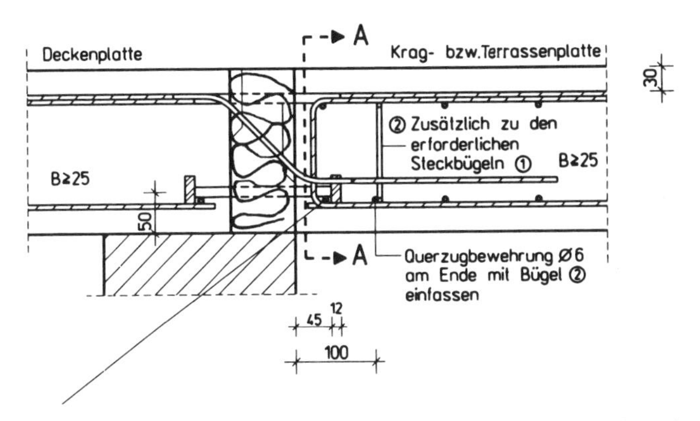

Abb. 7.52 Schück Isokorb für einschalige Wand mit Polystyrol-Hartschaumdämmung

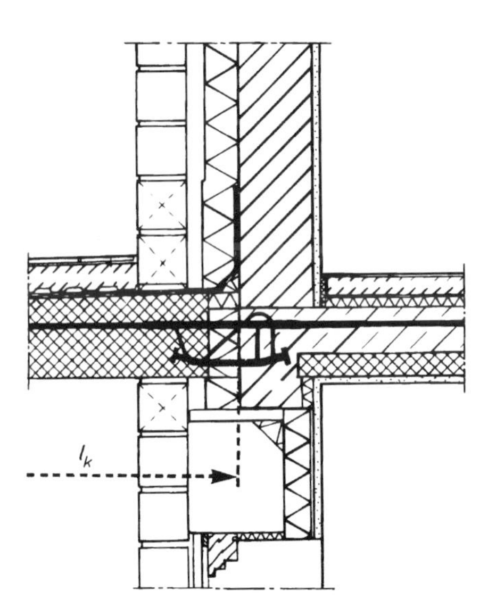

Abb. 753 MEA-ISO-Träger für zweischaliges Mauerwerk mit Styropor-Dämmung

7.7.2 Balken und Plattenbalken

7.7.2.1 Bewehrung und Verankerung der Stäbe

Balken erst einschalen, bewehren und betonieren, wenn die Stützen fertiggestellt sind (günstig für Aussteifung und Arbeitserleichterung). Bügel bei Plattenbalken müssen nicht grundsätzlich geschlossen werden, wenn die Deckenbewehrung oben durchläuft. Haken der Bügel können nach außen gebogen werden, wenn der Steg eng ist. Der lichte Abstand der Stäbe muß ≧ 2 cm und ≧ Ø sein. Rippenstahl ist dicker als der Nenndurchmesser; ein Ø 28 ist mit 32 mm einzuplanen. Die obere Bewehrung von Plattenbalken kann z. T. außerhalb des Steges verlegt werden. In Stegen mit mehr als 1 m Höhe sind an den Seitenflächen Längsstäbe anzuordnen, die über die Höhe der Zugzone zu verteilen sind (mindestens 8 % der Biegezugbewehrung).

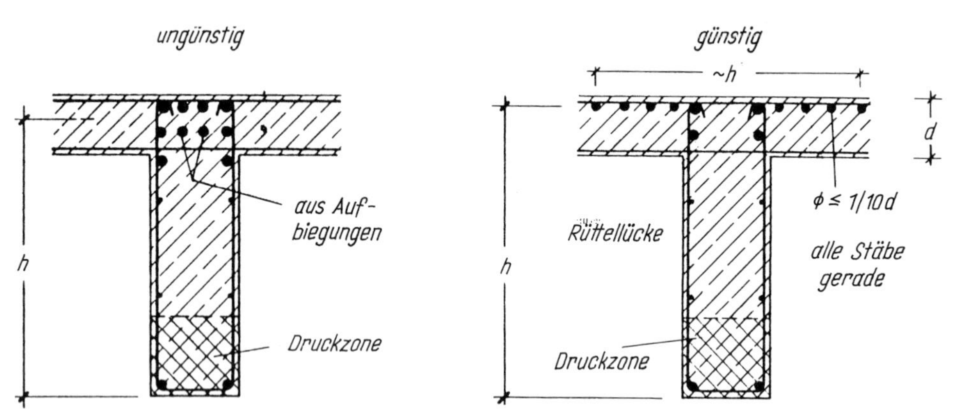

Abb. 7.54 40 bis 60% der Zuggurtbewehrung in die Platte legen (nach Leonhardt, Vorlesungen)

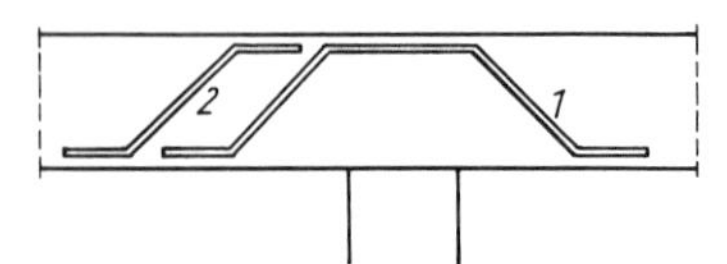

Abb. 7.55 Als Schubbewehrung sind hutförmige (1) und schwimmende (2) Schubzulagen wenig wirkungsvoll

Bei Balken *ohne Schubbewehrung* ist die Tragwerkswirkung zu beachten: Sie entsteht durch Bogen-Zugband-Wirkung oder bei Einzellasten im Feld durch Sprengwerkswirkung; das heißt, die Zugkraft ist am Auflager voll vorhanden; die Stäbe dürfen nicht gestaffelt werden; die volle Zugkraft muß am Auflager verankert werden.

Als Schubbewehrung des normalen Biegeträgers sind Bügel mit Schrägstäben möglich (und üblich) oder nur Bügel, nicht jedoch nur Schrägstäbe ohne Bügel.

Die Verankerung von Stäben kann – entgegen mitunter geäußerter Meinung – auch in der Zugzone des Balkens vorgenommen werden, und zwar möglichst dort, wo die Stäbe unter Querdruck stehen. Das ist z. B. der Fall in der Zugzone von Balken im Schubbereich, wo schiefe (Beton-)Druckstreben auf die Zugbewehrung drücken. Dazu müssen eng gestellte Bügel als Stützung der Druckstreben vorhanden sein.

- Verankerung der Bewehrung am *Endauflager* (nicht eingespannt)

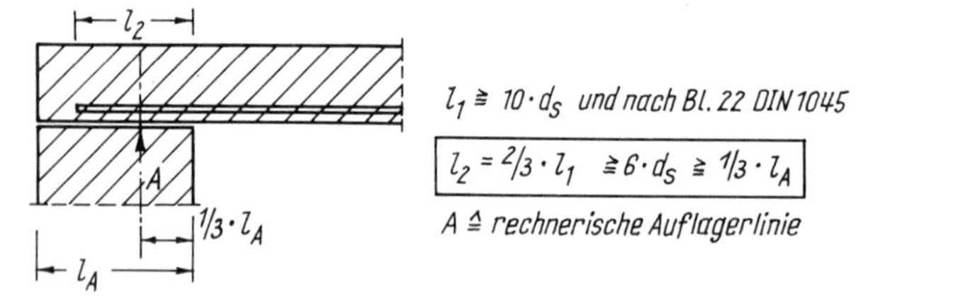

Abb. 7.56

- In Platten (ohne Schubbewehrung) ist mindestens die Hälfte der erforderlichen Feldbewehrung über das rechnerische Auflager (A) zu führen.
- In Balken und Plattenbalken muß ein Drittel der größten Feldbewehrung am Endauflager vorhanden sein.

● Verankerung der Bewehrung am *Zwischenauflager*
Es ist mindestens ein Viertel der erforderlichen Feldbewehrung mit $\geqq 6 \cdot d_s$ hinter die Auflagervorderkante zu führen (bei Platten ohne Schubbewehrung mindestens die Hälfte).

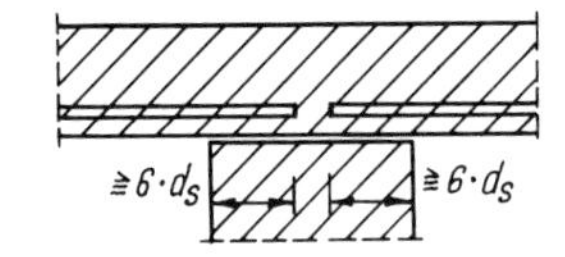

Abb. 7.57

● Verankerung der Bewehrung *im Feld* (bei gestaffelter Bewehrung)

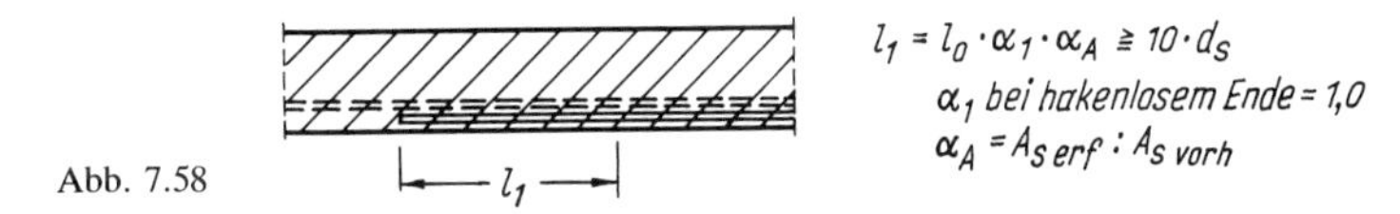

Abb. 7.58

Für den einfachen Fall mit geradem Ende, $\alpha_A = 1{,}0$, und im (guten) Verbundbereich I ergeben sich folgende Verankerungslängen l_1:

B 25: $l_1 = 40 \cdot d_s$
B 35: $l_1 = 33 \cdot d_s$
B 45: $l_1 = 28 \cdot d_s$

Im Verbundbereich II (schlecht) muß mit Faktor 2 vergrößert werden, bei Hakenverankerung darf mit dem Faktor 0,7, bei Schlaufen mit dem Faktor 0,5 multipliziert werden, schließlich bei α_A abweichend von 1,0 mit einem Faktor entsprechend dem Verhältnis erforderlicher zu vorhandener Bewehrung.

Beispiel für B 35, VB II (also im Balken oben) und α_A bei Stabdurchmesser 20 mm:

$l_1 = 33 \cdot 2 \cdot 0{,}7 \cdot 0{,}5 \cdot 2{,}0 = 46$ cm

Verbundbereich I (günstiger Bereich): Stäbe entweder steiler als 45° oder horizontal mindestens 25 cm über Unterkante oder mindestens 30 cm unter Oberkante des Bauteils; sonst gilt Verbundbereich VB II.

7.7.2.2 Abgesetzte Auflager

Abgesetzte Auflager kommen vor, wenn Haupt- und Nebenbalken bzw. Hauptbalken und Stützenkonsole oben und unten bündig sein sollen, die Konstruktionshöhe also gleich groß ist. Es haben sich verschiedene Tragmodelle entwickelt (vgl. F. Leonhardt, Vorlesungen über Massivbau, Teil 3, Springer-Verlag, oder im Beton-Kalender 1979, Teil II, oder Schlaich/Schäfer, Konstruieren im Stahlbetonbau, Beton-Kalender 1989, Teil II).

Schlaich/Schäfer meinen, daß nach üblicher Bewehrungspraxis nicht alle Kräfte berücksichtigt werden; es muß hier dem Statiker und Prüfer überlassen bleiben, die Bewehrung im Plan abzusegnen. Es sollen hier nur die anschaulichen Bilder von Leonhardt gezeigt werden, um das Gefühl für diese kritische Stelle zu schärfen. Nicht von ungefähr entstehen die meisten Mängel im Stahlbetonbau an Konsolen und abgesetzten Balkenauflagern.

Zu beachten ist bei der Aufhängung mit den aufgebogenen Zugstäben auch, daß wegen der außerordentlich kurzen Verankerungslänge in der Regel Ankerkörper erforderlich werden. Die mindestens drei lotrechten Bügel sollen bis ganz nahe an der einspringenden Ecke verlegt werden.

Abb. 7.59 Mangelhaftes abgesetztes Balkenauflager

Abb. 7.60 Mangelhaftes Konsolauflager

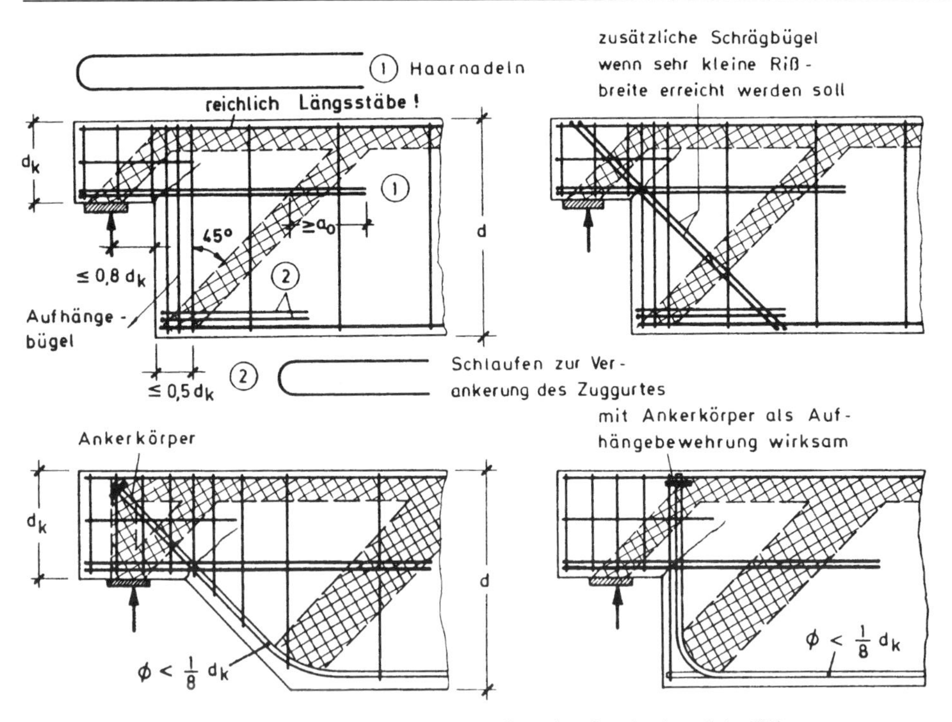

Abb. 7.61 Mögliche Bewehrungsformen für abgesetzte Auflager (aus Leonhardt, s. Seite 501)

7.7.2.3 Aussparungen im Balkensteg

Erforderlich bei Leitungen und Kanälen innerhalb der direkt unter dem Balken abgehängten Unterdecke. Sonderfachleute muß man auf machbare Stellen und Größen beschränken. Günstiger sind kreisrunde, eher kleine (evtl. mehrere) Aussparungen als rechteckige. Bei rechteckigen sollten die Ecken ausgerundet werden. Im Bereich kleiner Querkräfte sind auch lange Stegaussparungen möglich; ab $L_A \geqq 0{,}6 \cdot d_0$ muß die Störstelle bemessen werden.

Die Aussparungen müssen so gelegt werden, daß sich entweder Betondruckstreben ausbilden können, die mit Schrägstäben aufgefangen werden, oder ein Vierendeelträger (Rahmen) ausgebildet werden kann. Bei entsprechender Bewehrung ist die Bruchlast so groß wie ohne Öffnung; die Durchbiegung kann größer sein.

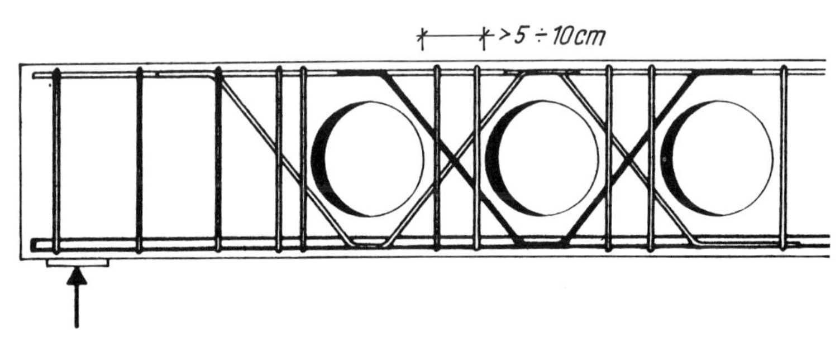

Abb. 7.62 Kreisaussparungen:
Bewehrung entweder mit „umgekehrten Hüten" (s. Bild nach Leonhardt) oder mit Schrägbügeln in einer Richtung

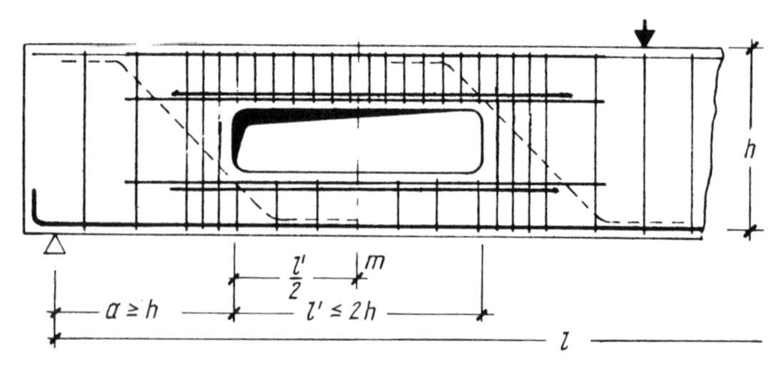

Abb. 7.63 Lange Rechteckaussparung:
Bewehrung der Gurte des Vierendeelträgers wie eigene Balken; Bügelzulagen an den Rändern der Öffnung; kräftige Stegzulagen

7.7.3 Stützen, Wände und Fundamente

Es wird zwischen stabförmigen Druckgliedern mit $b \leqq 5\,d$ und Wänden mit $b > 5\,d$ unterschieden, wobei $b \geqq d$ ist.

Abb. 7.64 Freigelegter Stützenfuß: mangelhaft betoniert und verdichtet

7.7.3.1 Stützen

(1) Bei Druckgliedern für untergeordnete Zwecke dürfen die Durchmesser der Bewehrungsstäbe nach Tabelle 7.25 unterschritten werden.

(2) Der Abstand der Längsbewehrungsstäbe darf höchstens 30 cm betragen, jedoch genügt für Querschnitte mit $b \leqq 40$ cm je ein Bewehrungsstab in den Ecken.

Abstandhalter zur Schalung mind. alle 100 cm bzw. $\leqq 50\ d_s$.

Druckbeanspruchte Bewehrungsstäbe mit geraden Enden mit Haftlänge verankern; keine Haken anbiegen! (s. Abb. 7.68).

Tabelle 7.24 Mindestdicken bügelbewehrter, stabförmiger Druckglieder

	1	2	3
	Querschnittsform	stehend hergestellte Druckglieder aus Ortbeton cm	Fertigteile und liegend hergestellte Druckglieder cm
1	Vollquerschnitt, Dicke	20	14
2	Aufgelöster Querschnitt, z. B. I-, T- und L-förmig (Flansch- und Stegdicke)	14	7
3	Hohlquerschnitt (Wanddicke)	10	5

Tabelle 7.25 Nenndurchmesser d_{sl} der Längsbewehrung

	1	2
	Kleinste Querschnittsdicke der Druckglieder cm	Nenndurchmesser d_{sl} mm
1	< 10	8
2	$\geqq 10$ bis < 20	10
3	$\geqq 20$	12

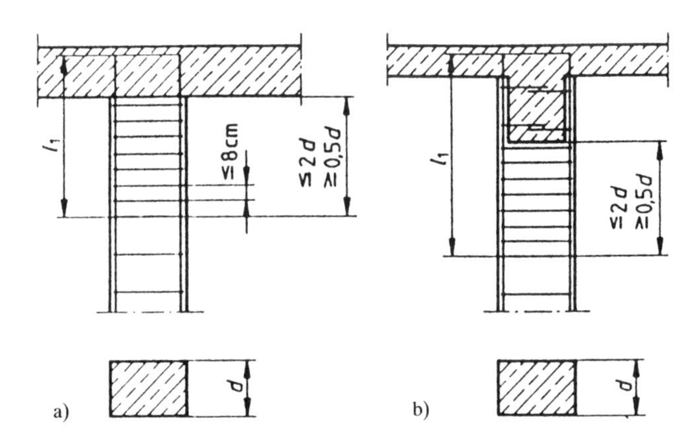

Abb. 7.65 Verstärkung der Bügelbewehrung im Verankerungsbereich der Stützenbewehrung

Bügelbewehrung in Druckgliedern

(1) Bügel sind nach Abb. 7.66 zu schließen und die Haken über die Stützenlänge möglichst zu versetzen. Die Haken müssen versetzt oder die Bügelenden geschlossen werden, wenn mehr als drei Längsstäbe in einer Querschnittsecke liegen.

(2) Der Mindeststabdurchmesser beträgt für Einzelbügel, Bügelwendel und für Betonstahlmatten 5 mm, bei Längsstäben mit $d_{sl} > 20$ mm mindestens 8 mm.

(3) Bügel und Wendel mit dem Mindeststabdurchmesser von 8 mm dürfen jedoch durch eine größere Anzahl dünnerer Stäbe bis zu den vorgenannten Mindeststabdurchmessern mit gleichem Querschnitt ersetzt werden.

(4) Der Abstand $s_{bü}$ der Bügel und die Ganghöhe s_w der Bügelwendel dürfen höchstens gleich der kleinsten Dicke d des Druckgliedes oder dem 12fachen Durchmesser der Längsbewehrung sein. Der kleinere Wert ist maßgebend (siehe Abb. 7.66).

(5) Mit Bügeln können in jeder Querschnittsecke bis zu fünf Längsstäbe gegen Knicken gesichert werden. Der größte Achsabstand des äußersten dieser Stäbe vom Eckstab darf höchstens gleich dem 15fachen Bügeldurchmesser sein.

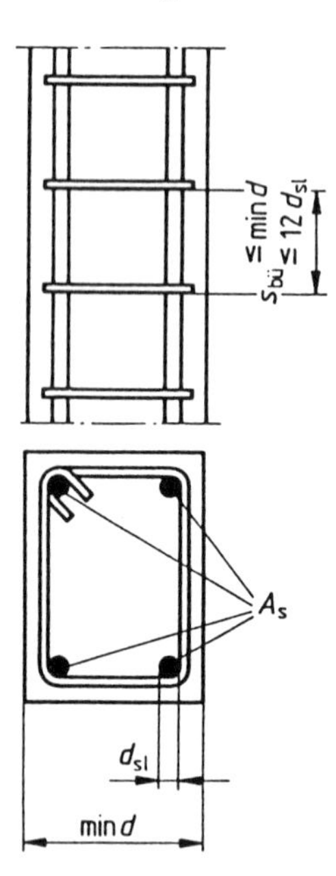

Abb. 7.66 Bügelbewehrung

Prüfen, ob Anschlußeisen erforderlich sind: Wenn der Querschnitt überbrückt ist, könnten sie ohne Nachteile fehlen. (Falls in solchen Fällen vergessen, ist das nicht schlimm.) Üblich sind allerdings stets Anschlußeisen; sie müssen am Kopf der Stütze gekröpft werden, damit der Stützenkorb des nächsten Geschosses darübergestülpt werden kann. Die herausstehenden Anschlußeisen sollten mindestens 2 oder 3 Bügel haben und, wenn sie lang sind, beim Betonieren fixiert sein (s. Abb. 7.62).

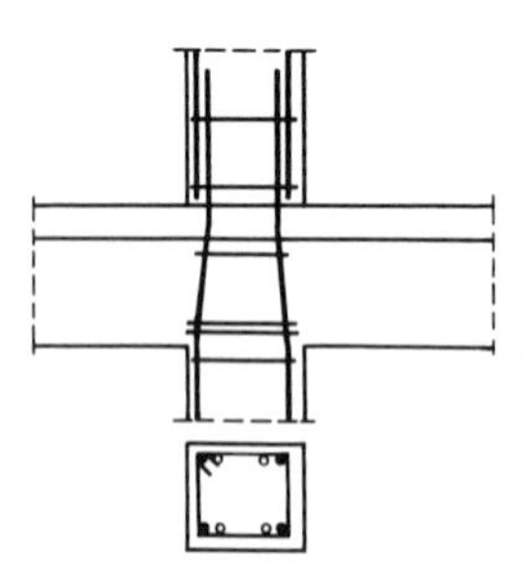

Abb. 7.67
Anschlußeisen kröpfen bei großem sowie unterschiedlichem Stützenquerschnitt, dann zusätzliche Bügel im unteren Kröpfbereich; Bügel auch im Balkenbereich!

Die Eckbewehrung von biegesteifen Anschlüssen Stütze/Balken muß so ausgebildet sein, daß das Vorbetonieren der Stützen bis UK Balken möglich ist, d. h., die obere Balkenbewehrung darf nicht in die Stütze abgebogen werden.

Bei großer Steiggeschwindigkeit beim Betonieren (üblich) sollte der Beton nachverdichtet werden, da sonst leicht Setzungsrisse unter den Bügeln auftreten können, die die Korrosion fördern und beim Bauherrn zu Irritationen führen.

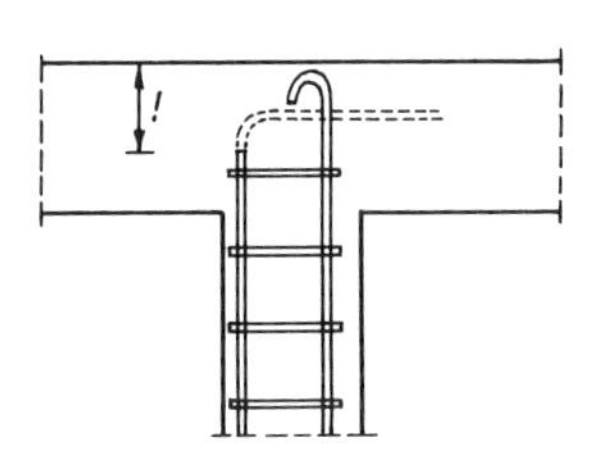

Abb. 7.68
Druckstäbe nicht bis Oberkante Unterzug führen (kegelförmiger Ausplatztrichter möglich); bei nicht ausreichender Verankerungslänge Stab abbiegen. Keine Haken anbiegen!

7.7.3.2 Konsolen

Dies sind kurze auskragende Balkenstummel, deren Länge *a* kleiner ist als die Höhe *d* an der Einspannstelle. Die DIN 1045 hat zu Konsolen keine Ausführungen gemacht. Aufgrund der Trajektorien und nach Versuchen haben Franz, Niedenhof, Leonhardt und Wommelsdorff Modelle für den Kräfteverlauf und die Bewehrung entwickelt.

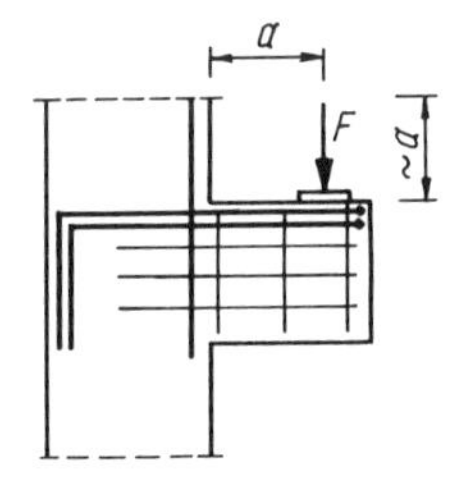

a) Rechteckkonsole mit unmittelbarer Lasteinleitung (obendrauf):
Oben liegende Schlaufenbewehrung; zusätzliche Stützenbewehrung am inneren Stützenrand; lotrechte und waagerechte Bügel (Stützenbewehrung ist fortgelassen).

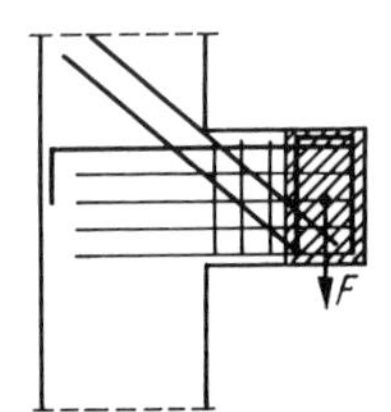

b) Rechteckkonsole mit mittelbarer Lasteinleitung (Unterzug gibt Last über die ganze Konsolenhöhe ab):
Aufhängebewehrung hier durch lotrechte Stäbe (z. B. Bügelform) und schräge Schlaufen; waagerechte Bügel, evtl. als Schlaufe im oberen Konsolbereich.
Möglich auch: kräftige obere Schlaufen (wie unter a) und bügelförmige Aufhängung des Nebenbalkens.

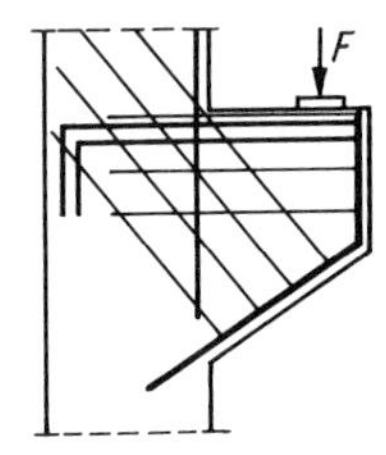

c) abgeschrägte Konsole mit unmittelbarer Lasteinleitung:
Der Beton unterhalb einer Begrenzungslinie bleibt ohnehin spannungslos.
Oben liegende Schlaufenbewehrung; zusätzlich Stützenbewehrung am inneren Rand der Stütze; waagerechte und schräge Bügel.

Abb. 7.69

Entscheidend ist die horizontale Zugbewehrung direkt an der Oberseite der Konsole, praktisch nur als Schlaufen ausführbar und mit ausreichender Verankerungslänge bis auf die Rückseite der Stütze. Bei der mittelbaren Lasteinleitung (Nebenbalken gibt Last über die ganze Höhe der Konsole ab, also auch unten) muß zunächst die Last F nach oben aufgehängt werden; das kann durch lotrechte Aufhängebewehrung, durch Schrägstäbe oder durch beides erfolgen. – In allen Fällen ist eine lot- und waagerechte Verbügelung der Konsole erforderlich, bei der abgeschrägten Konsole werden Schrägbügel ausgeführt.

Der untere vordere Teil einer Rechteckkonsole bleibt spannungslos; insofern schrägt man sie auch ab. Die Dicke der Konsole sollte mindestens $d = a$ betragen; der Überstand über die Vorderkante der Lastplatte sollte so groß sein, daß die Platte voll von Bewehrung umschlossen werden kann. Leonhardt empfiehlt folgende Maße (s. Abb. 7.70):

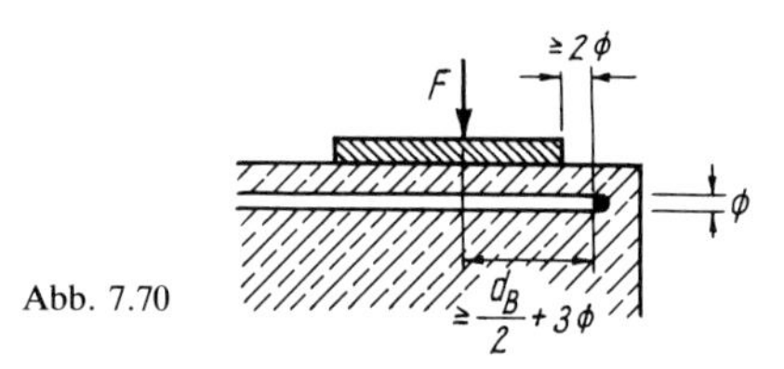

Abb. 7.70

7.7.3.3 Wände

Tabelle 7.26 Mindestwanddicken für tragende Wände

	1	2	3	4	5	6
	Festigkeitsklasse des Betons	Herstellung	Mindestwanddicken für Wände aus unbewehrtem Beton		Stahlbeton	
			Decken über Wänden		Decken über Wänden	
			nicht durchlaufend cm	durchlaufend cm	nicht durchlaufend cm	durchlaufend cm
1	bis B 10	Ortbeton	20	14	–	–
2	ab B 15	Ortbeton	14	12	12	10
3		Fertigteil	12	10	10	8

Diese Mindestwanddicken dürfen um 2 cm verringert werden, wenn beim Betonieren durch besondere Maßnahmen und Verwendung geeigneter Betone, z. B. Fließbeton, sichergestellt wird, daß in der gesamten Wand eine ausreichende Betonqualität und die erforderliche Betonfestigkeit erreicht sowie die erforderliche Betondeckung eingehalten wird. Der Beton muß nach dem Erhärten sichtbar und die Betonfestigkeit kontrollierbar sein (Erläuterungen zu DIN 1045, Heft 400 des DAfStb).

● Unbewehrte Wände

(1) Die Ableitung der waagerechten Auflagerkräfte der Deckenscheiben in die Wände ist nachzuweisen.

(2) Wegen der Vermeidung grober Schwindrisse siehe DIN 1045, Abschnitt 14.4.1. In die Außen-, Haus- und Wohnungstrennwände sind außerdem etwa in Höhe jeder Geschoß- oder Kellerdecke zwei durchlaufende Bewehrungsstäbe von mindestens 12 mm Durchmesser (Ringanker) zu legen. Zwischen zwei Trennfugen des Gebäudes darf diese Bewehrung nicht unterbrochen werden, auch nicht durch Fenster der Treppenhäuser. Stöße sind nach DIN 1045, Abschnitt 18.6 auszubilden und möglichst gegeneinander zu versetzen.

(3) Auf diese Ringanker dürfen dazu parallel liegende durchlaufende Bewehrungen angerechnet werden:

a) mit vollem Querschnitt, wenn sie in Decken oder in Fensterstürzen im Abstand von höchstens 50 cm von der Mittelebene der Wand bzw. der Decke liegen;

b) mit halbem Querschnitt, wenn sie mehr als 50 cm, aber höchstens im Abstand von 1,0 m von der Mittelebene der Decke in der Wand liegen, z. B. unter Fensteröffnungen.

(4) Aussparungen, Schlitze, Durchbrüche und Hohlräume sind bei der Bemessung der Wände zu berücksichtigen mit Ausnahme von lotrechten Schlitzen bei Wandanschlüssen und von lotrechten Aussparungen und Schlitzen, die den nachstehenden Vorschriften für nachträgliches Einstemmen genügen.

(5) Das nachträgliche Einstemmen ist nur bei lotrechten Schlitzen bis zu 3 cm Tiefe zulässig, wenn ihre Tiefe höchstens ⅙ der Wanddicke, ihre Breite höchstens gleich der Wanddicke, ihr gegenseitiger Abstand mindestens 2,0 m und die Wand mindestens 12 cm dick ist.

● Bewehrte Wände

(1) Belastete Wände mit einer geringeren Bewehrung als 0,5 % des statisch erforderlichen Wandquerschnitts gelten nicht als bewehrt und sind daher wie unbewehrte Wände.

(2) In bewehrten Wänden müssen die Durchmesser der Tragstäbe mindestens 8 mm, bei Betonstahlmatten IV M mindestens 5 mm betragen. Der Abstand dieser Stäbe darf höchstens 20 cm sein.

(3) Außerdem ist eine Querbewehrung anzuordnen, deren Querschnitt mindestens ⅕ des Querschnitts der Tragbewehrung betragen muß. Auf jeder Seite sind je Meter Wandhöhe mindestens anzuordnen: bei Betonstabstahl III S und Betonstabstahl IV S drei Stäbe mit Durchmesser d_s = 6 mm und bei Betonstahlmatten IV M drei Stäbe mit Durchmesser d_s = 4,5 mm je Meter oder eine größere Anzahl von dünneren Stäben mit gleichem Gesamtquerschnitt je Meter.

(4) Die außenliegenden Bewehrungsstäbe beider Wandseiten sind je Quadratmeter Wandfläche an mindestens vier versetzt angeordneten Stellen zu verbinden, z. B. durch S-Haken, oder bei dicken Wänden mit Steckbügeln im Innern der Wand zu verankern, wobei die freien Bügelenden die Verankerungslänge 0,5 l_0 haben müssen (l_0 siehe DIN 1045, Abschnitt 18.5.2.1).

(5) S-Haken dürfen bei Tragstäben mit $d_s \leqq 16$ mm entfallen, wenn deren Betondeckung mindestens 2 d_s beträgt. In diesem Fall und stets bei Betonstahlmatten dürfen die druckbeanspruchten Stäbe außen liegen.

(6) Eine statisch erforderliche Druckbewehrung von mehr als 1 % je Wandseite ist wie bei Stützen zu verbügeln.

(7) An freien Rändern sind die Eckstäbe durch Steckbügel zu sichern.

Anschlußbewehrung auch von bewehrten Betonwänden ist nur erforderlich, wenn die Wände Zugkräfte übertragen, was meist nicht der Fall ist; in der Regel wird diese lästige Bewehrung vom Konstrukteur gewohnheitsmäßig vorgesehen. Falls Anschlußbewehrung vorgesehen ist, muß sie beim Betonieren festgehalten werden.

Im Korpus liegt die lotrechte Bewehrung innen, die Verteilerbewehrung außen; S-Haken sind erst ab Stabdurchmesser $\geqq 16$ mm erforderlich. Sollen sie eingebaut werden, Haken und Anker lotrecht übereinander anordnen, da sonst das Betonieren erschwert ist. Abstandhalter wie bei Platten.

Abb. 7.71 Bewehrte Wände mit Anschlußeisen

Abb. 7.72 Schlecht verlegte Wandanschlußbewehrung; der Beton am Wandkopf ist schlecht verdichtet

Bei großer Steiggeschwindigkeit beim Betonieren ist der Schalungsdruck sehr groß: Statiker nach besonderer Verankerung fragen! Auch sollte hierbei 1 bis 3 Stunden nach dem Einbringen der Beton nachverdichtet werden.

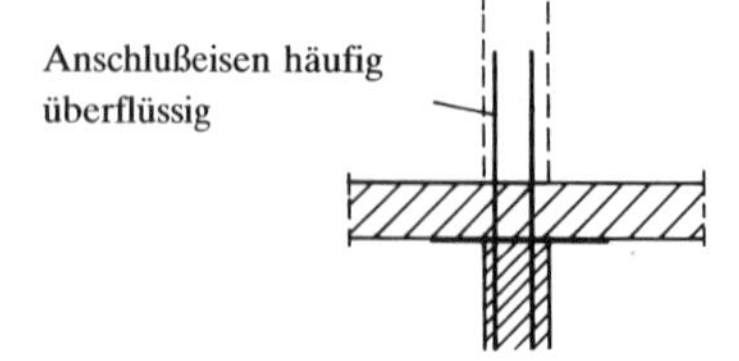

Abb. 7.73

7.7.3.4 Fundamente

Vergleiche hierzu auch den Abschnitt Flachgründungen in II 3.8.1!

● Streifenfundamente (Bankette) und Einzelfundamente

Bewehrte Fundamente stets seitlich einschalen (einrutschender Beton) und mit unterer Sauberkeitsschicht von mindestens 5 cm Dicke versehen; eine Kunststoffolie auf dem Boden ist kein ausreichender Ersatz. Wenn durch viele belastete Wände und Stützen die Fundamentfläche etwa 75 % der Grundfläche erreicht, ist eine durchgehende Platte konstruktiv und kostenmäßig richtiger.

Arbeitsfugen innerhalb einer Platte oder zwischen Fundament und aufgehendem Bauteil sind zweckmäßigerweise mit Rippenstreckmetall abzuschalen: Es wird dagegen verdichtet, das Gewebe verbleibt im Beton. Bei Betonierabschnitt zwischen Sohle und Wand ist zur Abdekkung der Zwangsspannungen aus Schwinden eine deutliche horizontale Bewehrung in der Wand zur Rissebeschränkung erforderlich.

Die untere Abdichtung einer Kellersohle ist auch allein mit wasserundurchlässigem Beton möglich; das Fugenband bei Arbeitsfugen wird unten direkt auf der Sauberkeitsschicht verlegt.

Die früher übliche Feinaufteilung auf viele unterschiedlich stark bewehrte Streifen unter Stützen bei Einzelfundamentplatten wird heute nicht mehr so eng gesehen, obwohl das Heft 240 des DAfStb noch 8 abgestufte Streifen empfiehlt. Diese Bewehrungsform ist ausführungstechnisch unerwünscht (Lohnkosten) und mit Baustahlmatten kaum machbar; heute werden vorwiegend zwei Bereiche unterschieden.

Die untere Bewehrung bei Einzelfundamenten wird nicht gestaffelt oder aufgebogen, sondern bis zum Rand geführt und mit Haken verankert. Im Fall des mangelhaften Verbundes kann sich dann immer noch ein Sprengewerk ausbilden. Eventuell erforderliche Schubbewehrung ist zuzulegen; gleiche Eisennummern werden evtl. verschoben. Wenn keine Einspannung der Stütze oder Wand vorliegt, ist eine obere Bewehrung entbehrlich.

Der Kräfteverlauf im Fundament erlaubt eine Verringerung der Dicke zum Rand; man kann die Oberfläche bis etwa 20 % abschrägen (Schlaich). Dadurch verringert sich beim Anschluß der Kellerbodenplatte die Rißgefahr.

Für den Anschluß der Bodenplatte an das Fundament gibt es drei Möglichkeiten:

- biegesteifer Anschluß mit Bewehrung; bündig mit OK Fundament; kleine Bauhöhe; keine eigene Platte im Fundamentbereich.
- Sandpuffer zwischen OK Fundament und Bodenplatte; kann unabhängig von den Fundamentarbeiten später erstellt werden; große Bauhöhe.
- Abschrägung der Fundamentoberfläche; Sandpuffer mit wachsender Dicke; Rißgefahr in der Platte gering; Bauhöhe liegt zwischen den beiden vorangehenden Konstruktionen.

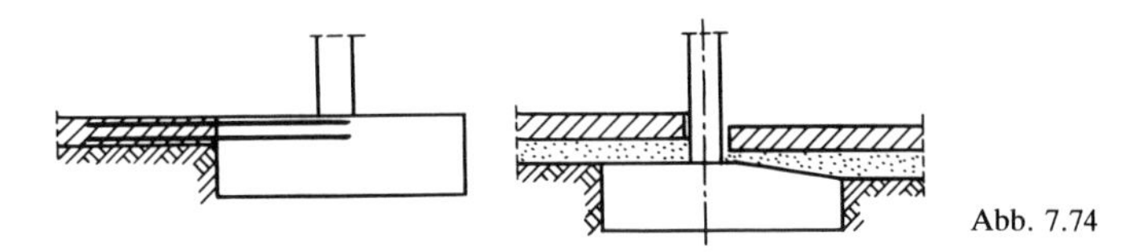

Abb. 7.74

In Streifenfundamenten sind unter Öffnungen in belasteten Kellerwänden bzw. bei Wandunterbrechungen die Bankette balkenförmig zu bewehren; nach Leonhardt oben für $m = \frac{1}{16} \cdot p \cdot l^2$ und unten für $m = \frac{1}{10} \cdot p \cdot l^2$.

Praxisgerecht ist ein Korb mit Stäben unten und oben für $m = \frac{1}{12} \cdot p \cdot l^2$ (kann auch bei Verwechseln von oben/unten nicht falsch werden, siehe Abb. 7.75).

● Hülsenfundamente (oder Becherfundamente)
Zwei Tragwerksmodelle führen zu unterschiedlicher Bewehrung, die konsequent nach der Statik ausgeführt werden muß: einmal die rauhe bzw. profilierte Betonoberfläche am Übergang

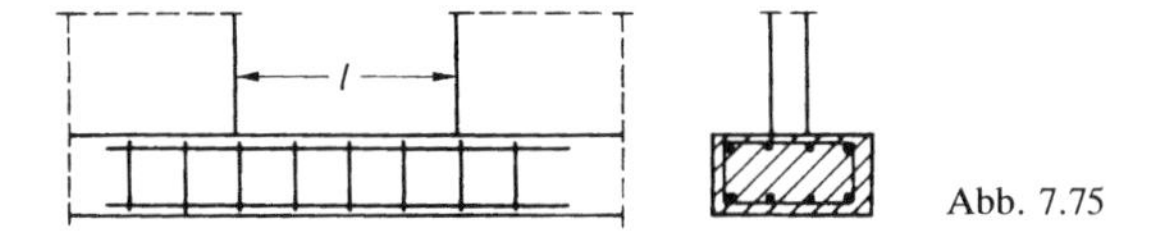

Abb. 7.75

Abb. 7.76 Hülsenfundament mit Profilierung der Innenwände

Abb. 7.77 Hülsenfundament mit teilweise falscher Profilierung (lotrecht)

Stütze/Hülsenwand, die heute vielfach ausgeführt wird; zum andern glatte Oberflächen, die einfacher zu schalen sind, jedoch eine Neigung von Druckstreben zwischen Stütze und Fundament ausschließen. Wenn in der Statik mit Profilierung gerechnet wurde, kann diese auf keinen Fall weggelassen werden. Die Profilierung an der Becherinnenwand und dem Stützenfuß muß waagerecht und mindestens 1 cm tief sein. Erstellt mit Zahnschalung oder Leisten.

Als Bewehrung haben sich die von Leonhardt empfohlenen lotrechten Standbügel mit horizontalen Schleifenbügeln in den Wänden bewährt (s. Abb. 7.78). Die einfacheren horizontalen Umfassungsbügel, die die Innenseiten der Hülsenwände nicht erfassen, verhindern nicht horizontale Kerbrisse, die von den Innenecken ausgehen.

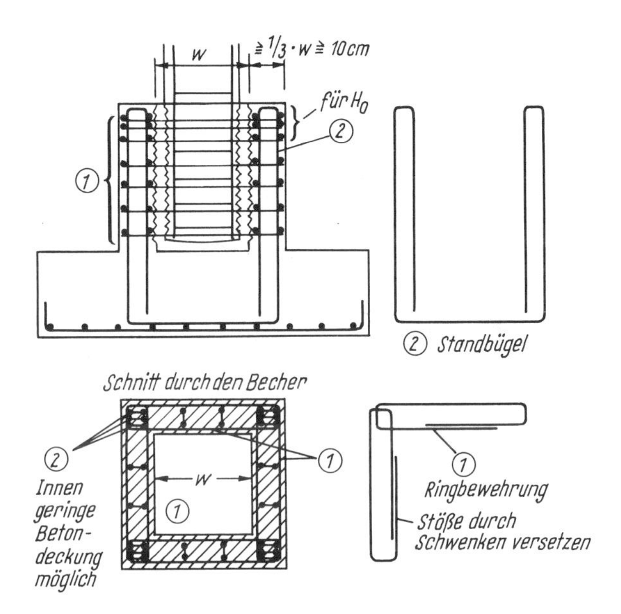

Abb. 7.78 Hülsenfundamentbewehrung nach Leonhardt

Abb. 7.79 Köcherschalung mit Baustahlmatte + Streckmetall (Fa. Peca Verbundtechnik, Dingolfing)

Trägerkonstruktion der Köcherschalung nach Abb. 7.79 bildet eine Baustahl-Sondermatte. Im Fertigungsprozeß werden zwischen Längs- und Querstab Streckmetallgitter 16/6/1/1 mm eingeschweißt. Dadurch entsteht eine biegesteife Konstruktion, die nach den Prüfergebnissen der TU Braunschweig zu sehr hohen Werten in der Scherfestigkeit der Verbundfugen führt. Die Ergebnisse liegen im Mittel um ca. 37% höher als bei der Ausführung mit Alternativbaustoffen (Profilierung mit Trapezleisten).

7.7.4 Vorgefertigte Bauteile mit Allgemeiner bauaufsichtlicher Zulassung (ABZ)

Beispielhaft werden einige ABZ-Bauteile aufgeführt; die Systematik der Kennzeichnung, der Lieferung und des Einbaues ist ähnlich; die Zulassung muß in jedem Fall auf der Baustelle vorliegen; die Monteure müssen eingewiesen werden.

7.7.4.1 Elementdecke = teilweise vorgefertigte Plattendecke

Im Geschoßhochbau heute viel verwendet, ist sie eine teilweise vorgefertigte Stahlbetonvollplattendecke; das großflächige, bewehrte Deckenteil von nur 4 cm Dicke (Kranlast) enthält bereits die komplette Bewehrung in Form von Gitterträgern (zulassungspflichtig) und Betonstahlmatten bzw. Rippenstabstahl; bei Durchlaufdecken muß die Stützenmomentbewehrung zugelegt werden. Nach Verlegen der Fertigplatte wird mit Ortbeton bis zur endgültigen Dicke aufbetoniert. Montagestützen sind erforderlich, jedoch erübrigt sich das Einschalen.

Bei zweiachsiger Tragwirkung werden meist raumgroße Platten ausgeführt, also ohne Deckenfuge zwischen den Auflagern; andernfalls wird die zweite Bewehrungsrichtung innerhalb des Ortbetons zugelegt.

Auflage in der ABZ: Zum Zeitpunkt des Aufbringens des Ortbetons muß die Druckfestigkeit des Betons für die Fertigplatte (sowie Betondruckgurte) mindestens 80 % der 28-Tage-Festigkeit erreicht haben; i. d. R. ist dies 7 Tage nach der Herstellung der Fall, andernfalls Nachweis erforderlich.

Die Oberfläche der Fertigplatten muß ausreichend rauh sein; bei Verwendung für nicht ruhende Verkehrslast ist sie stets mechanisch aufzurauhen.

Kennzeichnung: Die Gitterträger sind mit einem wetterbeständigen Anhänger zu versehen, aus welchem das Herstellwerk und die Gitterträgerbezeichnung einschließlich Höhe, Stabdurchmesser und Stahlsorte des Untergurtes erkennbar sind.

7.7.4.2 Porenbetondeckenplatten, bewehrt und dampfgehärtet (Systeme Siporex, Hebel, Ytong)

– Lieferschein

Bewehrte XY-Deckenplatten aus dampfgehärtetem Porenbeton GB 3,3 (GSB 35) und GB 4,4 (GSB 50) sind mit Lieferscheinen auszuliefern, die mindestens folgende Angaben enthalten müssen:

Herstellwerk
Bezeichnung des Zulassungsgegenstandes
Zulassungsnummer (Z-2.1-3.1)
Festigkeitsklasse des Porenbetons
einheitliches Überwachungszeichen (in vollständiger Form)

– Kennzeichnung

Jede Deckenplatte ist entsprechend den Angaben der Norm DIN 4223 (Ausgabe Juli 1958), Abschnitt 6, Absätze 1 und 2, wobei der Prägestempelabdruck auch auf eine der Plattenlängsseiten aufgebracht werden darf, unter Beachtung der nachstehenden Ergänzungen zu kennzeichnen.

Ergänzungen:

a) Dem aufgebrachten Prägestempelabdruck muß der Herstellungstag der Deckenplatten, die

Zulassungsnummer (Z-2.1-3.1) sowie das einheitliche Überwachungszeichen (als vereinfachtes Zeichen) entnommen werden können.

b) Deckenplatten, die entsprechend der Norm DIN 4102 – Brandverhalten von Baustoffen und Bauteilen (siehe auch Abschnitt 10.3 der Besonderen Bestimmungen) als feuerbeständig einzustufen sind, sind mit einem roten „F“ zu kennzeichnen.

Alle Kennzeichnungen müssen gut lesbar und dauerhaft sein.

– Überwachung im Werk
Eigenüberwachung (werksintern) und Fremdüberwachung durch eine anerkannte Prüfstelle.

– Einbau der Porenbetondeckenplatten
Die Platten sollen nur in den Abmessungen, in denen sie vom Herstellwerk ausgeliefert werden, eingebaut werden. Sie dürfen in Ausnahmefällen nachträglich durch Beauftragte des Herstellwerkes gekürzt werden, wenn dadurch die Plattentragfähigkeit, insbesondere die Endverankerung gemäß DIN 4223 (Ausgabe Juli 1958), Abschnitt 9.52, nicht beeinträchtigt wird. Ein solcher Arbeitsgang darf nur mittels Trennscheiben durchgeführt werden. Die Schnittflächen von Stählen sind mit einem Korrosionsschutz zu versehen.

An den Deckenplatten dürfen keine Stemmarbeiten vorgenommen werden. Das Fräsen, Sägen oder Bohren eines einzelnen Loches bis zu 15 cm Durchmesser senkrecht zur Plattenfläche ist jedoch zulässig, wenn der Plattenquerschnitt hierdurch um nicht mehr als 25 % vermindert wird; für den verbleibenden Querschnitt ist die Standsicherheit gesondert nachzuweisen.

Bei Verlegung der Deckenplatten im Mörtelbett gemäß DIN 4223 (Ausgabe Juli 1958), Abschnitt 8.3, ist Mörtel der Mörtelgruppe III nach DIN 1053 Teil 1 zu verwenden.

– Begehen und Belasten der XY-Deckenplatten während des Montagezustandes
Vor dem Vermörteln der Fugen und vor dem ausreichenden Erhärten des Fugenmörtels dürfen die Deckenplatten der Form A (gemäß Anlage 1), deren Plattenränder keine Nut-Feder-Profile aufweisen, nur auf Laufbohlen betreten oder befahren werden. Sind die dabei auftretenden Einzellasten größer als je 1 kN oder beträgt die Summe der im Bereich von zwei benachbarten Deckenplatten gleichzeitig auftretenden Einzellasten mehr als 1 kN, so ist für die Aufnahme solcher Lasten die Tragfähigkeit der zur Lastenverteilung herangezogenen Laufbohlen, ggf. auch die der Deckenplatten, statisch nachzuweisen.

7.7.4.3 Bewehrte Stürze aus dampfgehärtetem Porenbeton*)
(Vorgefertigte Stürze aus Mauersteinen s. unter II 4.2.4)

Porenbeton GB 4,4 (früher GSB 50), mit Bewehrung, geeignet für Decken im Wohn-/Bürohausbau; b = 17,5, 24, 30, 36,5 cm; d = 24 (25) cm; bei größeren Spannweiten ($l \geqq 2{,}0$ m) Stahlbetonsturz mit 5 cm Porenbetonvorsatz

Auslieferung mit Lieferschein: Angaben zum Herstellwerk, Bezeichnung, Zulassungsnummer, Überwachungszeichen.

Kennzeichnung: Die Stürze sind – vorzugsweise an auch nach dem Einbau noch sichtbarer Stelle – mittels Prägestempel zu kennzeichnen mit folgenden Angaben: Typbezeichnung, zulässige Belastung je laufender Meter, lichte Weite, Zulassungsnummer, Überwachungszeichen, Herstelldatum, Zeichen des Herstellwerks.

Einbau: An den Stürzen dürfen keine Stemm- und Fräsarbeiten vorgenommen werden; Einbau wie vom Werk geliefert; beschädigte oder ausgebesserte Stürze dürfen nicht eingebaut werden, sie sollen eine Farbmarkierung an der Sturzunterseite haben.

---

*) Frühere Benennung: Gasbeton.

8 Bauteile aus Kunststoff, Glas, Textil

8.1 Bauteile aus Kunststoff und Textil

8.1.1 Begriffe

Der Einsatz von Kunststoffen für tragende Bauteile beschränkt sich zur Zeit noch auf wenige Bereiche:

- Beschichtete Kunststoffgewebe für Traglufthallen u. ä.
- Textilglasverstärkte ungesättigte Polyesterharze für Rohr- und Flächentragwerke
- Kleben, Verfüllen; Mörtel- und Betonzusatz, Reaktionsharzbeton, Beschichtungen

Es gibt zur Zeit keine umfassenden einschlägigen DIN-Normen, sondern lediglich DIN-Entwürfe und vorläufige Richtlinien; meist ist Zustimmung im Einzelfall erforderlich. Für verschiedene Bauteile sind ABZ vorhanden, z. B. Schüttgutsilos, Behälter, Hüllen für Tragluftbauten. Die darin aufgeführten Auflagen für Herstellung, Montage und Überwachung sind im einzelnen sorgfältig zu beachten: das heißt, zur Überwachung ist die Zulassung vorzulegen.

Verwendete Abkürzungen:

UP	ungesättigte Polyester	
PMMA	Polymethylmethacrylat (= Acrylglas)	
PUR	Polyurethan	
EP	Epoxidharz	
PVC	Polyvinylchlorid	
PTFE	Polytetrafluorethylen	
GFK	glasfaserverstärkter Kunststoff (z. B. EP-GF)	
GUP	glasfaserverstärktes Polyesterharz	
PE	Polyethylen	
CC	Normalbeton	
PIC	polymerimprägnierter Beton	Zementmörtel/-beton mit Kunststoffzusatz
PCC	polymermodifizierter zementgebundener Beton	Zementmörtel/-beton mit Kunststoffzusatz
PC	Reaktionsharzbeton	
SPCC	Spritzbeton mit Kunststoffzusatz	

8.1.2 Traglufthallen

Traglufthallen sind bauliche Anlagen, deren äußere Raumabschließung ganz oder überwiegend aus einer flexiblen Hülle (mit oder ohne Stützung durch Seile oder Seilnetze) besteht, welche von der durch das Gebläse unter Überdruck gesetzten Luft des Innenraumes getragen wird. Wird die Hülle dagegen nicht durch die Luft des Innenraumes, sondern durch Stützkonstruktionen getragen, auch wenn diese selbst aus luftgefüllten Bauteilen wie Schläuchen oder Wülsten bestehen, handelt es sich nicht um einen Tragluftbau im Sinne der DIN 4134 – Tragluftbauten, Berechnung, Ausführung und Betrieb (2/1983). Das gilt auch für Gebäude mit Überdachungen aus selbsttragenden Luftkissenkonstruktionen. – In der Praxis überwiegen die echten Traglufthallen.

Tragluftbauten sind grundsätzlich genehmigungsbedürftig. Erforderliche bautechnische Unterlagen sind (und zwar z. T. abweichend von den „normalen“ Bauvorhaben): Lageplan, Schnitte, Konstruktionszeichnungen, Standsicherheitsnachweis, Übersichtszeichnung mit Angaben über

Ausgänge, Schleusen, Gebläse, Heizanlage, evtl. Gutachten über die Windverhältnisse, detaillierte Bau- und Betriebsbeschreibung sowie eine Betriebsanweisung.

Hüllenbaustoffe und ihre Verbindungen (Nähte) sind z. Z. noch „neue Baustoffe" im Sinne der Landesbauordnung. Sie dürfen also nur verwendet werden, wenn ihre Brauchbarkeit durch eine ABZ nachgewiesen wird bzw. die Zustimmung im Einzelfall bei der obersten BAB eingeholt ist.

Baustoff: Selbsttragende Kunststoffgewebe aus Polyamid- oder Polyesterfasern mit Beschichtung aus PVC oder chloriertem Polyethylen, evtl. auch aus verstärkten Kunststoffolien. Lebensdauer etwa 15 Jahre, je nach Dauer der UV-Strahleneinwirkung. Hüllenbaustoffe sind nicht in DIN-Normen geregelt; insofern ABZ oder Zustimmung als Brauchbarkeitsnachweis erforderlich.

Vorschriften: DIN 4134 – Tragluftbauten (2/1983).

Verankerung der Hülle am Boden: Durch Streifenbankette und Schlaufen; in der Regel wird linienhafte Befestigung durch durchlaufende Seile oder Rohre gefordert bzw. durch Ballastgewichte oder durch Erdanker, mindestens 0,80 m tief.

Hinweise für Erdanker: Ausziehversuche am Standort erforderlich, und zwar für den 1,5fachen Rechenwert an 50 % der Anker oder für den 2fachen Rechenwert an 5 % der Anker, mindestens jedoch an 3 Ankern. Über die Ausziehversuche ist ein Protokoll anzufertigen. Bei einer Bodenuntersuchung im Abstand von nur 10 m genügt ein Ausziehversuch an 3 Ankern mit 1,5fachem Rechenwert. – Nach dem Einschlagen der Anker ist die umgebende Oberfläche anzustampfen, damit kein Oberflächenwasser eindringen kann.

Freizuhaltender Raum: Die Hülle darf auch im verformten Zustand (Wind, Schnee) feste Gegenstände wie Einbauten und Lagergüter nicht berühren. Die Schäden an Hüllen durch Einbauten betrugen immerhin 23 %, durch menschliches Versagen allerdings 42 %. Die Betriebsanweisung muß darstellen, wie das nutzbare Profil eingehalten wird: z. B. durch von der Hülle herabhängende Bleiperlenschnüre, durch Profilrahmen, Stapelgrenzen (Hallenbodenmarkierungen mit Angabe der Stapelhöhe), Meßlatten u. ä.

Winterbetrieb und Schnee: Die Mindesttemperatur für die Schneebeseitigung durch Wärme kann mit 8 bis 12 °C in der Nähe des Scheitels angenommen werden. Zu ihrer Kontrolle muß im Scheitel ein Temperaturfühler installiert werden mit Ablesung am Hauptzugang. Auf ausreichende Heizung kann verzichtet werden, wenn Vorrichtungen zur mechanischen Schneeräumung bei einsetzendem Schneefall schnell benutzt werden können. Sie sollen vom Gelände aus bedient werden können; Abstand der Räumvorrichtungen maximal 30 bis 40 m. Eine solche Vorrichtung kann z. B. aus einem dicken Holzbrett bestehen mit abgerundeten Kanten. An den Schmalseiten des Brettes werden so lange Seile befestigt, daß diese Vorrichtung vom Boden aus über den gesamten Zylinderbogen des Tragluftraumes reicht. Durch Hin- und Herziehen des Brettes auf der Hülle rutscht der Schnee seitlich ab.

Beschilderung: In der Nähe des Haupteinganges sind deutlich sichtbar folgende Angaben anzubringen:

- Name, Anschrift, Telefonnummer der Aufsichtsperson
- der erforderliche Nenninnendruck (muß am Meßgerät ablesbar sein)
- erforderliche Maßnahmen bei Schneefall
- die zum Abtauen erforderliche Mindesttemperatur
- zulässige Personenzahl
- Hersteller und Herstelldatum
- Kurzfassung der Betriebsanweisung
- öffentlicher Notruf

- Wartungsfirma für das Gebläse
- Schnittzeichnung mit Angabe des freizuhaltenden Raumes
- Thermometer
- Warnschild mit folgender Aufschrift: Bei merklichem Absinken der Hülle am Scheitel oder bei Alarmsignal ist der Tragluftbau unverzüglich zu verlassen.

Überprüfungen

Die Betriebssicherheit muß durch Stichproben überprüft werden, und zwar:

- Der Zustand der Gesamtanlage ist nach jedem Sturm (> Windstärke 7 nach Beaufort, d. h. steifer Wind, der ganze unbelaubte Bäume mittlerer Stärke in Bewegung versetzt und fühlbare Hemmungen beim Gehen gegen den Wind verursacht; Regenschirme nicht mehr benutzbar), mindestens aber einmal im Jahr gründlich zu überprüfen.
- In angemessenen Zeitabständen, bei Verbrennungsmotoren mindestens jede Woche, sind die dauernd in Betrieb befindlichen Teile der Gebläseanlage und das Ersatzgebläse auf ihre Betriebstauglichkeit zu prüfen.

Die Ergebnisse sind schriftlich festzuhalten.

Verlängerung der Baugenehmigung

Nach mehrmaliger befristeter Verlängerung tritt das Problem der Alterung und Versprödung der Hülle auf; die Lebensdauer (Brauchbarkeit) von allen organischen Baustoffen ist begrenzt, insbesondere – wie hier – unter starkem UV-Einfluß. Das ebenfalls angewandte Verfahren des Hüllenprüfens im Labor an einem herausgeschnittenen Hüllenstück hat sich als unbefriedigend erwiesen. Die anschließend eingesetzten (eingeklebten) „Flicken“ beulten regelmäßig etwas aus und störten heftig das Erscheinungsbild. Praktisch bewährt hat sich eine Überprüfung durch Inaugenscheinnahme und taktile Prüfung: d. h., die Hülle wird rundum außen und innen auf Beschädigungen, Abwittern des Kunststoffüberzuges, Zustand der Nähte und der Verankerungsschlaufen sowie durch Befühlen und Eindrücken der Haut auf Elastizität überprüft. Die Grenze zur Unbrauchbarkeit wegen Versprödung ist schwer zu bestimmen. – Beim Bloßliegen von Gewebeteilen muß eine schützende Beschichtung neu aufgebracht werden.

In einzelnen ABZ gibt es Auflagen über die Zustandskontrolle und Wartung: „Die Hülle ist nach 4 Jahren und anschließend alle 2 Jahre von einem Sachverständigen auf ihren äußeren Zustand zu kontrollieren.“ – Bei den IHK sind vereinzelt öbuv-Sachverständige für Kunststoffe im Hochbau registriert.

8.1.3 Silos aus glasfaserverstärktem ungesättigtem Polyesterharz (GF-UP-Schüttgutsilos)

Nach ABZ; Auflagen z. B.:
„Zustandskontrolle und Wartung. Die aufgestellten Silos sind regelmäßig auf ihren ordnungsgemäßen Zustand hin zu untersuchen. Beim Bloßliegen von Glasfasern muß ein schützender Anstrich auf Reaktionsharzbasis aufgetragen werden. Oberflächenrisse und Delaminierungen sind fachgerecht auszubessern. Abnehmer des Zulassungsgegenstandes sind auf diese Bestimmungen ausdrücklich hinzuweisen.“

Im übrigen ist – wie bei allen bauaufsichtlich zugelassenen Baustoffen und Bauteilen – Eigen- und Fremdüberwachung vorgeschrieben.

8.1.4 Laugenbehälter für Natronlauge (Zustimmung im Einzelfall)

Einzeln gefertigter Behälter für $V = 50\ m^3$, Zylinder mit $H = 9$ m aus Wickellaminat + Chemieschutzschicht. Zur Prüfung wurden hierbei an Behälterausschnitten entsprechende Probekörper zur Ermittlung einiger Laminateigenschaften – Glasgehalt, Glasflächengewicht, Bruchmoment, Verformungsmodul, Kriechneigung, Laminatdicke – hergestellt.

Auflagen in der Zustimmung der obersten BAB:

1. Die Fertigung der Behälter im Herstellwerk sowie deren Montage am Ort ist vom Sachverständigen zu überwachen. Aufzeichnungen und Protokolle hierüber sind der BAB zur Verfügung zu stellen.
2. Anbringung von Typenschild und Hinweisschild (Füllgut, Baujahr, Hersteller).
3. Vertrag über Zustandskontrollen mit dem Sachverständigen muß abgeschlossen werden (eine Ausfertigung geht an die BAB); Zeitpunkt der Kontrollen: vor Inbetriebnahme, danach alle 2 Jahre sowie evtl. nach besonderem Bedarf.

8.1.5 Wasserrutschbahnen aus GFK-Bauteilen

An sich gelten diese Baustoffe als neue Baustoffe im Sinne der Bauordnung; der Brauchbarkeitsnachweis ist also durch eine ABZ zu führen. Diese entfällt jedoch dann, wenn die statische Berechnung der GFK-Bauteile von einem Prüfamt für Baustatik geprüft wurde oder die in den „Richtlinien“ angegebenen Bauteilversuche von einer amtlichen Materialprüfanstalt durchgeführt wurden.

Vorschriften:

Richtlinien für die Prüfung von Standsicherheitsnachweisen für Wasserrutschbahnen aus GFK-Baueilen (6/1986).

DIN 18820 – Textilglasverstärkte ungesättigte Polyesterharze für tragende Bauteile.

DIN 7937 – Sport- und Freizeitanlagen (Wasserrutschbahnen) 1982.

In die Baugenehmigung muß die Auflage aufgenommen werden, daß die Anlage regelmäßig hinsichtlich ihrer Befestigung an der Tragkonstruktion, ihrer Verbindungen der einzelnen Rutschbahnelemente und der Verschleiß- bzw. Schutzschichten zu überwachen und zu warten ist. Es ist eine jährliche Zustandskontrolle durch einen Sachverständigen durchzuführen. Vor Inbetriebnahme muß eine Bestätigung durch einen unabhängigen Sachverständigen über die ordnungsgemäße Errichtung der Anlage vorliegen.

Das Traggerüst, in der Regel aus Stahl, sowie Gründung und Verankerung sind normale Baukonstruktionen und von der BAB zu überwachen.

8.2 Bauteile aus Glas

Außer bei Fensterverglasungen und Glastüren, die bauaufsichtlich nur beim Wärmeschutz interessieren, wird Glas vorwiegend in folgenden Bereichen*) verwendet:
Vorhangfassaden aus Glas, Fensterwände
Absturzsicherungen (Balkone, Umwehrungen, Treppen)

*) Brandschutzverglasungen s. unter II 9.4.

Wintergärten, Glasanbauten
Gewächshäuser

Glastüren und andere Glasflächen, die bis zum Fußboden allgemein zugänglicher Verkehrsflächen herabreichen, sind so zu kennzeichnen, daß sie leicht erkannt werden können. Für größere Glasflächen können Schutzmaßnahmen zur Sicherung des Verkehrs verlangt werden (MBO § 35.2, Fassung 12/1993 oder BauO NW § 35.2, bzw. Entwurf 5/1994 unter § 40.2). – Die Kennzeichnung wird sowohl durch eingeschliffene Ornamente oder aufgeklebte Folien als auch durch Geländer, Querholme oder Handgriffe in Türbreite erreicht.

8.2.1 Vorhangfassaden aus Glas

Die üblichen hinterlüfteten Fassadenbekleidungen aus Einscheiben-Sicherheitsglas (ESG) bestehen in der Regel aus einer metallischen Unterkonstruktion, meistens aus Aluminiumlegierungen, in die thermisch vorgespanntes Glas eingebaut wird. Einschlägige Norm ist DIN 18516 Teil 4 – Außenwandbekleidungen, hinterlüftet; Einscheiben-Sicherheitsglas; Anforderungen, Bemessung, Prüfung (2/1990). Eine Zustimmung im Einzelfall – wie bisher – ist nicht mehr erforderlich, lediglich noch bei geklebten Glasflächen an Fassaden.

Für Außenwandbekleidungen sind Scheiben aus thermisch vorgespanntem ESG zu verwenden, das aus Glaserzeugnissen nach DIN 1249 herzustellen ist. Diese Scheiben werden im Herstellungsprozeß thermisch vorgespannt. Sie erhalten dabei einen Eigenspannungszustand, der durch Druckspannungsbereiche auf den Außenseiten und eine Zugspannungszone im Innern des Querschnitts gekennzeichnet ist. Solches vorgespannte Glas ist widerstandsfähiger gegen Temperaturwechsel, Stoß, Schlag und Biegebeanspruchung. Wird das Glas zerstört, entsteht ein netzförmiges Bruchbild mit kleinen Glaskrümeln, die keine scharfen Kanten haben. Es besteht also eine passive Sicherheit (gegen Verletzungen), jedoch keine Sicherheit gegen Durchwurf oder Durchbruch. Das ist bei Verbund-Sicherheitsglas möglich, wobei zwei oder mehr Glasscheiben mit hochelastischen Kunststoffschichten (Polyvinylbutyral) fest verbunden sind. Bei mechanischer Überlastung durch Stoß, Schlag oder Beschuß bricht das Glas zwar an, aber die Bruchstücke haften fest an der Zwischenschicht. Nach Anzahl und Dicke der Einzelscheiben ergeben sich Eigenschaften von durchwurfhemmend bis durchschußhemmend und sprengwirkungshemmend (70 mm).

Beim Einbau solcher Scheiben muß darauf geachtet werden, daß dieser innere Gleichgewichtszustand nicht gestört ist, wie es bei Kantenverletzungen oder durch sogenannte Nickelsulfidkristalle in der Zugzone geschehen kann.

Die Scheibenkanten müssen mindestens gesäumt sein. Die Scheibendicke ist durch statische Berechnung zu bestimmen, jedoch darf eine Nenndicke von 6 mm nicht unterschritten werden.

Alle ESG-Scheiben sind einer Heißlagerungsprüfung zu unterwerfen. Der Hersteller hat durch Bescheinigung DIN 50049-2.2 (Werkszeugnis) bzw. Bescheinigung DIN 50049-2.1 (Werksbescheinigung) zu bestätigen, daß die gesamte Glaslieferung vor dem Versand während einer Haltezeit von 8 Stunden bei (290 ± 10 °C) mittlerer Ofentemperatur geprüft wurde.

Alle ESG-Scheiben sind auf Kantenverletzungen zu prüfen, die nach der Heißlagerungsprüfung, beim Transport oder bei der Montage entstanden sein können. Scheiben mit Kantenverletzungen dürfen nur dann verwendet werden, wenn die Kantenverletzungen nicht tiefer als 15 % der Scheibendicke in das Glasvolumen eingreifen.

Die Einhaltung der Mindestbiegefestigkeit nach Tabelle 1 der Norm ist mittels Bescheinigung nach DIN 50049 (Werkszeugnis) nachzuweisen, ansonsten ist Prüfung für jeden Verwendungsfall von einer amtlichen Materialprüfanstalt vorzunehmen; ein Prüfzeugnis ist auszustellen.

Kennzeichnung
Es besteht gemäß DIN 1249, Teil 12 – Flachglas im Bauwesen, Einscheiben-Sicherheitsglas (9/1990) für ESG eine besondere Kennzeichnungspflicht. Danach ist jede Scheibe dauerhaft zumindest mit dem Hinweis DIN 1249–ESG zu versehen. Die Kennzeichnung muß einwandfrei lesbar sein.

Scheibenbefestigung
Die Scheibenbefestigungen müssen die Scheiben in ihrer gesamten Dicke umfassen oder erfassen. Man unterscheidet linienförmige (2-, 3- und allseitige) sowie punktförmige Scheibenlagerung. Bei punktförmiger Lagerung werden die Scheiben mit Klammern oder Schrauben und Klemmplatten befestigt. Hierbei muß die glasüberdeckende Klemmfläche mindestens 1000 mm^2 groß sein und die Glaseinstandstiefe mindestens 25 mm betragen. Bei kleineren Klemmflächen ist der Nachweis durch Bauteilversuche zu führen.

Der Abstand einer Scheibenbohrung von der Scheibenkante, gemessen vom Bohrungsrand, muß mindestens der 2fachen Scheibendicke, jedoch auch mindestens dem Bohrdurchmesser entsprechen. Bei Bohrungen im Scheibeneckbereich dürfen die Randabstände nicht gleich groß sein. Die Maßdifferenz muß mindestens 15 mm betragen.

Montagearbeiten
Manche BAB nehmen in die Baugenehmigung Auflagen zur Montage auf, da die ordnungsgemäße Durchführung dieser Arbeiten wesentlich von der Sachkunde der Ausführenden abhängt. Die nachfolgenden Auflagen werden vom Erlaß des Hess. Min. d. Innern (6. 8. 1985) über die Bauaufsichtliche Behandlung von ESG als Fassadenbekleidung übernommen:

1. Im Benehmen mit der Bauaufsichtsbehörde ist ein unabhängiger Sachverständiger zu bestellen, der die gesamte Baumaßnahme sowohl in statisch-konstruktiver Hinsicht als auch in technologischer Hinsicht stichprobenartig zu überwachen hat.

   Bei Fassadenhöhen unter 8 m kann auf seine Bestellung verzichtet werden.
2. Die Durchführung der Montagearbeiten ist durch einen Bauleiter zu überwachen, der bei den Arbeiten ständig anwesend sein muß. Er kann sich in Ausnahmefällen vertreten lassen.
3. Der Bauleiter und die Ausführenden sind durch den Sachverständigen einzuweisen; ihre Tätigkeit hat er zu kontrollieren.
4. Den Bauunterlagen ist die gutachtliche Stellungnahme des Sachverständigen über die Planung und Ausführung beizugeben.
5. Nach Beendigung der Montagearbeiten haben der Sachverständige und der Bauleiter schriftliche Erklärungen abzugeben, daß die Fassadenarbeiten entsprechend den Montageanweisungen und den genehmigten Unterlagen ausgeführt wurden.

8.2.2 Absturzsicherungen aus Glas

Dient Glas unmittelbar der Absturzsicherung, also als Brüstung, Geländer, Podestverglasung, Umwehrung mit mehr als 1 m Absturzhöhe (ohne jedes weitere Bauteil wie Handlauf, Holme o. ä.), so darf hierfür nur Glas mit Sicherheitseigenschaften verwendet werden. Das ist Einscheiben-Sicherheitsglas (ESG), Verbund-Sicherheitsglas (VSG, s. auch die Anmerkungen unter II 8.2.1) und Drahtglas mit eingelassenem punktgeschweißtem Netz. Diese Scheiben sind für bestimmte Biegebeanspruchungen wie Windlast und Holmlast, zusätzlich aber auch für die Sonderlast „Stoßbeanspruchung" zu bemessen. Die Bemessung für Stoß ist schwierig; sie kann z. Z. kaum rechnerisch durchgeführt werden, sondern wird im Versuch ermittelt. Dabei simuliert der Pendelschlag mit dem Bleischrotsack als sog. weicher Stoß den Anprall mit dem Körper/der Schulter und der Metallstempelanprall als sog. harter Stoß den Aufprall eines Gerätes/Bubirädchens/einer Leiter.

Ausnahme bei Absturzsicherungen: Ohne jeden Nachweis dürfen ausgeführt werden allseits (vierseitig) gelagerte Scheiben von ≦ 70 cm Höhe und ≦ 100 cm Länge mit folgenden Mindestdicken:

Einscheiben-Sicherheitsglas 8 mm
Drahtglas 8 mm (die normale Glas-Handelsdicke ist 7 mm)
(in Innenräumen 6 mm)

Der Lieferschein ist wegen der Glasdicke vorzulegen.

In allen anderen Fällen ist eine Zustimmung im Einzelfall der obersten BAB erforderlich, die sich in der Regel auf Versuche stützen wird. Falls die liefernde Glasindustrie nicht bereits Prüfzeugnisse über durchgeführte Stoßversuche vorweisen kann, die natürlich den Abmessungen und Lagerungsbedingungen des konkreten Bauteils entsprechen müssen, sind i. d. R. die Kosten eines Versuches zu hoch für den Einzelfall. In der Zustimmung werden Angaben zur Ausführung und Überwachung gemacht; dort also nachlesen!

Glasbrüstungen, die die oben genannten Bedingungen nicht erfüllen – häufig wird erst bei der Gebrauchsabnahme die Glasbrüstung festgestellt, und für eine Zustimmung ist es dann ohnehin zu spät! –, können meist durch den nachträglichen Einbau eines Holmes aus Aluminium geheilt werden (BAB befragen).

8.2.3 Wintergärten, Überkopfverglasungen

Überkopfverglasungen sind alle verglasten Flächen in geneigter Ausführung oberhalb der Mindestraumhöhe, z. B. bei Treppenhäusern, Ateliers, Fassaden mit geneigten Flächen, Wintergärten u. ä. In einigen LBO wird ausdrücklich verlangt: „Unter Glasflächen in Dächern ist ein Schutz gegen herabfallende Glasstücke anzuordnen, wenn nicht die verwendete Glasart Sicherheit bietet.“ Verbund-Sicherheitsglas sowie drahtarmierte Gläser bieten bei Wintergärten diese ausreichende Sicherheit; ausgeschlossen ist zunächst also Einscheiben-Sicherheitsglas, da es nicht splitterbindend ist, obschon nur Glaskrümel ohne scharfe Kanten beim Bruch entstehen.

Seit 1984 fehlt in der BauO NW diese Forderung, „da sie in sich Selbstverständliches regelte“. Die allgemeine Generalklausel der Sicherheit (§ 3 BauO NW) enthält – so die Begründung – bereits diese Forderung. Ein Schutz bei Floatglas gegen herabfallende Glasstücke könnte z. B. in einem feinmaschigen Netz aus Textil-, Kunststoff- oder Glasfasern bzw. aus Metalldrähten bestehen. Architektonisch wird diese Art Schutz meist nicht für akzeptabel gehalten, insofern muß die *Glasart* die Sicherheit bieten.

Für Gewächshäuser gilt diese Regel nicht, wenn sie überwiegend nur von Personen betreten werden, die die Kulturen betreuen, also nicht bei Verkaufsgewächshäusern. Da die Dächer von reinen Gewächshäusern mit verminderter Schneelast bemessen werden, sollen die Scheiben bei großer Schneelast planmäßig bereits einbrechen, ehe das Tragwerk beschädigt wird.

Für Ateliers können Ausnahmen von der allgemeinen Schutzvorschrift zugelassen werden.

Bei Wintergärten, soweit sie Aufenthaltsräume sind, müssen die Außenflächen wärmegedämmt sein. Bei der erforderlichen Isolierverglasung kann die Außenscheibe sowohl in Floatglas als natürlich auch in ESG ausgeführt werden; die Innenscheibe muß in VSG (mindestens 2scheibig) oder Drahtgußglas (evtl. Drahtspiegelglas) hergestellt sein. Drahtarmierte Gläser werden nur in 7 mm Dicke gehandelt, d. h., das Rastermaß ist beschränkt.

Wegen des erforderlichen Brandschutzes, der ja mit der Baugenehmigung und nicht erst bei der Überwachung geklärt sein muß, wird auf den Aufsatz von Temme, Wintergärten, Glasanbauten, Überkopfverglasungen, DAB 12/1986, verwiesen. Seit März 1990 gibt es erstmals für

Verglasungen „Überkopf" der Feuerwiderstandsklasse F 30 eine ABZ zum horizontalen oder geneigten Einbau (s. hierzu II 9.4).

Konstruktionsregeln können der technischen Richtlinie Nr. 19 des Glaserhandwerks „Überkopfverglasungen" entnommen werden.

Bei den drahtarmierten Gußgläsern wird die Drahtnetzeinlage mit einer Maschenweite von 12,5 mm und einer Drahtdicke von 0,5 bzw. 0,6 mm in die flüssige Glasmasse eingewalzt. Die Kanten müssen bei der Verarbeitung sauber geschnitten sein, so daß sie keine sichtbaren Beschädigungen aufweisen. Freibleibende Glaskanten sollten zweckmäßig mit Klarlack überstrichen werden, um mögliches Anrosten der angeschnittenen Drahteinlage zu verhindern.

Die Anweisung in der VOB Teil C (1992) bei Verglasungsarbeiten ATV DIN 18361, für die Verglasung von Dächern und Dachoberlichtern in der Regel Drahtglas zu verwenden, geht etwas an den Bedürfnissen des Marktes vorbei.

8.2.4 Beschädigungen der Glasoberfläche

Während der Bauausführung und bei der Nutzung können Beschädigungen der Glasoberfläche vorkommen, ein paar häufiger vorkommende sind die folgenden:

● Mörtelspritzer durch Innen- oder Außenputz
Die Kalkbestandteile im Mörtel greifen die Oberfläche der Scheiben an (Verätzungen), sofern sie nicht sofort mit viel Wasser und einem weichen Schwamm entfernt werden. Das Entfernen von angetrockneten Mörtelspritzern mit Rasierklinge kann zu Kratzern führen. Sinnvoll ist vorbeugende Abdeckung. Langzeitschäden sind in der Regel nicht mehr behebbar.

● Schweißperlen bzw. Funkenflug durch Trennscheiben
Es kann nach Entfernen solcher Partikel zu bleibenden Ausmuschelungen in der Glasoberfläche kommen.

● Fassadenreinigungsmittel
Beim „Absäuern" von Klinkerflächen (flußsäurehaltige Reiniger) können die Glasoberflächen verätzt werden. Abdecken mit Folien ist angebracht.

● Kalkwasser aus Waschbetonplatten
Verätzung der fassadenbündigen Glasscheiben unterhalb von Waschbetonplatten oder anderen Beton-Fassadenplatten, wenn Bindemittel ausgeschwemmt wird und das Natriumsilikat angelöst wird. Verhindern durch Fernhalten (große Tropfkante aus z. B. Alublech) oder Behandeln der Platten mit Fluorsilikaten. Bei älteren Schäden ist Sanierung nicht möglich.

● Wasser und Feuchtigkeit
Längere Einwirkung von feuchtwarmer Luft, stehendem Kondenswasser oder Industrieabgasen (Wäschereien) kann das Glas zum Erblinden bringen, ebenfalls kann dies bei dichtgestapelten Tafeln vor dem Einbau geschehen.

Hinweis:
Plexiglas (Macrolon usw.) ist kein Glas, sondern ein Kunststoff (Acryl). Für die Verwendung als tragendes Bauteil ist Zustimmung im Einzelfall erforderlich (s. hierzu II 8.1.1).

Brandschutz*)

- Sachgerechter Einbau von Feuerschutzabschlüssen (z. B. eingeputzte bzw. hinterfüllte Zargen).
- Verschluß von Restöffnungen in raumabschließenden Wänden, insbesondere bei Durchführung von elektrischen Leitungen und Rohrleitungen.
- Kontrolle der Kennzeichnung bei Feuerschutzabschlüssen, Brandschutzverglasung, Kabelabschottungen, Abschottungen bei brennbaren Rohren.
- Vorlage der Werkbescheinigungen nach DIN 50049 bei Brandschutzverglasungen und Kabelabschottungen, bei Feuerschutzabschlüssen im Zuge von kabelgebundenen Förderanlagen: Ist Abnahmeprüfung durchgeführt?

9 Brandschutz

9.1 Anforderungen an Baustoffe und Bauteile

9.1.1 Mindestanforderungen nach den Landesbauordnungen

Staatliche Abwehrmaßnahmen gegen Gefahren aus Bränden erstrecken sich auf den vorbeugenden baulichen Brandschutz (in den LBO) und den abwehrenden oder bekämpfenden Brandschutz (in den Feuerwehrgesetzen). Bei der Bauausführung sind Brandschutznachweis und die Eintragungen in den Planunterlagen zu beachten. Daraus müssen z. B. hervorgehen:

- die Brennbarkeit der Baustoffe (Baustoffklasse, s. Tabelle 9.2)
- die Feuerwiderstandsdauer der Bauteile
- die Dichtigkeit der Verschlüsse von Öffnungen
- die Anordnung von Rettungswegen

Bei den für den Bauleiter nicht immer plausiblen unterschiedlichen Brandschutzforderungen an Konstruktionsglieder soll folgende Kurzübersicht helfen. Die Landesbauordnungen gehen auf drei Wegen den baulichen Brandschutz an:

a) Bildung einzelner Brandabschnitte (Abschottungsprinzip). Sie sollen einen Brand auf einen möglichst kleinen Bereich beschränken, den Brand völlig abschotten. Dazu gehören Brandwände und feuerbeständige Decken. Allerdings wird dieses Prinzip zwangsläufig von notwendigen Öffnungen (Türen, Klappen), Aufzügen, Treppen und Rohr- und Lüftungsleitungen, die das gesamte Gebäude durchdringen, durchbrochen. Diese müssen durch besondere Verschlüsse und Schottungsmaßnahmen gegen Feuer und Rauch abgedichtet sein.

   An diese Bauteile werden brandschutztechnisch die höchsten Anforderungen gestellt.

b) Anordnung und Ausführung von Rettungswegen (Fluchtwegen). Sie sollen im Brandfall den Benutzern die Flucht vor Feuer und Rauch und der Feuerwehr Rettungsmaßnahmen und Brandbekämpfung ermöglichen. Dazu gehören die Wände und Decken (auch abgehängte) an Fluren und Treppenhäusern sowie die Treppen selbst, allerdings auch betriebliche Einrichtungen wie Rauch- und Wärmeabzugsanlagen. Die Anforderungen steigen mit der Höhe des Gebäudes.

---

*) Checkliste des Ministeriums für Bauen und Wohnen in NW (s. hierzu auch II 1.3).

c) Feuerhemmende oder feuerbeständige Ausführung der tragenden oder aussteifenden Bauteile. Die gesetzlich geforderte Feuerwiderstandsdauer von praktisch allen Bauteilen soll eine Mindestdauer der Funktionsfähigkeit bei Brandeinfluß gewährleisten, die also Räumung, Rettung und Brandbekämpfung ermöglicht. Sie ist entsprechend Typ und Höhe des Gebäudes sowie der Funktion der Bauteile stark differenziert und reicht in der Anforderung an das Brandverhalten von „keine" über F 30-B bis F 90 (bzw. F 180).

Während die Punkte a und b hauptsächlich den Planer angehen, ist Punkt c auch und vorwiegend Sache der Ausführung. Mit Beginn der Ausführung sollten alle Fakten festliegen; sie haben ihren Niederschlag in den „genehmigten" Bauzeichnungen gefunden und ebenso in der Ausschreibung. Doch während die Bauzeichnungen hinsichtlich des baulichen Brandschutzes vom Bauaufsichtsamt geprüft und evtl. berichtigt oder ergänzt werden, gehen solche Korrekturen möglicherweise nicht in den Ausschreibungstext ein. Also: Baugenehmigung einsehen, auf Grüneintragungen achten und mit der Ausschreibung vergleichen! (Siehe hierzu auch das Handbuch des Industrieverbandes Brandschutz im Ausbau „Vorbeugender baulicher Brandschutz – Planung, Ausschreibung, Qualitätssicherung".)

Nachfolgend werden die Mindestanforderungen an Geschoßbauten und Hochhäuser schematisch dargestellt (gültig für NW; andere Bundesländer können geringfügige Abweichungen haben).

Wie diese Anforderungen an Wände, Decken, Dächer, Treppen und andere Bauteile, also Feuerwiderstandsklasse der Bauteile und Baustoffklasse der Baustoffe, im einzelnen verwirklicht werden können, kann der DIN 4102 – Brandverhalten von Baustoffen und Bauteilen, Teil 4: Zusammenstellung und Anwendung klassifizierter Baustoffe, Bauteile und Sonderbauteile (Ausgabe 3/1994) – entnommen werden. Für Baustoffe und Bauteile, die nicht in diesen „Listen" aufgeführt sind, muß der Nachweis der Brauchbarkeit durch Prüfzeichen, Allgemeine bauaufsichtliche Zulassungen oder Prüfzeugnisse geführt werden. Kurzfassungen für die Ausführung nach DIN 4102 Teil 4 findet man in Rybicki, Faustformeln und Faustwerte für Konstruktionen im Hochbau, Werner-Verlag.

Tabelle 9.1 Mindestanforderungen des baulichen Brandschutzes bei Geschoßbauten[1]) am Beispiel der Landesbauordnung NW und der HochhausVO

	Gebäudetyp / Bauteile	Frei stehende Wohngebäude mit 1 Wohnung	Wohngebäude geringer[2]) Höhe mit ≦ 2 Wohnungen	Gebäude (allg.) geringer[2]) Höhe	Sonstige Gebäude außer Hochhäusern	Hochhäuser[3])
		1	2	3	4	5
1a	tragende und aussteifende Wände, Pfeiler, Stützen[4])	keine	F 30		F 90 – AB	F 90 – A ab $H = 60$ m: F 120 – A
1b	–"– in Kellergeschossen	keine	F 30 – AB	F 90 – AB		
1c	in Gesch. i. DR[9]), über denen Aufenthaltsräume möglich	keine	F 30		F 90	./.
1d	in Gesch. i. DR[9]), über denen Aufenthaltsräume nicht möglich sind	keine	keine (aber § 30,4)		keine	./.

	Gebäudetyp / Bauteile	Frei stehende Wohngebäude mit 1 Wohnung	Wohngebäude geringer[2]) Höhe mit ≦ 2 Wohnungen	Gebäude (allg.) geringer[2]) Höhe	Sonstige Gebäude außer Hochhäusern	Hochhäuser[3])
		1	2	3	4	5
2	nichttragende Außenwände, nichttragende Teile von Außenwänden	keine			A oder F 30	A oder W 90 – AB
3	Oberflächen von Außenwänden, Außenwandbekleidungen	keine	keine (Brandausbreitung verhindern bei B 2)		B 1	allg: A Wände ohne Öffnungen bis $H = 60$ m: B 1
4	Wohnungstrennwände[5])	./.	F 30	F 30	F 90 – AB	F 90 – A
5	Gebäudeabschlußwände[6])	./.	F 90 – AB	Brandwand[8])		Brandwand[8])
6	Gebäudetrennwände[7])	./.	F 90 – AB	Brandwand[8])		Brandwand[8])
7	Decken	keine	F 30	F 30	F 90 – AB	F 90 – A
8	Decken über Kellergeschossen	keine	F 30	F 90 – AB		F 90 – A
9	Decken im DR[9]), über denen Aufenthaltsräume möglich sind	keine	F 30		F 90	./.
10	Decken im Dachraum, über denen Aufenthaltsräume nicht möglich sind	keine	keine (aber § 30,4)		keine	./.
11	Treppen	keine		A	F 90 – A	F 90 – A
12	Treppenräume	keine		F 90 – AB; Außenwände: wie Zeile 1a und 2	Brandwand	Brandwand; als Außenwand, tragend: F 90 – A; ab $H = 60$ m: F 120 – A; Außenwand, nichttragend: A
12a	oberer Abschluß	keine		F 30 – AB (wenn nicht Dach)	F 90 – AB (wenn nicht Dach)	
13	Flure und Rettungswege	F 30			F 30 – AB	F 90 – A
14	Dächer	Allg. harte Bedachung[10]) bei bestimmten Abständen: weiche[11])	harte Bedachung[10]); Anbauten an Wände mit Fenstern: 5-m-Streifen wie Zeile 7			• Tragwerk, Schalung Aufbauten: Kl. A • Flachdächer begehbar: F 90 – A • Umwehrung: F 90 – A. • Dachhaut, Dämmschicht[12])

Es bedeuten:

F 30, F 90: Feuerwiderstandsklasse des Bauteils nach seiner Feuerwiderstandsdauer (im Prüfraum)

A: aus nichtbrennbaren Baustoffen (z. B. Beton, Ziegel, Kalksandstein, Glas, Metall nicht feingeteilt)

AB: in den wesentlichen Teilen aus nichtbrennbaren Baustoffen

B 1: aus schwerentflammbaren Baustoffen (z. B. Holzwolle-Leichtbauplatten, Gipskartonbauplatten, Eichenparkett, Wärmedämmputzsysteme)

B 2: aus normalentflammbaren Baustoffen (z. B. Holz und Holzwerkstoffe mit Dicken ab 2 mm, Mehrschicht-Leichtbauplatten, Asphalt, PVC- und Linoleumbodenbeläge)

Anmerkungen zur Tabelle 9.1

1) Die gesetzlichen Anforderungen an den baulichen Brandschutz für andere als Geschoßbauten findet man

für:	in:
• Wohn-, Büro- und Verwaltungsgebäude	Landesbauordnungen
• Versammlungsstätten wie Theater, Vorführräume, Kino für > 100 Besucher Versammlungsräume wie Vortrags- und Hörsäle, Aulen, Museen für > 200 Besucher	Versammlungsstättenverordnung
• Gaststätten (ab 400 Gastplätze erhöhte Forderungen) Hotels mit > 8 Gastbetten	Gaststättenbauverordnung
• Waren- und Geschäftshäuser mit ≧ 2000 m² Verkaufsfläche	Geschäftshausverordnung
• Hochhäuser (Gebäude mit Aufenthaltsraumfußboden > 22 m über Geländeoberfläche)	Hochhausverordnung (in manchen Ländern: Hochhausrichtlinie)
• Schulen	Schulbaurichtlinien
• Garagen	Garagenverordnung
• Krankenanstalten, Pflegeheime	Krankenhausbauverordnung
• Gewerbliche und industrielle Betriebe	Industriebauverordnung nach DIN 18230 und Industriebau-Richtlinie
• Fliegende Bauten (Kirmesobjekte, Messebauten, mehrfach aufstellbare Hallen usw.)	Richtlinien für Bau und Betrieb Fliegender Bauten

2) Wohngebäude geringer Höhe: Fußboden (H_F) keines Geschosses mit Aufenthaltsräumen liegt mehr als 7 m über Geländeoberfläche (mittlere Höhe $\triangleq H_F > 7$ m bis $\leqq 22$ m).

3) Hochhäuser: Gebäude, bei denen der Fußboden mindestens eines Aufenthaltsraumes mehr als 22 m über Geländeoberfläche liegt. – Bei Wohngebäuden wird i. d. R. die Hochhausgrenze mit dem 9. Geschoß erreicht (EG + 8 = OG).

4) An Pfeiler und Stützen werden die gleichen Anforderungen gestellt wie an entsprechende Wände, auch dann, wenn sie Decken oder Unterzüge tragen. Unterzüge können fallweise zur Wand oder Decke gehören.

5) Wohnungstrennwand: zwischen Wohnungen oder zwischen Wohnungen und anders genutzten Räumen.

6) Gebäudeschlußwand:
- bei Gebäuden, die weniger als 2,50 m von Nachbargrenze entfernt sind (also auch auf der Grenze stehen).
- bei aneinandergereihten Gebäuden auf demselben Grundstück.
- zwischen Wohngebäude und angebautem landwirtschaftlichem Betriebsgebäude, wenn letzteres > 2000 m³ u. R.

7) Gebäudetrennwand:
   - bei ausgedehnten Gebäuden im Abstand von höchstens 40 m.
   - bei landwirtschaftlichen Gebäuden zwischen Wohn**teil** und Betriebs**teil,** wenn letzterer > 2000 m^3 u. R.

8) Bei Wohngebäuden geringer Höhe (Wohnungszahl nicht begrenzt), statt dessen: F 90 – AB.

9) DR ≙ Dachraum.

10) Harte Bedachung ist ausreichend widerstandsfähig gegen Flugfeuer und strahlende Wärme: Beton, Faserzementplatten, Stahl- und sonstige Metalldächer, künstliche und natürliche Steine; Dachpappen auf Holzschalung ohne Dämmschichten aus Baustoffen der Klasse B; Glasstahlbeton; verstärkte Polyesterplatten der Klasse SE (Prüfzeichen erforderlich!).

11) Weiche Bedachung: z. B. Stroh-, Rohr-, Reet- oder Schindeldächer; Dachziegel mit Strohdocken.

12) Geschützt gegen Entflammen, z. B. mit 5-cm-Grobkiesschüttung.

Hinweis: Vorstehende Tabelle sowie diejenige unter II 9.2 sind entnommen: Rybicki, Faustformeln . . ., Werner-Verlag.

9.1.2 Die Form des Brauchbarkeitsnachweises beim Brandschutz

Nachweis bei Baustoffen nach DIN 4102 – Brandschutz im Hochbau (insbesondere Teil 4: Klassifizierte Baustoffe und Bauteile) oder mit Prüfbescheid und Prüfzeichen sowie durch ein Prüfzeugnis einer anerkannten Prüfanstalt.

Tabelle 9.2

Baustoffklasse	Baustoffe (und Beispiele)	Nachweis durch
A1 nicht brennbar	nach Normen (Beton, Mz, KS)	DIN 4102/4[1])
	nicht genormte	Prüfzeugnis[2])
	mit (einigen) brennbaren Bestandteilen (Mineralfaserplatten mit Kunstharzverleimung)	Prüfzeichen[3])
A2 nichtbrennbar	mit brennbaren Bestandteilen (Gipskartonplatten)	Prüfzeichen[3])
B1 schwerentflammbar	nach Normen (Holzwolle-Leichtbauplatten)	DIN 4102/4[1])
	nicht genormte (Textilien)[4])	Prüfzeichen[3])
B2 normalentflammbar	nach Normen (Dachpappen)	DIN 4102/4[1])
	nicht genormte (PU-Schaum)	Prüfzeugnis[2])
B3 leicht entflammbar	dürfen im Hochbau nicht verwendet werden	–

1) kein weiterer Nachweis
2) einer anerkannten Prüfanstalt
3) vom Institut für Bautechnik, Berlin, wird künftig entfallen
4) z. B. Theatervorhänge, Dekorationen bei Messeständen und Versammlungsstätten

Zum Erkennen der Baustoffklasse

- Leichtentflammbar: Baustoffe, die nach dem Einbau leichtentflammbar sind, dürfen nicht verwendet werden. Solche Baustoffe sind z. B. Papier oder Holz bis 2 mm Dicke; sie lassen sich mit kleinen Zündquellen (Streichholz, Feuerzeug) entflammen und brennen ohne weitere Wärmezufuhr mit gleichbleibender oder steigender Geschwindigkeit ab; sie verlöschen also nicht bei Wegnahme der Zündquelle.

- Normalentflammbar: Diese Baustoffe lassen sich zwar auch durch kleine Zündquellen entflammen, sind aber danach selbstverlöschend.
- Schwerentflammbar: Diese Baustoffe lassen sich nur durch große Zündquellen zum Entflammen bringen; bei Wegnahme der Zündquelle verlöscht der Baustoff nach kurzer Zeit.

Eine weitere Reihe von Baustoffen und Bauteilen führt den Brauchbarkeitsnachweis durch eine Allgemeine bauaufsichtliche Zulassung (ABZ, falls nicht nach spezieller Norm geregelt); das sind z. B.:

- Dämmschichtbildende Anstrichsysteme, die oberhalb von 100 °C eine dicke isolierende Schaumschicht bilden.
- Putze oder Spritzputze ohne Putzträger wie Rippenstreckmetall oder Drahtgewebe.
- Feuerschutztüren, -tore und -klappen, soweit sie nicht genormt sind (stets die Förderanlagenabschlüsse).
- Verglasungen der Feuerwiderstandsklassen G (strahlungsdurchlässig) und F.
- Abschottungen von Kabel- und Rohrdurchführungen.
- Unterdecken und Wände von Rettungswegen („Fluchttunnel").

In den Abschnitten II 9.3 bis 9.7 werden diese Bauteile einzeln behandelt.

9.2 Brandwände

Brandwände sind nach den neuen Landesbauordnungen keine selbständigen Bauteile, sondern Qualitätsmerkmal einer bestimmten Wand. Sie müssen aus Baustoffen der Klasse A (nicht brennbar) bestehen und so dick sein, daß sie bei einem Brand (und anschließendem Löschwasserangriff) ihre Standsicherheit nicht verlieren und die Verbreitung von Feuer auf andere Gebäude oder Gebäudeabschnitte verhindern. Die erforderliche Brandwanddicke ist in der folgenden Tabelle für die Hauptbaustoffe angegeben (DIN 4102 Teil 4, Tabelle 45; Ausgabe 3/94).

Brandwände sind herzustellen:

- als Abschlußwand von Gebäuden in einem Abstand bis zu 2,50 m von der Nachbargrenze,
- als Trennwand innerhalb ausgedehnter Gebäude und bei aneinandergereihten Gebäuden in Abständen von ≦ 40 m (auch Ausnahmen!),
- bei aneinandergereihten Wohngebäuden bis zu 2 Vollgeschossen in Abständen von ≦ 60 m,
- bei Baracken mindestens alle 30 m,
- zwischen Wohngebäuden und angebauten landwirtschaftlichen Betriebsgebäuden.

Weitere Bedingungen:

- Brandwände nach Zeilen 1.2.2/2/3.2 und 4: $h_s : d \leqq 25$
- Ausmittige Belastung: Resultierende muß im Kern bleiben.
- Anschlüsse an angrenzende Bauteile: nach DIN 4102 Teil 4

Tabelle 9.3 Mindestdicke von Brandwänden
(nach DIN 4102 Teil 4, Tabelle 45, Ausgabe 3/1994)

Zeile	Wände aus	DIN	Mindestdicke in cm einschalig	Mindestdicke in cm zweischalig
1	Normalbeton	1045 (1988)		
1.1	unbewehrt		20	2 × 18
1.2.1	bewehrt ($\mu \geqq 0{,}5\%$), nichttragend		12	2 × 10
1.2.2	bewehrt ($\mu \geqq 0{,}5\%$), tragend		14	2 × 12
2	Leichtbeton mit haufwerksporigem Gefüge	4232 (1987)		
2.1	Rohdichteklasse ≧ 1,4		25	2 × 20
2.2	Rohdichteklasse ≧ 0,8		30	2 × 20
3	bewehrtem Porenbeton	nach ABZ		
3.1	nichttragend, Fest.-Klasse 4.4 Rdk ≧ 0,7		17,5	2 × 17,5
3.2	nichttragend, Fest.-Klasse 3.3 Rdk ≧ 0,6		20	2 × 20
3.3	tragende, stehend angeordnete Wandplatten, Fest.-Klasse 4.4 Rdk ≧ 0,7		20	2× 20
4	Ziegelfertigbauteilen	1053 Teil 4		
4.1	Hochlochtafeln (vollvermörtelte Stoßfugen)		16,5	2 × 16,5
4.2	Verbundtafeln mit 2 Ziegelschichten		24	2 × 16,5
5	Mauerwerk	1053 T 1, 2		
5.1	Voll- und Hochlochziegel (DIN 105 T 1) Rdk ≧ 1,4 Rdk ≧ 1,0		 24 30	 2 × 17,5 2 × 20
	Leichthochlochziegel Rdk ≧ 0,8		 36,5	 2 × 24
5.2	Kalksandsteine (DIN 106, T 1, 2) Rdk ≧ 1,8 Rdk ≧ 1,4 Rdk ≧ 0,9 Rdk = 0,8	DIN 1053 T 1, 2	 24 24 30 30	 2 × 17,5 2 × 17,5 2 × 20 2 × 24
5.3	Gasbetonsteine (DIN 4165, heute Porenbetonsteine) Rdk ≧ 0,6 Rdk ≧ 0,6 (Dünnbett) Rdk ≧ 0,5		 30 24 30	 2 × 24 2 × 17,5 2 × 24
5.4	Hochblocksteine aus Leichtbeton, Vollsteine aus LB, Hohlblocksteine aus Beton (DIN 18 151, 18 152, 18 153) Rdk ≧ 0,8 Rdk ≧ 0,6		 24 30	 2 × 17,5 2 × 24

Rdk ≙ Rohdichteklasse

Komplextrennwand

Die Industrie-Feuerversicherer haben für Brandwände insbesondere im Industriebau Forderungen gestellt, die über diejenigen der Bauaufsicht hinausgehen; Bezeichnungen für diese Brandabschnittswand: Komplextrennwand (= bauliche Trennung in Komplexe). Beispiele für Mindestaufwanddicken bei Komplextrennwänden:

Ziegelmauerwerk	$d \geqq 36{,}5$ cm
bewehrter Beton (einschalig)	$d \geqq 20$ cm
Mauerwerk aus Gasbeton	$d \geqq 36{,}5$ cm

9.3 Feuerschutzabschlüsse*)

Die wirksamste Maßnahme des baulichen Brandschutzes ist das Abschottungsprinzip – feuerwiderstandsfähige Decken und Wände –; Schwachstellen bleiben dabei die Türöffnungen. Solche Feuerschutzabschlüsse müssen im geschlossenen Zustand den Durchtritt von Feuer und Rauch durch die betriebsbedingt erforderlichen Öffnungen für eine vorgegebene Zeitdauer verhindern. Sie müssen daher selbstschließend, ausreichend feuerwiderstandsfähig und mechanisch widerstandsfähig sein. Brandauswertungen zeigen, daß sie mängelanfällig sind und Schwachstellen bilden. Neben dem zu überwachenden Einbau sind fortdauernde Kontrollen und Wartung erforderlich (s. hierzu Brenig/Backhaus, Mängel an Feuerschutzabschlüssen und ihr Einfluß auf die Zuverlässigkeit baulicher Trennungen; DAB 2/1990, S. 249–253).

● Feuerschutztür (Feuerschutztor, -klappe)
Der Brauchbarkeitsnachweis für die Feuerwiderstandsdauer T 30 oder T 90 für das werkstattmäßig komplett hergestellte Bauteil mit Zarge, Türblatt und Schließmittel kann durch Normen**) (bisher nur in geringem Umfang), durch ABZ (meistens) und durch Zustimmung im Einzelfall (insbesondere bei Änderungen an einer zugelassenen Tür) geführt werden. Als Flügel-, Schiebe-, Hub- oder Rolltür möglich. Bei T 30-Türen kann das Türblatt auch aus Holz bestehen; dafür gibt es zahlreiche allgemeine bauaufsichtliche Zulassungen, siehe z. B. bauen mit holz, Heft 3/1994, S. 214 f.

Die Türen dürfen nur in umgebende Bauteile eingesetzt werden, für die sie entwickelt und geprüft wurden, z. B. für den Einbau in Wände aus Mauerwerk oder Beton (die Dicke der Wand ist angegeben) oder für den Einbau in eine leichte Trennwand (dann ist der Aufbau dieser Trennwand ebenfalls angegeben). *Bewußte* Verwechslungen kommen häufig vor. Wenn z. B. in eine Porenbetonwand eine T 90-Tür eingebaut werden soll, muß eine zugelassene Tür für diese Einbausituation gesucht werden, oder die Zarge ist in gemauerte bzw. betonierte Türpfeiler mit entsprechendem Türsturz einzubauen. Die Pfeiler müssen dabei in die angrenzende Wand eingebunden sein und bis zur Stahlbetondecke reichen.

Feuerschutztüren müssen so konstruiert sein, daß sie selbsttätig schließen (Federkraft oder Schwerkraft). Das einzige erlaubte Mittel zum betrieblich erforderlichen Offenhalten ist die Feststellanlage, die eine ABZ haben muß (Holzkeil ist verboten). Zweiflügelige Brandschutz- und Rauchschutztüren müssen mit einer Schließfolgeregelung ausgerüstet sein, die bewirkt, daß beide Flügel in der richtigen Reihenfolge geschlossen werden.

Der Einbau der Zargen erfolgt nach DIN 18 093 (6/87) – Einbau von Feuerschutztüren in massive Wände aus Mauerwerk oder Beton –. Nach J. Mayr, Verschlüsse und Abschottungen in Wänden mit Anforderungen an die Feuerwiderstandsdauer, schadenprisma 1/90, liegen häufig folgende *Mängel beim Einbau* vor:

*) DIN 4102 Teil 4, Abschn. 8.2.
**) Für Stahltüren T 30 gilt DIN 18 082 Teil 1 (12/1991).

- Der Hohlraum zwischen Zarge und Wand ist nicht vollständig mit Zementmörtel ausgefüllt (das kommt natürlich auch bei anderen Zargen vor).
- Die Zargen sind im Laibungsbereich nicht vollständig und bündig eingeputzt. Dies ist nämlich auch dann erforderlich, wenn die Wand aus Sichtmauerwerk besteht.
- Bei einer Dübelbefestigung der Zargen werden mitunter nicht die im Brauchbarkeitsnachweis vorgeschriebenen zugelassenen Dübel (sondern sogar die völlig unzulässigen Kunststoffdübel) verwendet, oder die in der Dübelzulassung vorgeschriebenen Randabstände sind nicht eingehalten.
- In Fluren mit untergehängten Decken fehlen oberhalb der Türstürze die feuerbeständigen Wandteile; mitunter entsprechen die Türstürze nicht den Anforderungen. Oder es führen oberhalb der Türen Installationsleitungen ohne brandschutztechnische Abschottungen durch diese Wände.
- Während des Betriebes (der Nutzung) dürfen Feuerschutzabschlüsse auch nicht kurzfristig durch Verkeilen, Verstellen oder Festbinden offengehalten werden.

Kennzeichnung:
Sowohl die nach Norm als auch nach Zulassung hergestellten Feuerschutztüren unterliegen einer Güteüberwachung durch Eigen- und Fremdüberwachung. Der Nachweis erfolgt durch ein mindestens 52 mm × 105 mm oder 26 mm × 148 mm großes Kennzeichnungsschild aus Stahlblech, das an den Türen dauerhaft durch Schweißen oder Nieten angebracht sein muß. Das Schild muß – erhaben eingeprägt – folgende Angaben aufweisen: Bezeichnung, Überwachungskennzeichen mit Angabe der überwachenden Stelle, Hersteller, Herstellungsjahr. In der Zulassung ist der Ort des Kennzeichnungsschildes skizziert (z. B. im Türblattfalz).

Abweichungen von der Zulassung (Gültigkeit 2 bzw. 5 Jahre mit Verlängerungsmöglichkeit) nur mit gutachterlicher Stellungnahme einer anerkannten MPA, ausgenommen: Anbringen von Kontakten, von Tritt- oder Kantenschutzblechen, von Rammschutzstangen oder Panikgriffen; dabei dürfen Schrauben das Türblatt nicht ganz durchdringen.

Fehlende Schilder oder abweichende Angaben oder Umschreibungen, wie z. B. „Frei nach DIN 4102", können auf nicht zugelassene Konstruktionen hinweisen. Ihre Verwendung führt in der Regel zu einer Abnahmeverweigerung der BAB mit meist erheblichen Folgekosten.

Weitere Richtlinien und Vorschriften gibt es für verschiedene Sonderbauten nach der Landesbauordnung:

Tabelle 9.4 T 30-Türen in Vorschriften und Richtlinien*)

Art und Nutzung des Gebäudes	Anwendung und Funktion des Feuerschutzabschlusses	Vorschriften (Auswahl)
Allgemein	Öffnungen von Treppenräumen zum Kellergeschoß, zu nicht ausgebauten Dachräumen sowie zu Werkstätten und Lagerräumen	BauO NW
	Öffnungen in Wohnungstrennwänden	BauO NW
	Türen in Aufenthaltsräumen von Wohngebäuden mit mehr als zwei Wohnungen	BauO NW
	Öffnungen in Wänden von Installationsschächten	VVBauO NW
Geschäftshäuser	Verbindungstüren zwischen Geschäftshaus und Betriebswohnungen	GhVO § 4,3
	Öffnungen zwischen Schaufensterräumen und Verkaufsräumen	GhVO § 12
	In Trennwänden zu Lagerräumen für Abfall, Altpapier, Verpackungsmaterial o. ä.	GhVO § 16

Art und Nutzung des Gebäudes	Anwendung und Funktion des Feuerschutzabschlusses	Vorschriften (Auswahl)
Hochhäuser	In Trennwänden zu Lager- und Abstellräumen In Trennwänden zwischen Rettungsfluren und angrenzenden Wohnungen o. ä. Alle Öffnungen von Treppenräumen zu Fluren oder Vorräumen Öffnungen vom Vorraum des Feuerwehraufzugs zu Fluren, Treppenräumen, Naßräumen o. ä.	HochhVO § 3,5 HochhVO § 9,4 HochhVO § 8,7 HochhVO § 10,4
Krankenhäuser	In Verbindungswänden zu fremdgenutzten Wohnungen und Räumen Öffnungen in Trennwänden zu Hallen, die Teil eines Rettungsweges sind	KhBauVO § 7,3 KhBauVO § 15,1
Gaststätten und Hotels	In Trennwänden zwischen Gaststätte und Wohnung bzw. betriebsfremden Räumen Türen zu Fluren von Kellergeschossen (keine Gästezimmer) Türen in Wänden zwischen Gasträumen und Treppenräumen Öffnungen von Hallen, die Teil eines Rettungsweges sind, zu angrenzenden Räumen	GastBauVO § 6,3 GastBauVO § 11,3 GastBauVO § 12,3 GastBauVO § 12,4

Tabelle 9.5 T 90-Türen in Vorschriften und Richtlinien*)

Art und Nutzung des Gebäudes	Anwendung und Funktion des Feuerschutzabschlusses	Vorschriften (Auswahl)
Allgemein	Öffnungen in Gebäudetrennwänden, die einen Brandabschnitt bilden Türen mit Zugang zu Abfallsammelräumen Öffnungen in Wänden von Installationsschächten, die zwischen Brandabschnitten liegen	BauO NW BauO NW VV BauO NW
Geschäftshäuser	Ausgänge aus Geschossen in notwendige Treppenräume Türen in Trennwänden zu Werk- und Lagerräumen mit erhöhter Brandgefahr (z. B. Schreiner-, Maler-, Dekorationswerkstätten) Türen in Brandwänden von Werk- und Lagerräumen	GhVO § 11,8 GhVO § 4,2 GhVO § 6,4
Hochhäuser	Türen in Wänden von Rettungswegen zu Räumen mit erhöhter Brandgefahr (Lager, Abstellräume usw.)	HochhVO § 3,5
Krankenhäuser	Öffnungen in inneren Brandwänden	KhBauVO § 11,3
Schulen	Öffnungen in inneren Brandwänden	BASchulR 3.6.2
Versammlungsstätten	Türen in Umfassungswänden von Bühnen Türen zu Räumen mit offenen Feuerstätten Türen in Wänden von Werkstätten und Magazinen	VStättVO § 35, 1; 5; 6 VStättVO § 50 VStättVO § 49,2

*) Beide Tabellen wurden entnommen der Brandschutzinformation „Training scheibchenweise“; Flachglas AG, Heft 3 von 5/1993.

Im Vorfeld der echten Feuerschutztüren unterscheidet die Landesbauordnung im Bereich der Rettungswege noch die *dichtschließenden* und die *rauchdichten* Türen.

● Dichtschließende Tür
Als dichtschließende Türen gelten (normale) Türen mit stumpf einschlagendem oder gefälztem, vollwandigem Türblatt, auch aus Holz oder Kunststoff, und einer mindestens dreiseitig umlaufenden Dichtung; in der Regel haben diese Türen unten weder eine Dichtung noch einen Falz oder eine Schwelle mit Anschlag, sondern einen mehr oder weniger breiten Luftspalt. Sie müssen nicht selbstschließend sein. Verglasung ist zulässig.

Der Rauch wird etwa 2 bis 4 Minuten am Eindringen in den Raum behindert. Diese Türen als Verschluß von Wohnungen zum Treppenraum sind nicht genormt, haben keine Zulassung, werden nicht geprüft und tragen kein Kennzeichen.

● Rauchschutztür (rauchdichte Tür)
Rauchschutztüren sind komplett werkmäßig ausgetattete Bauteile, die im eingebauten Zustand in der Lage sind, den Durchtritt von Rauch zu behindern, und zwar so, daß der dahinterliegende Raum im Brandfall für einen Zeitraum von etwa 10 Minuten zur Rettung von Menschen ohne Atemschutz genutzt werden kann. Sie sind nicht absolut rauchdicht!

Diese Türen müssen selbstschließend sein, wirksame Dichtungen haben, einschließlich einer Dichtung der Bodenfuge. Sie müssen nach DIN 18 095 hergestellt werden (Rauchschutztüren 8/1988), müssen güteüberwacht sein und insofern ein Kennzeichnungsschild (wie von den Feuerschutztüren her bekannt) tragen; der Ort ist vorgeschrieben, etwa im Türblattfalz in Augenhöhe.

Rauchschutztüren sind keine Feuerschutztüren, sind also nicht in eine Feuerwiderstandsklasse eingestuft. Man kann natürlich auch statt der Rauchschutztüren Feuerschutztüren einbauen.

9.4 Brandschutzverglasungen

Normales Fensterglas zerspringt bei geringer Brandeinwirkung; Brandschutzverglasung (DIN 4102 Teil 4, Abschnitt 8.4, dort auch Verglasungen aus Glasbausteinen und mit Drahtglas); bisher nur mit ABZ bzw. Zustimmung stellt einen befristeten Raumabschluß während des Brandes sicher.

● F-Verglasung
Verhindert die Ausbreitung von Feuer und Rauch sowie den Durchtritt der Wärmestrahlung; sie wird im Brandverlauf undurchsichtig und verhält sich gleichsam wie eine Wand. Lieferbar als F 30 oder F 90 (F 120).

● G-Verglasung
Verhindert ebenfalls die Ausbreitung von Feuer und Rauch, jedoch nicht den Durchtritt der Wärmestrahlung; sie bleibt im Brandfall durchsichtig; lieferbar als G 30 und G 90 (G 120). G-Verglasungen dürfen nur an Stellen eingebaut werden, an denen wegen des Brandschutzes keine Bedenken bestehen. Da im Bereich der lichtdurchlässigen Öffnungen kein Schutz gegen einstrahlende Hitze besteht, können solche Verglasungen i. allg. erst ab einer Höhe von 180 cm über Oberkante Fußboden zum Einsatz gelangen, z. B. als Oberlichte von Flurwänden. Man geht davon aus, daß sich oberhalb dieser Höhe keine Menschen mehr bewegen oder aufhalten.

Selbst die Schutzwirkung von Brandschutzverglasungen ohne Strahlungsverhinderung (G-Verglasung), z. B. G 120, kann nicht als ein Äquivalent für die Schutzwirkung einer F-Verglasung einer geringeren Feuerwiderstandsklasse, z. B. F 30, angesehen werden. Über die Zulässigkeit der G-Verglasung entscheidet die zuständige BAB in jedem Einzelfall. Der Einbau hat durch den Antragsteller der ABZ (Inhaber) oder durch eingewiesene Fachfirma zu erfolgen, die beim Deutschen Institut für Bautechnik (DIBt) registriert ist.

Brandschutzverglasung und Feuerschutztür müssen als Bauteilkombination bauaufsichtlich zugelassen sein; sie müssen u. a. die gleiche Feuerwiderstandsklasse haben.

Werksbescheinigung

Der Hersteller bestätigt damit die Übereinstimmung mit der Zulassung oder DIN-Norm. Gemäß Zulassungsbescheid ist diese Bescheinigung dem BH zur Weiterleitung an die zuständige BAB auszuhändigen.

Kennzeichnung

Jede Verglasung ist vom Hersteller mit einem Stahlblechschild dauerhaft zu kennzeichnen: Hersteller, Typ, Zulassungsnummer; das Schild ist auf den Rahmen der Verglasung zu schrauben; die Stelle ist in der Zulassung angegeben.

Tabelle 9.6 G 30-Verglasungen in Vorschriften und Richtlinien*)

Art und Nutzung des Gebäudes	Anwendung und Funktion der Brandschutzverglasung	Vorschriften (Auswahl)
Allgemein	als Oberlichter bei Rettungsfluren, 1,8 m über dem Fußboden angeordnet; bei Außenwänden (z. B. im Brüstungsbereich)	Landesbauordnung NRW Verwaltungsvorschriften der Landesbauordnung NRW Durchführungsbestimmungen der Niedersächsischen Bauordnung (DVNBauO)
Schulen	als Oberlichter bei Rettungsfluren (s. o.); in Verkehrs- und Aufenthaltsbereichen, sofern mit zusätzlichen Sicherheitseigenschaften kombiniert	Bauaufsichtliche Richtlinien für Schulen (BASchulR 3.8.5) Bundesverband der Unfallversicherungsträger der öffentlichen Hand (GUV 56.3, 2 und 8)
Krankenhäuser	als Oberlichter bei Rettungsfluren (s. o.); niedriger als 1,8 m u. a. bei Dienstzimmern	Krankenhausbauverordnung (KhBauVO, § 13,4)
Geschäftshäuser	bei Außenwänden im Brüstungsbereich	z. B. Geschäftshausverordnung (GhVO)
Versammlungsstätten	z. B. Verglasung von Bühnenlichtstellwarten im Zuschauerraum von Theatern, Konzerthallen und Sporthallen	Versammlungsstättenverordnung und deren Durchführungsbestimmungen (VStättVO und DB-VStättVO, Teil 2)

*) Quelle wie bei Tabellen 9.4 und 9.5, jedoch Heft 2 vor 7/93.

● Brandschutzverglasung „Überkopf“

Seit 3/1990 gibt es eine ABZ für Überkopfverglasung der Feuerwiderstandsdauer F 30 zum horizontalen oder geneigten Einbau. Die Größen der Verbundglasscheiben bestimmten zugelassenen Typs dürfen 90 cm × 200 cm nicht überschreiten; Sprossen und Rahmen bestehen aus Stahlrohrprofilen, die mit Silikatplatten abgedeckt sein müssen. Die Verglasung darf nicht betreten werden: Umwehrung evtl. erforderlich!

Werksbescheinigung

Der Unternehmer, der die Brandschutzverglasung fertigstellt, muß für jedes Bauvorhaben eine Werksbescheinigung nach DIN 50049 – 2.1 ausstellen (s. hierzu II 1.5.3) mit der er bestätigt, daß die hierfür verwendeten Komponenten (Rahmenteile, Scheiben) sowie deren Einbau der ABZ entsprechen. Diese Bescheinigung ist dem BH zur Weiterleitung an die zuständige BAB auszuhändigen.

Kennzeichnung

Jede Verglasung nach dieser Zulassung ist von dem Unternehmer, der sie fertiggestellt hat, mit einem Stahlblechschild dauerhaft zu kennzeichnen, das folgende Angaben eingeprägt enthalten muß: Zulassungsinhaber, Name der ausführenden Firma, Bezeichnung und Feuerwiderstandsdauer, Zulassungsnummer.

Das Schild ist auf dem Rahmen der Verglasung dauerhaft zu befestigen; die Lage ist in der ABZ skizziert (z. B. am unteren Rahmenteil, weit rechts).

Überwachter Einbau

In den Bestimmungen der Zulassungsbescheide wird die Kontrolle der Herstellung im Werk durch Eigen- und Fremdüberwachung gefordert, nicht jedoch die Überwachung der Einbauarbeiten auf der Baustelle.

Wenn ein Hersteller nach dem (freiwilligen) Beitritt zum Güteschutzverband „Brandschutz im Ausbau" (GBA) den Gütevorschriften des GBA entspricht, wird ihm das RAL-Gütezeichen verliehen (Abb. 9.1).

Abb. 9.1

Die RAL-Gütesicherungsvorschriften fordern über die Bestimmungen der ABZ hinaus auch die Überwachung der Einbauarbeiten. Diese Aufgabe übernimmt der Verband der Sachversicherer in Köln, der den Einbau nach diesen Vorschriften überwacht. Bei den Versicherungsprämien ist deswegen ein Nachlaß möglich.

9.5 Lüftungsanlagen*)

Nach dem entsprechenden Paragraphen (Lüftungsanlagen, Installationsschächte u. ä.) in allen Landesbauordnungen müssen Lüftungsanlagen in Gebäuden mit mehr als zwei Vollgeschossen und Lüftungsanlagen, die Brandabschnitte überbrücken (Decken, Brandwände, Flur- und Treppenwände), so hergestellt sein, daß Feuer und Rauch nicht in andere Geschosse oder Brandabschnitte übertragen werden können. Einzelheiten regelt die „Bauaufsichtliche Richtlinie über die brandschutztechnischen Anforderungen an Lüftungsanlagen" (Fassung 1/1984 – Mitt. IfBt 4/1984). Lüftungsleitungen sowie deren Bekleidungen und Dämmstoffe müssen aus nichtbrennbaren Baustoffen bestehen; Ausnahmen sind möglich. Nachweis der Lüftungsleitung (L 30 bis L 120) nach DIN 4102 Teil 4 oder mit einem Prüfzeugnis einer anerkannten MPA. Nachweis der Absperrvorrichtungen gegen Feuer und Rauch in Lüftungsleitungen (sog. Brandschutzklappen K 30 usw.) durch Prüfbescheid mit Prüfzeichen vom IfBt Berlin.

*) DIN 4102 Teil 4, Abschn. 8.5.

Hinweis:

Bei der Sanierung von alten lufttechnischen Anlagen sind Brandschutzklappen aus der Zeit vor 1974, d. h. noch ohne Prüfzeichen, zu ersetzen. In den Jahren 1974 bis etwa 1980/81 konnten Brandschutzklappen nur mit asbesthaltigen Klappenblättern hergestellt werden. Asbesthaltige Klappen und Dichtungen werden ab August 1988 nicht mehr verwendet. Da von nicht abgedeckten, schwach gebundenen Asbestdichtungen erhebliche Gesundheitsgefahren ausgehen, sollten ältere Klappen saniert werden!

Überwachung während der Ausführung: Durch den BL entsprechend der Ausschreibung; durch die BAB praktisch nicht.

Bauzustandsbesichtigung:

Zur Bauzustandsbesichtigung hat der Bauherr zum Nachweis, daß die Lüftungsanlagen den Bestimmungen der Richtlinie (s. weiter oben) entsprechen, eine Bescheinigung des Fachunternehmers beizubringen. Sind in den Lüftungsanlagen Absperrvorrichtungen gegen Brandübertragung verwendet, hat der Fachunternehmer zusätzlich den ordnungsgemäßen Einbau, das Vorhandensein der Einmauerung und die ordnungsgemäße Funktion der Absperrvorrichtungen vor Inbetriebnahme der Lüftungsanlagen und der Bauleiter des Fachunternehmers die ordnungsgemäße Ausführung der Einmauerung zu prüfen sowie hierüber eine Bescheinigung auszustellen. Die Bescheinigungen sind zu den Baugenehmigungsakten zu nehmen.

Mit den Bescheinigungen sind vom Bauherrn die Nachweise über die Feuerwiderstandsklassen der Bauteile der Lüftungsanlagen (z. B. Prüfzeugnisse, Gutachten, allgemeine bauaufsichtliche Zulassungen oder Prüfbescheide zu Prüfzeichen) und die Angaben über die verwendeten Baustoffe, erforderlichenfalls mit Nachweis des brandschutztechnischen Verhaltens (z. B. durch Prüfzeugnis oder Prüfbescheid), einzureichen.

9.6 Rohr- und Kabelabschottungen

9.6.1 Rohrabschottungen

Entsprechend den Angaben in den Landesbauordnungen werden an Rohrabschottungen, das sind Durchführungen von Leitungen für Wasser und Abwasser durch Wohnungstrenn-, Treppenhaus- und Brandwände sowie durch Geschoßdecken, Anforderungen gestellt, wenn die Leitungen aus brennbaren Baustoffen bestehen, z. B. aus Kunststoffrohren.

Für die Rohrabschottung ist eine bauaufsichtliche Zulassung erforderlich.

Kennzeichnung: Die Abschottung muß mit einem Schild, z. B. einer Metallfolie, dauerhaft gekennzeichnet sein. Das Schild muß Angaben enthalten über Hersteller, System, Baujahr, Überwachungszeichen und -stelle.

Werksbescheinigung: Der Hersteller muß für jedes Bauvorhaben eine Werksbescheinigung ausstellen, mit der er bestätigt, daß die von ihm ausgeführte Abschottung der Zulassung entspricht. Diese Bescheinigung ist dem Bauherrn zur Weiterleitung an die BAB auszuhändigen (s. II 1.5.3).

9.6.2 Kabelabschottungen

Ebenso wie bei Rohrleitungen müssen Durchführungen von gebündelten elektrischen Leitungen aus Kupfer mit PVC-Ummantelung durch Decken und Wände gegen Übertragung von Feuer und Rauch gesichert sein. Die Brauchbarkeit dieser Kabelschotts ist durch eine allgemeine bauaufsichtliche Zulassung zu führen.

Werksbescheinigung: wie bei der Rohrabschottung (9.6.1).

Kennzeichnung: Die Kabelabschottung ist mit einem Schild dauerhaft zu kennzeichnen, das neben der Abschottung an der Wand zu befestigen ist mit Angaben über Hersteller, System, Zulassungsnummer und Baujahr.

9.7 Feuerschutzmittel, Dämmschichtbildner, Putzbekleidungen

9.7.1 Feuerschutzmittel

Sie bedürfen zur Erzielung der *Schwerentflammbarkeit* von Baustoffen (z. B. Holz) und Textilien eines Prüfbescheides mit Prüfzeichen vom DIBt Berlin. Holz und Holzwerkstoffe in Abmessungen ≧ 12 mm Dicke können durch eine Brandschutzbeschichtung oder Imprägnierung aus der Baustoffklasse B 2 in die Baustoffklasse B 1 (schwerentflammbar) überführt werden. In der Bezeichnung des Prüfbescheides steht auch, ob das Mittel

- bei der Einwirkung von Feuer auf die geschützten Flächen eine 2 bis 3 cm dicke mikroporöse, nicht brennbare Schaumschicht bildet (dieser Vorgang vollzieht sich bei Temperaturen, bei denen sich das Holz nicht thermisch zersetzt hat) oder
- die Schutzwirkung durch das im Vakuumverfahren eingebrachte Salzgemisch erzeugt wird.

Die Feuerschutzmittel – es werden fast nur Dämmschichtbildner verwendet – werden mit Pinsel, Bürste oder Rolle wie ein Anstrich aufgetragen; in der Regel brauchen sie einen Abschlußschutzlack. Dringend empfohlen: Verarbeitungsanweisung beachten! Sie dürfen nicht angewendet werden in Räumen, in denen eine langanhaltende Luftfeuchte über 70 % herrscht, oder an Bauteilen, die mechanisch hoch beansprucht sind, z. B. Türen und Treppenstufen. Die Brandschutzanstriche sollten mit einem dauerhaften Schild gekennzeichnet werden, aus dem die wichtigen Angaben für Instandhaltung hervorgehen; leider keine Vorschrift.

Hinweis:

Mit Feuerschutzmitteln kann nicht die Feuerwiderstandsdauer von Holz beeinflußt werden; die Klasse F 30 erreicht Holz durch die Größe der Abmessungen oder durch Bekleidungen.

Anders bei Stahlbauteilen: Hier kann mit dämmschichtbildenden Brandschutzbeschichtungen die Feuerwiderstandsklasse F 30 erreicht werden. Die Beschichtung besteht aus Korrosionsschutz, Dämmschichtbildner und (bei Außenanwendung) Deckanstrich. Zulassung ist erforderlich und hat an der Verarbeitungsstätte vorzuliegen. Ausgenommen sind zur Zeit noch Hohlprofile aus Stahl und Bauteile aus Gußeisen.

Kennzeichnung: Die Verpackungseinheiten sind mit Aufdruck zu kennzeichnen: Hersteller, Werkszeichen, Überwacher mit Überwachungszeichen der Güteüberwachung.

Ausführungskennzeichnung: Die mit der dämmschichtbildenden Brandschutzbeschichtung versehene Konstruktion ist durch ein Schild oder – bei größerem Bauvorhaben – durch mehrere Schilder witterungsbeständig zu kennzeichnen:

„Die Brandschutzbeschichtung XY entsprechend der Zulassung des IfBt vom . . ., Zulassungsnummer Z–19.11 . . ., wurde in X Schichten am . . . durch (Name und Anschrift der ausführenden Firma) aufgebracht. Für den Deckanstrich wurde . . . verwendet. Im Jahre . . . ist der Deckanstrich zu überprüfen. Zur Ausbesserung des Deckanstrichs dürfen nur geeignete Anstrichmittel verwendet werden.

Keine weiteren Anstriche aufbringen, weil sonst die Brandschutzwirkung beeinträchtigt werden kann.“

9.7.2 Unterdecken und Wände bei Rettungswegen

Flurbegrenzende Konstruktionen aus Wänden und Unterdecken (als Einheit) in F 30 oder F 90 als Begrenzung von Rettungswegen.

Hierfür ist eine ABZ erforderlich; darin werden auch Türenbauarten, Verglasungen, Einbauleuchten und Lüftungsleitungen geregelt. Für jede Einheit ist eine Werksbescheinigung erforderlich.

Werksbescheinigung
Der Hersteller dieser Wand-/Deckenkonstruktion muß für jedes Bauvorhaben eine Werksbescheinigung nach DIN 50049 – Bescheinigungen über Werkstoffprüfungen, Abschn. 2.1., ausstellen (s. hierzu II 1.5.3), mit der er bestätigt, daß die von ihm errichtete Konstruktion den Bestimmungen des Zulassungsbescheides entspricht.

Die Bescheinigung ist dem Bauherrn zur Weiterleitung an die zuständige BAB auszuhändigen.

9.7.3 Putzbekleidungen ohne Putzträger

Das sind Putze auf der Basis von Mineralfasern oder Vermiculite, die mit einem hydraulischen Bindemittel wirksam werden. Asbestspritzputz – früher vielfach verwendet – ist seit 1979 in der Bundesrepublik Deutschland verboten; solche Beschichtungen müssen entsprechend den Asbestrichtlinien von 1989 vordringlich saniert werden.

Solche Putzbekleidungen sind zulässig auf Stahlträgern, -stützen, Trapezprofildecken und Bauteilen aus Beton, jedoch nicht im Freien. Abhängig von der aufgespritzten Schichtdicke (bis zu 35 mm), ist die Einreihung in die Feuerwiderstandsklasse bis F 180-A möglich. Der Untergrund muß sauber und fettfrei sein; ein Haftgrund von etwa 0,5 mm wird vollflächig aufgetragen, dann wird profilfolgend aufgespritzt, und zwar in einem Arbeitsgang in voller Dicke; die Oberfläche bleibt spritzrauh. Aussparungsränder sind in gleicher Dicke, Stahlstützen sind auch im Bereich von untergehängten Decken zu spritzputzen.

Überwachung durch Eigen- und Fremdüberwachung. Kennzeichnung des Trockenmörtels als Aufdruck auf der Verpackung mit Hersteller, Bezeichnung, Zulassungsnummer, Herstelljahr und Überwacher.

Bescheinigung über die Ausführung
Für jede Baustelle hat der Hersteller der Putzbekleidung nach dieser Zulassung nach Abschluß der Arbeiten eine Bescheinigung auszustellen, die folgende Angaben enthalten muß:

- ausführendes Unternehmen
- Baustelle
- Datum der Herstellung
- geforderte Feuerwiderstandsdauer der geputzten Bauteile
- Bestätigung, daß die Brandschutz-Putzbekleidung XY gemäß den Bestimmungen dieses Zulassungsbescheides (ggf. unter Berücksichtigung der Bestimmungen aller Änderungs- und Ergänzungsbescheide) hergestellt wurde

Diese Bescheinigung ist dem Bauherrn zur Weitergabe an die zuständige Bauaufsichtsbehörde auszuhändigen.

Putzbekleidungen von Stahlträgern und -stützen *mit* Putzträger (z. B. aus Rippenstreckmetall oder Drahtgewebe) sind in DIN 4102 Teil 4 (3/1994) unter Abschn. 6.2.2 und 6.3.4 geregelt, brauchen also keine ABZ.

9.8 Begrünte Dächer (Brandverhalten)

RdErl. d. Min. f. Stadtentwicklung, Wohnen und Verkehr NW vom 2. 8. 1989 (heute Ministerium für Bauen und Wohnen).

Nach § 31 Abs. 1 Landesbauordnung (BauO NW) muß die Bedachung gegen Flugfeuer und strahlende Wärme widerstandsfähig sein (harte Bedachung). Das Brandverhalten von Bedachungen ist in der Regel nach DIN 4102 Teil 7 nachzuweisen. Diese Prüfnorm ist für die Beurteilung begrünter Dächer – Extensivbegrünungen, Intensivbegrünungen, Dachgärten – ungeeignet. Für die Beurteilung einer ausreichenden Widerstandsfähigkeit gegen Flugfeuer und strahlende Wärme können jedoch die nachstehenden Ausführungen zugrunde gelegt werden:

1 Dächer mit Intensivbegrünung und Dachgärten – das sind solche, die bewässert und gepflegt werden und die in der Regel eine dicke Substratschicht aufweisen – sind ohne weiteres als widerstandsfähig gegen Flugfeuer und strahlende Wärme (harte Bedachung) zu bewerten.

2 Bei Dächern mit Extensivbegrünung durch überwiegend niedrig wachsende Pflanzen (z. B. Gras, Sedum, Eriken) ist ein ausreichender Widerstand gegen Flugfeuer und strahlende Wärme gegeben, wenn:

2.1 eine mindestens 3 cm dicke Schicht Substrat (Dachgärtnererde, Erdsubstrat) mit höchstens 20 Gew.-% organischer Bestandteile vorhanden ist. Bei Begrünungsaufbauten, die dem nicht entsprechen (z. B. Substrat mit höherem Anteil organischer Bestandteile, Vegetationsmatten aus Schaumstoff), ist ein Nachweis nach DIN 4102 Teil 7 bei einer Neigung von 15° und im trockenen Zustand (Ausgleichsfeuchte bei Klima 23/50) ohne Begrünung zu führen.

2.2 Gebäudeabschlußwände, Brandwände oder Wände, die an Stelle von Brandwänden zulässig sind, in Abständen von höchstens 40 m mindestens 30 cm über das begrünte Dach, bezogen auf Oberkante Substrat bzw. Erde, geführt sind. Sofern diese Wände aufgrund bauordnungsrechtlicher Bestimmungen nicht über Dach geführt werden müssen, genügt auch eine 30 cm hohe Aufkantung aus nichtbrennbaren Baustoffen oder ein 1 m breiter Streifen aus massiven Platten oder Grobkies.

2.3 vor Öffnungen in der Dachfläche (Dachfenster, Lichtkuppeln) und vor Wänden mit Öffnungen ein mindestens 0,5 m breiter Streifen aus massiven Platten oder Grobkies angeordnet wird, es sei denn, daß die Brüstung der Wandöffnung mehr als 0,8 m über Oberkante Substrat hoch ist.

2.4 bei aneinandergereihten, giebelständigen Gebäuden im Bereich der Traufe ein in der Horizontalen gemessener mindestens 1 m breiter Streifen nachhaltig unbegrünt bleibt und mit einer Dachhaut aus nichtbrennbaren Baustoffen versehen ist.

Das Verzeichnis der nach § 3 BauO NW eingeführten technischen Baubestimmungen – Anlage zum RdErl. vom 22. 3. 1985 (MBl. NW S. 942/SMBl. NW 2223) – ist in Abschnitt 8.1 bei DIN 4102 Teil 7 in Spalte 10 wie folgt zu ergänzen:

Brandverhalten begrünter Dächer: RdErl. vom 2. 8. 1989 (MBl. NW: S. 1159/SMBl. NW 232371).

10 Bauphysik

10.1 Wärmeschutz

10.1.1 Grundregeln

Die Wärmeschutzverordnung der Bundesregierung geht auf das (Bundes-)Energieeinsparungsgesetz zurück. Mit der Wärmeschutz-Überwachungsverordnung der Landesregierungen wurde die Prüfung und Überwachung des Wärmeschutzes den unteren Bauaufsichtsbehörden zugewiesen.

Die neue Wärmeschutzverordnung mit erheblich erhöhten Anforderungen an den baulichen Wärmeschutz tritt am 1. 1. 1995 in Kraft. Es wird damit noch wichtiger, die geplanten und ausgeschriebenen Wärmedämm-Maßnahmen auf der Baustelle sorgfältig einzuhalten und zu überwachen.

Im bauaufsichtlichen Verfahren ist der Wärmeschutz nur nach der vorgenannten Wärmeschutz-Überwachungsverordnung zu prüfen; diese Anforderungen sind in der Regel höher als nach DIN 4108 – Wärmeschutz im Hochbau. Es bleibt dem Bauherrn unbenommen, mit seinem Architekten einen höheren Wärmeschutz zu planen und auszuführen. Die Richtigkeit der Ausführung dieser Werkleistung hat dann allein der Architekt zu überwachen. Während also das öffentliche Interesse der Energieeinsparung auf Verhinderung von Transmissionswärme- und Lüftungswärmeverlusten zielt, soll DIN 4108 Bauschäden durch Kondensat auf Wandoberflächen bzw. im Innern der Wände verhindern.

Da der Wärmeschutznachweis nicht mit den Bauvorlagen zum Bauantrag, sondern erst vor der Bauzustandsbesichtigung nach Fertigstellung (sog. Gebrauchsabnahme) beim Bauaufsichtsamt einzureichen ist und auch dann nur stichprobenartig überprüft wird, kann eine durchgreifende Bauüberwachung in diesem Bereich gar nicht erfolgen. Die genauen Angaben der Wandbaustoffe, Dämmschichten usw. liegen während der Bauausführung nicht vor. Der Sinn ist, daß der Nachweis nicht bereits vom Statiker mit *vermuteten* Baustoffen geführt werden soll, sondern anhand der *eingebauten* Stoffe und Dicken. Selbstverständlich muß der Bauleiter aufgrund der Ausschreibung und des Leistungsverzeichnisses kontrollieren, ob die vertraglichen Forderungen erfüllt sind.

Eine Sonderregelung der Wärmeschutzverordnung besteht bei baulichen *Änderungen bestehender Gebäude:* Die Überwachung der Erfüllung der Anforderungen an den baulichen Wärmeschutz durch die BAB entfällt bei folgenden baulichen Maßnahmen:

bei erstmaligem Einbau, Ersatz oder Erneuerung von Decken und Wänden gegen nichtbeheizte Räume oder die Außenluft (auch in Dachräumen); bei nachträglichem Einbau von Klimaanlagen die Kontrolle der Fenster und Fenstertüren.

Ein paar Grundregeln zum baulichen Wärmeschutz:

- Wärmeschutz und Schallschutz beeinflussen sich gegenseitig; die Baustoffanforderungen sind z. T. gegenläufig; z. B. hat ein leichter Wandbaustoff zwar eine gute Wärmedämmung, jedoch eine schlechte Luftschalldämmung. Wärmeschutz und Schallschutz müssen immer in Verbindung zueinander betrachtet werden.
- Wärmedämmschichten müssen lückenlos eingebaut werden. Gegen nicht sorgfältig geplante Vorkehrungen bei möglichen Wärmebrücken – Balkonplatten, Fensterstürze, Stahlbeton- oder Stahlstützen in Außenwänden usw. – gibt es im Ausführungsstadium kaum Abhilfe.

- Die Abdeckung der Wärmedämmschicht bei geneigten Dächern muß luftundurchlässig ausgeführt werden; Luftdurchtritt führt zu erheblichen Wärmeverlusten (weit mehr als bei Transmissionswärmeverlust).
- Dampfsperren gehören stets soweit wie möglich auf die wärmere Seite des Bauteils, in der Regel also auf die Innenseite von Wand oder Dach. Durch Undichtigkeiten oder Beschädigungen der Dampfbremse oder bei unsorgfältigen Anschlüssen an angrenzende Bauteile kann mehr Feuchtigkeit hindurchwandern als durch die gesamte übrige dampfbremsende Fläche.

10.1.2 Bauteil Dach

Streitpunkt im Vorfeld – also bei der Planung – ist die Frage bei geneigten Dächern, ob belüftete oder unbelüftete Konstruktion technisch richtiger ist. Bis vor kurzem wurden beim Dachausbau hauptsächlich belüftete Konstruktionen angewandt und als „Regel der Technik" angesehen. Nach DIN 4108 Teil 3 sind auch unbelüftete Dächer möglich; Voraussetzung dabei ist die Dampfsperre (früher nannte man sie treffender Dampfbremse) unter der Dämmschicht mit vorgegebenem s_d-Wert $\geqq$ 100 m und einem rechnerischen Nachweis des Tauwasserschutzes. Auch in den Dachdecker-Richtlinien (Regeln für Dachdeckungen mit Dachziegeln und Dachsteinen, Zentralverband des Deutschen Dachdeckerhandwerks, Verlag R. Müller) sind nur belüftete Konstruktionen beschrieben. Zwischenzeitlich hat der Verband jedoch als Ergänzung das „Merkblatt Wärmedämmung bei Dachdeckungen" herausgebracht, das auch darauf eingeht. Beide Konstruktionen sind mangelfrei ausführbar, die handwerkliche Sorgfalt spielt eine übergroße Rolle.

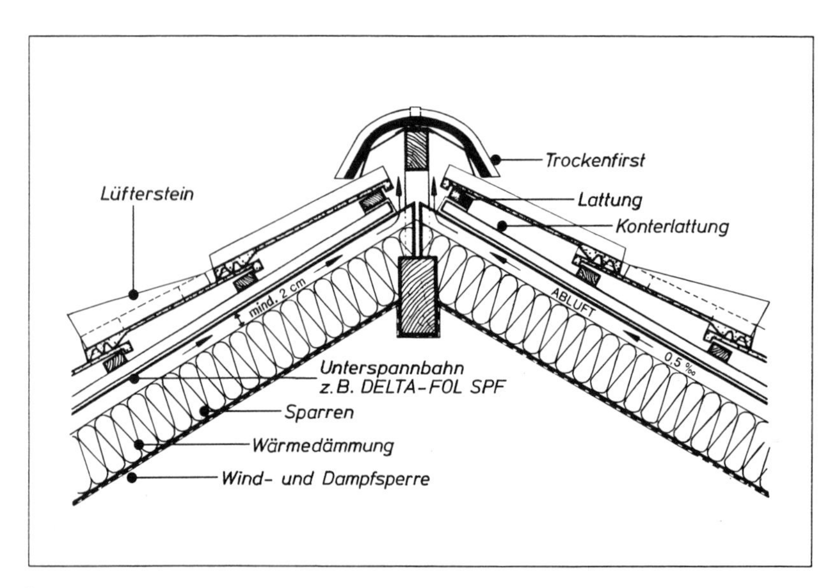

▸ die Lüftungsöffnung am First mindestens 0,5‰ der gesamten Dachfläche

▸ der freie Lüftungsquerschnitt innerhalb des Dachbereiches über der Wärmedämmschicht im eingebauten Zustand mindestens 200 cm^2 je m senkrecht zur Strömungsrichtung und dessen freie Höhe mindestens 2 cm

Abb. 10.1 Detailausbildung am First

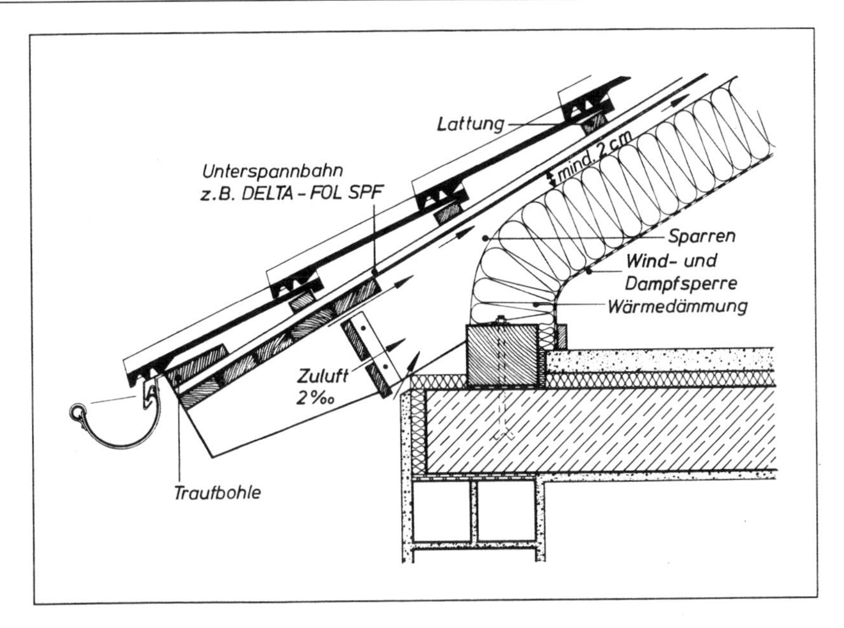

Bei Dächern mit einer Dachneigung ≥ 10° beträgt

▸ der freie Lüftungsquerschnitt der an jeweils zwei gegenüberliegenden Traufen angebrachten Öffnungen mindestens 2‰ der zugehörigen geneigten Dachfläche, mindestens jedoch 200 cm^2 je m Traufe

Abb. 10.2 Detailausbildung an der Traufe

(Alle Abbildungen auf den Seiten 542 bis 545 aus: Technische Fachinformationen für Steildachkonstruktionen, E. Dörken AG, 1992.)

● Steildach mit Hinterlüftung

Belüftete Dachkonstruktionen verfügen über einen freien Luftraum zwischen der Wärmedämmung und der Dachdeckung, der über Öffnungen an der Traufe und am First mit der Außenluft in Verbindung stehen muß. Die Belüftung beruht im wesentlichen auf dem Prinzip des thermischen Auftriebs, der sich aus den Dichteunterschieden und Druckdifferenzen zwischen der kälteren Außenluft und der warmen (leichteren) Luft im Belüftungsraum ergibt (prinzipiell wie beim Schornstein).

Wichtig bei der Ausbildung belüfteter Dächer ist die Anordnung einer Dampfsperre, z. B. entsprechend DIN 4108 unterhalb der Wärmedämmung, die gleichzeitig die Funktion der „Luftsperre" erfüllt. Dazu ist die Anordnung einer „Unterspannbahn" heute Stand der Technik, um das Eintreiben von Schlagregen, Flugschnee oder Schmelzwasser zu verhindern. Die Unterspannbahn soll weitgehend dampfdurchlässig sein und einen leichten Durchhang aufweisen, damit das eingedrungene Wasser in die Regenrinne abgeleitet werden kann. In der Regel bestehen hier also zwei Belüftungszonen (Dreischalendach). Der obere Belüftungsraum dient der Unterlüftung der Dachhaut; der untere Belüftungsraum zwischen Unterspannbahn und Dämmschicht dient der Unterlüftung der Unterspannbahn, leitet Feuchtigkeit aus dem Gebäude ab und verhindert Tauwasserbildung.

● Steildach ohne Hinterlüftung

Bei nichtbelüfteten Dächern wird auf die Belüftungszone oberhalb der Wärmedämmschicht verzichtet und der gesamte Raum in voller Sparrenhöhe mit Dämmstoff ausgefüllt. Die diffusionsoffenen Unterspannbahnen (wasserdicht und dampfdurchlässig) schützen Dämmung und Holzbauteile vor Feuchtigkeit von außen, lassen jedoch Wasserdampf ungehindert nach außen entweichen und machen so die traditionelle Hinterlüftung überflüssig. Unerläßlich bleibt die innenseitig angeordnete Wind- und Dampfsperre. Während die Unterspannbahn direkt auf der Wärmedämmung verlegt und über den First hinweggespannt wird, wird die Dampf- und Windsperre innenseitig unter der Wärmedämmschicht angebracht. Die Bahnen werden angetackert, alle Überlappungen abgeklebt und an den Rändern winddichte Anschlüsse, z. B. mit Klemmleisten, geschaffen. Anschlüsse an vertikale Bauteile (Schornsteine und Dachflächenfenster) erfordern besondere handwerkliche Sorgfalt (und Überwachung).

Gefragt wird häufig nach der verbleibenden Wirksamkeit solcher Sperren bei Durchlöcherung mit Befestigungsmitteln wie Nägel oder Klammern. Die transportierte Dampfmenge aufgrund der Diffusion ist bei solchen kleinen Löchern gering und unbedeutend. Anders ist es, wenn durch eine Undichtigkeit eine erhöhte Luftströmung an dieser Stelle durch das Bauteil ermöglicht wird. Hierbei findet der Wasserdampftransport nicht mehr durch die langsame Diffusion, sondern durch die ausströmende Luft statt. Die dabei transportierten Dampfmengen sind erheblich höher (Pohlenz, Der schadenfreie Hochbau, Bd. 3, R. Müller Verlag). Sie können zu Tauwasserschäden führen. Anschlüsse an andere Bauteile und Stöße sind sorgfältig dicht auszuführen.

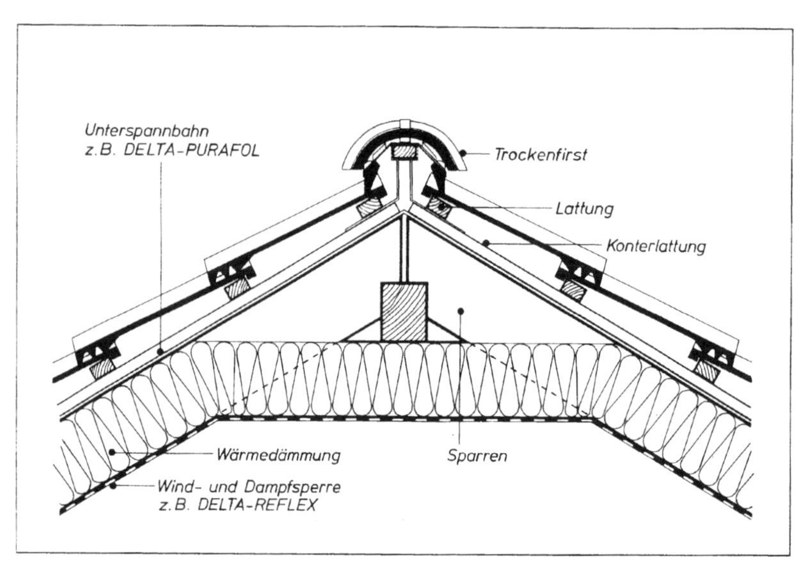

Abb. 10.3 Detail am First: Die diffusionsoffene Unterspannbahn wird über den First hinwegggespannt

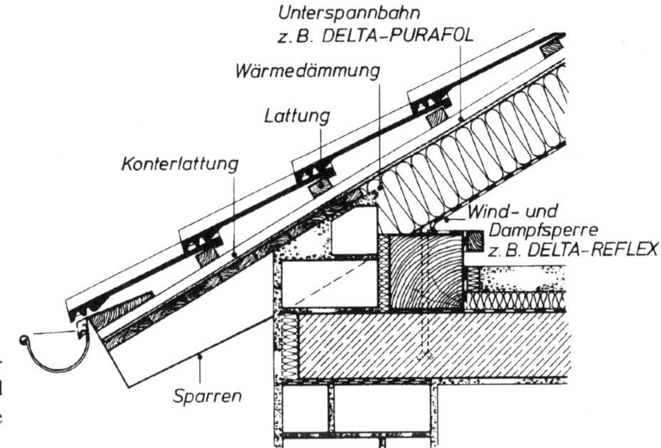

Abb. 10.4 Detail an der Traufe: Die diffusionsoffene Unterspannbahn wird ohne Hinterlüftung direkt auf die Dämmung verlegt

10.1.3 Bauteil Wand

Nach DIN 4108 bleiben bei Erhaltung des Mindestwärmeschutzes alle Regelbauteile tauwasserfrei, wenn übliches Raumklima vorliegt, d. h. Rauminnentemperatur ca. 20 °C und ca. 50% rLF (im Winter). Diese Mindestforderungen der DIN 4108 liegen zwar unter denen der Wärmeschutzverordnung, reichen jedoch zur Vermeidung von Oberflächenkondensat an den Wandflächen aus, außer in Rauminnenecken von Außenbauteilen (geometrische Wärmebrücke), bei Räumen mit hoher Luftfeuchtigkeit (Küchen, Bäder, Schlafräume) und bei behinderter Luftbewegung vor dem Bauteil (Vorhänge, Möbel, Bilder). Das ist aber eine Frage der Planung des Wärmedurchlaßwiderstandes, nicht der Bauausführung.

Ebenfalls ist es eine Sache der Planung, Tauwasser im Bauteilquerschnitt zu verhindern. Das bedeutet:

- der Wärmedämmwert der Einzelschichten der Außenwand soll von innen nach außen zunehmen (geht nicht bei Innendämmung)
- der Dampfdiffusionswiderstand (Dampfdichtigkeit) der Einzelschichten soll von innen nach außen abnehmen (geht nicht bei Kunstharzbeschichtung der Fassade)
- erforderlichenfalls sind Dampfsperren auf der Innenseite der Wärmedämmung anzubringen

Wegen der Dämmung bei zweischaligem Mauerwerk mit oder ohne Luftschicht wird auf die Ausführungen unter II 4.2.2 und 4.2.3 verwiesen.

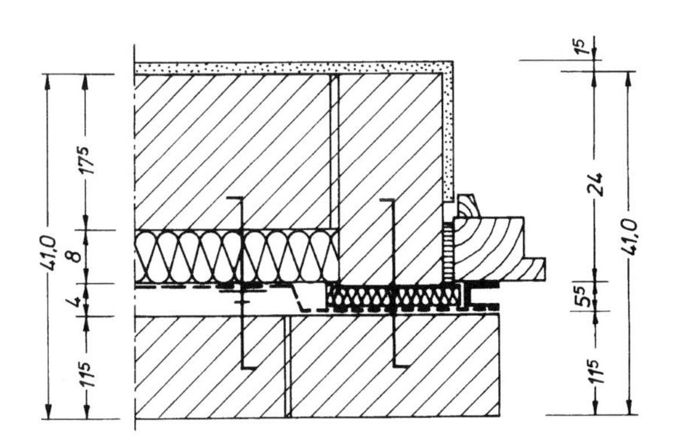

Abb. 10.5 Zweischalige Außenwand Detail Fensteranschluß

10.1.4 Dämmaterial und Einbau

Meistverwendete Dämmstoffe beim Wärmeschutz sind Mineralwolle aus Stein oder Glas als Platten, Matten und Bahnen sowie Polystyrol-Hartschaum als Platten und Formteile. Daneben finden Schaumglas, Schüttungen aus geblähtem Perlitegestein oder gebranntem Ton, Zellulose, Kork, Schilfrohr, Stroh und Kokosfasern Verwendung. Achtung: Die letzten fünf Stoffe sind nur B 2 = normal entflammbar nach DIN 4102 eingestuft.

– Mineralische Dämmstoffe:
Stein- und Glaswolle. Für Steinwolle wird heute überwiegend Basalt und Diabas verwendet. Er wird aufgeschmolzen und zerfasert. Steinwolle zeichnet sich durch hohe Temperaturbeständigkeit aus und ist dort ideal, wo neben Wärme- und Schallschutz auch mechanische Belastbarkeit gefordert ist. Glaswolle wird aus einem speziellen Gemenge und bis zu 70 Prozent aus Altglas hergestellt. Das feinfaserige Material wartet komprimiert auf die Verarbeitung und erfüllt bereits bei Produkten mit geringeren Rohdichten Wärme- und Schallschutzaufgaben. Ein spezielles Heimwerkerprodukt dürften Randleistenmatten sein.

– Geschäumte Dämmstoffe:
Wir unterscheiden Polystyrol- und Polyurethan-Hartschaum. Polystyrol wird entweder durch Aufschäumen und mit Hilfe von Treibmitteln bei Temperaturen um 90 Grad Celsius „verklebt" oder mit Hilfe von heute teilhalogenierten Kohlenwasserstoffen extrudiert. Bei beiden Verfahren entstehen Dämmstoffe mit zäher, geschlossener Oberfläche. Polyurethan-Hartschaum wird mit FCKW oder alternativen Treibmitteln aufgeschäumt. Er findet speziell bei erdberührenden Bauteilen, auf Dächern und in Feuchträumen Verwendung.

Nach geltendem Baurecht dürfen am Bau nur nach DIN 18 164 genormte oder bauaufsichtlich zugelassene Dämmstoffe verwendet werden. Als für den Käufer sichtbares Zeichen müssen die geprüften Produkte Kennzeichnungsetiketten tragen. Diese Etiketten sind mit durch die Norm festgelegte Mindestangaben versehen und enthalten die wichtigsten Daten (s. Abb. 10.7).

– Typkurzzeichen:
Die Norm schreibt bestimmte Dämmstoff-Typen für ganz spezifische Einsatzbereiche vor. Der gängigste und wohl auch preisgünstigste ist Typ W. An ihn werden keine besonderen Anforderungen gestellt; er ist nicht druckbelastbar.

Druckbelastbar sind WD, WS und WDA. Besonders scherfest ist Typ WV. Die Rollenware wird unter WL geführt, und für die Schalldämmung – und ausschließlich dafür – wird Typ T produziert.

Die Farbkennzeichnung (Rollstempelabdruck) ist an der Stirnseite oder auf den Flächen einer jeden Platte angebracht (Abb. 10.7).

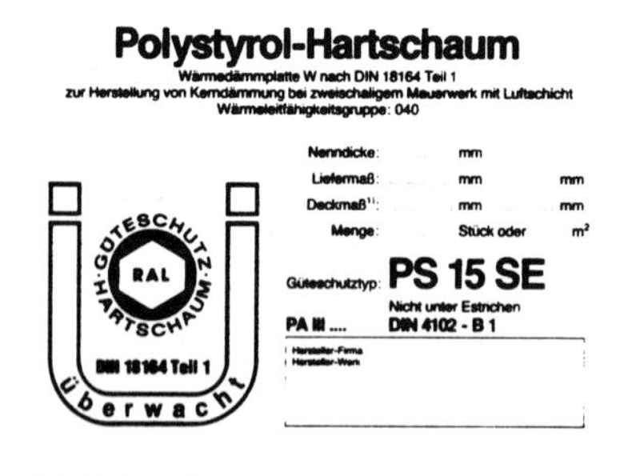
Polystyrol-Hartschaum
Wärmedämmplatte W nach DIN 18164 Teil 1
zur Herstellung von Kerndämmung bei zweischaligem Mauerwerk mit Luftschicht
Wärmeleitfähigkeitsgruppe: 040

GÜTESCHUTZ HARTSCHAUM
RAL
DIN 18164 Teil 1
überwacht

Nenndicke: mm
Liefermaß: mm mm
Deckmaß[1]: mm mm
Menge: Stück oder m²

Güteschutztyp: **PS 15 SE**
Nicht unter Estrichen
PA III .... DIN 4102 - B 1

Hersteller-Firma
Hersteller-Werk

[1] umlaufende Falztiefe mind. 20 mm

Abb. 10.6 Beipackzettel (im Original Umrandung rot RAL 3000)

- Ein Rollstempelabdruck besteht aus:
  - 8 Zeilen Marken- oder Firmenbezeichnung
  - und dem Gütezeichen
  - schwerentflammbarer Polystyrol-Hartschaum ist zusätzlich durch ein 65 mm breites rotes Schriftband parallel zur Typenkennzeichnung zu kennzeichnen: „schwerentflammbar DIN 4102 – B 1".
- Abstand zwischen den einzelnen Zeilen 5 mm.
- Buchstabenhöhe 10,5 mm.
- Zeilenabstand für das Gütezeichen 51 mm.
- Stempelbreite einschl. der Begrenzungsstreifen 85 mm.

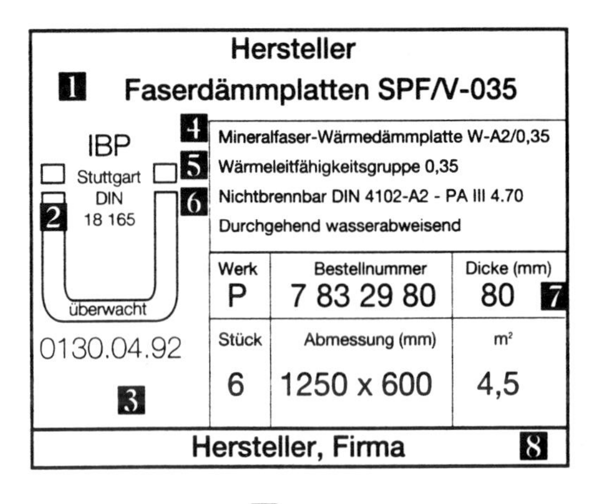

1 Produktbezeichnung
2 Überwachungszeichen
3 Herstellungsdatum (eventuell verschlüsselt)
4 Anwendungsform, -zweck und Typkurzzeichen
5 Wärmeleitfähigkeitsgruppe
6 Brandschutzklasse und Nr. des Prüfbescheids
7 Nenndicke
8 Hersteller

Abb. 10.7 Kennzeichnungsetikette

- Einbau von Kerndämmplatten (zweischalige Wand)

Das Anbringen der Kerndämmplatten aus Styropor richtet sich nach der Art der Verankerung. Sofern die Maueranker bereits mit der Herstellung der Innenschale eingebaut sind, muß die Hartschaumplatte über die Anker auf die Wand gedrückt werden. Es empfiehlt sich, die Platten mit etwas „Spannung" zur zuvor verlegten Dämmplatte anzusetzen. Damit erreicht man zwangsläufig einen dichten Fugenstoß. Das Durchstoßen der Anker ist auch bei 120 mm dicken Styropor-Kerndämmplatten unproblematisch. Die Dämmplatten sind zweckmäßigerweise im Verband, d. h. mit versetzten Stoßfugen, zu verlegen. Durch das Aufschieben von Klemmplatten aus Kunststoff werden die Dämmplatten gehalten. Bei der Kerndämmung ohne Luftschicht müssen diese Abdeckscheiben darüber hinaus die Aufgabe einer Feuchtigkeitssperre übernehmen. Sie verhindern den Transport von Feuchtigkeit über die Drahtanker von der Außen- zur Innenschale. Bei der Ausführung mit Luftschicht wird eine zusätzliche Kunststoffscheibe als „Tropfnase" in der Mitte der Luftschicht angeordnet. Neben der Methode der Ankereinlegung in die Lagerfugen der tragenden Wandschale kennt man in der Praxis auch das nachträgliche Eindübeln. Diese Befestigungsart hat den Vorteil, daß die Anker handwerksgerecht erst mit dem Hochmauern der Verblendschale gesetzt werden. Dadurch ist ein exaktes Anbringen entsprechend der Lagerfugenhöhe der Vormauersteine gegeben, und eine Beschädigung der Dämmplatten durch „Zurechtbiegen" der Anker ist ausgeschlossen. Zu beachten ist allerdings, daß die Eignung der Dübelanker zum Beispiel durch ein Prüfzeugnis eines staatlichen Materialprüfungsamtes je nach Wandart der tragenden Innenschale nachgewiesen ist.

- Einbau von Hartschaumplatten (geneigtes Dach)

An die Innenseite der Sparren werden im Abstand der Dämmschichtdicke Anschlagleisten aus Holz oder Styropor angenagelt. Danach erfolgt der Einbau der mit etwas Übermaß zugeschnittenen Styropor-Dämmplatten, die mit Dispersionskleber sowohl an die Leisten als auch zwischen die Sparren eingeklebt werden. Bei nicht parallel verlaufenden oder verzogenen Sparren ist es empfehlenswert, die Platten kleiner zuzuschneiden und die entstehenden Fugen zwischen Sparren und Hartschaumplatten mit drucklosem Polyurethan-(PU-)Montageschaum zu schließen.

Die Dämmung zwischen den Sparren erfordert grundsätzlich die Anordnung einer Windsperre rauminnenseitig der Dämmung. Praxisgerecht sind 0,2 mm dicke Polyethylen-(PE-)Folien, die an die Sparren geheftet werden. Die Stöße sind etwa 10 cm überlappend auszuführen und mit Klebeband zu schließen. Auf einen dichten Abschluß ist auch in Anschlußbereichen von Wänden und Dachfenstern zu achten.

Dämmstoffe aus Keramikfasern, Glas- und Steinwolle sind neuerdings ins Gerede gekommen; umstrittene Tierversuche weisen auf krebserzeugende Wirkungen hin. Eine Gefahr für die Nutzer von fasergedämmten Bauten bzw. für die Verarbeiter wird amtlicherseits derzeit nicht gesehen.

– Nach ordnungsgemäß durchgeführter Wärmedämmung mit Mineralwolleerzeugnissen ist in Innenräumen nicht mit gesundheitlich bedenklichen Faserkonzentrationen zu rechnen bei folgenden Konstruktionen: Dämmstoff an der Außenwand; zweischaliges Mauerwerk mit innenliegender Dämmschicht; Anwendung im Innenraum- bzw. Dachbereich hinter einer dichten Dampfsperre und einer Verkleidung, z. B. aus Gipskartonplatten, Holzpaneelen o. ä.
– Nachfolgend ist ein Auszug abgedruckt aus der „Handlungsanleitung" Fassung 10/93 für den Umgang mit Mineralwolle-Dämmstoffen im Hochbau; sie kann bezogen werden von der Fachvereinigung Mineralfaserindustrie, Ferdinand-Porsche-Straße 16, 60386 Frankfurt a. M., sowie eine Betriebsanleitung für die Baustelle.

Maßnahmen zur Einhaltung des TRK-Wertes von 500 000 F/m³ auf Baustellen

- Für gute Durchlüftung am Arbeitsplatz sorgen. Das Aufwirbeln von Staub vermeiden. (Eine Schutzmaske ist nicht erforderlich.)
- Arbeitsplatz sauberhalten und regelmäßig reinigen. Verschnitte und Abfälle sofort in geeigneten Behältnissen, z. B. Tonnen oder Plastiksäcken, sammeln.
- Material nicht werfen.
- Staubsaugen statt kehren, nur baumustergeprüfte Staubsauger mindestens der Verwendungskategorie C verwenden.

- Nicht mit Druckluft abblasen.
- Vorkonfektionierte Mineralwolle-Dämmstoffe bevorzugen. Diese können entweder vom Hersteller geliefert oder zentral auf der Baustelle zugeschnitten werden.
- Verpackte Dämmstoffe erst am Arbeitsplatz auspacken.
- Auf fester Unterlage mit Messer oder Schere schneiden, nicht reißen.
- Keine schnellaufenden, motorgetriebenen Sägen ohne Absaugung verwenden.

Betriebsanweisung Nr.: | **Betrieb:**
Gem. § 20 GefStoffV

Baustelle/Tätigkeit:

Umgang mit Mineralwolle-Dämmstoffen (ohne Abbruch)

Mineralwolle-Dämmstoffe können dünne Fasern abgeben, die in der Lunge möglicherweise krebserzeugend wirken.

Mineralwolle-Dämmstoffe bestehen aus unterschiedlich dicken Glas-, Steinwolle- oder Schlackenfasern (künstliche Mineralfasern), die mit Kunststoffen gebunden und denen Mineralöle zugegeben sind.

Gefahren für Mensch und Umwelt

Mineralwolle-Dämmstoffe können dünne Fasern abgeben, die in der Lunge möglicherweise krebserzeugend wirken.
Die Fasern können Haut-, Atemwegs- und Augenreizungen verursachen.

Schutzmaßnahmen und Verhaltensregeln

Arbeiten nur bei Frischluftzufuhr (Fenster und Türen öffnen), kein Durchzug! Besondere Sorgfalt beim Entfernen der Dämmstoffe! Arbeitsplatz sauber halten. Aufwirbeln von Staub vermeiden, in Räumen staubsaugen statt kehren (Staubsauger: Verwendungskategorie C). Material nicht werfen. Auf fester Unterlage mit Messer oder Schere schneiden, keine Säge verwenden. Vorkonfektionierte Produkte verwenden. Verpackte Dämmstoffe erst am Arbeitsplatz auspacken. Nicht mit Druckluft abblasen! Nach Beendigung der Arbeit mit viel Wasser abspülen. Nach Arbeitsende Kleidung wechseln! Straßenkleidung getrennt von Arbeitskleidung aufbewahren!

Augenschutz: Bei Überkopfarbeiten und starker Staubentwicklung Korbbrille tragen.
Handschutz: Schutzhandschuhe aus Leder oder Kunststoff (mit Gewebeeinlage).
Atemschutz: Das Tragen eines Partikelfilters P2 (weiß) ist notwendig bei hohen Staubbelastungen z. B. Entfernen von Dämmstoffen, die Temperaturen über 250 °C ausgesetzt waren oder Arbeiten mit Dämmstoffen in engen, nicht belüfteten Räumen.
Hautschutz: Bei empfindlicher Haut fettende, gerbstoffhaltige Hautschutzsalbe verwenden.
Körperschutz: Locker sitzende, langärmelige Arbeitskleidung tragen, die an den Handgelenken und am Hals nicht fest anliegt. Bei Überkopf-Arbeiten Kopfbedeckung mit Nackenschutz.

Verhalten im Gefahrfall

Mineralwolle-Dämmstoffe sind nicht brennbar.
Fluchtweg:
Unfalltelefon:

Erste Hilfe

Bei jeder Erste-Hilfe-Maßnahme: Selbstschutz beachten und umgehend Arzt verständigen.
Nach Augenkontakt: Bei Augenreizungen nicht reiben, sondern mit viel Wasser spülen.
Ersthelfer:

Sachgerechte Entsorgung

Reste von Mineralwolle-Dämmstoffen (Verschnitt, Abfall, Staubsaugerinhalt) direkt am Entstehungsort in einem geeigneten Behälter, z. B. Plastiksack sammeln. Beim Verschließen auf keinen Fall die enthaltene Luft herausdrücken. Zur Entsorgung sammeln in:

Unterschrift des Unternehmers

Muster einer Betriebsanweisung beim Umgang mit Mineralwolle-Dämmstoffen

10.2 Schallschutz

Einschlägige Norm:

- DIN 4109 – Schallschutz im Hochbau (11/1989), Anforderungen und Nachweise
- Beiblatt 1 – Ausführungsbeispiele und Rechenverfahren
- Beiblatt 2 – Hinweise; erhöhter Schallschutz; eigener Wohn- und Arbeitsbereich
- DIN 4109 – Berichtigung 1 (8/1992)
- VDI-Richtlinie 4100

Ab 1. September 1994 gibt es für den Schallschutz im Hochbau neben der DIN 4109 die VDI-Richtlinie 4100. Die untere Klasse I der VDI-Richtlinie entspricht den Anforderungen nach DIN 4109, Klasse II orientiert sich am erhöhten Schallschutzniveau nach Beiblatt 2 zur DIN 4109, allerdings sind einige Werte erhöht, und Klasse III fordert einen Schallschutz mit einem hohen Maß an Ruhe für die Bewohner.

Gegen diese Richtlinie haben sich mit Nachdruck die obersten Bauaufsichtsbehörden der Länder, das Bundesbauministerium, der Zentralverband des Baugewerbes, der Verband der freien Wohnungsunternehmen und andere ausgesprochen und insbesondere auf ihre baukostensteigernde Wirkung hingewiesen. Es ist damit zu rechnen, daß die Länder in Ergänzung des Einführungserlasses zur DIN 4109 den „Nicht-Einführungserlaß zur Richtlinie VDI 4100“ herausgeben, um zu verhindern, daß die Richtlinie bauaufsichtliche Wirkung erlangt.

Die DIN 4109 (Schallschutz im Hochbau, Anforderungen und Nachweise) sowie das Beiblatt 2 zur DIN 4109 (Hinweise für Planung und Ausführung, Vorschläge für einen erhöhten Schallschutz, Empfehlungen für den Schallschutz im eigenen Wohn- und Arbeitsbereich) wurden im Jahr 1989 verabschiedet. Als sich in der Schlußphase der Beratung für eine Minderheit abzeichnete, daß sie ihre hohen Anforderungen an den Schallschutz nicht durchsetzen können, haben sie unter dem Dach des VDI die Richtlinie 4100 erarbeitet.

[Die Bauverwaltung + Bauen & Gemeindebau · 8/94]

In der Landesbauordnung werden nur allgemeine Forderungen an den „entsprechenden Schallschutz“ gestellt, insbesondere an Wohnungstrennwände und -decken. Im übrigen wird auf die DIN 4109 verwiesen.

Neuartig am Normenkonzept ist, daß nur noch der Standardschallschutz in der eigentlichen Norm geregelt ist, während erhöhte Schallschutzanforderungen (vertraglich vorgesehene) in das Beiblatt 2 zur Norm aufgenommen wurden. Hintergrund dieser Maßnahme ist die Auffassung, daß in der Norm der Standardfall zu regeln ist, während höhere Anforderungen eine privatrechtliche Vereinbarung zwischen den Vertragspartnern voraussetzen.

Sonderregelungen bestehen bei vertraglich erforderlichem „erhöhtem“ Schallschutz, d. h. bei Bauteilen zwischen besonders lauten und schutzbedürftigen Räumen. Welche sind das?

- Besonders laute Räume sind:
  - Räume mit besonders lauten haustechnischen Anlagen
  - Betriebsräume von Handwerks- und Gewerbebetrieben
  - Gasträume (Gaststätten, Cafés, Imbißstuben)
  - Kegelbahnen
  - Küchenräume (gewerblich)
  - Theaterräume
  - Sporthallen
  - Musik- und Werkräume
- Schutzbedürftige Räume nach DIN 4109 sind Aufenthaltsräume, soweit sie gegen Geräusche zu schützen sind: Wohnräume, Wohndielen, Schlafräume, Unterrichtsräume, Büroräume – ausgenommen Großraumbüros –, Praxisräume, Sitzungsräume u. ä.

Anforderungen an Wände mit Wasserinstallationen
Einschalige Wände, an oder in denen Armaturen oder Wasserinstallationen (einschließlich Abwasserleitungen) befestigt sind, müssen eine flächenbezogene Masse von mindestens 220 kg/m² haben.

Wände, die eine geringere flächenbezogene Masse als 220 kg/m² haben, dürfen verwendet werden, wenn durch eine Eignungsprüfung nachgewiesen ist, daß sie sich – bezogen auf die Übertragung von Installationsgeräuschen – nicht ungünstiger verhalten.

Anordnung von Armaturen
Armaturen der Armaturengruppe I (geringe Fließgeräuche) und deren Wasserleitung dürfen an vorstehenden Wänden angebracht werden (siehe Tabelle 10.1). Armaturen der Armaturengruppe II und deren Wasserleitungen dürfen nicht an Wänden angebracht werden, die im selben Geschoß, in den Geschossen darüber oder darunter an schutzbedürftige Räume grenzen (siehe Tabelle 10.1). Armaturen der Armaturengruppe II und deren Wasserleitungen dürfen außerdem nicht an Wänden angebracht sein, die auf vorgenannte Wände stoßen.

Anforderungen an die Verlegung von Abwasserleitungen
Abwasserleitungen dürfen an Wänden in schutzbedürftigen Räumen nicht frei liegend verlegt werden.

Tabelle 10.1

Armaturen-gruppe	Anordnung von Räumen mit Wasserinstallationen und schutzbedürftigen Räumen
I	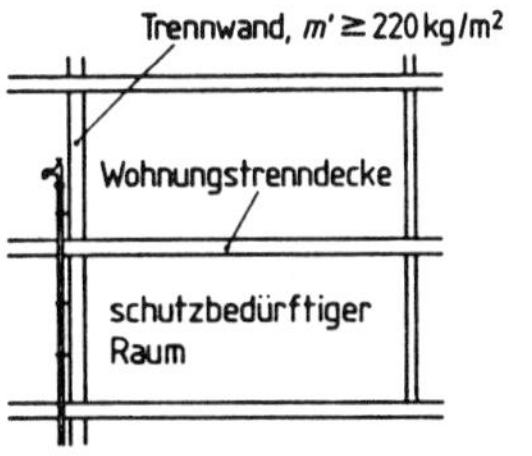 Trennwand, $m' \geq 220\ kg/m^2$ Wohnungstrenndecke schutzbedürftiger Raum
II	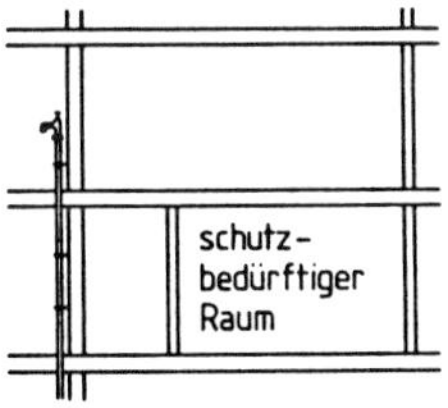 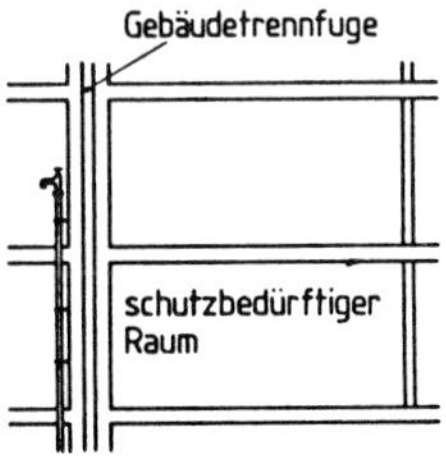 schutz-bedürftiger Raum Gebäudetrennfuge schutzbedürftiger Raum

Anordnung von Armaturen (DIN 4109)

Aufgrund der Bauprüfverordnung (s. unter III 2.1 – BauO NW § 23) dürfen folgende werkmäßig hergestellte Bauteile nur eingebaut werden, wenn sie ein Prüfzeichen des Institutes für Bautechnik, Berlin, haben: aus Gruppe 9 Auslaufarmaturen, Spülkästen, Druckspüler, Brausen, Drosselventile u. ä. Bei der künftigen Neuordnung des Brauchbarkeitsnachweises entfällt das Prüfzeichen.

Die Kennzeichnung der Armaturen mit den Angaben Prüfzeichen, Armaturengruppe (I oder II, s. auch Tabelle 10.1), Durchflußklasse und Herstellerzeichen muß so angebracht sein, daß sie bei eingebauter Armatur sichtbar, mindestens leicht zugänglich ist. Bei den WC-Druckspülern, die einen großen Anteil an Armaturengeräuschen erzeugen, ist das Kennzeichen häufig seitlich am Anschlußstutzen eingeprägt.

Die praktische Bauüberwachung läuft in diesem Bereich auf einen Vergleich der Baubeschreibung und dem Ausführungsplan im speziellen Schallschutznachweis mit der Ausführung hinaus, soweit sie bei den Kontrollterminen erkennbar ist. Bei den einzelnen Bauteilen sind das etwa:

Wände	Steinrohdichteklasse Wanddicke (und Wandaufbau bei mehrschaligen Wänden) Putzdicke und Putzmaterial (Gips, Kalk, Kalkzement) biegeweiche Vorsatzschalen Montagewände
Decken	Deckendichte, Deckenart Estrichdicke Dämmschicht Unterdecke Unterboden Gehbelag, hart oder weichfedernd
Treppen	Treppenlauf, abgesetzt/verbunden mit Wand Treppenpodest, abgesetzt/verbunden mit Wand, elastisch gelagert
Dächer	bei Massivplatten: wie bei Decken bei Holzflachdächern: Rippen, Beplankung, Verbindungsmittel, Schalung Dämmung Deckung Kiesauflage
Fenster	(schwierig, örtlich zu überprüfen) Scheibendicke, Scheibenzwischenraum Falzdichtung Fuge Rahmen/Außenwand

Von der obersten BAB NW wurde im Dezember 1990 folgende Checkliste (hier für den Schallschutz) empfohlen (s. auch II 1.4):

Kontrolle des Prüfverzeichnisses bei Geräten der Wasserinstallation, in Fällen eines geforderten höheren Schallschutzes (s. Einführungserlaß): Ist eine Messung des erreichten Schallschutzes durchgeführt (Güteprüfung)?

Ein paar Grundregeln beim baulichen Schallschutz:

- Man unterscheidet Luftschall, der sich durch die Luft ausbreitet, und Körperschall, der sich in festen Baustoffen ausbreitet; Körperschall spielt insbesondere als Trittschall auf den Geschoßdecken, aber auch als Geräusch aus haustechnischen Anlagen, Aufzügen, Heizungsbrennern, Motoren usw. eine Rolle.

- Die Luftschalldämmung einschaliger Wände hängt im wesentlichen vom Flächengewicht der Wand ab. Hier muß z. B. an Hand der Lieferscheine kontrolliert werden, ob die im Schallschutznachweis angesetzten Steingewichte auch vorhanden sind. Bei Wanddicken von d = 24 cm ist die „Reserve“ sehr knapp. Falls bei Wohnungstrennwänden durch leichte Querwände die Flankenübertragung ungünstig wird, reicht evtl. eine 24 cm dicke Wand auch mit dem größten Flächengewicht nicht mehr aus.

Außenwände von Mehrfamilienhäusern beeinflussen als flankierende Bauteile auch den Schallschutz einer Wohnungstrennwand. Der Anschluß Wohnungstrennwand/Außenwand muß möglichst biegesteif ausgeführt werden (ungünstig: Loch- und Stockverzahnung); entweder im Verband anschließen oder bei Stumpfstoßtechnik Anker vorsehen und Stoßfuge satt vermörteln!

Ferner sollten die schweren Wohnungstrennwände nach Möglichkeit weit in die Außenwand geführt werden (Dämmschicht gegen Wärmebrücke einlegen!); die Außenwände sollten nicht zu leicht hergestellt werden. Bei Anschluß an Wohnungstrennwände sollte die Rohdichteklasse der Außenwand mindestens 0,9 betragen.

Gemauerte Wände mit unvollständig vermörtelten Fugen und Wände aus luftdurchlässigem Material (z. B. Einkornbeton, haufwerksporiger Leichtbeton) erhalten die ihrer flächenbezogenen Masse entsprechende Schalldämmung erst mit einem zumindest einseitigen, dichten und vollflächig haftenden Putz oder einer Beschichtung (R. Pohl, unipor-Fachtagung ’91).

- Mehrschalige Wände mit Zwischenraum bzw. einschalige Wände mit Vorsatzschale sind vom Bauphysiker oft sorgfältig geplant und vertragen keinerlei Abweichungen vom vorgeschriebenen Baustoff der Dämmschicht, dem Anschluß und den flankierenden Bauteilen. Das Flächengewicht ist nicht mehr allein maßgebend; man kann durch Erhöhung des Flächengewichts oder auch durch die Ausführung der Vorsatzschale die Schalldämmung verschlechtern.

Bei der Ausführung von zweischaligen Haustrennwänden ist besonders zu beachten:

- Die Trennfuge muß vom Dach bis zum gemeinsamen Fundament durchgehen. Schallbrücken, z. B. durch Mörtelbrocken oder ausgequetschte Lagerfugen, müssen auf jeden Fall vermieden werden. Die Trennfugen werden daher zweckmäßig mit Mineralfaserplatten nach DIN 18165 Teil 2, Typ T (= Trittschallplatten) verfüllt; die Längsfuge muß mindestens 3 cm, besser 4 bis 6 cm breit sein. Geschlossenporige Hartschaumplatten oder mineralisch gebundene Holzfaserplatten (früher üblich: Heraklith) sind ungeeignet.
- Decken dürfen – auch in flächen- und kostensparenden Reihenhäusern – nicht durchbetoniert werden, die Trennfuge muß auch durch die Decke durchgehen. Abmauerung oder Abschalung vorsehen! (Nach: R. Pohl, unipor-Fachtagung ’91.)

- Der vorgeschriebene Trittschallschutz ist bei Massivdecken nicht ohne schwimmenden Estrich zu erreichen. Der weichfedernde Bodenbelag (Teppichboden, evtl. mit kaschiertem Rücken) darf nicht mehr mitgezählt werden, da er – so die Begründung – jederzeit gegen einen harten Belag, z. B. Parkett, ausgewechselt werden kann.

Wegen der häufigen Fehler bei der Verlegung von schwimmendem Estrich, die gravierend sind und kaum heilbar, wird auf die Ausführungen unter II 4.8 verwiesen. Die absolute Mindestüberwachung muß sich auf die Trennung des Estrichs von den Wänden durch Dämmstreifen erstrecken, ganz besonders um die Türzargen herum, die in außerordentlich vielen Fällen mangelhaft sind. Es ist nämlich schwierig, diesen kleinen Krümmungsradien der Zargen mit einem Schaumstoffstreifen zu folgen; „Abhilfe“ manchmal durch großzügiges Umrunden der Zarge, was dann zu Löchern im Estrich führt, die dann mit dauerelastischem Dichtstoff ausgefüllt werden.

Eine einzelne Schallbrücke in der Dämmschicht von nur 3 cm Durchmesser verringert das Trittschallschutzmaß (TSM) ganz erheblich; bei zehn solcher Fehlstellen wird die Wirkung des schwimmenden Estrichs beinahe vollständig zunichte gemacht.

Bei Schallbrücken von 10 cm Länge in den Randanschlüssen (Estrich – Mauerwerk der Wand) verringert sich das Verbesserungsmaß des schwimmenden Estrichs um 3 dB; Bodenfliesen dürfen daher auch nie mit den Wandfliesen vermörtelt werden (R. Pohlenz, Der schadenfreie Hochbau, Bd. 3, 1987).

Trittschallschutz bei Treppen

Nach DIN 4109 Abs. 5.1 sollen massive Treppenläufe von den Wänden einen Abstand haben, damit beim Begehen kein Trittschall unmittelbar übertragen wird. Aus den Wänden auskragende Stufen sind sowohl bei Massivtreppen als auch bei Holz- und Metalltreppen zu vermeiden.

Die Trittschallübertragung kann auch dadurch wirkungsvoll verringert werden, daß Treppenläufe oder -stufen körperschallgedämmt auf den Podesten aufgelagert und die Podeste mit einem schwimmenden Estrich versehen werden. Auf die Vermeidung von Schallbrücken, insbesondere im Bereich der Wohnungseingangstür, ist besonders zu achten. Beispiel für spezielle Schallschutzkonstruktionen s. Abb. 10.8.

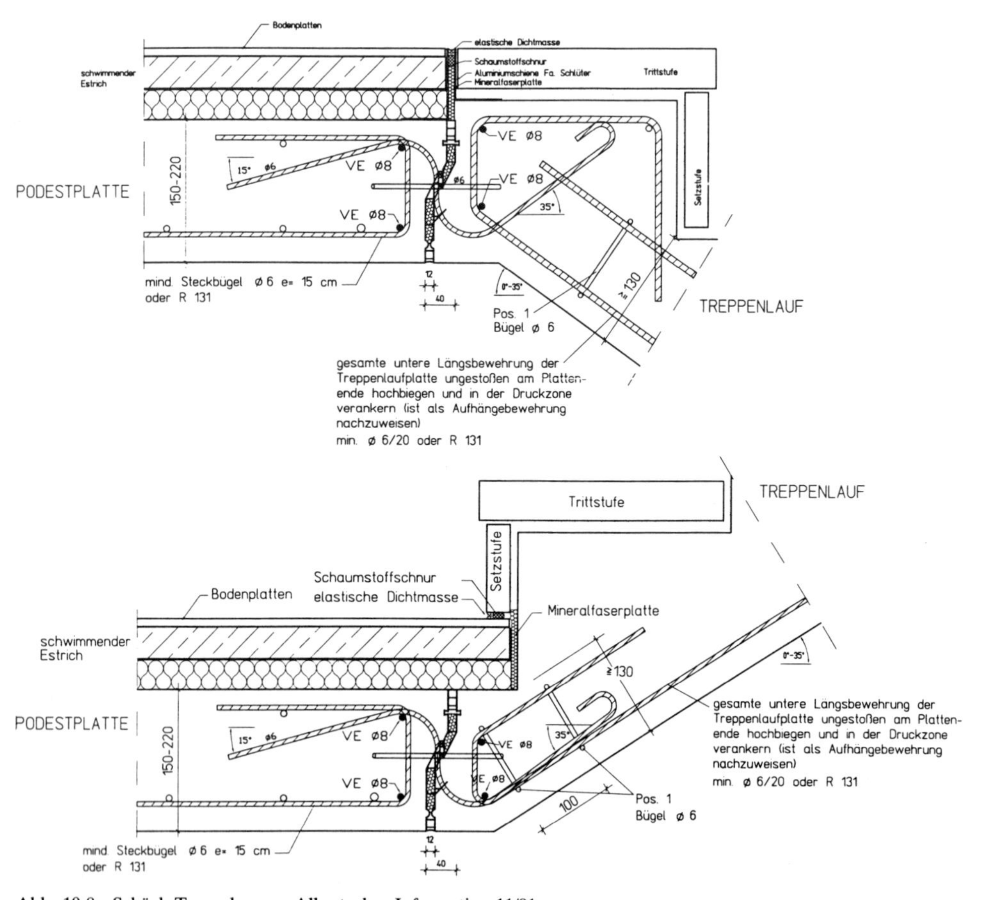

Abb. 10.8 Schöck Tronsole, aus: Allg. techn. Information 11/91

11 Abbruch und bauliche Gefahrenstellen

11.1 Abbruch von baulichen Anlagen

Der Abbruch von baulichen Anlagen birgt z. T. höhere Gefahren als der Neubau; insofern ist auch der Abbruch grundsätzlich genehmigungspflichtig, ausgenommen diejenigen baulichen Anlagen, deren Errichtung ebenfalls genehmigungsfrei ist (s. hierzu III 2.1 Landesbauordnung NW § 62 bzw. Entwurf 5/1994 § 66). Erweitert wird lediglich beim Abbruch die Genehmigungsfreiheit für Gebäude bis zu 300 m^3 umbautem Raum.

In der Regel treffen auch hier die Bestimmungen für Baustellen (II 2.1), den Entwurfsverfasser, Bauleiter und Unternehmer zu. Ausführlich bestimmt hierzu die VV BauO NW zu § 60:

11.1.1 Bestimmungen der Landesbauordnung (hier die Fassung 6/1984)

- Die Bauaufsichtsbehörde kann zwar bei geringfügigen und bei technisch einfachen baulichen Anlagen darauf verzichten, daß ein Entwurfsverfasser und ein Bauleiter bestellt werden (§ 53 Abs. 2); Verzichtsvoraussetzungen liegen jedoch nicht vor, wenn die Prüfung ergibt, daß der Abbruch einer solchen baulichen Anlage erhebliche Gefahren in sich birgt.

- Abbrucharbeiten können ihrer Natur nach unerwartete, mit der vorbereitenden Planung allein nicht zu bewältigende Schwierigkeiten zeitigen und können infolgedessen mit außergewöhnlichen Gefahren verbunden sein. Insofern wird auf die erforderliche Kenntnis und die Verantwortlichkeit des *Abbruchunternehmers* (§ 55) gerade in Fragen der Standsicherheit und der Arbeitsschutzbestimmungen (Unfallverhütungsvorschriften Bauarbeiten – VBG 37 – und Schutz gegen gesundheitsgefährlichen mineralischen Staub – VB 119 –) hingewiesen. Der Unternehmer muß über mehrjährige Erfahrungen auf dem Gebiet des Abbruchs baulicher Anlagen verfügen.

  Der Abbruch von Stahl- und Stahlbetonkonstruktionen erfordert spezielle Sachkenntnisse.

  Die Bauaufsichtsbehörden sind verpflichtet zu prüfen, ob der Unternehmer für die Ausführung der vorgesehenen Abbrucharbeiten nach Sachkunde und Erfahrung wie auch hinsichtlich der Ausstattung mit Gerüsten und sonstigen Einrichtungen geeignet ist (§ 55 Abs. 1 und 2). Sie haben deshalb von der Ermächtigung nach § 63 Abs. 4 dahin gehend Gebrauch zu machen, daß der Bauherr vor der Erteilung der Abbruchgenehmigung den Unternehmer namhaft macht. Das ist um so mehr notwendig, als die Ausübung des Gewerbes der Abbruchunternehmungen nicht erlaubnispflichtig ist, obwohl hierzu spezielle fachliche Qualitäten Voraussetzung sind. Ergibt die bauaufsichtliche Prüfung, daß der vom Bauherrn bestellte und namhaft gemachte Unternehmer für die Aufgabe nicht geeignet ist, kann die Bauaufsichtsbehörde diesen nach § 53 Abs. 3 ersetzen lassen. Die Forderung kann auch noch während der Ausführung der Abbrucharbeiten erhoben werden, wenn sie zur Gefahrenabwehr erforderlich ist. Die Abbruchgenehmigung ist regelmäßig unter der Auflage zu erteilen, daß der Bauherr den Wechsel des Unternehmers vor oder während der Abbrucharbeiten der Bauaufsichtsbehörde unverzüglich mitzuteilen hat.

- Zur Sicherstellung des ausreichenden Arbeits- und Immissionsschutzes ist das örtlich zuständige Staatliche Gewerbeaufsichtsamt von der Abbruchgenehmigung und von der Anzeige des Ausführungsbeginns genehmigter Abbrucharbeiten in geeigneter Weise in Kenntnis zu setzen.

  Zur Überwachung der ordnungsgemäßen Abfallentsorgung ist eine Durchschrift der Abbruchgenehmigung industriell genutzter baulicher Anlagen der unteren Abfallwirtschaftsbehörde (Kreis, kreisfreie Stadt) zuzusenden (§ 38 Abs. 3 Nr. 1 Landesabfallgesetz vom 21. 6. 1988 – GV NW S. 250/SGV NW 74).

11.1.2 Unfallverhütungsvorschriften (Bauarbeiten VBG 37, Fassung 4/1993)

(Abschnittsnumerierung entspricht der UVV)

IV. Zusätzliche Bestimmungen für Abbrucharbeiten

Untersuchung des baulichen Zustandes, Abbruchanweisung

§ 20 (1) Abzubrechende und daran angrenzende Bauteile sind auf ihren baulichen Zustand, insbesondere auf

1. konstruktive Gegebenheiten,
2. statische Verhältnisse,
3. Art und Zustand der Bauteile und Baustoffe und
4. Art und Lage von Leitungen

zu untersuchen.

(2) Die die Abbrucharbeiten leitende Person hat deren Ablauf entsprechend dem Ergebnis der Untersuchungen nach Absatz 1 festzulegen.

(3) Für Abbrucharbeiten muß eine schriftliche Abbruchanweisung an der Baustelle vorliegen, die alle erforderlichen sicherheitstechnischen Angaben enthält. Abweichend von Satz 1 kann auf die Schriftform verzichtet werden, wenn für die jeweilige Abbrucharbeit besondere sicherheitstechnische Angaben nicht erforderlich sind (Muster einer Abbruchanweisung s. Seite 555).

Durchführungsanweisungen

zu § 20 Abs. 1:
Unter Abbrechen ist die Beseitigung von baulichen Anlagen und ihren Teilen auch im Zuge von Umbau- und Instandsetzungsarbeiten zu verstehen. Auf das Merkheft „Sicherheit bei Abbrucharbeiten“ (ZH 1/514) wird hingewiesen.

zu § 20 Abs. 1 Nr. 3:
Siehe auch Gefahrstoffverordnung (hier insbesondere Asbest) und „Richtlinien für Arbeiten in kontaminierten Bereichen“ (ZH 1/183).

zu § 20 Abs. 3:
Schriftliche Abbruchanweisungen sind z. B. erforderlich bei

- Abbruch mit Großgeräten,
- Einreißen,
- Demontieren,
- Sprengungen (siehe auch UVV „Sprengarbeiten“ [VBG 46]) und
- Sanierungsarbeiten an gefahrstoffhaltigen Teilen baulicher Anlagen (siehe auch § 20 Gefahrstoffverordnung).

In der schriftlichen Abbruchanweisung ist auch festzulegen, ob die Abbrucharbeit eine gefährliche Arbeit im Sinne des § 36 UVV „Allgemeine Vorschriften“ (VBG 1) ist und die ständige Anwesenheit des Aufsichtführenden erfordert.

Absperren von Gefahrenbereichen

§ 21 Der Aufsichtführende hat dafür zu sorgen, daß Gefahrenbereiche, die durch Abbrucharbeiten entstehen, nicht betreten werden.

Muster einer Abbruchanweisung *)

Abbruchbaustelle (Ort/Straße) ____ Beginn: ____
Abbruchgenehmigung, Nr.: ____
Auftraggeber: ____ Ende: ____

Aufsichtsführender (Polier): ____ Fachbauleiter: ____
Bauleiter, LBO: ____ Koordinator des Auftraggebers: ____
Zuständige BG: ____ Mitglieds-Nr.: ____
Einsatz von Subunternehmern: ja ☐ nein ☐
Wenn ja, für welchen Teilbereich: ____

Kurzbeschreibung der baulichen Anlage*: ____

Konstruktive Besonderheiten: ____

Art und Lage verbleibender Ver- und Entsorgungsleitungen*: ____
Sicherung des öffentlichen Verkehrs durch: ____
Vorgesehene Arbeitsabschnitte: ____
Gewählte Abbruchmethoden* (ggfls. mehrere): ____
Geplanter Geräteeinsatz: ____
Tragfähigkeit befahrbarer Decken, Kn/qm: ____
Abbruchstatik: ja ☐ nein ☐
Schutz benachbarter Grundstücke durch: ____
Besondere Sicherheitsleistung benachbarter Grundstücke/Anlagen: ____
Abstützmaßnahmen am Gebäude: ____
Erforderliche Gerüste/Schutzdächer: ____
Zugänge zu den Arbeitsplätzen über: ____
Erforderliche Absturzsicherungen: ____

Personenseilfahrt mit Kran/Bagger und Anzeige bei der BG erforderlich: ja ☐ nein ☐
Besondere Gefahrstoffe im Baustellenbereich: ____
Erforderliche Persönliche Schutzausrüstungen: ____
Sicherung des Grundstückes nach Beendigung der Arbeiten: ____
Abfuhr umweltschädlicher Stoffe auf Sondermülldeponie: ____
Entsorgung Abbruchmaterial auf Deponie: ____

*Siehe technische Vorschriften für Abbrucharbeiten (TVA) des Deutschen Abbruchverbandes e. V.

____
Datum/Unterschrift des Abbruchunternehmers

*) Nach dem Merkheft „Abbrucharbeiten“ der Bau-Berufsgenossenschaft, Ausgabe 1993.

Durchführungsanweisung
zu § 21:
Die Forderung ist erfüllt, wenn

1. der Gefahrenbereich abgesperrt und erforderlichenfalls durch Warnzeichen (Warnschilder) gekennzeichnet ist

oder

2. Warnposten aufgestellt sind, die erforderlichenfalls mit Signalgeräten ausgerüstet sind.

Gefahrenbereiche sind z. B. Bereiche:

- in die Abbruchstoffe abgeworfen werden,
- in die Abbruchstoffe oder Bauwerkteile abstürzen können,
- die bei Einreißarbeiten durch Wegschleudern des Zugseiles gefährdet sind.

Unterbrechung von Abbrucharbeiten

§ 22 (1) Wird die Standsicherheit der baulichen Anlage, die abgebrochen wird, durch Witterungseinflüsse oder durch den Fortgang der Abbrucharbeiten selbst beeinträchtigt und entstehen dadurch Gefahren für die Beschäftigten, hat der Aufsichtführende die Arbeiten zu unterbrechen. Dies gilt auch, wenn andere gefahrdrohende Zustände, insbesondere durch Erschütterungen oder Bergsenkungen, auftreten.

(2) Die Abbrucharbeiten dürfen nur nach Weisung der die Arbeiten leitenden Person wieder aufgenommen werden.

Einreißarbeiten

§ 23 (1) Einreißarbeiten dürfen nur ausgeführt werden, wenn die Zugmittel an den Bauteilen befestigt werden können, ohne daß dabei die Beschäftigten durch herabfallende oder einstürzende Bauteile gefährdet werden.

(2) Die Zugmittel müssen so lang sein, daß sich die Zugvorrichtung außerhalb des durch die einstürzenden Bauteile entstehenden Gefahrenbereiches befindet.

(3) An der Zugvorrichtung dürfen sich nur die für ihre Bedienung erforderlichen Beschäftigten aufhalten. Sie sind gegen Zurückschlagen des Zugmittels zu schützen.

Durchführungsanweisung
zu § 23 Abs. 3:
Schutz gegen Zurückschlagen des Zugmittels bieten z. B. Schutzschilde, Abweiser.

Abbrucharbeiten mit Baggern oder Ladern

§ 24 Werden Abbrucharbeiten mit Baggern oder Ladern ausgeführt, muß deren Bauart für die vorgesehene Abbruchmethode geeignet sein. Die Reichhöhe ihrer Arbeitseinrichtung muß mindestens gleich der Höhe des abzubrechenden Bauwerkes oder Bauteiles sein.

Durchführungsanweisung
zu § 24:
Bezüglich der Eignung von Baggern und Ladern für Abbrucharbeiten wird auf deren Betriebsanleitung hingewiesen.

Unterhöhlen und Einschlitzen

§ 25 Bauliche Anlagen oder Teile dürfen nicht durch Unterhöhlen oder Einschlitzen umgelegt werden.

Kurzzeitige Tätigkeiten

§ 26 Abweichend von § 10 dürfen für Tätigkeiten, die üblicherweise in wenigen Minuten erledigt werden können, als Zugang zur Arbeitsstelle eingebaute Bauteile von mindestens 0,20 m Breite benutzt werden. Absturzsicherungen sind nach § 12 durchzuführen.

11.1.3 Abbruchtechnik

● Abtragen und Demontieren
von Mauerwerk, Dach- und Hallenkonstruktionen mit Handgerät

Beachten: Systemloses Demontieren der Verbände kann zum Einsturz führen. Trennschnitte von Rahmenstützen können wegen der Horizontalkräfte die Rahmenfüße vom Auflager drücken (Spontanversagen!). Vor dem Trennen sind die Konstruktionsteile gegen Herabfallen durch Hebezüge zu sichern.

● Einreißen und Einstoßen
von gemauerten Tragwerken mittels Winden oder Zugmaschinen und Baggern

Beachten: Zu tiefes Ansetzen des Stoßarmes beim Drücken kann die Trümmer auf das Gerät fallen lassen.
Sicherheitsabstand beim Einreißen ≧ 3mal Höhe. Beim Einreißen darf nicht die „Aufschaukelmethode" angewandt werden. Nur Drahtseile mit Durchmesser ≧ 38 mm verwenden!

(Siehe auch II 11.1.2 „Einreißarbeiten".)

Abb. 11.1 Abbruch mit Schlagbirne; Ausschwingen mehr als 30° und auch über nichtabgesperrter Straße

● Einschlagen mit Fall- oder Schlagbirne
von Bauten mit Mauerwerkswänden und Stahlbetondecken (bis zu etwa 30 m Höhe). Häufigste Abbruchmethode, meist mit Seilbagger; jedoch gefährlich und umweltbelastend (Erschütterungen, Staub, Lärm).

Beachten: Wippen mit Kranausleger, um die Eisenkugel in Bewegung zu setzen, ist nicht statthaft. Drehbewegungen für Horizontalschläge erzeugen übermäßige Beanspruchungen des Gerätes; das Ausschwingen soll einen Winkel von 30° nicht überschreiten und darf nur innerhalb des abgesperrten Bereiches erfolgen. Gefahr besteht, wenn die Kugel sich im Gewirr der Bewehrung der schon eingeschlagenen Betondecke verfängt und der Baggerausleger hochgefahren wird.

Wenn Mauerwerkstrümmer noch stehende Außenwände siloartig füllen, kann der Horizontaldruck zu einem schlagartigen Bersten der Wände führen; die Wirkung ähnelt einer leichten Sprengung.

(Leider ist in den „Technischen Vorschriften für Abbrucharbeiten" des Deutschen Abbruchverbandes, Düsseldorf, unter 2.2.3 Einschlagen die Begrenzung für das Ausschwingen des Auslegers nicht angegeben.)

Abb. 11.2 Abbruch mit Schlagbirne; Ausschwingen mehr als 30° und auch über nichtabgesperrter Straße

- Bohren, Sägen, Brennen

Erschütterungsarmes Zerlegen von Mauerwerk und Beton mit thermischen Techniken, hydraulischen Spaltgeräten, Diamantsägen oder Wasserstrahlschneiden.

Beachten: Schutzmaßnahmen für das Bedienungspersonal bei den thermischen Verfahren erforderlich, sonst ungefährliche Methoden.

Abb. 11.3 Ausgebrannte Stahlhalle, System 2-Gelenkrahmen (H-Kräfte in Stützenfüßen)

Abb. 11.4 Beim Trennschnitt schiebt der Rahmenstiel vom Stützenfuß (Einsturzgefahr)

● **Abbruch mit Großgeräten:** Mindestreichhöhen und Sicherheitsabstände*)

Hinweise:

- Nur Abbruchgeräte mit ausreichender Reichhöhe einsetzen. Beim Abgreifen muß die Reichhöhe mindestens 0,50 m, beim Einschlagen mindestens 1,50 m höher als die höchsten abzubrechenden Bauteile sein.
- Sicherheitsabstände zwischen Geräten und abzubrechenden Bauteilen einhalten.
- Fahrerplatz der Abbruchgeräte durch Gitterabdeckung gegen herabfallende Bauteile schützen.

● Sprengen
bei hohen Kaminen, Türmen, Hochhäusern, Silos, Bunkern, Brücken, zur Erzielung kurzer Sperrzeiten.

Nur Sprengberechtigte dürfen solche Arbeiten ausführen. Siehe auch die spezielle UVV „Sprengarbeiten" (VBG 46 vom 1. 4. 1985 mit DA von 4/91).

Hinweise:*)

- Sprengungen von Bauwerken und Bauwerksteilen dürfen nur von Sprengberechtigten ausgeführt werden, die aufgrund eines Erlaubnis- oder Befähigungsscheines dazu berechtigt sind. Sprengungen müssen der zuständigen Behörde gemeldet werden (§ 7 oder § 20 Sprengstoffgesetz).
- Auf der Baustelle ist der Sprengberechtigte allein verantwortlich und weisungsberechtigt.
- Umgang mit Spreng- und Zündmitteln ist nur dem Sprengberechtigten und seinen von ihm beaufsichtigten Helfern gestattet.
- Beim Laden und Besetzen Unbeteiligte fernhalten.

---

*) Nach dem Merkheft „Abbrucharbeiten" der Bau-Berufsgenossenschaft, Ausgabe 1993.

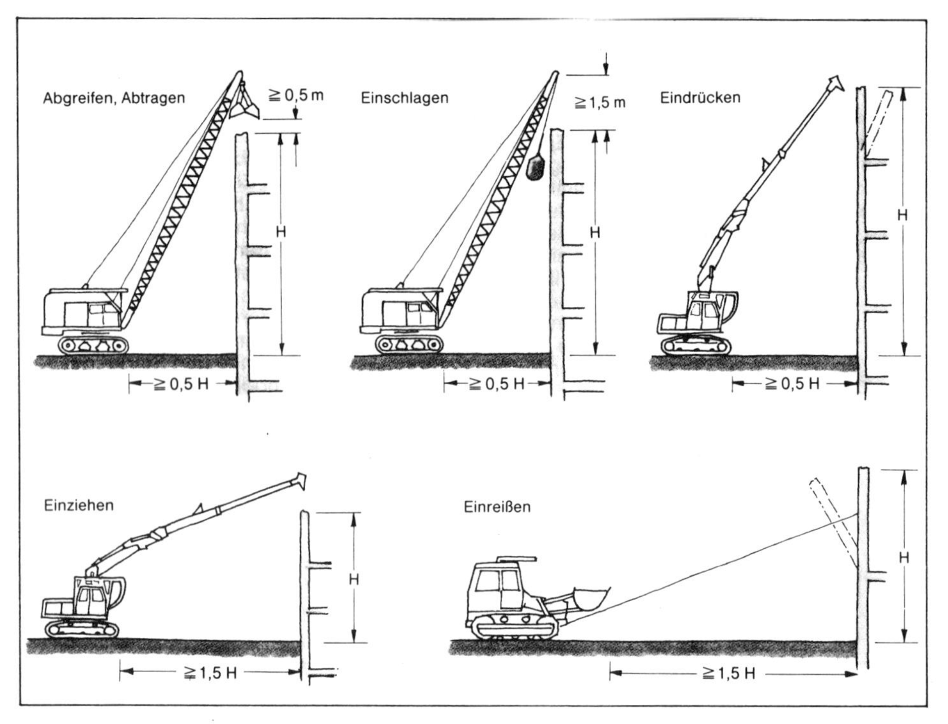

Abb. 11.5

- Beim Umgang mit Sprengstoffen und Zündmitteln im Abstand von weniger als 25 m Entfernung nicht rauchen, kein offenes Licht oder Feuer verwenden sowie keine Schweiß-, Schneid- oder anderen funkenreißenden Arbeiten ausführen.
- Sprengstellen, von denen Gefahren durch Steinflug ausgehen können, müssen mit geeigneten Materialien abgedeckt werden, z. B. Strohballen, Gummimatten.
- Den Gefahrenbereich absichern.
- Sprengsignale beachten. Sie bedeuten:
  1. Sprengsignal = ein langer Ton = sofort in Deckung gehen.
  2. Sprengsignal = zwei kurze Töne = es wird gezündet.
  3. Sprengsignal = drei kurze Töne = das Sprengen ist beendet, oder die Sprengarbeit ist unterbrochen, und die Deckung darf verlassen werden.
- Die Sprengstelle erst nach Freigabe durch den Sprengberechtigten betreten.
- Nicht gezündete Sprengmittel dürfen nur durch den Sprengberechtigten behandelt werden.
- Beim Sprengen von Bauwerken oder Bauteilen hat der BU, sofern der Sprengberechtigte keine ausreichenden bautechnischen Kenntnisse besitzt, einen geeigneten Baufachmann (Statiker) hinzuzuziehen, der ihn hinsichtlich der Baukonstruktion und der Standsicherheit berät. Für Sprengungen von Bauwerken und Bauwerksteilen sind Lademengenberechnungen aufzustellen. Außerdem sind Spreng- und Zündpläne anzufertigen, wenn Größe oder Lage der Sprengobjekte dies erfordern. – Pulversprengstoffe dürfen nicht verwendet werden.

Beachten: Sprengen kann mit großen Gefahren verbunden sein; entsprechend sind umfangreiche Schutzmaßnahmen und Vorbereitungen zu treffen. Solche sind z. B. (zitiert nach R. Albrecht, Moderner Abbruch, Bauverlag):

„1. *Anzeige* der Sprengungen im vorgeschriebenen Zeitraum mit Sprengplan mit *maßstäblicher Zeichnung* und *Lademengenberechnung;*
Abstimmung der Sprengtermine mit den Behörden und der Polizei;
zeitlich und räumlich begrenzte Absperrung durch die örtliche Polizei.

2. Prüfung der benachbarten *Gebäude*, Starkstrom-Freileitungen, elektrischen Bahnen, Sender und dgl. hinsichtlich etwa erforderlicher Maßnahmen. Auf den zweckmäßigen *Einsatz von Gutachtern* zur Beweissicherung in den Nachbargebäuden zur Vermeidung unberechtigter Schadensersatzansprüche und auf die Verwendung von *Erschütterungsmeßgeräten* sowie auf *Streustrommessungen* im Bereich von stromführenden Anlagen wird hingewiesen.

3. Feststellung des zu erwartenden *Einwirkungsbereiches* der Sprengung (Umgebung, die von den Auswirkungen der Sprengung wie Steinflug, Sprengerschütterungen, Luftdruck, Lärm- oder Staubbelästigung betroffen werden könnte).

4. Planung der Sicherheitsvorkehrungen
- In ebenem Gelände muß stets ein Mindestabstand bei Abbrüchen von 300 m eingehalten werden; bei Sprengungen mit geballten Ladungen, bei Beton-, Stahlbetonsprengungen im Freien mindestens 500 m bzw. bei Eisen- und Stahlsprengungen 1000 m (gültig für die Bundesrepublik Deutschland).

  Die Entfernungsangaben entsprechen der UVV Sprengarbeiten (VBG 46). Der Mindestabstand darf verkleinert werden, wenn sichergestellt wird, daß Beschäftigte durch Sprengstücke nicht gefährdet werden können (z. B. durch Abdeckung der Sprengladung); er *muß* vergrößert werden, wenn mit größerer Streuwirkung zu rechnen ist.
- *Bei Sprengungen in Gebäuden* oder in der Nähe von Gebäuden ist die Sprengstelle abzudecken. Abdeckmaterial: Sprengmatten, Strohballen, Reisigbündel, Drahtnetze, Bohlen o. ä.

5. *Sichern und Absperren* der Sprengstelle:
- Errichtung eines Bauzaunes rund um den abzubrechenden Gebäudekomplex.
- *Absauganlage* zur Begrenzung der Staubentwicklung beim Bohren der Sprenglöcher.
- Information über die richtige Verhaltensweise im Gefahrenbereich der Sprengungen; bei Sprengungen auf Baustellen, Sprengungen von Bauwerken und Bauwerksteilen kann der Schutz dadurch sichergestellt werden, daß die Beschäftigten den Sprengbereich verlassen (VBG 46 § 46 bis § 48).
- *Sprengschutzmatten* zur Verhinderung von Steinflug während der Sprengungen.
- *Dämpfungswall* aus Erdreich und Abbruchmassen, sog. Fallbetten, zur Verringerung der Aufprallerschütterung bei herabfallenden Betonbrocken.
- *Belästigungen* durch entstehende *Staubwolken* können durch *langzeitiges Berieseln* vor und nach der Sprengung weitgehend gemindert werden. Die Giftwirkung der Schwaden ist zu beachten.

6. Der Sprengberechtigte hat die Beschäftigten vor Beginn seiner Tätigkeit über die Bedeutung der Sprengsignale und Warnzeichen zu unterrichten und für die Bereitstellung geeigneter Schutzhelme und Deckungsräume zu sorgen."

● Abbruch von Spannbetonbauteilen
Spannbetondecken und -träger ohne Verankerung an den Enden (z. B. Stahlsaitenbeton u. ä.) bis zu $L = 7$ m können wie Stahlbetonbauteile abgebrochen und zerkleinert werden.

Alle anderen Spannbetontragglieder können nur unter Zuziehung eines im Spannbetonbau versierten Statikers abgebrochen werden: Bei entfallender Last kann sich das Tragglied aufwölben; ein zerschnittener Spannstab kann wie ein Geschoß wirken.

● Gebäude mit asbesthaltigen Baustoffen

Unterschieden werden muß bei eingebauten asbesthaltigen Baustoffen wegen der unterschiedlichen Gefährlichkeit und Behandlungsart:

– **Spritzasbest** und ähnliche schwachgebundene asbesthaltige Produkte wie Pappen, Dichtungsschnüre, Dämmstoffe, Leichtbauplatten usw. mit einer Rohdichte unter 1000 kg/m^3 und etwa 60 % Asbestfaseranteil. Das Einatmen feinster, mit dem Auge nicht sichtbarer Asbestfasern kann beim Menschen schwere Späterkrankungen auslösen: Mesotheliome oder Karzinome. Obschon die Reaktion der Medien bei Bekanntwerden dieser Gefahren überzogen war, müssen Sanierung und Abbruch von Gebäuden mit schwachgebundenen Asbestbaustoffen ausschließlich Spezialfirmen unter sachverständiger Leitung (hierzu s. unter I 6.2) überlassen bleiben. Vorbereitung, Durchführung, Entsorgung und Schutzeinrichtungen erfordern großen Aufwand an Gerät, Kenntnis und Kosten. Die detaillierte Darstellung würde den Rahmen des Buches sprengen.

  Der beabsichtigte Abbruch muß dem Gewerbeaufsichtsamt und der Berufsgenossenschaft angezeigt werden; ein Muster des Anzeigeformulars ist auf den Seiten 563 und 564 abgedruckt. Die Abbruchgenehmigung muß wie stets beim Bauaufsichtsamt beantragt werden. Hingewiesen wird auf die auch für „Laien“ verständlichen Richtlinien für die Bewertung und Sanierung schwachgebundener Asbestprodukte in Gebäuden (Asbest-Richtlinien 5/89 mit Ergänzungen von 12/92); sie gelten als Technische Baubestimmung.

  Man unterscheidet drei zugelassene Sanierungsmethoden von schwachgebundenen Asbestprodukten:

  1. Entfernen des Asbestproduktes vom Bauteil.
  2. Verfestigen und Beschichten des Asbestproduktes, das am Ort verbleibt und staubdicht eingeschlossen wird.
  3. Räumliche Trennung mittels Vorsatzschalen, Umwicklungen, Kästen usw.

  Bauteile, die nach Methode 2 oder 3 saniert worden sind, müssen folgendermaßen (s. Abb. 11.7) gekennzeichnet sein (d. h. hier bei Abbruch also höchste Alarmstufe). Im übrigen sind die Sanierungsbereiche Unbefugten gegenüber mit Schildern gem. Abb. 11.6 abzusperren.

Abb. 11.6 Verbotsschild nach UVV

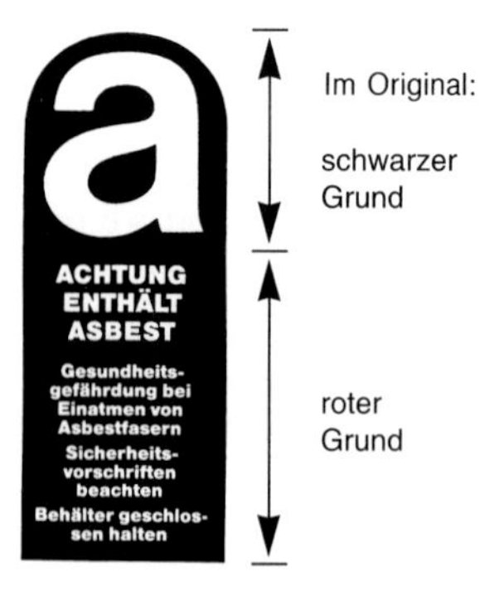

Abb. 11.7 Kennzeichnung

Anlage 1 zur TRGS 519 **Anzeige des beabsichtigten Umgangs mit asbesthaltigen Gefahrstoffen**

An das	1. Absender
Gewerbeaufsichtsamt	....
....	....
....	....

Gemäß Anhang II Nr. 1.2.2 (1) Ziffer 2 GefStoffV und TRGS 519 Nummer 3 zeigen wir hiermit an, daß wir wie folgt mit asbesthaltigen Gefahrstoffen umgehen wollen:

2. Anschrift der Arbeitsstätte	....
	....
	....
3. Eigenschaft und Menge des asbesthaltigen Gefahrstoffs	....
	....
	....
4. Durchzuführende Tätigkeit	....
	....
	....
5. Schutzmaßnahmen	....
	....
	....
6. Zahl der Arbeitnehmer, die mit asbesthaltigen Gefahrstoffen umgehen	....
7. Ergebnis der Ersatzstoffprüfung	....
	....
	....
8. Verfahren der Abfallbehandlung	....
	....
	....
9. Personelle und sicherheitstechnische Ausstattung des Unternehmens	....
	....
	....
10. Aufsichtführender	....
	....
	....
11. Beginn der Arbeiten Voraussichtliche Dauer	....
	....
12. Kopien abgesandt an Berufsgenossenschaft am	....
Betriebs-/Personalrat am	....

....	....
Ort, Datum	(Verantwortlicher Betriebsleiter)

(Erläuterungen s. S. 566)

Muster des Anzeigeformulars bei Abbruch von asbesthaltigen Gebäuden.

Zu 1. Absender
Genaue Anschrift und Telefonnummer desjenigen, der diese Anzeige abgibt.

Zu 2. Anschrift der Arbeitsstätte
Genaue Anschrift der Arbeitsstätte, evtl. Halle, Gebäude angeben, Lageplan beifügen oder „unternehmensbezogene Anzeige für wechselnde Arbeitsstätten"
Zulässig bei Asbestzementflächen bis 100 m²; die jeweilige Arbeitsstätte ist unter Angabe von Ort und Zeit der zuständigen Behörde zusätzlich anzuzeigen oder „unternehmensbezogene Anzeige für wiederholt gleichartige Arbeiten geringen Umfangs"

Zu 3. Eigenschaft und Menge

3.1 Eigenschaft:	z. B. Spritzasbest, Asbestzement, Dichtung
3.2 Menge:	Gewicht, Fläche oder ähnliches

Zu 4. Durchzuführende Tätigkeit

4.1 Abbruch:	z. B. Entfernen von Spritzasbest, Fassadenplatten
4.2 Sanierungsarbeiten:	z. B. Entfernen, Verfestigen, Beschichten, räumliche Trennung, Ersetzen von . . . durch . . .
4.3 Instandhaltungsarbeiten:	z. B. Dachinstandsetzung durch Austausch von Asbestzementplatten, Bremsbelaginstandsetzung durch Ausbauen, Reinigen, Einbauen asbestfreier/asbesthaltiger Bremsbeläge

Zu 5. Schutzmaßnahmen
Bei Abbruch- und Sanierungsarbeiten sind der Arbeitsplan (N. 7.4) und die Betriebsanweisung einzureichen. Bei Instandsetzungsarbeiten sind die technischen, organisatorischen und persönlichen Schutzmaßnahmen anzugeben.

Zu 7. Ergebnis der Ersatzstoffprüfung
Bei Sanierungs- und Instandsetzungsarbeiten ist nach § 16 Abs. 2 GefStoffV zu prüfen, ob auf die Verwendung von asbesthaltigen Gefahrenstoffen verzichtet werden kann. Das Ergebnis ist einzutragen oder in einer Anlage darzulegen.

Zu 8. Verfahren der Abfallbehandlung
Die Behandlung des Abfalls in der Arbeitsstätte ist zu beschreiben. Die Annahmeerklärung der Deponie ist in Kopie beizufügen. Liegt sie noch nicht vor, ist das vorgesehene Verfahren zu beschreiben. Bei Beginn der Arbeiten ist die Annahmeerklärung (Kopie) in der Arbeitsstätte bereitzuhalten.

Zu 9. Personelle und sicherheitstechnische Ausstattung des Unternehmens
Bei Abbruch- und Sanierungsarbeiten hat der Unternehmer den Nachweis zu bringen, daß die personelle und sicherheitstechnische Ausstattung des Unternehmens für die angezeigten Arbeiten geeignet ist. Ggf. als Anlage beifügen.

Zu 10. Aufsichtführender
Der Aufsichtführende muß sachkundig und ständig während der Arbeiten anwesend sein. Ein Wechsel des Aufsichtführenden ist der zuständigen Behörde kurzfristig mitzuteilen.

Nach der Gefahrstoffverordnung, Fassung 11/93, dürfen nach § 39 Abbruch- und Sanierungsarbeiten bei schwachgebundenem Asbest nur noch von Unternehmen ausgeführt werden, die die Zulassung des zuständigen Gewerbeaufsichtsamtes besitzen. Im Abfallgesetz ist die Lagerung überwachungsbedürftiger, also auch asbesthaltiger Abfälle geregelt. Grundsätzlich ist festgelegt, daß diese Abfälle nur von zugelassenen Unternehmen gelagert werden dürfen (AbfG § 2).

Weitere Regelungen:

ZH 1/513 – Sicherheitsregeln für das Entfernen von Asbest, herausgegeben vom Hauptverband der gewerblichen Berufsgenossenschaften
TRGS 517 – (Technische Regeln für Gefahrstoffe) – Asbest
TRGS 519 – Asbest; Abbruch-, Sanierungs- oder Instandhaltungsarbeiten (9/91; z. Zt. in Überarbeitung)
UVV – Gesundheitsgefährlicher mineralischer Staub (VBG 119)

– **Asbestzementbaustoffe** als Dachwellplatten, Fassadenplatten und Rohre mit Rohdichten über 1000 kg/m³ und 10 bis 15 % Asbestanteil. Nach heutiger Auffassung gehen von solchen Asbestzementprodukten im eingebauten Zustand auch bei Bewitterung keine konkreten Gesundheitsgefahren aus. Bei der Bearbeitung (Sägen, Bohren, Schleifen) und beim Abbruch sind Vorkehrungen zum Schutz der Arbeiter zu treffen; zum Beispiel müssen die Handmaschinen mit Absaugvorrichtungen versehen sein.

Im Gebäude eingebaute Asbestzementprodukte sind vor dem eigentlichen Abbruch des Gebäudes möglichst zerstörungsfrei und so zu entfernen, daß das Freisetzen von Asbestfasern vermieden wird, das heißt:

- Unbeschichtete Asbestzementprodukte mit faserbindendem Mittel besprühen oder während der Arbeiten feucht halten.
- Bauteile abschrauben oder nur in genäßtem Zustand herausbrechen, dabei möglichst wenig Bruch verursachen und Bruchteile feucht halten; keine Teile werfen.
- Platten an der Abbruchstelle bereits palettieren, Kleinteile in Behälter einsammeln.
- Die Ablagerung und Deponie sind bei der örtlich zuständigen Abfallbehörde zu erfragen. Normalerweise geschieht das auf Hausmülldeponien, nur bei Bruchstücken oder kontaminierten Kleinteilen muß staubdicht in Folien verpackt werden.

Ein sachverständiger Bauleiter wie bei schwachgebundenem Asbest ist hier inzwischen ebenfalls vorgeschrieben, jedoch muß hier nur ein verkürzter Lehrgang von zwei Tagen nachgewiesen werden. Die Norm DIN 18520 – Behandlung von Asbestzementprodukten – liegt als Entwurf 7/1991 vor. – Muster einer Betriebsanweisung beim Umgang mit Asbestzementprodukten siehe Seite 568 f.

- Gebäude mit mineralischen Faserbaustoffen

Als Abbruch von geringer Bedeutung gelten Baustoffe mit Dämmstoffen aus künstlichen Mineralfasern (KMF), also Steinwolle, Schlackenwolle und Glasfasern. Sie haben zwar in Tierversuchen krebserzeugende Befunde ergeben (s. auch II 10.1.4), unterscheiden sich in den Fasern jedoch deutlich von Asbest. Sie sind z. T. ebenso dünn und lang und verbleiben auch lange im Körper, splittern aber nicht spießartig längs auf. Bei vergleichbarer Exposition am Arbeitsplatz ergaben sich bei Glas- und Steinwolle rund 1 bis 2% des Asbestrisikos.

Unbedenkliche Ersatzstoffe stehen in den gebrauchten Mengen von ca. 12 Mio. m³ nicht bereit. Bei Neuherstellung sollen laut Umweltbundesamt Atemschutzmasken benutzt werden.

Mineralische Dämmstoffe sind wie normaler Bauschutt zu entsorgen. Sie sind nicht in der TA Abfall aufgeführt. Für die evtl. sehr staubintensive Entfernung alter Faserdämmstoffe ist eine Feinstaubmaske P 2 zu empfehlen, für die normale Verarbeitung (Einbau) ist sie nicht erforderlich.

- Gebäude mit PCB*)-Materialien

Polychlorierte Biphenyle (PCB) gelten als krebserregend. Sie haben hervorragende technische

*) Zu unterscheiden vom ebenfalls giftigen PCP = Pentachlorphenol, das in Holzschutzmitteln und Farben lange Zeit Verwendung fand.

Muster einer Betriebsanweisung (gem. § 20 GefStoffV) beim Umgang mit Asbestzementprodukten

Sanierung von Asbestzementprodukten

Firma
ABS-GmbH, 1147 B-dorf

Arbeitsbereich/Arbeitsplatz
Verwaltungsgebäude der Firma XY in C-Stadt, Außenfassade

Tätigkeit
Entfernen von Fassadenplatten

Aufsichtführender ______________________________

Gefahrstoffbezeichnung

Die Fassadenplatten enthalten Weißasbest (Chrysotilasbest)

Gefahren für Mensch und Umwelt

Beim Zerbrechen, Anbohren oder auch durch Abrieb entsteht Asbestfeinstaub.
Wird dieser Feinstaub eingeatmet, kann er zu Lungen- sowie Rippen- und Bauchfellkrebs führen.

Schutzmaßnahmen und Verhaltensregeln

- Mit asbesthaltigen Fassadenplatten dürfen nur Personen arbeiten, deren körperliche Eignung durch spezielle arbeitsmedizinische Vorsorgeuntersuchungen nach G 1.2 (Asbest) und G 26 (Atemschutzgeräte) überwacht wird.
- Bei den Arbeiten sind Einwegmasken mit Partikelfilter der Klasse P 2 zu tragen.
- Die Einwegmasken sind nach Arbeitsende in den gekennzeichneten Plastiksack abzulegen.
- Bei Arbeitsunterbrechungen sind die Hände gründlich zu reinigen.
- Der Aufenthalt unbefugter Personen im Arbeitsbereich und in unmittelbarer Nähe des Arbeitsbereiches ist verboten.

Verhalten im Gefahrfall

- Tritt beim Lösen der Platten außerplanmäßig hoher Bruch auf, ist die Arbeit einzustellen und umgehend der Aufsichtführende zu verständigen.

Erste Hilfe

Bei Verletzungen steht Herr ______________________________
als Ersthelfer zur Verfügung.
Der Verbandskasten befindet sich im Aufenthaltsraum.

Fortsetzung S. 569

Fortsetzung:

Nächster Rettungsdienst, Telefon: ______________________________

Nächster Unfallarzt (Anschrift mit Telefon): ______________________________

Nächstes Unfallkrankenhaus (Anschrift mit Telefon): ______________________________

Sachgerechte Entsorgung

- Gelände an der Gebäudewand mit Folie auslegen
- Fenster im Arbeitsbereich geschlossen halten
- Platten abschnittsweise mit weichem Strahl nässen
- Befestigungen (Schraubnägel) mit Armierzange lösen und darauf achten, daß nach Möglichkeit kein Bruch entsteht
- Platten vorsichtig abnehmen, auf dem Gerüst zwischenstapeln und anschließend mit dem Aufzug nach unten transportieren
- Platten vom Aufzug direkt in den bereitgestellten und gekennzeichneten Container verladen, nicht werfen!
- Container bei Arbeitsunterbrechungen abdecken
- Lattung der Unterkonstruktion mit staubbindendem Mittel besprühen
- Vor Abtransport des Containers sind die Platten noch mal zu nässen
- Die Einlagerung des Asbestabfalls auf der Deponie darf nur nach den Auflagen des Deponiebetreibers erfolgen.

(Nach: ASBEST, Arbeitsschutzvorschriften und Handlungsanleitungen für die Bauwirtschaft; herausgegeben BauBG, 1992)

Eigenschaften: gute Isolationsfähigkeit und hohe thermische und chemische Beständigkeit, dazu flammhemmende Wirkung. PCB dienten in erster Linie als Kühl- und Isoliermedium in Transformatoren und Kondensatoren (Handelsname: Askarel) sowie in Hydraulikanlagen. In offene Anwendung gelangten sie als ideale Weichmacher für Kunststoffe, Farben, Pigmente und Klebstoffe. Fugenmassen zur Abdichtung von Betonfertigteilen enthielten insbesondere zwischen 1968 und 1975 PCB als Weichmacher, die über Jahre hinweg ausgasen. Bestimmte Akustikdeckenplatten zwischen 1970 und 1975 enthielten im Anstrich ebenfalls PCB als Weichmacher.

Seit 1989 sind in der Bundesrepublik Deutschland Herstellung und Verbreitung von PCB verboten. Materialien, die mehr als 50 mg PCB pro kg enthalten, sind seither als überwachungsbedürftiger Abfall zu entsorgen. Die Entsorgung ist nicht unproblematisch und Spezialfirmen vorbehalten. – Bei Verdacht auf jeden Fall das zuständige Umweltamt der Gemeinde einschalten!

11.2 Bauliche Gefahrenstellen

11.2.1 Technische Abwicklung

Die Ursachen, der Vorgang des Versagens und die Folgen sind vielfältig; hier ist in der Regel der „bloße Kontrolleur“, meist auch der objektüberwachende Architekt, überfordert. Ein erfahrener Statiker muß eine Beurteilung der Reststandsicherheit und die Sofortmaßnahmen überlegen und anordnen.

Es lassen sich jedoch einige Gruppen von typischen baulichen Gefahrenstellen zusammenfassen, die zum „Standardrepertoire“ zählen; sie sind in der folgenden Übersicht schematisch aufgelistet. Dazu sind auch stichwortartig empfohlene Maßnahmen vermerkt, und zwar: Was ist zu tun (Maßnahme), von wem (Personenkreis) und womit (Gerät/Material)? Häufig genügen diese Angaben für erforderliche bzw. ausreichende Sofortmaßnahmen, bis ein Statiker den Fall übernimmt. Erfahrungsgemäß entpuppen sich die meisten telefonisch angezeigten Mängel und „drohenden Einstürze“ als relativ harmlos.

Im übrigen wird auf die ausführliche Darstellung der technischen Maßnahmen in Rybicki, Schäden und Mängel an Baukonstruktionen, Werner-Verlag, verwiesen, da sie den Rahmen dieses Handbuches sprengen würden.

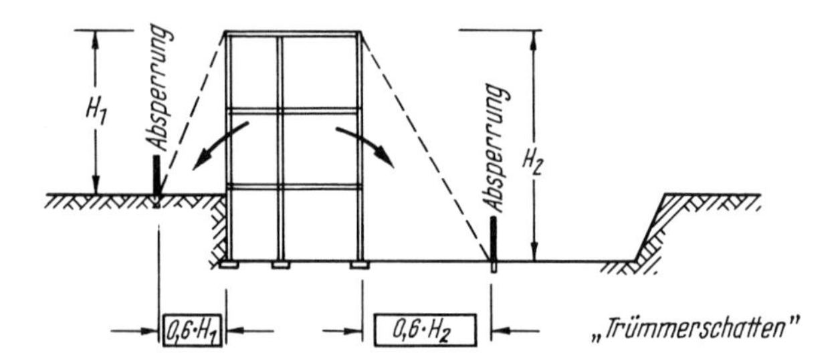

Abb. 11.8 „Trümmerschatten“

Tabelle 11.1 Bauliche Gefahrenstellen – Sofortmaßnahmen, schematisch –

Schadensbilder	Maßnahmen: Was? Wer? Womit?
1. Lose Bauteile	
1.1 Fassadenplatten aus Werkstein/Naturstein lösen sich (Verankerung zerstört/korrodiert) oder drücken sich ab (Temperaturdehnung behindert) 1.2 Verblendersteine der Fassade lösen sich (Anker im Luftschichtmauerwerk zerstört) 1.3 Dachziegel an Traufe/Giebel lose, verschoben oder hängen über 1.4 Gesimsteile sind lose oder hängen/Fassadenputz ist lose oder ausgebaucht 1.5 Deckenputz innen hängt in Beulen lose oder ist z. T. abgefallen (wird häufig mit drohendem Deckeneinsturz angezeigt) 1.6 Beton- und Putzbrocken aus Balkonplatte brechen aus	– Losen Bereich erkunden durch Augenschein oder Abklopfen – Lose Teile ablösen, abnehmen, abschlagen durch Handwerker (Leiter), Bauunternehmer (Gerüst), Feuerwehr (Drehleiter, Steiger) – evtl. nur Absperren auf der Hofseite (Tür verschließen!) mit Gittern/Ständern mit eingehängten Holmen; Flatterband reicht nur, solange bewacht wird (Bauhof) – evtl. vor dem Hauseingang Schutzdach errichten durch Zimmermann (doppelte Gerüstbohlenlage) bei sehr großer Fallhöhe: mit zwischenliegender, 10 cm dicker Dämmschicht

(Fortsetzung Seite 571)

Tabelle 11.1 (Fortsetzung)

Schadensbilder	Maßnahmen: Was? Wer? Womit?
2. Risse	
2.1 Risse im Mauerwerk der Brüstung/oberhalb Fenstersturz außerhalb Auflager/am Wandende/direkt unter Flachdach am Wandende/der Innenquerwände nahe Außenwand	– Bauteile und Folgeerscheinungen (Durchbiegung/ Abplatzung) erkunden; Riß beobachten, langfristig durch Gipsmarken (Hw) – Benutzer beruhigen
2.2 Ablöseriß zwischen Skelett und Ausfachung/ zwischen leichter Trennwand und Anschlußbauteil	
2.3 Riß in Stahlbetondeckenplatten/in Stahlbetonwand	
2.4 Riß in Stahlbetonunterzug/Rahmen im Steg am Auflager 2.5 Risse in dynamisch beanspruchten Bauteilen	– Untersuchung durch einen Statiker
3. Baugrube, Gründung	
3.1 Baugrubenböschung zu steil, rutscht evtl. bereits z. T. ab	Baugrube im Gefahrbereich räumen, Boden anschieben, Berme herstellen, Wasserzutritt durch Folienabdeckung verhindern (BU)
3.2 Kranfuß steht zu nahe an der Böschungskante	Krannutzung untersagen, Notverbau herstellen (BU), Statiker zuziehen
3.3 Stützwand steht schief	absperren; Statiker zuziehen
3.4 Einfriedungsmauer steht schief	Gefahrbereich absperren, oberen Wandteil abbrechen (BU/Hw)
3.5 Stützwandfuß/Einfriedungsmauerfuß unterspült	Wasser fernhalten, Kies anfüllen, evtl. Magerbeton mit Erhärtungsbeschleuniger einfüllen (BU) Statiker zuziehen
3.6 Nachbargiebelwand ist „unterschachtet", Fundament liegt frei	Boden anfüllen mit Berme, evtl. horizontal und vertikal abstützen (BU), evtl. Nachbarhaus vorsorglich räumen und Statiker zuziehen
4. Konstruktive Mängel	
4.1 Gemauerter Fenstersturz: Steine brechen heraus und Fugen öffnen sich, Auflager verschoben	Sturz abstützen mit Holzriegel und -stielen (BU/Hw)
4.2 Flachdach: Träger stark durchgebogen (Werkstatt/ Hof/Garage ohne Statik überdacht)	Nutzung untersagen, evtl. Notabstützung mit Rundholz oder Gerüststützen; Statiker zuziehen (BU)
4.3 Balkonstahlträger korrodiert, Risse am Wandauflager oben	Nutzung untersagen, Balkontür versiegeln Statiker zuziehen
4.4 Holzdeckenbalken am Wandauflager verfault/mit Schwamm oder Hausbock befallen	Nutzung im darüberliegenden Geschoß untersagen und versiegeln; evtl. Sprengwerkabstützung im darunterliegenden Geschoß (BU) Statiker zuziehen und Holzgutachter
4.5 Holzbalkendecke federt/schwingt/hängt durch	Keine Gefahrenstelle! Eigenart der Holzbalkendecke; beobachten und Benutzer beruhigen
4.6 Dübel gelockert oder fehlen in Fassade, Vordachträger, Aufzugschiene, Gerüstverankerung	Dübel nachspannen, Ersatzdübel, evtl. neue Durchsteckmontage, evtl. Notabstützung (Hw) Statiker zuziehen

(Fortsetzung Seite 572)

Tabelle 11.1 (Fortsetzung)

Schadensbilder	Maßnahmen: Was? Wer? Womit?
5. Schadensereignisse	
5.1 Brandschaden/Explosion: Bauteile beschädigt, verformt	Gebäude räumen (meist schon geschehen), absperren im Bereich des Trümmerschattens (s. Seite 570) Statiker zuziehen
Giebeldreieck steht frei, da Pfette verbrannt	Standsicherheit nach Tabelle 11.3 beurteilen! Falls nicht gegeben, abstützen oder teilweise abbrechen (BU oder FW)
5.2 Anfahrschaden durch Lkw: Stütze oder Wand eingedrückt, Unterzug/Sturz hängt durch	Teilräumung des Gebäudes, Notabstützung (BU), evtl. Schutzdach über dem Zugang, doppelte Gerüstlage durch Zimmermann, Gefahrenbereich absperren Statiker zuziehen
5.3 Sturmschaden: Dach teilweise abgedeckt, frei stehende Wände umgestürzt	lose Teile entfernen (BU, FW) standunsichere Wände bis Standhöhe abbrechen: s. Tabelle unten (BU)
5.4 Abbruchschaden: „Silodruck" auf Außenwände, Horizontalschub bei Gewölben und Rahmen, Instabilität bei falscher Abbruchfolge „Katapulte" bei Spannstahl	absperren im Bereich des Trümmerschattens, evtl. Pufferschicht aus Sand/Kies/Erde/Bohlen über Rohr- und Kabeltrassen im Bereich evtl. aufprallender Trümmer aufbringen (BU) Statiker zuziehen
BU Bauunternehmer FW Feuerwehr Hw Handwerker – BAB, Zustandspflichtiger	

Frei stehende Wände

Sicherheit gegen Umkippen bei Windbelastung, $\nu = 1{,}5$ (s. Tabelle rechts).

Bei kurzfristigem Zustand mit $\nu = 1{,}0$ können die zulässigen Höhen um 50% erhöht werden.

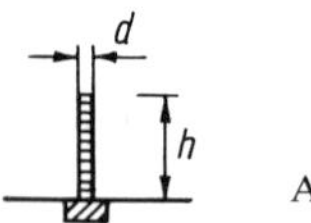

Abb. 11.9

Tabelle 11.2 Zulässige Höhe *h* frei stehender Mauerwände
(bis 8 m über Gelände) $\nu = 1{,}5$

Steinart und Rohdichte in kg/dm³	Berechnungslast in kN/m³	Mauerhöhe *h* in m bei Wanddicken *d* in cm			
		36,5	30	24	17,5
KMz, KSV, HS (2,0)	20,00	2,72	1,84	1,15	0,63
VMz, KSV, Mz (1,8)	18,00	2,45	1,66	1,03	0,57
Hlz, KSl, V (1,4)	15,00	2,05	1,57	0,86	–
Hlz, KSl, V (1,2), Hbl (1,2)	14,00	1,91	1,29	0,80	–
Hlz (1,2), V (1,0), KSl, Hbl (1,2)	12,00	1,64	1,11	0,69	–
Hlz, KSl, V, Hbl (0,8)	10,00	1,36	0,92	0,59	–

Giebelwanddreiecke

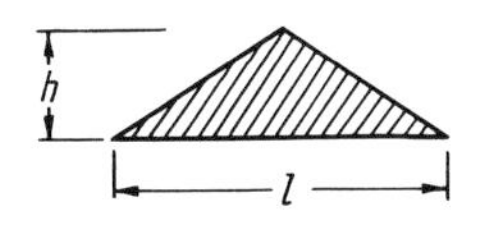

Abb. 11.10

Giebelwand im Bauzustand, also noch ohne Aussteifung durch Decken, Querwände, Pfetten usw., das heißt frei stehend. Mit einem (nur hier ausnahmsweise) ausreichenden Sicherheitsbeiwert von $v = 1{,}30$ wird die zulässige Höhe

$h \leqq 1{,}77 \cdot \gamma \cdot d^2$ in m — Höhe über Gelände 0–8 m

$h \leqq 1{,}11 \cdot \gamma \cdot d^2$ in m — Höhe über Gelände 0–20 m

(Nach: U. Meier)

Tabelle 11.3 Zulässige Höhe *h* (in mm) von nichtausgesteiften Giebelwanddreiecken, $v = 1{,}3$

Berechnungslast des Mauerwerks in kN/m³	0 ÷ 8 m			8 ÷ 20 m		
	36,5	30	24	36,5	30	24
20	4,72	3,19	2,04	2,95	2,00	1,28
18	4,24	2,87	1,84	2,66	1,79	1,15
15	3,54	2,39	1,53	2,22	1,50	0,96
14	3,30	2,23	1,43	2,06	1,40	0,90
12	2,83	1,91	1,22	1,77	1,20	0,77
10	2,36	1,59	1,02	1,48	1,00	0,64

γ Berechnungslast des Mauerwerks in kN/m³
d Wanddicke in cm

Wegen der Berechnungslast von Steinart und Rohdichte s. auch Tabelle 11.2.

11.2.2 Bauordnungsrechtliche Abwicklung*)

Ein Standardbeispiel (mitgeteilt in BRS 49, Nr. 235) mag zur Erläuterung dienen: An der Fassade eines mehrgeschossigen Hauses an der Straße lösen sich Putzflächen, Mauersteine, Spaltplatten, Werksteinplatten u. ä. und fallen auf den Gehweg/Straße. Das OVG Berlin (Urteil v. 25. 8. 1989) hatte solchen Fall und die Maßnahmen der BAB zu beurteilen.

Nachdem Mauersteine aus dieser Fassade auf den Gehweg gefallen waren, forderte die BAB den Pflichtigen auf, binnen 5 Tagen die schadhaften Fassadenteile (sie wurden genau in der Lage bezeichnet) ordnungsgemäß zu beseitigen, ordnete die sofortige Vollziehung der Ordnungsverfügung an und drohte gleichzeitig die Ersatzvornahme als Zwangsmittel an mit einem vorläufig veranschlagten Kostenbetrag von 4000 DM.

Die vom Pflichtigen erstellte Absperrung aus Schranken, Hinweisschilder für Fußgänger und Lampen genügte der BAB nicht, um den bestehenden akuten Gefahrenzustand in der geforderten Schnelligkeit und Effektivität zu beenden, da es sich hierbei um eine lediglich provisorisch wirkende Sicherungsmaßnahme handelte, die zudem auf Dauer nur einen ungenügenden Schutz der Passanten geboten hätte (Absperrung von 10 m Breite, vor der Hausfront von 11 m Breite!). Die BAB setzte daraufhin das Zwangsmittel der Ersatzvornahme fest. Dabei teilte die BAB dem Pflichtigen mit, sie werde die in der Grundverfügung genannten Mängel sowie damit in unmittelbarem Zusammenhang stehende Schäden, die sich erst im Zuge der Beseitigungsarbeiten ergeben sollten, auf Kosten des Pflichtigen beseitigen lassen.

*) Siehe auch III 1.8.

Widerspruch und Klage des Pflichtigen gegen die Erstattung des Betrages von 4062 DM für den Bauunternehmer hatten keinen Erfolg.

Festzuhalten bleibt also für ähnliche Fälle:

- Die dem Pflichtigen mit der Grundverfügung gesetzte Frist von 5 Tagen ist angesichts der akuten Gefahr für Leben und Gesundheit von Menschen angemessen. – Meines Erachtens hängt die Frist stark von der Wirksamkeit der provisorischen Sicherungsmaßnahmen ab. Ein Schutzdach z. B. könnte die Frist wesentlich verlängern; ebenfalls ein wirksames Verschließen und Absperren des Gartens/Hofes, wenn die Fassadenabstürze auf der Rückseite des Hauses stattfinden.
- Die Voraussetzungen für die Durchführung des Verwaltungsvollstreckungsverfahrens lagen hier vor: Die für sofort vollziehbar erklärte Ordnungsverfügung enthielt bereits die erforderliche Androhung der Ersatzvornahme; diese wurde nach Ablauf der Frist festgesetzt und durchgeführt. Insofern wurde Zeit eingespart.
- Die Zwangsmittelfestsetzung enthielt den ausdrücklichen Hinweis, daß auch solche im unmittelbaren Zusammenhang mit der angeordneten Mängelbeseitigung stehenden Arbeiten durchgeführt werden würden, deren Erforderlichkeit sich erst bei Durchführung der Ersatzvornahme ergeben sollte. – Meines Erachtens wäre diese Forderungserweiterung besser bereits in der Grundverfügung gestellt worden.
- Der Pflichtige muß den Beitrag erstatten, den die zur Durchführung der Ersatzvornahme beauftragte, ordnungsgemäß ausgewählte – also auch fachlich qualifizierte – Baufirma der BAB in Rechnung gestellt hat, sofern dabei keine groben Fehlgriffe in der Preiskalkulation oder überflüssige Maßnahmen durchgeführt worden sind. – Meines Erachtens ist die Bereitschaft qualifizierter Bauunternehmen nicht groß, solche Arbeiten auszuführen. Mitunter kann jedoch auf BU zurückgegriffen werden, die mit dem städtischen Hochbauamt Jahresverträge abgeschlossen haben.

Verzeichnis

der Muster von Protokollen, Anzeigen, Bescheinigungen, Prüfzeugnissen und Betriebsanweisungen
im Teil II – Praxis der Bauausführung und Bauüberwachung

Teil III: Bauordnungsrechtliche Maßnahmen und Rechtsgrundlagen

- **Bauordnungsrechtliche Maßnahmen**
  - Ordnungsverfügungen
  - Verwaltungszwang
  - Anordnungen auf der Baustelle
  - Anordnung der Einreichung von Bauvorlagen
  - Baueinstellung
  - Versiegelung, Sicherstellung
  - Nutzungsuntersagung
  - Beseitigung illegaler Baumaßnahmen
  - Betretungsrecht
  - Bußgeldverfahren

- **Texte einschlägiger Gesetze**
  - Landesbauordnung
  - Ordnungsbehördengesetz
  - Verwaltungsverfahrensgesetz
  - Polizeigesetz
  - Ordnungswidrigkeitengesetz
  - Verwaltungsvollstreckungsgesetz

1 Bauordnungsrechtliche Maßnahmen

Die geraffte Darstellung der üblichen bauordnungsrechtlichen Maßnahmen soll dem Mitarbeiter der Bauaufsichtsbehörde leitfadenähnlich zeigen, wie er in bestimmten Situationen vorgehen sollte; sie soll aber auch dem Bauleiter, dem objektüberwachenden Architekten und dem Bauunternehmer Aufschluß darüber geben, was die Bauordnungsbehörde im einzelnen tun darf, soll oder muß. Der Bogen spannt sich von der Ordnungsverfügung über die Baueinstellung, Versiegelung und Nutzungsuntersagung bis zur Beseitigung illegaler Baumaßnahmen.

Der gesetzliche Rahmen wird hier durch Urteile ausgefüllt. Doch beruhen viele Urteile aus der Sicht des Ingenieurs/Architekten auf Arroganz, Willkür und Praxisferne der Richter. Auch wenn „Im Namen des Volkes“ darübersteht, sind sie häufig von einer für das Volk unverständlichen verschrobenen Kasuistik. Und von der Logik eines Würfelspiels.

1.1 Ordnungsverfügungen

1.1.1 Begriffe

Zentraler Angelpunkt des behördlichen Handelns sind die Ordnungsverfügung einerseits und der Verwaltungszwang zur Durchsetzung dieser Forderungen andererseits. Alle bauordnungsrechtlichen Maßnahmen sind letztlich auf die *Abwehr von Gefahren* für die öffentliche Sicherheit und Ordnung gerichtet. Der Begriff „Gefahr“ wird daher zunächst etwas ausführlicher erläutert (s. auch III 2.2; VV zu § 1.1).

- **Gefahr:** Sie beinhaltet einen Zustand, der nach verständigem Ermessen den Eintritt eines Schadens mit hinreichender Wahrscheinlichkeit erwarten läßt; eine mehr oder minder entfernte Möglichkeit genügt nicht. Dabei wird Schaden als Verschlechterung des bestehenden normalen Zustandes durch von außen kommende regelwidrige Einflüsse definiert. Eine Verbesserung des Normalzustandes geht deswegen über die Gefahrenabwehr hinaus.

  Der Schaden braucht also nicht mit Gewißheit zu erwarten sein. Das Urteil darüber beruht auf einer Prognose, die auf der Grundlage der Erkenntnismöglichkeiten zu treffen ist, die im Zeitpunkt der behördlichen Entscheidung zur Verfügung stehen (Drews u. a., Gefahrenabwehr, C. Heymanns, 1989).

Es werden unterschieden:

- **Abstrakte Gefahr** (= allgemeine oder potentielle Gefahr), die abstrakt-generell auf den Regelfall abstellt und Voraussetzung für den Erlaß ordnungsbehördlicher Verordnungen (z. B. Aufzugsverordnung) ist, also ein Lebenssachverhalt, der generell geeignet ist, eine Gefahr herbeizuführen. Mit solcher Gefahr muß mit hinreichender Wahrscheinlichkeit nach der Lebenserfahrung gerechnet werden; sie braucht im Einzelfall nicht einzutreten.

- **Konkrete Gefahr** (= im einzelnen Falle bestehende Gefahr), die Voraussetzung für selbständige Ordnungsverfügungen der BAB. Sie muß in dem konkreten Einzelfall im Zeitpunkt des Einschreitens tatsächlich bestehen. Nicht erforderlich ist, daß der Eintritt der Gefahr mit Sicherheit zu erwarten ist und unmittelbar bevorsteht.

Der Unterschied zwischen einer konkreten und einer abstrakten Gefahr liegt nicht im Grad der Wahrscheinlichkeit eines schädigenden Ereignisses. „Eine konkrete Gefahr ist gegeben, wenn in dem zu entscheidenden konkreten Einzelfall irgendwann, jedoch in überschaubarer Zukunft, mit dem Schadenseintritt mit hinreichender Wahrscheinlichkeit gerechnet werden muß; eine abstrakte Gefahr liegt vor, wenn eine generell-abstrakte Betrachtung für bestimmte Arten von

Verhaltensweisen oder Zuständen zu dem Ergebnis führt, daß mit hinreichender Wahrscheinlichkeit ein Schaden im Einzelfall einzutreten pflegt . . .“ (Rietdorf u. a., Ordnungs- und Polizeirecht in Nordrhein-Westfalen, Boorberg Verlag). Bei drohendem Versagen einer baulichen Anlage oder sogar Einsturz liegt stets eine konkrete Gefahr vor; hierbei sind folgende Stufen möglich:

- Latente (konkrete) Gefahr liegt vor, wenn die Gefahr des schädigenden Ereignisses zunächst noch nicht zutage tritt, aber durch das Hinzutreten anderer Umstände wirksam wird, bei dem also von dem Zustand einer Sache nach der bisherigen Lage der Dinge in ihrer Umwelt noch keine Gefahr ausgeht, infolge einer Veränderung in der Umwelt aber eine aus ihrem nunmehrigen Zustand hervorgehende Gefahr in Erscheinung tritt.
- Bestehende (konkrete) Gefahr schließt die Möglichkeit eines Schadens in naher Zukunft ein.
- Gegenwärtige (konkrete) Gefahr (= unmittelbar bevorstehende Gefahr oder unmittelbare Gefährdung). „Die gegenwärtige Gefahr stellt einen höheren Grad der Gefahr dar als die im einzelnen Fall bestehende Gefahr. Mit der Möglichkeit eines Schadens muß nicht nur in naher, sondern in allernächster Zukunft zu rechnen sein“ (Rietdorf).
- Gefahr im Verzuge liegt vor, wenn ohne sofortiges Eingreifen (evtl. auch einer an sich nicht zuständigen Behörde) der drohende Schaden tatsächlich entstehen würde. Nur bei Gefahr im Verzuge können ausnahmsweise Ordnungsverfügungen auch mündlich, telefonisch oder durch Zeichen erlassen werden, Nachträgliche schriftliche Bestätigung ist in der Regel erforderlich.

Hinsichtlich des Betretungsrechts (s. unter III 1.9) werden noch folgende Begriffe verwendet:

- Gemeine Gefahr liegt vor, wenn der Umfang des drohenden Schadens sich nicht auf *bestimmte* Personen oder Sachen beschränkt und der Schaden Leib oder Leben eines unbegrenzten Personenkreises oder bedeutenden Sachwerten droht (Gädtke/Böckenförde/Temme, Landesbauordnung NW, 1989, Werner-Verlag).
- Dringende Gefahr für die öffentliche Sicherheit und Ordnung liegt vor, wenn sie sowohl hinsichtlich der zeitlichen Nähe als auch hinsichtlich der Erheblichkeit des verletzten Rechtsguts von besonderem Gewicht ist (BVerwG, Urteil v. 12. 12. 1967).

- **Anscheinsgefahr** ist ein Zustand, „der für die zuständige Behörde nach den ihr in der jeweiligen Situation zumutbaren Ermittlungen nur den Schluß zuläßt, daß eine Gefahr besteht, die ein sofortiges Eingreifen erforderlich macht, jedoch *ohne* daß in Wirklichkeit diese Gefahr vorliegt“. Das Einschreiten ist dann so weit und so lange berechtigt, bis über das Vorliegen der Gefahr Klarheit geschaffen ist; die soweit zulässigen Maßnahmen dürfen daher nur einstweiliger Natur sein (Schleberger, Das Polizei- und Ordnungsrecht in NW, Verlag Reckinger, s. auch III 2.2 VV zu § 14.11).

- **Scheingefahr:** Drews unterscheidet ferner die Scheingefahr oder Putativgefahr; sie „ist dadurch charakterisiert, daß die BAB einen Schadenseintritt subjektiv für wahrscheinlich hält, ohne daß sich diese Annahme auf hinreichende tatsächliche Anhaltspunkte zu stützen vermöchte. Die Behörde irrt pflichtwidrig, wenn sie vorwerfbar falsch diagnostiziert oder prognostiziert. Zur Abwehr der nur vermeintlichen Scheingefahr ergriffene Maßnahmen sind rechtswidrig.“

- **Belästigungen.** Von den Gefahren müssen die Belästigungen unterschieden werden, die ebenfalls in den Landesbauordnungen genannt werden, wobei eine Stufenfolge erkennbar ist von den Unbequemlichkeiten, vermeidbaren Belästigungen, Nachteilen, unzumutbaren Belästigungen bis zu den konkreten Gefahren. Belästigungen liegen somit im Vorfeld der Schädigungen der durch die Generalklausel der Bauordnungen (in NW § 3) geschützten Rechtsgüter.

- **Störung.** Im Falle der Störung hat sich die Gefahr verwirklicht, der Schaden ist also eingetreten. An die Stelle der Gefahrenabwehr tritt die Störungsbeseitigung.

- **Öffentliche Sicherheit und Ordnung**

– Öffentliche Sicherheit umfaßt den Schutz vor Einwirkungen, die entweder den Bestand des Staates, seiner Einrichtungen oder Leben, Gesundheit, Freiheit, Ehre sowie Vermögen des einzelnen bedrohen, ausgelöst von Ereignissen in der Natur oder von menschlichen Handlungen/Unterlassungen.
– Öffentliche Ordnung ist der Inbegriff der Normen, deren Befolgung nach den jeweils herrschenden sozialen und ethischen Anschauungen als unentbehrliche Voraussetzung für ein gedeihliches Miteinanderleben der Menschen innerhalb eines Bereiches angesehen wird.
– Öffentliches Interesse: Gefahren sind seitens der Ordnungsbehörden nicht nur von der Allgemeinheit, sondern auch von dem einzelnen abzuwehren (öffentliches Interesse). Einen Grenzfall stellt die Selbstgefährdung eines einzelnen dar, z. B. durch freiwilliges Bewohnen eines einsturzgefährdeten Hauses. Die Ordnungsbehörde ist nicht berechtigt, den einzelnen Bürger an riskanten Unternehmungen zu hindern. Wenn sie dessen Handeln jedoch als Selbstmordversuch einstufen muß, ist sie zum Einschreiten verpflichtet: Art. 2 II Grundgesetz gewährleistet zwar das Recht auf Leben, aber kein Verfügungsrecht über das eigene Leben (Drews, Gefahrenabwehr).

1.1.2 Form und Inhalt von Bauordnungsverfügungen

Da die schriftlichen Ordnungsverfügungen (OV) nicht auf der Baustelle, sondern im Büro, und zwar von im Verwaltungsrecht bewanderten Mitarbeitern gefertigt werden, genügen hier einige kurze Erläuterungen, insbesondere zum Problem der Mittelbestimmtheit. Die Systematik der OV ist sowohl z. T. im Verwaltungsverfahrensgesetz (s. III 2.3, § 37 ff.) als auch im Ordnungsbehördengesetz (s. III 2.2, § 20) geregelt (s. also dort). Die Befugnisse der Ordnungsbehörden sind im OBG für die Ordnungsbehörden allgemein, in der Landesbauordnung für die Sonderordnungsbehörde BAB festgelegt. Da es in früheren Fassungen der BauO NW nur hieß „*Aufgaben* der Bauaufsichtsbehörden", wurde allgemein beschlossen, eine OV müsse zusätzlich auf § 14 OBG – Ordnungsverfügungen, Voraussetzungen des Eingreifens – gestützt werden, da die Landesbauordnung zwar die Aufgaben der BAB definiere, jedoch keine Befugnisse ausweise. Ohne den Text zu ändern, wurde in die neue Fassung 1988 als Überschrift zu § 58 „Aufgaben und Befugnisse" gewählt (gleichlautend Regierungsentwurf 1994, § 62). Das wird nun in Verbindung mit Abs. 1 Satz 2 als bauaufsichtsrechtliche Generalermächtigung zum Einschreiten im Rahmen der Aufgabenzuweisung nach Satz 1 angesehen.

Böddinghaus/Hahn (Kommentar zur BauO NW) weisen darauf hin, daß das Gesetz mit dem in § 58 verwendeten Begriff der Maßnahme auch die im Vorfeld bauaufsichtlicher Verfügungen stehenden Verhaltensweisen der BAB wie den *Realakt* (Beobachtung des Baugeschehens) und die *Belehrung* (Darstellung von Verstoß und korrekten Verhaltens einerseits sowie ernsthafte Entgegennahme andererseits) meint, die evtl. den Erlaß einer Ordnungsverfügung erübrigen.

Form

Die OV ist schriftlich zu erlassen; Ausnahme: Gefahr im Verzug (s. III 2.2.). Sie ist auch hierbei auf Verlangen schriftlich zu bestätigen (§ 20 Abs. 1 OBG).

Von der Ausnahme der „nichtschriftlichen" Ordnungsverfügung wird vielfach Gebrauch gemacht: Der Polizeibeamte regelt den Verkehr durch mündliche Anweisungen, durch Handzeichen oder Signale mit der Pfeife (alles Ordnungsverfügungen). Oder der Kontrolleur auf der Baustelle ordnet unmißverständlich Änderungen oder Zusatzmaßnahmen entsprechend den geprüften Ausführungszeichnungen an Baustoffen oder Bauteilen an.

Es muß sich nicht um eine Gefahr für Leib oder Leben handeln, um mündlich zu verfügen. Es genügt eine konkrete Gefährdung der Verletzung anderer Rechtsgüter, z. B. der ordnungsgemäßen Funktion des Baugenehmigungsverfahrens. Das schließt die Beachtung der geprüften Ausführungszeichnungen natürlich ein.

Eine schriftliche OV muß die erlassende Behörde erkennen lassen und die Unterschrift oder die Namenswiedergabe des Behördenleiters, seines Vertreters oder Beauftragten enthalten. Sie ist schriftlich zu begründen; Ausnahme: dem Betroffenen ist die Auffassung der Behörde über die Sach- und Rechtslage auch ohne die schriftliche Begründung ohne weiteres erkennbar. Sie muß schließlich eine Rechtsmittelbelehrung enthalten.

Adressat

= Ordnungspflichtiger, an den die OV zu richten ist. Während der Bauzeit werden Maßnahmen der BAB regelmäßig gegen den Bauherrn oder – im Rahmen ihres Wirkungskreises – gegen den Entwurfsverfasser, den Unternehmer oder den Bauleiter gerichtet.

Bei bestehenden Bauwerken (hier greift § 52 BauO nicht mehr) sind OV gemäß § 18 OBG gegen den Eigentümer oder den Inhaber der tatsächlichen Gewalt als Verantwortlichen für den Zustand von Sachen zu richten. Das ist derjenige, der die tatsächliche Einwirkungsmöglichkeit auf die Sache hat, z. B. der Pächter oder der Hausbesitzer (ausführlich bei Böddinghaus/Hahn kommentiert).

Anhörung

Nach § 28 VwVfG (s. III 2.3) ist dem Ordnungspflichtigen vor dem Erlassen einer ihn belastenden OV Gelegenheit zu geben, sich zu dem für die Entscheidung erheblichen Tatsachen zu äußern. Von der Anhörung kann abgesehen werden, wenn sie nach den Umständen des Einzelfalles nicht geboten ist, insbesondere, wenn eine sofortige Entscheidung wegen Gefahr im Verzuge oder im öffentlichen Interesse notwendig erscheint.

Grundsatz der Verhältnismäßigkeit

Oder auch Gebot des Eingriffs mit dem mildesten Mittel. Von mehreren möglichen, geeigneten Maßnahmen hat die BAB diejenige zu treffen, die den einzelnen und die Allgemeinheit voraussichtlich am wenigsten beeinträchtigt (§ 15 Abs. 1 OBG). Das *Übermaßverbot* bezieht sich auf ein zeitliches Übermaß; das ist insbesondere bei OV mit Dauerwirkung zu beachten.

Der Adressat darf nicht zu einem Tun oder Unterlassen verpflichtet werden, das ihm physisch oder psychisch nicht möglich ist. Es muß tatsächlich und rechtlich zulässig sein. Natürlich darf auch eine konstruktive Anordnung keine bauliche Gefahr verursachen.

Bestimmtheit

Aus den lapidaren Aussagen des § 37 Abs. 1 VwVfG: „Ein Verwaltungsakt muß inhaltlich hinreichend bestimmt sein“ und der VV zu § 15 OBG: „Im einzelnen müssen Maßnahmen geeignet und inhaltlich hinreichend bestimmt sein; dem Adressaten muß erkennbar sein, was ihm abverlangt wird“ ist eine Flut von Auslegungen hervorgegangen, leider alle von Juristen. Das hat bei Ingenieuren mitunter zu Verwirrung und Resignation geführt.

Das Bestimmtheitsgebot hat zwei Seiten. Es bedeutet einmal in subjektiver Hinsicht, daß der Adressat eines belastenden Verwaltungsakts aus dem Inhalt der Verfügung eindeutig und klar entnehmen können muß, was er zu tun hat. Er muß erkennen können, was von der Behörde gemeint ist und ihm aufgegeben worden ist.

Zum anderen muß auch im Hinblick auf etwaige spätere Vollstreckungsmaßnahmen (z. B. Ersatzvornahme durch einen beauftragten Unternehmer) objektiv vollständig und unzweideutig für den Unternehmer erkennbar sein, was von dem Adressaten verlangt wird (s. Hess. VGH, Urt. v. 7. 11. 1973; auch Hess. VGH, Beschl. v. 4 .10. 1982).

In einer OV, mit der dem Bauherrn oder einem am Bau Beteiligten die Abwendung einer konkreten Gefahr aufgegeben wird, ist das zur Erreichung dieses Zwecks anzuwendende Mittel genau anzugeben; anderes kann nur gelten, wenn sich das anzuwendende Mittel ohne weiteres aus dem Sachzusammenhang ergibt. Die Verfügung ist aber wegen des Verstoßes gegen das Bestimmtheitsgebot rechtswidrig, wenn z. B. der Betroffene nur durch Befragung eines Sachverständigen wissen kann, was von ihm verlangt wird (OVG Münster, 24. 1. 1983 – sog. Hausschwammurteil). Es gehe nicht an, daß er sich eines Sachverständigen bedienen müsse, um festzustellen, welche Teile nun vom Hausschwamm durchwachsen seien und was im einzelnen zu geschehen habe.

Kamphausen/Kampmann (BauR 4/1986) stellen die Frage, ob sich eine Behörde, wenn sie dem Bürger durch Verwaltungsakt ein bestimmtes Verhalten auferlegt oder erlaubt, darauf beschränken kann, ihm das zu erreichende Ziel zu beschreiben, oder ob sie ihm zusätzlich auch konkret anzugeben hat, welches von mehreren geeigneten Mitteln er zur Erreichung dieses Zieles einsetzen muß.

Zunächst ist festzustellen, daß kein allgemeiner Grundsatz des Verwaltungsrechts besteht, das Mittel zur Zweckerreichung stets anzugeben. Das Bundesverwaltungsgericht vertritt die Meinung, die Angabe des Mittels sei jedenfalls dann nicht erforderlich, wenn dem Adressaten ein Unterlassen (*Verbot*) vorgeschrieben wird, z. B. „weitere, nichtgenehmigte Bauarbeiten durchzuführen". Ein generelles Verbot, Beeinträchtigungen bestimmter Art zu unterlassen bzw. zu verhindern, wird als zulässig erachtet, mit der Folge, daß der Adressat der Forderung *von sich aus* eine zulässige, geeignete und ausreichende Maßnahme zur Abwehr der Beeinträchtigung auswählen muß (OVG Münster, Beschl. v. 12. 3. 1981). Bei einem *Gebot* verlangt die Behörde jedoch eine bestimmte Maßnahme. Hierzu ist die Mittelangabe erforderlich, es sei denn, das Mittel versteht sich von selbst, z. B. bei der Aufforderung, eine Mauer zu beseitigen, oder das Fachrecht überläßt es dem Betroffenen, wie ein rechtswidriger Zustand zu beseitigen ist (VGH Mannheim, s. auch Stelkens u. a., Verwaltungsverfahrensgesetz, Kommentar, Beck, 1990).

Juristen – sowohl Gerichte als auch Kommentatoren – haben inzwischen diese einmal formulierte Ansicht fleißig abgeschrieben und – aus der Sicht der Ingenieure – gedankenlos verordnet. Bei inhaltlich nicht hinreichender Bestimmtheit sind Verwaltungsakte demnach als rechtsfehlerhaft aufzuheben oder gar für nichtig zu erklären. Denn (so Kamphausen): „An kaum einer anderen Stelle als im baurechtlichen Bereich besteht die Möglichkeit zu solch konkreten Vorgaben, und dann müssen die zu ergreifenden Maßnahmen auch exakt angegeben werden. Dies stellt kein unzumutbares Verlangen an die Behörde dar." Oder Stelkens: „Nur weil es der Behörde schwerfällt, bei technisch oft komplizierten Möglichkeiten ein bestimmtes Mittel anzugeben, kann es im Hinblick auf eine evtl. vertretbare Handlung in § 10 VwVG nicht aufgegeben werden."

Eine inhaltliche Mißverständlichkeit in der OV geht grundsätzlich zu Lasten der Behörde.

Einen Indikator für fehlende Bestimmtheit bildet weiterhin (nach Kamphausen) die Verwendung unbestimmter Rechtsbegriffe wie angemessen, ausreichend, erforderlich, erträglich, gründlich, ordnungsgemäß, zumutbar u. a. – erstaunlicherweise alles Begriffe, von denen es dann in den Urteilen nur so wimmelt!

Eine unbestimmte Ordnungsverfügung, die vom Verwaltungsgericht sicherlich aufgehoben würde, wäre z. B. folgende: „Der schiefe Giebel auf der Nordseite des Gebäudes ist nach den statischen Erfordernissen abzustützen." Nach Meinung der Verwaltungsgerichte müßten hier mit der OV dem Pflichtigen auch die genaue Stützkonstruktion, die Abmessungen, Verbindungen und Aussteifungen der einzelnen Bauteile und eine detaillierte Ausführungszeichnung gegeben werden.

Der Statiker der BAB müßte also ein örtliches Aufmaß machen, die Stützkonstruktion entwerfen, berechnen und zeichnerisch darstellen. Ist die BAB dazu nicht in der Lage, müßte sie einen freiberuflichen Statiker damit beauftragen. In beiden Fällen können die nicht unerheblichen Kosten für diese Ingenieurleistung (auch die Selbstkosten der BAB können anhand des Stundensatzes ermittelt werden) dem Pflichtigen in Rechnung gestellt werden (ein Urteil hierzu war nicht auffindbar im Gegensatz zu den Kosten bei der Ersatzvornahme). Es muß bezweifelt werden, ob der Pflichtige bei dieser Form der Erreichung der Bestimmtheit bessergestellt ist, als wenn ihm überlassen bleibt, wie und mit welcher Hilfe er das geeignete Mittel für die Gefahrbeseitigung findet.

Dem Ingenieur der BAB, der den Zustandspflichtigen veranlassen will, eine bauliche Maßnahme oder Änderung vorzunehmen, um eine Gefahr zu beseitigen, stellt sich die Aufgabe:

1. das Ziel mit hinreichender Bestimmtheit anzugeben, z. B. die Gefahr, die von der beschädigten und standunsicheren Geschoßdecke ausgeht, zu beseitigen; dies kann die BAB regelmäßig leisten.

2. das Mittel hierfür mit hinreichender Bestimmtheit anzugeben. Das gerade ist jedoch wegen der Kompliziertheit von Statik und Konstruktion der Tragwerke nicht ohne regelrechte technische Bearbeitung des Tragwerks durch einen Spezialisten (Statiker) möglich. Wobei der Statiker zudem eng mit dem Zustandspflichtigen zusammenarbeiten müßte, denn nur dieser kann über die Randbedingungen entscheiden. Aus nur ihm geläufigen Gründen mag er eine Sanierung mit Spritzbeton oder durch untergezogene Stahl- bzw. Stahlbetonträger oder durch Einziehen einer zweiten Decke sowie durch Abriß und Neuherstellung (wiederum mit vielen möglichen Varianten) für zweckmäßig und ökonomisch halten. Die Zugriffsmöglichkeit des Pflichtigen auf Material, Gerät, Unternehmer, weiter die verschieden hohen Kosten oder evtl. die Planung der Sanierung (Reparatur) mit einer zusätzlich weiteren baulichen Veränderung spielen eine große Rolle.

Diese technische Bearbeitung (Erstellen einer statischen Berechnung und der Ausführungspläne) kann – außer in Großstädten – die BAB nicht leisten; sie müßte ihrerseits einen Sachverständigen beauftragen (s. oben).

Ein weiterer Fallstrick ist hier zu beachten: eine etwa fehlende Wahlmöglichkeit. Beispiel: Eine BAB hatte durch OV den BH eines Einfamilienhauses aufgefordert, das Geländer der Wendeltreppe, das durch Pfosten im Abstand von etwa 1 Meter getragen wurde, entweder vollwandig auszubilden oder mit senkrechten Stäben im Abstand von maximal 12 cm zu versehen. – Diese Verfügung wurde durch das VG aufgehoben, weil dem BH unzulässigerweise eine bestimmte Art der Geländerausführung vorgeschrieben und ihm keine Wahlmöglichkeit zwischen verschiedenen denkbaren Varianten gelassen wurde. – Mit einer neuen OV wurde der Pflichtige sodann aufgefordert, das Geländer so auszubilden, daß Öffnungen mindestens in einer Richtung nicht breiter als 12 cm sind. Die Umwehrung müsse außerdem so ausgebildet werden, daß Kindern das Überklettern erschwert sei. – Die hiergegen wiederum eingelegten Rechtsmittel blieben ohne Erfolg (Bayer. VGH, Urt. v. 1. 2. 1980 – BRS 1980, S. 415).

Eine mutige Entscheidung hinsichtlich der Bestimmtheit hat der Hessische VGH (mit Beschl. v. 15. 5. 1984 – BRS 1984, S. 468) getroffen: Ein Hang zwischen zwei Grundstücken war abgerutscht, wobei unklar war, ob die Ursache in der Aufschüttung des oberen Grundstücks oder im Abgraben auf dem unteren Grundstück lag. Die BAB hatte die Eigentümer aufgefordert, einen Baugrundsachverständigen mit der Erstellung eines Bodengutachtens zu beauftragen zur Klärung der Frage, wodurch der Abrutsch der Böschung verursacht wurde, wieweit ein weiteres Rutschen des Hanges zu befürchten und wie diesem gegebenenfalls vorzubeugen sei.

Das VG hatte zunächst im Rechtsstreit darauf hingewiesen, daß das Bodengutachten angesichts der offensichtlich nicht ganz einfachen geologischen Verhältnisse im Bereich des Steilhanges erst die Voraussetzungen für eine weitere Anordnung schafft, die die Maßnahmen enthalten kann, die zur Beseitigung der Gefahr durchzuführen sind. Obschon die Eigentümer einwendeten, die BAB betreibe mit der Anordnung eine Ursachenforschung ohne eigene finanzielle Belastung, blieb es schließlich bei der Verpflichtung der Eigentümer zur Beauftragung eines Baugrundsachverständigen mit der Erstellung eines Bodengutachtens.

Man sollte aus den meist unbefriedigenden juristischen Forderungen der Gerichte Schlüsse ziehen und bei der Formulierung von Ordnungsverfügungen gewisse Regeln hinsichtlich der Bestimmtheit des anzuwendenden Mittels beachten:

- Das Ziel der Gefahrenabwehr wird genannt. Zum Beispiel: „Die Gefahr, die von der standunsicheren zu steilen Böschung/nicht fachgerechten Unterfangung der Nachbargiebelwand/den beschädigten Stürzen, Balken, Unterzügen, Deckenplatten, Mauerpfeilern, Wänden u.ä. im x-ten Obergeschoß links vom Treppenhaus o. ä. ausgeht, ist umgehend, spätestens in x Tagen zu beseitigen."

  Eventuell ist zu diesem Ziel noch ein Provisorium zu fordern: „Bis zum Erstellen der vorgenannten Maßnahmen ist die Wohnung im EG, links vom Eingang, zu räumen/ist der Dachboden zu verschließen/sind die Griffe der Balkontüren abzuschrauben/darf die Baugrube von Bauarbeitern nicht betreten werden" usw.

- Das Mittel, das zur Gefahrenabwehr angewendet werden soll, wird genannt. Und zwar dasjenige, das sich ohne große technische Bearbeitung anbietet. Das wird natürlich nicht das für den Pflichtigen günstigste sein. Zum Beispiel: „Die beschädigten standunsicheren Bauteile (im einzelnen aufgeführt) sind abzubrechen/die zu steile Böschung im Bereich des hinteren Angrenzers ist wieder mit Boden anzuschütten/der standunsichere Gebäudeteil ist im Abstand des Trümmerschattens ($a = n \times$ Höhe) wirksam mit einem Zaun abzusperren" usw.
- Gleichzeitig wird die Wahl eines anderen (milderen) Mittels dem Pflichtigen offengelassen: „Ein in der Wirkung und im Ergebnis gleichwertiges Mittel zur Beseitigung der genannten Gefahr kann angeboten und nach Zustimmung durch die BAB angewendet werden."
- Als Muster für das Benennen von Ziel und Mittel der Gefahrabwehr kann das Urteil des OVG Berlin zu einer bröckeligen Fassade mit Absturz von Steinen sein, das unter II 11.2.2 ausführlich dargestellt ist.

1.2 Verwaltungszwang

1.2.1 Zwangsmittel

Alle hoheitlichen Maßnahmen, z. B. solche der BAB, mit deren Hilfe die Vornahme einer Handlung, einer Duldung oder eine Unterlassung erzwungen werden soll, fallen unter den Begriff „Verwaltungszwang" (Verwaltungsvollstreckung). Der Zwang steht an, wenn der Pflichtige (Adressat) der Ordnungsverfügung nicht nachkommt.

Im Rahmen des öffentlich-rechtlichen Baugeschehens wird diese zwangsweise Durchsetzung von der BAB vorgenommen. Sie „vollstreckt" diese Ansprüche ohne Mithilfe der Gerichte. Bei privatrechtlichen Ansprüchen – also wenn die Gemeinde als Fiskus auftritt, etwa ein Grundstück verkauft – muß auch die Verwaltung vor dem Zivilgericht klagen, also nicht vor dem Verwaltungsgericht.

Im Verwaltungsverfahrensgesetz ist diese Materie ausreichend dargestellt und zusätzlich in den VV erläutert; die einschlägigen Abschnitte sind unter III 2.3 abgedruckt. Die Anwendung der drei möglichen Zwangsmittel – Ersatzvornahme, Zwangsgeld und unmittelbarer Zwang – sind dort einzeln beschrieben und werden hier nur noch einmal kurz und in Hinblick auf das Baugeschehen wiederholt.

- Ersatzvornahme kommt in Frage, wenn an Stelle des Pflichtigen ein Dritter die Handlung vornehmen kann. Beispiel: Der Eigentümer eines einsturzgefährdeten Bauwerks reagiert nicht auf die Abbruchverfügung und ebenso nicht auf die Androhung des Zwangsmittels, hier die angedrohte Beauftragung eines Abbruchunternehmers seitens der BAB zum Abbruch des Gebäudes auf Kosten des Eigentümers. (Bei unmittelbarer Gefahr würden Androhung und Festsetzung des Zwangsmittels entfallen.) Ist die gesetzte Frist verstrichen, wird das Zwangsmittel festgesetzt, d. h. der Unternehmer von der BAB beauftragt und der Abbruch durchgeführt.

- Zwangsgeld (als grundsätzliches Beugemittel zur Durchsetzung einer Ordnungsverfügung) wird meist dann als Zwangsmittel gewählt, wenn gegen die Anordnung oder Verpflichtung zu einer Unterlassung verstoßen wird oder wenn die Handlung nicht von einem Dritten ersatzweise ausgeführt werden kann; schließlich auch noch dann, wenn der Pflichtige nicht in der Lage ist, die Kosten zu ersetzen, die bei der Ersatzvornahme durch einen Dritten entstehen würden. Kommt der Betroffene der Aufforderung unter Androhung eines Zwangsmittels (muß genau angegeben werden) zu einer Handlung oder Unterlassung nicht fristgerecht nach, wird das Zwangsgeld festgesetzt. Kommt er der Aufforderung immer noch nicht nach, droht die Behörde unter neuer Fristsetzung ein weiteres (höheres) Zwangsgeld an, das ebenfalls festgesetzt und eingetrieben wird, usw.

  Die Zwangsmittel sind keine Strafe oder ein Bußgeld (auch nicht das Zwangsgeld), sondern sind Beugemittel.

- Unmittelbarer Zwang: Führen Ersatzvornahme oder Zwangsgeld voraussichtlich nicht zum Ziel oder sind sie untunlich, kann der Pflichtige zur Handlung (oder Unterlassung) gezwungen werden, bzw. die Behörde die Handlung selbst vornehmen. Beispiel: Das Tiefbauamt reißt in Amtshilfe der BAB die standunsichere Ruine selbst ein, oder der Kontrolleur der BAB besorgt sich Bohlen und deckt die ungesicherte Deckenöffnung selbst ab.

Leistet der Pflichtige bei der Ersatzvornahme oder bei unmittelbarem Zwang Widerstand, so kann dieser mit Gewalt gebrochen werden. Die Polizei hat auf Verlangen der Vollzugsbehörde (z. B. BAB) Amtshilfe zu leisten, d. h., die Polizei ist verpflichtet, sowohl den Vollzugsbeamten der BAB auf Ersuchen gegebenenfalls persönlichen Schutz zu gewähren, falls dies mit Rücksicht auf zu erwartenden Widerstand erforderlich ist (PolG § 1 Abs. 3), als auch unmittelbar Vollzugshilfe zu leisten; s. III 2.4, § 47.

Zur Abgrenzung der Begriffe „sofortiger Vollzug“ und „sofortige Vollziehung“:

Der sofortige Vollzug eines Zwangsmittels nach VwVG § 55 Abs. 2 zur Erzwingung einer Handlung, Duldung oder Unterlassung ist zulässig, auch ohne daß der entsprechende Verwaltungsakt ergangen ist, wenn dies zur Abwendung einer gegenwärtigen Gefahr notwendig ist und die BAB hierbei innerhalb ihrer Befugnisse handelt. Die gegenwärtige Gefahr (s. unter III 1.1.1) muß ferner für die öffentliche Sicherheit und Ordnung bestehen; es reicht nicht aus, wenn sie lediglich einem privaten Rechtsgut droht. Der sofortige Vollzug muß notwendig sein, d. h., die Abwehr der Gefahr erlaubt nicht den normalen Weg nach § 55 Abs. 1 VwVG mit Vorschalten der Ordnungsverfügung.

Als Zwangsmittel kommen hierbei nur Ersatzvornahme oder unmittelbarer Zwang in Betracht, ein Zwangsgeld ist hier ungeeignet.

Die sofortige Vollziehung nach § 80 Abs. 2, Nr. 4 der Verwaltungsgerichtsordnung bedeutet, daß die aufschiebende Wirkung der Rechtsmittel Widerspruch und Anfechtungsklage gegen einen Verwaltungsakt (= OV) ausnahmsweise aufgrund ausdrücklicher, begründeter Anordnung der zuständigen Behörde nicht eintritt, sondern die OV sofort wirksam ist.

1.2.2 Verfahrensablauf beim Verwaltungszwang

Das Verwaltungszwangsverfahren läuft in drei Stufen ab:

1. Androhung des Zwangsmittels
2. Festsetzung des Zwangsmittels
3. Anwendung des Zwangsmittels

Beim sofortigen Vollzug fallen diese drei Stufen in eine einzige zusammen.

- **Androhung** besteht in der Mitteilung, daß im Falle der nicht fristgemäßen Erfüllung der auferlegten Handlungs- oder Unterlassungspflicht, die im vorausgegangenen Verwaltungsakt (OV) genau definiert worden sein muß, diese Verfügung mit einem bestimmten Zwangsmittel durchgesetzt wird. Sie bedarf der Schriftform, eine mündliche Androhung wäre nichtig.

  Ebenso wie die vorausgegangene Verfügung (Grundverwaltungsakt) muß auch die Androhung hinreichend bestimmt sein. Die Frist muß angemessen sein. Bei Duldung oder Unterlassung kann die Frist regelmäßig entfallen. Verfügung und Androhung können in einem Schreiben erfolgen; das erspart eine doppelte Frist, ist jedoch bei bürgerfreundlicher Verwaltung nicht üblich.

- **Festsetzung.** Wird die Verpflichtung innerhalb der Frist, die in der Androhung bestimmt ist, nicht erfüllt, wird das Zwangsmittel festgesetzt.

- **Anwendung.** Das Zwangsmittel wird der Festsetzung gemäß angewendet. Bei der Ersatzvornahme besteht sie in der Beauftragung eines privaten Unternehmers und der Ausführung durch diesen. Der Betroffene ist verpflichtet, die Ersatzvornahme – und auch anderen unmittelbaren Zwang – zu dulden. Der Unternehmer darf auch sein Grundstück und seine Räume betreten, soweit dies erforderlich ist. Widerstand kann mit Gewalt gebrochen werden; dazu ist die Polizei einzuschalten. Dies muß der Unternehmer jedoch durch die Ordnungsbehörde veranlassen lassen. Die Polizei ist in solchen Fällen zur Amtshilfe verpflichtet (s. auch: Michael App, Verwaltungsvollstreckungsrecht, C. Heymanns Verlag, Köln 1989). – Ein Beispiel einer Zwangsmittelanwendung bei einer baulichen Gefahrenstelle wird unter II 11.2.2 angegeben.

Die eigentlichen Maßnahmen bei „Standardsituationen" (Kapitel 1.3 bis 1.10)

Nach der Darstellung der Voraussetzungen bauordnungsrechtlicher Maßnahmen (Ordnungsverfügung als Vorlauf) und ihrer Durchsetzung (Verwaltungszwang) werden die üblichen Maßnahmen selbst einzeln abgehandelt. Natürlich gehören meist mehrere Glieder einer Kette zusammen, z. B.: Abweichung vom genehmigten Ausführungsplan; Nachforderung von Bauvorlagen; Einstellung der Bauarbeiten; Versiegelung o. ä.

Die Rechtsprechung der Verwaltungsgerichte zu diesem Bereich ist dokumentiert in den Jahresbänden Thiel/Gelzer, Baurechtssammlung, Werner-Verlag.

1.3 Anordnungen von Korrekturen oder Ergänzungen auf der Baustelle im Bereich der Tragwerksausführung

1.3.1 Aufgedeckte Fehler werden vom BU ohne weiteres berichtigt

Bei der baubegleitenden Überwachung der Bauausführung, den Baustellenkontrollen, ergeben sich fast regelmäßig mehr oder weniger bedeutsame Beanstandungen, d. h. Abweichungen von den Ausführungszeichnungen (= Konstruktionsplänen bei Stahl- und Holztragwerken bzw. Bewehrungsplänen bei Stahlbetonbauteilen) oder auch von den allgemein anerkannten Regeln der Technik. Solche „Handwerksregeln" finden zwar nicht sämtlich ihren Niederschlag in den Ausführungszeichnungen, können jedoch trotzdem von großer Bedeutung sein.

Art, Umfang, Bedeutung und Wiederholung solcher technischen Fehler können in weitem Maße streuen. Verbände z. B. können nachlässig angeschlossen, an falscher Stelle montiert sein oder gänzlich fehlen; die Folgen sind dementsprechend sehr unterschiedlich. Auflager können zu klein sein, oder die Zentrierung fehlt; Schweißnähte können in verschiedenem Grade mangelhaft sein oder fehlen. Die Möglichkeiten sind schier unerschöpflich; grundsätzlich können alle Ausführungsbestimmungen in den Abschnitten II 2 bis II 11 verletzt sein.

Entsprechend differenziert ist das Verhalten des Kontrolleurs der BAB. Innerhalb des behördlichen Verwaltungsaktes „Bauüberwachung" reicht sein Repertoire von folgenloser Inaugenscheinnahme über einfache Hinweise oder Aufklärung mehr eines gutmeinenden erfahrenen Kollegen, weiter zu Anweisungen mehr eines aufsichtsführenden Vorgesetzten bis schließlich zu Anordnungen als Vertreter der Bauaufsichtsbehörde im Range einer Ordnungsverfügung. Die Übergänge sind fließend, teilweise bewegen sich die Maßnahmen im Vorfeld der Ordnungsverfügung. Sicherlich werden viele auch ohne strenge Form abgewickelt, und zwar in allen den Fällen, bei denen über das Vorliegen des Fehlers oder der Abweichung vom Ausführungsplan über die Art der Berichtigung und die Notwendigkeit der alsbaldigen Behebung keine Meinungsverschiedenheiten bestehen. Dann genügt es, auf dem Kontrollzettel die Beanstandungen stichwortartig zu notieren und vom Bauleiter (Polier o. ä.) gegenzeichnen zu lassen. Natürlich braucht hierbei keine weitere schriftliche Formverfügung nachgeschoben zu werden.

Vielfach ist es üblich, dem Unternehmer eine Durchschrift des Kontrollzettels auszuhändigen, ein Rechtsanspruch darauf besteht nicht. Häufig wird der Unternehmer diesen Zettel verlangen, wenn Zulagebewehrung darauf vermerkt ist, die nicht im Bewehrungsplan ausgezogen ist, um sie dem Bauherrn in Rechnung stellen zu können.

1.3.2 Abweichungen vom Ausführungsplan, die Nachträge zur Statik und zum Plan erforderlich machen

Etwas schwieriger wird es, wenn Wirkung und Folgen von Änderungen nicht ohne weiteres an Ort und Stelle beurteilt werden können, z. B. wenn der Stahlquerschnitt eines Stahlbetonunterzuges mit anderen Stäben in Anzahl und Durchmesser als im Plan ausgeführt wird. Das mag durchaus ausreichend sein, aber es kann vom Kontrolleur schlechthin nicht verlangt werden, daß er auf der Baustelle eine Umrechnung vornimmt. Das gleiche gilt beim Wechsel von Stabstahl einer Deckenbewehrung auf Bewehrungsmatten.

Da hier bereits deutlich von den geprüften Bauvorlagen abgewichen wird, müssen für die betroffenen Bauwerksteile geänderte Pläne und evtl. eine korrigierende Nachtragsstatik eingereicht und geprüft werden. Bis dahin kann an diesen Stellen nicht „falsch" weitergearbeitet werden; es sei denn, die Arbeiten bleiben zugänglich und bei Bedarf nachträglich änderbar.

Im Regelfall sollte hier unmißverständlich für den abgegrenzten Bauwerksteil (der von den geprüften Ausführungsplänen abweicht) eine Einstellung der Bauarbeiten bis zur Vorlage geänderter und geprüfter Pläne verfügt werden (s. auch unter III 1.5). Wenn dazu keine schriftliche Verfügung formgerecht ergeht, muß die Baueinstellung mit genauer Bezeichnung mindestens auf dem Kontrollzettel notiert und vom Bauleiter gegengezeichnet werden (entspricht einer Ordnungsverfügung).

Mitunter befragen Bauunternehmer – wenn der Termin kurz und der Beton bereits bestellt ist – danach den Statiker und lassen sich die Richtigkeit der noch ungeprüften Änderungen bestätigen, um dann weiterzubauen. Der Kontrolleur müßte dann wenigstens, wenn er schon nicht auf Baustopp besteht, den Unternehmer darauf hinweisen, daß er allein das Risiko eingeht, nachteilige Folgen zu tragen: Für den Fall, daß der nachträgliche statische Nachweis doch nicht gelingt, könnte es zur Einschränkung der beabsichtigten Verkehrslast kommen, zu einer nachträglichen kostspieligen Verstärkung des Bauteils oder sogar zum Teilabbruch mit berichtigter Neuherstellung.

1.3.3 Meinungsverschiedenheiten

Wenn Beanstandungen zu vorhersehbar großen Änderungsarbeiten und Zeitaufwand führen würden, wird mitunter seitens der Baustelle versucht, den Fehler herunterzuspielen, mit „Kleinangeboten" eine Akzeptanz zu erreichen oder letztendlich den Fehler rundweg zu verneinen. In der Regel sind die so Widersprechenden Subkolonnen (z. B. Eisenflechter), die im Akkord arbeiten und ihren Lohn retten wollen.

Es sind also auf keinen Fall die richtigen Ansprechpartner für solche Diskussionen; sie wären auch nicht die Adressaten für Ordnungsverfügungen. Die Diskussion muß abgebrochen und allenfalls mit dem herbeizuholenden Bauleiter geführt werden. Kommt keine Einigung zustande, kann noch der Statiker auf die Baustelle gerufen werden, besser der Prüfstatiker. Es ist auch vorgekommen, daß die Eisenkolonne den Bewehrungsplan strikt befolgt hat und trotzdem die Bewehrung ersichtlich fehlerhaft war. Der Statiker oder auch der Zeichner hatten sich geirrt, und es war dem Prüfer nicht aufgefallen.

Auch hier ist bis zur Klärung durch den Bauleiter, Statiker, Prüfstatiker die Arbeit an diesen zweifelhaften Bauteilen einzustellen.

1.3.4 „Schwarze Schafe" bei den Unternehmern

Bei jeder BAB sind Bauunternehmer bekannt, die notorisch „vereinfacht" bauen, da sie wegen niedriger Angebotspreise fast schon zum Schludern verurteilt sind. Das darf ihnen natürlich keinen Freibrief geben. Leider machen sie auch der BAB wegen der viel zeitaufwendigeren Kontrolle viel Arbeit. Es ist hier angebracht, öfter Nachkontrollen vorzunehmen. Wirksam ist auch, einen Durchschlag des Kontrollzettels an den BH zu geben, da der von ihm evtl. einbehaltene Werklohn die verständlichste Sprache für solche Unternehmer ist.

Diese Unternehmen, die häufig fremdländische Arbeitskräfte beschäftigen, benutzen meist die Ausreden, daß die beanstandete Regel in ihrem Lande unbekannt sei, oder sie verstehen schlicht die deutsche Sprache nicht.

1.3.5 Erkannte Verstöße gegen Unfallverhütungsvorschriften

Obschon die Kontrolle der Einhaltung der UVV den Bauberufsgenossenschaften zugewiesen ist, darf der Kontrolleur der BAB nicht untätig bleiben, wenn er Verstöße gegen die UVV feststellt oder feststellen muß, die zu einer Gefahr führen können.

Falls bei einem Unfall den BU der Vorwurf der *groben* Fahrlässigkeit trifft, wird er strafrechtlich belangt. Auch hat die Berufsgenossenschaft einen Rückgriffsanspruch gegen ihn. Eine solche Fahrlässigkeit ist im allgemeinen anzunehmen bei einem Handeln, bei dem die erforderliche Sorgfalt nach den gesamten Umständen in besonders hohem Maße verletzt worden und dasjenige unbeachtet geblieben ist, was im gegebenen Fall jedem einleuchten muß.

Aus einem Urteil des OLG Koblenz vom 19. 4. 1989 zu einem Absturz mit Körperverletzung wegen fehlender Absperrung des nicht begehbaren Teiles des Fußbodens im Familienheim, das in Selbsthilfe erstellt wurde: Die Tatsache, daß der Beklagte gegen Unfallverhütungsvorschriften verstoßen hat, begründet allein noch nicht den Vorwurf grober Fahrlässigkeit. Es ist vielmehr auf die jeweiligen Umstände des einzelnen Falles abzustellen.

Verstöße gegen UVV wiegen unterschiedlich schwer; aus dem BGH-Urteil v. 18. 10. 1988 (tödlicher Absturz eines Montagearbeiters wegen fehlender Absturzsicherung): Nun ist zwar, wie der Senat wiederholt ausgesprochen hat, nicht jeder Verstoß gegen eine UVV schon für sich als schwere Verletzung der Sorgfaltspflicht anzusehen. Im Streit fällt bei der Bewertung des objektiven Schweregrades der Pflichtwidrigkeit jedoch erheblich ins Gewicht, daß der Beklagte gegen eine UVV verstoßen hat, die sich mit Vorrichtungen zum Schutz der Arbeiter vor tödlichen Gefahren befaßt und somit elementare Sicherungspflichten zum Inhalt hat. Der Verstoß des Beklagten gegen diese UVV ist zudem auch deshalb besonders gravierend, weil der Beklagte nicht etwa nur unzureichende Sicherungsmaßnahmen getroffen, sondern von den vorgeschriebenen Schutzvorkehrungen völlig abgesehen hat, obwohl die Sicherungsanweisungen eindeutig waren.

Der Kontrolleur der BAB, der solche Verstöße feststellt, sollte den Bauleiter benachrichtigen, erforderlichenfalls als Sofortmaßnahme entweder die Arbeiten am ungesicherten Ort einstellen oder den Bereich absperren lassen, schließlich der Berufsgenossenschaft und evtl. dem GAA Mitteilung machen. – Eine Notiz als evtl. später erforderlicher Nachweis des Tätigwerdens sollte er sich auf jeden Fall machen.

1.4 Anordnung der Einreichung von (weiteren) Bauvorlagen

Diese Maßnahme ist auch in Verbindung mit III 1.5 – Baueinstellung und III 1.7 – Schwarzbau zu sehen.

Soweit bei allgemeinen Kontrollen der BAB bauliche Veränderungen an bestehenden Gebäuden oder Abweichungen (hier nicht konstruktiver Art) von den genehmigten Bauvorlagen festgestellt werden, kommt diese Maßnahme zum Zuge. Nach Hessischer VGH, Beschluß vom 12. 1. 1982 zu ohne Genehmigung baulich erweiterter Gebäude:

Um Gefahren von der öffentlichen Ordnung abwehren zu können, die durch ohne Baugenehmigung veränderte bauliche Anlage oder veränderte Nutzung hervorgerufen werden, kann die BAB in der Weise einschreiten, daß sie sich von dem Störer die Bauvorlagen binnen einer angemessenen Frist vorlegen läßt. – Die Vorlage dieser Unterlagen in einem angemessenen Zeitraum stellt für den Betroffenen auch keine besondere Belastung dar (hier: 2 Monate).

Ist somit ungeklärt (die fehlenden Bauvorlagen beinhalteten auch die fehlende Statik), ob das Bauwerk standsicher ist oder nicht, dann kann schon aus diesem Grunde bejaht werden, daß der von der BAB angeordnete Sofortvollzug der Verfügung gerechtfertigt ist.

Fordert die BAB den Pflichtigen auf, Bauvorlagen vorzulegen, und kommt der Pflichtige dieser Aufforderung nicht nach, so könnte die BAB zwar die Bauvorlagen im Zuge der Ersatzvornahme durch anderweitige Fachleute ausarbeiten und vorlegen lassen (vertretbare Handlung). Das geeignete Zwangsmittel ist aber in diesem Falle das Zwangsgeld, weil die Ersatzvornahme untunlich ist (wird ausgeführt).

Das OVG Münster (Nordrhein-Westfalen) sieht das anders. Im Urteil vom 6. 10. 1987 wird ausgeführt: Nach bauordnungsrechtlichen Vorschriften kann die Vorlage von prüffähigen Bauvorlagen (praktisch ein Bauantrag) nicht verlangt werden. – Die BAB kann allenfalls „Unterlagen" zur Prüfung einer eventuellen Belassung anfordern; das darf nicht auf die Bauprüfverordnung gestützt werden; eine eigene Tarifstelle in der Verwaltungsgebührenordnung gibt es für diese Prüfung nicht. Zur Abschätzung der Gefahr einer evtl. Standunsicherheit bei fehlender Statik sind „Unterlagen" anforderungsfähig.

Nach obengenanntem Urteil scheiden ebenfalls §§ 14 ff. OBG für ein solches Verlangen nach Vorlage prüffähiger Unterlagen aus, wenn sich die BAB durch eine Ortsbesichtigung Klarheit über die zu ergreifenden Maßnahmen verschaffen kann. (Das erstreckt sich nicht auf die Standsicherheit des Tragwerks.)

Standunsicheres, vorhandenes Gebäude

Die von der BAB geforderte Einholung eines Sachverständigengutachtens (Standsicherheitsnachweis) über die fragliche Standsicherheit des obersten Geschosses eines Fabrikgebäudes stellt eine zulässige, geeignete, erforderliche und verhältnismäßige Maßnahme zur Gefahrenabwehr dar. Die Androhung der Ersatzvornahme ist rechtens (Hess. VGH, Beschl. v. 24. 6. 1991).

1.5 Einstellung von Bauarbeiten

1.5.1 Illegale Bauwerke

Wenn ein genehmigungspflichtiger Bau ohne Baugenehmigung errichtet, geändert oder abgebrochen wird, sind diese Arbeiten (mindestens) formell illegal; für genehmigungsfreie Bauvorhaben gibt es insofern keine formelle Illegalität. Dagegen liegt materielle Illegalität vor, wenn eine bauliche Anlage im Widerspruch zum materiellen öffentlichen Baurecht (Bauplanungsrecht und Bauordnungsrecht) errichtet, geändert oder abgebrochen wird, d. h. also auch gegen aaRdT, u. a. Standsicherheit oder Feuerschutz, verstößt. Auch genehmigungsfreie Bauvorhaben müssen natürlich dem materiellen Recht entsprechen, andernfalls sind sie materiell illegal.

1.5.2 Die möglichen „Fälle"

- Für die Einstellung von Bauarbeiten (= Stillegungsverfügung, Erlaß eines Baustopps) genügt formelle Illegalität. Die Baueinstellung dient vor allem dazu, die Einhaltung der Baugenehmigungspflicht zu sichern und damit zu gewährleisten, daß bauliche Anlagen erst errichtet werden, wenn ihre Vereinbarkeit mit dem öffentlichen Recht feststeht (Böddinghaus/Hahn).

- Formelle Illegalität liegt auch bei einem Abweichen von der Baugenehmigung vor, mag dies auf einem Verschulden beruhen oder nicht (vgl. OVG Saarland, Urt. v. 2. 9. 1982).

  In diesen Fällen ist zwar eine Baugenehmigung erteilt, jedoch wird bei der Bauausführung davon abgewichen, und zwar nicht nur bei solchen Arbeiten, die gemäß LBO ohnehin nicht genehmigungspflichtig sind (z. B. leichte Trennwände). Die genehmigungspflichtigen Abweichungen sind wie Schwarzbauten zu behandeln, das heißt, die Bauarbeiten werden bis zur Zustellung der hierfür erforderlichen Baugenehmigung eingestellt. Dabei ist zu prüfen, ob die Beseitigung dieser Bauarbeiten zu fordern und durchzusetzen ist.

  In allen Fällen kann das Schwarzbauen unabhängig vom Zwangsmittel der Einstellung der

Bauarbeiten als Ordnungswidrigkeit geahndet und mit Bußgeld bis zu 100 000 DM belegt werden (s. unter III 1.10). Wird trotz Einstellung weitergebaut, sollte die Baustelle versiegelt werden.

Zu beachten ist der Beschluß des OVG NW vom 16. 10. 1987: Wird die Behörde durch einstweilige Anordnung des Verwaltungsgerichts verpflichtet, die Bauarbeiten an einem Vorhaben stillzulegen, so ist sie nicht befugt, von sich aus irgendwelche Bauarbeiten freizugeben, seien sie auch zur Sicherung des Hauses oder der neu errichteten Bausubstanz erforderlich. – Hierzu ist vielmehr das gerichtliche Verfahren zur Abänderung der einstweiligen Anordnung zu betreiben.

Böckenförde/Temme führen weitere Fälle an, bei denen die Baueinstellung rechtlich zulässig ist:

- Der BH beauftragt nicht einen Bauunternehmer und einen Bauleiter.
- Der Nachweis der Brauchbarkeit (Zulassung, Zustimmung) für neue Baustoffe und Bauteile ist nicht erbracht (s. II 1.6.1).
- Für verwendete überwachungspflichtige Baustoffe (s. II 1.6.2) ist der Nachweis der Herstellerüberwachung nicht erbracht.
- Mit der Bauausführung wird vor Zugang der Baugenehmigung begonnen.
- Bei der Bauausführung wird gegen baurechtliche Vorschriften verstoßen. Hier zählt auch eine wesentliche Abweichung von den aaRdT. – Über den Begriff „wesentliche Abweichung“ mag es Auslegungstoleranzen geben. Sie sind jedenfalls dann gegeben, wenn eine konkrete Gefahr zu befürchten ist. Der Baustopp ist hier bis zum Vorliegen geprüfter Nachtragsbauvorlagen einzuhalten (s. auch III 1.3.2).
- Ein Nachbar hat rechtzeitig Widerspruch gegen die dem BH erteilte Baugenehmigung eingelegt. Der Widerspruch hat gegen die Baugenehmigung aufschiebende Wirkung. Für die Baueinstellung ist die Aufhebung der Baugenehmigung nicht erforderlich (OVG Bremen, Beschl. v. 2. 4. 1984).

Auch die Bau-Berufsgenossenschaft kann die Stillegung einer Baustelle anordnen, z. B. wenn die vorgeschriebene Absturzsicherung (s. II 2.1.4) nicht vorhanden ist; bei Gefahr im Verzuge ist gem. § 714 RVO die Anordnung sofort vollziehbar.

1.5.3 Sofortige Vollziehung

Die Befugnis zur Baueinstellung ist in den meisten Landesbauordnungen ausdrücklich geregelt, in NW muß sie ersatzweise auf § 58 Abs. 1 gestützt werden.

An der sofortigen Vollziehung einer Baueinstellungsverfügung besteht grundsätzlich ein öffentliches Interesse; denn diese würde praktisch ihren Zweck nicht erreichen können, wenn es der Bauherr in der Hand hätte, durch Ausnutzung der aufschiebenden Wirkung des eingelegten Rechtsbehelfs die bauliche Anlage ohne vorherige Baugenehmigung und damit ohne die erforderliche behördliche Prüfung zu errichten, obwohl diese Anlage möglicherweise dem materiellen Baurecht widerspricht. – Um zu verhindern, daß die BAB und die Nachbarn vor vollendete Tatsachen gestellt werden, ist die sofortige Baueinstellung bei genehmigungspflichtigen Vorhaben in der Regel geboten (vgl. VHG Bad.-Württ., Beschl. v. 30. 9. 1970 und OVB Berlin, Beschl. v. 18. 12. 1987).

Die evtl. an der Baustelle mündlich ausgesprochene Baustoppverfügung muß schriftlich nachgeschoben werden.

Die formelle Illegalität wird ausnahmsweise dann nicht zur Einstellung der Bauarbeiten führen müssen, wenn sie offensichtlich genehmigungsfähig sind und eine alsbaldige Baugenehmigung zu erwarten ist (OVG Münster v. 29. 3. 1974).

1.6 Versiegelung; Sicherstellung eines Bauteils

1.6.1 Versiegelung

Werden trotz der Baueinstellungsverfügung die unzulässigen Bauarbeiten fortgeführt, so ist die BAB befugt, die Baustelle zu versiegeln. Die Versiegelung ist der amtliche Verschluß von Sachen durch die Anlegung von Siegeln. Dieser Verschluß sichert die Feststellung verbotener Änderungen oder Durchbrechungen, z. B. Weiterbauen trotz angeordneter Einstellung der Bauarbeiten. Das Siegel kann an Zauntoren, Bautüren oder Absperrungen angebracht werden; denkbar ist auch die Versiegelung von Baubuden oder Großgeräten. Es können auch Wohnungen (Eingangstüren) versiegelt werden, wenn die Geschoßdecke darüber, z. B. wegen Schwammbefall, einsturzgefährdet ist; hier sollte ein zusätzliches Schild an dieser Eingangstür den Grund der Versiegelung erklären.

Die Versiegelung untersteht besonderem strafrechtlichem Schutz. Nach § 136 Abs. 2 StGB macht sich strafbar, wer ein solches dienstliches Siegel beschädigt, ablöst oder unkenntlich macht oder wer durch ein solches Siegel bewirkten Verschluß ganz oder zum Teil unwirksam macht (Resch, Die Versiegelung – ein Instrument der Bauaufsicht, BR 1/1989). Weitere Ausführungen hierzu siehe unter I 4.2 – Siegelbruch.

So hat das OLG Köln (Urt. v. 1. 9. 1970) festgestellt, daß der Straftatbestand des § 136 StGB schon erfüllt sei, wenn ein Raum durch Anbringen eines Amtssiegels gesperrt sei und trotzdem weitergebaut werde. Es genüge schon die Mißachtung der durch die Siegelanlage gebildeten amtlichen Sperre, z. B. durch versiegelte Schnüre. Der Tatbestand des § 136 StBG sei dann als erfüllt anzusehen, wenn weitergebaut werde, auch ohne daß das Siegel selbst verletzt oder beseitigt worden sei.

Praktisch wird so vorgegangen: Die Baueinstellung wird verfügt, die Versiegelung wird angeordnet und sogleich ausgeführt. Aus den Besonderheiten der baurechtlichen Versiegelung folgt, daß sie ohne Androhung, Fristsetzung und Feststellung angewendet wird. Der Zweck der sofortigen Wirkung der Baueinstellung würde sonst nämlich nicht erreicht, da der BH inzwischen weiterbauen und weitere vollendete Tatsachen schaffen könnte. Beispiel für einen Versiegelungsaufkleber auf Seite 594.

In den Landesbauordnungen ist die Versiegelung unterschiedlich geregelt. Für NW hat OVG Münster die Versiegelung als Verwaltungszwang – sofortiger Vollzug (VwVG NW) angesehen. Ohne vorausgehenden Verwaltungsakt nur möglich, wenn keine Zeitspanne für den Regelfall gegeben sei.

§ 58 Abs. 3 Satz 2 VwVG NW gebietet, daß bei der Anwendung unmittelbaren Zwanges jeweils das mildeste Mittel auszuwählen ist. Für den Vollzug bauaufsichtlicher Aufgaben genügt in aller Regel der Einsatz einfacher körperlicher Gewalt auf Sachen, z. B. durch Versiegeln einer Baustelle. Nur wenn der Betroffene Widerstand leistet und die Vollzugsdienstkräfte (Kontrolleur der BAB mit Dienstausweis) an der Versiegelung hindert, ist der Einsatz weiterer Mittel der Polizei erlaubt. Zweckmäßig ersuchen die Vollzugsdienstkräfte in derartigen Fällen sofort die Polizei um Amtshife, ohne sich vorher in eine Rangelei einzulassen. Das Erscheinen der uniformierten Polizeibeamten genügt meist ohne weiteres, um den Widerstand aufzugeben. Die Polizei hat nach § 1 Abs. 3 Polizeigesetz den Vollzugsdienstkräften (Kontrolleuren der BAB) Vollzugshilfe zu leisten; sie **muß** also helfen.

LANDESHAUPTSTADT DÜSSELDORF
DER OBERSTADTDIREKTOR · BAUAUFSICHTSAMT

Auskunft erteilt		Zimmer	Telefon
	Brinckmannstr. 5		(02 11) 8 99-
Objektlage			Aktenzeichen

Datum

Achtung!

Diese Baustelle/Anlage ist amtlich versiegelt!

Betreten verboten!

Nach § 136 des Strafgesetzbuches wird mit Freiheitsstrafe bis zu einem Jahr oder mit Geldstrafe bestraft, wer ein dienstliches Siegel beschädigt, ablöst oder unkenntlich macht, das angelegt ist, um Sachen in Beschlag zu nehmen, dienstlich zu verschließen oder zu bezeichnen, oder wer den durch ein solches Siegel bewirkten Verschluß ganz oder zum Teil unwirksam macht.

Hinweis:
Der Tatbestand des Siegelbruches ist auch dann erfüllt, wenn eine weitere Nutzung erfolgt, ohne daß dabei das Siegel abgelöst oder beschädigt wird.

(Unterschrift)

Beispiel für einen „Versiegelungs-Aufkleber“

1.6.2 Sicherstellung eines Bauteils

Steht nach den Erkenntnissen der BAB die Ausführung einer illegalen Baumaßnahme unmittelbar bevor, dann ist eine gegenwärtige Gefahr (s. unter III 1.1.1) gegeben, zu deren Abwehr die BAB befugt ist, die Sicherstellung des für die Bauarbeiten wichtigen Bauteils vorzunehmen. In einem konkreten Fall wurde die vom BH bereitgestellte Stahlkuppel, vorgesehen für die nichtgenehmigte Dachmontage, auf einen Tieflader verladen und zum städtischen Bauhof abgefahren und dort sichergestellt.

Das schwerwiegende Risiko der ungeklärten Standsicherheit eines gegen den erklärten Willen der zuständigen BAB heimlich und blitzartig erstellten Bauwerkteiles berechtigt die BAB zur Anordnung dessen Beseitigung. Für die Anordnung der sofortigen Vollziehung reicht im Hinblick auf § 80 Abs. 3 VwGO entweder eine Kurzbegründung aus, bzw. eine besondere Begründung ist entbehrlich, wenn die Behörde mit dem Hinweis auf die akute Gefahrensituation eine als solche bezeichnete Notstandsmaßnahme getroffen hat (s. OVG NW, Beschl. v. 10. 5. 1989; BRS 49, S. 529).

1.7 Nutzungsuntersagung

Auch dieses Instrument der BAB ist – anders als in verschiedenen Landesbauordnungen – in NW nicht ausdrücklich geregelt; die Rechtsgrundlage ist wiederum § 58 (Befugnisse der BAB) Abs. 1 Satz 1 BauO NW (bzw. § 62 Entwurf 1994). Eine Nutzungsuntersagung einer widerrechtlich genutzten baulichen Anlage kommt in Frage, nachdem das Bauwerk erstellt ist, eine Baueinstellung also zu spät käme. Sie kommt auch in Betracht, wenn das BV zwar rechtmäßig mit Baugenehmigung ausgeführt wird, jedoch vor der Bauzustandsbesichtigung (Abnahme) vorzeitig genutzt wird.

Es genügt hierzu regelmäßig die formelle Illegalität; bei genehmigungsfreien BV, die ja ebenfalls durchweg dem materiellen Baurecht entsprechen müssen, setzt das Nutzungsverbot die materielle Illegalität voraus. Bayerischer VGH, Beschl. v. 29. 9. 1981: Bei der Untersagung einer baurechtlich relevanten Nutzung wird – anders als bei einer Beseitigungsanordnung – nicht in das Eigentum eingegriffen und kein irreparabler Zustand geschaffen. Der Betroffene wird nur gehindert, eine Nutzung auszuüben, zu der er (noch) nicht berechtigt ist.

Mit einer Nutzungsuntersagung kann regelmäßig nur verlangt werden, daß eine rechtswidrige Nutzung unterlassen wird, nicht aber das Entfernen von Gegenständen, die einer solchen Nutzung dienen könnten. – Eine Ausnahme besteht in den Fällen, in denen die unzulässige Nutzung gerade in der Lagerung dieser Gegenstände besteht (Bayerischer VGH, Urt. v. 15. 5. 1986). Eine Nutzungsuntersagung kann zwar in bestimmten Fällen die Verpflichtung zur Beseitigung von Gegenständen beinhalten, wie z. B. die Entfernung von gelagertem Gut auf Lagerplätzen; denn die rechtswidrige Nutzung hält hier an, solange eine Lagerung tatsächlich stattfindet. Anders ist dies bei der Untersagung der Nutzung eines Raumes als Aufenthaltsraum; hier ist die Nutzung untersagt, nicht aber das Aufstellen oder Lagern von bestimmten Gegenständen in einem solchen Raum, soweit er nicht als Aufenthaltsraum genutzt wird. Daher kann aufgrund einer Nutzungsuntersagung auch nicht das „Leermachen der Räume" verlangt werden. Es mag sein, daß es in Fällen der illegalen Nutzung von baulichen Anlagen für die Behörden im Hinblick auf die Überwachung und den Vollzug ihrer Nutzungsuntersagung von Vorteil wäre, wenn auch die Gegenstände, die typischerweise zu einer rechtswidrigen Nutzung – insbesondere wie hier bei Wohnräumen – dienen, entfernt würden.

Nach dem Beschluß des OVG NW vom 24. 11. 1988 kann das Gebot, in den Schwarzbau eingebrachte Gegenstände zu entfernen – hier handelte es sich um Möbel –, Teil der Nutzungsuntersagung sein und regelmäßig allein wegen der formellen Illegalität der Nutzung und auch sofort vollziehbar ausgesprochen werden (gilt jedenfalls so in NW). – Ein Gebot, der unerlaubten Nutzung des Schwarzbaues dienende Gegenstände zu entfernen, ist, wenn es der Unterbindung der Nutzung dienen soll, nicht als isolierte Maßnahme, sondern nur zusammen mit einem Nutzungsverbot rechtens.

Bei vermieteten, vom Mieter genutzten Gebäuden ist die Nutzungsuntersagung gegenüber dem Mieter auszusprechen, selbst wenn er keinen Mietvertrag hat. Der Eigentümer bekommt keine Duldungsverfügung. Eine Verfügung, die dem Vermieter aufgibt, den Mieter aus dem Mietverhältnis zu setzen, ist rechtswidrig (OVG wie oben).

Falls die vom Eigentümer eingebauten Installationen beseitigt werden sollen, müßte eine eigene Beseitigungsverfügung gegen den Eigentümer erlassen werden; in der Regel genügt jedoch die Versiegelung der Räume.

Nutzungsuntersagung kann u. U. auch die Räumung eines Wohnhauses sein; nach OVG NW (Beschl. v. 10. 9. 1970) kann die BAB die Räumung eines Hauses anordnen, wenn die Standsicherheit des im Rohbau nicht abgenommenen Wohnhauses objektiv berechtigten Zweifeln unterliegt.

Das aus dem Gleichbehandlungsgrundsatz folgende Gebot einer gleichmäßigen Gesetzesanwendung erfordert nach der ständigen Rechtsprechung des Hess. VGH ein systematisches

Vorgehen der BAB gegen alle im räumlichen und sachlichen Zusammenhang vorhandenen, vergleichbaren illegalen baulichen Anlagen. Das schließt nicht aus, daß auch ein zunächst isoliertes Vorgehen nach Lage des Einzelfalles sachgerecht und willkürfrei erscheinen kann, so z. B., wenn die Behörde nicht von sich aus einen Fall herausgreift, sondern ohnehin mit ihm befaßt ist und auf die illegale Bautätigkeit zeitnah reagiert (Hess. VGH, Urt. v. 4. 7. 1991). Hier handelte es sich um das Nutzungsverbot eines Grundstücks als Campingplatz ohne gleichzeitig die zahlreichen vergleichbaren illegalen Freizeitanlagen in der näheren Umgebung aufzugreifen (Motto: Es gibt kein Recht im Unrecht).

Bei einem ungenehmigten BV besteht an der sofortigen Vollziehung eines Nutzungsverbotes grundsätzlich ein öffentliches Interesse (OVG Lüneburg, Beschl. v. 11. 5. 1970).

Auch nach erfolgter – mängelfreier – Schlußabnahme können von der BAB Maßnahmen gefordert werden, um übersehene oder sonst nicht beanstandete Verstöße gegen das materielle Baurecht zu beseitigen. Die Erteilung eines Schlußabnahmescheins ändert eine Baugenehmigung nicht ab (hier Bezeichnung statt „Wohn- und Bürohaus“ nun „Bürogebäude“) und verleiht auch nicht unbeanstandet gebliebenen Abweichungen von der Baugenehmigung die Legalität. Ein Vertrauen des BH darauf, daß eine Nutzungsuntersagung (des Büroteils) nicht mehr ergehen würde, konnte durch die falsche Abnahmebescheinigung nicht begründet werden (OVG NW, Urt. v. 20. 8. 1992).

Das Nutzungsverbot kann mit flankierenden Maßnahmen unterstützt werden: Neben der Versiegelung (s. III 1.6.1) des Schwarzbaues kommen in den Fällen, in denen Dritte den Schwarzbau benutzen, das Gebot, bestehende Verträge zu kündigen, oder das Verbot, neue Verträge zu schließen, als taugliche Mittel einer OV in Betracht (K. Rabe, Das Vorgehen der BAB gegen illegale Bauwerke; BauR 3/1978).

Bei einem Nutzungsverbot ist ein Zwangsgeld das richtige Zwangsmittel, im Fall einer akuten Gefahr: die Versiegelung.

1.8 Beseitigung illegaler Baumaßnahmen (= Abbruch von Schwarzbauten)

1.8.1 Die zugehörige Ordnungsverfügung

Die Abbruchverfügung ist in manchen Landesbauordnungen ausdrücklich geregelt; in NW muß sie ersatzweise auf § 58 Abs. 1 Satz 2 BauO NW gestützt werden.

Die Abbruchverfügung hat eine nicht mehr rückgängig zu machende Maßnahme zum Inhalt und Ziel. Sie greift erheblich in Substanzen und Vermögen ein und ist nur zulässig, wenn die bauliche Anlage formell und materiell illegal ist. Es ist also zu prüfen, ob das Bauwerk zu irgendeiner Zeit einmal dem geltenden Recht entsprochen hat, da dann nicht mehr dagegen eingeschritten werden kann (Prinzip des Bestandschutzes).

Bei dem Erlaß der Abbruchverfügung sind besonders der Gleichheitsgrundsatz und das Übermaßverbot zu beachten. Der Gleichheitsgrundsatz soll verhindern, daß gleichliegende Fälle ohne sachlichen Grund unterschiedlich behandelt werden. Der Gleichheitsgrundsatz fordert nicht, daß die Behörde alle in ihrem Zuständigkeitsbereich liegenden Wohngrundstücke regelmäßig und gezielt daraufhin überprüft, ob ungenehmigte bauliche Anlagen errichtet worden sind. Es reicht aus, daß sie „Schwarzbauten“ überprüft, wenn ihr diese – z. B. anläßlich von Baugenehmigungsverfahren oder aufgrund von Hinweisen (regelmäßig kommen solche aus der Nachbarschaft) – bekanntwerden (OVG Bremen, Urt. v. 26. 2. 1985).

Jedoch kann die BAB die Anordnung der Beseitigung einer Holzflechtwand nicht mit der Begründung ablehnen, ihre personelle Kapazität reiche nicht aus, um gegen die vielen gleichartigen Einfriedigungen in der Umgebung vorzugehen (Bayerischer VGH, Urt. v. 11. 8. 1988).

Gegen den Grundsatz der Verhältnismäßigkeit (Übermaßverbot) wird z. B. dann verstoßen, wenn an Stelle des abzutragenden baurechtswidrigen Gebäudes ein kleineres zulässig wäre (s. E. Rasch, Die Abbruchverfügung, BR 2/1975).

Ein Beseitigungsanspruch besteht auch nicht, wenn das Ziel durch Nutzungsbeschränkungen erreicht werden kann, wie z. B. beim Ballspielplatz (OVG Saarl., Urt. v. 12. 11. 1991).

Zunächst einmal gilt (Bayerischer VGH, Urt. v. 6. 2. 1980), daß der Grundsatz der Verhältnismäßigkeit grundsätzlich nicht verletzt wird, wenn die gesamte unrechtmäßig errichtete bauliche Anlage beseitigt werden muß; dies gilt auch dann, wenn mit dem Abbruch dem Betroffenen erhebliche finanzielle Verluste entstehen. – Ein Gesamtabbruch ist keine unzumutbare Härte, da der BH den wirtschaftlichen Schaden selbst verursacht hat (Rasch). Soziale Gesichtspunkte sind nicht zu berücksichtigen, doch setzt die Ermessungsausübung beim Erlaß einer Abbruchanordnung die Abwägung der öffentlichen und privaten Belange voraus. Ausdrückliche Würdigung privater Belange kann im Einzelfall geboten sein bei körperlicher und geistiger Behinderung eines nahen Angehörigen, der das abzubrechende Gebäude mitbewohnt. Fehlt eine solche Abwägung, kann die Abbruchanordnung ermessensfehlerhaft sein (VGH Bad.-Württ., Urt. v. 9. 11. 1990).

Ein Bauherr hatte die Baugenehmigung zum Umbau und zur Erweiterung eines bestehenden Zweifamilienhauses nicht eingehalten, nachdem er erkannt hatte, daß ein Umbau des Altbaues nicht durchführbar war. Er hatte ohne Einschaltung des Bauaufsichtsamtes das Gebäude vollständig beseitigt und einen Neubau errichtet, der materiell im vorliegenden Außenbereich nicht genehmigungsfähig war. Nach Fastvollendung ordnete die BAB die völlige Beseitigung an (Herstellkosten betrugen 800 000 DM, dazu Abrißkosten von 90 000 DM). Das VG Arnsberg gab der BAB Recht (Urt. v. 19. 4. 1994).

Nur unter bestimmten Umständen wird ein uneingeschränktes Beseitigungsgebot als übermäßig erscheinen, nämlich wenn von vornherein erkennbar ist, daß ein für sich allein ohne weiteres „lebensfähiger“, dem materiellen Baurecht entsprechender Restbaukörper bestehenbleiben kann. Es ist jedoch Sache des Betroffenen, eine derartige Verkleinerung des Bauwerks vorzuschlagen, so daß eine Genehmigung möglich ist. Es ist nicht Aufgabe der Behörde zu prüfen, ob und in welcher Form das Bauwerk gerettet werden kann (s. auch Rabe). Dies kann jedoch im Sinne der behördlichen Auskunftspflicht sinnvoll sein.

Eine Rückbauverfügung wegen Verletzung des Bauwiches um wenige Zentimeter kann wegen Verstoßes gegen den Verhältnismäßigkeitsgrundsatz rechtswidrig sein (OVG Lüneburg, Urt. v. 28. 2. 1983). Hier hatte ein BH mit seinem Anbau von 6,16 m Länge einen Grenzabstand von 2,94 m bzw. 2,97 m statt 3,00 m eingehalten. Auf die Berufung des BH gegen die OV, die Verblendung auf 3 m zurückzusetzen, wurde die OV aufgehoben.

Der Grundsatz der Verhältnismäßigkeit rechtfertigt nicht die gerichtliche Aufhebung einer von der Behörde regelmäßig erlassenen Beseitigungsanordnung, wenn eine Rechtsänderung, nach der die Beseitigungsanordnung nicht mehr ergehen dürfte, noch nicht erfolgt ist, sondern nur erst in Aussicht steht (BVG, Urt. v. 6. 12. 1985). Hier war eine positive Rechtsänderung lediglich nicht auszuschließen. Einen Anspruch auf Aufhebung einer Abbruchsanordnung hat der Betroffene erst dann, wenn sich die Sach- und Rechtslage tatsächlich mit dem Ergebnis geändert hat, daß die Anlage rechtmäßig geworden ist.

Die BAB sollte darauf achten, daß sie nicht nur den Abbruch fordert, sondern gleichzeitig auch auf Beseitigung der Bauteile, Trümmer und Bauschutt dringt sowie auf das Einebnen der Baugrube (Auffüllen), um den ursprünglichen Zustand wiederherzustellen, und zwar ohne Einschalten weiterer Behörden, wie z. B. Landschaftsbehörde, Abfallbehörde, Umweltamt (s. auch VGH Bad.-Württ., Urt. v. 6. 7. 1988).

Die Verhinderung illegaler Bauwerke liegt nach herrschender Rechtsprechung grundsätzlich im öffentlichen Interesse, so daß die sofortige Vollziehung der Abbruchverfügung anzuordnen ist. Erst recht gilt die Notwendigkeit der sofortigen Vollziehung bei baufälligen Bauwerken.

Die BAB hat eine Frist festzulegen, innerhalb der die aufgegebene Maßnahme zu erfüllen ist. Einzurechnen ist die Zeit für die Suche eines Unternehmers und Vergabe des Auftrages. Eine Beseitigungsfrist von dreieinhalb Monaten ist aber in jedem Fall angemessen und ausreichend (OVG NW, Urt. v. 11. 7. 1977).

Die Beseitigungsanordnung gilt auch gegenüber dem Rechtsnachfolger des Adressaten (VGH Bad.-Württ., Beschluß vom 12. 3. 1991).

Im Regelfall gehört zur Forderung der Beseitigung einer baulichen Anlage, daß sie gegen formelles und materielles Recht verstößt. Ein Beseitigungsverbot kann ausnahmsweise alleine auf formelle Illegalität gestützt werden, wenn die Beseitigung der baulichen Anlage einem Nutzungsverbot gleichgestellt werden kann. Dies ist dann der Fall, wenn die bauliche Anlage ohne Substanzverlust und andere hohe Kosten (absolut und im Verhältnis zum Wert der Anlage) für Entfernung und Lagerung beseitigt werden kann (Hess. VGH, Beschl. v. 10. 6. 1991). – Die Lieferfirma von 6 illegal aufgestellten Fertiggaragen hatte sich bereit erklärt, die Garagen aufzuladen, abzutransportieren und für monatlich 100 DM zwischenzulagern.

1.8.2 Die Durchsetzung der Abbruchverfügung

Wenn die Ordnungsverfügung unanfechtbar geworden ist oder sofort vollziehbar und der BH nicht freiwillig der Abbruchanordnung nachkommt, stellt sich das Problem der zwangsweisen Durchsetzung der Verfügung. Bei dieser zwangsweisen Durchsetzung von Beseitigungsanordnungen muß ein bestimmtes Verfahren eingehalten werden (vgl. hierzu den Abschnitt III 1.2 – Verwaltungszwang).

Von den dort genannten Zwangsmitteln kommen generell die Ersatzvornahme und das Zwangsgeld in Betracht. Im Regelfalle ist mit einer Ersatzvornahme zu vollstrecken, nur ausnahmsweise darf ein Zwangsgeld verhängt werden (OVG Saarland, Urt. v. 8. 5. 1970). Natürlich ist Zwangsgeld als Beugemittel für die Behörde einfacher, da sie bei Vorlage der Ersatzvornahmekosten ein zusätzliches Risiko hat. Es wäre abwegig, wenn die Pflichtigen in dem Zwangsgeld eine Art Gebühr sehen würden, die die Schwarzbauer dafür entrichten müssen, daß die Behörden das rechtswidrige Bauwerk dulden und das von vornherein vom Schwarzbauer „einkalkuliert" wird.

Die Ersatzvornahme ist eine vertretbare Handlung (§ 59 VwVG NW) anstelle des Handlungspflichtigen und auf seine Kosten. Sie ist nämlich vertretbar, wenn es für die BAB gleichbleibt, ob der Pflichtige oder ein anderer die Handlung vornimmt, was bei der Abbruchverfügung stets der Fall ist. Bei der zwangsweisen Durchsetzung von Beseitigungsanordnungen kommt vor allem die Ersatzvornahme durch Dritte, also Bauunternehmer, in Betracht. Dabei richten sich die Rechtsbeziehungen zwischen Behörde und dem Unternehmer nach bürgerlichem Recht. In der Regel wird es ein Werkvertrag nach BGB § 631 ff. sein. Der Bauunternehmer kann dazu nicht gezwungen werden.

Die folgenden etwas ausführlicheren Ausführungen sollen auf „Fallstricke" aufmerksam machen: Die Fremdvornahme der Ersatzvornahme liegt vor, wenn die Behörde also einem Bauunternehmen die Durchführung in der Weise vertraglich überträgt, daß dieser eigenverantwortlich die Geschäftsbesorgung übernimmt. Selbstvornahme liegt vor, wenn die Behörde selbst Geschäftsführer bleibt, zur Durchführung eigene oder lediglich unselbständig handelnde behördenfremde Hilfskräfte heranzieht (z. B. einen Zimmermann). In beiden Fällen können die Kosten dem Pflichtigen auferlegt werden. Vor dem 1. 7. 1980 war die Ersatzvornahme nur als Fremdvornahme zulässig, die Selbstvornahme galt als unmittelbarer Zwang.

Besonders kritisch sind Beseitigungsverfügungen nur für einen Teil des Gebäudes, wenn z. B. zu viele und zu große Dachgauben (über die Genehmigung hinaus), ein zu tiefer Anbau oder ein Geschoß mehr als genehmigt errichtet wurden. Solche „Rückbaumaßnahmen", besonders dann, wenn mit ihnen Rekonstruktionsarbeiten am Gebäude verbunden sind, erfordern genaue maßliche Angaben sowie Darstellungen in Bauzeichnungen, damit die angeordnete Handlung auch zweifelsfrei verständlich wird. Das OVG NW hat in einem solchen Fall die durch OV angedrohte Rückbaumaßnahme eines illegal ausgeführten 3. OG, verbunden mit der Rekonstruktion eines Dachstuhles an einem unter Denkmalschutz stehenden Gebäude, – durch Angabe genauer Maße sowie unter Bezug auf genaue Bauzeichnungen – als ausreichend für die Vollstreckung anerkannt (BauR 1983, 126 ff.).

Bei der Selbstvornahme hat die Bauaufsicht keine neben dem Ordnungsrecht bestehenden Rechtsvorschriften zu beachten. Dagegen ergibt sich bei der Fremdvornahme die Notwendigkeit zur Einhaltung zivilrechtlicher Vorschriften. Im bauaufsichtlichen Bereich wird, da hier Bauwerke abgebrochen oder geändert werden müssen, regelmäßig der Abschluß von Werkverträgen nach § 631 ff. BGB in Verbindung mit der VOB erforderlich. Der Vertragsabschluß kommt dabei ausschließlich zwischen der BAB und dem Unternehmer zustande; der Ordnungspflichtige ist hieran in keiner Weise beteiligt, er muß lediglich die Kosten tragen. Wenn nicht die Gefahr der Standunsicherheit droht, ist ein reguläres Ausschreibungsverfahren nach VOB unverzichtbar. Die BAB sollte sich der Amtshilfe des Hochbauamtes versichern. Erfüllt der Ordnungspflichtige selbst die festgesetzte Handlung, nachdem ein Unternehmer mit der Ausführung beauftragt wurde, ist die Ersatzvornahme sofort einzustellen, das Vertragsverhältnis mit dem Unternehmer zu kündigen und er nach § 649 BGB abzufinden. Die Abfindungskosten muß der Pflichtige tragen. Der Pflichtige muß allerdings sofort die festgesetzte Handlung ausführen oder zügig damit beginnen; eine bloße Ankündigung genügt nicht (nach dem Tagungsmanuskript des VHW 3/1991 über bauordnungsbehördliches Einschreiten).

1.9 Betretungsrecht bei Grundstücken und Wohnungen

Im Verlauf der Aufgaben der BAB kommt es aus verschiedenen Gründen zur Notwendigkeit, Grundstücke, bauliche Anlagen und Wohnungen zu betreten:

- Ortsbesichtigung des unbebauten Grundstücks im Zuge eines Bauantrages.
- Bauüberwachung während der Bauausführung.
- Bauzustandsbesichtigung des Rohbaues bzw. des fertiggestellten Bauvorhabens.
- Feststellung und Bewertung eines bekanntgewordenen Mangels oder Gefahrenzustandes, auch in einem genutzten Gebäude bzw. einer bewohnten Wohnung.
- Feststellungen bei illegal errichteten Gebäuden oder nicht genehmigten Nutzungen.

Das Betretungsrecht ist in den Landesbauordnungen geregelt (in NW unter § 58 Abs. 3).

Nach Fertigstellung der baulichen Anlage soll die Betretungsabsicht der BAB dem Eigentümer vorher mitgeteilt werden, der zwar den Termin beeinflussen, nicht jedoch grundsätzlich ablehnen kann. Insoweit wird die Unverletzlichkeit der Wohnung gemäß Artikel 13 Grundgesetz eingeschränkt. Voraussetzung des Betretungsrechts ist, daß die mit dem Vollzug des Gesetzes (Landesbauordnung) beauftragten Personen in Ausübung ihres Amtes tätig werden. Eingriffe dürfen nur zur Abwehr einer gemeinen Gefahr oder einer Lebensgefahr für einzelne Personen aufgrund eines Gesetzes (hier LBO) zur Verhütung dringender Gefahren für die öffentliche Sicherheit und Ordnung vorgenommen werden (Gaedtke). Zur Erläuterung der Gefahrbegriffe wird auf III 1.1 verwiesen.

Notfalls ist eine Duldungsverfügung zu erlassen.

Von der Wohnungsbetretung ist die Wohnungsdurchsuchung zu unterscheiden, die nach Art. 13 Abs. 2 GG der präventiven richterlichen Kontrolle bedarf. Wohnungsdurchsuchungen, die ohne richterliche Anordnung vorgenommen werden, sind, abgesehen von dem in Art. 13 Abs. 2 GG vorgesehenen Fall einer Gefahr im Verzuge (s. hierzu III 1.1.1), rechtswidrig und können von dem Betroffenen abgelehnt werden. Sie sind Mittel zum Auffinden und Ergreifen einer Person, zum Auffinden, Sicherstellen oder zur Beschlagnahme einer Sache oder zur Verfolgung von Spuren. Ziel der Durchsuchung ist das Ausforschen eines für die freie Entfaltung der Persönlichkeit wesentlichen Lebensbereiches, das unter Umständen bis in die Intimsphäre des Betroffenen dringen kann. – Das Betreten einer Wohnung von Bediensteten der BAB zur Feststellung und Bewertung eines Mangels oder Gefahrenzustandes (z. B. Deckenüberlastung mit evtl. Einsturzgefahr) ist keine Durchsuchung; man kann diese Betretungsduldung allerdings auch nicht auf den o. a. Artikel des Grundgesetzes stützen.

In einer Duldungsverfügung müßte eine Präzisierung der Duldungspflicht vorgenommen werden hinsichtlich der voraussichtlich für erforderlich gehaltenen Anzahl von Kontrollen und in zeitlicher Hinsicht (z. B. für die Dauer eines Jahres alle 2 Monate); danach müßte bei Bedarf eine neue Duldungsverfügung erlassen werden (Hess. VGH, Beschl. v. 26. 10. 1990).

Eine Duldungsverfügung zum Betreten eines Grundstücks schließt das Betreten der Wohnräume nicht automatisch ein (Nieders. OVG, Urt. v. 26. 7. 1991).

Während der Bauausführung braucht die BAB die jeweils nach Ermessen ausgewählten Baustellenkontrollen dem BH oder Unternehmer nicht anzukündigen.

1.10 Bußgeldverfahren – Ordnungswidrigkeiten

An die Stelle der Dreiteilung – Verbrechen, Vergehen, Übertretung – entsprechend der Schwere der Straftaten trat 1974 im Strafrecht gemäß § 12 StGB die Zweiteilung (ohne Übertretung). Die Zuwiderhandlung gegen geringfügige Gebote und Verbote, die eigentlich nicht ins Strafrecht gehören, wird danach als Ordnungswidrigkeit aufgefaßt (Ordnungswidrigkeitengesetz, Fassung 4/1987) und aus dem Strafrecht ausgegliedert.

Nach § 1 OWiG werden solche Handlungen geahndet, die

1. einen gesetzlich geregelten Ordnungswidrigkeitentatbestand verwirklichen. Im Bereich der Bauausführung sind diese Tatbestände in der LBO einzeln aufgeführt, für NW z. B. unter § 79 BauO NW (s. hierzu III 2.1; bzw. § 85 des Entwurfs 1994), u. U. auch im Baunebenrecht enthalten.
2. rechtswidrig sind, bei denen also auch keine Rechtfertigungsgründe angeführt werden können; solche sind Notwehr, (rechtfertigender) Notstand, (rechtfertigende) Pflichtenkollision und behördliche Erlaubnis.
3. vorwerfbar sind, also bei der Entscheidung Vorsatz oder Fahrlässigkeit des Täters beinhalten. Hierbei sind evtl. fehlende Altersreife, Verbotsirrtum und Tatbestandsirrtum zu berücksichtigen (s. hierzu: P. Schwacke, Recht der Ordnungswidrigkeiten, Deutscher Gemeindeverlag, 2. Aufl. 1988).

Ein bloßer Versuch kann nicht als Ordnungswidrigkeit geahndet werden.

Die Folge einer Ordnungswidrigkeit ist das Bußgeld; zuständig als Verwaltungsbehörde die BAB. Das Bußgeld ist weder Geldstrafe im Sinne des StGB noch Zwangsgeld (als Beugemittel) nach dem Verwaltungsvollstreckungsgesetz; Zwangsgeld und Bußgeld könnten jedoch nebeneinander eingesetzt werden.

Die Höhe des Bußgeldes ist in das Ermessen der BAB gestellt (natürlich innerhalb des Höchstbetrages von 100 000 DM). Sie soll sich orientieren an der Bedeutung der Ordnungswidrigkeit, am Vorwurf gegen den Täter, evtl. auch an den wirtschaftlichen Verhältnissen. Der wirtschaftliche Vorteil soll auf jeden Fall abgeschöpft werden.

In der Regel gibt es mehrere Betroffene (Täter), die im Rahmen ihrer Verantwortlichkeit bei Schwarzbauten bzw. den anderen bußgeldbewehrten Tätigkeiten (§ 79 Bauordnung NW, GaragenVO, VersammlungsstättenVO, GeschäftshausbauVO, FeuerungsVO) mitgewirkt haben. Das können sein der Bauherr, der Entwurfsverfasser, der Unternehmer und der Bauleiter bzw. der bauüberwachende Architekt.

Da der Stand der Kenntnisse von Rechtsvorschriften nicht bei allen Betroffenen gleich ist, können sowohl unterschiedlich hohe Bußgelder verhängt als auch Verfahren auf einzelne Baubeteiligte beschränkt werden. Grundsätzlich ist davon auszugehen, daß bei Entwurfsverfassern und Bauleitern wegen der berufsbedingten Beschäftigung mit den einschlägigen Vorschriften ein weitgehendes Unrechtsbewußtsein vorliegt, so daß eine primäre Verantwortlichkeit dort gegeben ist. – Insbesondere ist im Wiederholungsfall ein empfindliches Bußgeld angebracht.

Die von den Betroffenen – auch von Bauherren, die sich selbst als Baulaien bezeichnen – häufig vorgebrachte Entschuldigung, sie hätten die Genehmigungspflicht ihrer Bauarbeiten nicht erkannt, wird auch von den Amtsgerichten nicht als Verbotsirrtum (unvermeidbarer) nach § 11 des OWiG anerkannt, da dieser Irrtum durch Erkundigungen bei der BAB leicht hätte vermieden werden können.

Manche Gemeinden haben sich wegen des Gleichbehandlungsgrundsatzes einen Bußgeldrahmen erstellt; das Beispiel einer Großstadt wird hier nachfolgend abgedruckt. Entsprechend der Vorwerfbarkeit werden hierbei noch folgende verschärfende Multiplikatoren verwendet:

formell-illegal	fahrlässig	×1
	vorsätzlich	×2
	wiederholt	×3
materiell-illegal	fahrlässig	×1
	vorsätzlich	×2
	wiederholt	×3

Wenn gegen den Bußgeldbescheid Einspruch eingelegt wird, geht die Akte an den Staatsanwalt und in ein normales gerichtliches Verfahren über.

Hinweis: Während das Bußgeld bei der BAB verbleibt, geht die Geldstrafe an die Staatskasse. Die BAB sind bemüht, die Höhe des Bußgeldes so anzusetzen, daß gerade kein Einspruch erhoben wird.

– Anbringen/Abänderung von Werbeanlagen ohne Genehmigung; genehmigungsfähig	geringer Verstoß ab	200,– DM
	größerer Verstoß ab	500,– DM
– Vorzeitiges Benutzen baulicher Anlagen entgegen § 77 (7) BauO NW	Einfamilienhaus mind.	100,– DM
	gewerbl. Nutzung mind.	1 000,– DM
– Bauen vor Zugang der Baugenehmigung (abhängig vom Bauvorhaben)	ab	1 000,– DM
– Ungenehmigter Wintergarten	ab	800,– DM
– Ungenehmigte Versiegelung von Flächen		1 000,– DM
– Ungenehmigte Dachgaube	ab	1 000,– DM
– Abweichen von der Genehmigung durch Errichten zusätzlicher Wohneinheiten – je Wohneinheit		1 500,– DM
– Abriß eines 2geschossigen Wohnhauses ohne Genehmigung, aber genehmigungsfähig		10 000,– DM
– Abweichen von der Genehmigung durch Errichten eines weiteren Geschosses, genehmigungsfähig		10 000,– DM
– Schwarzbau eines Einfamilienhauses im Außenbereich		30 000,– DM

2 Rechtsgrundlagen

Die Grundrechte unserer Verfassung garantieren jedermann

- freie Entfaltung der Persönlichkeit; d. h., jeder kann grundsätzlich tun und lassen, was er will, soweit er nicht Rechte anderer verletzt oder gegen die verfassungsmäßige Ordnung verstößt. So wird die allgemeine Baufreiheit eingeschränkt durch Baugesetzbuch, Baunutzungsverordnung und insbesondere die Landesbauordnung (s. hierzu III 2.1).
- allgemeinen Gleichheitsgrundsatz; wesentlich Gleiches darf nicht ungleich behandelt werden. Ausnahmen müssen begründet werden, kommen aber zu häufig vor (s. hierzu III 1.8.1).
- Rechtsweggarantie; jeder kann öffentliche Gewalt (Eingriffe, Verbote, Gebote) gerichtlich überprüfen lassen, um sie evtl. abzumindern oder aufzuheben. In der ersten Instanz besteht kein Anwaltszwang. – Daneben sind behördlicherseits zu beachten: das Gebot des mildesten Eingriffs sowie die Prinzipien des Geeignetseins, der Erforderlichkeit und der Verhältnismäßigkeit.

Was Richter in Gerichtsverfahren aus diesen Grundrechten machen, steht auf einem anderen Blatt.

Texte einschlägiger Gesetze in Auszügen mit Verwaltungsvorschriften und Hinweisen

Soweit die Gesetze nicht bundesweit gelten, wird die Fassung von Nordrhein-Westfalen (NW) zitiert; gewisse kleinere Abweichungen in anderen Bundesländern sind möglich.

2.1 Landesbauordnung

Hier wird beispielhaft die BauO NW zitiert, Fassung 6/1984, sowie die zugehörige Verwaltungsvorschrift (11/1984). Abweichungen in der künftigen Fassung, die wohl im Laufe des Jahres 1995 in Kraft treten wird, werden nach dem bisher nur vorliegenden Gesetzentwurf der Landesregierung NW (Drucksache vom 20. 5. 1994) angeführt. Sie betreffen für den Planer Vereinfachungen beim Baugenehmigungsverfahren (Deregulierung), für den Bauunternehmer und für den objektüberwachenden Architekten die Umsetzung der EG-Bauproduktenrichtlinie in nationales Recht (Brauchbarkeits- und Übereinstimmungsnachweise von Bauprodukten und Bauarten (im weiteren Text als BauO NW neu bezeichnet und mit einem seitlichen Strich gekennzeichnet).

Die BauO NW deckt sich in weiten Teilen mit der Musterbauordnung (12/1993), die sich wiederum mit den Bauordnungen der neuen Bundesländer (ehemalige DDR) bis auf den Abschnitt III – Bauprodukte und Bauarten – deckt.

Die Landesbauordnung gilt für alle baulichen Anlagen. Ihre materiellen Vorschriften (nicht auch Verfahrensfragen) gelten unabhängig davon, ob das Vorhaben genehmigungsbedürftig ist oder nicht; es ist auch unerheblich, welche Behörde für die Erteilung einer vorgeschriebenen Genehmigung zuständig ist (z. B. die BAB oder das Staatliche Gewerbeaufsichtsamt). Ihre Vorschriften sind ferner in gleicher Weise auf private wie öffentliche Vorhaben anzuwenden. Auch Bund und Länder sind an sie gebunden, ausgenommen die verfahrensmäßigen Besonderheiten.

Verwaltungsvorschriften zur Landesbauordnung sind zur Wahrung eines einheitlichen Vollzuges des Gesetzes erforderlich. Sie binden als innerdienstliche Weisung nur die Behörde, nicht den Bürger, ebenfalls nicht die Gerichte; sie entfalten aber unmittelbar über eine entsprechende Verwaltungspraxis nach dem verfassungsrechtlichen Gebot der Gleichbehandlung gem. Art. 3 GG rechtliche Wirkungen (Gädtke/Böckenförde/Temme, Landesbauordnung NW, Kommentar).

Nach § 50 BauO NW (neu: § 54) können für bauliche Anlagen besonderer Art (oder Nutzung) besondere Anforderungen gestellt oder Erleichterungen gewährt werden. Sie beziehen sich im wesentlichen auf Belange des Brandschutzes oder der Gewerbeaufsicht und sind in NW in folgenden Sonderbauvorschriften niedergelegt: Garagenverordnung (11/1990), Geschäftshausverordnung (1/1969), Versammlungsstättenverordnung (7/1969), Krankenhausbauverordnung (2/1978), Gaststättenbauverordnung (12/1983), Hochhausverordnung (6/1986), Industriebaurichtlinie (10/1989) und Schulbaurichtlinie (6/1975).

§ 3 Allgemeine Anforderungen

(1) Bauliche Anlagen sowie andere Anlagen und Einrichtungen im Sinne von § 1 Abs. 1 Satz 2 sind so anzuordnen, zu errichten, zu ändern und zu unterhalten, daß die öffentliche Sicherheit oder Ordnung, insbesondere Leben oder Gesundheit, nicht gefährdet wird. Die der Wahrung dieser Belange dienenden allgemein anerkannten Regeln der Technik sind zu beachten. Von diesen Regeln kann abgewichen werden, wenn eine andere Lösung in gleicher Weise die allgemeinen Anforderungen des Satzes 1 erfüllt; § 21 bleibt unberührt.

(2) Für den Abbruch baulicher Anlagen sowie anderer Anlagen und Einrichtungen im Sinne des § 1 Abs. 1 Satz 2 und für die Änderung ihrer Benutzung gilt Absatz 1 sinngemäß.

(3) Als allgemein anerkannte Regeln der Technik gelten auch die von der obersten Bauaufsichtsbehörde oder der von ihr bestimmten Behörde durch öffentliche Bekanntmachung eingeführten technischen Baubestimmungen. Bei der Bekanntmachung kann die Wiedergabe des Inhalts der Bestimmungen durch einen Hinweis auf die Fundstelle ersetzt werden.

VV BauO NW

3 Allgemeine Anforderungen (§ 3)

3.1 Zu Absatz 1

3.11 Gehen von baulichen Anlagen oder anderen Anlagen und Einrichtungen im Sinne des § 1 Abs. 1 Satz 2 Gesundheitsgefahren oder unzumutbare Belästigungen durch Luftverunreinigungen, Lärm oder andere schädliche Umwelteinwirkungen aus, so liegt hierin eine Gefährdung der öffentlichen Sicherheit der Ordnung.

3.12 Der Nachweis für die Erfüllung der allgemeinen Anforderungen nach Satz 1 obliegt in Zweifelsfällen dem Bauherrn oder einem sonst am Bau Beteiligten.

3.3 Zu Absatz 3

3.31 Bei Abweichungen von bauaufsichtlich eingeführten technischen Baubestimmungen gilt Nr. 3.12.

3.32 Das Verzeichnis der nach § 3 Abs. 3 eingeführten technischen Baubestimmungen wird in der Sammlung des bereinigten Ministerialblattes für das Land Nordrhein-Westfalen (SMBl. NW) unter der Gliederungsnummer 2323 veröffentlicht.

Hinweise:

§ 3 gilt als Generalklausel der Gefahrenabwehr im Bauordnungsrecht; ist so in allen Landesbauordnungen (LBO) festgeschrieben. Sie *verpflichtet* den Bauherrn und die übrigen am Bau Beteiligten zum Handeln oder Unterlassen. Zur Pflichtaufgabe der Bauaufsichtsbehörde (BAB) vgl. § 58, bzw. § 62 des Entwurfs 1994.

Die ordnungsrechtliche Generalklausel des Ordnungsbehördengesetzes (OBG) *ermächtigt* die Behörde zum Einschreiten und läßt ihr wegen des unbestimmten Rechtsbegriffs einen Ermessensspielraum. Ordnungsverfügungen der BAB müssen jedoch nicht auf § 14 OBG gestützt werden.

Ausführliche Erläuterungen zum Begriff der Gefahr sind unter III 1.1 gegeben; wegen der Auslegung des Begriffs der allgemein anerkannten Regeln der Technik (aaRdT) wird auf die Ausführung unter I 1.2 verwiesen.

BauO NW neu: Eingeflochten wird die Forderung nach Schutz der „natürlichen Lebensgrundlagen"; das beinhaltet keine Umweltverträglichkeitsprüfung beim Baugenehmigungsverfahren.

§ 14 Baustellen

(1) Baustellen sind so einzurichten, daß bauliche Anlagen sowie andere Anlagen und Einrichtungen im Sinne des § 1 Abs. 1 Satz 2 ordnungsgemäß errichtet, geändert oder abgebrochen werden können und Gefahren oder vermeidbare Belästigungen nicht entstehen.

(2) Bei Bauarbeiten, durch die unbeteiligte Personen gefährdet werden können, ist die Gefahrenzone abzugrenzen oder durch Warnzeichen zu kennzeichnen. Soweit erforderlich, sind Baustellen mit einem Bauzaun abzugrenzen, mit Schutzvorrichtungen gegen herabfallende Gegenstände zu versehen und zu beleuchten.

(3) Bei der Ausführung genehmigungsbedürftiger Bauvorhaben nach § 60 Abs. 1 hat der Bauherr an der Baustelle ein Schild, das die Bezeichnung des Bauvorhabens, die Namen und Anschriften des Entwurfsverfassers, des Bauleiters und der Unternehmer für den Rohbau enthalten muß, dauerhaft und von der öffentlichen Verkehrsfläche aus sichtbar anzubringen.

VV BauO NW

14 Baustellen (§ 14)

14.3 Zu Absatz 3

Der Baugenehmigung ist ein Baustellenschild nach dem Muster des Anhangs zu Nr. 14.3 VV BauO NW beizufügen. Der Bauherr hat dieses Schild an der Baustelle anzubringen, sofern er nicht ein besonderes Schild mit den erforderlichen Mindestangaben verwendet (s. S. 494).

Hinweise:

Zum Thema „Baustellen" wird auf die ausführliche Darstellung unter II 2.1 verwiesen.

Die Forderung, daß das Baustellenschild von der öffentlichen Verkehrsfläche aus sichtbar ist, wird nicht erfüllt, wenn es am mobilen Torzaun befestigt ist, der tagsüber zur Seite gestellt wird. Es soll ermöglichen, daß jederzeit bei Gefahr die Verantwortlichen ermittelt und verständigt werden können.

§ 15 Standsicherheit

(1) Jede bauliche Anlage muß im ganzen und in ihren Teilen sowie für sich allein standsicher sein. Die Standsicherheit vorhandener baulicher Anlagen sowie anderer Anlagen und Einrichtungen im Sinne des § 1 Abs. 1 Satz 2 und die Tragfähigkeit des Baugrundes des Nachbargrundstücks dürfen nicht gefährdet werden.

(2) Die Verwendung gemeinsamer Bauteile für mehrere Anlagen ist zulässig, wenn öffentlichrechtlich gesichert ist, daß die gemeinsamem Bauteile beim Abbruch einer der Anlagen bestehenbleiben.

Bitte in Klarsichthülle an der Baustelle anbringen

Baustellenschild

Bauvorhaben (von der Bauaufsichtsbehörde auszufüllen)	Baugenehmigung-Nr.
	Genaue Bezeichnung laut Baugenehmigung
	Straße, Hausnummer, Ortsteil
	Gemarkung, Flur, Flurstück

Entwurfsverfasser (von der Bauaufsichtsbehörde auszufüllen)	Name, Anschrift, Telefon
Bauleiter (vom Bauherrn auszufüllen)	Name, Anschrift, Telefon
Unternehmer für den Rohbau (vom Bauherrn auszufüllen)	Name, Anschrift, Telefon
	Name, Anschrift, Telefon

Dienstsiegel

Bauschein erteilt am

(untere Bauaufsichtsbehörde)

Bei der Ausführung genehmigungsbedürftiger Bauvorhaben nach § 60 Abs. 1 der Bauordnung für das Land Nordrhein-Westfalen (BauO NW) hat der Bauherr an der Baustelle ein Schild, das die Bezeichnung des Bauvorhabens und die Namen und Anschriften des Entwurfsverfassers, des Bauleiters und der Unternehmer für den Rohbau enthalten muß, dauerhaft und von der öffentlichen Verkehrsfläche aus sichtbar anzubringen. Gemäß Nr. 14.3 der Verwaltungsvorschrift zur Landesbauordnung (VVBauO NW) wird die Verpflichtung nach § 14 Abs. 3 BauO NW durch dauerhafte Anbringung dieses Baustellenschildes an einer von der öffentlichen Verkehrsfläche aus sichtbaren Stelle erfüllt.

Hinweise:

Das Tragwerk einer baulichen Anlage muß zu jeder Zeit im ganzen wie in seinen Teilen standsicher sein, d. h., es darf nicht von der Existenz angrenzender Gebäude abhängig sein. Die Verwendung gemeinsamer Bauteile bei zwei (oder mehreren) baulichen Anlagen ist so lange nicht ausgeschlossen, wie öffentlich-rechtlich gesichert ist – z. B. durch Baulast oder Bedingung im Bauschein –, daß das gemeinsame Bauteil bei Abbruch erhalten bleibt.

Gemeinsame Bauteile sind in der Regel Nachbarwände (= Kommunmauer, gemeinschaftliche Giebelwand), die auf der Grenze zweier Grundstücke stehen oder auch Grenzwände, die zwar an der Grenze, und zwar vollständig auf einem Grundstück, errichtet werden, aber häufig nach schriftlicher Erlaubnis vom Nachbarn durch Anbau genutzt werden.

Es können auch Durchlaufdecken in Reihenhäusern sein, die neben dem Nachteil der Schalleitung dazu zwingen, die Decken in den angrenzenden Häusern zu unterstützen, sollte jemals durch Umbau oder Brand die Decke eines Hauses die Durchlaufwirkung verlieren. Insofern mit deutlichen Nachteilen behaftet. Aufgrund der DIN 4109 – Schallschutz im Hochbau – heute nicht mehr zulässig.

§ 16 Schutz gegen Feuchtigkeit, Korrosion und Schädlinge

(1) Bauliche Anlagen sowie andere Anlagen und Einrichtungen im Sinne des § 1 Abs. 1 Satz 2 sind so anzuordnen, zu errichten und zu unterhalten, daß durch Wasser, Feuchtigkeit, Einflüsse der Witterung, pflanzliche oder tierische Schädlinge bzw. durch andere chemische, physikalische oder biologische Einflüsse Gefahren oder unzumutbare Belästigungen nicht entstehen können.

(2) Werden in Gebäuden Bauteile aus Holz oder anderen organischen Stoffen vom Hausbock, vom Echten Hausschwamm oder von Termiten befallen, so haben die für den ordnungsgemäßen Zustand des Gebäudes verantwortlichen Personen der Bauaufsichtsbehörde unverzüglich Anzeige zu erstatten.

Hinweise:

Erläuterungen zum Holzschutz s. unter II 5.7.1, zum Korrosionsschutz bei Stahlbauten s. unter II 6.5.1. Die rechtzeitige Anzeige des Inhabers der tatsächlichen Gewalt bei Befall mit Hausbock und Echtem Hausschwamm dient auch dem Schutz der Nachbarn; das Unterlassen dieser Anzeige kann die Schadensersatzpflicht begründen.

BauO NW neu: Zusatz in Abs. 1: Baugrundstücke müssen für bauliche Anlagen entsprechend geeignet sein. Eine generelle Erforschungspflicht der BAB ohne konkrete Anhaltspunkte für eine Belastung des Grundstücks mit Altlasten ist damit nicht verbunden.

§ 20 Baustoffe, Bauteile, Einrichtungen und Bauarten

(1) Bei der Errichtung und bei der Änderung baulicher Anlagen sowie anderer Anlagen im Sinne des § 1 Abs. 2 Satz 2 sind nur Baustoffe, Bauteile und Einrichtungen zu verwenden sowie Bauarten anzuwenden, die den Anforderungen des Gesetzes und der Vorschriften aufgrund dieses Gesetzes entsprechen.

(2) Bei Baustoffen und Bauteilen, deren Herstellung in außergewöhnlichem Maß von der Sachkunde und Erfahrung der damit betrauten Personen oder von einer Ausstattung mit besonderen Vorrichtungen abhängt, kann die oberste Bauaufsichtsbehörde oder die von ihr bestimmte Behörde vom Hersteller den Nachweis verlangen, daß er über solche Fachkräfte und Vorrichtungen verfügt.

VV BauO NW

20 Baustoffe, Bauteile, Einrichtungen und Bauarten (§ 20)

20.2 Zu Absatz 2

Der Nachweis, daß Hersteller über Fachkräfte und Vorrichtungen verfügen, wird verlangt für

a) Schweißarbeiten an tragenden Stahl- und Aluminiumbauteilen,

b) die Herstellung geleimter, tragender Holzbauteile und

c) die Herstellung und Verarbeitung von Beton B II nach DIN 1045.

Die Nachweise zu a) und b) gelten bei der Bauüberwachung (§ 76) durch die Vorlage der Eignungsnachweise zum Schweißen bzw. zum Leimen als erbracht. Der Nachweis zu c) gilt als erbracht, wenn Hersteller und Verarbeiter des Betons das Überwachungszeichen führen (siehe Nr. 24.33) oder eine Bestätigung der Fremdüberwachung vorliegt.

Die anerkannten Stellen zur Erteilung der Eignungsnachweise sind in den Einführungserlassen der entsprechenden Normen genannt.

Hinweise:

Wegen der Befähigungsnachweise der Bauunternehmer wird verwiesen bei geleimten Holzbauteilen auf II 5.1.3, bei geschweißten Konstruktionen auf II 6.3.6 und beim Verarbeiten von Beton B II auf II 7.3.1.

BauO NW neu: Völlige Änderung wegen Umsetzung der Bauprodukten-Richtlinie

§ 20 Bauprodukte

(1) Bauprodukte dürfen für die Errichtung, Änderung und Instandhaltung baulicher Anlagen nur verwendet werden, wenn sie für den Verwendungszweck

1. von den nach Absatz 2 bekanntgemachten technischen Regeln nicht oder nicht wesentlich abweichen (geregelte Bauprodukte) oder nach Absatz 3 zulässig sind und wenn sie aufgrund des Übereinstimmungsnachweises nach § 25 das Übereinstimmungszeichen (Ü-Zeichen) tragen oder
2. nach den Vorschriften
   a) des Bauproduktengesetzes
   b) zur Umsetzung der Richtlinie 89/106/EWG des Rates vom 21. Dezember 1988 zur Angleichung der Rechts- und Verwaltungsvorschriften der Mitgliedstaaten über Bauprodukte (Bauproduktenrichtlinie) (ABl. EG Nr. L 40 v. 11. 2. 1989, S. 12), geändert durch Richtlinie 93/68/EWG des Rates vom 22. Juli 1993 (ABl. EG Nr. L 220 v. 30. 8. 1993, S. 1), durch andere Mitgliedstaaten der Europäischen Gemeinschaft und andere Vertragsstaaten des Abkommens über den Europäischen Wirtschaftsraum oder
   c) zur Umsetzung sonstiger Richtlinien der Europäischen Gemeinschaft, soweit diese die wesentlichen Anforderungen nach § 5 Abs. 1 des Bauproduktengesetzes berücksichtigen,

in den Verkehr gebracht und gehandelt werden dürfen, insbesondere die Konformitätskennzeichnung der Europäischen Gemeinschaft (CE-Kennzeichnung) tragen und dieses Zeichen die nach Abs. 7 Nr. 1 festgelegten Klassen und Leistungsstufen ausweist.

Sonstige Bauprodukte, die von allgemein anerkannten Regeln der Technik nicht abweichen, dürfen auch verwendet werden, wenn diese Regeln nicht in der Bauregelliste A bekanntgemacht sind. Sonstige Bauprodukte, die von allgemein anerkannten Regeln der Technik abweichen, bedürfen keines Nachweises ihrer Verwendbarkeit nach Abs. 3; § 3 Abs. 3 Satz 3 Nr. 1. Halbsatz bleibt unberührt.

(2) Das Deutsche Institut für Bautechnik macht im Einvernehmen mit der obersten Bauaufsichtsbehörde für Bauprodukte, für die nicht nur die Vorschriften nach Abs. 1 Nr. 2

maßgebend sind, in der Bauregelliste A die technischen Regeln bekannt, die zur Erfüllung der in diesem Gesetz und in Vorschriften aufgrund dieses Gesetzes an bauliche Anlagen gestellten Anforderungen erforderlich sind. Diese technischen Regeln gelten als allgemein anerkannte Regeln der Technik im Sinne des § 3 Abs. 3 Satz 1.

(3) Bauprodukte, für die technische Regeln in der Bauregelliste A nach Abs. 2 bekanntgemacht worden sind und die von diesen wesentlich abweichen oder für die es allgemein anerkannte Regeln der Technik nicht gibt (nicht geregelte Bauprodukte), müssen

1. eine allgemeine bauaufsichtliche Zulassung (§ 21),
2. ein allgemeines bauaufsichtliches Prüfzeugnis (§ 22) oder
3. eine Zustimmung im Einzelfall (§ 23)

haben. Ausgenommen sind Bauprodukte, die für die Erfüllung der Anforderungen dieses Gesetzes oder aufgrund dieses Gesetzes nur eine untergeordnete Bedeutung haben und die das Deutsche Institut für Bautechnik im Einvernehmen mit der obersten Bauaufsichtsbehörde in einer Liste C öffentlich bekanntgemacht hat.

(4) Die oberste Bauaufsichtsbehörde kann durch Rechtsverordnung vorschreiben, daß für bestimmte Bauprodukte, soweit sie Anforderungen nach anderen Rechtsvorschriften unterliegen, hinsichtlich dieser Anforderungen bestimmte Nachweise der Verwendbarkeit und bestimmte Übereinstimmungsnachweise nach Maßgabe der §§ 20 bis 23 und der §§ 25 bis 28 zu führen sind, wenn die anderen Rechtsvorschriften diese Nachweise verlangen oder zulassen.

(5) Bei Bauprodukten nach Abs. 1 Nr. 1, deren Herstellung in außergewöhnlichem Maß von der Sachkunde und Erfahrung der damit betrauten Personen oder von einer Ausstattung mit besonderen Vorrichtungen abhängt, kann in der allgemeinen bauaufsichtlichen Zulassung, in der Zustimmung im Einzelfall oder durch Rechtsverordnung der obersten Bauaufsichtsbehörde vorgeschrieben werden, daß der Hersteller über solche Fachkräfte und Vorrichtungen verfügt. In der Rechtsverordnung können Mindestanforderungen an die Ausbildung, die durch Prüfung nachzuweisende Befähigung und die Ausbildungsstätten einschließlich der Anerkennungsvoraussetzungen gestellt werden.

(6) Für Bauprodukte, die wegen ihrer besonderen Eigenschaften oder ihres besonderen Verwendungszweckes einer außergewöhnlichen Sorgfalt bei Einbau, Transport, Instandhaltung oder Reinigung bedürfen, kann in der allgemeinen bauaufsichtlichen Zulassung, in der Zustimmung im Einzelfall oder durch Rechtsverordnung der obersten Bauaufsichtsbehörde die Überwachung dieser Tätigkeiten durch eine Überwachungsstelle nach § 28 vorgeschrieben werden.

(7) Das Deutsche Institut für Bautechnik kann im Einvernehmen mit der obersten Bauaufsichtsbehörde in der Bauregelliste B

1. festlegen, welche der Klassen und Leistungsstufen, die in Normen, Leitlinien oder europäischen technischen Zulassungen nach dem Bauproduktengesetz oder in anderen Vorschriften zur Umsetzung von Richtlinien der Europäischen Gemeinschaft enthalten sind, Bauprodukte nach Abs. 1 Satz 1 Nr. 2 erfüllen müssen und
2. bekannt machen, inwieweit andere Vorschriften zur Umsetzung von Richtlinien der Europäischen Gemeinschaft die wesentlichen Anforderungen nach § 5 Abs. 1 des Bauproduktengesetzes nicht berücksichtigen.

§ 21 Neue Baustoffe, Bauteile und Bauarten

(1) Baustoffe, Bauteile und Bauarten, die noch nicht allgemein gebräuchlich und bewährt sind (neue Baustoffe, Bauteile oder Bauarten), dürfen nur verwendet oder angewendet werden, wenn ihre Brauchbarkeit im Sinne des § 3 Abs. 1 Satz 1 nachgewiesen ist.

(2) Der Nachweis nach Absatz 1 kann durch eine allgemeine bauaufsichtliche Zulassung (§ 22) geführt werden. Wird er nicht auf diese Weise geführt, so bedarf die Verwendung oder Anwendung der neuen Baustoffe, Bauteile und Bauarten im Einzelfall der Zustimmung der obersten Bauaufsichtsbehörde oder der von ihr bestimmten Behörde. Die oberste Bauaufsichtsbehörde oder die von ihr bestimmte Behörde kann im Einzelfall oder für genau begrenzte Fälle allgemein festlegen, daß eine allgemeine bauaufsichtliche Zulassung oder ihre Zustimmung nicht erforderlich ist. Für prüfzeichenpflichtige Baustoffe und Bauteile (§ 23) kann der Nachweis nach Absatz 1 nur durch das Prüfzeichen erbracht werden.

(3) Der Nachweis nach Absatz 1 ist nicht erforderlich, wenn die neuen Baustoffe, Bauteile und Bauarten den von der obersten Bauaufsichtsbehörde gemäß § 3 Abs. 3 eingeführten technischen Baubestimmungen entsprechen, es sei denn, daß die oberste Bauaufsichtsbehörde diesen Nachweis bei der Einführung verlangt hat.

VV BauO NW

21 Neue Baustoffe, Bauteile und Bauarten (§ 21)

21.1 Zu Absatz 1

r Regel darf davon ausgegangen werden, daß Baustoffe, Bauteile und Bauarten dann als noch nicht gebräuchlich und bewährt anzusehen sind, wenn die Kriterien für die Beurteilung der Brauchbarkeit sich nicht aus der Gesamtheit der allgemein anerkannten Regeln der Technik, insbesondere der eingeführten technischen Baubestimmungen ableiten lassen (vgl. Nr. 3.1 VV BauO NW).

21.2 Zu Absatz 2

Abweichungen von den als anerkannte Regeln der Technik geltenden, eingeführten technischen Baubestimmungen begründen allein noch nicht die Notwendigkeit eines Zulassungs- und Zustimmungsverfahrens (vgl. auch § 3). In Zweifelsfällen ist die oberste Bauaufsichtsbehörde unmittelbar einzuschalten.

Abweichungen von allgemeinen bauaufsichtlichen Zulassungen bedürfen, sofern die Zulassung nicht geändert oder ergänzt wird, der Zustimmung der obersten Bauaufsichtsbehörde im Einzelfall.

Anträge auf allgemeine bauaufsichtliche Zulassungen sind beim Institut für Bautechnik, Reichpietschufer 72–76, 10785 Berlin, zu stellen.

Anträge auf Zustimmung im Einzelfall sind mit entsprechenden Brauchbarkeitsnachweisen über die untere Bauaufsichtsbehörde unmittelbar der obersten Bauaufsichtsbehörde zuzuleiten.

Die Bestimmungen des § 21 sind als Bestandteil des materiellen Baurechts auch in den Fällen der Paragraphen

62 – Genehmigungsfreie Vorhaben

64 – Vereinfachtes Genehmigungsverfahren

75 – Öffentliche Bauherren

anzuwenden.

Hinweise:

Als „neu“ gelten Baustoffe, Bauteile und Bauarten, wenn sie nicht nach den aaRdT beurteilt werden können, d. h. vereinfacht, wenn für sie DIN-Normen oder gleichwertige Richtlinien noch nicht bestehen. Der Nachweis der Brauchbarkeit kann dann geführt werden durch

- Allgemeine bauaufsichtliche Zulassung,
- Zustimmung im Einzelfall (durch die oberste BAB),
- Prüfzeichen (einer anerkannten Stelle).

§ 22 Allgemeine bauaufsichtliche Zulassung neuer Baustoffe, Bauteile und Bauarten

(1) Für die Erteilung allgemeiner bauaufsichtlicher Zulassungen für neue Baustoffe, Bauteile und Bauarten ist die oberste Bauaufsichtsbehörde oder eine von ihr bestimmte Behörde zuständig.

(2) Die Zulassung ist bei der obersten Bauaufsichtsbehörde oder bei der von ihr bestimmten Behörde schriftlich zu beantragen. Die zur Begründung des Antrags erforderlichen Unterlagen sind beizufügen. § 67 Abs. 2 gilt entsprechend.

(3) Probestücke und Probeausführungen, die für die Prüfung der Brauchbarkeit der Baustoffe, Bauteile und Bauarten erforderlich sind, sind vom Antragsteller zur Verfügung zu stellen und durch Sachverständige zu entnehmen oder unter ihrer Aufsicht herzustellen. Die Sachverständigen werden von der obersten Bauaufsichtsbehörde oder der von ihr bestimmten Behörde oder im Einvernehmen mit der obersten Bauaufsichtsbehörde oder der von ihr bestimmten Behörde bestimmt.

(4) Die oberste Bauaufsichtsbehörde oder die von ihr bestimmte Behörde ist berechtigt, für die Durchführung der Prüfung eine bestimmte technische Prüfstelle sowie für die Probeausführungen eine bestimmte Ausführungsstelle und Ausführungszeit vorzuschreiben.

(5) Die Zulassung wird auf der Grundlage des Gutachtens eines Sachverständigenausschusses erteilt, und zwar unwiderruflich für eine Frist, die fünf Jahre nicht überschreiten soll. Bei offensichtlich unbegründeten Anträgen braucht ein Gutachten nicht eingeholt zu werden. Die Zulassung kann mit Nebenbestimmungen erteilt werden, die sich vor allem auf die Herstellung, die Baustoffeigenschaften, die Verwendung und Anwendung, die Kennzeichnung, die Überwachung, die Weitergabe von Zulassungsabschriften und die Unterrichtung der Abnehmer beziehen. Die Zulassung kann auf Antrag um jeweils bis zu fünf Jahren verlängert werden; § 72 Abs. 2 Satz 2 gilt entsprechend. Sie ist zu widerrufen, wenn sich die neuen Baustoffe, Bauteile oder Bauarten nicht bewähren.

(6) Zulassungen anderer Länder im Geltungsbereich des Grundgesetzes gelten auch im Land Nordrhein-Westfalen.

(7) Die Zulassung wird unbeschadet der Rechte Dritter erteilt.

(8) Soweit es im Einzelfall erforderlich ist, kann die Bauaufsichtsbehörde für die Verwendung oder Anwendung weitere Nebenbestimmungen (Abs. 5 Satz 3) treffen oder allgemein bauaufsichtlich zugelassene Baustoffe, Bauteile und Bauarten ausschließen.

Hinweise:

Die BAB ist nicht befugt, die vom Herausgeber der ABZ (das ist das Deutsche Institut für Bautechnik, Berlin) getroffene Nebenbestimmungen zur Zulassung abzuändern oder (teilweise) aufzuheben. Dagegen dürfte ein *Ausschluß* einer ABZ bei einem konkreten Bauvorhaben durch die BAB (Absatz 8) wegen des erforderlichen Nachweises einer Gefahr praktisch nicht vorkommen.

BauO NW neu:

§ 21 Allgemeine bauaufsichtliche Zulassung

(1) Das Deutsche Institut für Bautechnik erteilt eine allgemeine bauaufsichtliche Zulassung für nicht geregelte Bauprodukte, wenn deren Verwendbarkeit im Sinne des § 3 Abs. 2 nachgewiesen ist.

(2) Die zur Begründung des Antrags erforderlichen Unterlagen sind beizufügen. Soweit erforderlich, sind Probestücke von der Antragstellerin oder vom Antragsteller zur Verfü-

gung zu stellen oder durch Sachverständige, die das Deutsche Institut für Bautechnik bestimmen kann, zu entnehmen oder Probeausführungen unter Aufsicht der Sachverständigen herzustellen. § 73 Abs. 1 Satz 2 gilt entsprechend.

(3) Das Deutsche Institut für Bautechnik kann für die Durchführung der Prüfung die sachverständige Stelle und für Probeausführungen die Ausführungsstelle und Ausführungszeit vorschreiben.

(4) Die allgemeine bauaufsichtliche Zulassung wird widerruflich und für eine bestimmte Frist erteilt, die in der Regel fünf Jahre beträgt. Die Zulassung kann mit Nebenbestimmungen erteilt werden. Sie kann auf schriftlichen Antrag in der Regel um fünf Jahre verlängert werden; § 78 Abs. 2 Satz 2 gilt entsprechend.

(5) Die Zulassung wird unbeschadet der Rechte Dritter erteilt.

(6) Das Deutsche Institut für Bautechnik macht die von ihr erteilten allgemeinen bauaufsichtlichen Zulassungen nach Gegenstand und wesentlichem Inhalt öffentlich bekannt.

(7) Allgemeine bauaufsichtliche Zulassungen nach dem Recht anderer Länder gelten auch im Land Nordrhein-Westfalen.

§ 23 Prüfzeichen

(1) Die oberste Bauaufsichtsbehörde kann durch Rechtsverordnung vorschreiben, daß bestimmte werkmäßig hergestellte Baustoffe, Bauteile und Einrichtungen, bei denen wegen ihrer Eigenart und Zweckbestimmung die Erfüllung der Anforderungen nach § 3 Abs. 1 Satz 1 in besonderem Maße von ihrer einwandfreien Beschaffenheit abhängt, nur verwendet oder eingebaut werden dürfen, wenn sie ein Prüfzeichen haben. Die oberste Bauaufsichtsbehörde oder eine von ihr bestimmte Behörde kann Ausnahmen von der Prüfzeichenpflicht gestatten, wenn die Erfüllung der Anforderungen nach § 3 Abs. 1 Satz 1 nachgewiesen ist. Sind für die Verwendung der Baustoffe, Bauteile oder Einrichtungen besondere technische Bestimmungen getroffen, so ist dies im Prüfzeichen kenntlich zu machen.

(2) Über die Zuteilung des Prüfzeichens entscheidet die oberste Bauaufsichtsbehörde oder die von ihr bestimmte Behörde.

(3) Das zugeteilte Prüfzeichen ist auf den Baustoffen, Bauteilen, Einrichtungen oder, wenn dies nicht möglich ist, auf ihrer Verpackung oder dem Lieferschein in leicht erkennbarer und dauerhafter Weise anzubringen.

(4) § 22 Abs. 3 bis 8 gilt entsprechend.

VV BauO NW

23 Prüfzeichen (§ 23)

23.1 Zu Absatz 1

Die prüfzeichenpflichtigen Baustoffe, Bauteile und Einrichtungen sind in § 22 *BauPrüfVO* abschließend bestimmt.

Anträge auf Ausnahme von der Prüfzeichenpflicht nach § 23 Abs. 1 Satz 2 können mit den entsprechenden Beurteilungsnachweisen der obersten Bauaufsichtsbehörde unmittelbar vorgelegt werden.

Das Prüfzeichen besteht aus dem Großbuchstaben P, einem Bindestrich, einer römischen Zahl und einer arabischen Ziffernfolge (z. B. P-I 3041); sind Auflagen für die Verwendung getroffen, beginnt das Prüfzeichen mit den Großbuchstaben PA (z. B. PA-X 100).

23.2 Zu Absatz 2

Anträge auf Erteilung des Prüfzeichens sind beim Institut für Bautechnik, Reichpietschufer 72–76, 10785 Berlin, zu stellen.

Es folgt ein *Einschub* über Prüfzeichen aus der *Bauprüfverordnung* § 22 (entspricht dem Musterentwurf der „Prüfzeichenverordnung" vom Februar 1989):

Vorbemerkungen: Die Bauprüfverordnung umfaßt die Teile: 1. Bauvorlagen, 2. Bautechnische Prüfungen von Bauvorhaben, 3. Baustoffe – Bauteile – Bauarten mit den Abschnitten Prüfzeichen und Überwachung, 4. Regelung der Zuständigkeiten. Vorläufer, die hierin aufgegangen sind, waren: Die Bauvorlagenverordnung, die Prüfingenieursverordnung, die Prüfzeichenverordnung und die Überwachungsverordnung. Die „Anordnung über Bauvorlagen, bautechnische Prüfungen und Überwachung" der neuen Bundesländer vom 13. 8. 1990 erstreckt sich auf die Teile 1 und 2 sowie den Abschnitt Überwachung von Teil 3.

BauPrüfVO, Dritter Teil: Baustoffe, Bauteile, Einrichtungen und Bauarten

Erster Abschnitt: Prüfzeichen

§ 22 Prüfpflicht

Folgende werkmäßig hergestellte Baustoffe, Bauteile und Einrichtungen dürfen nur verwendet oder eingebaut werden, wenn sie ein Prüfzeichen haben:

Gruppe 1: **Grundstücksentwässerung**

1.1 Rohre, Formstücke und Dichtmittel für Leitungen und für Schächte zur Ableitung von Abwasser, außer von Regenfalleitungen im Freien und Druckleitungen

1.2 Urinalbecken, Fäkalausgüsse und Geruchsverschlüsse, Becken und Abläufe mit eingebauten oder angeformten Geruchverschlüssen, Abläufe für Niederschlagswasser über Räumen

1.3 Spülkästen

1.4 Rückstauverschlüsse

1.5 Abwasserhebeanlagen und Rückflußverhinderer für Abwasserhebeanlagen

1.6 Kleinkläranlagen, die für einen durchschnittlichen Anfall häuslicher Abwässer bis zu 8 m^3/Tag bemessen sind

Gruppe 2: **Abscheider und Sperren**

2.1 Abscheider und Sperren für Leichtflüssigkeiten, wie Benzin und Heizöl

2.2 Fettabscheider

2.3 Amalgamabscheider in Zahnpraxen

Gruppe 3: **Brandschutz**

3.1 Baustoffe, die nicht brennbar sein müssen, mit brennbaren Bestandteilen

3.2 Baustoffe und Textilien, die schwerentflammbar sein müssen

3.3 Feuerschutzmittel für Baustoffe und Textilien, die schwerentflammbar sein müssen

Gruppe 4: **Feuerungsanlagen**

4.1 Schornsteinreinigungsverschlüsse

4.2 Absperrvorrichtungen gegen Ruß (Rußabsperrer)

Gruppe 5: **Holzschutz**

5.1 Holzschutzmittel gegen Pilze und Insekten

Gruppe 6: **Baustoffe, Bauteile und Einrichtungen für Anlagen zum Lagern wassergefährdender Flüssigkeiten**

6.1 Auffangwannen und -vorrichtungen aus nichtmetallischen Werkstoffen

6.2 Abdichtungsmittel aus Kunststoff von Auffangwannen und -vorrichtungen

6.3 Ortsfeste und ortsfest verwendete Behälter

6.4 Innenbeschichtungen aus Kunststoff für ortsfeste und ortsfest verwendete Behälter

6.5 Auskleidungen aus Kunststoff für ortsfeste und ortsfest verwendete Behälter

6.6 Leckanzeigegeräte für Behälter und Rohrleitungen

6.7 Kunststoffrohre, zugehörige Formstücke, Dichtmittel und Armaturen

6.8 Überfüllsicherungen für ortsfeste und ortsfest verwendete Behälter

Als wassergefährdende Flüssigkeiten gelten nicht

1. Abwasser, Jauche und Gülle,
2. Flüssigkeiten, die hinsichtlich der Radioaktivität die Freigrenzen des Strahlenschutzrechts überschreiten,
3. Flüssige Lebensmittel, Lebensmittelbasisprodukte und Genußmittel, mit Ausnahme von Speiseölen.

Als Anlagen zum Lagern gelten nicht Anlagen, bei denen die wassergefährdenden Flüssigkeiten

1. in der für den Fortgang der Arbeiten erforderlichen Menge bereitgestellt werden,
2. als Fertig- oder Zwischenprodukte kurzfristig abgestellt werden,
3. sich im Arbeitsgang befinden,
4. in Laboratorien in der für den Handgebrauch erforderlichen Menge bereitgehalten werden.

Gruppe 7: **Betonzusätze**

7.1 Betonzusatzmittel

7.2 Betonzusatzstoffe

Gruppe 8: **Gerüstbauteile, sofern sie systemfrei verwendet werden**

8.1 Baustützen aus Stahl oder Aluminium mit Ausziehvorrichtungen

8.2 Längenverstellbare Schalungsträger

8.3 Stahlrohrgerüstkupplungen mit Schraub- oder Keilverschluß

Gruppe 9: **Armaturen, Drosseleinrichtungen, Brausen, Kugelgelenke und Geräte der Wasserinstallation zur Wasserversorgung, an die Anforderungen hinsichtlich des Geräuschverhaltens gestellt werden**

9.1 Auslaufarmaturen (auch Mischbatterien)

9.2 Gas- und Elektrogeräte zum Bereiten von warmem und heißem Wasser

9.3 Spülkästen

9.4 Druckspüler

9.5 Durchgangsarmaturen (Absperrventile, Druckminderer, Rückflußverhinderer, Durchflußbegrenzer, Rohrbelüfter in Durchflußform)

9.6 Drosseleinrichtungen (Drosselventile, Strahlregler für Ausläufe und Auslaufarmaturen)

9.7 Brausen

9.8 Kugelgelenke für Ausläufe und Brausen

Gruppe 10: **Lüftungsanlagen**

10.1 Absperrvorrichtungen gegen Feuer oder Rauch in Lüftungsleitungen

§ 23 Freistellung von der Prüfpflicht (noch: BauPrüfVO)

(1) Die in der Anlage 2 zu dieser Verordnung aufgeführten Baustoffe, Bauteile und Einrichtungen bedürfen abweichend von § 22 keines Prüfzeichens, wenn

1. sie in leicht erkennbarer und dauerhafter Weise den Namen des Herstellers oder sein Firmenzeichen und die DIN-Bezeichnung tragen und
2. der Hersteller der Baustoffe, Bauteile und Einrichtungen sich einer Überwachung gemäß § 24 BauO NW unterzieht und als Nachweis dafür auf den Baustoffen, Bauteilen und Einrichtungen das einheitliche bauaufsichtliche Überwachungszeichen angebracht ist.

(2) Können die in Absatz 1 geforderten Bezeichnungen auf den Baustoffen, Bauteilen oder Einrichtungen nicht angebracht werden, so sind sie auf der Verpackung oder auf dem Lieferschein in leicht erkennbarer und dauerhafter Weise anzubringen.

(3) Kleinkläranlagen bedürfen abweichend von § 22 Gruppe 1 Nr. 1.6 keines Prüfzeichens, wenn sie gemäß § 58 des Landeswassergesetzes – LWG – in der Fassung der Bekanntmachung vom 9. Juni 1989 (GV NW S. 384) genehmigt oder der Bauart nach zugelassen sind.

(4) Die in § 22 Gruppe 6 Nr. 6.3 genannten Behälter bedürfen dann keines Prüfzeichens, wenn ihr Rauminhalt 450 l nicht übersteigt. Die in § 22 Gruppe 6 Nr. 6.4, Nr. 6.5, Nr. 6.6 und Nr. 6.8 genannten Baustoffe, Bauteile und Einrichtungen bedürfen dann keines Prüfzeichens, wenn ihre Brauchbarkeit durch eine Bauartzulassung nach § 12 der Verordnung über brennbare Flüssigkeiten nachgewiesen ist und der Hersteller sich einer Überwachung gemäß § 24 BauO NW unterzieht; die Überwachung ist nach den in der Bauartzulassung enthaltenen Auflagen, nach den Technischen Regeln für brennbare Flüssigkeiten (TRbF) und den vom Bundesminister für Arbeit und Sozialordnung bekanntgemachten Richtlinien durchzuführen.

Von den *von der Prüfzeichenpflicht freigestellten* Baustoffen und Bauteilen, die (zahlreich) in der erwähnten Anlage 2 aufgelistet sind, werden nachfolgend nur die für die normale Bauüberwachung wichtigsten abgedruckt.

Aus § 22 Gruppe 1 Nr. 1.3:
DIN 19 542 – Spülkästen für Klosettbecken; Bau- und Prüfgrundsätze

Aus § 22 Gruppe 1 Nr. 1.6:
Kleinkläranlagen ohne Abwasserbelüftung nach DIN 4261 Teil 1, die aus gebräuchlichen und bewährten Baustoffen in gebräuchlicher und bewährter Bauart hergestellt sind; die Überwachung nach § 2 Abs. 1 Nr. 2 ist nur erforderlich, soweit DIN-Normen über die Baustoffe eine Überwachung vorsehen.

Aus § 22 Gruppe 3 Nr. 3.1:
Nichtbrennbare Baustoffe mit brennbaren Bestandteilen, die in DIN 4102 Teil 4 als Baustoffe der Klassen A 1 oder A 2 aufgeführt sind; die Überwachung nach § 2 Abs. 1 Nr. 2 ist nur erforderlich, soweit DIN-Normen über die Baustoffe eine Überwachung vorsehen.

Aus § 22 Gruppe 3 Nr. 3.2:
Schwerentflammbare Baustoffe, die in DIN 4102 Teil 4 als Baustoffe der Klasse B 1 aufgeführt sind; die Überwachung nach § 2 Abs. 1 Nr. 2 ist nur erforderlich, soweit DIN-Normen über die Baustoffe eine Überwachung vorsehen.

Aus § 22 Gruppe 7 Nr. 7.2:
Betonzusatzstoffe nach folgenden DIN-Normen:

DIN 4226 Teil 1 – Zuschlag für Beton; Zuschlag mit dichtem Gefüge – jedoch nur Gesteinsmehl aus natürlichem Gestein

DIN 51 043 – Traß; Anforderung, Prüfung

DIN 53 237 – Prüfung von Pigmenten, Pigmente zum Einfärben von zement- und kalkgebundenen Baustoffen

Pigmente als Betonzusatzstoffe unter der Voraussetzung, daß

- nur Farbpigmente nach DIN 53237 mit Werkszeugnis nach DIN 50049 ausgeliefert werden und
- der Nachweis der ordnungsgemäßen Überwachung der Herstellung und Verarbeitung des damit hergestellten Betons erbracht wird

Aus § 22 Gruppe 8 Nr. 8.1:

DIN 4424 – Baustützen aus Stahl mit Ausziehvorrichtung; sicherheitstechnischen Anforderungen und Prüfung

Aus § 22 Gruppe 8 Nr. 8.3:

DIN EN 74 – Kupplungen, Zentrierbolzen und Fußplatten für Stahlrohrarbeitsgerüste und Traggerüste in Verbindung mit den „Richtlinien für die Durchführung der Überwachung bei Kupplungen für Stahlrohrgerüste"

Zusatz gemäß Musterfassung der „Prüfzeichenverordnung", Fassung 2/1989:

PrüfzVO

(5) Baustützen aus Stahl mit Ausziehvorrichtung, die nach Inkrafttreten dieser Verordnung bis zum 1. Januar 1992 aufgrund eines geltenden Prüfbescheids hergestellt worden sind, und solche, die vor Inkrafttreten der Verordnung hergestellt sind und für die ein mindestens bis zum 1. 1. 1989 gültiger Prüfbescheid für die Verwendung vorlag, dürfen weiter verwendet werden. Die zulässigen Lasten dieser Stützen richten sich nach DIN 4421. Baustützen aus Stahl ohne Prüfzeichen dürfen als systemfreie Bauteile nicht mehr verwendet werden.

(6) Stahlrohrgerüstkupplungen mit Schraub- oder Keilverschluß, die nach Inkrafttreten dieser Verordnung bis zum 1. Januar 1992 aufgrund eines geltenden Prüfbescheids hergestellt worden sind, und solche, die vor Inkrafttreten der Verordnung hergestellt sind und für die ein mindestens bis zum 1. 1. 1989 gültiger Prüfbescheid für die Verwendung vorlag, dürfen weiter verwendet werden. Die zulässigen Lasten richten sich nach DIN 4421. Stahlrohrgerüstkupplungen ohne Prüfzeichen dürfen als systemfreie Bauteile nicht mehr verwendet werden.

Hinweise

BauO NW neu: Das bisherige bauaufsichtliche Instrument des Prüfzeichens als Brauchbarkeitsnachweis, das für alle in der Prüfzeichenverordnung genannten Produkte unabhängig davon, ob es sich um neue, noch nicht allgemein gebräuchliche oder bewährte Produkte oder um bereits genormte handelt, zwingend vorgeschrieben war, entfällt zukünftig.

Das neue Allgemeine bauaufsichtliche Prüf z e u g n i s enthält die Möglichkeit, für nicht geregelte Bauprodukte, die weniger sicherheitsrelevant sind oder die nur nach allgemein anerkannten Prüfverfahren beurteilt werden können, z. B. weil es keine allgemein anerkannten Produktnormen, sondern nur Prüfnormen für sie gibt, anstatt der allgemein bauaufsichtlichen Zulassung das allgemein bauaufsichtliche Prüfzeugnis einer eigens dafür anerkannten Prüfstelle zuzulassen.

BauO NW neu:

§ 22 Allgemeines bauaufsichtliches Prüfzeugnis

(1) Bauprodukte,

1. deren Verwendung nicht der Erfüllung erheblicher Anforderungen an die Sicherheit baulicher Anlagen dient oder
2. die nach allgemein anerkannten Prüfverfahren beurteilt werden,

bedürfen anstelle einer allgemeinen bauaufsichtlichen Zulassung nur eines allgemeinen bauaufsichtlichen Prüfzeugnisses. Das Deutsche Institut für Bautechnik macht dies mit der Angabe der maßgebenden technischen Regeln und, soweit es keine allgemein anerkannten

Regeln der Technik gibt, mit der Bezeichnung der Bauprodukte im Einvernehmen mit der obersten Bauaufsichtsbehörde in der Bauregelliste A bekannt.

(2) Ein allgemeines bauaufsichtliches Prüfzeugnis wird von einer Prüfstelle nach § 28 Abs. 1 Satz 1 Nr. 1 für nicht geregelte Bauprodukte nach Abs. 1 erteilt, wenn deren Verwendbarkeit im Sinne des § 3 Abs. 2 nachgewiesen ist. § 21 Abs. 2 bis 7 gilt entsprechend.

Weiter mit **BauO NW:**

§ 24 Überwachung*)

(1) Ist wegen der Anforderungen nach § 3 Abs. 1 Satz 1 für Baustoffe, Bauteile, Einrichtungen und Bauarten nach den §§ 22 oder 23 ein Nachweis ihrer ständigen ordnungsgemäßen Herstellung erforderlich, so kann die oberste Bauaufsichtsbehörde oder die von ihr bestimmte Behörde in der Zulassung oder bei der Erteilung des Prüfzeichens bestimmen, daß nur Erzeugnisse verwendet werden dürfen, die einer Überwachung (Eigen- und Fremdüberwachung) unterliegen. Für andere Baustoffe, Bauteile, Einrichtungen und Bauarten als nach den §§ 22 und 23 kann die oberste Bauaufsichtsbehörde dies unter den Voraussetzungen des Satzes 1 durch Rechtsverordnung bestimmen.

(2) Die Überwachung wird durch Überwachungsgemeinschaften oder aufgrund von Überwachungsverträgen durch Prüfstellen durchgeführt. Die Überwachungsgemeinschaften und die Prüfstellen bedürfen der Anerkennung durch die oberste Bauaufsichtsbehörde oder die von ihr bestimmte Behörde. Die Überwachung ist nach den in der Zulassung (§ 22 Abs. 5) enthaltenen Nebenbestimmungen oder den Nebenbestimmungen zum Prüfzeichen (§ 23 Abs. 4) und nach einheitlichen Richtlinien durchzuführen. Die Richtlinien werden von der obersten Bauaufsichtsbehörde oder der von ihr bestimmten Behörde anerkannt oder erlassen; in ihnen können auch das Überwachungszeichen und die Form seiner Erteilung und seines Entzuges geregelt werden. Überwachungsverträge bedürfen der Zustimmung der obersten Bauaufsichtsbehörde oder der von ihr bestimmten Behörde; die Zustimmung kann auch allgemein erteilt werden.

(3) Bei der Verwendung der Baustoffe, Bauteile, Einrichtungen und Bauarten nach Absatz 1 ist nachzuweisen, daß der Herstellungsbetrieb der Überwachung unterliegt. Der Nachweis gilt insbesondere als erbracht, wenn diese Baustoffe, Bauteile und Einrichtungen oder, wenn dies nicht möglich ist, ihre Verpackung oder der Lieferschein durch Überwachungszeichen gekennzeichnet sind.

(4) § 22 Abs. 6 und 8 gelten entsprechend.

VV BauO NW

24 Überwachung (§ 24)

24.1 Zu Absatz 1

Die überwachungspflichtigen Baustoffe, Bauteile und Einrichtungen, die nicht der Zulassungs- oder Prüfzeichenpflicht unterliegen, sind in der *BauPrüfVO* abschließend aufgezählt.

Sollen Baustoffe, Bauteile und Einrichtungen verwendet werden, die nach § 24 BauPrüfVO überwachungspflichtig sind, aber aus Herstellungsbetrieben stammen, die hinsichtlich dieser Produkte nicht der Überwachung unterliegen, kann die Bauaufsichtsbehörde die Verwendung gestatten, wenn im Einzelfall bestimmt wird, wie

*) Hier ist die Überwachung werkmäßig hergestellter Baustoffe und Bauteile gemeint; die Überwachung der Bauausführung auf der Baustelle ist in § 76 – Bauüberwachung – geregelt.

Eigen- und Fremdüberwachung durchgeführt werden sollen. Dabei sind der Umfang der Überwachung und die Art des Nachweises festzulegen.

Als fremdüberwachende Prüfstelle sind vorzugsweise die für die Überwachung anerkannten Prüfstellen vorzusehen; es können auch andere Prüfstellen oder Sachverständige in Betracht kommen.

Bei der Festlegung des Prüfumfanges ist davon auszugehen, daß der in den betreffenden Normen oder Richtlinien für den Regelfall festgelegte Umfang für die Beurteilung der Fertigung im Einzelfall nicht ausreicht. Hat die in diesen Normen und Richtlinien vorgesehene Eigenüberwachung im Einzelfall nicht die notwendige Aussagekraft, z. B. bei Einzelfertigungen, hat die fremdüberwachende Prüfstelle bzw. der Sachverständige den Prüfumfang so zu gestalten, daß allein daraus die ordnungsgemäße Beschaffenheit beurteilt werden kann.

24.2 Zu Absatz 2

Die anerkannten Überwachungsgemeinschaften und anerkannten Prüfstellen werden in den Mitteilungen des Instituts für Bautechnik bekanntgemacht.

Die einheitlichen Richtlinien für die Durchführung der Überwachung sind als RdErl. v. 22. 9. 1967 (SMBl. NW 2325) bekanntgegeben worden.

Sie werden ergänzt durch die bauaufsichtlich eingeführten Baustoffnormen und andere technische Richtlinien für die Überwachung (Güteüberwachung).

24.3 Zu Absatz 3

24.31 Das einheitliche Überwachungszeichen besteht aus dem Großbuchstaben „Ü“, in dessen Bogen das Wort „überwacht“ enthalten ist, und den unter a) und b) aufgeführten Angaben. Diese Angaben sind vorzugsweise auf der von dem Buchstaben umschlossenen Innenfläche, sonst unmittelbar neben dem Buchstaben zu machen.

a) Angabe der Überwachungsgemeinschaft oder der Prüfstelle durch Bildzeichen – ggf. zusätzlich mit Worten, wenn aus dem Bildzeichen der Fremdüberwacher nicht eindeutig hervorgeht – oder durch Worte.

   Bildzeichen sind u. a. die bisher als Überwachungszeichen verwendeten Verbandszeichen der Überwachungsgemeinschaft oder die VMPA-Überwachungszeichen.

b) Die Überwachungsgrundlage durch Angabe der betreffenden Norm, der Zulassungsnummer oder des Prüfzeichens. Diese Angabe kann bei Überwachungszeichen auf Lieferscheinen entfallen, wenn auf dem Lieferschein das Produkt mit dieser Angabe beschrieben ist.

24.32 Der Großbuchstabe Ü soll, wenn das einheitliche Überwachungszeichen auf Bauteilen oder auf Verpackungen bzw. Packzetteln aufgebracht wird, mindestens 4,5 cm × 6 cm groß sein (s. Abb. 2.1).

Zur Kennzeichnung auf Baustoffen, Bauteilen und Einrichtungen darf es auch in vereinfachter Form (s. Abb. 2.2) verwendet werden, wenn der Lieferschein das Überwachungszeichen nach Abbildung 2.1 trägt. Dabei soll der Fremdüberwacher durch ein – ggf. vereinfachtes – Zeichen erkennbar sein.

24.33 Hersteller, die nach den Satzungen und Richtlinien von bauaufsichtlich anerkannten Überwachungsgemeinschaften/Güteschutzgemeinschaften berechtigt sind, deren Überwachungszeichen/Gütezeichen zu führen, sind berechtigt, auch das einheitliche Überwachungszeichen zu führen. Wird das Recht zur Führung des Überwachungszeichens/Gütezeichens entzogen oder eingeschränkt, so gilt das zum gleichen Zeitpunkt und im gleichen Maße auch für die Führung des einheitlichen Überwachungszeichens.

Dies gilt sinngemäß auch für Hersteller, die mit einer bauaufsichtlich anerkannten Prüfstelle einen bauaufsichtlich wirksamen Überwachungsvertrag abgeschlossen haben.

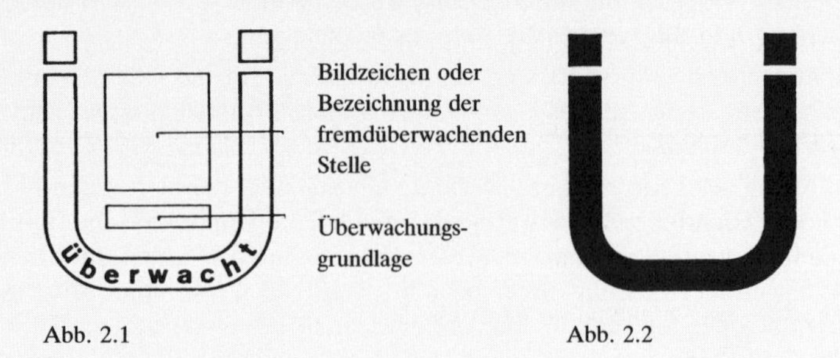

Abb. 2.1 Abb. 2.2

24.4 Zu Absatz 4

Die in anderen Ländern im Geltungsbereich des Grundgesetzes hergestellten überwachungspflichtigen Baustoffe, Bauteile und Einrichtungen, deren Herstellung nach dem Recht dieses Landes überwacht worden ist, gelten auch im Lande Nordrhein-Westfalen als ordnungsgemäß überwacht.

Hinweise:

Die Überwachung nach § 24 der BauO regelt die Kontrolle der *werkmäßig* hergestellten Bauprodukte, die in der Bauprüfverordnung § 24 Nummern 1 bis 15 aufgezählt sind, z. B. künstliche Wand- und Deckensteine, Bindemittel für Mörtel und Beton, Betonstahl, Fertigteile usw. (siehe den anschließenden Einschub).

Die bauordnungsrechtliche Überwachung (nicht stets gleichbedeutend mit der privatwirtschaftlichen „Güteüberwachung") wird nicht von der BAB durchgeführt; sie besteht aus der Eigenüberwachung durch den Hersteller im eigenen Werk und der Fremdüberwachung durch Überwachungsgemeinschaften oder durch Prüfstellen.

Das in der VV BauO NW dargestellte Überwachungszeichen ist auf dem Bauprodukt, der Verpackung oder dem Lieferschein anzubringen.

Es folgt ein *Einschub* zur Überwachung aus der *Bauprüfverordnung:*

BauPrüfVO, Dritter Teil

Zweiter Abschnitt: Überwachung

§ 24 Überwachungspflicht

Bei der Errichtung oder Änderung baulicher Anlagen dürfen folgende Baustoffe und Bauteile, an die wegen der Standsicherheit, des Brandschutzes, des Wärmeschutzes, des Schallschutzes, des Gesundheitsschutzes oder wegen des Schutzes der Gewässer bauaufsichtliche Anforderungen gestellt werden und für die technische Baubestimmungen nach § 3 Abs. 3 BauO NW eingeführt sind, nur verwendet werden, wenn sie aus Herstellungsbetrieben stammen, die einer Überwachung unterliegen:

1. Künstliche Wand- und Deckensteine,
2. Formstücke für Schornsteine,
3. Bindemittel für Mörtel und Beton,
4. Werkfrischmauermörtel und Werktrockenmauermörtel,
5. Betonzuschlag,
6. Beton B II, Transportbeton einschließlich Trockenbeton,

7. Betonstahl,
8. Dämmstoffe für den Schall- und Wärmeschutz,
9. Bauplatten,
10. Vorgefertigte Bauteile aus Beton, Gasbeton, Leichtbeton, Stahlbeton, Spannbeton, Stahlleichtbeton und Ziegeln,
11. Vorgefertigte Wand-, Decken- und Dachtafeln für Häuser in Tafelbauart,
12. Feuerschutzabschlüsse (Klappen, Türen, Tore),
13. Fahrschachttüren für feuerbeständige Schachtwände,
14. Lager unter Verwendung von Kunststoffen,
15. Kaltgeformte Bleche aus Baustahl im Hochbau.

§ 25 Ausnahmen von der Überwachungspflicht

Die Verwendung von in § 24 genannten Baustoffen und Bauteilen, die aus Herstellungsbetrieben stammen, die einer Überwachung nicht unterliegen, kann gestattet werden, wenn der Nachweis der ordnungsgemäßen Herstellung der Baustoffe und Bauteile im Einzelfall erbracht wird.

Hinweise

BauO NW neu:

§ 25 Übereinstimmungsnachweis

(1) Bauprodukte bedürfen einer Bestätigung ihrer Übereinstimmung mit den technischen Regeln nach § 20 Abs. 2, den allgemeinen bauaufsichtlichen Zulassungen, den allgemeinen bauaufsichtlichen Prüfzeugnissen oder den Zustimmungen im Einzelfall; als Übereinstimmung gilt auch eine Abweichung, die nicht wesentlich ist.

(2) Die Bestätigung der Übereinstimmung erfolgt durch

1. Übereinstimmungserklärung des Herstellers (§ 26) oder
2. Übereinstimmungszertifikat (§ 27).

Die Bestätigung durch Übereinstimmungszertifikat kann in der allgemeinen bauaufsichtlichen Zulassung, in der Zustimmung im Einzelfall oder in der Bauregelliste A vorgeschrieben werden, wenn dies zum Nachweis einer ordnungsgemäßen Herstellung erforderlich ist. Bauprodukte, die nicht in Serie hergestellt werden, bedürfen nur der Übereinstimmungserklärung des Herstellers nach § 26 Abs. 1, sofern nichts anderes bestimmt ist. Die oberste Bauaufsichtsbehörde kann im Einzelfall die Verwendung von Bauprodukten ohne das erforderliche Übereinstimmungszertifikat gestatten, wenn nachgewiesen ist, daß diese Bauprodukte den technischen Regeln, Zulassungen, Prüfzeugnissen oder Zustimmungen nach Abs. 1 entsprechen.

(3) Für Bauarten gelten die Abs. 1 und 2 entsprechend.

(4) Die Übereinstimmungserklärung und die Erklärung, daß ein Übereinstimmungszertifikat erteilt ist, hat der Hersteller durch Kennzeichnung der Bauprodukte mit dem Übereinstimmungszeichen (Ü-Zeichen) unter Hinweis auf den Verwendungszweck abzugeben.

(5) Das Ü-Zeichen ist auf dem Bauprodukt oder auf seiner Verpackung oder, wenn dies nicht möglich ist, auf dem Lieferschein anzubringen.

(6) Ü-Zeichen aus anderen Ländern und aus anderen Staaten gelten auch im Land Nordrhein-Westfalen.

§ 26 Übereinstimmungserklärung des Herstellers

(1) Der Hersteller darf eine Übereinstimmungserklärung nur abgeben, wenn er durch werkseigene Produktionskontrolle sichergestellt hat, daß das von ihm hergestellte Bauprodukt den maßgebenden technischen Regeln, der allgemeinen bauaufsichtlichen Zulassung, dem allgemeinen bauaufsichtlichen Prüfzeugnis oder der Zustimmung im Einzelfall entspricht.

(2) In den technischen Regeln nach § 20 Abs. 2, in der Bauregelliste A, in den allgemeinen bauaufsichtlichen Zulassungen, in den allgemeinen bauaufsichtlichen Prüfzeugnissen oder in den Zustimmungen im Einzelfall kann eine Prüfung der Bauprodukte durch eine Prüfstelle vor Abgabe der Übereinstimmungserklärung vorgeschrieben werden, wenn dies zur Sicherung einer ordnungsgemäßen Herstellung erforderlich ist. In diesen Fällen hat die Prüfstelle das Bauprodukt daraufhin zu überprüfen, ob es den maßgebenden technischen Regeln, der allgemeinen bauaufsichtlichen Zulassung, dem allgemeinen bauaufsichtlichen Prüfzeugnis oder der Zustimmung im Einzelfall entspricht.

§ 27 Übereinstimmungszertifikat

(1) Ein Übereinstimmungszertifikat ist von einer Zertifizierungsstelle nach § 28 zu erteilen, wenn das Bauprodukt

1. den maßgebenden technischen Regeln, der allgemeinen bauaufsichtlichen Zulassung, dem allgemeinen bauaufsichtlichen Prüfzeugnis oder der Zustimmung im Einzelfall entspricht und
2. einer werkseigenen Produktionskontrolle sowie einer Fremdüberwachung nach Maßgabe des Abs. 2 unterliegt.

(2) Die Fremdüberwachung ist von Überwachungsstellen nach § 28 durchzuführen. Die Fremdüberwachung hat regelmäßig zu überprüfen, ob das Bauprodukt den maßgebenden technischen Regeln, der allgemeinen bauaufsichtlichen Zulassung, dem allgemeinen bauaufsichtlichen Prüfzeugnis oder der Zustimmung im Einzelfall entspricht.

Weiter mit **BauO NW:**

§ 32 Treppen

(1) Jedes nicht zu ebener Erde liegende Geschoß und der benutzbare Dachraum eines Gebäudes müssen über mindestens eine Treppe zugänglich sein (notwendige Treppe); weitere Treppen können gefordert werden, wenn die Rettung von Menschen im Brandfall nicht auf andere Weise möglich ist. Statt notwendiger Treppen können Rampen mit flacher Neigung gestattet werden.

(2) Einschiebbare Treppen und Rolltreppen sind als notwendige Treppen unzulässig. Einschiebbare Treppen und Leitern sind bei Gebäuden geringer Höhe als Zugang zu einem Dachraum ohne Aufenthaltsräume zulässig; sie können als Zugang zu sonstigen Räumen, die keine Aufenthaltsräume sind, gestattet werden, wenn wegen des Brandschutzes Bedenken nicht bestehen.

(3) Außer bei Gebäuden geringer Höhe sind die tragenden Teile notwendiger Treppen in der Feuerwiderstandsklasse F 90 und aus nichtbrennbaren Baustoffen herzustellen.

(4) In Gebäuden mit mehr als zwei Geschossen über der Geländeoberfläche sind die notwendigen Treppen in einem Zuge zu allen anderen angeschlossenen Geschossen zu führen; sie müssen mit den Treppen zum Dachraum unmittelbar verbunden sein.

(5) Die nutzbare Breite der Treppen und Treppenabsätze notwendiger Treppen muß mindestens 1 m betragen; in Wohngebäuden mit nicht mehr als zwei Wohnungen genügt eine

Breite von 0,8 m. Für Treppen mit geringer Benutzung können geringere Breiten gestattet werden.

(6) Treppen müssen mindestens einen festen und griffsicheren Handlauf haben. Bei großer nutzbarer Breite der Treppen können Handläufe auf beiden Seiten und Zwischenhandläufe gefordert werden.

(7) Die freien Seiten der Treppen, Treppenabsätze und Treppenöffnungen müssen durch Geländer gesichert werden. Fenster, die unmittelbar an Treppen liegen und deren Brüstungen unter der notwendigen Geländerhöhe liegen, sind zu sichern.

(8) Auf Handläufe und Geländer kann, insbesondere bei Treppen bis zu fünf Stufen, verzichtet werden, wenn wegen der Verkehrssicherheit auch unter Berücksichtigung der Belange Behinderter oder alter Menschen Bedenken nicht bestehen.

(9) Treppengeländer müssen mindestens 0,90 m, bei Treppen mit mehr als 12 m Absturzhöhe mindestens 1,10 m hoch sein.

(10) Eine Treppe darf nicht unmittelbar hinter einer Tür beginnen, die in Richtung der Treppe aufschlägt; zwischen Treppen und Tür ist ein Treppenabsatz anzuordnen, der mindestens so tief sein soll, wie die Tür breit ist.

(11) Die Absätze 3 bis 7 gelten nicht für Treppen innerhalb von Wohnungen.

Hinweise:

Die nutzbare Laufbreite notwendiger Treppen – zwischen Innenkante Handlauf und Wand gemessen – muß nach der Landesbauordnung betragen (die neueren Landesbauordnungen geben keine Maße an, sondern verweisen auf DIN 18065 – Gebäudetreppen; insofern derzeit unterschiedlich):

• in Ein- und Zweifamilienhäusern bis zu 2 Geschossen	0,80/0,90	m
• in Wohngebäuden mit mehr als 2 Wohnungen (bzw. mehr als 2 Geschossen) und in allen sonstigen Gebäuden	1,00	m
Ausnahme: Berlin und Hamburg	1,10	m
• in Hochhäusern (vgl. Anm. 3 zur Tabelle II 9.1)	1,25	m
• Treppen mit geringer Benutzung (als Ausnahme: i. S. der BauO)	0,50	m

Ein Treppenabsatz (Podest) soll nach höchstens 18 Stufen eingeschaltet werden.

Podesttiefe ≧ nutzbare Laufbreite
≧ 1,00 m in Wohngebäuden
≧ 1,25 m in Hochhäusern

Lichte Durchgangshöhe – senkrecht gemessen –

≧ 2,00 m (besser ≧ 2,10 m)

Das Steigungs*verhältnis* ist nicht mehr in der LBO festgelegt.

Stufenhöhe ≦ 19 cm

Auftrittsbreite ≧ 26 cm

gewendelte Stufen an der schmalsten Stelle ≧ 10 cm

Steigung nach DIN 18 065 und Sonderbauordnung

	Steigung s [cm]	Auftritt a [cm]	
Wohngebäude mit bis zu 2 Wohnungen	17 ± 3	28 $^{+9}_{-5}$	DIN 18 065
Übrige Gebäude	17 $^{+2}_{-3}$	28 $^{+9}_{-2}$	
Kellertreppen Bodentreppen „nicht notwendige“ Treppen*)	≦ 21	≧ 21	
Geschäftshaus-VO Versammlungsstätten-VO Versammlungsstätten mit Bühne Schulbaurichtlinien Gaststätten-VO	≦ 17 ≦ 17 ≦ 16 17 17	≧ 28 ≧ 28 ≧ 30 28 28	
Garten- und Freitreppen, üblich	14	≧ 30	

*) Notwendige Treppe ist der erste Rettungsweg für Geschosse mit Aufenthaltsräumen, die nicht zu ebener Erde liegen.

Geländerhöhe:

allgemein ≧ 90 cm bei Absturzhöhen > 12 m ist Geländerhöhe ≧ 1,10 m

Bei Gebäuden mit Arbeitsstätten ist die Mindesthöhe (nach Arbeitsstätten-VO und Arbeitsplatzrichtlinien) = 1,00 m.

BauO NW neu: Vor allem aus Gründen des abwehrenden Brandschutzes werden hier auch an die Treppen in Gebäuden geringer Höhe (der Fußboden eines Geschosses mit Aufenthaltsräumen liegt im Mittel mehr als 7 m über der Geländeoberfläche) mit mehr als zwei Wohnungen Anforderungen gestellt; ihre tragenden Teile sind aus nichtbrennbaren Baustoffen herzustellen (d. h. keine Holztreppe).

§ 37 Umwehrungen

(1) In, an und auf baulichen Anlagen sind Flächen, die im allgemeinen zum Begehen bestimmt sind und unmittelbar an mehr als 1 m tieferliegende Flächen angrenzen, zu umwehren. Dies gilt nicht, wenn eine Umwehrung dem Zweck der Fläche widerspricht, wie bei Verladerampen, Kais und Schwimmbecken.

(2) Nicht begehbare Oberlichte und Glasabdeckungen in Flächen, die im allgemeinen zum Begehen bestimmt sind, sind zu umwehren, wenn sie weniger als 0,50 m aus diesen Flächen herausragen.

(3) Kellerlichtschächte und Betriebsschächte, die an Verkehrsflächen liegen, sind zu umwehren oder verkehrssicher abzudecken; Abdeckungen an und in öffentlichen Verkehrsflächen müssen gegen unbefugtes Abheben gesichert sein.

(4) Notwendige Umwehrungen müssen folgende Mindesthöhen haben:

1. Umwehrungen zur Sicherung von Öffnungen in begehbaren Decken, Dächern sowie Umwehrungen von Flächen mit einer Absturzhöhe von 1 m bis zu 12 m 0,90 m,
2. Umwehrungen von Flächen mit mehr als 12 m Absturzhöhe 1,10 m.

(5) Fensterbrüstungen müssen bei einer Absturzhöhe bis zu 12 m mindestens 0,80 m, darüber mindestens 0,90 m hoch sein. Geringere Brüstungshöhen sind zulässig, wenn durch andere brüstungsähnliche Vorrichtungen diese Mindesthöhen eingehalten werden. Soll die Absturzsicherung im wesentlichen durch eine Umwehrung, wie Geländer, erbracht werden, so sind die Mindesthöhen nach Absatz 4 einzuhalten. Im Erdgeschoß können geringere Brüstungshöhen gestattet werden.

Hinweis:

Wegen Umwehrungen aus Glas, insbesondere ohne Holm, wird auf die Ausführungen unter II 8.2.2 verwiesen.

Die am Bau Beteiligten

§ 52 Grundsatz

Bei der Errichtung, Änderung, Nutzungsänderung oder dem Abbruch baulicher Anlagen sowie anderer Anlagen und Einrichtungen im Sinne des § 1 Abs. 1 Satz 2 sind der Bauherr und im Rahmen ihres Wirkungskreises die anderen am Bau Beteiligten (§§ 54 bis 56) dafür verantwortlich, daß die öffentlich-rechtlichen Vorschriften eingehalten werden.

Hinweise:

Die BAB kann danach also wählen, ob sie ihre Ordnungsverfügungen an den Bauherrn richtet oder an die am Bau Beteiligten im Rahmen ihres Wirkungskreises, das heißt: Beanstandungen in den Bauvorlagen an den Entwurfsverfasser, in der Bauausführung an den jeweiligen Bauunternehmer oder Handwerksbetrieb und schließlich wegen mangelnder Koordination oder Überwachung an den Bauleiter.

§ 53 Bauherr

(1) Der Bauherr hat zur Vorbereitung, Überwachung und Ausführung eines genehmigungsbedürftigen Bauvorhabens einen Entwurfsverfasser (§ 54), Unternehmer (§ 55) und den Bauleiter (§ 56) zu beauftragen. Dem Bauherrn obliegen gegenüber der Bauaufsichtsbehörde die nach den öffentlich-rechtlichen Vorschriften erforderlichen Anzeigen und Nachweise.

(2) Bei technisch einfachen baulichen Anlagen und anderen Anlagen und Einrichtungen kann die Bauaufsichtsbehörde darauf verzichten, daß ein Entwurfsverfasser und ein Bauleiter beauftragt werden. Bei Bauarbeiten, die in Selbst- oder Nachbarschaftshilfe ausgeführt werden, ist die Beauftragung von Unternehmern nicht erforderlich, wenn dabei genügend Fachkräfte mit der nötigen Sachkunde, Erfahrung und Zuverlässigkeit mitwirken. Genehmigungsbedürftige Abbrucharbeiten dürfen nicht in Selbst- oder Nachbarschaftshilfe ausgeführt werden.

(3) Sind die vom Bauherrn beauftragten Personen für ihre Aufgabe nach Sachkunde und Erfahrung nicht geeignet, so kann die Bauaufsichtsbehörde vor und während der Bauausführung verlangen, daß ungeeignete Beauftragte durch geeignete ersetzt oder Sachverständige herangezogen werden. Die Bauaufsichtsbehörde kann die Bauarbeiten einstellen lassen, bis geeignete Beauftragte oder Sachverständige beauftragt sind.

(4) Der Bauherr hat vor Baubeginn der Bauaufsichtsbehörde die Namen des Bauleiters und der Fachbauleiter und während der Bauausführung einen Wechsel dieser Personen mitzuteilen. Die Bauaufsichtsbehörde kann verlangen, daß für bestimmte Arbeiten die Unternehmer namhaft gemacht werden. Wechselt der Bauherr, so hat der neue Bauherr dies der Bauaufsichtsbehörde unverzüglich schriftlich mitzuteilen.

(5) Der Bauherr trägt die Kosten für

1. die Entnahme von Proben und deren Prüfung (§ 76 Abs. 3),
2. Sachverständige oder sachverständige Stellen, denen aufgrund einer Rechtsverordnung nach § 80 Abs. 4 Nr. 3 die Prüfung, Überwachung oder Bauzustandsbesichtigung übertragen worden ist,
4. wiederkehrende Prüfungen aufgrund einer Rechtsverordnung nach § 80 Abs. 1 Nr. 3.

VV BauO NW

53 Bauherr (§ 53)

53.2 Zu Absatz 2

„Technisch einfach" i. S. dieser Vorschrift können bauliche Anlagen und Einrichtungen sein, bei denen keine besonderen Anforderungen an die Bauvorlagen zu stellen sind und aus diesem Grunde ein Entwurfsverfasser (§ 54) entbehrlich ist. Ob diese Voraussetzung vorliegt, hat die Bauaufsichtsbehörde im Einzelfall zu prüfen. Sie kann auf die Beauftragung eines Entwurfsverfassers durch den Bauherrn auf dessen Antrag verzichten. Sie kann aber auch bei der Vorlage eines Bauantrages ohne Angabe eines Entwurfsverfassers feststellen, ob die Voraussetzungen für den Verzicht vorliegen oder ob der Bauantrag zurückzuweisen ist (§ 67 Abs. 2). Der Verzicht sollte in den Bauakten vermerkt werden.

Hinweis:

BauO NW neu: Als Bauleiterin oder Bauleiter darf nicht beauftragt werden, wer an demselben Bauvorhaben Bauarbeiten durchführt.

Die Mitteilung des Namens des BL an die BAB ist von den beauftragten Personen schriftlich zu bestätigen.

§ 55 Unternehmer

(1) Jeder Unternehmer ist für die ordnungsgemäße, den allgemein anerkannten Regeln der Technik und den genehmigten Bauvorlagen entsprechende Ausführung der von ihm übernommenen Arbeiten und insoweit für die ordnungsgemäße Einrichtung und den sicheren bautechnischen Betrieb der Baustelle sowie für die Einhaltung der Arbeitsschutzbestimmungen verantwortlich. Er hat die erforderlichen Nachweise über die Brauchbarkeit der verwendeten Baustoffe, Bauteile, Bauarten und Einrichtungen zu erbringen und auf der Baustelle bereitzuhalten. Er darf unbeschadet der Vorschriften des § 70 Arbeiten nicht ausführen oder ausführen lassen, bevor nicht die dafür notwendigen Unterlagen und Anweisungen an der Baustelle vorliegen.

(2) Der Unternehmer hat auf Verlangen der Bauaufsichtsbehörde für Bauarbeiten, bei denen die Sicherheit der baulichen Anlagen sowie anderen Anlagen und Einrichtungen in außergewöhnlichem Maße von der besonderen Sachkenntnis und Erfahrung des Unternehmers oder von einer Ausstattung des Unternehmens mit besonderen Vorrichtungen abhängt, nachzuweisen, daß sie für diese Bauarbeiten geeignet sind und über die erforderlichen Vorrichtungen verfügen.

(3) Besitzt ein Unternehmer für einzelne Arbeiten nicht die erforderliche Sachkunde und Erfahrung, so hat er dafür zu sorgen, daß Fachunternehmer oder Fachleute herangezogen werden. Diese sind für ihre Arbeiten verantwortlich. Für das ordnungsgemäße Ineinandergreifen seiner Arbeiten mit denen seiner Fachunternehmer oder Fachleute ist der Unternehmer verantwortlich.

Hinweis:

Die besondere Sachkenntnis und Erfahrung gemäß Abs. 2 ist bereits in der VV zu § 20 vorgeschrieben; siehe also dort.

§ 56 Bauleiter

(1) Der Bauleiter hat darüber zu wachen, daß die Baumaßnahme dem öffentlichen Baurecht, insbesondere den allgemein anerkannten Regeln der Technik und den genehmigten Bauvorlagen entsprechend durchgeführt wird, und die dafür erforderlichen Weisungen zu erteilen. Er hat im Rahmen dieser Aufgabe auf den sicheren bautechnischen Betrieb der Baustelle, insbesondere auf das gefahrlose Ineinandergreifen der Arbeiten der Unternehmer und auf die Einhaltung der Arbeitsschutzbestimmungen zu achten. Die Verantwortlichkeit der Unternehmer bleibt unberührt.

(2) Der Bauleiter muß über die für seine Aufgabe erforderliche Sachkunde und Erfahrung verfügen. Verfügt er auf einzelnen Teilgebieten nicht über die erforderliche Sachkunde und Erfahrung, so hat er dafür zu sorgen, daß Fachbauleiter herangezogen werden. Diese treten insoweit an die Stelle des Bauleiters. Der Bauleiter hat die Tätigkeit der Fachbauleiter und seine Tätigkeit aufeinander abzustimmen.

VV BauO NW

56 Bauleiter (§ 56)

56.1 Zu Absatz 1

Soweit der Bauleiter auf den sicheren bautechnischen Betrieb der Baustelle zu achten hat (§ 56 Abs. 1 Satz 2), obliegt ihm diese Aufgabe nur im Rahmen seiner in § 56 Abs. 1 aufgezählten Hauptpflichten. In keinem Fall darf er den Arbeitsschutzbestimmungen widersprechende Weisungen erteilen. In erster Linie ist der Unternehmer für die Einhaltung der Arbeitsschutzbestimmungen verantwortlich (§ 55 Abs. 1).

Hinweise

BauO NW neu:

(2) Die Bauleiterin oder der Bauleiter haben die Anzeigen nach § 76 Abs. 7, § 82 Abs. 3 und § 83 Abs. 1 zu erstatten (vormals der BH!).

(4) Soweit es die Überwachungspflicht nach Abs. 1 erfordert, müssen Bauleiterinnen oder Bauleiter und Fachbauleiterinnen oder Fachbauleiter auf der Baustelle anwesend sein.

§ 57 Bauaufsichtsbehörden

(1) Bauaufsichtsbehörden sind:

1. Oberste Bauaufsichtsbehörde: der für die Bauaufsicht zuständige Minister.
2. Obere Bauaufsichtsbehörden: die Regierungspräsidenten für die kreisfreien Städte und Kreise sowie in den Fällen des § 75, im übrigen die Oberkreisdirektoren als untere staatliche Verwaltungsbehörden.
3. Untere Bauaufsichtsbehörden:
   a) die kreisfreien Städte, die Großen kreisangehörigen Städte und die Mittleren kreisangehörigen Städte,
   b) die Kreise für die übrigen kreisangehörigen Gemeinden

als Ordnungsbehörden.

(2) Die den Bauaufsichtsbehörden obliegenden Aufgaben gelten als solche der Gefahrenabwehr. § 81 bleibt unberührt.

(3) Die Bauaufsichtsbehörden sind zur Durchführung ihrer Aufgaben ausreichend mit geeigneten Fachkräften zu besetzen. Den Bauaufsichtsbehörden müssen insbesondere Beamte des höheren bautechnischen Verwaltungsdienstes angehören, die die erforderlichen Kenntnisse des öffentlichen Baurechts, der Bautechnik und der Baugestaltung haben.

VV BauO NW

57 Bauaufsichtsbehörden (§ 57)

57.3 Zu Absatz 3

57.31 Zur ausreichenden Besetzung der Bauaufsichtsbehörde mit geeigneten Fachkräften gemäß § 57 Abs. 3 Satz 1 gehört auch die Beschäftigung mindestens einer Fachkraft für Standsicherheitsnachweise (Statiker).

57.32 Die in § 57 Abs. 3 Satz 2 geforderten Fachkenntnisse liegen in aller Regel bei Bewerbern nach Bestehen der 2. Staatsprüfung für den höheren technischen Verwaltungsdienst vor, sofern sie die Voraussetzungen des Fachgebietes Hochbau (§ 9 der Ausbildungsverordnung höherer technischer Dienst – AVHT – vom 24. Oktober 1974 – GV NW 1975 S. 52/SGV NW 203015) oder des Fachgebietes Städtebau – Vertiefungsstudium im Rahmen des Architekturstudiums (§ 12 Abs. 1 Buchst. c AVHT) – erfüllen. Das gleiche gilt für Absolventen eines Fachhochschulstudiums im Bereich Hochbau mit anschließendem Studium an einer wissenschaftlichen Hochschule, z. B. in der Fachrichtung Raumplanung oder Städtebau.

Bei Beamten des höheren bautechnischen Verwaltungsdienstes, die die Voraussetzungen des vorstehenden Absatzes nicht erfüllen, ist für die Beurteilung der erforderlichen Fachkenntnisse im wesentlichen auf den bisherigen beruflichen Werdegang abzustellen.

§ 58 Aufgaben und Befugnisse der Bauaufsichtsbehörden

(1) Die Bauaufsichtsbehörden haben bei der Errichtung, der Änderung, dem Abbruch, der Nutzung, der Nutzungsänderung, der Unterhaltung baulicher Anlagen sowie anderer Anlagen und Einrichtungen im Sinne des § 1 Abs. 1 Satz 2 darüber zu wachen, daß die öffentlich-rechtlichen Vorschriften und die aufgrund dieser Vorschriften erlassenen Anordnungen eingehalten werden. Sie haben in Wahrnehmung dieser Aufgaben nach pflichtgemäßem Ermessen die erforderlichen Maßnahmen zu treffen. Die gesetzlich geregelten Zuständigkeiten und Befugnisse anderer Behörden bleiben unberührt.

(2) Die Bauaufsichtsbehörden können zur Erfüllung ihrer Aufgaben Sachverständige und sachverständige Stellen heranziehen.

(3) Die mit dem Vollzug dieses Gesetzes beauftragten Personen sind berechtigt, in Ausübung ihres Amtes Grundstücke und bauliche Anlagen einschließlich der Wohnungen zu betreten. Das Grundrecht der Unverletzlichkeit der Wohnung (Artikel 13 des Grundgesetzes) wird insoweit eingeschränkt.

VV BauO NW

58 Aufgaben und Befugnisse der Bauaufsichtsbehörden (§ 58)

58.1 Zu Absatz 1

Können zur Durchsetzung einzelner öffentlich-rechtlicher Anforderungen neben den Bauaufsichtsbehörden auch andere Behörden in Betracht kommen, sollen die Bauaufsichtsbehörden sich mit diesen abstimmen.

58.2 Zu Absatz 2

Die Entscheidung über die Eignung von *Sachverständigen* und sachverständigen Stellen trifft die untere Bauaufsichtsbehörde, sofern nicht aufgrund von Rechtverordnungen ein besonderes Anerkennungsverfahren durchzuführen ist (z. B. BauPrüfVO oder Garagenverordnung).

Als Sachverständige kommen in Betracht:

a) Ingenieure der entsprechenden Fachrichtungen, die
   - mindestens den Abschluß einer Fachhochschule und eine fünfjährige Berufspraxis nachweisen können.
   - nicht identisch mit den anderen am Bau Beteiligten sind.

b) von den Industrie- und Handelskammern oder den Handwerkskammern bestellte und vereidigte Sachverständige entsprechender Fachrichtungen.

c) für Fragen des Baugrundes und des Schallschutzes außerdem Personen oder Institute, die in den entsprechenden Listen beim Institut für Bautechnik in Berlin geführt werden.

d) für Fragen der Standsicherheit u. a. die von der obersten Bauaufsichtsbehörde anerkannten Prüfingenieure für Baustatik.

e) für Fragen der technischen Anlagen und Einrichtungen die Sachverständigen der technischen Überwachungsorganisationen, die nach der Verordnung über die Organisation der technischen Überwachung vom 2. Dezember 1959 (GV NW S. 174), geändert durch Verordnung vom 1. August 1961 (GV NW S. 266) – SGV NW 7131 – anerkannt sind, und die von der obersten Bauaufsichtsbehörde anerkannten Sachverständigen anderer technischer Organisationen oder Stellen.

Sachverständige Stellen sind die in Einführungserlassen zu den entsprechenden Normen aufgeführten Stellen sowie die durch die oberste Bauaufsichtsbehörde benannten Personen.

58.22 *Sachkundige* (z. B. § 62 Abs. 2 Nr. 1) können mit den am Bau Beteiligten identisch sein. Als Sachkundige kommen in Betracht:

- Ingenieure der entsprechenden Fachrichtungen mit mindestens fünfjähriger Berufserfahrung,
- Personen mit abgeschlossener handwerklicher Ausbildung oder mit gleichwertiger Ausbildung und mindestens fünfjähriger Berufserfahrung in der Fachrichtung, in der sie tätig werden.

58.3 Die Absicht, Grundstücke und bauliche Anlagen einschließlich der Wohnungen nach der Bauzustandsbesichtigung oder nach abschließender Fertigstellung zu betreten, soll dem Eigentümer und dem unmittelbaren Besitzer rechtzeitig vorher mitgeteilt werden.

Hinweis:

Die bauordnungsrechtlichen Maßnahmen im einzelnen werden in Teil III 1 genauer dargestellt. Wegen der Abgrenzung zwischen Bauaufsichtsbehörde, Berufsgenossenschaft und Gewerbeaufsichtsamt wird auf II 1.5 verwiesen.

BauO NW neu:

(2) Auch nach Erteilung einer Baugenehmigung (§ 76) oder einer Zustimmung nach § 81 können Anforderungen gestellt werden, um dabei nicht voraussehbare Gefahren oder unzumutbare Belästigungen von der Allgemeinheit oder denjenigen, die die bauliche Anlage benutzen, abzuwenden. Satz 1 gilt entsprechend, wenn bauliche Anlagen oder andere Anlagen oder Einrichtungen i. S. von § 1 Abs. 1 Satz 2 ohne Genehmigung oder Zustimmung errichtet werden dürfen.

(4) Sind Bauprodukte entgegen § 25 Abs. 4 mit dem Ü-Zeichen gekennzeichnet, so kann

die Bauaufsichtsbehörde die Verwendung dieser Bauprodukte untersagen und deren Kennzeichnung entwerten oder beseitigen lassen.

(5) Die Einstellung der Bauarbeiten kann angeordnet werden, wenn Bauprodukte verwendet werden, die unberechtigt mit der CE-Kennzeichnung (§ 20 Abs. 1 Nr. 2) oder dem Ü-Zeichen (§ 25 Abs. 4) gekennzeichnet sind.

MBO: Die MBO hat für Baueinstellung und Beseitigung baulicher Anlagen eigene Paragraphen aufgestellt.

§ 75 (MBO) Baueinstellung

(1) Die Einstellung der Bauarbeiten kann angeordnet werden, wenn

1. die Ausführung eines genehmigungsbedürftigen oder nach § 4 zustimmungsbedürftigen Bauvorhabens entgegen den Vorschriften des § 69 Abs. 6 und 8 begonnen wurde oder
2. bei der Ausführung eines Bauvorhabens von den genehmigten Bauvorlagen abgewichen oder gegen baurechtliche Vorschriften verstoßen wird,
3. Bauprodukte verwendet werden, die unberechtigt mit dem CE-Zeichen oder dem Ü-Zeichen gekennzeichnet sind.

(2) Werden unzulässige Bauarbeiten trotz einer schriftlich oder mündlich verfügten Einstellung fortgesetzt, so kann die Bauaufsichtsbehörde die Baustelle versiegeln oder die an der Baustelle vorhandenen Baustoffe, Bauteile, Geräte, Maschinen und Bauhilfsmittel in amtlichen Gewahrsam bringen.

§ 76 (MBO) Beseitigung baulicher Anlagen

(1) Werden bauliche Anlagen in Widerspruch zu öffentlich-rechtlichen Vorschriften errichtet oder geändert, so kann die Bauaufsichtsbehörde die teilweise oder vollständige Beseitigung der baulichen Anlagen anordnen, wenn nicht auf andere Weise rechtmäßige Zustände hergestellt werden können. Werden bauliche Anlagen in Widerspruch zu öffentlich-rechtlichen Vorschriften benutzt, so kann diese Benutzung untersagt werden.

(2) Absatz 1 gilt für Werbeanlagen und Warenautomaten entsprechend.

§ 62 Genehmigungsfreie Vorhaben

(1) Die Errichtung oder Änderung folgender baulicher Anlagen sowie anderer Anlagen und Einrichtungen bedarf keiner Baugenehmigung:

1. Gebäude bis zu 30 m³ umbautem Raum ohne Aufenthaltsräume, Ställe, Aborte oder Feuerstätten und untergeordnete bauliche Anlagen bis zu 30 m³ umbautem Raum, im Außenbereich nur, wenn sie einem land- oder forstwirtschaftlichen Betrieb dienen (§ 35 Abs. 1 Nr. 1 des Baugesetzbuches); dies gilt nicht für Garagen, Verkaufs- und Ausstellungsstände,
2. Gartenlauben in Kleingartenanlagen nach dem Bundeskleingartengesetz,
3. Wochenendhäuser auf genehmigten Wochenendplätzen,
4. Gebäude bis zu 4,0 m Firsthöhe, die nur zum vorübergehenden Schutz von Pflanzen und Tieren bestimmt sind und die einem land- oder forstwirtschaftlichen Betrieb dienen,
5. Gewächshäuser ohne Verkaufsstätten bis zu 4,0 m Firsthöhe, die einem land- oder forstwirtschaftlichen Betrieb dienen,

6. nicht überdachte Stellplätze für Personenkraftwagen bis zu insgesamt 100 m^2,
7. bauliche Anlagen, die der Gartengestaltung oder der zweckentsprechenden Einrichtung von Spielplätzen und Sportplätzen dienen, wie Pergolen, Klettergerüste, Tore für Ballspiele,
8. bauliche Anlagen, die zu Straßenfesten und ähnlichen Veranstaltungen nur für kurze Zeit errichtet werden und die keine Fliegenden Bauten sind; dies gilt nicht für Tribünen,
9. Fahrgastunterstände des öffentlichen Personenverkehrs oder der Schülerbeförderung,
10. nichttragende oder nichtaussteifende Bauteile innerhalb baulicher Anlagen; dies gilt nicht für Wände, Decken und Türen von Rettungswegen,
11. Treppen innerhalb von Wohnungen bei Modernisierungsvorhaben und bei Vorhaben zur Schaffung von zusätzlichem Wohnraum durch Ausbau,
12. Stützmauern und Einfriedungen bis zu 2,0 m, an öffentlichen Verkehrsflächen bis zu 1,0 m Höhe über Geländeoberfläche,
13. offene Einfriedungen für landwirtschaftlich (§ 201 des Baugesetzbuches) oder forstwirtschaftlich genutzte Grundstücke im Außenbereich,
14. selbständige Aufschüttungen oder Abgrabungen außerhalb von bebauten oder nach öffentlich-rechtlichen Vorschriften bebaubaren Grundstücken, innerhalb dieser Grundstücke bis zu 30 m^2 Grundfläche und bis zu 2,0 m Höhe oder Tiefe,
15. Ausstellungsplätze, Abstellplätze und Lagerplätze bis zu 300 m^2 Fläche außer in Wohngebieten und im Außenbereich,
16. Gerüste,
17. Baustelleneinrichtungen einschließlich der Lagerhallen und Schutzhallen sowie der zum vorübergehenden Aufenthalt dienenden Unterkünfte,
18. Regale bis zu einer Höhe von 12,0 m,
19. Lüftungsanlagen, Warmluftheizungen, raumlufttechnische Anlagen, Installationsschächte und Installationskanäle, die keine Gebäudetrennwände und – außer in Gebäuden geringer Höhe – keine Geschosse überbrücken,
20. Behälter und Flachsilos bis zu 50 m^3 Fassungsvermögen und bis zu 3,0 m Höhe außer ortsfesten Behältern für brennbare oder schädliche Flüssigkeiten oder für verflüssigte oder nicht verflüssigte Gase und offenen Behältern für Jauche, Gülle und Flüssigmist,
21. Energieleitungen einschließlich ihrer Masten und Unterstützungen,
22. Signalhochbauten der Landesvermessung,
23. Antennenanlagen bis zu 10,0 m Höhe, Blitzschutzanlagen und ortsveränderliche Antennenträger der Deutschen Bundespost*),
24. Unterstützungen von Seilbahnen,
25. Durchlässe und Brücken bis zu 3,0 m Lichtweite,
26. Landungsstege,
27. Denkmale bis zu 3,0 m Höhe sowie Grabkreuze und Grabsteine auf Friedhöfen,
28. Wasserbecken bis zu 100 m^3 Fassungsvermögen außer im Außenbereich,
29. Fahrzeugwaagen,
30. Werbeanlagen bis zu einer Größe von 0,5 m^2,
31. Werbeanlagen für zeitlich begrenzte Veranstaltungen, insbesondere für Ausverkäufe und Schlußverkäufe an der Stätte der Leistung, jedoch nur für die Dauer der Veranstaltung,
32. Werbeanlagen, die an der Stätte der Leistung vorübergehend angebracht oder aufgestellt

---

*) Parabolantennen mit einem Durchmesser bis 1,20 m. Nach MBO: Parabolantennen mit Reflektorschalen $\leqq 0{,}5$ m^2.

sind, soweit sie nicht mit dem Boden oder einer baulichen Anlage verbunden sind und nicht über die Baulinie oder Baugrenze hinausragen,

33. Warenautomaten, die in räumlicher Verbindung mit einer offenen Verkaufsstelle stehen und deren Anbringungs- oder Aufstellungsort innerhalb der Grundrißfläche des Gebäudes liegt,
34. unbedeutende bauliche Anlagen und Einrichtungen, soweit sie nicht durch die Nummern 1 bis 33 erfaßt sind, wie Fahnenstangen, Teppichstangen, Markisen, Hochsitze, nicht überdachte Terrassen sowie Kleintierställe bis zu 5 m³*).

(2) Keiner Baugenehmigung bedürfen ferner:

1. die geringfügige, die Standsicherheit nicht berührende Änderung tragender oder aussteifender Bauteile innerhalb von Gebäuden; die nicht geringfügige Änderung dieser Bauteile, wenn ein Sachkundiger dem Bauherrn die Ungefährlichkeit der Maßnahme schriftlich bescheinigt.
2. die Änderung der äußeren Gestaltung durch Anstriche, Verputz, Verfugung, Dacheindekkung, Solaranlagen, durch Austausch von Fenstern, Türen, Umwehrungen sowie durch Außenwandbekleidungen an Wänden mit nicht mehr als 8,0 m Höhe über Geländeoberfläche; dies gilt nicht in Gebieten, für die eine örtliche Bauvorschrift nach § 81 Abs. 1 Nr. 1 oder 2 besteht.
3. Nutzungsänderungen, wenn die Errichtung oder Änderung der Anlage für die neue Nutzung genehmigungsfrei wäre.
4. das Auswechseln von gleichartigen Teilen haustechnischer Anlagen, wie Abwasseranlagen, Lüftungsanlagen und Feuerungsanlagen.

(3) Der Abbruch oder die Beseitigung von baulichen Anlagen sowie anderen Anlagen und Einrichtungen nach Absatz 1 bedarf keiner Baugenehmigung. Dies gilt auch für:

1. Gebäude bis zu 300 m³ umbautem Raum,
2. die Beseitigung von ortsfesten Behältern bis zu 300 m³ Fassungsvermögen, von Feuerstätten sowie von Anlagen nach § 60 Abs. 2.

(4) Die Genehmigungsfreiheit entbindet nicht von der Verpflichtung zur Einhaltung der Anforderungen, die in diesem Gesetz, in Vorschriften aufgrund dieses Gesetzes oder in anderen öffentlich-rechtlichen Vorschriften gestellt werden.

VV BauO NW

62 Genehmigungsfreie Vorhaben (§ 62)

Die in dieser Vorschrift genannten Vorhaben sind nur vom Baugenehmigungsverfahren befreit und unterliegen auch nicht der Bauüberwachung (§ 76) und der Bauzustandsbesichtigung (§ 77). Die Verpflichtung zur Einholung nach anderen Vorschriften erforderlicher Genehmigungen, Erlaubnisse u. ä. bleibt bestehen. In Frage kommen z. B. die Erlaubnis nach dem Denkmalschutzgesetz, die Genehmigung nach dem Straßenrecht. Die Genehmigungsfreiheit läßt auch die Pflicht zur Einhaltung öffentlich-rechtlicher Vorschriften unberührt (§ 62 Abs. 4). Die Vorhaben müssen insbesondere den allgemeinen Anforderungen des Bauordnungsrechts (§§ 3, 12 bis 19) genügen. Zu beachten sind auch örtliche Bauvorschriften in Bebauungsplänen und Satzungen nach § 81. Es dürfen nur Baustoffe, Bauteile und Bauarten verwendet werden, deren Brauchbarkeit nachgewiesen ist (§§ 22 bis 24).

Genehmigungsfreie *Teile* eines genehmigungspflichtigen Vorhabens sind nicht Gegenstand des Baugenehmigungsverfahrens (z. B. nichttragende oder nichtaussteifende Bauteile nach § 62 Abs. 1 Nr. 10). Soweit derartige Teile in den Bauvorlagen dargestellt sind, bedarf eine Abweichung bei der Bauausführung daher auch keiner Nach-

*) Zelte (Fliegende Bauten), auch wenn sie von Personen betreten werden, mit einer Grundfläche bis zu 75 m².

tragsgenehmigung. Als genehmigungsfreie Baumaßnahmen unterliegen sie – für sich betrachtet – auch keiner Bauzustandsbesichtigung (§ 77). Im übrigen wird auf § 62 Abs. 4 verwiesen. Nach § 60 Abs. 1 oder Abs. 2 genehmigungsbedürftige bauliche Anlagen und Einrichtungen i. S. von § 1 Abs. 1 Satz 2 bleiben dagegen in Verbindung mit genehmigungsfreien Vorhaben genehmigungsbedürftig (z. B. Feuerungsanlagen in Gewächshäusern nach § 62 Abs. 1 Nr. 5).

62.115 Zu Absatz 1 Nr. 15

Als Lagerplätze gelten nicht Flächen, die einem land- oder forstwirtschaftlichen Betrieb zur vorübergehenden Lagerung landwirtschaftlicher oder forstwirtschaftlicher Produkte wie Stroh oder Holz dienen. Die Lagerung dieser Produkte ist also auch im Außenbereich und ohne Begrenzung der Fläche genehmigungsfrei.

62.116 Zu Absatz 1 Nr. 16

Gerüste müssen den technischen Baubestimmungen entsprechen. Als neue Bauart bedürfen sie einer allgemeinen bauaufsichtlichen Zulassung (§ 21). Gerüstbauteile nach § 22 Gruppe 8 der BauPrüfVO bedürfen eines Prüfzeichens.

62.121 Zu Absatz 1 Nr. 21

Es handelt sich hierbei um private Energieleitungen für Gas und Strom; im übrigen wird auf § 1 Abs. 2 Nr. 3 verwiesen.

62.21 Zu Absatz 2 Nr. 1

Als „Änderung" eines tragenden oder aussteifenden Bauteils gilt z. B. das Herstellen von Schlitzen oder Durchbrüchen für Leitungen, aber auch der Durchbruch einer neuen Türöffnung. Der Ersatz des gesamten tragenden oder aussteifenden Bauteils durch ein anderes gilt nicht als Änderung, sondern bedarf der Baugenehmigung.

Die Standsicherheit wird im allgemeinen erkennbar nicht berührt von kleineren senkrechten Schlitzen und Durchbrüchen für Rohrleitungen. Sie kann z. B. berührt werden von längeren waagerechten Schlitzen und von größeren Durchbrüchen (z. B. für Türen); dies gilt insbesondere, wenn der Durchbruch in der Nähe des auszusteifenden Bauteils vorgesehen ist. Kann in diesen Fällen der Sachkundige (Nr. 58.22 VV BauO NW) die Ungefährlichkeit der Maßnahme nicht bescheinigen, ist von der Durchführung der Änderung in der vorgesehenen Form abzusehen.

62.22 Zu Absatz 2 Nr. 2

Zu den Außenwandbekleidungen an Wänden, die mit der Wand durch mechanische Verbindungsmittel oder durch Anmörteln verbunden sind, zählen z. B.

- Bekleidungen mit und ohne Unterkonstruktion,
- Bekleidungen aus kleinformatigen Platten, die durch anerkannte und bewährte Handwerksregeln erfaßt sind,
- Wärmedämmverbundsysteme

einschließlich deren Befestigungen und Verankerungen.

Zu den Außenwandbekleidungen zählen jedoch *nicht Verblendungen* (z. B. zweischaliges Mauerwerk mit und ohne Luftschicht), die infolge ihres Eigengewichtes auf besonderen Abfangkonstruktionen, Sockeln oder Fundamenten stehen.

62.23 Zu Absatz 2 Nr. 3

Hierzu zählen auch die Nutzungsänderung genehmigungspflichtiger baulicher Anlagen, wenn dadurch eine bauliche Anlage entsteht, die bei ihrer Errichtung genehmigungsfrei wäre (z. B. Aufgabe einer Verkaufsstätte und der dafür erforderlichen Stellplätze in einem Gewächshaus, das die sonstigen in § 62 Abs. 1 Nr. 5 genannten Voraussetzungen erfüllt).

Hinweise:

Die aufgezählten Vorhaben sind vom Baugenehmigungsverfahren, von der Bauüberwachung durch die BAB und von den Bauzustandsbesichtigungen freigestellt. Auch auf Antrag werden diese Aktionen nicht durchgeführt.

BauO NW neu:

§ 66 Genehmigungsfreie Vorhaben

(1) Die Errichtung oder Änderung folgender baulicher Anlagen sowie anderer Anlagen und Einrichtungen i. S. des § 1 Abs. 1 Satz 2 bedarf keiner Baugenehmigung:

Gebäude

1. Gebäude bis zu 30 m^3 umbautem Raum ohne Aufenthaltsräume, Ställe, Aborte oder Feuerstätten, im Außenbereich nur, wenn sie einem land- oder forstwirtschaftlichen Betrieb dienen (§ 35 Abs. 1 Nr. 1 des Baugesetzbuches); dies gilt nicht für Garagen und Verkaufs- und Ausstellungsstände,
2. Gartenlauben in Kleingartenanlagen nach dem Bundeskleingartengesetz,
3. Wochenendhäuser auf genehmigten Wochenendplätzen,
4. Gebäude bis zu 4,0 m Firsthöhe, die nur zum vorübergehenden Schutz von Pflanzen und Tieren bestimmt sind und die einem land- oder forstwirtschaftlichen Betrieb dienen,
5. Gewächshäuser ohne Verkaufsstätten bis zu 4,0 m Firsthöhe, die einem land- oder forstwirtschaftlichen Betrieb dienen,
6. Fahrgastunterstände des öffentlichen Personenverkehrs oder der Schülerbeförderung,
7. Schutzhütten für Wanderer.

Bauteile

8. Nichttragende oder nichtaussteifende Bauteile innerhalb baulicher Anlagen; dies gilt nicht für Wände, Decken und Türen von allgemein zugänglichen Fluren als Rettungswege.

Leitungen, Behälter, Abwasserbehandlungsanlagen

9. Lüftungsanlagen, raumlufttechnische Anlagen, Warmluftheizungen, Installationsschächte und Installationskanäle, die keine Gebäudetrennwände und – außer in Gebäuden mit geringer Höhe – keine Geschosse überbrücken; § 67 Satz 1 Nr. 7 bleibt unberührt,
10. Energieleitungen einschließlich ihrer Masten und Unterstützungen,
11. Behälter und Flachsilos bis zu 50 m^3 Fassungsvermögen und bis zu 3,0 m Höhe außer ortsfesten Behältern für brennbare oder schädliche Flüssigkeiten oder für verflüssigte oder nichtverflüssigte Gase und offenen Behältern für Jauche und Flüssigmist,
12. Abwasserbehandlungsanlagen, mit Ausnahme von Gebäuden.

Einfriedungen, Stützmauern, Brücken

13. Einfriedungen bis zu 2,0 m, an öffentlichen Verkehrsflächen bis zu 1,0 m Höhe über der Geländeoberfläche, im Außenbereich nur bei Grundstücken, die bebaut sind oder deren Bebauung genehmigt ist,
14. offene Einfriedungen für landwirtschaftlich (§ 201 des Baugesetzbuches) oder forstwirtschaftlich genutzte Grundstücke im Außenbereich,

15. Brücken und Durchlässe bis zu 5,0 m Lichtweite,
16. Stützmauern bis zu 2,0 m Höhe über der Geländeoberfläche.

Masten, Antennen und ähnliche Anlagen und Einrichtungen

17. Unterstützungen von Seilbahnen,
18. Parabolantennenanlagen mit Reflektorschalen bis zu einem Durchmesser von 1,20 m und bis zu einer Höhe von 10,0 m, sonstige Antennenanlagen bis zu 10,0 m Höhe,
19. ortsveränderliche Antennenträger, die nur vorübergehend aufgestellt werden,
20. Blitzschutzanlagen,
21. Signalhochbauten der Landesvermessung,
22. Fahnenmasten,
23. Flutlichtanlagen bis zu 10,0 m Höhe über der Geländeoberfläche.

Stellplätze, Abstellplätze, Lagerplätze

24. Nichtüberdachte Stellplätze für Personenkraftwagen und Motorräder bis zu insgesamt 100 m^2,
25. überdachte und nichtüberdachte Fahrradabstellplätze bis zu insgesamt 100 m^2,
26. Ausstellungsplätze, Abstellplätze und Lagerplätze bis zu 300 m^2 Fläche, außer in Wohngebieten und im Außenbereich,
27. unbefestigte Lagerplätze, die einem land- oder forstwirtschaftlichen Betrieb dienen, für die Lagerung land- oder forstwirtschaftlicher Produkte.

Bauliche Anlagen in Gärten und zur Freizeitgestaltung

28. Bauliche Anlagen, die der Gartengestaltung oder der zweckentsprechenden Einrichtung von Gärten dienen, wie Bänke, Sitzgruppen, Pergolen,
29. bauliche Anlagen, die der zweckentsprechenden Einrichtung von Sport- und Spielflächen dienen, wie Tore für Ballspiele, Schaukeln und Klettergerüste, ausgenommen Tribünen,
30. Wasserbecken bis zu 100 m^3 Fassungsvermögen, außer im Außenbereich,
31. Landungsstege,
32. Sprungschanzen und Sprungtürme bis zu 10,0 m Höhe.

Werbeanlagen, Warenautomaten

33. Werbeanlagen bis zu einer Größe von 0,5 m^2,
34. Werbeanlagen für zeitlich begrenzte Veranstaltungen, insbesondere für Ausverkäufe und Schlußverkäufe an der Stätte der Leistung, jedoch nur für die Dauer der Veranstaltung,
35. Werbeanlagen, die an der Stätte der Leistung vorübergehend angebracht oder aufgestellt sind, soweit sie nicht fest mit dem Boden oder anderen baulichen Anlagen verbunden sind,
36. Warenautomaten, die in räumlicher Verbindung mit einer offenen Verkaufsstätte stehen und deren Anbringungs- oder Aufstellungsort innerhalb der Grundrißfläche des Gebäudes liegt.

Vorübergehend aufgestellte oder genutzte Anlagen

37. Gerüste und Hilfseinrichtungen zur statischen Sicherung von Bauzuständen,
38. Baustelleneinrichtungen einschließlich der Lagerhallen, Schutzhallen und Unterkünfte,
39. Behelfsbauten, die der Landesverteidigung, dem Katastrophenschutz oder der Unfallhilfe für kurze Zeit dienen,
40. bauliche Anlagen, die zu Straßenfesten, Märkten und ähnlichen Veranstaltungen nur für kurze Zeit aufgestellt werden und die keine Fliegenden Bauten sind,
41. bauliche Anlagen, die für höchstens drei Monate auf genehmigtem Messe- und Ausstellungsgelände errichtet werden, ausgenommen Fliegende Bauten.

Sonstige bauliche Anlagen und Einrichtungen

42. Selbständige Aufschüttungen oder Abgrabungen bis 2,0 m Höhe oder Tiefe, im Außenbereich nur, wenn die Aufschüttungen und Abgrabungen nicht mehr als 400 m^2 Fläche haben,
43. Regale mit einer Lagerhöhe (Oberkante Lagergut) von bis zu 7,50 m Höhe,
44. Solarenergieanlagen auf oder an Gebäuden oder als untergeordnete Nebenanlagen,
45. Denkmale, Skulpturen und Brunnenanlagen sowie Grabdenkmale und Grabsteine auf Friedhöfen,
46. Brunnen,
47. Fahrzeugwaagen,
48. Hochsitze,
49. unbedeutende bauliche Anlagen und Einrichtungen, soweit sie nicht durch die Nummern 1 bis 48 erfaßt sind, wie Teppichstangen, Markisen, nicht überdachte Terrassen sowie Kleintierställe bis zu 5 m^3.

(2) Keiner Baugenehmigung bedürfen ferner:

1. die geringfügige, eine die Standsicherheit nicht berührende Änderung tragender oder aussteifender Bauteile innerhalb von Gebäuden; die nicht geringfügige Änderung dieser Bauteile, wenn eine Sachkundige oder ein Sachkundiger der Bauherrin oder dem Bauherrn die Ungefährlichkeit der Maßnahme schriftlich bescheinigt,
2. die Änderung der äußeren Gestaltung durch Anstrich, Verputz, Verfugung, Dacheindeckung, Solaranlagen, durch Austausch von Fenstern, Türen, Umwehrungen sowie durch Außenwandbekleidungen an Wänden mit nicht mehr als 8,0 m Höhe über Geländeoberfläche; dies gilt nicht in Gebieten, für die eine örtliche Bauvorschrift nach § 87 Abs. 1 Nr. 1 oder 2 besteht,
3. Nutzungsänderungen, wenn die Errichtung oder Änderung der Anlage für die neue Nutzung genehmigungsfrei wäre,
4. das Auswechseln von gleichartigen Teilen haustechnischer Anlagen, wie Abwasseranlagen, Lüftungsanlagen und Feuerungsanlagen; § 43 Abs. 7 bleibt unberührt,
5. das Auswechseln von Belägen auf Sport- und Spielflächen,
6. die Instandhaltung von baulichen Anlagen sowie anderen Anlagen und Einrichtungen.

(3) Der Abbruch oder die Beseitigung von baulichen Anlagen sowie anderen Anlagen und Einrichtungen nach Absatz 1 bedarf keiner Baugenehmigung. Dies gilt auch für den Abbruch oder die Beseitigung von

1. genehmigungsfreien Anlagen nach § 67,
2. Gebäuden bis zu 300 m^3 umbauten Raum,
3. ortsfesten Behältern bis zu 300 m^3 Fassungsvermögen,

4. luftgetragenen Überdachungen,
5. Mauern und Einfriedungen,
6. Schwimmbecken,
7. Regalen,
8. Stellplätzen für Kraftfahrzeuge,
9. Lager- und Abstellplätzen,
10. Camping- und Wochenendplätzen,
11. Werbeanlagen und Warenautomaten.

(4) Die Genehmigungsfreiheit entbindet nicht von der Verpflichtung zur Einhaltung der Anforderungen, die in diesem Gesetz, in Vorschriften aufgrund dieses Gesetzes oder in anderen öffentlich-rechtlichen Vorschriften gestellt werden.

§ 67 Genehmigungsfreie Anlagen

Die Errichtung oder Änderung folgender Anlagen bedarf keiner Genehmigung:

1. Anlagen zur Verteilung von Wärme bei Wasserheizungsanlagen einschließlich der Wärmeerzeuger,
2. Feuerungsanlagen,
3. Wärmepumpen,
4. ortsfeste Behälter für brennbare oder schädliche Flüssigkeiten bis zu 50 m^3 Fassungsvermögen, für verflüssigte oder nichtverflüssigte Gase bis zu 5 m^3 Fassungsvermögen,
5. Wasserversorgungsanlagen einschließlich der Warmwasserversorgungsanlagen und ihre Wärmeerzeuger,
6. Abwasseranlagen, soweit sie nicht als Abwasserbehandlungsanlagen von der Genehmigungspflicht freigestellt sind (§ 66 Abs. 1 Nr. 12),
7. Lüftungsanlagen, raumlufttechnische Anlagen und Warmluftheizungen in Wohnungen oder ähnlichen Nutzungseinheiten mit Einrichtungen zur Wärmerückgewinnung.

Die Bauherrin oder der Bauherr müssen vor der Benutzung der Anlagen der Bauaufsichtsbehörde Bescheinigungen der Unternehmerinnen oder Unternehmer oder Sachverständiger vorlegen, wonach die Anlagen den öffentlich-rechtlichen Vorschriften entsprechen. § 43 Abs. 7 bleibt unberührt.

Hinweis: Das bisherige in § 60.2 geregelte Verfahren als sog. „Benutzungsgenehmigung“ für haustechnische Anlagen mit der Möglichkeit des Nachweises durch eine Fachunternehmerbescheinigung hat einen eigenen Paragraphen (§ 67). – Diese Bescheinigung ist jetzt Pflicht.

§ 68 Genehmigungsfreie Wohngebäude, Garagen und Stellplätze

(1) Im Geltungsbereich eines Bebauungsplans im Sinne des § 30 Abs. 1 des Baugesetzbuches oder einer Satzung nach § 7 des Maßnahmengesetzes zum Baugesetzbuch bedürfen die Errichtung oder Änderung von Wohngebäuden mittlerer und geringer Höhe einschließlich ihrer Nebengebäude und Nebenanlagen keiner Baugenehmigung, wenn

1. das Vorhaben den Festsetzungen des Bebauungsplans oder der Satzung nach § 7 des Maßnahmengesetzes zum Baugesetzbuch entspricht,
2. die Erschließung gesichert ist und
3. die Gemeinde nicht innerhalb eines Monats nach Eingang der Bauvorlagen erklärt, daß das Genehmigungsverfahren durchgeführt werden soll.

Satz 1 gilt auch für Nutzungsänderungen von Gebäuden, deren Errichtung oder Änderung bei geänderter Nutzung nach Satz 1 genehmigungsfrei wäre.

(2) Den bei der Gemeinde einzureichenden Bauvorlagen ist eine Erklärung der Entwurfsverfasserin oder des Entwurfsverfassers beizufügen, daß das Vorhaben den Anforderungen an den Brandschutz entspricht. Mit dem Vorhaben darf einen Monat nach Eingang der Bauvorlagen bei der Gemeinde begonnen werden. Teilt die Gemeinde der Bauherrin oder dem Bauherrn vor Ablauf der Frist schriftlich mit, daß kein Genehmigungsverfahren durchgeführt werden soll, darf unverzüglich mit dem Vorhaben begonnen werden.

(3) Die Gemeinde kann die Erklärung nach Abs. 1 Satz 1 Nr. 3 abgeben, weil sie beabsichtigt, eine Veränderungssperre nach § 14 des Baugesetzbuches zu beschließen oder eine Zurückstellung nach § 15 des Baugesetzbuches zu beantragen, oder wenn sie der Auffassung ist, daß das Vorhaben Vorschriften des öffentlichen Rechts widerspricht. Erklärt die Gemeinde, daß das Genehmigungsverfahren durchgeführt werden soll, hat sie der Bauherrin oder dem Bauherrn mit der Erklärung die Bauvorlagen zurückzureichen, falls die Bauherrin oder der Bauherr bei der Vorlage nicht ausdrücklich bestimmt haben, daß sie im Falle der Erklärung der Gemeinde nach Abs. 1 Nr. 3 als Bauantrag zu behandeln sind. Die Gemeinde leitet dann die Bauvorlagen zusammen mit ihrer Stellungnahme an die untere Bauaufsichtsbehörde weiter; § 73 Abs. 1 Satz 3 ist nicht anzuwenden.

(4) Vor Baubeginn müssen ein von einer oder einem staatlich anerkannten Sachverständigen oder einer Sachverständigenstelle im Sinne des § 86 Abs. 2 Satz 1 Nr. 3 geprüfter Nachweis über die Standsicherheit und von einer oder einem staatlich anerkannten Sachverständigen oder einer Sachverständigenstelle aufgestellte Nachweise über den Schallschutz und den Wärmeschutz vorliegen. Bei Wohngebäuden mittlerer Höhe muß zusätzlich von einer oder einem staatlich anerkannten Sachverständigen oder einer Sachverständigenstelle bescheinigt werden, daß das Vorhaben den Anforderungen an den Brandschutz entspricht. Die oberste Bauaufsichtsbehörde wird ermächtigt, durch Rechtsverordnung (§ 86) zu bestimmen, daß der Nachweis über die Beachtung der für den abwehrenden Brandschutz geltenden Vorschriften durch eine Unbedenklichkeitsbescheinigung der für den Brandschutz zuständigen Dienststelle erbracht werden kann.

(5) §§ 66 Abs. 4, § 69 Abs. 3, § 70, § 71, § 73 Abs. 1 Satz 2, § 76 Abs. 6 und 7, § 82 Abs. 1 mit der Maßgabe, daß die Bauaufsichtsbehörde zur Überwachung nicht verpflichtet ist, § 82 Abs. 3 und 4 sowie § 83 Abs. 6 gelten entsprechend.

(6) Die Absätze 1 bis 4 gelten auch für nach § 6 Abs. 11 an der Nachbargrenze zulässige überdachte Stellplätze und Garagen sowie für sonstige Garagen und überdachte Stellplätze mit bis zu 100 m² Nutzfläche, wenn sie einem Wohngebäude im Sinne des Abs. 1 dienen.

§ 69 Vereinfachtes Genehmigungsverfahren

(1) Das vereinfachte Genehmigungsverfahren wird, soweit die Vorhaben nicht nach den §§ 65 bis 68 genehmigungsfrei sind, durchgeführt für die Errichtung und Änderung von

1. Wohngebäuden geringer und mittlerer Höhe,
2. freistehenden landwirtschaftlichen Betriebsgebäuden, auch mit Wohnteil, bis zu zwei Geschossen über der Geländeoberfläche, ausgenommen solche mit Anlagen für Jauche und Flüssigmist,
3. eingeschossigen Gebäuden, auch mit Aufenthaltsräumen, bis 200 m² Grundfläche, soweit es sich nicht um bauliche Anlagen und Räume besonderer Art oder Nutzung gemäß § 54 Abs. 3 Nr. 7 bis 9 handelt,
4. Gewächshäusern mit bis zu 4,0 m Firsthöhe,
5. oberirdischen Garagen und überdachten Stellplätzen bis zu 100 m² Nutzfläche,
6. überdachten und nichtüberdachten Fahrradabstellplätzen von mehr als 100 m²,
7. Behelfsbauten und untergeordneten Gebäuden (§ 53),
8. Wasserbecken bis zu 100 m³, einschließlich ihrer Überdachungen,

9. Verkaufs- und Ausstellungsständen,
10. Ausstellungsplätzen, Abstellplätzen und Lagerplätzen,
11. Einfriedungen,
12. Aufschüttungen und Abgrabungen,
13. Werbeanlagen und Warenautomaten.

(2) Im vereinfachten Genehmigungsverfahren werden nicht geprüft:

1. die Vereinbarkeit der Vorhaben mit den Vorschriften dieses Gesetzes und den Vorschriften aufgrund dieses Gesetzes; das gilt nicht für die Vereinbarkeit der Vorhaben mit den §§ 4, 6, 7, § 9 Abs. 2, § 12, § 13, § 16 Abs. 1 Satz 2, § 51 und den örtlichen Bauvorschriften nach § 87 sowie bei Wohngebäuden mittlerer Höhe mit dem § 17,
2. die nach Abs. 4 einzureichenden Nachweise.*)

(7) Bauüberwachung (§ 82) und Bauzustandsbesichtigungen (§ 83) beschränken sich auf den bei der Genehmigung geprüften Umfang. Unberührt bleiben § 82 Abs. 2 Nr. 2 und § 43 Abs. 7. Die Bauaufsichtsbehörde bleibt verpflichtet, bei Bekanntwerden von Verstößen gegen öffentlich-rechtliche Vorschriften nach pflichtgemäßem Ermessen die erforderlichen Maßnahmen zu treffen (§ 62 Abs. 1).

§ 70 Baugenehmigung und Baubeginn

(1) Die Baugenehmigung ist zu erteilen, wenn dem Vorhaben öffentlich-rechtliche Vorschriften nicht entgegenstehen. Die Baugenehmigung bedarf der Schriftform; sie braucht nicht begründet zu werden. Eine Ausfertigung der mit einem Genehmigungsvermerk versehenen Bauvorlagen ist dem Antragsteller mit der Baugenehmigung zuzustellen.

(2) Die Baugenehmigung gilt auch für und gegen den Rechtsnachfolger des Bauherrn.

(3) Die Baugenehmigung wird unbeschadet der privaten Rechte Dritter erteilt. Sie läßt aufgrund anderer Vorschriften bestehende Verpflichtungen zum Einholen von Genehmigungen, Bewilligungen, Erlaubnissen und Zustimmungen oder zum Erstatten von Anzeigen unberührt.

(4) Die Bauaufsichtsbehörde hat die Gemeinde von der Erteilung, Verlängerung, Ablehnung, Rücknahme und dem Widerruf einer Baugenehmigung, Teilbaugenehmigung, eines Vorbescheides, einer Zustimmung, einer Ausnahme oder einer Befreiung zu unterrichten. Eine Ausfertigung des Bescheides ist beizufügen.

(5) Vor Zugang der Baugenehmigung darf mit der Bauausführung nicht begonnen werden.

(6) Vor Baubeginn muß die Grundrißfläche und die Höhenlage der genehmigten baulichen Anlage abgesteckt sein. Baugenehmigungen und Bauvorlagen müssen an der Baustelle von Baubeginn an vorliegen.

(7) Der Bauherr hat den Ausführungsbeginn genehmigungsbedürftiger Vorhaben nach § 60 Abs. 1 mindestens eine Woche vorher der Bauaufsichtsbehörde schriftlich mitzuteilen. Die Bauaufsichtsbehörde unterrichtet das Staatliche Gewerbeaufsichtsamt.

VV BauO NW

70 Baugenehmigung und Baubeginn (§ 70)

70.1 Zu Absatz 1

70.11 Zu den öffentlich-rechtlichen Vorschriften zählen neben der Landesbauordnung und deren Durchführungsverordnungen insbesondere das Bundesbaugesetz, die Vorschriften des Landschaftsrechts, des Denkmalrechts, die Vorschriften zum Immissions-

*) Schallschutz und Wärmeschutz, aufgestellt von anerkannten Sachverständigen, sowie Standsicherheit, geprüft von einem anerkannten Sachverständigen.

schutz und zum Gewässerschutz, die Arbeitsstättenverordnung, die Bebauungspläne und die als kommunale Satzung erlassenen örtlichen Bauvorschriften.

70.12 Die Baugenehmigung berechtigt zum Baubeginn; sie kann erst erteilt werden, wenn die Bauaufsichtsbehörde nach Prüfung der erforderlichen Bauvorlagen festgestellt hat, daß dem Bauvorhaben öffentlich-rechtliche Vorschriften nicht entgegenstehen. Solange erforderliche Bauvorlagen nicht oder nur zum Teil vorliegen, kann diese Feststellung nicht getroffen werden. Auf besonderen schriftlichen Antrag kann dann gestattet werden, daß mit den Bauarbeiten für die Baugrube und für einzelne Bauteile oder Bauabschnitte begonnen werden darf (Teilbaugenehmigung nach § 71).

Ausnahmsweise dürfen Konstruktionszeichnungen, Bewehrungs- und Schalungspläne als Bestandteil des Standsicherheitsnachweises (vgl. § 5 BauPrüfVO) nach Erteilung der Baugenehmigung, jedoch rechtzeitig vor der Bauausführung zur Prüfung eingereicht werden. Die Baugenehmigung ist dann unter der Bedingung zu erteilen, daß diese Bauvorlagen vor Beginn der Bauausführung des jeweiligen Bauteils oder Bauabschnittes durch die Bauaufsichtsbehörde, einen Prüfingenieur oder ein Prüfamt geprüft sein müssen. Der Entwurfsverfasser trägt dann die Verantwortung, daß die nachgereichten Bauvorlagen mit dem genehmigten Entwurf und den öffentlich-rechtlichen Vorschriften übereinstimmen.

70.13 Die Bauvorlagen für eine Teilbaugenehmigung müssen die Feststellung der grundsätzlichen baurechtlichen Zulässigkeit des Vorhabens als Ganzes sowie die abschließende Prüfung der bautechnischen Unbedenklichkeit der jeweils zu erfassenden Teile oder Abschnitte des Vorhabens ermöglichen. Liegt eine 1. Teilbaugenehmigung bereits vor, braucht bei weiteren Teilbaugenehmigungen die grundsätzliche Zulässigkeit des Vorhabens nicht mehr geprüft zu werden. Im übrigen kann die Zulässigkeit des Vorhabens auch durch Vorbescheid (§ 66) festgestellt werden.

70.4 Zu Absatz 4

Von der Erteilung der Baugenehmigung hat die Bauaufsichtsbehörde außer der Gemeinde auch zu unterrichten

- die Katasterbehörde gemäß § 2 Abs. 3 Vermessungs- und Katastergesetz – vgl. Gem. RdErl. d. Innenministers, d. Ministers für Wirtschaft, Mittelstand und Verkehr, d. Ministers für Arbeit, Gesundheit und Soziales und d. Ministers für Ernährung, Landwirtschaft und Forsten v. 28. 12. 1978 (MBl. NW 1979 S. 60/ SMBl. NW 71342) –,
- die Landschaftsbehörde – vgl. Teil 1 Nr. 6 des Gem. RdErl. d. Ministers für Ernährung, Landwirtschaft und Forsten und d. Ministers für Landes- und Stadtentwicklung v. 25. 8. 1982 (MBl. NW S. 1562/SMBl. NW 791) – sowie
- bei Abbruchgenehmigungen die in Nr. 60.14 VV BauO NW genannten Behörden.

70.6 Zu Absatz 6

Beabsichtigt die Bauaufsichtsbehörde, einen amtlichen Nachweis nach § 76 Abs. 3 Satz 2 zu verlangen, soll sie den Bauherrn schon bei Erteilung der Baugenehmigung hierauf hinweisen und ihm nahelegen, bei Absteckung der Grundrißfläche und der Höhenlage der baulichen Anlage einen öffentlich bestellten Vermessungsingenieur oder eine Behörde, die befugt ist, Vermessungen zur Einrichtung und Fortführung des Liegenschaftskatasters auszuführen, einzuschalten.

Hinweis:

Zu § 70 Abs. 6 Satz 2: „... Bauvorlagen müssen an der Baustelle von Beginn an vorliegen." Nach Böckenförde (Komm. BauO NW) genügt es, wenn – auch nicht beglaubigte – Kopien an der Baustelle vorhanden sind, um die Originale vor Beschädigungen und Verschmutzungen sowie vor Verlust zu schützen.

§ 75 Öffentliche Bauherren

(1) Bauliche Anlagen sowie andere Anlagen und Einrichtungen bedürfen keiner Baugenehmigung, Bauüberwachung und Bauzustandsbesichtigung, wenn

1. der öffentliche Bauherr die Leitung der Entwurfsarbeiten und die Bauüberwachung einer Baudienststelle des Bundes, eines Landes oder eines Landschaftsverbandes übertragen hat und
2. die Baudienststelle mindestens mit einem Bediensteten des höheren bautechnischen Verwaltungsdienstes, der über die erforderlichen Kenntnisse des öffentlichen Baurechts, der Bautechnik und der Baugestaltung verfügt, und mit sonstigen geeigneten Fachkräften ausreichend besetzt ist.

Solche Anlagen und Einrichtungen bedürfen der Zustimmung der oberen Bauaufsichtsbehörde, wenn sie nach § 60 Abs. 1 genehmigungsbedürftig wären (Zustimmungsverfahren).

(2) Über Ausnahmen und Befreiungen entscheidet die obere Bauaufsichtsbehörde.

(3) Der Antrag auf Zustimmung ist bei der oberen Bauaufsichtsbehörde einzureichen; § 63 Abs. 2 und 3 gilt entsprechend. Eine bautechnische Prüfung findet im Zustimmungsverfahren nicht statt.

(4) Für das Zustimmungsverfahren gelten die §§ 66 bis 72 sinngemäß. Die Gemeinde ist zu dem Vorhaben zu hören.

(5) Bauliche Anlagen sowie andere Anlagen und Einrichtungen, die unmittelbar der Landesverteidigung dienen, sind abweichend von den Absätzen 1 bis 4 der oberen Bauaufsichtsbehörde in geeigneter Weise zur Kenntnis zu bringen. Im übrigen wirken die Bauaufsichtsbehörden nicht mit.

(6) Der öffentliche Bauherr trägt die Verantwortung, daß Entwurf und Ausführung der baulichen Anlagen sowie anderer Anlagen und Einrichtungen im Sinne des § 1 Abs. 1 Satz 2 den öffentlich-rechtlichen Vorschriften entsprechen.

VV BauO NW

75 **Öffentliche Bauherren (§ 75)**

75.5 Zu Absatz 5

Zu den baulichen Anlagen, die unmittelbar der Landesverteidigung dienen, gehören alle Anlagen innerhalb von abgeschlossenen Bereichen, wie Kasernengelände und Truppenübungsplätze, die im allgemeinen der Öffentlichkeit nicht zugänglich sind. Dies gilt auch z. B. für Sporthallen, Casinos und Supermärkte in diesen Bereichen.

Nicht unmittelbar der Landesverteidigung dienen insbesondere bauliche Anlagen außerhalb solcher Bereiche wie:

- Verwaltungsgebäude
- Wohngebäude
- Schulen und Hochschulen aller Art
- Sport- und Freizeiteinrichtungen
- Einrichtungen für die Seelsorge und Sozialbetreuung
- Stellplatzanlagen.

§ 76 Bauüberwachung

(1) Die Bauaufsichtsbehörde hat die ordnungsmäßige Ausführung baulicher Anlagen sowie anderer Anlagen und Einrichtungen (§ 60 Abs. 1), soweit erforderlich, zu überwachen. Die Überwachung kann sich auf Stichproben beschränken.

(2) Die Bauüberwachung erstreckt sich insbesondere:

1. auf die Prüfung, ob den genehmigten Bauvorlagen entsprechend gebaut wird,
2. auf den Nachweis der Brauchbarkeit der Baustoffe, Bauteile und Einrichtungen sowie auf die Einhaltung der für ihre Verwendung oder Anwendungen getroffenen Nebenbestimmungen,
3. auf die ordnungsgemäße Erledigung der Pflichten der am Bau Beteiligten.

(3) Die Bauaufsichtsbehörde kann verlangen, daß Beginn und Ende bestimmter Bauarbeiten angezeigt werden. Sie kann, wenn es die besonderen Grundstücksverhältnisse erfordern, verlangen, daß die Einhaltung der Grundrißflächen und Höhenlagen der baulichen Anlagen durch einen amtlichen Nachweis geführt wird. Die Bauaufsichtsbehörde und die von ihr Beauftragten können, soweit erforderlich, Proben von Baustoffen und Bauteilen auch aus fertigen Bauteilen entnehmen und prüfen lassen.

(4) Den mit der Überwachung beauftragten Personen ist Einblick in die Genehmigungen, Zulassungen, Prüfbescheide, Überwachungsnachweise, Befähigungsnachweise, Zeugnisse und Aufzeichnungen über die Prüfungen von Baustoffen und Bauteilen, in die Bautagebücher und andere vorgeschriebene Aufzeichnungen zu gewähren.

VV BauO NW

76 Bauüberwachung (§ 76)

76.1 Zu Absatz 1

Notwendigkeit, Umfang und Häufigkeit der Bauüberwachung richten sich nach der Schwierigkeit der Bauausführung unter Berücksichtigung möglicher Folgen, die sich aus der Nichtbeachtung von Bauvorschriften für die bauliche Anlage ergeben könnten. Die Bauüberwachung soll sich auch auf die Ausbauphase in Gebäuden erstrecken.

Regelmäßig ist die Beachtung der Pflicht des Bauherrn zur Anbringung eines Baustellenschildes nach § 14 Abs. 3 zu überwachen (vgl. Nr. 14.3 VV BauO NW).

76.21 Zu Absatz 2

Die Prüfung, ob den genehmigten Bauvorlagen entsprechend gebaut wird, sollte in der Regel mindestens die Einhaltung der Grundrißflächen und der festgelegten Höhenlagen umfassen (s. auch § 70 Abs. 6). Ein amtlicher Nachweis darf nur in begründeten Einzelfällen verlangt werden, z. B. bei Grundstücken in Hanglage oder bei sehr ungewöhnlichen oder beengten Grundstücksverhältnissen (s. § 76 Abs. 3).

76.22 Als Nachweis der Brauchbarkeit der verwendeten Baustoffe, Bauteile und Einrichtungen gelten:

a) eine bauaufsichtliche Zulassung (s. Nr. 21 VV BauO NW),
b) das Prüfzeichen (s. Nr. 23.1 VV BauO NW),
c) die DIN-Bezeichnung oder das DVGW-Prüfzeichen mit Registernummer und Namen des Herstellers oder seines Firmenzeichens (§ 23 BauPrüfVO),
d) das Überwachungszeichen (Nr. 24.3 VV BauO NW),
e) das Ergebnis von Güteprüfungen (Unternehmerprüfungen), wenn diese in bauaufsichtlich eingeführten technischen Baubestimmungen vorgesehen sind (z. B. Güteprüfungen von Beton anhand von Würfelproben nach DIN 1045),
f) Eignungsnachweise für Schweißarbeiten, für die Herstellung geleimter tragender Holzbauteile und für die Herstellung oder Verarbeitung von Beton B II (s. Nr. 20.2 VV BauO NW).

Werden auf der Baustelle Baustoffe, Bauteile, Bauarten oder Einrichtungen angetroffen, ohne daß der erforderliche Nachweis vorliegt, ist wie folgt zu verfahren:

Liegt ein nach § 21 für neue Baustoffe, Bauteile oder Bauarten erforderlicher Nachweis nicht vor, so ist ihre weitere Verwendung zu untersagen, bis ggf. eine Zustimmung durch die oberste Bauaufsichtsbehörde nachträglich erteilt wird.

Werden prüfzeichenpflichtige Baustoffe, Bauteile und Einrichtungen ohne Prüfzeichen angetroffen und ist eine Ausnahme durch die oberste Bauaufsichtsbehörde nicht erteilt (§ 23 Abs. 1 Satz 2), so ist die Verwendung zu untersagen. Das gleiche gilt, wenn die unter c) genannten Bezeichnungen fehlen.

Überwachungspflichtige Baustoffe, Bauteile, Bauarten und Einrichtungen ohne Überwachungszeichen sind auf Kosten des Bauherrn von geeigneten Prüfstellen oder Sachverständigen auf ihre ordnungsmäßige Beschaffenheit zu überprüfen; Nr. 24.1, 4. Absatz VV BauO NW gilt entsprechend.

Kann bei einem ausgeführten Bauvorhaben der unter f) genannte Eignungsnachweis nicht vorgelegt werden, hat die Bauaufsichtsbehörde durch ein Gutachten einer für die Erteilung der Eignungsnachweise anerkannten Stelle (s. Nr. 20.2 VV BauO NW) die Ordnungsmäßigkeit der Bauausführung feststellen zu lassen.

76.3 Zu Absatz 3

Der amtliche Nachweis darüber, daß die Grundrißflächen und Höhenlagen der baulichen Anlagen eingehalten sind, kann nur durch öffentlich bestellte Vermessungsingenieure oder Behörden geführt werden, die befugt sind, Vermessungen zur Einrichtung und Fortführung des Liegenschaftskatasters auszuführen.

Hinweise:

Ausführliche Hinweise hierzu finden sich unter I 3.1.

Abweichung von der MBO: Abs. 1 Satz 1 lautet hier: „Die BAB *kann* die Einhaltung der öffentlich-rechtlichen Vorschriften und Anforderungen und die ordnungsgemäße Erfüllung der Pflichten der am Bau Beteiligten überprüfen." (In der BauO NW dagegen steht ... hat zu überwachen.)

BauO NW neu:

§ 82 Bauüberwachung

(1) Die Bauaufsichtsbehörde hat die ordnungsgemäße Ausführung baulicher Anlagen sowie anderer Anlagen und Einrichtungen (§ 64 Abs. 1), soweit erforderlich, zu überwachen. Die Überwachung kann sich auf Stichproben beschränken.

(2) Die Bauüberwachung erstreckt sich insbesondere

1. auf die Prüfung, ob den genehmigten Bauvorlagen entsprechend gebaut wird,
2. auf die Einhaltung der Vorschriften über die Kennzeichnung von Bauprodukten mit der CE-Kennzeichnung oder dem Ü-Zeichen und über die erforderliche allgemeine bauaufsichtliche Zulassung oder Zustimmung im Einzelfall für Bauarten sowie auf die Einhaltung der für ihre Verwendung oder Anwendung getroffenen Nebenbestimmungen,
3. auf die ordnungsgemäße Erledigung der Pflichten der am Bau Beteiligten.

(3) Die Bauaufsichtsbehörde kann verlangen, daß Beginn und Ende bestimmter Bauarbeiten durch die Bauleiterin oder den Bauleiter angezeigt werden. Sie kann, wenn es die besonderen Grundstücksverhältnisse erfordern, verlangen, daß die Einhaltung der Grundrißflächen und Höhenlagen der baulichen Anlagen durch einen amtlichen Nachweis geführt wird. Die Bauaufsichtsbehörde und die von ihr Beauftragten können, soweit erforderlich, Proben von Bauprodukten und, soweit erforderlich, auch aus fertigen Bauteilen entnehmen und prüfen lassen.

(4) Den mit der Überwachung beauftragten Personen ist jederzeit Einblick in die Genehmigungen, Zulassungen, Prüfzeugnisse, Übereinstimmungserklärungen, Übereinstimmungszertifikate, Überwachungsnachweise, Zeugnisse und Aufzeichnungen über die Prüfungen von Bauprodukten, in die Bautagebücher und andere vorgeschriebene Aufzeichnungen zu gewähren.

§ 77 Bauzustandsbesichtigung

(1) Die Fertigstellung des Rohbaus und die abschließende Fertigstellung genehmigter baulicher Anlagen sowie anderer Anlagen und Einrichtungen (§ 60 Abs. 1) sind der Bauaufsichtsbehörde vom Bauherrn jeweils eine Woche vorher anzuzeigen, um der Bauaufsichtsbehörde eine Besichtigung des Bauzustandes zu ermöglichen. Die Bauaufsichtsbehörde kann darüber hinaus verlangen, daß ihr oder einem Beauftragten Beginn und Beendigung bestimmter Bauarbeiten angezeigt werden.

(2) Der Rohbau ist fertiggestellt, wenn die tragenden Teile, Schornsteine, Brandwände und die Dachkonstruktion vollendet sind. Zur Besichtigung des Rohbaus sind die Bauteile, die für die Standsicherheit und, soweit möglich, die Bauteile, die für den Brand- und Schallschutz sowie für die Abwasserabführung wesentlich sind, derart offen zu halten, daß Maße und Ausführungsart geprüft werden können. Die abschließende Fertigstellung umfaßt die Fertigstellung auch der Wasserversorgungsanlagen und Abwasseranlagen.

(3) Die Bauzustandsbesichtigung ist durchzuführen, soweit nicht im Einzelfall darauf verzichtet werden kann; der Umfang der Besichtigung bleibt dem Ermessen der Bauaufsichtsbehörde überlassen. Der Bauherr hat für die Besichtigungen und die damit verbundenen möglichen Prüfungen die erforderlichen Arbeitskräfte und Geräte bereitzustellen. Über das Ergebnis der Besichtigung ist auf Verlangen des Bauherrn eine Bescheinigung auszustellen.

(4) Bei der Errichtung oder Änderung von Schornsteinen und Feuerstätten hat der Bauherr eine Bescheinigung des Bezirksschornsteinfegermeisters vorzulegen, daß der Schornstein sich in einem ordnungsgemäßen Zustand befindet und für die angeschlossenen Feuerstätten geeignet ist.

(5) Mit der Fortsetzung der Bauarbeiten darf erst einen Tag nach dem in der Anzeige nach Absatz 1 genannten Zeitpunkt der Fertigstellung des Rohbaus begonnen werden, soweit die Bauaufsichtsbehörde nicht einem früheren Beginn zugestimmt hat.

(6) Die Bauaufsichtsbehörde kann verlangen, daß bei Bauausführungen die Arbeiten erst fortgesetzt oder die Anlagen erst benutzt werden, wenn sie von ihr oder einem beauftragten Sachverständigen geprüft worden sind.

(7) Bauliche Anlagen sowie andere Anlagen und Einrichtungen im Sinne des Absatzes 1 dürfen erst benutzt werden, wenn sie ordnungsgemäß fertiggestellt und sicher benutzbar sind, frühestens jedoch eine Woche nach dem in der Anzeige nach Absatz 1 genannten Zeitpunkt der Fertigstellung. Die Bauaufsichtsbehörde soll auf Antrag gestatten, daß die Anlage oder Einrichtung ganz oder teilweise schon früher benutzt wird, wenn wegen der öffentlichen Sicherheit oder Ordnung Bedenken nicht bestehen.

VV BauO NW

77 Bauzustandsbesichtigung (§ 77)

77.4 Zu Absatz 4

Bei der Errichtung von Schornsteinen kann der Bezirksschornsteinfegermeister eine abschließende Beurteilung nur dann abgeben, wenn er die Schornsteine auch im Rohbauzustand überprüft hat. Der Bauherr ist bei der Erteilung der Baugenehmigung auf die Notwendigkeit hinzuweisen, den Bezirksschornsteinfegermeister rechtzeitig zu informieren und zu beauftragen.

Hinweise:

Die Bauzustandsbesichtigung 1 wird nach Fertigstellung der Rohbaugewerke (früher: Rohbauabnahme; jedoch war hier Verwechslung möglich mit der *Abnahme* nach VOB), die Bauzustandsbesichtigung 2 wird nach abschließender Fertigstellung des Bauvorhabens (früher: Schlußabnahme) durchgeführt.

§ 79 Bußgeldvorschriften

(1) Ordnungswidrig handelt, wer vorsätzlich oder fahrlässig

1. entgegen § 21 Abs. 1 neue Baustoffe, Bauteile oder Bauarten verwendet oder anwendet, ohne daß ihre Brauchbarkeit nachgewiesen ist,
2. entgegen § 23 Abs. 1 Satz 1 prüfzeichenpflichtige Baustoffe, Bauteile oder Einrichtungen ohne Prüfzeichen verwendet oder einbaut oder entgegen § 23 Abs. 3 ein zugeteiltes Prüfzeichen nicht in der vorgeschriebenen Weise anbringt,
3. entgegen § 24 Abs. 3 Satz 1 überwachungspflichtige Baustoffe, Bauteile, Einrichtungen und Bauarten ohne Nachweis der Überwachung des Herstellungsbetriebes verwendet,
4. entgegen § 53 Abs. 1 Satz 1 zur Überwachung oder Ausführung eines genehmigungsbedürftigen Bauvorhabens einen Unternehmer oder Bauleiter nicht beauftragt,
5. entgegen § 53 Abs. 2 Satz 3 genehmigungsbedürftige Abbrucharbeiten in Selbst- oder Nachbarschaftshilfe ausführt,
6. entgegen § 53 Abs. 4 der Bauaufsichtsbehörde vor Beginn der Bauarbeiten die Namen des Bauleiters oder der Fachbauleiter, oder während der Bauausführung einen Wechsel dieser Personen oder einen Wechsel in der Person des Bauherrn nicht oder nicht rechtzeitig mitteilt,

7. eine bauliche Anlage oder andere Anlagen und Einrichtungen im Sinne des § 1 Abs. 1 Satz 2 ohne Genehmigung nach § 60 Abs. 1 oder abweichend davon errichtet, ändert oder abbricht oder Anlagen ohne Genehmigung nach § 60 Abs. 2 Satz 1 benutzt,
8. entgegen § 70 Abs. 5 vor Zugang der Baugenehmigung oder entgegen § 71 Abs. 1 Satz 2 in Verbindung mit § 70 Abs. 5 vor Zugang der Teilbaugenehmigung mit der Bauausführung beginnt,
9. entgegen § 70 Abs. 7 den Ausführungsbeginn genehmigungsbedürftiger Vorhaben nicht oder nicht rechtzeitig mitteilt,
10. Fliegende Bauten ohne Ausführungsgenehmigung nach § 74 Abs. 2 Satz 1 erstmals aufstellt oder in Gebrauch nimmt oder ohne Gebrauchsabnahme nach § 74 Abs. 7 Satz 1 in Gebrauch nimmt,
11. entgegen § 77 Abs. 1 Satz 2 Beginn oder Beendigung bestimmter Bauarbeiten nicht anzeigt,
12. entgegen § 77 Abs. 5 mit der Fortsetzung der Bauarbeiten beginnt,
13. entgegen § 77 Abs. 7 Satz 1 bauliche Anlagen oder andere Anlagen oder Einrichtungen vorzeitig benutzt,
14. einer nach § 80 Abs. 1 Nr. 1, 2, 3 oder 5, Abs. 3 oder Abs. 4 Nr. 1 erlassenen Rechtsverordnung oder einer nach § 81 Abs. 1 oder 2 erlassenen Satzung zuwiderhandelt, sofern die Rechtsverordnung oder die Satzung für einen bestimmten Tatbestand auf diese Bußgeldvorschrift verweist.

(2) Ordnungswidrig handelt auch, wer wider besseres Wissen unrichtige Angaben macht oder unrichtige Pläne oder Unterlagen vorlegt, um einen nach diesem Gesetz vorgesehenen Verwaltungsakt zu erwirken oder zu verhindern.

(3) Die Ordnungswidrigkeit kann mit einer Geldbuße bis zu 100000 DM geahndet werden.

(4) Ist eine Ordnungswidrigkeit nach Absatz 1 Nr. 1 bis 3 begangen worden, so können Gegenstände, auf die sich die Ordnungswidrigkeit bezieht, eingezogen werden. § 23 des Gesetzes über Ordnungswidrigkeiten ist anzuwenden.

(5) Verwaltungsbehörde im Sinne des § 36 Abs. 1 Nr. 1 des Gesetzes über Ordnungswidrigkeiten ist die untere Bauaufsichtsbehörde.

(6) Soweit in Bußgeldvorschriften, die aufgrund der Landesbauordnung (BauO NW) in der

Fassung der Bekanntmachung vom 27. Januar 1970 (GV NW S. 96), zuletzt geändert durch Gesetz vom 18. Mai 1982 (GV NW S. 248), erlassen sind, auf § 101 Abs 1 Nr. 1 jenes Gesetzes verwiesen wird, gelten solche Verweisungen als Verweisungen auf § 79 Abs. 1 Nr. 14.

Hinweise:

Nachfolgend die „Leitsätze zur Erforderlichkeit bußgeldrechtlicher Sanktionen, insbesondere im Verhältnis zu Maßnahmen des Verwaltungszwanges“, aufgestellt von den Landesjustizverwaltungen im Jahre 1983:

„1

Allgemeiner Grundsatz

Die Mittel des Ordnungswidrigkeitenrechts sollten nur bei solchen Rechtspflichten als Sanktion eingesetzt werden, aus deren nicht rechtzeitiger oder nicht vollständiger Erfüllung sich erhebliche Nachteile für wichtige Gemeinschaftsinteressen ergäben.

Soweit Pflichtverstöße weniger wichtige Gemeinschaftsinteressen betreffen, ist eine Bußgeldbewehrung entbehrlich.

2

Durchsetzung besonderer Leistungspflichten durch Bußgelddrohungen

2.1

Handlungspflichten

Vorschriften zur Durchsetzung von Handlungspflichten bedürfen keiner Bußgeldbewehrung, wenn die Vorschriften vorwiegend dem Schutz oder Interesse des Normadressaten dienen oder wenn bei Nichtbeachtung der jeweiligen Handlungspflichten keine erheblichen Nachteile für wichtige Gemeinschaftsinteressen drohen.

2.2

Auskunfts-, Melde- oder Mitteilungspflichten

Vorschriften zur Durchsetzung von Auskunfts-, Melde- oder Mitteilungspflichten bedürfen nur dann einer Bußgeldbewehrung, wenn erst die Erfüllung dieser Pflichten ein Tätigwerden der zuständigen Behörde zur Wahrung wichtiger Gemeinschaftsinteressen möglich macht.

2.3

Duldungspflichten

Vorschriften zur Durchsetzung von Duldungspflichten bedürfen nur dann einer Bußgeldbewehrung, wenn die Nichterfüllung der Duldungspflicht andere verwaltungsrechtliche Maßnahmen verhindert, die nur unter erheblichen Nachteilen für wichtige Gemeinschaftsinteressen verschiebbar sind. In anderen Fällen reicht die Durchsetzung mit Mitteln des Verwaltungszwangs aus.

2.4

Zahlungspflichten

Vorschriften, die zur Zahlung einer Geldforderung verpflichten, bedürfen keiner Bußgeldbewehrung.

2.5

Sonstige Mitwirkungspflichten

Vorschriften zur Durchsetzung von sonstigen Mitwirkungspflichten, wie z. B. die Verwendung von Formblättern bei Meldungen, bedürfen nur dann einer Bußgeldbewehrung, wenn bereits die Nichtbeachtung der jeweiligen Mitwirkungspflicht erhebliche Nachteile für wichtige Gemeinschaftsinteressen befürchten läßt. Ist die Mitwirkung ohne erhebliche Nachteile nachholbar, so muß sie mit Mitteln des Verwaltungszwangs durchgesetzt werden.

3
Verweigerung oder Entzug einer Verwaltungsleistung

3.1
Verweigerung einer Verwaltungsleistung

Eine Bußgeldbewehrung ist entbehrlich, wenn das Verhalten des Betroffenen durch Verweigerung einer Verwaltungsleistung gesteuert werden kann.

3.2
Entzug einer Verwaltungsleistung

Eine Bußgeldbewehrung ist auch dann entbehrlich, wenn das Verhalten des Betroffenen durch Androhung des Entzugs oder Entzugs einer Verwaltungsleistung, Konzession oder Vergünstigung gesteuert werden kann.

4
Durchsetzung vollziehbarer Verwaltungsakte durch Bußgelddrohungen

Vollziehbare Verwaltungsakte (Anordnungen und Auflagen), deren Zweck bereits durch ihren Vollzug erreicht werden kann, bedürfen keiner Bußgeldbewehrung.

5
Unvereinbarkeit einer Bußgelddrohung mit dem Wesen einer Pflicht

Eine Bußgeldbewehrung sollte dort entfallen, wo das Wesen einer Pflicht die freiwillige Bereitschaft zu ihrer Übernahme voraussetzt.

6
Bußgeldbewehrung fahrlässiger Zuwiderhandlungen

Grundsätzlich sollen nur vorsätzliche Zuwiderhandlungen mit Geldbuße bedroht werden. Fahrlässige Zuwiderhandlungen sollen nur dann mit Geldbuße bedroht werden, wenn dies zur Durchsetzung einer Rechtspflicht erforderlich ist.

7
Bußgeldbewehrung von Pflichten, die nur für bestimmte Personengruppen gelten

Einer Bußgeldbewehrung bedarf es nicht, wenn das Gebot oder Verbot durch arbeitsrechtliche, disziplinarrechtliche oder berufsrechtliche Maßnahmen ausreichend abgesichert werden kann."

BauO NW neu:

§ 85 Bußgeldvorschriften

(1) Ordnungswidrig handelt, wer vorsätzlich oder fahrlässig

1. entgegen § 5 Abs. 6 Zu- und Durchfahrten sowie befahrbare Flächen durch Einbauten einengt, nicht ständig freihält oder Fahrzeuge dort abstellt,
2. es entgegen § 14 Abs. 3 unterläßt, ein Baustellenschild aufzustellen,
3. Bauprodukte mit dem Ü-Zeichen kennzeichnet, ohne daß dafür die Voraussetzungen nach § 25 Abs. 4 vorliegen,
4. Bauprodukte entgegen § 20 Abs. 1 Nr. 1 ohne das Ü-Zeichen verwendet,
5. Bauarten nach § 24 ohne die erforderliche allgemeine bauaufsichtliche Zulassung oder Zustimmung im Einzelfall anwendet,
6. entgegen § 57 Abs. 1 Satz 1 zur Ausführung oder Überwachung eines genehmigungsbedürftigen Bauvorhabens oder eines Bauvorhabens nach § 68 eine Unternehmerin oder einen Unternehmer oder eine Bauleiterin oder einen Bauleiter nicht beauftragt,
7. entgegen § 57 Abs. 2 Satz 3 genehmigungsbedürftige Abbrucharbeiten in Selbst- oder Nachbarschaftshilfe ausführt,

8. entgegen § 57 Abs. 5 der Bauaufsichtsbehörde vor Beginn der Bauarbeiten die Namen der Bauleiterin oder des Bauleiters oder der Fachbauleiterinnen oder Fachbauleiter oder während der Bauausführung einen Wechsel dieser Personen oder einen Wechsel in der Person der Bauherrin oder des Bauherrn nicht oder nicht rechtzeitig mitteilt,
9. entgegen § 67 Satz 2 eine Anlage benutzt, ohne eine Bescheinigung der Unternehmerinnen oder Unternehmer oder Sachverständigen vorgelegt zu haben,
10. entgegen § 68 Abs. 2 ohne Einreichen von Bauvorlagen bei der Gemeinde oder vor Ablauf eines Monats nach Eingang der Bauvorlagen bei der Gemeinde bauliche Anlagen nach § 68 Abs. 1 oder 6 errichtet, ändert oder nutzt,
11. entgegen § 68 Abs. 4 bei Baubeginn Nachweise und Bescheinigungen nicht vorliegen hat,
12. entgegen § 69 Abs. 4 Satz 2 bei Baubeginn die dort genannten Nachweise nicht eingereicht hat,
13. eine bauliche Anlage oder andere Anlagen und Einrichtungen im Sinne des § 1 Abs. 1 Satz 2 ohne Genehmigung nach § 64 oder abweichend davon errichtet, ändert, nutzt oder abbricht,
14. entgegen § 76 Abs. 5 vor Zugang der Baugenehmigung oder entgegen § 77 Abs. 1 Satz 2 in Verbindung mit § 76 Abs. 5 vor Zugang der Teilbaugenehmigung mit der Bauausführung beginnt,
15. entgegen § 76 Abs. 6 Satz 2 Baugenehmigungen und Bauvorlagen an der Baustelle nicht vorliegen hat,
16. entgegen § 76 Abs. 7 den Ausführungsbeginn genehmigungsbedürftiger Vorhaben oder solcher nach § 68 Abs. 1 nicht oder nicht rechtzeitig mitteilt,
17. Fliegende Bauten ohne Ausführungsgenehmigung nach § 80 Abs. 2 Satz 1 erstmals aufstellt oder in Gebrauch nimmt oder ohne Gebrauchsabnahme nach § 80 Abs. 7 Satz 2 oder 3 in Gebrauch nimmt,
18. die nach § 82 Abs. 3 Satz 1 und § 83 Abs. 1 vorgeschriebenen oder verlangten Anzeigen nicht erstattet,
19. entgegen § 83 Abs. 4 und 5 mit der Fortsetzung der Bauarbeiten beginnt,
20. entgegen § 83 Abs. 6 Satz 1 bauliche Anlagen oder andere Anlagen oder Einrichtungen vorzeitig benutzt,
21. einer aufgrund dieses Gesetzes ergangenen Rechtsverordnung oder örtlichen Bauvorschrift zuwiderhandelt, sofern die Rechtsverordnung oder die örtliche Bauvorschrift für einen bestimmten Tatbestand auf diese Bußgeldvorschrift verweist.

(2) Ordnungswidrig handelt auch, wer wider besseres Wissen unrichtige Angaben macht oder unrichtige Pläne oder Unterlagen vorlegt, um einen nach diesem Gesetz vorgesehenen Verwaltungsakt zu erwirken oder zu verhindern.

(3) Die Ordnungswidrigkeit kann mit einer Geldbuße bis zu 100 000 DM geahndet werden.

(4) Ist eine Ordnungswidrigkeit nach Abs. 1 Nrn. 3 bis 5 begangen worden, so können Gegenstände, auf die sich die Ordnungswidrigkeit bezieht, eingezogen werden. § 23 des Gesetzes über Ordnungswidrigkeiten ist anzuwenden.

(5) Verwaltungsbehörde im Sinne des § 36 Abs. 1 Nr. 1 des Gesetzes über Ordnungswidrigkeiten ist die untere Bauaufsichtsbehörde, in den Fällen des Abs. 1 Nr. 1 hinsichtlich des Abstellens von Fahrzeugen die örtliche Ordnungsbehörde.

§ 82 Bestehende Anlagen und Einrichtungen

(1) Werden in diesem Gesetz oder in Vorschriften aufgrund dieses Gesetzes andere Anforderungen als nach dem bisherigen Recht gestellt, so kann verlangt werden, daß bestehende oder nach genehmigten Bauvorlagen bereits begonnene bauliche Anlagen sowie andere Anlagen und Einrichtungen angepaßt werden, wenn dies im Einzelfall wegen der Sicherheit für Leben oder Gesundheit erforderlich ist.

(2) Sollen bauliche Anlagen wesentlich geändert werden, so kann gefordert werden, daß auch die nicht unmittelbar berührten Teile der Anlage mit diesem Gesetz oder den aufgrund dieses Gesetzes erlassenen Vorschriften in Einklang gebracht werden, wenn

1. die Bauteile, die diesen Vorschriften nicht mehr entsprechen, mit den Änderungen in einem konstruktiven Zusammenhang stehen und
2. die Durchführung dieser Vorschriften bei den von den Änderungen nicht berührten Teilen der baulichen Anlage keine unzumutbaren Mehrkosten verursacht.

Hinweise:

1. Bestehende Gebäude ohne Umbaumaßnahmen:
Bestehende Gebäude, die zu irgendeiner Zeit materiell legal waren, genießen Bestandsschutz. Das evtl. Abweichen des Bauzustandes vom jetzt geltenden Baurecht (und den allgemein anerkannten Regeln der Technik) begründet allein nicht die Annahme einer konkreten Gefahr. Das gilt auch dann, wenn Bauvorschriften in neuerer Zeit erkennbar unter Gesichtspunkten der Gefahrenabwehr verschärft worden sind. Voraussetzung für das Verlangen der Anpassung an jetzt gültige Vorschriften ist das Vorliegen einer konkreten Gefahr für die Sicherheit der Benutzer oder für die Öffentlichkeit (Standsicherheit, Brandschutz).

2. Bestehende Gebäude, die *unwesentlich* geändert werden:
Das heißt, Instandsetzungs- und Unterhaltungsmaßnahmen zur Behebung von baulichen Mängeln, Änderungen geringen Umfangs auch an tragenden oder aussteifenden Bauteilen, Anstrich, Verputz, Dacheindeckung, Austausch von Fenstern sowie Auswechseln gleichartiger Teile wie unter 1., das heißt, es ist keine Anpassung erforderlich.

3. Bestehende Gebäude, die *wesentlich* geändert werden:
Wesentlich ist eine Änderung mindestens dann, wenn eine Genehmigung erforderlich ist. Dann gilt folgendes:

3a. Alle *neuen* Bauteile, die zusätzlich oder als Ersatz eingebaut werden, müssen den heutigen Vorschriften entsprechen. Ausnahmen oder Befreiungen sind jedoch möglich; z. B. wäre die Erneuerung eines morschen Podestes einer Holztreppe in einem mehrgeschossigen Wohnhaus in F 90–AB sinnlos, wenn weitere Holzpodeste nicht erneuert werden (formal wäre die Forderung allerdings legal).

3b. Bauteile, die den heutigen Vorschriften nicht entsprechen, *aber nicht erneuert werden sollen,* können in das Anpassungsverlangen einbezogen werden, wenn sie mit den auszuführenden Änderungen in einem konstruktiven Zusammenhang stehen. Sie müssen nicht unmittelbar von der Änderung berührt sein. Der konstruktive Zusammenhang ist anzunehmen, wenn die alten und die neuen Teile der baulichen Anlage in ihrer technischen Funktion voneinander abhängig oder aufeinander angewiesen sind.

Zudem müssen die durch die Anpassung der nicht unmittelbar berührten Bauteile an die heutigen Vorschriften verursachten Mehrkosten „zumutbar“ sein. Diese Begrenzung der Mehrkosten ist in den meisten LBO nicht festgesetzt; Niedersachsen nennt 20 % der für die Änderung aufzubringenden Kosten. Dieser Wert wird als brauchbarer Anhalt angesehen (nach Temme, Kommentar).

2.2 Ordnungsbehördengesetz

In anderen Ländern auch: Sicherheits- und Ordnungsgesetz o. ä. Hier wird beispielhaft das Ordnungsbehördengesetz Nordrhein-Westfalen (5/1980) zitiert sowie die zugehörige Verwaltungsvorschrift (9/1980) mit Änderungen bis 1990.

§ 1 Aufgaben der Ordnungsbehörden

(1) Die Ordnungsbehörden haben die Aufgabe, Gefahren für die öffentliche Sicherheit oder Ordnung abzuwehren (Gefahrenabwehr).*)

(2) Die Ordnungsbehörden führen diese Aufgaben nach den hierfür erlassenen besonderen Gesetzen und Verordnungen durch. Soweit gesetzliche Vorschriften fehlen oder eine abschließende Regelung nicht enthalten, treffen die Ordnungsbehörden die notwendigen Maßnahmen nach diesem Gesetz.

(3) Andere Aufgaben nehmen die Ordnungsbehörden nach den Vorschriften dieses Gesetzes insoweit wahr, als es durch Gesetz oder Verordnung bestimmt ist.

VV zu § 1 OBG

1 Aufgaben der Ordnungsbehörden (§ 1)

Zu den Aufgaben der Ordnungsbehörden gehören sowohl die Abwehr von Gefahren, durch die die öffentliche Sicherheit oder Ordnung bedroht wird (Gefahrenabwehr), § 1 Abs. 1 (vgl. Nummer 1.11), als auch andere Aufgaben, die ihnen durch Gesetz oder Verordnung übertragen sind, § 1 Abs. 3 (vgl. Nummer 1.3). Beide Aufgabenbereiche werden zusammenfassend ordnungsbehördliche Aufgaben genannt.

Neben den Ordnungsbehörden ist auch die Polizei für die Gefahrenabwehr zuständig (§ 1 des Polizeigesetzes des Landes Nordrhein-Westfalen – PolG NW –). Die Polizei wird aber nur tätig, wenn aus ihrer Sicht die zuständige Ordnungsbehörde nicht oder nicht rechtzeitig tätig werden kann. Dies ist insbesondere dann der Fall, wenn der Ordnungsbehörde

a) die erforderlichen Befugnisse,

b) die erforderlichen Mittel zur Durchsetzung der Maßnahme – beispielsweise Hilfsmittel des unmittelbaren Zwanges oder Waffen –,

c) die erforderliche Sachkenntnis fehlen oder

d) die Ordnungsbehörde nicht rechtzeitig erreichbar ist.

1.1 Zu Absatz 1

1.11 Der Begriff „Gefahrenabwehr“ ist zunächst nur auf den Schutz der Allgemeinheit durch Wahrung der öffentlichen Sicherheit und Ordnung bezogen. Der Schutz privater Rechte fällt nur dann in den Bereich der den Ordnungsbehörden obliegenden Gefahrenabwehr, wenn das zu schützende Recht hinreichend glaubhaft gemacht ist, gerichtlicher Schutz nicht rechtzeitig zu erlangen ist und die Gefahr besteht, daß ohne ordnungsbehördliche Hilfe die Durchsetzung des Rechts nicht möglich ist oder wesentlich erschwert wird.

1.12 Die Ermächtigung, zur Gefahrenabwehr die notwendigen Maßnahmen zu treffen, ist in § 14 enthalten. Die Befugnis zum Erlaß ordnungsbehördlicher Verordnungen regeln die §§ 26 und 27. Die Ordnungsbehörden haben bei Erlaß von Ordnungsverfügungen und von ordnungsbehördlichen Verordnungen nicht nur die Einschränkungen

*) Der Text der Aufgabenzuweisung ist im OBG und PolG gleich; die Ordnungsbehörden nehmen ordnungsbehördliche Aufgaben der Gefahrenabwehr wahr, die Polizei schutz- und kriminalpolizeiliche.

zu berücksichtigen, die sich aus dem Wesen der Gefahrenabwehr oder anderer ordnungsbehördlicher Aufgaben (§ 1 Abs. 3; s. Nummer 1.3) ergeben, sondern auch die Grenzen zu beachten, die ihren Befugnissen nach Teil II des Ordnungsbehördengesetzes oder nach den spezialgesetzlichen Bestimmungen (§ 14 Abs. 2 Satz 1) gesteckt sind.

1.2 Zu Absatz 2

Die Ordnungsbehörden erfüllen ihre Aufgabe in erster Linie nach den Rechtsvorschriften für das jeweilige Sachgebiet und richten sich nur dann und insoweit (subsidiär) nach dem Ordnungsbehördengesetz, als solche besondere Vorschriften fehlen oder eine abschließende Regelung nicht enthalten. Bevor die Ordnungsbehörden daher tätig werden, haben sie sorgfältig zu prüfen, ob sich die Erfüllung der ordnungsbehördlichen Aufgaben nicht nach einer besonders hierfür erlassenen gesetzlichen Vorschrift regelt.

1.3 Zu Absatz 3

Auch Aufgaben, die materiell nicht Gefahrenabwehr sind, können dadurch zu ordnungsbehördlichen Aufgaben werden, daß sie nach spezialgesetzlichen Regelungen von der zuständigen Behörde als (örtliche Kreis- oder Landes-)Ordnungsbehörde wahrzunehmen sind („andere Aufgaben" – s. Nummer 1). In diesen Fällen ist bei ihrer Erfüllung das Ordnungsbehördengesetz – subsidiär – anzuwenden.

§ 2 Vollzugshilfe der Polizei

Die Polizei leistet den Ordnungsbehörden Vollzugshilfe nach den Vorschriften der §§ 47 bis 49 des Polizeigesetzes des Landes Nordrhein-Westfalens (PolG NW).*)

VV zu § 2 OBG

2 Vollzugshilfe der Polizei (§ 2)

2.1 Die Vollzugshilfe der Polizei beschränkt sich auf Maßnahmen des unmittelbaren Zwanges. Sie wird nur geleistet, wenn die Ordnungsbehörde nicht über die hierzu erforderlichen Dienstkräfte verfügt oder ihre Maßnahmen nicht auf andere Weise selbst durchsetzen kann.

2.2 Für Amtshilfeersuchen gelten die Vorschriften der §§ 4 ff. des Verwaltungsverfahrensgesetzes für das Land Nordrhein-Westfalen (VwVfG NW).**)

§ 3 Aufbau

(1) Die Aufgaben der örtlichen Ordnungsbehörden nehmen die Gemeinden, die Aufgaben der Kreisordnungsbehörden die Kreise und kreisfreien Städte als Pflichtaufgaben zur Erfüllung nach Weisung (§ 9) wahr; dies gilt auch für die ihnen als Sonderordnungsbehörden übertragenen Aufgaben.

(2) Landesordnungsbehörden sind die Regierungspräsidenten.

---

*) s. III 2.4
**) s. III 2.3

§ 4 Örtliche Zuständigkeit

(1) Örtlich zuständig ist die Ordnungsbehörde, in deren Bezirk die zu schützenden Interessen verletzt oder gefährdet werden.

(2) Ist es zweckmäßig, ordnungsbehördliche Aufgaben in benachbarten Bezirken einheitlich zu erfüllen, so erklärt die den beteiligten Ordnungsbehörden gemeinsame Aufsichtsbehörde eine dieser Ordnungsbehörden für zuständig.

VV zu § 4 OBG

4 Örtliche Zuständigkeit (§ 4)

Von der Möglichkeit einer abweichenden Zuständigkeitserklärung durch die Aufsichtsbehörde ist nur in zwingend gebotenen Ausnahmefällen Gebrauch zu machen. Ist eine Zuständigkeitserklärung ergangen, so handelt die Ordnungsbehörde insoweit auch im benachbarten Bezirk als zuständige Behörde.

§ 5 Sachliche Zuständigkeit

(1) Für die Aufgaben der Gefahrenabwehr sind die örtlichen Ordnungsbehörden zuständig.

(2) Die Zuständigkeit der Landes- und Kreisordnungsbehörden bestimmt sich nach den hierüber erlassenen gesetzlichen Vorschriften.

(3) Für den Erlaß von ordnungsbehördlichen Verordnungen gelten die §§ 26 und 27.

§ 6 Außerordentliche Zuständigkeit

(1) Bei Gefahr im Verzug oder in den gesetzlich vorgesehenen Fällen kann jede Ordnungsbehörde in ihrem Bezirk die Befugnisse einer anderen Ordnungsbehörde ausüben. Dies gilt nicht für den Erlaß ordnungsbehördlicher Verordnungen.

(2) Erfordert die Erfüllung ordnungsbehördlicher Aufgaben Maßnahmen auch in benachbarten Bezirken und ist die Mitwirkung der dort örtlich zuständigen Ordnungsbehörden nicht ohne eine Verzögerung zu erreichen, durch die der Erfolg der Maßnahme beeinträchtigt wird, so kann die eingreifende Ordnungsbehörde auch in benachbarten Bezirken die notwendigen unaufschiebbaren Maßnahmen treffen.

(3) Die allgemein zuständige Ordnungsbehörde ist über die getroffenen Maßnahmen unverzüglich zu unterrichten.

VV zu § 6 OBG

6 Außerordentliche Zuständigkeit (§ 6)

6.1 Zu Absatz 1

6.11 Das Recht, bei Gefahr im Verzug Befugnisse einer anderen Ordnungsbehörde wahrzunehmen, besteht sowohl im Verhältnis der Ordnungsbehörden der höheren Stufe zu denen der unteren Stufe wie auch umgekehrt. Dieses Recht ist im Grundsatz auch im Verhältnis der allgemeinen und der Sonderordnungsbehörden zueinander anzuerkennen. Bei den heutigen Möglichkeiten einer schnellen und direkten Nachrichtenübertragung wird sich jedoch die Notwendigkeit, Befugnisse der an sich zuständigen Behörde im Rahmen der außerordentlichen Zuständigkeit auszuüben, bei einer sofortigen Unterrichtung der zuständigen Behörde in der Regel nicht ergeben. Gefahr im Verzug liegt vor, wenn ein rechtzeitiges Eingreifen der allgemein zuständigen Instanz zur Gefahrenabwehr objektiv nicht mehr möglich ist und wenn ohne sofortiges

Eingreifen der an sich unzuständigen Stelle der drohende Schaden tatsächlich entstände.

6.12 Die auf Grund der außerordentlichen Zuständigkeit getroffenen Maßnahmen sind solche derjenigen Ordnungsbehörde, die sie erlassen hat.

6.13 Gesetzliche Vorschriften, welche außerordentliche Zuständigkeiten dieser Art für allgemeine Ordnungsbehörden oder für Sonderordnungsbehörden enthalten, bleiben auch im Rahmen des Ordnungsbehördengesetzes zu beachten, z. B. § 15 Abs. 4 der Zweiten Durchführungsverordnung zum Gesetz über die Vereinheitlichung des Gesundheitswesens vom 22. Februar 1935 (RGS NW S. 5), geändert durch Verordnung vom 18. Mai 1982 (GV NW S. 250) – SGV NW 2120 –, § 11 Abs. 2 des Tierseuchengesetzes.

§ 13 Dienstkräfte der Ordnungsbehörden

Die Ordnungsbehörden führen die ihnen obliegenden Aufgaben mit eigenen Dienstkräften durch. Die Dienstkräfte müssen einen behördlichen Ausweis bei sich führen und ihn bei Ausübung ihrer Tätigkeit auf Verlangen vorzeigen. § 68 Abs. 2 Satz 3 des Verwaltungsvollstreckungsgesetzes für das Land Nordrhein-Westfalen (VwVG NW) bleibt unberührt.

VV zu § 13 OBG

13 Dienstkräfte der Ordnungsbehörden (§ 13)

13.1 Die Ordnungebehörden haben die ihnen obliegenden Aufgaben mit eigenen Dienstkräften durchzuführen. Hierzu gehören auch Personen, die von den Ordnungsbehörden zur Erfüllung einer begrenzten Vollzugsaufgabe ermächtigt werden und als außerordentliche Organwalter für sie tätig sind. Aus dem behördlichen Ausweis muß der Umfang des übertragenden Aufgabenbereichs hervorgehen. Soweit Vollzugshilfe der Polizei erforderlich ist, vgl. zu Nummer 2.

13.2 Bei der Anwendung unmittelbaren Zwanges gelten für die Dienstkräfte der Ordnungsbehörden die Vorschriften (§ 66 ff.) des Verwaltungsvollstreckungsgesetzes für das Land Nordrhein-Westfalen (VwVG NW) in der Fassung der Bekanntmachung vom 13. Mai 1980 (GV NW S. 510), geändert durch Gesetz vom 26. Juni 1984 (GV NW S. 370) – SGV NW 2010.

13.3 Die Dienstkräfte haben auf Anfrage auch die Dienstbehörde zu benennen, an die etwaige Beschwerden zu richten sind.

Teil II: Befugnisse der Ordnungsbehörden

Abschnitt 1: Ordnungsverfügungen

§ 14 Voraussetzungen des Eingreifens

(1) Die Ordnungsbehörden können die notwendigen Maßnahmen treffen, um eine im einzelnen Falle bestehende Gefahr für die öffentliche Sicherheit oder Ordnung (Gefahr) abzuwehren.

(2) Zur Erfüllung der Aufgaben, die die Ordnungsbehörden nach besonderen Gesetzen und Verordnungen durchführen (§ 1 Abs. 2 Satz 1 und Abs. 3), haben sie die dort vorgesehenen Befugnisse. Soweit solche Gesetze und Verordnungen Befugnisse der Ordnungsbehörden nicht enthalten, haben sie die Befugnisse, die ihnen nach diesem Gesetz zustehen.

VV zu § 14 OBG

14 Ordnungsverfügungen – Voraussetzungen des Eingreifens (§ 14)

14.1 Zu Absatz 1

Innerhalb des Aufgabenbereichs der Ordnungsbehörden bildet § 14 die Rechtsgrundlage für selbständige Ordnungsverfügungen, d. h. solche, die nicht auf spezielle Bundes- oder Landesgesetze oder Verordnungen (auch ordnungsbehördliche Verordnungen) gestützt werden können.

14.11 Gefahr im Sinne des Absatzes 1 ist die konkrete Gefahr. Dazu gehört auch die Anscheinsgefahr, also eine Sachlage, die bei verständiger Betrachtung objektiv den Anschein oder den dringenden Verdacht einer Gefahr erweckt.*)

14.12 Zur Gefahrenabwehr gehört auch die Beseitigung einer bereits eingetretenen Störung der öffentlichen Sicherheit oder Ordnung, wenn von ihr eine fortwirkende Gefährdung ausgeht. Eine Gefahr in diesem Sinne besteht auch, wenn gegen Rechtsvorschriften, die Gefahrentatbestände regeln, verstoßen oder wenn der Tatbestand einer Straftat oder einer Ordnungswidrigkeit verwirklicht wird.

14.2 Zu Absatz 2

Ist eine ordnungsbehördliche Aufgabe spezialgesetzlich geregelt, so können durch auf § 14 Abs. 1 gestützte Ordnungsverfügungen weitergehende Anforderungen nur dann gestellt werden, wenn die gesetzliche Regelung hierzu eine Ermächtigung enthält oder wenn im Einzelfall ein Tatbestand gegeben ist, der von der gesetzlichen Regelung nicht umfaßt wird (Grundsatz der Subsidiarität).

§ 15 Grundsatz der Verhältnismäßigkeit

(1) Von mehreren möglichen und geeigneten Maßnahmen haben die Ordnungsbehörden diejenige zu treffen, die den einzelnen und die Allgemeinheit voraussichtlich am wenigsten beeinträchtigt.

(2) Eine Maßnahme darf nicht zu einem Nachteil führen, der zu dem erstrebten Erfolg erkennbar außer Verhältnis steht.

(3) Eine Maßnahme ist nur solange zulässig, bis ihr Zweck erreicht ist oder sich zeigt, daß er nicht erreicht werden kann.

VV zu § 15 OBG

15 Verhältnismäßigkeit (§ 15)

15.1 Der von den Ordnungsbehörden zu beachtende Grundsatz der Verhältnismäßigkeit ist eine der wichtigsten Ausprägungen des im Grundgesetz verankerten Rechtsstaatsprinzips. Die Ordnungsbehörde hat daher besonders sorgfältig die Vor- und Nachteile des Eingreifens sowie der beabsichtigten Maßnahmen abzuwägen und das den Betroffenen und die Allgemeinheit am wenigsten beeinträchtigende Mittel auszuwählen (s. auch § 21). Das Übermaßverbot bezieht sich auch auf ein zeitliches Übermaß; das ist insbesondere bei Verfügungen mit Dauerwirkung zu beachten.

15.11 Im einzelnen müssen Maßnahmen geeignet und inhaltlich hinreichend bestimmt sein; dem Adressaten muß erkennbar sein, was ihm abverlangt wird. Das dem Adressaten aufgegebene Tun oder Unterlassen muß tatsächlich und rechtlich zulässig sein. Der Adressat darf nicht zu einem Tun oder Unterlassen verpflichtet werden, das ihm physisch oder psychisch nicht möglich ist. Wirtschaftliches Unvermögen begründet keine Unmöglichkeit in diesem Sinne; allerdings ist hierbei Abs. 2 zu beachten.

---

*) In der VV zu § 8 PolG heißt es ähnlich: „8.11 Zur konkreten Gefahr gehört auch die Anscheinsgefahr, also eine Sachlage, die bei verständiger Würdigung eines objektiven Betrachters den Anschein einer konkreten Gefahr erweckt."

§ 16 Ermessen

Die Ordnungsbehörden treffen ihre Maßnahmen nach pflichtgemäßem Ermessen.

VV zu § 16 OBG

16 Ermessen (§ 16)

Die Ordnungsbehörde entscheidet sowohl darüber, ob sie tätig wird, als auch darüber, welche Maßnahmen sie ggf. ergreift. Sie trifft ihre Entscheidung nach pflichtgemäßem Ermessen, das jede Willkür ausschließt. Nur sachliche, in der Natur der betreffenden Aufgabe liegende Gründe dürfen dafür entscheidend sein, ob die Ordnungsbehörde von einer Maßnahme absieht oder wie sie ggf. tätig wird (s. auch Nummer 1.3). Das pflichtgemäße Ermessen fordert insbesondere auch eine sorgfältige Abwägung nach dem Grundsatz der Verhältnismäßigkeit des Mittels (s. § 15).

§ 17 Verantwortlichkeit für das Verhalten von Personen

(1) Verursacht eine Person eine Gefahr, so sind die Maßnahmen gegen diese Person zu richten.

(2) Ist die Person noch nicht 14 Jahre alt, entmündigt oder unter vorläufige Vormundschaft gestellt, können Maßnahmen auch gegen die Person gerichtet werden, die zur Aufsicht über sie verpflichtet ist.

(3) Verursacht eine Person, die zu einer Verrichtung bestellt ist, die Gefahr in Ausführung der Verrichtung, so können Maßnahmen auch gegen die Person gerichtet werden, die die andere zu der Verrichtung bestellt hat.

(4) Die Absätze 1 bis 3 sind nicht anzuwenden, soweit andere Vorschriften dieses Gesetzes oder andere Rechtsvorschriften bestimmen, gegen wen eine Maßnahme zu richten ist.

VV zu § 17 OBG

17 Verantwortlichkeit für das Verhalten von Personen (§ 17)

17.1 Zu Absatz 1

Die Vorschrift setzt voraus, daß eine Person unmittelbar durch ihr Verhalten oder ihren Zustand die Gefahr, den Verdacht oder den Anschein einer Gefahr hervorgerufen hat. Ein Unterlassen steht dem Handeln gleich, wenn der Betroffene rechtlich zum Tätigwerden verpflichtet ist. Auch wer durch sein Verhalten eine Situation gewollt herbeiführt, in der zwangsläufig von Dritten eine Gefahr ausgeht, „verursacht" im Sinne des Absatzes 1.

Auf Verschulden oder ein bestimmtes Mindestalter kommt es nicht an.

17.2 Zu Absatz 2

Die Pflicht zur Aufsicht über eine Person kann sich aus Gesetz oder Vertrag ergeben.

§ 18 Verantwortlichkeit für den Zustand von Sachen

(1) Geht von einer Sache eine Gefahr aus, so sind die Maßnahmen gegen den Eigentümer zu richten.

(2) Die Ordnungsbehörde kann ihre Maßnahmen auch gegen den Inhaber der tatsächlichen Gewalt richten. Sie muß ihre Maßnahmen gegen den Inhaber der tatsächlichen Gewalt richten, wenn er diese gegen den Willen des Eigentümers oder eines anderen Verfügungsberechtigten ausübt oder auf einen im Einverständnis mit dem Eigentümer schriftlich oder protokollarisch gestellten Antrag von der zuständigen Ordnungsbehörde als allein verantwortlich anerkannt worden ist.

(3) Geht die Gefahr von einer herrenlosen Sache aus, so können die Maßnahmen gegen denjenigen gerichtet werden, der das Eigentum an der Sache aufgegeben hat.

(4) § 17 Abs. 4 gilt entsprechend.

VV zu § 18 OBG

18 Verantwortlichkeit für den Zustand von Sachen (§ 18)

18.1 Zu Absatz 1

Wer Eigentümer einer Sache ist, richtet sich nach den Vorschriften des BGB (§§ 903 ff.).

18.2 Zu Absatz 2

Inhaber der tatsächlichen Gewalt ist derjenige, der die tatsächliche Einwirkungsmöglichkeit auf die Sache hat, unerheblich, ob er dazu berechtigt ist oder nicht (§§ 854 ff. BGB).

§ 19 Inanspruchnahme nicht verantwortlicher Personen

(1) Die Ordnungsbehörde kann Maßnahmen gegen andere Personen als die nach den §§ 17 oder 18 Verantwortlichen richten, wenn

1. eine gegenwärtige erhebliche Gefahr abzuwehren ist,
2. Maßnahmen gegen die nach den §§ 17 oder 18 Verantwortlichen nicht oder nicht rechtzeitig möglich sind oder keinen Erfolg versprechen,
3. die Ordnungsbehörde die Gefahr nicht oder nicht rechtzeitig selbst oder durch Beauftragte abwehren kann und
4. die Personen ohne erhebliche eigene Gefährdung und ohne Verletzung höherwertiger Pflichten in Anspruch genommen werden können.

(2) Die Maßnahmen nach Absatz 1 dürfen nur aufrechterhalten werden, solange die Abwehr der Gefahr nicht auf andere Weise möglich ist.

(3) § 17 Abs. 4 gilt entsprechend.

VV zu § 19 OBG

19 Inanspruchnahme nicht verantwortlicher Personen (§ 19)

19.11 Zu Absatz 1

19.11 Eine „gegenwärtige" Gefahr im Sinne der Nummer 1 liegt vor, wenn die Einwirkung des schädigenden Ereignisses bereits begonnen hat oder wenn diese Einwirkung unmittelbar oder in allernächster Zeit mit der erforderlichen Wahrscheinlichkeit bevorsteht. Die Gefahr ist „erheblich", wenn sie einem bedeutsamen Rechtsgut (insbesondere Leben, körperliche Unversehrtheit, Freiheit der Person, wichtige öffentliche Einrichtungen u. ä.) droht.

19.12 Ein Fall von Nummer 2 ist insbesondere dann gegeben, wenn

a) der Verantwortliche nicht zugegen ist oder
b) wenn eine Verpflichtung des Verantwortlichen nicht oder nicht rechtzeitig möglich ist oder die zwangsweise Durchsetzung einer solchen Maßnahme nicht oder nicht rechtzeitig gewährleistet erscheint.

19.13 Eine erhebliche eigene Gefährdung im Sinne der Nummer 4 liegt insbesondere dann vor, wenn durch die Maßnahme gegen den Nichtverantwortlichen dessen Leben oder Gesundheit gefährdet würde. Eine Gefahr für das Vermögen des Nichtverantwortlichen ist nur dann erheblich, wenn es sich um nicht ersetzbare Vermögensgegenstände handelt oder die Vermögensgefährdung im Einzelfall außer Verhältnis zu der abzuwehrenden Gefahr steht. Ob eine Pflicht höherwertig ist, richtet sich nach den Rechtsgütern, deren Schutz die Pflicht dient.

19.2 Zu Absatz 2

19.21 Es ist in erster Linie Aufgabe der Ordnungsbehörde selbst, mit den von ihr bereitzustellenden persönlichen und sächlichen Mitteln die zur Abwehr der Gefahr notwendigen Maßnahmen zu treffen. Die Ordnungsbehörde muß hierfür unter Umständen auch einen erheblich verstärkten Einsatz der Mittel in Kauf nehmen, wenn dadurch die Inanspruchnahme des Nichtstörers vermieden werden kann.

19.22 In sachlicher Hinsicht bedeutet die Einschränkung des zulässigen Mittels, daß die getroffene Maßnahme nur soweit gehen darf, als es zur Beseitigung der gerade vorliegenden akuten Gefahr notwendig ist. In zeitlicher Hinsicht hat die Beschränkung zur Folge, daß die Maßnahme nur für einen solchen Zeitraum getroffen werden darf, den die Ordnungsbehörde benötigt, um mit eigenen Kräften Abhilfe zu schaffen.

§ 20 Form der Ordnungsverfügungen

(1) Anordnungen der Ordnungsbehörde, durch die von bestimmten Personen oder einem bestimmten Personenkreis ein Handeln, Dulden oder Unterlassen verlangt oder die Versagung, Einschränkung oder Zurücknahme einer rechtlich vorgesehenen ordnungsbehördlichen Erlaubnis oder Bescheinigung ausgesprochen wird, werden durch schriftliche Ordnungsverfügungen erlassen. Der Schriftform bedarf es nicht bei Gefahr im Verzug; die getroffene Anordnung ist auf Verlangen schriftlich zu bestätigen, wenn hieran ein berechtigtes Interesse besteht.

(2) Ordnungsverfügungen dürfen nicht lediglich den Zweck haben, die den Ordnungsbehörden obliegende Aufsicht zu erleichtern. Schriftliche Ordnungsverfügungen müssen eine Rechtsmittelbelehrung enthalten.

VV zu § 20 OBG

20 Form der Ordnungsverfügungen (§ 20)

20.1 Zu Absatz 1

20.11 Die in § 20 Abs. 1 Satz 1 genannten Verfügungen sollen zur Vermeidung von Zweifeln hinsichtlich Form, Inhalt und anwendbarer Rechtsmittel ausdrücklich als „Ordnungsverfügungen" bezeichnet werden.

20.12 Auch wenn Gefahr im Verzuge ist, d. h. bei Erlaß einer schriftlichen Ordnungsverfügung das Eingreifen der Ordnungsbehörde zu spät kommen würde, soll stets geprüft werden, ob nicht der Erlaß einer bestätigenden schriftlichen Ordnungsverfügung vor allem in Hinblick auf eine sichere Grundlage für den Lauf der Rechtsmittelfrist (§ 20 Abs. 2) zweckmäßig ist. Dies wird in der Regel dann der Fall sein, wenn die Angelegenheit aufgrund der mündlichen Verfügung nicht zweifelsfrei als erledigt angesehen werden kann. Ein berechtigtes Interesse an der schriftlichen Bestätigung wird dann fehlen, wenn Rechtsmittel offensichtlich nicht in Betracht kommen und (oder) das Verlangen des Betroffenen unzweifelhaft einen Rechtsmißbrauch darstellt.

§ 21 Wahl der Mittel

Kommen zur Abwehr einer Gefahr mehrere Mittel in Betracht, so genügt es, wenn eines davon bestimmt wird. Dem Betroffenen ist auf Antrag zu gestatten, ein anderes ebenso wirksames Mittel anzuwenden, sofern die Allgemeinheit dadurch nicht stärker beeinträchtigt wird. Der

Antrag kann nur bis zum Ablauf einer dem Betroffenen für die Ausführung der Verfügung gesetzten Frist, andernfalls bis zum Ablauf der Klagefrist, gestellt werden.

§ 22 Fortfall der Voraussetzungen

Fallen die Voraussetzungen einer Ordnungsverfügung, die fortdauernde Wirkung ausübt, fort, so kann der Betroffene verlangen, daß die Verfügung aufgehoben wird. Die Ablehnung der Aufhebung gilt als Ordnungsverfügung.

2.3 Verwaltungsverfahrensgesetz (NW)

(12/1976 mit Änderung bis 1990)

§ 4 Amtshilfe

(1) Jede Behörde leistet anderen Behörden auf Ersuchen ergänzende Hilfe (Amtshilfe).

(2) Amtshilfe liegt nicht vor, wenn

1. Behörden einander innerhalb eines bestehenden Weisungsverhältnisses Hilfe leisten;
2. die Hilfeleistung in Handlungen besteht, die der ersuchten Behörde als eigene Aufgabe obliegen.

§ 5 Voraussetzungen und Grenzen der Amtshilfe

(1) Eine Behörde kann um Amtshilfe insbesondere dann ersuchen, wenn sie

1. aus rechtlichen Gründen die Amtshandlung nicht selbst vornehmen kann;
2. aus tatsächlichen Gründen, besonders weil die zur Vornahme der Amtshandlung erforderlichen Dienstkräfte oder Einrichtungen fehlen, die Amtshandlung nicht selbst vornehmen kann;
3. zur Durchführung ihrer Aufgaben auf die Kenntnis von Tatsachen angewiesen ist, die ihr unbekannt sind und die sie selbst nicht ermitteln kann;
4. zur Durchführung ihrer Aufgaben Urkunden oder sonstige Beweismittel benötigt, die sich im Besitz der ersuchten Behörde befinden;
5. die Amtshandlung nur mit wesentlich größerem Aufwand vornehmen könnte als die ersuchte Behörde.

(2) Die ersuchte Behörde darf Hilfe nicht leisten, wenn

1. sie hierzu aus rechtlichen Gründen nicht in der Lage ist;
2. durch die Hilfeleistung dem Wohl des Bundes oder eines Landes erhebliche Nachteile bereitet würden.

Die ersuchte Behörde ist insbesondere zur Vorlage von Urkunden oder Akten sowie zur Erteilung von Auskünften nicht verpflichtet, wenn die Vorgänge nach einem Gesetz oder ihrem Wesen nach geheimgehalten werden müssen.

(3) Die ersuchte Behörde braucht Hilfe nicht zu leisten, wenn

1. eine andere Behörde die Hilfe wesentlich einfacher oder mit wesentlich geringerem Aufwand leisten kann;
2. sie die Hilfe nur mit unverhältnismäßig großem Aufwand leisten könnte;
3. sie unter Berücksichtigung der Aufgaben der ersuchenden Behörde durch die Hilfeleistung die Erfüllung ihrer eigenen Aufgaben ernstlich gefährden würde.

(4) Die ersuchte Behörde darf die Hilfe nicht deshalb verweigern, weil sie das Ersuchen aus anderen als den in Absatz 3 genannten Gründen oder weil sie die mit der Amtshilfe zu verwirklichende Maßnahme für unzweckmäßig hält.

(5) Hält die ersuchte Behörde sich zur Hilfe nicht für verpflichtet, so teilt sie der ersuchenden Behörde ihre Auffassung mit. Besteht diese auf der Amtshilfe, so entscheidet über die Verpflichtung zur Amtshilfe die gemeinsame fachlich zuständige Aufsichtsbehörde oder, sofern eine solche nicht besteht, die für die ersuchte Behörde fachlich zuständige Aufsichtsbehörde.

§ 21 Besorgnis der Befangenheit

(1) Liegt ein Grund vor, der geeignet ist, Mißtrauen gegen eine unparteiische Amtsausübung zu rechtfertigen, oder wird von einem Beteiligten das Vorliegen eines solchen Grundes behauptet, so hat, wer in einem Verwaltungsverfahren für eine Behörde tätig werden soll, den Leiter der Behörde oder den von diesem Beauftragten zu unterrichten und sich auf dessen Anordnung der Mitwirkung zu enthalten. Betrifft die Besorgnis der Befangenheit den Leiter der Behörde, so trifft diese Anordnung die Aufsichtsbehörde, sofern sich der Behördenleiter nicht selbst einer Mitwirkung enthält.

(2) Für Mitglieder eines Ausschusses (§ 88) gilt § 20 Abs. 4 entsprechend.

§ 22 Beginn des Verfahrens

Die Behörde entscheidet nach pflichtgemäßem Ermessen, ob und wann sie ein Verwaltungsverfahren durchführt. Dies gilt nicht, wenn die Behörde auf Grund von Rechtsvorschriften

1. von Amts wegen oder auf Antrag tätig werden muß;
2. nur auf Antrag tätig werden darf und ein Antrag nicht vorliegt.

§ 23 Amtssprache

(1) Die Amtssprache ist Deutsch.

(2) Werden bei einer Behörde in einer fremden Sprache Anträge gestellt oder Eingaben, Belege, Urkunden oder sonstige Schriftstücke vorgelegt, soll die Behörde unverzüglich die Vorlage einer Übersetzung verlangen. In begründeten Fällen kann die Vorlage einer beglaubigten oder von einem öffentlich bestellten oder beeidigten Dolmetscher oder Übersetzer angefertigten Übersetzung verlangt werden. Wird die verlangte Übersetzung nicht unverzüglich vorgelegt, so kann die Behörde auf Kosten des Beteiligten selbst eine Übersetzung beschaffen. Hat die Behörde Dolmetscher oder Übersetzer herangezogen, werden diese in entsprechender Anwendung des Gesetzes über die Entschädigung von Zeugen und Sachverständigen entschädigt.

(3) Soll durch eine Anzeige, einen Antrag oder die Abgabe einer Willenserklärung eine Frist in Lauf gesetzt werden, innerhalb deren die Behörde in einer bestimmten Weise tätig werden muß, und gehen diese in einer fremden Sprache ein, so beginnt der Lauf der Frist erst mit dem Zeitpunkt, in dem der Behörde eine Übersetzung vorliegt.

(4) Soll durch eine Anzeige, einen Antrag oder eine Willenserklärung, die in fremder Sprache eingehen, zugunsten eines Beteiligten eine Frist gegenüber der Behörde gewahrt, ein öffentlich-rechtlicher Anspruch geltend gemacht oder eine Leistung begehrt werden, so gelten die Anzeige, der Antrag oder die Willenserklärung als zum Zeitpunkt des Eingangs bei der Behörde abgegeben, wenn auf Verlangen der Behörde innerhalb einer von dieser zu setzenden angemessenen Frist eine Übersetzung vorgelegt wird. Andernfalls ist der Zeitpunkt des

Eingangs der Übersetzung maßgebend, soweit sich nicht aus zwischenstaatlichen Vereinbarungen etwas anderes ergibt. Auf diese Rechtsfolge ist bei der Fristsetzung hinzuweisen.

§ 24 Untersuchungsgrundsatz

(1) Die Behörde ermittelt den Sachverhalt von Amts wegen. Sie bestimmt Art und Umfang der Ermittlungen; an das Vorbringen und an die Beweisanträge der Beteiligten ist sie nicht gebunden.

(2) Die Behörde hat alle für den Einzelfall bedeutsamen, auch die für die Beteiligten günstigen Umstände zu berücksichtigen.

(3) Die Behörde darf die Entgegennahme von Erklärungen oder Anträgen, die in ihren Zuständigkeitsbereich fallen, nicht deshalb verweigern, weil sie die Erklärung oder den Antrag in der Sache für unzulässig oder unbegründet hält.

§ 25 Beratung, Auskunft

Die Behörde soll die Abgabe von Erklärungen, die Stellung von Anträgen oder die Berichtigung von Erklärungen oder Anträgen anregen, wenn diese offensichtlich nur versehentlich oder aus Unkenntnis unterblieben oder unrichtig abgegeben oder gestellt worden sind. Sie erteilt, soweit erforderlich, Auskunft über die den Beteiligten im Verwaltungsverfahren zustehenden Rechte und die ihnen obliegenden Pflichten.

§ 26 Beweismittel

(1) Die Behörde bedient sich der Beweismittel, die sie nach pflichtgemäßem Ermessen zur Ermittlung des Sachverhalts für erforderlich hält. Sie kann insbesondere

1. Auskünfte jeder Art einholen,
2. Beteiligte anhören, Zeugen und Sachverständige vernehmen oder die schriftliche Äußerung von Beteiligten, Sachverständigen und Zeugen einholen,
3. Urkunden und Akten beiziehen,
4. den Augenschein einnehmen.

(2) Die Beteiligten sollen bei der Ermittlung des Sachverhalts mitwirken. Sie sollen insbesondere ihnen bekannte Tatsachen und Beweismittel angeben. Eine weitergehende Pflicht, bei der Ermittlung des Sachverhalts mitzuwirken, insbesondere eine Pflicht zum persönlichen Erscheinen oder zur Aussage besteht nur, soweit sie durch Rechtsvorschrift besonders vorgesehen ist. Der Auskunftspflichtige kann die Auskunft auf solche Fragen, zu deren Beantwortung er durch Rechtsvorschrift verpflichtet ist, verweigern, wenn deren Beantwortung ihn selbst oder einen der in § 383 Abs. 1 Nrn. 1 bis 3 der Zivilprozeßordnung bezeichneten Angehörigen der Gefahr strafgerichtlicher Verfolgung oder eines Verfahrens nach dem Gesetz über Ordnungswidrigkeiten aussetzen würde.

(3) Für Zeugen und Sachverständige besteht eine Pflicht zur Aussage oder zur Erstattung von Gutachten, wenn sie durch Rechtsvorschrift vorgesehen ist. Falls die Behörde Zeugen und Sachverständige herangezogen hat, werden sie auf Antrag in entsprechender Anwendung des Gesetzes über die Entschädigung von Zeugen und Sachverständigen entschädigt.

§ 28 Anhörung Beteiligter

(1) Bevor ein Verwaltungsakt erlassen wird, der in Rechte eines Beteiligten eingreift, ist diesem Gelegenheit zu geben, sich zu den für die Entscheidung erheblichen Tatsachen zu äußern.

(2) Von der Anhörung kann abgesehen werden, wenn sie nach den Umständen des Einzelfalles nicht geboten ist, insbesondere wenn

1. eine sofortige Entscheidung wegen Gefahr im Verzug oder im öffentlichen Interesse notwendig erscheint;
2. durch die Anhörung die Einhaltung einer für die Entscheidung maßgeblichen Frist in Frage gestellt würde;
3. von den tatsächlichen Angaben eines Beteiligten, die dieser in einem Antrag oder einer Erklärung gemacht hat, nicht zu seinen Ungunsten abgewichen werden soll;
4. die Behörde eine Allgemeinverfügung oder gleichartige Verwaltungsakte in größerer Zahl oder Verwaltungsakte mit Hilfe automatischer Einrichtungen erlassen will;
5. Maßnahmen in der Verwaltungsvollstreckung getroffen werden sollen.

(3) Eine Anhörung unterbleibt, wenn ihr ein zwingendes öffentliches Interesse entgegensteht.

§ 29 Akteneinsicht durch Beteiligte

(1) Die Behörde hat den Beteiligten Einsicht in die das Verfahren betreffenden Akten zu gestatten, soweit deren Kenntnis zur Geltendmachung oder Verteidigung ihrer rechtlichen Interessen erforderlich ist. Satz 1 gilt bis zum Abschluß des Verwaltungsverfahrens nicht für Entwürfe zu Entscheidungen sowie die Arbeiten zu ihrer unmittelbaren Vorbereitung. Soweit nach den §§ 17 und 18 eine Vertretung stattfindet, haben nur die Vertreter Anspruch auf Akteneinsicht.

(2) Die Behörde ist zur Gestattung der Akteneinsicht nicht verpflichtet, soweit durch sie die ordnungsgemäße Erfüllung der Aufgaben der Behörde beeinträchtigt, das Bekanntwerden des Inhalts der Akten dem Wohle des Bundes oder eines Landes Nachteile bereiten würde oder soweit die Vorgänge nach einem Gesetz oder ihrem Wesen nach, namentlich wegen der berechtigten Interessen der Beteiligten oder dritter Personen, geheimgehalten werden müssen.

(3) Die Akteneinsicht erfolgt bei der Behörde, die die Akten führt. Im Einzelfall kann die Einsicht auch bei einer anderen Behörde oder bei einer diplomatischen oder berufskonsularischen Vertretung der Bundesrepublik Deutschland im Ausland erfolgen; weitere Ausnahmen kann die Behörde, die die Akten führt, gestatten.

§ 35 Begriff des Verwaltungsaktes

Verwaltungsakt ist jede Verfügung, Entscheidung oder andere hoheitliche Maßnahme, die eine Behörde zur Regelung eines Einzelfalles auf dem Gebiet des öffentlichen Rechts trifft und die auf unmittelbare Rechtswirkung nach außen gerichtet ist. Allgemeinverfügung ist ein Verwaltungsakt, der sich an einen nach allgemeinen Merkmalen bestimmten oder bestimmbaren Personenkreis richtet oder die öffentlich-rechtliche Eigenschaft einer Sache oder ihre Benutzung durch die Allgemeinheit betrifft.

§ 36 Nebenbestimmungen zum Verwaltungsakt

(1) Ein Verwaltungsakt, auf den ein Anspruch besteht, darf mit einer Nebenbestimmung nur versehen werden, wenn sie durch Rechtsvorschrift zugelassen ist oder wenn sie sicherstellen soll, daß die gesetzlichen Voraussetzungen des Verwaltungsaktes erfüllt werden.

(2) Unbeschadet des Absatzes 1 darf ein Verwaltungsakt nach pflichtgemäßem Ermessen erlassen werden mit

1. einer Bestimmung, nach der eine Vergünstigung oder Belastung zu einem bestimmten Zeitpunkt beginnt, endet oder für einen bestimmten Zeitraum gilt (Befristung);
2. einer Bestimmung, nach der der Eintritt oder der Wegfall einer Vergünstigung oder einer Belastung von dem ungewissen Eintritt eines zukünftigen Ereignisses abhängt (Bedingung);
3. einem Vorbehalt des Widerrufs

   oder verbunden werden mit

4. einer Bestimmung, durch die dem Begünstigten ein Tun, Dulden oder Unterlassen vorgeschrieben wird (Auflage);
5. einem Vorbehalt der nachträglichen Aufnahme, Änderung oder Ergänzung einer Auflage.

(3) Eine Nebenbestimmung darf dem Zweck des Verwaltungsaktes nicht zuwiderlaufen.

§ 37 Bestimmtheit und Form des Verwaltungsaktes

(1) Ein Verwaltungsakt muß inhaltlich hinreichend bestimmt sein.

(2) Ein Verwaltungsakt kann schriftlich, mündlich oder in anderer Weise erlassen werden. Ein mündlicher Verwaltungsakt ist schriftlich zu bestätigen, wenn hieran ein berechtigtes Interesse besteht und der Betroffene dies unverzüglich verlangt.

(3) Ein schriftlicher Verwaltungsakt muß die erlassende Behörde erkennen lassen und die Unterschrift oder die Namenswiedergabe des Behördenleiters, seines Vertreters oder seines Beauftragten enthalten.

(4) Bei einem schriftlichen Verwaltungsakt, der mit Hilfe automatischer Einrichtungen erlassen wird, können abweichend von Absatz 3 Unterschrift und Namenswiedergabe fehlen. Zur Inhaltsangabe können Schlüsselzeichen verwendet werden, wenn derjenige, für den der Verwaltungsakt bestimmt ist oder der von ihm betroffen wird, auf Grund der dazu gegebenen Erläuterungen den Inhalt des Verwaltungsaktes eindeutig erkennen kann.

§ 39 Begründung des Verwaltungsaktes

(1) Ein schriftlicher oder schriftlich bestätigter Verwaltungsakt ist schriftlich zu begründen. In der Begründung sind die wesentlichen tatsächlichen und rechtlichen Gründe mitzuteilen, die die Behörde zu ihrer Entscheidung bewogen haben. Die Begründung von Ermessensentscheidungen soll auch die Gesichtspunkte erkennen lassen, von denen die Behörde bei der Ausübung ihres Ermessens ausgegangen ist.

(2) Einer Begründung bedarf es nicht,

1. soweit die Behörde einem Antrag entspricht oder einer Erklärung folgt und der Verwaltungsakt nicht in Rechte eines anderen eingreift;
2. soweit demjenigen, für den der Verwaltungsakt bestimmt ist oder der von ihm betroffen wird, die Auffassung der Behörde über die Sach- und Rechtslage bereits bekannt oder auch ohne schriftliche Begründung für ihn ohne weiteres erkennbar ist;

3. wenn die Behörde gleichartige Verwaltungsakte in größerer Zahl oder Verwaltungsakte mit Hilfe automatischer Einrichtungen erläßt und die Begründung nach den Umständen des Einzelfalls nicht geboten ist;
4. wenn sich dies aus einer Rechtsvorschrift ergibt;
5. wenn eine Allgemeinverfügung öffentlich bekanntgegeben wird.

§ 40 Ermessen

Ist die Behörde ermächtigt, nach ihrem Ermessen zu handeln, hat sie ihr Ermessen entsprechend dem Zweck der Ermächtigung auszuüben und die gesetzlichen Grenzen des Ermessens einzuhalten.

§ 44 Nichtigkeit des Verwaltungsaktes

(1) Ein Verwaltungsakt ist nichtig, soweit er an einem besonders schwerwiegenden Fehler leidet und dies bei verständiger Würdigung aller in Betracht kommenden Umstände offenkundig ist.

(2) Ohne Rücksicht auf das Vorliegen der Voraussetzungen des Absatzes 1 ist ein Verwaltungsakt nichtig,

1. der schriftlich erlassen worden ist, die erlassende Behörde aber nicht erkennen läßt;
2. der nach einer Rechtsvorschrift nur durch die Aushändigung einer Urkunde erlassen werden kann, aber dieser Form nicht genügt;
3. den eine Behörde außerhalb ihrer durch § 3 Abs. 1 Nr. 1 begründeten Zuständigkeiten erlassen hat, ohne dazu ermächtigt zu sein;
4. den aus tatsächlichen Gründen niemand ausführen kann;
5. der die Begehung einer rechtswidrigen Tat verlangt, die einen Straf- oder Bußgeldtatbestand verwirklicht;
6. der gegen die guten Sitten verstößt.

(3) Ein Verwaltungsakt ist nicht schon deshalb nichtig, weil

1. Vorschriften über die örtliche Zuständigkeit nicht eingehalten worden sind, außer wenn ein Fall des Absatzes 2 Nr. 3 vorliegt;
2. eine nach § 20 Abs. 1 Satz 1 Nr. 2 bis 6 ausgeschlossene Person mitgewirkt hat;
3. ein durch Rechtsvorschrift zur Mitwirkung berufener Ausschuß den für den Erlaß des Verwaltungsaktes vorgeschriebenen Beschluß nicht gefaßt hat oder nicht beschlußfähig war;
4. die nach einer Rechtsvorschrift erforderliche Mitwirkung einer anderen Behörde unterblieben ist.

(4) Betrifft die Nichtigkeit nur einen Teil des Verwaltungsaktes, so ist er im ganzen nichtig, wenn der nichtige Teil so wesentlich ist, daß die Behörde den Verwaltungsakt ohne den nichtigen Teil nicht erlassen hätte.

(5) Die Behörde kann die Nichtigkeit jederzeit von Amts wegen feststellen; auf Antrag ist sie festzustellen, wenn der Antragsteller hieran ein berechtigtes Interesse hat.

2.4 Polizeigesetz

des Landes Nordrhein-Westfalen (2/1990) mit zugehörigen Verwaltungsvorschriften (VV) vom 19. 4. 1991.

§ 1 Aufgaben der Polizei

(1) Die Polizei hat die Aufgabe, Gefahren für die öffentliche Sicherheit abzuwehren (Gefahrenabwehr). Sie hat im Rahmen dieser Aufgabe Straftaten zu verhüten sowie für die Verfolgung künftiger Straftaten vorzusorgen (vorbeugende Bekämpfung von Straftaten) und die erforderlichen Vorbereitungen für die Hilfeleistung und das Handeln in Gefahrenfällen zu treffen. Sind außer in den Fällen des Satzes 2 neben der Polizei andere Behörden für die Gefahrenabwehr zuständig, hat die Polizei in eigener Zuständigkeit tätig zu werden, soweit ein Handeln der anderen Behörden nicht oder nicht rechtzeitig möglich erscheint. Die Polizei hat die zuständigen Behörden, insbesondere die Ordnungsbehörden, unverzüglich von allen Vorgängen zu unterrichten, die deren Eingreifen erfordern.

(2) Der Schutz privater Rechte obliegt der Polizei nach diesem Gesetz nur dann, wenn gerichtlicher Schutz nicht rechtzeitig zu erlangen ist und wenn ohne polizeiliche Hilfe die Verwirklichung des Rechts vereitelt oder wesentlich erschwert werden würde.

(3) Die Polizei leistet anderen Behörden Vollzugshilfe (§§ 47 bis 49).

(4) Die Polizei hat ferner die Aufgaben zu erfüllen, die ihr durch andere Rechtsvorschriften übertragen sind.

(5) Maßnahmen, die in Rechte einer Person eingreifen, darf die Polizei nur treffen, wenn dies auf Grund dieses Gesetzes oder anderer Rechtsvorschriften zulässig ist. Soweit die Polizei gemäß Absatz 1 Satz 2 für die Verfolgung künftiger Straftaten vorsorgt oder die erforderlichen Vorbereitungen für die Hilfeleistung und das Handeln in Gefahrenfällen trifft, sind Maßnahmen nur nach dem Zweiten Unterabschnitt „Datenverarbeitung“ des Zweiten Abschnittes dieses Gesetzes zulässig.

VV zu § 1

1.11 Nach diesem Gesetz ist die Abwehr von Gefahren für die öffentliche Ordnung keine polizeiliche Aufgabe. Wird in Bundesgesetzen, z. B. in § 12 a des Versammlungsgesetzes (VersG), die öffentliche Ordnung aufgeführt, bleibt für dieses Spezialgebiet deren Schutz polizeiliche Aufgabe.

1.12 § 1 Abs. 1 stellt auf die abstrakte Gefahr ab und umfaßt damit auch alle Fälle, in denen bereits eine konkrete Gefahr vorliegt.

§ 2 Grundsatz der Verhältnismäßigkeit

(1) Von mehreren möglichen und geeigneten Maßnahmen hat die Polizei diejenige zu treffen, die den einzelnen und die Allgemeinheit voraussichtlich am wenigsten beeinträchtigt.

(2) Eine Maßnahme darf nicht zu einem Nachteil führen, der zu dem erstrebten Erfolg erkennbar außer Verhältnis steht.

(3) Eine Maßnahme ist nur so lange zulässig, bis ihr Zweck erreicht ist oder sich zeigt, daß er nicht erreicht werden kann.

VV zu § 2

2.0 Der Grundsatz der Verhältnismäßigkeit hat Verfassungsrang. Er ist bei jeder Maßnahme zu beachten. Bei der Anwendung unmittelbaren Zwanges ist hinsichtlich der Verhältnismäßigkeit § 55 Abs. 1 zusätzlich zu berücksichtigen.

§ 3 Ermessen, Wahl der Mittel

(1) Die Polizei trifft ihre Maßnahmen nach pflichtgemäßem Ermessen.

(2) Kommen zur Abwehr einer Gefahr mehrere Mittel in Betracht, so genügt es, wenn eines davon bestimmt wird. Dem Betroffenen ist auf Antrag zu gestatten, ein anderes ebenso wirksames Mittel anzuwenden, sofern die Allgemeinheit dadurch nicht stärker beeinträchtigt wird.

§ 4 Verantwortlichkeit für das Verhalten von Personen

(1) Verursacht eine Person eine Gefahr, so sind die Maßnahmen gegen diese Person zu richten.

(2) Ist die Person noch nicht 14 Jahre alt, entmündigt oder unter vorläufige Vormundschaft gestellt, können Maßnahmen auch gegen die Person gerichtet werden, die zur Aufsicht über sie verpflichtet ist.

(3) Verursacht eine Person, die zu einer Verrichtung bestellt ist, die Gefahr in Ausführung der Verrichtung, so können Maßnahmen auch gegen die Person gerichtet werden, die die andere zu der Verrichtung bestellt hat.

(4) Die Absätze 1 bis 3 sind nicht anzuwenden, soweit andere Vorschriften dieses Gesetzes oder andere Rechtsvorschriften bestimmen, gegen wen eine Maßnahme zu richten ist.

VV zu § 4

4.0 Wird eine Gefahr durch die hoheitliche Tätigkeit einer Behörde verursacht, hat die Polizei die Behörde oder deren Aufsichtsbehörde zu unterrichten. Führt dies nicht zum Ziel, kann die Polizei ihre Aufsichtsbehörde unterrichten mit der Bitte, auf eine einvernehmliche Lösung hinzuwirken. Eingriffsmaßnahmen gegen Behörden sind unzulässig; allerdings kann bei Gefahr im Verzug, wenn insbesondere die Behörden oder deren Amtsleiter nicht unmittelbar erreichbar sind, die Polizei zur Abwehr einer gegenwärtigen erheblichen Gefahr vorläufige Maßnahmen treffen.

§ 5 Verantwortlichkeit für den Zustand von Sachen

(1) Geht von einer Sache eine Gefahr aus, so sind die Maßnahmen gegen den Inhaber der tatsächlichen Gewalt zu richten.

(2) Maßnahmen können auch gegen den Eigentümer oder einen anderen Berechtigten gerichtet werden. Das gilt nicht, wenn der Inhaber der tatsächlichen Gewalt diese ohne den Willen des Eigentümers oder Berechtigten ausübt.

(3) Geht die Gefahr von einer herrenlosen Sache aus, so können die Maßnahmen gegen denjenigen gerichtet werden, der das Eigentum an der Sache aufgegeben hat.

(4) § 4 Abs. 4 gilt entsprechend.

VV zu § 5

5.0 Wird im hoheitlichen Tätigkeitsbereich einer Behörde eine Gefahr durch eine Sache verursacht, hat die Polizei die Behörde oder deren Aufsichtsbehörde zu unterrichten. RdNr. 4.0 Sätze 2 und 3 gelten entsprechend.

§ 6 Inanspruchnahme nicht verantwortlicher Personen

(1) Die Polizei kann Maßnahmen gegen andere Personen als die nach den §§ 4 oder 5 Verantwortlichen richten, wenn

1. eine gegenwärtige erhebliche Gefahr abzuwehren ist,
2. Maßnahmen gegen die nach den §§ 4 oder 5 Verantwortlichen nicht oder nicht rechtzeitig möglich sind oder keinen Erfolg versprechen,
3. die Polizei die Gefahr nicht oder nicht rechtzeitig selbst oder durch Beauftragte abwehren kann und
4. die Personen ohne erhebliche eigene Gefährdung und ohne Verletzung höherwertiger Pflichten in Anspruch genommen werden können.

(2) Die Maßnahmen nach Absatz 1 dürfen nur aufrechterhalten werden, solange die Abwehr der Gefahr nicht auf andere Weise möglich ist.

(3) § 4 Abs. 4 gilt entsprechend.

VV zu § 6

Eine Maßnahme gegen eine nicht verantwortliche Person darf nur für den Zeitraum getroffen werden, bis die Polizei mit eigenen oder anderen Kräften und Mitteln die Gefahr beseitigen kann. Hat die Anordnung Dauerwirkung, muß die Polizei das Geschehen fortlaufend überwachen, damit die Inanspruchnahme des Nichtstörers zum frühestmöglichen Zeitpunkt beendet werden kann.

§ 47 Vollzugshilfe

(1) Die Polizei leistet anderen Behörden auf Ersuchen Vollzugshilfe, wenn unmittelbarer Zwang anzuwenden ist und die anderen Behörden nicht über die hierzu erforderlichen Dienstkräfte verfügen oder ihre Maßnahmen nicht auf andere Weise selbst durchsetzen können.

(2) Die Polizei ist nur für die Art und Weise der Durchführung verantwortlich. Im übrigen gelten die Grundsätze der Amtshilfe entsprechend.

(3) Die Verpflichtung zur Amtshilfe bleibt unberührt.

VV zu § 47

47.1 Zu Absatz 1

47.11 Behörden i. S. d. Absatzes 1 sind insbesondere

a) alle Stellen, die Aufgaben der öffentlichen Verwaltung wahrnehmen,
b) Gerichte,
c) Parlamentspräsidenten.

47.12 Vollzugshilfe liegt nicht vor, wenn

a) die Polizei innerhalb eines bestehenden Weisungsverhältnisses Hilfe leistet,
b) die Hilfeleistung in einer Handlung besteht, die der Polizei als eigene Aufgabe obliegt,

c) die Hilfeleistung in einer Handlung besteht, durch die nicht in die Rechte von Personen eingegriffen wird.

47.2 Zu Absatz 2

47.21 Die Zulässigkeit der Maßnahme, die durch die Vollzugshilfe verwirklicht werden soll, richtet sich nach dem für die ersuchende Behörde geltenden Recht. Diese Behörde trägt daher die Verantwortung für die Rechtmäßigkeit der durchzusetzenden Maßnahme. Deshalb ist die Polizei grundsätzlich nicht verpflichtet, die Rechtmäßigkeit dieser Maßnahme zu prüfen (vgl. aber die RdNrn. 49.2 und 49.3).

47.22 Hält die Polizei ein an sie gerichtetes Ersuchen für nicht zulässig, teilt sie das der ersuchenden Behörde mit. Besteht diese auf der Vollzugshilfe, entscheidet über die Verpflichtung zur Vollzugshilfe die gemeinsame Aufsichtsbehörde oder, sofern eine solche nicht besteht, die für die Polizei zuständige Aufsichtsbehörde. Dulden die Gesamtumstände nach Auffassung der ersuchenden Behörde keinen Aufschub bis zur Entscheidung der Aufsichtsbehörde, hat die Polizei dem Ersuchen zu entsprechen und unverzüglich ihrer Aufsichtsbehörde zu berichten.

47.23 Die Polizei darf die Vollzugshilfe nicht deshalb verweigern, weil sie die beabsichtigte Maßnahme für unzweckmäßig hält.

47.24 Die Durchführung der Vollzugshilfe richtet sich nach dem für die Polizei geltenden Recht. Die Polizei trägt die Verantwortung für die Art und Weise der Anwendung des unmittelbaren Zwanges. Im übrigen sind Beanstandungen an die ersuchende Behörde weiterzuleiten; hiervon ist der Betroffene zu unterrichten.

47.25 Wird die Polizei aufgrund eines Vollzugshilfeersuchens tätig, soll sie das nach außen zu erkennen geben, sofern es nicht offensichtlich ist.

47.3 Zu Absatz 3

Die Verpflichtung zur Amtshilfe ergibt sich aus Artikel 35 Abs. 1 GG und den §§ 4 ff. VwVfG NW. Wegen der Gewährung des erforderlichen persönlichen Schutzes anderer Vollzugsdienstkräfte und des Schutzes ihrer Vollstreckungsmaßnahmen vgl. § 65 Abs. 2 des Verwaltungsvollstreckungsgesetzes für das Land Nordrhein-Westfalen (VwVG NW). Vergleichbare Regelungen enthalten z. B. die §§ 758 Abs. 3 und 759 ZPO.

§ 48 Verfahren

(1) Vollzugshilfeersuchen sind schriftlich zu stellen; sie haben den Grund und die Rechtsgrundlage der Maßnahmen anzugeben.

(2) In Eilfällen kann das Ersuchen formlos gestellt werden. Es ist jedoch auf Verlangen unverzüglich schriftlich zu bestätigen.

(3) Die ersuchende Behörde ist von der Ausführung des Ersuchens zu verständigen.

§ 51 Zwangsmittel

(1) Zwangsmittel sind

1. Ersatzvornahme (§ 52),
2. Zwangsgeld (§ 53),
3. unmittelbarer Zwang (§ 55).

(2) Sie sind nach Maßgabe der §§ 56 und 61 anzudrohen.

(3) Die Zwangsmittel können auch neben einer Strafe oder Geldbuße angewandt und so lange

wiederholt und gewechselt werden, bis der Verwaltungsakt befolgt worden ist oder sich auf andere Weise erledigt hat.

VV zu § 51

51.1 Zu Absatz 1

Die zulässigen Zwangsmittel sind in Abs. 1 abschließend aufgezählt. Mit anderen Zwangsmaßnahmen dürfen Verwaltungsakte nicht durchgesetzt werden.

§ 52 Ersatzvornahme

(1) Wird die Verpflichtung, eine Handlung vorzunehmen, deren Vornahme durch einen anderen möglich ist (vertretbare Handlung), nicht erfüllt, so kann die Polizei auf Kosten des Betroffenen die Handlung selbst ausführen oder einen anderen mit der Ausführung beauftragen. § 77 des Verwaltungsvollstreckungsgesetzes findet Anwendung.

(2) Es kann bestimmt werden, daß der Betroffene die voraussichtlichen Kosten der Ersatzvornahme im voraus zu zahlen hat. Zahlt der Betroffene die Kosten der Ersatzvornahme oder die voraussichtlich entstehenden Kosten der Ersatzvornahme nicht fristgerecht, so können sie im Verwaltungsverfahren beigetrieben werden. Die Beitreibung der voraussichtlichen Kosten unterbleibt, sobald der Betroffene die gebotene Handlung ausführt.

VV zu § 52

52.1 Zu Absatz 1

Eine Ersatzvornahme liegt auch vor, wenn die Polizei die vertretbare Handlung selbst ausführt. Vertretbar ist eine Handlung, wenn sie nicht nur vom Betroffenen persönlich (z. B. Abgabe einer Erklärung), sondern ohne Änderung ihres Inhalts auch von einem anderen vorgenommen werden kann. Die Vorschrift ermächtigt die Polizei nicht, einen anderen hoheitlich zur Ausführung der Ersatzvornahme zu verpflichten; eine solche Befugnis kann sich im Ausnahmefall aus § 8 in Verbindung mit § 6 ergeben.

§ 53 Zwangsgeld

(1) Das Zwangsgeld wird auf mindestens zehn und höchstens fünftausend Deutsche Mark schriftlich festgesetzt.

(2) Mit der Festsetzung des Zwangsgeldes ist dem Betroffenen eine angemessene Frist zur Zahlung einzuräumen.

(3) Zahlt der Betroffene das Zwangsgeld nicht fristgerecht, so wird es im Verwaltungszwangsverfahren beigetrieben. Die Beitreibung unterbleibt, sobald der Betroffene die gebotene Handlung ausführt oder die zu duldende Maßnahme gestattet.

VV zu § 53

53.0 Die Festsetzung eines Zwangsgeldes durch die Polizei kommt nur in seltenen Fällen in Betracht, da mit diesem Zwangsmittel die Gefahr von der Polizei in aller Regel nicht rechtzeitig abgewehrt werden kann.

53.1 Zu Absatz 1

Das Zwangsgeld muß in bestimmter Höhe festgesetzt werden (also nicht z. B. „bis zu 300 DM"). Dabei sind Dauer und Umfang des pflichtwidrigen Verhaltens (erster Verstoß oder Wiederholungsfall), die finanzielle Leistungsfähigkeit des Betroffenen und die Bedeutung der Angelegenheit zu berücksichtigen.

§ 54 Ersatzzwangshaft

(1) Ist das Zwangsgeld uneinbringlich, so kann das Verwaltungsgericht auf Antrag der Polizei die Ersatzzwangshaft anordnen, wenn bei Androhung des Zwangsgeldes hierauf hingewiesen worden ist. Die Ersatzzwangshaft beträgt mindestens einen Tag, höchstens zwei Wochen.

(2) Die Ersatzzwangshaft ist auf Antrag der Polizei von der Justizverwaltung nach den Bestimmungen der §§ 904 bis 910 der Zivilprozeßordnung zu vollstrecken.

VV zu § 54

54.1 Zu Absatz 1

Das Zwangsgeld ist dann uneinbringlich, wenn die Beitreibung ohne Erfolg versucht worden ist oder wenn offensichtlich ist, daß sie keinen Erfolg haben wird.

§ 55 Unmittelbarer Zwang

(1) Die Polizei kann unmittelbaren Zwang anwenden, wenn andere Zwangsmittel nicht in Betracht kommen oder keinen Erfolg versprechen oder unzweckmäßig sind. Für die Art und Weise der Anwendung unmittelbaren Zwanges gelten die §§ 57 ff.

(2) Unmittelbarer Zwang zur Abgabe einer Erklärung ist ausgeschlossen.

(3) Auf Verlangen des Betroffenen hat sich der Polizeivollzugsbeamte auszuweisen, sofern der Zweck der Maßnahme nicht beeinträchtigt wird.

VV zu § 55

55.1 Zu Absatz 1

55.11 Der Begriff des unmittelbaren Zwanges ist in § 58 definiert. Unmittelbarer Zwang kommt vor allem zur Durchsetzung unvertretbarer Handlungen, Duldungen und Unterlassungen in Betracht, erforderlichenfalls auch zum Anhalten von Personen gemäß § 9 Abs. 1 Satz 2, § 12 Abs. 2 Satz 2 oder § 25 Abs. 2.

55.12 Andere Zwangsmittel sind auch dann unzweckmäßig, wenn sie dem Betroffenen einen größeren Nachteil verursachen würden als die Anwendung unmittelbaren Zwanges.

55.2 Zu Absatz 2

Für die Erzwingung von Angaben kommt nur ein Zwangsgeld in Betracht (vgl. RdNr. 10.3).

§ 56 Androhung der Zwangsmittel

(1) Zwangsmittel sind möglichst schriftlich anzudrohen. Dem Betroffenen ist in der Androhung zur Erfüllung der Verpflichtung eine angemessene Frist zu bestimmen; eine Frist braucht nicht bestimmt zu werden, wenn eine Duldung oder Unterlassung erzwungen werden soll. Von der Androhung kann abgesehen werden, wenn die Umstände sie nicht zulassen, insbesondere wenn die sofortige Anwendung des Zwangsmittels zur Abwehr einer gegenwärtigen Gefahr notwendig ist.

(2) Die Androhung kann mit dem Verwaltungsakt verbunden werden, durch den die Handlung, Duldung oder Unterlassung aufgegeben wird. Sie soll mit ihm verbunden werden, wenn ein Rechtsmittel keine aufschiebende Wirkung hat.

(3) Die Androhung muß sich auf bestimmte Zwangsmittel beziehen. Werden mehrere Zwangsmittel angedroht, ist anzugeben, in welcher Reihenfolge sie angewandt werden sollen.

(4) Wird Ersatzvornahme angedroht, so sollen in der Androhung die voraussichtlichen Kosten angegeben werden.

(5) Das Zwangsgeld ist in bestimmter Höhe anzudrohen.

(6) Die Androhung ist zuzustellen. Das gilt auch dann, wenn sie mit dem zugrunde liegenden Verwaltungsakt verbunden ist und für ihn keine Zustellung vorgeschrieben ist.

VV zu § 56

56.1 Zu Absatz 1

Eine schriftliche Androhung ist z. B. dann nicht möglich, wenn durch die dadurch bewirkte Verzögerung der Anwendung des Zwangsmittels die Gefahr nicht rechtzeitig abgewehrt würde.

56.5 Zu Absatz 5

Bei der Androhung des Zwangsgeldes ist darauf hinzuweisen, daß das Verwaltungsgericht auf Antrag der Polizei Ersatzzwangshaft anordnen kann, wenn das Zwangsgeld uneinbringlich ist.

Anwendung unmittelbaren Zwanges

§ 57 Rechtliche Grundlagen

(1) Ist die Polizei nach diesem Gesetz oder anderen Rechtsvorschriften zur Anwendung unmittelbaren Zwanges befugt, gelten für die Art und Weise der Anwendung die §§ 58 bis 66 und, soweit sich aus diesen nichts Abweichendes ergibt, die übrigen Vorschriften dieses Gesetzes.

(2) Die Vorschriften über Notwehr und Notstand bleiben unberührt.

VV zu § 57

57.0 Die §§ 57 bis 66 gelten sowohl für die Gefahrenabwehr als auch für die Verfolgung von Straftaten und Ordnungswidrigkeiten, soweit die StPO keine Regelung über unmittelbaren Zwang enthält.

57.1 Zu Absatz 1

Der Hinweis auf die übrigen Vorschriften dieses Gesetzes gilt insbesondere für die Beachtung des Grundsatzes der Verhältnismäßigkeit und die Ausübung des pflichtgemäßen Ermessens (vgl. die §§ 2 und 3).

§ 58 Begriffsbestimmungen, zugelassene Waffen

(1) Unmittelbarer Zwang ist die Einwirkung auf Personen oder Sachen durch körperliche Gewalt, ihre Hilfsmittel und durch Waffen.

(2) Körperliche Gewalt ist jede unmittelbare körperliche Einwirkung auf Personen oder Sachen.

(3) Hilfsmittel der körperlichen Gewalt sind insbesondere Fesseln, Wasserwerfer, technische Sperren, Diensthunde, Dienstpferde, Dienstfahrzeuge, Reiz- und Betäubungsstoffe sowie zum Sprengen bestimmte explosionsfähige Stoffe (Sprengmittel).

(4) Als Waffen sind Schlagstock, Pistole, Revolver, Gewehr und Maschinenpistole zugelassen.

(5) Wird der Bundesgrenzschutz im Lande Nordrhein-Westfalen zur Unterstützung der Polizei in den Fällen des Artikels 35 Abs. 2 Satz 1 oder des Artikels 91 Abs. 1 des Grundgesetzes eingesetzt, so sind für den Bundesgrenzschutz auch Maschinengewehre und Handgranaten zugelassen (besondere Waffen). Die besonderen Waffen dürfen nur nach den Vorschriften dieses Gesetzes eingesetzt werden.

VV zu § 58

58.1 Zu Absatz 1

Die drei Formen des unmittelbaren Zwanges sind abschließend aufgeführt.

58.2 Zu Absatz 2

Unmittelbare körperliche Einwirkung auf Personen ist z. B. die Anwendung von Polizeigriffen. Auf Sachen wird unmittelbar körperlich eingewirkt, z. B. bei dem Eintreten einer Tür oder dem Einschlagen einer Fensterscheibe.

58.3 Zu Absatz 3

58.31 Die Aufzählung ist beispielhaft. Auch andere Gegenstände können als Hilfsmittel der körperlichen Gewalt in Betracht kommen, jedoch muß ihre Wirkung in einem angemessenen Verhältnis zu dem angestrebten Erfolg stehen.

58.32 Sprengmittel dürfen gemäß § 66 Abs. 4 nur gegen Sachen angewendet werden. Zur Ablenkung von Störern bestimmte pyrotechnische Mittel (Irritationsmittel) sind keine Sprengmittel.

58.33 Wegen der Anwendung von Fesseln vgl. § 62.

58.34 Als technische Sperren zum Absperren von Straßen, Plätzen oder anderem Gelände kommen z. B. Fahrzeuge, Container, Sperrgitter, Sperrzäune, Seile, Stacheldraht und Nagelböden in Betracht.

58.35 Diensthunde und Dienstpferde müssen für ihre Verwendung besonders abgerichtet sein. Sie dürfen nur von als Diensthundführer oder Reiter ausgebildeten Polizeivollzugsbeamten eingesetzt werden.

58.36 Reiz- und Betäubungsstoffe dürfen nur gebraucht werden, wenn der Einsatz körperlicher Gewalt oder anderer Hilfsmittel keinen Erfolg verspricht und wenn durch den Einsatz dieser Stoffe die Anwendung von Waffen vermieden werden kann. Zu dem Gebrauch von Reiz- und Betäubungsstoffen gehört auch die Verwendung von Tränengas- und Nebelkörpern. Der Einsatz barrikadebrechender Reizstoffwurfkörper oder barrikadebrechender pyrotechnischer Mittel i. S. d. RdNr. 58.32 Satz 2 ist nur unter den Voraussetzungen des Gebrauchs von Schußwaffen gegen Personen zulässig.

58.4 Zu Absatz 4

58.41 Die Aufzählung der zugelassenen Waffen ist abschließend.

58.42 Schläge mit Schlagstöcken sollen gegen Arme oder Beine gerichtet werden, um schwerwiegende Verletzungen zu vermeiden.

58.43 Wegen des Gebrauchs von Schußwaffen vgl. § 61 und die §§ 63 ff.

§ 61 Androhung unmittelbaren Zwanges

(1) Unmittelbarer Zwang ist vor seiner Anwendung anzudrohen. Von der Androhung kann abgesehen werden, wenn die Umstände sie nicht zulassen, insbesondere wenn die sofortige Anwendung des Zwangsmittels zur Abwehr einer gegenwärtigen Gefahr notwendig ist. Als Androhung des Schußwaffengebrauchs gilt auch die Abgabe eines Warnschusses.

(2) Schußwaffen und Handgranaten dürfen nur dann ohne Androhung gebraucht werden, wenn das zur Abwehr einer gegenwärtigen Gefahr für Leib oder Leben erforderlich ist.

(3) Gegenüber einer Menschenmenge ist die Anwendung unmittelbaren Zwanges möglichst so rechtzeitig anzudrohen, daß sich Unbeteiligte noch entfernen können. Der Gebrauch von Schußwaffen gegen Personen in einer Menschenmenge ist stets anzudrohen; die Androhung ist vor dem Gebrauch zu wiederholen. Bei dem Gebrauch von technischen Sperren und dem Einsatz von Dienstpferden kann von der Androhung abgesehen werden.

Hinweis:

Das Polizeigesetz enthält eigenständige Regelungen für die Zwangsanwendungen durch die Polizei. Zwangsmaßnahmen durch die Ordnungsbehörden (z. B. BAB) sind im Verwaltungsvollstreckungsgesetz § 55 ff. geregelt (s. hierzu III 2.6).

2.5 Gesetz über Ordnungswidrigkeiten (OWiG)

2/1987, mit Änderungen bis 1990, Bundesgesetz, gilt in allen Ländern

Erster Abschnitt: Geltungsbereich

§ 1 Begriffsbestimmung

(1) Eine Ordnungswidrigkeit ist eine rechtswidrige und vorwerfbare Handlung, die den Tatbestand eines Gesetzes verwirklicht, das die Ahndung mit einer Geldbuße zuläßt.

(2) Eine mit Geldbuße bedrohte Handlung ist eine rechtswidrige Handlung, die den Tatbestand eines Gesetzes im Sinne des Absatzes 1 verwirklicht, auch wenn sie nicht vorwerfbar begangen ist.

§ 2 Sachliche Geltung

Dieses Gesetz gilt für Ordnungswidrigkeiten nach Bundesrecht und nach Landesrecht.

§ 3 Keine Ahndung ohne Gesetz

Eine Handlung kann als Ordnungswidrigkeit nur geahndet werden, wenn die Möglichkeit der Ahndung gesetzlich bestimmt war, bevor die Handlung begangen wurde.

§ 4 Zeitliche Geltung

(1) Die Geldbuße bestimmt sich nach dem Gesetz, das zur Zeit der Handlung gilt.

(2) Wird die Bußgelddrohung während der Begehung der Handlung geändert, so ist das Gesetz anzuwenden, das bei Beendigung der Handlung gilt.

(3) Wird das Gesetz, das bei Beendigung der Handlung gilt, vor der Entscheidung geändert, so ist das mildeste Gesetz anzuwenden.

(4) Ein Gesetz, das nur für eine bestimmte Zeit gelten soll, ist auf Handlungen, die während seiner Geltung begangen sind, auch dann anzuwenden, wenn es außer Kraft getreten ist. Dies gilt nicht, soweit ein Gesetz etwas anderes bestimmt.

(5) Für Nebenfolgen einer Ordnungswidrigkeit gelten die Absätze 1 bis 4 entsprechend.

§ 5 Räumliche Geltung

Wenn das Gesetz nichts anderes bestimmt, können nur Ordnungswidrigkeiten geahndet werden, die im räumlichen Geltungsbereich dieses Gesetzes oder außerhalb dieses Geltungsbereichs auf einem Schiff oder Luftfahrzeug begangen werden, das berechtigt ist, die Bundesflagge oder das Staatszugehörigkeitszeichen der Bundesrepublik Deutschland zu führen.

§ 6 Zeit der Handlung

Eine Handlung ist zu der Zeit begangen, zu welcher der Täter tätig geworden ist oder im Falle des Unterlassens hätte tätig werden müssen. Wann der Erfolg eintritt, ist nicht maßgebend.

§ 7 Ort der Handlung

(1) Eine Handlung ist an jedem Ort begangen, an dem der Täter tätig geworden ist oder im Falle des Unterlassens hätte tätig werden müssen oder an dem der zum Tatbestand gehörende Erfolg eingetreten ist oder nach der Vorstellung des Täters eintreten sollte.

(2) Die Handlung eines Beteiligten ist auch an dem Ort begangen, an dem der Tatbestand des Gesetzes, das die Ahndung mit einer Geldbuße zuläßt, verwirklicht worden ist oder nach der Vorstellung des Beteiligten verwirklicht werden sollte.

Zweiter Abschnitt: Grundlagen der Ahndung

§ 8 Begehen durch Unterlassen

Wer es unterläßt, einen Erfolg abzuwenden, der zum Tatbestand einer Bußgeldvorschrift gehört, handelt nach dieser Vorschrift nur dann ordnungswidrig, wenn er rechtlich dafür einzustehen hat, daß der Erfolg nicht eintritt, und wenn das Unterlassen der Verwirklichung des gesetzlichen Tatbestandes durch ein Tun entspricht.

§ 9 Handeln für einen anderen

(1) Handelt jemand

1. als vertretungsberechtigtes Organ einer juristischen Person oder als Mitglied eines solchen Organs,
2. als vertretungsberechtigter Gesellschafter einer Personenhandelsgesellschaft oder
3. als gesetzlicher Vertreter eines anderen,

so ist ein Gesetz, nach dem besondere persönliche Eigenschaften, Verhältnisse oder Umstände (besondere persönliche Merkmale) die Möglichkeit der Ahndung begründen, auch auf den Vertreter anzuwenden, wenn diese Merkmale zwar nicht bei ihm, aber bei dem Vertretenen vorliegen.

(2) Ist jemand von dem Inhaber eines Betriebes oder einem sonst dazu Befugten

1. beauftragt, den Betrieb ganz oder zum Teil zu leiten, oder
2. ausdrücklich beauftragt, in eigener Verantwortung Pflichten zu erfüllen, die den Inhaber des Betriebes treffen,

und handelt er auf Grund dieses Auftrages, so ist ein Gesetz, nach dem besondere persönliche Merkmale die Möglichkeit der Ahndung begründen, auch auf den Beauftragten anzuwenden, wenn diese Merkmale zwar nicht bei ihm, aber bei dem Inhaber des Betriebes vorliegen. Dem Betrieb im Sinne des Satzes 1 steht das Unternehmen gleich. Handelt jemand auf Grund eines entsprechenden Auftrages für eine Stelle, die Aufgaben der öffentlichen Verwaltung wahrnimmt, so ist Satz 1 sinngemäß anzuwenden.

(3) Die Absätze 1 und 2 sind auch dann anzuwenden, wenn die Rechtshandlung, welche die Vertretungsbefugnis oder das Auftragsverhältnis begründen sollte, unwirksam ist.

§ 10 Vorsatz und Fahrlässigkeit

Als Ordnungswidrigkeit kann nur vorsätzliches Handeln geahndet werden, außer wenn das Gesetz fahrlässiges Handeln ausdrücklich mit Geldbuße bedroht.

§ 11 Irrtum

(1) Wer bei Begehung einer Handlung einen Umstand nicht kennt, der zum gesetzlichen Tatbestand gehört, handelt nicht vorsätzlich. Die Möglichkeit der Ahndung wegen fahrlässigen Handelns bleibt unberührt.

(2) Fehlt dem Täter bei Begehung der Handlung die Einsicht, etwas Unerlaubtes zu tun, namentlich weil er das Bestehen oder die Anwendbarkeit einer Rechtsvorschrift nicht kennt, so handelt er nicht vorwerfbar, wenn er diesen Irrtum nicht vermeiden konnte.

§ 12 Verantwortlichkeit

(1) Nicht vorwerfbar handelt, wer bei der Begehung einer Handlung noch nicht vierzehn Jahre alt ist. Ein Jugendlicher handelt nur unter den Voraussetzungen des § 3 Satz 1 des Jugendgerichtsgesetzes vorwerfbar.

(2) Nicht vorwerfbar handelt, wer bei Begehung der Handlung wegen einer krankhaften seelischen Störung, wegen einer tiefgreifenden Bewußtseinsstörung oder wegen Schwachsinns oder einer schweren anderen seelischen Abartigkeit unfähig ist, das Unerlaubte der Handlung einzusehen oder nach dieser Einsicht zu handeln.

§ 13 Versuch

(1) Eine Ordnungswidrigkeit versucht, wer nach seiner Vorstellung von der Handlung zur Verwirklichung des Tatbestandes unmittelbar ansetzt.

(2) Der Versuch kann nur geahndet werden, wenn das Gesetz es ausdrücklich bestimmt.

(3) Der Versuch wird nicht geahndet, wenn der Täter freiwillig die weitere Ausführung der Handlung aufgibt oder deren Vollendung verhindert. Wird die Handlung ohne Zutun des Zurücktretenden nicht vollendet, so genügt sein freiwilliges und ernsthaftes Bemühen, die Vollendung zu verhindern.

(4) Sind an der Handlung mehrere beteiligt, so wird der Versuch desjenigen nicht geahndet, der freiwillig die Vollendung verhindert. Jedoch genügt sein freiwilliges und ernsthaftes Bemühen, die Vollendung der Handlung zu verhindern, wenn sie ohne sein Zutun nicht vollendet oder unabhängig von seiner früheren Beteiligung begangen wird.

§ 14 Beteiligung

(1) Beteiligen sich mehrere an einer Ordnungswidrigkeit, so handelt jeder von ihnen ordnungswidrig. Dies gilt auch dann, wenn besondere Merkmale (§ 9 Abs. 1), welche die Möglichkeit der Ahndung begründen, nur bei einem Beteiligten vorliegen.

(2) Die Beteiligung kann nur dann geahndet werden, wenn der Tatbestand eines Gesetzes, das die Ahndung mit einer Geldbuße zuläßt, rechtswidrig verwirklicht wird oder in Fällen, in denen auch der Versuch geahndet werden kann, dies wenigstens versucht wird.

(3) Handelt einer der Beteiligten nicht vorwerfbar, so wird dadurch die Möglichkeit der Ahndung bei den anderen nicht ausgeschlossen. Bestimmt das Gesetz, daß besondere pesönli-

che Merkmale die Möglichkeiten der Ahndung ausschließen, so gilt dies nur für den Beteiligten, bei dem sie vorliegen.

(4) Bestimmt das Gesetz, daß eine Handlung, die sonst eine Ordnungswidrigkeit wäre, bei besonderen persönlichen Merkmalen des Täters eine Straftat ist, so gilt dies nur für den Beteiligten, bei dem sie vorliegen.

§ 15 Notwehr

(1) Wer eine Handlung begeht, die durch Notwehr geboten ist, handelt nicht rechtswidrig.

(2) Notwehr ist die Verteidigung, die erforderlich ist, um einen gegenwärtigen rechtswidrigen Angriff von sich oder einem anderen abzuwenden.

(3) Überschreitet der Täter die Grenzen der Notwehr aus Verwirrung, Furcht oder Schrecken, so wird die Handlung nicht geahndet.

§ 16 Rechtfertigender Notstand

Wer in einer gegenwärtigen, nicht anders abwendbaren Gefahr für Leben, Leib, Freiheit, Ehre, Eigentum oder ein anderes Rechtsgut eine Handlung begeht, um die Gefahr von sich oder einem anderen abzuwenden, handelt nicht rechtswidrig, wenn bei Abwägung der widerstreitenden Interessen, namentlich der betroffenen Rechtsgüter und des Grades der ihnen drohenden Gefahren, das geschützte Interesse das beeinträchtigte wesentlich überwiegt. Dies gilt jedoch nur, soweit die Handlung ein angemessenes Mittel ist, die Gefahr abzuwenden.

Dritter Abschnitt: Geldbuße

§ 17 Höhe der Geldbuße

(1) Die Geldbuße beträgt mindestens fünf Deutsche Mark und, wenn das Gesetz nichts anderes bestimmt, höchstens tausend Deutsche Mark.

(2) Droht das Gesetz für vorsätzliches und fahrlässiges Handeln Geldbuße an, ohne im Höchstmaß zu unterscheiden, so kann fahrlässiges Handeln im Höchstmaß nur mit der Hälfte des angedrohten Höchstbetrages der Geldbuße geahndet werden.

(3) Grundlage für die Zumessung der Geldbuße sind die Bedeutung der Ordnungswidrigkeit und der Vorwurf, der den Täter trifft. Auch die wirtschaftlichen Verhältnisse des Täters kommen in Betracht; bei geringfügigen Ordnungswidrigkeiten bleiben sie jedoch unberücksichtigt.

(4) Die Geldbuße soll den wirtschaftlichen Vorteil, den der Täter aus der Ordnungswidrigkeit gezogen hat, übersteigen. Reicht das gesetzliche Höchstmaß hierzu nicht aus, so kann es überschritten werden.

§ 18 Zahlungserleichterungen

Ist dem Betroffenen nach seinen wirtschaftlichen Verhältnissen nicht zuzumuten, die Geldbuße sofort zu zahlen, so wird ihm eine Zahlungsfrist bewilligt oder gestattet, die Geldbuße in bestimmten Teilbeträgen zu zahlen. Dabei kann angeordnet werden, daß die Vergünstigung, die Geldbuße in bestimmten Teilbeträgen zu zahlen, entfällt, wenn der Betroffene einen Teilbetrag nicht rechtzeitig zahlt.

Hinweis:

Wegen der speziellen Ordnungswidrigkeiten und Bußgeldvorschriften beim Bauen wird auf die Ausführungen unter III 2.1 § 79 – Bußgeldvorschriften verwiesen.

Die wenigen bauspezifischen Delikte des Strafgesetzbuches (3/1987) sind unter I 4 abgehandelt.

§ 117 Unzulässiger Lärm

(1) Ordnungswidrig handelt, wer ohne berechtigten Anlaß oder in einem unzulässigen oder nach den Umständen vermeidbaren Ausmaß Lärm erregt, der geeignet ist, die Allgemeinheit oder die Nachbarschaft erheblich zu belästigen oder die Gesundheit eines anderen zu schädigen.

(2) Die Ordnungswidrigkeit kann mit einer Geldbuße bis zu zehntausend Deutsche Mark geahndet werden, wenn die Handlung nicht nach anderen Vorschriften geahndet werden kann.

Hinweise

In der „Allgemeinen Verwaltungsvorschrift zum Schutz gegen Baulärm" (8/1970) werden für verschiedene Lärmbereiche Tages- und Nachtgrenzwerte festgesetzt, z. B. im reinen Wohngebiet tagsüber 50 dB(A), nachts 35 dB(A); die Nachtzeit beginnt um 22.00 Uhr und endet um 6.00 Uhr. Eine Handkreissäge in 1 m Entfernung erzeugt 100 dB(A), ein Preßlufthammer in 1 m Entfernung 110–115 dB(A). Die vegetative Beeinträchtigung beginnt bei etwa 70 dB(A), der gesundheitsgefährdende Bereich ab 90 dB(A).

Verwiesen wird weiter auf die „Technische Anleitung zum Schutz gegen Lärm (TA-Lärm)" von 7/1968 sowie auf die Unfallverhütungsvorschrift Lärm (VBG 121) vom 1. 4. 1991 sowie auf die Ausführungen unter II 2.1.5 – Baulärm.

2.6 Verwaltungsvollstreckungsgesetz

hier: für das Land NW (5/1980) mit zugehöriger Verwaltungsvorschrift (9/1980); mit Änderungen bis 1990; ähnlich – nicht vollständig gleich – in allen Bundesländern

Zweiter Abschnitt: Verwaltungszwang

Erster Unterabschnitt: Erzwingung von Handlungen, Duldungen oder Unterlassungen

§ 55 Zulässigkeit des Verwaltungszwanges

(1) Der Verwaltungsakt, der auf die Vornahme einer Handlung oder auf Duldung oder Unterlassung gerichtet ist, kann mit Zwangsmitteln durchgesetzt werden, wenn er unanfechtbar ist oder wenn ein Rechtsmittel keine aufschiebende Wirkung hat.

(2) Der Verwaltungszwang kann ohne vorausgehenden Verwaltungsakt angewendet werden, wenn das zur Abwehr einer gegenwärtigen Gefahr notwendig ist und die Vollzugsbehörde hierbei innerhalb ihrer Befugnisse handelt.

(3) Ist der Verwaltungsakt auf Herausgabe einer Sache gerichtet und bestreitet der Betroffene, sie zu besitzen, so findet § 44 Abs. 3 bis 5 sinngemäß Anwendung.

VV zu § 55:

55 Zulässigkeit des Verwaltungszwanges (zu § 55)

55.1 Allgemeine Begriffe

55.11 Erzwingbare Verwaltungsakte i. S. des § 55 werden nach den Vorschriften des Zweiten Abschnitts „vollzogen" (§ 56). Das Gesetz spricht von „Vollzugsbehörde" und „Vollzugsauftrag" und faßt Androhung, Festsetzung und Anwendung der Zwangsmittel unter dem Begriff „Vollzug" zusammen (§ 65 Abs. 3, Überschrift zu § 76). Dieser Begriff deckt sich mit dem Begriff „Vollziehung von Verwaltungsakten" in § 113 Abs. 1 und § 80 der Verwaltungsgerichtsordnung.

55.12 Wegen der unterschiedlichen Bedeutung von „sofortiger Vollziehung" eines Verwaltungsaktes nach § 80 Abs. 2 Nr. 4 und Abs. 3 VwGO und der Anwendung des Verwaltungszwangs ohne vorausgegangenen Verwaltungsakt („sofortiger Vollzug") nach § 55 Abs. 2 vgl. Nr. 55.23 und Nrn. 55.3 bis 55.33.

55.13 Unter Verwaltungszwang versteht das Gesetz die Erzwingung einer behördlich angeordneten Handlung, Duldung oder Unterlassung durch den Einsatz der in § 57 zugelassenen Zwangsmittel gegen den Betroffenen.

Verwaltungszwang in der Form des unmittelbaren Zwanges (§ 62) ist auch zu anderen Zwecken als denen des Vollzugs eines Verwaltungsaktes denkbar. Seine Zulässigkeit richtet sich dann ausschließlich nach den §§ 66 bis 75.

55.2 Verwaltungsakt

Verwaltungszwang setzt grundsätzlich (wegen der Ausnahmen vgl. Nr. 55.3) einen rechtmäßigen Verwaltungsakt voraus, mit dem von den Betroffenen ein Handeln, Dulden oder Unterlassen verlangt wird. Welche Behörde (§ 56) den Verwaltungsakt erlassen hat, ist unerheblich. Der Zweite Abschnitt des Gesetzes gilt – mit Ausnahme der Polizei, für die die entsprechenden Vorschriften des PolG NW vom 25. März 1980 (GV NW S. 234) gelten – für alle Behörden und Einrichtungen des Landes sowie für Gemeinden, Gemeindeverbände und der Landesaufsicht unterstehende Körperschaften, Anstalten und Stiftungen des öffentlichen Rechts, wenn und soweit sie oder ihre Organe einen Verwaltungsakt im Sinne des § 55 erlassen dürfen.

55.21 Der Verwaltungsakt muß entweder ein Gebot zur Vornahme einer Handlung, insbesondere der Herausgabe einer Sache, oder zur Duldung eines bestimmten Geschehens oder eines Zustandes enthalten oder er muß auf ein Verbot unzulässigen Verhaltens (= Gebot, etwas zu unterlassen) gerichtet sein. Andere Verwaltungsakte sind ihrer Natur nach nicht vollzugsfähig.

55.22 Der Verwaltungsakt darf regelmäßig erst vollzogen werden, wenn er unanfechtbar geworden ist. Unanfechtbar wird ein Verwaltungsakt, wenn der Betroffene ihn nicht fristgemäß mit Widerspruch und nachfolgender Verwaltungsklage anficht oder im Widerspruchs- und Prozeßverfahren unterliegt, insbesondere wenn der Verwaltungsakt durch rechtskräftige Abweisung einer Anfechtungsklage bestätigt wird. Wegen der Anfechtung von Verwaltungsakten vgl. den grundsätzlichen RdErl. d. Innenministers v. 21. 12. 1960 betr. das Vorverfahren nach der Verwaltungsgerichtsordnung (SMBl. NW 2010).

55.23 Die Unanfechtbarkeit des Verwaltungsaktes ist dann keine Voraussetzung für seinen Vollzug, wenn nach § 80 Abs. 2 VwGO die aufschiebende Wirkung des Widerspruchs und der Anfechtungsklage entfällt. Das ist u. a. der Fall, wenn der Verwaltungsakt, z. B. auf Herausgabe von Urkunden (§ 44 Abs. 2), bei (= im Zusammenhang mit) der Anforderung von öffentlichen Abgaben und Kosten ergeht. Die wichtigsten Fälle sind diejenigen, in denen unter Beachtung von § 80 Abs. 3–7 VwGO die sofortige Vollziehung des Verwaltungsaktes ausdrücklich angeordnet wird. Dabei ist besonders zu beachten, daß diese Anordnung – abgesehen von den ausdrücklich als solche bezeichneten Notstandsmaßnahmen (§ 80 Abs. 3) – stets unter Angabe bestimmter Tatsachen und Umstände, aus denen sich das „besondere Interesse" am raschen Vollzug ergibt, zu begründen ist. Der allgemeine Hinweis, die sofortige Vollziehung sei „im öffentlichen Interesse notwendig", genügt nicht, abgesehen davon, daß auch das ebenfalls zu begründende „überwiegende Interesse eines Beteiligten" die Anordnung rechtfertigen kann.

55.24 Von der nur unter den Voraussetzungen des § 55 Abs. 1 – 2. Halbsatz – gegebenen Vollziehbarkeit des durchzusetzenden Verwaltungsaktes ist zu unterscheiden die grundsätzliche Vollziehbarkeit der zum Vollzug des Verwaltungsaktes ergangenen „Maßnahmen der Vollzugsbehörden" – Androhung, Festsetzung und Anwendung der Zwangsmittel – nach der Regelung in § 8 AG VwGO: Die aufschiebende Wirkung von Rechtsbehelfen entfällt immer, kann aber freilich gemäß § 80 Abs. 4–7 VwGO angeordnet werden.

55.3 Sofortiger Vollzug

Der sofortige Vollzug einer tatsächlichen Maßnahme (§§ 55 Abs. 2) ist nicht dasselbe wie die in Nr. 55.23 behandelte „sofortige Vollziehung" eines Verwaltungsaktes: Es handelt sich vielmehr dabei um den Sonderfall der sofortigen Verwirklichung einer hoheitlichen Maßnahme durch unmittelbaren Zwang oder Ersatzvornahme, ohne daß der behördliche Wille zuvor in einem erst zu vollziehenden Verwaltungsakt nach außen zum Ausdruck gekommen ist. Sofortiger Vollzug ist nur unter zwei Voraussetzungen rechtmäßig:

55.31 Die Vollzugsbehörde muß „innerhalb ihrer gesetzlichen Befugnisse" handeln, d. h., sie müßte kraft gesetzlicher Vorschrift berechtigt sein, einen entsprechenden Verwaltungsakt zu erlassen, wenn sie unter normalen Umständen Zeit und Gelegenheit dazu hätte.

55.32 Der sofortige Vollzug muß zur Anwendung einer gegenwärtigen Gefahr notwendig sein. Die gegenwärtige Gefahr ist gegeben, wenn die Einwirkung des schädigenden Ereignisses bereits begonnen hat oder unmittelbar oder in allernächster Zeit mit an Sicherheit grenzender Wahrscheinlichkeit bevorsteht. Das kann der Fall sein zur Verhinderung einer mit Strafe oder Geldbuße bedrohten Handlung (nicht zur Strafverfolgung nach geschehener Tat).

55.33 Eine formelle Androhung des Verwaltungszwangs i. S. des § 63 kommt im Falle des „sofortigen Vollzugs" seiner Natur nach regelmäßig nicht in Frage (§ 63 Abs. 1 Satz 3). Das schließt im geeigneten Einzelfall nicht einen mündlichen Hinweis (Lautsprecher) auf die beabsichtigte Maßnahme aus.

55.4 Nach Absatz 3 kann eine Behörde, die einen Anspruch auf Herausgabe einer Sache hat (z. B. eines Führerscheines), von dem Betroffenen die Abgabe einer entsprechenden eidesstattlichen Versicherung verlangen, wenn dieser behauptet, die Sache nicht zu besitzen.

§ 56 Vollzugsbehörden

(1) Ein Verwaltungsakt wird von der Behörde vollzogen, die ihn erlassen hat; sie vollzieht auch Widerspruchsentscheidungen.

(2) Die obersten Landesbehörden können im Benehmen mit dem Innenminister im Einzelfall bestimmen, durch welche Behörde ihre Verwaltungsakte zu vollziehen sind. Im übrigen kann der Innenminister im Benehmen mit dem zuständigen Fachminister allgemein oder für den Einzelfall bestimmen, daß Verwaltungsakte einer Landesoberbehörde, einer Landesmittel-

behörde, eines Landschaftsverbandes und des Kommunalverbandes Ruhrgebiet durch eine andere Behörde zu vollziehen sind. Satz 2 gilt entsprechend für Verwaltungsakte des Westdeutschen Rundfunks Köln.

VV zu § 56:

56 Vollzugsbehörden (zu § 56)

56.1 Vollzug

Zum Vollzug eines Verwaltungsaktes (Nr. 55.11) gehören die Androhung, Festsetzung und Anwendung der drei zugelassenen Zwangsmittel (§§ 63 bis 65) und der Antrag auf Anordnung der Ersatzzwangshaft (§ 61). Zum Vollzug gehört daher auch die Beitreibung des Zwangsgeldes oder der veranschlagten Kosten der Ersatzvornahme durch Pfändung und Versteigerung oder sonstige Verwertung der Pfandgegenstände (vgl. Nr. 65.1).

56.2 Behörde

56.21 Der Behördenbegriff ist hier in dem weiten Sinne der Verwaltungsgerichtsordnung (§ 61 Nr. 3, §§ 70 ff., § 78 Abs. 1 Nr. 2 VwGO) zu verstehen. Grundsätzlich ist jede Behörde befugt und verpflichtet, ihre eigenen Verwaltungsakte und die selbst erlassenen Widerspruchsbescheide (§ 73 Abs. 1 Nr. 2 und 3 in Verb. mit § 79 Abs. 1 Nr. 2 VwGO) zu vollziehen.

56.22 Die Behörde, die den Verwaltungsakt erlassen hat, vollzieht auch die Widerspruchsbescheide der nächsthöheren Behörde (§ 73 Abs. 1 Nr. 1 VwGO) oder der Aufsichtsbehörde (bei Pflichtaufgaben nach Weisung gemäß § 7 AG VwGO) unmittelbar, sofern diese Bescheide einer selbständigen Vollziehung fähig sind (etwa im Falle der erstmaligen Beschwerde eines Dritten). Die nächsthöhere oder die Aufsichtsbehörde ist jedenfalls nicht Vollzugsbehörde für die von ihr getroffenen Widerspruchsentscheidungen, die ein Gebot oder Verbot enthalten.

56.23 Auch kirchliche Dienststellen können Vollzugsbehörde im Sinne des Gesetzes sein, wenn sie in Erfüllung allgemeiner öffentlicher Aufgaben außerhalb des eigentlichen kirchlichen Bereichs öffentliche Gewalt ausüben und vollziehbare Verwaltungsakte setzen.

56.3 Bestimmung der Vollzugsbehörde

Der Grundsatz, daß jede Behörde ihre Verwaltungsakte selbst vollzieht, gilt nicht in den Fällen, in denen nach den gegebenen Umständen nicht erwartet werden kann, daß eine Behörde ihre Verwaltungsakte selbst durchsetzt. Das wird regelmäßig der Fall sein bei den Verwaltungsakten oberster Landesbehörden, aber auch beispielsweise bei Verwaltungsakten der Regierungspräsidenten gemäß § 7 des Abgrabungsgesetzes (vgl. Verordnung über die Bestimmung besonderer Vollzugsbehörden vom 14. September 1977 – GV NW S. 346/SGV VW 2010 –). In diesen und ähnlichen Fällen läßt das Gesetz die Bestimmung einer anderen Vollzugsbehörde anstelle der den Verwaltungsakt erlassenden Behörde zu.

Für untere Landesbehörden ist das in Absatz 2 nicht vorgesehen. Sie werden auch regelmäßig in der Lage sein, ein Zwangsmittel wenigstens anzudrohen und festzusetzen. Wenn sie etwa zur Anwendung des unmittelbaren Zwanges nicht befugt sind und die Vollzugshilfe einer Behörde in Anspruch nehmen müssen, die über eigene Vollzugsdienstkräfte im Sinne des § 68 verfügt, hören sie deshalb nicht auf, Vollzugsbehörden zu sein.

§ 57 Zwangsmittel

(1) Zwangsmittel sind:

1. Ersatzvornahme (§ 59),
2. Zwangsgeld (§ 60),
3. unmittelbarer Zwang (§ 62).

(2) Sie sind nach Maßgabe des § 63 und § 69 anzudrohen.

(3) Die Zwangsmittel können auch neben einer Strafe oder Geldbuße angewandt und so lange wiederholt und gewechselt werden, bis der Verwaltungsakt befolgt worden ist oder sich auf andere Weise erledigt hat.

VV zu § 57:

57 Zwangsmittel (zu § 57)

57.1 Die Aufzählung der Zwangsmittel in Absatz 1 ist abschließend. Mit anderen Zwangsmaßnahmen dürfen Verwaltungsakte nicht durchgesetzt werden.

57.2 Absatz 2 schreibt vor, daß die Zwangsmittel nach Maßgabe der Androhungsvorschriften der §§ 63 u. 69 anzuwenden sind. Damit wird die rechtsstaatlich wichtige Androhung betont.

57.3 Absatz 3 stellt den Zweck der Zwangsmittel als Beugemittel dar. Sie dienen nicht der Ahndung wie die Strafe oder das Bußgeld. Von der weiteren Anwendung des Zwangsmittels ist daher sofort abzusehen, wenn dem Gebot oder Verbot Folge geleistet wird oder der angestrebte Zweck auf andere Weise erreicht worden ist (z. B. durch Handeln Dritter oder Naturereignisse).

§ 58 Verhältnismäßigkeit

(1) Das Zwangsmittel muß in einem angemessenen Verhältnis zu seinem Zweck stehen. Dabei ist das Zwangsmittel möglichst so zu bestimmen, daß der einzelne und die Allgemeinheit am wenigsten beeinträchtigt werden.

(2) Ein durch ein Zwangsgeld zu erwartender Schaden darf nicht erkennbar außer Verhältnis zu dem beabsichtigten Erfolg stehen.

(3) Unmittelbarer Zwang darf nur angewandt werden, wenn andere Zwangsmittel nicht zum Ziele führen oder untunlich sind. Bei der Anwendung unmittelbaren Zwanges sind unter mehreren möglichen und geeigneten Maßnahmen diejenigen zu treffen, die den einzelnen und die Allgemeinheit am wenigsten beeinträchtigen.

VV zu § 58:

58 Verhältnismäßgkeit (zu § 58)

58.1 Zu Absatz 1

58.11 Der Grundsatz der Verhältnismäßigkeit verlangt, daß die angewandten Mittel in einem angemessenen Verhältnis zu dem angestrebten Erfolg stehen. Der Zweck der Zwangsmittel ergibt sich aus ihrem Charakter als Beugemittel. Sie sollen nur den etwa entgegenstehenden Willen des Betroffenen bei der Verwirklichung einer behördlichen Maßnahme zur Herstellung oder Aufrechterhaltung eines rechtmäßigen Zustandes ausschalten. Sie sind keine Ahndungsmittel wie das Bußgeld oder die Strafe. Deshalb ist auch von der – weiteren – Anwendung des angedrohten und festgesetzten Zwangsmittels, z. B. von der Verwertung der für ein Zwangsgeld gepfändeten Gegenstände, sofort abzusehen, wenn dem Gebot oder Verbot Folge geleistet wird (§ 65 Abs. 3). Vergleiche Nr. 57.2 und 65.4.

Der Grundstz der Verhältnismäßigkeit und Zweckmäßigkeit ist nicht nur bei der Wahl des im Einzelfall geeignetsten Zwangsmittels, sondern auch hinsichtlich des Umfanges der Ersatzvornahme und der Höhe des anzudrohenden Zwangsgeldes zu beachten.

58.12 Welches der drei Zwangsmittel die Vollzugsbehörde wählt, ist in ihr pflichtmäßiges Ermessen gestellt. Das Zwangsgeld muß in bestimmter Höhe festgesetzt werden (also z. B. nicht „bis zu 500,– DM“). Die Höhe des Zwangsgeldes ist nach dem Grundsatz der Verhältnismäßigkeit zu bestimmen. Dabei sind die Hartnäckigkeit des pflichtwidrigen Verhaltens (erster Verstoß oder Wiederholungsfall), die finanzielle Leistungsfähigkeit des Betroffenen und die Bedeutung der Angelegenheit zu berücksichtigen.

58.2 Zu Absatz 2

Der auch in § 15 OBG niedergelegte Grundsatz, daß nur solche Maßnahmen angewendet werden dürfen, deren Schadensfolgen nicht erkennbar außer Verhältnis zu dem beabsichtigten Erfolg stehen, zwingt die Behörde und die Vollzugsdienstkräfte, stets zu prüfen, welches Ziel mit der Anwendung unmittelbaren Zwanges erreicht werden soll. Besteht kein wesentliches öffentliches Interesse an der Durchsetzung eines bestimmten Verwaltungsaktes, so scheidet die Anwendung unmittelbaren Zwanges, der erhebliche körperliche Schäden verursachen kann, aus. Läßt sich unmittelbarer Zwang nicht vermeiden, so ist schnell und zügig zu handeln. Wird dabei jemand verletzt, so ist im Rahmen des § 72 Hilfe zu leisten.

58.3 Zu Absatz 3

58.31 Die Vollzugsdienstkräfte haben in eigener Verantwortung zu prüfen, ob unmittelbarer Zwang anzuwenden ist oder ob nicht andere Zwangsmittel ausreichen, den erstrebten Erfolg herbeizuführen. Die Pflicht zur Prüfung in eigener Verantwortung trifft die Vollzugsdienstkräfte in solchen Fällen, in denen ihnen eine dienstliche Weisung zur Anwendung unmittelbaren Zwanges ausdrücklich erteilt worden ist (vgl. Nr. 71.11).

58.32 Sofern es sich darum handelt, Verwaltungsakte durchzusetzen, kommen als andere Zwangsmittel die Ersatzvornahme (§ 59) und das Zwangsgeld (§ 60) in Betracht. Bei der Durchführung von Vollstreckungs-, Aufsichts- und Pflege- oder Erziehungsaufgaben in Anstalten kommen neben dem unmittelbaren Zwang besondere, in der Natur der jeweiligen Anstalten begründete Maßnahmen in Betracht (z. B. Verabreichung einfacher Kost, Einzelunterbringung).

58.33 Die Bestimmung, daß unmittelbarer Zwang nur angewendet werden darf, wenn andere Zwangsmittel nicht zum Ziele führen, bedeutet nicht, daß diese vorher vergeblich angewandt sein müssen. Steht von vornherein fest, daß die Ersatzvornahme, die ohnehin nur der Erzwingung vertretbarer Handlungen dienen kann (§ 59), oder das Zwangsgeld nicht zum Ziele führen werden, kann unmittelbarer Zwang sofort angewandt werden. In der Mehrzahl der Fälle ist jedoch davon auszugehen, daß unmittelbarer Zwang gegen Personen als schärfste Form des Vollzuges hoheitlicher Gewalt der „letzte Ausweg“ ist. Von den verschiedenen Arten der Zwangsmittel wird unmittelbarer Zwang deshalb nur dann anzuwenden sein, wenn die Ersatzvornahme oder das Zwangsgeld vergeblich angewandt wurden oder keinen Erfolg versprechen.

58.34 Ist entschieden, daß unmittelbarer Zwang anzuwenden ist, so ist zu prüfen, welche Maßnahmen im einzelnen im Rahmen der zur Verfügung stehenden Arten des unmittelbaren Zwanges getroffen werden sollen. Die drei Arten des unmittelbaren Zwanges, nämlich körperliche Gewalt, Hilfsmittel der körperlichen Gewalt und Waffen, sind in § 67 aufgeführt. Zunächst hat die Vollzugsdienstkraft zu prüfen, welche Art überhaupt möglich ist. So scheidet z. B. bei einem Flüchtigen einfache körperliche Gewalt von vornherein aus. Bleiben nach dieser Prüfung noch mehrere Maßnahmen möglich, so ist die geeignete auszuwählen. Unter mehreren geeigneten Maßnahmen ist schließlich diejenige zu wählen, die den einzelnen und die Allgemeinheit am wenigsten beeinträchtigt.

58.35 Eine Strafenfolge zwischen körperlicher Gewalt und Hilfsmittel der körperlichen Gewalt unter dem Gesichtspunkt der Verhältnismäßigkeit läßt sich nicht aufstellen. Hilfsmittel der körperlichen Gewalt können den einzelnen unter Umständen weniger beeinträchtigen als einfache körperliche Gewalt. Das Anlegen von Fesseln kann z. B. das körperliche Überwältigen einer Person durch schmerzhafte Schläge oder Griffe überflüssig machen.

Hinweis:

Zwangsmittel sind keine Strafe; die Behörde ist verpflichtet, das Gebot des „mildesten Eingriffs" zu beachten.

§ 59 Ersatzvornahme

(1) Wird die Verpflichtung, eine Handlung vorzunehmen, deren Vornahme durch einen anderen möglich ist (vertretbare Handlung), nicht erfüllt, so kann die Vollzugsbehörde auf Kosten des Betroffenen die Handlung selbst ausführen oder einen anderen mit der Ausführung beauftragen.

(2) Es kann bestimmt werden, daß der Betroffene die voraussichtlichen Kosten der Ersatzvornahme im voraus zu zahlen hat. Zahlt der Betroffene die Kosten der Ersatzvornahme oder die voraussichtlich entstehenden Kosten der Ersatzvornahme nicht fristgerecht, so können sie im Verwaltungszwangsverfahren beigetrieben werden. Die Beitreibung der voraussichtlichen Kosten unterbleibt, sobald der Betroffene die gebotene Handlung ausführt.

VV zu § 59:

59 Ersatzvornahme (zu § 59)

59.1 Eine Ersatzvornahme liegt auch vor, wenn die Vollzugsbehörde die vertretbare Handlung selbst ausführt.

Vertretbar ist eine Handlung, wenn sie nicht nur vom Betroffenen persönlich (z. B. die Abgabe einer Erklärung), sondern ohne Veränderung ihres Inhalts auch von einem anderen vorgenommen werden kann. Beispiele: Abstützen oder Abreißen einer baufälligen Mauer, Abschleppen eines Kraftfahrzeuges, Straßenreinigung.

59.2 „Ein anderer" können ein Handwerker, ein Abbruch- oder Abschleppunternehmer, aber auch z. B. juristisch selbständige Stadtwerke mit ihrem technischen Personal im Verhältnis zum Städtischen Ordnungsamt sein.

59.3 Soll der Betroffene die voraussichtlichen Kosten der Ersatzvornahme im voraus zahlen, sind sie mit Zustellung der Androhung (§ 63 Abs. 4 und 5) unter Angabe einer Zahlungsfrist vom Betroffenen anzufordern. Sie können jedoch erst nach Ablauf der Zahlungsfrist und der ersten Frist zum Handeln (§ 63 Abs. 1) beigetrieben werden (vgl. aber § 6 Abs. 4).

In der Bestimmung und Anforderung der voraussichtlichen Kosten der Ersatzvornahme liegt der eigentliche Wert dieses Beugemittels. Die entstandenen Kosten müssen nicht den veranschlagten entsprechen. Die Differenz kann nachgefordert werden oder muß bei Überzahlung erstattet werden.

Hinweis:

In der Regel wird ein Unternehmer von der BAB beauftragt, z. B. den standunsicheren Teil einer Mauer abzubrechen. Selbstvornahme durch die Behörde als Spezialfall zu § 59 (1) wird nur bei unbedeutenden Arbeiten zur Anwendung kommen, z. B.: Abdecken einer nicht verwahrten Öffnung in der Geschoßdecke mit Bohlen oder Schalbrettern, die auf der Baustelle sind. Jedoch Achtung: Es tritt für diese Maßnahme Gefahrübergang auf den Kontrolleur der BAB ein!

§ 60 Zwangsgeld

(1) Das Zwangsgeld wird auf mindestens zwanzig und höchstens zehntausend Deutsche Mark schriftlich festgesetzt. Das Zwangsmittel kann beliebig oft wiederholt werden.

(2) Mit der Festsetzung des Zwangsgeldes ist dem Betroffenen eine angemessene Frist zur Zahlung einzuräumen.

(3) Zahlt der Betroffene das Zwangsgeld nicht fristgerecht, so wird es im Verwaltungszwangsverfahren beigetrieben. Die Beitreibung unterbleibt, sobald der Betroffene die gebotene Handlung ausführt oder die zu duldende Maßnahme gestattet.

VV zu § 60:

60 Zwangsgeld (zu § 60)

60.1 Das Zwangsgeld dient zur Erzwingung unvertretbarer Handlungen, die der Betroffene nur persönlich vornehmen kann. Beispiele: persönliches Erscheinen kraft gesetzlicher Verpflichtung, Erteilung von Auskünften (etwa nach § 44 Abs. 2 oder aufgrund einer Rechtsvorschrift zur Durchführung von Bundesstatistiken) und Herausgabe einer Urkunde. Das Zwangsgeld kann nach pflichtgemäßem Ermessen auch anstatt der Ersatzvornahme angewendet werden, um eine vertretbare Handlung zu erzwingen.

60.2 Besonders wichtig ist die Androhung des Zwangsgeldes, um die Verletzung von Unterlassungspflichten zu verhindern, also ein Verbot durchzusetzen. Der Wiederholung von Verstößen gegen behördliche Verbote kann nur durch sofortige Festsetzung und unverzügliche Beitreibung des angedrohten Zwangsgeldes nach Zuwiderhandlung, notfalls durch gleichzeitige erneute Androhung eines höheren Zwangsgeldes begegnet werden (vgl. Nr. 65.42).

60.3 Das Zwangsgeld muß so hoch sein, daß der Betroffene es voraussichtlich vorziehen wird, seine Pflicht zu erfüllen.

Innerhalb des gegebenen Rahmens ist daher die Höhe des Zwangsgeldes nach dem Grundsatz der Verhältnismäßigkeit (vgl. Nr. 58.12) zu bestimmen. Dabei sind die Hartnäckigkeit des pflichtwidrigen Verhaltens (erster Verstoß oder Wiederholungsfall), die finanzielle Leistungsfähigkeit des Betroffenen und schließlich auch die von ihm billigerweise zu erwartende Initiative zu berücksichtigen.

Hinweis:

Die Festsetzung von Zwangsgeld ist zur Erzwingung vertretbarer Handlungen nur zulässig, wenn die Ersatzvornahme untunlich, d. h. schlechterdings unangemessen ist.

§ 61 Ersatzzwangshaft

(1) Ist das Zwangsgeld uneinbringlich, so kann das Verwaltungsgericht auf Antrag der Vollzugsbehörde die Ersatzzwangshaft anordnen, wenn bei Androhung des Zwangsgeldes hierauf hingewiesen worden ist. Die Ersatzzwangshaft beträgt mindestens einen Tag, höchstens zwei Wochen.

(2) Die Ersatzzwangshaft ist auf Antrag der Vollzugsbehörde von der Justizverwaltung nach den Bestimmungen der §§ 904 bis 910 der Zivilprozeßordnung zu vollstrecken.

VV zu § 61:

61 Ersatzzwangshaft (zu § 61)

61.1 Die Ersatzzwangshaft dient nicht etwa der Beitreibung des Zwangsgeldes, sondern wie dieses der Durchsetzung des der Zwangsmittelandrohung zugrunde liegenden Verwaltungsaktes. Sie ist Beugehaft, nicht Strafe und nicht Ersatzahndungsmittel wie etwa die „anstelle einer an sich verwirkten Geldstrafe" tretende Haft. Ihre Bedeutung liegt weniger in ihrer Anwendung – der Inhaftierte wird seine Verpflichtung aus dem Verwaltungsakt kaum erfüllen können –, als in der abschreckenden Wirkung ihrer Ankündigung. Diese ist in Form eines Hinweises auf die Möglichkeit der Anordnung für den Fall der Uneinbringlichkeit mit der Androhung des Zwangsgeldes zu verbinden.

61.2 Die Schwere des Eingriffs in die durch Art. 2 Abs. 2 GG garantierte Freiheit der Person (vgl. § 79) wird die Inanspruchnahme dieses „letzten Mittels, zu dem der Staat Zuflucht nimmt, um die rechtmäßig erlassenen Anordnungen den Bürgern des Staates gegenüber durchzusetzen" – so das BVerwG in seiner Entscheidung v. 6. 12. 1956 (I C 10.56), abgedruckt im DVBl. 1957 S. 204, NJW 1957 S. 602, DÖV 1957, S. 88, Der Betriebsberater 1957, S. 236 – nur in schwerwiegenden Ausnahmefällen rechtfertigen.

Das Zwangsgeld ist dann „uneinbringlich", wenn die Beitreibung des Zwangsgeldes ohne Erfolg versucht worden ist oder wenn offensichtlich ist, daß sie keinen Erfolg haben wird.

61.3 Der Antrag der Vollzugsbehörde ist an das Verwaltungsgericht zu richten.

§ 62 Unmittelbarer Zwang

(1) Die Vollzugsbehörde kann unmittelbaren Zwang anwenden, wenn andere Zwangsmittel nicht in Betracht kommen oder keinen Erfolg versprechen oder unzweckmäßig sind. Für die Art und Weise der Anwendung unmittelbaren Zwanges gelten die §§ 66 bis 75.

(2) Unmittelbarer Zwang zur Abgabe einer Erklärung ist ausgeschlossen.

VV zu § 62:

62 Unmittelbarer Zwang (zu § 62)

62.1 Begriff

„Unmittelbarer Zwang ist die Einwirkung auf Personen oder Sachen durch körperliche Gewalt, ihre Hilfsmittel und durch Waffen" (§ 67 Abs. 1).

62.11 Die unmittelbare körperliche Einwirkung auf Personen als schärfste Form des Vollzugs hoheitlicher Gewalt ist nur zulässig, wenn Ersatzvornahme oder Zwangsgeld vergeblich versucht wurden oder untunlich sind. Sie ist der „letzte Ausweg", wenn die Vollzugsbehörde sich nicht mehr anders zu helfen weiß, insbesondere, wenn auch die Anwendung körperlicher Gewalt gegen Sachen nicht zum Ziele führt (vgl. auch § 58).

62.12 Grundsätzlich gelten diese Zulässigkeitsvoraussetzungen auch für die Einwirkung durch körperliche Gewalt auf Sachen.

Maßnahmen, bei denen die Behörde keinen Dritten beauftragt, sondern die Handlungen selbst ausführt (Selbstvornahme), sind – im Gegensatz zu der früheren Regelung – als Unterfall der Ersatzvornahme (§ 59 Abs 1) und nicht als die Anwendung unmittelbaren Zwanges geregelt.

62.2 Vollzugsdienstkräfte

Unmittelbarer Zwang darf zwar von jeder Vollzugsbehörde angedroht und notfalls festgesetzt, jedoch nur von solchen Behörden angewendet werden, die über Vollzugsdienstkräfte im Sinne des § 68 verfügen. Die dort gegebene Aufzählung ist abschließend.

62.3 Für die Erzwingung von Angaben kommt nur ein Zwangsgeld in Betracht.

Hinweise:

Unmittelbarer Zwang ist denkbar, wenn die BAB Dritte beauftragt, z. B. Bewohner aus einsturzgefährdetem Haus zu drängen oder mit der Brechstange (= Hilfsmittel gemäß VV 62.1) eine Tür aufzubrechen. Wenn die BAB hier selbst (der Kontrolleur der BAB) tätig wird, ist das nicht unmittelbarer Zwang, sondern Selbstvornahme einer Ersatzvornahme nach § 59.

Ergänzend wird auf die VV zu § 65 dieses Gesetzes sowie auf die VV zu § 58 des Polizeigesetzes (III 2.4) verwiesen.

§ 63 Androhung der Zwangsmittel

(1) Zwangsmittel sind schriftlich anzudrohen. Dem Betroffenen ist in der Androhung zur Erfüllung der Verpflichtung eine angemessene Frist zu bestimmen; eine Frist braucht nicht bestimmt zu werden, wenn eine Duldung oder Unterlassung erzwungen werden soll. Von der Androhung kann abgesehen werden, wenn die Umstände sie nicht zulassen, insbesondere wenn die sofortige Anwendung des Zwangsmittels zur Abwehr einer gegenwärtigen Gefahr notwendig ist (§ 55 Abs. 2).

(2) Die Androhung kann mit dem Verwaltungsakt verbunden werden, durch den die Handlung, Duldung oder Unterlassung aufgegeben wird. Sie soll mit ihm verbunden werden, wenn ein Rechtsmittel keine aufschiebende Wirkung hat.

(3) Die Androhung muß sich auf bestimmte Zwangsmittel beziehen. Werden mehrere Zwangsmittel angedroht, ist anzugeben, in welcher Reihenfolge sie angewendet werden sollen.

(4) Wird eine Ersatzvornahme angedroht, so sollen in der Androhung die voraussichtlichen Kosten angegeben werden.

(5) Das Zwangsgeld ist in bestimmter Höhe anzudrohen.

(6) Die Androhung ist zuzustellen. Das gilt auch dann, wenn sie mit dem zugrunde liegenden Verwaltungsakt verbunden ist und für ihn keine Zustellung vorgeschrieben ist.

VV zu § 63:

63 Androhung der Zwangsmittel (zu § 63)

63.1 Die Androhung des Zwangsmittels ist in der sorgfältigen rechtsstaatlichen Ausgestaltung des Verfahrens das Kernstück des Verwaltungszwanges. Durch sie soll psychologisch auf den Betroffenen eingewirkt und sein aktiver oder passiver Widerstand gegen die Verwirklichung der behördlichen Maßnahmen überwunden werden.

63.2 An Form und Inhalt der Androhung stellt das Gesetz besondere Anforderungen. Sie sind sorgfältig zu beachten, denn die Rechtmäßigkeit der Androhung ist Voraussetzung für die Rechtmäßigkeit der nachfolgenden Festsetzung und Anwendung des Zwangsmittels.

63.21 Die Androhung muß schriftlich ergehen. Das gilt auch für den Fall des unmittelbaren Zwanges (§ 69 Abs. 2). Von der schriftlichen Androhung kann nur abgesehen werden, wenn die Umstände sie nicht zulassen, insbesondere im Falle des sofortigen Vollzugs nach § 55 Abs. 2.

63.22 Die schriftliche Androhungsverfügung ist in jedem Fall zuzustellen, auch wenn das durchzusetzende Gebot oder Verbot selbst nicht zugestellt zu werden braucht (Abs. 6). Die Zustellung ist nach Maßgabe der §§ 3 bis 5 VwZG zu bewirken.

63.23 Die Vollzugsbehörde kann die Androhung in Form einer selbständigen Verfügung aussprechen, etwa wenn sich erst nach Erlaß des materiellen Verwaltungsaktes die Notwendigkeit herausstellt, ihn zwangsweise durchzusetzen. Sie kann die Androhung aber auch, was die Regel sein dürfte, mit dem Verwaltungsakt verbinden. Sie soll beide Verfügungen zusammenfassen, wenn hinsichtlich des Verwaltungsaktes die Voraussetzungen des § 80 Abs. 2 VwGO (keine aufschiebende Wirkung eines Rechtsbehelfs) vorliegen; vgl. Nr. 55.23. In dringenden Fällen mit kürzesten Fristen empfiehlt es sich, die Androhung besonders des unmittelbaren Zwanges zusammen mit der Festsetzung durch den Vollziehungsbeamten zustellen zu lassen (nach § 5 VwZG), der den Ablauf der kurzen Frist abwartet und dann unverzüglich tätig wird. Eine nicht zugestellte Androhung ist keine Androhung und macht den nachfolgenden Vollzug des Verwaltungsaktes rechtswidrig.

63.3 Der Betroffene soll durch die Androhung darüber unterrichtet werden, welche Folgen er zu erwarten hat, falls er das behördliche Gebot nicht fristgemäß erfüllt oder einem Verbot zuwiderhandelt.

63.31 In der Androhung müssen deshalb die vorgesehenen Zwangsmittel genau bestimmt werden, ggf. ist anzugeben, in welcher Reihenfolge sie angewendet werden sollen. Es muß also „ein Zwangsgeld in Höhe von ... DM“ (nicht: „ein Zwangsgeld bis zu 500 DM“!) oder „die Beseitigung der baufälligen Mauer durch einen beauftragten Unternehmer“ (Ersatzvornahme), oder „durch eigene Kräfte“ (Selbstvornahme), angedroht werden. Es genügt nicht, etwa nur „die Anwendung von Verwaltungszwang“ oder „die gewaltsame Beseitigung der Mauer“ anzudrohen. Die Androhung „für den Fall ... behalte ich mir die Festsetzung eines Zwangsgeldes von 100 DM vor“ wäre deshalb ungültig.

63.32 Mit der Androhung einer Ersatzvornahme sollen zugleich ihre voraussichtlichen Kosten mitgeteilt werden, möglichst unter Hinweis darauf, daß sie nach Fristablauf beigetrieben werden (vgl. § 6 Abs. 4). Wird bei der Androhung der voraussichtliche Aufwand nicht angegeben, so ist eine solche Androhung gleichwohl rechtswirksam. Da die Rechtmäßigkeit der späteren Festsetzung und Anwendung der Ersatzvornahme aber vornehmlich davon abhängt, daß diese nicht über den in der Androhung vorgesehenen Umfang hinausgehen, ist es wichtig, daß nicht einfach „Ersatzvornahme“ angedroht, sondern gesagt wird, welche Maßnahmen auf Kosten des Betroffenen durchgeführt werden sollen (vgl. auch Nr. 59.3).

63.33 Die Festsetzung und Anwendung des angedrohten Zwangsmittels ist von der Nichterfüllung der Verpflichtung innerhalb einer angemessenen Frist abhängig zu machen. Wie lange die Frist sein muß, richtet sich nach den allgemeinen Lebenserfahrungen und vor allem nach der Schwierigkeit der zu erfüllenden Verpflichtung. Für den Abbruch eines Hauses wird nur eine Frist von mehreren Wochen oder Monaten angemessen sein; die Vorlage einer Urkunde oder das persönliche Erscheinen können in wenigen Tagen oder sogar Stunden verlangt und erwartet werden. Es sind auch Fälle denkbar, in denen eine Handlung, z. B. die Herausgabe des beschlagnahmten Vereinsvermögens oder die Herausgabe einer über die Forderung vorhandenen Urkunde (§ 44 Abs. 2), „unverzüglich“ verlangt werden kann.

Soweit angängig, sollte aber die Frist nicht kürzer gewählt werden als die Monatsfrist für den Widerspruch gegen den durchzusetzenden Verwaltungsakt. Andernfalls sollte, um Mißverständnisse beim Betroffenen zu vermeiden, die kürzere Fristsetzung mit einem klärenden Hinweis verbunden werden, etwa „unbeschadet der unten erwähnten Rechtsbehelfsfrist“.

63.34 Die Fristsetzung ist unerläßlicher Bestandteil einer gültigen Androhung, freilich nur für den Fall, daß dem Betroffenen aufgegeben werden soll, „bis zum ...“ Urkunden vorzulegen, Trümmer zu beseitigen, einen unzulässigen Bau abzubrechen oder sonst irgend etwas zu tun.

Weder die Aufforderung, etwas zu dulden oder zu unterlassen, noch das Verbot, etwas zu tun, können mit einer Fristsetzung in diesem Sinne verbunden werden. Mit der Aufforderung, „bis zum 31. Oktober 1980" etwa die öffentliche Benutzung eines über das Grundstück führenden Weges zu dulden (weil erst ab 1. 11. 1980 die neue Straße freigegeben wird) oder „in der Zeit von ... bis ..." keine Teppiche zu klopfen oder das Posaunenblasen zu unterlassen, wird keine „Frist für die Erfüllung einer Verpflichtung" im Sinne des Abs. 1 gesetzt, sondern nur ein Zeitraum bestimmt, innerhalb dessen die angeordneten Beschränkungen zu beachten sind. Ein Verbot kann auch „ab sofort" verhängt werden. In derartigen Fällen kann das Zwangsmittel rechtsgültig „für jeden Fall der Zuwiderhandlung" angedroht werden.

§ 64 Festsetzung der Zwangsmittel

Wird die Verpflichtung innerhalb der Frist, die in der Androhung bestimmt ist, nicht erfüllt, so setzt die Vollzugsbehörde das Zwangsmittel fest. Bei sofortigem Vollzug (§ 55 Abs. 2) fällt die Festsetzung weg.

VV zu § 64:

64 Festsetzung der Zwangsmittel (zu § 64)

64.1 Nur ein festgesetztes Zwangsmittel darf angewendet werden (§ 64 Abs. 1). Die Festsetzung ist anfechtbarer Verwaltungsakt und muß dem Betroffenen, wie jeder belastende Verwaltungsakt, in gehöriger Form mitgeteilt werden. Regelmäßig wird die Schriftform ausreichen, die förmliche Zustellung ist nicht vorgeschrieben. Das Zwangsgeld wird in Form eines Leistungsbescheides (§ 6) festgesetzt.

Bei sofortigem Vollzug entfällt die Festsetzung, d. h., der Betroffene braucht auf die beabsichtigte Anwendung des Zwangsmittels nicht hingewiesen zu werden.

64.2 Die Androhung des Zwangsmittels muß nicht unanfechtbar sein, um es festsetzen zu können. Es bedarf auch nicht der Anordnung seiner sofortigen Vollziehung (§ 8 AG VwGO, vgl. 55.24). Eine Festsetzung kann mit Erfolg nur angefochten werden, wenn das Zwangsmittel überhaupt nicht oder nicht ordnungsgemäß angedroht worden war oder wenn sie nicht der Androhung des Zwangsmittels entspricht oder wenn die bei der Androhung gesetzte Frist noch nicht verstrichen ist (vgl. Nr. 64.3). Es ist deshalb darauf zu achten, daß ein Zwangsgeld nur in der angedrohten Höhe und eine Ersatzvornahme nur in dem in der Androhung vorgesehenen Umfang festgesetzt wird.

Beispiel: Einem Hauseigentümer wird angedroht, bestimmte Reparaturarbeiten in seinem baufälligen Haus im Wege der Ersatzvornahme durchführen zu lassen. Nachträglich stellt sich heraus, daß weitere Instandsetzungsarbeiten erforderlich sind. Dann dürfen nach Fristablauf nur die zunächst vorgesehenen Maßnahmen festgesetzt werden. Die „weiteren" Arbeiten müssen dem Betroffenen zunächst in einem besonderen Verwaltungsakt aufgegeben und es muß insoweit die Ersatzvornahme zusätzlich angedroht werden.

64.3 Fristablauf ist nur dann Voraussetzung für die Festsetzung des Zwangsmittels, wenn dem Betroffenen die Vornahme einer Handlung „bis zum ..." aufgegeben worden ist.

Das Gebot, etwas zu dulden oder zu unterlassen, und das Verbot, etwas zu tun, können nicht mit einer Fristsetzung im selben Sinne verbunden werden (vgl. Nr. 63.34). In diesen Fällen kann das Zwangsmittel festgesetzt werden, sobald der Betroffene dem Gebot oder Verbot zuwiderhandelt.

64.4 Es ist rechtlich nicht geboten, bei der Festsetzung nochmals eine Frist zu setzen und erst nach deren Ablauf das Zwangsmittel anzuwenden. Die Anwendung kann der Festsetzung auf dem Fuße folgen. Die Vollzugsbehörde wird von Fall zu Fall entscheiden müssen, ob es im Einzelfall richtiger ist, dem Betroffenen nochmals eine letzte Gelegenheit zu geben, seiner Verpflichtung nachzukommen, ehe insbesondere mit unmittelbarem Zwang vollendete Tatsachen geschaffen werden.

§ 65 Anwendung der Zwangsmittel

(1) Das Zwangsmittel wird der Festsetzung gemäß angewendet.

(2) Leistet der Betroffene bei der Ersatzvornahme oder bei unmittelbarem Zwang Widerstand, so kann dieser mit Gewalt gebrochen werden. Die Polizei leistet auf Verlangen der Vollzugsbehörde Vollzugshilfe. Dabei kann die Polizei die nach dem Polizeigesetz des Landes Nordrhein-Westfalen (PolG NW) vorgesehenen Hilfsmittel der körperlichen Gewalt (§ 58 Abs. 3 PolG NW) anwenden und die zugelassenen Waffen (§ 58 Abs. 4 PolG NW) unter Beachtung der §§ 61, 63 bis 65 PolG NW gebrauchen.

(3) Der Vollzug ist einzustellen, sobald sein Zweck erreicht ist.

VV zu § 65:

65 Anwendung der Zwangsmittel (zu § 65)

65.1 Die Anwendung besteht

a) bei der Ersatzvornahme regelmäßig schon in der Beitreibung der in der Androhung vorläufig veranschlagten Kosten, jedenfalls in der Beauftragung eines anderen (Nr. 59.2) und in der vom Betroffenen verweigerten oder unterlassenen Maßnahme durch den Beauftragten oder durch die Vollzugsbehörde;

b) beim Zwangsgeld in der Einziehung und Beitreibung aufgrund der Festsetzung (= Leistungsbescheid), wobei weder Schonfrist noch Mahnfrist eingehalten zu werden brauchen (§ 6 Abs. 4);

c) beim unmittelbaren Zwang in der körperlichen und tatsächlichen Gewaltanwendung gegen Personen oder Sachen (§ 67).

Die Anwendung muß nach Art und Ausmaß der Androhung und Festsetzung entsprechen und darf keine größere Beeinträchtigung für den Betroffenen ergeben, als dieser nach der Androhung hinnehmen muß. Die Unanfechtbarkeit der vorausgegangenen Androhung und Festsetzung ist nicht Voraussetzung für die Rechtswirksamkeit der Anwendung (§ 8 AGVwGO). Es muß dem Betroffenen überlassen bleiben, notfalls bei der Widerspruchsbehörde die Aussetzung der Vollziehung oder beim Verwaltungsgericht die Wiederherstellung der aufschiebenden Wirkung gemäß § 80 Abs. 4 und 5 VwGO zu erreichen.

65.2 Unmittelbarer Zwang darf zwar von jeder Vollzugsbehörde angedroht und festgesetzt, jedoch nur von den durch § 68 Abs. 1 ausdrücklich dazu ermächtigten Vollzugsdienstkräften bestimmter Behörden angewendet werden. Ihrer muß sich die festsetzende Behörde ggf. im Wege der Amtshilfe bedienen.

65.3 Der Betroffene muß alle rechtmäßigen Maßnahmen der mit der Ersatzvornahme Beauftragten und der Vollzugsdienstkräfte sowie ihrer Hilfskräfte dulden.

65.31 Er darf ihnen, soweit erforderlich, weder das Betreten seines Grundstückes, seiner Wohnung und seiner Geschäftsräume, noch die Aushändigung der zur Öffnung von Türen oder Behältnissen erforderlichen Schlüssel verweigern. Tut er das dennoch, so kann sein Widerstand mit Gewalt gebrochen werden. Die Polizei ist zur Amtshilfe verpflichtet. Ihre Inanspruchnahme ist vor allem dann erforderlich, wenn der Widerstand sich gegen eine Ersatzvornahme richtet, da die damit Beauftragten in keinem Falle zur Gewaltanwendung befugt sind.

65.4 Die Anwendung der Zwangsmittel als letzter Bestandteil des „Vollzugs" ist, da es sich um Beugemittel handelt, nur so lange rechtmäßig, bis der von der Behörde verlangte Zustand hergestellt ist.

65.41 Das gilt uneingeschränkt in den Fällen, in denen die Vornahme einer Handlung, insbesondere die Herausgabe einer Sache, erzwungen werden soll. Sobald also, wenn auch nach Ablauf der gesetzten Fristen, die verlangte Urkunde herausgegeben, der Fahrzeugbrief vorgelegt, der Streupflicht bei Glatteis genügt wird oder mit dem verlangten Abreißen einer nicht genehmigten Garage begonnen worden ist, müssen alle etwa festgesetzten Zwangsmaßnahmen sofort abgebrochen, Versteigerungstermine z. B. aufgehoben werden. Auf eingeleitete Pfändungen soll aber erst dann verzichtet und eine Pfandsache sollte erst dann freigegeben werden, wenn die durchzuführende Handlung abgeschlossen ist.

Die Verhängung und Beitreibung einer zugleich verwirkten Geldstrafe oder Geldbuße werden dadurch ebensowenig berührt wie die Einziehung und Beitreibung der bei Anwendung der Ersatzvornahme oder des unmittelbaren Zwanges tatsächlich entstandenen Kosten (§ 11 Abs. 2 Nr. 7 und 8 KostO NW).

65.42 Wann dagegen der Zweck des Vollzugs bei einem Verbot erreicht ist, wird danach zu beurteilen sein, ob im Falle einer Zuwiderhandlung mit Wiederholungen gerechnet werden muß. In diesen Fällen rechtfertigt sich die Festsetzung und Anwendung des Zwangsmittels auch dann, wenn der Betroffene die verbotene Tätigkeit wieder eingestellt hat oder durch „sofortigen Vollzug" im Sinne des § 55 Abs. 2 daran gehindert worden ist.

65.5 Die Einstellung des Vollzugs betrifft im Falle der Anwendung des Zwangsgeldes und der Beitreibung von Kosten der Ersatzvornahme „Maßnahmen der Vollstreckungsbehörde". Die Vollzugsbehörde hat daher die Vollstreckungsbehörde unverzüglich, notfalls fernmündlich, zu verständigen, sobald der Zweck des Vollzugs erreicht und die Vollstreckung daher einzustellen ist.

Zweiter Unterabschnitt: Anwendung unmittelbaren Zwanges

§ 66 Zulässigkeit des unmittelbaren Zwanges

(1) Unmittelbarer Zwang kann von Vollzugsdienstkräften in rechtmäßiger Ausübung öffentlicher Gewalt angewendet werden,

1. soweit die Anwendung gesetzlich zugelassen ist;
2. zur Ausführung von Vollzugs-, Vollstreckungs- und Sicherungsmaßnahmen der Gerichte und Staatsanwaltschaften;
3. zur Durchführung von Vollstreckungs-, Aufsichts-, Pflege- oder Erziehungsaufgaben gegenüber Personen, deren Unterbringung in einer Heil- und Pflegeanstalt, einer Entziehungsanstalt für Suchtkranke, einer Einrichtung der Fürsorgeerziehung oder in einer abgeschlossenen Krankenanstalt oder in einem abgeschlossenen Teil einer Krankenanstalt angeordnet ist.

(2) Gesetzliche Vorschriften, nach denen unmittelbarer Zwang nur unter Beachtung weiterer Erfordernisse ausgeübt werden darf, bleiben unberührt.

VV zu § 66:

66 Zulässigkeit des unmittelbaren Zwanges (zu § 66)

66.1 Absatz 1 legt die Voraussetzungen für die Anwendung unmittelbaren Zwanges fest. Die folgenden Gesetzesvorschriften bestimmen die Art und Weise, in der unmittelbarer Zwang auszuüben ist. Die Anwendung unmittelbaren Zwanges ist danach nur zulässig, wenn

a) er von Vollzugsdienstkräften angewandt wird,

b) sich die Vollzugsdienstkräfte in rechtmäßiger Ausübung öffentlicher Gewalt befinden,

c) die Anwendung unmittelbaren Zwanges nach § 66 Abs. 1 Nr. 1 bis 3 statthaft ist.

66.2 Unmittelbaren Zwang dürfen nur die in § 68 Abs. 1 abschließend aufgeführten Vollzugsdienstkräfte anwenden.

Die Vollzugsdienstkraft übt rechtmäßig öffentliche Gewalt aus, wenn sie im Rahmen ihrer gesetzlichen Befugnisse und der hierauf ergangenen Weisungen und Anordnungen handelt. Das Recht zur Ausübung öffentlicher Gewalt kann sich aus dem dienstlich übertragenen allgemeinen Aufgabenkreis ergeben, der die Ausübung öffentlicher Gewalt einschließt (z. B. Gefahrenabwehr für die Dienstkräfte der Ordnungsbehörden im Sinne des § 13 OBG, Seuchenbekämpfung für die beamteten Ärzte und Tierärzte). Ferner kann einer Vollzugsdienstkraft für den konkreten Einzelfall ein Vollzugsauftrag, der die Befugnis zur Anwendung unmittelbaren Zwanges einschließt, übertragen werden (z. B. einer bestimmten Dienstkraft einer Gemeinde wird der Auftrag erteilt, einen Geisteskranken, der die öffentliche Sicherheit oder Ordnung gefährdet, in eine Anstalt zu bringen). Die wesentlichen gesetzlichen Grundlagen für die Ausübung öffentlicher Gewalt durch Vollzugsdienstkräfte sind unter Nr. 68.13 aufgeführt.

66.3 Nach den Nummern 1 und 3 darf in folgenden Bereichen unmittelbarer Zwang angewendet werden:

66.31 Für die Mehrzahl der Fälle, in denen unmittelbarer Zwang angewendet werden darf, bildet § 55 Abs. 1 in Verbindung mit § 57 Abs. 1 Nr. 3 die Rechtsgrundlage. Danach können Verwaltungsakte, die auf die Herausgabe einer Sache oder auf die Vornahme einer Handlung oder auf Duldung oder Unterlassung gerichtet sind, mit unmittelbarem Zwang durchgesetzt werden. § 55 Abs. 2 in Verbindung mit § 57 Abs. 1 Nr. 3 sieht das gleiche Recht ohne vorausgehenden Verwaltungsakt vor, wenn das zur Abwehr einer gegenwärtigen Gefahr notwendig ist und die Behörde hierbei innerhalb ihrer gesetzlichen Befugnisse handelt. Eine weitere Rechtsgrundlage ist § 14 Abs. 2 bei der Vollstreckung von Geldforderungen.

66.32 Nummer 3 enthält die gesetzliche Ermächtigung zur Anwendung unmittelbaren Zwanges im Zusammenhang mit der Unterbringung in Anstalten.

66.321 Die Unterbringung in einer Heil- und Pflegeanstalt, in einer Entziehungsanstalt für Suchtkranke oder in einem Arbeitshaus ordnen die Strafgerichte aufgrund der §§ 42 b, 42 c und 42 d StGB an. In einem Arbeitshaus oder in einer sonstigen Arbeitseinrichtung können Personen aufgrund des § 26 Bundessozialhilfegesetz (BSHG) durch Gerichtsbeschluß untergebracht werden. In einer abgeschlossenen Krankenanstalt oder in einem abgeschlossenen Teil einer Krankenanstalt können Kranke und Krankheitsverdächtige gemäß § 3 Abs. 2 des Bundes-Seuchengesetzes oder gemäß § 18 Abs. 2 Satz 3 des Gesetzes zur Bekämpfung der Geschlechtskrankheiten aufgrund eines Gerichtsbeschlusses gemäß § 3 des Gesetzes über das gerichtliche Verfahren bei Freiheitsentziehung v. 29. Juni 1956 (BGBl. I S. 589) untergebracht werden. In einer abgeschlossenen Krankenanstalt, einem abgeschlossenen Teil einer Krankenanstalt, einer Heil- und Pflegeanstalt oder einer Entziehungsanstalt für Suchtkranke kann die Unterbringung auch aufgrund des Gesetzes über Hilfen und Schutzmaßnahmen bei psychischen Krankheiten (PsychKG) durch Gerichtsbeschluß angeordnet werden. Die Rechtsgrundlage für die Unterbringung in einer Einrichtung der Fürsorgeerziehung, in der auch Freiwillige Erziehungshilfe durchgeführt werden kann, bilden die §§ 62 und 64 des Gesetzes für Jugendwohlfahrt. Unter Vormundschaft stehende Personen können auf Anordnung des Vormundes, jedoch nur mit Genehmigung des Vormundschaftsgerichts (§ 1800 Abs. 2 BGB), in einer Anstalt untergebracht werden. Vergleiche RdErl. v. 22. 9. 1960 (SMBl. NW 2061).

66.322 Die Aufgabenbereiche sind in Nummer 3 abschließend aufgeführt. Zu den Vollstreckungsaufgaben gehört in erster Linie die Verbringung einer Person in eine Anstalt aufgrund rechtmäßiger Anordnung; dagegen erstrecken sich die Aufsichts-, Pflege- und Erziehungsaufgaben auf Maßnahmen gegenüber den in den Anstalten untergebrachten Personen im Rahmen der gesetzlichen Unterbringung. Hierzu gehören insbesondere die Verhinderung und Abwehr einer Störung der Anstaltsordnung, die gesundheitliche Betreuung und die erzieherische Beeinflussung der untergebrachten Personen.

66.4 Zu Absatz 2

Gesetzliche Vorschriften mit weitergehenden Erfordernissen enthält z. B. die Strafprozeßordnung. So dürfen bei der körperlichen Untersuchung des Beschuldigten nach § 81 a Abs. 1 StPO Entnahmen von Blutproben und andere körperliche Eingriffe nur von einem Arzt nach den Regeln der ärztlichen Kunst vorgenommen werden, wenn kein gesundheitlicher Nachteil zu befürchten ist. Gleiches gilt für die Untersuchung anderer Personen nach § 81 c Abs. 2 StPO, bei der im übrigen unmittelbarer Zwang nur auf besondere Anordnung des Richters angewandt werden darf (§ 81 c Abs. 6 Satz 2 StPO).

Hinweis:

§§ 66 bis 75 regeln Einzelheiten der Anwendung unmittelbaren Zwanges. Polizeibeamte als Vollzugsdienstkräfte sind in der abschließenden Aufzählung des § 68 nicht aufgeführt; sie haben im PolG eigene Regelungen.

§ 68 Vollzugsdienstkräfte

(1) Vollzugsdienstkräfte im Sinne dieses Gesetzes sind

1. die Vollziehungsbeamten bei der Ausübung ihrer Befugnisse nach § 14,
2. die Dienstkräfte der Ordnungsbehörden im Sinne des § 13 des Ordnungsbehördengesetzes,
3. die mit bahnpolizeilichen Befugnissen ausgestatteten Dienstkräfte der nicht zum Netz der Deutschen Bundesbahn gehörenden Eisenbahnen des öffentlichen Verkehrs,
4. die Ärzte und Beauftragten des Gesundheitsamtes und seiner Aufsichtsbehörden bei der Durchführung von Aufgaben nach dem Bundes-Seuchengesetz in der Fassung der Bekanntmachung vom 18. Dezember 1979 (BGBl. I S. 2262), zuletzt geändert durch Gesetz vom 26. Juni 1981 (BGBl. I S. 553),
5. die Beauftragten und die Ärzte des Gesundheitsamtes, die gemäß § 17 Abs. 1 und § 18 Abs. 2 des Gesetzes zur Bekämpfung der Geschlechtskrankheiten vom 23. Juli 1953 (BGBl. I S. 700), geändert durch Gesetz vom 2. März 1974 (BGBl. I S. 469), eine Behandlung, eine Maßnahme zur Verhütung der Ansteckung oder eine Untersuchung durchzuführen haben,
6. die beamteten Tierärzte und an ihre Stelle tretende andere approbierte Tierärzte im Sinne

des § 2 des Tierseuchengesetzes (TierSG) in der Fassung der Bekanntmachung vom 28. März 1980 (BGBl. I S. 386),

7. die Gewerbeaufsichtsbeamten im Sinne des § 139b der Gewerbeordnung,
8. die Beamten der Eichbehörden im Sinne des § 32 des Eichgesetzes,
9. die nach dem Lebensmittel- und Bedarfsgegenständegesetz vom 15. August 1974 (BGBl. I S. 1945), zuletzt geändert durch Gesetz vom 24. August 1976 (BGBl. I S. 2445), zuständigen Sachverständigen sowie die Lebensmittelkontrolleure im Sinne des § 41 Abs. 2 des Lebensmittel- und Bedarfsgegenständegesetzes und der Lebensmittelkontrolleur-Verordnung vom 16. Juni 1977 (BGBl. I S. 1002),
10. Weinkontrolleure im Sinne des § 58 Abs. 3 des Weingesetzes in der Fassung der Bekanntmachung vom 27. August 1982 (BGBl. I S. 1196),
11. die Beschauer im Sinne des § 4 des Fleischbeschauungsgesetzes in der Fassung der Bekanntmachung vom 28. September 1981 (BGBl. I S. 1045), geändert durch Gesetz vom 24. Februar 1983 (BGBl. I S. 169),
12. die Angehörigen der Feuerwehren, beim Feuerwehreinsatz dienstlich tätigen Personen und Beauftragte bei der Ausübung ihrer Befugnisse nach den §§ 30 und 31 des Gesetzes über den Feuerschutz und die Hilfeleistung bei Unglücksfällen und öffentlichen Notständen (FSHG) vom 25. Februar 1975 (GV NW S. 182), geändert durch Gesetz vom 18. September 1979 (GV NW S. 552),
13. die gemäß §§ 29 und 29c des Luftverkehrsgesetzes in der Fassung der Bekanntmachung vom 14. Januar 1981 (BGBl. I S. 61) mit der Wahrnehmung der Luftaufsicht und des Schutzes vor Angriffen auf die Sicherheit des Luftverkehrs beauftragten oder die als Hilfsorgane in bestimmten Fällen herangezogenen Personen,
14. die mit Vollzugs-, Vollstreckungs- und Sicherungsmaßnahmen beauftragten Personen der Gerichte und Staatsanwaltschaften, jedoch nicht die Gerichtsvollzieher und die Vollziehungsbeamten der Justiz,
15. die Personen, die der Dienstgewalt von Behörden des Landes, der Gemeinden und Gemeindeverbände sowie sonstiger der Aufsicht des Landes unterliegenden Körperschaften und Anstalten des öffentlichen Rechts unterstehen, soweit sie kraft Gesetzes Hilfsbeamte der Staatsanwaltschaft sind oder soweit sie nach den §§ 1 und 2 der Verordnung über die Hilfsbeamten der Staatsanwaltschaft vom 7. August 1972 (GV NW S. 250) in der jeweils geltenden Fassung zu Hilfsbeamten der Staatsanwaltschaft bestellt sind und als solche handeln,
16. die mit der Durchführung von Vollstreckungs-, Aufsichts-, Pflege- oder Erziehungsaufgaben beauftragten Dienstkräfte in Heil- und Pflegeanstalten, Entziehungsanstalten für Suchtkranke, Einrichtungen der Fürsorgeerziehung, abgeschlossenen Krankenanstalten und abgeschlossenen Teilen von Krankenanstalten,
17. die Fischereiaufseher im Sinne des § 54 des Landesfischereigesetzes vom 11. Juli 1972 (GV NW S. 226), zuletzt geändert durch Gesetze vom 18. Mai 1982 (GV NW S. 248),
18. die bestätigten Jagdaufseher im Sinne des § 25 des Bundesjagdgesetzes in der Fassung der Bekanntmachung vom 29. September 1976 (BGBl. I S. 2849), geändert durch Gesetz vom 29. März 1983 (BGBl. I S. 377); die Jagdausübungsberechtigten sind hinsichtlich des Jagdschutzes den Vollzugsdienstkräften gleichgestellt,
19. die mit dem Forstschutz beauftragten Vollzugsdienstkräfte im Sinne des § 53 des Landesforstgesetzes (LFoG) in der Fassung der Bekanntmachung vom 24. April 1980 (GV NW S. 546), zuletzt geändert durch Gesetz vom 17. Februar 1987 (GV NW S. 62),
20. die Dienstkräfte der Katastrophenschutzbehörden und die in ihrem Auftrag handelnden Personen gemäß § 13 Abs. 1 des Katastrophenschutzgesetzes Nordrhein-Westfalen (KatSG NW) vom 20. Dezember 1977 (GV NW S. 492), zuletzt geändert durch Gesetz vom 18. Mai 1982 (GV NW S. 248).

(2) Vollzugsdienstkräfte müssen einen behördlichen Ausweis bei sich führen. Sie müssen den Ausweis bei Anwendung unmittelbaren Zwanges auf Verlangen vorzeigen. Das gilt nicht, wenn

a) die Umstände es nicht zulassen oder

b) unmittelbarer Zwang innerhalb der Dienstgebäude der Gerichte und Staatsanwaltschaften oder innerhalb der in § 66 Abs. 1 Nr. 3 genannten Anstalten ausgeübt wird.

(3) Die Landesregierung wird ermächtigt, durch Rechtsverordnung das Verzeichnis der Vollzugsdienstkräfte zu ändern und zu ergänzen, soweit das durch bundesgesetzliche Regelungen erforderlich wird.

(4) Die Dienstkräfte der Vollzugsbehörden sind nicht berechtigt, bei der Durchführung unmittelbaren Zwanges ohne besondere gesetzliche Ermächtigung Waffengewalt anzuwenden.

VV zu § 68:

68 Vollzugsdienstkräfte (zu § 68)

68.1 Zu Absatz 1

68.11 Die Aufzählung der Vollzugsdienstkräfte in Absatz 1 ist abschließend. Der Katalog kann nur durch Rechtsverordnung der Landesregierung nach Absatz 3 geändert oder ergänzt werden (vgl. Nr. 68.3).

68.12 Es ist nicht notwendig, daß die Vollzugsdienstkraft Beamter im Sinne des Landesbeamtengesetzes ist. Auch Angestellte und Personen, die nicht in einem sonst üblichen behördlichen Anstellungsverhältnis stehen, können Vollzugsdienstkräfte sein (z. B. der von einem Wasserwerk angestellte Talsperrenwächter, der zur Dienstkraft der Ordnungsbehörde nach § 13 OBG bestellt ist, Angestellte der Eichämter oder Vertragsärzte und Erzieher).

68.13 Rechtsgrundlagen für die Aufgaben, bei deren Ausübung Vollzugsdienstkräfte unmittelbaren Zwang anwenden dürfen, sind insbesondere:

68.13.1 für die Dienstkräfte der Ordnungsbehörden § 14 OBG, § 20 BImSchG, §§ 35, 51 GewO, § 22 GastG, §§ 34 ff. Bundes-Seuchengesetz, § 41 Lebensmittel- und Bedarfsgegenständegesetz in Verbindung mit § 48 Abs. 3 OBG,

68.13.2 für die Ärzte und Beauftragten des Gesundheitsamtes und seiner Aufsichtsbehörden bei der Durchführung von Aufgaben nach dem Bundes-Seuchengesetz die §§ 10 Abs. 6 bis 8, 10 a, 32 und 34 bis 38 dieses Gesetzes,

68.13.3 für die Beauftragten und Ärzte des Gesundheitsamtes, soweit es sich um Maßnahmen nach dem Gesetz zur Bekämpfung der Geschlechtskrankheiten handelt, die §§ 3 bis 5 und 8, 17 und 18 dieses Gesetzes,

68.13.4 für die beamteten Tierärzte und an ihre Stelle tretende andere approbierte Tierärzte die §§ 11, 61 d und 73 des Tierseuchengesetzes (TierSG),

68.13.5 für die Gewerbeaufsichtsbeamten die in der Verordnung zur Regelung von Zuständigkeiten auf dem Gebiet des Arbeits-, Immissions- und technischen Gefahrenschutzes (ZustVO AltG) vom 6. Februar 1973 (GV NW S. 66/SGV NW 28) genannten Vorschriften (und weitere).

68.2 Zu Absatz 2

68.21 Die Verpflichtung, bei der Ausübung unmittelbaren Zwanges einen behördlichen Ausweis bei sich zu führen, besteht für alle Vollzugsdienstkräfte ausnahmslos.

68.22 Der behördliche Ausweis muß ein vom Inhaber unterschriebenes Lichtbild enthalten, über Name und Vorname des Inhabers, Dienststellung und ausstellende Behörde Auskunft geben sowie einen Vermerk über die zeitliche Geltung enthalten. Zuständig für die Ausstellung des Ausweises ist in der Regel die Anstellungs- oder Beschäftigungsbehörde. Ist die Vollzugsdienstkraft nicht Bediensteter einer Behörde, so ist im allgemeinen für die Ausstellung des Ausweises die Behörde zuständig, in deren Auftrag die Vollzugsdienstkraft tätig wird.

68.23 Wenn die Vollzugsdienstkräfte nach Satz 2 auch nur verpflichtet sind, den Ausweis auf Verlangen vorzuzeigen, so sollten die Vollzugsdienstkräfte der Ordnungsbehörden und Sonderordnungsbehörden in kritischen Fällen, insbesondere außerhalb von Behördenräumen, jedoch stets schon von sich aus durch Vorzeigen des Ausweises jeden Zweifel über ihre Person und über ihre Befugnisse ausschließen. Die Vollzugsdienstkräfte haben ferner auf Verlangen auch die Behörde zu benennen, an die etwaige Beschwerden zu richten sind.

68.24 Die Ausnahmen von der Verpflichtung, den Ausweis auf Verlangen vorzuzeigen, sind in den Buchstaben a und b abschließend aufgeführt. Die Umstände lassen das Vorzeigen des Ausweises insbesondere dann nicht zu, wenn hierdurch der Vollzug wesentlich erschwert oder verhindert oder die Vollzugsdienstkraft selbst in Gefahr gebracht würde. Die Befreiung von der Vorzeigepflicht in den Anstalten ergibt sich aus der Art des gesetzlich angeordneten besonderen Gewaltverhältnisses.

68.3 Zu Absatz 3

Der Katalog des Absatzes 1 gibt den geltenden Rechtszustand bei Inkrafttreten des Gesetzes wieder.

68.4 Zu Absatz 4

68.41 Das Erfordernis der gesetzlichen Ermächtigung zur Anwendung von Waffengewalt beschränkt sich nicht auf den Schußwaffengebrauch, sondern auf die Verwendung aller Waffen im Sinne des § 67 Abs. 4. Dazu gehört auch der Schlagstock. Die mit ihnen ausgestatteten Vollzugsdienstkräfte können sich ihrer unter Beachtung des § 58 in geeigneten Fällen bedienen. Schläge sollen gegen Arme oder Beine gerichtet werden, um schwerwiegende Verletzungen zu vermeiden.

68.42 Der Schußwaffengebrauch ist nach § 74 den Hilfspolizeibeamten*), den bestätigten Jagdaufsehern und den in § 68 Abs. 1 Nr. 14 bezeichneten Personen vorbehalten.

Auch gegen „Sachen“ i. S. der Gesetze, z. B. gegen tollwütige Hunde, dürfen Schußwaffen, abgesehen von Fällen der Notwehr, nur von den nach § 74 dazu Berechtigten eingesetzt werden.

§ 69 Androhung unmittelbaren Zwanges

(1) Unmittelbarer Zwang ist vor seiner Anwendung anzudrohen. Von der Androhung kann abgesehen werden, wenn die Umstände sie nicht zulassen, insbesondere wenn die sofortige Anwendung des Zwangsmittels zur Abwehr einer Gefahr notwendig ist.

(2) Unmittelbarer Zwang ist schriftlich anzudrohen, wenn dies gesetzlich vorgeschrieben ist.

VV zu § 69:

69 Androhung unmittelbaren Zwanges (zu § 69)

69.1 Zu Absatz 1

69.11 Der unmittelbare Zwang braucht nicht durch die Vollzugsdienstkraft selbst angedroht zu werden. Handelt es sich um die Durchsetzung von Verwaltungsakten, so muß der unmittelbare Zwang, wenn er nicht nach § 55 Abs. 2 sofort angewendet werden kann, schriftlich angedroht werden (§ 63 Abs. 1). Die schriftliche Androhung wird in der Regel die Behörde, die den Verwaltungsakt erlassen hat, vornehmen. Die Vollzugs-

*) s. auch „Hinweis“ unter § 66

dienstkraft trifft die Verpflichtung zur Androhung deshalb nur dann, wenn nicht die Behörde den unmittelbaren Zwang schon angedroht hat. Die Vollzugsdienstkraft muß sich daher vor jeder Anwendung unmittelbaren Zwanges vergewissern, ob die Behörde schon den unmittelbaren Zwang angedroht hat oder ob sie es selbst tun muß. In Zweifelsfällen empfiehlt es sich, daß sie ihn selbst – unter Umständen nochmals – androht.

69.12 Bei der Ausführung von Vollzugs-, Vollstreckungs- und Sicherungsmaßnahmen in den Anstalten (§ 66 Abs. 1 Nr. 3) ist es häufig sachlich nicht gerechtfertigt und praktisch auch nicht durchführbar, den unmittelbaren Zwang vor seiner Anwendung anzudrohen, zumal den Anstaltsinsassen aus der Art ihres Gewahrsams in der Regel bekannt ist, daß die Vollzugsdienstkräfte in den Anstalten befugt sind, unmittelbaren Zwang anzuwenden. Auch in diesen Bereichen sollten die Vollzugsdienstkräfte jedoch den unmittelbaren Zwang nach Möglichkeit androhen. Dies gilt z. B., wenn es sich um außergewöhnliche oder um besonders schwerwiegende Eingriffe handelt.

69.13 Unmittelbarer Zwang kann schriftlich oder mündlich angedroht werden. Die Androhung muß unmißverständlich sein. Zeichen (z. B. Drohen mit der Hand) allein reichen deshalb im allgemeinen zur Androhung nicht aus. Sie können aber in Fällen, in denen eine Androhung nicht vorgeschrieben ist, wie bei der Verhinderung strafbarer Handlungen oder bei gegenwärtiger Gefahr, sowie in Anstalten, wenn die Umstände die Androhung nicht zulassen, zweckmäßig sein.

69.2 Zu Absatz 2

Die schriftliche Androhung unmittelbaren Zwanges ist nur für die Durchsetzung von Verwaltungsakten gesetzlich vorgeschrieben, und zwar in § 63 Abs. 1, sofern der unmittelbare Zwang nicht nach § 55 Abs. 2 sofort angewendet werden kann.

Stichwortverzeichnis

B

C

D

E

F

G

H

I

J

K

L

O

P

Q

R

S

T

U

V

W

Z

AKTUELLE LITERATUR

für den konstruktiven Ingenieurbau

Avak
Stahlbetonbau in Beispielen
DIN 1045 und Europäische Normung
Teil 1: Baustoffe – Grundlagen – Bemessung von Stabtragwerken
2. Auflage 1994. 372 Seiten
DM 56,–/öS 437,–/sFr 56,–

Teil 2: Konstruktion – Platten – Treppen – Fundamente
1992. 312 Seiten
DM 48,–/öS 375,–/sFr 48,–

Avak
Euro-Stahlbetonbau in Beispielen
Bemessung nach DIN V ENV 1992
Teil 1: Baustoffe – Grundlagen – Bemessung von Stabtragwerken
1993. 336 Seiten
DM 52,–/öS 406,–/sFr 52,–

Avak/Goris
Bemessungspraxis nach Eurocode 2
Zahlen- und Konstruktionsbeispiele
1994. 184 Seiten
DM 48,–/öS 375,–/sFr 48,–

Clemens
Technische Mechanik in PASCAL
WIP. 1992. 200 Seiten + Diskette
DM 120,–/öS 936,–/sFr 120,–

Geistefeldt/Goris
Ingenieurhochbau
Tragwerke aus bewehrtem Beton nach Eurocode 2 (DIN V ENV 1992)
Normen – Erläuterungen – Beispiele
1993. 336 Seiten
DM 58,–/öS 453,–/sFr 58,–

Hünersen/Fritzsche
Stahlbau in Beispielen
Berechnungspraxis nach DIN 18 800 Teil 1 bis Teil 3, Ausgabe Nov. 1990
2. Auflage 1993. 264 Seiten
DM 50,–/öS 390,–/sFr 50,–

Kahlmeyer
Stahlbau
Träger – Stützen – Verbindungen
3. Auflage 1990. 344 Seiten
DM 42,–/öS 328,–/sFr 42,–

Kahlmeyer
Stahlbau nach DIN 18 800 (11.90)
Bemessung und Konstruktion
Träger – Stützen – Verbindungen
1993. 344 Seiten
DM 52,–/öS 406,–/sFr 52,–

Pohl/Schneider/Wormuth/Ohler/Schubert
Mauerwerksbau
Baustoffe – Konstruktion – Berechnung – Ausführung
4. Auflage 1992. 368 Seiten
DM 48,–/öS 375,–/sFr 48,–

Quade/Tschötschel
Experimentelle Baumechanik
1993. 280 Seiten
DM 72,–/öS 562,–/sFr 72,–

Schneider
Baustatik
Zahlenbeispiele
Statisch bestimmte Systeme
WIT 2, 1995, 144 Seiten
DM 33,–/öS 258,–/sFr 33,–

Schneider/Rubin
Baustatik – Theorie I. und II. Ordnung
WIT 3, 3. Auflage 1995, etwa 250 Seiten
Etwa **DM 42,–/öS 328,–/sFr 42,–**

Werner/Steck
Holzbau
Teil 1: Grundlagen
WIT 48, 4. Auflage 1991. 300 Seiten
DM 38,80/öS 303,–/sFr 38,80

Teil 2: Dach- und Hallentragwerke
WIT 53, 4. Auflage 1993. 396 Seiten
DM 48,–/öS 375,–/sFr 48,–

Wommelsdorff
Stahlbetonbau
Teil 1: Biegebeanspruchte Bauteile
WIT 15, 6. Auflage 1990. 360 Seiten
DM 38,80/öS 303,–/sFr 38,80

Teil 2: Stützen und Sondergebiete des Stahlbetonbaus
WIT 16, 5. Auflage 1993. 324 Seiten
DM 46,–/öS 359,–/sFr 46,–

Werner-Verlag · Postfach 10 53 54 · 40044 Düsseldorf

Bautabellen für Ingenieure

mit europäischen und nationalen Vorschriften

Herausgegeben von Klaus-Jürgen Schneider
Mit aktuellen Beiträgen namhafter Professoren

Werner-Ingenieur-Texte Bd. 40. 11., neubearbeitete und erweiterte Auflage 1994.
1224 Seiten, 14,8 x 21 cm, Daumenregister, gebunden DM 70,–/öS 546,–/sFr 70,–
ISBN 3-8041-3446-7

Die 11. Auflage der BAUTABELLEN **für Ingenieure** ist aktualisiert und fortentwickelt worden: Anpassung an neue nationale und europäische Vorschriften, Einbeziehung neuer bautechnischer Entwicklungen.
Beispielhaft seien hier genannt:
Umweltrecht · HOAI · Kosten im Hochbau nach DIN 276 (6.93) · DIN 1055 Teil 5 A1 (neue Karte über Schneelastzonen) · Berechnungsformeln für Kehlbalkendächer · Neue Fassung der Anwendungsrichtlinie zum Eurocode 2 (4.93) · Berechnungshilfen und Konstruktionstafeln für die Anwendung des EC 2 · Ausführliche Spannbetonberechnungsbeispiele nach EC 2 · Bemessung von Konsolen und Scheiben · Eurocode 4 (Verbundbau) · Eurocode 5 (Holzbau) · Neue Wärmeschutzverordnung · Gründungsbauwerke aus wasserundurchlässigem Beton · Setzungen und Grundbruch bei ausmittiger Belastung · DIN V 4017 Teil 100 (Grundbruch nach probabilistischem Sicherheitskonzept) · Neue Empfehlungen für die Anlage von Hauptverkehrsstraßen und für Anlage des ruhenden Verkehrs · Neue Eisenbahn-Bau- und Betriebsordnung (BGBl. 1992) und Neufassung der Entwurfsrichtlinien der Deutschen Bahn AG (3.93) · Druckrohrleitungen, Pumpensumpfgröße · Abwasserreinigung und Schlammbehandlung.

Aus dem Inhalt: Öffentliches Bau- und Umweltrecht · Baubetrieb · Mathematik und Datenverarbeitung · Lastannahmen · Baustatik · Beton, Betonstahl, Spannstahl (u. a. ENV 206) · Stahlbeton und Spannbeton (EC 2) · Beton- und Stahlbetonbau (DIN 1045) · Spannbetonbau (DIN 4227) · Mauerwerk · Stahlbau nach DIN 18 800 (11.90) · Stahlbau nach DIN 18 800 (3.81) · Verbundbau (EC 4) · Dynamisch beanspruchte Bauteile · Nichtrostende Stähle im Bauwesen · Holzbau (DIN 1052) · Holzbau (EC 5) · Bauphysik · Geotechnik · Straßenwesen · Schienenverkehrswesen · Wasserbau · Siedlungswasserwirtschaft · Bauvermessung · Bauzeichnungen · Verzeichnisse

---

Bautabellen für Architekten

mit europäischen und nationalen Vorschriften

Herausgegeben von Klaus-Jürgen Schneider
Mit aktuellen Beiträgen namhafter Professoren

Werner-Ingenieur-Texte Bd. 41. 11. Auflage 1994.
840 Seiten, 14,8 x 21 cm, Daumenregister, gebunden DM 60,– /öS 468,–/sFr 60,–
ISBN 3-8041-3447-5

Mit der vorliegenden 11. Auflage der BAUTABELLEN wird ein neuer Weg beschritten: Aufgrund der immer umfangreicheren Normen – insbesondere auf dem Gebiet des konstruktiven Ingenieurbaus –, bedingt auch durch die europäische Normung, haben sich Herausgeber und Verlag entschlossen, zwei Ausgaben der BAUTABELLEN anzubieten: eine Ausgabe für **Ingenieure** (rot) und eine für **Architekten** (schwarz).
In der Architektenausgabe wurden die konstruktiven Abschnitte sowie die Kapitel Wasser und Verkehr gegenüber den BAUTABELLEN FÜR INGENIEURE gekürzt. Neu aufgenommen wurden drei Abschnitte: Tragwerksentwurf und Vorbemessung; Baukonstruktion und Objektentwurf. Außerdem ist die 11. Auflage der BAUTABELLEN **für Architekten** aktualisiert und fortentwickelt worden: Anpassung an neue nationale und europäische Vorschriften, Einbeziehung neuer bautechnischer Entwicklungen.
Beispielhaft seien hier genannt:
Umweltrecht · HOAI · Kosten im Hochbau nach DIN 276 (6.93) · DIN 1055 Teil 5 A1 (neue Karte über Schneelastzonen) · Berechnungsformeln für Kehlbalkendächer · Berechnungshilfen und Konstruktionstafeln für die Anwendung des Eurocodes 2 · Eurocode 5 (Holzbau) · Neue Wärmeschutzverordnung · Gründungsbauwerke aus wasserundurchlässigem Beton.

Aus dem Inhalt: Öffentliches Bau- und Umweltrecht · Baubetrieb · Mathematik und Datenverarbeitung · Lastannahmen · Baustatik · Tragwerksentwurf (Hinweise) und Vorbemessung · Beton, Betonstahl (u. a. ENV 206) · Stahlbetonbau (EC 2) · Beton- und Stahlbetonbau (DIN 1045) · Holzbau (DIN 1052) · Holzbau (EC 5) · Bauphysik · Geotechnik · Straßenwesen · Kanalisation · Objektentwurf · Baukonstruktion · Bauvermessung · Bauzeichnungen · Verzeichnisse

Erhältlich im Buchhandel!

Werner-Verlag

Postfach 10 53 54 · 40044 Düsseldorf